中国防震减灾百科全书

U0223053

地震出版社

国家出版基金项目
NATIONAL PUBLICATION FOUNDATION

中国防震减灾百科全书

地震工程学

地震出版社

《中国防震减灾百科全书》总编辑委员会

主　　编　　宋瑞祥　　陈建民　　丁国瑜

副 主 编　　赵和平　　牛之俊

顾　　问　（以姓氏笔画为序）

　　　　　　方樟顺　李　坪　　陈章立　　曾融生

编　　委　（以姓氏笔画为序）

丁国瑜	马　瑾	马宗晋	王延祐	王自法	王椿镛
车用太	牛之俊	方韶东	邓起东	卢寿德	朱世龙
任利生	任金卫	庄灿涛	刘玉辰	刘启元	汤　泉
许忠淮	许绍燮	孙建中	孙柏涛	孙福梁	阴朝民
杜　玮	杜振民	李　克	李　强	李友博	李清河
李强华	吴卫民	吴宁远	吴忠良	吴建春	吴耀强
何永年	何振德	邹其嘉	汪一鹏	汪成民	宋炳忠
宋瑞祥	张　宏	张友民	张先康	张宏卫	张国民
张培震	张敏政	陈　颙	陈运泰	陈英方	陈非比
陈建民	陈鑫连	罗灼礼	岳明生	金　严	金　星
赵　明	赵和平	赵振东	胡聿贤	胡春峰	修济刚
姚清林	夏敬谦	钱家栋	徐德诗	高荣胜	唐　豹
唐荣余	黄建发	梅世蓉	蒋克训	程仁泉	谢礼立
谢富仁	廖振鹏	潘怀文			

《中国防震减灾百科全书》总编辑委员会

执行编委会

（以姓氏笔画为序）

丁国瑜	王延祐	王自法	车用太	牛之俊	方韬东	卢寿德
朱世龙	任利生	任金卫	许忠淮	孙柏涛	孙福梁	阴朝民
杜 玮	杜振民	李 克	李强华	吴卫民	吴宁远	吴忠良
吴建春	何振德	邹其嘉	汪一鹏	汪成民	宋瑞祥	张 宏
张友民	张宏卫	张国民	张培震	张敏政	陈建民	金 严
赵 明	赵和平	赵振东	胡春峰	修济刚	姚清林	夏敬谦
钱家栋	徐德诗	高荣胜	唐 豹	唐荣余	黄建发	谢礼立
谢富仁	潘怀文					

组织协调办公室

主　任　张　宏

副主任　吴宁远　李　玲

成　员　（以姓氏笔画为序）

杜 玮	何振德	宋炳忠	张宏卫	张雪洁	陈非比
周伟新	唐 豹	董 青	蒋克训	程仁泉	樊 钰
潘怀文					

总　　序

　　地震，总是以它不期而至的巨大威力吞噬地球生灵，毁灭人类文明。21世纪刚刚走过十几个年头，全球罹难于地震灾害者已逾数十万之众，经济损失数千亿美元。2004 年印度洋地震海啸，夺去 30 万人的生命，成为人类挥之不去的心灵阴影。

　　中国是世界上蒙受地震灾害最为深重的国家之一，约四分之三的国土面积和二分之一的大中城市处于地震烈度Ⅶ度或Ⅶ度以上地区，各省、自治区、直辖市历史上都发生过 5 级以上破坏性地震。在全球死亡 20 万人以上的 8 次大地震中，中国则占有 4 次。1976 年河北唐山地震、2008 年四川汶川地震，令山河改观，使生命涂炭；灾情的惨烈，抗灾的悲壮，可谓惊天地、泣鬼神。

　　在抗御地震灾害的斗争中，先人们为我们留下大量的珍贵史料，从震前、震时现象、防震、避灾经验、灾情、救灾情况到地震成因的思考，内容所及极其广泛。公元 132 年，东汉科学家张衡发明了地动仪，开创了人类利用仪器记录地震的先河，并意识到地震从震源向外传播振动的道理。中国丰富而久远的地震史料为世界各国所瞩目，不仅是中华民族历史文明的见证，也是对世界地震科学的重大贡献。

　　19 世纪中期以后，正当西方近代地震学在科技进步和工业革命大潮中大踏步前进的时候，半封建、半殖民地的中国积贫积弱，地震科学几乎处于被窒息的状态，直到 20 世纪 30 年代才有了中国人自己设计建立的第一个地震台。此后至 1949 年新中国建立的 20 年间，寥寥数人的地震工作者，矢志祖国的地震事业，在烽火遍地、颠沛流离、经费窘迫的境况中，苦苦支撑着处于襁褓中的中国地震科学。

　　中华人民共和国成立带来了科学的春天。稚弱的中国地震科学和防震减灾事业在经济恢复和社会主义建设中起步，在 1966 年河北邢台地震开始的 10 年地震活动高潮期成长，在 20 世纪 80 年代改革开放大潮中反思、总结和提高，在 90 年代以后深化改革、经济腾飞的热浪中发展壮大。经过半个多世纪坚持不懈的努力，地震监测能力得到明显改善，台站布局网络化、观测技术现代化已经成为台网基础设施建设的基本要求；数以千计的各类台站、测点，各类观测方法为地震和地球科学研究积累了大量的观测数据。在世界性科学难题地震预测预报的探索中取得了丰富的观测资料和宝贵的实践经验，初步形成了具有中国特色的地震预测科学思路，在国际地震预测研究中产生了重要影响。地震灾害防御技术得到全面推广，为国土利用、城市规划、工程抗震设防和国防安全等提供了科学技术支撑。建立健全了地震应急预案体系和地震应急指挥体系，发展了地震灾害损失评估理论和实践，地震应急救援能力显著提高，在国内外地震应急救援行动中发挥了重要作用。

经过几代人的努力，中国防震减灾事业已从初期单一学科的纯学术研究和对地震的探索性预测，进入到对地震灾害进行工程性和非工程性防御，不仅在工作深度和广度上不断拓展，在事业规模、科学水平、社会管理和服务等方面也取得了长足进步；并在实践中逐步形成了以减轻地震灾害为宗旨，以防震减灾法律法规为依据，以科学技术为支撑，推进地震监测预报、震害防御、应急救援三大工作体系建设，使防震减灾与经济社会发展相适应、相协调的融合式防震减灾工作思路，在保障国民经济建设、保障社会安全与稳定等方面作出了重要贡献。

当前，科技创新、体制创新、管理创新已经成为我们这个时代的特征，也是社会经济发展的不竭动力。新技术、新成果、新知识、新经验的不断涌现，各学科之间的相互渗透和融合，要求防震减灾工作队伍在更新观念、更新知识的同时，更要不断拓展自己的知识领域，以适应科技发展的时代脉搏，更好地担负起防震减灾事业的重任。防震减灾是一项社会公益事业，其监测、研究、预测、预防、应急、救灾等各个环节都离不开政府和社会公众的支持和参与。事实上，任何一种科学技术只有从科学殿堂走向社会，为社会公众所认识、理解和掌握，才能变成改造客观世界的现实生产力。因此，向社会公众特别是各级管理干部宣传地震和防震减灾的相关知识，是提高减灾实效的重要环节。这正是编纂、出版本书的目的。

《中国防震减灾百科全书》作为防震减灾领域的第一部百科全书，力求全面反映我国地震科学和防震减灾事业发展的艰辛历程和当前水平，融汇国内外先进科技成果，努力实现科学性、普及性和工具性的结合，使之既具有系统阅读功能又具有知识检索功能。希望本书在传播地震科学知识，增强民众防震减灾意识，提高全社会防御和减轻地震灾害能力等方面起到积极作用。

《中国防震减灾百科全书》
总编辑委员会
2014 年 8 月

前　言

　　《中国防震减灾百科全书》是中国防震减灾领域第一部专业百科全书，是为贯彻《中华人民共和国防震减灾法》的需要和实现国务院提出的"到2020年全国基本实现抗御6级左右地震"的目标而实施的一项宣传教育系统工程，旨在提高各级政府和全民族的防震减灾意识，增强全社会抗御地震灾害的能力，为社会主义现代化建设的安全发展提供一个方面的保障。

　　《中国防震减灾百科全书》力求涵盖各相关学科和工作领域的基本知识，吸纳国内外的最新科技成果，反映中国防震减灾事业的历史足迹、工作思路和发展现状；力求实现科学性、普及性和工具性的统一，争取中等以上、相当大学文化程度的读者能够读懂其基本内容。

　　为实现上述编纂目标，在经过一年多时间的调研、酝酿、规划、论证和各项组织准备之后，从2005年起分期分批启动编写。防震减灾涉及的学科或工作领域跨度很大，发展水平也不平衡，有的领域还具有很强的探索性，其编写难度不一，难以齐头并进；所以只能暂按学科体系或工作领域的性质分头编纂，成熟一卷，出版一卷，不列卷次，只标明学科或工作领域名称。这样做将不可避免地带来某些缺憾，例如不能统编全书的参见系统，由此可能因照顾各卷自身结构体系的完整性而造成少数条目的卷间重复或削弱参见系统耦合辞条、扩展知识的功能。同样原因，全书第一版尚不可能统编索引，而只能分卷（册）给出索引。

　　编纂出版工作是在总编委会领导下进行的；总编委会内设执行编委会，负责审定各卷条目提纲等工作。组织协调办公室为总编委会的办事机构，承办编纂出版过程中的各项具体事务。分卷编委会承担撰稿、统稿和定稿任务，依托单位对所属分卷编委会提供组织管理和部分条件保障。包括两院院士在内的各学科、各工作领域的专家学者共300余人参与了本书的编纂。中国地震局对本项目十分重视，在组织领导、编纂经费等方面给予了空前支持。项目被列入"国家重点图书"十一五出版规划，并通过国家出版基金委员会给予出版经费资助。

　　《中国防震减灾百科全书》各卷（册）按各学科的知识体系分层次设置条目，每个条目都力求简明、扼要、准确地介绍相关的基本知识。为增强可读性，当遇有某些条目的科学内容不得不以数理公式表述时，只给出关键性的结果，而不作过程性的推演。

　　为便于读者寻检所需知识，《中国防震减灾百科全书》各卷（册）分别设置了条目标题汉字笔画索引、汉语拼音索引，条目外文标题索引和内容索引。读者还可通过条目分类目录和书眉进行检索。

　　由于主管政府部门和相关科研院所的大力支持，由于相关学科和工作领域专家、学者的积极参与，《中国防震减灾百科全书》的编纂出版工作才得以进行，在此谨致谢忱。

　　编纂出版《中国防震减灾百科全书》是一项浩繁的系统工程，难免存在不足之处，诚请读者批评指正。

《中国防震减灾百科全书》
总编辑委员会组织协调办公室
2014年8月

凡　例

（一）条目及其编排

1. 本书按学科分类或工作内容分卷出版。

2. 本书以条目作为基本知识单元和寻检单元；条目是全书的主体，一般由条目标题、释文（含相应的插图、表格）、推荐书目等组成。

3. 各分卷条目均按学科体系或工作内容编排，并视需要划分为相应的若干部分。

4. 各分卷列有该卷全部条目的分类目录，以便读者了解全卷内容的知识体系并便于查寻。条目分类目录中，被参见条目的标题加"见"字用圆括号括起；加方括号者为条目分类标题。例如：

5. 各分卷在条目分类目录之前都有一篇介绍本卷内容的概述性文章，也称作特长条。

（二）条目标题

6. 条目标题一般由汉语标题、与汉语标题相对应的汉语拼音和外文三部分组成。例如：

dizhen liedu

地震烈度（seismic intensity）

7. 中国人名条目的外文标题一般同汉语拼音，不再另附外文。

（三）释　文

8. 释文一般依次由定义或定性叙述、简史、基本内容、研究状况等构成，视条目性质和知识内容的实际状况有所增减或调整；例如参见条目只给出简单的定性叙述。

9. 释文较长的条目设置层次标题，并用不同的字体表示。

10. 一个条目的内容涉及他条或需由他条释文补充的，采用"参见"的方式。所参见条目的标题在释文中出现的用楷体字显示，例如"强烈地震动还能引起地基失效"；所参见条目的标题未在释文中出现的，另加"见"字用楷体字显示，例如"坚硬场地上的建筑多数震害较轻（见场地效应）"。

11. 释文中的插图、表格附有名称等相关说明。

（四）推荐书目

12．必要时在条目释文后附有推荐书目，便于读者进一步了解相关内容时选读。

（五）附　　录

13．各卷条目正文后视需要辑有与本卷有关的附录，如相关的大事记等。

（六）索　　引

14．本书各卷均附有该卷的条目标题汉字笔画索引、条目标题汉语拼音索引、条目外文标题索引和内容索引以及有关的附件等。

15．内容索引收录的内容包括：全部条目标题，条目释文内有检索价值的层次标题，条目、特长条及附录中其他有价值的知识主题等。

（七）其　　他

16．本书所用汉字以国务院 2013 年 6 月 5 日国发〔2013〕23 号文批准公布的《通用规范汉字表》为准。

17．本书所用专业技术术语，一般以本行业有关部门或专家审定的为准。

18．本书一般使用公元纪年，年代以 0～9 作为起讫。述及历史上使用的旧纪年时，在其后注明公元纪年。

19．本书所用数字原则上执行国家标准《出版物上数字用法的规定》（GB/T 15835—1995）。

20．本书量和单位的使用一般遵照国家标准《有关量、单位和符号的一般原则》（GB 3101—93）和本行业有关标准执行。

目　　录

地震工程学

地震工程学研究工程结构、尤其是土木工程在遭遇强地震动时的安全问题，是防震减灾事业最重要的知识和技术基础。尽可能减少地震引起的人员伤亡和经济损失，保障社会经济的正常运行和发展，是地震工程学的根本目标。地震工程学的研究和应用涉及自然科学、工程技术和社会经济等广泛领域，尤其关注工程结构的地震作用计算和抗震设计。

地震工程学的研究领域和特点

地震工程学首先要评价工程结构所在的地震环境，估计工程结构在使用期内可能遭遇的地震作用；其次要发展结构抗震的理论与方法，设计能抗御地震作用的各类工程设施。前者属于工程地震范畴，即以工程建设的安全为目标研究地震；后者属于工程抗震范畴，即探讨地震环境下工程结构的抗震性能和抗震技术。工程地震和工程抗震相互关联不可分割，地震工程学是两者的统称。

地震工程学的研究与实践并不局限于地震环境下工程设施自身的安全，还延伸涉及地震人员伤亡和财产损失，涉及地震次生灾害以及地震对社会经济和公共安全的影响。地震工程的研究成果在震害预测、地震损失评估、城市规划、土地利用、地震应急、地震保险等领域也具有现实或潜在的应用价值。

工程地震与工程抗震 工程地震研究探索强地震动的特性及其影响因素，并对其未来发生的可能性作出估计。强地震动模拟和强地震动预测是实现工程地震研究目标的基础理论和方法。利用潜在震源区、地震活动性、强地震动特性和地震场地效应等知识进行地震危险性分析，估计某一地点的强地震动及发生概率，选择特定概率的地震动强度和地震动频谱等参数编制地震区划或地震小区划图，最终可得出抗震设计所需的地震动输入。

工程抗震根据工程地震的研究成果，探索地震作用理论和抗震技术方法，在国家经济政策指导下，兼顾经济与安全，合理规定工程建设的抗震设防目标、抗震设防标准和抗震设计要求，也规定已有工程的抗震鉴定加固要求。工程抗震研究成果最终体现于抗震技术标准并据此实施抗震设计。

地震工程学的特殊性 与其他多数工程科学相比，地震工程学的特殊性源自地震事件的罕遇、强烈和不确定性，其主要表现如下。①由于强烈地震的罕遇性，使确定地震活动性参数、获取强震动加速度记录，进而研究地震动特性及其影响因素十分困难，通过现场考察总结工程结构震害经验和分析结构震害机理的实践机会也十分有限。②地震源自地球内部运动，其能量之大可令山河改观；以人工地震试验和脉动试验进行抗震研究显然只能达到有限的目标；地震模拟振动台试验、伪动力试验也只能在极小范围内模拟地震动和结构地震反应。不能进行大型复杂结构的足尺试验且难以重现土–结相互作用效应，制约了地震工程研究的迅速进展。③强烈地震可以引发数米的地面断错和接近两倍重力加速度的地震动，这是一般结构难以抗御的；即使将结构地震反应限制在弹性范围内在技术上可行，在经济上也是难以接受的。因此，目前的抗震设计允许一般结构发生损伤、进入非线性阶段，但又要保持一定功能，这是抗震设计区别于其他工程设计的特点和难点。④地震动影响因素十分复杂、极不确定，乃至远非随机振动理论可以准确描述，加之土木工程的庞大及其构件和材料特性的离散，致使设计地震动和工程结构的抗震可靠性均有很大的不确定性，这一缺憾不是短时期内可以改善的。

考虑上述因素，抗震防灾对策只能是在资料并不充分且经验有限条件下的风险决策，目前并没有可供遵循的完善的理论体系。

地震工程学的实践性 地震工程学作为土木工程的一个特殊分支，同样具有很强的实践性。地震工程学既不是单纯理论推演的结果，也不以对客观事物的解释为最终目标，其产生和发展源自地震引发的社会灾难并服务于防震减灾的现实和长远需求。

地震工程学借鉴地学、材料与工程科学、数学与力学等学科的研究成果形成现代意义的技术科学，但震害经验在地震工程学的建立和发展中无疑具有不可替代的重要性。总结工程设施在地震环境下保持安全的成功经验，尤其是吸取工程设施遭受震害的经验教训，乃是地震工程研究的基本途径。由于地震动和工程设施极其复杂，地震工程研究成果的评价不能仅仅凭借理论分析、数值模拟和简单试验，最根本的检验来自地震现场。迄今为止的抗震设计基本上仍是经验行为，抗震概念设计原则和行之有效的抗震措施都是长期经验的总结。

随着人类社会经济的持续发展，基础设施建设亦将不断完善，保障基础设施的适用性和安全性，减少地震损失和人员伤亡与地震工程学直接相关。新的结构类型和新的结构材料的采用对抗震理论和技术不断提出新的要求，地震工程学面对社会经济发展和防震减灾事业的更高要求，必须在实践中发展和完善。

考虑抗震设防实施抗震设计的工程结构提高了抗震安全性，发挥了防震减灾效能，这是历经多次破坏性地震检验后得出的结论。更完善的地震工程理论体系的建立和更有效的抗震技术方法的开发，还有赖于更多的实践。

地震工程学的知识来源和研究途径

地震工程学自身的特殊知识源自震害考察、强震动观测和结构抗震试验。地震工程学的研究内容源自地震破坏现象：地震地质破坏如地面破裂、液化破坏、软土震陷，建筑结构破坏如房屋墙体开裂、混凝土构件的塑性铰、钢结构构件的屈曲等。通过震害考察，可以引导人们去探讨工程结构破坏机理和防御措施，一些行之有效的抗震构造措施，如圈梁、构造柱和箍筋加密等，都是受现场调查的启发总结得出的。震害现场考察是获取和检验抗震知识的不可替代的、最有说服力的途径。强震动观测使人类获得对强地震动时间过程的定量认识，是地震工程学建立的重要基础；强震动记录的积累逐步推进了人类对地震动特性及其影响因素的了解，在此基础上总结地震动衰减规律和建立地震反应谱，使结构抗震设计得以采用适当的地震动输入。结构抗震试验可在人为控制下获得有关结构材料、结构构件和结构体系力学特性的知识，是建立结构动力学模型、评价工程结构抗震能力、发展和检验抗震理论和技术方法的重要手段。

地学、工程与材料科学为地震工程学的建立和发展提供了不可或缺的基础知识。首先，含地震学、地震地质学和地球物理学等在内的地学知识，显然与工程地震学有直接的联系。历史地震、地震烈度、地震活动构造等是开展工程地震研究、进行地震危险性分析和实施地震区划的必要知识，数字地震学和波动理论为强地震动模拟和强地震动预测提供了理论和方法。就此而言，地学是地震工程学的知识基础之一，强地震动研究是地学与地震工程学的交叉点。地震工程学以防止和减轻工程结构震害为目标，更为关注对工程结构有影响的近场地震动（即强地震动），一般更为关注周期不超过 10 s 的地震波成分，这是工程地震学研究区别于地学研究的特点。其次，地震工程学作为土木工程的特殊分支，必然沿用结构工程有关结构受力、变形、强度以及动力分析的基本知识，结构动力学、土动力学提供了进行结构抗震分析的理论与方法；随机振动理论、可靠性分析理论、数值计算方法、试验检测技术等在土木工程中的应用，也必然扩展于地震工程研究。

地震工程学研究结合采用理论分析、数值模拟和结构抗震试验（含试点工程建设）三种基本途径。理论分析是建立抗震结构分析模型并确定结构体系地震作用的基础；利用计算机技术和数值方法进行结构地震反应分析，计算地震作用效应并估计结构抗震能力，是结构抗震研究的最便捷的手段；鉴于理论分析的不完善和结构地震反应极其复杂，地震工程的应用技术必须由结构抗震试验予以检验，并经试点工程建设取得经验、确认其可行和有效后方可付诸实施。

现代科学技术的发展呈现交叉综合的特点，每个学科的进步都得益于其他学科的研究成果。除地学、材料与工程科学之外，计算机与信息技术、传感和测量技术、数学、人工智能与结构振动控制理论等对地震工程学的发展亦起到了重大推动作用。

地震工程学的起源和发展

地震灾害已有数千年的史料记载，但地震工程学却仅有百年的研究历史。历尽时代沧桑和地震灾难而存留于世的古代建筑，常使我们惊叹古人卓越的建筑智慧，但是时近 20 世纪才有了关于建筑抗震的文献描述。19 世纪的地震考察和地震烈度表的编制，孕育着地震工程学的萌芽；19 世纪末和 20 世纪初，在英国、意大利和日本出现的关于建筑抗震和隔震的设想预示着工程抗震的发端。工程地震和工程抗震知识的逐步积累和现代力学及工程技术的发展，最终催生了地震工程学。

地震工程学的三个发展阶段　20 世纪初至 30 年代可称为地震工程学发展的静力学阶段。当时，人们认识到地震动是剧烈的往复运动,地震动加速度在地面结构上产生的惯性作用是导致建筑结构破坏的原因。在尚未取得强震动记录的情况下,人们利用个别地震记录和房屋的破坏状态推算地震动加速度,并视经济和技术能力取某个固定量值的加速度作用在地面结构上;在将地面结构视为刚体的假定下,计算作用在结构上的水平地震作用并进行抗震设计。日本抗震设计的"震度法"是这一发展阶段的代表。这一时期,基于有关隔震、消能和能量设计的设想,出现了探讨结构变形能力及其对抗震性能影响的"刚柔之争";但囿于知识的缺乏,当时并未发展出新的理论和技术方法。20世纪30年代,苏联依据历史地震和地震地质资料开始了地震烈度区划研究,并首先提出了"工程地震"这一名词,标志着直接与工程建设相联系的工程地震学科的建立。

20世纪30年代,美国和日本获得了最初一批强震动加速度记录,进一步认识到地震动是包含多种频率成分的复杂运动;此后在获得更多关于结构破坏的宏观经验的同时,固体的弹性振动理论也被土木工程界所掌握。在此基础上,美国研究者计算了地震反应谱并将之用于结构抗震设计;其后,这一方法在国际范围被广泛接受,标志着地震工程学进入反应谱理论阶段。1951年,日本依据丰富的历史地震资料利用统计分析方法编制了地震动区划图;1952年,苏联利用烈度调整的概念开展了城市小区划工作;1956年,在美国旧金山召开了第一届世界地震工程会议,地震工程学成为工程学科的一个分支。60年代末,美国研究者提出了地震危险性分析的概率方法,并广泛用于地震区划图的编制。这一时期地震工程学迅速发展,结构的非线性地震反应分析开始引起研究者的兴趣,延性作为与抗震性能相关的重要概念被提出;认识到地震动的复杂性和不确定性,随机振动理论被引入地震工程研究;同时,地震动的场地效应也引起了人们的广泛关注。

20世纪70年代以后,电子计算机的应用逐步普及,新的抗震试验方法和试验设施被相继开发;随着社会经济发展和技术进步,大坝、大型桥梁、核电站和海洋平台等大量兴建。社会发展对工程设施的抗震安全提出了更高的要求,推动地震工程学进入了动力理论阶段。反应谱方法可以得出对结构最大地震反应的近似估计,却不能展现地震反应的时间过程,无从考虑地震动持续时间对结构的影响;进行地震作用下工程结构的动力反应时程分析成为新阶段的重要特点。除针对一般建筑的抗震研究之外,特殊、重大工程的抗震安全性引起了人们的特别关注,生命线抗震工程的出现就是典型的一例。为了实现更可靠的结构抗震设计,地震工程学知识在全方位被深入探索;其中包括地震动时间过程及其空间相关性,结构和构件的非线性、非弹性本构关系,结构地震反应的变形和能量,地基和基础的抗震,地震环境下结构的极限状态和相应的可靠度分析等。这一时期,结构振动控制也成为地震工程学的前沿领域。

中国的地震工程研究与实践   中国的地震工程研究始于中华人民共和国的建立。1949—1955年是中国国民经济恢复和第一个五年计划实施时期,这一时期若干基本建设项目的兴建,要求有地震资料作为工程设计的依据。当时整理了追溯至3000年前的地震历史资料,编制了历史地震目录,形成了工程地震研究的重要基础;另外,对部分重大工程建设场址进行了地震危险性评估,采用基本烈度表示可能遭遇的最大地震影响。

1956—1965年是中国地震工程学全面发展的奠基时期。1955年中国科学院确定的十大研究课题包括了地震灾害防御的内容。在国家《十二年科学技术发展规划》中,列入了"中国地震活动性及其防御"项目,其中包括地震观测台网、地震区划、地震预报和工程抗震等子项。在1960年重新编制的十年科技发展规划中,仍包含了地震和抗震的内容。中国科学院下属部分研究所和高等院校开展了工程地震和工程抗震研究,内容包括:新的中国地震烈度表和地震烈度区划图的编制、结构弹性地震反应分析、现有建筑动力特性实测及结构模型的动力试验、综合性抗震设计规范草案的编制、强震动仪的研制、强震动观测台站的布设以及地震小区划的尝试。

1966—1976年,中国发生了一系列破坏性地震。1966年河北邢台地震和1970年云南通海地震导致重大人员伤亡,1975年辽宁海城地震建筑破坏严重,1976年河北唐山地震则造成空前的惨剧。地震灾害引起政府和民众的广泛关注。中央地震工作领导小组、国家地震局和国家建委抗震办公室相继成立或筹建;新的地震工程研究机构纷纷建立,更多的部委和高等院校开始介入抗震研究;大批科技人员深入地震现场进行考察,积累了一批用生命和鲜血换来的宝贵经验。此期,台湾地区开始了地震小区划研究并实施建筑的抗震设计,强震观测台网开始建设并陆续得到大量数据。

1977—1987年,中国地震工程学研究开展了大量卓有成效的工作。其中包括:震害经验的深入总结,地震烈度表和地震区划图的修编,结构非线性地震反应分析研究,砖结构抗震性能研究,震害预测与抗震鉴定加固技术的开发和应用,地震危险性分析概率方法的研究和应用,城市小区划和抗震防灾规划的编制，强地震动特性的研究，场地效应和砂土液化研究，各行业抗震技术标准的编制，强震动观测台网的扩充建设，抗震试验设备的研制和引进；与此同时，优化设计和模糊数学、人工智能等新的知识和方法也被引入地震工程学的研究领域。1984年，第一届全国地震工程会议在上海召开，标志中国地震工程的研究与实践开始步入国际先进行列。

20世纪80年代以后，中国进入经济持续高速发展时期，大量基础设施的兴建、新的社会经济发展规划的编制、城市化进程以及当代科学技术的日新月异，既对地震工程学提出了更高的要求，也为抗震科技进步提供了新的知识和技术支撑。在国家高度重视防灾减灾和社会安全的背景下，抗震防灾相关立法工作逐步完善和加强。香港1997年回归祖国后，开展了抗震设防和地震工程研究。大量抗震建筑在2008年四川汶川地震中经受检验，减少了地震人员伤亡；在震后恢复重建中，地震工程成果获得广泛应用。地震工程工作者在更广阔的领域中，跟踪国际科技动态进行了新的探索和实践。

研究动向和前景展望

地震工程学研究历经百年取得了长足进展，地震区划图和抗震技术标准作为最重要的技术成果，已在世界各国广泛应用并在实际地震中获得检验。然而，人类距最大限度减少地震人员伤亡和经济损失这一最终目标仍有很大距离；地震工程学在经历20世纪中叶以来的快速发展之后，在进一步的深入研究中面临若干重大科学难题。

近年的震害经验表明，以强度验算为主的抗震设计在可以明显减轻人员伤亡的同时，却难以实现人们对工程设施使用功能的期望，地震经济损失居高不下。在这一背景下，20世纪末提出了基于结构性态（或后果）进行抗震设计的思想。从概念上讲，性态抗震设计这一设想并非新创，其实质在于要对结构经受地震后的功能保障作更深入的探索。新的探索除涉及地震动和结构主体之外，更要全面考虑地基基础以及建筑附属构件和设施；应基于功能保障对抗震结构的性态作更为细密的划分，并开发相应的性态抗震设计方法；性态抗震设计应建立与社会经济技术发展相适应的优化抗震设防目标和抗震设防标准，并可适应不同用户的需求实现个性化设计。结构性态抗震设计的思想明确了地震工程学的未来发展方向。

考虑到传统抗震结构的阻尼耗能能力不强和结构振动频率难以避开地震动卓越成分，结构振动控制技术的应用引起了地震工程界的关注。20世纪80年代以后，地震工程研究人员就地震环境下的主动控制、半主动控制、被动控制和混合控制的理论与技术进行了广泛研究；基底隔震技术已获得较为广泛的应用，少数隔震建筑已经受了地震的检验；主动控制工程也有少量试点。鉴于土木工程的复杂和庞大，适用的主动控制理论和技术尚有待发展和完善；基于新材料和新装置的开发，被动控制和半主动控制技术显示了应用前景。

长期以来，工程结构的抗震鉴定和震害预测主要采用经验方法，这些方法主要依赖于专家的经验判断。在传统的结构无损检测技术基础上，土木工程健康监测技术系统受到工程界的广泛关注。这种通过在线测量自动评价结构性态的技术在地震工程领域也有应用价值，它既可利用工程结构的强震观测系统及时判断结构损伤并预期未来寿命，又可与应急反应设施相联系，直接发挥防震减灾效果。在大型、重要工程设施上建设具有综合防灾功能的健康监测和应急处置技术系统，可能是提高基础设施抗震安全的又一保障措施。

多学科理论技术的融合与交叉，是现代科技发展的重要特点，借鉴其他学科的先进成果将推进地震工程学达到新的高度。

条目分类目录

［工程结构震害］

[地震工程中的现代方法]

【工程地震】

地震破坏作用　earthquake destructive action

地震烈度　seismic intensity

强震动观测　strong motion observation

强地震动特性　strong ground motion character

强地震动模拟　strong groung motion simulation

强地震动预测　strong ground motion prediction

场地效应　site effect

场地勘察　site exploration

地震危险性分析　seismic hazard analysis

地震区划　seismic zonation

地震破坏作用

dizhen pohuai zuoyong

地震破坏作用（earthquake destructive action） 在人类历史上，地震破坏作用带来的灾害屡见不鲜。1556年陕西华县地震、1923年日本关东地震、1976年河北唐山地震（图1）、2008年四川汶川地震（图2）、2010年海地太子港地震等，都曾造成毁灭性的灾难。地震工程学主要研究地震对工程结构的破坏作用，以寻求抗御和减轻地震灾害的途径。（见地震工程学）

地震对工程结构的破坏作用主要区分为两类：①强地震动引起工程结构的惯性作用；②地震地质破坏，包括地面破裂、地基失效（液化破坏、软土震陷）、斜坡失稳（崩塌、滑坡）、地面塌陷、泥石流等对工程结构的破坏作用。

地震时工程结构因地震动激励而运动，此时结构受到惯性作用，惯性力数值等于结构质量与结构振动加速度的乘积。若惯性力超过构件的强度就会引起结构破坏、失稳或坍塌。根据达朗贝尔原理，这种惯性作用可视为等效静力，故在早期结构抗震分析和抗震设计中，它通常被称为地震力或地震荷载，现称为地震作用。（见设计地震作用）

强烈地震动还能引起地基失效，触发崩塌、滑坡等地震地质破坏，进而造成工程结构破坏。这种破坏的机理与地震惯性作用不同。后者相当于对结构施加动力作用，抗御地震破坏的途径是进行结构抗震设计，提高抗震性能，或通过隔震、振动控制等措施减小结构振动。地震地质破坏则摧毁地基，使之丧失承载能力进而造成结构破坏，如断层错动使结构断裂，砂土液化使房屋倾倒。这些破坏一般不能因上部结构的抗震设计而避免，而应在建设时避开不良场地，或改良地基，或采用抗震的基础。

地震还可能激起水库和湖泊的水体震荡，称为湖涌；强烈海底地震可能激起强大的海洋巨浪，称为地震海啸，携带巨大能量的海啸侵入滨海陆地具有极大破坏力。工程结构破坏后还可能引发火灾、水灾、有毒有害物质泄漏等次生灾害（见工程结构震害）。

历次震害调查结果表明，大多数工程结构破坏是强烈地震动引起的惯性作用造成的，地震地质破坏作用一般表现在局部地域。区分两类不同的地震破坏作用，有助于运用不同的分析方法和试验手段进行研究，并采取与之相应的抗震对策和抗震措施。

图1　1976年河北唐山地震使唐山市成为一片废墟

震　前

震　后

图 2　2008 年四川汶川地震前后的北川县城

qiangdizhendong

强地震动（strong ground motion）　地震时震源释放的地震波引起的地表及地下岩土介质的剧烈震动，亦称强地面运动。

强地震动引起的巨大惯性作用是造成工程结构破坏的主要原因，也是地基失效、斜坡失稳、地面塌陷等地震地质破坏的原因或触发因素。（见地震破坏作用）

运动特征及影响因素　地壳介质一点的运动状态可用六个运动分量描述，即直角坐标系中沿三个相互垂直轴的平动分量和绕这三个轴的转动分量。一般情况下结构抗震主要考虑三个平动分量。

强地震动有三个要素：幅值、频谱、持续时间。在研究和工程应用中，这些要素可分别用不同的参数衡量。在发震断层附近，强地震动的空间分布受断层破裂过程影响而与远场不同，故应予特别研究。强地震动时间过程十分复杂，表现出强烈的随机特性，因而可建立随机振动模型进行模拟和预测。（见强地震动特性）

强地震动特性受震源、传播介质和场地条件三方面因素的影响：①地震波源于震源，发震断层的形态、应力环境和破裂过程都非常复杂，人们对此了解还很不够；②传播地震波的地壳介质构造也非常复杂，地震波在地壳的界面上不断反射、折射，并因散射和耗能而衰减；③工程场地的土层对地震动有选频放大作用，土层的非线性特性造成地震动强度衰减、周期加长，地形起伏对地震动有复杂影响。任何描述地震动的模型都要考虑以上三方面因素的影响。这些复杂因素造成了地震动的随机特性。

地震动强度　地震工程关注对结构地震反应有显著影响乃至造成结构破坏的强地震动，以加速度、速度或位移定量描述地震动强度。一般人可感觉到的最小地震动加速度约为 1 cm/s^2，老式强震仪记录的最小加速度值为 10 cm/s^2，造成工程结构明显破坏的地震动加速度多在 100 cm/s^2 以上。爆破试验和强震动观测资料表明，引起工程结构破坏的地震动速度在 10 cm/s 以上。

已记录到的最大地震动加速度峰值接近 $2 g$ [1992 年美国加州派特罗里亚（Petrolia）地震，卡普门多西诺（Cap Mendocino）台]，$g = 980.665 \text{ cm/s}^2$ 为标准重力加速度。另外尚有多次超过 $1 g$ 的记录，如 1994 年美国洛杉矶北岭（Northridge）地震在塔赞纳（Tazana）台记录的加速度峰值为 $1.82 g$，1979 年美国加州帝国谷（Imperial Valley）地震在 6 号台记录的加速度峰值为 $1.49 g$，1971 年美国加州圣费尔南多（San Fernando）地震在帕柯依玛（Pacoima）水坝记录的加速度度峰值为 $1.23 g$ 等。但有些对应极高频率的峰值是尖锐的脉冲，对结构破坏意义不大。已记录到的最大速度峰值为 300 cm/s（1999 年台湾集集地震，TCU068 台）。

强地震动研究　强地震动的发生、传播和运动学特性是工程地震学的主要研究内容，包括确定描述地震动的特征参数、建立模拟和预测地震动的模型，在此基础上为结构抗震设计提供设计地震动参数，如地震动峰值、反应谱和地震动时程，即确定设计地震动。

从地震学的角度出发，运用地震学的理论和方法研究与工程相关的强地震动是近年发展的学科，称为强震地震学，以示与研究一般（弱）地震动的传统地震学相区别。

震源附近的地震动与震源破裂过程密切相关，因强度大而最具破坏力，故研究震源（发震断层）附近的地震动具有重要工程意义，称为近场地震学。强震地震学和近场地震学着重从理论方面研究震源物理模型，探索断层的破裂机制，根据震源和介质模型模拟和预测近场地震动（见强地震动模拟）。

强震动观测　研究强地震动的基础资料来自强震观测记录，记录强地震动的仪器称为强震动仪。强震动仪以记录加速度为主，要求有较高的动态范围，地震发生后自动触发，记录完整的强地震动时程。经过校正处理后的强震动记录提供了地震动的详细信息。为观测强地震动设立了强震动台网和各类强震动台阵。现代关于强地震动研究和工程应用的发展，无不受到观测记录积累的影响和促进。（见强震动观测）

dimian polie

地面破裂（ground rupture）　地表岩土在自然或人为因素作用下开裂的地质现象。地震造成的地表断裂和各种形态的地裂缝，按照成因可分为构造性地面破裂和非构造性地面破裂两类。

构造性地面破裂　绝大部分地震是由地壳内称为断层的某一薄弱面突然发生剪切错动而造成的。有一些断层错动影响直达地表，引起地面开裂或地裂缝，称为构造性地面破裂。其特点是走向分布受发震断层破裂机制的控制，或沿一定方向延伸，或由不同方向的分支构成优势走向。

地面错动若以水平分量为主，反映出发震断层为走向滑动；若垂直错动显著，则显示断层为倾向滑动（见震源模型）。据此可判断断层破裂机制。破裂形成地堑、地垒、鼓包及阶梯状或叠瓦状等多种构造形态。大地震的构造性地面破裂规模巨大，可长达数十甚至数百千米，错距可达数米。例如，2001 年青海昆仑山口西 8.1 级地震断层形成的北西西向主地面破裂带长约 350 km，宽度达 600 m，最大水平错距 7.6 m，最大垂直位移 2 m（图1）；西南侧与之相隔 50 km 的次破裂带长约 26 km。

图 1　地震断层形成的地面破裂带
（2001 年青海昆仑山口西地震）

强烈地震的构造性地面破裂可穿山越岭，无坚不摧，使各类工程结构遭受毁灭性破坏。如 1739 年宁夏平罗—银川 8 级地震曾将长城拦腰截断（图2）；1999 年台湾集集

图 2　地震断层造成长城错位（1739 年宁夏平罗—银川地震）

图 3　地震断层错断河床形成跌水（1999 年台湾集集地震）

图 4　地震断层错动毁坏房屋（2008 年四川汶川地震）
图中虚线为地震断层穿越处

地震断层错断河床、桥梁，河床垂直错距达 7 m 形成跌水
（图 3）。2008 年四川汶川地震断层穿越之处房屋、桥梁、
路基等毁坏殆尽，而断层两侧建筑物则坏而未倒（图 4）。

构造性地面破裂虽能造成严重后果，但相对而言是一
种局部现象，主要影响位于破裂带上的工程结构和地表介
质，即使是大地震，遭受这种破坏的区域与强烈地震动造
成的广大破坏区域相比也较小。为防止工程结构被构造性
地面破裂摧毁，应避开地震断裂带进行建设。

非构造性地面破裂　亦称重力性地面破裂（图 5），主
要受岩土性态、地形地貌、水文地质等条件影响。地震时
较软弱的覆盖土层或陡坡、山梁处可能出现地裂缝，地震

图 5　非构造性地面破裂（1988 年云南澜沧—耿马地震）

滑坡、地震塌陷也会引起地裂缝。这类破裂不像构造性地
面破裂那样集中或表现出与发震断层有关的优势走向，而
是受局部地质构造和地形地貌控制。它亦可造成工程结构
破坏，但规模和危害有限。

diji shixiao

地基失效（soil failure）　地基失稳、承载能力下降或丧
失的地质破坏现象。地震作用往往引发地基失效。

强烈地震时地基土的物理性质会发生变化，可能导致
地基土丧失稳定性或降低甚至丧失承载能力，出现永久变
形，液化破坏和软土震陷是地基失效最常见的形式。

饱含水的砂土（或粉土）在强地震动作用下剧烈晃动，
致使内部孔隙水压力增大、土体有效应力减小，固体颗粒
如同在水中悬浮，土体处于可流动的状态，使地基丧失承
载能力，出现喷水冒砂现象，是谓砂土液化。

软弱黏土在地震中发生破坏而沉降称为软土震陷。软土
因静力和地震动往复作用而产生低周疲劳破坏，致使软土强
度降低。软土的另一种地震破坏形式是刚度退化，引起地面
沉降。非液化土层和排水良好的土层也会发生软土震陷，软
弱且易变形的土（如淤泥质土）沉降量可达几十厘米。

地基不均匀沉降造成房屋倾斜（1999 年土耳其伊兹米特地震）

任何原因引起的地基不均匀沉降都是造成上部结构破坏的重要原因。

建于河湖海边或人工回填地基的房屋，以及桥梁、码头、道路等生命线工程结构常因地基失效而破坏。为防止和减轻地基失效造成的危害，可对地基进行处理和采用适当的基础。前者如更换地基土，用振动或强夯加密地基土，以灌浆、混合桩、砂桩挤密等方式改良地基，或用碎石桩排水、灌注化学稳定剂等添加物改造地基等；后者可采用穿过液化层的桩基，或使用筏式或箱形基础避免或减轻不均匀沉降的影响。（见液化防治、土体加固）

在总结震害经验的基础上，根据液化和震陷的理论分析和试验研究，已经提出了预测砂土液化的实用方法和估计软土震陷的方法，这些方法还有待进一步完善。

yehua pohuai

液化破坏（liquefaction failure） 振动作用下饱和砂土丧失承载力或引起土体大范围沉降、流动或滑移的现象。

液化过程需要时间，喷水冒砂常见于地震发生后数分钟或几十分钟，有目击者称喷发时间可达半小时以上，喷水冒砂孔是砂土液化的宏观判断标志（图1）。

图1 液化形成的喷水冒砂孔（2003年新疆巴楚—伽师地震）

液化在垂直方向的破坏 ①地基丧失承载力导致房屋等结构发生倾斜或倾倒。1964年日本新潟地震中，四层钢筋混凝土公寓房屋因砂土液化歪斜或完全倾倒（图2）；倾倒过程缓慢，房屋本身并未破坏，屋内居民可以从倾倒房

图2 地基液化造成楼房倾倒（1964年日本新潟地震）

屋走出。②液化后浮力增加导致下水道的检查井、排灌设施等埋地或半埋地轻型结构物上浮。③液化土因剪切变形而压缩，排水后产生沉降；液化沉降速率小，但沉降量大。

液化在水平方向的破坏 ①土体大面积流动破坏。液化流动一般出现在斜面（坡度大于3.5°）上，液化土体或液化层上方土体流动距离（δ）可达数米，造成路基等土工结构或跨越土体的结构毁坏。②水平侧向变形破坏。土体流动可使表面土层断裂为数块，造成码头护壁向水域倾倒、大桥落梁等严重破坏（见港口工程震害）。③在水平向往复振动作用下，液化层和土体形成多处裂缝或隆起，破坏埋地管道和路面（图3）。

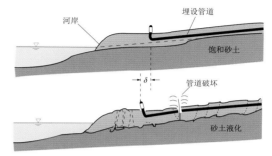

图3 液化造成土体流动变形破坏地下管道

地基因液化而改变动力特性，地基变形可吸收能量，如果深部液化层上方的地基土完好，则对上部结构可有隔震作用。已有根据液化势指数或液化引起的永久变形等参数估计液化破坏程度的方法（见液化危害性评估）。

见砂土液化。

ruantu zhenxian

软土震陷（seismic settlement of soft soil） 地震作用下软土发生显著沉降的破坏现象。

软弱土在地震作用下承载力降低，产生不均匀沉降，可造成地面建筑倾斜或破坏。软土震陷一般发生在沉积年代不久的淤泥质土等软土地基中。强地震动作用下软土中原处于平衡状态的水胶链受外力干扰而破坏，使土体黏聚力降低甚至丧失，地基承载力和刚度降低导致沉降。1976年河北唐山地震时天津新港等滨海地区出现了较大震陷，震陷量15～30 cm，最大达50 cm。工程上常以地基沉降量为指标估计震陷引起的结构宏观破坏等级；一般沉降在4 cm以内时对上部结构影响不大，沉降在15 cm以上则对结构有显著影响。

并不是所有软土都会造成大的震陷，孔隙比大于1、含水量大于液限的淤泥质土才可能造成大的震陷。预防软土震陷可采用深基础、整体性较强的箱基、筏基和钢筋混凝土十字形基础等，或采取加密或换土等措施。

xiepo shiwen

斜坡失稳（slope unstability） 斜坡受外界诱发因素的影响发生局部或整体运动的破坏现象。崩塌和滑坡是主要失稳形式。

斜坡又称边坡，按形成原因可分为天然斜坡和人工斜坡，按岩土性质可分为岩质斜坡和土质斜坡。造成斜坡失稳的内部因素包括岩土性质、斜坡形态、构造地质条件和地下水条件等；外部因素包括地震、爆破、车辆行驶等引起的振动，以及斜坡加载、雨水渗流侵蚀或静水压力增加等。

岩土体的软弱结构面是斜坡变形与破坏的重要影响因素。土层或岩层层面、断裂构造、节理裂隙、片理与劈理以及侵入体和围岩的接触带等均是软弱结构面，在一定外力作用下岩体会沿这些薄弱面滑动或脱离，造成斜坡失稳。失稳可能是缓慢的蠕动、逐渐开裂，或是突然滑动、崩塌，形成巨大的灾害。

地震是斜坡失稳的重要触发因素。地震引起的岩土振动造成土体的附加动力作用，特别是沿薄弱面的剪切力，致使斜坡失稳，往往造成房屋破坏，图中给出的实例十分

图1　斜坡岩石崩塌（1996年内蒙古包头西地震）

斜坡失稳造成房屋破坏（1994年美国洛杉矶北岭地震）

典型。国内外已经发展了动力有限元方法研究地震时斜坡受力过程，但工程上仍多采用拟静力方法考虑地震作用，并依靠经验对斜坡失稳进行判断（见土坡地震稳定分析）。

bengta

崩塌（collapse）　岩土斜坡因陡倾的拉裂面破裂分割，外缘部分突然脱离母体而快速翻滚、跳跃并坠落堆积于崖下的破坏现象，亦称为塌方。崩塌按岩土性质不同可分为岩崩和土崩。

崩塌一般发生于厚层坚硬脆性岩土体，构造节理和成岩节理对崩塌的形成影响很大，地形条件和风化作用亦与崩塌的形成有关。崩塌易发生在高陡斜坡的坡肩部位，崩塌时岩土块体运动下坠，有的大块岩石形成滚石，运动快速，瞬间成灾。

崩塌时岩土块体垂直位移大于水平位移，块体各自独立，塌落在坡脚（图1），不似滑坡体可冲出很远；一般崩塌没有滑坡那样的完整滑动面；这是两者宏观破坏现象的区别。

图2　滚石砸坏北川县城房屋（2008年四川汶川地震）

山区地震经常触发滚石或岩体崩塌，造成房屋、公路、铁路、桥梁等结构破坏和人员伤亡。大规模的崩塌导致毁灭性的灾难，也是形成堰塞湖的原因之一。2008年四川汶川地震中北川县城山体崩塌掩埋了房屋、学校，巨大滚石造成房屋破坏（图2）和人员伤亡。

huapo

滑坡（landslide）　岩土斜坡沿贯通的剪切破坏面滑移的破坏现象。

滑坡是常见的斜坡失稳破坏，也是常见的震害现象（图1—图3）。当斜坡滑移面剪应力超过该面的抗剪强度时即可导致滑坡，滑坡体积最大可达数亿至数十亿立方米。滑坡体往往成整体运动，并形成完整的滑动面；滑坡体的水平位移大于垂直位移，可滑动很长距离；滑坡可能从坡面、坡脚甚至坡前发生；这些特点是与崩塌的不同之处。

图1　静宁县孙家沟大滑坡遗址（1920年宁夏海原地震）
海原时属甘肃省，史称此震为甘肃地震

图 2　地震滑坡掩埋部分街区（2001 年萨尔瓦多近海地震）

图 3　地震滑坡摧毁北川县城房屋（2008 年四川汶川地震）

滑坡按岩土性质可分为岩体滑坡和土体滑坡，按滑坡面与岩层层面的关系可分为无层滑坡、顺层滑坡和切层滑坡，按滑坡开始部位可分为推动式滑坡、牵引式滑坡、混合式滑坡和平移式滑坡。

无层滑坡发生在均质、无明显层理的岩土体中，滑坡面一般呈圆弧形，因此边坡稳定性分析模型中常假定滑坡面为圆弧。顺层滑坡沿岩层面发生，当岩层倾向与斜坡倾向一致且倾角小于坡角时，往往在顺层间较软弱的结构面引起滑坡，滑动面可呈平直、弧形或折线形。切层滑坡多发生于岩层趋于水平的平叠层，滑动面切割岩层面。

推动式滑坡始滑部位位于滑坡的后缘，这类滑坡主要由坡顶堆载重物或进行建筑施工造成坡顶部不稳所致。牵引式滑坡始滑部位位于滑坡的前缘，这类滑坡主要由坡脚受河流冲刷或进行人工开挖使坡脚部位应力集中引起。混合式滑坡的始滑部位兼具前缘和后缘特征。平移式滑坡始滑部位分布于滑动面的许多部位，同时局部滑移，然后贯通为整体滑移。

强地震动是触发滑坡的重要因素。在震害现场经常看到地震滑坡堵塞或破坏公路，壅堵河道形成堰塞湖，掩埋或毁坏房屋及其他工程结构。有的地震中，滑坡甚至是造成灾难的主要原因。例如，2001 年中美洲萨尔瓦多近海地

震引起的大滑坡掩埋了部分街区（图 2），而这次地震只在滑坡区造成了惨重的破坏和伤亡。2008 年四川汶川地震发生在龙门山断裂带，多处发生大面积滑坡，掩埋城乡房屋，造成严重灾难。

地震滑坡的分析方法包括：①拟静力法，将地震作用等效为静力作用，引入地震角，使用常规的圆弧法进行稳定性分析（见土坡地震稳定分析）；②动力分析，用有限元模型计算地震作用下斜坡动力反应，考察岩土应力变化，判断是否可能产生滑坡；③经验方法，通过案例研究滑坡发生条件，与现场勘察和监测对比，判断滑坡的可能。

防治滑坡可采用排水、减载、锚固、支挡、防止冲刷和切割坡脚、改善滑坡带岩土性质等综合性措施。工程建设应避开可能发生规模较大滑坡的地点。

泥石流（debris flow）　发生在山区的携带大量泥砂、石块的暂时性湍急水流。泥石流中固体物质的含量有时超过水量，是介于夹砂水流和滑坡之间的土石、水、气混合流或颗粒剪切流，可因地震触发。

泥石流是在大量地表径流突然聚集，在有利于水流搬运大量泥砂石块的特定地形地貌、地质和气象水文条件下形成的，多发生于陡峻的山岳地区。地形条件为泥石流发生、发展提供了足够的势能，地质条件决定了泥石流中松散固体物质的来源、组成、结构、补给方式和速度，大量易于被水流侵蚀冲刷的疏松土石堆积物是泥石流形成的重要条件；暴雨、高山冰雪融化和壅水溃决造成的强烈地表径流则是引发泥石流的动力条件。灾害性泥石流发生极其迅速，土石和水的松散混合体具有巨大的破坏力。

地震后发生的泥石流（2008 年四川汶川地震）

地震是泥石流的触发因素之一。1970 年秘鲁瓦斯卡兰山地震造成雪崩引起冰雪泥流，超过 5000 万 m^3 的泥石冰雪下泻 15 km，掩埋了两个村镇，至少有 18000 人遇难。2008 年四川汶川地震后也出现了泥石流。

堰塞湖（barrie lake）　河道因自然原因受阻，河水无法正常向下游流动，在上游一侧积水而形成的湖泊，多见于山区的河谷中。山体滑坡、崩塌、泥石流及冰碛物或火山熔岩等的堆积是阻塞河道形成堰塞湖的主要原因。如中国东北的镜泊湖即由玄武岩流阻塞牡丹江上游河道而成。

地震造成的大规模崩塌、滑坡、泥石流等阻塞河道形

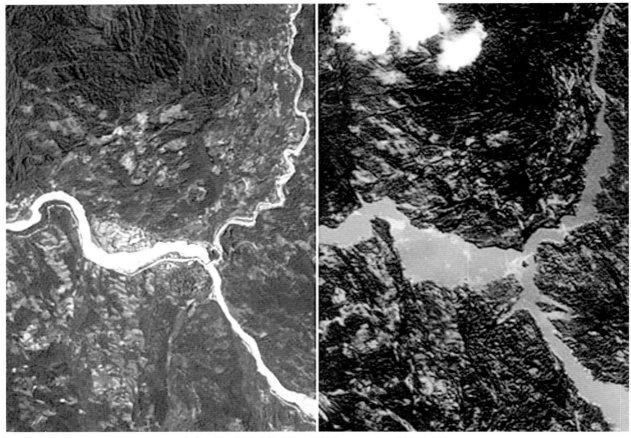

唐家山堰塞湖形成前后的卫星照片（2008 年四川汶川地震）

成堰塞湖，有时可造成毁灭性灾难。如 1933 年四川茂汶北叠溪地震造成三处山体大崩塌和滑坡，巨大的岩土体塌方落入岷江，堵塞河道，形成堰塞湖，回水达 50 余里；45 天后湖水涌涨冲垮高达百余米的堰塞堤造成水灾，致使 2000 多人遇难。2008 年四川汶川地震中因山体崩塌、滑坡等形成多处堰塞湖，其中北川唐家山堰塞湖最为引人关注，从卫星照片可见其规模之大。

dimian taxian

地面塌陷（ground collapse）　地表形成陷坑或发生陷落的破坏现象。

　　地震时形成的地面陷坑多为圆形或椭圆形（图 1），一般由埋藏很浅、顶层岩石较薄的石灰岩溶洞塌陷造成，直径为几米至数十米不等，有时在震后十几个小时才出现。

图 1　地震造成的地面陷坑（2005 年江西九江—瑞昌地震）

图 2　唐山矿新风井附近地面塌陷（1976 年河北唐山地震）

少数地面塌陷由地震时矿井塌陷或原塌矿区扩大形成，此时塌陷区的形态往往受矿井巷道走向控制（图 2）。地面塌陷与软土震陷成因不同，塌陷的形态也有别。由溶岩或矿井引起的塌陷其边缘往往是近似垂直的陡坎，陷坑深度亦较大。

dizhen haixiao

地震海啸（tsunami）　深海地震断层发生大规模竖向错动引起的长周期大洋行波。海啸一词的日语为津波，津指港湾，津波意指涌向港湾的大浪；英语取自日语的音译。

　　衡量海啸等级的指标为

$$m = \log_2 H$$

式中：m 为海啸等级；H 为海啸浪高，m。若地震引发的海啸浪高为 2 m，则海啸为 1 级；若地震引发的海啸浪高为 16 m，则海啸为 4 级。

灾难性地震海啸的生成条件　主要取决于以下因素。

（1）海底浅源大地震。震级超过7级的浅源地震才有足够能量错断海底，实际上产生大海啸的地震多在8级以上，且巨大的海底竖向错动才能造成水体上下振荡（图1）。走向滑动断层和火山爆发、海底地滑等也可能引发海啸，但规模远不及海底竖向错动（尤其是逆冲断层）形成的海啸。

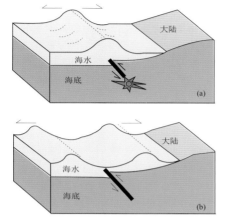

图1　地震海啸发生原理示意图（据陈颙等，2007）

（a）逆冲断层造成海底垂直运动，使海水急剧抬升；
（b）水体波动并向外传播形成海啸

（2）地震发生于深海区。只有在深海，地震才能激起携带巨大能量的水体震荡，浅海地震一般不会形成海啸。

（3）一定的海岸形态和急剧变浅的近海海底地形。在远离海岸的海面几乎看不到海啸，但在逼近海岸处因海底变浅形成巨大涌浪。当涌浪进入V形或U形海湾或港口内时，由于水深变浅和宽度变窄，海啸波高会迅速增加数倍并使能量聚集。

海啸的特点　突出表现在三方面。

（1）波长大，能量强。海啸的波长量级可达到数百千米，例如2004年印度尼西亚苏门答腊西北近海地震的海啸波长达500 km，远远超过海水深度。这意味着海啸波浪几乎是海洋水体的整体运动，因此携带巨大的能量，普通的海浪或风暴潮无法与之相比。估计此次海啸能量为地震释放能量的1/10，达10^{17} J，相当于三座百万千瓦发电厂一年的发电量。

（2）传播速度快。海啸波约以速度$v=\sqrt{gd}$移动（g为重力加速度，d为水深）。例如在中太平洋区域，水深为3000～5000 m，海啸波行进的速度可达620～830 km/h，与跨洋喷气式飞机飞行速度相当。高速行进的海啸波受海底地形地貌、水下暗礁和大陆架的影响而发生折射、反射和绕射，变得恐怖而杂乱。

（3）破坏力强（图2）。强烈地震海啸携带巨大能量冲击海岸后又高速退走，席卷所经之处的所有生命和物品，摧毁海岸各种工程结构，进而引发火灾、停

电、有毒有害物质泄漏乃至疾病流行等。巨大海啸所带来的灾难有时超过地震动引起的工程结构破坏。

历史上太平洋海域沿岸较其他地区遭受过更多的海啸袭击。人们曾认为印度洋发生较大海啸的可能性很小，但2004年印度尼西亚苏门答腊西北近海地震引发印度洋特大海啸，使印度尼西亚、印度、斯里兰卡、泰国等十多个国家遭受巨大损失，死亡人数达20余万，成为世纪灾难。

减轻海啸灾害的主要措施是建立海啸预警系统。由于海啸从发源地向外传播到海岸需要一段时间，因此可利用这段时间撤离居民或采取其他应急措施。有关国家已开展国际合作建立海啸预警系统。

huyong

湖涌（seiche）　强烈地震造成湖泊、水库或港湾水体震荡外溢，冲击堤坝和湖岸的现象，亦称湖震。

湖涌往往依水体的固有周期震荡。1959年美国蒙大拿州发生7.1级地震，曾引起黄石公园的赫布根（Hebgen）湖湖水的激烈震荡，震荡周期约17分钟；其中前四次湖水越过水坝顶部，震后11小时还可以看见水面震荡。

除封闭的水体外，港湾或河道等半封闭水体震后也可能出现震荡。例如，1755年葡萄牙里斯本地震造成西欧和北欧港湾的水体震荡，根据观测记录可以发现水体震荡时刻与地震波的传播时间相关。

图2　地震海啸前后的班达亚齐（2004年印度尼西亚苏门答腊西北近海地震）

地震烈度

dizhen liedu

地震烈度（seismic intensity） 评估地震引起的地震动及其影响强弱程度的一种标度；以人的感觉、器物反应、房屋等工程结构和地表破坏程度综合评定，反映的是一定地域范围内（如自然村或城镇部分区域）的平均水平。

地震烈度与震级、震中距、震源深度、地质构造、场地条件等多种因素有关。一次地震只有一个表征地震释放能量大小的震级值，而在不同地点却有各自的烈度值（图1）。

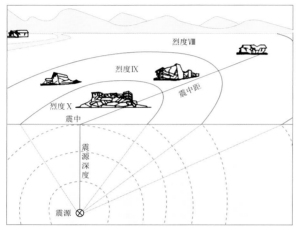

图1　地震烈度分布示意图

一般情况下，震中地区烈度最高，随震中距增大烈度逐渐降低。当震源深度一定时，震级越大，震中烈度越高；若震级相同，则震源越浅震中烈度越高（见震中烈度）。地质构造和场地条件变化使烈度分布变得不规则。

起源与演进 早期，由于缺乏观测仪器，人们对地震的考察只能以宏观调查为主。1564年，意大利地图绘制者伽斯塔尔第（J. Gastaldi）在地图上用各种颜色标注滨海阿尔卑斯地震影响和破坏程度不同的地区，这是地震烈度概念和烈度分布图的雏形。后人借鉴并改进他的做法，采用地震烈度表划分烈度的等级，规定了评定烈度的宏观破坏现象的标志，逐步明确了衡量烈度大小的方法。历经约300年的研究和经验积累，1874年，意大利人罗西（M. S. de Rossi）编制出最早有实用价值的地震烈度表，体现了如下有关烈度定义和烈度评定方法的共识：①从弱到强按等级划分地震烈度，烈度只取整数值；②利用地震的宏观影响和各种破坏现象评定烈度；③不探究这些现象

间的联系或因果关系，最终结果用综合平均的方式确定；④烈度由评定者根据烈度表主观判定。

经过反复实践和修改，在20世纪初逐步形成以12度为主的烈度划分法，规定以人的感觉、器物反应、房屋为主的工程结构破坏、地表破坏等四类宏观现象评定烈度，并用简略的文字描述上述各类影响和破坏强弱程度。

在12度烈度划分中，Ⅰ～Ⅴ度结构基本完好，主要根据人的感觉和器物反应评定；Ⅵ～Ⅹ度多数房屋出现从裂缝至倒塌等逐渐加重的破坏，因此主要用房屋破坏现象评定，其他现象为辅；Ⅺ～Ⅻ度房屋大多损毁，故以山崩地裂等地表破坏现象评定。其中，Ⅵ～Ⅹ度最具工程应用意义。

为减小烈度评定的主观差异，1888年霍尔登（E. S. Holden）尝试给烈度表的各烈度配以加速度峰值，但当时没有强震动观测资料，数据来源于简单的估计，因此并不成功。至20世纪50年代积累一定数量的强震动观测记录后，许多研究致力于选取和定量给出地震烈度物理指标。这些物理指标（如地震动加速度值）虽过于离散，但平均值却与烈度有良好的对应关系，可在评定烈度时参考。日本近年用烈度计测量烈度，实际上是按照实测强地震动参数重新定义烈度，仅在日本应用。为使烈度评定尽量客观，1980年中国学者提出震害指数法，用不同破坏等级房屋数量的加权平均数定量评定烈度。1994年美国洛杉矶北岭地震中对大量房屋进行现场安全鉴定，以安全（绿色）、有限使用（黄色）、危险（红色）三种标签标记破坏程度不同的房屋，有的研究以此资料为基础评定烈度，称为标签烈度。

烈度分布图 烈度评定结果用烈度分布图（亦称等震线图）表示，图中以等震线区分不同的烈度区（图2）。

烈度分布图中高烈度区内可能有低烈度点，低烈度区内亦可能有高烈度点，如果高于或低于周围烈度的区域较大，例如范围达多个乡镇或更大，则视为烈度异常区。如图2中的玉田低烈度异常区和天津、宁河等高烈度异常区。

烈度的应用 地震烈度是根据地震后果评定的，但也间接反映了地震作用的大小，因此具有原因和后果双重性，在防震减灾和科学研究中有广泛的应用。

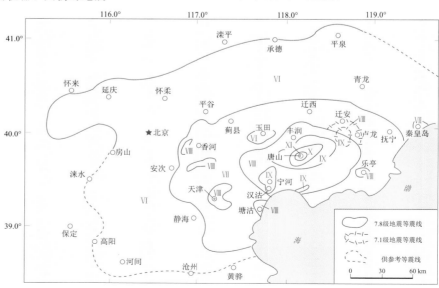

图2　1976年河北唐山地震烈度分布图

图中罗马数字表示地震烈度，7.8级地震震中烈度为Ⅺ度

（1）指导震后应急救灾。作为反映地震后果的量度，地震烈度可直观简明地表示出地震影响及破坏的程度、范围和分布，便于迅速掌握灾情指导应急救灾，是震后政府和社会公众急切关心的资料。

（2）处理历史地震资料。中国有数千年的地震历史记载，绝大多数是对震害的宏观描述，地震烈度恰好为这些资料的定量化提供了有效手段。通过评定历史地震的烈度及其分布，可推测历史地震的震中和震级，从而为了解各地的地震活动性，进行地震危险性分析，探索地震预报等提供宝贵的基础资料。

（3）进行地震学相关研究。根据等震线的长轴方向，可以判断发震断层的走向或断层破裂传播方向；基于烈度分布的衰减等特征，可以推测震源深度；亦可用于震源机制等相关研究。

（4）用作设计地震动参数。在获得足够仪器观测记录之前，烈度是唯一衡量地震作用强弱程度的定量指标，因此在地震区划、抗震设计和抗震鉴定加固中作为设计地震动参数长期使用。直到有足够多的强震记录后，才出现用强地震动参数代替烈度的趋势。

（5）用作采取抗震构造措施的依据。许多在实践中证明有效的抗震构造措施，如砖砌体房屋的构造柱和圈梁，还不能用计算模型精细模拟，也尚未得出这些措施与地震动参数的对应关系，此时可根据震害经验通过设防烈度规定此类设计要求。

（6）用于震害预测。在以经验方法为主的结构震害预测中，大多要估计不同烈度下房屋和各类工程结构的破坏等级，此时须使用大量宏观调查的烈度评定资料。

（7）用于地震动衰减规律研究。在研究缺乏强震观测记录地区的地震动衰减规律时，利用地震烈度衰减资料可以掌握该地区的衰减特征。通过烈度的可比性，运用一定的转换方法，可将具有强震观测记录地区的地震动衰减关系转换到缺乏强震记录的地区（见地震动衰减转换方法）。

烈度的局限性　就平均意义而言，破坏越严重，烈度越高，地震作用越强。但是地震破坏后果不仅与地震作用强度有关，还与结构材料、类型和动力特性等许多因素有关。显然，不同结构在相同地震动作用下，破坏后果差别很大。因此，用一个简单的烈度值难以反映复杂的地震动、震害现象和破坏机理的差别。实际上，经常会出现在同一地点用地表破坏评定的烈度高，而由房屋等结构破坏评定的烈度低，或地表破坏附近房屋没有破坏的现象，造成评定结果的矛盾。

其次，烈度表中对地震影响和破坏现象标志的描述都是宏观的，使用"多数""少数"等模糊词语，评定者对尺度的把握各有不同，由此使烈度评定结果具有不确定性。

地震烈度是分档划分的，只有整数值，故地震区划图上不同烈度区域边界两侧的设防烈度将相差一度，在抗震设计中的地震动强度也随之相差一倍，这种跳跃式的差别显然不尽合理。

如果给烈度配以物理量，则可克服上述烈度的局限性，但至今未能得出烈度与任何物理量间确定的对应关系（见地震烈度物理指标）。尽管如此，大量的历史地震和震害经验是以烈度为基础总结的，应用这些资料进行相关研究仍要以烈度为主要参数。

见地震烈度表、地震烈度评定。

推荐书目

胡聿贤．地震工程学．第2版．北京：地震出版社，2006．

dizhen liedubiao

地震烈度表（seismic intensity scale）　规定地震烈度的等级划分、评定方法与评定标志的技术标准。

地震烈度表的沿革　为判定地震造成的破坏程度，需要统一的标准，在实践中逐步形成了用烈度表规定的烈度等级划分和评定方法。

欧美等国的研究　自16世纪始，早期的地震烈度表采用从4度至16度不等的分级。1874年，意大利人罗西（M. S. de Rossi）编制了第一张可供实用的地震烈度表；1881年，瑞士人弗瑞尔（F. A. Forel）也独立提出内容相似的烈度表，两人在1883年联名发表了《罗西-弗瑞尔烈度表》（1883），即RF烈度表。表中将烈度从微震到大震分为10度，并用简明文字规定了评定烈度的宏观现象与相应的标志，这种做法得到广泛认同和应用。

1897年，意大利人麦卡利（G. Mercalli）研究意大利地震时发现，RF烈度表对建筑破坏标准的描述不便应用，尤其难以评定高烈度，故对其作了修改，并进一步修改了各烈度宏观现象的标志，使之适合在意大利应用，但该表对Ⅹ度的描述太宽泛。此后，意大利人坎卡尼（A. Cancani）提出将麦卡利烈度表的10度细分为12度，以便根据烈度确定震中；并参考米尔恩（J. Milne）和大森房吉（Omori Fusakichi）的研究成果，给各烈度配以加速度当量，于1904年编制完成了12度的麦卡利-坎卡尼烈度表。

1912年，德国人西伯格（A. Sieberg）在全面收集宏观调查资料的基础上，对麦卡利-坎卡尼烈度表加以改进，至1923年正式发布了麦卡利-坎卡尼-西伯格烈度表（MCS烈度表）。该表补充了更多的宏观现象和标志，注意到房屋结构抗震性能的区别，但也大大增加了烈度表的篇幅。以后在使用中发现，用过多的现象和标志描述烈度并不方便，评定时还容易产生矛盾。

各国在使用中根据本国实际对MCS烈度表不断进行修改，其中1931年美国人伍德（H. O. Wood）和诺伊曼（F. Neumann）针对美国的情况对该表加以简化，去掉了加速度峰值当量，形成了《修正的麦卡利烈度表》（1931），即MM烈度表及其简表。

1952年，苏联麦德维杰夫基于MCS烈度表，并用弹性球面摆的最大相对位移作烈度当量编制烈度表，该表于1953年采用。1964年，麦德维杰夫又和德国人斯彭怀尔（W. Sponheuer）、捷克人卡尼克（V. Karnik）共同编制了麦德维杰夫-斯彭怀尔-卡尼克烈度表（MSK烈度表），采用12度划分，并配有加速度、速度、位移当量，曾被欧洲地震委员会推荐使用。

随着社会发展，不断出现新的房屋结构类型，大部分房屋都提高了抗震能力，过去按照老旧房屋评定烈度的标准难以适用。为适应这一变化，20世纪90年代初，欧洲地震委员会工程地震分委员会组织专门的工作组对烈度表进行修订，于1998年公布了新的《欧洲地震烈度表1998》（EMS—98）。该表的特点是：将建筑物按照易损性（即抗震能力）的大小分级，破坏程度分为五等，规定了不同易损性房屋在同一烈度下破坏等级的数量标志；对描述震害的模糊数量词配以数字比例；认为地表破坏现象与烈度的对应关系不明确而不再作为评定标志；也不对烈度配以地震动参数当量。

日本的研究 关谷清景（Sekiya Seikei）于 1885 年编制烈度表，后经大森房吉和河角广等人的研究改进，以木结构房屋、石墓碑、石灯笼翻倒等现象评定烈度，据此制定了日本气象厅地震烈度表，将烈度从无感到激震划分为八个等级，无感为 0 度，最高为Ⅶ度。该表以后不断修订，1995 年日本阪神地震后又加以改进，形成实际相当于 10 度划分的烈度表。[见《日本气象厅烈度表》（1996）]

中国的研究 中国地震烈度表的研究始于 20 世纪 50 年代，李善邦首先按照中国房屋类型修改了 MCS 烈度表。1957 年，谢毓寿根据中国的房屋类型和震害特点，参照麦德维杰夫烈度表，编制了《新的中国地震烈度表》并得到应用。该表以Ⅴ～Ⅹ度为重点，将宏观现象归纳为人的感觉、器物反应、房屋破坏程度和其他自然现象四类。房屋按照抗震性能分为三类，破坏程度分为四个等级，并对破坏数量适当量化，增加了牌坊、砖石塔、城墙等中国特有结构作为评定烈度的依据。

1980 年，刘恢先等总结历次地震的实际经验，修订提出了《中国地震烈度表》（1980）；在其基础上 1999 年中国质量技术监督局颁布了国家标准《中国地震烈度表》（GB/T 17742—1999）。随着防震减灾工作的推进，大量房屋实施抗震设防，即使是农村房屋的抗震能力也有所增强，须制定适应新情况的烈度表。在吸取地震现场工作经验，特别是 21 世纪以来破坏性地震烈度评定经验的基础上，对中国地震烈度表作了进一步修订。修订内容包括：将房屋按抗震性能分为不同类别，考虑如何用设防房屋评定烈度；将震害程度分为五档，主要按照各类房屋不同破坏等级的比例评定烈度，以适应不同地区房屋的实际情况；根据中国经验给出各烈度对应的平均震害指数作为参照标志；允许模糊数量词的数字取值范围相互搭接等。修订后的《中国地震烈度表》（GB/T 17742—2008）于 2009 年颁布施行。

地震烈度表的特点 经长期研究和应用，各国烈度表格式与内容渐趋一致，只是结合本国情况条文略有差别。

（1）所有烈度表都将烈度分为整数等级，大多数烈度表按照 12 档划分，烈度越高表示破坏越重。

（2）各烈度表将用于评定烈度的地震影响归并为四类宏观现象：人的感觉和反应，器物反应，房屋等结构破坏和地表破坏。器物反应用于区分低烈度，如 12 度划分中的Ⅴ度以下；人的感觉和反应则可以延伸到Ⅷ度甚至Ⅹ度。房屋破坏程度受结构类型的影响，因此在烈度表中都规定主要以何种类型房屋评定烈度，既要采用普遍使用的类型，又要考虑与过去评定标准一致。地表破坏主要用于评定Ⅹ度或Ⅹ度以上的烈度，在没有房屋的地区特别是山区，须用地表破坏评定烈度。

（3）烈度表中对各烈度宏观破坏现象的描述最初都是定性的，以后试图采用量化表达。

（4）试图对各烈度等级配以地震动参数当量（如加速度峰值、速度峰值等）作为量化指标。这一尝试始于 19 世纪末，此后虽不断研究，但由于烈度与地震动参数间没有

简单的对应关系，因此只能作为参考指标。（见地震烈度物理指标）

有研究者曾试图编制世界通用的烈度表，由于各国传统房屋类型存在差异等原因未能实现。但各国主要和常用的烈度表在烈度分档、评定方法和宏观现象指标等方面都类似，评定的结果有可比性。常用烈度表烈度分档的对照见表。1995 年后，日本烈度表的Ⅴ⁻、Ⅴ⁺、Ⅵ⁻、Ⅵ⁺分别相当于 12 度烈度表中的Ⅵ、Ⅶ、Ⅷ、Ⅸ度；Ⅶ度相当于 12 度表的Ⅹ度及以上。

常用烈度表烈度分档对照

烈度表	烈 度											
中国	Ⅰ	Ⅱ	Ⅲ	Ⅳ	Ⅴ	Ⅵ	Ⅶ	Ⅷ	Ⅸ	Ⅹ	Ⅺ	Ⅻ
MM	Ⅰ	Ⅱ	Ⅲ	Ⅳ	Ⅴ	Ⅵ	Ⅶ	Ⅷ	Ⅸ	Ⅹ	Ⅺ	Ⅻ
欧洲	Ⅰ	Ⅱ	Ⅲ	Ⅳ	Ⅴ	Ⅵ	Ⅶ	Ⅷ	Ⅸ	Ⅹ	Ⅺ	Ⅻ
RF	Ⅰ	Ⅱ	Ⅲ	Ⅳ	Ⅴ～Ⅵ		Ⅶ	Ⅷ	Ⅸ	Ⅹ		
日本	0	Ⅰ	Ⅱ	Ⅲ	Ⅳ	Ⅴ⁻	Ⅴ⁺	Ⅵ⁻	Ⅵ⁺	Ⅶ		

地震烈度表已有几百年发展历史，但仍在吸收震害调查和结构破坏机理研究的新成果而不断修订，反映了烈度在研究地震作用、结构抗震和社会救灾方面的重要性。

Zhongguo Dizhen Liedubiao（1980）

《中国地震烈度表》（1980）（*Chinese Seismic Intensity Scale*，1980） 该表总结 1966 年河北邢台地震、1970 年云南通海地震、1975 年辽宁海城地震、1976 年河北唐山地震的震害和烈度评定实际经验，简化了原烈度表中对宏观现象评估标志的描述，便于记忆和现场操作；引入震害指数作为建筑物破坏的量化参考指标；配以加速度峰值、速度峰值等地震动参数作为烈度的当量；对评定单元大小、房屋类型、数量词的含义等作了必要的说明。该表是此后编制中国地震烈度评定国家标准的基础，由刘恢先主编。

Luoxi-Furuier Liedubiao（1883）

《罗西-弗瑞尔烈度表》（1883）（*Rossi-Forel Seismic Intensity Scale*，1883） 即 RF 烈度表，是意大利人罗西（M. S. de Rossi）在此前实用烈度表的基础上，和瑞士人弗瑞尔（F. A. Forel）共同编制的地震烈度表。其特点是将烈度由低到高分为 10 度，评定烈度的宏观现象与相应的标志简明扼要，其中涉及人的感觉、器物反应、房屋破坏、地表破坏等现象。该表奠定了烈度评定方法的基础，对评定烈度有重要作用，是现代烈度表的先驱。

Xiuzheng de Maikali Liedubiao（1931）

《修正的麦卡利烈度表》（1931）（*Modified Mercalli Seismic Intensity Scale*，1931） 即 MM 烈度表，是 1931 年美国人伍德（H. O. Wood）和诺伊曼（F. Neumann）根据美国实际情况，对 MCS 烈度表进行简化得到的烈度表。其特点是归纳了少数典型宏观现象，精简条文，并认为给烈度配以物理量尚不成熟，去掉了加速度峰值当量。该烈度表后经里克特（C. F. Richter）修改，形成《修正的麦卡利烈度表》（1956），至今仍在美国等许多国家使用。

《日本气象厅烈度表》（1996）（*Japan Meteorological Agency Seismic Intensity Scale*, 1996）　日本气象厅（JMA）采用大森房吉（Omori Fusakichi）等人的研究成果制定的烈度表。原规定包括无感在内烈度分为八档，最高为Ⅶ度；后数次修订，并逐渐向仪器测定烈度过渡。1995 年日本阪神地震后，有感于在结构破坏阶段的烈度分档过于粗略，将原来的Ⅴ度和Ⅵ度细分为Ⅴ度弱、Ⅴ度强和Ⅵ度弱、Ⅵ度强，形成实际的 10 度分档。日本目前以烈度计测定的烈度值四舍五入后向公众发布。烈度表所列各项宏观破坏现象仅为烈度的参照说明，不作为判定烈度的根据，允许公布的烈度值与宏观现象存在差异。

《欧洲地震烈度表 1998》（*European Macroseismic Scale 1998*）　即 EMS—98。欧洲是地震烈度表的发源地，经过数百年的发展，1964 年，欧洲地震委员会（ESC）推荐采用麦德维杰夫 - 斯彭怀尔 - 卡尼克（Medvedev-Sponheuer-Karnik）烈度表（MSK 烈度表），并使用了近 30 年。为适应近代建筑结构的发展变化，并试图使当代地震烈度评定结果与以往评定结果协调，欧洲地震委员会工程地震分委员会组织专门的工作组进行研究，于 1992 年提出新的地震烈度表 EMS—92 在欧洲试行；经 5 年多在各国的试用和比较并进行修订后，于 1998 年公布 EMS—98。

该表按照抗震能力将房屋易损性类别分为六类，同一种结构类型的房屋，例如钢筋混凝土结构，按照是否实施抗震设计，是否有剪力墙等分属不同类别；破坏程度分为五级，规定了各类房屋在不同烈度下的破坏比例。规定与模糊数量词"绝大多数""多数""少数"对应的百分比可以搭接，使评定方法适应烈度的模糊性，便于应用；认为地表破坏现象的影响因素复杂，与烈度对应关系不明显而不作为评定标志，也不采用地震动参数作为辅助标志。

地震烈度评定（seismic intensity evaluation）　依据地震烈度表对地震现场各调查点地震烈度的判定。判定结果往往用等震线图（亦称烈度分布图）表示。

烈度评定判据　用以评定地震烈度的宏观现象主要有四类。

（1）人的感觉和反应。很早就被用作评定烈度的依据。试验表明，人体器官和人体的振动基频为数赫兹或者 10 Hz 左右，地震动的频率多在 30 Hz 以下，可引起人体胸部 - 腹部的共振，使人感到心慌。振动强烈时会使人仓皇出逃，站立不稳，甚至摔倒。因此有的烈度表中将人的感觉延伸到评定 X 度。

（2）器物反应。悬挂物（如挂钟、灯具）、器皿、家具等在震时的状态早已作为评定烈度的一种依据。低烈度时器物反应比较明显，给人的印象也比较准确；高烈度时器物反应很复杂，人因自身惊慌很难对其做出准确描述。因此后期的烈度表只用器物反应评定低烈度，且不作为主要标志。

（3）房屋破坏。研究房屋破坏具有工程意义。某类房屋量大面广时，易于得到平均破坏程度，并能在较大范围内用同一尺度相互比较。因此房屋破坏是评定烈度Ⅵ～X

度的主要依据。

不同类型房屋的抗震性能差别很大，为确定统一的评定标准，常规定以某种类型房屋作为主要评定对象。为保持评定标准与过去一致，烈度表中大都保留了未经抗震设防的房屋作为评定对象。随着经济的发展，大量房屋实施了抗震设防，当今的烈度表多规定了用这类房屋评定烈度的标准。

（4）地表破坏。一般用于评定 X 度及以上的高烈度，也是人烟稀少地区评定烈度的主要标志。地表破坏类型各异，与房屋破坏机理很不相同，用以评定烈度时要谨慎。例如砂土液化造成的喷水冒砂现象或重力性地面破裂从Ⅵ度开始就可能出现，不一定是高烈度的标志。

烈度评定途径　主要通过实地考察或通讯调查评定。

实地考察是评定烈度的主要途径。首先确定震区用于评定烈度的房屋类型和相应破坏等级的破坏标志；然后拟定调查提纲或表格，从震中向外围调查；农村以自然村、城区以街区为调查单元，调查中须获取破坏的影像资料。调查人员要适时进行讨论、汇总，统一评定标准，协调抗震性能不同房屋的评定结果，或对特殊破坏现象做专门调查分析。

通讯调查适用于低烈度区或交通困难、实地考察不便的地方，主要了解人的感觉和器物反应。常编制成地震烈度通讯调查表，通过电话、书信、电子邮件等方式进行。

烈度评定结果　将各调查点烈度评定结果标示在适当比例尺的地图上，由震中向外，依次勾画相同烈度点的外包线，即等震线，得到等震线图。同一烈度区内可能存在少数分散的高烈度或低烈度异常点，若异常点较多且相连（例如范围大于乡镇），则可考虑勾画烈度异常区。一般情况下，较强地震等震线图的低烈度线多止于Ⅵ度，即给出Ⅵ度区与Ⅴ度区之间的边界。

烈度评定的特点　主要表现在四个方面。

（1）平均性。烈度评定针对一定空间范围，如一个自然村或城镇数个街区（约 1 km²）进行，是指一定区域内平均破坏程度，不能仅凭单栋或少数房屋确定。据此《中国地震烈度表》(1980)采用房屋震害指数作为评价房屋平均破坏程度的定量参考指标（见震害指数法）。

（2）综合性。烈度评定不能仅凭某一种现象，要同时考虑四类破坏标志进行综合评价；用地表破坏和房屋破坏评定的结果可能出现差异，烈度 X 度以下一般以房屋破坏和人的感觉为主，其余现象为辅。强震动观测记录在烈度综合评定时可供参考，但考虑到地震动参数与烈度的关系十分离散，故对烈度评定只有辅助作用。

（3）模糊性。烈度表中对地震影响和破坏现象的描述都是宏观的，对强弱程度的区分采用"少数人感觉""微细裂缝""严重破坏"等模糊词汇，这些非定量指标不易准确把握；当用房屋震害指数或地震动参数表示破坏程度时，同一个烈度也不对应单一的数值。

（4）主观性。评定者根据自己的理解和经验判断烈度，结果可能因人而异。

震害指数法（seismic damage index method）　采用房屋破坏程度的平均统计指标进行地震烈度评定的方法，可降低评定烈度的主观性和模糊性。

1970 年，胡聿贤等在考察当年发生的云南通海地震时采用震害指数定量描述房屋的平均震害，《中国地震烈度表》(1980)将其作为参考方法，步骤如下。

（1）首先将房屋按结构类型分类，并划分各类房屋的破坏程度等级。例如，对土墙木架房屋分成基本完好、轻微破坏、中等破坏、严重破坏、局部倒塌、毁坏六档，这六个破坏等级的破坏现象分别是基本完好、墙体裂缝、局部墙倒、墙倒架正、墙倒架歪、全部倒平。对这六档分别赋以 0.0，0.2，0.4，0.6，0.8，1.0 的震害指数。

（2）依上述标准调查各类各栋房屋并评定震害指数。设在一个调查点（自然村）中调查的第 j 类房屋总间数为 N_j，第 j 类房屋发生第 k 档破坏等级的间数为 n_{jk}，相应的震害指数为 i_{jk}，则第 j 类房屋的平均震害指数 $\bar{i}_j$ 为

$$\bar{i}_j = \sum_k i_{jk} n_{jk} / N_j \tag{1}$$

式（1）的含义是将同类房屋各档破坏按照间数（面积）作加权平均。

（3）取某类房屋为基准，以各调查点的该类房屋平均震害指数 $\bar{i}_w$ 为横坐标，其他某类房屋的平均震害指数 $\bar{i}_j$ 为纵坐标，用回归分析或简单平均方法，得到如图所示的基准房屋与他类房屋震害指数的换算关系，记第 j 类房屋与基准 w 类房屋震害指数的换算系数为 α_{jw}。若某调查点（如自然村）所有被调查的房屋总间数为 $\sum N_j$，则该点的平均震害指数 $\bar{i}$ 为

$$\bar{i} = \sum_j \alpha_{jw} \bar{i}_j N_j / \sum N_j \tag{2}$$

式（2）的含义是，在换算的基础上对各类房屋平均震害指数作以间数（面积）为权重的加权平均。

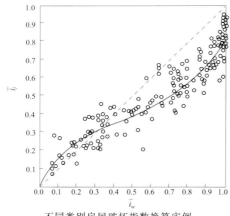

不同类别房屋破坏指数换算实例
（据胡聿贤，1988）

（4）实际资料表明，平均震害指数与烈度之间的关系如表所示，据此可由平均震害指数确定烈度。

平均震害指数与烈度的对应关系

烈度	Ⅵ	Ⅶ	Ⅷ	Ⅸ	Ⅹ	Ⅺ
震害指数	0～0.1	0.11～0.3	0.31～0.5	0.51～0.7	0.71～0.9	0.91～1.0

震害指数的概念也被推广应用于工程结构的震害预测和易损性评估。

烈度模糊评定（fuzzy assessment of intensity）　地震烈度的含义和评定方法带有模糊性，当引入地震动参数作为烈度的物理当量，或采用房屋震害指数等定量指标评定烈度时，可采用模糊数学方法。

烈度表中与各烈度对应的地震动物理量是分档给出的，并规定了一定范围。如Ⅷ对应加速度为 $90 \sim 177$ cm/s²，据此，地震动加速度 178 cm/s² 将对应Ⅷ度；加速度仅差 1 cm/s²，烈度却差了一档，这是不合理的。再如，100 cm/s² 的加速度值虽为Ⅷ度标志，但在其他烈度区也可能出现，只是从统计上对应Ⅷ度的可能性较大。这意味着同一个加速度值可以对应不同烈度，只是隶属程度不同，这种关系可用模糊数学的隶属函数表示。

以最具工程意义的五个烈度等级（Ⅵ～Ⅹ度）为例，记所要评定的烈度组成烈度论域

$$\boldsymbol{V} = \{v_1, v_2, v_3, v_4, v_5\} = \{Ⅵ, Ⅶ, Ⅷ, Ⅸ, Ⅹ\}$$

定义烈度模糊向量 $\boldsymbol{B}$，它是经过模糊评定后得到的结果，用相对于各烈度的隶属度表示，记为

$$\boldsymbol{B} = \left\{\frac{b_1}{Ⅵ} + \frac{b_2}{Ⅶ} + \frac{b_3}{Ⅷ} + \frac{b_4}{Ⅸ} + \frac{b_5}{Ⅹ}\right\} = \{b_1, b_2, b_3, b_4, b_5\}$$

式中：b_i 为对应烈度 v_i 的隶属度，$0 \leqslant b_i \leqslant 1$。隶属度越接近 1 表示属于此烈度的程度越高，例如 $\boldsymbol{B} = \{0.0, 0.3, 0.6, 0.4, 0.1\}$ 表示该次评定结果最适于Ⅷ度，属于Ⅸ度、Ⅶ度和Ⅹ度的程度逐次降低，不可能是Ⅵ度。

选取评定因子 u_i（例如加速度峰值）后，须确定该值相对于各烈度的隶属度，各隶属度组成隶属函数

$$\boldsymbol{r}_i = \{r_{i1}, r_{i2}, r_{i3}, r_{i4}, r_{i5}\}$$

式中：$\boldsymbol{r}_i$ 表示 u_i 属于各烈度的程度有多大。例如加速度值 300 cm/s² 对各烈度的隶属度为 $\boldsymbol{r}_{a=300} = \{0.1, 0.4, 1.0, 0.4, 0.0\}$，表示该值最可能对应Ⅷ度区，Ⅹ度区不会出现此值。多个评定因子即可组成隶属函数矩阵。

隶属函数是模糊运算的关键，每个因子相对各烈度的隶属度可以通过观测资料统计分析得到，或者假设为正态函数分布。

在此基础上，通过一定的运算规则得到的判定结果，仍以隶属度表示；可取隶属度最大值对应的烈度，或用加权平均确定最终烈度值。

仪器烈度（instrument intensity）　利用烈度计测定的地震烈度。

测定方法基于地震烈度物理指标的研究成果，一般不以某个单一地震动参数为准，而是综合考虑地震动三要素的影响。烈度计对记录到的地震动进行滤波、截取等处理得出地震动参数，再用经验系数与历史地震烈度评定结果拟合，或用模糊数学方法处理得出仪器烈度。

日本设置烈度计比较普遍，测得的仪器烈度可为小数，公布时四舍五入，称为日本气象厅仪器烈度。用仪器测定烈度，向政府和公众迅速通报，称为烈度速报。

地震烈度物理指标（physical measure of seismic intensity）　地震烈度对应的定量地震动参数，即给各烈度配以

相应的地震动参数当量；在中国又称为烈度标准或烈度工程标准。

烈度的含义具有地震动强度和破坏后果的双重性，烈度评定结果常因人因地而异（见地震烈度评定）。研究者早就试图给烈度辅以可测量的物理量，使之只根据地震动特性评定。一旦建立了地震烈度和地震动参数之间的确定关系，烈度定义和评定方法即可定量化，并可使用仪器测定。

地震烈度长期作为设计地震动参数用于结构抗震设计，此时必须规定烈度与设计地震动参数的转换关系，研究烈度的物理指标是获得此转换关系的基础。

地震动加速度与结构承受的惯性力相关，且有工程意义，早在19世纪末就成为首选的参数。随着强震观测记录的积累，烈度与加速度、速度、位移的统计关系时有更新。考虑到烈度与结构破坏有关，1934年贝尼奥夫（H. Benioff）建议用零阻尼位移反应谱包含的面积作为烈度指标；麦德维杰夫据此于1952年研制了双自由度摆，摆的周期和阻尼与大多数建筑相当，以模拟建筑反应，用摆的最大位移作为烈度指标。1952年，豪斯纳提出以速度反应谱在0.1～2.5 s间的面积为烈度指标（见谱强度），意在反映输入各类建筑物的主要能量；1969年，阿里亚斯（A. Arias）提出类似的以能量衡量烈度的提案（见阿里亚斯强度）。此外，还有区别不同结构类型采用不同的物理量，以及利用多个物理量联合度量烈度、分频段定义烈度等方法，但至今没有明确的结果。研究中得到以下认识。

（1）在地震动三要素中，烈度与地震动峰值（强度）的相关性较高；处于结构自振频率范围内的地震动频谱才对评定烈度有意义；地震动持续时间长可能因累积效应加重结构震害，但强震时结构可在大脉冲作用下瞬间破坏，并不总是持时越长破坏越重。

（2）常用的地震动峰值、均方根加速度、反应谱等地震动参数与烈度的相关性差别不大，且这些参数彼此之间相关性很好，使用多个地震动参数并不能减小其与烈度统计关系的离散程度。

（3）对应某个烈度，任何地震动参数的观测数据都非常离散；例如，同一烈度对应的加速度峰值可以相差几十倍甚至上百倍。研究表明，地震动参数是随机的，与烈度的关系接近泊松（Poisson）分布。

（4）地震烈度和地震动参数的平均值有良好的相关性，有的统计分析表明，加速度峰值平均值与烈度的相关系数达到0.99，这是在抗震设计中将设防烈度转换为设计地震动加速度的依据。

（5）目前尚无公认的物理量可代替宏观现象评定烈度，地震烈度表中列出的物理当量参数只能作为评定烈度的辅助参考。没有物理基础支持烈度与地震动参数之间存在简单的确定性对应关系，即使增加强震动观测记录也改变不了这种状况。

部分地震烈度表中的地震动加速度指标如图所示。

根据观测资料回归分析得到烈度与加速度峰值均值的统计关系之一如下（据刘恢先等，1980）：

$$\lg \overline{A} = 0.3I \pm \sigma$$

式中：$\overline{A}$ 为加速度峰值均值，cm/s^2；I 为烈度；$\sigma = 0.15$ 为均方差。其他研究得到的统计关系与此类似，烈度 I 的系数都在0.3左右，这意味着烈度每增加一度，加速度约

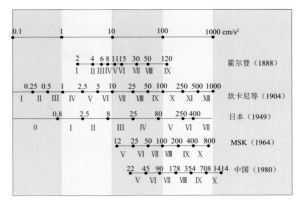

若干烈度表的地震动加速度指标（据胡聿贤，1988）
MSK 系麦德维杰夫-斯彭怀尔-卡尼克烈度表

增加一倍。统计关系在烈度小于Ⅴ度时没有实际意义，且所用资料中Ⅷ度以上的观测数据较少。由于加速度峰值和烈度两者都是随机变量，故依据上述公式用加速度反推烈度严格来讲是不妥的。

dengzhenxiantu

等震线图（isoseismal map）　根据地震烈度评定结果用等震线勾画的某次地震的烈度分布图。

等震线图包含了地震参数和地震影响场的信息，是重要的基础资料，在地震学、地震地质学、地震工程学研究中有广泛的应用。

由等震线图可以判断地震的宏观震中和震源深度；对无仪器记录的历史地震，可利用经验关系由震中烈度推算震级；依据等震线图的长轴方向可以判断发震断层对应的节面；根据等震线的形状和烈度分布特点，可以推测震源断层破裂方向并研究地震动衰减规律。

一般等震线图近似为椭圆或圆形，不规则的等震线图可能蕴含更多的信息。图1为1976年危地马拉地震等震线图，可以看出破裂从东端开始，向西发展，在危地马拉市附近破坏严重而且破坏区域大，这可能是发震断层单侧破裂的方向性效应所致。

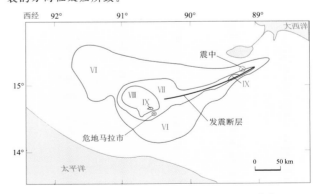

图1　1976年危地马拉地震等震线图（据 A. E. 埃斯皮诺萨，1976）

图2为1556年陕西华县地震等震线图，可以看出烈度在南部（山区）衰减快，而在北部（平原）衰减慢，这表明不同地域地震动衰减特性不同。

图3为1970年云南通海地震等震线图（据胡聿贤等震害线图改绘），震中烈度为Ⅹ度强。特点是极震区和高烈度区紧靠发震断层展布于北西向狭长区域内，地表断裂带长约60 km，最大水平错距2.2 m，最大垂直错距1 m。

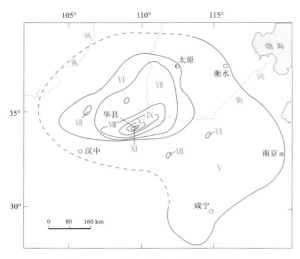

图 2　1556年陕西华县地震等震线图
（据国家地震局震害防御司，1995）

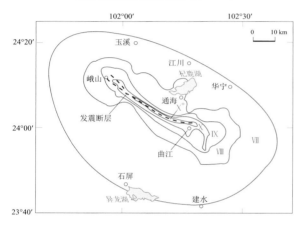

图 3　1970年云南通海地震等震线图（据胡聿贤改绘，1988）

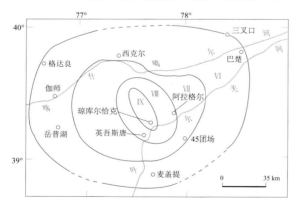

图 4　2003年新疆巴楚—伽师地震等震线图（据宋立军，2003）

图 4 为 2003 年新疆巴楚—伽师地震等震线图，震中烈度为Ⅸ度。特点是高烈度区（Ⅸ度区与Ⅷ度区）长轴方向为北西向，可能受发震构造控制；而低烈度区（Ⅶ度区与Ⅵ度区）长轴为北东向，与河流走向一致，可能受软土场地沿河流分布的影响。

zhenzhong liedu

震中烈度（epicentral intensity）　震中附近宏观破坏最严重区域的地震烈度。

据破坏最严重的区域确定的震中常称为宏观震中，以

区别于仪器测量确定的微观震中，二者可能不重合。对于尚无仪器记录的历史地震，一般取极震区的几何中心作为宏观震中。震中烈度即宏观震中的烈度，一般是一次地震的最高烈度，通常用 I_0 表示，它与震级 M、震源深度 h 有关。若干关于震中烈度与震级的经验关系如下：

$$M = \frac{2}{3}I_0 + 1 \qquad \text{（B. 古登堡等，1956）} \qquad (1)$$

$$M = 0.6I_0 + 1.45 \qquad \text{（卢荣俭等，1981）} \qquad (2)$$

$$M = 0.58I_0 + 1.5 \qquad \text{（李善邦，1960）} \qquad (3)$$

式（3）源于中国历史地震的统计分析，如表1所示。

表 1　历史地震震级与震中烈度对照表（据李善邦，1960）

震级	$<4^3/_4$	$4^3/_4 \sim 5^1/_4$	$5^1/_2 \sim 5^3/_4$	$6 \sim 6^1/_2$
震中烈度	$<$ Ⅵ	Ⅵ	Ⅶ	Ⅷ
震级	$6^3/_4 \sim 7$	$7^1/_4 \sim 7^3/_4$	$8 \sim 8^1/_2$	$>8^1/_2$
震中烈度	Ⅸ	Ⅹ	Ⅺ	Ⅻ

根据震中烈度和等震线图可求震源深度。例如古登堡（B. Gutenberg）和里克特（C. F. Richter）1942年曾采用式（4）计算震源深度：

$$I_0 - I = 6\lg\sqrt{\left(\frac{\Delta}{h}\right)^2 + 1} \qquad (4)$$

式中：Δ 为烈度 I 对应的等震线与震中的距离，km；h 为震源深度，km。

用震中烈度和震级亦可求震源深度，如梅世蓉等1961年曾采用式（5）：

$$\lg h = \frac{5}{4}M - \frac{5}{6}I_0 + \frac{5}{8} \qquad (5)$$

谢毓寿给出的震中烈度与震级、震源深度的关系见表2，表中非整数的震中烈度值系推演的结果。

表 2　震中烈度与震级、震源深度的关系（据谢毓寿，1977）

震级	震源深度 km				
	5	10	15	20	25
2	3.5	2.5	2	1.5	1
3	5	4	3.5	3	2.5
4	6.5	5.5	5	4.5	4
5	8	7	6.5	6	5.5
6	9.5	8.5	8	7.5	7
7	11	10	9.5	9	8.5
8	12	11.5	11	10.5	10

liedu fenbutu

烈度分布图（intensity distribution map）　等震线图的别称。见等震线图。

liedu yichang

烈度异常（abnormality of intensity）　一次地震中局部地区的烈度高于或低于周边烈度的现象，在等震线图中表现为烈度异常区。

等震线图中的同一烈度区内可能存在分散的、高于或低于该区烈度的异常点，如果这些烈度异常点连片出现，

则可以划为烈度异常区。烈度高于该区烈度的异常区称为高烈度异常区，烈度低于该区烈度的异常区称为低烈度异常区。烈度异常区可能跨越一个或数个乡镇，甚或一个县。不能以单个烈度调查点（如自然村，或大城市的某个街区）作为异常区，也不能无根据地按行政区域划分异常区。

烈度异常往往是场地影响的结果。例如山间软土盆地、滨海软土区、古河道、古湖沼泽地等加重震害，形成高烈度异常区；而台地或坚硬场地则可能形成低烈度异常区。如1976年河北唐山地震出现许多烈度异常区，包括宁河—汉沽（Ⅸ度）、天津（Ⅷ度）等高烈度异常区，玉田（Ⅵ度）低烈度异常区（见地震烈度）。1679年河北三河—平谷地震时，玉田地区也是较周围震害轻的低烈度异常区。

jiben liedu

基本烈度（basic intensity）　指定地区的抗震设防烈度，可用于工程结构抗震设计、抗震鉴定加固和编制城市防震减灾规划等。中国抗震设计中，相对多遇地震烈度（小震）和罕遇地震烈度（大震），基本烈度有时被称为中震烈度。

地震活动性随时间和空间有别，基本烈度应基于指定区域和时段确定。早期曾根据历史地震记录和地震地质构造等确定未来可能出现的最大地震烈度，但因这样估计的烈度过高，很难实际应用。以后确定地震基本烈度考虑了时段（如未来100年）、经济技术发展水平和允许的结构破坏程度，此时基本烈度的确定已成为抗震设防的基本决策。在采用概率法进行地震危险性分析时，基本烈度具有概率含义，例如《中国地震烈度区划图》（1990）给出的是未来50年内一般场地条件下可能遭遇的超越概率为10%的地震烈度；相当于475年一遇的地震烈度。该烈度并不是当地最可能发生的地震烈度，也未必是未来实际发生的地震烈度。

在工程结构抗震设计中，一般采用基本烈度作为设防烈度（或设计烈度）；特殊重要结构的抗震设计应对基本烈度进行复核，或采用比基本烈度高一度的烈度作为设防烈度。一般情况下，抗震设防目标是就基本烈度进行表述的，抗震设防标准也是基于基本烈度进行调整的。

抗震设计计算中，必须规定对应基本烈度的设计地震动参数（如加速度峰值）。

changdi liedu

场地烈度（site intensity）　考虑场地对地震破坏作用的影响，提高或降低基本烈度得出的抗震设防烈度。

震害调查表明，软弱的不良地基或地下水位较高的场地震害明显加重，而坚硬场地上的建筑多数震害较轻（见场地效应），故早期的苏联抗震设计规范规定基于场地条件确定设计烈度。方法是将场地的剪切波速、土层卓越周期、地下水埋深等参数与标准场地进行比较，增减基本烈度。采用场地烈度确定地震动输入的方法亦称烈度调整法。

这种方法没有区分地震动和地基失效是两种不同的破坏作用，不能有针对性地分别采取抗御措施。许多地点震害严重是因地基失效（如砂土液化、软土震陷、滑坡等）引起的，提高设防烈度仅可增加上部结构的抗震能力，无助于防止场地地基失效。如，即使房屋再坚固，地基砂土液化亦可能使之倾倒（见液化破坏）；软土场地在强地震动

作用下产生非线性，可能放大地震动的长周期成分，但不一定增大地震动强度。本质上，场地土层对地震动的影响可以通过调整地震反应谱估计，例如针对不同场地规定不同形状的反应谱曲线（见场地相关反应谱），比调整场地烈度更为合理。抗御地基失效可通过选择场地、改良地基或采用适当的基础抗震设计解决。因此，根据场地条件调整设防烈度是不合理的，场地烈度在抗震设计中已不再使用。

shefang liedu

设防烈度（seismic fortification intensity）　在抗震设防和抗震设计中采用的地震烈度，是衡量地震动强度的指标；亦称抗震设防烈度。

一个地区的设防烈度要根据当地的地震地质环境和历史地震资料进行地震危险性分析，同时考虑结构的抗震能力需求、国家的经济技术发展水平和可承受的灾害程度等因素确定。中国的设防烈度按国家规定权限批准后采用。一般结构的设防烈度由国家审定的地震烈度区划图规定，常用基本烈度作为设防烈度；重大工程的抗震设防烈度须经地震安全性评价确定。中国某些抗震设计规范中使用的设计烈度，其含义与设防烈度相同。

duoyu dizhen liedu

多遇地震烈度（intensity of frequently occurred earthquake）　中国抗震设计中以烈度表示的、用于结构弹性阶段抗震分析的输入地震动强度，以相应的地震加速度峰值和地震影响系数作为定量指标。

多遇地震烈度又称小震烈度，在某些文献中也被称为众值烈度。该烈度相当于未来50年内、一般场地条件下可能遭遇的超越概率为63%的地震烈度，即50年一遇的地震烈度。平均而言，多遇地震烈度比基本烈度大约低1.5度。

hanyu dizhen liedu

罕遇地震烈度（intensity of seldom occurred earthquake）　中国抗震设计中以烈度表示的用于结构弹塑性变形计算的输入地震动强度，以相应的地震加速度峰值和地震影响系数作为定量指标。

罕遇地震烈度又称大震烈度，相当于未来50年内、一般场地条件下可能遭遇的超越概率为2%～3%的地震烈度，即1600～2500年一遇的地震烈度。平均意义上罕遇地震烈度约比基本烈度高一度。

liedu fuhe

烈度复核（check for basic intensity）　对工程场地基本烈度的重新评定。

中国地震烈度区划图的比例尺很小（如1：400万），烈度分区界线附近地点的基本烈度难以确认；全国性的地震区划工作不能逐年进行，难以及时采用小区域地震、地质背景的新资料和地震危险性分析的新技术；因此，位于基本烈度区边界的工程，尤其是重大工程，应更详细、深入地调查当地地震、地质基础资料，并采用新的地震危险性分析方法，更慎重地确认基本烈度。烈度复核的工作内容和程序与地震危险性分析相同。

强 震 动 观 测

qiangzhendong guance

强震动观测（strong motion observation） 强地震地面运动及工程结构地震反应的仪器观测，简称强震观测。

强震动观测是地震工程学研究的基础。强震动记录提供强地震动特性和结构地震反应的详细信息，地基基础和结构抗震设计理论及计算分析方法，都需要以强震动观测数据为依据，并用观测结果来验证和改进。随着强震动观测仪器和技术的发展，强震动观测已进一步成为烈度速报、震害快速评估、地震预警及结构健康监测的重要手段。

发展概况 1923年日本关东地震造成巨大生命财产损失，社会各界深感迫切需要解决建筑物抗震问题，为此首先要设法度量地震地面运动的过程。其后，末广恭二（Suehiro Kyoji）提出记录地震加速度时程仪器的设计方案，并在美国地震工程界做了介绍；1931年美国以海岸和大地测量局（USCGS）为主开始了强震动观测仪器的研制工作，1932年弗里曼（J. R. Freeman）主持研制成功第一台强震动仪（简称强震仪），定名为USCGS型，次年在加州长滩地震中取得第一个地震动加速度时程记录。1972年以来，美国地质调查局（USGS）和加州地质调查局（CGS）分别实施国家强地震动观测计划（645个固定台站）和加州强地震动观测计划（900多个强震台分别布设在自由场和高大建筑物、桥梁、大坝和电力设施上）。加州理工学院（Caltech）、USGS和CGS还联合组建了包括670个强震动观测台站的美国Tri-Net台网，并建立了地震动信息速报系统。USGS还布设了近40个井下台阵。

日本于1951年底组成标准强震计试作委员会，并于1953年研制成功机械式强震仪，定名为SMAC型；此后强震动观测迅速发展。1995年阪神地震后，相继建立了覆盖全国的日本K-Net台网（1031个台）和Kik-Net台网（669个台，各台布设地面和井下两测点）。日本气象厅（JMA）设有JMA地震烈度监视网和强震观测网。此外，日本许多地方政府、大学、研究机构和企业都设有强震台网，如横滨市布设了包括150个自由场台站和9个井下台站的高密度强震动台网，台站平均间距约2 km。据统计，日本全国布设的强震仪在5000台以上，烈度计约8000台。

中国大陆的强震观测工作始于20世纪60年代初。1962年，中国科学院工程力学研究所（现中国地震局工程力学研究所）在广东河源新丰江大坝设置了一个试验性强震动观测台。1965年该所试制成功六通道电流计记录式强震仪，在西昌设立小型观测台阵；后经北京地质仪器厂合作改进于1966年正式定名为RDZ1-12-66型，并在一些主要地震危险区布设。至2000年，中国大陆的强震观测台站约有360个。2007年底，中国地震局完成了"中国数字强震动台网"的建设，在全国地震重点监视防御区布设了1154个固定台、310个地震动强度（烈度）速报台、13个场地和结构反应台阵，在2008年四川汶川地震中获得了大批强震记录。中国水利水电科学研究院、中国建筑科学研究院工程抗震研究所、同济大学等也建立了一些观测台站。中国台湾的强震观测始于20世纪70年代，先后建立了中部山区强震观测台网和SMART台阵、气象局的强震观测台网TSMIP、台湾电力公司设在花莲的土-结相互作用台阵LSST等，成为世界上强震仪设置最密集的地区之一，在1999年台湾集集地震中获得万余条强震动加速度记录。

此外，俄罗斯、希腊、墨西哥、加拿大、智利、新西兰、土耳其、伊朗等国也都建立了强震动观测台网。

随着强震动观测技术的发展和应用领域的扩大，世界各国的强震动观测还将继续发展。

观测方法 加速度与惯性力直接相关，故强震仪一般都记录地震动加速度时程。强震动观测主要关心能够引起工程结构和地面破坏的强烈地震动，而强地震的发生几率很小，因此强震仪都采用触发运行方式，仪器平时处于待机状态，当地震动达到预定强度后仪器触发开始运行。强震动观测台站普遍采取无人值守、定期检查的管理方式。

观测地面运动的台站布设在自由场地上。根据不同的研究目的，可以布设各种专用观测台阵，如断层影响台阵、场地影响台阵以及各类结构反应台阵等。

绝大部分强震仪是加速度仪，少量强震仪记录速度。强震仪分为模拟记录式强震仪和数字强震仪两类。早期采用的都是模拟记录式强震仪，目前，固态存储的数字强震仪已成为强震动观测的主流仪器。

数据处理 加速度记录的常规处理包括对未校正记录的零线校正和频响校正，计算校正加速度、速度和位移时程，计算反应谱和傅里叶谱。

模拟记录式强震仪频带窄，在记录过程中以及利用人工或机器数字化过程中都会引入许多系统和人为的误差。为此须对模拟记录进行固定基线平滑化和时标平滑化、零线调整和零线校正以及仪器频响校正。

数字强震仪的记录无须人工数字化处理，但仍应进行零线调整和仪器频响校正。

从加速度记录积分得到位移和速度时程时将出现低频漂移误差，为此要采取滤波等方法加以处理。

推荐书目

谢礼立，于双久编著. 强震观测与分析原理. 北京：地震出版社，1984.

周雍年编著. 强震动观测技术. 北京：地震出版社，2011.

qiangzhendong guance yiqi

强震动观测仪器（strong motion observation instrument） 用于观测和记录强地震地面运动和结构地震反应的仪器。

为获取强地震时地面运动和结构反应记录，须设计和架设专门的仪器进行观测，为科学研究和抗震设计提供定量的基础数据。强震动观测仪器主要有观测地震动和结构反应全过程的强震动仪和测量地震动强度（烈度）的烈度计两类。

qiangzhendongyi

强震动仪（strong motion accelerograph） 测量强地震地面运动和工程结构地震反应时程的仪器，简称强震仪。由于大部分强震仪记录加速度，因此一般强震动仪即指强震动加速度仪。

仪器构成与特点　模拟记录式强震仪由拾振器（传感器）、触发装置和记录器组成，记录器包括记录装置、时标系统和电源系统等。数字强震仪由加速度传感器和记录器组成，记录器包括数据采集单元、触发单元、存储单元、计时单元、通信单元、控制单元、显示单元和电源单元。强震动仪一般采用三分量传感器，分别测量一个垂直方向和两个互相正交的水平方向的加速度。

强震动仪与一般地震仪的不同点在于：①以测量加速度为主；②平时处于待机状态，当地震动强度达到设定的阈值后自动触发记录；③要求记录地震动强度的范围尽可能大，即需要较大的动态范围；④通频带宽。

仪器分类　分为模拟记录式强震仪和数字强震仪两大类。模拟记录式强震仪按记录方式不同分为机械记录式强震仪、光记录式强震仪、电流计记录式强震仪、模拟磁带记录强震仪。数字强震仪包括数字磁带记录强震仪和固态存储数字强震仪。

机械记录式强震仪用笔将地震动时程记录在有时间标记的记录纸上；光记录式强震仪将拾振器摆的运动用光学杠杆放大，记录在感光胶片上；电流计记录式强震仪将摆体的机械运动转换成电信号记录在感光纸上；模拟磁带记录强震仪将地震动时程记录在磁带上，再用专门的回放设备回放处理。模拟记录式强震仪的主要缺点是动态范围小、频带窄，记录丢头，记录数字化处理困难。所谓"记录丢头"，是指仪器在地震动达一定阈值时才能触发，之前的信号记不到，连同仪器开机的延时，将丢失更多的信息。

数字强震仪是将传感器输入的地震动模拟量转换成数字信号记录在磁带或固态存储器上，其优点是动态范围大、频带宽，记录保存和处理方便，不存在丢头问题。固态存储数字强震仪现已成为强震动观测的主流仪器。

性能指标　两大类强震仪性能指标如下。

（1）模拟记录式强震仪性能指标。

灵敏度。强震仪在单位输入量时的输出量。模拟强震仪灵敏度单位一般为 mm/g，g 为重力加速度。

频率响应。包括幅频响应和相频响应。

动态范围。通常直接以能测量的最小加速度至最大加速度的范围（量程）表示。电流计记录式强震仪和光记录式强震仪的动态范围一般为 0.01～1.0 g。

（2）数字强震仪技术指标。

灵敏度。加速度传感器输出与输入之比，单位为 V/g，V 为伏特。

满量程。加速度传感器的满量程输出和记录器的满量程输入。

频率响应。记录器和加速度传感器的幅频响应和相频响应。

动态范围。满量程输出值和噪声均方根值之比的常用对数与 20 的乘积，记为 d，单位为 dB（分贝）：

$$d = 20\lg(V/n)$$

式中：V 为加速度计满量程输出电压有效值或记录器在满量程输入正弦信号下的输出采样有效值；n 为加速度计噪声均方根值或记录器噪声均方根值。力平衡式加速度计的动态范围一般在 120 dB 以上，记录器的动态范围应不小于

90 dB。

线性度。加速度传感器在不同输入加速度时的灵敏度变化。

噪声。加速度传感器和记录器在无输入状态下的输出。

采样率。一般应有 50 sps，100 sps，200 sps，400 sps 四档供选择（sps 为每秒采样点数）。

触发方式。应具备阈值触发、长短项平均的差值与比值触发、定时触发、手动触发等多种方式。差值与比值触发利用信号的短时平均（STA，地震信号的瞬时振幅）与长时平均（LTA，相同时段记录的平均值），连续计算这两个值的差值和比值，如果超过给定的触发阈值，则启动记录。这可以更有效地识别地震动信号，区分诸如爆破等高峰值、短持时信号，与单独幅值触发方法相比，可减少误触发和便于分辨地震的不同类型。使用差值触发或比值触发，取决于 LTA 值；当 LTA 值大于临界值参数（高精度强震仪临界值参数取满量程的万分之一）时使用比值，反之使用差值。一般要求触发前的预存储时间应达 5 s。

静态耗电。强震仪待机状态消耗的电流。

守时精度和校时精度。内部时钟的精度和通过全球定位系统（GPS）对其校时的精度。

dianliuji jilushi qiangzhenyi

电流计记录式强震仪（galvanometer record strong motion accelerograph）　将拾振器摆体的机械运动转换成电信号推动镜式电流计转动记录地震动的强震动仪（图1）。

图 1　RDZ1 - 12 - 66 型强震仪

工作原理　将动圈式拾振器摆体的机械运动转换成电信号输入高频电流计，电流计线圈通入变化的电流后与磁场相互作用产生力矩，使固定在线圈上的镜片发生转动，专设的光源照射到镜片上，利用镜片的反射光束将电流计的转动在感光纸上记录下来。电流计镜片反射光点在照相纸上的位移与测点运动的加速度成正比。

仪器构成　电流计记录式强震仪由三部分组成。

（1）触发控制系统。以 RDZ1 - 12 - 66 型强震仪为例。平时电机处于等待状态，地震时机械触发器的触点闭合，接通电机和其他电路，用凹凸轮和继电器组合，控制机器运转。只要地震动强度能使触发器的触点闭合，则仪器继续运行。

（2）拾振器。RDZ1 - 12 - 66 型强震仪的拾振器采用速度摆。

（3）记录系统。图 2 为 RDZ1 - 12 - 66 型强震仪记录器的光路原理图。光源灯泡 1 发出的光线经光源透镜 2 后，呈狭长光带照在电流计上，经电流计的反光镜 4 和透镜 3

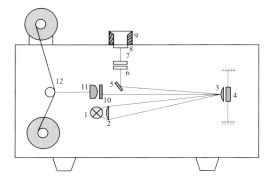

图 2 RDZ1-12-66型强震仪记录器光路图

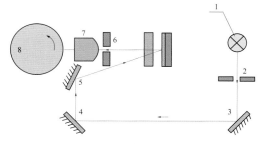

图 2 GQⅢ型强震仪的记录系统光路图

形成竖直的细光带，光带的一部分由反光镜 5 反射到毛玻璃 6 及刻度板 7 上，使用者通过观测窗 9 和防尘玻璃 8 即可看到光带。光带的另一部分经过光栅 10 由物镜 11 在感光纸 12 上聚焦成光点，从而把地震时程曲线记录下来。

guangjilushi qiangzhenyi

光记录式强震仪（optical record strong motion accelerograph）　将摆的运动用光学杠杆放大记录在感光胶片上的强震动仪。其构成如下。

（1）触发控制系统。由触发传感器、触发电路和控制线路组成。触发传感器为一竖向动圈式速度摆，当地面运动加速度值超过触发阈值时，触发传感器输出的电压经放大后使开关电路导通，从而使继电器闭合，连通马达、灯光、时标的电源，仪器运转；如果触发摆不断输出触发信号，仪器可以持续运转。

（2）拾振器。由三个动圈式加速度计组成，图 1 为加速度计结构。摆架及固定在摆架上的线圈 1 作为摆锤，通过簧片 2 与转轴 5 构成回转摆。摆的自振频率为 20 Hz，折合摆长为 10 mm，阻尼比为 0.6。线圈处于磁路 4 的气隙中。由于采用动圈式摆，因此摆的阻尼比可通过改变外接

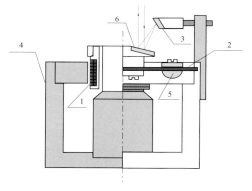

图 1 加速度计的结构

电阻调节，同时可方便地进行灵敏度、自振频率及阻尼比的测量。摆上的反光镜 6 为球面反光镜。光点的横向位置通过旋转轴 5 调节，光点的竖向位置通过旋转小反光镜 3 调节。加速度计的角位移正比于地面运动的加速度。

（3）记录系统。由马达、减速箱、储存筒、接收筒和打滑机构等组成。图 2 为 GQⅢ型强震仪的记录系统光路图。光源灯泡 1 发出的光线通过光栅 2 后，经反光镜 3、4、5 反射，分别照到三个加速度计和两个信号器上。照在加速度计上的光线由球面反光镜和小反光镜聚焦，穿过光栅 6，

最后通过物镜 7 聚焦在胶卷 8 上。

（4）时标系统。晶体振荡器信号分频后产生 2 Hz 的脉冲送至记时器，记时器偏转带动镜片将光线反射到记录胶片上形成相对时标。专门的接收机接收编码授时信号给记时器，记录在胶片上形成绝对时标。

（5）电源。仪器内部装有蓄电池，并备有充电设备。

moni cidai jilu qiangzhenyi

模拟磁带记录强震仪（analog magnetic record strong motion accelerograph）　将地震动时程的模拟信号记录在盒式磁带上的强震动仪，由记录和回放两个独立部分组成。

记录部分如下。

（1）拾振器。采用动圈伺服式加速度计传感器。

（2）触发控制器。其装置和原理与光记录式强震仪类似。

（3）放大与调制器。加速度计拾取的电信号经前置放大器放大到调制器所要求的电平，经调制和功率放大后激励磁头线圈。

（4）磁带记录器。采用四道磁头，三道记录与地震动大小成正比的电压信号，一道记录正弦信号，供回放时作相对时标信号源及带速控制之用。

（5）时标系统。由正弦波发生器产生正弦波作为相对时标。

（6）电源。由电池供电。

回放部分通过回放放大器将来自回放磁头的微弱信号放大到解调器所要求的电平。解调器和低通滤波器将调制的信号通过整形电路解调，再经低通滤波器滤除高频分量，还原为调制信号后，经输出级将低通滤波后输出的信号放大，驱动显示器或送给数字化设备进行模数转换。

shuzi cidai jilu qiangzhenyi

数字磁带记录强震仪（digital magnetic record strong motion accelerograph）　将加速度计输出的模拟量转换为数字量后记录在磁带上的强震动仪。其构成如下。

（1）拾震器。采用动圈伺服式加速度计传感器。

（2）多路信号分配器和采样保持器。对加速度计拾取的电压信号采样并保持一定时间。

（3）模数转换器。将采样信号转换为二进制数字信号。

（4）信号写入电路。将二进制数字信号转换为脉冲信号，通过写磁头写入盒式磁带。

（5）读出电路。将磁带上读出的信号经放大、整流、峰值检波等输出。

（6）监视装置。可在现场将磁带上的信号转换为模拟信号，对每个拾振器的输入是否记录于磁带上进行监视。

（7）触发装置。当地震信号达到一定量级时，启动装置将信号放大，使电源开关接通；地震信号小于某一量级且延续一定时间后，自动切断电源。

（8）时间信号系统。

由于技术进步很快，数字磁带记录强震仪开发后不久即被固态存储数字强震仪所取代。

shuzi qiangzhenyi

数字强震仪（digital strong motion accelerograph）　一般指固态存储数字强震仪，是将加速度计输出的模拟量转换为数字量后记录在存储器上的强震动仪。

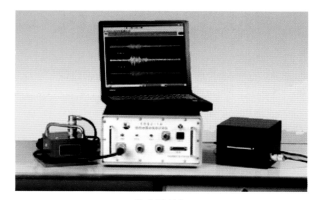

数字强震仪

数字强震仪由加速度计和记录器组成，加速度计一般采用力平衡加速度计。

记录器主要包括七个单元。

（1）数据采集单元。通过模数转换（A/D）装置将输入模拟信号转换为数字信号。

（2）触发单元。仪器的触发通常由两步控制：第一步将各通道的预存采样数据经数字带通滤波后，判别各通道是否触发，一般采用阈值触发、长时平均和短时平均的比值或差值触发两种判别方式；第二步根据各通道总的触发票数（触发权）判定仪器是否触发。另外，数字强震仪还具有定时触发和外触发功能。

（3）存储单元。存储器采用固态存储器或U盘。

（4）计时单元。由内部时钟产生绝对时间信号，通过全球定位系统（GPS）接收世界协调时信号对内部时钟校时。

（5）通信单元。同时具有本地通信和远程通信功能。可以通过RS-232接口直接与微机相连，通过计算机内安装的专用软件对记录器进行各种操作，包括参数设置、功能检查、记录回收等。也可以通过内置或外置调制解调器（modem）和市政电话线与台网中心进行远程通信，或通过网线与台网中心进行远程通信。

（6）控制单元。采用16位以上的微处理器作为系统控制的核心硬件，其固化软件具有更新升级的能力。控制单元是能同时进行数据采集和询问的多任务操作系统，能够自动识别和触发、自动存储事件记录、触发后自动接通远程通信线路、自动校时；能够显示系统的各种状态参数；能够在本地通信和远程通信两种方式下对仪器进行监控、设置和修改各种参数、对传感器进行功能测试、显示记录波形、转储事件文件等。

（7）电源单元。采用密封性能好的蓄电池供电，可用交流电自动浮充电，同时，备有外电池或太阳能供电接口。

lieduji

烈度计（intensity gauge）　记录地震动强度、模拟或计算反应谱等并可据此换算地震烈度的强震动观测仪器。

强震动仪技术复杂，价格高，大量设置比较困难。烈度计多为价格低廉、适于大量布设的强震动观测仪器，只测量地面运动的峰值或已知自振周期和阻尼比的振子反应，通过规定的方法换算为地震烈度。

1911年，俄国学者伽里津（B. Galitzin）根据不同高度矩形砌块倾倒来测量地面运动。后来日本学者末广恭二（Suehiro Kyoji）研制了由一组自振周期不同、阻尼相同的悬臂梁组成的振动分析仪，这些悬臂梁的地震反应记录在旋转的鼓筒上，可得对应的反应谱。1953年苏联麦德维杰夫研制成记录位移反应谱的单摆地震计。1955年萨瓦连斯基（E. F. Savarensky）和基尔诺斯（D. P. Kirnos）、1959年纳扎洛夫（A. G. Nazarov）研制成多摆式地震计（9个摆测量水平向运动，3个摆测量竖向运动），可获得多点反应谱值。1966年麦德维杰夫在地震计中设置一个周期为0.25 s的锥形摆，可沿任何一个水平方向自由运动，摆的运动轨迹记录在熏烟玻璃上；该地震计直接给出反应谱曲线上的一个点，摆的位移可与地震烈度建立对应关系。

随着技术进步，已经可以在数字强震仪上安装专用软件，通过对记录时程的计算分析给出地震动强度参数或反应谱，再换算为地震烈度，实现烈度速报（见仪器烈度、日本JMA台网）。由于地震烈度与地震动参数间并无确定的关系，故烈度计得出的地震烈度与根据地震烈度表评定的地震烈度有时并不一致（见地震烈度物理指标）。

qiangzhendong guance taizhan

强震动观测台站（observation station of strong motion）设置强震动仪记录地震动或结构地震反应的观测场所。

强震动观测台站有固定台和流动台两类。长期监测某一固定地点强震地面运动或工程结构地震反应的台站称为固定强震动台。固定台应布设在自由场地和重要的工程结构上，可根据特定目的按一定要求布设一群观测仪器组成观测台阵。固定台台址场地应作详细的场地测试。

流动台是为捕捉大震或强余震记录而布设的临时性台站。流动观测可以补充固定台网的不足，是获取强震动记录的重要手段之一。应视需要迅速调查收集有关地区的工程地质构造和场地条件资料，以合理选择台址。

qiangzhendong taizhen

强震动台阵（strong motion array）　根据特定研究目的专门设计布设的由多个强震动观测台站或测点组成的观测系统。

1978年国际地震工程协会（IAEE）在夏威夷召开的第一次国际强震观测台阵会议强调，孤立的单个强震动观测仪器不能提供充足的信息清楚地认识影响强地震动的因素，需要有多台仪器、二维或三维的特殊组合的台阵，才可能改善观测强地震动的精度。

1980年在台湾东北海岸罗东布设了世界上第一个采用数字强震仪的阵列组合，称强地面运动台阵台湾1号（SMART-1）；后又在花莲建立SMART-2，台阵中心还有缩尺的核电站安全壳模型；获得了许多有价值的记录。

根据目的不同，强震动台阵包括观测结构地震反应的结构反应台阵、研究震源破裂机制的断层影响台阵、研究土-结构相互作用的土-结相互作用台阵、观测场地条件对地震动影响的场地影响台阵、研究地震动空间相关性的差动台阵等多种类型。

jiegou fanying taizhen

结构反应台阵（structural response array） 在工程结构上布设强震动仪，记录结构地震反应的强震动台阵。观测目的是了解各类工程结构在实际地震作用下的反应特性和破坏机理，获取在强地震作用下的输入地震动和结构振动反应，以期建立结构物在强震作用下的合理计算模型，检验和改进现有的结构抗震设计方法。

布设结构反应台阵应选择具有代表性的典型结构物，且测点须布置在能反映结构振动特征的位置上。测点位置应选择对应各振型较大振幅的部位，尽量避免布设在振型节点处。对于大坝、桥梁等结构，除考虑结构振型外，还要针对具体问题布点。为获取真实的输入地震动，要在离结构一定距离处布设自由地面观测点。

图为美国洛杉矶范努伊斯（Van Nuys）宾馆强震观测台阵测点的布设，图中序号为记录通道的编号。

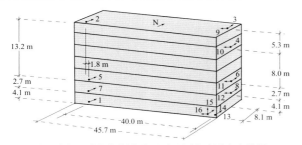

美国洛杉矶范努伊斯宾馆强震观测台阵测点布设图

结构反应台阵一般采用 12 通道以上的多通道强震动记录器，集中记录各测点传感器的输入信号。

duanceng yingxiang taizhen

断层影响台阵（fault effect array） 布设在断层附近的强震动台阵。观测目的是捕获未来大地震的近场地震动记录，用于推断震源参数或研究震源机制对地震动的影响及近场强地震动的空间分布特性，研究断层破裂及其传播过程。

为从近场记录推算震源特征参数，应使与震源无关的其他因素，如传播途径和局部场地条件可能产生的影响减到最小，这要求所有台站应尽量布设在平整的同类基岩上。

台站位置应根据发震断层类型（走向滑动型、倾向滑动型）确定。倾向滑断层破裂时两侧的岩体运动并不对称，应在断层的两侧布设台站，以观察断层两侧地震动的差异。台阵跨度与断层的长度相当，形成一个二维的矩形网格式台阵。靠近断层处的台站间距可取 2 km 左右；离断层远处间距可增大，但不宜超过 10 km。对于典型的走向滑动断层，通常在断层一侧沿断层方向和垂直断层方向分别布设台站，也可在断层两侧布设台站，如美国加州帝国谷（Imperial Valley）埃尔森特罗台阵（见速度脉冲）。

tu-jie xianghu zuoyong taizhen

土-结相互作用台阵（soil-structure interaction array） 观测强地震时结构与地基土之间相互作用的强震动台阵；

旨在记录地震时上部结构的振动和地基地震动，以期建立或验证地基土-结构系统在地震作用下的计算模型。

图为在日本东京大学地震研究所主楼布设的一个土-结相互作用台阵。

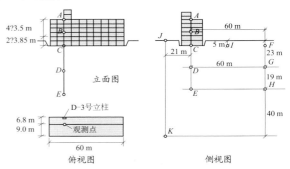

日本东京大学地震研究所主楼强震观测台阵测点布设图

该建筑为一座 5 层（部分为 6 层）的钢筋混凝土框架结构，有一层地下室。共布设了 5 种观测地震反应的仪器：①29 个应变计，布设在主体结构的 D-3 号柱上；②两个相对位移计，用以观测上部结构第 3 和第 4 层之间的相对位移变化过程；③21 个土压力计分散设置在每个柱基下面和基础挡土墙的侧面；④3 台 SMAC 型机械记录式强震仪，主要测量上部结构的底层、中层和顶层的地震反应加速度；⑤11 台电磁式强震仪，主要用来观测上部结构对地基运动的影响。

仪器沿两条竖向测线配置：第一条测线 ABCDE 是从建筑物的顶层垂直向下，直达地下 42 m 深处的地基土层中；第二条测线布置在建筑物外面距第一条测线 60 m 远的土层中，且测点 F 与 C、G 与 D 以及 H 与 E 分别安设在相同的土层深度内。测点 C，D 与 E 处的运动将直接受到上部结构振动的影响，测点 F，G 与 H 处的运动可代表自由场的振动。在这两条测线的中点以及在建筑物的另一侧，还各布设了测点 I 和 J，旨在给出上部结构对地基振动影响的衰减情况。此外，在建筑物的下方、地下 82 m 深处专门布设了一个测点 K，用该点处的地震动来代表既不受结构物振动影响，又不受地表自由面影响的作用于地基-结构系统的地基输入运动。

changdi yingxiang taizhen

场地影响台阵（site effect array） 研究场地条件对地震动影响的强震动台阵。目的是研究局部场地条件对地震动的影响，地震动沿深度的分布特征及其与不同土层的关系，以期检验和改进强地震动预测方法。

场地影响台阵主要有三类。

（1）综合场地实验台阵。选择范围较大的场地，其中包括地形起伏、土层变化等不同类型的局部场地，基岩埋深适中，且有露头；可以对比研究不同类型局部场地的影响，如同一个实验室，因此也称为场地实验室台阵。

（2）三维场地台阵。选择适当场地，分别在基岩露头、地面土层和井下不同深度布设测点，研究土层的地震反应，并据此检验和改进预测强地震动的理论计算方法。

（3）局部场地影响台阵。一般选择适当的小盆地和孤立的小山包等布设多个台站，用于研究地形起伏等局部场地条件对地震动的影响。

chadong taizhen

差动台阵 （difference motion array）　研究地震动空间相关性的强震观测台阵。

差动台阵可提供地震动特征随空间变化的信息，关于地震动相干函数的基础资料都来自差动台阵的记录。为便于分析，差动台阵的强震动仪依一定间距呈规则图形布设。如图所示，台湾的 SMART-1 台阵由 1 个中心台，36 个均

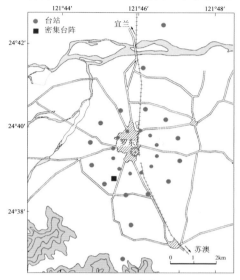

SMART-1 台阵

匀分布在半径分别为 200，1000 和 2000 m 的同心圆周上的台和其延长线上的 4 个台组成。除延长线上的 1 个台外，所有台站均布设在冲积土场地上。

qiangzhendong taiwang

强震动台网 （observation net of strong motion）　由布设于地震活动水平较高地区的固定台站或流动台站，以及服务于特定研究目的专用台阵组成的强震动观测网。

强震动台网是强震动观测最主要的技术系统，覆盖较大的区域（甚至是全国性的观测网），并设立数据收集、处理和发布中心。它的规模和质量是衡量地震工程学发展水平的重要标志。台网所获取的强震记录是研究地震动衰减规律，进行地震危险性分析、震害预测、验证和改进结构抗震分析及设计方法，确定新结构抗震设计标准和抗震措施的基础资料。地震多发国家都建立了相当规模的强震动观测台网，运行多年并不断发展，如美国 Tri-Net 台网，日本 K-Net 台网，中国数字强震动观测台网等。

强震动台网的建设要根据地震活动性强弱等因素合理布局，实现资源共享，并实行分级、分类管理。对于易出现次生灾害的重大工程，如核电站、大坝、桥梁、油田、矿山等应建设强震动观测台阵。

建设观测台网必须满足规定的技术要求，改进和开发测量仪器和数据处理技术，实行资料交流和技术共享，并用法规保障对观测环境和仪器的保护。

Zhongguo shuzi qiangzhendong guance taiwang

中国数字强震动观测台网 （digital strong motion network in China）　中国地震局在 21 个地震重点监视防御区建设的数字强震动台网。

该台网于 2007 年底建成，主要完成了以下项目。

（1）在 21 个地震重点监视防御区布设 1154 个自由场固定强震动遥测台。其中 8 个重点监视防御区的台网密度达到约每 600 km² 一个台，平均台距约 25 km；13 个重点监视防御区的台网密度达到每 800 km² 一个台，平均台距约 42 km。

（2）在北京、天津、兰州、乌鲁木齐、昆明 5 个大城市建成分别由 80 或 50 个遥测子台和 1 个速报中心组成的地震动强度（烈度）速报台网。遥测子台总数为 310 个。

（3）建成 13 个强震动观测专用台阵，包括断层影响台阵 1 个，地震动衰减台阵 2 个，场地影响台阵 2 个，地形影响台阵 1 个，典型建筑地震反应台阵 4 个，大型桥梁地震反应台阵 1 个，大型水坝地震反应台阵 2 个。

（4）建成国家强震动流动观测基地和西南、西北、东南 3 个区域强震动流动观测基地，总共配备 200 台数字强震仪。

（5）建立国家强震动观测中心和西南、西北、东南 3 个区域强震动观测中心。主要职责是汇集处理强震动记录，并承担相应区域的流动观测任务。国家强震动观测中心还建立了强震动观测仪器的检定系统，建立了国家强震动观测数据库并提供网上数据服务。

（6）编制数字强震动台网技术规程、台网监控管理和强震动数据处理分析等专用软件。

中国数字强震动台网除全部采用先进的数字强震动观测仪器外，对每个固定台站都做了详细的场地勘察，包括钻孔、波速测量和地脉动测量等。

Zhongguo shuigong jiegou qiangzhendong guance taiwang

中国水工结构强震动观测台网 （hydropower structure strong motion network in China）　中国水利部门在大坝等水工结构上设置的强震动观测台网。

台网布设目的是观测重力坝、土石坝、混凝土拱坝等大体积水工结构物在地震时的反应，检验和改进抗震设计方法。在测点布置中充分考虑了水工结构的动力特征、结构整体性、大尺度结构的空间效应以及邻近自由场地震动和坝肩两侧山体的影响。

中国水工结构强震观测经历了两个发展阶段。

第一阶段（1962—1980 年）。1962 年广东河源新丰江水库库区发生 6.1 级地震，使新丰江混凝土大坝产生水平裂缝，迫切须要研究裂缝出现的原因并提出抗震修复加固的方案。为此组织了全国性的科研协作，中国科学院工程力学研究所和中国水利水电科学研究院分别研制了七线和十线的电流式式强震仪，进行强震观测并取得若干余震加速度记录，为震害分析和工程抗震加固提供了科学依据。

第二阶段。1980 年，国家建委和国家地震局召开全国强震观测工作会议后，水工强震观测台站的建设由设计部门按照规范要求进行设计，由工程建设单位按照设计要求施工建设，最后移交工程管理单位（水库管理处或水电厂）负责运行管理，列入大坝安全监测日常工作。中国水利水电科学研究院由以往直接负责建设和管理台阵，转入强震观测技术咨询服务和对强震记录的进一步处理分析。

Zhongguo Taiwan qiangzhendong guance taiwang

中国台湾强震动观测台网 （observation network of strong motion in Taiwan，China）　中国台湾是地震频发地区，具

有获取强震记录的天然条件，一直受到台湾以及国际地震工程界的关注。台湾地球科学研究所的前身物理所地震组于1972年建立台湾地区遥测式地震监测网（TTSN）；次年建立全台湾强震仪观测网（SMA）。1980年在宜兰的罗东地区布设了世界第一个采用数字化强震仪的强震动台阵（SMART－1）。1985—1993年期间又陆续布设罗东密集强震台阵（LLSST）、花莲强震台阵（SMART－2）、花莲密集强震台阵（HLSST）和中央山脉强震台阵（CMSMA）。台北盆地还布设有多处井下强震观测台站与盆地山区强地震动观测台网。1996年台湾气象局建成台湾最大的强震动观测台网CWB台网。

停止运行的台网　下列观测台网已停止运行，但仍可提供已有资料供有关部门使用。

（1）SMA。1974年起开始运转，至1990年初约在170个地点设置强震台站；1991年起逐步撤除。在运转期间，共记录805个地震的3159组三向加速度记录。

（2）SMART－1。1980年建设于宜兰罗东，为数字强震台阵，共有37个测站。在运转期间（1980—1991年）共记录60个地震的1380组三向加速度记录。

（3）LLSST。1985年设置于台湾电力公司宜兰罗东变电所内，共有37个测站，含15台自由场强震仪、8台井下强震仪和14台结构强震仪。在运转期间（1985—1990年）共记录30个地震的978组三向加速度记录。

运行的台网　下列台网仍在运行之中。

（1）SMART－2。1990年12月开始布设于花莲地区，共有44个测站（包括40台自由场强震仪和4台井下强震仪），其分布如图所示。截至2002年3月共收录624个地震的11561组三向加速度记录。

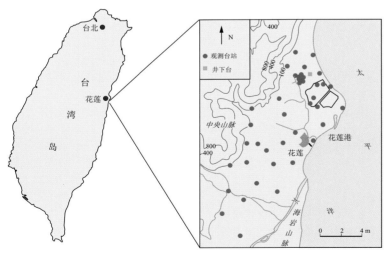

台湾SMART-2布设图

（2）HLSST。1993年布设于花莲荣民工程处大理石场，共有42个测站，含15台自由场强震仪、12台井下强震仪和15台结构强震仪。至2002年3月共收录122个地震的4743组三向加速度记录。

（3）CMSMA。1993年始建，主要布设于东西横贯公路、南部横贯公路与北部横贯公路经过的中央山脉沿线地区，最初约有30个测站正常运转。

（4）台北盆地井下强震仪台阵。1992年开始有5个台阵正常运转。

（5）台北地区强震观测网。2003年4月筹建，在北部山区选自由场址设站，2004年2月完成16个测站建站与仪器安装，并于2005年2月更新仪器。

（6）CWB台网。1996年建成，包括700台布设在自由场、56处建筑和桥梁的数字强震仪，80台短周期强震仪和61台快速提供地震震级、震中和发震时间的强震仪；所有仪器都是数字式、实时遥控管理。除山区外，强震仪间隔为3 km，是世界上强震仪密度最高的区域台网，在1999年台湾集集地震时获取了大量强震动记录。

Meiguo Tri-Net taiwang

美国Tri-Net台网（Tri-Net of America）　美国地质调查局（USGS）、加州理工学院（Caltech）和加州地质调查局（CGS）在加州共同组建的多功能强震动台网，用于地震研究、监测和预警。

该台网包括南加州地震台网（SCSN）、加州强震观测项目和USGS国家强震项目台网。主要布置了两类仪器：强地震加速度计，用来记录强地震动；宽带地震仪，用来测量中小地震。其工作目标是积累数据服务于工程和地球科学、应急反应、地震预警网络（SCAN）试验项目。

Tri-Net的三个参建单位在1960年以前独自运行各自的台网多年。1960年，加州理工学院地震工程研究实验室（EERL）与美国地质调查局合作在南加州开始运行遥感模拟地震台网，即SCSN。该台网有200多个台站，是南加州重要的地震资料来源，为加州与地震应急管理机构提供必要的信息。此后，美国地质调查局建立了有571个地震台的NSMP台网，加州地质调查局建立了有900多台地震仪的CSMIP台网。

1987年，三个机构开始实施强震观测合作项目，不断更新和增加观测台站，采用先进记录仪器和数据传输、处理技术。该台网现有强震仪2000余台，是世界上地震频发地区测站多、设备先进、效率高、用途广的强震台网。

Riben K-Net taiwang

日本K-Net台网（Kyoshin-Network of Japan）　日本防灾科学技术研究所（NIED）负责建设管理的全国性强震动台网。

日本汲取1995年阪神地震的经验，颁布了地震灾害防御特别法案，成立了地震调查研究推进本部，提出了一系列推进地震灾害预防的决策和措施，其中之一是大力加强强震动观测，促进地震工程研究和应用。为此责成有关机构制定计划予以实施。

1996年，NIED完成了K-Net网络建设，共布设1031个观测台站，平均间距20 km，使日本成为世界上强震仪布设密度最高的国家。该台网可保证日本任何地方发生7级或7级以上地震时，获得足够数量的震中区强震记录。台站设施为每个观测室面积约3 m^2，配置K-Net 95型三分量强震动仪。每个台站场地均进行了工程地质勘察，掌握了土层柱状图和剪切波速等资料。观测数据传输到筑波的NIED数据管理中心进行处理，通过网络与其他强震动观测机构交换，并向世界公布。

Riben JMA taiwang

日本 JMA 台网（JMA observation network of Japan）
日本气象厅（JMA）建立的强震动台网，含 180 个地震台的地震观测系统（EPOS）、覆盖整个日本的 600 多个地震烈度计，还有 5 个地震海啸观测系统，分别设于 6 个气象观测区内。

日本气象厅是负责地震灾害、火山喷发、海啸观测的国家机构。观测台网由地震预报、监测、应急等若干子系统构成。地震发生后可以立即处理获得的观测数据，快速发布地震震中、震级等地震信息；根据观测结果，并综合当地政府机构的 2000 多个烈度计提供的信息，在震后两分钟之内可通过媒体对公众以及防灾减灾机构迅速发布地震烈度分布图。

qiangzhendong shuju chuli

强震动数据处理（strong motion data processing）　将强震动观测记录数字化，并进行误差校正和常规分析计算等数据处理的过程。

模拟强震仪记录地震动模拟波形，仪器本身和记录数字化过程都会产生误差，数据处理复杂。数字强震仪远比模拟强震仪先进，通频带宽，无须进行人工数字化处理，许多产生误差的因素得到克服，数据处理方便。

误差产生原因　强震动仪记录的原始记录数据产生误差的主要原因如下。

（1）仪器失真。由于仪器设计和制作都不会达到理想条件，因此会产生各种类型的误差。如频响特性平直段不够宽，仪器的机械、传动和记录系统引起的误差等。

（2）数字化误差。模拟记录要通过人工读数，或用自动和半自动数字化仪进行数字化处理，由于记录迹线粗细不均匀、人为读数误差和数字化仪系统误差等都会影响数字化精度。

（3）零线误差。模拟强震仪各记录迹线零位不准确，记录纸或胶卷在记录过程中产生横向运动，冲洗过程中可能产生变形，都会使记录零线产生误差。

数字强震仪由于加速度计零位电压一般难以调至零，其记录的零线也须调整。

数据处理内容　模拟强震记录常规处理分析包括对原始模拟记录数字化、固定基线平滑化和时标平滑化以及零线调整等处理，产生未校正加速度记录；再经过仪器频响校正和零线校正等得到校正加速度记录。

数字强震记录常规处理分析包括对原始记录零线调整产生未校正加速度记录，再经过高通滤波和仪器频响校正等得到校正加速度记录，从加速度记录积分计算得到速度和位移时程，最后计算反映地震动频谱特性的傅里叶谱和 5 个不同阻尼比的反应谱。

moni jilu shuzihua

模拟记录数字化（digitizing of analogue record）　将模拟信号转换为离散数字信号的处理过程。

模拟强震仪得到的记录称为模拟信号，表现形式为连续变化的、在磁带等存储器内的电信号，或在胶卷、感光纸上记录的曲线。为进行数据处理或数值计算，须将其转换为离散数据，即按照一定的时间间隔量取信号的数值。

时间间隔 Δt 称为采样间隔，$1/\Delta t$ 称为采样频率。数字化可以采用等时间间隔或不等时间间隔采样，后者可在信号变化剧烈时段加密采样以反映地震动的高频变化。

对模拟磁带记录的数字化处理由专用的模数转换（A/D 转换）器完成，对胶卷或感光纸的模拟记录曲线则用专用的半自动或全自动数字化仪完成。

常用半自动数字化仪配有读数平台，设有可在平面上自由移动的带有放大镜的定标器，将它的十字丝对准模拟记录曲线，然后按动采样键，可把坐标值借助模数转换器转换成数字记录。这种半自动数字化操作通常会产生人为随机误差和系统性误差。

常用的全自动数字化设备是激光扫描仪。它采用激光扫描和图像识别技术，对胶卷记录连续不断扫描，遇到记录信号时，能自动识别对应点的坐标值并转换成数字后存入计算机。数字化过程是先扫描胶片，生成黑白位图文件，再作图像处理（旋转、底色处理、拼接等），然后采用专用软件数字化。在此基础上通过计算机的应用软件作进一步处理，如长胶片的拼接处理、格式转换、显示打印处理后的波形曲线、存储为标准格式文件等。此法较之需人工处理的半自动数字化读数误差小。

guding jixian pinghuahua

固定基线平滑化（smoothing of fixed trace）　对强震动仪记录系统机械走速不匀、记录纸或胶卷变形等原因造成的读数误差进行的校正处理。

一般模拟记录均有一条固定迹线，称为固定基线或简称基线。基线应当是直线，但实际上因记录纸或胶卷在卷动过程中的横向移动以及冲洗处理产生变形等原因会引起偏差。为此首先要对固定基线作平滑化处理。在对记录读数时，同时对基线以 0.25 s 左右间隔读数，并在每三个相邻点上作加权平均平滑化处理。在等间隔取样时，平滑化后的值为

$$y(t_i) = \frac{1}{2} y_0(t_i) + \frac{1}{4} \left[y_0(t_i + \Delta t) + y_0(t_i - \Delta t) \right]$$

式中：t_i 为第 i 个取样时刻；$y_0(t_i)$ 为原采样值；Δt 为采样间隔。对不等间隔取样，只须将加权因子 1/4，1/2，1/4 改为与相邻两点对该点距离成反比的值，此时平滑化后的值为

$$y(t_i) = \frac{1}{2} y_0(t_i) + \frac{1}{4} \times \frac{t_{i+1} - t_i}{t_{i+1} - t_{i-1}} y_0(t_{i+1})$$
$$+ \frac{1}{4} \times \frac{t_i - t_{i-1}}{t_{i+1} - t_{i-1}} y_0(t_{i-1})$$

因为固定基线与记录零线是平行的，从加速度迹线读数值中减去平滑化后的固定基线值，就消除了记录纸横向移动和变形所引起的偏差，同时，也可消除由于记录纸在数字化仪台面上放置位置与台面横轴不完全平行所引起的误差。

shibiao pinghuahua

时标平滑化（smoothing of time code）　对强震动仪时标因机械走速不匀、记录纸或胶卷变形等原因造成的时标读数误差所进行的校正处理。

模拟记录中的时间信号称为时标。时标因记录纸或胶

卷在卷动过程中的横向移动以及冲洗处理变形等原因产生偏差。校正方法是以一定间隔对时标读数，并在每三个相邻点上作加权平均平滑化处理。处理方法与固定基线平滑化类似。

lingxian tiaozheng

零线调整（adjusting of zero baseline）　对强震动模拟记录的零线误差进行的校正处理。

强震记录中幅值为零的各点集合为直线，称为零线，基于零线才能读取正确的记录数值。早期模拟记录没有记录零线，或者由于记录纸传动机构中的横向走动、感光介质经化学溶液处理后变形等使记录零线走样。又由于在半自动化数字化仪读数时的读数基轴可能与零线有一定的平行距离或倾斜，这样会将零线的误差带入读数，这种误差同样须要调整。

为尽量抑制零线变形带来的误差，采用两个步骤处理：先通过记录的固定基线消除因记录介质变形和读数基轴偏移产生的误差，再通过适当平移调整零线位置；如图。

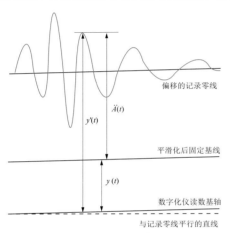

（a）固定基线与读数基轴误差校正处理

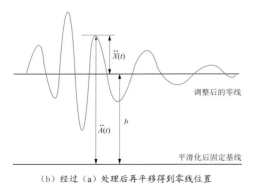

（b）经过（a）处理后再平移得到零线位置

零线调整示意图

一般模拟记录都有一条固定基线，此基线与实际记录零线是平行的，如图（a）所示，从记录读数中减去平滑化后的固定基线读数（见固定基线平滑化），既可以消除记录介质横向移动和变形以及数字化仪的系统误差，也可消除数字化仪读数基轴与记录零线存在转角所产生的误差。若基于数字化仪读数基轴读得的平滑后基线读数为 $y(t)$，对记录的读数为 $y'(t)$，两者之差 $\ddot{A}(t) = y'(t) - y(t)$ 代表以平滑后固定基线为横坐标轴的记录波形读数，t 为时间变量。此

时零线和固定基间还有一个平移偏差。

设 b 为固定基线与零线间平移偏差（图 b），基于调整后零线的记录读数为 $\ddot{X}(t)$，则 $\ddot{A}(t) = \ddot{X}(t) + b$。应用零终速度法（即地面运动最后的速度应为 0 的条件）消除这个平移量。假定初速度为 0，则真速度值为

$$\dot{X}(t) = \int_0^T \ddot{X}(t)\,\mathrm{d}t = \int_0^T \left[\ddot{A}(t) - b\right]\mathrm{d}t$$

式中：T 为记录持续时间。根据终速度为 0 的条件 $\dot{X}(t) = \int_0^T \ddot{A}(t)\,\mathrm{d}t - bT = 0$ 有

$$b = \frac{1}{T}\int_0^T \ddot{A}(t)\,\mathrm{d}t$$

将读数 $\ddot{A}(t)$ 减去 b 可得 $\ddot{X}(t)$。此条件相当于位于零线上方和下方加速度曲线所围面积相等。

假定初速度为 0 可近似认为是合理的，但是由于实际的模拟加速度记录往往丢头，此时起点速度一般不为 0，由此产生的失真可通过零线校正处理。

lingxian jiaozheng

零线校正（baseline correction）　对强震动仪读数等随机误差引起零线畸变的校正处理。

零线调整是针对零线平移和偏转误差的处理，其他如读数随机误差、记录纸的畸变等，也会给记录零线带来各种高频和低频的干扰，故还须进行相应的零线校正。图（a）表明高频数字噪声的影响，它会导致记录曲线的斜率（微分）变化，甚至改变符号；图（b）表明零线长周期漂移的影响，它会对积分求速度和位移带来很大误差。

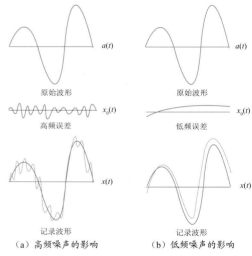

（a）高频噪声的影响　　（b）低频噪声的影响

加速度记录数字化过程中的高低频误差

零线校正方法如下。

零终值条件法　实际零线因各种误差可能变化很复杂，可用高次多项式近似表示，例如设为三次曲线

$$x_0(t) = A_0 + A_1 t + A_2 t^2 + A_3 t^3 \qquad (1)$$

读数值 $x(t)$ 从基轴算起，为实际记录时程 $a(t)$ 与零线值 $x_0(t)$ 之和。如果得到式（1）中的各系数，可求实际记录值

$$a(t) = x(t) - (A_0 + A_1 t + A_2 t^2 + A_3 t^3) \qquad (2)$$

系数 A_0，A_1，A_2，A_3 根据振动结束时位移、速度、加速度为 0、初始加速度为 0 等四个条件求得。由于零线用近似公式表示，式（2）得到的也是近似的实际记录（校正记录）。

实际上地震动结束时可能产生永久位移，估计永久位移也有误差，因此计算结果不好检验，故此法有局限性。

最小均方速度法　若假设零线为抛物线，则校正后的值为

$$a(t) = x(t) - (A_0 + A_1 t + A_2 t^2) \quad (3)$$

为确定其中的系数，采用使原记录读数的均方速度为最小的条件约束，即使积分 $\int_0^T [\dot{a}(t)]^2 \mathrm{d}t / T$ 为最小，T 是强震记录持续时间。积分式(3)得到速度，令初始速度为0，得积分常数为0。代入约束条件，对系数 A_0，A_1，A_2 分别求偏导数，令其为0求最小值，可解得系数。如果初始速度不为0，则在求均方速度最小过程中加上对积分常数求偏导数并使其为0的条件。

用均方速度最小作为约束条件并没有物理根据，但可避免使用初始条件或终了条件，方法简便，且用抛物线近似零线相当于对二倍持时的长周期有滤波作用。但此法也可能滤去有用信息。

yiqi pinxiang jiaozheng

仪器频响校正（instrument response correction）　将强震仪频响特性的非平直段部分修正为平直段。随仪器类型不同，校正的方法也有差别。

模拟强震仪的仪器频响校正　常用的处理方法如下。

直记式加速度仪的高频校正　该仪器拾振摆的相对位移表示地震动加速度，摆的运动方程为

$$\ddot{x}(t) + 2D_0 \omega_0 \dot{x}(t) + \omega_0^2 x(t) = -\ddot{z}(t) \quad (1)$$

式中：$x(t)$，$\dot{x}(t)$，$\ddot{x}(t)$ 分别为加速度摆的相对位移、相对速度和相对加速度时程；D_0 为阻尼比；ω_0 为摆的自振圆频率；$\ddot{z}(t)$ 为观测点地震动加速度时程。由加速度计的频响曲线特性（见频响特性）可知，当地震动频率小于摆的自振频率时，式(1)左边前两项可忽略，摆相对位移和地表加速度成线性关系；当地震动频率接近摆自振频率时，近似关系会造成误差。对此有两种处理方法。

（1）微分法。用记录得到的相对位移 $x(t)$ 微分得到 $\dot{x}(t)$ 和 $\ddot{x}(t)$ 代入到方程(1)中求 $\ddot{z}(t)$。由于微分计算将引起高频误差，为此应先对 $x(t)$ 作低通滤波，滤波的截止频率要使感兴趣频段的误差在允许范围内。

（2）假想摆法。假定另有一个假想的摆，自振频率为 ω_k，比 ω_0 要高，阻尼比为 D_k，该摆满足运动方程

$$\ddot{y}(t) + 2D_k \omega_k \dot{y}(t) + \omega_k^2 y(t) = -\ddot{z}(t) \quad (2)$$

式中：$y(t)$，$\dot{y}(t)$ 和 $\ddot{y}(t)$ 分别为假想摆的相对位移、相对速度和相对加速度。

联立式(1)和式(2)，用拉普拉斯变换解得

$$y(t) = x(t) + \frac{2(D_0 \omega_0 - D_k \omega_k)}{\omega_0^2} \dot{y}_a(t)$$

$$+ \frac{\omega_0^2 - \omega_k^2}{\omega_0^2} y_a(t) \quad (3)$$

式中：$y_a(t)$ 和 $\dot{y}_a(t)$ 为假想摆在 $\omega_0^2 x(t)$ 作用下的反应。

将 $y(t)$ 代入式(2)求得 $\ddot{z}(t)$。由于可将假想摆的自振频率 ω_k 设得很高，故在感兴趣频段失真小，可得比实际摆更好的高频响应。

电流计式强震仪的振幅失真校正　采用速度摆配接电流计记录加速度，其运动方程为

$$\ddot{\theta}(t) + 2\omega_1 D_1 \dot{\theta}(t) + \omega_1^2 \theta(t) = -\frac{1}{l}\ddot{z}(t) + 2\omega_1 D_1 \sigma_1 \varphi(t) \quad (4)$$

$$\ddot{\varphi}(t) + 2\omega_2 D_2 \dot{\varphi}(t) + \omega_2 \varphi(t) = 2\omega_2 D_2 \sigma_2 \quad (5)$$

式中：$\theta(t)$，$\varphi(t)$ 分别为摆体和电流计镜片相对于平衡位置的角位移；ω_1，ω_2 分别为摆体和电流计的自振圆频率；D_1，D_2 分别为摆体和电流计的阻尼比；l 为摆的折合摆长；σ_1，σ_2 为耦合系数；$\ddot{z}(t)$ 为地震动加速度。

耦合系数的影响很小，可略去不计；由于电流计自振频率远大于工程中感兴趣的频率，故电流计引入的误差也可略去不计。对于有限的频段（如 $0.5 \sim 35$ Hz），速度摆的相对速度与地面地震动加速度近似成正比，超出这个频段须按下述方法校正。

（1）微分-积分法。类似上述微分法，对 $\dot{\theta}(t)$ 作一次微分得 $\ddot{\theta}(t)$，作一次积分得 $\theta(t)$，然后代入式(4)求解 $\ddot{z}(t)$。同样，为尽量减少微分和积分带来的高频和低频误差，事先要进行低通和高通滤波，即带通滤波；低频截止频率要考虑感兴趣的频段，并注意使误差控制在允许的范围内。

（2）假想摆法。与前述方法原理相同，假想摆的参数可灵活选择，使记录的通频带加宽，或满足对特殊频段的要求。

数字强震仪的仪器频响校正　数字强震仪一般采用差容式力平衡传感器。早期数字强震仪的传感器（如 FBA-3 三分量力平衡加速度计）的频带范围较窄，一般在 $0 \sim 30$ Hz，必要时应进行校正，方法与模拟强震仪相同。现在普遍使用的力平衡加速度计频带范围在 $0 \sim 80$ Hz 左右，已满足了使用要求，无须进行仪器频响校正。

pinxiang texing

频响特性（frequency response character）　测振仪器动力系统的振幅和相位变化特性，表示在不同频率振动分量作用下仪器输出的振幅放大和相位延迟。

测振仪工作原理　所有测量动力特性的仪器都要求在尽可能宽的频带内放大倍数均一，相位不畸变。以直记式强震仪为例，惯性质量（摆体）、弹簧悬垂线和电磁阻尼器组成拾振器摆（图1），记录单方向水平振动。地震动带动

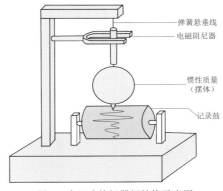

弹簧悬垂线
电磁阻尼器
惯性质量（摆体）
记录鼓

图1　直记式拾振器摆结构示意图

外壳运动，摆体与外壳间作相对运动，由摆体连接的笔在记录鼓上直接记录相对位移。测量目的是通过摆体的相对运动反映地面的运动量，但由于存在弹簧和阻尼，笔的运动和地面运动有差别。

单自由度弹性系统在地震动作用下的运动方程为

$$m\ddot{x}(t) + c\dot{x}(t) + kx(t) = -m\ddot{y}(t) \quad (1)$$

式中：m 为系统质量；c 为阻尼常数；k 为弹簧刚度；$x(t)$，$\dot{x}(t)$，$\ddot{x}(t)$ 分别为质点的相对位移、相对速度和相对加速度时程；$\ddot{y}(t)$ 为地表加速度。当地震动为谐波时，位移、速度、加速度分别为 $y(t)=a\mathrm{e}^{\mathrm{i}\omega t}$，$\dot{y}(t)=\mathrm{i}a\omega\mathrm{e}^{\mathrm{i}\omega t}$，$\ddot{y}(t)=-a\omega^2\mathrm{e}^{\mathrm{i}\omega t}$；$\omega=2\pi f$ 为振动圆频率，f 为频率，i 为虚数单位。

求解方程得到摆体质量相对位移的解为

$$x(t)=\frac{a\mathrm{e}^{\mathrm{i}\omega t}(\omega/\omega_0)^2}{1-(\omega/\omega_0)^2+2\mathrm{i}h(\omega/\omega_0)} \qquad (2)$$

式中：$\omega_0=\sqrt{k/m}$ 为摆体自振频率；$h=c/(2m\omega_0)$ 为阻尼比。摆体相对速度为 $\dot{x}=\mathrm{i}\omega x(t)$，相对加速度为 $\ddot{x}=-\omega^2 x(t)$。测量地面运动量有三种选择：位移、速度和加速度。

位移计的频响特性 以摆体的相对位移 $x(t)$ 表示地面位移 $y(t)$，二者之比为

$$x(t)/y(t)=\frac{(\omega/\omega_0)^2}{1-(\omega/\omega_0)^2+2\mathrm{i}h(\omega/\omega_0)}=H_{\mathrm{d}}(\omega) \qquad (3)$$

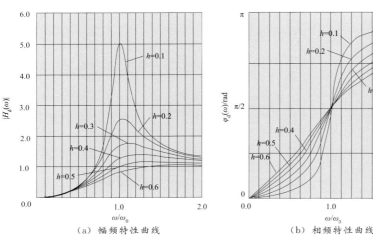

（a）幅频特性曲线　　　　（b）相频特性曲线

图 2　位移计频响曲线

$H_{\mathrm{d}}(\omega)$ 就是位移计的频率响应特性，它的模 $|H_{\mathrm{d}}(\omega)|$ 表示测量值（摆体相对位移）对地面位移的放大倍数，幅角 $\varphi_{\mathrm{d}}(\omega)$ 表示每个频率分量相位的变化：

$$|H_{\mathrm{d}}(\omega)|=\frac{(\omega/\omega_0)^2}{\sqrt{[1-(\omega/\omega_0)^2]^2+(2h\omega/\omega_0)^2}} \qquad (4)$$

$$\varphi_{\mathrm{d}}(\omega)=\arctan\{(2h\omega/\omega_0)/[1-(\omega/\omega_0)^2]\} \qquad (5)$$

图 2 为式（4）和式（5）的图形，分别称为幅频特性曲线和相频特性曲线，合称为频响曲线。输入幅值不变，仪器记录幅值随振动频率变化，两者之比称为幅频特性；幅频

特性平直表示记录到的不同频率的地震动放大倍数相同。记录的相位随振动频率的变化称为相频特性，表示记录的不同频率成分的相位与地震动的相位差。由图 2（a）可见，在 $\omega/\omega_0\gg1$ 时，放大倍数接近 1，这正是测量所要求的。因此对位移计来说，摆体的自振频率越小，不失真的测量范围越宽。

速度计的频响特性 以摆体的相对位移 $x(t)$ 表示地面运动速度 $\dot{y}(t)$，二者之比为

$$x(t)/\dot{y}(t)=x(t)/(\mathrm{i}a\omega\mathrm{e}^{\mathrm{i}\omega t})$$
$$=\frac{-\mathrm{i}(\omega/\omega_0)^2}{\omega[1-(\omega/\omega_0)^2+2\mathrm{i}h(\omega/\omega_0)]}$$
$$=\frac{1}{\omega_0}H_{\mathrm{v}}(\omega) \qquad (6)$$

式中：$H_{\mathrm{v}}(\omega)=\dfrac{-\mathrm{i}(\omega/\omega_0)}{[1-(\omega/\omega_0)^2+2\mathrm{i}h(\omega/\omega_0)]}$ 为速度计频响特性，表示摆体相对速度与地面运动速度之比。图 3 为速度计幅频特性曲线（相频特性曲线同图 2b）。由图可见，在接近摆体自振频率附近且阻尼比很大时，摆体相对速度与地面运动速度之比接近常数。速度计阻尼大，测量频带宽但放大倍数小。一般情况下应使摆体自振频率为测量频段高低频限 ω_2 和 ω_1 的几何平均值，即 $\omega_0=\sqrt{\omega_1\omega_2}$，速度计的测量范围在摆体自振频率附近。

加速度计的频响特性 以摆体相对位移 $x(t)$ 测量地面运动加速度 $\ddot{y}(t)$，二者之比为

$$x(t)/\ddot{y}(t)=x(t)/(-a\omega^2\mathrm{e}^{\mathrm{i}\omega t})$$
$$=\frac{-1/\omega_0^2}{1-(\omega/\omega_0)^2+2\mathrm{i}h(\omega/\omega_0)}$$
$$=\frac{1}{\omega_0^2}H_{\mathrm{a}}(\omega) \qquad (7)$$

式中：$H_{\mathrm{a}}(\omega)=\dfrac{-1}{1-(\omega/\omega_0)^2+2\mathrm{i}h(\omega/\omega_0)}$ 为加速度计的频响特性，表示摆体相对加速度与地震动加速度之比，图 4 为加速度计幅频特性曲线（相频特性曲线同图 2b）。由图可见，在 $\omega/\omega_0<0.4$ 时，$|H_{\mathrm{a}}(\omega)|$ 近似为 1，故摆体相对位移与地面运动加速度之比为常数 $1/\omega_0^2$，例如取 $h=0.6\sim0.7$，此频段内放大倍数相差在 1.3% 以内。这表示测量地震动加速度应尽量提高摆体的自振频率，以使放大倍数为常数的测量范围更宽。但自振频率过高，放大倍数减小。

类似地可以用摆体相对速度或相对加速度测量地震动三个运动量，或用摆体绝对运动量（相对运动加牵连运动）测量地震动。

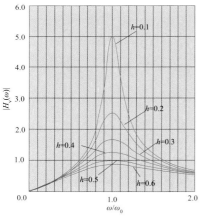

图 3　速度计幅频特性曲线

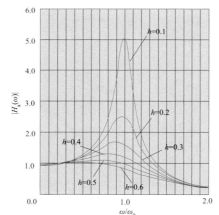

图 4　加速度计幅频特性曲线

shuzi jilu dipin wucha jiaozheng

数字记录低频误差校正（low frequency error correction of digital accelerogram）　对数字强震仪记录中低频噪声的校正处理。

数字强震仪有因仪器制作或操作带来的低频误差，为使数字强震记录拓宽低频范围，要将低频噪声滤除。

低频噪声来源　主要是仪器噪声和场地背景噪声。仪器噪声主要有电子噪声，是因采样率和分辨率不足引起的误差，或传感器材料和电路的微小磁滞效应以及其他不明原因引起的噪声。场地背景噪声来自各种环境振动，包括海洋波浪、风及各种人为活动等，其频率范围很广，基本上接近于白噪声。

仪器噪声和场地背景噪声很难分离，通过台站噪声监测记录的分析可得该台站的综合噪声水平和频谱。数字强震仪记录中地震信号前的记录部分实际上就是该台仪器的仪器噪声和场地背景噪声的综合反映，计算噪声记录和地震波记录的傅里叶谱，可比较不同频率成分的噪声水平和地震信号水平（信噪比）。

典型的数字强震仪地震动加速度记录与相应的噪声记录的傅里叶幅值谱 $|F(\omega)|$ 的比较如图所示。由图可见，噪声傅里叶谱幅值在频率 f 高于 0.1 Hz 后开始减小。一般说来，在高低频两端，地震动谱幅值逐渐下降，直至与噪

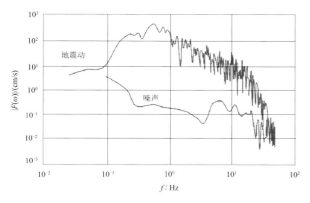

地震动与噪声傅里叶谱的比较

声谱幅值相当，此时已无法从地震记录中获得可靠的信息。应根据信噪比水平选择高通数字滤波的截止频率。滤波时相同频段的地震信号也被滤除，但因此时信噪比很小，即使保留也无法利用。

低频校正的步骤　低频校正须按以下程序进行。

（1）零线调整。可由原始加速度记录减去地震信号前记录部分的平均值；如果没有地震信号前记录部分可用，可由原始加速度记录减去记录全长平均值，或者用最小二乘法调整零线。

（2）对零线调整后的加速度记录用巴特沃斯滤波器作双向高通滤波。双向的含义是用互为共轭的滤波器滤波以达到零相移的效果。截止频率可通过噪声记录与地震记录的傅里叶谱分析确定，把噪声信号谱值接近或超过记录信号谱值时的频率作为高通截止频率。如果没有噪声记录可用或噪声记录太短，则可根据经验选定一个或几个截止频率进行试算，从最后得到的位移曲线的零线漂移是否消除来判定合适的截止频率，通常要试算多次。

在周期 10 s 左右，噪声谱值接近或超过记录信号的谱值（见图），故应滤去周期约为 10 s 以上的长周期分量。

（3）将滤波后的加速度积分得到速度和位移，考察速度和位移时程曲线是否有漂移，判断是否要调整滤波的低频截止频率或改变滤波器的阶数重新滤波。

巴特沃斯滤波器（Butterworth filter）　一种幅频特性比较平直的低通滤波器。

巴特沃斯滤波器的频响特性用下式表示：

$$A^2(\omega) = H(\omega)H^*(\omega) = \frac{1}{1+(\omega/\omega_c)^{2n}}$$

式中：ω 为圆频率；ω_c 为截止频率；n 为滤波器的阶数；$H(\omega)$ 为滤波器的传递函数，即滤波器的系统响应函数，$H^*(\omega)$ 为其共轭函数。传递函数是频域中滤波器输入信号与输出信号之比。

巴特沃斯滤波器的幅频特性曲线如图所示，$|H(\omega)|$ 即为放大倍数。在截止频率 ω_c 以内幅频曲线平直，无波纹效

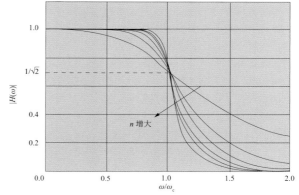

巴特沃斯滤波器幅频特性曲线

应；因在 $\omega=0$ 处直到 n 阶导数都为 0，故亦称最大平坦滤波器。所有不同阶的巴特沃斯滤波器在截止频率处的放大倍数为 $1/\sqrt{2}$，相当于 3 dB 的衰减。阶数 n 越大，频响曲线平直段越宽，且放大倍数从 1 降到 0 的过渡带越陡，越接近频响曲线为矩形的低通滤波器。该滤波器的性能比较容易控制，且离散化计算引起的误差相对较小。

巴特沃斯滤波器只规定了滤波器的幅频特性。二阶以上相位的非线性偏移可用双向滤波方法校正，即用 $H^*(\omega)$ 作为滤波器再进行一次滤波，使相位偏移抵消达到零偏移。

按要求设计好模拟滤波器后，可据此方便地设计相应的数字滤波器。

巴特沃斯滤波器的传递函数是连续函数，使用方便，应用较多。

欧姆斯拜滤波器（Ormsby filter）　一种近似的理想滤波器，可由设计的传递函数直接构建。

以带通滤波器为例，近似理想的传递函数为

$$H(\omega) = \begin{cases} 0 & |\omega| > \omega_T \\ 1 & |\omega| \leqslant \omega_c \\ \left[\dfrac{1}{\omega_T - \omega_c}\right]^p (\omega + \omega_T)^p & -\omega_T \leqslant \omega < -\omega_c \\ \left[\dfrac{1}{\omega_T - \omega_c}\right]^p (\omega - \omega_T)^p & \omega_c < \omega \leqslant \omega_T \end{cases}$$

式中：ω_c 和 ω_T 分别为滤波器过渡带的下限和上限频率。上式表示滤波器的幅频特性在 $(-\omega_c, \omega_c)$ 之间是数值为 1 的平直线，在 $\omega < -\omega_T, \omega > \omega_T$ 处是 0；过渡带宽 $(\omega_T \sim \omega_c)$，幅值衰减形式为多项式，p 为滤波器阶数，$p=1$ 为直线下降。照

此原则还可以构建其他如余弦过渡等各种下降形式的滤波器。该滤波器设计参数为截止频率、过渡带宽度和下降形式，同理可以构建欧姆斯拜低通或高通滤波器。

由于欧姆斯拜滤波器给出的幅频曲线是分段函数，其平直段与过渡带接头处不够平滑，因而离散计算会带来误差。欧姆斯拜滤波器主要在早期使用。

qiangzhendong shujuku

强震动数据库（strong motion database） 强震动记录及强震动观测台站资料的数据库系统。

强震动数据库中的数据分为三类：强震动原始数据、强震动属性数据和强震动产品数据。为了完善检索系统功能，方便管理服务，用户信息等也被视为检索系统的数据。

强震资料根据特征属性，采用多个子库存储，即将各强震子库特有属性分别存储在各自的表中，可以节省存储空间和减少数据录入的工作量。在系统运行中，利用各子库之间相联系的关键字段构成一个动态的数据库。

数据库检索系统有不同的结构，可以采用集中式或分布式数据库系统。前者如采用超大容量计算机集中存储管理所有的信息，后者在多个计算机系统上分别安装统一的数据库系统；还可以把不同版本的数据库系统连接成一个异构数据库环境。强震动数据库系统采用的是集中数据库存储方式，并采用本地或远程入库的管理维护方式。

强震动观测数据主要来自强震动观测台网和国际间的数据交换，包括原始数据（即低层数据和经过常规处理后产生的结果数据）和相关目录信息（即高层数据），还包括地震目录和震源参数。

据估计，2002 年全球得到的强震观测记录已超过 4 万条，其中美国、日本约占 3/4。中国强震动台网中心的数据库至 2004 年已收集国外强震记录 13373 条（来自美国、日本、墨西哥、澳大利亚、俄罗斯等国家和地区），在线数据容量约 250 M，离线数据容量约 10 G。中国大陆的强震加速度记录 5090 条，其中地面加速度峰值大于 25 cm/s^2 的 2522 条，50 cm/s^2 以上的 1607 条，100 cm/s^2 以上的 848 条，200 cm/s^2 以上的 270 条，500 cm/s^2 以上的 31 条；数据中最大地面水平加速度峰值为 541.7 cm/s^2，最大地面竖向加速度峰值为 528.2 cm/s^2。数据库中也包括 1999 年台湾集集地震的部分强震记录 567 条。

由于强震动数据量大，而数据库系统计算机存储资源有限，故数据库中的常驻数据只包括全部数据的目录信息和一部分使用频率高、具有代表性的校正强震加速度时程数据。其他全部数据以数据库数据文件方式存储在大容量光盘和磁盘阵列上，用户可以通过常驻数据库的数据目录信息检索到光盘和磁盘阵列上的有关数据文件。

qiangzhendong yuanshi shuju

强震动原始数据（original strong motion data） 直接由强震动观测仪器记录的、未经常规处理或只进行初步整理的强震动时程数据和相关台站资料、仪器参数。

模拟强震仪记录的原始数据读取自冲洗出来的胶片或感光记录纸以及台站背景资料和仪器参数，数字强震仪记录的原始数据是回放到计算机中的数字文件以及台站背景

资料和仪器参数。

qiangzhendong shuxing shuju

强震动属性数据（attribute data of strong motion） 有关数据集内容、数据质量、数据处理过程和使用方法等说明信息的数据。

强震动属性数据一般不变或很少改变，主要子库如下。

地震数据子库：地震编号、地震名称、发震日期、发震时间、面波震级、近震震级、震中烈度、震中纬度、震中经度、震源深度、震中地名、地震所在国家。

台站数据子库：台站编号、台站名称、台站地址、台站纬度、台站经度、场地条件、土质柱状图文件号、测点布置平面图文件号、测点布置剖面图文件号、台站位置图文件号、台址站貌文件号、开始观测日期、终止观测日期、台站所属国家。

记录数据子库：记录编号、测量方向、最大加速度、最大速度、最大位移、记录时间、采样率、记录起始时间、未校正加速度文件号、校正加速度文件号、速度文件号、位移文件号、反应谱文件号、傅里叶谱文件号。

测点数据子库：测点编号、测点位置、测点烈度、震中距、断层距。

仪器数据子库：仪器编号、仪器型号、仪器系列号、传感器周期、传感器阻尼、电流计周期、电流计阻尼、仪器总灵敏度。

等震线子库：含等震线图编号、地震名称、地震烈度值等。

qiangzhendong chanpin shuju

强震动产品数据（product data of strong motion） 原始强震记录依常规处理方法产出的各种数据和图形。

包括经零线调整等初步处理得到的未校正加速度记录，经仪器频响校正和零线校正得到的校正加速度记录，经数值积分得到的速度和位移时程，反应谱和傅里叶谱。另外还有经过压缩处理的图形数据、基于地理信息系统制作的专题图类和多媒体图像类。图件采用 JPG 格式。

dianxing qiangzhendong jilu

典型强震动记录（typical records of strong motion） 世界各国已经获取了大量强震动观测记录，其中很多记录在地震工程研究和结构抗震设计中发挥了重要作用。

同一地震不同场地强震动记录 图 1 为 1985 年墨西哥米却肯州（Michogan）地震在数百千米范围内几个不同场地的加速度记录。由图可见，在基岩上随震中距增大地震动幅值减小，但远离震中的墨西哥城位于古湖盆地，地基主要是软土，SCT 台记录的地震动幅值大、周期长；反映软弱场地对地震动有明显影响，强烈地震可能在离震中很远的地方出现。

经典土层强震动记录 1940 年美国加州帝国谷（Imperial Valley）地震在距震中 22km 的埃尔森特罗（El Centro）台得到的记录频带宽、幅值大、获取时间早，长期以来成为地震工程研究和结构抗震分析计算最常用的强震动记录，具有经典意义。图 2 给出了其加速度记录。

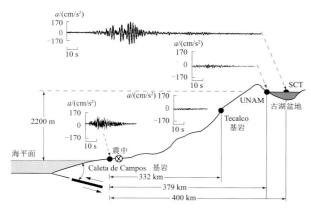

图 1　同一地震不同场地强震动记录（1985 年墨西哥米却肯州地震）

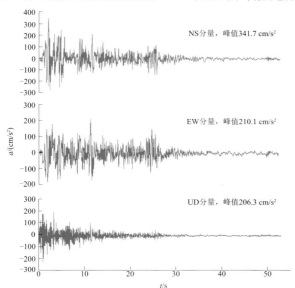

图 2　埃尔森特罗台强震动记录（1940 年美国加州帝国谷地震）

近断层强震动记录　比较典型的记录见以下震例。

帕克菲尔德地震　图 3 为 1966 年美国加州帕克菲尔德（Parkfield）地震时 2 号台的记录，该台距发震断层仅 80 m，特点是速度 v 和位移 d 呈明显的脉冲形状，这在其他近断层记录中也有出现（见速度脉冲）。分析此记录开创了用断层模型模拟计算近场理论地震图的研究。

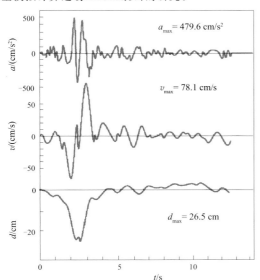

图 3　2 号台强震动记录（1966 年美国加州帕克菲尔德地震）

集集地震　图 4 为 1999 年台湾集集地震中，由气象局（CWB）台网获得的部分记录，（a）为沿发震断层部分台站的 EW 分量速度记录，其中 TCU068 台的速度脉冲强度大，是目前记录到的最大速度 300 m/s；（b）为该台站的加速度记录，图示波形未经校正。由图可见，振动主要由大脉冲组成，主要强震段持时在 20 s 左右；地震动周期比较长，与速度记录特点一致。

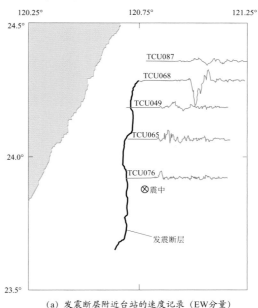

（a）发震断层附近台站的速度记录（EW分量）

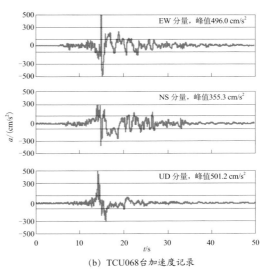

（b）TCU068台加速度记录

图 4　1999 年台湾集集地震的强震动记录

汶川地震　图 5 为 2008 年四川汶川地震在四川卧龙台的记录。该台距震中 22.2 km，距发震断层南端 1.1 km，记录的最大水平加速度为 957.7 cm/s²，最大竖向加速度为 948.1 cm/s²。竖向分量的幅值与水平分量相差不多，甚至超过水平分量，这是近断层地震动的特点之一。

阪神地震　1995 年日本阪神地震日本气象厅（JMA）在神户市中央区台站取得的记录，加速度水平分量峰值为 820 cm/s²，持续时间并不长，但幅值大、周期长（图 6）。此次地震给神户市房屋和高架桥、港口设施等工程结构造成严重破坏，震中烈度达到日本气象厅烈度Ⅶ度，相当于中国烈度表的 X ～ XI 度。

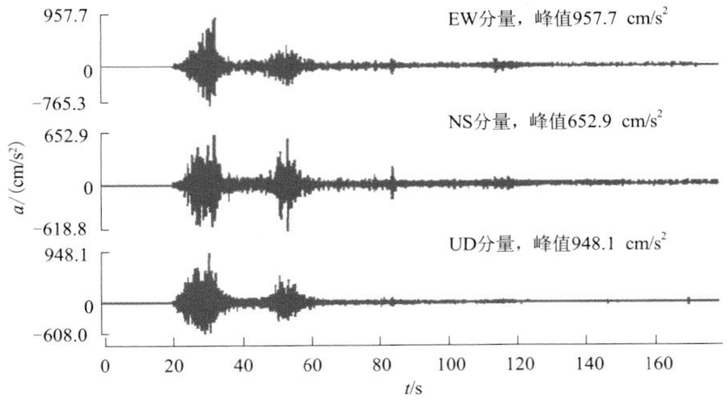

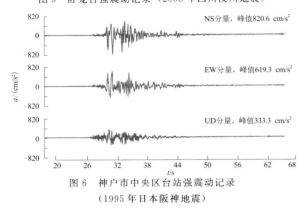

图 5　卧龙台强震动记录（2008 年四川汶川地震）

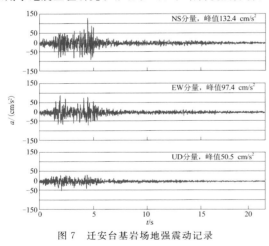

图 6　神户市中央区台站强震动记录
（1995 年日本阪神地震）

基岩场地强震动记录　1976 年河北唐山地震余震在位于基岩上的迁安台的加速度记录(图 7)，常作为典型的基岩记录用于地震工程研究、振动台试验和结构抗震分析。

图 7　迁安台基岩场地强震动记录
（1976 年河北唐山地震 5.8 级余震）

一般土层场地强震动记录　以中国的两次地震为例。

澜沧—耿马地震　图 8 为 1988 年云南澜沧—耿马地震的 6.7 级余震在竹塘台的加速度记录。特点是振动过程很典型，三个分量都有比较稳定的高强度时段，可以用三段式或指数型包络线描述强度非平稳特性（见地震动时程包络）。

施甸地震　2001 年云南施甸 5.9 级地震施甸台加速度记录的特点是，震级不大但峰值却达到 528.2 cm/s² ，而且三个分量峰值都很大，其中垂直分量最大，显示出震中区地震动特点（图 9）。

远场软土场地强震动记录　图 10 是墨西哥城位于软土层上的 CDAO 台站的加速度记录，虽然距震中约 400 km，但由于受到面波入射和古湖盆软土层的影响，地震动的长

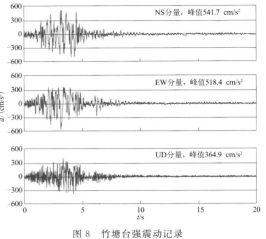

图 8　竹塘台强震动记录
（1988 年云南澜沧—耿马地震 6.7 级余震）

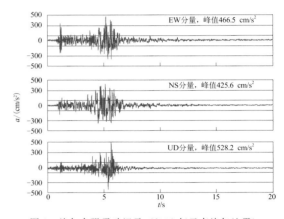

图 9　施甸台强震动记录（2001 年云南施甸地震）

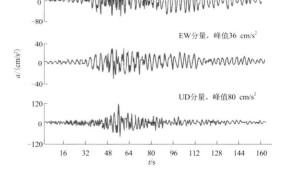

图 10　墨西哥城远场 CDAO 台软土场地强震动记录
（1985 年墨西哥米却肯州地震）

周期成分更为明显，且幅值远远超过当地基岩记录，是经典的软土场地震动记录，卓越周期约 2 s，造成城内十层左右的楼房坍塌或破坏。

软土场地强震动记录　1976 年天津宁河地震（唐山地震余震，6.9 级）在天津医院得到的地面地震动加速度记录（图 11），常作为中国典型的土层记录用于地震工程研究、振动台试验和结构抗震分析，其特点是有显著的长周期分量（卓越周期在 1 s 左右），此外垂直分量的频率比水平分量高，这是普遍特点。

液化场地强震动记录　1995 年日本阪神地震中得到了人工岛填土场地观测点的加速度记录（图 12），从中可清楚

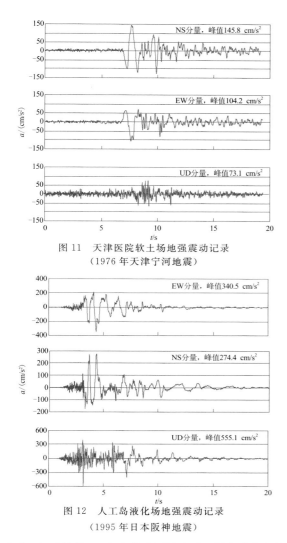

图 11　天津医院软土场地强震动记录
（1976 年天津宁河地震）

图 12　人工岛液化场地强震动记录
（1995 年日本阪神地震）

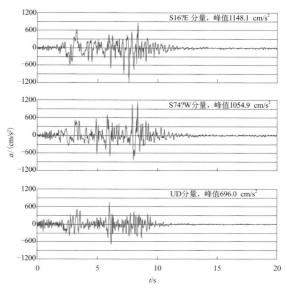

图 13　帕柯依玛坝强震动记录
（1971 年美国加州圣费尔南多地震）

地看到，经过持续 3 s 左右的高频振动后，频率成分突然变化，长周期分量大大增加，对应着场地发生液化。

混凝土坝强震动记录　1971 年美国加州圣费尔南多（San Fernando）地震中帕柯依玛（Pacoima）坝的校正加速度记录（图 13），是首次记录到的超过 1 g 的加速度峰值，g 为重力加速度。可以看出峰值为尖脉冲，该坝在地震中有破坏（见混凝土坝震害）。

建筑结构强震动记录　图 14 为 1976 年河北唐山地震在北京饭店第 17 层的加速度记录。该建筑为 17 层钢筋混

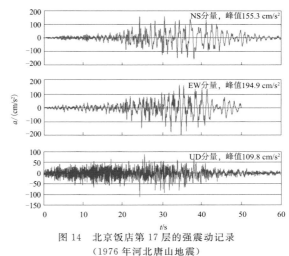

图 14　北京饭店第 17 层的强震动记录
（1976 年河北唐山地震）

凝土框架结构，距震中 154 km，记录反映了明显的结构自振频率，垂直分量比水平分量频率高。

强 地 震 动 特 性

qiangdizhendong texing

强地震动特性（strong ground motion character）　地面与地下各质点在地震波传播过程中的运动学特征。各质点的运动在理论上可用直角坐标系中三个平动分量和三个转动分量描述，因缺乏地震动扭转分量的观测结果，地震工程中的强地震动特性通常仅涉及三个平动分量。强地震动特性研究是工程地震学的基本内容之一，由此得出的强地震动参数是实施工程抗震设计的重要依据。

影响因素　地震波由震源发生经地壳介质到达地表，震源、传播路径中的地壳结构和场地条件等因素使地震动特性非常复杂。

（1）震源。震级影响地震动强度、地震动频谱和强地震动持续时间。一般情况下，震级越大，地震动强度越高、长周期振动成分越丰富；震源影响的复杂性主要表现在发震断层附近，如近断层地震动特性与发震断层的破裂机制相关。

（2）传播介质。随着离开震源距离的增加，地震动强度趋于减小（见地震动衰减），高频振动成分迅速衰减而长周期振动相对发育；但对于大地震，断层附近存在地震动饱和现象。地震波在地壳各层界面发生反射和折射以及产生面波，使地震动更为复杂。

（3）场地条件。主要影响地震动频谱，进而影响地震动强度。相对软弱的沉积将放大低频振动成分，土层的非线性将加大能量耗散减小地震动强度，地表地形和介质特性的横向变化等也将对地震动特性产生影响。（见场地效应）

主要特征　强地震动特性可从不同角度进行分析。

（1）质点运动随时间 t 的变化，通常用地震动时程曲线描述，可就位移 d、速度 v 和加速度 a 进行分析，实例见图。质点运动幅值、频谱和持续时间是工程抗震研究最感兴趣的，称为地震动三要素。

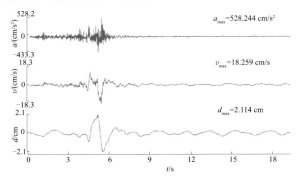

地震动的时间过程（2001年云南施甸地震，太平台）

地震动包含不同频率（零至数十赫兹）的振动成分，其中有工程意义的高频成分的振动频率为数赫兹至 30 Hz 左右，中频成分振动频率为 1 Hz 左右，低频成分的振动周期为数秒至 20 s。

加速度峰值主要取决于高频成分，与结构的地震惯性作用直接相关。速度峰值由中频振动成分控制，是影响多数结构地震反应的主要因素。位移峰值由低频振动决定，直接影响地下结构的变形。

地震动时程的持续时间为数秒至数分钟，时间过程形态有宽频带型、脉冲型、长周期型和永久变形型等多种。

（2）地震动的空间分布特点是，一次地震中，不同地点地震动低频分量有良好的相关性，而高频分量仅在相距很近且场地平坦的情况下才具有某种相关性，其他情况下近似于互不相关。地震动空间相关性是估计抗震设计中地震动多点输入的基础。

在发震断层附近与断层尺度相当的距离范围内，地震动的空间分布可能有复杂的变化，表现为方向性效应、上盘效应等。断层近旁地震动加速度的垂直分量可能达到甚至超过水平分量。

（3）强震观测中没有发现相同的强地震动时间过程；鉴于影响因素的复杂性，地震动难以准确预估。地震工程中多将地震动视为随机振动进行研究，功率谱和均方根加速度是描述地震动随机特性的重要统计参量。

研究目的和方法　强震动观测资料是研究强地震动特性的基础；为探索地震动的变化规律，相关影响因素资料的获取和分析也是不可或缺的。地震动特性研究的目的在于实施地震区划，进行抗震设防和工程结构抗震设计，故强地震动特性研究主要涉及有工程意义的内容。

时域分析可确定地震动加速度峰值、速度峰值、位移峰值和持续时间。频域分析则可利用反应谱、傅里叶谱或功率谱分析地震动的频谱特性。在此基础上，可得出设计地震动参数。

在使用确定性方法分析地震动特性的同时，概率方法在地震动研究中也有广泛应用。地震动时程显然是非平稳过程，表现为地震动强度和频率成分都随时间变化。应用中多将地震动视为平稳随机过程，以期得到简单的结果。可用地震动时程包络函数模拟地震动强度的非平稳变化，亦可用时变功率谱或地震波群速度统计模型（见等效群速度方法）模拟频率非平稳特性。地震动的随机性是人工合成地震动的物理基础（见地震动随机模型）。

推荐书目

胡聿贤．地震工程学．第2版．北京：地震出版社，2006.

dizhendong shicheng

地震动时程（strong ground motion time history）　地震动某一分量的运动幅度随时间变化的过程，简称时程，含地震动加速度、速度和位移时程；由它们可进行强地震动特性的研究。

不同地震动时程的振幅、频率成分和持续时间等特征有很大差别；分析和解释造成差别的原因，模拟和预测强地震动，是工程地震学研究的重要内容。

按地震工程学家纽马克的观点，地震动时程大致有四种类型：①宽频带型，常见的地震动时程，一般出现于中等距离的坚硬土层，没有突出的峰值和优势频率分量；②脉冲型，一般出现于震源附近的基岩或坚硬土层，含长周期大幅值脉冲，大震近场尤其明显（见速度脉冲）；③长周期型，主要见于软土场地，地震动频率低且持时长；④永久变形型，地震动位移时程有明显的永久变位（见滑冲）。

实测地震动时程常被用作设计地震动时程。例如 1940 年美国加州帝国谷（Imperial Valley）地震埃尔森特罗（El Centro）台的强震加速度记录，长期用于结构抗震分析和比较研究。不同地震动引起的结构反应不同，设计地震动时程宜与设计反应谱相匹配。使结构反应趋于最大、造成结构破坏最严重的设计地震动在一些研究中被称为最不利地震动。埃尔森特罗台的地震动未必与设计反应谱匹配，也未必是最不利的地震动输入。

见典型强地震动记录。

dizhendong sanyaosu

地震动三要素（three key factors of strong ground motion）　描述强地震动特性的三类物理量，含地震动强度、频谱和持续时间。

地震动三要素全面刻画了地震动的特性。地震动强度以加速度、速度、位移或其他相关参数的大小表示，是衡量地震动强弱的常用指标；频谱描述地震动各频率分量的振幅和相位，是反映地震动特性和计算结构地震反应的重要指标；结构进入非线性变形阶段后，强地震动持续时间与结构的低周疲劳破坏有关。

根据研究和应用的不同需要，地震动三要素可由不同的物理量定义，这些物理量统称强地震动参数，用作设计地震动的主要参数。

qiangdizhendong canshu

强地震动参数（strong ground motion parameter）　描述强地震动特性的物理量，通常与地震动三要素相对应；如质点运动的加速度、速度、位移峰值或等效峰值，强地震动的傅里叶谱、反应谱和功率谱，地震动时程包络函数以及各种定义的强地震动持续时间。

这些参数在结构抗震设计中常作为设计地震动参数使用，也是地震动衰减研究中的目标参数。

dizhendong qiangdu

地震动强度（intensity of strong ground motion）　反映地震动强弱的运动学参数，如加速度峰值、速度峰值、位移峰值，以及这些参数的各种等效形式。

地震动强度参数从不同侧面影响结构反应，如加速度直接与地面结构的地震惯性作用相关，而位移直接与地下结构的变形相关。

jiasudu fengzhi

加速度峰值（peak ground acceleration；PGA）　地震动加速度时程中的最大绝对幅值，记为 a_{max}；单位为 cm/s^2（亦称伽，Gal），m/s^2 或重力加速度 g。

加速度峰值与地震动惯性作用直接相关，因此是地震工程中最常用的地震动参数，是强地震动预测和设计地震动的主要参数。加速度峰值主要受地震动高频分量的控制。

sudu fengzhi

速度峰值（peak ground velocity；PGV）　地震动速度时程中的最大绝对幅值，记为 v_{max}；单位为 cm/s（有文献亦称 kine）或 m/s。

地震动速度与质点振动的动能相关，常作为衡量地震动能量的物理量。地震动速度峰值反映了地震动中频分量的强度，一般认为，地震动速度与结构破坏有较好的对应关系。

weiyi fengzhi

位移峰值（peak ground displacement；PGD）　地震动位移时程中的最大绝对幅值，记为 d_{max}；单位为 cm 或 m。

位移受地震动低频分量的控制，管道等地下工程结构的地震反应与地震动位移密切相关，地震动位移峰值在有些情况下是地表的永久位移。

junfanggen jiasudu

均方根加速度（root-mean-square acceleration）　按照下式计算得到的地震动加速度值：

$$a_{rms} = \left[\frac{1}{T} \int_0^T a^2(t)\, dt \right]^{1/2}$$

式中：$a(t)$ 为地震动加速度时程；T 为计算中所取的时间窗，通常为整个加速度时程的持续时间。a_{rms}^2 称为地震动加速度均方值。

如果取持续时间为强震段持时，且将地震动强震段视为均值为 0 的平稳随机振动，此时，均方根加速度就是该随机振动的标准差。

式中积分 $\int_0^T a^2(t)\, dt$ 与地震动输入到单位质量的单质点体系的能量相关（见阿里亚斯强度），这是均方根加速度的物理意义。

youxiao fengzhi jiasudu

有效峰值加速度（effective peak acceleration；EPA）利用反应谱得到的具有平均意义的地震动峰值加速度。

有效峰值加速度记为

$$a_{ep} = R_a / 2.5$$

式中：R_a 为阻尼比 0.05 的加速度反应谱在 2～10 Hz 频率范围内的平均幅值；因子 2.5 为标准反应谱在该频段的平均放大倍数。

引入有效峰值加速度这一参数的意义是：加速度峰值受地震动高频分量控制，受复杂因素影响而很不稳定；结构的地震反应并不完全取决于个别地震动峰值。反应谱是衡量结构地震反应的合理形式，故可根据反应谱引入对结构地震反应有意义的等效加速度峰值。有工程意义的控制加速度峰值的频率范围约为 2～10 Hz。

youxiao fengzhi sudu

有效峰值速度（effective peak velocity；EPV）　利用反应谱得到的具有平均意义的地震动峰值速度。

有效峰值速度记为

$$v_{ep} = R_v / 2.5$$

式中：R_v 为 1 Hz 附近平滑化的速度反应谱幅值；因子 2.5 为该频段速度反应对地震动速度的平均放大倍数。

引入有效峰值速度这一参数的意义是：速度峰值受复杂因素影响而不够稳定，结构反应不完全取决于单个峰值，用反应谱衡量结构地震反应是合适且普遍接受的方法。控制速度峰值的频率范围在 1 Hz 左右。

puqiangdu

谱强度（spectra intensity；SI） 根据速度反应谱得出的地震动强度参数，亦称谱烈度，由豪斯纳于 1952 年提出。

谱强度记为 I_S，按式（1）计算：

$$I_S(\xi) = \int_{0.1}^{2.5} S_v(T, \xi) \mathrm{d}T \tag{1}$$

式中：$S_v(T, \xi)$ 为速度反应谱，即单质点体系的最大相对速度反应随周期的变化曲线（见反应谱）；T 为周期；ξ 为阻尼比。谱强度相当于速度反应谱中周期 $0.1 \sim 2.5$ s 间的面积，这个频段是多数工程结构的固有周期范围。在专门研究中可改变积分上下限的周期值，以适合地区性结构或特殊研究对象的固有周期范围。

谱强度的另一定义为

$$I_S(\xi) = \frac{1}{2.4} \int_{0.1}^{2.5} S_v(T, \xi) \mathrm{d}T \tag{2}$$

式（2）为式（1）在积分区间的平均值，量纲为速度。速度与质点动能有关，与可能产生的结构破坏程度相对应。有资料表明，谱强度值大约在 10 cm/s 以上时房屋开始产生破坏，相当于地震烈度 Ⅵ 度；谱强度值 20 cm/s 大约对应 Ⅶ 度破坏；谱强度值 50 cm/s 左右大约对应 Ⅷ 度破坏。但这种对应关系还缺乏更广泛的资料支持。

Aliyasi qiangdu

阿里亚斯强度（Arias intensity） 以输入结构的地震动能量定义的地震动强度参数。因其可作为地震烈度的物理指标，亦称阿里亚斯烈度，由阿里亚斯（A. Arias）于 1969 年提出。

设地震动作用下单位质量单自由度弹性体系获得的能量为 $E(\omega)$，其中 ω 为单自由度体系自振圆频率。阿里亚斯强度 I_A 定义为 $E(\omega)$ 对所有自振频率的积分：

$$I_A = \int_0^\infty E(\omega) \mathrm{d}\omega$$

为便于地震工程应用，可将能量 $E(\omega)$ 用加速度时程表示，经推演可得

$$I_A = \frac{\pi}{2g} \int_0^{T_0} a^2(t) \mathrm{d}t$$

式中：$a(t)$ 为地震动加速度时程；T_0 为加速度时程的持续时间；g 为重力加速度。

dizhendong qiangdu hanshu

地震动强度函数（intensity function of strong ground motion） 表示地震动幅值随时间变化趋势的函数。

地震动强度函数由下式定义：

$$g(t) = \left[\frac{1}{\Delta t} \int_{t-\Delta t/2}^{t+\Delta t/2} a^2(t) \mathrm{d}t \right]^{1/2}$$

式中：$a(t)$ 为地震动时程；Δt 为可使 $g(t)$ 趋于稳定值的最短时段。

由随机振动理论可知，地震动强度函数就是地震动幅值的标准差函数（见均方根加速度）。若地震动加速度幅值均值为 0，且服从正态分布，则不同时刻加速度幅值不超过 $g(t)$ 的概率为 63%，不超过 $2g(t)$ 的概率为 95.5%。地震

动强度函数与地震动时程包络大致成正比，亦可反映地震动持续时间。

dengxiao fanyingpu jiasudu

等效反应谱加速度（equivalent response spectra acceleration） 以反应谱大致相同为标准定义的加速度峰值。分析表明，地震动加速度时程中对应高频成分的尖峰对结构地震反应不起控制作用，对反应谱中有工程意义的频段几乎没有影响。将地震动加速度时程 $a(t)$ 中的峰值 a_{max} 适当削减为 a_e，若削峰后加速度时程的反应谱与原时程反应谱相同，则定义 a_e 为等效反应谱加速度。

a_e 可采用以下方法确定：用平行于时间轴的直线削去加速度时程中的若干尖峰，使加速度峰值降至 a'，计算削峰后加速度时程的反应谱和谱强度，当谱强度等于原时程谱强度的 90% 时，$a_e = a'/0.9$。

dengxiao xiezhen jiasudu

等效谐振加速度（equivalent harmonic acceleration） 将地震动加速度时程转换为等效简谐振动后的加速度幅值。等效谐振加速度是经验判断的结果，旨在简化计算。

希德在砂土液化研究中，将地震动加速度时程等效为 10 或 20 Hz 的简谐振动，简谐振动的幅值取原加速度峰值的 0.65。日本电气设备抗震计算中，规定可将地震动时程等效为 2～3 次循环的正弦波，频率为结构自振频率，幅值取决于地面设计加速度峰值和设备动力特性。

chixu fengzhi

持续峰值（sustained peak value） 地震动时程中震动强度若干次达到或超过的幅值，表示控制结构反应的地震动强度主要是超过一定幅值的多次作用。达到或超越持续峰值的次数多取 3～5 次，幅值约为原地震动峰值的 60%～70%。

有关分析表明，加速度持续峰值约为原加速度峰值的 2/3，速度持续峰值与原速度峰值之比略小于 2/3。类似的还有胡聿贤提出的平均幅值的定义：取加速度时程中最大的 10 个幅值 a_i（$i = 1, 2, \cdots, 10$）计算

$$c = \frac{1}{10} \sum_{i=1}^{10} (a_i/a_{max})$$

式中：a_{max} 为原加速度峰值，平均幅值定义为 $c a_{max}$。

gailü youxiao fengzhi jiasudu

概率有效峰值加速度（probable effective peak acceleration） 按照地震动加速度时程中幅值的概率分布确定的加速度幅值。

对加速度时程的幅值由小到大作频数分布统计，累计频数将逐步增大，与某个累积概率（如 90%）对应的加速度幅值即为概率有效峰值加速度，统计区间多限于强震段。

jingli dengxiao jiasudu

静力等效加速度（static equivalent acceleration） 由浮置于地面的刚体在地震时发生倾覆反推估计的地面地震动加速度幅值。

由静力分析确定刚体倾倒的临界水平推力，根据牛顿第二定律，认为该水平推力是地面地震动加速度与刚体质

量的乘积，据此估算地面地震动加速度幅值。日本、印度等国用此法估计地震动强度，但估值一般远小于实测地面地震动加速度峰值。

地震动频谱（spectrum of strong ground motion）　地震动中不同振动分量的幅值和相位随频率的变化特性。

地震动频谱与光谱有类似的物理意义。地震动频谱特性的重要意义在于：①定量表示地震动包含的不同简谐振动成分，揭示地震作用的动力特性；②借助地震动频谱可方便地利用叠加原理求解弹性体系的地震反应。

地震动的谱分解有严格的数学基础，满足绝对可积条件的分段连续函数都可以表示为无穷三角级数之和；更一般的积分形式为傅里叶变换，得到傅里叶谱。傅里叶谱包括振幅谱和相位谱，分别对应每个频率分量的振幅和相位。大多数情况下，地震动频谱指傅里叶谱，或更狭义地指傅里叶幅值谱。（见傅里叶谱）

在地震工程中，将地震动输入到单自由度系统，可得不同频率单自由度系统的最大反应值，将这些最大反应值按照对应的单自由度系统的自振频率（或周期）排列，则构成反应谱。反应谱也可描述地震动不同频率成分的强度，但失去了相位信息（见反应谱）。

将地震动视为随机振动，可引入功率谱描述地震动不同频率分量强度变化的统计特性。为反映地震强度和频率成分随时间变化的非平稳性，可建立时变功率谱。

还可以运用其他方法分析地震动的谱特性（见时频域分析）。

傅里叶谱（Fourier spectrum）　将任意函数分解为一系列三角级数之和，各三角级数幅值和相位随自变量的变化关系；亦称傅氏谱或频谱。1822 年法国数学家傅里叶（J. Fourier）发表的著作《热的解析理论》，首先系统研究了三角级数分解方法，创立谱分析理论。

在地震工程研究中，傅里叶谱应用于地震动或结构地震反应的谱特性分析。

傅里叶展开　在有限区段内，任意函数可表示为一系列简谐函数的叠加，称为傅里叶级数。例如：图 1 所示随时间 t 变化的任意振动时程可分解为三个频率、振幅和相位都不同的简谐振动。

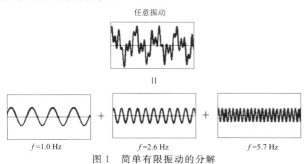

任意振动

$f=1.0$ Hz　　　$f=2.6$ Hz　　　$f=5.7$ Hz

图 1　简单有限振动的分解

对于更一般的函数 $x(t)$，则由更多、甚至无穷多项三角级数构成，各个三角级数的幅值和相位都不相同，求解三角级数幅值和相位的过程称为傅里叶展开，在区间 $t\in$

$[-T/2, T/2]$ 内，

$$x(t) = \frac{A_0}{2} + \sum_{n=1}^{+\infty} (A_n \cos 2\pi n f_0 t + B_n \sin 2\pi n f_0 t) \quad (1)$$

$$\left. \begin{aligned} A_0 &= \frac{2}{T}\int_{-T/2}^{T/2} x(t)\,\mathrm{d}t \\ A_n &= \frac{2}{T}\int_{-T/2}^{T/2} x(t)\cos 2\pi n f_0 t\,\mathrm{d}t \quad (n=1,2,\cdots) \\ B_n &= \frac{2}{T}\int_{-T/2}^{T/2} x(t)\sin 2\pi n f_0 t\,\mathrm{d}t \quad (n=1,2,\cdots) \end{aligned} \right\} \quad (2)$$

式中：$f_0 = 1/T$，T 为 $x(t)$ 取值区间，如果 $x(t)$ 是时间信号，则 f_0 为频率。傅里叶级数中所含各谐波的频率是一系列离散值 $f_n = n f_0$，如果 $x(t)$ 是以 T 为周期的函数，则在整个时间轴上，傅里叶级数与 $x(t)$ 相同；如果 $x(t)$ 不是周期函数，T 仅为某个截断区间，那么傅里叶级数与该区间内 $x(t)$ 相同。

傅里叶变换　实际问题中的时间信号往往不是周期函数。为了分析非周期函数 $x(t)$ 全过程的谱特性，可将式（2）积分限中的 T 予以扩展，求 $T \to +\infty$ 时的极限，令 $\omega = 2\pi f$，在地震动分析中表示每个简谐振动的圆频率，得到如下积分：

$$F(\omega) = \int_{-\infty}^{+\infty} x(t)\mathrm{e}^{-\mathrm{i}\omega t}\,\mathrm{d}t \quad (3)$$

式中：$\mathrm{i} = \sqrt{-1}$；$F(\omega)$ 即为函数 $x(t)$ 的傅里叶谱，$x(t)$ 经式（3）转换为 $F(\omega)$ 称为傅里叶变换。式（3）积分存在的条件是函数 $x(t)$ 在 $(+\infty, -\infty)$ 区间内满足狄里赫利条件，即 $x(t)$ 是绝对可积和分段连续的函数。

傅里叶谱经式（4）反演可得到原函数

$$x(t) = \frac{1}{2\pi}\int_{-\infty}^{+\infty} F(\omega)\mathrm{e}^{\mathrm{i}\omega t}\,\mathrm{d}\omega \quad (4)$$

式（3）称为傅里叶正变换，式（4）称为傅里叶逆变换或傅里叶反变换。函数 $x(t)$ 和傅里叶谱 $F(\omega)$ 组成傅里叶变换对，记为

$$x(t) \Longleftrightarrow F(\omega) \quad (5)$$

傅里叶谱 $F(\omega)$ 为复数：

$$F(\omega) = A(\omega) + \mathrm{i}B(\omega) = |F(\omega)|\,\mathrm{e}^{\mathrm{i}\varphi(\omega)} \quad (6)$$

式中：$|F(\omega)| = \sqrt{A^2(\omega) + B^2(\omega)}$；$\varphi(\omega) = \arctan[A(\omega)/B(\omega)]$。由式（4）可见，$|F(\omega)|\mathrm{d}\omega$ 为每个简谐振动的振幅，$|F(\omega)|$ 称为谱密度，地震动加速度时程的谱密度具有速度的量纲。但习惯常将 $|F(\omega)|$ 称为傅里叶幅值谱（振幅谱）；$\varphi(\omega)$ 为傅里叶相位谱。式（3）求解过程亦称频谱分析。

图 2 为 1940 年美国加州帝国谷（Imperial Valley）地震中，在埃尔森特罗（El Centro）台获得的地震动加速度记录南北分量时程 a 及其傅里叶幅值谱和相位谱。

傅里叶谱的应用　主要用于两方面。

（1）分析地震动或结构地震反应的谱特性，考察不同频率分量强弱，其中最大幅值对应的频率称为卓越频率，该振动分量对运动起控制作用。

（2）计算弹性体系地震反应。设输入地震动的傅里叶谱为 $I(\omega)$，体系的传递函数为 $H(\omega)$，则输出的体系反应 $O(\omega)$ 为

$$O(\omega) = I(\omega)H(\omega) \quad (7)$$

$H(\omega)$ 描述体系的动力特性。对 $O(\omega)$ 作傅里叶反变换可得输出的时间函数。上述过程是求解体系动力反应的频域分

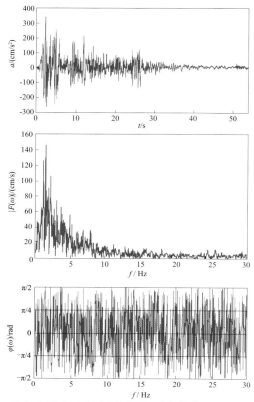

图 2 强震加速度时程及其傅里叶幅值谱和相位谱

析方法。

离散傅里叶谱 实际应用中的傅里叶分析采用离散计算方法，此时截取有限区段函数作傅里叶展开。首先按等间隔 Δt 将 $x(t)$ 离散为 $N-1$ 个点，N 为偶数。离散傅里叶谱的分辨率 Δf 与采样间隔 Δt 有关，

$$\Delta f = \frac{1}{N\Delta t} = \frac{1}{T} \tag{8}$$

式中：T 为持续时间。由式（8）可知，持续时间越长，频域分辨率越高。当 Δt 固定时，在信号 $x(t)$ 后面补 0 后再作傅里叶变换可以增加持续时间，提高频率分辨率；Δt 的取值则决定了傅里叶分析的频率上限。

为提高计算傅里叶谱的效率，可采用快速傅里叶分析方法。离散傅里叶谱计算存在因有限截断引起的频率泄漏效应（见傅里叶分析）和等间隔采样引起的频率混叠现象。

推荐书目

大崎顺彦．地震动的谱分析入门．吕敏申，谢礼立，译．北京：地震出版社，1980.

gonglüpu

功率谱（power spectrum） 描述随机过程频谱统计特性的函数，是随机振动所包含的各频率分量强度与相应频率间的关系。

功率谱含义 随机过程由无穷多个样本组成，每个样本只是随机过程的一次实现，它们各不相同，无法事先确定，但同一种类型的随机振动样本有共同的统计特性。如图 1所示（每个随机过程只画出两个样本作为代表）：图（a）左图的随机过程振动频率 f 高于

右图，与它们对应的功率谱 S 见图（b），可清晰看出这两类随机过程谱特性的差异。

随机过程中每个样本的傅里叶谱各不相同，一般不能用一个样本表示平均特性；而且有些随机过程在时间上无限延伸，不满足傅里叶变换中无穷积分收敛条件。针对上述问题建立了功率谱分析方法。

地震动加速度傅里叶幅值谱的平方与其作用下单自由度体系的能量成正比，对时程幅值平方作傅里叶谱称为能量谱，能量除以（持续）时间则为功率，功率分析可避免无穷积分不收敛的困难。对样本时程的功率函数作傅里叶变换，求其集系平均即得功率谱密度函数，简称功率谱。

方差表示随机过程每次取值与平均值的偏离程度，可直接对方差进行傅里叶变换，得到的谱称为方差谱密度函数，简称方差谱。可以证明，方差谱等于功率谱，因此功率谱亦称方差谱密度函数、方差谱密度。

功率谱分为自功率谱（亦称自谱密度函数）和互功率谱（亦称互谱密度函数）。

自功率谱 同一个随机过程的功率谱称为自功率谱。按照定义，由无穷多个样本计算功率谱是不切实际的，理论上证明功率谱可以用自相关函数计算。自相关函数描述随机过程 $x(t)$ 错开延时 τ 后与原过程的相关程度，定义为

$$R(\tau) = \int_{-\infty}^{+\infty} x(t)x(t+\tau)\mathrm{d}t \tag{1}$$

功率谱 $S(\omega)$ 按式（2）计算：

$$S(\omega) = \int_{-\infty}^{+\infty} R(\tau)\mathrm{e}^{-\mathrm{i}\omega\tau}\mathrm{d}\tau \tag{2}$$

式中：ω 为振动圆频率，$\omega = 2\pi f$。按照傅里叶变换关系有

$$R(\tau) = \frac{1}{2\pi}\int_{-\infty}^{+\infty} S(\omega)\mathrm{e}^{\mathrm{i}\omega\tau}\mathrm{d}\omega \tag{3}$$

式（2）和式（3）称为维纳-辛钦关系，它表示自相关函数与功率谱互为傅里叶变换对。由式（2）可知，自功率谱密度函数是自相关函数在频域展开的傅里叶谱密度函数，所以也称为自功率谱密度函数，简称自谱密度。

式（2）中功率谱的频率定义区间为 $(+\infty, -\infty)$，称为双侧功率谱；实际测量得到的信号只在区间 $(0, +\infty)$ 定义，相应的功率谱称为单侧功率谱，常记为 $G(\omega)$，数值取双侧

(a) 两个不同类型的随机过程

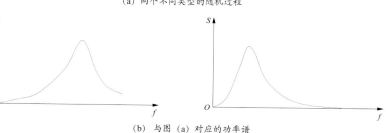

(b) 与图 (a) 对应的功率谱

图 1 不同随机过程功率谱的比较

功率谱的 2 倍，即 $G(\omega)=2S(\omega)$。自功率谱不包含相位信息。如果不指明，一般文献中所述功率谱就是自功率谱。

图 2 为 161 条土层地震动加速度记录经过归一化的平均功率谱 $S(\omega)$，此类统计结果为建立土层地震动的功率谱模型提供了基础（见金井-田治见谱模型）。

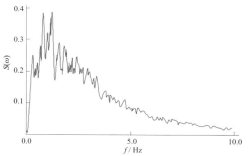

图 2　土层地震动归一化的平均功率谱
（据 B. 莫拉茨等，1989）

互功率谱　定义两个随机过程 $x(t)$ 和 $y(t)$ 的互相关函数为

$$R_{xy}(\tau)=\int_{-\infty}^{+\infty}x(t)y(t+\tau)\,\mathrm{d}t \tag{4}$$

进而可定义互功率谱为

$$S_{xy}(\omega)=\int_{-\infty}^{+\infty}R_{xy}(\tau)\mathrm{e}^{-\mathrm{i}\omega\tau}\,\mathrm{d}\tau \tag{5}$$

且

$$R_{xy}(\tau)=\frac{1}{2\pi}\int_{-\infty}^{+\infty}S_{xy}(\omega)\mathrm{e}^{\mathrm{i}\omega\tau}\,\mathrm{d}\omega \tag{6}$$

互功率谱既有幅值特性，也有相位信息。

功率谱的应用　主要体现在以下方面。

（1）随机过程每次样本取值不同，但功率谱取值是确定的，是描述随机过程统计特性的重要参数。

（2）基于地震动功率谱模型可合成人造地震动。运算中功率谱控制各频率分量幅值的大小，对相位没有约束。

（3）可利用功率谱计算结构反应的平均谱特征，并据此生成动力反应的样本时程。设 $[S_y(\omega)]$ 为结构动力反应的功率谱，$[S_x(\omega)]$ 为输入随机振动的功率谱，$[H(\omega)]$ 为结构体系的传递函数矩阵，三者有如下关系（见随机地震反应分析）：

$$[S_y(\omega)]=|[H(\omega)]|^2[S_x(\omega)] \tag{7}$$

与反应谱的关系　按照随机振动的观点分析单自由度体系的地震反应，则体系反应是一个随机量。随机振动反应谱定义为自振周期不同的单自由度体系反应最大值的均值，或不超越概率为 p 的最大反应。

随机反应最大值 $y_{\max}$ 与体系反应均方差 σ_y 间的关系为

$$y_{\max}=r_\mathrm{p}\sigma_y \tag{8}$$

式中：r_p 称为峰值系数，在平稳过程输入下可得近似解。

有两种方式定义随机振动的反应谱：①定义反应谱为峰值系数均值与反应均方差的乘积；②定义反应谱为不超越概率为 p 的峰值系数与反应均方差的乘积。

根据这两种定义，得到两种不同表达形式的功率谱与反应谱转换关系，可供合成人造地震动时使用。

shibian gonglüpu

时变功率谱（evolutionary power spectrum）　描述非平稳随机过程强度和频率成分随时间变化的功率谱，亦称渐进功率谱或演进谱。

功率谱可描述随机地震动的谱特性，即组成地震动各简谐振动分量的强度分布。将地震动视为平稳随机过程，功率谱只是频率的函数，与时间无关。实际地震动是非平稳过程，地震动的幅值和频率成分都随时间变化，此时功率谱不仅与频率有关，还随时间变化，故称时变功率谱。

移动时间窗技术　建立时变功率谱模型应对地震动记录进行分析，归纳实际地震动功率谱的特点。最直接的方法是用移动时间窗分析技术，这一技术在信号的时频分析中亦称短时傅里叶变换。选取适当宽度的时间窗截取信号，在时间窗内地震动可以视为平稳过程，因此可以用常规的方法计算自相关函数或功率谱。时间窗从地震动开始到结束不重叠地移动，就得到不同时段的功率谱和自相关函数。用移动窗分析技术的关键是如何选取移动窗宽度 ΔT，因为窗宽决定了时变功率谱的时间分辨率和频率分辨率。时间窗越宽，频率分辨率越高；时间窗越窄，时间分辨率越细。时间分辨率和频率分辨率的要求互相矛盾，这是测不准原理的表现，实际应用中窗宽根据经验选取或由试算判断调整。

在窗内常用下式计算时变功率谱（有些文献称为物理谱或短时功率谱）：

$$S_{\mathrm{ST}}(\omega,t)=\int_{-\infty}^{+\infty}R(\tau)g(\tau-t)\mathrm{e}^{-\mathrm{i}\omega\tau}\,\mathrm{d}\tau$$

式中：$g(\tau-t)$ 为窗函数；$R(\tau)$ 为窗内地震动的自相关函数；τ 为延时；ω 为振动圆频率。计算中加入窗函数相当于作加权平均。窗函数对结果有影响，采用适当的窗函数可减少频率泄漏效应。

多重滤波技术　与移动时间窗技术类似的尚有多重滤波技术。此时不是沿时间轴，而是沿频率轴移动施加适当宽度的频率窗，使用该窗对应的窄带滤波器对信号进行滤波，再求得滤波后的地震动时程。

实际上，窄带滤波后的信号就是以频率窗中心频率 ω_0 为主的信号，如同对幅值进行随时间变化的调制。如果滤波窗足够窄，滤波后时程的包络就描述了频率 ω_0 的振动幅值随时间的变化。对整个频率范围作此分析，即得随频率和时间的双重变化的功率谱。

反应包络谱方法　还有一种与多重滤波技术类似的分析方法，称为反应包络谱方法，核心是计算不同固有频率的单自由度弹性体系在地震动作用下的反应。由单自由度弹性体系的频响曲线（见频响特性）可知，单自由度弹性体系好比窄带滤波器，只对固有频率附近的输入振动产生响应。直接用单自由度弹性体系相对位移反应的包络线表示地震动幅值随时间和频率的变化，与时变功率谱相当。此法可研究地震动时程的时频变化特性，分离体波和面波等不同震相。

时变功率谱模型　分析实际观测记录的时变功率谱，将其平滑化后用经验函数表示，这类函数包括若干与震级、距离有关的因子以及待定系数；然后通过最小二乘法拟合其中的相关系数，可用于预测场地的频率非平稳地震动。

fanyingpu

反应谱（response spectrum）　地震动加速度时程作用下，不同自振周期的单自由度阻尼振子最大反应的绝对值与相应自振周期的关系曲线。反应谱既可反映地震动的频谱特性，又是计算结构地震反应的工具。

研究简史　20 世纪 30 年代初，比奥（M. A. Biot）提出将结构分解为一系列单自由度振子，通过叠加各单自由度振子的反应最大值估计结构地震反应的设想，为此计算了地震反应谱曲线。末广恭二（Suehiro Kyoji）和贝尼奥夫（H. Benioff）也提出可将结构地震反应分解为若干单摆反应并用谱曲线表示的思路。1933 年，美国得到第一批强震观测记录后，计算反应谱成为可能；随着强震观测记录的积累，逐步开展了反应谱的计算和统计分析。

20 世纪 40 年代，比奥用扭摆装置、豪斯纳等用图解法和电路模拟等方法计算了最初的有阻尼反应谱，而后反应谱计算开始采用计算机、由逐步积分方法完成。在豪斯纳推动下，1952 年美国在加州建筑设计规范中采用反应谱方法计算地震作用，成为抗震设计由静力理论向动力理论转变的标志，而后反应谱方法被世界各国的抗震设计普遍采用。

物理含义　反应谱的概念和生成方法见图 1，其物理含义如下：单自由度振子如同带通滤波器，仅对与其自振频率相同或相近的地震动成分产生响应，并因共振作用放大

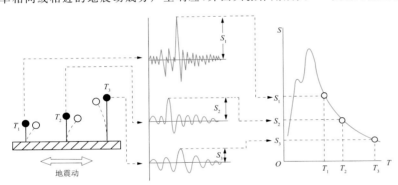

不同自振周期的振子　　各振子地震反应及最大值　　各最大值与振子周期关系(反应谱)
图 1　反应谱概念示意图

该振动成分；地震动的某一频率成分越强，相应单自由度振子的反应也越大。计算不同自振周期的单自由度振子在地震作用下的反应最大值，并将计算结果标示于纵坐标为反应最大值 S、横坐标为自振周期 T（或频率 f）的图中，各反应最大值连成的曲线即为反应谱。显然，谱曲线最大值对应的周期即是地震动的卓越周期。谱曲线间接反映了地震动不同振动成分的强度，即地震动的幅频特性，但不能反应地震动不同振动成分的相位信息。

振动理论和试验研究表明，多自由度弹性体系的振动可分解为若干广义单自由度体系的振动，结构反应是各广义单自由度体系振动反应的叠加。单自由度体系的地震反应是随时间变化的复杂过程，为简化抗震计算，可取反应最大值估计地震作用。对于多自由度体系仍可利用反应谱计算各广义单自由度体系的最大反应，而后进行组合（见振型叠加反应谱法）。显然，反应谱方法不能计算结构地震反应的时间过程，也不能反映持续时间对结构反应的影响。

生成反应谱的基本假定是：单自由度体系是弹性的，可具有不同的阻尼比，地震动是由刚性基底输入的；因此，可用反应谱方法估计有阻尼弹性结构的地震反应，但不能考虑土-结相互作用。

反应谱分类　区别结构地震反应物理量的不同，反应谱有加速度反应谱（绝对加速度反应谱和相对加速度反应谱）、速度反应谱、拟速度反应谱和位移反应谱。结构的绝对加速度反应与惯性作用相关，因此绝对加速度反应谱为抗震设计规范普遍采用。

由于强地震动不能准确预测，故单一地震动加速度时程生成的反应谱一般不具工程应用价值，抗震设计反应谱是多条地震动时程生成的反应谱的平均平滑结果，具有简单的谱曲线。不同场地的地震动特性存在差异，反映这一差异的反应谱称为场地相关反应谱；设计反应谱多就不同的场地抗震分类分别规定。

反应谱图的横坐标为周期（或频率），但纵坐标有不同的表述方式。以绝对加速度反应谱为例，纵坐标可为：①对应设计地震动的绝对加速度反应最大值，中国建筑抗震设计规范中的地震影响系数曲线就是以重力加速度 g 为单位的此类反应谱；②绝对加速度反应最大值与地震动加速度峰值的比值，此时反应谱是标准反应谱的一种；③对应固定的地震动加速度的绝对加速度反应最大值，如中国核电厂抗震设计反应谱是就加速度峰值为 1.0 g 的地震动生成的。

将反应谱曲线的频率坐标轴取为对数轴，另取三条斜交的对数坐标轴分别标注绝对加速度反应最大值、拟速度反应最大值和位移反应最大值，则加速度反应谱、拟速度反应谱和位移反应谱可用一条谱曲线表示，称为三联反应谱。

借助反应谱的概念，又派生出其他冠以"反应谱"名称的术语，如楼层反应谱和非弹性反应谱；但这些术语的定义和计算假定与反应谱存在差别。

反应谱与傅里叶谱的关系　当结构阻尼比 ξ 取 0 时，单自由度振子的相对速度反应为

$$\dot{u}(t) = -\int_0^t \ddot{u}_g(\tau)\cos\left[\omega(t-\tau)\right]\mathrm{d}\tau \quad (1)$$

式中：$\ddot{u}_g(t)$ 为输入地震动加速度时程；ω 为振子的自振圆频率；τ 为积分变量。

由此可推得速度反应谱为

$$S_v(\omega) = \sqrt{\left[\int_0^t \ddot{u}_g(t)\sin\omega t\,\mathrm{d}t\right]^2 + \left[\int_0^t \ddot{u}_g(t)\cos\omega t\,\mathrm{d}t\right]^2} \quad (2)$$

而地震动加速度时程的傅里叶幅值谱为

$$A(\omega) = \sqrt{\left[\int_0^T \ddot{u}_g(t)\sin\omega t\,\mathrm{d}t\right]^2 + \left[\int_0^T \ddot{u}_g(t)\cos\omega t\,\mathrm{d}t\right]^2} \quad (3)$$

对比式(2)和式(3)可知，傅里叶幅值谱相当于在地震动结束时刻各单自由度振子相对速度反应值，而速度反应谱则

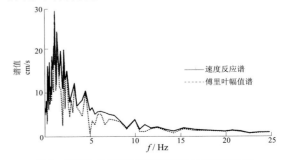

图 2　傅里叶幅值谱与零阻尼速度反应谱的比较
（埃尔森特罗台强震记录；据 B. 莫拉茨等，1989）

是反应时间过程中的最大值，傅里叶幅值谱不超过零阻尼速度反应谱（图 2），即

$$S_v(\omega, \xi = 0) \geqslant |A(\omega)| \tag{4}$$

jiasudu fanyingpu

加速度反应谱（acceleration response spectrum）

地震动加速度时程作用下，不同自振周期的单自由度阻尼振子的最大绝对加速度反应与相应自振周期的关系曲线，常用作绝对加速度反应谱的简称，在抗震设计中有广泛应用。

在地震动加速度时程 $\ddot{u}_g(t)$ 作用下单自由度弹性阻尼振子的运动方程为

$$m\ddot{u}(t) + c\dot{u}(t) + ku(t) = -m\ddot{u}_g(t) \tag{1}$$

式中：$u(t), \dot{u}(t), \ddot{u}(t)$ 分别为振子相对位移、相对速度和相对加速度反应；m, c, k 分别为振子的质量、阻尼系数和刚度。引入无阻尼自振圆频率 $\omega = \sqrt{k/m}$ 和阻尼比 $\xi = c/(2m\omega)$，式（1）可转换为

$$\ddot{u}(t) + 2\xi\omega\dot{u}(t) + \omega^2 u(t) = -\ddot{u}_g(t) \tag{2}$$

用杜哈梅积分求解方程（2）可得

$$
\begin{aligned}
u(t) &= \int_0^t \ddot{u}_g(\tau) h(t-\tau) d\tau \\
&= -\frac{1}{\omega_d} \int_0^t \ddot{u}_g(\tau) \left[e^{-\xi\omega(t-\tau)} \sin\omega_d(t-\tau) \right] d\tau
\end{aligned} \tag{3}
$$

式中：$h(t)$ 为单自由度弹性振子的单位脉冲响应函数；有阻尼自振圆频率 $\omega_d = \omega\sqrt{1-\xi^2}$；$\tau$ 为积分变量。对式（3）微商两次可得相对加速度反应。相对加速度反应最大值与单自由度弹性振子周期 $T(T = 2\pi/\omega)$ 的关系曲线为相对加速度反应谱。绝对加速度反应为相对加速度反应与地震动加速度之和，即

$$\ddot{u}(t) + \ddot{u}_g(t) = -\left[2\xi\omega\dot{u}(t) + \omega^2 u(t) \right] \tag{4}$$

令地震动加速度时程为 $\ddot{u}_g(t) = a(t)$。当阻尼比很小时 $\xi^2 \approx 0$，绝对加速度反应谱为

$$S_a(\omega, \xi) = \max \left| \omega \int_0^t a(\tau) e^{-\xi\omega(t-\tau)} \sin\omega(t-\tau) d\tau \right| \tag{5}$$

阻尼比对反应谱值有很大影响，砌体结构和钢筋混凝土结构的阻尼比常取 0.05，钢结构阻尼比常取 0.02。

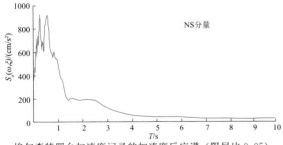

埃尔森特罗台加速度记录的加速度反应谱（阻尼比 0.05）
（1940 年美国加州帝国谷地震）

刚体（自振周期为 0）随地面一起运动，其绝对加速度反应等于地震动加速度，故周期为 0 处的绝对加速度反应谱值为地震动加速度峰值。如图所示，加速度反应谱曲线一般在高频段出现峰值，而后随周期增加逐渐下降。

sudu fanyingpu

速度反应谱（velocity response spectrum）

地震动加速度时程作用下，不同自振周期的单自由度阻尼振子的最大相对速度反应与相应自振周期的关系曲线，是相对速度反应谱的简称。

在地震动加速度时程 $\ddot{u}_g(t)$ 作用下，单自由度弹性阻尼振子的运动方程为

$$\ddot{u}(t) + 2\xi\omega\dot{u}(t) + \omega^2 u(t) = -\ddot{u}_g(t)$$

式中：$u(t), \dot{u}(t), \ddot{u}(t)$ 分别为振子相对位移、相对速度和相对加速度反应；振子自振圆频率 $\omega = \sqrt{k/m}$，自振周期 $T = 2\pi/\omega$；阻尼比 $\xi = c/(2m\omega)$，m, c, k 分别为振子的质量、阻尼系数和刚度。令地震动加速度时程 $\ddot{u}_g(t) = a(t)$，当阻尼很小时，速度反应谱为

$$S_v(\omega, \xi) = \max \left| \int_0^t a(\tau) e^{-\xi\omega(t-\tau)} \cos\omega(t-\tau) d\tau \right|$$

式中：τ 为积分变量。

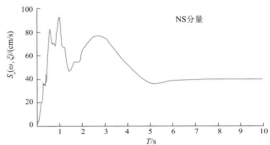

埃尔森特罗台加速度记录的速度反应谱（阻尼比 0.05）
（1940 年美国加州帝国谷地震）

刚体（自振周期为 0）随地面一同运动，无相对速度，故在零周期处速度反应谱值为 0；谱值随周期增大迅速增加，一般在中频段出现峰值，而后稳定衰减；如图所示。

weiyi fanyingpu

位移反应谱（displacement response spectrum）

地震动加速度时程作用下，不同自振周期的单自由度阻尼振子的最大相对位移反应与相应自振周期的关系曲线（见图），是相对位移反应谱的简称。

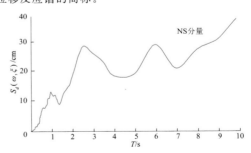

埃尔森特罗台加速度记录的位移反应谱（阻尼比 0.05）
（1940 年美国加州帝国谷地震）

在地震动加速度时程 $\ddot{u}_g(t)$ 作用下，单自由度弹性阻尼振子的运动方程为

$$\ddot{u}(t) + 2\xi\omega\dot{u}(t) + \omega^2 u(t) = -\ddot{u}_g(t)$$

式中：$u(t), \dot{u}(t), \ddot{u}(t)$ 分别为振子相对位移、相对速度和相对加速度反应；振子自振圆频率 $\omega = \sqrt{k/m}$，自振周期 $T = 2\pi/\omega$；阻尼比 $\xi = c/(2m\omega)$，m, c, k 分别为振子的质量、阻尼系数和刚度。令地震动加速度时程 $\ddot{u}_g(t) = a(t)$，当阻尼很小时，位移反应谱为

$$S_d(\omega, \xi) = \max \left| \frac{1}{\omega} \int_0^t a(\tau) e^{-\xi\omega(t-\tau)} \sin\omega(t-\tau) d\tau \right|$$

式中：τ 为积分变量。

刚体（自振周期为0）随地面一同运动，无相对位移，故周期为0处的位移反应谱值为0；而后谱值随周期增加而趋于增大；如图所示。

nisudu fanyingpu

拟速度反应谱（pseudo-velocity response spectrum） 将速度反应谱计算公式中的余弦函数换为正弦函数后得到的速度反应谱，亦称准速度反应谱。

速度反应谱计算公式为

$$S_v(\omega,\xi) = \max\left|\int_0^t a(\tau)e^{-\xi\omega(t-\tau)}\cos\omega(t-\tau)d\tau\right| \quad (1)$$

式中：ω 为单自由度振子的无阻尼自振圆频率，$\omega = 2\pi f$，f 为频率；ξ 为振子的阻尼比；$a(t)$ 为地震动加速度时程；τ 为积分变量。

将式（1）中的余弦函数换为正弦函数得拟速度反应谱

$$S_{pv}(\omega,\xi) = \max\left|\int_0^t a(\tau)e^{-\xi\omega(t-\tau)}\sin\omega(t-\tau)d\tau\right| \quad (2)$$

拟速度反应谱与加速度反应谱 $S_a(\omega,\xi)$ 和位移反应谱 $S_d(\omega,\xi)$ 有如下简单关系：

$$S_a(\omega,\xi) = \omega S_{pv}(\omega,\xi) \quad (3)$$

$$S_d(\omega,\xi) = \frac{1}{\omega}S_{pv}(\omega,\xi) \quad (4)$$

式（3）和式（4）是绘制三联反应谱的根据。

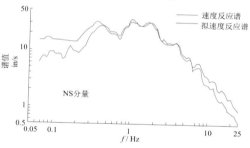

速度反应谱和拟速度反应谱的比较

（据 B. 莫拉茨等，1989；1in＝2.54cm）

对大多数强地震动，$S_v(\omega,\xi)$ 与 $S_{pv}(\omega,\xi)$ 的计算结果差别不大，可以近似等同使用。图为1940年美国加州帝国谷地震埃尔森特罗台强震记录南北分量的速度反应谱与拟速度反应谱的比较。

sanlian fanyingpu

三联反应谱（tripartite axes response spectrum） 对数坐标系中同时表示加速度反应谱、拟速度反应谱、位移反应谱的曲线，简称三联谱，亦称三重反应谱。

加速度反应谱 $S_a(\omega,\xi)$、拟速度反应谱 $S_{pv}(\omega,\xi)$、位移反应谱 $S_d(\omega,\xi)$ 有如下简单关系：

$$S_a(\omega,\xi) = \omega S_{pv}(\omega,\xi) \quad (1)$$

$$S_d(\omega,\xi) = \frac{1}{\omega}S_{pv}(\omega,\xi) \quad (2)$$

式中：ω 为单自由度振子的自振圆频率，$\omega = 2\pi f = 2\pi/T$，f 为频率，T 为周期；ξ 为振子的阻尼比。将式（1）（2）取对数后可得

$$\lg[S_a(\omega,\xi)] = \lg[S_{pv}(\omega,\xi)] + \lg\omega \quad (3)$$

$$\lg[S_d(\omega,\xi)] = \lg[S_{pv}(\omega,\xi)] - \lg\omega \quad (4)$$

以横坐标为 $\lg T$、纵坐标为 $\lg[S_{pv}(\omega,\xi)]$ 画出拟速度反应谱；用 T 代换 ω，将式（3）改写为

$$\lg[S_{pv}(T,\xi)] = \lg[S_a(T,\xi)/2\pi] + \lg T \quad (5)$$

在以周期对数为横坐标、拟速度反应谱对数值为纵坐标的坐标系中，式（5）是斜率为1的直线，其截距为加速度反应谱的对数，这表示在与横轴成45°的直线上，各点加速度反应谱对数对应一组与横轴成45°的直线。如图所示，谱曲线任意一点的拟

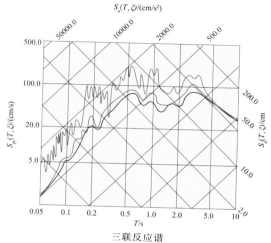

三联反应谱

速度反应谱值可沿与横轴平行的直线由纵坐标读得，该点的加速度反应谱值可沿与横轴成45°的直线由截距读得。对式（4）也可作类似的讨论，可知在与横轴成135°的直线上，位移反应谱对数值都相同，因此也能借与横轴成135°的一组直线确定位移反应谱值。图中三条曲线分别对应不同阻尼比。三联谱的优点是同时给出三个反应谱值。

横轴变量取频率的对数或周期的对数上述规律均存在，如图是横轴为周期对数的三联反应谱的示例，由1940年美国加州帝国谷地震埃尔森特罗台强震记录得到。

biaozhun fanyingpu

标准反应谱（normalized response spectrum） 用地震动峰值或其他相关参数归一化的反应谱，亦称正规反应谱。

不同强震加速度时程的加速度峰值不同，据此生成的反应谱幅值也有很大差异，为便于比较反应谱曲线的性状，可将反应谱归一化，即将谱值除以适当参量值。用于归一化的物理量包括：①谱强度，调整反应谱使给定频段的反应谱面积相等；②地震动幅值，将反应谱幅值除以相应的地震动幅值参数（如加速度峰值、速度峰值、位移峰值、有效峰值加速度或均方根加速度）。对于加速度反应谱，常用加速度峰值或有效峰值加速度做归一化处理，这种反应谱是设计反应谱的常见形式。

changdi xiangguan fanyingpu

场地相关反应谱（site-depended response spectrum） 区别场地条件生成的设计反应谱。

不同场地上地震动加速度时程的频谱特性不同，反应谱亦不同。一般软土场地上地震动的长周期分量丰富，岩石等硬场地上地震动高频分量可能较强。抗震设计应考虑场地影响，故一般按照场地抗震分类，将不同场地上得到

的强震加速度记录分类处理，生成反应谱后经归一化和平滑化，得出用于抗震设计的场地相关反应谱。

feitanxing fanyingpu

非弹性反应谱（inelastic response spectrum） 由非弹性单自由度振子的地震反应生成的反应谱，亦称弹塑性反应谱。

1971年，纽马克等仿照弹性反应谱的生成方法计算非弹性单自由度振子的地震反应，提出了非弹性反应谱，旨在估计结构进入非弹性阶段后的地震作用。非弹性反应谱在性态抗震设计中获得应用。

非弹性单自由度振子的地震反应与力 F 和变形 u 的非线性模型有关，实际结构的非线性模型非常复杂，最简单的模型是理想弹塑性模型（图1）或双折线模型。非弹性反应谱的计算多采用这两种模型。

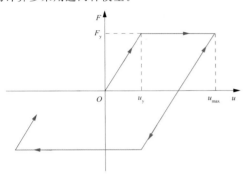

图1 理想弹塑性模型

定义延性系数如下：

$$\mu = u_{max}/u_y$$

式中：u_{max}，u_y 分别为单自由度振子的最大位移反应和屈服位移。显然，与弹性反应谱相比较，非弹性反应谱要增加考虑振子的延性，对应不同延性系数有不同的反应谱曲线。

非弹性反应谱的横坐标为振子在弹性阶段的自振周期（或频率），纵坐标有多种形式。例如，等延性谱的纵坐标为屈服强度比（即振子的屈服强度 f_y 与弹性分析得出的地震惯性力之比），谱曲线是对应不同延性系数的一组曲线；等强度谱的纵坐标则为延性系数，谱曲线是对应不同屈服强度比的一组曲线。针对不同目的，还有以残余变形、塑性耗能、总应变能等为参数的非弹性反应谱。

若以位移反应轴标示屈服位移，则非弹性反应谱亦可取三联反应谱形式，如图2中 $S_v(f,\xi)$，$S_a(f,\xi)$，$S_d(f,\xi)$分别为速度反应谱、加速度反应谱、位移反应谱，f 为频率；谱曲线为对应不同延性系数 μ 的一组曲线，对应 $\mu=1$ 的曲线即为弹性反应谱曲线。

由于振型叠加原理对非弹性体系不再成立，故非弹性反应谱只适用于单自由度体系的地震反应分析。

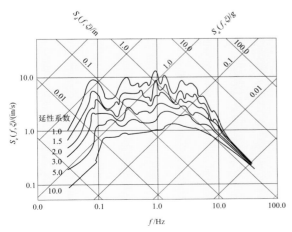

图2 非弹性屈服位移反应谱（据纽马克等，1979；1in=2.54cm）

qiangdizhendong chixu shijian

强地震动持续时间（strong ground motion duration） 地震动加速度时程中振动强烈段的持续时间，简称持时。

地震作用下结构因低周疲劳而发生的破坏取决于最大变形和能量累积损伤，称为双重破坏准则。反应超过弹性极限后，持续时间越长，能量累积损伤越大，结构破坏越严重。砂土液化也是低周疲劳破坏现象，液化判别须以振动循环次数考虑持时影响。

地震动从开始到结束经历的时间为总持续时间。从结构反应和破坏着眼，达到一定强度的地震动才有意义，故地震动持时一般为振动相对强烈段的持续时间，是总持续时间的一部分。强地震动持续时间有30种以上的不同定义，可从不同角度分类，常用者有括弧持时、一致持时、有效持时、能量持时、反应持时等。

地震动持续时间与结构地震反应没有简单的物理关系，不同定义得出的持时可能差别很大，有些持时定义复杂不便应用。随着计算机的普及，结构地震反应时程分析已包含了持时影响，故将持时作为独立变量研究已不多见。

kuohu chishi

括弧持时（bracketed duration） 地震动加速度时程中第一次和最后一次达到某阈值的时间间隔，是强地震动持续时间定义的一种。括弧持时记为 $T_d(|a| \geqslant a_1)$，a_1 为阈值。

a_1 的取值方法有两种。一种是取某个适当大的固定加速度值作为阈值，如在图1中取 $0.1g$（g 为重力加速度），此时得出的持时为 2.5 s，此持时又称绝对持时。在此种定义下，某些峰值小于阈值的加速度时程的持时为 0。

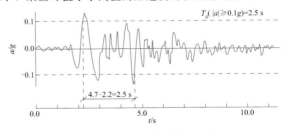

图1 括弧持时（绝对持时）示例

另一种是取加速度的相对值作为阈值，如图2中 a_1 取加速度时程峰值 a_{max} 的 $1/2$，此时得出的持时为 2.9 s，此持时是相对持时的一种。

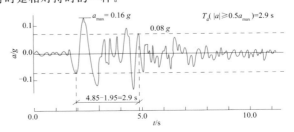

图2 括弧持时（相对持时）示例

由于难以给出确定阈值的普适性规则，且这种持时可能包括地震动并不强烈的时段，故括弧持时给出的结果有时差别很大，不尽合理。

一致持时（uniform duration） 地震动加速度时程中超过某阈值的脉冲时段之和，是强地震动持续时间定义的一种。

如图所示，若取阈值为 $0.02g$（g 为重力加速度），则一

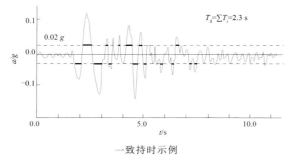

一致持时示例

致持时 T_d 为图中各脉冲幅值超过 $0.02g$ 的时段 T_i 之和，为 2.3 s。一致持时中阈值的选择具有任意性，不同的阈值对应不同的持时。

有效持时（effective duration） 地震动加速度时程中有工程意义的强震段持时。

地震动加速度时程的强度有大有小，只有达到一定强度的加速度才使结构有明显反应或产生破坏，故工程应用中多选择对结构反应或破坏有意义的物理量，并据此物理量确定强震段持时。

有效持时多由加速度平方的积分确定，计算持时的阈值都是相对值，故有效持时都是相对持时。

能量持时（energy duration） 基于能量概念定义的强地震动持续时间，是有效持时的一种。

有多种能量持时的定义，常用的一种如图所示，按下式计算函数 $E_n(t)$：

$$E_n(t) = \int_0^t a^2(t)\,\mathrm{d}t \Big/ \int_0^{T_0} a^2(t)\,\mathrm{d}t$$

式中：$a(t)$ 为地震动加速度时程；T_0 为该地震动的总持续时间。分子中的积分与 t 时刻输入结构的地震动能量有关，该量随时间的变化曲线称为胡西德图。$E_n(t)$ 可视为 t 时刻输入能量与总能量之比。选取 $E_n(t)$ 的下限和上限，如分别取 5%

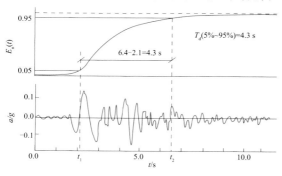

能量持时示例

和 95%，则达到 $E_n(t)$ 下限的时刻 t_1 和达到 $E_n(t)$ 上限的时刻 t_2 之间的时间间隔为能量持时，它表示此时段输入结构的能量占总能量的 90%，图中示例相应能量持时 T_d（5%～95%）＝4.3 s。$E_n(t)$ 上下限的取值具有任意性，有的研究认为取对应总能量 70% 的持时更合理。

也可用能量分布的统计特征（如加速度平方的一次矩和二次矩）定义持时；或从等效随机振动的观点，取均方根加速度为等效参量定义持时；或取阿里亚斯强度 0.01 m/s 和 0.125 m/s 对应时刻之间的时段定义持时。

反应持时（response duration） 基于结构地震反应确定的强地震动持续时间。

强地震动作用下不同结构的反应不同，有的研究认为，只有对应结构非线性反应的地震动持续时间才有意义。由于结构非线性本构关系各不相同，故反应持时的定义和计算都比较复杂，应用很少。

地震动转动分量（rotational components of strong ground motion） 绕三个互相垂直的坐标轴转动的地震动分量。

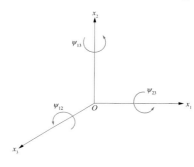

图 1　地震动转动分量示意图

地震动除有沿三个互相垂直的坐标轴方向的平动之外，尚有绕三个轴的转动分量，如图 1 所示。绕垂直轴 x_2 的分量称为旋转分量或扭转分量（ψ_{13}），绕水平轴的转动分量称为摇摆分量或摆动分量（ψ_{12}，ψ_{23}）。

一般认为，地震作用以平动分量为主，但在震害现场常见结构扭转破坏的现象（见烟囱震害和钢筋混凝土框架-抗震墙房屋震害）。

不规则结构和具有偶然偏心的结构在地震动水平平动分量作用下可产生扭转振动，但规则结构也会因地震动转动分量而破坏。

由于缺乏地震动转动分量的观测结果，对转动分量的估计主要依靠理论分析。

转动分量的近似估计 由弹性力学可知，绕 x_3 轴的转动分量（即微元体在 x_1-x_2 平面的角变形）与微元体整体转动有如下关系：

$$\psi_{12} = \frac{1}{2}(\theta_1 - \theta_2) = \frac{1}{2}\left(\frac{\partial u_2}{\partial x_1} - \frac{\partial u_1}{\partial x_2}\right) \tag{1}$$

式中：θ_1，θ_2 分别为位移 u_2 和 u_1 产生的转角（图 2）。

如果结构的基础尺寸比波长小很多，例如小于 1/4 波长，此时可将基础视为刚体，则有 $\theta_1 = -\theta_2$，故 $\psi_{12} = \partial u_2/\partial x_1 = -\partial u_1/\partial x_2$。设地震波沿 x_1 轴传播，只在 x_2 方向有位移的任意行波为 $u_2 = f(t - x_1/c)$，c 为地震波传播速度，则转动角位移为 $\theta = \dot u_2/c$，$\dot u_2$ 为质点运动速度；这表示转动分量时程可通过平动位移时程得到，且最大转动位移为 $v_{\max}/c$，$v_{\max}$ 为 $\dot u_2$ 的最大值。类似有最大角速度 $a_{\max}/c$，

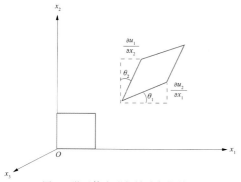

图2 微元体变形与转动角的关系

最大角加速度 $\dot{a}_{max}/c$，a_{max} 和 $\dot{a}_{max}$ 分别为加速度及其微商的最大值。由此可见，转动分量是平动分量的微商，因此频率成分比平动要高。

对绕另外两个轴的运动可作类似的估计。此法由纽马克于1979年提出，亦称行波法。

谐波的转动分量　平面谐波斜入射在地表各点引起的转动分量是最简单的情况。为研究方便，将转动问题分为出平面问题（SH型）和平面内问题（P - SV型）（见波场分解）。出平面问题假设质点运动仅有 x_3 方向的分量 u_3，这对应于 SH 波入射或洛夫（Love）波场。平面内问题质点运动只有 x_1 和 x_2 方向的分量 u_1 和 u_2，此时对应于 P 波和 SV 入射波场或瑞利（Rayleigh）波场。

平面谐波入射到半空间，在地表要满足应力为0的自由边界条件，根据波动方程的经典解答，对于平面内问题，由边界条件得

$$\psi_{12} = \frac{\partial u_2}{\partial x_1} = -\frac{\partial u_1}{\partial x_2} \tag{2}$$

这意味着摇摆转动分量与平动位移间有简单的对应关系。实际上，设入射波为行波 $u_2 = f(x_2)\exp[i(kx_1 - \omega t)]$，其中 $k = \omega/c_a$ 为波数，ω 为振动圆频率，c_a 为沿 x_1 轴传播的视波速；i 为虚数单位。则

$$\psi_{12} = iku_2 = i\frac{\omega}{c_a}u_2 \tag{3}$$

式（3）对于 P 波、S 波和瑞利波入射都成立，后者的视波速即瑞利波速。这表示摇摆分量与平动位移相位差 $\pi/2$，幅值与平动幅值成比例，随频率增高而加大，随视波速加大而减小；垂直入射时视波速无穷大，地表各点振动相位相同，转动分量为0。

对出平面问题做类似分析可得

$$\psi_{13} = -\frac{1}{2}iku_3 = -\frac{i}{2}\frac{\omega}{c_a}u_3 \tag{4}$$

结果与平面内问题类似，只是旋转分量与平动的比例因子差 $1/2$，相位滞后 $\pi/2$；对拉夫波场，视波速即为拉夫波速。

对于复杂的入射波，根据弹性波理论可将波场分解为不同频率和波数的平面波的叠加，进而利用上述结果；对分层介质的面波要考虑频散的影响，即各频率分量的波速不同。

差分近似　实际地震动十分复杂，难以满足前述假定。如果两个观测点距离比波长小很多，则可将两点平动差与距离之比近似视为转动分量，用以分析实际地震动转动分量的特性，为此设计了观测地震动空间相关性和地面转动的台阵（见差动台阵），由于台站间距不会很小，因此观测

结果比较粗略。

包括平动三分量和转动三分量的地震动称为多维地震动，其研究重点在于，考虑平动三分量之间的关系，平动与转动之间的关系和特点，以及预测多维地震动的条件和方法。

推荐书目

Newmark N M and Rosenbluth E. Fundamentals of Earthquake Engineering. Prentice -Hall Inc. ,1971.

dizhendong suiji moxing
地震动随机模型（stochastic model of strong ground motion）以随机振动理论为基础建立的地震动模型。

地震动随时间的变化非常复杂，难以精确模拟和预测。1947年，豪斯纳提出将地震动视为随机振动，并以沿时间轴随机分布的脉冲模拟，由此建立了地震动的白噪声模型和过滤白噪声模型；此后根据不同研究目的对过滤白噪声模型又有修正和改进。可利用地震动随机模型预测地震动，特别是合成对地震工程有应用意义的高频人造地震动。地震动随机模型在强地震动预测、结构随机地震反应分析、结构可靠性分析等方面得到广泛应用。

地震动随机特性　随机振动是一类随机过程。将所有样本的相关参数作平均，称集系平均。若其集系平均值（如均值、方差等）不随计算时刻变化，则称该随机过程为平稳随机过程，否则为非平稳随机过程。地震动是非平稳随机过程，表现为：①地震动强度从零增加，经过相对较强的阶段，再逐渐衰减，称强度非平稳；②地震动的频率成分也随时间变化，称频率非平稳。为处理方便，常将地震动视为平稳过程，再用修正的方法考虑非平稳性。

在平稳随机过程中，若任一个样本函数的时间平均值（即对单个样本按时间历程作时间平均）等于集系平均值，则称该平稳随机过程为各态历经过程（遍历过程）。各态历经过程的各种统计特性可由一个样本的时间平均计算得到，给计算带来极大方便。地震动记录有限，无法得到可靠的集系平均值，地震动是否为各态历经过程尚未得到证实，实际处理时往往将地震动作为各态历经的平稳过程对待。

地震动平稳随机过程模型　常用的地震动平稳随机过程模型包括：

（1）白噪声模型；

（2）有限带宽白噪声模型；

（3）过滤白噪声模型；

（4）随机脉冲过程。

地震动非平稳随机过程模型　非平稳随机地震动有三种类型。

（1）均匀调制非平稳过程模型，可处理强度随时间变化的非平稳性。

（2）调制非平稳过程模型，可处理频率随时间变化的非平稳性。

（3）强非平稳过程模型，若记录中有突然出现的频率成分剧烈变化，则没有简单的函数模拟这种非平稳性，此时可对地震动过程进行直接分析。例如采用自回归滑动平均模型，直接由时间序列样本建立参数模型，或采用时频分析。时频分析与常规的傅里叶分析不同，它揭示信号频率成分随时间的变化，分析结果以时间和频率为自变量，

得到幅值谱或功率谱，以等值线或三维谱图形式表示。计算谱图的方法有：①短时傅里叶变换，即移动窗分析技术；②伽伯（Gabor）变换方法，亦称加窗傅里叶变换；③小波变换，适用于高度非平稳信号分析；④维格纳-威利变换；⑤希尔伯特-黄变换。（见时频域分析）

地震动随机场模型 描述空间不同点的地震动随机变化规律，旨在确定地震动的空间分布。地下管道、大坝和大跨度桥梁等长大结构的地震反应分析均须考虑空间不同点的地震动输入。

视地震动为空间和时间的函数 $a(\boldsymbol{x},t)=a(x_1,x_2,x_3,t)$，设 (x_1,x_2) 为地表面，地表地震动可简化为 $a(\boldsymbol{x},t)=a(x_1,x_2,t)$。与前述时间域的随机模型类似，在时域用互相关函数，在频域用互功率谱模型（见功率谱）建立地震动随机场模型，点 (x_1,x_2) 与相隔一定距离的点 $(x_1+\xi_1,x_2+\xi_2)$ 之间的地震动互相关函数为

$$R(\xi_1,\xi_2,\tau)=E[a(x_1,x_2,t)a(x_1+\xi_1,x_2+\xi_2,t+\tau)]$$

式中：$E[\cdot]$ 表示求数学期望；ξ_1，ξ_2 为距离变量；τ 为延时。地震动随机场的互功率谱模型为

$$S(k_1,k_2,\omega)=\frac{1}{(2\pi)^3}\int_{-\infty}^{\infty}\mathrm{d}\xi_1\int_{-\infty}^{\infty}\mathrm{d}\xi_2\int_{-\infty}^{\infty}R(\xi_1,\xi_2,\tau)$$
$$\times\,\mathrm{e}^{-\mathrm{i}k_1\xi_1}\,\mathrm{e}^{-\mathrm{i}k_2\xi_2}\,\mathrm{e}^{-\mathrm{i}\omega\tau}\,\mathrm{d}\tau$$

式中：k_1，k_2 为波数矢量 $\boldsymbol{k}=\omega/c\,\boldsymbol{\zeta}$ 沿坐标轴 (x_1,x_2) 方向的分量，$\boldsymbol{\zeta}$ 为行波的单位矢量，ω 为圆频率，c 为波速，i 为虚数单位。相应的互相关函数为

$$R(\xi_1,\xi_2,\tau)=\int_{-\infty}^{\infty}\mathrm{d}k_1\int_{-\infty}^{\infty}\mathrm{d}k_2$$
$$\times\int_{-\infty}^{\infty}S(k_1,k_2,\omega)\,\mathrm{e}^{\mathrm{i}k_1\xi_1}\,\mathrm{e}^{\mathrm{i}k_2\xi_2}\,\mathrm{e}^{\mathrm{i}\omega\tau}\,\mathrm{d}\omega$$

建立随机场模型的关键是确定互功率谱模型，原则上可根据强震观测资料进行统计分析，此时观测台站的布置应满足间距要求，且分布均匀。目前尚无足够的观测记录进行统计分析，一般只能假设地震动强度随距离和频率呈指数衰减形式，建立各种随机场的衰减模型，其中的待定系数由观测记录回归分析确定。这些模型原则上只适用于观测资料所在地区。

tiaozhi feipingwen guocheng

调制非平稳过程 （modulated non-stationary process） 用随时间和频率变化的函数表示的特殊非平稳随机过程。

有限时段的平稳过程 $x(t)$ 可以通过傅里叶变换表示为

$$x(t)=\frac{1}{2\pi}\int_{-\infty}^{\infty}F(\omega)\,\mathrm{e}^{\mathrm{i}\omega t}\,\mathrm{d}\omega \tag{1}$$

式中：$F(\omega)$ 为 $x(t)$ 的傅里叶变换；ω 为圆频率；$\mathrm{i}=\sqrt{-1}$ 为虚数单位。

随机过程理论证明，式（1）可写为一般的形式：

$$x(t)=\frac{1}{2\pi}\int_{-\infty}^{\infty}\mathrm{e}^{\mathrm{i}\omega t}\,\mathrm{d}Z(\omega) \tag{2}$$

式中：$\mathrm{d}Z(\omega)$ 是以 ω 为自变量的正交增量过程，其均值为 0，不同 ω 的增量互不相关且 $E[|\mathrm{d}Z(\omega)|^2]=S(\omega)\,\mathrm{d}\omega$，$E[\cdot]$ 表示求数学期望，$S(\omega)$ 为谱密度函数（见功率谱）。

有一类非平稳随机过程 $a(t)$ 的均值为 0，但不同频率分量的幅值随时间变化，即频率非平稳，对此类过程式（2）可改写为

$$a(t)=\frac{1}{2\pi}\int_{-\infty}^{\infty}\mathrm{e}^{\mathrm{i}\omega t}\,\mathrm{d}\bar{Z}(t,\omega) \tag{3}$$

令

$$\mathrm{d}\bar{Z}(t,\omega)=A(t,\omega)\mathrm{d}Z(\omega) \tag{4}$$

式中：$A(t,\omega)$ 为与 t 和 ω 有关的确定性函数，称为调制函数；$\mathrm{d}Z(\omega)$ 对应某个平稳过程。式（4）代入式（3）得

$$a(t)=\frac{1}{2\pi}\int_{-\infty}^{\infty}A(t,\omega)\,\mathrm{e}^{\mathrm{i}\omega t}\,\mathrm{d}Z(\omega) \tag{5}$$

其方差为

$$G_S(t,\omega)=|A(t,\omega)|^2 S(\omega) \tag{6}$$

$G_S(t,\omega)$ 即为这类非平稳过程的时变功率谱。

junyun tiaozhi feipingwen guocheng

均匀调制非平稳过程 （uniform modulated non-stationary process） 用强度包络函数调制平稳随机过程得到的特殊非平稳随机过程，亦称均匀调幅非平稳过程。

此类过程可以表示为确定性强度包络函数与某个平稳过程的乘积：

$$a(t)=f(t)x(t)$$

式中：$a(t)$ 为非平稳随机过程；$f(t)$ 为确定的包络函数；$x(t)$ 为平稳随机过程。这相当于在调制非平稳过程中取调制函数与频率 ω 无关。$a(t)$ 的功率谱（谱密度）为

$$S_p(t,\omega)=f^2(t)S(\omega)$$

式中：$S(\omega)$ 为平稳过程 $x(t)$ 的谱密度，即功率谱。该非平稳过程的强度随函数 $f(t)$ 变化，常用的 $f(t)$ 有指数型和三段式（见地震动时程包络），适合描述强度由小到大，然后又随时间延续而减小的地震动过程。

dizhendong shicheng baoluo

地震动时程包络 （time history envelop of strong ground motion） 地震动时程振幅平滑后的轮廓线，可描述地震动强度随时间的非平稳变化。

常用的包络线函数 $f(t)$ 有如图所示的指数型和三段式两类，图中给出加速度 a 的时程曲线，g 为重力加速度。

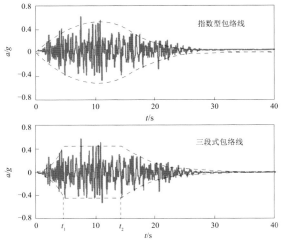

地震动时程包络线模型示意图

（1）指数型包络线，如

$$f(t)=A[\exp(-\alpha t)-\exp(-\beta t)]$$

式中：t 为时间；参数 A，α 和 β 控制包络线的形状和峰值点位置。

又如

$$f(t) = A' \frac{t}{t_p} \exp\left(1 - \frac{t}{t_p}\right)^{\alpha'}$$

式中：A' 为幅值控制参数；α' 为包络线形状控制参数；t_p 为包络峰值对应的时刻。

再如

$$f(t) = (a_1 + b_1 t) \exp(-c_1 t)$$

式中：a_1，b_1，c_1 分别为控制初始时刻强度、包络线形状和衰减快慢的参数。指数型函数不能很好模拟大震远场强地震动平稳段持时较长的特性。

（2）三段式包络线，如

$$f(t) = \begin{cases} (t/t_1)^2 & t \leqslant t_1 \\ 1 & t_1 \leqslant t \leqslant t_2 \\ \exp[-c(t - t_2)] & t > t_2 \end{cases}$$

式中：t_1，t_2 分别为强震平稳段的起始和结束时刻；c 为控制下降段快慢的指数。三段式关系简明直观，能控制强震段持时长短，常用于实际工程。

baizaosheng moxing

白噪声模型（white noise model）　功率谱幅值为常数的随机过程模型。

该模型功率谱如图所示，其数学表达式为

$$S(\omega) = S_0 \tag{1}$$

自相关函数为

$$R(\tau) = S_0 \delta(\tau) \tag{2}$$

式（1）（2）中：$S(\omega)$ 为功率谱，ω 为圆频率；$R(\tau)$ 为自相关函数，τ 为延时；S_0 为常数；$\delta(\tau)$ 为狄拉克函数，当 $t = \tau$ 时取值为 1，其余时刻为 0。

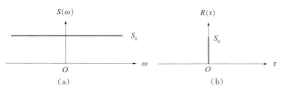

白噪声的功率谱（a）和自相关函数（b）

白噪声地震动是频率分布在（0，$+\infty$）区间内，幅值相同、相位任意的无数个简谐振动的叠加；类似于白光包含所有颜色的光，又如噪声般杂乱无章。

频带无限宽意味着白噪声地震动的能量无限大，这是不合理的；实际上地震动频带有限，而且各频率分量的强度也有变化。引入白噪声模型是因为数学处理方便。例如，当地震动的频带相对结构的自振频率更宽时，可将地震动近似看作白噪声，有时也将基岩地震动视为白噪声。

youxian daikuan baizaosheng moxing

有限带宽白噪声模型（limited band white noise model）　频带限宽的白噪声模型。

有限带宽白噪声模型的功率谱和自相关函数如图所示，其数学表达式分别为

$$S(\omega) = S_0 \qquad (-\omega_0 \leqslant \omega \leqslant \omega_0)$$

$$R(\tau) = \frac{S_0}{\pi} \frac{\sin \omega_0 \tau}{\tau}$$

式中：$S(\omega)$ 为功率谱，ω 为圆频率；$R(\tau)$ 为自相关函数，τ 为延时；S_0 为常数；ω_0 为截止频率。

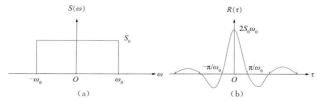

有限带宽白噪声的功率谱（a）和自相关函数（b）

频带宽度随研究目的和地震动特点不同而定，地震学中根据震源谱模型给定频带宽度；在结构地震反应分析中也可以根据结构的频率特性选定。此模型假定所有频率分量的幅值相同。

guolü baizaosheng moxing

过滤白噪声模型（filtered white noise model）　功率谱的频带和幅值变化的白噪声模型。

该模型克服了白噪声和有限带宽白噪声模型的局限，可根据具体问题的性质和特点确定功率谱的带宽和变化的幅值，因具有物理意义而应用广泛。

应用最多的过滤白噪声模型是金井-田治见谱模型，简称金井模型。这个模型的各频率分量强度是变化的，反映了土层放大地震动的基本规律，也描述了地震动频带有限且高频分量强度迅速降低的特征。依此思路，还可以构建具有其他物理意义的随机过程模型。

还有一些过滤白噪声模型，其功率谱根据若干地震动加速度记录的自相关函数曲线形状确定，如

$$S(\omega) = 4\pi R_0 \frac{(\alpha - \mu\beta)\omega^2 + (\alpha + \mu\beta)(\alpha^2 + \beta^2)}{\omega^4 - 2(\beta^2 - \alpha^2)\omega^2 + (\alpha^2 + \beta^2)^2}$$

$$R(\tau) = R_0 e^{-\alpha\tau}[\cos\beta\tau + \mu\sin\beta\tau]$$

式中：$S(\omega)$ 为功率谱；$R(\tau)$ 为自相关函数；$R(\tau = 0) = R_0$；τ 为延时；α，μ，β 为统计参数；ω 为圆频率。

如果设 $\alpha = \xi\omega_0$，$\beta^2 = (1 - \xi^2)\omega_0^2$，$R_0 = \xi\omega_0 S_0/\pi$，$\mu = \frac{1 - 4\xi^2}{1 + 4\xi^2} \frac{\xi^2}{1 - \xi^2}$；其中 ω_0，ξ 为与土层特性有关的常数，S_0 为基岩功率谱强度；则此模型与金井-田治见谱模型相同。由于该模型缺乏物理解释，因此没有金井-田治见谱模型应用广泛。

Jinjing-Tianzhijian pumoxing

金井-田治见谱模型（Kanai-Tajimi spectra model）　基于土层地震反应的谱特性建立的过滤白噪声模型。

模型　地震动观测记录和土层地震反应分析表明，土层存在卓越周期，卓越分量的幅值取决于土层和基岩的波阻抗比（见卓越周期）。金井清建议土层的传递函数 $H(\omega)$ 与单自由度体系的共振曲线类似，即

$$H(\omega) = \frac{1}{\sqrt{\left[1 - \left(\frac{\omega}{\omega_0}\right)^2\right]^2 + \left[\frac{0.2}{\sqrt{\omega_0}}\left(\frac{\omega}{\omega_0}\right)^2\right]^2}} \tag{1}$$

式中：$\omega = 2\pi f$ 为圆频率，f 为频率；$\omega_0 = 2\pi/T_0$，T_0 为土层卓越周期。

将功率谱 $S_I(\omega)$ 输入到传递函数为 $H(\omega)$ 的土层，则输出的功率谱为

$$S_Y(\omega) = |H(\omega)|^2 S_I(\omega) \tag{2}$$

田治见宏（Tajimi Hiroshi）假设基岩地震动符合白噪声模型，取式（1）作为土层传递函数，则输出的过滤白噪声

功率谱为

$$S_J(\omega) = \frac{1 + 4\xi^2(\omega/\omega_0)^2}{\sqrt{[1-(\omega/\omega_0)^2]^2 + [4\xi^2(\omega/\omega_0)^2]^2}} S_0 \quad (3)$$

相应自相关函数为

$$R(\tau) = \frac{\xi\omega_0 S_0}{\pi} e^{-\xi\omega_0\tau} \Big[\cos\sqrt{(1-\xi^2)\omega_0^2}\,\tau$$
$$+ \frac{1-4\xi^2}{1+4\xi^2} \frac{\xi^2}{1-\xi^2} \sin\sqrt{(1-\xi^2)\omega_0^2}\,\tau \Big] \quad (4)$$

式（3）（4）中：参数 ω_0，ξ 与地震的震级、震中距和土层特性有关；S_0 为基岩的功率谱强度；τ 为延时。这个模型的各频率分量强度是变化的，反映了土层动力放大效应的基本规律，因具有物理意义而被广泛采用；后又进行了改进（见图）。

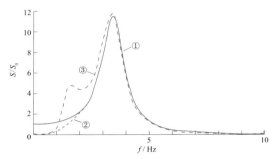

金井-田治见功率谱及两种修正模型
①金井-田治见谱；②加低频减量因子谱；③加低频减量因子双峰谱

模型修正 上述模型有若干缺点：①假定基岩地震动为白噪声并不符合实际情况；②式（3）低频幅值不渐趋于 0，与观测数据不符，且不满足傅里叶变换的可积条件；③如果式（3）表示加速度的功率谱，则速度和位移功率谱幅值在 $\omega=0$ 时为无穷大，这是不合理的。

后续研究针对上述问题进行了修正。

（1）针对低频幅值不合理的问题，将式（3）再乘以频率相关修正因子。例如

$$S(\omega) = S_J(\omega) \frac{\omega^{2k}}{\omega^{2k} + \omega_c^{2k}} \quad (5)$$

式中：ω_c^{2k} 为低频减量因子，一般取 $k=3$，ω_c 相当于低频截止频率。

（2）对低频谱分量再作改进，以符合不同条件下地震动的特点。例如

$$S(\omega) = S_J(\omega) \frac{(\omega/\omega_1)^4}{[1-(\omega/\omega_1)^2]^2 + 4\xi_1^2(\omega/\omega_1)^2} \quad (6)$$

式中：ω_1 和 ξ_1 为可调节的参数，可对小于 ω_0 的低频部分滤波，并可形成双峰。在此基础上，还可以建立具有多峰的过滤白噪声模型，以反映复杂覆盖土层的影响。

（3）假定非白噪声的基岩输入，例如将基岩输入谱乘以 $S_R(\omega) = 1/[1+(\omega/\omega_R)^2]$，$\omega_R$ 为与基岩特性有关的谱参数，则输出功率谱模型谱为

$$S(\omega) = S_J(\omega) S_R(\omega) \quad (7)$$

这些修正公式的基本形式类似，引进的参数须根据观测资料统计确定。

suiji maichong guocheng

随机脉冲过程（random pulse train process） 用一系列数目、幅度和发生时刻都是随机数的脉冲构成的随机过程，可模拟地震动。

数学上随机脉冲过程表示为

$$x(t) = \sum_{k=1}^{N(t)} w_k(t-\tau_k) \quad (1)$$

式中：$w_k(t-\tau_k)$ 为时刻 τ_k 出现的随机脉冲函数，脉冲的形状和幅值都随机变化，τ_k 为随机数，当 $t<\tau_k$ 时 $w_k(t-\tau_k)=0$；$N(t)$ 为随机计数过程，控制脉冲的数目。

便于生成的一种随机脉冲过程为

$$x(t) = \sum_{k=1}^{N(t)} Y_k w(t-\tau_k) \quad (2)$$

式中：Y_k 为互相独立、具有同一概率密度函数的随机变量，控制脉冲的幅值，可有正负；$w(t-\tau_k)$ 为表示脉冲形状的确定函数，当 $t<\tau_k$ 时，$w(t-\tau_k)=0$，τ_k 为第 k 个脉冲到达的时刻；$N(t)$ 为泊松随机过程，控制脉冲的数目。式（2）可视为高斯随机过程。

该过程的数学期望值（集系平均值）为

$$E[x(t)] = E[Y_k] \int_0^t w(t-\tau)\lambda(\tau)\,d\tau \quad (3)$$

式中：$\lambda(\tau)$ 为泊松随机过程中单位时间内的事件发生率。

另一种常用的随机脉冲过程是随机散粒噪声过程（见随机散粒噪声模型）。

suiji sanli zaosheng moxing

随机散粒噪声模型（random shot noise model） 期望值为 0，幅值在时间轴的分布按照给定随机规律变化的地震动随机脉冲过程。

随机散粒噪声模型示例见图。该模型假定地震动由一系列接续发生但互相独立的随机脉冲组成，数学表达式为

$$x^m(t) = \sum_{k=1}^{N(t)} Y_k \delta(t-t_k) \quad (1)$$

式中：Y_k 为互相独立、具有同一概率密度函数的随机变量，控制脉冲的幅值，可有正负，其数学期望值为 0；$\delta(t-t_k)$ 为广义狄拉克函数（δ 函数），表示只有在 $t=t_k$ 时才取值，否则为 0，t_k 为脉冲发生时刻；$N(t)$ 为泊松随机过程，控制脉冲的数目。由于脉冲形状是 δ 函数，因此称为散粒噪声。

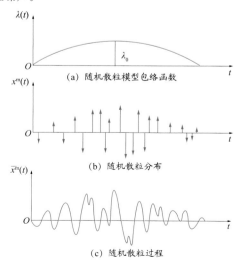

（a）随机散粒模型包络函数

（b）随机散粒分布

（c）随机散粒过程

随机散粒噪声模型示例

按照定义，其数学期望为

$$E[x^m(t)] = E[Y_k] \int_0^t \delta(t-\tau)\lambda(\tau)\,d\tau \quad (2)$$

式中：$\lambda(\tau)$ 为包络函数。

自相关函数为

$$R_x(t_1, t_2) = \mathrm{E}[Y_k^2]\lambda(t_1)\delta(t_2 - t_1) \tag{3}$$

定义

$$\mathrm{E}[Y_k^2]\lambda(t) = I(t) \tag{4}$$

式（4）描述散粒噪声幅值随时间的分布，称为强度函数。合理选取强度函数是建立散粒噪声模型的关键。

由于各脉冲互不相关，当所有脉冲强度相等时，它的自相关函数就是 δ 函数，因此强度相等的散粒噪声就是白噪声。

为使散粒噪声过程更像实测地震动，可用近似函数代替 δ 函数，例如取

$$\delta(t) \approx \frac{1}{\sqrt{2\pi}} \exp\left(-\frac{t^2}{2\varepsilon^2}\right) \tag{5}$$

式中：ε 为很小的数，控制脉冲宽度。

将式（5）代入式（1）得

$$\overline{x^m}(t) = \sum_{k=1}^{N(t)} Y_k \frac{1}{\sqrt{2\pi}} \exp\left[-\frac{(t - t_R)}{2\varepsilon^2}\right] \tag{6}$$

随机散粒噪声模型的示例中图（a）为随机散粒噪声的包络函数，设为 $\lambda(t) = \lambda_0 \sin(\pi t/b)$，$b$ 为常数，λ_0 为幅值；图（b）为式（1）生成的散粒噪声；图（c）为式（6）生成的随机振动，形状更近似地震动。

dizhendong shuaijian

地震动衰减（strong ground motion attenuation）　地震动随震级和距离变化的经验关系。

地震动受众多因素影响呈复杂变化形态，很难用理论方法预测；工程上一般基于强震动观测资料的统计分析，建立地震动随震级、距离和场地变化的经验关系，预测加速度峰值、速度峰值、位移峰值、反应谱和强地震动持续时间等。反映地震动衰减规律的这些经验关系通称地震动参数衰减关系，在地震区划、地震小区划和抗震设计等方面有广泛应用。

基本衰减模型　一般地震动衰减模型中以震级考虑震源影响，以场地到震源的距离考虑传播介质影响，以场地类别考虑场地条件影响；表述如下：

$$\ln y = f_1(M) + f_2(R) + f_3(S) \tag{1}$$

式中：y 为任意地震动参数；$f_1(M)$ 为震级 M 的函数；$f_2(R)$ 为距离 R 的函数；$f_3(S)$ 为场地因子 S 的函数。

（1）震源影响。根据震级的基本定义并考虑震级饱和现象，可设定其与地震动参数的关系为

$$f_1(M) = c_1 + c_2 M + c_3 M^2 \tag{2}$$

式中：c_1，c_2，c_3 为回归系数；c_3 为负数，所在项模拟震级饱和现象。以震级表示震源影响意味着视震源为点源。地震动衰减关系分析中，震级小于 6 时多用近震震级或体波震级；大于 6 级用面波震级。

（2）传播介质影响。考虑地震波传播过程中能量的几何扩散和非弹性衰减。地震动参数随距离的衰减表示为

$$f_2(R) = c_4 \ln(R + c_5) + c_6 R \tag{3}$$

式中：c_4，c_5，c_6 为回归系数，系数 c_4 为负数。式（3）等号右边第一项表示几何扩散，第二项表示非弹性衰减；引入因子 c_5 是为了避免在 $R = 0$ 处出现奇点引起地震动参数无穷

大。距离有不同的定义，如震中距、震源距、能中距、断层距、最短破裂距离等（见断层距），应基于原始资料进行研究分析后采用适当者，震中距和断层距最为常用。为反映近场高频地震动饱和现象，可令

$$c_5 = c_7 \exp(c_8 M) \tag{4}$$

式中：c_7，c_8 为回归系数。

（3）场地影响。一般只区分基岩与土层两类场地，分别就观测数据进行统计回归分析；表示场地影响的数学式有待进一步研究。

将式（2）（3）（4）代入式（1），忽略式（3）中对工程影响不大的非弹性衰减项 $c_6 R$，增加统计误差 ε，工程应用中的地震动衰减基本关系为

$$\ln y = c_1 + c_2 M + c_3 M^2 + c_4 \ln\left[(R + c_7 \exp(c_8 M))\right] + \varepsilon \tag{5}$$

图为地震动加速度峰值 $a_{\max}$ 衰减关系的示例，给出了考虑震级饱和与不考虑震级饱和两种情况的比较，其中前者更符合实践经验。

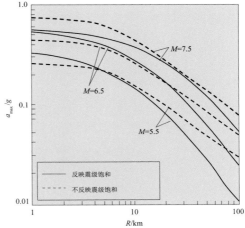

地震动加速度峰值衰减曲线（据博尔特等，2003）

回归方法　根据式（5）可用最小二乘法就观测资料进行回归分析，拟合各待定系数，最终得出地震动参数衰减关系。在这类非线性多元回归分析中，观测资料和回归方法是得到适当结果的关键。

强震观测记录分布很不均匀。首先，工程最感兴趣、地震动特性最为复杂的大震记录和近场记录相对缺乏；其次，有的地震获得的强震观测资料较多，另一些地震获得的观测资料则很少；再者，美国西部、日本和中国台湾地区强震观测资料较多，世界其他地区的观测记录很少。为解决资料不足的困难，有时回归分析不得不混用不同地区的资料，尽管这样做在理论上是不合理的。至于观测资料在震级、距离、地震事件方面的分布不均匀等问题，可用等权回归法和两步回归法处理。

不确定性　地震动衰减关系是经验统计的结果，由于地震动及其影响因素十分复杂、观测资料不充分和不均匀以及回归模型的简单化，回归结果必然有不确定性，实际地震动参数会偏离经验公式得出的平均值。不确定性可用不确定性处理来校正。显然，回归模型的适当性有待深入研究；至于经验关系中的统计误差 ε，可用统计分析中的标准差表示。对于烈度衰减关系，ε 为正态分布；对于地震动参数衰减关系，ε 为对数正态分布。

推荐书目

胡聿贤主编. 地震安全性评价技术教程. 北京：地震出版社，1999.

zhenji baohe

震级饱和（earthquake magnitude saturation） 大地震的震级不随震源破裂规模扩大而增加的现象。

震级有不同的定义，测定近震震级 M_L、体波震级 m_b、m_B 和面波震级 M_S 所依据的地震波频段不同。近震震级和体波震级依据短周期地震波幅值定量，面波震级则依据长周期地震波幅值定量。

地震波是由岩石破裂产生的，岩石强度和破裂速度都是有限的，故地震波各分量的强度不会无限增加，震级将出现饱和现象。观测表明，震级达到 6 以后，近震震级和体波震级将趋于饱和；震级达到 8 以后，面波震级也趋于饱和，如图所示。

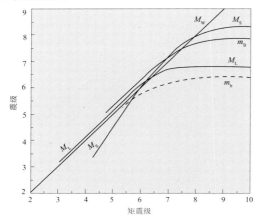

矩震级与其他主要震级的关系

不易出现饱和的震级是矩震级 M_W，因为矩震级的定量并不依据特定频段的地震波幅值，而是随断层破裂面积和位错的增加而提高。

duancengju

断层距（fault distance） 观测点到断层地面迹线的最短距离。断层地面迹线是断层破裂延伸面与地面的交线。

在地震学研究和地震动衰减研究中，观测点到震源的距离是重要的参数，有多种不同定义。

震中距是观测点到震中的距离，震中是仪器测定的断层破裂起始点在地表的投影。震源距是观测点到断层破裂起始点的距离，震源距的计算须确定震源深度。对于破裂规模不大的小震或观测点远离震源时，震中距和震源距都是衡量距离的适当参数，观测点地震动强度与这两个距离密切相关。但是，当断层破裂延伸和规模很大，或观测点在断层附近时，这两个距离都不能很好地表示观测点地震动强度与距离的关系。

大地震的断层破裂规模很大，破裂往往并不均匀；合理地表示观测点地震动强度的距离，应是观测点到断层能量辐射最强点（称能量辐射中心）在地面投影的距离，即能中距。然而，断层能量辐射最强点未必是破裂起始点，其位置很难确定，故能中距缺乏实际应用的可行性。

强震观测资料和概念分析表明，近场地震动强度主要受靠近观测点的部分断层的能量辐射控制，因此提出了最短破裂距离、发震断层距和断层距等定义。最短破裂距离是观测点到断层破裂面的最短距离，计算较为复杂；发震断层距是观测点到发震断层上界边缘（一般并非地面）的距离，断层上界边缘难以确定；故这两种定义的应用可行性也受限制。断层距因定义明确、定量方便，在地震动衰减研究中获得应用。

dengquan huiguifa

等权回归法（equal weight regression） 在地震动衰减关系回归分析中，针对观测数据不均匀分布的处理方法。

强震观测记录在震级、距离（见断层距）、地震和区域这四个方面都呈不均匀分布；大震和近场记录缺乏，不同地震中获取的记录数量差别很大。在这种情况下直接进行地震动衰减关系的回归分析，衰减曲线势必偏向数据集中的震级、距离或地震，分散的数据点只有很小的作用，这样得出的结果不能全面反映地震动衰减规律，且可能与已有的经验或概念相悖。

这一问题可采用等权回归法处理。如将强震动记录按震级和距离数据划分为若干区间，并令各区间数据的总权数相等，旨在避免某个区间数据过多而控制回归结果。当某个区间内得自某次地震的数据甚多、而得自其他地震的数据很少时，也可采用类似方法，令这一区间中得自各次地震的数据总权数相同。

等权回归法可与两步回归法结合使用。

liangbu huiguifa

两步回归法（two-stage regression） 在地震动衰减关系回归分析中，对震级和距离的解耦处理方法。

在地震动衰减关系的回归分析中发现，按照选定的函数关系式用所有数据一次性回归时，因震级和距离（见断层距）两参数耦联及其不确定性的相互影响，往往很难得到合理可靠的结果。

解决这一问题可采用两步回归法以达到解耦的效果。

首先，就不同震级 i 的衰减关系分别进行回归，得到式（1）：

$$\ln y_i = c_i + c_4 \ln (R + R_i) \tag{1}$$

式中：y_i 为地震动参数；R 为距离变量；c_i，R_i，c_4 为回归系数，此时回归不出现震级。

而后，利用一次回归得出的一系列对应不同震级的 c_i，R_i；再对震级变量进行回归，得出以下关系：

$$c_i = c_1 M + c_2 M + c_3 M^2 \tag{2}$$

$$R_i = c_7 \exp (c_8 M) \tag{3}$$

式中：c_1，c_2，c_3，c_7，c_8 为回归系数，此时回归不出现距离；M 为震级。将式（2）和式（3）代入式（1），即得对应不同震级和距离的地震动参数衰减关系。

两步回归法可与等权回归法结合使用。

dizhen liedu shuaijian

地震烈度衰减（seismic intensity attenuation） 地震烈度随震级和距离变化的经验关系，简称烈度衰减。

模型 地震烈度评定一般并不区分具体场地条件，形

成等震线图后更无法区分场地条件，故地震烈度衰减关系仅以震级考虑震源的影响，以距离考虑传播介质的影响；经验衰减关系可取为

$$I = c_1 + c_2 M + c_3 \ln(R + R_0) + \varepsilon$$

式中：I 为烈度；M 为震级；R 为距离，通常为震中距（见断层距）；c_1，c_2，c_3，R_0 为回归系数；ε 为统计误差。

当震级较小或断层破裂的水平延伸不大时，烈度等震线大致为圆形。若断层破裂长达上百千米时，则等震线图近似呈椭圆形，此时，要依椭圆的长轴和短轴分别确定衰减关系。

早期的历史地震没有震级观测数据，烈度衰减关系可借助震中烈度表示为

$$I = I_0 - c_3 \ln(R + R_0) + \varepsilon$$

式中：I_0 为震中烈度。

资料处理　如果直接用各烈度调查点的资料进行回归分析，由于数据离散，回归结果的标准差将很大，故一般依据等震线图采集烈度和相应距离的数据。若依两条等震线间的中线确定距离，可得地震烈度的平均衰减关系。若依某烈度区的边界线确定距离，所得结果将与平均衰减关系有大的差异。当烈度等震线很不规则时，应取若干点进行回归分析。

由于烈度评定的模糊性、综合性、主观性和平均性，且原则上烈度只能取整数数值，故烈度衰减关系必然是比较粗略的。

应用　地震烈度衰减关系可直接用于估计工程场地的烈度。

在缺乏强震观测资料的地区，可借助烈度衰减关系估计地震动参数衰减关系（见地震动衰减转换方法）。

地震应急期间，在得知地震震级和震中位置后，可迅速以烈度衰减关系估计震区的烈度分布，进而判断房屋和生命线系统等工程结构的破坏程度和震灾规模，用于指导应急救灾。

dizhendong fengzhi shuaijian
地震动峰值衰减（peak ground motion attenuation）　地震动加速度峰值、速度峰值、位移峰值等随震级、距离和场地变化的经验关系。

模型　地震动强度与震源、地壳介质和场地条件有关。地震动峰值衰减关系一般区别不同场地条件分别建立（见地震动衰减），其一般表达式为

$$\ln y = c_1 + c_2 M + c_3 M^2 + c_4 \ln[R + c_7 \exp(c_8 M)] + \varepsilon \tag{1}$$

式中：y 为地震动（加速度、速度或位移）峰值；M 为震级；R 为距离（见断层距）；c_1，c_2，c_3，c_4，c_7，c_8 为回归系数；ε 为统计误差。$c_3 M^2$ 项模拟震级饱和影响；$c_4 \ln[R + c_7 \exp(c_8 M)]$ 模拟地震动随距离的衰减，其中 $c_7 \exp(c_8 M)$ 模拟近场地震动饱和现象。震级饱和与地震动饱和对高频地震动影响最明显，故在加速度衰减关系中应予考虑；速度峰值和位移峰值分别受中、低频地震动控制，故一般不考虑饱和影响。

不考虑饱和现象的地震动衰减关系为

$$\ln y = c_1 + c_2 M + c_4 \ln(R + R_0) + \varepsilon \tag{2}$$

现有强震观测资料大多集中于中等地震（6 级左右）和中等距离（50～100 km），不同的衰减关系式在此范围的估值结果大体接近。由于大震近场观测数据少，不同回归关系的差别甚大。若干典型的加速度峰值 $a_{\max}$ 随距离 R 衰减关系曲线见图。若地震动衰减等值线为椭圆，要分别对长轴和短轴进行回归。

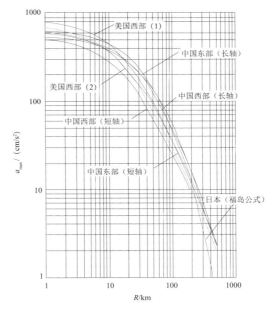

若干地区加速度峰值衰减关系曲线的比较（$M=7$）

资料处理　地震动峰值的水平与竖向分量一般分别处理，两水平分量可取较大值、几何平均值、矢量合成值进行分析或作为两个单独量进行分析，有时也就有效峰值进行分析。震级和距离是回归分析的基本变量，回归分析可采用等权回归法和两步回归法。

可根据不同区域地质构造的差别、断层破裂机制、近断层地震动的方向性效应和上盘效应等对一般衰减关系进行修正，但确定的规律尚有待更多观测资料的验证。

应用　地震动参数衰减关系可用于地震危险性分析，亦可用于确定具体工程的设计地震动。若已知地震震级和震中，可按照衰减关系计算不同地点的地震动峰值，进而计算结构反应，估计工程结构破坏等级和经济损失。

dizhen fanyingpu shuaijian
地震反应谱衰减（seismic response spectrum attenuation）　地震反应谱随震级、距离（见断层距）变化的经验关系。

模型　将给定阻尼比对应不同周期的反应谱值 $y(T,\xi)$ 作为地震动参数，则可应用地震动衰减关系式预测反应谱，其衰减关系如下：

$$\ln y(T,\xi) = c_1(T,\xi) + c_2(T,\xi) M + c_3(T,\xi) M^2 \\ + c_4(T,\xi) \ln\{R + c_7(T,\xi) \exp[c_8(T,\xi) M]\} + \varepsilon$$

式中：T 为反应谱的周期；ξ 为阻尼比；M 为震级；R 为距离；c_1，c_2，c_3，c_4，c_7，c_8 为回归系数；ε 为统计误差。$c_3(T,\xi) M^2$ 项模拟震级饱和影响，该项仅对高频分量才有显著作用；$c_4(T,\xi) \ln\{R + c_7(T,\xi) \exp[c_8(T,\xi) M]\}$ 模拟反应谱随距离的衰减，其中 $c_7(T,\xi) \exp[c_8(T,\xi) M]$ 模拟近场地震动饱和现象，也仅对高频分量才是重要的。工程上以

加速度反应谱衰减为主要研究对象，可由加速度反应谱计算拟速度反应谱和位移反应谱。

方法 反应谱衰减的回归方法有三种：①将每个周期对应的反应谱值视为地震动峰值进行分析，可采用等权回归法和两步回归法，系数 c_7，c_8 不随周期变化；②基本方法不变，但系数 c_7，c_8 对不同周期分别进行回归，由此造成的反应谱值跳动须作平滑处理；③在应用两步回归法时，第一步采用方法①，第二步再将所有数据对 T，M，R 进行回归，使总体方差最小，谱曲线平滑。

应用 反应谱衰减关系可用于地震动参数区划和小区划；可确定工程场地的设计地震动（含设计反应谱），进而合成人造地震动。

dizhendong chishi shuaijian

地震动持时衰减（duration attenuation of strong ground motion） 强地震动持续时间随震级、距离（见断层距）变化的经验关系。

取强地震动持时作为地震动参数，其衰减模型、回归方法与地震动峰值衰减类似。但须注意以下几点。

（1）应明确衰减关系所采用的持时定义，不同定义的持时的衰减趋势可能不同。

（2）大地震断层附近的强地震动持时与整个断层破裂时间关系不大，存在持时随震级的饱和现象，但远场持时与震级有关；持时随距离增加；持时的衰减关系应反映这些现象。

（3）地震动持时衰减关系在工程中应用不多，地震动强度包络线涵盖了持时，地震动包络衰减可代替持时衰减。

dizhendong baoluo shuaijian

地震动包络衰减（envelop attenuation of strong ground motion） 地震动时程包络随震级、距离变化的经验关系。

将地震动时程包络的控制参数作为地震动参数，其衰减模型、回归方法与地震动峰值衰减相同。须注意之处为：

（1）不同包络模型，其控制参数不同（见地震动时程包络）；

（2）强震段持时在近场有饱和现象，远场强震平稳段的持时随震级和距离（见断层距）的增加而延长。

地震动包络衰减关系可用于人造地震动的生成。

dizhendong shuaijian zhuanhuan fangfa

地震动衰减转换方法（transform method of strong ground motion attenuation） 利用地震烈度衰减关系估计地震动参数衰减关系的近似方法。

在缺乏或没有强震观测记录的地区，可利用该地区烈度衰减关系和其他地区地震烈度与地震动参数的观测统计结果，近似估计该地区地震动参数衰减关系。

直接转换法 利用其他地区得到的烈度和地震动参数之间的统计关系（见地震烈度物理指标），将本地区烈度直接转换为地震动参数，进而获得地震动参数衰减关系。采用此法应注意：①烈度与任何地震动参数之间的简单关系缺乏物理基础，表现为同一烈度对应的地震动参数非常离散；②小震近场的烈度可能和大震远场的烈度相同，但加速度峰值可能相差 $1\sim2$ 个数量级；③烈度与地震动两者都

是随机变量，统计分析中应使两者离差之和最小。

首尾回归法 1981 年巴蒂斯（J.Battis）提出，若可获得其他地区震中附近烈度和地震动参数（如加速度峰值 a_0）的统计关系，可据此将本地区震中距 $R_0=10$ km 处的烈度换算为加速度峰值 a_0；再假定Ⅲ度烈度等震线为有感范围界线，其距离用 R_f 表示，对应的加速度峰值为 6 cm/s²。据此，可对应不同震级 M，由本地区烈度衰减关系获得多组数据 $(M$，R_0，$a_0)$ 和 $(M$，R_f，6 cm/s²$)$；再经回归分析得到加速度衰减关系。由此法得出的衰减曲线中，只有震中附近和有感距离处受数据控制，中间部分的回归结果有很大不确定性。

映射法 设其他地区（A 区）具有烈度和地震动参数衰减关系，而本地区（B 区）只有烈度衰减关系。设两个地区已知的烈度衰减关系分别为 I_A，I_B：

$$I_A = f_A(M,R) \tag{1}$$

$$I_B = f_B(M,R) \tag{2}$$

A 区的已知地震动参数衰减关系为

$$Y_A = g_A(M,R) \tag{3}$$

B 区待求的地震动参数衰减关系为

$$Y_B = g_B(M,R) \tag{4}$$

式(1)—式(4)中：I 为烈度；Y 为地震动参数；下标 A，B 分别表示 A 地区和 B 地区；$g(\cdot)$ 和 $f(\cdot)$ 均是震级 M 和距离 R 的函数。

由式(1)—式(3)经映射变换求式(4)有多种方法，包括等震级法、等距离法、最小扭曲映射原则、最小可逆扭曲映射原则等。

等震级映射方法的原理见图。将对应相同震级的已知衰减关系绘图，见图中实线。对应任意距离 R_i，可得映射距离 R_j；B 地区在距离 R_i 处的烈度与 A 地区对应 R_j 处的烈度相同；R_j 处 A 地区的地震动参数则可视为 R_i 处 B 地区的地震动参数。仿照上述方法，可得 B 区的地震动参数衰减关系 $Y_B = g_B(M,R)$，见图中虚线。

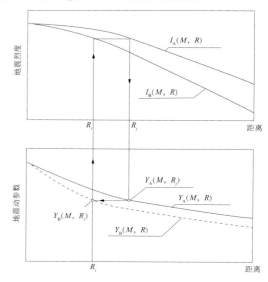

等震级映射方法示意图

在相关衰减关系有数学表达式的情况下，映射法可由数值计算求解；在相关衰减关系没有数学表达式的情况下，映射可通过图解法进行。

见地震动衰减。

近断层地震动（near-fault ground motion）　发震断层附近的地震动，属近场地震动范畴；其特性与断层破裂机制密切相关。

（1）方向性效应。当破裂在断层面上单侧传播或有优势传播方向时，破裂前方的地震动比后方的地震动振幅大、持时短、长周期成分增强。

（2）脉冲效应。速度或位移时程呈现单个或几个简单的大幅值脉冲，主要体现为速度脉冲，对高频分量不明显。

（3）上盘效应。对于倾斜断层，上盘地震动比具有相同断层距的下盘地震动强度更大。

（4）滑冲。断层面错动引起地面的永久变形，变形量随断层距增大而减小。

近断层地震动强度和频率与断层的尺度、类型、倾角、埋深、破裂速度、破裂方向、位错滑动方向、位错的分布等因素有关。近断层地震动的模拟不能使用点源模型，必须考虑断层破裂过程。在理论上，不能忽略地震波的近场项和中场项（见位错模型）。

断层的破裂过程非常复杂，并非所有地震的近断层地震动都出现或同时出现上述特征。上述现象主要表现于地震动低频分量，可由简单的单侧均匀破裂模型解释。随观测点与断层的相对位置不同，地震动有很大差别。断层附近地震动幅值是有限的，不会随断层破裂规模的加大而持续增长（见地震动饱和）。

断层附近的地震动对结构有巨大的破坏力。对于重大工程结构，应估计可能遭遇的近场地震动的主要特征。

推荐书目

International Handbook of Earthquake and Engineering Seismology. edited by Lee W H K，Kanamori H，Jennings P，Kisslinger C. Academic Press，2003.

地震动饱和（strong ground motion saturation）　随着到断层距离的减小和震级的增加，高频地震动幅值变化不大，且趋于有限值的现象。

观测资料和理论分析都表明，即使在大地震的断层面上，地震动的峰值也是有限值，称为地震动上限。例如，按照圆盘破裂模型估计，地震动上限值与断层破裂应力降、岩石剪切强度和波速有关，加速度上限约为 2g（g 为重力加速度），速度上限约为 300 cm/s。

地震动饱和表现为高频地震动强度在近距离的饱和及其不随震级加大而持续增加。

（1）近距离饱和。随着到断层距离的减小，高频地震动强度增长趋缓，称为地震动的近距离饱和。大地震的断层长度可达几十至几百千米，近场高频地震动主要受邻近的有限区段断层的控制，稍远处断层传来的高频地震动衰减快，仅增加该点的振动持时。因此近断层各点接收到几乎相同的高频辐射能量，地震动强度相差不大。

（2）大震级饱和。高频地震动强度不随震级加大成比例地持续增加，即震级越大，高频地震动幅值增加越趋缓慢，且不超过有限值。反映地震动高频成分强度的加速度受断层岩石破裂强度控制，由于岩石破裂的应力降有限，辐射的高频地震波强度也有限。震级较小时，岩石破裂应力降随震级增加，但大地震震级的增加主要体现为破裂规模的扩大和低频辐射能量的增加，断层破裂的应力降增量越来越小，高频地震动亦趋于饱和。

方向性效应（directivity effect）　地震断层破裂传播前方和后方的地震动幅值、频率和持时出现显著差别的现象。

类似于多普勒现象，当断层破裂向一个方向传播且破裂速度接近剪切波速时，断层辐射能量几乎同时到达传播前方的观测点（图1），造成地震动幅值高、持时短、出现脉冲；传播后方观测点接受的能量则相对分散，幅值低而持时长。研究认为，上述方向性效应主要体现于周期大于 0.5 s 的地震动成分。

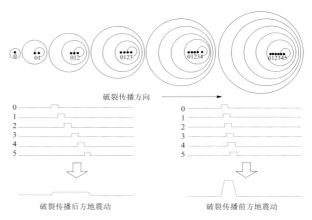

图 1　方向性效应示意图

由图 2 给出的实例可见，位于破裂前方的 LUC 台观测得到的位移和速度时程中有很强的长周期脉冲，地震动的幅值大、持时短；而位于破裂后方的 JSH 台观测到的地震动幅值明显较低，地震动持时也明显加长。

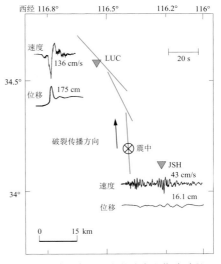

图 2　垂直于断层走向的速度和位移时程
（1992 年美国加州兰德斯地震）

破裂的方向性效应与断层的破裂方向、破裂速度、断层面的滑动方向、观测点的位置等诸多因素有关。当断层的破裂方向和滑动方向都朝向观测点时，方向性效应最明显，且近断层区域垂直于断层面方向的横向分量地震动幅值大，故该方向分量表现出明显的方向性效应。这可根据移动位错源辐射地震波的理论分析得到解释。

方向性效应并非总会出现，复杂的非均匀破裂断层、各向异性的地壳介质均会破坏方向性效应。

huachong

滑冲（fling-step） 断层错动造成的近断层地面的突发永久位移。断层错动经过之处的结构将发生毁灭性破坏，但离开破裂一定距离后，结构破坏往往明显减轻。

地震产生地表突发永久位移的例子很多（图1、图2）。如1999年台湾集集地震中，发震的车笼埔断层产生的地表破裂长达100多千米，断层东侧（上盘）15 km范围以内的地块向西北方向移动并隆起，上、下盘相对错动产生的断

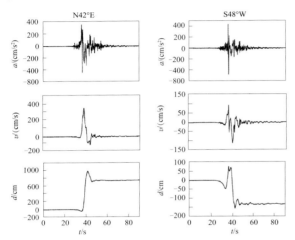

图1 1999年台湾集集地震TCU068台的地震动水平分量记录

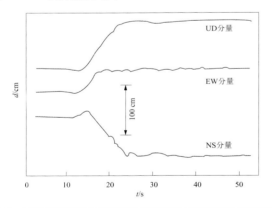

图2 1985年墨西哥米却肯州地震在震中区的地震动位移记录

层崖在断层南段高1 m，在北段则高达8 m；图1为位于发震断层近旁的强震动记录（加速度a、速度v和位移d），由位移时程可见明显的阶跃型永久变形。其他大地震的震中区也往往记录到类似的永久变形，如1985年墨西哥米却肯州地震。

sudu maichong

速度脉冲（velocity pulse） 受断层破裂方向性效应或滑冲影响，近断层地震动速度和位移时程中出现高强度脉冲的现象。

近断层的速度脉冲主要有两种形式。

（1）破裂传播的方向性效应引起的双向速度脉冲，主要出现在垂直于断层滑动方向的地震动分量。图1给出记

录了1979年美国加州帝国谷地震的埃尔森特罗台阵各台站的位置，以及处在与发震断层走向垂直方向上部分台站的速度时程，这些台站位于破裂发展的前端，满足产生方向性效应的条件。速度时程中有明显的正负速度脉冲，但脉冲现象随断层距增加而减弱，在12和13号台站已接近消失，这表明速度脉冲只在一定的断层距内出现。

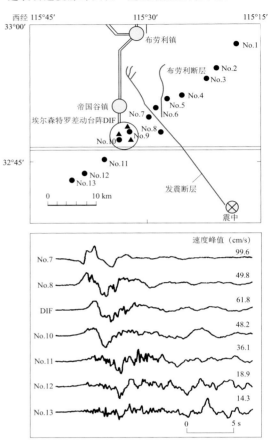

图1 埃尔森特罗台阵的台站位置和记录的速度时程

（2）与滑冲对应的单向速度脉冲，此类脉冲与滑冲的大小和产生永久位移的时间有关，主要出现在平行于断层滑动方向的地震动分量中。图2为1999年土耳其伊兹米特地震中，SKR和YPT台记录到的平行于断层走向（东西向）的速度和位移记录，速度时程中可见对应地面永久位移的单向速度脉冲。

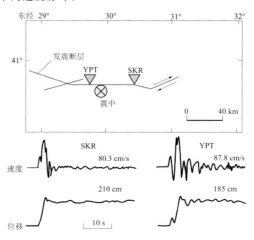

图2 1999年土耳其伊兹米特地震近断层地震动的单向速度脉冲

倾滑断层的方向性速度脉冲和滑冲引起的速度脉冲都发生在垂直于断层面的方向，两个速度脉冲相叠加。

图 3 为 1999 年台湾集集地震 TCU068 台记录到的地震动南北分量巨大速度脉冲。图 3（a）为实际记录，它可分离为单向速度脉冲（图 3b）和双向速度脉冲（图 3c）；单向速度脉冲对应永久变形，双向（振动型）速度脉冲对应可恢复的振动位移。

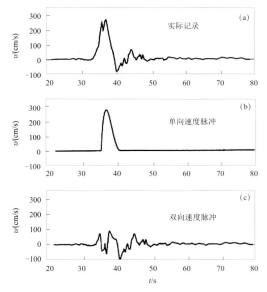

图 3　1999 年台湾集集地震 TCU068 台记录的
速度脉冲（据博尔特，2003）

速度脉冲是近断层处结构破坏的主要原因。结构在脉冲作用下的弹性和非弹性反应分析表明，脉冲的幅值和周期是影响结构破坏的主要参数。近断层地震动的速度脉冲与断层的埋深、类型、破裂速度、滑动的上升时间、位错的分布等有很大关系。由于两种速度脉冲产生的机理不同，对结构的作用也有区别。

shangpan xiaoying

上盘效应（hanging wall effect）　倾斜断层的上盘地震动大于下盘地震动的现象。

上盘效应是近断层地震动的一个重要特征，对逆冲断层尤为明显，因为此时上盘为主动盘。上盘效应有多种解释，其中一例见图 1。图中 A，B 两点的断层距 L 相同，但

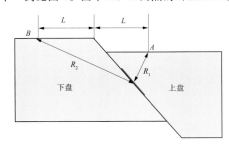

图 1　上盘效应示意图

上盘 A 点离断层面更近（$R_1 < R_2$），故 A 点地震动高于下盘 B 点。另外，断层向上盘辐射的地震波到达地表后将反射回断层面，再由断层面反射到地表，往复多次反射也将放大上盘地震动；上盘地震动衰减相对于下盘较缓，强地震动的分布区域更大。

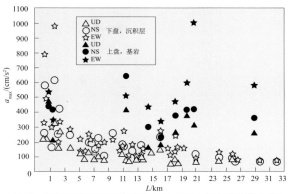

图 2　加速度峰值随断层距的分布（1999 年台湾集集地震）

图 2 为 1999 年台湾集集地震地震动加速度峰值 $a_{\max}$ 随断层距 L 的分布，可见在 $11 \sim 29$ km 范围内，上盘加速度峰值明显高于下盘。

dizhendong kongjian xiangguanxing

地震动空间相关性（spatial coherency of strong ground motion）　空间不同位置强地震动特性的相似性。两点的地震动相关性与频率和两点间距离有关，频率越低、距离越近，则相关性越强。

结构地震反应分析一般假定基底的地震动均匀一致，这对于常见的工程结构是可以接受的。但对于长大结构，如大型桥梁、隧道、埋地管线，地震动的空间差异将影响结构地震反应，甚至是造成破坏的重要因素。因此，有必要研究地震动的空间变化特征，以确定地震动多点输入和相应的结构反应。

地震动空间分布受震源、地壳介质和场地等的影响：

（1）受地震波传播几何衰减和非弹性衰减的影响，离震源越远地震动强度越低（见地震动衰减）；

（2）近断层地震动受断层类型和破裂传播方向等影响，呈现复杂的空间分布和特性变化，如方向性效应；

（3）地震波传播到达不同地点的时间有先后，存在行波效应；

（4）复杂的地壳构造使地震波不断反射和折射，产生非均匀波或首波、面波，使地震波场很不均匀；

（5）工程场址数百米至数千米范围内复杂的浅层地质构造和地形地貌变化，使地震动更趋复杂。

上述一部分因素（如行波效应）可用确定性方法研究，其他因素则适合用随机模型描述。

xianggan hanshu

相干函数（coherency function）　描述两点地震动空间相关性统计特征的物理量，反映各频率分量的相关性随频率和两点间距离变化的关系。

相干函数定义为

$$\gamma_{ij}(\omega) = \frac{S_{ij}(\omega)}{\sqrt{S_{ii}(\omega)S_{jj}(\omega)}}$$

式中：$S_{ij}(\omega)$ 为 i 点和 j 点地震动的互功率谱；ω 为圆频率；$S_{ii}(\omega)$ 和 $S_{jj}(\omega)$ 分别为两点地震动的自功率谱。相干函数为复数：

$$\gamma_{ij}(\omega) = |\gamma_{ij}(\omega)| \exp[i\theta_{ij}(\omega)]$$

$$\theta_{ij}(\omega) = \arctan\left[\frac{\operatorname{Im} S_{ij}(\omega)}{\operatorname{Re} S_{ij}(\omega)}\right]$$

相干函数的模（绝对值）$|\gamma_{ij}(\omega)|$称为迟滞相干函数，相当于除去行波效应后的相关系数。当两点地震动完全相同时相干函数的模等于1；当地震波垂直入射时地表地震动完全相关；平面波斜入射下各点地震动波形也相同，只是有相位差，此时$|\gamma_{ij}(\omega)|$也为1；故相干函数可理解为波场中可用等效平面波模拟者所占比例。$|\gamma_{ij}(\omega)|$表示两点地震动相关程度，一般情况下小于1，完全不相关时为0。

$\gamma_{ij}^2(\omega)$称为相干系数，意义与$|\gamma_{ij}(\omega)|$相同。一些文献中亦将$|\gamma_{ij}(\omega)|$或$\gamma_{ij}^2(\omega)$均称为相干函数。

相干函数的实部称为非迟滞相干函数，包括幅值和相位信息，可衡量地震波场在多大程度上可用等效平面波的传播表示。

受地震波型（如面波）和介质影响，地震波场中不同频率谐波的相速度不同，即有频散，行波效应考虑频散的影响。实际应用中为使问题简化，往往假定地震波为剪切波（S波），无频散，即波速与频率f无关，此时相干函数称为平面波相干函数。图为平面波相干函数曲线示例，图中d为计算相干函数的两点间的距离（单位：m）。

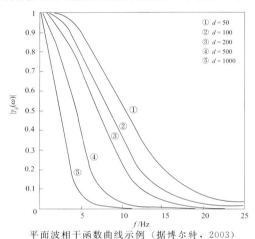

① $d=50$
② $d=100$
③ $d=200$
④ $d=500$
⑤ $d=1000$

平面波相干函数曲线示例（据博尔特，2003）

不同点地震动的自功率谱有所不同，如幅值随震中距增加而有衰减。若场地尺寸与震源距相比很小，或地震动场是均匀变化的随机场，则可假设各点地震动自功率谱相同，以$S_0(\omega)$表示，则有

$$S_{ij}(\omega) = \gamma_{ij}(\omega)S_0(\omega)$$

用于预测空间不同点地震动的相干函数，不应是个别地震记录的计算结果，而应反映地震动相关性随距离和频率变化的一般规律。由实际记录计算得到的相干函数随频率和距离变化很不均匀，但其平均变化趋势可近似用指数函数表示：

$$\gamma_{ij}(\omega) = \exp\left[-f(\Delta,\omega) + ig(\Delta,\omega)\right]$$

式中：Δ为点间距离；i为虚数单位。有的文献记相干函数的模为$\rho(\Delta,\omega) = |\gamma_{ij}(\omega)| = \exp\left[-f(\Delta,\omega)\right]$，$f(\Delta,\omega)$一般表示为频率和距离的多项式：

$$f(\Delta,\omega) = -(a + b\omega^a)\Delta^c$$

式中：a，b，c，α均为控制参数，要用观测资料拟合。因此，相干函数研究依赖局部区域的强震观测台阵（见差动台阵），台阵中各台站应以间距数米、数十米或数百米均匀布置，且有精确的时标系统以便分辨地震波的到时。根据台阵的记录，已建立了多种有参考价值的相干函数模型，这些模型的原始资料、拟合函数、数据处理方法各不相同，

推广应用于其他地区须作进一步验证。

地震动时程受场地条件等复杂因素影响，难以得出互谱密度相位的统计变化规律。相位一般可分为相干和非相干两部分。相干部分可采用确定性表述，相位为$\omega\Delta/c_a$，c_a为视波速；非相干部分由复杂因素造成，用$[0,2\pi]$的随机数表示。（见行波效应）

可按照相干函数取值的比例分配相干波和随机波，得到场地不同点的互功率谱，从而用随机振动方法合成地震动时程。一般取某点为控制点（参考点），该点的地震动已知，且符合抗震规范或专门的地震危险性分析要求；以此为基准合成其他点的地震动时程，或直接用各点互功率谱进行结构随机振动的谱分析。（见地震动多点输入）

xingbo xiaoying
行波效应（wave-passage effect） 平面地震波传播导致地表地震动相位延迟的现象。

假定地震波是平面波，平面波传播引起的弹性半空间或分层半空间地表各点地震动时程仅相位不同。地震波传播方向前点的地震动滞后于后点地震动，滞后的时间为两点距离除以视波速，两点间的相位差为

$$\Delta\varphi = 2\pi f\Delta x/c_a \quad 或 \quad \Delta\varphi = 2\pi\Delta x/\lambda$$

式中：Δx为两点间的距离；f为谐波的频率；λ为谐波的波长；c_a为视波速（波沿地表的传播速度）。若地面结构两支承点的间距为波长之半，则地震动相位差为180°，此时两支承点运动反向。

工程上主要考虑剪切波（S波）的影响。观测得到的剪切波视波速约$2.0\sim3.5$ km/s。理论分析时因地壳模型简单，所取视波速更高。

实际上地震波不是理想的平面波，根据线弹性系统的叠加原理，可将任意波场用傅里叶变换分解为无穷多个平面波，每个平面波在地表产生相应的相位差，总的波场效应是所有平面谐波行波效应的叠加。对抗震设计来说，一般可将平面波行波效应的最不利情况作为抗御目标，具有一定的安全裕度。

见地震动空间相关性。

dizhendong fenliang xiangguanxing
地震动分量相关性（coherency of strong ground motion component） 一点地震动三个平动分量和三个转动分量之间的相关性。

地震动有六个分量，分别为沿三个互相垂直坐标轴的平动分量和三个绕轴转动的分量。工程抗震分析中有时要考虑三个平动分量同时作用，或增加考虑转动分量的作用。在合成多个地震动分量时，原则上要以各平动分量之间、平动与转动分量之间的相关性为依据。

同一次地震的三个分量显然有一定相关性，研究相关性的直接方法是假定地震动为平稳随机过程，根据强震动观测记录作统计分析。转动分量难以测量，故统计研究主要涉及平动分量。由于所采用的强震记录和分析方法不同，且实际地震动并非平稳随机过程，有限的研究尚未提供公认的结论和定量关系。有些研究根据部分强震记录的统计认为，两个水平分量相关性强，自功率谱可采用相同形式，

仅大小不同，即 $S_{xx} = \gamma S_{yy}$；S_{xx}，S_{yy} 分别为 x 和 y 方向地震动的自功率谱，γ 为比例常数。这一结果常为结构多维地震反应分析所采用。

因平动分量存在一定相关性，故可借助弹性力学中主应力轴的概念，用另一特殊坐标系（称为地震动主轴）表示。沿地震动主轴的三个平动分量互不相关。

dizhendong zhuzhou

地震动主轴（principal axes of strong ground motion）

表示地震动三个平动分量的特殊坐标系，沿此坐标系三个轴的平动分量在统计意义上互不相关。

地震动可在任意坐标系中表示，一般取直角坐标系，两水平轴(x，y)平行于地表，竖轴(z)与地表垂直。设三个平动分量为 $a_x(t)$，$a_y(t)$，$a_z(t)$，均假定为平稳过程，则互相关矩阵为

$$\boldsymbol{R} = \begin{bmatrix} R_{xx} & R_{xy} & R_{xz} \\ R_{yx} & R_{yy} & R_{yz} \\ R_{zx} & R_{zy} & R_{zz} \end{bmatrix} \quad (1)$$

式中：互相关函数 $R_{ij} = R_{ij}(\tau) = \mathrm{E}[a_i(t)a_j(t+\tau)]$；$i, j = x$，$y$，$z$；$\tau$ 为延时；$\mathrm{E}[\cdot]$ 表示求数学期望值，即集系平均，各态历经过程的集系平均可用时间平均代替；对角线元素为自相关函数 R_{ii}，$i = x, y, z$。

1975 年，彭津与渡部丹（Watabe Makoto）提出，式(1)在形式上类似弹性力学中三维应力（或应变）状态矩阵。应力状态矩阵的对角线元素为正应力，其余为剪应力。给定的应力状态在不同坐标系下取值不同，存在一个坐标系使该点的应力状态矩阵只有对角线元素（正应力）而无剪应力；这样的坐标系称为主轴坐标系，对角线元素则称为主应力。借助上述概念可以旋转坐标系，使式(1)表达的地震动互相关矩阵在新坐标系下只有对角线元素，非对角元素为 0，即

$$\boldsymbol{R}_\mathrm{P} = \begin{bmatrix} R_1 & 0 & 0 \\ 0 & R_2 & 0 \\ 0 & 0 & R_3 \end{bmatrix} \quad (2)$$

式(2)的含义是，在新的坐标系下，沿坐标轴方向的三个平动分量互不相关，统计上独立且取值分别为最大、中等和最小。

一般情况下，地震动三个平动分量有相关性，如果以随机振动理论为基础合成三分量人造地震动，应考虑其相关性；由于缺乏足够的观测资料或理论模型，确定其相关性十分困难。但是，三个主轴分量可以分别独立合成，旋转坐标系后可得计算坐标系下的地震动；这为确定三个平动地震动分量提供了方便的途径。

初步分析表明，地震动主轴随时间变化，但在时程的平稳段相对稳定。当震中距大于 50 km 时，最大水平地震动主轴似乎位于观测点和震中的连线方向，中等水平主轴与之垂直，最小主轴为竖轴，这给利用主轴进行地震动分解带来方便。实际地震动十分复杂，有研究表明，主轴方向还可能随频率变化。

sheji dizhendong

设计地震动（design ground motion）

用于结构抗震设计的地震动强度参数、反应谱和地震动时程。

设计地震动的研究与应用，随地震工程研究进展和抗震设计经验积累而发展，经历了静力理论、反应谱理论、动力理论三个阶段（见地震作用理论）。不论在哪个阶段，确定设计地震动的原则都是相同的。

原则　确定设计地震动要考虑四方面因素：①工程场地可能遭遇的强地震动特性；②抗震设计方法；③可接受的地震破坏后果和抗震设防标准；④经济技术发展水平。

工程场地未来可能遭遇的地震动受震源、介质和场地的影响。首先要研究场地周边潜在地震的发震时间、空间和强度分布；其次要估计地壳介质对地震波传播的影响，考虑近震和远震地震动的差别；最后须经勘察和分析确定场地对地震动的影响。一般工程结构的设计地震动可由地震区划图和抗震设计规范直接提供，重要工程的设计地震动则应由更详细的专门研究确定。

结构地震反应的静力分析只需地震动加速度峰值，拟静力分析大多须借助设计反应谱，严格的动力分析则必须输入地震动时间过程。

结构通常不可能抗御预期的最强烈地震。一般认为，结构在较常遇的中小地震作用下不应发生影响使用功能的破坏，在罕遇的大震作用下允许破坏，但不至倒塌伤人。这一抗震设防目标通称"小震不坏，大震不倒"，特殊重要的工程（如核电厂等）应采用更高的抗震设防目标。

各国的经济技术发展水平不同，可接受的地震损失也有差异，确定设计地震动也应考虑这些因素。

设计地震动强度参数　地震动加速度峰值是最常用的设计地震动参数，结构反应加速度与结构质量相乘就是地震惯性力，即设计地震作用。但加速度峰值仅反映了高频地震动强度，对刚性结构地震反应起控制作用；速度峰值则反映了中等频率地震动强度，对多数结构地震反应起控制作用；埋地管道的地震安全与地震动位移峰值密切相关。因此，对应不同结构，设计地震动参数还包括速度峰值和位移峰值。

地震动时程中孤立突出的加速度峰值和速度峰值可能对结构的地震反应并不起决定作用，有效峰值加速度和有效峰值速度作为设计地震动强度参数更为合理。

由于早期缺乏强震动观测记录，抗震设计曾以地震烈度作地震动参数，称为设防烈度，并规定了烈度与加速度或速度之间的转换关系。

设计反应谱　绝大多数现行抗震设计规范都采用反应谱理论作为结构抗震计算的基础。设计反应谱较全面地反映了强地震动特性，是设计地震动的重要内容。

设计地震动时程　地震动时间过程提供了强地震动的完整信息，是结构地震反应动力分析的输入地震动。提供设计地震动时程有三种途径：利用强震观测记录、合成人造地震动和计算理论地震图。这三种途径各有优缺点，要根据具体要求选用。

预测地震动有很大不确定性。现行设计地震动的规定，显然受知识、技术和经济能力的制约，将随科学和社会的发展而不断改进。

sheji fanyingpu

设计反应谱（design response spectrum）

用于结构抗震设计的反应谱，亦称设计谱或抗震设计谱，多为绝对加速

度反应谱。

根据反应谱理论，结构的设计地震作用不仅与地震动峰值有关，也与结构的动力特性（如频率、振型和阻尼比）有关，可借助设计反应谱，运用振型叠加反应谱法方便地求解多自由度体系的地震反应。

单独一条强震加速度记录的反应谱曲线很不规则，不同地震动的反应谱也各不相同。抗震设计反应谱是归一化的、经平均和平滑化处理的标准反应谱，例如，区分不同场地条件得出的具有简单规则谱曲线的场地相关反应谱。有的设计反应谱取三联反应谱的形式。

应用较多的设计反应谱如图1所示，其纵坐标 $\beta(T)$ 为谱幅值对地震动加速度峰值的放大倍数。设计反应谱曲线通

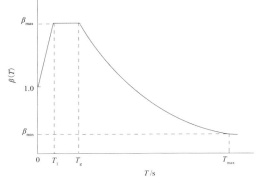

图1　典型的设计反应谱形状

常是几段简单曲线的组合：从周期 $T=0$ 开始的直线上升段，对应短周期的水平直线段（通称平台段），以及对应中长周期的曲线下降段。反应谱曲线有如下控制变量：①直线上升段与平台段交点对应的周期 T_1，多取 $T_1=0.1$ s；②平台段与下降段交点对应的特征周期 T_g，T_g 通常与场地抗震分类相关；③平台段幅值与地震动加速度峰值的比值，常记为 β_{max}，β_{max} 取值一般在 2～3 之间；④下降段谱曲线的形状，曲线幅值与 $(T/T_g)^{-\gamma}$ 成正比，幂指数 γ 常取 0.7～1.0；⑤反应谱适用的最大周期 T_{max} 及其对应的谱曲线最小放大倍数 β_{min}。

图2为中国1964年建筑抗震设计规范（草案）中的设计反应谱。该反应谱没有初始上升直线段，对应四类场地的特征周期 T_g 分别为 0.2 s，0.3 s，0.5 s，0.8 s；β_{max} 为 3.0，β_{min} 为 0.6；反应谱适用的最大周期为 4.0 s。

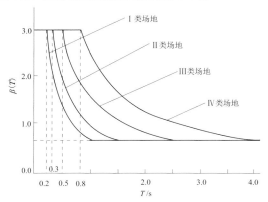

图2　中国1964年建筑抗震设计规范的设计反应谱

1989年中国《建筑抗震设计规范》（GBJ 11—89）引入并沿用至今的地震影响系数曲线即设计反应谱。

图3为1978年美国应用技术委员会（ATC）推荐、被加州结构工程师协会（SEAOC）采纳的设计反应谱；该设计反应谱与场地分类相关，并用有效峰值加速度和有效峰值速度标定反应谱特征周期。

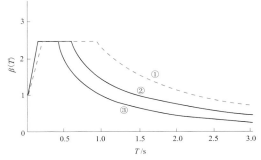

图3　美国加州结构工程师协会采用的设计反应谱
①中软黏土和砂土（Ⅲ类场地）；②硬土层（Ⅱ类场地）；
③岩石和坚硬土（Ⅰ类场地）

抗震设计中多取竖向地震反应谱的形状与水平地震反应谱相同，但强震记录的深入分析结果并非如此。竖向地震反应谱形态更为复杂，与震级、距离、场地条件等有关，其规律有待进一步研究。

见构筑物抗震设计地震动。

tezheng zhouqi

特征周期（characteristic period）　设计反应谱曲线高频水平段与曲线下降段交点对应的周期，常以 T_g 表示，如图所示。该点通常是根据实测地震动反应谱曲线的一般形态经人为判断确定的，是设计反应谱的重要参数。小于特征周期的地震动成分是强度高的卓越成分，超过特征周期的地震动成分的强度渐趋下降；抗震设计中，特征周期增长意味着中、长周期结构所受的地震作用相对增大。

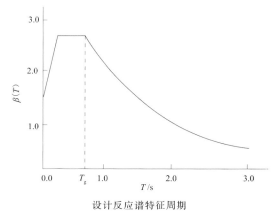

设计反应谱特征周期

场地抗震分类对特征周期有关键性的影响，软土场地特征周期长，坚硬场地特征周期短。另外，大震远场特征周期长，小震近场的特征周期短。特征周期与卓越周期既有联系也有区别。反应谱特征周期随场地卓越周期的增加而增长，但特征周期的数值一般比场地卓越周期大。反应谱特征周期一般也随地震动卓越周期的增加而增长，但地震动卓越周期是对应地震动傅里叶幅值谱峰值的周期，而特征周期则是人为判断得出的地震动卓越频段的近似下限值。中国《建筑抗震设计规范》（GB 50011—2001）区别场地抗震分类和设计地震分组规定的地震影响系数曲线（即设计反应谱）的特征周期数值见表。

特征周期取值				单位:s
设计地震分组	场地类别			
	I	II	III	IV
第一组	0.25	0.35	0.45	0.65
第二组	0.30	0.40	0.55	0.75
第三组	0.35	0.45	0.65	0.90

注:据中国《建筑抗震设计规范》(GB 50011—2001)。

sheji dizhen fenzu

设计地震分组 (grouping of design earthquake)

中国《建筑抗震设计规范》(GB 50011—2001)为考虑远、近震和大、小震对设计反应谱的特征周期的影响,对不同地区规定的分组。

强震动观测表明,大震、远震地震动的特征周期长,小震、近震地震动的特征周期短。场地遭遇的地震影响不同,故设计反应谱的特征周期应有差别。为便于设计者应用,根据《中国地震动反应谱特征周期区划图》和《中国地震动峰值加速度区划图》粗略将地震区分为三组。

(1) 设计地震第一组:特征周期区划图中特征周期为0.35 s 和 0.40 s 的区域。

(2) 设计地震第二组:特征周期区划图中特征周期为0.45 s 的区域的大部分。

(3) 设计地震第三组包括:①峰值加速度区划图中峰值加速度由 0.20 g 减小至 0.05 g 的区域和由 0.30 g 减小至0.10 g 的区域,g 为重力加速度;②特征周期区划图中特征周期为0.45 s、且峰值加速度区划图中峰值加速度从大于或等于 0.40 g 减小至 0.20 g 及以下的区域。

见《中国地震动参数区划图》(GB 18306—2001)。

dizhen yingxiang xishu

地震影响系数 (seismic influence coefficient)

中国抗震设计规范中表征单自由度体系地震作用随结构周期变化的系数,是设计反应谱的另一种形式。

结构所受地震作用(惯性力)为

$$F = ma = \beta(T)kW \qquad (1)$$

式中:m 为结构质量;a 为结构最大反应加速度;$\beta(T) = a/a_g$,是规一化的标准反应谱,a_g 为地震动加速度峰值,T 为结构自振周期;$k = a_g/g$,称为地震系数,g 为重力加速度;W 为结构重力。

中国《建筑抗震设计规范》(GB 50011—2001)将式(1)中的 $k\beta(T)$ 合并,定义为地震影响系数 $\alpha(T)$,有

$$F = \alpha(T)W \qquad (2)$$

可见地震影响系数随结构周期变化的曲线就是设计反应谱,$\beta(T)$ 的最大值取 2.25。

《建筑抗震设计规范》(GB 50011—2001)规定的地震影响系数曲线由四段组成,如图:①直线上升段;②水平段;③曲线下降段,其数学表达式为 $\alpha(T) = (T_g/T)^\gamma \eta_2 \alpha_{max}$。④直线下降段,其数学表达式为 $\alpha(T) = [\eta_2 0.2^\gamma - \eta_1(T-5T_g)]$ α_{max}。各式中 α_{max} 为地震影响系数最大值;η_1 为直线下降段的下降斜率调整系数,$\eta_1 = 0.02 + (0.05-\zeta)/8$,小于 0 时取 0;$\eta_2$ 为结构阻尼调整系数,$\eta_2 = 1 + (0.05-\zeta)/(0.06 + 1.7\zeta)$,小于 0.55 时取 0.55;$T_g$ 为特征周期;曲线下降段的衰减指数 $\gamma = 0.9 + (0.05-\zeta)/(0.5+5\zeta)$;$\zeta$ 为阻尼比。

中国《建筑抗震设计规范》(GB 50011—2001)规定的

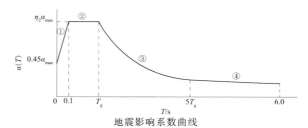

地震影响系数曲线

[据中国《建筑抗震设计规范》(GB 50011—2001)]

对应不同抗震设防烈度(不同设计基本地震加速度值)的水平地震影响系数最大值 α_{max} 如表所示。

水平地震影响系数最大值 α_{max}				
抗震设防烈度	6	7	8	9
设计基本地震加速度值 g	0.05	0.10(0.15)	0.20(0.30)	0.40
多遇小震 α_{max}	0.04	0.08(0.12)	0.16(0.24)	0.32
罕遇大震 α_{max}	—	0.50(0.72)	0.90(1.20)	1.40

表中,设防烈度 7 和 8 分别对应两个不同的设计基本地震动加速度值,括号中的值为较高的加速度值及其对应的地震影响系数最大值。

sheji dizhendong shicheng

设计地震动时程 (design ground motion time history)

用于结构抗震设计的输入地震动时程,一般为地震动加速度时程。

确定设计地震动时程主要有三种途径:①选择和调整强震加速度记录;②根据地震动随机模型生成符合要求的人造地震动样本时程;③考虑震源、传播途径和场地影响,计算理论地震图。

(1) 选择和调整实测强震记录。应选择与具体工程的地质构造背景、震级、距离和场地条件类似的强震记录作为设计地震动时程。由于强震记录有限,完全符合上述要求的记录很少甚至没有,此时可就地震动三要素予以调整。例如,为满足加速度峰值的要求,可将强震加速度记录的幅值乘以比例因子 a^0/a^R(a^0 为设计加速度峰值,a^R 为强震记录峰值)。为满足地震动卓越频率的要求,可将强震加速度记录的时间坐标乘以 T^0/T^R(T^0 为设计地震动卓越周期,T^R 为强震记录卓越周期)。调整地震动卓越频率后持时也将发生变化。若持时大于设计地震动的要求,可删除部分微弱振动的时段;若持时小于设计地震动的要求,可重复添加适当时段。这种方法简单易行,但不能保证调整后的地震动频谱完全符合设计地震动的要求。

(2) 随机合成人造地震动。这一方法的关键是选择适当的地震动功率谱模型(见地震动随机模型),常用者如金井-田治见模型或其改进模型。抗震设计规范一般规定了设计反应谱,合成的地震动原则上应与设计反应谱相协调,故常基于设计反应谱估计功率谱,再合成人造地震动。

长大结构(如管道、水坝、桥梁等)的地震反应分析须提供地震动多点输入,各点的地震动既要满足设计反应谱的要求,又要符合地震动空间相关性的一般规律。

(3) 计算理论地震图。靠近潜在发震断层的重要结构,其设计地震动时程应反映断层地震动的特点。此时宜选择发震断层模型和参数,考虑断层破裂的传播效应,采用理论地震图方法计算地震动的低频分量,用随机方法合成地震动的高频分量,两者叠加给出设计地震动时程。

强地震动模拟

qiangdizhendong moni

强地震动模拟（strong ground motion simulation） 建立震源和地震波传播介质的力学模型，再现地震破裂和地震波传播过程并计算地震动时程的理论与方法。

强地震动模拟方法的建立基于实例研究，即通过地震动时程记录求震源破裂过程，属于反演问题。但这种反演是通过正演求解实现的，即设定震源、介质和场地模型计算合成地震动，再与观测记录对比，根据两者的拟合程度调整模型和相关参数，以检验所建立的震源模型是否合理，确认数值方法适用的空间或频率范围。在此基础上，可建立预测近断层地震动的合理模型，给出相关参数的确定方法和理论地震图计算方法，预测未来潜在地震的地震动场。近断层地震动是模拟研究的重点。

地震发生后，可通过观测台站记录的地震动迅速反演发震断层的破裂过程；将震源发震过程与介质和场地模型结合，计算任意地点的地震动，所得的地震动分布图称为震动图（shake map）。计算结果可用于估计震害后果，为应急救灾提供基础信息。

震源模型 多指断层破裂模型。描述断层破裂过程的模型有两种，即震源运动学模型和震源动力学模型。震源运动学模型是已知断层形状、规模、位置等几何参数，给定断层面上位错大小的时空分布、破裂速度和破裂传播方式，根据断层周围的介质构造和参数，求解地震动场；动力学模型是给定断层面的初始应力场和岩石破裂强度，按照一定的破裂准则求解断层面的破裂过程和地震动场。震源运动学模型的参数是动力学模型的解，显然动力学模型可更深刻地揭示断层破裂的力学本质，并解释高频地震动的产生机理。

介质模型 初期理论分析的介质模型采用均匀弹性全空间、均匀弹性半空间或水平成层介质模型，此类简单介质模型可以求得点源的解析解。如果考虑地壳岩土界面的横向变化，即使点源也很难得到解析解，此时要用数值计算方法。原则上可以构造任意复杂的介质模型，但受计算量过大等因素限制，介质模型不能过于复杂，这就限制了确定性方法对高频地震动的模拟。

确定性方法 采用确定的震源和介质模型求解波动方程、计算地震动时程的方法，可得唯一解。运用震源运动学模型求解地震动场的理论基础是位移表示定理，即介质中任意一点的地震动，可用点源在该点产生的地震动（即格林函数）与断层面的破裂时空分布函数褶积（卷积）得到。运用震源动力学模型则要在破裂面边界随时间变化的条件下，求解非线性的混合初边值问题。

随机方法 高频地震动的复杂性很难用确定性模型模拟，须采用地震动随机模型。

有两种随机方法。

（1）将确定性模型的参数视为随机变量，给出概率模型或变异系数，计算特定分布模型产生的地震动场的均值和方差；或根据概率模型或变异系数生成这些参数的样本，用蒙特卡洛法计算。（见震源随机模型）

（2）用远场谱方法计算样本时程。给定震源谱，简化考虑介质影响计算点源激起的远场位移傅里叶幅值谱，再取相位为随机数，合成地震动时程。

图 1 为 1990 年日本小田原地震（震源深度 15 km）的地震动位移时程模拟结果及其与观测记录的对比，图（a）（b）（c）分别为横向、径向、竖向分量。图 2 为对这次地震地震波传播的模拟结果，自上而下分别给出四个时刻（震后 10.0 s，30.0 s，50.0 s，70.0 s）地表地震动的图像。左、右两列分别为地震动的 NS 和 UD 分量；图中 P，S 和 B，R 分别表示 P 波、S 波和关东盆地边缘形成的面

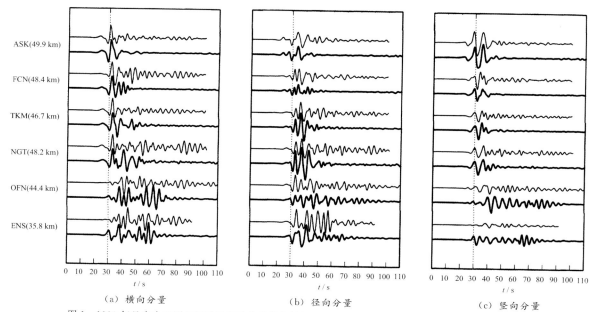

（a）横向分量　　　　　　　　　（b）径向分量　　　　　　　　　（c）竖向分量

图 1　1990 年日本小田原地震的地震动位移模拟结果及其与实测记录的对比（据佐藤俊明等，1999）

ASK 等为台站代号，括号内为震中距；各台的第一条线为合成波形，第二条线为实测记录

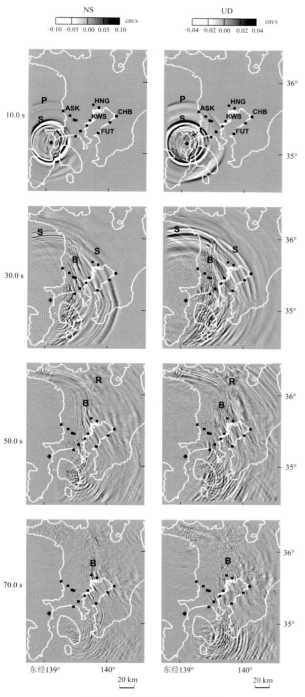

图 2 地震波传播的数值模拟
(1990 年日本小田原地震；据佐滕俊明等，1999)

波。计算的频段为 0.1~0.3 Hz，表明简单的介质模型和震源运动学模型适于模拟低频地震动。

zhenyuan moxing

震源模型（earthquake source model） 描述断层破裂引发地震的力学模型。

地震断层及其参数 目前对地震发生机理的理解是：地质构造运动积累的应力达到岩石破裂强度时，岩石突然从一点或若干点开始破裂，然后扩展为很大的破裂面，称为发震断层。伴随应力的释放，断层两盘相对错动，同时发生岩石的相变、熔融等现象，其中一部分能量以地震波

形式向四周传播，形成地震动。

若干地震在地面产生了明显的地表断层，有的大地震断层甚至长达数百千米，为地震断层错动说提供了直观的证据；模拟地壳高温高压环境的岩石试验表明，剪切破裂可在完整的岩石中产生，也可沿已有的薄弱面产生，为地震的断层成因提供了间接依据。因此，断层错动释放的弹性应变能以地震波向外传播成为建立震源模型的物理基础。浅源大地震的断层上界受地表限制，下界受摩擦力和地壳厚度限制，长度比宽度大，可用矩形或椭圆断层面表示；中小地震断层尺度有限，地表与地壳厚度的限制不重要，可用圆盘形断层面描述。

断层面一般是倾斜的，可将两侧岩体分为上下两盘。图1为矩形断层下盘的示意图，断层的长度延伸方向称为

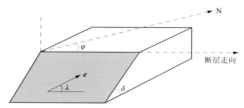

图 1 矩形断层模型（下盘）与其基本参数

走向，用长度延伸方向与正北方向的夹角 φ（方位角）表示。断层面上与走向垂直的方向称为倾向，倾向与水平方向的夹角称为倾角 δ。断层面上一点的错动用位错矢量［滑动矢量，伯格（Berg）矢量］e 表示，它与水平方向的夹角为滑动角 λ，亦称倾伏角。

位错矢量一般有两个分量。沿走向的错动分量称为走向滑动分量：当 $\lambda=0$ 时称为右旋走滑错动，见图2(a)；当 $\lambda=\pi$ 时称为左旋走滑错动，见图2(b)。沿倾向的错动分量称为倾向滑动分量：当 $\lambda=\pi/2$ 时称为正断层，见图2(c)，此时上盘下滑；当 $\lambda=3\pi/2$ 时称为逆断层，见图2(d)，此时上盘上滑，倾角很小的逆断层又称为逆冲断层。垂直于地表的断层称为垂直断层，此时倾角为 $90°$。

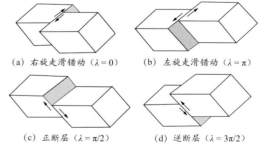

（a）右旋走滑错动（$\lambda=0$） （b）左旋走滑错动（$\lambda=\pi$）

（c）正断层（$\lambda=\pi/2$） （d）逆断层（$\lambda=3\pi/2$）

图 2 断层分类示意图

点源模型 为便于求解，可将地震断层简化为点源，一定长度的线源或具有矩形、圆盘等简单几何形状的面源。线源和面源可以看成是点源的集合，因此点源解是基本解。

最简单的点源模型，是集中力构成的偶极子模型。

（1）集中力的数学定义为：设 $f(\boldsymbol{r},t)$ 为作用在体积 V 内随时间 t 变化的体力，$\boldsymbol{r}$ 为矢径，体积 V 内某固定点的矢径为 $\boldsymbol{r}_0$；当体积 V 趋于 0 时，$f(\boldsymbol{r},t)$ 趋于无穷，而下列积分保持有限：

$$g(\boldsymbol{r}_0,t) = \lim_{V \to 0} \iiint f(\boldsymbol{r},t)\mathrm{d}V$$

上式表示先对作用点附近小区域内的分布体力作体积分，然后无限缩小积分区域，求极得集中力。以狄拉克函数（δ 函数）表示集中力，$\delta(r_0)$ 表示只在 r_0 端点处取值。利用 δ 函数给求解带来方便：

$$g(r_0,t) = \delta(r_0)g(t)$$

式中：$g(t)$ 为集中力随时间变化的函数。

（2）两个大小相等、方向相反、彼此分开距离 ε 的集中力组成偶极子（力偶），若两个集中力在同一直线上称为无矩偶极子，两个集中力不在同一直线上，称为有矩偶极子。偶极子的数学定义为

$$f_{couple}(\xi,t) = \lim_{\varepsilon \to 0}[f(\xi+\varepsilon/2,t) - f(\xi-\varepsilon/2,t)]\varepsilon$$

式中：ξ 为点源空间坐标。

直角坐标系中的基本偶极子有九种，如图 3 所示。偶极子可组成各种类型的点源模型，称为地震矩张量模型，如三个互相垂直的无矩偶极子组成膨胀中心（爆炸源），其他偶极子相当于剪切作用。

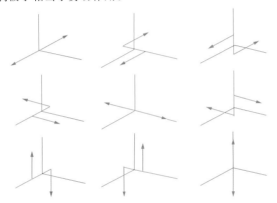

图 3　偶极子构成的点源等效力系（矩张量）

线源与面源　将点源排列在一定长度的线段上，并设定各点源的发生顺序，例如由一侧向另一侧按照给定速度逐次发生，以模拟断层上破裂的传播，称为有限移动源。

进一步，可用长 L、宽 W 的矩形模拟断层面（图 4），并将断层面划分为许多子断层，若子断层相对于观测距离足够小，可以视为点源。同样可给定断层破裂的传播方式。例如：①假定破裂从某一边同时开始，以均匀破裂速度向另一边传播，称为单侧破裂；②假定破裂从断层面中间某线开始向两侧传播，称为双侧破裂；③假定破裂从断层面某点开始，以均匀破裂速度向四周以同心圆形式传播，称为中心破裂。这些破裂方式都是为便于研究而采用的人为假定，但在低频地震动反演模拟研究中得到证实。

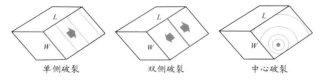

| 单侧破裂 | 双侧破裂 | 中心破裂 |

图 4　简化的断层破裂传播模型

通常设破裂传播速度为常数 v_r，破裂随时间变化为斜坡函数（见震源时间函数），错动从零到最终位错 D_0 所需时间为上升时间 t_r；用 L，W，v_r，D_0，t_r 五参数确定的震源模型称为哈斯克尔模型。1969 年哈斯克尔（N. A. Haskell）首先采用这种模型研究断层破裂辐射的地震动场。

为求解面的破裂过程和产生的地震动场，须在数理分析的基础上，建立震源运动学模型或震源动力学模型。

zhenyuan yundongxue moxing

震源运动学模型（kinematic model of earthquake source）设定断层面上各点的错动时空分布函数，求解地震动场的力学模型。

断层参数　完整的震源运动学模型须已知断层的几何参数和运动学参数。

（1）几何参数。包括断层位置，断层的长度、宽度（矩形）或半径（圆形），断层走向（断层长度方向与正北方向的夹角），倾角（断层面与水平面的夹角）和断层埋深等。

（2）运动学参数。包括位错的方向、大小和分布。（见震源模型）

位错（断层错动位移）是空间和时间的函数，用位错矢量 $D(\xi,t)$ 表示，在震源坐标系 (ξ_1,ξ_2,ξ_3) 中，位错矢量 $D(\xi,t)$ 可表示为

$$D(\xi,t) = D[D_1(\xi_1,t), D_2(\xi_2,t), D_3(\xi_3,t)]$$
$$= D_0(\xi)f(t)$$

式中：$D_1(\xi_1,t), D_2(\xi_2,t), D_3(\xi_3,t)$ 分别为走向滑动、倾向滑动和张破裂分量；一般认为断层错动不存在张裂。上式中后一个等式表示一种简单均匀破裂，即错动可以时空分离；函数 $f(t)$ 称为震源时间函数，断层面两侧从错动开始到错动完成需要短暂的时间，这个时间称为错动的上升时间 t_r；最终错动的大小称为最终位错 D_0 亦称静位错或简称位错，是断层破裂后形成的永久位移。

震源均匀破裂模型　最简单的破裂模型假定破裂以固定的速度 v_r 传播，称为震源均匀破裂模型。一般情况下，破裂速度略小于介质的剪切波速。简单的匀速传播破裂反映了断层破裂最基本的形态，是对断层破裂发展的宏观描述。此时几何参数和运动学参数又合称为全局震源参数。震源均匀破裂模型可以较好地模拟和解释地震动低频分量的分布与特征。

震源非均匀破裂模型　实际断层的破裂过程十分复杂，断层面并不是平面，断层面上的应力分布和岩石强度很不均匀，因此破裂传播的速度和方向也会变化。

有两种物理模型描述断层面的非均匀性。

（1）位垒模型。亦称障碍体模型，认为断层面上不均匀地分布着大小不同的高强度块体（位垒，barrier），这些局部块体强度高，在主震时可能不破裂；主震后断层面应力调整，有可能使这些硬块破裂形成余震。

（2）黏块模型。亦称凹凸体模型，认为断层面上非均匀地分布有大小不同的块体（黏块，asperity），地震是这些块体破裂错动引起的，黏块之间的区域不辐射地震波。

实际断层可能是上述两种物理模型的结合。断层面上黏块或位垒的数目、大小、分布等称为局部震源参数。

确定性地估计局部震源参数十分困难，预测地震动具有极大的不确定性，高频地震动的模拟常采用震源随机模型。

weicuo moxing

位错模型（dislocation model）　用断层错动模拟震源的震源运动学模型。

地震是岩石突然错断引起的，断层或由岩石破裂产生，或沿薄弱面滑动，地震时断层两盘沿断层面发生位移间断。受固体物理学中关于晶格位错理论的启示，地震学中以位错表示断层面上的位移间断，设破裂面两侧的位移分别为 u^+ 和 u^-，定义位错为

$$\Delta u = u^+ - u^-$$

（1）只要介质非弹性区域的尺寸小于感兴趣的地震波波长，作为初步近似可认为介质是弹性的，进而应用弹性位错理论。位错是破裂点空间位置和时间的函数。在均匀、各向同性、完全弹性介质中，位错产生的地震动位移场满足波动方程

$$\frac{\partial^2 \boldsymbol{u}}{\partial t^2} - \alpha^2 \nabla(\nabla \cdot \boldsymbol{u}) - \beta^2 \nabla \times (\nabla \times \boldsymbol{u})$$
$$= \boldsymbol{f}(\boldsymbol{x}, t) + \boldsymbol{T}(S, t)$$

式中：$\boldsymbol{u}$ 为地震动位移向量；t 为时间；$\nabla = \boldsymbol{i}\frac{\partial}{\partial x} + \boldsymbol{j}\frac{\partial}{\partial y} + \boldsymbol{k}\frac{\partial}{\partial z}$，$\boldsymbol{i}$，$\boldsymbol{j}$，$\boldsymbol{k}$ 为直角坐标系中的三个单位矢量；α 和 β 分别为 P 波和 S 波波速；$\boldsymbol{f}(\boldsymbol{x}, t)$ 为作用于介质的体力；$\boldsymbol{T}(S, t)$ 为作用于介质界面的面力。对于一般的位错模型，没有外力作用，只须给定断层面上的位移或应力间断。地震断层则仅限于考虑剪切位错，即平行于间断面方向的位移间断，不考虑法向位移间断（张破裂）和应力间断。

基于线性弹性介质的位移表示定理，利用全空间集中力的位移解（见格林函数），可得位错的位移解，它包括近场项、中场项和远场项。

近场项在震源附近强度大，随距离的 4 次方迅速衰减；中场项随距离 2 次方衰减；远场项随距离的 1 次方衰减，远场以此项贡献为主。

所谓近场地震动并没有明确的定义，一般认为是近场项和中场项影响不能忽略的地震动。一种区分近场和远场范围的条件为

$$L^2 \ll \lambda r_0 / 2$$

式中：r_0 为震源距；λ 为地震波波长；L 为震源尺寸。例如，当震级为 6 级、断层长度为 10 km 左右时，取频率 $f = 1$ Hz，S 波波速 $\alpha = 3$ km/s，则 S 波波长 $\lambda = 3$ km，此时 $r_0 < 70$ km 可以视为近场；若 P 波波速 $\beta = 6$ km/s，则波长 $\lambda = 6$ km，此时近场为 $r_0 < 35$ km。

（2）如果研究的地震波波长比位错面的尺度大得多时，可将此位错面视为点位错源，点位错源不是几何点的错动，而是一个微小的间断面。

已经证明，点位错源与双力偶点源是等价的，两者的位移场相同。双力偶定义为两个有矩偶极子同时作用（见震源模型）。如图所示，沿 ξ_1-ξ_2 坐标面的位错与 ξ_1-ξ_3 坐标面中的双力偶等效，其余可类推。其中一个力偶的力矩称为地震矩，多用 M_0 表示，$M_0 = \mu DS$，μ 为岩石剪切模量，D 为最终位错，S 为断层面积。

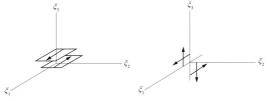

位错与双力偶等效示意图

位错模型用严格的数学力学模型描述断层错断的力学特征，可得震源运动学模型的经典解。应用位错模型必须事先设定断层面上各点位错的大小以及随时间的变化关系（见震源时间函数）。为简化求解而人为假定断层面各点位错相同并不合理，应予修正。例如，假定位错大小沿断层面变化，在断层边缘位错充分小，则能合理解释和应用位错理论。更合理的震源模型应当是动力学模型，断层面上的位错分布是动力学模型的解答。

推荐书目

傅承义，陈运泰，祁贵仲 . 地球物理学基础 . 北京：科学出版社，1985.

zhenyuan shijian hanshu

震源时间函数（source time function）　断层面上各点错动（位移）随时间变化的函数关系。

断层发生错动，经过短暂的时间间隔达到某个终值，其间变化十分复杂。试验发现岩石错动过程是有起伏的，但研究中常加以简化。例如用某种简单的光滑过渡函数表示位错过程，以便用解析方法或数值方法求解。

常用的位移震源时间函数如下。

阶梯函数：

$$g(t) = \begin{cases} 0 & t < 0 \\ D_0 & t \geq 0 \end{cases}$$

斜坡函数：

$$g(t) = \begin{cases} 0 & t < 0 \\ D_0(t/t_r) & 0 \leq t \leq t_r \\ D_0 & t > t_r \end{cases}$$

余弦过渡函数：

$$g(t) = \begin{cases} 0 & t < 0 \\ \dfrac{D_0}{2}\left(1 - \cos \pi \dfrac{t}{t_r}\right) & 0 \leq t \leq t_r \\ D_0 & t > t_r \end{cases}$$

上述各式中：t_r 为上升时间；D_0 为最终位错。其中斜坡函数在理论分析中最常用。

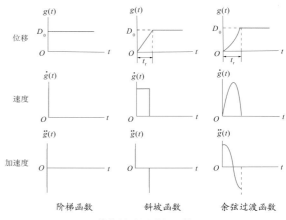

简化的震源时间函数

在有些研究中，也用到速度或加速度震源时间函数，图中给出了它们的示例。

quanju zhenyuan canshu

全局震源参数（global source parameter）　描述震源运动学模型的参数，包括断层尺寸和位置等几何参数，以及

描述断层均匀破裂过程的运动学参数。这些参数制约震源辐射的低频地震动。

断层规模 可根据主震后初期的余震分布确定主震断层长度、宽度和破裂面积。一般而言，大震发生后几小时至几天内的余震构成了主震破裂的最大范围，主震结束后几天至几个月内的余震则是主震破裂面的侧向扩展。确定断层破裂长度的其他依据还有：地表破裂长度、大地测量得到的地表位移、根据远场位移谱拐角频率（见震源谱）获得的等效破裂半径等。但这些方法都有局限性。例如：许多地震不产生地表破裂；地表破裂长度一般小于地下的破裂长度，调查表明，中等地震地表破裂长度约是地下断层破裂长度的 3/4；根据拐角频率确定等效破裂半径有一定误差，而且断层面一般不是圆形。

断层位置和方位 断层的走向、倾角、埋深主要通过地震地质调查获得，也可以由震源机制解求得。观测记录的 P 波初动方向呈四象限分布，由此在沃尔夫（Wolf）投影面上可以勾画出两个界面，并得到界面的方位、倾角，可再根据余震分布或地质构造证据判断其中哪个界面为断层面。倾伏角一般由反演得到。

上升时间 亦称平均滑动持时，是描述断层面上各点从开始破裂到滑动停止的时间。断层面上的滑动持时分布是不均匀的，平均滑动持时是指断层面上各点滑动持时的平均值。通过观测资料和反演结果可得平均滑动持时和震级的统计关系。

破裂速度 实际断层的破裂速度是变化的，这是激发高频地震波的主要原因之一，但为简化计算多采用固定值。破裂速度一般为剪切波速的 0.6～0.9，约为 2.4～3.0 km/s，平均为 2.7 km/s。断层动力破裂的数值模拟中有时取破裂速度超过 S 波波速，但尚缺乏支持这一说法的物理根据。破裂速度对近断层地震动有重要影响。破裂速度提高，则近断层地震动峰值增大；较低的破裂速度很难产生近断层地震动的一些基本特征。因此可以采用较高的破裂速度估计近断层地震动。

最终位错 一般采用地壳内浅源地震的平均位错和地震矩的统计关系确定。

预测地震动时往往没有余震分布等资料，一般只给出潜在震源的震级。此时可根据震源参数与震级之间的经验统计关系确定未来发震断层的全局震源参数。若该地区有充足、准确的地震历史资料，则可根据这些资料统计得到震源参数与震级的关系，否则只能运用全球性资料的统计关系。有许多关于断层几何参数与矩震级之间关系的统计研究，使用中须注意这些资料和分析方法的假定条件。

jubu zhenyuan canshu

局部震源参数（local source parameter） 震源运动学模型描述非均匀破裂过程的相关参数。

震源参数反演和断层动力破裂过程的研究表明，地震断层破裂和滑动的实际过程是极不均匀的，主要表现在：①断层面上不同点的震源时间函数各异，断层面上存在局部滑动量很大的部分（这些不均匀分布的发震体称为黏块，亦称凹凸体），也可能存在主震中未破裂的障碍体（称为位垒）；②断层面上各点的滑动持时（即上升时间）很短，远小于整个断层的破裂时间，断层面上各点的滑动时间是变化的；③断层的破裂传播速度是不均匀的；④最终位错分布是不均匀的。

上述非均匀特征须通过局部震源参数描述，它们是根据已经发生地震的模拟研究反演得到的。与全局震源参数类似，也可通过反演结果统计局部震源参数与震级的经验关系，但是有准确局部震源参数反演资料的地震很少。

（1）根据有限的反演研究结果，可由统计分析得到一次地震中发震黏块总面积占整个断层面的比例、最大发震黏块的面积、初始破裂点到最近发震黏块的距离等与矩震级的关系。此类研究数量甚少，数据离散性很大，有待进一步补充和分析。

（2）断层面上的最终位错分布可通过低频地震动反演得到。对同一地震，用不同方法反演得到的滑动分布基本相同；但是，对高频地震动有重要影响的震源参数，如破裂速度的不均匀变化、滑动时间的空间分布等，从长周期地震动反演中不能给出唯一的结果，也没有统计规律。因此，大多数地震动预测模型中的滑动分布都是预设的确定值。

（3）破裂速度和滑动速度的非均匀性一般采用平均值加一个随机量模拟，或根据有限资料假设这些参数的随机分布模型。

weiyi biaoshi dingli

位移表示定理（displacement representative theorem）在均匀、各向同性、完全弹性介质中，通过点源解（格林函数）计算任意体力或面力作用下的地震动场的原理，又称表示定理、位移表达定理或震源表示定理。

该定理表示任意体力和面力产生的运动场是该体力或面力和点源解的褶积（卷积）。褶积运算是将体力或面力随时间的变化分解为若干顺次延迟时刻作用的脉冲，单个脉冲产生的位移就是格林函数；完全弹性介质中，可将这些脉冲产生的位移叠加（积分）得到总的位移，形同用杜哈梅积分求解。例如对于空间分布的体力有

$$u(x,t) = \int_{-\infty}^{\infty} f(\tau) \iiint_{V} G(x - \xi, t - \tau) \mathrm{d}\xi \mathrm{d}\tau$$

式中：$u(x,t)$ 为位于 A 点处的位移；V 为分布力所在的体积；ξ 为体积内的坐标矢量；τ 为延时；$G(\cdot)$ 为格林函数。

对于断层面上位错产生的位移场有更复杂的表达式。

位移表示定理没有考虑震源附近介质的非线性变形。

按照位移表示定理求面源的地震动场时要作积分，这对非均匀破裂的模拟非常不便。通常的处理方法是将断层分割为许多子断层，每个子断层足够小，可视为点源，则积分化为延时叠加求和，如图所示。

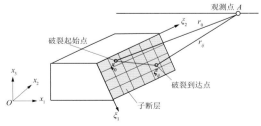

矩形断层分割为子断层示意图

此时，地震动位移 $u(x,t)$ 可表示为

$$u(x,t) = \sum_{i=1}^{N_L} \sum_{j=1}^{N_W} U_{ij}(x, t - t_\tau - t_c, \xi)$$

式中：N_L 和 N_W 分别为沿断层长度和宽度方向划分的子源数目；$U_{ij}(x, t-t_r-t_c, \xi)$ 为第 i 行第 j 列子源在点 A 处的位移解（格林函数）；t_r 为每个子源破裂开始的时间延迟，

$$t_r = \frac{|\xi_{ij} - \xi_0|}{v_r}$$

ξ_0 为破裂起始点坐标向量，ξ_{ij} 为第 i 行第 j 列子源坐标向量，v_r 为破裂传播速度；t_c 为每个子源辐射的地震波到达观测点的传播延迟时间，

$$t_c = \frac{|r_0 - r_{ij}|}{v_c}$$

r_0，r_{ij} 分别为破裂起始点和破裂到达点与观测点的距离，v_c 为地震波（P 波或 S 波）的波速。

推荐书目

安艺敬一，理查兹 P G. 定量地震学（一）. 李钦祖，邹其嘉等，译. 傅承义，校. 北京：地震出版社，1986.

Gelin hanshu

格林函数（Green function）　在给定介质模型中点源激发的运动场解，可表示为位移场、速度场或加速度场，在弹性介质的动力学问题中亦称弹性动力学格林函数。

　　格林函数的导出　点源是假设在空间上集中于一点的震源，在时间上为位移脉冲，数学上可用狄拉克函数（δ 函数）表示。在振动问题中，格林函数就是体系的脉冲反应。根据位移表示定理，对于刚度和阻尼随应变线性变化的介质，空间任意分布和随时间任意变化的震源，在给定地点产生的位移、速度或加速度时程都可以通过震源的时空分布函数与格林函数的褶积（卷积）得到。在频域，可以通过格林函数的傅里叶谱和震源时空分布函数的谱相乘得到运动场的谱，然后通过傅里叶反变换得到时域解。

　　在地震波传播问题中求解格林函数就是求波动方程的解（见波动分析方法）。

　　将波场分解为标量场和矢量场，引入位移势函数，确定介质模型的边界条件，求解格林函数转化为波动方程的有源边值问题。均匀、各向同性、弹性无限空间内点源解是最基本的解，此时要满足无穷远处位移为零的边界条件，亦称辐射条件。在直角坐标系中，作用在 j 方向的集中力在 i 方向引起的位移为

$$G_i(r, t) = \frac{1}{4\pi\rho}\left\{ \frac{1}{r^3}(3\gamma_i\gamma_j - \delta_{ij})\int_{r/a}^{r/\beta} g_j(t-\tau)\tau d\tau \right.$$
$$+ \frac{1}{r}\gamma_i\gamma_j\left[\frac{1}{\alpha^2}g_j\left(t-\frac{r}{\alpha}\right)\right]$$
$$\left. - \frac{1}{r}(\gamma_i\gamma_j - \delta_{ij})\left[\frac{1}{\beta^2}g_j\left(t-\frac{r}{\beta}\right)\right]\right\}$$

式中：$g_j(t)$ 为集中力随时间变化的函数；ρ 为介质密度；α 和 β 分别为 P 波和 S 波波速；r 为观测点相对于集中力作用点的位置矢量，r 为其模；$\gamma_i = x_i/r$ 和 $\gamma_j = x_j/r$ 为 r 在 i 方向和 j 方向的方向余弦；δ_{ij} 为克朗内克（Kronecker）记号，当 $i=j$ 时 $\delta_{ij}=1$，当 $i \ne j$ 时 $\delta_{ij}=0$。此式即全空间集中力的格林函数。

　　将两个大小相等、方向相反的集中力组成偶极子模型（见震源模型）作为输入，可通过全空间集中力的位移解得到各类偶极子的格林函数，进而组合成各类点源解。

　　格林函数的计算方法　主要有以下几种情况。

　　（1）理论格林函数。主要求解方法分为基于连续介质的经典解析方法和基于离散介质的数值方法。

　　时域中的解析方法有基于拉普拉斯（Laplace）变换的卡格尼亚（Cagniard）方法和德胡普（De-Hoop）方法，以及本征函数展开法等；频域中采用傅里叶变换法。对于水平分层介质模型或简单几何形状的介质模型，有效的解法为广义射线法、由波动理论发展起来的反射透射系数矩阵法、广义反射透射矩阵法和离散波数法。

　　解析方法只能解决若干简单模型问题，对于更复杂的介质模型，如横向非均匀变化的介质模型，则须采用数值计算方法。常用的数值方法为有限元方法、有限差分方法和边界元方法。

　　（2）经验格林函数。小震记录可视为大震的格林函数。小震记录本身包含了震源、传播介质的复杂影响，包括了高频地震动的特性。一般可利用余震记录作为合成主震地震动的经验格林函数。

　　（3）高频随机格林函数。受震源破裂和传播介质复杂性的影响，地震动的高频分量具有强烈的随机性，一般采用随机方法合成随机格林函数。

　　常用的方法如基于远场位移谱模型的远场谱方法。由于目标谱采用远场谱模型，相当于将震源视为点源，符合格林函数的条件。每次合成得到的是满足给定傅里叶振幅谱的地震动样本，要用大量样本才能得到合理的平均结果。

　　（4）宽频带格林函数。在用随机方法得到高频分量的格林函数后，可将其与低频分量的理论格林函数相组合，形成宽频带格林函数。设定一个频率界限，例如以 1 Hz 为界，低于和等于此值的频段采用理论格林函数，高于此值的频段采用随机格林函数。取 1 Hz 为界是因为大约从 1 Hz 开始地震动表现出较明显的随机性，但取固定频率为界限显然不尽合理。这一方法可考虑地震动高频和低频的不同特征，即低频是确定性的，高频是随机的。

jingyan Gelin hanshu

经验格林函数（empirical Green function）　将小震视为点源，则小震的地震动记录可作为合成大震地震动的格林函数。

　　理论格林函数的计算十分复杂，且简化的计算模型不能反映实际震源和介质的种种复杂影响。1978 年，哈策尔（S. H. Hartzell）提出将小震视为点源，利用小震的实际记录作为格林函数计算大震在同一地点的地震动，俗称"小震合成大震"。这不仅可免去计算格林函数之烦，而且实际记录包含了震源和复杂介质的所有影响和信息，特别是高频地震动信息。一般利用某次地震的余震或前震记录作为该地震的经验格林函数。利用经验格林函数合成地震动的方法，亦称为半经验模拟方法。

　　利用小震记录合成大震地震动须解决一系列问题。

　　（1）小震必须足够小才可视为点源，而不考虑小震本身的破裂过程。对于近断层区域的观测点，除非小震的尺度特别小，否则观测到的小震记录不能当作格林函数。一般说来，仅在计算频率小于小震震源谱拐角频率时才能将小震视为点源，因为在这个频段小震的震源尺寸相对波长足够小。

　　（2）要确定用多少个小震合成大震。一个合理的原则是，所有小震地震矩的和应当等于要合成的大震的地震矩。

只要满足地震矩相等的条件，可不对小震数目作更多限制。

另一个方法是根据大小地震的宏观比例定律（相似律）决定小震的数目。地震矩与震源尺度的立方成比例。据此，设小震和大震（主震）的地震矩分别为 m 和 M，则

$$\left[\frac{M}{cm}\right]^{1/3} = \frac{L}{l} = \frac{W}{w} = \frac{T}{t} \approx N \qquad \frac{D}{d} = cN$$

式中：大写和小写字母分别表示大震和小震的相应参数；L（或 l）为断层长度；W（或 w）为断层宽度；D（或 d）为位错；T（或 t）为上升时间；c 为考虑大震和小震应力降不同的比例因子；N 为最接近地震矩之比的立方根的整数，即在长度和宽度方向分割大震断层为子断层的数目。为使小震的地震矩之和与大震相同，须将大震的上升时间也分为 N 份，N 次小震记录上升时间之和为大震上升时间。

（3）对于近断层区域的观测点，不同位置的小震相对于观测点的距离和方位不同；多数情况下只有个别小震可供利用，用这些小震作为断层面上其他子源时，小震记录须通过几何衰减因子的调整和辐射图案的修正。修正方法一般根据远场近似，这对接近断层的观测点是不合适的，与真实情况会有差别。

（4）原则上经验格林函数方法只适用于有观测记录地区，如何在无观测记录地区用来预测地震动还须要进一步研究。

zhenyuan suiji moxing

震源随机模型（stochastic model of earthquake source）将破裂过程的相关参数视为随机变量的震源运动学模型。

确定性震源运动学模型描述破裂过程的参数都是常数，模拟地动的结果适用于低频。为模拟高频地震动必须考虑制约非均匀破裂的参数是变化的，为此提出了位垒模型或黏块模型等假说。但是，位垒和黏块的大小和分布等难以确定。一个处理方法是将制约破裂过程的参数视为随机变量，仍然用运动学模型计算模拟地震动。

制约破裂过程的主要参数有：破裂传播速度、位错大小的空间分布、上升时间或位错的滑动速率、位垒的大小和位置、黏块的大小和位置。处理方法有两种。

（1）将这些参数视为给定变异系数的随机数，例如假定破裂传播速度为

$$v_{ri} = v_{r0}(1 + \xi_i)$$

式中：v_{r0} 为平均破裂传播速度；v_{ri} 为断层面上第 i 个子断层到第 $i+1$ 个子断层间的破裂传播速度；ξ_i 为不超过变异系数 $\bar{\xi}$ 的随机数。其他参数也可类似处理，然后代入运动学模型计算。其中关键是事先确定变异系数，但目前确定 $\bar{\xi}$ 值的根据不多。此外要注意计算结果只是一个样本。

（2）设定这些参数在断层面上分布的概率函数，其形式可借鉴已有的模拟结果；或假定为某种分布，或根据模拟研究得到的统计结果，例如黏块大小和数量与震级的关系（见局部震源参数），由震级决定最大黏块尺寸和黏块数量后，随机分配到断层面上。这些随机分布函数或统计公式依据的资料有限，有待进一步积累和验证。

zhenyuan donglixue moxing

震源动力学模型（dynamic model of earthquake source）以地壳介质的应力场为初始条件，根据介质的强度和破裂准则建立的地震断层破裂发生、发展和终止的力学模型。

研究目的　震源运动学模型中断层破裂方式和相关参数是事先设定的，若欲模拟高频地震动则需要更真实的震源函数。震源动力学模型求得的震源函数更接近实际的非均匀破裂，破裂的非匀速传播、开始或终止都会辐射高频地震波。对断层破裂动力过程的研究可以更深入了解震源的物理过程，探讨震源发射高频地震动的机制，为运动学模型提供更合理的物理基础。

力学描述　介质或材料的破裂模式主要有如图所示的三类：Ⅰ型破裂为张裂，Ⅱ型破裂和Ⅲ型破裂为剪切破裂。

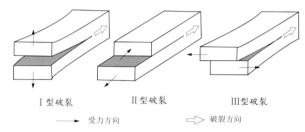

三类破裂模式示意图

张裂多出现于各种材料破裂，地震断层破裂在很大的围压下发生，不易产生张裂。地震断层两盘间存在着复杂的摩擦过程，它们在断层破裂中消耗能量，在产生新破裂面的过程中起着重要作用。破裂面两盘在破裂后形成位移间断或应力间断，但地震断层模型一般只考虑位移间断（位错），两盘保持应力连续。

对震源破裂动力过程的认识和相关假定可概括为：①地震断层破裂是在构造形变过程中积累的应力作用下产生的，破裂发生后，破裂面上的剪切应力部分或全部释放；②断层破裂属于脆性破裂，破裂之前断层介质和传播介质都保持线弹性性质；③破裂首先在一个小范围内发生，然后向外扩展；④绝大部分构造地震断裂属于剪切破裂，即Ⅱ型或Ⅲ型破裂；⑤可能有一个或几个破裂面。

问题求解　断层动力破裂问题的求解过程为，已知发震断层周围的初始构造应力场，地壳介质密度、波速、岩石强度，根据破裂准则求解断层从某一点开始破裂以及破裂的扩展过程，进一步得到断层面的位错分布以及所产生的地震动场。数学上表现为在一定的初始条件和边界条件下，求解波动方程。

（1）初始条件包括发震断层破裂前的初始应力场以及地壳介质的特性，如断层面的破裂强度和摩擦性质的空间分布。目前对这些问题的了解都很不够。一些介质特性参数可以在试验中获得，但室内试验条件很难模拟真实地震断层附近的高温高压环境，而且岩石样本的尺寸和真实地壳中断层大小相差太远，借鉴材料破裂和岩石试验研究成果要注意尺寸效应。例如，室内试验和大地测量推断的断层破裂能相差两个量级，实验室对不同岩石样本测定的破裂强度差别也达两个量级。

（2）边界条件包括破裂面和地球表面的应力或位移。其中地球表面为自由表面，应力为零；已破裂的断层面沿断层两盘的法向位移连续，法向应力和切向应力也连续。平行于断层面的切向应力变化过程据适当的摩擦模型确定。

由于破裂传播是从初始点（或面）开始形成新的破裂面，因此问题的边界是不断变化的，即作为边界的破裂面

随时在变化。新的破裂面的形成依赖于基本方程的解，而基本方程的解又必须依靠边界条件才能确定，所以断层的动力破裂是一组线性偏微分方程和运动边界组合而成的非线性的混合初边值问题；即使对于最简单的破裂问题，求解也非常复杂困难。

（3）求解断层破裂的方法可分为解析方法和数值方法。若干简单的动力破裂问题有解析解，如自模拟圆破裂、自模拟椭圆破裂、半无限出平面破裂以及半无限平面内破裂等问题。在这些研究中，破裂面或者是半无限的，或者是自模拟的，破裂无休止地扩展。对于有限断层的破裂问题，要用数值模拟方法求解；主要方法含有限差分法、边界积分方程法和有限元方法。

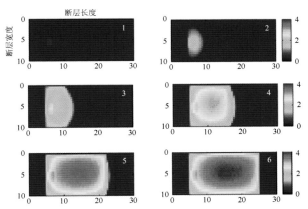

矩形断层的自发破裂过程（据刘启方等，2005）
第 1 幅图为破裂后 0.5 s，每幅图间隔 2 s；右侧标示为位错值（m）

图中给出自发破裂的一个算例，矩形断层上初始应力为 20 MPa，临界破裂应力为 25 MPa，动摩擦力为 10 MPa。图像表明不同方向破裂速度不同，破裂呈椭圆状发展。

推荐书目

安艺敬一，理查兹 P G. 定量地震学（二）. 唐美华，吴宁远，译. 姚振兴，校. 北京：地震出版社，1986.

polie zhunze

破裂准则（rupture criteria）　判断破裂开始、发展和停止的力学原理。

格里菲斯破裂准则　该准则从能量守恒的观点解释破裂发生和发展。材料（介质）在外力作用下产生裂缝，此时外力做功相当于系统势能的减小，记为 $-W_L$，系统因变形产生的应变能变化为 U_E，产生裂缝的表面具有表面能 U_S，则系统的总能量为

$$U = (-W_L + U_E) + U_S$$

式中：括弧内的量为系统的机械能。

如图所示，裂缝 S 每一侧的长度从 c 扩展为 $c + \delta c$，破裂时要克服分子引力做功，裂缝表面的应变能释放，推动裂缝扩展。机械能减小是裂缝扩展的动力，定义裂缝的扩展力为

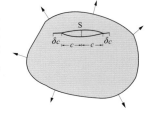

形成裂缝的力学状态示意

$$G = -\frac{d}{dc}(-W_L + U_E)$$

G 亦称机械能释放率。另一方面，形成新的稳定破裂面必须有相应的表面能，这是

裂缝发展的阻力，定义阻碍裂缝扩展的阻力为

$$R = \frac{dU_S}{dc}$$

设单位面积表面能为 γ，则长度为 $2c$ 的裂缝 S 的表面能为 $2c\gamma$，此时 $R = 2\gamma$。根据能量守恒（即外力做功和系统释放的应变能等于产生新裂缝的表面能）可推得

$$G = R$$

即系统处于临界状态

$$\frac{dU}{dc} = 0$$

此即格里菲斯破裂准则的表达式，常用于破裂动力问题的解析求解。

欧文破裂准则　该准则以受力和材料强度平衡解释破裂的发展。理论分析表明，裂缝越长，使裂缝扩展的外加应力越小，断裂应力与裂缝长度平方根成反比，且与裂缝形状和加载方式有关，即

$$\sigma_c \propto 1/\sqrt{c}\,Y$$

式中：σ_c 为材料断裂的临界应力；c 为裂缝长度；Y 为与裂缝形状和加载方式有关的量。对一定的材料，可就 σ_c，$\sqrt{c}$，Y 定义断裂韧性 K_{JC}，即

$$K_{JC} = \sigma_c \sqrt{c}\,Y$$

另外，理论分析表明裂缝尖端附近的应力场具有如下形式：

$$\sigma^J_{ij} = \frac{K_J}{\sqrt{2\pi r}} f_{ij}(\theta)$$

式中：$K_J = \sigma_w \sqrt{c}\,Y$，角标 J 表示不同的破裂类型，$\sigma_w$ 为外加应力，K_J 称为应力强度因子，与坐标无关，随外力 σ_w 而变化，控制裂缝尖端应力大小；r 为距裂缝尖端的距离；$f_{ij}(\theta)$ 为方位角 θ 的方向性函数。材料断裂时有

$$K_J \geqslant K_{JC}$$

此即欧文破裂准则，常用于研究材料的断裂问题。

应力强度因子的临界值等于断裂韧性，但二者物理意义不同。应力强度因子与裂缝长度、形状和加载方式有关，受外部条件控制；而断裂韧性主要与材料种类有关，可通过断裂试验求得。

临界应力准则　格里菲斯准则和欧文准则在数值计算中难以直接应用。地震断层破裂动力问题中，采用根据欧文准则变换的临界应力准则，即规定断层面上一点的应力达到临界应力后，该点就破裂，此临界应力可由断层面上的破裂摩擦模型控制。

对于静力破裂问题，格里菲斯准则和欧文准则是等效的。对于动力破裂问题，这两个准则在有些情况下可能有差别：对 III 型破裂（见震源动力学模型），使用格里菲斯准则得到的破裂达到剪切波速度的时间要比欧文准则少。使用临界应力准则得到的裂纹随时间的扩展与欧文准则得到的结果基本一致。

破裂的停止　研究认为破裂前锋没有惯性，这意味着破裂可以突然开始或停止。从格里菲斯准则看，一旦破裂释放的应变能小于产生一个新破裂面需要消耗的表面能时，破裂就停止。临界应力破裂准则表明，如果断层面上一点的应力不能达到临界应力，该点就不破裂；如果断层面上所有点的应力都不超过临界应力，则整个断层的破裂就终止。大多数数值计算中都是在预定的有限断层破裂面的周围设置高应力强度区，使破裂达到断层的边缘后停止。

推荐书目

陈颙，黄庭芳．岩石物理学．北京：北京大学出版社，2001．

polie moca moxing

破裂摩擦模型（rupture friction model） 摩擦力控制破裂发展的模型。

当用临界应力准则（见破裂准则）分析动力破裂问题时，要规定破裂面上的应力变化规律，以控制破裂的发生和停止。最简单常用的概念是：当作用力超过摩擦力时破裂开始，作用力小于摩擦力时破裂停止。根据理论和试验研究，建立了三种破裂摩擦模型：与滑动距离有关的滑动弱化模型，与滑动速率有关的滑动率弱化模型（速度弱化模型）以及与两者都有关的滑动及滑动率弱化模型（滑动与速度弱化模型）。

断层破裂产生新的破裂面，在很高的围压下新破裂面间做相对摩擦滑动。在理想的线弹性脆性破裂中，破裂发生在破裂前锋的无限小区域中，导致破裂前锋尖端形成应力奇点（应力无穷大），这不符合真实的物理过程。在实际破裂中，破裂前锋的一部分区域会进入塑性形变状态，消耗应变能。在已破裂和未破裂部分之间存在部分破裂状态区域，该区域称为内聚区。1972 年井田喜明（Ida Yoshiaki）发展了一种内聚力模型，提出内聚区域的应力与破裂面之间的滑动距离有关，得到试验的支持，这是滑动弱化模型的物理基础。试验还表明，摩擦力与滑动速度也有很大关系，据此建立了滑动率弱化模型。

由于地震断层的破裂都在很大的围压下发生，实际地震断层破裂后两盘之间存在着复杂的摩擦过程，这时的摩擦力与围压、温度等诸多因素有关。摩擦过程在断层破裂消耗能量以及产生新破裂面的过程中起着重要作用，但地面或室内难以模拟真实地震断层破裂所处的环境，上述简单的模型是根据岩石试验和理论推测建立的，只能在一定程度上反映断层面之间的摩擦过程，还有很多问题没有解决。大多数研究都利用数值模拟分析摩擦模型的参数对断层破裂过程的影响，或利用摩擦模型反演实际地震断层的破裂过程，分析模型中参数的合理取值范围。

huadong ruohua moxing

滑动弱化模型（slip-weakening model） 剪切应力随滑动距离增加而下降的破裂摩擦模型，是应用破裂临界应力准则的一种模型。

如图所示，当断层上一点的剪切应力 τ_f 超过应力强度 τ_u 时，该点开始破裂并滑动；随位错 $D(t)$ 的增加，剪切应力以某种方式下降，当滑动距离达到滑动弱化距离 D_0 时，剪应力下降

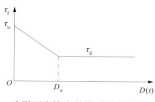

破裂面摩擦力的滑动弱化模型

到一个稳定的值 τ_d。剪应力 τ_f 从 τ_u 下降到 τ_d 的过程是复杂的，简化假设为如图所示的线性关系：

$$\tau_f\left[D(t)\right] = \begin{cases} \tau_d & D(t) > D_0 \\ \tau_u - (\tau_u - \tau_d)\dfrac{D(t)}{D_0} & D(t) \leqslant D_0 \end{cases}$$

滑动弱化模型以物理试验和理论分析为基础。破裂前锋不存在应力无限大的奇点，而是存在一定尺度的内聚区，内聚区的摩擦力和破裂动力关系控制破裂的发展。岩石破裂试验结果表明：破裂点的应力降不是瞬时产生的，要经过一定的滑动距离，应力才能下降到动摩擦力，这一试验结果与滑动弱化模型中应力与滑动距离成反比的假定一致。但是，滑动弱化距离的取值尚无法确定，一般是假定初值，通过实际地震反演研究探讨合理取值范围。

huadonglü ruohua moxing

滑动率弱化模型（rate-weakening model） 剪切应力随滑动速率增加而下降的破裂摩擦模型，是应用破裂临界应力准则的一种模型，亦称速度弱化模型。

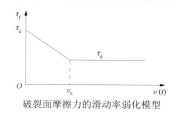

破裂面摩擦力的滑动率弱化模型

如图所示，当断层上一点的剪切应力 τ_f 超过应力强度 τ_u 时，该点开始破裂并滑动，滑动速率 $v(t)$ 越大，剪切应力越小；当滑动速率达到临界滑动速率 v_0 时，剪应力达稳定的值 τ_d。

剪应力 τ_f 从 τ_u 下降到 τ_d 的过程是复杂的，简化假设为如图所示的线性关系：

$$\tau_f\left[v(t)\right] = \begin{cases} \tau_d & v(t) > v_0 \\ \tau_u - (\tau_u - \tau_d)\dfrac{v(t)}{v_0} & v(t) \leqslant v_0 \end{cases}$$

岩石破裂试验结果表明，破裂点的应力降不是瞬时产生的，它随滑动距离和滑动速率增加而下降，这是该模型的物理基础。但是，临界滑动速率的取值尚无法确定，一般是假定初值，通过实际地震反演研究合理取值范围。

huadong ji huadonglü ruohua moxing

滑动及滑动率弱化模型（slip and rate-weakening model） 剪切应力随滑动距离和滑动速率而变化的破裂摩擦模型，是应用破裂临界应力准则的一种模型，亦称滑动与速度弱化模型。

如图所示，当断层上一点的剪切应力 τ 超过应力强度

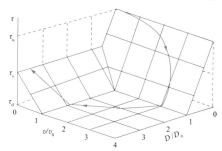

破裂面摩擦力的滑动与滑动率弱化模型

τ_u 时，该点开始破裂并滑动，剪切应力是位错和滑动速率的函数；随位错的增加，剪切应力下降，当滑动距离达到 D_0 时，剪应力下降到一个稳定的值 τ_d；然后，维持应力不变，位错增加而滑动速率减小，达到临界速率 v_0 后，剪力又有一个强化的过程，由 τ_d 上升到 τ_s。

该模型以岩石破裂试验结果为基础，同时考虑滑动距离和滑动速率对破裂面上摩擦力的影响；其临界控制点，

即图中曲线拐点所对应的滑动弱化距离 D_0 和临界速率 v_0 以及应力路径都是假定的，须通过地震反演研究探讨合理取值范围。

yinglijiang

应力降（stress drop）　介质材料破裂过程中初始应力与最终应力之差。

介质材料破裂导致蓄积的应力释放，应力降表示介质在释放应变能过程中应力松弛的程度。在静力破裂中称为静应力降，在动力破裂中称为动应力降。

应力降是破裂问题中的关键物理量，控制破裂后错动的大小，在动力破裂中还控制辐射应力波的强度，地震断层破裂时对高频地震动有重要影响。

引入平均应力 $\bar\tau=(\tau_0+\tau_s)/2$，$\tau_0$，$\tau_s$ 分别为初始应力和最终应力；则地震时释放的总能量为

$$E=\bar\tau DS$$

式中：S 为断层面积，D 为位错。能量的一部分以地震波形式释放，所占总能量的比例用地震效率 η 表示，则地震波能量为

$$E_s=\eta E=\eta\bar\tau DS$$

代入地震矩计算公式 $M_0=\mu DS$，μ 为岩石的剪切模量，得

$$\eta\bar\tau=\frac{\mu E_s}{M_0}$$

$\eta\bar\tau$ 称为视应力，与应力降和断层破裂动力过程有关。地震波能量 E_s 和地震矩 M_0 可分别通过古登堡（Gutenberg）公式和地震波谱分析得到。

由于地壳的初始应力和破裂最终应力的绝对值无法确定，因此应力降的数值是根据理论模型，通过对地震记录的反演间接获得的，或由地震动震源谱的拐角频率等间接估计其量级，具有一定程度的不确定性。应力降与地震矩、拐角频率的关系为

$$\Delta\tau=kM_0f_c^{\,3}$$

式中：$\Delta\tau$ 为应力降；f_c 为震源谱的拐角频率；k 为与破裂方式有关的系数。

jingyinglijiang

静应力降（static stress drop）　静力破裂中初始应力与最终应力之差。

静力破裂释放的应变能以热能等形式消耗，不产生应力波，可以证明当最终应力降到零，且介质的拉梅弹性常数 $\lambda=\mu$ 时（称为泊松体），静应力降与破裂面尺寸和错距有如下关系：

$$\Delta\tau=c\frac{\mu D}{a} \qquad (1)$$

式中：$\Delta\tau$ 为静应力降；μ 为介质剪切模量；D 为最终错距；a 为破裂面宽度的一半；c 为破裂类型相关因子，对破裂方向与传播方向垂直的倾向滑动破裂［斯达尔（Starr）模式］$c=2/3$，对破裂方向与传播方向平行的走向滑动破裂［诺波夫（Knopoff）模式］$c=1/2$，对圆盘破裂面 $c=7\pi/24$。

地震矩 $M_0=\mu DS$，S 为断层面积，再考虑式（1）有

$$\Delta\tau=\frac{cM_0}{S^{3/2}} \qquad (2)$$

表示静应力降与地震矩和破裂面积有关。

dongyinglijiang

动应力降（dynamic stress drop）　动力破裂中初始应力与最终应力之差。

动力破裂释放的应变能除以热能等形式消耗外，还表现为应力波辐射，地震断层破裂辐射的地震波强度与破裂类型、介质强度和摩擦力特性等有关。

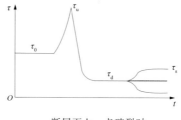

断层面上一点破裂时
的剪切应力变化

张性破裂的最终应力降到零，剪切破裂的最终应力有多种可能。断层面上一点动力剪切破裂从开始到停止的应力变化过程如图所示。图中 τ_0 为初始剪切应力，τ_u 为破裂时的剪切应力，τ_d 为动摩擦力，τ_s 为最终应力；$\tau_0-\tau_s$ 称为破裂的应力降；$\tau_0-\tau_d$ 为动应力降，亦称有效应力，它代表破裂时作用在断层面上的等效剪切应力。应力降与有效应力之比称为分数应力降：

$$\varepsilon=\frac{\tau_0-\tau_s}{\tau_0-\tau_d}$$

动力破裂的最终应力大小有四种可能：①$\tau_s=\tau_d\approx0$，当断层面发生熔融、四周流体静压力极高时，动摩擦力和最终应力都近似为 0，此时所有释放的应变能都转化为地震波，地震效率达到最大值 1，地震效率表示地震波能量与震源释放能量之比；②$\tau_s<\tau_d$，破裂后的最终应力比动摩擦力小，此时 $\varepsilon>1$，这是错动过冲的情形；③$\tau_s=\tau_d>0$，破裂后的终止应力与动摩擦力相等，此时 $\varepsilon=1$；④$\tau_s>\tau_d$，这是断层破裂突然受阻被锁的情形，此时 $\varepsilon<1$。目前还不能断定每次地震对应哪种情形，有研究表明后三种情形在地震中都可能存在。

圆盘破裂模型给出了动应力降（有效应力）与断层面上地震动位移的关系，可知地震动强度受动应力降的控制。

yuanpan polie moxing

圆盘破裂模型（circle fracture model）　破裂面为圆盘的剪切破裂动力学模型，亦称布龙模型，1970 年由布龙（J. N. Brune）提出。此模型简明扼要地从物理上说明了破裂动力过程的各要素，并给出震源谱和相关参数的估计方法，得到广泛应用。

设在均匀、各向同性、完全弹性介质中存在无穷大的破裂面，介质初始剪切应力为 τ_0，在某时刻发生瞬时破裂后，断层面上的应力下降为动摩擦力 τ_f，则应力降为

$$\Delta\tau=\tau_0-\tau_f \qquad (1)$$

对应于地震波的应力降称为有效应力，相当于在断层面上作用有剪切力 $\Delta\tau$。因为是无穷大平面的瞬时剪切破裂，故只产生纯剪切位移，令 c 为剪切波速，在断层面上有

$$u(0,t)=\frac{c\Delta\tau}{\mu}tH(t) \qquad (2)$$

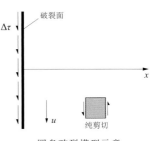

圆盘破裂模型示意
破裂面垂直纸面

$$\dot{u}(0,t) = \frac{c\Delta\tau}{\mu} \qquad (3)$$

式(2)(3)中：$u(0,t)$ 为断层面上的位移，t 为时间；$\dot{u}$ 为速度；μ 为介质剪切模量；$H(t)$ 为阶梯函数，当 $t>0$ 时取值为 1，否则为 0。

假定断层面无限大，导致式(2)的位移随时间无限增加，这是不合理的，因此该式只适用于紧靠断层的地点和瞬间作用的小时段。若假设断层是有限的，且为圆盘形，半径为 r，则断层边缘反射波使断层面上质点速度下降，假设其为指数下降形式：

$$\dot{u}(0,t) = \frac{c\Delta\tau}{\mu}\exp(-t/b) \qquad (4)$$

式中：参数 b 为时间常数，与 r/c 量级相同。积分得断层面上的位移为

$$u(0,t) = \frac{c\Delta\tau}{\mu}b[1-\exp(-t/b)] \qquad (5)$$

此即圆盘破裂模型的震源时间函数。距离（见断层距）为 R 的远场位移要考虑几何扩散和指数型非弹性衰减：

$$u(R,t) = \frac{c\Delta\tau}{\mu}\frac{r}{R}(t-\frac{R}{c})\exp\left[-\bar{\alpha}(t-R/c)\right] \qquad (6)$$

式中：参数 $\bar{\alpha}$ 为衰减常数。由式(6)可见，应力降是控制地震动强度的重要参数。相应的远场位移谱为

$$U(\omega) = \frac{c\Delta\tau}{\mu}\frac{r}{R}\frac{1}{\omega^2+\bar{\alpha}^2} \qquad (7)$$

式中：ω 为圆频率，在 $\omega\gg\bar{\alpha}$ 时近似有

$$U(\omega\to\infty) \simeq \frac{c\Delta\tau}{\mu}\frac{1}{\omega^2} \qquad (8)$$

表示高频分量随频率的平方衰减，为震源谱中的 ω^2 模型提供了物理解释。亦可推得圆盘半径与震源谱拐角频率 f_c 的关系为

$$\bar{\alpha} = 2\pi f_c = 2.34\frac{c}{r} \qquad (9)$$

瞬时破裂模型集中释放应变能，较之其他破裂方式能产生最强烈的地震动，因此借助圆盘破裂模型还可以估计地震动速度和加速度的上限。

由式(3)可得速度上限

$$\dot{u}_{\max} = \frac{c\Delta\tau}{\mu} \qquad (10)$$

取 $\Delta\tau=10^7$ Pa，$\mu=3\times10^6$ N/cm^2，$c=3\times10^5$ cm/s，则 $\dot{u}_{\max}=100$ cm/s。根据岩石试验结果，$\Delta\tau/\mu=0.0005\sim0.001$，则 $\dot{u}_{\max}=150\sim300$ cm/s，与目前得到的观测记录符合。

加速度上限与所考虑的频率相关，其峰值为

$$\ddot{u}(t\to0) = \frac{1}{\pi}\frac{c\Delta\tau}{\mu}\omega_s \qquad (11)$$

代入指定频率如 $\omega_s=2\pi\cdot10$ Hz，可得 $\ddot{u}_{\max}=2g$，也与目前观测记录相符。

zhenyuanpu

震源谱（source spectra） 等效地震点源震源时间函数的傅里叶振幅谱。

震源谱的分析以远场地震动位移谱为基础。

点源 研究远场地震动可将震源视为点源，此时远场位移解有简单的表达式。由于位移受低频控制，故研究位移可尽量减少介质不均匀的影响，得到震源的信息。由位错模型得到全空间远场位移为

$$u_m = \frac{1}{4\pi\rho c^3}R_{\theta\varphi}\frac{1}{r}\mu d\Sigma\dot{D}(t-\frac{r}{c}) \qquad (1)$$

式中：ρ 为介质密度；c 为 P 波或 S 波速；$R_{\theta\varphi}$ 为辐射因子，随方位角 φ 和球面角 θ 变化；r 为震源距；μ 为介质剪切模量；$d\Sigma$ 为位错点源的微元面积；$\dot{D}(t)$ 为位错时间函数 $D(t)$ 对时间的微商，即错动的滑动速率。将几何衰减因子 $1/r$ 等与传播途径有关的常数略去，只考虑震源，注意到点源地震矩 $M_0=\mu d\Sigma D$，则等效点源的震源谱为

$$|\Omega(\omega)| = \mu d\Sigma|\dot{D}(\omega)| = \mu d\Sigma|D(\omega)\omega| = |\dot{M}_0(\omega)| \qquad (2)$$

式中：ω 为圆频率。式(2)表明，震源谱的形状与位错点源的滑动速率傅里叶振幅谱相同，即与错动的震源时间函数有关。

线源和面源 进一步考虑线源或单侧破裂的面源，设破裂起始点 O 与观测点 S 距离为 r_0，与断层走向的夹角为 θ（图 1），破裂扩展 ξ 到达 A 点的时间延迟为 ξ/v_r，v_r 为破

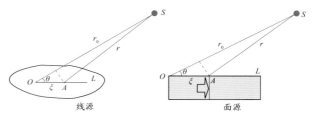

图 1 线源和面源与观测点的几何关系

裂传播速度，地震波传播引起的时间延迟为 $|r-r_0|/c$；由于远场观测点震源距很大，故有近似关系

$$|r-r_0| \approx \xi\cos\theta \qquad (3)$$

将式(3)代入式(1)，对线源沿断层长度积分可得

$$u_m = \frac{1}{4\pi\rho c^3}R_{\theta\varphi}\frac{1}{r}\mu d\Sigma\int_0^L\dot{D}(\xi,t-\frac{\xi}{v_r}-\frac{\xi\cos\theta}{c})d\xi \qquad (4)$$

取震源时间函数为斜坡函数（见震源时间函数）完成积分，可得震源谱为

$$|\Omega(\omega)| = M_0\left|\frac{\sin\omega\frac{t_r}{2}}{\omega\frac{t_r}{2}}\right|\cdot\left|\frac{\sin\omega\frac{t_L}{2}}{\omega\frac{t_L}{2}}\right| \qquad (5)$$

式中：地震矩 $M_0=\mu SD_0$，S 为断层面积，D_0 为最终位错（静位错）；t_r 为上升时间；$t_L=\frac{L}{v_r}+\frac{L}{c}\cos\theta$，$L$ 为断层长度；ω 为圆频率。式(5)表示将有限尺度的断层视为等效点源时所得到的震源谱。

震源谱的 ω^2 模型 当 $\omega\to0$ 时，震源谱的零频极限即为地震矩：

$$|\Omega(\omega\to0)| = M_0 \qquad (6)$$

可以证明，这个结果与破裂过程或震源时间函数形式无关，是所有合理断层模型的必然结果，式(6)常用于由地震记录估计地震矩。对于高频极限，震源谱形状与破裂模型及震源时间函数有关，对采用斜坡震源时间函数的式(5)，震源谱高频极限为

$$|\Omega(\omega\to\infty)| \propto \omega^{-2} \qquad (7)$$

这表明震源谱在高频处随频率的平方衰减，在以 $\lg f$ 为横坐标（$f=\omega/2\pi$）、以位移 u_m 为纵坐标的图中，高频谱是斜率为 -2 的直线（图 2），此即震源谱的 ω^2 模型，由安艺敬一于 1967 年提出。由于震源谱在低频趋于常数，因此高频

和低频渐近线之间存在交点，对应的频率称为拐角频率。拐角频率控制了低频和高频成分的比例，震源尺寸越大，拐角频率越小。

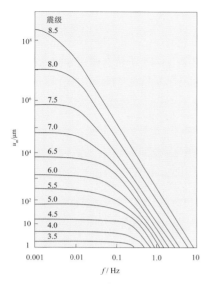

图 2　震源谱的 ω^2 模型

讨论　震源谱由三个参数表征：正比于地震矩的低频强度、拐角频率、高频渐近线的衰减幂次。低于拐角频率的地震动分量是相干波，这些低频分量来自均匀破裂的震源，在传播过程中较少受介质等因素影响。高于拐角频率的地震动是非相干波，这些高频分量可能源自断层面上应力或强度非均匀的局部，且受到介质等因素的复杂影响，具有随机特性。

若取震源时间函数为阶梯函数，则震源谱的高频分量随频率的负一次方衰减；若破裂在断层面上沿长度和宽度方向同时扩展，且采用斜坡震源时间函数时，震源谱为

$$| \Omega(\omega) | = M_0 \left| \frac{\sin \omega \frac{t_\tau}{2}}{\omega \frac{t_\tau}{2}} \right| \cdot \left| \frac{\sin \omega \frac{t_L}{2}}{\omega \frac{t_L}{2}} \right| \cdot \left| \frac{\sin \omega \frac{t_w}{2}}{\omega \frac{t_w}{2}} \right| \quad (8)$$

式中：$t_w = \dfrac{W \cos \varphi \sin \theta}{c}$；$W$ 为断层宽度；φ 为方位角；θ 为球面角。式(8)的高频段按频率的负立方衰减，可见震源谱的高频特性与破裂过程相关。实际破裂过程比上述假定复杂，震源谱高频段随频率的负 γ 次方衰减，有研究认为在拐角频率附近的谱幅值衰减可能介于 0 次方和负 γ 次方之间。

式(5)式(8)为位移谱，速度谱和加速度谱只须分别乘以 ω 和 ω^2。

震源谱 ω^2 模型基于剪切位错，因此原则上适用于 S 波产生的地震动，但有的研究不加证明直接推广到 P 波。

拐角频率（corner frequency）　震源谱低频渐近线和高频渐近线交点对应的频率。

理论分析表明：震源谱在低频趋于地震矩，渐近线是水平线；高频部分则随频率 f 衰减，衰减的趋势因破裂模型和震源时间函数而异，常用的模型随频率的负二次方衰减，在对数坐标上渐近线是斜率为 -2 的直线，低频和高频渐近线的交点对应的频率为拐角频率 f_c，如图所示。

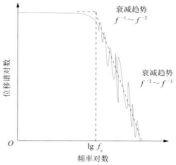

震源谱拐角频率示意图

拐角频率划分震源谱高频和低频段，小于拐角频率的分量来自断层面发出的有规律的相干波，高于拐角频率的高频波是非相干波，有随机性。

拐角频率能反映震源尺寸，根据圆盘破裂模型可得拐角频率与震源尺寸的关系为

$$f_c = 2.34 \times \frac{c}{2\pi r}$$

式中：c 为剪切波速；r 为圆盘震源半径，代表震源的特征尺寸。此式表明，震源尺度越大，拐角频率越小。

远场谱方法（far-field spectra method）　以点源产生的地震动傅里叶谱为目标谱生成地震动时程的算法。

基于地震学中对远场谱的研究，建立地震动傅里叶幅值谱模型，取相位角为 $[0, 2\pi]$ 范围内均匀分布的随机数，可利用三角级数叠加合成地震动时程。该方法 1988 年由波尔提出，特点是吸取地震学关于震源谱和介质衰减等方面的研究成果，直接建立远场地震动傅里叶幅值谱模型，使地震动随机模拟方法具有一定物理基础。

在频域可将地震动表示为

$$A(M_0, R, f) = E(M_0, f) P(R, f) G(f) \quad (1)$$

式中：$A(M_0, R, f)$ 为地震动的频谱；M_0 为地震矩，相当于将震源视为等效双力偶时力偶的力矩；R 为距离（见断层距）；f 为频率；$E(M_0, f)$ 为震源谱；$P(R, f)$ 为表示传播介质影响的频谱；$G(f)$ 为表示场地条件影响的频谱。

式(1)是确定性的模型，但实际上很难给定其中各项的确定数值。根据对发震机制、介质和场地影响的研究，可给出幅值谱与相关参数间确定性的函数关系；相位假定为 $[0, 2\pi]$ 间均匀分布的随机数，则由傅里叶逆变换可以产生任意多个地震动时程样本。

(1) 震源谱的形状与幅值是该方法的核心，最常用的是高频分量随频率平方衰减的模型，即 ω^2 模型（见震源谱）。最简单的 ω^2 模型为

$$S(M_0, f) = \frac{M_0}{1 + (f/f_c)^2} \quad (2)$$

式中：f_c 为拐角频率。震源谱还有许多其他模型，如 ω^3 模型或其他幂指数模型。

(2) 传播介质对频谱的影响函数 $P(R, f)$ 可简单地用式(3)表示：

$$P(R, f) = Z(R) \exp[-\pi f R / (Q(f) v_c)] \quad (3)$$

式中：$Z(R)$ 为地震波扩散引起的能量几何衰减项，称为几何扩散，一般是距离的负幂次函数；体波和面波随距离衰减快慢不同，在一定距离以外，要考虑面波衰减，因此有

的研究按距离分段给出不同的 $Z(R)$；$Q(f)$ 为品质因子，表示介质因能量耗散、散射等引起的非弹性衰减，定义为一个周期内振动损耗的能量与总能量之比的倒数，品质因子越大，衰减越小；v_c 为确定品质因子的波速。

（3）场地影响频谱 $G(f)$ 有不同处理方法。工程上常先考虑震源和介质影响得到基岩的地震动时程，以此为输入，再详细考虑场地构造和非线性特性对土层地震动的影响。也可以用统计关系直接由地震记录或其他手段得到不同类型场地的平均 $G(f)$。

远场谱方法基于点源模型，可用于计算理论地震图，但随机相位不能产生有物理意义的震相和波形。震源谱模型基于体波，没有考虑面波，故长周期分量未加控制，必要时须修正。此外，该方法没有考虑反应谱的特征，如果用于抗震设计，须进一步调整使之与设计反应谱相容。

等效群速度方法（equivalent group velocity method）　利用统计的地震波群速度反映频率非平稳性的地震动合成方法。

频散现象　一般合成地震动时程模型只规定振幅谱的函数形式而假定相位是随机数，但实际上相位谱是很重要的参数，它控制地震动时程的形状。每个谐波到达观测点的相位受传播过程中时间延迟的影响，时间延迟在均匀介质中是距离除以波速，但复杂的地球介质没有这么简单。

由弹性波理论可知，弹性波的等相面（相位相同质点组成的面）传播速度与频率有关，称为相速度。一般情况下相速度为常数，即各频率分量波速相同，地震波在传播过程中不会变形；反之，如果不同频率分量波速不同，则会在传播过程中造成相位差，导致各谐波传播不同步，使地震波在传播过程中变形，称为频散。频散引起地震动时程中频率分量随时间变化的非平稳现象。

频散形成的原因有两类：一类是介质的变形特点（本构关系），例如细杆中的弯曲波，此种现象在地震波传播分析中未予考虑；另一类是分层介质中面波的特性，除弹性半空间的瑞利波外，其他面波都有频散现象。

频散曲线　表征相速度随频率变化的曲线称为频散曲线，它与水平分层介质的厚度、密度和模量相关。有两类求频散曲线的方法：①近似将地壳视为水平分层结构，从理论上可以分析地震波在水平分层介质中存在的各类波型和传播规律，得到体波的走时和面波的频散曲线；②通过观测记录的统计研究，给出经验频散曲线或相位差谱的随机模型，等效群速度法即属此类。

波包与等效群速度法　根据波动理论，频率非常接近的谐波组合在一起形成波包；频段越窄，波包越集中，即地震波的能量越集中。波包在传播过程中不变形，波包传播速度称为群速度：

$$U(f) = \frac{\mathrm{d}\omega}{\mathrm{d}k} = c(f) - \lambda \frac{\mathrm{d}c(f)}{\mathrm{d}\lambda}$$

式中：ω 为圆频率；k 为波数；$c(f)$ 为相速度；λ 为波长；f 为频率。据此，可将地震波在感兴趣的频带里分解为许多窄带谐波组成的波包，每个波包的中心频率不同，各自的群速度不同。为处理方便，1988 年廖振鹏等提出将地震动不分体波面波整体一起分解，得到的波包群速度称为等效群速度。

据此，将记录的地震动分解成一系列波包，然后追踪每个波包的到达时间，由观测点的距离除以走时得到等效群速度。为此需要同一次地震在不同地点的观测记录，一些强震观测台阵（如台湾 SMART-2 台阵）可提供相应的记录，但由此得到的结果只反映所在地区的特征。

在合成地震图时，先将点源地震动分解为一系列波包，利用等效群速度得到每个波包到达观测点的延时，然后将所有波包叠加得到地震动时程。由于各波包中心频率不同，到时有早晚，合成的地震动频率成分随时间变化，可反映地震动频率非平稳特征。

相位差谱（phase differences spectrum）　地震动各频率分量的相位差值随频率的变化。

地震动时程 $a(t)$ 可以分解为简谐振动

$$a(t) = \sum_{k=0}^{N} A_k \cos(\omega_k t + \varphi_k)$$

式中：A_k 和 φ_k 分别为第 k 个谐振动分量的幅值和初相位；ω_k 为圆频率。此处定义相位差为

$$\Delta\varphi(\omega_k) = \varphi(\omega_{k+1}) - \varphi(\omega_k)$$

$\Delta\varphi(\omega_k)$ 随 ω_k 的变化曲线即为相位差谱。

1979 年，大崎顺彦在研究中发现，地震动各频率分量的相位接近均匀随机分布，但是相位差的分布（即相位差的频数 n 的分布）与相应时程的包络线形状相似。如图所示，(a) 为四种类型的相位差频数图（即相位差分布），(b) 为对应的地震动时程（A 为幅值），这预示可能通过相位差分布控制地震动的包络线形状。

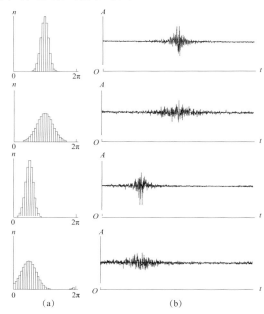

相位差频数分布与相应的合成地震动时程
（据大崎顺彦，1979）

相位差谱的意义在于可用它合成非平稳地震动时程。有研究曾尝试，通过观测记录统计得出相位差分布的参数（如均值和方差）随震级和距离变化的经验关系，继而就给定的震级和距离，由相位差分布生成随机相位谱用于合成人造地震动，旨在反映地震动时程包络线变化以及频率非平稳特征。但相位差分布的物理意义还有待进一步研究。

强 地 震 动 预 测

qiangdizhendong yuce

强地震动预测（strong ground motion prediction）　定量预测强地震动参数或地震动时程，为结构地震反应分析提供地震动输入，为抗震设计提供设计地震动参数。

预测要求　由于抗震分析的要求不同，所需地震动输入形式也不相同。对于刚性结构，抗震设计一般只需要地震动加速度峰值或反应谱；而复杂的高大建筑和结构往往要进行结构非线性时程分析，须预测地震动时程；埋地管线抗震设计，则须输入地震动位移。

随着工程结构类型的不断扩展，要求的地震动输入频带也越来越宽。对于长大桥梁、大坝、输油输气管道等结构，须预测地震动多点输入；对于地下室、深埋基础或桩基，则还须提供沿深度分布的地震动。对于不对称结构或某些特殊结构，除平动分量外，还须预测地震动的转动分量。

预测方法　地震动预测方法可分为工程方法和地震学方法，确定性方法和随机方法；预测的目标分为地震动参数和地震动时程。

工程方法　基于观测记录和经验的简单方法，便于应用。预测内容如烈度、加速度、速度、位移、持时、傅里叶谱、反应谱、时程包络线参数等；预测方法基于地震动衰减关系，这些关系的函数形式和资料来源各不相同，因此使用中要分清适用条件。（见地震动衰减）

地震动时程预测的工程方法有两类：记录调整法和随机振动法。

（1）记录调整法。根据场地的地震环境或设定地震震级、地质构造、场地条件，选择条件一致或相近的地震动时程记录，再根据地震动峰值、频谱、场地卓越周期等要求调整观测记录，包括放大或缩小幅值，压缩或拉长时间，使地震动峰值和卓越周期符合预期要求。这种处理方法亦称比例法。

（2）随机振动法。利用简谐振动（三角级数）或随机脉冲合成人造地震动。人造地震动的谱特性（功率谱）须符合地震统计特征，或其幅值、反应谱符合要求的峰值和目标反应谱，相位则是 $0\sim2\pi$ 之间的随机数。随机振动方法应提供数条地震动时程。该方法的缺点是，不能反映近断层地震动的空间分布和其他特点，得到的地震动频率成分始终不变化，不能反映重要的震相，缺乏具体的物理意义。

地震学方法　运用震源运动学模型计算理论地震图的确定性方法。通过勘探得到地壳介质速度构造模型，用数值方法求解断层破裂的地震波场（见强地震动模拟）。运用地震学方法必须先确定断层的位置、几何与运动学参数，计算时要假定断层破裂的发生和传播模式，假定震源时间函数和位错在断层上的分布。这些参数很难确定，致使模拟结果具有不确定性，也不能反映震源和介质的复杂影响，

只适用于模拟低频地震动。

由于确定潜在震源、建立介质和场地模型等多方面存在诸多知识欠缺，地震动预测有很大不确定性。

renzao dizhendong

人造地震动（artificial strong ground motion）　基于随机振动理论合成的地震动时程。

结构地震反应时程分析需要适当数量的满足抗震设计规范要求并符合地震区划、地震小区划结果的设计地震动时程；在研究地震动对结构地震反应的影响时，也需要一定数量的地震动时程。由于实际观测记录有限，故须利用其他方法生成符合要求的地震动时程。

地震动时程适合用随机振动方法合成。地震动强度和频率都随时间变化，理论上应按照给定的功率谱合成平稳随机地震动，然后用适当方法考虑非平稳性（见地震动随机模型）。实际应用中多以设计反应谱为目标合成人造地震动。

图为用随机振动方法，根据金井-田治见谱模型、采用1940年美国加州帝国谷地震埃尔森特罗台强震记录南北分量的峰值与持时合成的人造地震动加速度时程 a，t 为时间；该时程与原记录很相似（见典型强震动记录）。

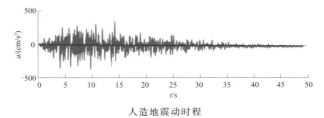

人造地震动时程

还可以用随机脉冲过程合成地震动，合成波形虽未必与实测地震动时程相似，但可反映地震动的统计特征，可用于结构随机振动反应研究。

为能再现地震动各频率成分随时间的非平稳变化，须进一步考虑相位。例如采用反映震源破裂和地震波传播频散效应的等效群速度方法，采用相位差分布经验模型，或用时变功率谱作为合成地震动的目标谱。

原则上这些方法可以同时考虑地震动强度和频率的非平稳性，但合成的地震动未必符合目标反应谱，必要时须迭代调整。

上述方法没有考虑近断层地震动的空间分布特征，如方向性效应等。为解决这一问题，周期大于 1 s 的地震动可用理论地震图方法合成；亦可用理论地震图方法补充地震动低频部分，使之表现出近断层地震动的特征。此外，也有合成近断层的脉冲型地震动的研究。

qiangdu feipingwen dizhendong hecheng

强度非平稳地震动合成（composition of amplitude non-stationary ground motion）　采用随机振动方法，用三角级数和幅值包络函数合成人造地震动。

人造地震动时程 $a(t)$ 由包络函数 $f(t)$（见地震动时程包络）和平稳随机地震动 $x(t)$ 相乘得到：

$$a(t) = f(t)x(t) \qquad (1)$$

$x(t)$ 可用任何随机地震动模型合成。给定目标地震动的功率谱模型 $S(\omega)$，用有限项三角级数合成平稳人造地震动有

多种途径。

方法一 合成平稳地震动 $x^{\mathrm{d}}(t)$ 的算式为

$$x^{\mathrm{d}}(t) = \sum_{k=1}^{N} a_k \sin(\omega_k t + \varphi_k) \qquad (2)$$

式中：a_k 为均值为 0、标准差为 σ_k 的高斯随机变量，且

$$\sigma_k = [4S(\omega_k)\Delta\omega]^{1/2} \qquad (3)$$

$S(\omega_k)$ 为第 k 个频率分量的双侧功率谱值；N 为充分大整数；频率间隔 $\Delta\omega = (\omega_u - \omega_1)/N$，$\omega_u$ 和 ω_1 分别为所取级数的频率上限和下限；$\omega_k = (k - 1/2)\Delta\omega$；相位 φ_k 为 $0 \sim 2\pi$ 之间的随机数。

此法可合成功率谱为 $S(\omega)$ 的高斯平稳过程，N 为无穷大时，是各态历经的。

方法二 工程上常用方法一的变化形式合成平稳地震动，此时

$$x^{\mathrm{d}}(t) = \sum_{k=1}^{N} a_k \cos(\omega_k + \varphi_k) \qquad (4)$$

$$a_k = [4S(\omega_k)\Delta\omega]^{1/2} \qquad (5)$$

可以证明，此法合成的地震动均值为 0，其功率谱就是 $S(\omega)$。不论 N 取何值都是各态历经的高斯平稳随机过程。

在工程应用中习惯用反应谱作为合成人造地震动的目标谱。为使式（5）中的功率谱满足目标反应谱的要求，可由目标反应谱换算功率谱值，换算关系只在概率意义下成立，利用式（6）可由反应谱得功率谱

$$S(\omega_0) = \frac{\xi}{\omega_0 \pi} S_a^2(\omega_0, \xi) \Big/ \Big[-\ln\Big(-\frac{\pi \ln p}{\omega_0 T} \Big) \Big] \qquad (6)$$

式中：$S_a(\omega_0, \xi)$ 为加速度反应谱，ω_0 为圆频率，ξ 为阻尼比；T 为地震动持续时间；p 为加速度反应不超过反应谱值的概率，一般取 $1 > p \geqslant 0.85$。

用此法合成的人造地震动时程示例如图所示。图中 a 为地震动加速度。

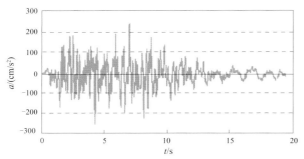

用三角级数合成的人造地震动时程（据杨向东等，2006）

方法三 合成平稳地震动的算式为

$$x^{\mathrm{d}}(t) = \sigma_x \sqrt{\frac{2}{N}} \sum_{k=1}^{N} \cos(\omega_k t + \varphi_k) \qquad (7)$$

式中：σ_x 为随机地震动的方差；ω_k 为具有概率密度函数 $p(\omega) = S(\omega)/\sigma_x^2$ 的随机数。此法也能合成均值为 0、功率谱为 $S(\omega)$ 的高斯平稳随机地震动。N 为无穷大时 $x^{\mathrm{d}}(t)$ 为各态历经过程。

方法四 合成平稳地震动 $x^{\mathrm{d}}(t)$ 的算式为

$$x^{\mathrm{d}}(t) = \sum_{k=1}^{N} [a_k \cos\omega_k t + b_k \sin\omega_k t] \qquad (8)$$

式中：a_k，b_k 为互相独立、均值为 0、标准差为 σ_k 的高斯随机变量，

$$\sigma_k = [2S(\omega_k)\Delta\omega]^{1/2} \qquad (9)$$

此法能合成均值为 0、功率谱为 $S(\omega)$ 的高斯平稳随机地震动。N 为无穷大时 $x^{\mathrm{d}}(t)$ 为各态历经过程。

以上四种方法模拟随机过程的效果无大差别。

lilun dizhentu

理论地震图（synthetic seismogram） 基于震源、地壳介质和场地的确定性模型生成的地震动时程，亦称为合成地震图。

合成理论地震图的基础是强震动模拟。计算理论地震图多采用震源运动学模型，再建立地壳介质和场地模型，根据位移表示定理求出介质各点的地震动时程。

求解方法 有解析法和数值法。

（1）只有简单的介质模型才能用解析方法求解，例如弹性全空间、弹性半空间在表面或内部集中力（包括爆炸源）作用下的解以及弹性全空间位错源的解，这些解构成强地震动模拟计算中的格林函数基本解。

（2）对于复杂的介质模型，即使是简单的震源，也只能通过数值方法求解；有限差分法适合大范围均匀介质，有限元方法适合界面起伏变化的介质，边界积分法适合规则震源，离散波数法适合成层介质。由于求解困难，一般情况下只考虑线弹性介质模型。

发震断层模型 合成理论地震图的计算模型如图所示，震源、介质和场地模型的精细程度取决于实测资料。计算结果的有效频段受模型详细程度、计算难度和计算量三方面的限制。确定性方法适用于 1 Hz 以下的频段地震动的模拟，1 Hz 以上高频分量有明显的随机性。低频地震动的理论地震图可再现近断层地震动的方向性效应、上盘效应、速度脉冲等特性。

建立发震断层模型有两个途径。

（1）给出地震的震级和位置，采用统计公式由震级得到计算所需的断层参数；类比相似的地震地质构造，或借鉴同一地区历史地震的震源机制解亦可得到断层参数。根据统计公式得到震源时间函数的滑动上升时间和平均最终位错。

（2）经活断层探测确定断层的位置、大小（长度和宽度）、方位、产状（倾角）、埋深等，最终位错和上升时间根据统计公式得到。

根据位移表示定理，将断层分割为若干子断层，每个子断层视为点源。对低频地震动采用确定性方法计算格林

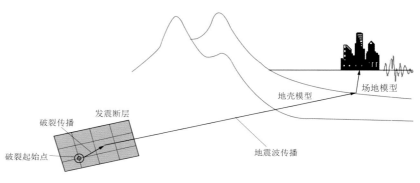

理论地震图计算模型示意图

函数；对高频地震动采用随机方法合成格林函数，两者结合为宽频带格林函数。然后设定断层的破裂扩展方式，叠加各子源的地震动，合成理论地震图。

dizhendong duodian shuru

地震动多点输入（multi-support earthquake excitation）

工程场地地震动空间分布的差异及其估计方法。

大跨度工程结构，如桥梁、大坝、隧道和管道等，其场地各点的地震动输入不尽相同。地震动的空间变化可能引起结构复杂的空间震动，有必要研究工程场地的多点地震动输入。

引起地震动空间变化的因素是震源、传播介质和场地；离震源比较远时主要受场地影响。简单的估计地震动多点输入的方法是假定基岩地震动一致，只考虑各点场地条件的差异，利用场地地震反应分析方法得到不同地点的地震动。例如，就不同地点采用一维模型计算土层反应，或用高维模型考虑地形变化影响，或利用不同地点的场地相关反应谱作为目标谱，进一步用人造地震动方法合成不同地点的地震动时程。

上述方法没有考虑地震波传播的影响，较合理的方法是考虑行波效应，计算因地震波传播引起的各点地震动相位差。

空间不同点的地震动不是互相独立的，具有某种相关关系，互相关函数和互功率谱可描述随机振动的互相关性（见功率谱）。工程上多用相干函数定量描述空间不同点地震动的相关程度。

当场地离震源的距离比场地范围大很多时，可不考虑场地范围内地震动随震源距衰减，称为均匀随机地震动场，其特点是可以假设各点的自功率谱相同。根据相干函数的定义，场地各点互功率谱和自功率谱之间的关系可表示为

$$S(i\omega) = \begin{vmatrix} 1 & \gamma_{12}(i\omega) & \cdots & \gamma_{1n}(i\omega) \\ \gamma_{21}(i\omega) & 1 & \cdots & \gamma_{2n}(i\omega) \\ \vdots & \vdots & & \vdots \\ \gamma_{n1}(i\omega) & \gamma_{n2}(i\omega) & \cdots & 1 \end{vmatrix} S_0(\omega) \quad (1)$$

式中：$S_0(\omega)$ 为自功率谱；$\gamma_{ij}(i\omega)$ 为相干函数；ω 为圆频率；i 为虚数单位。式(1)表明，各点的地震动不仅受本身自功率谱控制，还要符合与其他各点的相关关系，此时 j 点的地震动时程为

$$x_j(t) = \sum_{m=1}^{n} \sum_{k=1}^{N-1} A_{jm}(\omega_k) \cos\left[\omega_k t + \theta_{jm}(\omega_k) + \varphi_{mk}\right] \quad (2)$$

式中：n 为地震动输入点总数；N 为地震动离散频率点总数；$A_{jm}(\omega_k)$ 和 $\theta_{jm}(\omega_k)$ 分别为 j 点与 m 点间对应频率 ω_k 的相关简谐振动幅值和相位，基于式(1)表示的相干函数矩阵可采用矩阵分解等算法求得；φ_{mk} 为随机相位角。

据此，预测空间多点地震动时程的方法是：确定场地地震动的自功率谱 $S_0(\omega)$，如采用改进的金井-田治见谱模型；选择场地某点作为控制点，该点的反应谱满足抗震设计规范规定或由地震小区划确定；通过相干函数得到其他各点的互功率谱，再通过式(2)合成随机地震动。

合成后的地震动可用包络函数调制为强度非平稳时程，或采用分段合成的方法模拟频率非平稳过程。合成的地震动时程一般须经多次迭代修正才能与设计反应谱相容，最终结果为反应谱相容时程。

见地震动空间相关性。

dizhendong duowei shuru

地震动多维输入（multi-components earthquake excitation）

同一地点地震动的不同分量及其估计方法。

在地震波作用下，质点地震动包括三个平动和三个转动分量，共六个自由度。平动分量包括两个沿地表的水平分量和一个竖向分量；转动分量包括绕垂直轴转动的扭转分量和绕两个水平轴的摇摆分量。

地震动多维输入的估计方法如下。

（1）同时考虑平动分量和转动分量使地震动输入变得非常复杂。工程中多只考虑三个平动分量同时输入的影响。中国《建筑抗震设计规范》(GB 50011—2001)在条文说明中提出："当需要双向（二个水平向）或三向（二个水平向和一个竖向）地震波输入时，其加速度最大值通常按 1（水平 1）∶ 0.85（水平 2）∶ 0.65（竖向）的比例调整。"这一比例是根据已有强震记录统计分析得到的。

（2）当须提供三个平动分量和转动分量时，常用方法是根据地震动随机模型合成一个方向的地震动，再推求另外的分量，并符合其间的相关性要求。为此要确定平动分量之间、平动与转动分量之间的相关模型。

（3）目前尚无可以应用的多维地震动相关模型。仅就平动得出了一些初步成果，如地震动主轴模型。该模型认为地震动在特殊的主轴坐标系中，三个分量互相独立。如果能确定主轴，则可方便地合成三个分量。但地震动的主轴方向很难确定。

（4）转动分量可以通过平动分量估计，首先由理论分析建立估计转动分量的模型和计算公式，再由强震观测记录予以验证。理论分析通常假定地震波为平面波入射，但实际地震波场很复杂，并非平面波。直接观测地震动转动分量比较困难，常用近距离两点平动地震动的差动近似估计转动分量，分析结果十分离散，误差也甚大。转动分量的定量估计理论还不完善，目前还没有公认的结果。（见地震动转动分量）

场 地 效 应

changdi xiaoying

场地效应（site effect） 不同场地条件对地震动和地面破坏的影响。

场地的尺度随研究项目而定，一般限于单项工程所在地、街区或自然村的范围。场地条件指局部的地质构造和地基特性，包括近地表几十米至上百米内的地基岩土结构和特性、地形地貌、浅表断层、地下水位等工程地质要素。这些因素对地震动和地面破坏有强烈的影响，对结构抗震有至关重要的作用。

地震动受震源、地壳介质和场地的影响，其中场地和地壳介质之间的界线并不明确。多数研究以平整基岩面（亦称工程基岩面）为界，该界面以上的水平或起伏的土层为场地，有时也包括起伏的基岩。由于部分场地的埋伏基岩面因风化层厚或其他原因不易确定，可用波速超过一定数值（如 500 m/s 或 700 m/s）的界面作为工程基岩面。

场地条件对震害的影响 场地条件对震害的影响有如下特点。

（1）不同岩性场地震害差别显著。位于冲积土层以及沼泽地等松散软弱地基上的建筑比位于坚硬岩石上的建筑破坏重。

1970 年云南通海地震中，地基松软的杞麓湖边的村庄普遍破坏严重，沈家营的房屋大多倒塌；但位于湖边基岩露头处的村庄震害轻微。图 1 为通海地震中不同类别场地震害指数（见震害指数法）的比较，横坐标为用折算震害指数表示的断层距离，纵坐标为房屋震害指数，数值大表示震害严重。场地按照抗震规范进行分类（见场地抗震分类），Ⅳ类为最软的土层场地，Ⅰ类为基岩。从图中可明

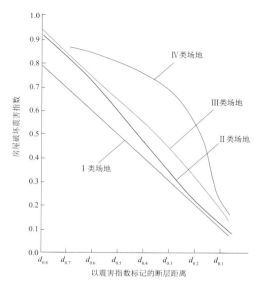

图 1　1970 年云南通海地震不同场地房屋震害指数比较

（据胡聿贤，1988）

显看出，地基越软震害越严重，Ⅳ类场地的震害比其他场地严重得多。1976 年河北唐山地震的震中烈度（市区内）达到Ⅺ度，但是位于市区大城山和凤凰山附近基岩上的建筑震害却相对轻得多。其他地震也不乏此种现象。

图 2 为 1957 年美国旧金山地震时得到强震记录的典型场地所在位置示意图，包括基岩和土层场地（其中土层场地简单示出了钻孔柱状图），以及这些场地的速度反应谱 S_v 和加速度反应谱 S_a。从中可以看出，大厚度土层上的反应谱峰值向长周期移动，可解释不同场地的震害差异。

（2）土层上房屋的破坏有选择性。如 1985 年墨西哥米却肯州地震在墨西哥城软土场地上造成许多十层左右建筑严重破坏，甚至倒塌，而其他高度的房屋破坏很轻或无破坏。1967 年委内瑞拉地震时，加拉加斯市高层建筑破坏集中在市内冲积层最厚的地方，在中等厚度的一般地基上，中等高度的房屋破坏比高层建筑物严重。这和土层卓越周期与建筑基本周期是否相近有关。

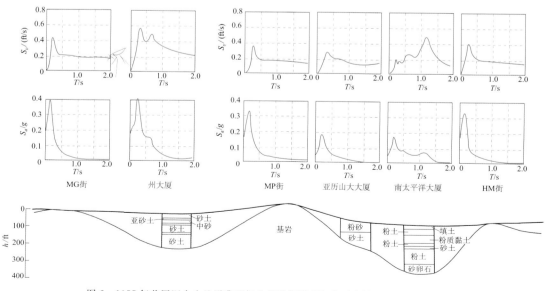

图 2　1957 年美国旧金山地震典型场地钻孔资料（下）和对应的地震动反应谱（上）

（据伊德里斯等，1968；1ft＝0.3048m）

（3）土层中的软夹层可能有隔震作用。1976年河北唐山地震在市区东部陡河沿岸出现低破坏区带，多层砖房一般裂而未倒。调查发现，此处地下3～5m深处有厚1～3m的淤泥质黏土层；而无淤泥质黏土层的场地，砖房多数倒塌。

（4）地形对震害有影响。1966年云南东川地震中，位于山岗前缘的矽肺病疗养院比岗下和平台上的房屋破坏严重。1970年云南通海地震中有不少村庄位于局部孤立突出的小山包或山梁上，震害普遍比周围严重；而且山包越高，坡度越陡，山包土层越厚，离边缘越近，震害越严重。1988年云南澜沧—耿马地震中，有些孤立山包上的楼房破坏，而平房却完好，显示地形对房屋破坏有选择性，可能与地震动卓越频率有关。

（5）盆地的震害比外围严重。盆地往往是居民集中的地方，许多地震都有震害严重的记录。例如云南施甸县位于断陷盆地，土层很软，历次地震震害都比周围重，而且震害分布不均匀，震害最重的是盆地边缘。

（6）断层穿过场地的影响。地震断层可分为发震断层和非发震断层。发震断层对震害分布的影响极大，极震区往往沿断层走向展布，特别是出露地表的大规模断层错动几乎无坚不摧。非发震断层对震害的影响较小。

（7）局部地基失效加重震害。地震中普遍出现的地基失效是砂土液化。如1964年日本新潟地震和美国阿拉斯加地震都出现大面积液化震害，使房屋在震后倾斜或倾倒。其他如软土震陷等地基不均匀沉降也造成房屋倾斜破坏。

（8）有些场地存在地基易于失稳的地貌和地质条件。一些不稳定的岩土斜坡在地震触发下常发生滑坡、崩塌，或产生溶洞塌陷、滚石等，导致公路、铁路、管线和房屋破坏，甚至造成大量人员伤亡。

场地效应研究　场地条件对地震动的影响可用两种方法研究，一是直接用仪器进行场地效应观测，二是建立理论或计算模型，计算分析场地的地震反应。

理论模型　有两类场地模型：水平成层模型和非水平成层模型，两者的计算方法有所不同（见场地地震反应分析）。

所有理论模型和计算方法都须经强震观测记录的检验。直接验证水平土层模型的观测方法是同时在深井的地下（包括埋伏基岩面）和地表观测强地震动。验证非水平成层模型的观测点布置成台阵，在基岩和土层地表、井下进行三维观测。国际地震工程协会(IAEE)曾组织多次国际性比较试验，将场地勘察结果、小震的基岩和土层记录、大震的基岩记录公布，组织研究人员用各自的方法建立模型，计算大震时土层上的地震动并与实际记录比较，旨在考察不同方法的效果和差别，称为盲测试验。

场地勘察　合理估计场地影响和建立场地模型必须先进行详细的场地勘察，包括工程地质勘察、工程地球物理勘探、脉动测量等，其中波速测量是建立土层速度结构的重要途径。（见场地勘察）

成果应用　场地效应研究成果有三方面用途。

（1）在总结经验的基础上将场地划分成若干类，即进行场地抗震分类，然后将强震记录按场地类别分类生成场地相关反应谱，作为设计反应谱供抗震设计使用。

（2）重要工程场地应依据工程地质勘察资料建立场地的分析计算模型，采用一维水平成层模型或非均匀的二维或三维模型，定量计算场地的地震反应。

（3）判别可能发生地质灾害的地段，在抗震设计、城市规划、土地利用、工程项目场地选择中予以考虑。危险地段应予避让，不利地段应采取适当的抗震措施。

changdi xiaoying guance
场地效应观测（observation of site effect）　利用测振仪器对场地动力特性的观测与分析。

为定量估计土层场地对地震动的影响，直接的手段是用仪器观测场地的特性，重点是测量场地的卓越周期和对基岩地震动的放大倍数。主要观测方法如下。

（1）基于参考点的观测。研究场地影响必须设法消除震源和传播介质的影响。普遍采用的方法是选择靠近土层的露头基岩作为参考测点，然后将土层各点观测记录的振幅谱与参考点观测记录的振幅谱相除得到谱比，而后确定土层地表各点的卓越周期以及放大倍数随频率的变化，或各点放大倍数的相对比例（见地谱比）。对单个地震，参考点与土层测点的震源相同，且观测点与参考点相距很近，传播介质的影响近似相同，谱比可消除震源和传播介质的影响。当参考点和观测点距离较远时，应就地震波传播介质影响进行校正。

另一种方法是深井观测，将参考点选在埋伏基岩面或地下一定深度处，利用谱比直接得到土层的卓越周期和放大倍数随频率的变化。

（2）无参考点直接反演。有些观测场地找不到合适的参考点，此时须假定震源谱和路径谱的模型，借助地震学方法，利用多次地震的场地土层观测资料，将模型参数和场地谱一起作为待定参数，用最小二乘法进行联合反演。研究表明，联合反演的结果比单个地震反演结果稳定。

（3）其他观测方法。在没有设置强震动仪的场地，测量地脉动是最常用的方法。布置测线通过靠近土层场地的基岩露头，以基岩点为参考点处理脉动观测记录，亦可作为场地谱比等分析。利用单个观测点的单点谱比法应用较方便，测得的卓越周期比较稳定，但放大倍数偏小。目前尚不能解释此法的理论基础。

zhuoyue zhouqi
卓越周期（predominant period）　振动频谱中强度最大的频率分量对应的周期，一般以傅里叶幅值谱最大值对应的周期确定。地震工程中多涉及地震动卓越周期、地脉动卓越周期、土层卓越周期和结构动力反应卓越周期。

地震动卓越周期　由强地震动观测记录的谱分析确定的卓越周期。一般情况下，基岩地震动的短周期分量较强，故卓越周期短；土层地震动的卓越周期较长。另外，地震震级和距离对地震动卓越周期也有影响，大震、远震的地震动卓越周期一般较长。

地脉动卓越周期　由地脉动观测记录的谱分析确定的卓越周期。一般而言，土层越软，地脉动卓越周期越长。地脉动强度远低于地震动强度，不会引起土层的非线性变形，故同一场地上，地脉动卓越周期可能有别于地震动卓越周期。

土层卓越周期　土层卓越周期亦称场地卓越周期，但并无严格的定义。土层卓越周期一般由场地地脉动测量结果确定。在工程中，有时也将地震动卓越周期用作记录该地震动的场地的卓越周期。

可用水平土层模型分析场地地震反应，进而确定土层卓越周期。假设地震波由基岩垂直向上传播、土层为线弹性体，单覆盖层地表地震动的放大倍数为

$$\beta = \frac{2}{\sqrt{\cos^2 \frac{\omega H}{v_{S2}} + a^2 \sin^2 \frac{\omega H}{v_{S2}}}} \qquad (1)$$

式中：H 和 v_{S2} 分别为土层的厚度和剪切波速；ω 为圆频率；$\alpha = \rho_2 v_{S2} / (\rho_1 v_{S1})$ 为土层和基岩的波阻抗比，ρ_1 和 ρ_2 分别为基岩和土层的密度，v_{S1} 为基岩剪切波速。由式（1）可知，在下列周期 T 放大倍数有极值：

$$T = \frac{4H}{(2n-1)v} \qquad (n = 1,2,3,\cdots) \qquad (2)$$

式中：H 为土层厚度；v 为土层波速，一般取剪切波速；n 为整数，$n=1$ 对应最大卓越周期，常将 $T = 4H/v$ 作为土层卓越周期。如图所示，在频率 $f = (2n-1)v/(4H)$ 处放大倍数有峰值。当基岩地震动的各频率分量强度大致相同时，对应土层卓越周期的分量放大最多。式（2）说明土层的刚度（波速）越小，厚度越大，则卓越周期越长，故软土地基放大地震动的低频（长周期）分量。

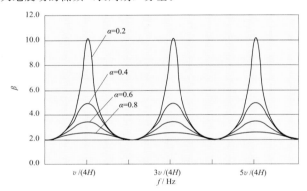

单覆盖土层地震反应放大倍数曲线

对于多层模型，地震波在多个土层间反射和透射，关系复杂，可用近似公式估计土层卓越周期：

$$T = \sum_{i=1}^{N} \frac{4H_i}{v_i} \qquad (3)$$

式中：N 为土层的层数；i 为土层序号。

显然，计算分析确定的土层卓越周期取决于土层特性参数，考虑土的非线性后，其卓越周期将发生变化。

结构动力反应的卓越周期 由结构动力反应的谱分析确定的卓越周期。当输入运动的频谱比较宽时，结构反应的卓越周期与结构自振周期接近；当输入运动有卓越周期且相应振动分量强度足够大时，结构反应的卓越周期可能接近输入运动的卓越周期。

地震动卓越周期、地脉动卓越周期、土层卓越周期都可反映场地土层的动力特性，但对应的土层状态存在差异。地震反应谱的特征周期也与场地特性相关。一般来说，土层卓越周期越长，反应谱特征周期也越长；但后者是由反应谱曲线宏观性态人为判断得出的，不是测量或数值分析的结果。

chuandi hanshu

传递函数（transform function） 动力系统的输出函数频谱与输入函数频谱之比。

传递函数 $H(\omega)$ 的数学表达式为

$$H(\omega) = \frac{O(\omega)}{I(\omega)}$$

式中：$I(\omega)$，$O(\omega)$ 分别为输入与输出的傅里叶谱。

传递函数就是系统的频响特性，取值为复数，其模（绝对值）为对应各频率分量的放大倍数，相位为各频率分量的相移。线弹性体系的传递函数不受输入大小影响，是体系的固有特性。线弹性体系满足叠加原理，因此可将输入的时间信号经傅里叶变换得到 $I(\omega)$，乘以 $H(\omega)$ 得到 $O(\omega)$，再作傅里叶反变换得到输出的时间函数。当输入脉冲函数时，输出的脉冲响应的傅里叶谱即为传递函数。

dixing yingxiang

地形影响（topographic effect） 地表的起伏对地震动的影响。

地形的剧烈变化，如陡崖、孤立的山包、山梁、冲沟、峡谷等对地震动有显著影响；地震工程研究中的地形影响往往将盆地也包括在内。地表地形起伏伴随地下埋伏基岩面或土层界面的起伏，两者均属地形影响的研究范围。

震害调查很早就发现孤立山丘、陡崖上的房屋破坏比平地严重，人口密集的盆地震害亦引人关注。

地形变化场地的地表地震动不仅振幅分布不均匀，相位也不一致。地面差动对长大结构的地震反应有重要影响，在考虑地震动多点输入时，地形是主要影响因素之一。

将地表起伏简化为规则形状，如半圆或半椭圆形凹陷或突起，在平面波入射等简单情况下，用解析方法可得出有价值的理论结果，可作为判断数值方法结果是否正确的标准。大多数地形影响问题采用数值方法求解，不同方法有各自的优缺点，要根据场地特点和研究目的选择具体方法。研究表明地形影响有如下特点。

（1）地形变化的尺度与研究的地震动频段有关；只有波长与地形变化特征尺度（比如盆地的半径）相当或更短的运动才受场地的影响，长于特征尺度的波"看不见"小尺度地形变化。据此可确定模型分析的地震动有效频段，或根据计算频段决定模型所能考虑的场地变化尺度。例如，欲研究高频限为 10 Hz 的地震动，场地波速 500 m/s（即波长为 50 m），则场地模型中可分析的地形变化的尺度为 50 m 左右。

（2）当地震波沿规则场地的对称轴入射（如垂直入射）时，盆地或山包有能量聚焦效应；由于干涉作用，地表地震动有强有弱。离开盆地或山包，地震动迅速趋于水平界面的值。斜入射时地表运动干涉图案更为复杂。

（3）场地地形的规则变化对应不同的卓越周期。孤立的圆锥形山包的卓越周期与山包半径和波速有关，对称形盆地的卓越周期与盆地的面波基阶振型周期对应。

（4）地震动在山包的顶部放大，放大程度依山包陡峭程度变化；大山体的局部突起会引起明显的高频地震动放大，放大的频段与突起部分的尺度有关。山谷的地震动相对减弱。

（5）一般地形变化对地震动的影响不大，只有陡崖、山梁端部、盆地的地震动放大才对工程结构有明显影响。一般要将地下土层的变化与地形变化同时考虑，两者的共同影响使地震动产生复杂变化。（见盆地效应）

（6）为获取地形影响的定量数据，验证计算模型和方法，应在有地形变化的场地布置密集的强震台阵记录地震动，仪器间距宜取几十米左右。将非水平成层模型的计算结果与观测记录比较，只要场地模型恰当，可以解释记录中的某些用水平成层模型不能解释的特点。

目前尚无成熟的定量方法在抗震设计中考虑地形影响，但重大工程结构的地震安全性评定应考虑这一问题。

pendi xiaoying

盆地效应（basin effect）

盆地内的地震动比周围地区强度大、持时长，呈空间非均匀分布的现象。

断陷盆地、山间盆地、湖泊盆地、河流三角洲盆地等都堆积着较深厚的松软土层，一旦遭受地震，即使远离震中，也可能会在盆地内产生强烈的、持续时间很长的地震动，使盆地震害比周围边地区严重。盆地内地震动增强常使中高层建筑物和生命线系统结构遭到破坏。

理论计算分析揭示了盆地效应的若干机理。

（1）生成转换面波。体波入射在盆地内产生面波，面波的强度与边界两侧波阻抗比有关。由于周围岩石刚度大，面波沿水平向在盆地内反复传播形成转换面波，能量"陷入"盆地内，大大增加了盆地内地震动的持续时间，面波还会与体波形成复杂的干涉，干涉效应与盆地深浅和形状有关。例如：图1为对称盆地的二维模型，图2为在该模型中平面剪切波垂直入射在盆地内产生的波动；入射波形为脉冲型子波〔瑞克（Ricker）子波〕，计算点沿地表依次排列，曲线表示各点的振动位移时程；由图2可见体波进入盆地后在其内部形成面波并来回反射的图案。

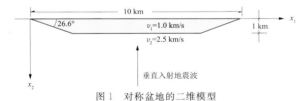

图1　对称盆地的二维模型

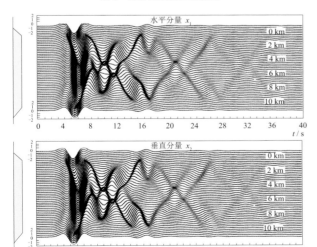

图2　平面剪切波垂直入射下地表的位移时程（据川濑博，2003）
右侧数字表示各计算点与原点的距离

（2）边缘效应。体波和面波在盆地内形成干涉，盆地边缘沉积层厚度小，导致体波、面波几乎同时到达并叠加，相位相同的振动叠加增强了地震动强度，从而加重盆地边

缘的震害。云南施甸盆地是断陷盆地，地震时靠近盆地边缘的房屋破坏严重，这一现象可由二维模型的计算结果解释。1995年日本阪神地震中最严重的破坏带位于大阪盆地北缘，1994年美国洛杉矶北岭地震中圣塔莫尼卡（Santa Monica）盆地的震害也是如此，都被三维模型计算结果所验证。

（3）形成多振型面波。面波传入盆地后，单一振型的面波可能在盆地内激发其他振型的面波，不同振型的面波相继传播，形成一系列长周期脉冲，可加重高层建筑和长周期结构的破坏。

（4）聚焦效应。当盆地形状比较对称时，与地面近似垂直的入射地震波可在盆地底部折射后指向盆地中心，从而使能量聚焦形成强地震动。如1975年辽宁海城地震，Ⅵ度区内罗圈里村位于圆形盆地中央，破坏严重且有伤亡。造成能量聚焦的地震波波长与盆地特征尺寸相当，当进入盆地的地震波频率较低时，聚焦效应在深盆地更为明显。

changdi kangzhen fenlei

场地抗震分类（site earthquake resistance classification）

考虑地震影响和进行抗震设计时对场地类别的划分。恰当地进行场地分类，有助于估计地震影响的差别并为抗震设计提供合理的地震动输入。

场地分类目的　场地的构造和特性各有不同，对地震动的影响也有差异，但就一般结构抗震设计而言，不便进行工作量巨大的详细工程地质勘察或建立模型详细计算场地的地震反应。简便易行的方法是，根据场地岩土构造和特性将场地粗略地分为几类，利用震害经验和实际观测资料，总结出每一类场地对应的地震动平均特性，以确定不同场地的设计地震动，如设计反应谱。场地分类小区划尚可为国土开发和城市规划提供依据。

场地分类指标　可分为两大类，一类是岩土性质的宏观描述，如岩石、砂土、黏土或冲积层、洪积层等；另一类是岩土物理参数，如土的纵（横）波速度、平均剪切刚度、地基承载力、标准贯入击数、反应谱峰值周期、覆盖层厚度、容重、密度、脉动卓越周期等。这些指标既能区分不同类别场地的动力特性，又便于测定。

合理选择场地分类指标和参数是一项重要的工作。分类过粗难以反映场地对地震动的影响，分类过细则难以获取有关参数。各国规范大都选用二至三种指标，一般将场地分为三至五类。

中国抗震规范场地分类　中国《建筑抗震设计规范》（GB 50011—2001）采用土层等效剪切波速和覆盖层厚度两个指标进行场地分类，《构筑物抗震设计规范》（GB 50191—93）则采用了场地指数法，两种方法的结果是等价的。

（1）《建筑抗震设计规范》（GB 50011—2001）将场地划分为Ⅰ、Ⅱ、Ⅲ、Ⅳ共四种类别，其具体划分标准见表1。

场地等效剪切波速 v_{se} 由下式确定：

$$v_{se} = d_0/t$$

$$t = \sum_{i=1}^{n} (d_i/v_{si})$$

式中：d_0 为计算深度，取实际覆盖层厚度和20 m两者的较小值；t 为剪切波在地表与计算深度之间传播的时间；d_i 为计算深度范围内第 i 层土的厚度；v_{si} 为计算深度范围内第 i 层土的剪切波速；n 为计算深度范围内土层的分层数。各

表 1　场地类别划分

等效剪切波速 m/s	场地类别			
	I	II	III	IV
	覆盖层厚度 m			
$v_{se}>500$	0			
$500 \geqslant v_{se}>250$	< 5	≥5		
$250 \geqslant v_{se}>140$	< 3	3~50	>50	
$v_{se} \leqslant 140$	< 3	3~15	>15~80	>80

土层的剪切波速值由实测确定。

场地覆盖层厚度根据以下原则确定：① 一般情况下，应取地面至剪切波速大于 500 m/s 的土层顶面的距离；② 当地面 5 m 以下存在剪切波速大于相邻上层土剪切波速 2.5 倍的土层，且其下卧岩土的剪切波速均不小于 400 m/s 时，可取地面至该土层顶面的距离；③ 剪切波速大于 500 m/s 的孤石、透镜体，应视同周围土层；④ 土层中的火山岩硬夹层应视为刚体，其厚度应从覆盖土层中扣除。

当无场地实测土层剪切波速资料时，也可采用表 2 的经验方法估计土层剪切波速值。经验方法只适用于丁类建筑及层数不超过 10 层、高度不超过 30 m 的丙类建筑（见建筑抗震设防分类）的工程场地。

表 2　土的类型划分和对应的剪切波速 v_s

土的类型	岩土名称和性状	土层剪切波速范围 m/s
坚硬土或岩石	稳定岩石，密实的碎石土	$v_s>500$
中硬土	中密、稍密的碎石土，密实、中密的砾、粗、中砂，$f_{ak}>200$ 的黏性土和粉土，坚硬黄土	$500 \geqslant v_s>250$
中软土	稍密的砾、粗、中砂，除松散外的细、粉砂，$f_{ak} \leqslant 200$ 的黏性土和粉土，$f_{ak} \geqslant 130$ 的填土，可塑黄土	$250 \geqslant v_s>140$
软弱土	淤泥和淤泥质土，松散的砂，新近沉积的黏性土和粉土，$f_{ak} \leqslant 130$ 的填土，流塑黄土	$v_s \leqslant 140$

注：f_{ak} 为土的静承载力标准值，单位：kPa。

（2）《构筑物抗震设计规范》（GB 50191—93）依据场地土层的平均剪切刚度 μ_g 和场地覆盖层厚度 μ_d 计算场地指数：

$$\mu = 0.7\mu_g + 0.3\mu_d$$

式中：

$$\mu_g = 1 - \exp[-6.6(G-30) \times 10^{-3}]$$

G 为土层平均剪切模量，当 $G \leqslant 30$ MPa 时，μ_g 取 0；

$$\mu_d = \exp[-0.5(d-5)^2 \times 10^{-3}]$$

d 为场地覆盖土层厚度，当 $d>80$ m 时，μ_d 取 0。

根据场地指数按表 3 对场地进行分类。

利用场地指数划分场地类别的主要优点在于使用了连续变化的综合指标（场地指数），并可将其与设计反应谱相联系，使用方便。中国《电力设施抗震设计规范》（GB 50260—96）和《工程抗震场地评定标准》也采用了这种划分场地类别的方法。

表 3　构筑物抗震设计规范中的场地分类

场地指数	$1 \geqslant \mu>0.80$	$0.80 \geqslant \mu>0.35$	$0.35 \geqslant \mu>0.05$	$0.05 \geqslant \mu>0$
场地分类	硬场地	中硬场地	中软场地	软场地

其他国家场地分类　抗震规范中场地分类多为三至六类，采用的分类指标有土层岩性、剪切波速、土层厚度、标贯击数等。美国联邦紧急事务管理局（FEMA）于 1995 年发布、由美国国家地震灾害减轻计划（NEHRP）推荐的场地分类方法较有代表性。其场地分类指标有剪切波速平均值 v_s，无侧限剪切强度平均值 S_u，标贯击数平均值 N，塑性指数 I_P，含水量 W 和土层的厚度 H；据此将场地分为六类，见表 4。

表 4　美国 NEHRP 推荐的场地分类

场地类别	分类依据
A_0	坚硬的岩石，实测剪切波速为 $v_s>5000$ ft/s（1500 m/s）
A	岩石，剪切波速为 2500 ft/s < $v_s \leqslant$ 5000 ft/s（760 m/s < $v_s \leqslant$ 1500 m/s）
B	很密实的土或软岩，剪切波速平均值为 1200 ft/s < $v_s \leqslant$ 2500 ft/s（360 m/s < $v_s \leqslant$ 760 m/s），或满足 $N>50$ 与 $S_u \geqslant 100$ kPa 二者之一
C	硬土，剪切波速为 600 ft/s < $v_s \leqslant$ 1200 ft/s（180 m/s < $v_s \leqslant$ 360 m/s），或者满足 $15 \leqslant N \leqslant 50$ 与 50 kPa $\leqslant S_u \leqslant$ 100 kPa 二者之一
D	土层剖面的剪切波速为 $v_s \leqslant 600$ ft/s（180 m/s）或满足以下二者之一：$N>15$，$S_u<50$ kPa，或 $I_P>20$，$W \geqslant 40\%$ 且 $S_u<25$ kPa，$H>10$ ft（3 m）的软黏土
E	要求专门评价的场地土层：(a) 地震荷载作用下可能易失效或崩塌的土层，如液化土层，高灵敏黏土，易破坏的胶结较差的土；(b) 泥炭土和有机质含量高的黏土[其厚度 $H>10$ ft（3 m）]；(c) 高塑性黏土[$H>25$ ft（8 m）且 $I_P>75$]；(d) 很厚的软-中硬黏土[$H>120$ ft（36 m）]

注：1 ft=0.3048 m。

该文还规定：当已知土层剖面类型而不能充分详细了解其特性时，可采用类别 C；除法规管理部门确认 D 或 E 类土层可能出现，或有地质资料能证实土层为 D 或 E 类外，不得假定土层剖面为 D 或 E 类。

changdi kangzhen diduan huafen

场地抗震地段划分（site earthquake resistance zonation）考虑发生地震地质破坏的可能性，对建设用地地段的分类。

地震地质破坏和地基失效是与地震动性质不同的地震破坏作用，抗御方法也有所不同。地质破坏与局部场地的地质构造密切相关，且局限于有限地段，故应选择抗震有利地段、避开危险地段进行建设。为此须判别和划分可能发生各类地质破坏的地段，以便采取避让、改良地基或采用适当的基础结构等措施。

通常将场地所在地段划分为抗震有利地段、抗震不利地段和地震危险地段。工程建设应选择抗震有利地段，避开不利地段；当无法避开不利地段时，应采取适当的抗震措施；不应在危险地段建造甲、乙、丙类建筑（见建筑抗震设防分类）。

中国《建筑抗震设计规范》（GB 50011—2001）以地质、地形、地貌和岩土特性的综合影响为依据划分抗震有利、不利和危险地段，见表。

抗震有利、不利和危险地段的划分

地段类别	地质、地形、地貌
有利地段	稳定基岩，坚硬土，开阔、平坦、密实、均匀的中硬土等
不利地段	软弱土，液化土，条状突出的山嘴，高耸孤立的山丘，非岩质的陡坡，河岸和边坡的边缘，平面分布上成因、岩性、状态明显不均匀的土层（如故河道、疏松的断层破碎带、暗埋的塘浜沟谷和半填半挖地基）等
危险地段	地震时可能发生滑坡、崩塌、地陷、地裂、泥石流等及发震断裂带上可能发生地表位错的部位

中国《水工建筑物抗震设计规范》（SL 203—97）、中国《水运工程抗震设计规范》（JTJ 225—98）、中国《公路工程抗震设计规范》（JTJ 004—89）也有类似规定。

changdi dizhen fanying fenxi

场地地震反应分析（seismic response analysis of site）

求解场地地震反应的理论和方法。

场地土层的地震反应分析可为工程结构及其地基、基础的抗震设计提供地震动输入（如地震动时程和反应谱），是工程抗震的重要内容。

根据场地的浅层地质构造特点，有如下两种土层计算模型。

水平成层模型　大部分场地因沉积近似于水平分层，可简化为水平成层模型。假设基岩地震波垂直入射，则土层中同一平面内质点运动相同，只需一个垂直坐标表示，地震反应是一维波动问题。

（1）线弹性土层地震反应。设场地由基岩以上 $N-1$ 个水平土层构成，介质为线弹性，即压缩和剪切刚度为常数，第 N 层为基岩。土层在谐波作用下的反应称为稳态解。设基岩输入为垂直入射的剪切波，地震波在土层界面不断反射和折射，形成上行和下行两组波。根据界面上的反射和折射定律，以及界面上位移和应力连续的边界条件，可得各土层的稳态位移解。

将基岩的暂态输入通过傅里叶变换展开成谐波，得到每个谐波的稳态解后，再经傅里叶反变换就得到地表或任意一层的地震动时程。埋伏基岩的入射地震动可取地表基岩地震动的 1/2。

在线弹性土层反应基础上，可用复阻尼考虑线性阻尼的影响，为此将各层的剪切刚度、波速和波数改写为复数，据此，所有线弹性的解答形式对线性阻尼土层都适用。此外，水平土层地震反应分析亦可用振动方法求解。

（2）非线性土层地震反应。在强地震动作用下，土介质不再保持线性性质，土的压缩和剪切刚度随剪应变大小而变化，傅里叶变换求解方法不再适用。此时求解的方法有等效线性化方法、逐步积分法等。

非水平成层模型　不能用水平成层模型表示的场地称为非规则场地。此时质点振动必须由空间坐标决定，场地地震反应分析成为二维或三维问题。在近场波动问题中，这类问题关心的是波源（震源问题）或散射源（场地问题）附近的波场；对有限区域外的介质波场，只关心它对近场波动的影响，因此可将外围区域用无界且规则的无限域表示，假定在一定范围外介质是均匀半空间或分层半空间。实际上外围介质并非无限和规则，但因远处不规则介质产生的散射波因几何扩散和介质非弹性吸收而衰减，对感兴趣的近场波动只有次要影响，此类简化模型见图，它为求解带来方便。

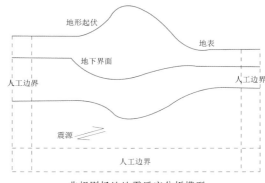

非规则场地地震反应分析模型

求解这类问题可采用解析方法和数值方法。解析方法只能求解简单几何形状的场地模型。大多数非规则场地的地震反应要用数值方法求解，将计算区域离散为若干网格，可得运动方程的近似解，此时须恰当处理有关有效频段、离散准则、稳定性、寄生振荡、频散现象、人工边界等一系列问题。（见波动数值模拟）

推荐书目

廖振鹏著．工程波动理论导论．第2版．北京：科学出版社，2001.

jisuan jiyanmian

计算基岩面（nominal bedrock surface）

土层地震反应分析中，人为确定的地震动输入的界面。

严格来说，设定的地震动输入面应当与输入的地震动匹配，如果输入地震动由基岩地震动衰减关系给出，则输入面应当是基岩面。但在很多场合，风化基岩与土层的界面不明显，更多情况是土层厚度大，难以探测基岩埋深，此时须设定一个适当的界面输入地震动，该界面即计算基岩面，亦称工程基岩面。

中国《工程场地地震安全性评价》（GB 17741—2005）规定：Ⅰ级地震安全性评价工作（适用于核电厂等重大建设工程项目中的主要工程），应采用钻探确定的基岩面或剪切波速不小于 700 m/s 的层顶面作为地震动输入界面。Ⅱ级地震安全性评价工作（适用于除Ⅰ级以外的重大建设工程项目中的主要工程）和地震小区划应采用下列三者之一作为地震动输入界面：①钻探确定的基岩面；②剪切波速不小于 500 m/s 的土层顶面；③钻探深度超过100 m且剪切波速有明显跃升的土层分界面或由其他方法确定的界面。

其他方法有：经试算得到使地表地震动趋于稳定的输入界面，或取波阻抗比足够大的相邻土层界面作为输入面。

场 地 勘 察

changdi kancha

场地勘察 (site exploration)　评估工程建设场地自然地质环境、岩土体稳定性和工程地质灾害的基础工作。地震工程中的场地勘察是为定量估计场地对地震动的影响，判断可能产生的地震地面破坏，进行工程结构抗震分析和设计所需的地质调查和勘探。

勘察目的　为正确估计场地的地震动输入，必须获取场地的工程地质资料，如地形地貌、浅层地质构造，包括土层的厚度、密度、波速、动力特性（动刚度、阻尼比等）等。这些资料既可为建立场地地震反应分析模型提供基础数据，亦可直接用于场地抗震分类，确定设计地震动，并实施抗震设计。

为估计可能产生的地震地面破坏，须进行有针对性的详细场地勘察，如根据液化判别的要求，勘察砂土土层的分布、级配，地下水位，标贯值或其他参数。根据勘察资料判断可能的地面破坏位置和破坏程度，划分抗震有利、不利及抗震危险地段。

勘察方法　场地勘察的内容随工程要求而异，场地构造和特性也因地而异，因此场地勘察的内容和方法非常广泛，包括现场调查，收集、整理和分析地质资料，以及现场的补充勘察等。

在工程地质勘察中，地质勘探和岩土测试是常用的手段。地质勘探包括坑探、洞探、钻探、触探、地球物理勘探等。岩土测试有原位测试和室内土样测试，除对密度等参数的常规测试外，以确定场地动力特性为目标，尚须进行标贯试验、剪切波和压缩波波速测量、地脉动测量等。

勘察要求　场地勘察按工程的重要性分级，对于核电站等重要工程勘察工作更须细致深入。中国《工程场地地震安全性评价技术规范》（GB 17741—1999）规定如下。

（1）调查和收集有关资料，如工程地质、水文地质、地形地貌和地质构造资料。

（2）进行钻探且钻探应符合下列要求。①Ⅰ级工作，钻探深度必须达到基岩或剪切波速大于等于 700 m/s 处。②Ⅱ、Ⅲ级工作，宜有不少于两个钻孔的深度达到基岩或剪切波速大于等于 500 m/s 处；若土层厚度超过 100 m，可终孔于满足场地地震反应分析所需要的深度处。③Ⅱ级工作场地钻孔的布置应能控制土层结构和场地内不同工程地质地貌单元。

（3）对可能发生地震地质灾害场地的勘察要求。①在可能发生饱和砂土液化的场地，调查地下水位、标准贯入锤击数、黏粒含量。Ⅰ级工作应符合现行《核电厂抗震设计规范》（GB 50267—97）的规定；Ⅱ、Ⅲ级工作可按实际资料和国家现行有关规定判别；若判断为液化，则应进一步判别液化深度和程度。②在可能产生软土震陷的场地，调查软土层厚度分布与历史地震中软土层变形特点，并进行分析。③在可能发生崩塌、滑坡与地裂缝的场地，调查和收集地形坡度、岩石风化程度、古崩塌、古滑坡、古河道等资料。

（4）对可能遭受地震海啸与湖涌影响的场地，搜集历史上海啸与湖涌对场地及附近地区的影响资料。

（5）对地震作用下可能产生断层活动的场地，应搜集断层分布、产状，断层带宽度、位错量以及覆盖层厚度影响等资料。

（6）进行场地土动力性能测定。包括剪切波速、初始剪切模量、剪切模量比与剪应变关系曲线，阻尼比与剪应变关系曲线等。具体要求为：①进行土层的分层剪切波速测量，在土层性质变化处应加密测量；②Ⅰ级工作对不同土层必须取样进行动三轴试验。③Ⅱ、Ⅲ级工作应对有代表性的土样进行动三轴试验。如须考虑竖向地震反应，应取得纵波速度、压缩模量比与轴应变关系曲线，阻尼比与轴应变关系曲线。

勘察成果　按照工程地质勘察要求提供成果，例如钻探完成后编制钻孔分布图、地质柱状图、第四纪底板等深线图、工程地质剖面图、工程地质分区图。给出标注在柱状图中的波速测量结果，土样动剪切模量、阻尼比随应变变化关系曲线，砂土层的标贯击数等。

tuceng sudu jiegou

土层速度结构 (velocity profile of soil)　场地土层的波速剖面图，亦称土层速度构造。不加说明的速度结构系指剪切波速度结构。

沉积作用下大多数土层近似水平分层，每层的土质、密度、厚度和波速不同。剪切波速反映土层剪切刚度的大小，是建立合理的场地力学模型、估计局部场地条件对地震动影响的基础。

现场测试土层波速的方法主要有 PS 检层法（单孔法、跨孔法）、表面波法、地震勘探（折射波法、反射波法）以及地脉动测量等。用作波速测量的钻孔深度应尽可能穿过第四纪覆盖层达到基岩或坚硬土层。利用工程地质和剪切波速的勘察资料，可建立剪切波速与地基土类型和深度间的经验关系。利用这一关系，可将地质柱状图和剖面图转换为用剪切波速剖面图表示的土层速度结构。

gongcheng dizhi kancha

工程地质勘察 (engineering geological investigation)　为研究、评价建设场地的工程地质条件所进行的地质测绘、勘探、室内试验、原位测试等工作。

工程地质勘察内容主要有五项：①搜集研究区域地质、地形地貌、水文、气象、水文地质、地震地质等已有资料，以及工程经验和已有的勘察报告；②工程地质调查与测绘；③工程地质勘探；④岩土测试和观测；⑤资料整理和编写工程地质勘察报告。

gongcheng dizhi tiaojian

工程地质条件 (engineering geological condition)　与工程建设有关的地质因素。一般指建设区域内场地的地形地貌、地层岩性、地质构造、水文地质条件、岩土体应力状态、不良地质现象等。

地震工程更为关心影响地震动和结构抗震安全的工程地质因素，如土层结构、波速，以及是否存在砂土液化、软土震陷等地基失效的可能。

探明工程地质条件对编制城市抗震防灾规划和总体规划，进行工程设计及施工等有重要意义。

gongcheng dizhi kantan

工程地质勘探（engineering geological exploration）
为研究、评价建设场地的工程地质条件进行的地质勘探，是工程地质勘察手段的一种。

常规勘探方法 主要分为五类。

（1）坑探。用人工或机械挖掘揭露地层，并观察和取样。坑探的优点是可以直接观察岩性、层理、各种节理和裂隙，风化带以及不同岩性的接触带、断层破碎带等。通过坑探能绘制素描图，采集原状试样，也能进行各种原位试验。根据挖掘断面的形状和深度，坑探分为探坑、探井和探槽。坑探深度一般较浅，通常在地下水位以上。

（2）洞探。一般在岩层中使用，探洞断面大小以能容人进内观察为度，其长度与倾斜度视岩层性状而定。洞探用于了解深部岩体性质，查明岩层及其软弱夹层以及裂隙状况，断层结构面的类型和性质，岩体风化的程度等；还可在洞内进行岩体原位力学性质的测试。一般来说，洞探的费用昂贵，但能提供原位的状况和数据，多用于大型岩体工程，如大坝和隧道等。

（3）钻探。通过钻孔进行工程地质勘探的方法（见工程地质钻探）。

（4）触探。一种原位测试兼作勘探的方法。用圆锥形金属探头或圆柱形贯入器贯入土中，同时测定其贯入指标，以反映岩土的工程性质或地层的变化。贯入方式有两种：用静力压入者称静力触探，结果通常以贯入阻力或摩擦力表示；用落锤打入者称为动力触探，结果通常以贯入一定深度时的锤击数表示。后者又分为圆锥动力触探和标准贯入试验。

（5）物探。用物理手段进行的工程地质勘探（见工程地球物理勘探）。

岩土试样采集 采集保持天然结构与状态的岩土试样，供在实验室内做土力学和土动力学试验，是工程地质勘探的重要任务之一。在钻孔内取原状黏性土和砂土试样时，要根据地层性质和技术要求采用不同的取样方法和取土器。在岩芯钻探中，为采集完整的岩芯并对裂隙面定向，须采用特制的岩芯管及岩芯取样技术。钻进方法、取样方法和取样器的结构是取样技术三个重要环节。取样时，可用匀速压入或快速击入；当土很硬时，可采用旋刻法。应根据不同土质区别设计原状取样器，选择适当的技术参数（面积比，内、外间隙比，刃口角度、长度）。常用的取样器有敞口取样器、活塞式薄壁取样器（固定活塞或自由活塞）和双重管的回转式取样器。为保持松散砂土的结构与状态，可采用冷冻取样技术。

gongcheng dizhi zuantan

工程地质钻探（engineering geological drilling） 工程地质勘探方法之一，系用钻机在地层中向下钻孔，并取出岩土样品供室内试验，以了解地层分布及各层岩土的工程物理力学性质。

钻探形成的钻孔因使用目的不同而异。以勘探为目的者称勘探孔，以在钻孔内进行测试（如标准贯入试验、十字板剪切试验、波速测量等）为目的者称测试孔，以施工（灌浆、碎石桩等）为目的者称施工技术孔。钻机的型号，钻探的深度、直径、方向及钻进方法等，按不同的工程需要和用途确定。钻机一般有冲击钻、回转钻、冲击-回转钻及振动钻等几种类型，相应的钻探方法如下。

（1）冲击钻进。利用钻具的重力和冲击力，使钻头冲击孔底以破碎岩石。该法能保持较大的钻孔口径。人力冲击钻进适用于黄土、黏性土、砂性土等疏松的覆盖层，但劳动强度大，难以取得完整的岩芯；机械冲击钻进适用于砾石、卵石层及基岩，不能取得完整岩芯。

（2）回转钻进。利用钻具回转，使钻头的切削刃或研磨材料削磨岩土，可分孔底全面钻进和孔底环状钻进（岩芯钻进）两种。工程地质勘探广泛采用岩芯钻进，该法能取得原状土样和较完整的岩芯。人力回转钻进适用于沼泽、软土、黏性土、砂性土等松软地层，设备较简单，但劳动强度较大；机械回转钻进有多种钻头和研磨材料，可适应各种软硬不同的地层。

（3）冲击-回转钻进。钻进过程在冲击与回转综合作用下进行，它适用于各种不同的地层，能采集岩芯，在工程地质勘探中应用广泛。也称综合钻进。

（4）振动钻进。将机械动力所产生的振动力，通过连接杆及钻具传到钻头周围的土层中，振动器高速振动使土层的抗剪强度急剧降低，借助振动器和钻具的重量切削孔底土层，达到钻进的目的。此法钻进速度快，主要适用于土层及粒径较小的碎石层、卵石层。

zuankong fenbutu

钻孔分布图（boring distribution map） 在场地地形图上标示各类钻孔的位置、编号，并注明各钻孔的标高、深度、剖面线及其编号等要素的图件。

主要内容包括：①相关建筑、道路、水系等位置；②钻孔类别、编号、深度和孔口标高，并区分技术孔、勘探孔、抽水试验孔、取水样孔、地下水动态观测孔、专门试验孔（如孔隙水压力测试孔）；③剖面线和编号，剖面线应沿场地周边、中轴线、柱列线或建筑群布设，较大的场地应布设纵横剖面线；④地质界线和地貌界线；⑤不良地质现象、特征性地貌点；⑥测量用的坐标点、水准点或特征地物；⑦标注地理方位，说明场所的位置。

dizhi zhuzhuangtu

地质柱状图（geological boring log） 根据地质钻孔的土质描述绘制的地质岩性沿深度的柱状分布图。

主要内容包括：地层代号、岩土分层序号、层顶深度、层顶标高、层厚、岩土结构、岩性描述、岩芯采集率、岩土取样深度和样号、原位测试深度和相关数据。在地质柱状图上，应表示出第四系与下伏基岩接触关系；在柱状图上方，应标明钻孔编号、坐标、孔口标高、地下水静止水位埋深、施工日期等。

gongcheng dizhi fenqutu

工程地质分区图（map of engineering geological zonation）按照工程地质条件或工程地质评价，将场地划分为不同特性区域的图件。

工程地质分区图的内容取决于编图目的和工程建设的要求。如为城市规划进行的综合性的工程地质分区与为山区道路建设进行的斜坡岩体稳定性分区等,即有不同的内容。分区标志包括工程地质条件和工程地质评价,这两类标志的选用也与编图目的和地质特性有关。

gongcheng dizhi poumiantu

工程地质剖面图 (engineering geological profile) 反映地质勘测线上工程地质条件的竖向剖面图,是工程地质勘察报告的基本图件。

该图反映沿剖面线水平和竖向的地质构造特性,包括地貌界线、工程地质分区界线、不良地质区段分界线,以及地面以下地层岩性、地质构造、地下水位等;大比例尺的工程地质分区剖面图一般还注明岩土的物理力学性质等指标。它与平面图配合使用,可以充分反映勘察范围内的工程地质条件。

勘探线的布置常与主要地貌单元或地质构造线相垂直,或与建筑物轴线相一致,在计算分析场地对地震动的影响时,工程地质剖面图是建立场地模型的基础。

编制剖面图应做到:剖面线布设恰当;地基岩土分层正确;分层界线,尤其是透镜体、岩性渐变线的勾连合理;剖面线纵横比例尺选择恰当,可真实反映地层产状。剖面图上须标明剖面线号,分层深度、钻孔孔深和岩性花纹,以及岩土取样位置、原位测试位置和相关数据(如标贯锤击数、分层承载力建议值等),邻孔间的距离用数字标明。在剖面图旁侧,应用垂直线比例尺注明标高,图中应给出岩性图例。

Di-si Ji diban dengshenxiantu

第四纪底板等深线图 (bathymetric chart of Quaternary back panel) 标示第四纪地层底板高程等值线的图件。

该图可与地面等高线图配合使用,反映第四纪地层的厚度差异和底板的起伏变化。基岩埋深的变化是建立场地地震反应分析模型的基础资料,对了解区域和近场新构造活动的差异和工程场地覆盖层厚度等,也具有重要参考价值。

第四纪是地质时代中最新的一个纪,包括全新世和更新世,从约180万年或160万年前开始一直延续至今。第四纪沉积物是地壳岩石风化后,经风、地表流水、湖泊、海洋、冰川等地质作用的破坏、搬运和堆积而形成的现代沉积层。其沉积历史不长,硬结成岩作用较低,是一种松散的沉积物,大多未胶结,保存比较完整;沉积环境比较复杂,沉积物的性质、结构、厚度在水平方向或垂直方向都具有很大的差异性。第四纪沉积物分布极广,除岩石裸露的陡峻山坡外,全球几乎到处被第四纪沉积物覆盖。各类工程都须充分了解第四纪沉积物的地质、底层特征和物理、力学性质,为设计、施工提供可靠的依据。

biaozhun guanru shiyan

标准贯入试验 (standard penetration test) 将一定规格的贯入器打入土中,根据入土的难易程度,判别地基土密实程度和物理力学特性的一种原位试验方法,简称标贯试验,是动力触探的一种。

标准贯入探头是标准规格的圆筒形探头,由两个半圆管合成的取土器称为贯入器。标准贯入试验一般与钻探配合进行,方法是:用63.5 kg的穿心锤以76 cm落距在钻孔内自由下落,将贯入器打入土中30 cm并记录锤击次数N;此即标准贯入锤击数,简称标贯击数。一般使用直径42 mm的钻杆,也使用直径50或60 mm的钻杆。

标准贯入试验的优点是:操作简便,设备简单,对土层的适应性广,且贯入器采集的扰动土样可用于直接鉴别土性和室内土工试验;如对砂土做颗粒分析试验,对不易钻探取样的砂土和砂质粉土进行物理力学性质的有效评定。

标准贯入试验适用于砂土、粉土和一般黏性土,最适用于$N=2\sim50$击数的土层。试验结果可用于:①采集扰动土样,鉴别和描述土类,按颗粒分析结果定名;②根据标准贯入击数N,利用地区经验,对砂土的密实度和粉土、黏性土的状态,土的强度参数、变形模量,地基承载力等作出评价;③估算单桩极限承载力和判定沉桩可能性;④判定饱和砂土、粉土的地震液化可能性及液化等级。

bosu celiang

波速测量 (measurement of wave velocity) 对岩土介质剪切波速度、压缩波速度和面波速度的测量。

岩土的弹性波速度与刚度和密度相关,是反映岩土物理力学性质的重要参数,在岩土工程设计、施工和场地地震反应分析中有重要作用。

波速测量方法 波速测量分为实验室测试和现场原位测试。前者在现场取岩土试样后在实验室内做波速测量,一般多用于现场条件特别复杂、无法进行原位测量的重要工程或用于专门研究;后者在现场直接进行,避免采集土样过程中的扰动。通常,波速测量一般指原位波速测量。

按照激振和接收方式的不同,工程上常用的波速测量方法如下。

(1)地面激振,地面接收。这种方式主要用于折射波法、反射波法和表面波法。

(2)地面激振,井下接收。这种方式用于单孔法。

(3)井下激振,井下接收。跨孔法和同孔法采用这种方式。

(4)井下激振,地面接收。在钻孔内用小药量爆炸或标准贯入锤击做振源,在地面接收。用这种方法可以测量SV波波速。

测量结果分析 分辨记录信号波型是决定测量精度的关键,识别初至波的方法有两类。

(1)利用波的传播特性判定波型。P波的传播速度大于S波,频率也高,P波首先到达。竖向分量P波比较明显,水平向分量S波明显。振源的激振方向相反时,SH波型的初至相位也相反,利用这一特性可以识别初至SH波。

(2)质点运动轨迹法。同时记录振动三分量,取其中任两个为一组,画出平面轨迹图,由此图识别记录波型及其初至。这种判别方法操作复杂,一般只在专门研究中应用。

实际测量中存在干扰波,或仪器放大倍数选取不当,或激振能量不足,均可造成确定信号波初至的困难。将各测点的记录按深度顺序排列,利用土层性状相同、相应测点波型特征亦应相似的原理,进行相位对比和震相追踪,有助于确定震相的初至,提高分辨精度。

PS 检层法

PS jiancengfa

PS 检层法（PS logging） 在钻孔内设置拾振器进行波速测量的方法。

根据激振和拾振位置的关系，PS 检层法分为三类。

（1）单孔法。也称速度检层法，在地面激振，孔内拾振。

（2）同孔法。利用兼具激振和接收功能的检测装置在钻孔内进行波速测量。如图所示，装置顶部有可控高压放电振源，下部有若干检波器以接收信号；滤波管过滤由装置外壳传来的噪声。同孔法的优点是节省钻孔，无须另携激振装置；缺点是测量设备过长，使用不便。

（3）跨孔法。孔内激振，在另一孔内拾振。使用三分量拾振器，可接收垂直分量和两个正交水平分量的振动信号。

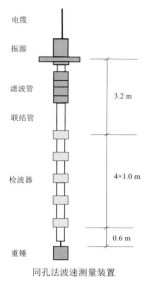

同孔法波速测量装置

dankongfa

单孔法（single hole method） 地面激振、井下接收，用单个钻孔进行波速测量的方法。

原理与方法 单孔法工作原理如图 1 所示，测量沿土层竖向传播的直达波速度。测试时，振源距钻孔数米，拾振器置于钻孔中的测试位置，利用水泵或高压储气罐压入水或气体，使气囊膨胀，将拾振器压紧在孔壁上。当地面振源激发时，波穿过地层到达拾振器，采集的信号经放大后，由记录器记录波形。

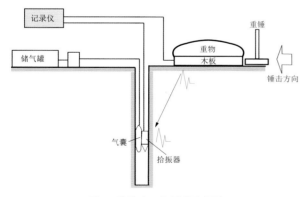

图 1 单孔法工作原理示意图

确定记录波形的 P 波或 S 波的初至时刻后，可根据激振的起始时刻和波的初至时刻确定波的行进时间，由测点深度与激振源到孔的距离确定波的行程，据此可计算波的传播速度。在有套管的孔中测量时，要区分套管传来的干扰波。按照一定间距逐次向下移动测点，读取相邻测点到时差，可得钻孔内相邻测点间土层的平均波速。

激振源 激振源是该法的关键设备，有 S 波激振源和 P 波激振源之分。

S 波激振源 常用的有三种。

（1）敲击板振源。这是一种给地表以水平冲击力的最简单方法。在一块厚约 5 cm、宽 30～50 cm、长 1.5～2.5 m 的弹性较好的木板上压以重物，使之与地面紧密接触，压板重物的质量以敲击时板不滑动为准；用锤水平向敲打板的一端，激起土层的振动（图 2）。这种方法主要激发 SH 波。该法简单易行效率高，不需特殊装置，得到的记录波形也较稳定，是常用的振源之一。但人力敲击能量有限，使测试深度受到限制，一般为 50 m 左右。若在木板上装以带钉齿的铁板，加强板与地面的接触，可明显改善激振效果，增加测试深度。

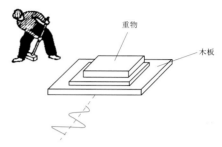

图 2 敲击板法示意图

（2）弹簧式 S 波激发装置。利用弹簧带动铁球对板进行冲击产生激振力，板用地脚螺栓固定在地面上。此法产生的冲击力较大，又容易控制，能激发较强的 SH 波。试验证明波形的再现性和稳定性都好，测试深度可达几百米。

（3）S 波大炮激振。利用火药的爆发力推动炮筒中的铁块飞出，激发地面振动。S 波大炮激发 SH 波，可对深达 2000～3000 m 的地层进行速度检层测试。

P 波激振源 主要有以下两种。

（1）火药爆炸。火药爆发能量大，激振频率和激发时间精度高，使用较多。但因存在安全问题，在城市或人口集中地区不宜使用。

（2）非爆振源。由于信号叠加式勘测仪器的出现，非爆振源的应用越来越普遍。工程上使用的非爆振源主要有两种。① 锤击振源。直接敲击设置在地面的铁块作为振源，适于浅层测试。较深土层须用击桩或落锤装置激振。如将 50～60 kg 的重锤下落 1.5～2.0 m 左右，测试深度可达几百米，如果应用叠加处理装置，效果更好。② 空气枪激振。空气枪点燃后，枪内压缩空气瞬时产生冲击波形成振源。空气枪要在深 1 m 左右的水中使用，可利用现有的水池或河流进行测试，否则须挖池或利用钻孔蓄水。这种方法需要专用设备，操作较复杂，实际应用不多。

kuakongfa

跨孔法（cross hole method） 井下激振并记录信号，利用两个以上钻孔进行波速测量的方法。

测量原理 跨孔法工作原理见图。激振孔（左）内激振源的位置与拾振孔（右）内拾振器的位置保持同一深度，测量水平方向传播的剪切波速。振源激振产生的波沿地层的水平方向传至拾振器，记录信号输送到地面的放大记录系统。

为了接收 S 波，须把拾振器压紧在孔壁上。常用的压紧方式有两种：最常用的一种是利用水压或气压使橡胶囊膨胀压紧拾振器，另一种是利用杠杆装置固定拾振器。

试验条件 测试时应注意两方面条件。

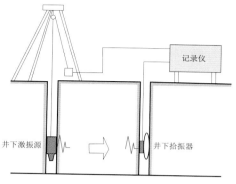

井下激振源　　　　井下拾振器

跨孔法工作原理示意图

（1）钻孔数量、孔距和排列方式。①原则上只需两个钻孔即可进行测试，但振源触发器开关的延迟、波传播路径的改变等均可造成记时误差，影响测量精度，故一般要求利用三个以上钻孔，一个孔作为激振孔，其余孔为拾振孔。通过至少两个拾振孔测取的速度值求平均可以减少干扰影响。②跨孔法测量直达剪切波速，为防止接收到测试土层下传来的折射波，激振孔和拾振孔之间的距离应设在折射波盲区之内（见折射波法）。考虑到振源能量可达到的距离和仪器的精度，土层中的孔距一般取 3 m 左右，岩石中取 8～10 m。③钻孔的排列方式一般以直线为佳，这样既容易发现记录信号是否受到折射波的影响，也可验证触发器的精度。

（2）钻孔质量及套管。要尽可能精确地计算出激振点与测点间的水平距离，不允许钻孔有较大的倾斜；当孔深大于 15 m 时，须对每个钻孔进行倾斜度的测量，并作孔距校正。一般要求钻孔采用塑料套管护壁，为确保套管与孔壁的密切接触，套管与孔壁间应进行灌浆处理。

跨孔法测量由于波的行程较短，波在传播过程中受到的干扰也小，因而接收到的波形比较单一，分析结果较为可靠。但是，跨孔法需要较多的钻孔和特殊的振源等装置，操作复杂，在经费和技术上都有较高的要求，只在重大工程中应用。

gongcheng diqiu wuli kantan

工程地球物理勘探（engineering geophysical exploration）以电、声、磁、放射性等物理手段获取场地工程地质和水文地质相关特性和参数的勘探方法，简称物探。

地壳浅层的物理性质，如重力场、电场、磁场、辐射场等随不同的地质体而有差异，通过观测、分析和研究这些物理场的分布，并结合其他有关地质资料，可确定地层的地质构造和特性。工程物探方法具有透视性好、效率高、成本低以及可进行原位测试等优点。但是，各种物探方法都有局限性，多数方法存在多解性，只有正确选择和运用合适的物探方法进行综合物探，并与现有的地质钻探资料作对比，才能获得好的勘探结果。

主要勘探方法如下。

电法勘探　通过对人工或天然电场的研究，获得岩石不同电学特性的资料，以判断地下构造和有关地质特性。最常用的是直流电法勘探，主要分析岩石的电阻率和电化学活动性，可分为电阻率法、自然电场法和激发极化法等。

地震勘探　利用锤击、爆破等方法产生地震波，再根据地震波震相、走时等特征勘察地层构造的方法。（见地震勘探法）

声波探测　岩石中的声波（或超声波）频率高、波长短，因此分辨率高。声波探测主要用于测定岩体的物理力学参数，确定洞室岩石应力松弛范围，探测溶穴及检查水泥灌浆效果等。由于岩石对高频波的吸收和散射比较严重，因而探测距离不大。

地球物理测井　常用方法有视电阻率测井、自然电位测井、天然放射性测井、声波测井等。各种测井方法都将探头设置于井下待测地层，将测量的参数转换成电信号输入地面测井仪记录系统，经综合分析获得所需资料。中子-伽玛测井或声波测井可以测定地层的孔隙度；自然电位测井可在泥浆钻井中分层测定地下水的矿化度；井液电阻率测井或井中流速仪可以研究钻井中地下水的运动；井中摄影和井中光学电视可以获得钻井剖面的实际图像；超声电视测井可在泥浆中获得清晰的孔壁图像，区分岩性，查明裂隙、溶穴、套管的裂缝等，甚至可以确定岩层的产状。

井中无线电波透视　频率为几十万至几十兆赫的电磁波在地下介质中传播遇到低阻的地质体时，常被强烈吸收而显著衰减。据此可将发射机和接收机分别置于相隔一定距离的两个钻孔内，若两孔之间是均质的高阻灰岩，则沿井轴各点接收到的无线电波信号较强；如果透视剖面上有低阻的充水溶洞等存在，则在低阻体的背面形成信号被强烈衰减的阴影；运用"交会法"可圈定被测异常体的位置和轮廓。用此法探测溶洞效果较好。

磁法勘探　根据岩石的磁性差异判断地质构造。在工程勘察中，主要用于圈定岩浆岩体，特别是磁性较强的基性岩浆岩体，追索第四纪沉积物覆盖下的岩性界线等。大面积航空磁测可提供有关区域的断裂构造、结晶基底的起伏等资料，为评价区域地质稳定性及寻找储水构造提供依据。

重力勘探　根据岩体密度差异所形成的局部重力异常判断地质构造，常用于探测盆地基底的起伏和断层构造等。采用高精度重力探测仪可能探测到埋深不大且具有一定体积的地下空洞。

放射性勘探　不同岩石放射性元素含量不同，通过探测放射性元素在蜕变过程中产生的 γ 射线强度，可以区分岩性。

遥感技术　根据电磁波辐射（发射、吸收、反射）理论，应用各种光学、电子学探测器对远距离目标进行探测和识别。利用地物反射人工发射的电磁波进行遥感者称为主动遥感，利用地物反射太阳辐射或由地物自身发射的电磁波进行遥感者称为被动遥感。遥感技术可以提供有关地貌、岩性、褶皱、断层以及隐伏构造等资料。

dizhen kantanfa

地震勘探法（seismic prospecting）　利用人工激发的弹性波探测地质构造的一种地球物理勘探方法。

地震勘探的结果分层详细，精度高，优于其他地球物理勘探方法。地震勘探的深度一般为数十米至数十千米，按测试方式分为折射波法、反射波法、表面波法。

人工激振引起的弹性波从激发点向外传播，遇到不同介质分界面将产生反射和折射；利用检波器接收反射波和折射波到达地面所引起的微弱振动，变成电信号经滤波、放大后记录，用时距曲线、频散曲线等方法处理并与理论结果比较，能推算出不同地层分界面的埋藏深度、产状、构造等。常用于探测地壳地层构造、覆盖层或风化壳的厚度，确定断层破碎带，研究岩土的动力特性等。

激振源　工程上常用的地震勘探方法按激振方式可分成两种：冲击法和稳态源法。已发展了一系列地面振源，如重锤、连续振动源、气动振源等，但陆地地震勘探经常采用的重要振源仍为爆炸。海上地震勘探除采用爆炸外，还广泛采用空气枪、蒸汽枪及电火花引爆气体等方法。

测线布置　测线与地质构造走向相垂直，一般沿测线等间距布置多个检波器，所得数据反映测线下方二维平面内的地质构造信息。在地质构造复杂地区，为详细勘察地层变化，可根据初勘资料布置若干条交叉测线，以取得足够密度的三维信息，称为三维地震勘探。

数据处理　在水平成层地层结构模型中，以地震波测点和走时为参数，绘制时距曲线（见折射波法、反射波法）或计算面波的频散曲线，再与理论结果比较可确定地层厚度、波速等参数。在此基础上又研究出多种方法处理非水平成层构造。提高信噪比和分辨率是地震数据处理的关键措施，已发展了多次覆盖、速度滤波、反褶积和共深度点叠加等一系列有效的技术，可削弱许多类型的相干波列和随机干扰，消除或减弱多次反射。各种偏移技术可实现正确的空间归位，能提供复杂构造地区的正确勘探图像。

zheshebofa

折射波法（refraction method）　利用折射波对岩土构造和性质进行探测的方法，简称折射法。

1919 年德国学者明特罗普（L. Mintrop）首先应用此法；20 世纪 30 年代末，苏联甘布尔采夫（G. A. Gambursev）等吸收了反射波法的记录技术，对折射波法作了相应的改进。早期的折射波法只能记录最先到达的折射波，改进后的折射波法还可以记录后到的各个折射波，可更细致地研究波形特征。

折射波法的物理基础是波传播在不同介质界面的临界入射现象（图 1）。

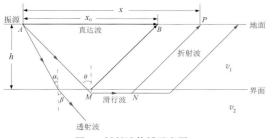

图 1　折射波传播示意图

当地震波传播到速度分别为 v_1 和 v_2 的介质界面时，一部分波将透过界面形成透射波，其透射角 β 与入射角 α 的关系符合斯奈尔定律 $\sin\alpha/\sin\beta = v_1/v_2$。当 $v_2 > v_1$，且入射波满足 $\sin\alpha = v_1/v_2$ 时，产生透射角 $\beta = 90°$ 的透射波，即为临界入射现象，此时的入射角 θ 称为临界角。地震波以速度 v_2 沿界面滑行，例如从 M 点传到 N 点，滑行波引起第一层介质质点的振动产生传到地面 P 点的折射波，此时折射地震射线同界面法线的夹角与临界角相等。在振源 A 与测

点 B 之间的距离 x_0 内只有直达波，不形成折射波，称为盲区。在 B 点以外，折射波可比反射波先到达，在一定距离外也比直达波先到达，故也称首波。

在记录中首先到达的信号最清晰，称为初至。设层厚为 h，测点到振源的距离称为炮检距，记为 x，则折射波初至达到测点 P 的时间为

$$t = \frac{AM}{v_1} + \frac{MN}{v_2} + \frac{NP}{v_1} = \frac{x}{v_2} + \frac{2h}{v_1}\cos\theta = \frac{x}{v_2} + t_0$$

与此式对应的曲线 $t(x)$ 称为折射波时距曲线（图 2），它是斜率为 $1/v_2$ 的直线，截距为 t_0，称为交叉时，取值为 $t_0 = (2h/v_1)\cos\theta$，$\sin\theta = v_1/v_2$。由各测点得到的数据 t，x 绘制时距曲线，可由斜率得到下层波速，如果已知上层波速（例如由直达波测得），则由截距可计算上层厚度。用类似方式可以得到多层构造的时距曲线，进一步推广可求得倾斜、弯曲等复杂界面的折射波时距曲线。

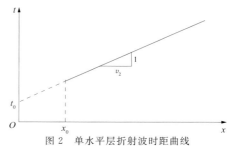

图 2　单水平层折射波时距曲线

折射波法应用在下层波速高的地层，且测点应布设在盲区之外。炮检距控制折射波的走时，折射法的炮检距常是折射面深度的数倍，折射面很深时，炮检距往往长达几十千米。振源与各测点可以不排列在同一直线上，测点可布置成直线或弧形。两个不同界面的折射波在某个炮检距附近可能会同时到达某一测点，此时波形互相干涉，不易分辨；该炮检距附近的区域称为干涉区，在布置测点时，必须注意使主要探测层的折射波避开干涉区。

fanshebofa

反射波法（reflection method）　利用波在土层界面的反射原理对岩土构造和性质进行探测的方法。

1914 年德国人费森登（R. A. Fessenden）提出反射波法，早期主要用于深地层的石油勘探，其物理基础是波传播在介质界面处的入射角等于反射角。产生反射波的条件是界面两侧介质的波阻抗存在差异，差异越大反射波越强。地下每个波阻抗变化的界面，如底层面、不整合面、断层面都能产生反射波。

图 1 为单水平层的反射波法原理示意图。

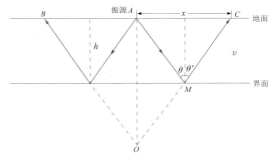

图 1　反射波法原理示意图

由 A 点激发的地震波遇到界面时将产生反射波。图中 O 点为振源 A 关于界面的对称点，称为共深度点，在处理倾斜界面问题中常用到。根据斯奈尔定律，反射角 θ' 等于入射角 θ，由此可得反射波从振源 A 到测点 C 的走时。

设层厚为 h，测点 C 到振源 A 的距离为 x，称为炮检距，v 为土层波速，则反射波走时为

$$t = \frac{AM}{v} + \frac{MC}{v} = \frac{OC}{v} = \frac{\sqrt{4h^2 + x^2}}{v} \quad (1)$$

在以走时 t 为纵坐标、炮检距 x 为横坐标的图中，式(1)称为反射波时距曲线(图2)，它是双曲线，与 t 轴交点为 t_0，其渐近线是直达波的时距曲线，

$$t_0 = \frac{2h}{v} \quad (2)$$

式(1)平方后得

$$t^2 = t_0^2 + \frac{x^2}{v^2} \quad (3)$$

若以 $T = t^2$，$X = x^2$ 为变量作图可得一条直线，其截距为 t_0^2，斜率为 $1/v^2$。由实测数据得此直线，可由其斜率求得此层波速，代入式(2)可求得层厚。类似地可得倾斜层的时距曲线表达式，采用各种改进的方法可处理多层模型。

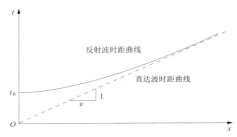

图 2　反射波时距曲线

反射波法比较适于深层细部地质结构的探察，为避免折射波的干扰，反射波法应在折射波的盲区内进行。浅层工程地质勘察利用反射波法在技术上的最大困难在于，从很短的地震记录里难以分离出叠加在各种杂波中的反射波信号。

一般反射波法都利用纵波。已开发了横波的反射波方法，由于横波不受水饱和度的影响，在松散地层中速度比纵波低得多，故波长短，分辨率较高，对勘察潜水面较浅的松散地层非常有效。另外，土层横波速度剖面也是土层地震反应分析的重要资料，在场地勘察中开发横波勘探方法对地震工程更有意义。

biaomianbofa
表面波法（surface wave method）　利用面波传播特性对地层和岩土特性进行探测的方法。

该法测量面波（瑞利波或洛夫波），常以瑞利波为主。首先测定土层的面波波速和频率的关系曲线，即频散曲线，然后根据频散曲线确定土层的剪切波速。瑞利波速与剪切波速的比例与泊松比有理论关系，可直接换算。

在地表布设检波器即可接收到瑞利波，测量方法如图1所示。

瑞利波波速 v_R、波长 λ 和频率 f 间的关系为 $v_R = f\lambda$，测得某频率分量的波长，即可求得瑞利波速。固定检波器1的位置，由近及远逐步移动检波器2（例如从 A 到 B），两

图 1　表面波法测试示意图

检波器记录的谐波信号相位差随之改变，当相位差为 $180°$ 时，表示两个检波器之间的距离是半个波长；继续移动检波器2，测量与波长整数倍相应的距离。

在以距离 R 为横坐标、波长个数 n 为纵坐标的图上标示测量结果(图2)，对于半空间的瑞利波，这些点近似在一条直线上；实际问题中，可用回归分析得到拟合直线，该直线斜率的倒数即为对应这一频率的平均波长。对有频散的面波，可测量不同频率分量的波长得到频散曲线。

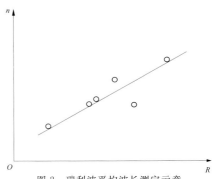

图 2　瑞利波平均波长测定示意

瑞利波随土层深度衰减很快，大部分瑞利波在地面下传播的深度约等于一个波长。因此，测得的波速值是大约半个波长深度范围内土层波速的平均值，故亦称半波长法。面波法测试深度不大，主要用于浅地表土层的地基勘察，特别在道路工程中应用较为普遍。

由于半波长法精度不够，又发展了多种改进方法，如推测层厚的一次导数极值点法和拐点法，渐近线法和偏导数法等，统称为经验法。

该法与其他地球物理勘探方法一样，在反演过程中存在不确定性，因此常借助勘探等手段进行综合判定。

对于上面是低速层、下面是高速层的土层，利用洛夫波可以测定分界面的位置和上层的剪切波速度，这种方法应用较少。

dimaidong
地脉动（ground microtremor）　大地的持续轻微振动，如同人的脉搏，简称脉动。

地脉动的周期在 $0.1 \sim 10\ \mathrm{s}$ 左右；振动幅度一般为几分之一微米至几十微米，用高倍率精密仪器才能观测到。

地脉动按周期不同可分为两类：周期小于 $1\ \mathrm{s}$ 者为短周期脉动，日文称常时微动；周期大于 $1\ \mathrm{s}$ 者为长周期脉动，日文称脉动。前者主要由体波组成，后者主要由面波组成。长周期脉动与短周期脉动特性不同，短周期脉动反映场地浅层构造特性，长周期脉动则与场地深层构造有关。（见短周期脉动、长周期脉动）

地脉动引起的结构物振动，称为结构脉动或结构脉动反应。

研究简史　1908 年，日本地震学者大森房吉（Omori Fusakichi）用仪器检测到地脉动，取名为 microtremor。1931 年，石本巳四雄（Ishimoto Mishio）根据在东京、横滨

等地用地震加速度仪对地震的观测，发现土层地基存在卓越周期。此后，日本地震工程界以金井清为主要代表对地脉动与土层卓越周期的关系进行了系统观测和研究，采用零交法对地脉动进行周期-频度分析，绘制周期-频度曲线，应用于测量场地构造，并介绍到美国，引起地震工程界对脉动机理和应用的持续争论。日本有关地脉动的研究和应用最多，如用地脉动进行场地分类和地震小区划，用长周期脉动测量场地深层构造，并开发了更先进的脉动观测仪器。由于观测简便，节省费用，其他国家也时有研究，但大多不将地脉动作为评定场地特性的主要指标。

机理与特性　地脉动产生的机理和特性解释尚无定论。一般认为产生地脉动的振源（即脉动源）可分为人为因素和自然因素两大类。前者如交通运输、机械振动、建筑施工、人群活动等，是短周期脉动的脉动源，其振幅夜间比白天小得多；后者如气象变化、海浪、地质内力作用等，是长周期脉动的脉动源，其脉动节律、振幅和周期与气象和海浪变化同步，与昼夜无关。

地脉动信号是各种类型振动信号的复杂集合，带有随机性，基岩上观测到的地脉动近似于稳态白噪声。但特定地点的脉动受测量场地的强烈影响，会出现反映测量地点特性的信号。房屋在地脉动激发下产生振动，房屋脉动反应带有较强的房屋自振频率信息。同样，土层上的地脉动可能带有土层动力特性的信息，这是用脉动测量研究地下构造的物理基础。

金井清首先用弹性波在土层中的传播理论解释地脉动的机理，认为地脉动是从基岩垂直向上传到水平成层土层的弹性波产生的地表振动，地表的脉动可用理论公式估计（见卓越周期），并将地脉动测得的周期与土层卓越周期联系，提出了利用脉动测量获取场地动力特性的理论根据。

测量方法　测量短周期脉动的仪器频响特性在周期 1 s 以下应保持平直，测量长周期脉动的仪器则要求更宽的频响特性，周期至少应达 10 s。仪器灵敏度要高，应有几万倍以上的放大倍数，因此必须抑制漂移等仪器噪声，屏蔽接线，使仪器工作稳定。

短周期脉动测量一般在夜间进行，以避免过大的噪声干扰，尽量捕捉与场地特性有关的振动信号，并应反复多次记录，每次有足够的记录长度。夜间脉动信号微弱，有时测量效果不好；在详细对比昼夜地脉动的特性，判别干扰噪声的频谱、出现时间等特征后，也可在白天测量脉动，然后作必要的滤除噪声处理。

地脉动测量可采用单点或多点观测，后者又分为测线观测和台阵观测。测线观测根据地下构造布设测线，测线中应包括基岩露头观测点和可反复移动的其他观测点。为检测某些强干扰信号或测量长周期脉动，须将检波器布设为三角形或环形台阵，以判断面波信号传播方向和速度，获取频散曲线，阵列长度和间隔根据测量的波长决定。

测量记录在滤除噪声后作傅里叶谱分析（早期用周期-频度分析），将幅值谱峰值对应的周期作为该点场地的卓越周期。简单地以谱峰值对应的周期作为卓越周期，只适合覆盖层与基岩的波阻抗比非常大的场地。一般情况下，要从多次测量中判断出现频次高、稳定性好的峰值，在排除明显的干扰振动后估计卓越周期。

为获得场地对地脉动的放大倍数要用场地谱比，常用三种方法：地脉动的傅里叶振幅谱比法；相对于参考点的谱比法；地脉动的水平分量与竖向分量的傅里叶谱比法，亦称单点谱比法。（见场地谱比）

讨论　根据弹性波在土层中的传播理论，土层与基岩的波阻抗比越大，地表振动在卓越周期处的放大倍数越高，卓越周期在振幅谱上越明显，这已被观测研究证实。用脉动测量估计土层卓越周期和放大倍数在软土层场地比较有效，但对岩土分界不明显的场地则比较困难。

脉动是否能用垂直入射的弹性波传播来解释是有争论的，土层中除有简单的垂直入射平面波外，至少还有面波和斜入射的体波，长周期脉动是用面波来解释的。

虽然在一些场地，例如在墨西哥城，地脉动测量的卓越周期和放大倍数与地震动观测结果符合很好，但也有些场地符合不好。地脉动的振幅小，介质处于弹性阶段，而在强地震动作用下，土层将发生非线性变形，此时卓越周期和放大倍数都将与弹性阶段相异，仅用脉动测量结果推断强震作用下的土层反应可能会有偏差。

duanzhouqi maidong

短周期脉动（short period microtremor）　周期在 1 s 以下的大地持续轻微振动。日本学者称其为常时微动。

特点　多数人认为，短周期脉动主要是由交通运输、机械振动、建筑施工、人类活动等人为振动源产生，因此振动的强弱（以振幅 A 表示）随昼夜（时间）变化，夜间比白昼小（图 1）。但是，同一土层场地不同时间的脉动平均周期 $\overline{T}$ 比较稳定（图 2），说明地脉动带有场地动力特性的信息，这是鉴别短周期脉动的重要依据。

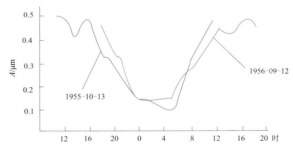

图 1　短周期脉动最大振幅随时间的变化（据金井清，1961）

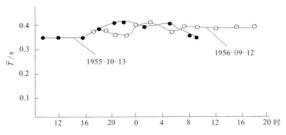

图 2　短周期脉动平均周期随时间的变化（据金井清，1961）

应用　对短周期脉动和地震动频度(n)-周期(T)曲线的研究表明，在一部分场地二者卓越周期比较一致，但地震动测量结果略长（图 3），这表明，可能通过地脉动测量估计场地地震反应特性，用于确定场地构造和设计地震动。

短周期脉动测量有多种用途。

（1）选择设计地震动时程。在建设场地进行短周期脉动观测，求出周期-频度曲线或傅里叶谱，然后在已有的强震记录里，选取具有相似频谱特性者作为设计地震动。

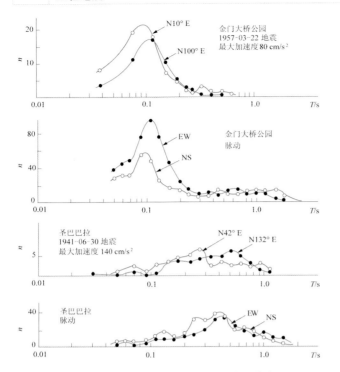

图 3　地震动与短周期脉动卓越周期的比较（据金井清，1969）

（2）预测建筑物的破坏率。日本几次大地震的震害调查和研究表明，当木结构房屋的自振周期与短周期脉动的卓越周期相等或接近时，房屋的破坏率最大，据此可建立用于震害预测的经验关系。

（3）确定场地类别。日本提出了应用短周期脉动判定场地类别的方法。1964 年，中国也曾把短周期脉动的卓越周期作为划分场地类别的参考指标。《建筑抗震设计规范》（GBJ 11—89）的统一培训教材中指出，当缺乏剪切波速资料时，可参考脉动测量的卓越周期划分场地类别。

（4）探测土层构造。由短周期脉动卓越周期 T_p 和土层的 S 波速度，可按公式 $H = T_p v_S / 4$ 近似估算土层的厚度，其中隐含脉动卓越周期等于土层卓越周期，H 是土层厚度，v_s 是 S 波速度。由于短周期脉动只反映浅地层特性，因此一般只能估算浅层构造。

（5）估计场地土层的放大特性。在地面与地下（或基岩露头处）同时进行短周期脉动的观测，相比较可得土层放大特性。

（6）用于城市地震小区划。把短周期脉动的分析结果作为场地分区和表征场地动力特性的参考指标。在日本、中国和其他国家，都有用地脉动测量进行地震动小区划的实例。

（7）估计土的物理参数。建立短周期脉动特性与土层 S 波速度、土层标准贯入锤击数及其他岩土力学参数的经验关系，则可利用简便易行的脉动测量估计土的物理参数。

（8）测量结构的自振特性。测量结构的脉动反应，可判别结构的自振频率。

（9）监测环境振动。

短周期脉动的卓越周期具有一定的稳定性，但地脉动产生的机理和影响因素十分复杂，有时也会得到矛盾的结果，在应用中往往须与其他手段结合使用。由于地脉动观测方便省时、花费少，不受场地限制，适用于大面积场地普查。

推荐书目

　金井清著．常宝琦，张虎男，译．工程地震学．北京：地震出版社，1987.

zhouqi-pindu fenxi

周期-频度分析（period-frequency analysis）　分析信号频谱特性的简便方法。20 世纪 50 年代由日本学者金井清提出，用于分析短周期脉动。

在短周期脉动的测试记录里选取长约两分钟质量良好的信号，用零交法分析其频谱特性。具体做法是：首先按记录波形正、负幅度，大致对称划出幅值零线，取记录曲线与零线相邻交点的间隔时间的两倍作为一个周期；依次读取周期并进行统计，以周期 T 为横坐标、相应周期的出现次数 n 为纵坐标，得到周期-频度曲线。曲线峰点对应的

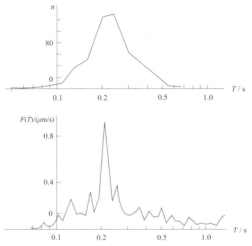

周期-频度曲线与傅里叶振幅谱的比较（据金井清，1983）

周期为卓越周期。理论和计算结果表明，周期-频度曲线可近似表示傅里叶振幅谱 $F(T)$，如图所示。

changzhouqi maidong

长周期脉动（long period microtremor）　周期 1s 以上的大地持续轻微振动，有些文献称 microseisms。

长周期脉动由海浪、气候等自然现象的变化引起，主要由面波构成。日本学者在 20 世纪 70 年代开始这方面的研究。长周期脉动与短周期脉动产生机理不同，在同一地点反复观测长周期脉动，其振幅、谱特性随观测时间不同有明显改变，这与短周期脉动在同一地点卓越周期基本不变有本质的不同。

观测方法　长周期脉动测试往往采取多点、多次的观测方法，一般的做法如下。

（1）测线观测。测线走向应尽量取为地下构造走向。除包括预定测点外，一般还应选基岩露头处的测点作为参考点。观测时，把一个或几个测点作为固定点，其他点作为移动点，以便组合新的测线。所有测点要同时观测并重复多次。将观测记录进行傅里叶分析，对其卓越周期和振幅谱特性进行研究。

（2）台阵观测。台阵观测假设地脉动主要成分为面波（多为瑞利波），通过分析不同测点地脉动记录的空间和时间相关性研究场地特性，一般得到的是多层介质瑞利波频

散曲线。为保证观测质量，台阵中仪器的数量、配置和范围，应与采用的分析方法、仪器的相位特性及感兴趣的波长相适应。

观测结果　观测结果的解释可能遇到下列几种情况。

（1）测线观测中，各点卓越周期呈规律变化。当观测记录的傅里叶谱峰点明显，在不同地点和时间都出现时，其对应的卓越周期 T 可能是入射波的周期。如果测点的卓越周期沿测线逐步加大，如图（a）所示由右向左 T 逐步增大，可能对应土层厚度 H 的逐步加大；结合当地S波速度

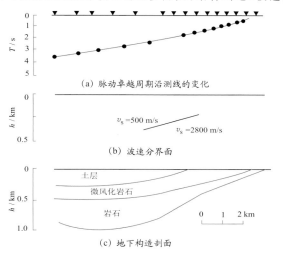

（a）脉动卓越周期沿测线的变化

（b）波速分界面

（c）地下构造剖面

日本八户长周期脉动卓越周期分布与地下构造的比较
（据成濑圣慈，1976）

v_S 的测量资料（如图 b 所示地震勘探结果），则可依公式 $T = 4H/v_S$ 推算各点的土层厚度，并勾画出地基构造的变化。图（c）为地下构造剖面，h 为深度；将其与图（a）对比，可见脉动卓越周期变化趋势与岩石界面形态比较符合。

（2）从测线各点傅里叶谱中看不到卓越周期的规律变化，但谱的振幅变化有某种规律性，长周期脉动幅值大的测点一般对应较厚的土层。

（3）长周期脉动由面波构成，根据脉动观测记录求出的面波相速度频散曲线可能与地下构造有关，可据此反演

地下构造。为此须将仪器布置成规则形状的台阵，并运用空间自相关法和频率-波数法（F-K法）进行分析。

（4）根据瑞利波地脉动的水平与垂直分量的振幅比可推测场地构造。该振幅比的极小值对应的周期与土层厚度有密切关系，随土层厚度的增加而增大。

changdi pubi

场地谱比（spectra ratio of site）　不同测点地震动（或地脉动）傅里叶振幅谱的比值，或同一测点不同分量傅里叶振幅谱的比值。可用于估计土层对基岩地震动的放大效应。场地谱比有以下应用方法。

直接谱比法　对地表和地下测点的强震记录（或地脉动记录）进行傅里叶变换，计算两者傅里叶振幅谱的比，可用振幅谱比估计场地的放大倍数。

参考点谱比法　参考点一般选在基岩露头处或坚硬的地表非岩性土上，以土层强震记录（或脉动记录）振幅谱除以参考点记录的振幅谱得出谱比，可得土层各点相对的放大倍数。若欲求土层相对埋伏基岩的放大倍数，则应将地表参考点记录的振幅谱除以 2，再计算谱比。

此法简单易行，最为常用。移动土层观测点时应保持参考点不变。同时观测易于确定各测点的同一震相，可自动消除震源和路径影响。

单点谱比法　利用同一测点地震动水平分量与竖向分量的谱求卓越周期和场地放大倍数的方法，又称中村法（Nakamura 法）。根据用体波解释脉动的理论，单点谱比法建立在两个假设的基础上：①埋伏基岩面脉动的水平分量与竖直分量的谱比为1；②基岩脉动经覆盖土层向上传播过程中，水平分量被放大，但竖直分量几乎不变。据此可用地表脉动的竖直分量近似代替基岩脉动的水平分量，地表同一点脉动的水平分量与竖直分量的谱比就是场地的放大倍数。实测分析也同时支持用面波解释单点谱比法。

这种方法因简单而经常使用。实测表明，此法对若干场地求得的卓越周期很稳定，但其假设没有严格理论证明，观测结果也不能完全得到解释。

地震危险性分析

dizhen weixianxing fenxi

地震危险性分析（seismic hazard analysis）　对工程场地未来可能遭遇的强地震动的估计。

地震危险性分析建立在工程场址周围地震活动性和地震地质环境研究的基础上，通过分析估计工程场址的设计地震动参数，是地震学、地震地质学和地震工程学的交叉研究领域。

发展概况　地震危险性分析研究始于20世纪40年代，此后大致经历了两个发展阶段。第一阶段，20世纪50年代初至60年代后期，用确定性方法分析和表述地震危险性，如首先判定区域的基本烈度，然后根据场地类别确定设计地震动参数或直接给出设计反应谱。第二阶段，始于1968年美国学者科内尔（C. A. Cornell）提出地震危险性分析概率方法，特点是建立地震发生的概率模型，在全面考虑地震环境和场地条件的基础上，确定与某个概率水平相应的设计地震动参数。

中国曾将某一地区历史上曾经遭受过的最大地震烈度作为该地区工程建设的基本烈度；但是由于历史地震记载在时间和地域上分布很不均匀，有些地方缺失资料；即使在资料较为完整的地区，就认识板内地震的规律而言，现有的历史地震记载仍显短暂，单纯依据历史地震记载评定某个地区未来的地震烈度并不可靠。此后，又曾采用苏联学者戈尔什科夫（A. I. Gorshkov）提出的两条原则确定地震基本烈度：①历史上发生过强烈地震的地方，将来还可能再次发生同样强度的地震（历史重演原则）；②地质构造条件相同的不同地区可能发生同样强度的地震（构造类比原则）。上述方法得到的基本烈度普遍较高。在20世纪70年代以后则采用地震危险性分析概率方法。

分析方法　评定某个工程场址的地震危险性须做三方面工作：①确定该场址周围未来一定时间内可能发生破坏性地震的地点、强度和性质；②通过强震观测数据和历史地震资料，了解地震波传播途径的地区特性，确定地震动衰减关系；③详细勘察场地条件，分析局部场地条件对地震动的影响。通过这些工作，在全面考虑地震环境和场地条件的基础上确定设计地震动参数。

地震危险性分析方法分为两类：确定性方法和概率方法。确定性方法应确定所有可能影响指定场地的震源位置、震级和相关特征，其中包括最大历史地震，判断的方法称为历史地震法；也包括一定地质构造背景下可能发生的最大地震，判断的方法称为地震构造法。而后选择对场地有危害的地震作为设定地震，借助地震动衰减关系和场地条件确定场地设计地震动。地震危险性分析概率方法则是用概率理论研究和预测场地地震动。

不确定性　确定性方法和概率方法在每个环节上都会因复杂因素影响而产生偏差，造成结果的不确定性。例如：有历史地震记录的时间段相对统计分析而言太短；潜在震源区划分和边界划定、震级上限等参数取值常因人而异；地震发生概率模型过于简单；地震动衰减关系的离散程度难以缩小等。不确定性在地震危险性分析中十分突出，只有充分认识这种不确定性才能合理评价分析的结果。（见不确定性处理）

成果应用　地震危险性分析成果有重要的应用价值。

（1）提供设防地震动。地震危险性分析的结果以地震区划的形式颁布，作为国家或区域抗震设防的基础，也直接为一般工程提供设计地震动。核电站、桥梁、水坝等重大工程和大城市，则须进行专项地震危险性分析或地震小区划，中国称此项工作为地震安全性评价。

（2）震害预测。地震造成的危害取决于地震危险性和结构易损性的共同作用。根据地震危险性分析结果可预估未来的震害，这项工作称为震害预测。

dizhen qudai huafen

地震区带划分（zoning of seismic regions and belts）　就地震活动性和地震地质构造背景对地震发生地域的划分。

地震区与地震带　地震区是具有地震活动性、地震孕育的地质环境和发生地震的构造条件的地区；地震带一般指地震集中成带分布，并受活动构造带或地壳结构变异带控制的地带。在地震危险性分析和地震区划中，地震活动时空分布的不均一性可以通过地震区与地震带的合理细划体现。此时，地震区或地震带是含有一定数量历史地震的统计单元，它反映区、带内地震活动的区域特点，其地震活动具有相对稳定性和代表性。

地震区带划分的作用　①为地震资料整理分析和地震活动性参数研究提供合理的统计单元；②为地震活动趋势的分析提供合理的统计单元；③可作为潜在震源区划分的基础。

地震区带划分依据　区域地震活动特征和差异是地震区带划分最重要的依据。地震活动特征和差异主要表现在时空分布特点上，包括地震强度分布、频度分布、b值分布、震源深度分布、应变积累-释放过程的特点等。由于某些地区有地震记录的时间相对较短，不足以反映一个地震区或地震带地震活动的固有特征，因此，反映地震孕育发生条件的构造环境则是地震区带划分的另一个重要依据。构造环境包括活动构造和地壳深部结构、地球物理场特征以及构造应力场等。

划分地震区和地震带须确定地震区带边界。地质上的不连续界面，如断裂带或地球物理场变异带等，是划分地震区、带边界的重要依据之一。但地震区带边界不像地质构造单元边界那样明确，因为地震多发生在这些不连续界面上，地震区带边界只能画在这些不连续边界以外。这样，地震区带的边界往往不是一条明确的地质或地球物理场的边界线。可将确定地震区、带边界的依据归纳为三点：地震活动带的外包线，活动构造区、带的边界线或外包线，区域地球物理场或变异带的外包线。

中国地震区带的划分　根据划分地震区带及确定边界的原则和依据，中国地震局组织编制的《中国地震动参数区划图》（GB 18306—2001），将中国及其邻近地区划分为7个地震区、4个地震亚区和23个地震带，并统计出各区带不同震级的地震次数，表中仅给出了相应地震区带8级以上和7～7.9级地震的发生次数。

中国地震区带划分表

地震区带名称		$M \geqslant 8$ 地震次数	$M7 \sim 7.9$ 地震次数
Ⅰ 台湾地震区	Ⅰ1 台湾西部地震带	0	8
	Ⅰ2 台湾东部地震带	2	30
	合　计	2	38
Ⅱ 华南地震区	Ⅱ1 长江中游地震带	0	0
	Ⅱ2 华南沿海地震带	0	5
	合　计	0	5
Ⅲ 华北地震区	Ⅲ1 长江下游—黄海地震带	0	1
	Ⅲ2 郯庐地震带	1	6
	Ⅲ3 华北平原地震带	1	5
	Ⅲ4 汾渭地震带	2	7
	Ⅲ5 银川—河套地震带	1	1
	Ⅲ6 朝鲜半岛地震带	0	1
	Ⅲ7 鄂尔多斯地震带	0	0
	合　计	5	21
Ⅳ 东北地震区		0	2
Ⅴ 青藏地震区	Ⅴ1 西昆仑—帕米尔地震亚区	2	37
	Ⅴ2 青藏高原北部地震亚区		
	Ⅴ2-1 龙门山地震带	2	10
	Ⅴ2-2 六盘山—祁连山地震带	2	10
	Ⅴ2-3 柴达木—阿尔金地震带	0	1
	Ⅴ3 青藏高原中部地震亚区		
	Ⅴ3-1 巴颜喀拉山地震带	0	3
	Ⅴ3-2 鲜水河—滇东地震带	1	29
	Ⅴ4 青藏高原南部地震亚区		
	Ⅴ4-1 喜马拉雅地震带	5	14
	Ⅴ4-2 滇西南地震带	2	15
	Ⅴ4-3 藏中地震带	3	7
	合　计	17	126
Ⅵ 天山地震区	Ⅵ1 南天山地震带	1	4
	Ⅵ2 中天山地震带	3	4
	Ⅵ3 北天山地震带	0	4
	Ⅵ4 阿尔泰山地震带	3	5
	合　计	7	17
Ⅶ 南海地震区		0	2

dizhenqu

地震区（earthquake zone）　具有地震活动和地震地质构造背景的区域。在中国地震危险性分析和地震区划中，同一地震区中地震活动的时间、空间和强度特征类似且相互关联。

划分地震区是为了合理进行地震活动性参数的统计，便于研究区域地震活动特征。划分地震区的依据包括历史地震资料，有关构造和断层活动、地球物理场、地壳结构等方面的资料，以及现代地震活动的有关资料，如震中分布、震源机制解等等

划分地震区应注意以下问题。

（1）地震活动性的分区特征及其差异。不同区域的地震活动性差异十分明显。例如，中国东部地震活动明显弱于西部，地震活动周期和强震重复间隔也相应长于西部。在中国东部地区，华北地震活动又明显强于华南和东北地区；在西部地区，青藏高原和天山地区的地震活动性也存在明显区别。除地震活动强弱和周期长短外，不同地震区的地震构造类型、震源深度、震级-频度关系等也不尽相同。

（2）新构造运动和现代构造运动的分区特征及其差异。大陆新构造运动和现代构造运动的性质和强度与地震活动存在明显关系，而且具有分区特点。例如，中国东部地区，除华北地区断块差异运动比较强烈外，东北和华南地区差异运动不明显。各个地区现代地壳形变也存在明显差异。

（3）地壳结构和地球物理场分区特征及其差异。例如：中国大陆地壳结构和地球物理场的分区差异十分明显，主要表现在东、西部两大区；西部的青藏高原和天山地区又有所不同；东部的东北、华南和华北地区，重力异常和航磁异常以及地壳厚度分布均存在一定差异。

（4）现代大地构造分区特点及其差异。例如，中国大陆是由地台区和不同地质历史时期的褶皱带拼合而成的，这些不同时期固化程度不同的构造单元在新构造和现代构造运动中受到强烈改造，具有明显的分区性。

dizhendai

地震带（earthquake belt）　地震集中分布并受活动构造带或地壳结构变异带控制的地带。在中国地震危险性分析和地震区划中，同一地震带中地震地质构造特征相近且密切相关，带内地震发生的时间、空间和强度等特点类似且相互关联。

强烈地震活动往往与构造带和断裂带密切相关，大多呈带状分布。划分地震带的意义在于，将地震活动较强的区域与活动性一般或少震区域相区别，以便分别研究其地震活动特征。

在地震危险性分析中定义的地震带，是指受一条活动构造带、最新造山带、地壳破碎带或几条构造复合带控制的地震活动带。同一地震带的地震活动、地震构造等关系非常密切，具体表现在：①地震活动强度、频度、活动周期、应变积累和释放特点等非常类似；②新构造和现代构造运动活动性质、强度类似或一致；③构造应力场较一致；④地震构造类型，地震断层性质、方向等相近；⑤地球物理场和地壳结构特点类似。

qianzai zhenyuanqu

潜在震源区（potential seismic source zone）　未来可能发生破坏性地震的地区。在同一潜在震源区内，不同地点发生地震的概率相同，且遵循相同的地震活动规律。

划分原则　地震在空间上的分布是不均匀的，有些地方破坏性地震比较集中，有成带、成团、成面分布的特点，而有些地方却没有地震发生的记载；有些地方地震强度大，而有些地方地震强度小；从频度来看，也存在着地区的不均一性。划分潜在震源区正是为了充分体现地震空间分布的不均匀性。

划分潜在震源区的原则可简单归纳为两条。

（1）构造类比原则。若某地区历史上没有发生过破坏性地震，但与已经发生过强震的地区的构造条件具有类似的特点，则该地区可划为具有同类最大强震的潜在震源区。

（2）历史重演原则。在历史上曾经发生过强震的地段或地区，可以划为具有同类震级或高于历史最大震级的潜在震源区。

划分步骤　潜在震源区一般采用二级划分法，即先划分出地震区、带，然后再从地震区带内划分出不同震级上限的潜在震源区。

（1）根据地震活动、构造活动和地球物理场特征，划分地震活动性不同的地震区和地震带。地震带的划分对潜在震源区的确定具有重要意义，可在较大范围内考虑地震活动时空分布不均匀的特点。

（2）分析地震区带内地震活动空间分布特点和各级地震的发震构造条件，划分出具有不同震级上限的潜在震源区。

潜在震源区的确定　须考虑三方面问题。

（1）范围。潜在震源区范围的大小由当地的地质构造特点决定；在资料丰富、标志明确的条件下，其范围尽可能划得小一些；当资料不甚丰富、研究程度较差、发震标志不甚明确时，其范围就要适当扩大，将可能发生同等震级地震的地区尽可能包括进去。潜在震源区是指未来发生地震的可能范围而非震源体，因此其范围大小与震级上限的高低无关，范围大的潜在震源区可以是高震级的，也可能是低震级的。

（2）展布方向。潜在震源区的长轴方向一般代表发震构造或发震断层的破裂方向。

（3）震级上限。潜在震源区内可能发生的最大地震的震级。

qianzai zhenyuan jisuan moxing

潜在震源计算模型（computational potential source model）按照地震动衰减类型区分的震源模型，应用于地震危险性分析中潜在震源影响场的超越概率计算。

假定地震能量从一点突然释放，则其引起的地面地震动参数的等值线近似于同心圆，这种潜在震源计算模型称为点源模型。

如果地震能量沿断层（以一个线段表示）均匀释放，此时地震动衰减的等值线近似于田径跑道，这种潜在震源计算模型称为线源模型或断层破裂模型。实际上任何发震断层都有一定的宽度，不可能是一条线。但是对于离场地相对较远且发震断层宽度较窄时，可以忽略宽度影响。

实际上大多数地震动衰减等值线更近似于椭圆，能反映地震动椭圆衰减的潜在震源计算模型，习惯上称为椭圆模型，此时断层破裂延伸方向即为椭圆的长轴方向。这是目前较为常用的模型。

dizhen huodongxing canshu

地震活动性参数（seismicity parameter）　描述区域地震活动水平的特征参数。在地震危险性分析中常用的参数有震级上限 M_u、起算震级 M_0、震级-频度关系中的 b 值、地震年平均发生率 ν 和空间分布函数 w 等。

合理地确定地震活动性参数，是采用概率方法进行地震危险性分析的基础之一。分析中往往首先确定地震带（区）的地震活动性参数，然后再确定潜在震源区的地震活动性参数。

qisuan zhenji

起算震级（lower limit earthquake magnitude）　对工程场地有破坏性影响的最小震级，通常用 M_0 表示。它是地震危险性分析中描述地震活动性的基本参数之一。

起算震级与震源深度、震源应力环境、震源类型以及工程设防要求有关。中国大陆地区大都是浅源地震，历史上一些 4 级左右的地震也能造成一定破坏，故起算震级均取为 4.0。

zhenji shangxian

震级上限（upper limit earthquake magnitude）　潜在震源区内可能发生的最大地震的震级，通常用 M_u 表示。震级上限是重要的地震活动性参数之一，它的判定正确与否，对工程场地的地震危险性分析结果有显著影响。

在震级-频度关系中，震级上限为累计频度趋于零的震级极限值，即一个潜在震源区的震级上限表示在该震源区内发生超过这一震级地震的概率为零。

潜在震源区震级上限的确定主要依据该潜在震源区的地震活动性及地震构造特征，判定方法有以下几种。

（1）历史地震法。对于已经发生过破坏性地震的潜在震源区，通常根据历史地震资料进行评判。若某一地区地震资料比较丰富，而且记载时间已超过几个地震活动期，则可认为有史以来所记载到的最大地震的震级，已足以代表该潜在震源区的震级上限；如果这一条件不具备，有时可对历史记载的最大地震震级加一个增量，如 1/4、1/2 或 1 级。

（2）古地震法。在有确切的古地震遗迹的地区，可以通过地质学方法及经验统计公式对该古地震事件的震级进行推断，并以此为参考确定潜在震源区的震级上限。

（3）活断层特征参数法。在有较详细的活断层研究成果的地区，可根据活断层的分段特征，如分段长度、位错量、位移速率等，利用其与震级之间的经验关系估算该潜在震源区的震级上限。有的地区有比较确切的特征地震，即在同一潜在震源区内大小和复发周期相近的地震，此时可用特征地震的震级作为潜在震源区的震级上限。

（4）构造类比法。对于尚未记载到破坏性地震同时又没有详细的活断层资料的地区，其震级上限一般是通过对该潜在震源区地震构造的特点进行综合对比确定的。此时须综合考虑该潜在震源区的地质构造特征、深部构造条件、地壳介质的性质及破碎程度等，通过与同一地震带中已知强震中区的对比，并考虑各种统计方法和图像识别成果等综合确定。

（5）综合评价法。在实际工作中，往往是将上述两种或两种以上方法的判定结果综合考虑、互相佐证后对潜在震源区的震级上限作出判定。地震带的震级上限应该是该地震带内各潜在震源区震级上限的最大值。

zhenji-pindu guanxi

震级-频度关系（magnitude-frequency relationship）　地震发生次数与震级之间的统计关系，是地震活动性研究中十分重要的关系。

震级-频度关系用式(1)表述：

$$\lg N = a - bM \qquad (1)$$

式中：N 为某个震级区间（$M \sim M + \Delta M$）的地震次数，后在应用中推广为震级大于或等于 M 的地震次数；a 和 b 为通过统计分析确定的经验常数。此经验关系是古登堡（B. Gutenberg）和里克特（C. F. Richter）于 1941 年提出的，亦称古登堡-里克特关系（G-R 关系）。尽管这一关系的物理基础至今仍不很清楚，但已证实它可应用于全球或区域尺度上较宽的震级范围；图中给出了三个地区的结果。

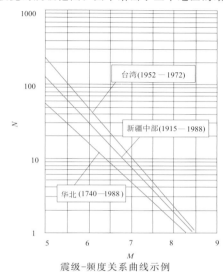

震级-频度关系曲线示例

G-R 关系中的常数 b 值是一个重要参数，它代表一个地震区、带内大小地震发生频度的比例关系。例如：$b = 1$ 意味着震级减小 1 级，其发生次数增加到 10 倍；$b = 0.7$ 意味着震级减小 1 级，其发生次数增加到 5 倍。b 值与地震区带内的应力状态和地壳岩石破裂强度有关，随地区不同而有所变化。

b 值是由地震区带内实际地震数据统计得到的，它与实际资料的完整性、可靠性，统计样本量的多少，取样的时空范围、起始震级和取样间隔等都有关系。因此，在统计地震区带的 b 值时，要研究各种影响因素，以求得合理的数值。

在地震危险性分析中，须将式(1)中的常用对数转换为自然对数：

$$\ln N = \alpha - \beta M \qquad (2)$$

式中：$\alpha = a\ln 10$；$\beta = b\ln 10$。

bendi dizhen

本底地震（background earthquake）　在潜在震源区之内和其外围地区，有一部分中小地震与地质构造的关系不甚明确，其发生条件具有较强的随机性，这样的地震称为本底地震。

本底地震的强度一般依据历史地震资料由经验判定，取略高于中小地震的震级。各地本底地震的大小不尽相同。

dizhen nianpingjun fashenglü

地震年平均发生率（average annual probability of earthquake）　一定区域范围（如地震区、带）内平均每年发生地震的次

数，一般情况下为等于或大于起算震级 M_0 的地震次数，通常用 ν 表示，它代表该统计区域范围内的地震活动水平，是进行地震危险性概率分析的重要参数。

影响地震年平均发生率的主要因素是地震活动水平，但也与资料的统计时段有关。统计时段选取应考虑的因素包括：①在该时段内所统计的各震级地震资料尽可能完整可靠；②时段要有一定长度，以使统计样本达到一定数量；③要考虑地震活动在时间分布上的非平稳性，使被统计时段的 ν 值能代表未来一段时间内的地震活动水平。

因此，选取 ν 值时应对该地震区、带地震活动的趋势进行分析。通过对各地震区带地震活动周期图和应变释放曲线的分析，可大致判断该区带未来一段时间内的地震活动趋势。若一个地震区带内的地震活动在未来一段时间内将面临相对平静期，则 ν 值可选用该区带长时间的平均值；若估计地震区带在未来一段时间内将处于活跃期，则 ν 值可取该区带历史上处在地震活跃期的年平均发生率；若某地震区带在未来一段时间内的地震活动水平处于过渡状态或不明朗，则应对该区带内长时间的平均 ν 值予以修正。

kongjian fenbu hanshu

空间分布函数（spatial probability distribution function）　地震危险性分析中反映地震区带内地震活动空间不均匀性的概率分布函数。

为反映地震活动的空间不均匀性，除在地震区带内划分潜在震源区外，还须将该地震区带内的地震年平均发生率合理地分配到各潜在震源区。若用潜在震源区的面积大小进行分配，将会低估那些面积较小但地震危险性程度较高的潜在震源区的影响。通常采用的分配方法是引入一个年平均发生率分配权系数，并按式(1)计算：

$$\nu_{ij} = \nu_j w_{ij} \qquad (1)$$

式中：ν_{ij} 为某地震区带内第 i 个潜在震源区第 j 个震级分档的地震年平均发生率；ν_j 为该地震区带内第 j 个震级分档 $[M_{j-1}, M_j]$ 的地震年平均发生率；w_{ij} 为该地震区带内第 j 个震级分档的地震年平均发生率分配到潜在震源区 i 中的分配权系数。

亦可从另一角度理解分配权系数 w_{ij} 的含义。将式(1)改写为

$$w_{ij} = \nu_{ij} / \nu_j \qquad (2)$$

式中：w_{ij} 表示某一地震区带上发生一次 j 震级分档内的地震，且该地震正好落在潜在震源区 i 内的概率。因此，w_{ij} 也可以称为空间概率分布函数，简称空间分布函数。

确定空间分布函数是一项十分复杂的工作，须考虑多种因素进行综合评判。这些因素包括：潜在震源区划分的可靠程度，中长期地震预报成果，大地震的减震作用，小震活动规律，强地震复发间隔与构造特征，地震活动的重复性以及潜在震源区的面积大小等。

zhenji fendang

震级分档（grade of earthquake magnitude）　地震危险性分析中，确定潜在震源区的空间分布函数时对震级所作的分档。

地震发生的空间不均匀性除由潜在震源区划分表征外，

也与潜在震源区所处的地震构造部位和地震活动特征有关。一般而言，小地震的发生具有一定的随机性，但强地震的发生却在某些特定的地震构造部位才有可能。

地震发生的空间不均匀程度与震级大小和震源区的特点有关。在引入空间分布函数分配地震年平均发生率时，还要考虑不同震级的差异，因此要对震级分档。震级分档要适度，分得过细资料不足，分得过粗又失去意义。通常把震级 M 分为七档：$4.0{\leqslant}M{<}5.0$，$5.0{\leqslant}M{<}5.5$，$5.5{\leqslant}M{<}6.0$，$6.0{\leqslant}M{<}6.5$，$6.5{\leqslant}M{<}7.0$，$7.0{\leqslant}M{<}7.5$，$M{\geqslant}7.5$。

dizhen weixianxing fenxi gailü fangfa

地震危险性分析概率方法（probabilistic seismic hazard analysis method） 基于概率理论预测场址地震动的方法。

工作框架 主要有以下几个环节。

（1）基于发震构造背景和地震活动性特点划分地震区带，判定所有对场地有影响的潜在震源，研究确定每个潜在震源区的地震活动性参数，如震级上限、起算震级、地震年平均发生率等。

（2）建立地震活动的概率模型，以震级-频度关系为基础，确定地震随震级大小的概率分布和概率密度函数（强度概率模型），选择地震发生时间概率模型，并计算危险率函数。

（3）确定需要的设计地震动参数，如地震烈度、加速度峰值、速度峰值或反应谱，选择或研究适用于本地区的地震动衰减关系。

（4）根据地震发生的强度概率模型、时间概率模型和地震动衰减关系，按照概率理论计算场地的地震动参数在一定年限内的超越概率，得到地震危险性曲线。

（5）根据抗震设防目标和抗震设防标准由地震危险性曲线确定设计地震动。

基本假定 概率方法最基本的假定是：地震是随机事件，即未来地震发生的时间、地点和大小都是不确定的，但可用一定的概率分布来描述。据此，地震发生过程可用三维随机过程 $\{L_i, T_i, M_i\}$ 描述，其中 i 表示一次地震事件，L_i，T_i，M_i 分别为地震 i 的震源位置、发生时间和震级。地震发生过程完整的统计分析须考虑这三个参数的联合概率分布。但这一分布模型非常复杂，在缺少地震数据的情况下难以建立。实际应用中，通常分别研究这三个参数的统计特征。一般通过划分潜在震源区描述地震空间分布的非均匀性；同一个潜在震源区内，假定地震发生的空间分布是均匀的，且地震年平均发生率是常数；用震级-频度分布描述不同震级地震的发生频度；用泊松（Poisson）过程描述地震发生时间的不确定性。

超越概率 在上述假定下，地震动超越概率的计算公式为

$$P_t(Y > y) = 1 - \exp\Big\{ - t \sum_{k=1}^{N} \sum_{i=1}^{n_k} \sum_{j=1}^{n_i} \nu_{kj} w_{kij}$$
$$\times \int_{M_{j-1}}^{M_j} P[Y > y \mid E_{ki}(M)] f_k(M) \mathrm{d}M \Big\}$$

式中：$P_t(Y > y)$ 表示在 t 年内工程场址的地震动参数 Y 超过给定值 y 的概率；$P[Y > y \mid E_{ki}(M)]$ 表示在地震带 k 上

的潜在震源区 i 内至少发生一次 M 级地震时引起的场地地震动参数超过 y 的条件概率；$f_k(M)$ 为地震带 k 上关于震级 M 的概率密度函数；ν_{kj} 为第 k 个地震带第 j 个震级分档的年平均发生率；w_{kij} 为 ν_{kj} 分配于潜在震源区 i 中震级档 (M_{j-1}, M_j) 内的权系数，即空间分布函数；N 为地震带个数；n_k 为地震带 k 上的潜在震源区个数；n_i 为地震带 k 上潜在震源区 i 内的震级分档数。潜在震源区总数为 $\sum_{k=1}^{N} n_k$。

条件概率函数 $P[Y > y \mid E_{ki}(M)]$ 的计算不仅与潜在震源区 i 的震源计算模型和几何性质有关，而且还与地震动参数的衰减关系有关。

概率法应用中由于资料不足等原因多采用参数均匀化分布的假定，如潜在震源区内地震分布均匀，年平均发生率是常数，不随时间变化。这样做可能不符合实际情况，故已采用了一些改进方法。如引进空间分布函数以反映地震在潜在震源区内空间分布的不均匀性；按照震级分档分配年发生率，以反映地震时间分布的不均匀性等。资料的积累将推进非均匀模型的研究。

dizhen fasheng gailü moxing

地震发生概率模型（probabilistic model of earthquake occurrence） 描述地震发生随时间、空间和强度变化的概率分布模型。

地震发生过程的完整概率模型须建立包括时间、空间和强度三个参数的联合概率分布，但这样的分布模型非常复杂，囿于资料缺乏和知识不足难以建立。在地震危险性分析中，通常分别独立研究这三个参数的特征，建立各自的模型。

地震发生的时间分布 在地震危险性分析概率方法中，已提出了多种表示地震发生的随机过程模型，如简单泊松（Poisson）模型与非齐次泊松模型、马尔可夫（Markov）模型与半马尔可夫模型以及更新过程模型等。这些模型可分为泊松模型和马尔可夫模型两类。这些模型各自强调了地震现象的某些特殊性质，但还没有一种模型可完善描述所有地震区的地震活动特征。目前广泛应用的仍是较为简单的泊松模型。

泊松模型有三个基本性质。①平稳性。在任意两个长度相等的时段内，事件发生的概率相同；因此，可以用 ν 表示单位时间内事件的平均发生率。②独立性（无后效性）。时刻 t 以后事件发生的情况与时刻 t 以前事件发生的情况无关，因此两个不相重的时间间隔内事件的发生是相互独立的。③普遍性。在某一瞬间，事件或者发生，或者不发生，不可能有两个或两个以上的事件发生。由这三个性质可以导出泊松模型的基本概率分布公式

$$P_k(t) = \frac{1}{k!} (\nu t)^k \exp(-\nu t) \qquad (k = 0, 1, 2, \cdots)$$

式中：$P_k(t)$ 表示在时间 t 内事件发生 k 次的概率；ν 为事件在时间 t 内的平均发生率。如果用 $Q(t)$ 表示在 t 时间内事件不发生的概率，可有

$$Q(t) = \exp(-\nu t)$$

由此可得在 t 时间内至少发生一次事件的概率分布函数和概率密度函数分别为

$$\overline{F}(t) = 1 - \exp(-\nu t)$$
$$\overline{f}(t) = \overline{F}'(t) = \nu \exp(-\nu t)$$

由此可得出泊松模型的危险率函数：
$$r(t) = -Q'(t)/Q(t) = \overline{f}(t)/[1-\overline{F}(t)] = \nu$$
即泊松模型的危险率函数是一个常数，其数值等于它的平均发生率。

利用危险率函数可以计算条件概率。设 A 表示在 $(t, t+\Delta t)$ 内至少发生一次事件，B 表示在 $(0, t)$ 内无事件发生，则条件概率为
$$P(A \mid B) = r(t)\Delta t + o(\Delta t)$$
式中：$o(\Delta t)$ 表示关于 Δt 的高阶小量；Δt 为一时段。

地震发生的空间分布　首先划分地震区、带，再细分潜在震源区作为地震发生的空间模型。在同一个潜在震源区内，假定地震发生概率的空间分布是均匀的，这与潜在震源区划分的标准是一致的。

震级的概率分布模型　以震级作为地震强度指标建立地震发生的强度模型。在一个潜在震源区内，假定地震发生的强度分布采用震级-频度关系来描述，即
$$\ln N = \alpha - \beta M$$
式中：N 为震级大于或等于 M 的地震发生次数；α，β 为经验常数。

至少发生一次震级不超过 M 的地震的概率称为震级 M 的累积概率分布函数，简称概率分布函数 $F(M)$，由上式可推得

$$F(M) = \begin{cases} 0 & M < M_0 \\ \dfrac{1 - \exp[-\beta(M-M_0)]}{1 - \exp[-\beta(M_u-M_0)]} & M_0 \leqslant M \leqslant M_u \\ 1 & M > M_u \end{cases}$$

式中：M_0，M_u 分别为起算震级和震级上限。

对应震级 M 的概率密度函数 $f(M)$ 定义为
$$f(M) = \lim_{\Delta M \to 0} \frac{F(M+\Delta M) - F(M)}{\Delta M} = F'(M)$$
式中：ΔM 为震级间隔。

由此可推出震级 M 的概率密度函数为

$$f(M) = \begin{cases} \dfrac{\beta \exp[-\beta(M-M_0)]}{1 - \exp[-\beta(M_u-M_0)]} & M_0 \leqslant M \leqslant M_u \\ 0 & \text{其他} \end{cases}$$

chaoyue gailü

超越概率（exceedance probability）　随机参数超过某一给定值的概率。在地震危险性分析中的含义为：一定年限内工程场地周围可能发生至少一次地震在该场地引起的地震动参数超过给定值的概率。

超越概率通常用 $P_t(Y>y)$ 表示，其中下角标 t 表示年限，Y 与 y 分别为场地地震动参数的随机值和给定值。Y 或 y 代表的地震动参数，包括地震烈度、地震动加速度峰值、速度峰值和反应谱等。若用 $P_1(Y>y)$ 表示一年内工程场地周围可能发生的地震引起的该场地地震动参数超过给定值 y 的概率，那么，年超越概率和 t 年的超越概率存在如下关系：
$$P_t(Y>y) = 1 - [1 - P_1(Y>y)]^t$$
$$P_1(Y>y) = 1 - [P_t(Y>y)]^{1/t}$$

工程上常用 50 年超越概率 10% 的地震动参数值作为抗震设防基本地震动参数值，这大致符合一般建筑的抗震设计习惯和震害经验，为大多数国家采用。重大工程设施则

要提高要求，如桥梁隧道取年限为 100 年，水坝为 $100 \sim 150$ 年，核电站的运行基准（运行安全）地震动和安全停堆（极限安全）地震动则要求更高。

中国《建筑抗震设计规范》(GB 50011—2001) 规定：一般建筑以 50 年超越概率 63% 的地震影响为常遇地震，以 50 年超越概率 10% 的地震影响为设防地震，以 50 年超越概率 2%～3% 的地震影响为罕遇地震。

chongxian zhouqi

重现周期（return period）　表示概率事件再次出现的时间间隔，又称再现周期。

在地震危险性分析中，若用 $P_1(Y>y)$ 表示年超越概率，即一年内工程场地周围可能发生至少一次地震引起的该场地地震动参数 Y 超过给定值 y 的概率，重现周期 T_y 则为该场地再发生一次地震动参数超过给定值 y 的年限，用年超越概率的倒数计算：
$$T_y = 1/P_1(Y>y)$$
50 年超越概率为 10% 时，相当于重现周期为 475 年，即年超越概率是 $1/475 = 0.002105$；50 年超越概率为 5% 时，重现周期为 975 年。

dizhen weixianxing quxian

地震危险性曲线（seismic hazard curve）　超越概率随地震动参数值变化的曲线，亦称超越概率曲线，是地震危险性分析结果的表现形式。

超越概率表示在一定时段内，工程场地周围可能发生至少一次地震在该场地引起的地震动参数超过给定值的概率。地震危险性分析中用到的地震动参数包括地震烈度，地震动加速度峰值、速度峰值和反应谱等。

地震危险性曲线示例如图所示，横坐标为地震动参数（加速度 a），纵坐标为地震动参数的超越概率 P。图中三条曲线对应不同的时限，即计算地震发生概率的年限。显然，

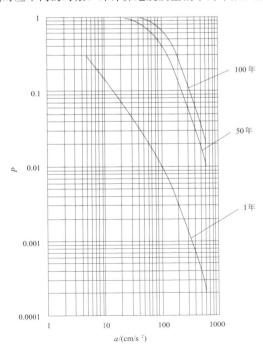

地震危险性曲线示例

年限越长，发生大震的可能性越大，相同超越概率下对应的地震动参数值越高。

buquedingxing chuli

不确定性处理（treatment for uncertainty）

不确定性泛指事物的不可准确认知性，如随机性、模糊性和认知不确定性。不确定性处理包括对不确定性事物的度量、分析以及针对不确定性分析结果的修正和决策。

地震危险性分析概率方法中存在许多不确定性因素。例如，工程应用中大都采用平稳泊松模型描述地震发生的时间过程，但在一个地震区带内，实际地震活动在几十年至几百年内呈现出活跃期与平静期相间的现象，具有明显的不均匀性。又如，潜在震源区形状和边界位置、地震活动性参数、地震动衰减关系和回归分析方法、超越概率的计算等，都存在着不确定性因素。

地震危险性分析概率方法不确定性处理可作如下考虑。

（1）在地震危险性分析的每个环节都存在模型及其参数的不确定性，某些关键参数还依据主观判断。初步的处理方法是针对危险性分析的各个环节分别估计单个因素的影响。①对统计随机误差可用标准差表示，对参数选取引起的不确定性可在合理范围内变动参数，考察结果的变动范围估计偏差，也称参数分析。②对于模型引起的不确定性，可通过不同模型的结果或不同专家提供的结果估计偏差范围；如对潜在震源划分的不确定性采用多种方案，按照影响大小和经验综合估计可能出现的偏差或按照判断作加权平均。③对于知识不足引起的认知不确定性，只有积累观测资料不断深化研究、掌握物理本质才能逐步减少。

（2）可对地震动衰减的不确定性作定量估计。按照贝叶斯方法，对随机因子不确定性的超越概率可进行定量校正。概率地震危险性分析中使用的是地震动平均衰减关系，假定其离散性符合正态分布，则对烈度和加速度的校正公式分别为

$$P'_t[I \geqslant i] = \int_{-3\sigma}^{3\sigma} P_t[I \geqslant i-z] f_1(z)\mathrm{d}z$$

$$P'_t[A \geqslant a] = \int_{-3\sigma}^{3\sigma} P_t[A \geqslant a\exp(-z)] f_1(z)\mathrm{d}z$$

式中：$P'_t[I \geqslant i]$ 和 $P'_t[A \geqslant a]$ 分别为对地震烈度 I 和加速度峰值 A 进行校正后的 t 年的超越概率；$P_t[I \geqslant i-z]$ 和 $P_t[A \geqslant a\exp(-z)]$ 为校正前的超越概率，z 是随机变量，i 和 a 分别是烈度和加速度的给定值；$f_1(z)$ 是均值为 0、标准差为 σ 的正态分布的概率密度函数，用下式表示：

$$f_1(z) = \frac{1}{\sqrt{2\pi}\sigma}\exp[-z^2/(2\sigma^2)]$$

（3）对于认知不确定性的影响可采用逻辑树方法分析。先列出产生不确定性的主要环节，如潜在震源区的划分、地震动活动性参数、最大震级、地震动衰减，然后指定数个有资质的机构对同一地区进行分析，每个环节将有数个方案。在每个环节对不同方案分配不同的权系数（其和为 1）作为方案的主观概率，组合后有不同的结果，每个结果的最终概率为相应各主观概率之积（见事件树方法）。

有建议将认知不确定性和模糊不确定性都用贝叶斯公式处理，直接得到校正后的超越概率，方法是将处理认知不确定性的权系数和模糊不确定性的隶属函数转化为离散型的主观概率密度函数。

dizhen gouzaofa

地震构造法（seismotectonic method）

根据发震地质构造条件评定工程场址地震动参数的方法，是地震危险性分析的确定性方法之一。

地震构造法基于构造类比原则，即相同的地质构造可能发生相同强度的地震。

地震构造法包括三个环节。

划分地震构造区 地震构造区是具有发震地质构造和地震活动性的地理区域。划分地震构造区主要应考虑以下几方面因素：①在划分大地构造单元时，不是着眼于一级大地构造单元，而是考虑其次一级的大地构造单元；②同一大地构造单元的新构造及第四纪（特别是全新世）发育历史应具一致性；③现代构造应力场主压应力方向及其特征应具一致性；④地震活动特征，特别是空间和强度分布特征应具一致性；⑤发震构造条件应具一致性，如同属一个断陷盆地，或具有同一发震构造方向；⑥地球物理场和地壳结构应具一致性。

判定最大潜在地震 须注意两方面问题。

（1）与地震活动断层有关的最大潜在地震的判定，应综合考虑断层活动分段的尺度、活动特点、活动规模以及断层活动段上的最大历史地震。

（2）与地震活动断层无关的最大潜在地震，应根据以下因素综合评定：①已发生的与活动构造无关的最大地震；②地震记录历史的长短，以及已发生地震的强度、频度水平；③地震构造区内的应变释放速率。

确定场址地震动参数 采用地震构造法确定基岩场地地震动参数可按以下步骤进行：①将综合判定的地震构造区内的各个最大潜在地震"迁移"到在可能发生范围内距场址最近处；②就"迁移"后的各最大潜在地震，按适合于本地区的地震动参数衰减关系计算场址地震动参数，并对衰减关系的不确定性进行校正；③取计算结果的最大值作为场址地震动参数。

地震构造法虽以确定方式计算地震动参数，但各环节均有很大不确定性，例如活断层规模、分段和最大震级的判断等。该法用于核电站等重大工程时，一般取各种方案计算结果的最大值，偏于保守。

lishi dizhenfa

历史地震法（method of historical earthquake）

根据历史地震资料评定工程场址地震动参数的方法，是地震危险性分析的确定性方法之一。

历史地震法基于地震历史重演原则，即历史上曾经发生破坏性地震的地方，有可能再次发生同样的地震。运用此法要全面评价工程场址周围各次历史地震对场址的影响，得出场址的地震烈度，或再将其转换为地震动参数。

采用历史地震法有两种途径：由历史地震资料直接评定场址的地震烈度；基于场址周边的地震活动，借助地震烈度衰减关系评定场址的地震烈度。这两种途径可同时运用，取二者计算结果的较大者为场址地震动参数。

采用前一种方法要注意当地历史地震资料的局限性。

中国历史地震记载一般来自县志，往往只反映本县破坏情况，远不如现代地震调查资料全面、详细，因此必须进行反复考证。

采用后一种方法要注意衰减关系应基于本地区地震衰减资料的统计分析，同时注意以下两个问题。①大地震的特殊衰减关系。历史上一些巨大地震的衰减规律可能与本地区总体衰减规律有差别。②烈度异常。分析历史地震等震线图，常会发现重复出现的烈度异常区，这一现象应在历史地震法中予以考虑。

历史地震法常与地震构造法同时采用，对重大工程取二者结果的较大者作为最终结果。历史地震法虽以确定方式给定地震动参数，但在各环节均有很多不确定性。例如历史地震资料详尽程度差别很大，根据历史记载判断最大震级也带有主观性等。

sheding dizhen

设定地震（scenario earthquake） 根据地震环境推测可能发生的对指定场地有影响的地震。

设定地震随应用目的不同而有不同结果。在震害预测、制定预防和应急对策时，设定具体的地震较为实用。在结构抗震分析中，则可能要求给出不同特征的地震，如远震大震或近震小震；也可能要求给出发生概率不同的几个地震或最大地震。

用地震构造法、历史地震法等确定性方法可以给出设定地震。对地震活动强烈的断裂带进行研究可以发现某些规律，例如在某些断裂带上地震呈规律性的空间迁移，在一定地区频繁发生的一定震级的地震称为特征地震，可作为设定地震。

设定地震也可由地震危险性概率分析确定。如对众多潜在震源逐个分析，选择对场地地震动影响最大的潜在震源作为设定地震；也可以设防地震动参数为目标，在潜在震源中选择能得出这一参数的地震；或根据地震动衰减关系和潜在震源，对能得出这一参数的多个地震进一步筛选。

一般来说设定地震参数包括震级和地点（离场地的距离），随着强地震动模拟和预测方法的发展，还须知道发震断层的方位、长度、宽度、深度；如有可能，还要求估计断层破裂传播方向。

Gongcheng Changdi dizhen Anquanxing Pingjia（GB 17741 − 2005）

《工程场地地震安全性评价》（**GB 17741−2005**）（*Evaluation of Seismic Safety for Engineering Sites*，GB 17741 − 2005） 中国为进行地震危险性分析、确定工程场地的选址和设计地震动制定的技术标准。该标准由中国地震局提出，2005 年颁布。

对于重要的工程项目，全国地震区划图提供的结果精度不足，须进一步收集相关地震活动和地震地质资料，有针对性地进行深入分析。为此该规范规定了相应的工作等级、步骤和技术要求，规定了关键技术环节、工作精度和控制参数的最低标准。安全性评价以场地设计地震动峰值、反应谱和地震地质灾害为评价结果，适用于新建、扩建、改建工程，大型厂矿企业、大城市和经济建设开发区的选址和抗震设防，以及制定发展规划和防震减灾对策。

主要内容 地震安全性评价工作分为四级，不同级别对资料收集分析和工作内容、深度的要求不同。规定了区域（范围不小于场地外围 150 km）地震活动性与地震构造、近场（范围不小于场地外围 25 km）地震活动性与地震构造、场地工程地质勘测三个不同范围所必须进行的技术工作。规范强调基础资料的重要性，包括资料收集分析的步骤、内容、要求，图件名称和比例尺，现场勘察和测试、室内试验等项目，并区分不同工作级别分别规定不同要求；规定了地震烈度和地震动衰减的经验关系、注意事项和要求以及缺乏强震观测资料地区的处理原则。

地震危险性分析是规范的重要内容。确定性分析包括地震构造法和历史地震法，给出了方法的关键点和要求，并规定取两者计算结果的较大者为最后结果；给出了地震危险性分析概率方法的详细步骤、要求、计算公式和不确定性校正处理方法。一般场地的地震危险性分析结果可用于进行区域性地震区划，规定了区域性地震区划的工作精度要求和结果表述方式。

对于具体的工程场地规定了不同工作级别对应的场地模型精度要求、场地模型参数、基岩输入地震动参数和合成人造地震动时程中相关参数的要求，并规定了不同工作级别场地地震动参数的内容。

按照不同工作级别规定了应进行的地质破坏可能性评价，包括场地液化、软土震陷、岩体崩塌、岩土开裂、滑坡、塌陷等各类地面破坏和地基失效，规定了有关的技术要求；也规定应结合场地断层活动性调查评价地面变形。

给出了地震小区划的要求，包括地震动小区划和地面破坏小区划的内容和结果表示方法，规定了容易出现偏差环节的技术要求。

条文目录 标准共 14 章，依次为：范围，规范性引用文件，术语和定义，工程场地地震安全性工作分级，区域地震活动性和地震构造评价，近场区地震活动性和地震构造评价，工程场地地震工程地质条件勘测，地震动衰减关系确定，地震危险性的确定性分析，地震危险性的概率分析，区域性地震区划，场地地震动参数确定和地震地质灾害评价，地震小区划，地震动峰值加速度复核。

地 震 区 划

dizhen quhua

地震区划（seismic zonation）　在国家或地区范围内，根据可能遭受地震危险或危害的强弱程度，用给定参数对不同抗震设防区域的划分；亦称地震区域划分。区划结果以图件形式表示，称为地震区划图。

为抗御地震灾害，必须估计可能发生地震的危险和强烈程度，预测各地的地震动，以便有的放矢采取对策。地震危险程度因地而异，有必要区分不同地区规定设防水准。多地震国家都把编制地震区划图作为地震灾害防御的基本措施之一。

发展简史　地震区划研究始于 20 世纪 30 年代。1950 年，苏联以戈尔什科夫（A. I. Gorshkov）为首最先采用构造类比原则和历史重演原则编制全苏地震区域划分图。日本河角广曾利用日本历史地震资料，将日本划分为 350 个小区（经纬度 0.5°×0.5°），用概率统计方法计算一定年限内发生一次最大地震的烈度期望值，然后按日本烈度与加速度的统计关系换算为加速度，编制出未来 75 年、100 年、200 年的日本地震动加速度区划图。

1968 年，美国科内尔（C. A. Cornell）提出地震危险性分析概率方法，阿尔杰米森（S. T. Algermissen）等用此法编制了新的美国地震区域划分图，给出了重现周期 475 年，即相当于 50 年超越概率为 10% 的基岩水平地震动加速度峰值分布图。该图被美国应用技术委员会（ATC）采纳，成为抗震设计规范的重要内容。加拿大、土耳其、希腊、伊朗、苏联、蒙古和巴尔干地区有关国家等也采用概率分析方法，先后编制了本国或本地区的地震区划图，大多以地震烈度和水平地震动加速度峰值作为区划参数。

中国的地震区划研究始于 20 世纪 50 年代。1957 年李善邦等主持编制了中国第一代地震区划图《中国地震区域划分图》（1957），1977 年邓起东主编第二代区划图《中国地震烈度区划图》（1977），两图均以地震活动性特征和地震构造条件为依据判断未来的地震危险程度，后者以 100 年内发生的最大烈度为指标。1990 年时振梁主编完成第三代区划图《中国地震烈度区划图》（1990），图上标示的地震烈度是在未来 50 年内超越概率为 10% 的地震烈度。2001 年胡聿贤主编完成《中国地震动参数区划图》（GB 18306—2001），包括《中国地震动峰值加速度区划图》和《中国地震动反应谱特征周期区划图》。

地震区划图　表示地震区划结果的图件，大地域区划图的比例尺大致为几百万分之一，小地域区划图比例尺多为几十万分之一。

地震区划的结果要以不同分区的地震危险程度参数表述。早期区划图曾标示各地可能发生的地震震级，如 1957 年新西兰地震区划图。有的区划图直接用破坏等级分区，如 1949—1969 年美国地震区划图将全国划为四个地震破坏等级不同的区域。地震烈度也被用作区划指标。近年各国普遍采用地震动参数作区划指标，如有效峰值加速度、有效峰值速度、反应谱等；为此可编制多幅不同参数的分区或等值线图。

以地震动参数作为区划指标反映了地震科技的进步，适应了结构地震反应分析和抗震设计的进展。

由于对地震活动规律认识还有待深化，地震区划的结果一般并不对应确定的适用时限；即使考虑了适用时限也有极大不确定性。

采用地震危险性分析概率方法进行地震区划时，必须考虑地震发生的时间分布，分析结果必然对应某个时段。这一时段大致与土木工程的设计基准期或设计使用年限相当。但是，这一时段并不是区划结果的适用时限。

地震区划图的修编一般基于新的地震、地质资料和地震危险性分析方法的发展，并不意味着区划图超过了使用时限。

地震区划方法　地震区划是地震危险性分析的结果，可由确定性方法或概率方法得出。

确定性方法包括历史地震法和地震构造法，分析依据构造类比原则和历史重演原则。资料分析表明，历史地震重演不是无条件的，地震活动有一定起伏规律，重演事件要区分时间区段；构造类比要注意大构造带上不同区段的差别。

概率方法将地震发生视为不确定的概率事件，但又符合一定随机特性，可以建立相关的随机模型，运用概率理论得到指定地区的地震动参数概率分布。（见地震危险性分析概率方法）

地震区划的用途　地震区划图是各地区实施抗震设防的依据，可用于城市规划、土地利用、场址选择、一般工程结构抗震设计以及防震减灾规划和地震应急预案的编制。

地震区划覆盖的面积大，地震活动性统计单元和地震地质构造单元相应也比较大，研究的深入程度受限，因此区划结果一般仅适用于较大区域的规划和一般建筑结构的抗震设计。地震区划仅就标准场地（如硬土场地）提供结果，具体的工程场地有多种类型，须要更加详细地分析场地条件对地震动的影响，这项任务可由地震小区划完成。核电站、大型水利枢纽、大型桥梁、海洋平台等重要工程结构，要求更深入的专门研究，在中国称为地震安全性评价。

由于地震发生的规律尚未被完全认识、地震活动性统计资料年限过短和空间分布不均匀、地震地质勘探资料有限等诸多原因，区划中许多环节还很不完善，不得不采用若干假定；无论确定性方法还是概率方法，其结果都带有很大的不确定性。各国的地震区划图都随时间更新修编，以反映最新认识和研究成果。

Zhongguo Dizhen Quyu Huafentu（1957）

《中国地震区域划分图》(1957)（*Seismic Intensity Zoning Map of China*，1957）　1957 年由李善邦等主持编制的中国第一代地震区划图，比例尺为 1∶500 万。

编图采用戈尔什科夫（A. I. Gorshkov）提出的两条原则：构造类比原则，地质条件相同的地区地震活动性亦可能相同；历史重演原则，曾经发生过地震的地区同样强度的地震还可能重演。该图全面展示了中国各地区的地震危险性。该图以地震烈度为指标编制采用确定性方法，在若干地区给出的烈度超出当时的设防能力，因而未被建设部门采纳。

Zhongguo Dizhen Liedu Quhuatu（1977）
《中国地震烈度区划图》(1977)（*Seismic Intensity Zoning Map of China*，1977）

1977 年由中国国家地震局组织编制完成，主编邓起东，通称中国第二代地震区划图，比例尺为 1∶300 万。

该图给出的地震基本烈度是未来 100 年内、一般场地可能遭遇的最大地震烈度。

区划图的编制工作分两步完成：首先进行地震危险区划，然后完成地震烈度区划。地震危险区划是预测未来 100 年内可能发生强地震的地点和强度，地震烈度区划是在地震危险区划的基础上，根据地震烈度衰减预测场地的最大烈度。

主要技术步骤：

（1）根据区域地震活动和地震地质条件，划分地震区和地震带；

（2）评价各地震区、地震带未来百年内的地震活动趋势、最大震级和各级地震的次数；

（3）研究和总结各地震区、地震带内不同强度地震的发震构造标志；

（4）确定各地震区、地震带内未来百年可能发生的各级地震次数和地震发生地段，勾画出各级地震危险区；

（5）按照该区域地震烈度衰减的统计数据，确定地震烈度及其分布。

该图引入了地震趋势性分析的概念，区划结果具有时间含义。

Zhongguo Dizhen Liedu Quhuatu（1990）
《中国地震烈度区划图》(1990)（*Seismic Intensity Zoning Map of China*，1990）

1990 年由中国国家地震局组织编制完成，主编时振梁，顾问组长刘恢先，通称中国第三代地震区划图，比例尺为 1∶400 万。

编图原则：①采用地震危险性分析概率方法；②反映地震活动时空不均匀分布的特点；③吸收地震预测的科研成果。

编图内容和步骤：

（1）根据地震活动、地质构造及深部地球物理特征划分地震区、带，以此作为地震活动性参数的基本统计单元；

（2）统计求得地震区带内的 b 值，并分析判断地震区带在 100 年内的地震活动水平，据此确定 4 级以上地震年平均发生率；

（3）依据对各震级地震发生环境的研究，运用地震活动、新构造活动以及深部地球物理资料，在地震区、地震带内进一步划分潜在震源区；

（4）分配地震区、地震带内各潜在震源区每个震级档次地震的年平均发生率；

（5）由地震等震线资料，就长轴和短轴分别拟合区域性地震烈度衰减关系；

（6）判断各个潜在震源区烈度衰减长轴的走向及其取向概率；

（7）编制概率计算程序，计算全国范围内各地点给定概率水平的烈度值；

（8）考虑各种不确定性因素的影响，对计算结果进行校正，勾画烈度分区界线。

该图全面反映了中国各地区（不包括中国海域部分及小的岛屿）地震活动的危险程度。图中所标示的地震烈度系 50 年内、在一般场地条件下可能遭遇到的超越概率为 10％ 的烈度。图中共分出五类烈度区：＜Ⅵ、Ⅵ、Ⅶ、Ⅷ和≥Ⅸ。该图不仅提供了一般工程的抗震设防依据，也是国家经济建设和国土利用的基础资料和制定减轻与防御地震灾害对策的依据。

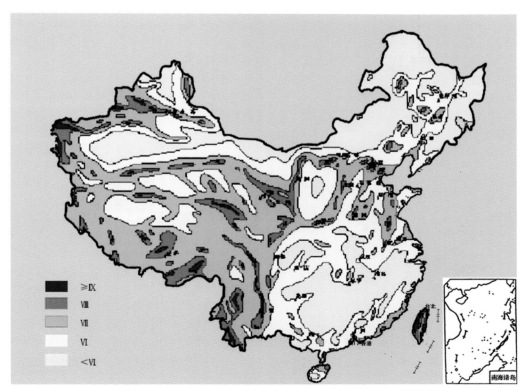

中国地震烈度区划图（1990）
（1∶400 万原图的示意图）

Zhongguo Dizhendong Canshu Quhuatu（GB 18306—2001）

《中国地震动参数区划图》(GB 18306—2001)（*Seismic Ground Motion Parameter Zonation Map of China*，GB 18306—2001） 2001 年由中国地震局组织编制完成，于 2002 年颁布；主编胡聿贤，比例尺为 1：400 万。

编图原则和特点 主要体现在以下方面。

（1）该图吸收了大量新的地震相关基础资料及最新研究成果，用地震动参数作为地震危险性的标度，减弱了烈度区划边界两侧地震作用的跳跃变化，便于结构抗震分析和设计使用，并注意到与《中国地震烈度区划图》（1990）的衔接。

（2）在编图中考虑了不确定性的影响，例如采用五套潜在震源区划分方案，详细研究各方案的资料基础和划分根据，对比结果的差别，考虑边缘地区、资料缺乏和研究程度不够地区的影响，用加权方法给出最后结果。详细分析了地震活动性参数的取值、地震动衰减关系变化对结果的影响并予以修正，使结果更趋合理。

（3）采用有效峰值加速度和有效峰值速度作为地震动参数，加速度控制高频地震动，速度控制中频地震动，二者结合控制反应谱特征周期。将全国及邻区分为经纬度 0.2°×0.2°共 4 万个网格作为计算点，计算各潜在震源区在不同超越概率水平下的地震动参数，然后进行综合分析。

（4）采用地理信息系统（GIS）作为资料整理和图件编制的平台，使方案对比研究、修改和成图更为准确和便捷。

编图结果 《中国地震动参数区划图》（GB 18306—2001)含两幅图和两份表。《中国地震动峰值加速度区划图》将全国(不包括海域部分和小的岛屿)划分为七类区域，其有效峰值加速度分别为：$<0.05\,g$，$0.05\,g$，$0.10\,g$，$0.15\,g$，$0.20\,g$，$0.30\,g$，$\geqslant 0.40\,g$（图1）；《中国地震动反应谱特征周期区划图》将全国（不包括海域部分和小的岛屿）按特征周期划分为 0.35 s，0.40 s，0.45 s 三类区域（图2）；这两张图对应的场地条件为平坦稳定的一般（中硬）场地，参数概率水准为 50 年超越概率 10％。《中国地震动反应谱特征周期调整表》（表1）在区分近震和远震不同影响的基础上，给出了不同区域、不同类别场地的特征周期调整值（见设计地震分组）；为便于在结构抗震设计中应用，给出了由设防烈度向设防地震动参数过渡的使用说明，并给出相应的对照表（表2），供有关技术标准涉及基本烈度时对照使用。

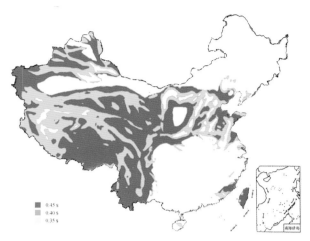

图 2　中国地震动反应谱特征周期区划图
（1：400 万原图的示意图）

表 1　中国地震动反应谱特征周期调整表　　单位：s

特征周期分区	场地类别划分			
	坚硬	中硬	中软	软弱
第 1 区	0.25	0.35	0.45	0.65
第 2 区	0.30	0.40	0.55	0.75
第 3 区	0.35	0.45	0.65	0.90

表 2　地震动峰值加速度分区与地震基本烈度对照表

地震动峰值加速度 g	<0.05	0.05	0.10	0.15	0.20	0.30	$\geqslant 0.40$
地震基本烈度	<Ⅵ	Ⅵ	Ⅶ	Ⅶ	Ⅷ	Ⅷ	≥Ⅸ

dizhen xiaoquhua

地震小区划（seismic microzonation） 在较小地域范围（如城镇、大型厂矿等）内，就设计地震动和可能遭受的地震地质破坏所作的地域划分。

地震区划图只能提供广阔地域范围内地震危险程度的粗略估计，但经验表明，在几百米甚至几十米范围内的地震动和地震震害也可能出现明显差异，这种差异主要是由局部场地条件造成的；局部场地条件不可能在小比例尺（如几百万分之一）的地震区划图中被考虑。地震小区划针对较小的地域进行，可以考虑局部场地条件的影响。小区划结果通常以图件表示，称为地震小区划图。小区划图的比例尺可取数万分之一至数千分之一。

发展简史 早期的小区划多为场地特性小区划，如日本曾采用岩土类别、地脉动最大周期和平均周期、地脉动最大振幅和卓越周期等为指标进行场地分类，而后实施区划。有的场地特性小区划以土层剪切波速或标准贯入值作为主要指标。上述区划指标与场地工程地质特征有良好的对应关系。中国也曾采用土层厚度、地脉动卓越周期、土层平均剪切模量等作为场地分类指标进行小区划。苏联曾采用烈度调整法进行小区划，首先确定标准场地的地震烈度，然后根据不同场地工程地质条件的差异调整烈度得到场地烈度，作为抗震设计的依据。

随着地震工程研究的进展，地震小区划方法愈发多样和复杂。区划指标除与场地特性和地震地质破坏直接相关

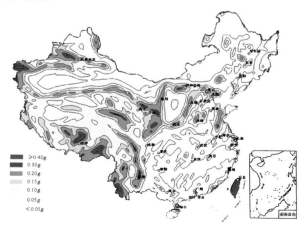

图 1　中国地震动峰值加速度区划图
（1：400 万原图的示意图）

外，亦可包括地震动强度、反应谱和设计地震动时程等。地震危险性分析、场地地震反应分析等方法在地震小区划中获得广泛应用。

分类和用途　按照地震破坏作用的不同，地震小区划可分为地震动小区划和地面破坏小区划两类。地震动小区划直接提供设计地震动参数和地震动时程；场地分类小区划提供场地抗震分类，据此可确定抗震设计反应谱，可归于地震动小区划一类。地面破坏小区划涉及滑坡、崩塌及地基失效，有砂土液化小区划、软土震陷小区划等。两类小区划为采取抗震防灾对策提供了基础资料，可用于抗震设计、城市总体规划编制、厂矿的选址、震害预测等方面。

基本要求　实施地震小区划应考虑以下要求。

（1）小区划图应区别不同地震破坏作用分别编制，以便有针对性地采取抗震防灾对策。

（2）局部场地影响是小区划应予考虑的基本因素，应详细分析浅层地质构造的不均匀性、地形地貌变化对地震动和地面破坏的影响。

（3）根据需要提供尽可能详细的设计地震动分区和地震地质破坏分区，以便直接为工程建设使用。

dizhendong xiaoquhua

地震动小区划（strong ground motion microzonation）　以地震动参数为指标的地震小区划，是依据地震危险性分析和场地地震反应分析，对区划地域设计地震动的划分，亦称设计地震动小区划。

一般而言，在确定场地抗震分类之后，设计地震动参数可由场地分类小区划得出。但是，随着震害现象的积累和研究的深入，人们认为重要城镇和工程须要更细致地考虑震源和场地条件的影响，并要求给出设计地震动时程。

地震动小区划采取两步方法进行，即先采用地震危险性分析概率方法或确定性方法研究场地的地震背景和潜在地震危险性，得到基岩的地震动时程；然后详细勘察小尺度范围（几十米至几千米）场地的浅层地质构造，建立场地的地震动分析模型，以基岩地震动为输入分析计算场地的地震动时程，确定场地的设计地震动。包括三个环节。

确定地震动输入　须进行如下工作。

（1）选定基岩地震动参数。场地土层地震反应分析假定地震波是从基岩竖直向上入射的剪切波，埋置基岩地震动是自由表面基岩地震动的1/2。自由表面基岩地震动加速度时程可以采用调整的实际记录或人造地震动，其强度可用地震危险性分析方法按照一定设防水平确定。

（2）确定基岩反应谱。有两种可供选用的方法。①一致危险性反应谱法。按照统一给定的概率水平由一组反应谱地震危险性曲线直接插值得出；如此确定的反应谱并不是某一特定地震产生的，而是反映了整个地震环境的影响，故名一致危险性谱。②设定地震法（危险震源法）。根据概率水平和地震动参数的危险性曲线判断一组危险的震源，包括远处较大地震和近处较小地震，在特殊情况下可以只考虑一个震源；或根据地震危险性研究确定设定地震；然后按衰减规律计算基岩反应谱。

（3）确定基岩地震动持时 T_d。可用地震危险性分析概率方法得出，或直接估计地震动时程包络函数。

评估场地影响　地震动小区划的特点是详细研究和定量估计场地条件对地震动的影响，包括下列步骤。

（1）进行工程地质勘探。勘察的结果包括：钻孔分布图、地质柱状图、工程地质分区图、第四纪底板等深线图和典型工程地质剖面图。这些图件的比例尺应不小于地震小区划的比例尺。

（2）测定土动力学参数。利用钻孔作分层原位波速测量，绘制剪切波速柱状图。对典型场地不同类型、不同深度的地基土样本进行室内土动力参数测试，取得非线性动剪切模量和阻尼比等动力性能参数。

（3）将地质剖面转换为剪切波速剖面，即土层速度结构。利用兼有工程地质和剪切波速的钻孔资料建立剪切波速与地基土类别、深度间的经验转换关系，然后将全部地质柱状图和剖面图转换为剪切波速柱状图和剖面图。

（4）建立场地力学模型。为反映地震动在小距离范围内的变化，在进行地震小区划的城市或厂矿范围内应选取足够数量的地面运动控制点（一般与钻孔位置一致）。估算控制点地面运动的力学模型分为两类：一维水平成层模型和高维非均匀模型。（见场地效应）

（5）计算地震地面运动。首先按照一维模型计算所有控制点的地面运动，然后对须考虑横向非均匀变化的控制点用二维或三维模型进行校正。对一维土层剪切模型，工程上常用等效线性化方法处理土的非线性；高维模型则多采用有限元方法求解。

编制图件　根据控制点的地面运动计算结果编制便于工程应用的地震动小区划图，提供区划范围内任一地点的设计地震动参数或设计反应谱。通常的做法是结合场地工程地质条件将区划范围划分为小区，并在每一小区规定某种平均意义上的设计谱和加速度峰值。这种编图方法的缺点是相邻小区边界上的数值跳跃，以及平均值与控制点值差别较大。另一种方法是根据控制点的计算结果给出等值线图。最终结果一般以两张小区划图给出，一张给出地面地震动峰值加速度的分布，另一张给出峰值速度的分布；形式可以是等值线图，也可以是分区图。由加速度峰值和速度峰值可以标定设计反应谱，或直接由反应谱的计算结果给出平均的设计反应谱。由土层反应计算得到的地震动时程，可作为设计地震动时程使用。

推荐书目

廖振鹏主编．地震小区划．北京：地震出版社，1989.

changdi fenlei xiaoquhua

场地分类小区划（site classification microzonation）　以场地抗震分类为指标的地震小区划，是根据工程场地的勘察资料和有关场地分类的规定对区划地域的划分。可由场地分类小区划的结果采用相应的设计地震动参数。

场地分类小区划的基本步骤为：①选择合适的场地类别划分原则与方法；②进行场地工程地质勘测，获取场地类别划分的基础资料；③确定区划范围内分布适当的代表性场点的场地类别；④根据各代表性场点的场地类别和区域地形、地貌、地质构造等资料，勾画不同场地类别分区间的界限，编制场地分类小区划图。

各国场地类别划分所依据的指标有：土质岩性、土层的剪切波速、覆盖层厚度、平均剪切模量、地基承载力、标贯击数、地脉动卓越周期、反应谱峰值和特征周期等。

dimian pohuai xiaoquhua

地面破坏小区划（ground failure microzonation）　以地震地质破坏为指标的地震小区划，是根据地震环境和场地工程地质特征，对区划地域地面破坏类型和破坏程度的划分，又称地震地质灾害小区划。

强地震作用下，不良场地地基可能产生不同类型和不同程度的地震地质灾害，如砂土液化、软土震陷、地面破裂、地面塌陷、滑坡和崩塌等。一般而言，这类破坏较之地震动影响区域小得多。地面破坏小区划旨在对城市、大型厂矿、重要工程等范围内可能的地震地质灾害进行综合评定。

进行地面破坏小区划，须综合场地地质、地形地貌和工程地质条件的调查和勘察结果，对有可能发生一种或几种地震地质灾害的工程场地作重点分析，并据此编制区划图。针对具体情况，图件比例尺可以变化，一般可取 1：10000 至 1：50000。

地面破坏小区划图上所表示的地震地质灾害可以是综合性的，如将砂土液化、软土震陷、地面破裂等在同一幅图中表示出来；也可以是单一类型的，如分别编制与砂土液化小区划、软土震陷小区划有关的区划图等。除平面图外，可用地质柱状图与剖面图作辅助说明。

对难以进行计算分析的可能发生地震地质灾害的场地，可区分为不同地段。（见场地抗震地段划分）

shatu yehua xiaoquhua

砂土液化小区划（soil liquefaction microzonation）　以砂土液化等级为指标的地面破坏小区划，是根据工程地质勘察资料，对区划地域地震液化范围和液化等级的划分，并将结果用图件表示。

首先，对场地是否可能发生液化进行初步判别。根据震害经验，考虑震级和震中距、地震烈度、地质条件（洼地、古河道等）、沉积类型和年代、砂土层深度、地下水位埋深、土质条件（平均粒径、黏粒含量等）等，排除非液化区，勾画可能液化地区的大致范围。

然后，对可能液化的地区作进一步的判别分析。判别的方法有试验-理论分析方法、经验方法和综合方法，其中水平场地液化判别的方法相对较多；对液化场地给出液化的严重程度或危害性，即液化的等级（常以液化指数作标志），继而勾画不同液化等级的场地范围，或以抗液化安全系数为依据，绘制液化势指数等值线图或液化安全系数等值线图。

见液化判别。

ruantu zhenxian xiaoquhua

软土震陷小区划（soil subsidence microzonation）　以软土震陷为指标的地面破坏小区划，是根据工程地质勘察资料和分析试验结果，对区划地域震陷范围和震陷程度的划分，并以图件表示。

软土震陷是复杂的土动力学问题，尽管对震陷的机理已经有了初步认识，但是通过力学模型和试验去模拟实际过程还需要更多的经验积累和研究，目前的方法有较大不确定性，须根据震害资料和经验进行修正。（见土体地震永久变形）

软土震陷小区划是尚在探索中的工作。

推荐书目

张克绪，谢君斐 . 土动力学 . 北京：地震出版社，1989.

【工程结构震害】

工程结构震害　earthquake damage of engineering structure

建筑震害　earthquake damage of building

构筑物与设备震害　earthquake damage of construction and equipment

生命线系统震害　earthquake damage of lifeline system

震害分析　earthquake damage analysis

工程结构震害

gongcheng jiegou zhenhai

工程结构震害（earthquake damage of engineering structure） 工程结构泛指人类用天然或人造材料建造的各种具有不同使用功能的设施，包括房屋，电力、供水、交通、通信、燃气、水利等生命线工程系统的构筑物，各种工业生产设施和设备等。以房屋为主的工程结构破坏(图1)是地震造成人员伤亡和经济损失的直接原因，并可能引发火灾、水灾、有害物质泄漏等次生灾害；如1923年日本关东地震引发大范围火灾，造成惨重的人员伤亡(图2)。

工程结构震害现象是地震工程研究的基础知识之一，人类从震害现象分析中获取线索，受到启发，总结出关于地震作用和结构震害机理的知识，继而建立力学模型对工程结构进行抗震计算，并规定抗震设计基本原则和抗震措施。因此，震害现象的调查分析是地震工程研究的重要途径。工程结构种类繁多，形态各异，破坏机理不尽相同，

图1 1906年美国旧金山地震造成的破坏

图2 1923年日本关东地震引发火灾

图3 1994年美国洛杉矶北岭地震造成高跨桥垮塌

通常区别房屋震害、生命线系统震害（图3）、土工结构震害、构筑物震害和设备震害等分别描述和分析，研究其共性和个性以利工程应用。

地震造成工程结构破坏的原因可分为地震动引起的结构振动和地震地质破坏两类，对应两类原因的结构破坏特点和抗御方法亦有所不同（见地震破坏作用）；结构设计失误、施工质量不良、维护使用不当等则将加重震害。

结构破坏主要有三种形式。

（1）构件破坏导致结构破坏。地震作用增加了结构的内力及变形，当内力超过构件强度或变形过大时，构件将开裂或失稳，如砌体破碎或混凝土梁柱断裂。承受体系重力荷载的承重构件（亦称结构构件）的破坏可能导致结构体系的局部或整体倒塌，非承重构件的破坏也会影响使用功能或危及生命安全。

（2）构件连接破坏导致结构破坏。地震作用下各构件连接节点因强度不足、延性不够、锚固不牢等原因而失效，导致结构丧失整体稳定性而垮塌；如钢结构构件连接螺栓或焊缝断裂，钢筋混凝土框架结构梁柱节点的酥碎、钢筋屈曲等。

（3）地基失效等导致结构破坏。地基不均匀沉降或液化、流滑可能使结构开裂或倾倒，地震地面破裂、滑坡、崩塌、地面塌陷等则可能摧毁或掩埋工程结构。

具体结构的破坏可能以一种方式为主或兼具不同方式。

随着社会经济的发展，新型工程结构不断被开发和应用，震害现象和特点也将随之变化，应不断分析总结新的震害现象并发展新的抗震方法。

建 筑 震 害

fangwu zhenhai

房屋震害（earthquake damage of building） 房屋震害是造成人员伤亡和经济损失的主要原因，震害资料相对其他类型结构更为丰富。房屋震害是评定地震烈度Ⅵ～Ⅹ度的主要依据；房屋震害分析不但对建筑抗震分析和抗震设计具有关键作用，亦可供其他工程结构的抗震研究借鉴。

由于建筑材料、结构形式和用途不同，房屋有多种分类方式，震害特点各有不同；依结构类型可分别就砌体房屋震害、生土房屋震害、木结构房屋震害、钢筋混凝土房屋震害、单层工业厂房震害、空旷房屋震害和钢结构房屋震害等进行分析。

房屋地震破坏原因可归于振动作用和地震地质破坏两类；房屋震害现象十分复杂，应从强地震动特性、结构特点、抗震设防水准、工程设计、施工质量和场地条件等多方面进行研究。分析共同或特殊的震害现象和机理，发现各类房屋的抗震薄弱环节，调查不同场地和地面破坏对房屋震害的影响，评估房屋抗震能力，总结抗震措施和抗震设计原则是震害调查的目的和主要内容。房屋震害调查和分析可采用统计调查、重点调查、对比调查等方式，应重视基于强震动观测资料的震害实例分析。

qiti fangwu zhenhai

砌体房屋震害（earthquake damage of masonry building）以黏土砖或其他砌块砌筑的墙体作为承重构件的房屋为砌体房屋（见砌体结构）。一般砌体属脆性材料，缺乏抵抗变形的能力；砌体结构刚度较大，自振频率多在地震动卓越频率范围内；故砌体房屋尤其是未经抗震设计的砌体房屋抗震能力不高，震害普遍且较严重（见黏土砖房震害、石结构房屋震害）。

决定砌体房屋抗震能力的主要因素是墙体间距、墙体厚度、砌筑砂浆的强度和构件连接，地基和基础对砌体房屋震害也有重要影响。

砌体房屋的典型震害现象包括：墙体斜向裂缝，门窗角、纵横墙交接处和横梁支承部位的裂缝，屋顶建筑和房屋转角的破坏，以及非承重构件（如女儿墙等）的破坏。墙体开裂错位丧失承载能力将导致房屋垮塌。

抗震设计是提高砌体房屋抗震能力的根本途径，采取圈梁和构造柱等抗震措施可有效提高抗倒塌能力。近年推荐使用的混凝土空心砌块多层房屋和配筋混凝土空心砌块抗震墙房屋，具有良好的整体性和延性，但尚缺乏震害经验。

niantu zhuanfang zhenhai

黏土砖房震害（earthquake damage of clay brick building）以黏土砖砌筑墙体作为承重构件的砌体房屋为黏土砖房。砖房占砌体房屋的绝大多数，在发展中国家应用普遍；中国城镇住宅的较大部分是砖房。

震害现象 砖房主要破坏现象如下。

（1）墙体开裂。墙体开裂是砖房最常见的破坏现象，有多种形态。①横墙（含山墙）在横向地震剪力作用下沿对角线方向开裂，出现 X 形裂缝或斜裂缝（图1、图2）。②纵墙在纵向地震剪力作用下，窗间墙多发生 X 形裂缝或斜裂缝（图3、图4）；当窗间墙内设有构造柱时，裂缝有

图1 山墙开裂门窗歪斜（2003 年云南大姚地震）

图2 横墙破坏（2003 年新疆巴楚—伽师地震）

图3 漩口中学宿舍楼纵墙的 X 形裂缝（2008 年四川汶川地震）

图4 窗间墙 X 形裂缝（2008 年四川汶川地震）

向窗下墙转移的倾向。③纵横墙交接处因连接不良产生竖向裂缝（图5）。④门窗角和支承大梁的墙体因应力集中产生放射形斜裂缝。⑤纵横墙在接近楼板处常见水平裂缝。⑥墙体在墙内烟囱、通风道、垃圾道等薄弱处开裂。

（2）房屋局部坍塌。墙体裂缝发展贯通造成房屋局部坍塌，如自承重纵墙整面外闪（图6），个别横墙或山墙尖酥裂坍塌（图7），屋角坍塌（图8），楼梯间坍塌（图9），顶层或顶部突出建筑坍塌（图10）。

（3）房屋整体坍塌或倾斜。①薄弱底层的墙体丧失承载力而坍塌，上部楼层倾斜（图11）。②不规则房屋的凹进薄弱部分沿竖向破坏，房屋丧失整体性而倾斜（图12）。③各层承重墙体丧失承载力导致层层垮塌（图13、图14）。④地基失效造成房屋整体倾斜（图15）。

（4）建筑构件破坏。女儿墙、屋顶烟囱、挑檐和装饰构件等开裂或塌落（图16）。

震害矩阵 表1和表2分别为1975年辽宁海城地震和1976年河北唐山地震中未经抗震设计的砖房震害统计结果。调查表明，单层砖房破坏比多层砖房严重。

表3为2008年四川汶川地震中都江堰市（地震烈度Ⅸ度）抗震设计砖房震害的抽样调查统计结果，与表1、表2对比可以看出，抗震设防使砖房的抗震能力明显提高。

图7　单层砖房山墙尖塌落　　　　图8　通济中学教学楼屋角坍塌
（1996年内蒙古包头西地震）　　　　（2008年四川汶川地震）

图9　中学教学楼楼梯间坍塌 （2008年四川汶川地震）

顶层坍塌

图5　天津建设路砖房竖向裂缝（1976年河北唐山地震）

图10　唐山供电局办公楼顶层坍塌（1976年河北唐山地震）

图6　古冶机务段宿舍楼外纵墙整面外闪（1976年河北唐山地震）

图 11　多层砖房底层塌平（2008 年四川汶川地震）

图 12　汉旺镇住宅楼竖向单元破坏（2008 年四川汶川地震）

图 13　唐山矿新风井附近一饭店垮塌（1976 年河北唐山地震）

图 14　北川县城砖房垮塌（2008 年四川汶川地震）

图 15　乐亭某变电站因地基失效而倾斜（1976 年河北唐山地震）

图 16　女儿墙塌落（1990 年青海共和地震）

表 1　1975 年辽宁海城地震砖房震害矩阵（%）

烈度	基本完好	轻微破坏	中等破坏	严重破坏和毁坏
Ⅶ	56.5	25.2	12.8	5.5
Ⅷ	33.0	28.0	26.0	13.0
Ⅸ	2.8	19.2	32.0	46.0

表 2　1976 年河北唐山地震砖房震害矩阵（%）

烈度	基本完好	轻微破坏	中等破坏	严重破坏	毁坏
Ⅵ	46.2	40.2	12.2	1.4	0.0
Ⅶ	43.5	21.7	21.7	13.1	0.0
Ⅷ	11.8	35.3	29.4	23.5	0.0
Ⅸ	1.3	6.8	34.3	32.5	25.1
Ⅹ	1.6	5.0	6.5	19.9	67.0
Ⅺ	0.3	1.5	4.7	11.7	81.8

表 3　2008 年四川汶川地震都江堰市抗震设计砖房破坏抽样统计结果（%）

烈度	基本完好	轻微破坏	中等破坏	严重破坏	毁坏
Ⅸ	33	20	17	28	2

neikuangjia zhuanfang zhenhai

内框架砖房震害（earthquake damage of internal frame-external brick wall building）　内部为钢筋混凝土框架，外墙为承重砖墙的混合结构房屋称为内框架砖房（见内框架结构）。这类房屋室内有较大空间可满足使用功能要求，在中国曾应用于商店、饭店、图书馆、展览馆、轻工业生产车间以及砖混结构的门厅等。

图1　林西矿俱乐部两层内框架前厅侧墙倒塌
（1976年河北唐山地震）

图2　唐山第五陶瓷厂四层内框架车间仅余底层
（1976年河北唐山地震）

图3　天津佟楼百货商场内框架房屋顶层破坏
（1976年河北唐山地震）

此类房屋外墙和内框架的动力特性和变形能力不同，且两者之间连接薄弱，地震作用下难以协同工作，破坏严重。

多层内框架房屋主要震害特点如下。

（1）墙体先于框架破坏。砖墙的抗震能力较框架差，受自身地震作用和框架传递来的地震作用共同影响首先破坏，破坏现象与黏土砖房震害类似。框架梁柱破坏形式多为梁柱端和梁柱节点失效（见钢筋混凝土框架房屋震害），特殊震害现象是框架梁与墙体脱离成为悬臂梁，继而折断造成墙体倒塌，如图1所示。

（2）上层相对下层破坏严重。上部楼层砖墙和混凝土框架的破坏均比下层严重，甚至有上部楼层倒塌、底层仍维持承载的现象（图2、图3）。

（3）单排柱内框架砖房震害比多排柱内框架砖房重，上层空旷的内框架砖房震害也偏重。

diceng kuangjia zhuanfang zhenhai

底层框架砖房震害（earthquake damage of brick building with lower frame）　底层框架砖房是底部（一层或二层）为钢筋混凝土框架、上部为砖砌体结构的多层房屋，亦称底框房屋。此类房屋底层可用作商店、车间、仓库等。（见底框架-抗震墙结构）

底层框架房屋一般力学特征是下柔上刚，底部开间过大、刚度相对上层突然减小造成立面不规则，将导致底层变形过大，框架损坏而歪斜，严重时造成垮塌（图1、图2）。

图1　彭州龙门山镇底框房屋底层歪斜（2008年四川汶川地震）

图2　都江堰市底框房屋底层塌平（2008年四川汶川地震）

图3　都江堰市底框房屋第2层塌平（2008年四川汶川地震）

图4　北川县城底框房屋顶层坍塌（2008年四川汶川地震）

图5　北川县城底框房屋层层垮塌（2008年四川汶川地震）

若底层框架相对上部楼层强，如底层采用大断面梁柱且设钢筋混凝土抗震墙时，震害则主要出现于上部砖房。图3为第2层塌平，图4为顶层坍塌，图5为层层垮塌。

shijiegou fangwu zhenhai

石结构房屋震害（earthquake damage of stone house）　石结构房屋是以料石、毛石、卵石、条石等砌筑的墙体承重的房屋，亦称石砌房屋；有的石砌房屋还夹杂使用砖和土坯。中国各地的石砌房屋结构形式不同，多为单层民居；在福建省南部，条石砌筑的房屋可达三层或更高，是当地普遍使用的传统民居。（见石结构房屋）

石结构房屋的抗震关键因素是砌筑砂浆的强度以及墙

体之间和墙体与楼屋盖间的连接。砂浆强度低（如采用黏土砂浆砌筑）或砂浆不饱满的石结构房屋抗震性能差；墙体交接处，楼板、屋架与墙体间连接不牢（如无锚固或搭接长度、宽度不够）可能造成房屋垮塌。毛石或卵石墙体若石块搭接不良、砂浆不饱满而抗震性能低；条石和料石墙体有利于保证砌筑质量，抗震能力相对较强。

石结构房屋震害现象与黏土砖房类似。石墙裂缝一般沿砌缝发展（图1），墙角或墙体开裂、外鼓，顶层倒塌、山墙塌落或整体倒塌（图2、图3）。质量良好的水泥砂浆砌筑的石砌房屋有较好的抗震能力，如唐山启新水泥厂三层毛石墙宿舍楼位于震中Ⅺ度区，但破坏仅限于山墙开裂（图4）。中国闽南的石砌民居尚缺乏震害经验。

图1　毛石墙房屋墙体裂缝　　图2　两层石墙房屋顶层倒塌
（1998年河北古冶地震）　　　　（1976年河北唐山地震）

图3　丰润县石柱石墙房破坏（1976年河北唐山地震）

图4　唐山启新水泥厂毛石墙宿舍楼质量良好仅山墙开裂
（1976年河北唐山地震）

shengtu fangwu zhenhai

生土房屋震害（earthquake damage of adobe house）　生土房屋是以未经焙烧的生土材料墙体承重的房屋，亦称土筑房屋。

生土房屋包括土坯房、土块房、夯土房（干打垒）、土窑洞等多种形式，多见于中国北方地区。其中前三者一般采用木屋盖；绝大多数生土房屋为单层，个别土坯房为两层；土块房墙体是由天然土地中挖取的不规则土块砌筑的。生土材料强度低，房屋施工粗陋，抗震性能差，在地震中普遍破坏严重；施工质量好的干打垒房屋和崖窑震害相对较轻。地震现场调查还发现，砌筑良好的土坯房相对泥浆砌筑的砖房震害要轻。

震害矩阵　表1为1966年河北邢台地震土坯房震害统计结果，表2为1989年山西大同—阳高地震土坯拱窑洞震害统计结果。

将表1、表2与砖房的震害矩阵相比（见黏土砖房震害）可以看出，生土房屋在地震中的破坏远比黏土砖房严重，在Ⅴ度区即有严重破坏甚至毁坏者。

表1　1966年河北邢台地震土坯房震害矩阵（％）

烈度	基本完好	轻微破坏	中等破坏	严重破坏	毁坏
Ⅷ	1.0	0.2	24.8	44.6	29.4
Ⅸ	0.7	1.5	5.2	13.4	79.2

表2　1989年山西大同—阳高地震土坯拱窑洞震害矩阵（％）

烈度	基本完好	轻微破坏	中等破坏	严重破坏	毁坏
Ⅴ	47.5	24.2	15.2	11.1	2.0
Ⅵ	13.1	27.3	32.3	24.3	3.0
Ⅶ	2.0	11.9	13.9	40.6	31.6
Ⅷ	0.0	0.0	3.0	17.0	80.0

土坯房和土块房震害　常见的破坏形式如下。

（1）纵墙与横墙连接处开裂，或檩下墙体竖向开裂，墙体外闪（图1）。

（2）局部墙体破碎倒塌，以两端山墙破坏和山尖塌落为常见（图2）。

（3）墙体开裂坍塌，屋盖落地（图3）。

（4）墙体里层为土坯、外层为砖（俗称"外砖里坯""外熟里生"）时，因砖、坯间连接甚弱，且两者变形不一致，地震中很容易破坏（图4）。

土窑洞震害　中国的土窑洞有黄土崖窑洞和土坯拱窑洞两类，前者是在原状土崖中挖掘而成，后者则由土墙支承土坯拱顶构成。由于建造方法不同，两者抗震能力和地震破坏特征也有差别。

黄土崖窑洞的主要震害现象为：①窑洞前脸塌落，洞口堵塞，拱顶开裂；②窑洞的高直洞壁产生斜裂缝，洞壁土体剥落，严重者导致拱顶坍塌。

土坯拱窑洞的主要震害现象为：①两侧拱脚外闪，发生水平裂缝，拱顶开裂乃至塌落（图5）；②后墙与拱圈拉结不牢，轻者后墙外闪出现大裂缝，重者倒塌；③土坯拱跨度较大者更易塌落。

图1　土坯房墙体外闪（2003年新疆巴楚—伽师地震）

图2　土块房墙体倒塌（2003年新疆巴楚—伽师地震）

图3　土坯房坍塌（2003年新疆巴楚—伽师地震）

图4　外砖里坯墙体破坏（1998年河北张北地震）

图 5 土坯拱窑洞塌顶（1989 年山西大同—阳高地震）

图 2 围护墙破坏（1993 年云南普洱地震）

mujiegou fangwu zhenhai

木结构房屋震害（earthquake damage of wooden house）
木结构房屋是以木构架承重的房屋，其木架有一定延性，
相对抗震性能好，往往是墙体先于木架破坏。

中国多数古代庙宇和农村的大量住宅均采用木结构，
世界各国亦有木结构民居。

木结构房屋主要破坏现象如下。

（1）围护墙破坏（图 1—图 3）。木柱被砌体围护墙包
裹，墙体质量大且无可靠支撑；墙、柱变形能力不同，地
震作用下常见墙体开裂、外闪、局部塌落或倒塌，且以山
墙为甚。木构架变形能力和稳定性相对较强，故在墙体破
坏后木构架可能并不倒塌甚至保持完好。这种墙倒架立破
坏现象称为"墙倒屋不塌"。

（2）木构架破坏。一些农村简易木结构房屋的木柱直
径小，且与梁连接不牢，极易折断或连接失效，造成屋顶
坍落（图 4）；木柱在楼板处开槽集中，使截面减损或接榫
不牢，地震时立柱折断，房屋倾斜或倒塌（图 5）；木柱间
缺乏支撑，因变形过大致使木架歪斜，一般多见于穿斗木
架房屋（图 6）；木柱从基石上滑落或移位，致使木构架歪
斜变形（图 7）。

（3）整体垮塌。因地震作用过大或房屋抗震能力差，
木屋架和围护墙一起垮塌（图 8）。

（4）地基失效。地基变形、沉降引起木结构房屋倾斜
（图 9）。

图 3 木结构房屋纵墙倒塌（1996 年云南丽江地震）

图 4 细柱柱端折断（2003 年新疆巴楚—伽师地震）

图 1 穿斗木架房屋山墙倒塌（2003 年云南大姚地震）

图 5 木柱折断（1996 年云南丽江地震）

图 6 木构架歪斜 (1996 年云南丽江地震)

图 7 立柱从基石上滑落或移位 (1996 年云南丽江地震)

图 8 木结构房屋坍塌 (1996 年云南丽江地震)

图 9 地基失效引起的木结构房屋破坏
(1994 年美国洛杉矶北岭地震)

gangjin hunningtu fangwu zhenhai

钢筋混凝土房屋震害（earthquake damage of reinforced concrete building） 钢筋混凝土结构是现代多层、高层建筑主要结构形式之一，其构件强度比砌体高且具有一定变形能力，震害比砖房轻。钢筋混凝土房屋含框架结构、框架-抗震墙结构（框架-剪力墙结构）、抗震墙结构（剪力墙结构）、板柱（无梁楼盖）结构、筒体结构等多种。

一些未经抗震设计、抗震设防标准偏低或抗震设计有缺陷及施工质量低劣的框架结构、框架-抗震墙结构和板柱结构震害较明显，有些甚至破坏十分严重。（见钢筋混凝土框架房屋震害、钢筋混凝土框架-抗震墙房屋震害和钢筋混凝土板柱房屋震害）

抗震墙结构和筒体结构有较强的抗震能力，震害尚不多见。

gangjin hunningtu kuangjia fangwu zhenhai

钢筋混凝土框架房屋震害（earthquake damage of RC frame building） 钢筋混凝土框架房屋是由钢筋混凝土柱梁构架作为承载体系的房屋，亦称框架房屋。框架结构变形能力高于砌体结构，设计良好的框架结构具有一定的抗震能力（图1）；但因此类房屋侧向刚度偏低，一般仅用于多层或中高层建筑。

构件破坏 框架结构房屋构件的主要震害现象如下。

（1）填充墙破坏。框架结构的填充墙和围护墙多采用砌体或其他轻质墙板，强度不高，变形能力较差且与框架体系变形不协调，遭遇地震时易开裂（图2、图3）；与梁柱无可靠连接的墙体可能塌落，墙体高、长度大且未采取加强措施的填充墙破坏尤为严重。

图 1 唐山新华旅馆中段八层为框架结构裂而未倒，
两翼砖混结构上部三层倒塌 (1976 年河北唐山地震)

图 2 填充墙破坏 (2008 年四川汶川地震)

图3　江油框架房屋围护墙破坏（2008年四川汶川地震）

图4　漩口中学食堂柱端破坏（2008年四川汶川地震）

图5　梁柱连接失效造成部分倒塌（1988年亚美尼亚地震）

图6　柱端混凝土酥碎钢筋屈曲　　图7　立柱酥碎钢筋变形
（1976年河北唐山地震）　　　（1999年台湾集集地震）

图8　框架结构的立柱破坏（1999年台湾集集地震）

图9　框架房屋底层垮塌（1999年台湾集集地震）

图10　四层框架房屋第2层毁坏（2008年四川汶川地震）

（2）梁柱杆端和节点破坏。梁柱杆端及节点是框架结构的关键受力部位，在弯矩、剪力和轴力作用下，杆端可产生多种破坏形态。梁端形成塑性铰尚可维持承载；柱端因箍筋不足等原因，可发生弯曲或压剪破坏，混凝土酥碎剥落、钢筋屈曲；预制框架结构的梁柱连接处在地震中易失效破坏，进而导致体系失稳甚至倒塌（图4—图6）。

（3）立柱破坏。设计不良的柱在轴力和剪力共同作用下于柱中产生斜裂缝，继而混凝土酥碎、钢筋屈曲（图7、图8），严重者立柱折断。

整体破坏　钢筋混凝土框架房屋破坏坍塌有多种形式。

（1）底层倒塌。立柱破坏是造成框架房屋倒塌的主要原因。一些房屋的底层用作车库、商店、仓库等，空旷而薄弱，在地震作用下垮塌（图9）。

（2）薄弱层毁坏。有些框架房屋因设计不当等原因可能存在薄弱层，地震时往往首先破坏（图10）。

图11　框架房屋整体垮塌（1999年台湾集集地震）

图12　相邻房屋碰撞破坏（2008年四川汶川地震）

图13　框架房屋楼梯间破坏（2008年四川汶川地震）

（3）整体垮塌。因结构不良或地震作用过大，各层结构破坏，使房屋整体垮塌（图11）。

（4）碰撞破坏。相邻建筑之间距离过近，在大地震时发生碰撞破坏（图12）。

（5）楼梯间破坏。楼梯间填充墙、混凝土梁柱或楼梯踏步破坏（图13）。

gangjin hunningtu kuangjia - kangzhenqiang fangwu zhenhai

钢筋混凝土框架-抗震墙房屋震害（earthquake damage of RC frame-shear wall building）　框架-抗震墙（剪力墙）房屋是由钢筋混凝土框架和剪力墙双体系承重的房屋，与框架结构相比侧向刚度大，整体变形小，一般用于中高层和高层建筑（见钢筋混凝土框架-抗震墙结构）。设计、施工良好的此类房屋震害较轻（图1）。

地震中框架-抗震墙房屋的框架部分和剪力墙部分均有破坏发生。除施工质量不良及建筑材料不合格外，底层空旷、平立面结构布置不规则、抗震墙布置不合理等是造成破坏的重要原因。

梁柱与墙体破坏　框架梁柱的震害现象与钢筋混凝土框架房屋震害类似，墙体破坏现象如下。

（1）填充墙破坏。非抗震墙的一般填充墙可能首先破坏（图2）。

（2）剪力墙破坏。剪力墙墙肢之间的连梁由于剪跨比小而产生交叉裂缝，连梁的破坏使墙肢承载力降低，墙体开裂；底层墙肢因地震作用大往往出现斜裂缝（图3）。

整体破坏　框架-抗震墙房屋的整体破坏有如下形式。

（1）柔弱底层破坏。一些框架-抗震墙房屋的底层层高大，抗震墙少，造成底层破坏甚至垮塌。

（2）中间层破坏。高层框架-抗震墙结构在地震作用下，时有中间层错断而其余各层完好的现象（图4），这往往是由建筑立面不规则，存在中间薄弱层造成的。

（3）扭转破坏。平面布置不规则，地震时产生强烈扭转振动而造成破坏。如日本神户三菱银行的电梯井位于建筑物角部，剪力墙布置不对称，因强烈扭转而部分垮塌（图5）。

图1　汉旺东方汽轮机厂办公楼在Ⅹ度区轻微损坏
（2008年四川汶川地震）

图2　框架-抗震墙房屋填充墙破坏（2008年四川汶川地震）

图 3　剪力墙开裂（1999 年土耳其伊兹米特地震）

（a）高层建筑中间层错断

（b）中间层错断的建筑（上）及其破坏细部（下）

图 4　神户市框架－抗震墙建筑中间层破坏（1995 年日本阪神地震）

（a）震害实景

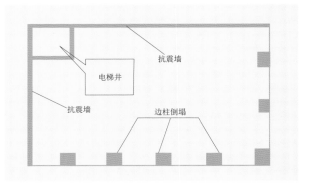

（b）平面结构示意图

图 5　日本三菱银行扭转破坏（1995 年日本阪神地震）

（4）碰撞破坏。高层框架－抗震墙房屋与相邻建筑自振特性不同，地震反应不同步，若房屋间距离过小，容易发生碰撞使房屋受损。轻者装饰面砖等附属构件破坏，重者结构构件开裂，乃至局部毁坏。

gangjin hunningtu banzhu fangwu zhenhai

钢筋混凝土板柱房屋震害（earthquake damage of RC plate-column building）　板柱房屋是以钢筋混凝土柱和楼板体系承重的房屋，又称无梁楼盖房屋。此类房屋的板柱节点是薄弱环节，抗震性能较差。（见板柱－抗震墙结构）

板柱房屋的震害特征与钢筋混凝土框架房屋震害类似，多为砌体墙破坏（图 1）或柱端及节点破坏（图 2），严重时房屋垮塌（图 3）。

图 1　天津纺织品公司仓库砌体墙塌落
（1976 年河北唐山地震）

图 2　板柱结构外廊立柱端部破坏（2008 年四川汶川地震）

图 3　河北矿冶学院四层无梁楼盖结构书库底层垮塌
（1976 年河北唐山地震）

danceng gongye changfang zhenhai
单层工业厂房震害（earthquake damage of single story factory）

一般工业厂房以单层为主，在强烈地震中常有破坏，见表。

1976 年河北唐山地震单层工业厂房破坏矩阵（％）

烈度	基本完好	轻微破坏	中等破坏	严重破坏	毁坏
Ⅵ	83.7	16.3	0	0	0
Ⅶ	21.1	56.8	6.3	15.8	0
Ⅷ	16.4	17.4	35.8	26.5	3.9
Ⅸ	12.2	24.4	12.6	26.4	24.4
Ⅹ	2.0	10.0	18.0	28.0	42.0
Ⅺ	3.5	3.5	7.0	12.3	73.7

单层钢筋混凝土柱厂房在烈度Ⅶ～Ⅷ度区一般无严重破坏，但软弱地基上的厂房或构造和施工质量有严重缺陷的厂房震害严重。（见单层钢筋混凝土柱厂房震害）

单层砖柱厂房在Ⅶ度烈度区仅有少数发生轻微损坏，在Ⅷ度区震害明显加重，在Ⅸ度区大多严重破坏乃至倒塌。（见单层砖柱厂房震害）

单层钢结构厂房多经正规设计，其主体结构在烈度Ⅶ～Ⅷ度区未见破坏，仅个别支撑和节点损坏或压屈。世界各国钢结构厂房地震破坏事例甚少。

木柱厂房的破坏与结构形式和构件连接有关。木构架与砌体墙混合承重的厂房破坏严重。在烈度Ⅶ～Ⅷ度区，构件连接可靠者未见破坏，其他则有连接处松动或滑脱、浮放于基础的木柱发生移位、与基础锚固不良的木柱被拔出等震害现象。

danceng gangjin hunningtuzhu changfang zhenhai
单层钢筋混凝土柱厂房震害（earthquake damage of single story RC column factory）

以钢筋混凝土柱支承大型屋架和屋面板的厂房，多用于重工业厂房。未经抗震设计的此类厂房在地震中多有破坏。

（1）围护墙破坏。砌体围护墙开裂或倒塌是普遍的震害现象，山墙和封檐墙破坏最为严重（图 1、图 2）。

（2）屋架与天窗破坏。屋架、屋面板和天窗质量大，重心高，连接节点多，是地震易损部位。主要震害现象有：Ⅱ型天窗架倾斜、失效或折断，乃至天窗塌落；屋面板和屋架塌落（图 3），屋面板连接不牢而脱落（图 4）。

图 1　阿坝铝厂厂房山墙破坏（2008 年四川汶川地震）

图 2　汉旺东方汽轮机厂厂房围护墙上部倒塌
（2008 年四川汶川地震）

图 3　汉旺东方汽轮机厂厂房屋面板和屋架塌落
（2008 年四川汶川地震）

图4 天津工程机械厂金工车间屋面板局部塌落
（1976年河北唐山地震）

图5 唐山机车车辆厂铸钢车间上柱折断屋盖塌落
（1976年河北唐山地震）

图6 汉旺东方汽轮机厂车间立柱破坏导致屋顶塌落
（2008年四川汶川地震）

（a）空腹柱腹板开裂　　（b）船体车间斜撑屈曲
图7 天津新港船厂的破坏（1976年河北唐山地震）

（3）立柱破坏。立柱上部为抗震薄弱处。屋架与柱头的连接处常有开裂，焊缝或锚固件强度不足可导致连接失效，引起屋架塌落；牛腿以上柱截面变小，常出现裂缝或折断，造成屋盖塌落（图5、图6）；立柱根部出现水平裂缝，柱身出现斜裂缝；薄壁工字形截面柱以及工字形空腹柱腹板开裂（图7a）。

（4）支撑破坏。抗震支撑在地震中受力大，常发生杆件压曲（图7b），个别被拉断。天窗垂直支撑震害严重，屋盖支撑及柱间支撑次之。

此外，高低跨厂房和平面布置不均匀的厂房易损坏，厂房与毗连的附属车间、生活用房之间未设防震缝或缝宽不足时会发生碰撞破坏。

danceng zhuanzhu changfang zhenhai

单层砖柱厂房震害（earthquake damage of single story brick column factory）　单层砖柱厂房以砖柱为支承屋架的构件，由于构造简单、施工方便、造价低廉，曾普遍用于中小企业车间。未经抗震设计的此类厂房在地震中易遭受破坏。此类厂房一般使用木屋架。

（1）砖柱破坏。砖柱是厂房抗震薄弱构件，易开裂或折断（图1），乃至造成厂房倒塌。

（2）围护墙破坏。砌体围护墙开裂，尤其以山墙为重；常见墙体外倾、上部或整体倾倒，以致厂房局部倒塌（图2）。

图1 开滦马家沟矿金属材料棚砖柱折断（1976年河北唐山地震）

图2 唐山化肥厂车间山墙倒塌（1976年河北唐山地震）

（3）扶壁柱开裂或局部砖块脱落。

（4）连接破坏。屋架与砖柱间、檩条与山墙间的连接失效，重者屋架塌落。使用轻质屋架和屋面板时震害较轻。

kongkuang fangwu zhenhai

空旷房屋震害（earthquake damage of spacious building）
空旷房屋是大跨空间结构的一种，一般指排架或砖墙承重的影剧院、礼堂、食堂等建筑，多为单层；在中国多建于20世纪70年代以前，现在已不多见。此类建筑跨度大，各部分刚度和高度不同，地震作用下运动不协调，在地震中容易破坏。

礼堂、影剧院等建筑一般包括前厅、观众厅、舞台三部分。观众厅的承重体系与厂房类似，前厅、舞台一般采用砖结构或钢筋混凝土框架结构。

（1）前厅破坏。前厅为多层砖房或框架房屋，破坏特点分别与黏土砖房震害和钢筋混凝土框架房屋震害类似，如墙体开裂（图1），部分或整体垮塌（图2）。

（2）观众厅破坏。砖墙承重的观众厅破坏严重，如山墙开裂或局部倒塌，墙体裂缝、歪斜以致倒塌（图3）。观众厅与舞台和前厅接口处是薄弱部位，常见普遍开裂或局部毁坏。

图1　剧院前厅墙体开裂（1990年青海共和地震）

图2　丽江礼堂前厅及观众厅破坏（1996年云南丽江地震）

图3　唐山冶金矿山厂礼堂承重砖墙倒塌，屋顶塌落
（1976年河北唐山地震）

图4　唐山建筑陶瓷厂礼堂舞台建筑倒塌（1976年河北唐山地震）

（3）舞台破坏。横墙开裂，山墙外闪、局部或整体倒塌（图4）。舞台口横墙的破坏比观众厅纵墙和舞台后山墙更为严重，与观众厅接口处最易破坏。

gangjiegou fangwu zhenhai

钢结构房屋震害（earthquake damage of steel building）
钢结构房屋的承重结构由钢构件组成，由于钢材的强度、韧性等优于其他建筑材料，故钢结构房屋的抗震性能也优于其他类型建筑，单层钢结构厂房、多层或高层钢结构建筑的震害明显较轻（图1）。

图1　都江堰钢结构网球场处于Ⅸ度区，震后完好
（2008年四川汶川地震）

地震现场发现的钢结构房屋破坏现象如下。

（1）焊接节点破坏。节点受力集中、构造复杂，且可因焊接造成应力不均匀及钢材性能劣化。梁柱焊接节点的破坏表现为柱端、梁端和加劲肋处的小角焊缝断裂；另一类破坏主要发生在以对接透焊连接的梁柱节点附近，表现为钢材脆性断裂（图2）。

（2）构件破坏。钢框架柱的破坏主要表现为受拉断裂、翼缘屈曲、翼缘撕裂和构件失稳等。1995年日本阪神地震中，一批巨型钢结构住宅的钢柱有多处发生脆性断裂，缝宽达10 mm左右（图3）。

图2　钢结构节点附近破坏　　　图3　钢柱横向断裂
（1995年日本阪神地震）　　　（1995年日本阪神地震）

图4　轻钢结构倾斜变形（1995年日本阪神地震）

（3）螺栓连接与锚固失效。钢构件之间、钢柱与基础间的连接螺栓被剪断或拉断，连接板断裂或锚固螺栓从混凝土中拔出。

（4）轻钢结构的破坏。以横截面积甚小的型钢建造的轻钢结构在地震作用下将产生大的变形。如在1995年日本阪神地震中，发现有此类房屋虽未倒塌，但严重倾斜变形（图4）。

gujianzhu zhenhai

古建筑震害（earthquake damage of ancient building）
中国古建筑大致分为殿堂、楼阁、寺庙、牌坊、古塔、陵墓等类别。保存至今的中国古建筑绝大部分是木结构，也有部分砌体结构。不少古建筑设计考究，施工精良；采用斗拱、卯榫等建筑手法加强构件连接和整体性，能合理传递和分配荷载，并消耗振动能量；地基和基础牢固；这些都符合抗震概念设计的原则。河北蓟县独乐寺观音阁、山西应县佛宫寺木塔、河北赵州石桥等曾经历数次地震而存留至今（见中国古建筑的抗震经验）。但也有部分古建筑因年久失修或受材料性能所限，在地震中受损。

木结构古建筑的震害现象类似于木结构房屋震害，围护墙首先倒塌，木架站立（图1、图2），严重者木架破坏，屋顶塌落毁坏。

砖木结构古建筑也常遭地震破坏（图3），震害现象类似于砌体房屋震害。

古塔和牌坊是特殊类型的结构，体形较高的砌体结构古塔在地震中破坏较多。著名的西安大雁塔、扶风法华寺塔的地震破坏均有历史记载。在2008年四川汶川地震中有些古塔受到破坏。都江堰奎光塔始建于明代，清道光十一年（1831年）重建，塔高52.67 m，质量约3460 t，为17层六面体密檐式砖塔，是中国现存的层数最多的古塔，在地震中产生竖向裂缝（图4）；始建于1836年的安县文星塔塔身被震塌，仅底部残存（图5）。

牌楼在地震中也有破坏，但少有倒塌者（图6）。

图1　唐山市刘家祠堂（清光绪年重修）墙倒架立
（1976年河北唐山地震）

图2　全国重点文物保护单位平武县报恩寺围护墙倒塌
（2008年四川汶川地震）

图 3　全国重点文物保护单位彭州领报修院正堂地震前后
（2008 年四川汶川地震）

图 4　都江堰市奎光塔震后竖向裂缝
（2008 年四川汶川地震）

图 5　四川省安县文星塔地震前后（2008 年四川汶川地震）

图 6　迁西县景忠山砖牌楼立柱剪断（1976 年河北唐山地震）

构筑物与设备震害

shuita zhenhai

水塔震害（earthquake damage of water tower） 水塔由支承结构和储水箱构成，依支承结构不同可分为砖筒、砖柱、钢筋混凝土筒、钢筋混凝土框架和钢支架水塔等；其震害特点不尽相同。

（1）砖筒水塔的砖筒易出现水平或斜裂缝（图1a），砖筒门窗洞口裂缝往往由洞口四角向外扩展；砖筒下部截面发生水平错动；砖筒砌体局部酥裂或塌落（图1b），严重者塔身折断或倒塌（图2）。

（a）水塔砖筒裂缝　　　　（b）水塔砖筒局部塌落
图1　砖筒水塔局部破坏（1976年河北唐山地震）

图2　水塔砖筒折断（2003年新疆巴楚—伽师地震）

（2）钢筋混凝土筒水塔与砖筒水塔相比震害较轻，但破坏特征类似。在Ⅸ度及以上地区支筒发生裂缝，裂缝主要发生在不超过水塔高度1/2的下部，呈水平或斜向；Ⅺ度区的钢筋混凝土水塔有倒塌实例。2008年四川汶川地震中此类水塔基本完好。

（3）钢筋混凝土框架和钢支架水塔抗震性能相对较强，1976年河北唐山地震中，Ⅷ度区这类水塔一般完好，Ⅸ度区有因场地不良而破坏者，Ⅺ度区一座钢筋混凝土框架水塔仅在节点处有裂缝。

yancong zhenhai

烟囱震害（earthquake damage of chimney） 烟囱按建筑材料不同可分为砖烟囱、钢筋混凝土烟囱和钢烟囱。

无筋圆形砖烟囱在地震中破坏普遍，配筋砖烟囱比无筋砖烟囱震害轻。钢筋混凝土烟囱和钢烟囱抗震性能比砖烟囱强，较少破坏。

（1）砖烟囱。①圆形砖烟囱的破坏形态以水平裂缝最为普遍，严重者有多道环向裂缝，筒壁酥裂、错位或掉头（图1）；筒壁也可能产生少数斜裂缝、交叉裂缝、螺旋形裂缝或竖向裂缝；开裂严重者倒塌（图2）。烟囱震害大多发生于筒身上半部。液化区的烟囱易发生倾斜或倒塌，致使震害加重。②方形砖烟囱一般为小型烟囱，因高度低而震害较轻，常见扭转破坏形态（图3）。带水箱的砖烟囱破坏现象与一般砖烟囱类似。

（2）钢筋混凝土烟囱。抗震能力较强，在1976年河北

砖烟囱水平环向裂缝　　　　砖烟囱上端掉头横置
图1　圆形砖烟囱的破坏（1976年河北唐山地震）

图2　戴箍圆形砖烟囱上部倒塌　图3　方形砖烟囱断裂且扭转
　（1990年青海共和地震）　　　（1976年河北唐山地震）

图4 陡河电厂钢筋混凝土烟囱掉头（1976年河北唐山地震）

唐山地震中大部分完好，破坏者大多是使用40年以上的旧烟囱。位于Ⅹ度区的陡河电厂180 m高的钢筋混凝土烟囱，主震时在130 m处出现环形裂缝，上部错动；余震时上端掉头，形成缺口（图4）。2008年四川汶川地震未见钢筋混凝土烟囱破坏。

（3）钢烟囱。大型钢烟囱未见地震破坏，小型钢烟囱有连接螺栓破坏、倾斜等震害现象。

水池震害 shuichi zhenhai （earthquake damage of cistern）

水池有砌体结构和钢筋混凝土结构两种，构筑方式有地面、地下和半地下三类。1976年河北唐山地震震害调查表明，钢筋混凝土地下水池抗震能力较强，即使在Ⅹ和Ⅺ度高烈度区，储水量4000 t以内的现浇钢筋混凝土水池大多完好无损；其他破坏者亦可修复。

水池一般破坏现象是池体开裂，呈斜裂缝或水平裂缝。唐山地震中沉淀池和清水池都有开裂的实例；个别水池破坏

图1 塘沽水厂沉淀池破坏（1976年河北唐山地震）

严重，如天津塘沽自来水厂沉淀池池体开裂，进水多孔墙倒塌，底板伸缩缝拉开15 cm，上下错动5 cm（图1）。

水池还有因地面变形而酥裂者。唐山地震中，一座储水量4000 t装配式预应力圆形水池顶盖与池壁错动，池中钢筋混凝土立柱裂缝，根部酥碎，但池壁与池底完好，可以修复。矮支架水池有支承柱发生破坏者（图2）。水处理池的附属设备结构复杂，尺寸不等，一般未经抗震设计，在地震中常因移位、倾斜、错叠而无法正常工作（图3）。

图2 古冶化肥厂污水处理池支架断裂（1976年河北唐山地震）

图3 水厂絮凝池搅拌器管道开裂错位
（1989年美国加州洛马普列塔地震）

1995年日本阪神地震中，部分水池开裂或局部垮塌，贮水漏尽，影响供水和救火。

闸门震害 zhamen zhenhai （earthquake damage of sluice and ship lock）

闸门有水闸、船闸、防潮闸等。场地条件对闸门震害有重要影响，许多闸门的破坏是由砂土液化、软土震陷、不均匀沉降或地裂缝引起的。

闸门主要破坏现象和特点如下。

（1）闸身底板破坏。地基液化或沉陷引起底板断裂、错叠，或在接缝处被拉开，出现喷砂。

（2）闸墩破坏。钢筋混凝土闸墩抗震能力较强，少有严重破坏。砌石闸墩破坏较为严重（图1），往往与岸坡开裂、滑移、砂土液化、底板变形等有关。闸墩破坏多为下沉或倾斜，与上部结构脱离。

（3）上部结构破坏。受地震作用和支承结构破坏影响，上部结构震害现象比较复杂，一般表现为接头错位、开裂，致使闸门不能正常升降；较高（大于5 m）的机架桥破坏普遍且严重，如桥柱折断造成桥身倒塌或横梁落架（图2、图3）。

图 1　乐亭海田防潮闸墩开裂（1976 年河北唐山地震）

图 2　蓟运河北塘新防潮闸机架桥落梁（1976 年河北唐山地震）

图 3　丰南津唐运河裴庄船闸闸首落梁（1976 年河北唐山地震）

（4）水闸消力池底板及上游铺盖破坏。与闸身底板破坏类似，轻者开裂、沉降不一，重者底板破碎。

tonglang zhenhai

通廊震害（earthquake damage of conveyer passageway）

运输机通廊由下部支承结构和上部皮带运输机廊组成，两端与转运站连接，用于输送散状物料。通廊支承结构有砖支架、钢筋混凝土支架和钢支架，上部结构有砌体结构、钢筋混凝土结构、钢结构、混合箱形或桁架结构等多种；其震害表现也多种多样。

（1）上部结构破坏。砌体结构易受破坏，在 1976 年河北唐山地震中，轻者窗洞口四角出现放射形或平行楼板的裂缝，砖墙与楼板交接处或檐口下缘出现通长裂缝，墙角局部脱落；重者墙体和屋盖坍塌（图 1）。钢结构或钢筋混凝土上部结构大多基本完好，仅少数因下部支承结构坍塌或相连建筑物倒塌而破坏。部分通廊上部结构一端与支座拉脱，另一端与相连建筑相撞，或插入相连建筑。

（2）下部结构破坏。砖结构支承破坏较普遍，轻者产生交叉斜裂缝或错位，重者倒塌。钢支承的破坏表现为少数杆件受压屈曲。钢筋混凝土框架支承的破坏与框架房屋震害类似，轻者出现裂缝（图 2），重者混凝土酥裂、钢筋出露屈曲（图 3），乃至坍塌（图 4）。

（3）转运站破坏（图 5）。通廊转运站一般为砌体结构或钢筋混凝土框架结构，地震时与通廊相撞是普遍现象，造成接头处开裂、脱离，砖墙局部塌落，乃至通廊折断。强烈地震动或地基变形可使通廊与转运站同时倒塌，砌体结构和钢筋混凝土结构转运站的其他破坏现象与砌体或混凝土房屋类似。

图 1　唐山钢铁公司第二炼钢厂通廊上部结构坍塌
（1976 年河北唐山地震）

图 2　通廊钢筋混凝土支座横梁裂缝（1976 年河北唐山地震）

图3 唐山矿水平通廊柱头断裂（1976年河北唐山地震）

图4 唐山茅儿山化肥厂通廊坍塌（1976年河北唐山地震）

图5 国各庄矿通廊与转运站坍塌（1976年河北唐山地震）

lengqueta zhenhai

冷却塔震害（earthquake damage of cooling tower） 自然通风冷却塔亦称晾水塔，是发电厂的重要设施。

地震中未见冷却塔风筒破坏，其他震害现象如下。

（1）支承柱和内部框架破坏。震害与一般混凝土框架破坏现象类似，如柱端混凝土崩落露筋（图a），框架梁端部开裂，径向梁与中央竖井连接处开裂等。

（2）附属构件破坏。主水槽、配水槽移位，局部断裂；水泥网格板脱落（图b）。

（a）支承柱破坏　　（b）水泥网格板脱落

冷却塔的破坏（1976年河北唐山地震）

kuangjing tajia zhenhai

矿井塔架震害（earthquake damage of mine tower） 矿井塔架有砌体结构、钢筋混凝土结构、钢结构和混合结构等多种类型。唐山地震震害调查表明，六柱式钢井架和钢筋混凝土井架震害较轻，砖井架和砖支承钢架井架（下部为砖柱，上部为钢架）震害较重；砖柱井架比砖筒井架震害重。

（1）钢井架。表现为竖杆和斜撑压屈变形或折断（图1），连接螺栓或铆钉剪断。斜井架主要是基础破坏，柱脚拔出，连接螺栓松动或剪断。

（2）钢砖混合井架。下部砖柱柱头或砖墙剪断错位，砖拱翼墙开裂（图2），致使上部钢结构塌落。

（3）钢筋混凝土井架。柱梁开裂，砖围护墙裂缝。唐山地震中钢筋混凝土井架主体结构未见毁坏者（图3）。

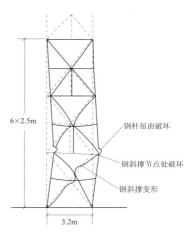

图1 唐山矿一号井钢井架变形示意图（1976年河北唐山地震）
图中虚线为井架震前位置

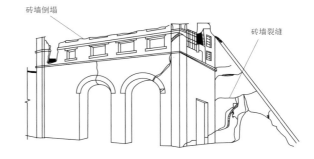

图2 唐家庄矿三号井钢砖混合井架井口房破坏示意图（1976年河北唐山地震）

图 3　国各庄矿钢筋混凝土井架轻微破坏
（1976 年河北唐山地震）

图 4　唐山矿新风井钢筋混凝土井塔破坏
（1976 年河北唐山地震）

（4）钢筋混凝土井塔。震害表现为基础开裂，混凝土筒壁出现环形、斜交或竖向裂缝，附属构架折断破坏、错位。如 1976 年唐山地震中唐山矿新风井井塔上部塌落于下部筒身之上（图 4）。

chucang zhenhai

储仓震害（earthquake damage of storage）　散状物料储仓有圆筒形和方形两种，结构有落地式和支承式。多数储仓为钢筋混凝土结构，少数为砖结构，简易粮仓则采用芦苇、草泥等材料建成。支承式储仓的整体稳定取决于支承结构，无论方仓或圆筒仓，震害主要发生于支承结构。

（1）支承构件破坏。支承柱裂缝、折断是常见的震害现象。钢筋混凝土柱的破坏与房屋框架柱破坏类似，轻者产生水平裂缝，重者混凝土酥碎剥落，钢筋外露，立柱折断（图 1）。钢支架失稳可致储仓倾斜（图 2）；砖支柱裂缝，柱头和柱脚剪断，严重时造成储仓倒塌。

（2）圆筒形储仓破坏。圆筒仓比方仓震害轻，筒壁支承的圆筒仓又比柱支承圆筒仓震害轻；低矮的圆筒仓，即使是砖砌筒仓或简易筒仓，震害也相对轻；钢板焊接圆筒仓和高大的圆筒仓亦有坍塌破坏现象（图 3、图 4）。

（3）仓顶室破坏。仓顶室一般为砖混结构或砖木结构，抗震能力弱，是储仓的抗震薄弱部位。唐山地震中砖混结构的仓顶室普遍倒塌（图 5）。钢筋混凝土框架和钢结构的仓顶室震害轻微，主要为砖填充墙的裂缝。

图 1　料仓混凝土支柱酥碎破坏（1976 年河北唐山地震）

图 2　唐钢第二炼钢厂料仓钢支架失稳（1976 年河北唐山地震）

图 3　钢板焊接储仓破坏（1985 年墨西哥米却肯州地震）

图 4　范各庄矿圆筒储仓倒塌（1976 年河北唐山地震）

图5 古冶水泥料仓仓顶室局部倒塌（1976年河北唐山地震）

jiakong guandao zhenhai

架空管道震害（earthquake damage of overhead pipe）
架空管道依敷设方式不同可分为活动支架管道和固定支架
管道两类。前者管道可在支架上滑动，后者管道与支架有
固定措施。支架有独立式和管廊式，前者管道直接敷设于
支架上，后者管道敷设于支架和支架间的水平构件上（见
架空管道抗震设计）。

（1）支架破坏。钢支架和钢筋混凝土支架震后多保持
完好，仅少数支架发生倾斜、开裂或失稳；砖支架有开裂、
折断现象。支架或支座破坏常使管道移位或脱落（图1—
图3）。

（2）管道开裂或接头脱落。开裂部位一般在焊口或法
兰连接处，严重时接头处震脱（图4）。焊口开裂原因主要
是焊缝质量差、强度不足或焊缝锈蚀等。法兰连接处螺栓
松动或局部开裂与构件尺寸、敷设方式和管线形状有关。

（3）管道与设备连接处开裂。设备与管道振动特性不
同导致连接部位开裂，管道与阀门或其他设施连接处被剪
断较为多见。

图1 天津化工厂管道支架破坏（1976年河北唐山地震）

图2 唐钢第二炼钢厂管道从支架上脱落（1976年河北唐山地震）

图3 唐山焦化厂管道支座破坏（1976年河北唐山地震）

图4 架空管道接头震脱（2008年四川汶川地震）

hunningtuba zhenhai

混凝土坝震害（earthquake damage of concrete dam）
混凝土坝的破坏现象有坝基变形，坝体开裂、滑移、渗漏
和沉陷等。至今，除因断层错动影响造成坝体毁坏的一例
外，世界上还没有因地震动造成混凝土坝垮坝的震例。

震害实例 各类混凝土坝的典型震害实例如下。

（1）印度柯依纳（Koyna）重力坝。坝高103 m，坝顶
长845 m。1967年12月10日发生6.5级水库诱发地震，震
中位于大坝以南偏东2.4 km；实测地震动加速度在坝基轴
向为0.63 g，顺河向为0.49 g，竖向为0.34 g。地震造成
下游坝面坝体断面折坡处出现近乎水平的裂缝；上游坝面
亦出现水平裂缝，位置在折坡处上下6～7 m范围内。在下
游坝面折坡处附近有大量漏水。此外，操作廊道、升降机
井和基础廊道也出现裂缝，坝顶附属建筑物也遭到一定
破坏。

（2）伊朗塞菲得卢德（Sefid Rud）支墩坝。坝高106 m，
坝顶长417 m。1990年遭受鲁德巴尔7.7级地震，发震断
层在坝址附近，地震动加速度峰值达0.3 g。地震使大坝产
生了一条几乎贯穿全坝头部的水平裂缝，其余附属设施也
有轻微破坏（图1）。

（3）中国广东河源新丰江大头坝。坝高105 m，坝顶长
440 m。由于在1959年水库蓄水后不久发生有感地震，
1961年按设防烈度8度进行了一期加固。加固工程即将完
成时，1962年3月19日库区发生了6.1级地震，震中位于
大坝东北约1.1 km处，震源深度约5 km。地震造成右岸坝

段顶部出现长达82 m的水平裂缝，下游坝面出现渗水。水库水位降低以后，上游坝面也发现裂缝，裂缝贯通上下游。地震也造成左岸坝段规模较小的不连续裂缝。

（4）中国台湾石岗坝。坝高25 m，坝顶长357 m。1999年遭受集集地震，断层错动造成两坝段垮塌（图2），泄漏270万 m³库水，但未造成下游洪灾。

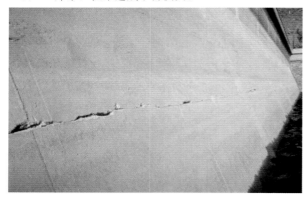

（a）坝下游面水平裂缝

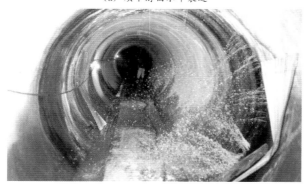

（b）坝底廊道开裂漏水

图1　塞菲得卢德支墩坝的地震破坏
（1990年伊朗鲁德巴尔地震）

图2　石岗坝受地表断层错动垮塌（1999年台湾集集地震）

（5）美国帕柯依玛（Pacoima）拱坝。坝高113 m，坝顶弧长约175 m。在1971年加州圣费尔南多地震中，左坝肩基岩加速度水平和垂直分量分别达到1.23 g和0.72 g。地震造成坝体与左岸推力墩间的垂直接缝张开6～10 mm，从坝顶向下延伸13.7 m。左坝肩上部岩石表面的混凝土防护层大面积开裂，使坝肩下游坡面出现约8090 m²的坍塌。左坝座向下游水平位移13 mm，并沉陷13 mm。

1994年洛杉矶北岭地震时，坝基水平和竖向地震动加

速度分别达0.54 g和0.43 g；左坝肩水平地震动加速度峰值1.58 g，竖向1.2 g，喷涂混凝土大范围开裂；左岸支墩岩体错动近50 cm，坝肩构造横缝错动约5 cm（图3）。

图3　帕柯依玛拱坝的破坏（1994年美国洛杉矶北岭地震）

（6）智利拉佩尔（Rapel）拱坝。坝高111 m，顶拱长116.5 m。1985年遭受智利中部近海地震，实测坝基横河向、顺河向和竖向地震动加速度分别为0.31g，0.114g和0.11 g。地震造成溢洪道内支墩上游侧及厂房进水口上部结构开裂，拱坝与溢洪道交界面也受到一些破坏。

震害特点　混凝土坝的地震破坏主要表现在两方面。

（1）地基破坏引起的震害。地基破坏如断层错动，两岸山体的滑坡、崩塌，地基防渗体系受损等，都会造成坝体破坏。如地震导致美国帕柯依玛拱坝坝体左岸推力墩基底岩块产生滑动，是引起垂直接缝张开的可能原因。

（2）坝体震动引起的震害。强震时坝体上部受地震惯性力作用容易产生裂缝，尤其是在靠近坝顶的部分。如中国新丰江坝裂缝位于距坝顶1/6坝高处，印度柯依纳坝裂缝位于距坝顶1/3坝高处，伊朗塞菲得卢德支墩坝头部形成贯穿性水平裂缝。此外，在断面突变和坝内孔口及廊道附近、坝内各接缝处及坝顶附近建筑物也容易受损。

tushiba zhenhai

土石坝震害（earthquake damage of earth and rockfill dam）土石坝是以土或石作为坝料的水坝，其中以土坝数量为多。土石坝（见土石坝抗震设计）主要用来蓄水灌溉、提供饮用水或防洪，其震害有多种表现。

土坝震害　设计和施工良好的土坝具有较好的抗震性能，地震烈度Ⅸ度区有土坝保持完好的实例；然而，不少设计不良、施工粗陋和年久失修处于病险状态的土坝，在Ⅴ度区即有破坏。

震害影响因素　除地震动强度外，影响土坝震害的主要因素如下。

（1）坝基。土坝的地基特性和地基处理措施直接影响震害。岩石坝基是上游震害少的主要原因。建在河流下游的平原水库地基复杂，有广泛分布的淤泥层或砂土层，在地震时极易产生液化或沉陷。建在河流中游的大型水库地基可能跨越河床、阶地和岩基等，部分坝址也有淤泥或砂土层发育。

（2）坝料。坝料决定坝体的稳定和防渗性能。坝料成分和相对密度对震害有很大影响，坝料不合格的土坝在Ⅴ度区就有破坏的例子；坝料控制越严格，破坏程度越轻。

（3）施工维护。土坝的施工和维护质量是影响震害的

关键因素，坝料控制、压实程度，坝基处理和防渗措施的缺陷可导致长期漏水甚至局部滑塌，此类病险土坝在地震中破坏严重。

震害现象 土坝主要震害现象和特点如下。

（1）坝体裂缝。此震害现象最常见。较多出现的是平行于坝轴线的纵向裂缝（图1、图2），有的纵缝几乎延伸至全坝，多发生在坝顶和接近坝顶的上下游坡面。垂直于坝轴线的横缝多发生在坝体与岸坡接头处或坝顶，以及坝体与坝下涵管的接合部。错距显著的纵缝往往是滑坡的先兆，而横缝一旦贯通上下游则有可能发展为集中渗漏通道。

图1 安县丰收水库土坝的纵向裂缝（2008年四川汶川地震）

图2 陡河水库土坝纵向深大裂缝（1976年河北唐山地震）

由于坝料不均匀、压实不够、黏土干缩或者地基沉降，坝体裂缝在地震前就可能发生，不同时段施工接缝处理不当也会产生裂缝；地震时这些裂缝被拉开扩大。

（2）坝体沉陷。坝身土料未很好压实或坝基土层松软（如淤泥土层）导致坝体沉降，地震时地基震陷或砂土液化可引起坝体或坝基沉陷。

（3）渗漏和管涌。地震时坝体或坝基变形开裂产生渗漏通道，可导致渗漏明显增加或出现管涌（图3）；坝体或下游地面出现喷水冒砂则是砂土液化的表现。

（4）滑裂和滑坡。坝体上下游坡面出现错距明显的弧形裂缝、滑体下部坝面出现隆起的破坏现象称为滑裂，沿裂缝走向可分辨滑动土体的平面轮廓。滑裂进一步发展则形成滑坡，滑坡体脱离原位滑入水中或坝脚，引起削弱坝体的严重震害（图4、图5）。

（5）护坡破坏。土坝上游面往往有防浪的水泥板或砌石护坡，因护坡用料与坝体不同，地震时砌缝可能开裂破坏，液化也会使护坡产生大面积滑落（图6）。

图3 陡河水库土坝坝脚的管涌口
（1976年河北唐山地震）

图4 下圣费尔南多土坝部分滑塌
（1971年美国加州圣费尔南多地震）

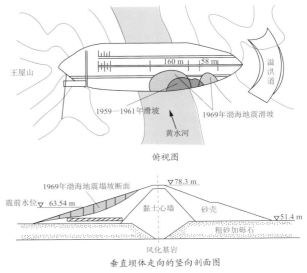

图5 王屋土坝滑坡示意图（1969年渤海地震）

图 6 北京密云水库白河主坝护坡滑塌（1976 年河北唐山地震）

（6）防浪墙破坏。位于坝顶的防浪墙常用片石砌筑，强度不高；坝顶的地震反应放大作用和坝体的裂缝、沉降可引起防浪墙破坏。

石坝震害 按结构类型不同，石坝可分为砌石坝和堆石坝两种。

砌石坝的震害现象主要是坝体开裂，裂缝大多沿砌缝延伸，震害一般比土坝轻；堆石坝震害与土坝震害类似；混合坝有堆石与砌石部分脱开的破坏。1976 年河北唐山地震中迁西龙湾水库砌石直墙堆石坝的坝体出现 7 条横向裂缝，1 条纵向裂缝位于下游侧砌石与堆石交界处（图 7）。

图 7 迁西龙湾水库坝体破坏示意图（1976 年河北唐山地震）

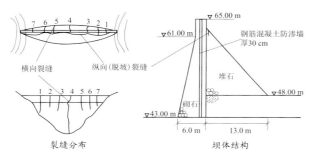

图 8 紫坪铺水库堆石坝下游面护坡破坏
（2008 年四川汶川地震）

2008 年四川汶川地震中，处于Ⅸ度区的都江堰紫坪铺水库堆石坝，库容 10 亿 m³，震后坝体下游面护坡有轻微破坏（图 8），有约 78 cm 的沉降和约 10 cm 的移位，附属结构如闸门控制室和坝上栏杆等有破坏，但不影响蓄水。

difang zhenhai

堤防震害（earthquake damage of dyke and embankment）河湖堤防的材料和结构形式与土坝类似，故震害的特点与土坝相仿（见土石坝震害）。

堤防震害常表现为纵向裂缝、沉陷、局部滑塌等（图 1、图 2）。严重破坏的堤坝成阶梯状或深裂缝滑塌，甚至塌

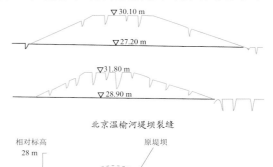

北京温榆河堤坝裂缝

河北迁西北沙河堤坝破坏

图 1 堤防破坏示意图（1976 年河北唐山地震）

图 2 漩口镇草坡乡河堤滑坡、开裂（2008 年四川汶川地震）

平或形成缺口。场地对震害影响十分明显，堤防场地一般易发生液化或震陷，黏土地基的堤防震害较轻。

dangtuqiang zhenhai

挡土墙震害（earthquake damage of retaining wall）挡土墙是防止土体坍塌的土工构筑物，在建筑工程、水利工程、铁路与公路工程以及土坡支护中应用广泛。挡土墙多以石块或混凝土砌筑，有重力式挡土墙、衡重式挡土墙、悬臂式挡土墙、扶臂式挡土墙、锚定式挡土墙和加筋土挡土墙等多种。地基条件对挡土墙的震害有重要影响，岩石和稳定地基上的挡土墙震害主要由振动引起；饱和土或软弱土地基上的挡土墙破坏大多源自地基失效。挡土墙主要震害现象和特点如下。

（1）墙体裂缝。重力式挡土墙墙体开裂，如出现上下贯通的竖向裂缝（图 1）或水平向裂缝（图 2），或墙体与墙后填土脱离。悬臂式挡土墙墙体破坏的主要形式是折断。

（2）倾斜移位。墙体整体倾斜和移位是挡土墙的主要破坏形式之一（图 3、图 4）。

图 1　挡土墙竖向裂缝
（1976 年河北唐山地震）

图 2　挡土墙水平向裂缝
（2008 年四川汶川地震）

图 3　石砌挡土墙倾斜
（1976 年河北唐山地震）

图 4　钢筋混凝土挡土墙倾斜
（2008 年四川汶川地震）

图 5　挡土墙因滑坡或滚石而垮塌
（2008 年四川汶川地震）

（3）墙体垮塌。挡土墙墙体垮塌常由边坡坍塌、滑坡等造成（图 5），长度大的挡土墙可部分坍塌；单纯因地震惯性作用造成整体垮塌者不多见。

weikuangba zhenhai

尾矿坝震害（earthquake damage of tailing dam）　尾矿坝用于拦蓄选矿等工艺排放的尾料废弃物，地震动、地基失效以及地震引起的坝体变形，都可能造成尾矿坝破坏。

尾矿坝随尾料增加而不断加高，加高方式有上游法（向上游方向加高）、下游法和中线法三种。尾料的特点是颗粒细、饱含水，随时间延续可堆积很高，其固结程度随位置和深度而变化。尾矿坝震害现象和影响因素如下。

（1）尾料液化对坝体的影响。尾料在地震烈度 Ⅵ 度时就有液化现象发生，沉积滩在水线处有大量喷水冒砂，甚至可目击表层成为悬浮液，并激起波浪。液化降低了尾料的抗剪强度，增加坝体的侧向压力；液化尾料的侧向流动和变形，使坝体裂缝、滑塌失稳。

（2）滩面裂缝对坝体的影响。滩面地震裂缝区常与喷水冒砂区相毗邻，裂缝长度随液化程度不等。裂缝扩张形成的侧向压力对尾矿坝是不利因素。

（3）筑坝方法和运行的影响。智利震害资料表明，用上

大姚铜矿尾矿坝滩区液化裂缝（2003 年云南大姚地震）

游法修筑的滩长仅 30～40 m 的尾矿坝，在低烈度下即发生严重破坏。排放期间尾矿坝库区不断注入新鲜尾料，欠固结尾料的比例大、含水多，易液化，是抗震不利因素。

dixia gongcheng zhenhai

地下工程震害（earthquake damage of underground structure）　地下工程包括地铁、隧道、矿井巷道、人防工程、地下商场、地下通道等。地下结构的特点是变形受围裹岩土约束，地震动力放大效应和惯性力作用远比地上结构小，故震害程度明显较轻。如 1976 年河北唐山地震中，唐山机车车辆厂位于 Ⅺ 度区，地面建筑几乎毁坏殆尽，而地下发电机房完好无损。震害调查表明，深埋结构比浅埋结构震害轻，坚硬土层中的地下结构比松软土层中的地下结构震害轻。

除地铁和隧道震害外，其他地下工程震害现象如下。

（1）矿井巷道。据 1976 年唐山地震开滦煤矿震害调查，位于震中区的竖井井筒破坏大多发生在地面下 50 m 内，表现为环形、竖向或斜裂缝；破坏程度与施工和维护质量有关，一般可修复。大巷和采煤硐室大部分完好，局部出现拱顶裂缝、下沉、剥落（图 1），硐壁开裂、鼓底，少有拱顶塌落（图 2）。巷道内的支架和运输、通风机械部分移位、损坏，均可修复。

（2）地下通道。地下通道在接头处开裂，出现环形裂缝，并可见喷水冒砂；涵洞出现裂缝，顶部剥落。

图 1　巷道拱顶剥落（1976 年河北唐山地震）

图2 巷道拱顶局部塌落（1976年河北唐山地震）

（3）人防工程。唐山地震震害调查表明，地下人防工程顶部覆土虽然只有2～4 m，但震害较之地表建筑明显减轻，大部完好；轻微裂缝多出现在地道转角、交会处，出入口及钢筋混凝土结构与砖砌体交接处。

chuguan zhenhai

储罐震害（earthquake damage of tank） 储罐包括储液罐和储气罐。常用的储液罐有立式常压圆柱形储罐、球形储罐和卧式圆筒形储罐；储气罐包括球形储气罐、卧式圆筒形储气罐和水槽式螺旋轨储气罐（气柜）。两类储罐大多是用钢板焊成的薄壁结构（见储液罐抗震设计），少数罐壁采用玻璃钢材料。地震中尚未见球形储罐破坏，埋地或半埋卧式油罐亦少有破坏。

（1）罐体屈曲。储液罐承受重力和地震作用，罐内液体晃动产生对罐壁的附加作用，大型浮放储罐罐底在地震中可发生提离，这些因素可导致罐壁屈曲；罐壁屈曲有象足屈曲（图1）和菱形屈曲两种现象，地震中亦有储罐整体折曲毁坏者（图2）。

（2）罐体开裂。钢质罐壁有焊缝开裂的破坏现象，2008年四川汶川地震中玻璃钢罐壁有发生水平向脆性断裂者（图3）。

（3）基础和支座破坏。地基失效可致使储罐倾斜或罐底破坏（图4），支座破坏使卧式油罐倾倒的现象亦较为普遍（图5）。

（4）附属构件破坏。管道接头、阀门、法兰盘、导轨和滑轮等储罐附属构件是抗震薄弱部位。储气罐导轨轮破坏、螺旋滑道破坏可造成罐体歪斜（图6）。

图1 储油罐底部象足屈曲破坏（1976年河北唐山地震）

图2 储罐整体折曲（1994年美国洛杉矶北岭地震）

图3 化工厂玻璃钢罐上部震断落地（2008年四川汶川地震）

图4 立式储罐因地基失效倾斜（1995年日本阪神地震）

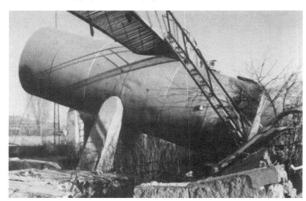

图5 卧式油罐因支座破坏倾倒（1988年亚美尼亚地震）

图 6　螺旋滑道破坏导致气柜浮筒歪斜（1976 年河北唐山地震）

tashi shebei zhenhai

塔式设备震害（earthquake damage of tower facility）塔式设备依支承结构不同分为裙座式和支腿式两类。前者支承结构为曲面壳体，后者支承结构为砌体、钢或钢筋混凝土柱。

图 1　反应塔倾斜（2008 年四川汶川地震）

图 2　什邡宏达化工厂反应塔倾倒（2008 年四川汶川地震）

图 3　反应塔垮塌落地（2008 年四川汶川地震）

此类结构的震害集中于支承结构，支承结构断裂可造成塔体歪斜、倾倒或垮塌落地（图 1—图 3）。支承结构破坏源自构件强度不足、构件屈曲、焊缝开裂、锚固螺栓断裂或拔出以及地基失效等。

yiqi shebei zhenhai

仪器设备震害（earthquake damage of instrument）仪器设备种类繁多，其置放方式有浮放式和固定式两种。设备损坏多因所在建筑物倒塌所致，设备本体、基础和支座也有破坏发生。浮放设备在地震中移位、倾倒，造成精度降低、运行障碍或整体损坏现象甚多。

（1）房屋倒塌砸坏设备是常见的破坏现象（图 1、图 2）。

（2）地基不良发生不均匀沉降或侧向大变形，使机械设备等基础移位、倾斜，无法正常工作。

（3）固定式设备的锚固螺栓被剪断或拔出，支座破坏致使机器倾倒。

（4）振动反应过大造成设备构件折断、损坏（图 3）。

图 1　房屋倒塌砸坏设备（1990 年青海共和地震）

图 2　房屋破坏砸坏设备（2008 年四川汶川地震）

图 3　大型设备构件折断（1994 年美国洛杉矶北岭地震）

生命线系统震害

生命线系统震害（earthquake damage of lifeline system）维持社会正常运转所必需的能源、运输、通信、用水等基础性工程设施构成生命线系统（见生命线工程抗震）。生命线系统的震害有如下特点。

（1）各个生命线子系统有各自的构成和功能，其设施和设备的种类与结构类型各不相同，因此破坏机理和震害现象也各有差别，须分门别类加以整理研究；通常包括交通工程震害、供电工程震害、供水工程震害、排水工程震害、通信工程震害、输油气工程震害，以及一些特殊和重要的工程结构震害，如桥梁震害、混凝土坝震害、核电站震害（见供电工程震害）等。

（2）生命线工程设施是网络系统，一旦其中某个结构（网络节点）破坏而丧失功能，就会影响整个系统的正常运行。例如桥梁垮塌导致整条道路运输中断，变电站破坏造成全线路断电等。

（3）生命线系统破坏的后果严重，如道路功能丧失会严重阻碍应急救灾行动，输油气管道破坏会引发火灾，大坝溃坝可引起水灾等次生灾害。生命线系统的规模和复杂程度随城市化进程增大，其震害后果也更严重。

（4）生命线工程结构和设施复杂特殊，例如长大桥梁自振周期可达 10 s，大坝场址场地和地形复杂，管线设施延伸很长距离等。总结研究这些设施的震害特点，促进了地震工程学的发展。

公路工程震害（earthquake damage of highway engineering）　公路工程含道路、桥梁、涵洞、隧道、车站、信号监视设备等，是交通系统的重要组成部分，在历次大地震中都有震害发生。

桥梁在公路交通中具有至关重要的作用，公路桥梁的震害现象十分普遍（见桥梁震害）。隧道是公路穿越山体或江河的岩土工程结构，属地下结构，震害相对较轻（见隧道震害）。公路车站是旅客和货物的集散地，其地震破坏与房屋震害相同。

公路路面与路基的主要震害现象如下。

（1）路面开裂或沉降。路面和路基横向或纵向开裂（图1、图2）、沉陷、鼓包，冒砂等。破坏的主要原因是地基不良和施工质量差，开裂地段往往位于砂土液化或软土震陷区，地下水位高且没有良好的排水措施。表1为1975年辽宁海城地震中路基震害与场地条件的关系，可见路基破坏多发生在液化场地。

（2）路基变形。发震断层附近的路基被断层或大型地裂缝错断，发生沉降或隆起（图3）。（见地面破裂）

（3）高路基破坏。桥头与河、湖岸边的路基或山地的高路基（堤）下沉、断裂、塌陷或局部滑坡（图4）。

表 1　路基震害与场地的关系（1975 年辽宁海城地震）

烈度	无地基液化	有地基液化
VII	11（20%）	43（80%）
VIII	13（24%）	42（76%）
IX	8（19%）	35（81%）
X	1（9%）	10（91%）
合计	33（20%）	130（80%）

注：表中数字是破坏路基的数量，括号中数字是占总破坏量的比例。

图 1　公路路面横向开裂（1976 年河北唐山地震）

图 2　公路路面纵向开裂、沉降（1976 年河北唐山地震）

图 3　断层错动使路基隆起、路面破碎（1999 年台湾集集地震）

图 4　四川汉旺公路高路基破坏（2008 年四川汶川地震）

图 5　山体滑坡掩埋道路（2008 年四川汶川地震）

（a）2004 年日本新潟地震

（b）2008 年四川汶川地震

图 6　公路路基塌方

（4）路堑或护坡破坏。路堑或护坡因塌方或滑坡毁坏，使道路中断（图 5）。

（5）路基塌方。路基随山体一起崩塌或滑落是山区公路震害特点（图 6）。

（6）滚石。滚石落于路面，堵塞道路，阻断交通。

tielu gongcheng zhenhai

铁路工程震害（earthquake damage of railway engineering）　铁路工程包括路基轨道、桥梁、隧道、车站、信号和通信系统、修理厂等，其震害特点与公路工程震害有相似之处。

（1）路基轨道破坏。①路基因砂土液化、震陷或地震动而位移变形，致使铁轨下沉（图 1）或严重弯曲（图 2）；②桥头或河岸、湖岸等水域附近路堤塌陷或局部滑塌使轨道破坏；③地震断层使地面隆起，造成轨道破坏（图 3）；④山区铁路常被塌方或滚石破坏（图 4）。

（2）桥梁破坏。铁路桥梁大多是梁式桥，以桁架结构为多，跨越大河者常为公路、铁路两用桥，震害与公路桥梁类似。（见桥梁震害）

（3）隧道破坏。隧道被山体围裹，震害相对较轻（见隧道震害），主要受滑坡、滚石等影响（图 5）。

（4）车站破坏。铁路车站一般为高大的空旷房屋或钢

图 1　通陀线铁路路基下沉（1976 年河北唐山地震）

图 2　京山线铁轨弯曲变形（1976 年河北唐山地震）

图 3　断层错动引起地表隆起造成路轨破坏
（1999 年台湾集集地震）

图 4 铁路路基塌方破坏（2008 年四川汶川地震）

图 5 宝成线 109 隧道上方滑坡（2008 年四川汶川地震）

图 6 城市高架铁路破坏（1995 年日本阪神地震）

筋混凝土框架房屋，其震害现象与房屋震害相同；车站站台和附属设施，如供电系统、信号和通信系统亦有破坏（见供电工程震害和通信工程震害）。

（5）城市高架铁路。因高架桥倒塌而破坏（图6）。

qiaoliang zhenhai

桥梁震害（earthquake damage of bridge） 桥梁是交通系统重要的工程结构，有多种结构类型（见桥梁抗震），其震害现象不尽相同。

桥梁形式多样，但均包括基础、桥台、桥墩、上部结构和连接构件等部分。

（1）基础破坏。桥梁基础有桩基和沉井等多种类型。基础破坏主要由地基土或岸坡的滑移造成，多与地基液化相关，地震动则是相对次要的原因。常见桩基与地基脱离（图1）；基础失效导致桥墩侧滑、歪斜或折断，乃至造成桥梁垮塌（图2）。非桩基础（扩大基础、沉井基础等）自身的破坏现象较少发现。

（2）桥台破坏。桥台受力复杂，地基失效、滑坡是造成桥台破坏的主要原因，表现为构件开裂倾斜（图3）、滑移下沉，严重时导致桥身落梁。

（3）桥墩破坏。桥墩受轴力、剪力和弯矩的共同作用，可产生不同的破坏形式。主要由轴压力和水平剪切力造成的破坏一般发生于矮桥墩或墙式桥墩（图4），主要由弯矩

图 1 地基液化使桩基与地基脱离（2003 年新疆巴楚—伽师地震）

图 2 汶川百花大桥因基础失效垮塌（2008 年四川汶川地震）

和剪力造成的破坏一般发生于柱式桥墩（图5）。桥墩施工缝是抗震薄弱部位，往往发生错断（图6）。桥墩毁坏可导致桥梁垮塌。

（4）上部结构破坏。梁式桥上部结构最严重的破坏形式是落梁。日本神户西宫大桥引桥落梁的根本原因是地基滑移（图7）。梁式桥的支座和限位装置在强大水平地震作用下将损坏失效，在墩台支承长度不足时则导致落梁破坏（图8、图9）。桥面下落有顺桥向、横桥向和扭转等不同形态，其中以顺桥向的落梁占绝大多数。也可见到桥面折断的现象（图10），但比较少见。

拱桥上部结构的破坏主要表现为主拱的拱顶、拱脚、端腹拱以及拱肋与拱波的连接处开裂。拱身为砌体结构的拱桥在地震中多有垮塌（图11）。

钢筋混凝土拱桥在高烈度区有基本完好者（图12）。

（5）连接构件破坏。桥梁支座、伸缩缝和剪力键等连接构件是桥梁的抗震薄弱环节，历次大地震中都有破坏发生。

图5　桥墩的弯剪破坏（1995年日本阪神地震）

图3　拱桥桥台开裂（2003年内蒙古巴林左旗地震）

图6　唐遵线陡河桥桥墩错断歪斜（1976年河北唐山地震）

图4　桥墩的剪切破坏（1999年台湾集集地震）

图7　地基滑移造成神户西宫大桥落梁（1995年日本阪神地震）

图8　滦河大桥落梁破坏（1976年河北唐山地震）

图 9　都汶高速公路桥一跨落梁（2008 年四川汶川地震）

图 10　都江堰高原大桥桥面板折断塌落（2008 年四川汶川地震）

图 11　唐山刘官屯拱桥垮塌（1976 年河北唐山地震）

图 12　什邡金花镇钢筋混凝土拱桥震后基本完好（XI度区）
（2008 年四川汶川地震）

dakua qiaoliang zhenhai

大跨桥梁震害（earthquake damage of long span bridge）
悬索桥、斜拉桥等大跨桥梁震害比较少见，其原因在于，此类桥梁数量较少，且经严格设计和精细施工；大跨桥的自振周期可达数秒甚至更长，地震加速度反应相对较小。

1995 年日本阪神地震中明石海峡大桥缆索基础移位，使桥梁总长度约增加 1 m（图 1），但并未造成不可修复的破坏。

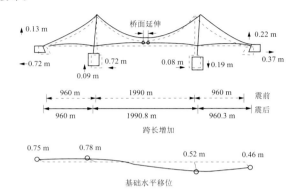

图 1　明石海峡大桥基础移动示意图（1995 年日本阪神地震）

图 2　台湾南投集鹿斜拉桥

台湾南投集鹿大桥是单塔式斜拉桥（图 2），1999 年集集地震中桥塔与桥身连接处发生破坏，分析表明以弯曲破坏为主；该桥还发生斜拉索的拉脱。

gaojiaqiao zhenhai

高架桥震害（earthquake damage of viaduct）　高架桥又称跨线桥或旱桥，多层交叉者亦称立交桥，其震害表现与一般跨河海的桥梁类似（见桥梁震害）。

（1）落梁破坏。因桥梁振动位移过大或桥墩偏斜造成落梁破坏（图 1、图 2）。

（2）桥墩破坏。1995 年日本阪神地震中，单墩承重的梁式桥似乎震害更严重（图 3），框架式桥墩破坏与钢筋混凝土框架破坏类似。钢板包裹的混凝土桥墩亦有破坏发生。

（3）桥面破坏。高架桥桥面有多段断裂的震害现象（图 4）。部分高架桥有多个弯曲的引桥（匝道），地震作用下受力状态更为复杂，更易破坏；多层相叠立交桥的上层垮塌直接累及下层（图 5）。

图 1 高架桥落梁破坏（1995 年日本阪神地震）

图 2 桥墩偏斜造成落梁破坏（1999 年台湾集集地震）

图 3 单墩承重高架桥长约 600 m 的桥段倾倒
（1995 年日本阪神地震）

图 4 高架桥桥面断裂（1994 年美国洛杉矶北岭地震）

图 5 塞普拉斯高架桥垮塌（1989 年美国加州洛马普列塔地震）

suidao zhenhai

隧道震害（earthquake damage of tunnel） 隧道属地下结构，震害相对地上结构为轻（图 1）。2008 年四川汶川地震中，许多高烈度区的隧道未见明显破坏，可以继续使用。1990 年伊朗鲁德巴尔地震中，位于极震区的公路隧道穿越断层上方开裂的土层，但仅在断层迹线附近隧道有裂缝和局部崩落，不影响通车。

隧道震害的主要表现如下。

（1）隧道洞口破坏。洞口挡土墙和洞口护壁等破坏较多（图 2），山体滑坡、崩塌可堵塞或掩埋隧道口（图 3）。

（2）洞内拱顶和边墙剥落、衬砌裂缝和错动。但即使在大震时隧道也很少发生严重的垮塌。

图 1 震中区正在修建的隧道未发生破坏
（2001 年青海昆仑山口西地震）

图 2　北川县城龙尾隧道洞口挡土墙裂缝，洞内基本完好
（2008 年四川汶川地震）

图 3　都汶公路毛家湾隧道洞口被滑坡堵塞
（2008 年四川汶川地震）

ditie zhenhai

地铁震害（earthquake damage of subway）　地铁的地下结构部分一般震害轻微，迄今发生的最严重的震害是日本 1995 年阪神地震中神户大开车站的破坏。该车站埋深浅，采用明挖方式施工，顶部距地面仅 2 m；地震中车站的立柱折断（图 a），引起地面沉陷（图 b）。

日本地铁大开车站的破坏（1995 年日本阪神地震）

gangkou gongcheng zhenhai

港口工程震害（earthquake damage of harbor engineering）港口是水运交通的枢纽工程，含防波堤、码头、趸船设施、

仓库、堆栈、吊车、运输线路等，有的港口还建有船台、船坞和其他辅助房屋。

码头是港口的主要设施，依照结构形式可分为重力式码头和桩基式码头两类（见码头抗震设计）。码头主要震害现象如下。

（1）重力式码头震害。由于地基液化、滑移、沉陷和地震作用，重力式码头砌块接缝开裂；有的沉箱结构本身并未损坏，但倾斜滑移沉入海中（图 1），造成港口瘫痪。

（2）桩基式码头震害。由于地基失效，桩基式码头桩身开裂倾斜，缆索锚碇移位。①高桩式码头桩身裂缝、折断。如 1976 年河北唐山地震中天津新港（Ⅷ度）桩基码头破坏（图 2），承台下的叉桩桩顶折断（图 3）。②板桩式码头震害。如 1976 年唐山地震中天津新港老旧码头的板桩开裂或变形（图 4），但震害相对高桩码头较轻。

（3）地面破坏。码头地基往往是砂土、软土或人工填土，地震中极易发生液化、沉陷并向水域倾斜滑动。1995 年日本阪神地震中，人工岛码头到处喷水冒砂，地面大面积沉降、塌陷，形成深大裂缝（图 5）。

图 1　码头护壁向海中滑移沉入水中（1995 年日本阪神地震）

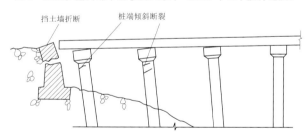

图 2　天津新港码头桩端裂缝和挡土墙断裂示意图
（1976 年河北唐山地震）

图 3　天津新港码头叉桩折断（1976 年河北唐山地震）

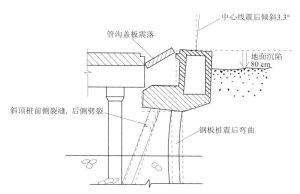

图 4 天津新港码头板桩变形示意图（1976 年河北唐山地震）
图中虚线为震前位置

图 5 码头地面沉降（1995 年日本阪神地震）

图 6 码头仓库立柱折断（1995 年日本阪神地震）

图 7 码头起重机倾倒（1985 年智利中部近海地震）

（4）码头设施和建筑破坏。挡土墙、防浪墙、岸坡、地面铺板等在地震中开裂破坏，运输铁路轨道因地基变形或岸坡滑移而变形，码头仓库或其他房屋严重破坏（图 6），起重机倾斜或倒塌（图 7）。

jichang zhenhai

机场震害（earthquake damage of airport） 机场跑道因设计要求高而功能一般不受损害，在 1976 年河北唐山地震、1995 年日本阪神地震和 2001 年印度古吉拉特地震中，震区机场仍可使用。机场设施中遭受破坏者多为候机楼

图 1 唐山机场飞机库倒塌（1976 年河北唐山地震）

图 2 损坏的临时候机楼（2001 年印度古吉拉特地震）

和飞机库等建筑物（图 1、图 2）。2008 年四川汶川地震时，四川成都双流机场管制塔振动反应强烈但未损坏，塔内浮放设备滑移，操作人员站立不稳，机场曾短期停止使用。

gongdian gongcheng zhenhai

供电工程震害（earthquake damage of power supply engineering） 供电工程含发电厂、变电站、输电塔架和线路、配电线杆和线路等，其震害现象和特点如下。

（1）发电厂破坏。水电厂房损伤多受水坝振动影响，未见严重震害报道。火力发电厂的主要建筑物和构筑物有输煤通廊、转运站、主控室、冷却塔、主厂房等。火电厂建筑破坏较为普遍，例如厂房屋盖塌顶（图 1、图 2），砸坏发电设备。

核电站抗震设计标准高，鲜有因地震动造成的震害发生。2007 年日本新潟—上中越近海地震引起柏崎市刈羽核电站轻微破坏，含微量放射性物质的冷却水泄漏，装有低水平放射性废弃物的储罐倾倒，一个内部用变压器起火，事故在两小时后被控制；记到的地震动加速度高达 680 cm/s²，是设计值 273 cm/s² 的 2.5 倍。2011 年日本宫城东部海域地震后福岛核电厂的核泄漏事故系由地震海啸所致。

发电厂构筑物多有破坏（见冷却塔震害、通廊震害和架空管道震害），悬吊锅炉在地震中有吊杆移位现象。发电

图 1　唐山电厂气轮机车间塌顶（1976 年河北唐山地震）

图 2　江油发电厂发电机厂房屋顶塌落（2008 年四川汶川地震）

图 3　高压设备瓷质绝缘柱折断（2008 年四川汶川地震）

图 4　变压器转动移位（2008 年四川汶川地震）

图 5　输电钢塔基础倾斜（1999 年台湾集集地震）

图 6　高压输电线塔倾倒（2008 年四川汶川地震）

厂气轮机出现轮轴偏移、轴瓦磨损、仪表毁坏和管道接头损坏等。

（2）变电站设备破坏。电气设备如变压器、高压开关柜、断路器、隔离开关、电流互感器、避雷器、棒式绝缘子等，这些设备多有瓷质绝缘器，是供电系统中最薄弱的构件，易发生脆性破坏（图 3），在地震烈度 VI 度区即有破坏的震例。

此外，电线拉断，变压器和蓄电池移位、倾斜，设备漏油等十分普遍（图 4）；支架坍塌造成设备损坏、避雷针折断等亦是常见的震害现象。

（3）输配电线路破坏。输电线路的高压输电线塔因地震动、滚石或地基破坏发生倾斜或倒塌（图 5、图 6）；构件屈曲失稳，母线与高压设备接头脱落。配电线路震害主要是电线杆倾斜、断裂，户外变压器倾斜、跌落等。

供水工程震害（earthquake damage of water supply engineering） 供水工程包括取水设施、净水设施、泵站、供水管道、水塔及相关设备。其中泵站和房屋建筑的震害与一般房屋震害相同，供水构筑物震害多见于水池震害和水塔震害。供水系统最常见的震害是地下管道破坏。

震害调查表明，地下管道的破坏与管道材质、接口类型、口径、埋深及使用状况等因素有关。管道破坏多由地震动变形或地基失效引起。一般而言，脆性材料管道较延性管道破坏重，管径越小越容易破坏，埋深浅的管道比埋深大者破坏重，年代久、锈蚀严重的管道容易破坏。统计资料还表明，场地对管道破坏有明显影响，凡出现液化、沉陷、滑移的不良场地，管道破坏率明显增高；断层错动也是管道破坏的直接原因。

管道的主要震害现象如下。

（1）管道承插式接头破坏。承插式接头是地下管道的薄弱环节，地震地基变形常导致接头歪斜、折断或拉脱（图1）。

图1 管道接口纵向拉脱（1976年河北唐山地震）

图2 铸铁管道破坏喷水（2008年四川汶川地震）

图3 管道弯头横向断裂（1995年日本阪神地震）

（2）管体破坏。地表断裂、液化、沉陷、岸坡滑移等地基变形导致管道本体或接头附近断裂，常见于铸铁管（图2）和混凝土管；弯曲管段更易破坏（图3）。

（3）连接件破坏。三通、法兰盘、阀门等管道连接件亦是抗震薄弱环节，常见破裂等损坏（图4）。

图4 PE管连接件破坏（2008年四川汶川地震）

（4）取水井井管破坏。取水井井管破坏与场地条件密切相关。唐山地震中，井管破坏集中发生于地下15m以上，多为地基液化、震陷、滑移引起。破坏轻者影响水质和水量，重者井管错断或被涌砂堵塞而无法使用。

排水工程震害（earthquake damage of sewerage engineering） 排水工程包括排水管道（或排水沟）、检查孔（窨井）、泵站、污水处理池等设施，其震害与供水工程类似。

排水管道破坏与管材、接口、口径、建造年代等有关，主要由地基破坏引起，接口为薄弱环节。污水处理池常见池体错位、开裂（见水池震害）。

其他震害现象如下。

（1）排水干线沟破坏。中国城市排水干线多为高度1~2m、宽度2m以上的暗沟或明沟（污水渠），以毛石、砖、混凝土或钢筋混凝土建造。地下暗沟一般震害较轻，表现为横向或纵向裂缝，砖砌拱圈裂缝或塌落，暗沟出口处开裂或塌落；破坏程度与砌筑材料有关。明沟在液化、震陷、岸坡滑移处破坏明显。

（2）检查井破坏。检查井一般由砖砌或混凝土建造，地震中可开裂或因砂土液化而上浮，与主管道错位。

排水管检查井上浮（1995年日本阪神地震）

tongxin gongcheng zhenhai

通信工程震害（earthquake damage of communication engineering） 通信工程包括汇接中心（通信中心）和通信线路，含各类通信设备、中转站、天线塔架、缆线等。震害表现为通信建筑破坏和通信设备破坏。

（1）通信建筑物破坏将导致通信系统损毁（图1、图2），这是造成通信中断的常见原因。

（2）通信设备破坏是造成通信中断的直接原因，表现为设备固定不牢而倾斜（图3）、倒伏，接线拉断和元件损坏；蓄电池倾倒，楼顶天线及支承结构因地震反应强烈而破坏。

图1 通信中心大楼坍塌（1988年亚美尼亚地震）

图2 通信基站房屋破坏（2008年四川汶川地震）

图3 通信设备倾倒（1996年云南丽江地震）

图4 通信塔被滚石砸坏（2008年四川汶川地震）

（3）通信线路塔架在地震中会因震动而屈曲变形，或被崩塌、滑坡等引起的滚石砸毁（图4）；有线通信线杆的倾斜或倾倒常致使信号线拉断。

shuyouqi gongcheng zhenhai

输油气工程震害（earthquake damage of oil and gas transfer engineering） 输油气工程包括远距离的石油、天然气输送系统以及城市燃气供应系统等，一般由油气生产设施，油气贮存设备，油气管线和加热、加压设备及相关控制设备组成。其损坏表现为房屋震害，油气贮存设备震害（见储罐震害），加热、加压设备和控制设备震害，以及输油气管道震害等。

输油气管道一般为钢质管道，主要有以下震害现象。

（1）燃气管道震害。常见燃气管道进户管因建筑物受损而破坏（图1），埋地管道也有破坏（图2）。管道破坏多集中在接头、焊缝、弯头等薄弱处（图3、图4）。1995年日本阪神地震中低压燃气管的螺纹接口破坏者占破坏总量的1/3。

图1 燃气进户管道破坏（2008年四川汶川地震）

图 2　埋地燃气管道破坏（2008 年四川汶川地震）

图 4　燃气管道连接处破裂（2008 年四川汶川地震）

图 3　输气管道开裂（1994 年美国洛杉矶北岭地震）

地震时燃气管道破坏发生泄漏往往导致火灾。1923 年日本关东地震时，东京煤气公司 4 个营业所、12 个分所和 11 万用户的房屋因煤气外泄引起火灾被烧毁。1995 年日本阪神地震中查明起因的 69 起火灾中，因燃气泄漏造成者约占 1/3。

（2）油气长输管道震害。长距离石油和天然气输送管道的震害表现为屈曲、焊缝开裂、管身破损、断裂等。管道破坏的原因主要是地基破坏（如滑坡、砂土液化、软土震陷、地震地面破裂）和地震地面变形。少数固定于桥上跨越河流的管道因桥梁破坏而受损。震害经验表明，管道破坏多发生于存在活动断裂的地段。

中国秦皇岛至北京的原油输送管道全长约 350 km，1976 年河北唐山地震中发生四处损坏：①在距首站约 95 km 的管道跨越滦河处（Ⅸ度区），管道支承于滦河公路桥桥墩上，地震时桥梁倒塌致使管道拉断；②位于第

一加热站内（Ⅷ度区）的直线管段一处漏油；③在第二泵站与第三加热站之间的过渡段（Ⅷ度区），管道发生皱折，管径减小 2/5，皱折部位有两处裂缝，缝宽最大为 40 mm；④在第二泵站以西 6 km 处（Ⅷ度区），曲率半径 500 m 的弯曲管段内侧出现 4 条皱折，间距 30 mm，裂口长 40 mm，宽度很小。1975 年辽宁海城地震中，辽河油田输油管道破裂 9 处，致使功能中断，鞍钢停产。

1971 年美国加州圣费尔南多（San Fernando）地震中，埋地输气管道共发生 450 处断裂，平均每千米管道有 24 处破坏；一条直径 406 mm、长 10 km 的输气钢管有 52 处损坏，其中包括管道受压失稳的屈曲破坏。1964 年美国阿拉斯加地震和 1978 年日本宫城近海地震中，均发生了长输管线设施破坏影响正常生产的事例。1994 年美国洛杉矶北岭地震中，油气储运设施震害严重，其中管道的震害主要表现为焊口开裂，油气管道破坏引发上百起火灾（图 5）。

图 5　输油管道破坏漏油起火（1994 年美国洛杉矶北岭地震）

震害分析

jiegou zhenhai jili

结构震害机理（earthquake damage mechanism of structure） 地震作用下工程结构破坏的特征、力学机制和原因。震害机理分析对建立结构地震反应分析模型、改进抗震设计、采取抗震措施、控制施工质量等至关重要，是结构抗震研究的重要内容之一。

结构地震破坏的宏观现象复杂多样。结构构件的破坏诸如：砌体构件的 X 形裂缝、水平裂缝、竖直裂缝、斜裂缝和酥裂等，混凝土构件的水平裂缝、斜裂缝、塑性铰、混凝土酥碎剥落、钢筋屈曲、构件折断或压溃、节点失效等，钢结构杆件失稳、断裂、焊缝开裂、螺栓剪断、钢壳的象足屈曲和菱形屈曲等。结构的整体破坏模式有：底层破坏、中间层破坏、顶部突出结构破坏（见鞭梢效应）、局部倒塌、整体倾斜、层层垮塌、相邻结构碰撞以及木结构房屋墙倒架立等。（见工程结构震害）

结构破坏的力学机制可从不同角度分析。从材料破坏特征着眼，有脆性破坏、延性破坏、累积损伤（低周疲劳）和黏结失效等；从结构构件受力状态分析，有剪拉破坏、压剪破坏、弯曲破坏、构件失稳、短柱效应和应力集中等。实际结构破坏可能包括多种力学机制。

工程结构破坏的原因涉及强地震动特性、场地效应、结构材料和结构体系的力学特性、结构与地基及其他介质的相互作用等复杂因素，一般应注意区别地震惯性作用和地基失效两种不同的作用。设计不当、建筑材料不合格、施工质量不良、使用保养不善则是引起结构破坏的人为因素。鉴于结构地震破坏的复杂性，人类目前尚不足以对复杂的震害现象一一做出确切解释。伴随新的震害现象的发生和新型结构的采用，震害机理有待进一步总结研究。

cuixing pohuai

脆性破坏（brittle failure） 构件材料的弹性应力达到开裂强度后，构件承载力瞬间丧失或急剧下降、缺乏塑性变形和耗能能力的破坏形态。

采用素混凝土、无筋砌体、铸铁、陶瓷、玻璃等材料的结构构件或非结构构件均可发生脆性破坏，性能劣化的钢质构件也会产生脆性破坏。钢筋混凝土构件的剪拉破坏、压剪破坏、黏结失效以及钢构件的屈曲均具脆性破坏的特征。脆性破坏的发生是突然的和毁坏性的，发生前多无明显的变形或其他宏观预兆，将造成结构构件和结构体系难以修复的毁损并引起重大损失，是抗震结构应避免的破坏形态。

抗震设计中，在混凝土和砌体构件中适当配置纵向钢筋和箍筋可提高其延性和塑性耗能能力，避免发生脆性破坏。适当选择混凝土构件的剪跨比可调节其脆性破坏程度。在无筋砌体构件（如砖墙）的周边设置钢筋混凝土构造柱和圈梁等约束构件，可以减轻脆性破坏造成的后果。脆性

材料构件应具有适当高的强度储备以尽量避免破坏，或采用柔性连接以减少其承受的地震作用。

yanxing pohuai

延性破坏（ductility failure） 构件材料受力达到屈服强度后，构件仍具有适当的变形能力和部分承载力，破坏前有明显变形或裂缝等预兆的破坏形态。

构件或体系的延性破坏可延缓承载力完全丧失的极限状态的发生，是一般抗震结构在强烈地震作用下允许发生的破坏形态。钢构件和钢筋混凝土构件等的弯曲破坏具有延性破坏的特征。

建筑钢材具有良好的延性，钢构件破坏往往以延性破坏形态发生，具有优良的抗震性能；采用适当抗震构造措施的钢筋混凝土构件和配筋砌体构件也可具有适当延性。在抗震设计中有意识地使部分构件发生预期的延性破坏，是实现抗震概念设计原则的重要内容。在钢筋混凝土构件杆端加密设置箍筋，在钢构件杆端人为削弱断面，使其在地震作用下形成塑性铰，是利用部分构件的延性破坏提高结构整体抗震能力的有效方法。强柱弱梁和强剪弱弯即是利用杆端的延性破坏防止结构体系发生严重损伤和倒塌的抗震设计原则。

jianla pohuai

剪拉破坏（shear-tension failure） 地震作用下结构构件沿斜截面突然发生宽度较大的裂缝，构件剪断、承载力急剧下降的具有脆性特征的破坏形态。斜裂缝主要系因构件微元体斜截面受拉断裂所致。

剪跨比较小且配箍率较低的钢筋混凝土柱，在主筋受拉屈服后随着荷载往复次数的增加或变形增大，可能突然

产生宽度较大的主斜裂缝，继而箍筋屈服，承载能力下降。剪拉破坏现象在剪跨比甚小的短柱上最为显著，称为短柱效应。钢筋混凝土抗震墙和砌体墙也往往发生剪拉破坏，形成大宽度的 X 形裂缝。钢筋混凝土梁的斜拉破坏也具有类似特征。

砌体墙的 X 形裂缝
（2003 年新疆巴楚—伽师地震）

抗震结构设计应尽可能避免构件发生剪拉破坏。设计中应贯彻强剪弱弯这一抗震概念设计原则，采用剪力增大系数进行构件截面设计，并采取必要的抗震构造措施，如减小柱的轴压比，控制构件剪跨比不小于 2 且提高配箍率。

yajian pohuai

压剪破坏（press-shear failure） 地震作用下与结构构件横截面平行的裂缝斜向发展，构件沿斜截面错断、开裂面材料被压碎的破坏形态，是稍具延性的脆性破坏。

钢筋混凝土柱压剪破坏的典型过程是，构件在弯矩、剪力和轴力作用下首先产生多道水平弯曲裂缝，而后形成斜裂缝；斜裂缝宽度受箍筋约束不能扩展，但破裂面混凝土受压破碎；随地震作用的持续或增强，钢筋屈曲或断裂，

桥墩的压剪破坏（1994 年美国洛杉矶北岭地震）

混凝土酥碎脱落，开裂面发生大的斜向变位，造成难以修复的损伤。钢筋混凝土梁的剪压破坏也具有类似特征。

抗震设计中为防止结构构件发生压剪破坏，应贯彻抗震概念设计的强剪弱弯原则，采用剪力增大系数进行构件截面设计，并采用必要的抗震构造措施，减小构件轴压比并控制剪跨比。

wanqu pohuai

弯曲破坏（bend failure） 地震作用下结构构件产生弯裂缝的破坏形态。

钢筋混凝土梁柱弯曲破坏的典型形态是在杆端出现多道与横截面平行的水平裂缝，这些裂缝一般分布在两倍截面高度范围内形成塑性铰（图 1）。

图 1 柱端塑性铰（2008 年四川汶川地震）

图 2 钢筋混凝土结构整体破坏
（1994 年美国洛杉矶北岭地震）

塑性铰仍可传递弯矩，构件承载力并不完全丧失，具有延性破坏特征。若地震作用继续增加，则可能导致混凝土酥碎脱落，钢筋屈曲出露。另外，单向钢筋混凝土框架或砌体墙在出平面水平地震作用下，可能发生水平弯曲裂缝乃至倒塌（图 2）。

抗震设计中应依据抗震概念设计的强剪弱弯原则，使构件首先发生弯曲破坏，通过加密杆端箍筋间距等措施防止混凝土酥碎剥落，形成塑性铰以耗散能量。

框架结构体系中梁端产生塑性铰与柱端产生塑性铰相比，前者是相对有利的破坏模式，故抗震设计应体现强柱弱梁的概念原则。

为防止结构或构件因弯曲破坏而发生出平面倒塌，应采用空间框架，设置双向抗震墙并加强构件连接，增强结构的整体性和稳定性。

suxingjiao

塑性铰（plastic hinge） 地震作用下结构构件具有延性特征的一种弯曲破坏形态，也是结构弹塑性地震反应分析中采用的一种简化单元模型。

承受往复弯曲应力的构件，当横截面上的正应力达到屈服强度时，构件边缘率先开裂，产生若干平行于横截面的裂缝，继而全断面屈服发生转动，故称塑性铰。塑性铰与机械铰不同，在可传递剪力和轴力的同时，亦可传递一定弯矩作用，产生塑性铰的构件仍保有一定承载能力。

地震作用下梁柱杆端和墙端承受弯矩最大，容易发生弯曲破坏形成塑性铰；在数值分析中可用塑性铰单元模拟。不同位置的塑性铰将造成不同的结构体系破坏模式。框架结构中，塑性铰出现在梁端不易形成机构，且可因塑性变形而耗散能量。塑性铰出现在柱端或墙端，可能造成不易修复的损坏乃至引起结构整体倒塌。抗震设计中，应考虑强柱弱梁原则，通过计算分析和采用抗震措施有意识地使梁端形成一系列塑性铰，同时尽量减少或推迟柱端或墙端塑性铰的发生。

duanzhu xiaoying

短柱效应（short column effect） 剪跨比甚小的墙、柱构件在水平地震作用下产生的剪切斜拉破坏形态，具有典型的脆性破坏特征。

剪跨比小于 2 的柱通称短柱，其中剪跨比小于 1.5 者又称极短柱。建筑结构中的部分墙柱可能因使用要求等形成短柱，例如砌体结构的窗间墙、承受巨大重力荷载的建筑底层的大断面柱等；长柱中下部变形被约束也将形成短柱。短柱弯曲变形能力极低，在主筋屈服之前，斜截面即可在主拉应力作用下发生断裂，箍筋屈服或被拉断，导致承载力突然下降。

短柱破坏是抗震结构不希望出现的破坏形态，结构设计

短柱破坏
（1994 年美国洛杉矶北岭地震）

中应尽量避免出现短柱；在必须使用短柱时，可采用高强度的结构材料，减少构件轴压比并加强配置箍筋。

bianshao xiaoying

鞭梢效应 （lash‑whip effect）

结构顶部或顶部局部突出物在地震作用下产生比其他部分更强烈的振动反应甚至发生破坏的现象。

鞭梢效应常发生于房屋的女儿墙、出屋面烟囱、避雷针、天线塔架、屋顶建筑、高耸结构的顶部或其他工程结构的顶部突出物。弹性体系的地震反应分析表明，地上结构的顶部一般会发生较其他部分更大的加速度反应；顶部及顶部突出物构件尺寸往往较小，与主体结构相比抗侧力刚度低且刚度突然变化；这些都是导致鞭梢效应的原因。也有研究认为，顶部局部结构的振动频率与主体结构自振频率或地震动卓越频率接近，可能引起某种程度的共振，从而造成鞭梢效应。

高层建筑塔楼顶部的鞭梢效应破坏
（1994 年美国洛杉矶北岭地震）

为减小鞭梢效应造成的破坏，抗震结构设计中往往采用放大系数增大顶部结构构件的地震作用效应进行抗震验算。此外，应避免顶部结构的不规则性，并采取抗震构造措施加强顶部结构及其与主体结构的连接。

yingli jizhong

应力集中 （stress concentration）

受力结构构件在形状、尺寸急剧变化的局部发生的应力显著提高的现象，是弹性力学研究的经典问题之一。应力集中可能导致构件断裂或产生疲劳裂纹，危及结构安全。

结构构件受力后，尖角、孔洞、缺口、沟槽等部位的应力会显著增高。例如，有圆孔的板在承受单向均匀拉应力 σ 时，孔边最大局部拉应力可达

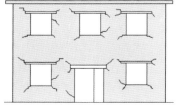

应力集中造成门窗角开裂

3σ；铸铁等具有结构不均匀性和缺陷的材料，可因应力集中导致内部微裂缝和裂缝扩展。地震作用下应力集中造成的破坏常发生于墙板开洞处、构件或体系的变断面处以及构件的刚性约束处，应力集中产生的裂缝始于边角并向构件内部发展。

为防止应力集中破坏，抗震结构应沿构件洞口边缘及变断面处采取加强的抗震构造措施，如在洞口边缘加强配筋，设置钢筋混凝土边框，或使构件断面变化平滑过渡，在梁柱连接处设置加强肋等。规则均匀的结构立面和平面布置有利于防止应力集中。管道与相对刚性结构的连接处应采用柔性连接，避免因应力集中造成破坏。

leiji sunshang

累积损伤 （accumulation failure）

在甚多次交变应力作用下结构构件产生损伤直至破坏失效的现象。

构件的累积损伤在若干应力循环（约百次以上）后发生，破坏应力低于材料静强度，破坏前无明显塑性变形，即使延性材料也会呈现脆性断裂特征。累积损伤常用应力-寿命（应力循环次数）曲线定量表述。累积损伤主要涉及疲劳损伤，即构件在最大应力超过疲劳极限应力时发生损伤，损伤累积到一定程度时产生疲劳破坏。累积损伤理论有线性累积损伤理论和非线性累积损伤理论两类；前者认为构件各应力作用相互独立，后者则以材料物理性能退化、连续损伤力学、荷载相互作用或能量概念为基础。可使用确定性方法、概率方法或人工神经网络等方法进行累积损伤和剩余寿命估计。

抗震结构构件可能承受一次地震作用下的往复应力或地震序列中多次地震作用下的往复应力，因地震作用持续时间有限，应力循环次数仅为数次至数百次，可归于低周疲劳范畴。研究认为，抗震结构的低周疲劳与大幅值应力（或应变）下的强度与刚度退化密切相关，在结构构件开裂进入弹塑性变形阶段后，损伤累积将使震害加重，地震考察中时见房屋在主震中发生损伤而在余震中倒塌的现象即缘于此。抗震分析中结构和土体的累积损伤特性可基于构件往复加载试验确定，可用非线性时程分析方法模拟，亦可就一定强度的等效循环次数（由地震持续时间和结构基本周期确定）进行简单估计。在双参数破坏准则中使用变形和能量两者定义破坏指标，可考虑累积损伤对结构的影响（见基于能量的抗震设计）。

nianjie shixiao

黏结失效 （coherence failure）

钢筋混凝土构件中钢筋与混凝土脱离不能协同承载的破坏现象。

黏结失效有两种形态，一是钢筋因锚固力不足从混凝土中拔出；二是混凝土开裂后在往复荷载作用下沿钢筋产生细微裂缝，进而酥裂脱离钢筋。在震害现场，钢筋混凝土构件表面沿主筋方向的裂缝是黏结失效的典型表现。构件的混凝土保护层厚度不足、钢筋配筋率偏大且根数偏少、钢筋端部未设弯钩、混凝土浇注欠饱满，混凝土开裂渗水使钢筋锈蚀或建筑材料不合格（钢筋生锈，水泥失效、强度严重不足，骨料、砂或水中含有泥土和盐分）等因素，都可能造成钢筋与混凝土脱离。良好的设计、严格的材料检测和施工管理，是防止钢筋混凝土构件黏结失效破坏的

根本措施。

goujian shiwen

构件失稳（stability failure to structural members） 构件应力未达屈服强度却不能保持平衡状态、突然丧失承载能力的破坏现象，亦称构件屈曲。

构件失稳与构件的几何非线性密切相关，常发生于薄壁构件和细长杆件，是可能导致体系失稳丧失功能的严重破坏。构件失稳形态十分复杂，有压杆失稳、压杆翼缘屈曲、圆壳失稳、圆柱形储罐的象足屈曲和菱形屈曲等。受压杆件在轴向压应力小于抗压强度但达到某一临界值时，杆轴弯曲、产生不可恢复的横向变形、丧失承载力的现象是构件失稳的典型示例。影响构件失稳的因素含轴力强度、端部约束条件、构件长细比、杆件截面形状和尺寸、构件力学特性以及杆件初始缺陷和受力状态的变化等。分析复杂体系动力稳定性的理论目前尚不完善。

为防止构件失稳，在抗震设计中应采取以下措施：控制构件长细比，选择适当的构件断面形状和厚度，增加杆端连接刚度等；板壳构件在设计中要考虑地震作用产生的附加轴力；浮放储液罐的抗震设计应考虑竖向地震作用和罐底提离产生的罐壁轴力，壁厚不足者应适当加厚，且注意壳体开洞对稳定性的不利影响。

xiangzu ququ

象足屈曲（elephant foot type buckling） 薄壁圆柱型钢储罐罐壁出现环形外凸的失稳破坏形式。

油罐的象足屈曲（1994 年美国洛杉矶北岭地震）

象足屈曲的发生与罐壁轴向应力直接相关。重力荷载和竖向地震作用在罐壁中产生轴向压应力，罐内液体的振荡将造成附加的罐壁轴向压应力，浮放储液罐的罐底提离又使压应力提高，这些因素均可致使罐壁屈曲，发生的环形外凸可能不止一圈。有的分析认为，地震作用方向发生变化，是导致罐壁局部屈曲发展为弧形失稳带的原因。

为防止象足屈曲破坏的发生，储液罐抗震设计中应合理计算罐壁应力并进行抗震验算，适当增加壁厚有利于避免象足屈曲的发生；采取减低储液振荡效应的措施和隔震、减振等控制措施可减小储罐的地震作用，有助于防止屈曲失稳。

lingxing ququ

菱形屈曲（rhombus buckling） 薄壁圆柱型钢储罐罐壁出现雁行斜向分布的菱形凹陷的失稳破坏形式。

菱形屈曲源自罐壁中过大的轴向压应力。重力作用效应、含液体振荡效应在内的地震作用效应和浮放罐的罐底提离，将导致罐壁轴向压应力的增加，可能造成局部失稳。有的分析认为，罐壁一处失稳后，当地震作用方向不变时，持续的往复作用将使失稳部分周边发生应力重分布，失稳区沿斜向发展，形成雁行分布的菱形凹陷。

储液罐罐壁的菱形屈曲破坏（1978 年日本宫城近海地震）

避免罐壁发生菱形屈曲的根本方法是减小罐壁中的竖向应力，使之小于规定限值。为此可适当加大罐壁壁厚，采取降低储液振荡效应的措施或对储罐采用隔震、减振等控制措施。

pohuai dengji

破坏等级（earthquake damage grade） 评定工程结构震害程度的尺度。

震害考察中，实际结构或构件的宏观破坏程度主要以定性方法确定，采用"以承重构件的破坏程度为主，并考虑修复难易和经济损失大小"的评定原则。

通常将建筑物破坏等级划分为五档（完好或基本完好、轻微破坏、中等破坏、严重破坏、毁坏或倒塌）；有的因增加局部倒塌而划为六档，有的又增加极严重破坏划为七档。日本在进行房屋损失赔偿时将房屋震害分为全坏、半坏和完好三档。针对不同类型结构亦有不同破坏等级划分，如地下管道等结构的破坏常分为三档或四档，因为管道破坏很难仔细区分严重程度，用漏水程度衡量破坏不易操作。

具体评定破坏等级时常采用宏观破坏指标。

不同破坏等级的房屋示例见图 1—图 6。

图 1　轻微破坏的底层框架砖房（2008 年四川汶川地震）
框架和砌体墙完好，仅部分底层围护墙坍塌，外墙装饰开裂脱落

图 2 轻微破坏的钢筋混凝土框架结构房屋（2008 年四川汶川地震）
结构主体完好、稳定，仅少数填充墙出现轻微或中等裂缝；
稍加修理或不修理可使用

图 3 中等破坏的砌体结构房屋（2008 年四川汶川地震）
墙体有多处轻微到中等程度的裂缝，但无通长贯通裂缝，
构造柱完好，基础完好，整体稳定；可修

图 4 中等破坏的底两层框架砖房（2008 年四川汶川地震）
框架梁柱和上部砖房基本完好，底层填充墙和围护墙开裂倒塌；可修

图 5 严重破坏的砌体结构房屋（2008 年四川汶川地震）
部分横墙严重开裂，一面纵墙垮塌；难以修复

图 6 严重破坏的钢筋混凝土框架结构房屋（2008 年四川汶川地震）
框架梁柱和节点多处开裂、露筋，填充墙开裂酥碎；难以修复

hongguan pohuai zhibiao

宏观破坏指标（macroscopic destructivity index） 划分结构破坏等级的构件宏观破坏现象及相应的修复难易和功能失效程度，亦称评定标准。宏观破坏现象包括裂缝的位置、数量、扩展形态，承重构件破坏程度，非承重构件破坏程度，整体破坏、倾斜、倒塌等。不同的破坏现象导致修复难易和功能失效程度存在差异。

依据宏观破坏现象作为指标划分破坏等级是粗略的，具有一定模糊性和主观性。《地震现场工作 第三部分：调查规范》（GB/T 18208.3—2000）规定了房屋、构筑物和生命线工程破坏等级划分标准，其部分内容归纳于表 1、表 2。

表 1 房屋破坏等级划分标准

破坏等级	划分标准
基本完好	建筑物承重和非承重构件完好，或个别非承重构件轻微损坏，不加修理可继续使用
轻微破坏	个别承重构件出现可见裂缝，非承重构件有明显裂缝，不需要修理或稍加修理即可继续使用
中等破坏	多数承重构件出现轻微裂缝，部分有明显裂缝，个别非承重构件破坏严重，需要一般修理
严重破坏	多数承重构件破坏较严重，或有局部倒塌，需要大修，个别建筑修复困难
毁坏	多数承重构件严重破坏，结构濒于崩溃或已倒毁，已无修复可能

表 2 供水和排水管道破坏等级划分标准

破坏等级	划分标准
基本完好	管道无变形或只有轻度变形，无渗漏发生
中等破坏	管道发生较大变形或屈曲，有轻度破裂或接口拉脱，出现渗漏
严重破坏	管道破裂或接口拉脱，大量渗漏

【工程抗震】

结构抗震试验　structural seismic test

结构地震反应分析　seismic response analysis of structure

抗震设防　seismic fortification

建筑抗震　earthquake resistance of building

构筑物抗震　earthquake resistance of construction

设备抗震　earthquake resistance of equipment

生命线工程抗震　earthquake resistance of lifeline engineering

岩土工程抗震　earthquake resistance of geotechnical engineering

抗震鉴定加固　seismic evaluation and strengthening

结构振动控制　structural vibration control

健康监测　health monitoring of engineering

抗震技术标准　seismic technical standard

结 构 抗 震 试 验

jiegou kangzhen shiyan

结构抗震试验（structural seismic test） 研究材料、构件、结构体系抗震相关性能及其影响因素的试验。

结构抗震试验广泛用于各类房屋、土体以及反应堆、大坝、桥梁、海洋平台等重大工程和各类设备的抗震研究，是获得地震工程知识的基本途径之一；其实施涉及多学科知识的综合运用，其中主要包括结构力学和结构动力学、土木工程、机械工程、传感器和信号处理技术、量纲分析和模型相似律等。

起源和发展 20 世纪初，日本和美国开展了以抗震为目的的结构自振频率测试试验；20 世纪 40 年代，开始利用小型振动台进行结构模型的弹性动力反应试验。20 世纪 60 年代，采用低周循环加载方式的伪静力试验技术获得广泛应用，同期日本和美国先后研制了可以进行结构抗震试验的大型地震模拟振动台，并开展了抗震试验模型设计和相似律研究。20 世纪 70 年代末，在美日联合抗震试验项目中，最早的伪动力试验装置在日本建成。

随着计算机技术的迅速发展和广泛应用，现代抗震试验设备开始采用数字化技术，新型传感器和新的信号处理方法也不断推进抗震试验的发展。为适应复杂大型结构的抗震性能研究，开发了利用伪动力装置的子结构试验方法；进入 21 世纪以后，美国首先装备了由多个振动台组成的振动台台阵设施，基于互联网技术的发展，地震工程联网试验系统已于 2004 年在美国实现。

中国的抗震试验研究始于 20 世纪 60 年代，在 80 年代后进入迅速发展阶段，研制和装备了大量先进的试验设施。抗震试验在地震工程理论和抗震技术发展中发挥了重要作用。

试验目标 不同类型的试验具有不同的功能，可实现不同的目的，一些主要试验方法的比较见表。

结构抗震试验所要实现的主要目标为：

（1）测定结构体系的自振频率、振型和振型阻尼比等模态参数；

（2）测定结构构件的恢复力特性，即力-变形滞回曲线，进而确定其刚度、强度、延性和耗能能力；

（3）研究结构体系的地震反应、破坏机理和破坏特征，如地震反应的大小和分布、破坏形态和结构体系的薄弱环节等；

（4）验证抗震构造体系、抗震构造措施、抗震鉴定加固方法和结构振动控制技术的可行性和有效性；

（5）验证抗震理论、结构地震反应分析方法、结构振动控制算法等的可靠性和适用性。

实施步骤 结构抗震试验的实施程序一般如下：

（1）确定研究目标和试验方法，含试验目的、试验设备和试件的采用、须测量的物理量等；

（2）荷载施加，含与试验设备相关的荷载施加方式和加载规则等；

（3）测点布置和数据采集，含各类传感器和数据采集设备的采用、测点数量的选择；

（4）数据分析，含测试数据的常规处理和特殊分析。

试验分类 根据试验场所的不同，可分为现场试验和室内试验；根据试体振动形态的不同，可分为自由振动试验和强迫振动试验；根据试体的不同，可分为元件、构件和结构整体试验以及原型试验和模型试验；根据试验设施和加载方式的不同，可分为脉动试验、伪静力试验、伪动力试验和地震模拟振动台试验。随着试验技术方法的发展又出现了子结构试验和联网试验。

xianchang shiyan

现场试验（in situ test） 对位于现场的某种事物进行的具有特定目的的试验。

地震工程领域的现场试验旨在利用真实结构或材料作为试体研究其力学特性和抗震性能，一般包括人工地震试验、现场工程结构自由振动试验和强迫振动试验、脉动试验（地脉动和结构脉动响应的测试试验）、工程结构材料物理力学特性的现场检测试验等。

由于现场试验难以输入真实地震动，故在天然地震环境中实施工程结构地震反应观测和地震破坏的调查具有重要意义，在现有重大工程结构和典型结构上设置振动监测设施、固定强震动观测设施或流动强震动观测设施已引起世界各国的普遍重视，欧洲有些国家曾尝试建设地震工程试验场以监测真实结构的地震反应。但是，由于破坏性地震是罕遇和难以准确预知的，故难以在预期时间内实施试验观测并获得期待的结果。

主要试验方法的比较

项 目	自由振动试验	强迫振动试验	脉动试验	伪静力试验	伪动力试验	振动台试验
输入	初位移或脉冲力	谐波等	地脉动	往复荷载	地震动	地震动等
地震动模拟	不能	不能	不能	不能	能	能
模态参数测定	能	能	能	不能	一般不能	能
滞回曲线测定	不能	一般不能	不能	能	能	一般不能
地震反应测定	不能	不能	不能	不能	一般不能	能
试验设备	较简单	较复杂	最简单	较复杂	复杂	最复杂
试验费用	低	较高	最低	较高	高	高

rengong dizhen shiyan

人工地震试验（artificial earthquake test）　利用人工激发地震动进行的现场试验。

山体开挖、采矿、化学爆破、地下核爆等均可引起地震动，锤击地面、重载车辆行驶或使用可控震源设备（如移动震源车、便携式可控震源、起振机和气枪等）亦可激发地震波。在科学技术探测中，化学爆炸和可控震源是产生人工地震的常用手段，后者是非破坏性的人工震源。人工地震试验常用于地震断层探测、地壳结构探测、地震动衰减研究和地震监测台网的检测，在工程地质勘察、探矿和人工振动采油技术研究中亦有应用。

测量钢筋混凝土拱坝动力特性的水中爆破试验

利用人工地震也可进行工程结构自振特性测试、工程结构的质量和安全检测等，但进行结构的地震破坏试验十分困难。因为人工地震的能量一般不足以引起结构破坏，破坏力强大的核爆和化爆的实施则极受限制，且人工冲击、爆炸和谐波输入引起的地震动与天然地震动的特性也有很大差别。

maidong shiyan

脉动试验（microtremor test）　应用高灵敏度振动测量仪器在地脉动（风、海浪、车辆等引起的随机干扰）作用下测试场地或结构的动力特性的试验。

地脉动一般可视为宽带随机振动，可利用傅里叶变换等方法对测量信号进行分析。根据场地的脉动试验测试结果，可识别场地振动卓越周期，进而为确定场地抗震分类和场地结构提供依据；根据结构脉动响应的测量结果，可以估计结构自振频率、振型和阻尼比，用于弹性结构建模、抗震分析和健康监测。

脉动试验应在无重大环境干扰（如重载车辆行驶、机械振动等）的条件下进行，应有足够长的采样时间（至少要持续几分钟），并对测量数据进行多段平均处理分析。在测试结构脉动响应的试验中，传感器应置于结构主体受力构件上，并避开低阶振型的节点；在测试场地地脉动信号时，传感器应直接置于场地岩土介质上。

脉动试验的优点和特点是无须使用激振设备，不受结构形式和大小的限制，简单易行。然而此类试验只能确定结构在微小变形状态下的动力特性，不能胜任结构抗震能力、破坏特征和破坏机理的研究。

moxing shiyan

模型试验（structural model test）　对复制的工程结构进行的试验。模型试验不同于原型试验，后者是采用真实结构或真实结构的一部分作为试件的试验。

采用真实结构尺寸和材料建造的试件一般称为足尺模型；依照特定的相似关系，采用相同或不同材料建造的尺寸缩小的试件称为缩尺模型。原型试验和足尺模型试验规模一般较大，所需加载设备的能力和运行费用很高，试件制作的材料费、加工费也很高；所以，除少数检验性试验之外，一般的研究性试验多采用尺寸比原型结构小的缩尺模型。模型设计和模型试验一般主要指缩尺模型的设计和试验。

起源与发展　结构模型早在几百甚至几千年前就开始应用，但那时的模型多用于规划、展示构造或建造方法，并非用于探讨相应原型结构的力学性质。模型的力学试验须测量应变、位移和力，所以模型试验和模型设计的发展在很大程度上受试验应力分析技术的影响。至 20 世纪初，复杂结构的光弹分析技术、Beggs 形变测量仪、电阻应变计、线性差分位移计及位移记录装置的发明为现代模型试验奠定了技术基础。电阻应变计的应用对静力和动力模型试验具有最重要的影响，1940 年利用电阻应变计制成的力传感器是现代试验应力分析的基础。1914 年白金汉（E. Buckingham）提出的量纲分析 π 定理为结构模型的设计建立了理论基础。

随着试验加载设备和量测技术的不断改进、计算机技术的高速发展以及各种新型材料的应用，模型设计和模型试验方法不断发展。

模型设计原则　根据试验目的和设施的不同，模型设计的原则和方法有很大差别。地震工程中模型试验的目的，往往是通过缩尺模型的试验结果预测原型结构的抗震性能。此时，结构模型通常仿照原型结构按相似关系制作，具有原型结构的全部或主要特征。如果所设计的模型满足相似条件，则可利用模型试验的数据和结果直接推算相应原型结构的性状。这类模型的设计应考虑与原型结构几何相似、边界条件相似、材料相似和荷载输入相似等。

地震工程研究中也使用不直接模拟某特定原型结构的模型，用以验证本构模型、分析方法、构造措施和抗震性能等。这类模型虽无须严格满足相似条件，但对几何特征、边界条件、建筑材料和荷载的考虑也应反映实际结构的一般特点。

模型设计和模型试验一般可根据试验目的突出主要因素，简化次要因素，并变更主要因素进行多个模型的对比试验。鉴于抗震结构材料特性、动力特性和地震荷载的不确定性，获得尽量充分的试验数据才能满足理论研究和工程应用的需求。

特点　与原型试验相比，模型试验的效费比更高。缩尺模型尺寸较小、制作容易、拆装方便，可节约人力、时间和材料，降低对加载设备能力的要求，有利于降低设备运行费用和提高设备使用率。模型试验可选择主要影响因素并灵活变动影响因素，更有针对性地实现预期目标，也更具可行性。模型试验一般在试验技术条件和环境条件较好的室内进行，因此可以更严格地控制主要测试参数，避免外界因素的干扰，提高试验结果的准确度。

作为抗震结构的不同研究途径，结构模型试验与结构数值模拟同具竞争力。虽然采用数值模拟方法对复杂结构和大型结构体系进行分析较易实现且节省时间和经费，但模型试验因不受简化假定的影响能更全面地反映结构的实际状况。模型试验可清晰直观地展示结构从开始加载直至破坏倒塌的全过程，而复杂结构破坏形态的数值模拟是很困难的。相比而言，模型试验更适用于具有强非线性和复杂边界条件的结构研究。数值模拟的结果常常须要用模型试验验证，模型试验和数值模拟互为补充。

缩尺模型试验结果的可靠性取决于合理的模型设计和试验测试技术。小比例缩尺模型难以准确模拟某些结构细节（如结构的构件连接、焊缝特性、残余应力、钢筋与混凝土之间的黏结-滑移等），故当这些结构细节具有关键作用时，小比例缩尺模型的应用受到限制。

应用 模型试验（如采用缩尺模型的地震模拟振动台试验，见图）在地震工程研究中应用广泛，具有重要地位。若干工程结构设计标准明确规定要以模型试验作为确定设计方案或提供设计参数的手段。利用模型试验进行抗震性

高层建筑的缩尺模型试验

能研究的结构包括：各类房屋建筑，高耸结构，含复杂耦连结构在内的新型结构，复杂的桥梁结构，核反应堆安全壳及其他压力壳，受力状态复杂的、考虑地震动多维输入的偏心框架结构，边界条件复杂、荷载和几何形状不规则、厚度多变的板结构，大坝、水下结构及海洋平台，采用振动控制技术的结构以及储罐等设施和设备。

推荐书目

Harris H G，Sabnis G M. Structural Modeling and Experimental Techniques. 2nd ed. CRC Press LLC，1999.

lianggang fenxi

量纲分析（dimensional analysis） 确定物理量与基本物理量之间关系的方法；可用于物理量单位的换算，检查物

公式的正确性和推演物理规律，是自然科学的重要研究方法。在结构抗震试验中，量纲分析是设计缩尺模型的重要基础。

量纲 一个物理量的描述可分为两部分，一是度量的类别（比如长度或时间等）；二是与某个约定的标准尺度（即单位）比对所得的倍数。例如某物理量的度量结果是2.0 m，这里的"m"表明该物理量的类别为长度，"2.0"表明该物理量与标准米尺比对所得的倍数。为区别物理量的性质与类别，将物理量用若干基本物理量幂积表达的方式称为量纲。基本物理量含长度、质量、时间、电流、热力学温度、物质的量和发光强度等。结构动力学问题中，通常用长度、力（或质量）、时间这三个相互独立的量作为基本量，其他量的量纲可由基本量量纲的幂积得出。如加速度的量纲 $A \equiv LT^{-2}$，L，T 分别表示长度与时间的量纲，符号"$\equiv$"表示量纲相等。

量纲分析 将物理方程中全部非基本量分别表示成基本量的幂积形式，再应用量纲的齐次性，可得到以无量纲量表示的变量数减少的方程，这一过程就是量纲分析。物理现象的量纲分析具有如下基本属性（即白金汉定理）。

（1）无论采用什么单位度量，任何一个物理方程都是量纲齐次的，即等号两边量纲相同。

（2）由量纲的齐次性可以推断，物理方程

$$F(X_1, X_2, \cdots, X_n) = 0 \qquad (1)$$

可以表示成

$$G(\pi_1, \pi_2, \cdots, \pi_m) = 0 \qquad (2)$$

式中：π_i 为无量纲量，由物理量 X_i 与 r 个基本量的幂积组成；$m = n - r$，n 是物理现象所包含的全部物理量数目，r 是原方程所包含的基本量的数目。

利用量纲分析可推演物理规律。例如，一个跨度为 l 的匀质简支梁，承受均布荷载 q，现欲求梁截面的最大应力 σ。根据对问题性质的分析可知，梁的某个截面的应力仅是均布荷载和跨度的函数，即

$$f(q, l, \sigma) = 0 \qquad (3)$$

这是一个与时间无关的静力问题，可选择长度和均布荷载的量纲为基本量纲。由白金汉定理可知，式(3)中的应力 σ 可以表示成 l 与 q 的幂积形式：

$$\sigma = K q^a l^b \qquad (4)$$

式中：K 为无量纲常数；a，b 为待定数。式(4)等号两边的量纲关系可表示为

$$F/L^2 \equiv (F/L)^a L^b \qquad (5)$$

式中：F，L 分别为力和长度的量纲。根据量纲的一致性要求，由式(5)可得关于力和长度的量纲等量关系，即

$$\left. \begin{array}{ll} F: & 1 = a \\ L: & -2 = -a + b \end{array} \right\} \qquad (6)$$

从而有 $a = 1$，$b = -1$，代入式(4)可得

$$\sigma = K\left(\frac{q}{l}\right) \qquad (7)$$

此例仅用量纲分析就得出了应力 σ 是 (q/l) 的线性函数的结果，常数 K 可以通过试验获得。

如果将无量纲方程分别应用于原型结构和模型结构，并令对应的无量纲项相等，即可得到模型设计所需的相似关系。利用量纲分析可确定模型相似比。（见相似模型）

xiangsi moxing

相似模型 （similarity model）

与结构原型几何相似、可反映同一物理过程，且某一位置的物理量与原型相应位置的同名物理量具有固定比值的模型，通常为缩尺模型。

在进行结构模型设计时，将结构所遵循的物理方程无量纲化，且令方程在原型和模型中对应的无量纲项相等，即可得到相似模型所应满足的相似关系。理论上，相似模型应满足全部相似关系，但在实际应用中难以做到。在结构工程相关的模型试验中，可根据具体情况对相对次要的相似关系放松要求。依相似关系的满足程度，通常可将相似模型分为三类。

（1）真实模型（true model）。即满足全部相似关系的模型。

（2）主参量相似模型（similarity model of principal factors）。满足主要相似关系、忽略次要相似关系的模型。例如，在研究刚性节点的框架结构变形问题时，轴力和剪力的影响相对弯矩通常是次要的，故应保证构件截面惯性矩相似而放松截面面积的相似要求。

（3）畸变模型（distorted model）。至少有一个主要的相似关系没有满足的模型。

结构地震反应的量纲分析　线弹性结构地震反应问题可表述为如下函数关系：

$$\sigma = f(l, E, \rho, t, r, v, a, g, \omega) \tag{1}$$

式中：σ 为荷载作用（含地震作用）下结构构件的应力；l，ρ 分别为结构构件的尺寸和质量密度；E 为材料弹性模量；t 为时间；r 为结构反应变位；v，a 分别为结构反应速度和加速度；g 为重力加速度；ω 为结构自振圆频率。

取长度、弹性模量、质量密度三者为基本量，记为 π_1，π_2 和 π_3，则其余各量均可表示为 l，E，ρ 的幂积，分别对应无量纲项 π_i：

$$\left. \begin{aligned} \pi_0 &= \sigma/E \\ \pi_4 &= t/(l\,E^{-0.5}\rho^{0.5}) \\ \pi_5 &= r/l \\ \pi_6 &= v/(E^{0.5}\rho^{-0.5}) \\ \pi_7 &= a/(l^{-1}E\rho^{-1}) \\ \pi_8 &= g/(l^{-1}E\rho^{-1}) \\ \pi_9 &= \omega/(l^{-1}E^{0.5}\rho^{-0.5}) \end{aligned} \right\} \tag{2}$$

定义量 A 在原型结构中的数值为 A_p，在模型中的数值为 A_m，那么，在模型设计中量 A 的相似比为 $A_r = A_m/A_p$。欲使模型试验能模拟原型结构的地震反应，式（2）给出的各无量纲项在原型和模型中的取值应该相等，故各物理量的相似比必须满足以下条件：

$$\left. \begin{aligned} \sigma_r &= E_r & v_r &= \sqrt{E_r/\rho_r} \\ t_r &= l_r\sqrt{\rho_r/E_r} & a_r &= E_r/(l_r\rho_r) = g_r \\ r_r &= l_r & \omega_r &= \sqrt{E_r/\rho_r}/l_r \end{aligned} \right\} \tag{3}$$

抗震试验的相似模型　分析式（3）相似条件可以发现，满足所示全部关系是难以做到的。其主要困难在于，模型试验中重力加速度一般不可改变，故应满足 $a_r = g_r = 1$（否则只能通过离心机试验实现所需要的重力加速度场），相应有关系式 $E_r = l_r\rho_r$。这样，E_r，l_r 和 ρ_r 三者不能再独立地任意选取，这给模型设计带来很大困难。为解决这一问题，一般采取如下两种途径。

（1）由 $E_r = l_r\rho_r$，可得 $m_r = E_r l_r^2$，m_r 为模型总质量与原型总质量 m_p 之比。若取模型总质量为模型本身质量 m_m 与附加人工质量 m_a 之和，可通过适当设置人工质量，补足重力效应和惯性效应的不足。试验中人工质量的布设应尽量符合模型自身质量的分布且不改变模型构件的刚度。满足相似要求需设置的人工质量的数量为

$$m_a = E_r l_r^2 m_p - m_m \tag{4}$$

满足式（3）和式（4）要求的结构模型为人工质量模型。

（2）在模型设计中不考虑重力加速度的模拟，即忽略 $g_r = 1$ 这一要求，此时 l_r，E_r，ρ_r 三者可自由独立选取。这种模型称为畸变模型或忽略重力模型。显然，忽略重力加速度的相似要求，将在某种程度上给试验结果带来误差。

可用于地震模拟试验的三类模型的相似关系如表所示。在真实模型中，模型材料的弹性模量与原型相同，而模型与原型的材料密度比是缩尺比的倒数，这样的模型材料在实际中是难以找到的。

地震模拟试验相似关系

物理量	真实模型	人工质量模型 使用非原型材料	畸变模型（忽略重力模型） 使用原型材料	使用非原型材料
长度	l_r	l_r	l_r	l_r
弹性模量	$E_r = 1$	E_r	$E_r = 1$	E_r
材料密度	$\rho_r = 1/l_r$	ρ_r	$\rho_r = 1$	ρ_r
应力	$\sigma_r = E_r = 1$	$\sigma_r = E_r$	$\sigma_r = E_r$	$\sigma_r = E_r$
时间	$t_r = l_r^{0.5}$	$t_r = l_r^{0.5}$	$t_r = l_r$	$t_r = \rho_r^{0.5} E_r^{-0.5} l_r$
变位	$r_r = l_r$	$r_r = l_r$	$r_r = l_r$	$r_r = l_r$
速度	$v_r = l_r^{0.5}$	$v_r = l_r^{0.5}$	$v_r = 1$	$v_r = E_r^{0.5}\rho_r^{-0.5}$
加速度	$a_r = 1$	$a_r = 1$	$a_r = l_r^{-1}$	$a_r = E_r\rho_r^{-1}l_r^{-1}$
重力加速度	$g_r = 1$	$g_r = 1$	——	——
圆频率	$\omega_r = l_r^{-0.5}$	$\omega_r = l_r^{-0.5}$	$\omega_r = l_r^{-1}$	$\omega_r = l_r^{-1}E_r^{0.5}\rho_r^{-0.5}$
（人工质量）	——	$m_a = E_r l_r^2 m_p - m_m$	——	——

考虑结构非弹性性状的相似模型设计方法尚在研究和发展中。

zuchi moxing

足尺模型 （full-scale model）

结构试验中采用真实结构尺寸和材料建造的试件。见模型试验。

suochi moxing

缩尺模型 （scaled down model）

结构试验中采用相同或不同材料建造的尺寸缩小的试件。见模型试验。

ziyou zhendong shiyan

自由振动试验 （free vibration test）

激起试体的自由振动并据此测试结构基本频率和阻尼比的试验。不承受外荷载作用、仅由系统自身动力特性所决定的振动称为自由振动，其能量来自体系的初位移或初速度。结构的自由振动通常表现为幅值持续衰减的周期振动。

原理　不承受外界扰力作用的黏弹性单自由度振子的运动方程及其自由振动解分别为

$$m\ddot{x}(t) + c\dot{x}(t) + kx(t) = 0 \qquad (1)$$

$$x(t) = \sqrt{x_0^2 + \left(\frac{\dot{x}_0 + \zeta\omega x_0}{\omega}\right)^2}\, \mathrm{e}^{-\zeta\omega t}\sin(\omega't + \alpha) \quad (2)$$

式（1）（2）中：$x(t)$，$\dot{x}(t)$，$\ddot{x}(t)$分别为振子自由振动的位移、速度和加速度；c为黏滞阻尼系数，$c = 2\zeta\omega m$；ζ为黏滞阻尼比；ω为振子自振圆频率，$\omega = \sqrt{k/m}$，k为振子刚度，m为振子质量；ω'为振子有阻尼自振圆频率，$\omega' = \omega\sqrt{1-\zeta^2}$；$\alpha$为相角；$x_0$和$\dot{x}_0$分别为$t=0$时的初始位移和速度。

多自由度黏弹性体系的自由振动解可表示为对应不同自振频率的各阶单自由度体系自由振动与相应振型乘积的叠加：

$$X(x,t) = \sum_{j=1}^{n} b_j(x)\Phi_j(x)\mathrm{e}^{-\zeta_j\omega_j t}\sin(\omega'_j t + \varphi_j) \quad (3)$$

式中：下角标j表示j振型；ω_j，$\Phi_j(x)$，ζ_j分别为相应的圆频率、振型向量和阻尼比；b_j为由初始条件确定的参数；φ_j为相角。显然，多自由度体系各质点的自由振动包含了不同频率振动的叠加，振动幅值除与振型向量有关外，还取决于初始条件。如果位移初始条件严格满足某一振型的形状，则体系自由振动即为该振型的振动。

在自由振动试验中，严格按照某个振型施加初始位移是很难做到的，当仅令某一点具有初位移或初速度时，产生的自由振动通常会以第一振型振动为主。因此，自由振动试验一般只限于确定结构基频及相应的阻尼比。

试验方法　自由振动试验常采用以下两种方式。

初位移法　通过张拉或推挤方法使结构在初始时刻获得一定的能量（由初位移引起的势能），而后释放位移形成自由振动状态的试验方法（图1）。初位移法一般适用于柔性结构或基底隔震结构，位移的释放应在瞬间突然完成。

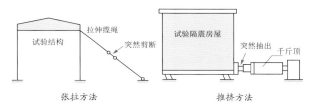

图1　初位移试验法

初速度法　通过撞击或小型火箭筒瞬间喷发等方式使结构获得一定能量（初速度引起的动能）形成自由振动状态的试验方法（图2）。此类冲击方法适用于各类结构。试验中，撞击或火箭喷发的作用持续时间应尽量短，至少应短于结构自振周期。

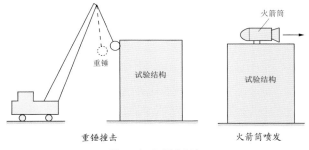

图2　初速度试验法

自由振动衰减曲线　结构体系的自由振动衰减曲线$A(t)$见图3。衰减曲线相邻两个峰值$A_m(t)$和$A_m(t+T)$出

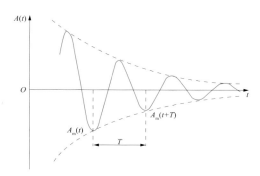

图3　自由振动衰减曲线

现的时间差即为结构基本周期T。阻尼比可由相邻峰值的幅值之比确定，在小阻尼情况下可由式（4）计算：

$$\zeta = \frac{1}{2\pi}\ln\left\{\frac{A_m(t)}{A_m(t+T)}\right\} \quad (4)$$

式中：$\ln\{A_m(t)/A_m(t+T)\}$称为对数衰减率。自由振动曲线开始阶段的波形可能不很规则，处理数据应以衰减曲线的规则部分为准。为更准确确定阻尼比可读取相隔n个周期的峰值，即$A_m(t)$和$A_m(t+nT)$，代入式（4）后所得计算结果应再除以n。

qiangpo zhendong shiyan

强迫振动试验（forced vibration test）　持续扰动作用下结构体系的振动试验，是结构抗震试验的一种。地震工程中的强迫振动试验，多指使用机械式激振器、电磁式激振器或液压伺服装置等激振设备对试验结构施加简谐扰动的试验。地震模拟振动台试验和结构脉动响应测试试验也可视为强迫振动的特殊种类。该类试验广泛应用于各类房屋和高塔、储罐、水坝、桥梁、码头、海洋平台等构筑物，旨在检测结构的动力特性；在激振设备出力甚大时，亦可检测结构极限承载能力、抗震性能以及破坏模式等。

原理　振动系统在简谐荷载作用下的强迫振动响应包含两部分。一为瞬态响应，即短时间内存在并迅速衰减的与系统自振频率和阻尼有关的动态响应；二为稳态响应，是振动频率与外荷载频率相同、幅值不变的动态响应。强迫振动试验多利用试验得出的稳态响应的幅频曲线确定结构体系的模态参数。

单自由度黏弹性振子在简谐扰力作用下的运动方程为

$$m\ddot{x}(t) + c\dot{x}(t) + kx(t) = F_0\sin(pt) \quad (1)$$

式中：$x(t)$，$\dot{x}(t)$，$\ddot{x}(t)$分别为系统振动响应的位移、速度和加速度；c为黏滞阻尼系数，$c = 2\zeta\omega m$，ζ为振子的黏滞阻尼比，ω为振子的自振圆频率，$\omega = \sqrt{k/m}$；k为振子刚度；m为振子质量；F_0为扰力峰值；p为扰力圆频率。式（1）的解为

$$x(t) = \mathrm{e}^{-\zeta\omega t}(c_1\cos\omega't + c_2\sin\omega't)$$
$$+ \frac{F_0}{k}\frac{1}{\sqrt{\left(1-\frac{p^2}{\omega^2}\right)^2 + 4\zeta^2\frac{p^2}{\omega^2}}}\sin(pt-\theta) \quad (2)$$

式中：c_1，c_2为可由初始条件确定的参数；ω'为振子的有阻尼自振圆频率，$\omega' = \omega\sqrt{1-\zeta^2}$；$\theta$为相角。式（2）右端含$\mathrm{e}^{-\zeta\omega t}$的部分是由初始条件激发的瞬态自由衰减振动响应，右端另一部分则为扰力作用下的稳态响应。显然，稳态响应的振动圆频率为p，其幅值主要与振子自振频率与扰力

频率的比值有关，当比值为 1 时，稳态响应有最大的共振峰值。

多自由度黏弹性阻尼体系在单位简谐扰力作用下的稳态强迫振动响应可写为

$$X(x,t) = \sum_{j=1}^{n} \frac{\eta_j \Phi_j(x) \sin(pt - \theta_j)}{\sqrt{(\omega_j^2 - p^2)^2 + 4\zeta_j^2 \omega_j^2 p^2}} \quad (3)$$

式中：η_j 为 j 振型的振型参与系数；ω_j，$\Phi_j(x)$，ζ_j 分别为相应的圆频率、振型向量和阻尼比。显然，多自由度体系各质点的稳态振动圆频率同为 p，振幅则与模态参数有关。当扰力频率等于各阶自振频率时，将出现共振峰值，且相对基频的共振峰值最大。这就是利用强迫振动试验测试结构模态参数的原理。

试验设置　小型电磁激振器出力小，质量轻，频带宽，控制方便，可采用悬吊方式设置(图 1a)。对于自振周期达数秒的高柔结构，为产生足够的低频大出力，可采用液压起振装置(图 1b)。大型机械式偏心起振机一般适用于基频大于 1 Hz 的试验结构，使用中常与试验结构固定连接(图 1c)。

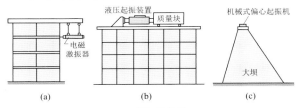

图 1　激振器的设置

试验中单台激振器应尽量设置于试验结构平面的质心或刚心，沿结构高度尽量设置于顶部；激振力应作用于结构主体构件。使用多台激振器便于激起扭转振动和高振型振动，并增加出力；应避免将激振器置于结构基底或结构振型曲线的节点上。激振器的出力频率应能覆盖试验结构的主要振动频率，且要有适当的调速精度、稳速精度和出力强度。

振幅-频率曲线　强迫振动试验利用激振器对结构体系施加简谐扰力并测量体系的振动响应。在由低至高改变扰力频率的情况下，可由试验实测结果得到振幅-频率曲线(亦称幅频曲线，图 2)，曲线的横坐标 p 是激振扰力圆频率，纵坐标 A 是振动响应的振幅。当扰力频率接近或等于结构自振频率时，曲线形成共振峰，故振幅-频率曲线又称共振曲线。在小阻尼情况下，可近似认为对应各共振峰点的频率为结构各阶自振频率，并可采用半功率点法估计结构的振型阻尼比。

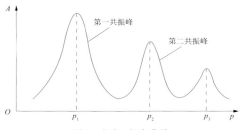

图 2　振幅-频率曲线

可在正式试验前首先利用正弦扫描试验初步估计共振峰的位置。正式试验中在共振峰附近要加密频率测点，以便得出准确的振幅-频率曲线。

图 2 所示各共振峰在共振频率附近是近似对称的，这

是结构弹性振动反应的特征。当扰力十分强大，致使结构进入非弹性状态时，共振峰形状将发生非对称的偏斜变化。

推荐书目

王光远. 建筑结构的振动. 北京：科学出版社，1978.

paibo shiyan

拍波试验（sine beat test）　输入正弦拍波进行的结构强迫振动试验。

正弦拍波是调制的正弦波，正弦波频率应为试验结构的自振频率，以期产生共振效应，其幅值 A 被一个更长周期的正弦波调制成拍，如图所示。每个拍中一般包含 5～10 个同频循环；每次试验中一般接续输入 5 个拍，各拍之间应有足够的时间间隔(至少 2 s)，总持续时间 t 可达 100 s 左右。

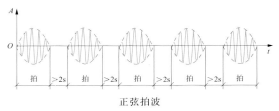

正弦拍波

拍波试验通常在设备抗震试验中采用。应考虑地震动水准确定拍波幅值，正弦拍波试验可在正弦扫描试验后，根据结构的前 4 阶自振频率分别进行，并采用双水平向和竖向的输入。拍波试验多利用振动台设施进行，试验可检测结构的强度和变形。设备的拍波抗震试验试体可为设备体系、原型设备（带支承结构）或设备中的易损构件，试验应测试试体薄弱或危险部分的应变和位移。

zhengxian saomiao shiyan

正弦扫描试验（sine sweeping test）　输入频率接续变化的多段等幅正弦波进行的结构强迫振动试验。

正弦扫描波如图所示，当某段扫描波的频率与结构自振频率相同时，将激起结构的共振，故正弦扫描试验又称共振频率试验或扫频试验，其目的是测定结构的模态参数。基于正弦扫描试验数据可确定结构的自振频率和阻尼比(见半功率点法)。

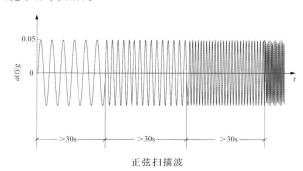

正弦扫描波

在抗震试验中，正弦扫描波的频带可根据试验结构的动力特性确定，范围一般为 0～30 Hz，多数情况下超过 30 Hz 的振动成分对地震反应已不重要。扫描速率至少采用每 30～60 s 一个倍频程；当使用振动台激振时，扫描波加速度 $a(t)$ 幅值一般不超过 0.05 g（g 为重力加速度）。扫频试验应根据实际情况在结构的双水平向和竖向进行。

weijingli shiyan

伪静力试验（quasi-static test） 以预先设定的荷载或位移控制模式对试件进行低频往复加载，旨在获得试件的荷载-变形特性（本构关系）的结构抗震试验，亦称拟静力试验、往复加载试验或恢复力特性试验；是结构或构件抗震性能研究中应用最广泛的一种试验方法。

功能 伪静力试验可获得包括弹性变形、开裂、破坏全过程的试件荷载-变形曲线，为确定构件、元件或结构的本构模型及刚度、强度等参数提供试验依据。根据试验结果可研究试件的刚度和强度的退化特征、延性和耗能能力，观察试件的破坏形态和特征，分析构件材料、构件尺寸、构造措施、细部设计、加固方法等对抗震能力的影响。试验结果可用于抗震结构的建模和非线性地震反应分析，为改进抗震设计方法提供依据。

试件及其设置 此类试验的试件多为单独的结构构件（如梁、柱、墙片和阻尼器元件等），亦可就梁柱节点、单榀框架或结构体系进行试验。视试验要求和试验装置的规模可采用足尺模型或缩尺模型。因试件、试验目的和试验设备的不同，试件的设置可有多种不同方式，如图所示。试件设置应满足该构件在实际状态下的受力条件和边界支承条件（如墙片所受的竖向静力荷载和梁柱的位移边界条件）。伪静力试验装置应满足刚度、强度和整体稳定性的要求，加载设备应具备与试件和试验目标相应的出力和位移能力。

加载方法 试验之前应对试件进行往复荷载作用下的数次预加载，对于砌体试件和混凝土试件，预加载强度一般取开裂荷载的20%或30%。正式试验中，应根据试件特点和试验要求区别不同变形和破坏阶段设计加载规则，每个阶段的试验宜由数级幅值渐次递增的加载组成，试件接近开裂或屈服时，宜减小加载幅值差；同一幅值的加载应有1～3次往复。应保持加载的连续性，加、卸载速度宜均匀一致。试件开裂前的加载可采用荷载（力）控制，试件屈服后应采用变形控制。多层结构试验中，各层加载幅值沿竖向可取倒三角形分布。

数据采集和处理 可用力传感器测量荷载，用位移计和倾角仪测量变形，用电阻应变计测量试件和内部钢筋的应变。试验中应观察和记录试件在不同加载阶段的破坏形态。

根据荷载和变形实测数据绘制荷载-变形曲线，采样频率较高时，可对实测数据进行低通滤波。试件荷-变形曲线及其特征参数应依相关技术标准确定。（见滞回曲线）

问题和现状 伪静力试验所需设备比较简单，便于实施，数字化控制技术的应用有利于提高试验精度。但是，对称的、有规律的低频往复加载方式，无法反映应变速率对结构力学性能的影响，不能模拟真实地震作用，试验方法在本质上是静力的；采用改进的变频加载方法可在有限程度上弥补这一缺陷。

另外，在伪静力试验中，预加的竖向荷载和构件轴力等在试验过程中将发生变化，虽可采用伺服反馈系统予以补偿，但对试件边界条件的控制很难精确满足真实状况；真实的结构构件原则上有六个运动自由度，但伪静力试验一般只能模拟少数自由度的运动；可实现构件多自由度运动控制的试验设施有待开发。

weidongli shiyan

伪动力试验（pseudo-dynamic test） 往复加载试验与结构地震反应逐步积分法在线结合的结构抗震试验，亦称拟动力试验、杂交试验或联机试验。可用于原型结构、模型结构、子结构和构件的抗震性能试验，确定试件的力-变形滞回曲线；亦可近似模拟在给定的地震动输入下结构或构件的地震反应，研究和验证结构地震破坏机理、破坏特征、抗震能力和抗震薄弱环节。

起源与发展 伪动力试验方法是20世纪70年代美日结构抗震合作研究的成果之一。此后，随着相关设备仪器的改进和新的数值算法的开发，伪动力试验的效率和精度逐步提高，用于多种类型结构的抗震试验，已成为地震工程研究的主要试验手段之一。

伪动力试验技术的发展体现于硬件和软件两个方面。

硬件方面的发展主要表现为设备规模的扩大和技术指标的提高；作动器出力越来越大，速度越来越快以至接近振动台的运行速度；数字化的控制和量测设备提高了试验的精度；可利用多个作动器进行桥梁等长大结构的试验；在伪动力子结构试验中，可利用多个作动器的组合装置（large boundary condition box；LBCB）实现复杂边界条件的模拟。

计算软件的改进着眼于数值积分的稳定与效率，开发了条件稳定的中央差分算法以及无条件稳定的α方法和OS方法，中央差分算法为显式算法，后两者为隐式算法；发展了具有力、位移混合控制功能的试验软件，并具备多自由度控制和远程数据交换及控制（见联网试验）的功能。

基本原理 伪动力试验将试件的地震反应数值计算、往复加载和试件本构

梁式构件试验

墙片试验

梁柱节点试验

结构体系试验

伪静力试验的试件设置

关系的实测相结合。在地震作用下，试验结构的动力平衡增量运动方程可写为

$$M\Delta a + C\Delta v + \Delta r = -M\{I\}\Delta a_g$$

式中：M 和 C 分别为结构的质量矩阵和黏滞阻尼矩阵；Δa，Δv 和 Δr 分别为结构运动的加速度向量、速度向量和恢复力向量的增量；在时间间隔 Δt 中，$\Delta r = K\Delta d$，K 为当前时刻结构的切线刚度矩阵，Δd 为结构位移向量的增量；Δa_g 为输入的水平地震动加速度的增量；$\{I\}$ 为单位向量。预先给定结构的质量矩阵和黏滞阻尼矩阵，由初始弹性状态出发，可通过逐步积分方法求得结构各自由度的位移。

在伪动力试验中，每经一时间间隔 Δt 计算得出的位移通过作动器施加于结构，结构变形产生的恢复力由力传感器量测，借此可得当前时刻的近似切线刚度并计算下一个时间间隔的反应；如此反复直至地震反应结束。伪动力试验伴随结构动力反应数值计算进行，但结构的恢复力和刚度特性是在试验中量测而不是预先给定的。由于惯性效应和阻尼效应是通过数值方法计算而不是实时自然发生的，所以伪动力试验可以利用传统的伪静力加载设备（见伪静力试验装置）并借助计算、控制系统实施。

特点 伪动力试验的特点表现为试验加载过程与地震反应数值计算的结合。

（1）伪动力试验无需可输入地震动的振动台台面，试验模型的基底固定在底座上并不运动，故对试件质量和尺寸的限制比振动台试验要小，有利于实现原型结构和大比例缩尺结构的试验，且可通过计算模拟地震动多点输入。试验中，地震动引起的结构反应通过动力方程的逐步积分得出，然而结构的位移反应须通过作动器施加于结构，不似振动台试验中因惯性作用而自然产生，这是试验名称冠以"伪"字的原因之一。由于作动器加载速率较慢，故试验运行时间远高于振动台试验，一般为实际地震动持时的100倍左右；若实际地震动持续时间为 30～40 s，则伪动力试验可能持续 1 h。这必然造成与加载速率关系密切的因素（如黏滞阻尼力）在试验中无法确切反映，这是试验名称冠以"伪"字的又一原因。然而，由于试验速度低，便于在加载过程中对结构进行观察，也可降低对试验设备能力（如能源和作动器高频性能）的要求。

（2）伪动力试验的试件加载是在地震反应模拟计算的基础上进行的，这是它与伪静力试验的重大区别。换言之，伪动力试验的试件运动及力-变位关系是在特定地震动下得出的，可以反映结构的动力特性；而伪静力试验中试件的运动是事先规定的往复运动，试验结果与地震动输入和结构体系动力特性没有直接关系。这是伪动力试验名称中冠以"动力"二字的原因。

（3）伪动力试验是运动方程的数值积分与试验加载量测的结合。单纯的地震反应数值模拟，其本构模型是先验给定的，本构模型的误差极大影响计算的精度，尤其在结构地震反应的非线性阶段，地震反应数值模拟结果并不可靠。然而，伪动力试验的数值积分是基于实验过程中实测得到的体系刚度进行的，可以实时考虑含结构非线性在内的力学性质，就此而言，更能反映结构地震反应的真实状态。但是，由于试验量测精度达不到数值模拟计算的精度，故在每一步运行中都会引入量测误差并逐步积累，数值算

法的稳定性并不能保障计算结果是准确的。提高设备仪器的精度，合理的试验设计和适当考虑黏滞阻尼的影响有助于减小试验误差。另外，由于试验中仅能采用有限的少量作动器，故试验结构的计算模型一般被简化为离散的有限自由度体系，这显然与真实体系有差别。

试验步骤 ①确定试验对象和试验目的；②设计能够反映试验对象动力性能和满足试验目的的试件；③制作并安装试件，模拟实际结构的静荷载和边界条件，缩尺模型应满足相似律；④根据试验要求建立试件的计算模型，输入特定地震动并积分运动方程，对试件加载；⑤观察并记录试件性态，如试件相对变形与损伤；⑥评价试件抗震性能和抗震能力。分析设计施工方法、构造体系、材料、结构动力特性、地震动特性和场地条件等因素对结构抗震能力的影响，得出涉及试验目的的结论。当接续输入由小到大多次地震动时，应考虑累积损伤效应。

推荐书目

李忠献．工程结构试验理论与技术．天津：天津大学出版社，2004.

zhendongtai shiyan

振动台试验（shaking table test） 利用振动台装置进行的结构强迫振动试验，是地震工程研究中最重要的试验手段之一。

功能 输入谐波和随机波的振动台试验起源于20世纪40年代，用于测试结构的动力特性；60年代地震模拟振动台试验开始实施，可输入强地震动记录、人造地震动时间过程、正弦波、正弦拍波、正弦扫描波和随机波（如白噪声和过滤白噪声）等。地震模拟振动台试验的试体含各类建筑物和构筑物（如房屋、桥梁、大坝、核反应堆安全壳等）以及设备的原型或模型，图为一足尺模型试验。

日本大型振动台(E-Defense)进行的足尺模型试验

通过地震模拟试验，可以测定结构的动力特性，研究结构震害机理，验证结构地震反应分析方法、结构本构模型、结构抗震加固技术、结构振动控制技术和控制算法、健康监测技术系统以及模型相似理论，检验实际工程和设备的抗震能力，为地震工程、结构控制、健康监测的理论发展和工程应用提供科学的试验数据。

实施步骤 地震模拟振动台试验一般可按下述步骤进行，并应对所有步骤事先编制详细的试验大纲。

试件准备和安装 根据试验目的和振动台设备的能力选用或制作试件。试件应适应振动台的尺寸、频响特性、

出力和承载能力，并满足试验目标和相关技术标准的要求。尺寸较小的结构或设备可使用原型作为试件，否则只能选择原型结构的一部分作为试件或制作缩尺模型试件。例如，可视试验要求选择结构的主要部分（如桥梁的桥墩）或具有代表性的部分（如大长度均匀对称房屋的中间部分）进行试验。试件应模拟原型结构的几何、物理、力学特性以及细部构造和边界条件。缩尺模型应考虑材料特性和施工工艺，尽量满足相似性要求；尽可能采用人工质量模型并合理确定人工质量的设置位置和设置方式（见相似模型）。

测点布置和数据采集　根据试验目标选择所需各类传感器，如加速度计、位移计、应变计等，传感器在试验前应进行标定，技术指标应满足试验要求。传感器的数量取决于试验目标和数据采集设施的通道数，应根据理论分析和经验确定最少的传感器数量及其位置，实际传感器设置宜有冗余。当振动台数据采集设备通道数不足时，可使用附加的数据采集设备。试验过程中，应随时检查记录数据的正确性，及时发现和排除传感器和数据采集系统的故障。

试验加载　应根据试验要求和相关技术标准选择相应的振动台输入方式。地震模拟试验前一般应采用正弦扫描试验、白噪声激振试验等测试试体的模态参数。拍波试验的输入应根据试件自振频率做成。地震模拟试验中的地震动输入要根据试验要求和模型相似率进行加速度峰值和频率的调整（见强地震动预测）。应根据试验要求确定振动台输入的强度，考虑强地震动的随机性和场地影响宜采用多条不同输入。采用不同强度的地震动输入进行试验时，加载顺序应由弱至强；考虑结构地震破坏的累积效应，不宜进行强度等级密集的多次非弹性试验。破坏性试验前应估计结构的损伤程度和破坏形式，防止发生试体意外倒塌事故。

试验观测和资料处理　目视观测是试验中的重要环节。试体裂缝的出现、裂缝的形态和数量是判别结构抗震薄弱环节和破坏模式及破坏程度的重要标志，应由经验丰富的试验人员进行观察并以摄影或摄像方式予以记录。同时还应关注试验是否正常进行，试体、传感器是否发生异常或故障，并根据具体情况采取相应措施或修改试验大纲。实测数据是试验的重要成果和进行后续深入分析的基础，应根据技术标准进行试验数据的常规处理。试验后应整理形成完整的试验技术资料，试验测试数据应与试验大纲和全部技术资料一并保存，以资利用。

问题　地震模拟振动台试验在实现地震工程研究的多种目标时，也存在若干使用局限和技术难点。受振动台尺寸和承载能力的限制，只有少数结构能进行原型试验或足尺模型试验。缩尺模型试验难以严格满足相似律的要求，尤其在采用小比例尺模型（如小于1：5）的情况下，因模型材料、施工工艺和尺寸效应的影响，模型性态可能与原型有较大差异。另外，振动台试验中试件与台面的连接也难以模拟实际结构的真实边界条件。地震模拟振动台试验中进行强度逐步增加的多次加载，在试体发生非弹性性状后将产生累积损伤效应；此时，最终高强度地震动作用下的试件性态，将与试件一次性经受该强度地震动的性态存在差异。上述问题有待解决，至少应在试验结果的解释中予以考虑。

lianwang shiyan
联网试验（network for earthquake engineering simulation research；NEES）　地震工程试验联网的简称，系指通过互联网组合不同机构的设备、人力资源共同进行的抗震试验。

联网试验起源于美国。1999年，美国国家自然科学基金会（NSF）批准了一项投资5亿美元、执行期限为1999—2014年的项目，试图利用全美15家大学和研究机构新建或扩建的地震工程试验装备和互联网技术，由多个机构的专家共同参与抗震试验研究，旨在实现资源和数据共享。联网试验可突破单一机构进行复杂结构抗震试验的人力和设备限制，共同推进试验技术和地震工程的进展，这一设想引起了国际地震工程界的广泛关注。

联网试验的主要技术思路是：将复杂结构的动力行为分解为若干可分别操作的模块，分解后的模块包括可由不同机构进行的子结构伪动力试验和结构的有限元分析；利用互联网实现试验和数值计算过程的实时数据连接，共同完成复杂结构动力过程的模拟。联网试验系统具有可远程操作、远程监视、数据和知识共享等特点，是现代计算技术、试验技术、网络通讯技术的融合。

加入美国地震工程联网试验的首批设备包括：研究长大结构在地震动多点输入下动力反应的振动台台阵装置、多向加载的大型结构试验装置（含实时伪动力试验装置）、管道地震反应试验设备、场地和结构的强震动台阵、大型振动台和活动组合式反力墙、离心试验机、海啸波浪池、移动震源车以及相关的联网试验集成软件。

联网试验的一个示例见图，其研究对象是1994年美国洛杉矶北岭（Northridge）地震中损坏的圣莫尼卡（Santa Monica）高速公路桥。该桥为三墩四跨，全长114m，按传统方法若不缩小比例将无法进行试验研究。联网试验中，将桥分成5个模块，其中两个典型桥墩（墩1、墩3）分别用大型边界条件模拟试验装置（LBCB）和实时伪动力试验装置进行试验，两桥墩下土体（土1、土3）分别进行离心机试验和数值模拟；其余结构（含桥面、桥墩2和墩下土体2）作为一个模块，用有限元模型进行分析。5个模块由中央控制程序UI-SIMCOR进行集成，实现实时数据交流。

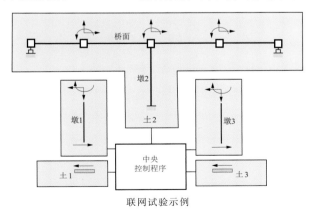

联网试验示例

例如，试验获得的桥墩某时刻的反力和本构关系传送给中央控制程序，中央控制程序汇集其他各模块传来的相应信息，集成计算后得到下一时刻该桥墩的空间位移并发送给各模块，进行接续试验和分析。该试验由三个研究单位共同执行。

zhihui quxian

滞回曲线（hysteresis curve）　往复荷载作用下结构、构件或材料试件的荷载-变形或应力-应变曲线，又称恢复力曲线。

滞回曲线中的荷载 F 可以是弯矩或力，相应变形 X 则为转角或位移，曲线反映了试件的刚度、强度、变形及耗能特性，是确定结构本构关系和进行结构地震反应分析的依据。抗震结构或构件的滞回曲线可由伪静力试验或伪动力试验得出。

基本性态　一次往复加载得到的滞回曲线通称滞回环。伪静力或伪动力试验一般为慢速加载，与速度相关的黏滞阻尼力很小，故结构在线弹性变形阶段的荷载和位移大体呈线性关系，滞回环近似重合为一条直线。当荷载超过某一限度、结构发生非弹性性状后，加载和卸载曲线不再重合，割线刚度随荷载增加而趋于减少（某些情况下，在大幅值荷载作用下割线刚度也可能提高），此时滞回环的面积反映了结构的非弹性耗能能力。结构发生非线性变形、开裂和滑移之后，滞回曲线反向加载和重加载阶段的切线刚度可能低于初始加载的刚度，此现象称为刚度退化；构件损伤严重时，则会出现滞回环呈纺锤形的捏拢现象。试验中反向加载和重加载曲线多有指向加载历史中曾达到的最大荷载-变形点的趋向。上述滞回曲线性态的变化，决定了结构本构模型中的骨架曲线和滞回规则。对于缺乏延性耗能能力的混凝土构件，在相同荷载的多次往复作用下，割线刚度也将随循环次数的增加而减小，此现象称为强度退化。（见构件恢复力特性和构件恢复力模型）

特征参数　建筑结构和构件的试验滞回曲线是复杂和离散的，应根据多个试件的试验结果确定其性态。对于钢筋混凝土试件和砌体试件，常采用下述定量描述。

（1）骨架曲线。试件加载通常包括幅值不同的多级加载，且每级加载重复多次（见加载规则）。各级加载中第一次循环荷载峰值的连线称为骨架曲线，它描述了本构模型的基本特征（图1）。

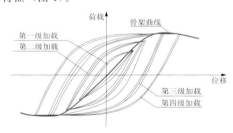

图 1　试验骨架曲线

（2）开裂荷载 F_c。骨架曲线的特征点之一，标志砌体结构和混凝土结构出现细微裂缝开始进入非弹性阶段（图2）。该特征点一般不能由测量数据辨认，应由试件裂缝的宏观观察判定。与此荷载对应的位移 X_c 称为开裂位移。

（3）屈服荷载 F_y。骨架曲线上邻近且高于开裂荷载的特征点，标志结构发生明显非弹性性状，割线刚度降低（图2）。该特征点也难由荷载和变形的测量数据辨认，对于钢筋混凝土构件可由钢筋的应变测量结果判定。与此荷载对应的位移 X_y 称为屈服位移。

（4）极限荷载 F_u。骨架曲线上对应最大荷载的特征点，标志结构的极限承载能力（图2）。与此荷载对应的位移 X_u 称为极限位移。

（5）破坏荷载。骨架曲线下降段的特征点，标志结构在位移继续加大时将失稳倒塌。该特征点具有很大不确定性，一般取在下降段上极限荷载的 85% 处（图2）。

（6）割线刚度 K_i。由一次往复加载中正负荷载最大值及相应的变形确定（图3）：

$$K_i = (|+F_i| + |-F_i|)/(|+X_i| + |-X_i|)$$

式中：K_i 为割线刚度；$+F_i$ 和 $-F_i$ 分别为加载和反向加载的最大荷载值；$+X_i$ 和 $-X_i$ 分别为相应的变位值。

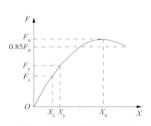 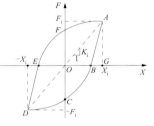

图 2　骨架曲线的特征点　　图 3　滞回环和割线刚度

（7）延性系数 μ。极限位移与屈服位移的比值，$\mu = X_u / X_y$。

（8）能量耗散系数 E。衡量试件相对耗能能力大小的指标，亦称相对能量比。令滞回环 $ABCDEFA$ 包围的面积为 E_1（图3），三角形 OAG 的面积为 E_2，能量耗散系数 $E = E_1 / (2E_2)$。

zhihuihuan

滞回环（hysteresis loop）　一次往复加载得到的滞回曲线。见滞回曲线。

jiazai guize

加载规则（loading rule）　结构抗震试验中的加载程式，涉及外荷载的种类（力或位移等）、强度、方向以及外荷载施加的次序等，应根据试验设备、试验类型、试件物理力学特性和试验目的确定。

往复加载试验　往复加载试验（如结构的伪静力试验、材料或元件的循环荷载试验）在结构抗震试验中使用广泛。单向往复试验的加载可采用位移控制、力控制和力-位移混合控制等方式。位移控制加载方式采用较多，又可分为等幅加载、变幅加载以及等幅和变幅相结合的加载方式。等幅加载如图(a)所示，多用于探索加载循环次数对结构性能的影响，图中 A 为加载幅度（即循环荷载的峰值），t 为试验持续时间。变幅加载一般应用于结构或材料的全过程（从弹性

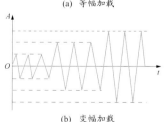

(a)　等幅加载

(b)　变幅加载

(c)　双向加载

往复加载试验的加载规则

阶段直至破坏)试验,旨在研究荷载幅值对结构性态的影响(图 b)。在试件刚度较大时,可使用力控制加载;在试件刚度较小时则应采用位移控制加载,以提高试验测试精度。在某些情况下,还可以改变循环荷载的加载速度,探讨荷载频率对结构和材料性态的影响。

双向往复试验的加载规则比单向试验复杂。为模拟实际结构的双向受力状态,可以采用双向同时加载,如图(c)中 A_x 和 A_y 分别为 x 和 y 方向的加载幅度。但为了更清晰地展示某一方向受力对另一方向结构性能的影响,又多采用不同步加载的方式,即保持一个方向为恒载,在另一个方向往复加载。这种不同步的加载方法,可在结构试验的不同阶段交替变化使用。若再考虑每个方向不同的加载方式,双向往复荷载试验的加载规则更加复杂。

地震模拟试验　可采用单向加载、双水平向加载、单水平向和竖向加载以及三向加载等不同方式。考虑强地震动的不确定性,可选择与特定地震和场地条件相关的多条输入地震动。为测试试体的极限抗震能力,可采用对该试体最不利的地震动输入(即卓越频率与试体自振频率接近的地震动),或渐次增加地震动输入强度,直至试体毁坏。若旨在检验特定结构对抗震设防要求的满足程度,可只输入对应不同设计水准的地震动。若欲探讨不同类型强地震动对结构的影响,可针对特定类型的地震动(如具有大速度脉冲的地震动)进行比较试验。振动台台阵可实现地震动多点输入下的结构抗震试验。

地震动幅值一般采用渐次增加的输入方式。考虑结构的损伤累积效应,在结构发生非弹性性状后,不宜进行反复多次的幅值接近的试验。

weijingli shiyan zhuangzhi

伪静力试验装置(quasi-static test facility)　实现伪静力试验的设备系统,一般包括反力装置、计算机、控制器、液压系统、作动器、力传感器、位移传感器和数据采集器等。

图为伪静力试验装置的一种。反力墙、作动器、加载曲梁和四连杆装置实现对试件的水平加载,门架和千斤顶对试件施加竖向荷载;控制器接受力传感器的信号传送至计算机,并发出指令信号通过液压系统驱动作动器;数据采集器接收位移传感器的测量信号并传送至计算机;计算机实施系统控制和数据处理,处理后试件的力-变形曲线可由绘图仪输出。

伪静力试验装置与伪动力试验装置十分类似,主要区别在于前者并不涉及试件地震反应的模拟计算,控制较为简单。由于一般并不要求对试件进行快速加载,故伪静力试验对相关器件的频率特性要求较低。

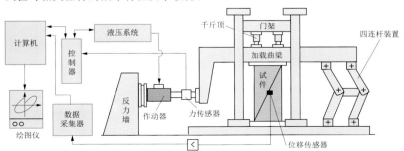

伪静力试验装置系统

weidongli shiyan zhuangzhi

伪动力试验装置(pseudo-dynamic test facility)　实现伪动力试验的设备系统,一般包括计算机、反力装置、控制器、液压系统、作动器、力传感器、位移传感器和数据采集系统等(图1、图2)。

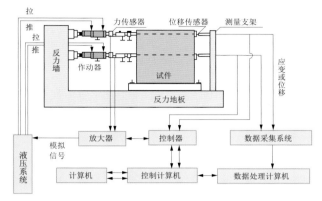

图 1　伪动力试验装置系统

图 2　伪动力试验装置

各种设备的功能如下。

(1)计算机。用于试件地震反应计算、试验数据采集、数据处理和系统控制。

(2)反力装置。含支承作动器的反力墙或支架、试件安装平台或反力地板以及其他固定器件,旨在固定试件并为作动器提供反力支承以实施加载。

(3)控制器。将来自计算机的数字化指令进行解调和放大,并发送至作动器。控制器也接收作动器输出和位移的监测信号,并与指令信号进行比较,实现反馈控制;控制器还将力和位移的量测结果转化为数字信号并传送至计算机。

(4)液压系统。含油泵、油箱、蓄能器、油管和分油器等,以适当的油量和油流速度保障试验加载系统的运行。

(5)作动器。对试件施加推力或拉力,可按照指令通过伺服阀实现位移控制或力控制的往复运动。作动器输出范围很大,为数百牛顿至数千千牛顿,工作频率通常为 2～3 Hz,特殊设计的高速作动器频率可达数十赫兹。

(6)力传感器。设置于作动器端部,其量程应与作动器出力相匹配,并具有高精度和工作可靠的特点。

（7）位移传感器。用于作动器位移和结构反应位移的测量，具有工作可靠、寿命高、线性度和重复性好的特点。差动变压器式位移计是常用的位移传感器。

（8）数据采集系统。通过模/数转换器将力、位移和其他测量信号（如应变、转角等）数字化，并存储于计算机。数据采集系统一般为多通道(100以上)同步采样，精度可达16～24 bit。

dizhen moni zhendongtai

地震模拟振动台（shaking table for earthquake simulation）

对各类工程结构进行地震模拟试验的振动台设施，多指电液伺服地震模拟振动台。

分类和应用 地震模拟振动台可分为机械式振动台、电磁式振动台和电液伺服振动台等三类。多数机械式振动台只能进行正弦波输入试验，仅个别者可进行随机波试验。电磁式振动台可以进行正弦波、随机波和地震动输入试验，但是难以满足输入强地震动并承载大尺寸试件的需求。电液伺服振动台具有低频特性好、位移大、出力和承载力大等优点，可输入谐波、随机波和强地震动。尽管机械式振动台和电磁式振动台也可进行结构抗震试验，但只有电液伺服振动台才是真正意义上的、使用最广的地震模拟试验设备。

地震模拟振动台台面可作单向振动、双向振动或三向六自由度振动；振动台的控制可以是模拟控制、模拟和数字混合控制或全数字控制。由多个振动台组成，可实现地震动多点输入的设施称为振动台台阵（图1）。

地震模拟振动台在地震工程中的应用包括：①研究各类工程结构的动力特性、破坏机理及抗震能力；②验证地震作用理论和结构计算模型的正确性；③研究动力相似理论，为模型设计提供依据；④研究各类工程结构的抗震构造措施和抗震加固方法；⑤验证结构振动控制技术和健康监测技术的效能。地震模拟振动台还可研究各类器物和人体在地震作用下的反应，乃至进行地震科普教育。

图1　双振动台台阵试验室

起源和发展 日本东京大学生产技术研究所于1966年建成的10 m×2 m地震模拟振动台，是世界上最早的电液伺服地震模拟试验设施。日本拥有数十台3 m×3 m以上的地震模拟振动台，2005年建成的15 m×20 m、承载能力12000 kN的振动台(E-Defense)，是世界上最大规模的地震模拟振动台。

自1968年美国伊利诺伊大学建成单水平向3.65 m×3.65 m地震模拟振动台后，美国的地震工程研究机构陆续装备此类设施。美国纽约州立布法罗大学于2003年建成由两个振动台组成的台阵系统，是最早的可模拟地震动多点输入的试验设施。

20世纪60年代，中国科学院工程力学研究所和中国建筑科学研究院分别建造了单水平向机械式振动台。中国电液伺服地震模拟振动台的研制始于1983年，1986年5 m×5 m双水平向电液伺服地震模拟振动台投入使用，后又加以改造。其他高等院校和研究机构也相继引进或研制此类设施，2001年北京工业大学建成由9个小振动台组成的地震模拟振动台台阵；其后，中国建成的地震模拟振动台设施迅速增加（图2）。

图2　5 m×5 m三向六自由度地震模拟振动台试验室

随着计算机技术的发展，数字控制已可实现振动台模拟控制的绝大部分功能，可实现多通道同步迭代控制、远程控制和全系统保护。在三向六自由度振动台广泛应用的同时，为满足原型结构的抗震试验需求，振动台建设向大型化发展；为进行桥梁、管道、输电线路等大跨度结构体系的抗震试验，振动台台阵系统也受到重视。

组成及原理 电液伺服地震模拟振动台一般由台面系统、激振系统、控制系统和油源系统等四部分组成。台面用于安装试件，可采用钢筋混凝土结构、焊接钢结构、铝合金或镁铝合金铸造结构；激振系统由作动器、电液伺服阀和位移控制元件组成；控制系统由信号（正弦波、地震波、随机波等）发生器、三参量发生器、数控系统、功率放大器及有关反馈元件组成；油源系统由油箱、油泵、蓄能器、冷却系统及相关管道组成。控制系统给出的信号经过三参量发生器与台面上的反馈元件形成闭环控制；信号经伺服放大、象限控制合成后形成各个激振器的控制信号，驱动电液伺服阀；作动器被油源高压液流推动，带动地震

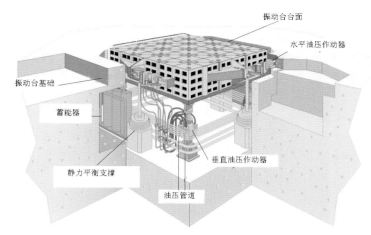

图 3　电液伺服式地震模拟振动台结构示意图

模拟振动台运动。（见液压式激振器）

电液伺服式地震模拟振动台的结构见图 3。

激振器（exciter）

jizhenqi

激振器（exciter）　激励试体使其处于强迫振动状态的设备。不同类型的激振器在原理、特性、结构、功能等方面均有差别。

按振动方向的不同，有产生单一方向水平、垂直或扭转振动的激振器和同时产生水平和垂直的二维平面振动或三维空间振动的激振器；按激振力波形不同有简谐振动（频率固定的或频率扫描的）激振器、冲击振动（单次冲击和多次连续冲击）激振器以及任意波形或随机波形激振器；按工作原理不同可分为机械式、电动式、电磁式、液压式、压电式以及小型火箭等激振器。图中给出一种离心式机械激振器。

离心式机械激振器

振动台也是一种激振器，它以输出位移的方式激发试体的强迫振动，试体固定在振动台台面上，承受台面的牵连运动并产生强迫振动响应。一般激振器以输出力的方式激发试体的强迫振动，试体仅在若干点或局部范围受力，一般并不承受激振器的牵连运动。

激振器的主要技术参数包括频率范围和最大出力。振动台的主要技术参数包括台面输出的最大位移或最大加速度值、台面的最大承载力、台面波形失真度、横向耦合度以及各点振动的不均匀度等。

zhendongtai

振动台（shaking table）　以输出位移的方式激励试体强迫振动的激振器。常用的有机械式激振器、电磁式激振器和液压式激振器等。

jixieshi jizhenqi

机械式激振器（mechanical exciter）　通过机械传动机构实现激振的设备。常用的有直接驱动式机械振动台和离心式激振器两种。

直接驱动式机械振动台　图 1 为三种不同机构的直接驱动式机械振动台的工作原理。振动台台面由主轴通过曲柄滑块机构、正弦机构或凸轮顶杆机构直接驱动。当振动台主轴由电机带动旋转时，台面产生预定的振动。台面的运动规律完全由机构运动学关系及传动机构参数 e 确定，故此类激振器属直接驱动式（或称运动学式）。

激振器主轴一般由调速直流电机或交流电机驱动，或由恒速电机经各种变速机构驱动，振动台的振动频率取决于主轴转速 ω。激振器下限频率主要取决于调速机构在低速时的稳定程度，可达 0.5 Hz，通常设置飞轮以提高运动稳定性；频率上限受传动机构的部件强度及台面系统固有频率的限制，可达 70～100 Hz。

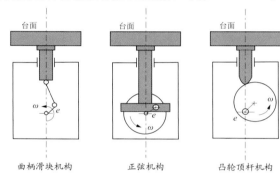

曲柄滑块机构　　正弦机构　　凸轮顶杆机构

图 1　直接驱动式机械振动台工作原理

离心式激振器　又称偏心起振机或起振机。该装置的两个转轴通过一对齿轮啮合，并由电机带动以相等的角速度 ω 沿相反方向转动（图 2）。每个轴上均设有质量为 m、偏心距为 e 的偏心块，质量块转动产生的离心力 $F = me\omega^2$ 作用在转轴上，方向见图。如果两偏心块对称配置，则两

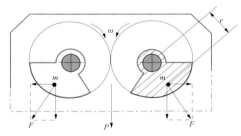

图 2　离心式激振器工作原理

离心力在某一方向的分力互相抵消，而另一正交方向的分力合成为 $P = 2me\omega^2 \cos\omega t$，这就是激振器产生的单方向简谐激振力。

diancishi jizhenqi

电磁式激振器（electromagnetism exciter）　由电磁作用实现激振的设备，常用者为电动力式振动台和电动力式激振器。

电动力式振动台　结构与工作原理见图 1。振动台台体是用高导磁率的铸钢或纯铁制成的带有铁芯的圆筒，中央

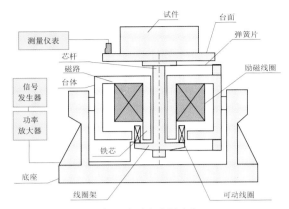

图1 电动力式振动台

铁芯上绕有励磁线圈。励磁电源提供的直流电流在磁路的环形气隙中形成强大的磁场；气隙中设有杯形的可动线圈架，线圈架与台面芯杆刚性连接，组成振动台的可动系统。两组弹簧片式导向和支撑系统既承受可动系统和试件的重力，又控制可动系统沿轴向运动。有些振动台还采用空气弹簧以平衡试件的重力。

信号发生器产生的交变信号经功率放大器输入到动圈，它与磁场作用产生一个交变力 F 推动系统运动。设电流 i 呈简谐变化，$i = I\sin\omega t$，则交变力的大小为

$$F = Bli = BlI\sin\omega t$$

式中：B 为环形气隙中的磁感应强度；l 为动圈导线的有效长度；I 为动圈中的电流；ω 为电流的圆频率。试件与台面一起在激振力的作用下振动，振动频率取决于信号发生器的频率，振幅取决于电流。激振力的大小和频率可由信号发生器及功率放大器调节，与机械式振动台相比，电动力式振动台更为方便。

电动力式激振器 工作原理与电动力式振动台完全相同，结构大同小异（图2）。激振力由动圈通过芯杆和顶杆

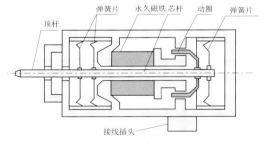

图2 电动力式激振器

传给试体，可动部分的支撑系统由若干失稳的拱形弹簧片组成，弹簧片能在顶杆和试件之间保持一定的压力，防止两者在振动时脱离。与振动台相同，激振力的幅值和频率由输入电流的强度和频率控制。

yeyashi jizhenqi

液压式激振器（hydraulic exciter） 由液压系统实现激振的设备；多取振动台形式，台面承载能力可达数吨至千吨，主要用于建筑结构的抗震试验、汽车和飞行器的动力试验等。

液压式振动台 利用电液伺服系统控制高压油流入工作油缸的流量和方向，由活塞带动台面及试体作相应振动的设备。其结构与工作原理如图，各主要部件如下。

（1）伺服阀。又称控制阀，其结构和原理类似于小型电动力式振动台。伺服阀既是电液转换元件又是功率放大元件，它以微量电信号控制大功率液压能（流量和压力）的输出。当没有信号输入伺服阀的动圈时，动圈和滑阀都处于初始位置，滑阀关闭各出入油孔，来自油泵的高压油不能进入作动器，台面处于静止状态。当有信号进入动圈时，动圈带动滑阀移动，打开相关出入油孔，高压油流入作动器，推动活塞和振动台移动，低压油流回油箱。伺服阀是电液控制系统的核心和关键部件，其性能的优劣对系统影响很大。

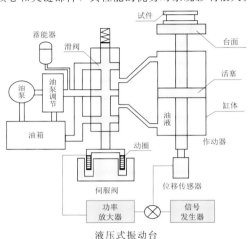

液压式振动台

（2）蓄能器。液压系统中以高压方式储存油液的装置。在电液伺服系统的运行中，一般仅在少数瞬间需要很高的能量，在此瞬间蓄能器可以高压油液向液压系统补充能量。

（3）作动器。由缸体、活塞和油液组成的液压缸。作动器中油液推动活塞，直接驱使振动台台面运动。

就输出功率和承受试件的质量而言，液压振动台在各类振动台中是最大的，台面位移可达数十厘米，工作频率可低至零。受液体的惯性作用、阀门截面积和管道阻力等因素影响，振动台的频率上限一般为数百至 1000 Hz，不如电动式振动台高。

激振器 工作原理与液压式振动台相同，但尺寸和激振力一般较小。多个激振器可共用一个泵站，但有各自的控制电路，以便能给出彼此不相关的激振力。

chongji lichui

冲击力锤（impact hammer） 在模态试验中给试体施加局部冲击荷载的装置，简称力锤。作为激振设备一般用于小型试体，在施加冲击荷载的同时，尚可提供冲击力的时域信号；结合试体各点的实测振动响应，可对频响函数（见传递函数）作出估计。

一种力锤的示意图如下，它由压电型力传感器配以锤体、锤头盖和锤把等部件组成。当手持锤把用锤头敲击试

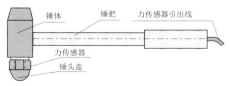

力锤

体时，力传感器的压电晶体片上就产生与冲击力成正比的电荷，配合以电荷放大器可得到冲击力信号。

振动测量仪器（vibration measurement instrument）测量和分析物体质点偏离平衡位置往复运动的位移、速度和加速度时间过程的仪器。

振动测量除涉及建筑结构的振动（如地脉动反应、爆破振动、风致振动、地震反应）之外，也涵盖更为广泛的机械振动（如旋转机械的振动、飞行器或其他交通工具的振动等）。振动测量仪器在建筑、机械、电力、采矿、石油、冶金、交通运输、航空航天、兵器等行业的科学研究和产品开发及损伤监测中具有广泛应用。

振动测量仪器一般包括：①拾振器，将振动信号转变为电信号的传感器；②放大器，将拾振器的输出电信号进行阻抗变换、放大、滤波、积分等，以获得所需的位移、速度、加速度等参量；③记录器，存储放大调理后的信号；④分析仪，对记录器记录的信号进行时域分析和频域分析。

随着材料科学、机械工程、电子技术和信息传感技术的发展，新型、高性能的传感器、信号存储和分析设备不断涌现，为各行业的振动测量和分析提供了有力的工具。

拾振器（vibration sensor）将振动信号转换为电量输出的传感器。依振动信号物理量的不同，可分为位移计、速度计和加速度计三类；依测量机理的不同，拾振器又有相对式和惯性式两大类。

不同种类的拾振器

相对式拾振器 以拾振器的外壳作为参考坐标，测试结果是试体和拾振器外壳间的相对位移；有顶杆式、拉线式和非接触式等不同结构形式。

常用的相对式拾振器依机理不同，有电位器式位移计、差动变压器式位移计、电容式位移计、电涡流式位移计、磁敏晶体管式位移计、光纤位移计等不同种类。

惯性式拾振器 以拾振器内部的阻尼振子（摆）感受试体振动，测试结果是试体相对于惯性坐标系的绝对运动（含位移、速度和加速度），亦称绝对式拾振器。依机理不同有各种类型。

电动式惯性拾振器由机械振子检测振动信号，其频率特性和测量量程受机械参数的限制。伺服式拾振器可利用电子反馈技术加大振子系统的质量、阻尼和刚度，从而拓展拾振器的低、高频特性和测量量程。压电式拾振器（见压电式加速度计）以自然的或人造的压电材料作为力敏感元件检测振动信号。压阻式拾振器（见压阻式加速度计）利用单晶硅材料的压阻效应检测振动信号。惯性式拾振器还有应变式（见应变式加速度计）、光纤式（见光纤式加速度计）、磁敏式（见磁敏晶体管式加速度计）和振弦式（见振弦式加速度计）等多种。

利用无源伺服技术、有源伺服技术、动态补偿技术等提高技术指标是惯性式拾振器的发展趋势。

位移计（displacement sensor）把振动位移转换为电量输出的传感器。常用的位移计包括惯性式位移计、电位器式位移计、差动变压器式位移计、电容式位移计、电涡流式位移计、磁敏晶体管式位移计、光纤位移计和应变式位移计等多种。

惯性式位移计（inertia type displacement transducer）利用质量-弹簧-阻尼振子（摆）的振动响应测量物体振动位移的传感器，其输出电压与被测位移成正比。

惯性式位移计的结构示意见图1、图2。图中 m 为振子质量，k 为支承振子的导向弹簧刚度，b 为包括空气阻尼在

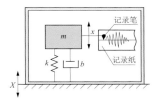　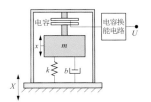

图1　笔记录地震仪　　　图2　电容换能惯性式位移计

内的阻尼力系数，X 为被测物体的位移，x 为振子相对于外壳的与 X 同向的位移。

根据振子的单自由度运动方程可得

$$x(s) = -\frac{X(s)}{1 + \frac{2D_1\omega_0}{s} + \frac{\omega_0^2}{s^2}} \qquad (1)$$

式中：D_1 为阻尼比；$s = j\omega$，$j = \sqrt{-1}$，ω 为被测点的振动圆频率；ω_0 为振子的自振圆频率，$\omega_0 = 2\pi f_0 = \sqrt{k/m}$。由式(1)可见，当 $\omega \gg \omega_0$ 和 $D_1 < 1$ 时，振子呈现高通特性，其位移与被测物体运动的位移成正比，故称之为位移摆。图1所示早期的笔记录地震仪现在已很少使用。图2所示惯性式位移计的位移由电容器检测，经过电容换能电路输出的电压 U 与被测位移成正比。

差动变压器式位移计（differential-transformer displacement transducer）利用变压器作用原理将被测位移转换为初、次级线圈互感变化的变磁阻式位移传感器；通称 LVDT。

该位移由两个或多个线圈及铁芯构成，如图（a）所示，主要用于物体间静、动态相对位移的测量。

差动变压器式位移计的电路原理见图（b）。当用适当频率的电压 e_1 激励初级线圈 L_1 时，次级线圈 L_2 将产生感应电动势；与被测物体连接的铁芯的移动将改变初、次级线圈间的互感量 M_1 和 M_2，次级线圈 L_2 的输出电压 e_{01} 和 e_{02} 将随互感的改变而变化，从而将被测位移转化为电压输出。

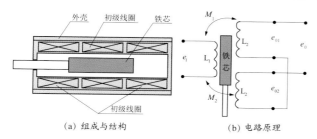

(a) 组成与结构 　　　　　(b) 电路原理

差动变压器式位移计

这种位移计常采用两个同名端串接的次级绕组线圈，以差动方式输出电压信号 e_0，故称差动变压器式位移计。这种位移计具有结构简单、线性度好、灵敏度高、动态特性好、量程大和寿命长等优点，且能在恶劣环境下可靠工作，故在工程中被广泛应用。

dianweiqishi weiyiji

电位器式位移计（potentiometric type displacement transducer）通过电位器元件将被测位移转换成电阻或电压输出的位移传感器。

电位器式位移计的工作原理见图 1。电位器全长的电阻为 R_0 且分布均匀，S_{max} 为 A、B 间的距离（即滑臂最大直线位移）；当滑臂电刷由 A 向 B 移动 S 后，A 至滑臂电刷间的电阻 $R_S = (S/S_{max})R_0$。在电位器的 A、B 间施加电压 U_0，则滑臂与 A 间的输出电压 $U_{SC} = (S/S_{max})U_0$，由于 S_{max}，R_0，U_0 都是已知的，故由测量的 R_S 或 U_{SC} 可确定位移 S。

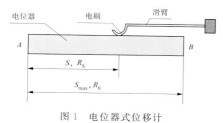

图 1　电位器式位移计

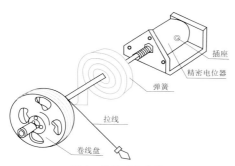

图 2　拉线式位移计

利用圆型多圈精密电位器可制成多种量程的相对式拉线式位移计，其结构原理见图 2。拉线式位移计中的精密电位器可为单圈或多圈，圈数越多测量的位移越大。弹簧主要用于提供回复力，使拉线可追随被测点往复运动。拉线为绕在卷线盘上的细钢丝，钢丝的一端固定在卷线盘上，另一端和被测点相连；卷线盘的直径越大，测量的位移越大。电位器式位移计的最大测量量程 $x_{max} = T\pi D$，T 为电位器的圈数，D 为卷线盘直径。位移测量的分辨率取决于电位器的绕线匝数，如电位器的绕线匝数为 n 圈，那么测量位移的分辨率 $x_N = x_{max}/n$。

电位器式位移计的优点是结构简单，输出信号大，使用方便，价格低廉，可测量静、动态位移，且对被测点的微小转动不敏感。其缺点是易磨损，测量频率上限不高。绕线式电位器因其电刷移动时电阻随匝电阻呈阶梯变化，故其输出信号亦呈梯形。

dianrongshi weiyiji

电容式位移计（capacitive displacement transducer）将电容器作为转换元件的位移传感器。它本质上是一个可变参数的电容器，一般采用由两平行极板组成的以空气为介质的电容器，有时也采用由两平行圆筒或其他形状平面组成的电容器。

原理　电容式位移计的基本工作原理可用平板电容器说明（图 1）。图中极板 1 为固定极板，极板 2 为与被测物体连接的动极板。

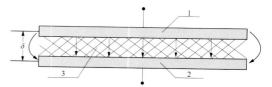

图 1　平板电容器式位移计

当忽略边缘效应影响时，平行电容器的电容量为

$$C = \frac{\varepsilon A}{\delta} = \frac{\varepsilon_r \varepsilon_0 A}{\delta} \tag{1}$$

式中：C 为电容量；δ 为两平板之间的距离，即极距；A 为两平行极板相互覆盖的面积；ε 为极板间介质 3 的介电常数，$\varepsilon = \varepsilon_r \varepsilon_0$；$\varepsilon_r$ 为介质的相对介电常数；ε_0 为真空介电常数。由式(1)可见，δ，A，ε 三个参数都直接影响电容量 C 的大小，若仅改变一个与被测位移有关的参数，那么电容量 C 的变化可直接反映被测位移的变化。

分类和结构　根据电容变化因素的不同，电容式位移计可分为极距变化型、面积变化型和介质变化型三种。极距变化型一般用来测量微小位移（可小至 $0.01\ \mu m$），此类传感器由于灵敏度高，易于实现非接触测量，因而应用较为普遍；面积变化型一般用于角位移测量或较大的线位移测量；介质变化型常用于固体或液体的物位测量。

为减小电容器两极板相对非线性误差，实际电容式位移计常采用差动式结构（图 2）。传感器上、下极板直接与位移计外壳连接，中间极板通过两个弹簧与外壳相连，可随被测物体运动。测点运动导致极距 δ_1 和 δ_2 变化时，电容 C_1 和 C_2 也将相应改变，一个增加而另一个减小，可降低非线性误差，提高灵敏度。

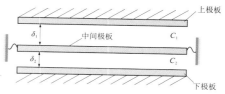

图 2　差动电容式位移计

实际的电容式位移计还包含电子测量电路，它将电容变化转化为电压或电流变化输出。电容式位移计的优点是装置简单，对振动元件无负荷，灵敏度高，测量范围大且频率范围宽；但换能电路较为复杂。

dianwoliushi weiyiji

电涡流式位移计 （eddy current type displacement transducer）
利用电涡流效应将位移转换为线圈的电感或阻抗变化的变磁阻式传感器。

金属导体置于交变磁场中会产生电涡流，电涡流所产生的磁场方向与原磁场方向相反，这种物理现象称为电涡流效应。

电涡流传感器的主要部件是励磁线圈，该线圈产生一个交变磁场 H_1，如果被测导体位于该磁场范围之内，则被测导体将产生电涡流和新磁场 H_2。H_2 与 H_1 方向相反，将抵消部分原磁场，导致线圈的电感量、阻抗和品质因数发生改变。传感器与被测物体间相对位置的变化将引起磁场强度的变化，继而使传感器线圈的电感等物理量发生相应变化，故可据此测定位移。

电涡流式位移计属非接触式传感器，可测量物体与固定参照物间的相对位移。电涡流式位移计从结构上大致可分为变间隙型和变面积型两种。变间隙型电涡流位移计可测量物体表面法向与位移计线圈之间的距离变化，变面积

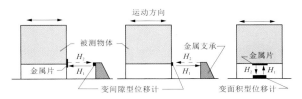

电涡流式位移计的设置

型电涡流位移计可测量物体表面切向与位移计线圈之间距离的变化。后者线性范围比前者大，线性度高。只有导体才能在交变磁场中产生电涡流，故应用中当被测物体为非导体时，应在其表面粘贴金属片，如图所示。

cimin jingtiguanshi weiyiji

磁敏晶体管式位移计 （magneto-transistor type displacement transducer）
利用磁敏晶体管将磁场中的位移变化转换为集电极电流变化的位移传感器。

磁敏晶体管置于均匀梯度的磁场中并沿磁场梯度方向

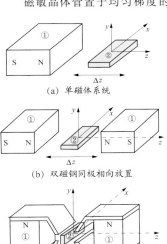

（a）单磁体系统

（b）双磁钢同极相向放置

（c）两组磁钢构成高梯度磁场
产生梯度磁场的磁系统

运动时，其输出电流的变化将与运动位移成正比。磁场梯度越大，磁敏晶体管的反应就越灵敏；梯度变化越均匀，测量的线性度就越高。此类位移计是非接触式位移传感器，具有惯性小、反应速度快、频响高、工作可靠和寿命长的特点。

左图表示三种产生梯度磁场的磁系统，其中①为磁钢，N 和 S 分别表示正、负磁极；②为磁敏晶体管。图（a）是采用单磁体的系统，这种系统只能用于单方向的位移测量。

图（b）是两块相同的磁钢同极相向放置构成的系统，磁钢间隙的中心处磁感强度为零；当磁敏晶体管沿 z 轴方向运动时，其输出电流将发生变化；两磁钢的距离越小，位移灵敏度越高，因此可以测量微米级的位移量。图（c）是采用两组磁钢构成的高梯度磁场系统，灵敏度很高，但测量范围仅有 0.5 mm；其磁路结构及调整比较复杂。

guangxian weiyiji

光纤位移计 （optical fiber displacement transducer）
利用光导纤维传输光信号，根据反射光的强度变化测量位移的传感器；一般可分为反射式强度调制位移计和集成光学微位移型位移计两种。

反射式强度调制光纤位移计 图 1 中的光缆由若干光导纤维组成，光缆的端部分成两支：发射光纤用于光发射，接收光纤用于光接收。

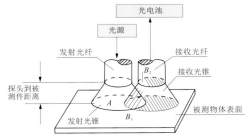

图 1 反射式强度调制光纤位移计

光源可采用白炽灯，接收光信号的敏感元件是光电池。当光纤探头端部紧贴被测物体时，发射光纤中的光不能反射到接收光纤中去，故不产生光电流信号；当被测物体逐渐远离光纤探头时，发射光纤照亮物体表面的面积 A 越来越大，相应的发射光锥和接收光锥的重合面积 B_1 也越来越大，接收光纤端面上被照亮的 B_2 区也随之增大，产生线性增长的输出信号。

集成光学微位移光纤位移计 由双迈克尔逊干涉仪组成（图 2）。传感器包括两个截面不对称的波导结 X、两个

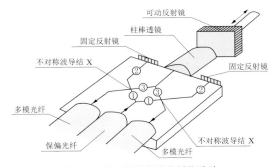

图 2 集成光学微位移光纤位移计

固定反射镜、一个柱棒透镜和一个可动反射镜。从保偏光纤入射的光被波导分成两束输入光①，每一束输入光又在波导结 X 分成参考光②和信号光③。参考光的光程是固定的，信号光的光程随柱棒透镜和可动反射镜之间的距离变化。信号光和参考光通过波导结 X 输入多模光纤形成干涉光，通过对光信号的检测不仅可以测量位移的大小，同时也能测量位移的方向。采用集成光学技术将若干器件整合在一个基片上，可以提高位移计的可靠性并降低成本，是一种很有发展前景的技术。

应变式位移计（strain gauge type displacement transducer）
利用应变计电阻变化测量位移的传感器。

应变式位移计由悬臂梁1、应变桥2、恢复弹簧3、传动杆4、输出电缆5、钢丝6及外壳等组成，其结构与等效电路见图。其中 R1、R3 为悬臂梁正面的应变计，R2、R4 为反面的应变计，共同组成应变桥；E 为电桥电源，u 为电

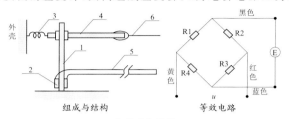

组成与结构　　　　等效电路
应变式位移计

桥的输出。当拉动钢丝使悬臂梁产生位移时，贴在悬臂梁根部的应变桥把悬臂梁产生的应变转换成与位移成正比的电压信号，然后传送至记录仪。一般应变式位移计的测量量程为 ± 5 mm，频率范围为 $0 \sim 30$ Hz（拉线长度 5 m），分辨率为 0.025 mm；可用于结构模型及其他工程中静态和动态的相对位移测量。

速度计（velocity sensor）　将测点振动速度转换为电量输出的传感器。常用的速度计有电动式惯性速度计、无源伺服式速度计、有源伺服式速度计以及闭环极点补偿式速度计等。

电动式惯性速度计（inductive inertia type velocity transducer）由质量-弹簧-阻尼振子（摆）系统带动线圈在磁场中运动，线圈的感应电动势正比于测点振动速度的传感器，亦称位移摆速度计。此类传感器用途很广，常用作地震检波器和工程测振速度计。

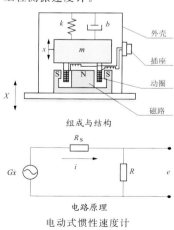

组成与结构

电路原理
电动式惯性速度计

电动式惯性速度计的结构和电路原理见图。m 为振子质量，k 为支承振子的导向弹簧刚度，b 为包括空气阻尼在内的阻尼力系数，X 为测点的运动位移，x 为振子相对于外壳的运动位移；G 为动圈的机电耦合系数，i 为线圈中的电流，R_S 为动圈内阻，R 为并联电阻，e 为输出电压。

传感器运动微分方程和电路方程分别为式（1）式（2）：

$$m\ddot{x} + b\dot{x} + kx + Gi = -m\ddot{X} \tag{1}$$

$$\left.\begin{array}{r} R_S i + e = G\dot{x} \\ \dfrac{1}{R}e = i \end{array}\right\} \tag{2}$$

当忽略空气阻尼时，解方程（1）（2）可得

$$x(s) = -\frac{X(s)}{1 + \dfrac{2D_1\omega_0}{s} + \dfrac{\omega_0^2}{s^2}} \tag{3}$$

$$e(s) = -AG\dot{x} \tag{4}$$

式中：阻尼比 $D_1 = G^2/[2m\omega_0(R_S + R)]$；$A = R/(R_S + R)$；$s = j\omega$，$j = \sqrt{-1}$，$\omega$ 为被测点的振动圆频率；ω_0 为摆的自振圆频率，$\omega_0 = \sqrt{k/m}$；$e(s)$ 为拾振器的输出电压。由式（3）（4）可见，当 $\omega \gg \omega_0$ 和 $D_1 < 1$ 时，拾振器的幅频特性呈现高通特性，摆的位移与地面运动的位移成正比，动圈的输出电压与地面运动的速度成正比。

无源伺服式速度计（passive-servo velocity transducer）
在电动式惯性速度计的输出端接入阻容耦合网路构成的速度传感器（图1）。

无源伺服式速度计的电路原理见图2。G 为机电耦合系数，e 为输出电压，i 为线圈中的电流，R_S 为动圈内阻，含电容 C 和电阻 R 的阻容耦合网路使系统的电子当量质量 G^2C 远大于原机械振子系统的质量 m，故系统的自振频率降低，从而扩展了量程。

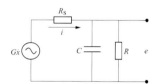

图1　无源伺服式超低频速度计　　图2　无源伺服式速度计电路原理
无源伺服式速度计的输入-输出关系为

$$X = -\frac{\omega_0^2}{\omega'^2} \frac{\left(\dfrac{s}{\omega_1} + 1\right)\left(\dfrac{\omega'^2}{s^2} + \dfrac{2D_1\omega'}{s} + 1\right)}{\left(\dfrac{s}{\omega_2} + 1\right)} x \tag{1}$$

式中：X 为被测振动位移；x 为振子相对于外壳的位移；ω_0 为质量弹簧系统的机械自振频率，$\omega_0 = \sqrt{k/m}$，k 为支承振子的导向弹簧刚度，m 为质量；$s = j\omega$，$j = \sqrt{-1}$，ω 为测点振动圆频率；ω' 为二阶系统低频固有频率；ω_1 为上限截止频率；$\omega_2 = (R + R_S)/(RR_SC)$；$D_1$ 为二阶系统阻尼常数。由式（1）可知，可测位移 X 随频率变化，在高频段逐渐接近于 $X \approx x$；在低频段，最大可测位移为

$$X = -\frac{\omega_0^2}{\omega'^2} x \tag{2}$$

当被测频率大于系统频率时，可测量低频大振幅的振动速度。该速度计在扩展低频特性和测量量程的同时也降低了灵敏度。

有源伺服式速度计（active-servo velocity transducer）　在电动式惯性速度计动圈上绕以分别接入伺服放大器的输入端和反馈端的两组线圈构成的速度传感器。

有源伺服式速度计的电路原理见图。i 为电流；e，e_1、e_2 为电压；$s = j\omega$，j 为虚数单位，ω 为振动圆频率。由

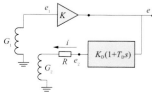

有源伺服式速度计电路原理

于在动圈上绕有两组机电耦合系数分别为 G_1 和 G_2 的线圈，使系统的电子质量达 $(KG_1G_2K_DT_D)/R$，系统的自振频率降低为 $\omega_0 = \sqrt{kR/(KG_1G_2K_DT_D)}$，从而拓展了传感器的低频使用范围和量程；$R$ 为负载电阻，k 为支承振子的导向弹簧的刚度，K 为伺服放大器的闭环放大倍数，K_D 和 T_D 分别为微分器的比例增益和微分增益。传感器的输出电压 e 正比于测点的速度。

bihuan jidian buchangshi suduji

闭环极点补偿式速度计 （closed-loop pole compensation velocity transducer）

利用闭环极点补偿电路处理高频地震检波器输出信号的速度传感器（图 1）。高频地震检波器的输出信号经过闭环极点补偿电路处理后合成一个自振频率和阻尼比均可调节的二阶系统，可测量低频振动速度且灵敏度不受损失。

图 1　闭环极点补偿式速度计

地震检波器的传递函数为

$$H_1(s) = -\frac{A_1 s^2}{s^2 + 2D_0\omega_0 s + \omega_0^2}$$

式中：D_0 和 ω_0 分别为地震检波器的阻尼比和自振圆频率；$s = j\omega$，$j = \sqrt{-1}$，ω 为测点振动圆频率；A_1 为地震检波器输出电压的比例系数。

闭环极点补偿电路由三参量发生器和加法器组成（图 2）。三参量发生器含调节器、积分器 1、积分器 2、倒相器、反馈电阻 R_v 和 R_d。

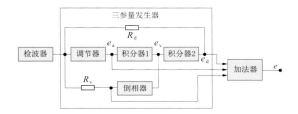

图 2　闭环极点补偿式速度计电路原理

地震检波器的输出信号经三参量发生器处理后输出信号 e_a、e_v、e_d，再经加法器合成新的传递函数

$$H_2(s) = \frac{A_2(s^2 + 2D_0\omega_0 s + \omega_0^2)}{s^2 + 2D_1\omega_1 s + \omega_1^2}$$

式中：A_2 为合成传递函数的增益。地震检波器和闭环极点补偿电路串接后的传递函数为

$$H_1'(s) = H_1(s)H_2(s) = -\frac{A_1 A_2 s^2}{s^2 + 2D_1\omega_1 s + \omega_1^2}$$

传递函数 $H_1'(s)$ 可等效为一个自振圆频率为 ω_1、阻尼比为 D_1 的系统，ω_1 和 D_1 均由电路参数确定，调整参数可设计为低频速度计。

jiasuduji

加速度计 （accelerometer）

利用弹簧-质量-阻尼振子（摆）的惯性作用测量物体运动加速度的传感器。

加速度是物体运动速度的变化率，不能直接测量；通常利用测量振子惯性力来确定其加速度。根据牛顿第二定律：力＝质量×加速度，在质量不变的情况下，测量惯性力则可获得加速度值。最简单的加速度计由外壳、质量块、连接质量块与外壳的弹簧以及力敏感元件构成。加速度计外壳与被测物体固定，当被测物体运动时，由质量-弹簧构成的振子将承受惯性作用产生振动响应，弹簧作用力的大小等于质量块的惯性力，可由力敏感元件测出。

土木工程领域常用的加速度计有速度摆加速度计、动圈伺服式加速度计、力平衡加速度计、压电式加速度计和应变式加速度计等。

sudubai jiasuduji

速度摆加速度计 （velocity pendulum accelerometer）

利用质量-弹簧-阻尼振子（摆）带动线圈在磁场中运动，线圈输出的感应电压与测点加速度成正比的传感器。

此类传感器作为惯性式动圈拾振器的一种，与电动式惯性速度计具有相同的结构、运动方程和电路方程，但摆系统的自振频率与被测振动频率接近，且系统阻尼比远大于 1；这类摆的位移与测点运动速度成正比，称为速度摆。摆带动线圈在磁场中运动，线圈输出电压则与测点加速度成正比，构成动圈式速度摆加速度计。此类拾振器被早期的电流计记录式强震仪所采用。

速度摆加速度计的输出电压为

$$e(s) = -S_{\ddot{x}}\frac{s^2 X(s)}{\dfrac{s}{2D_1\omega_0} + 1 + \dfrac{\omega_0}{2D_1 s}} \tag{1}$$

式中：$S_{\ddot{x}}$ 为传感器的灵敏度，

$$S_{\ddot{x}} = GR/[2D_1\omega_0(R_S + R)] = mR/G \tag{2}$$

G 为动圈的机电耦合系数，R 为并联电阻，R_S 为动圈内阻，m 为摆的质量，D_1 为传感器的阻尼比，$D_1 = G^2/[2m\omega_0(R_S + R)]$，$\omega_0$ 为摆的自振圆频率；$X(s)$ 为测点振动位移；$s = j\omega$，$j = \sqrt{-1}$，ω 为被测物体的振动圆频率。由式（1）可知，当 $D_1 \gg 1$ 且 $\omega_0 \approx \omega$ 时，动圈的输出电压与地面运动加速度成正比。

dongquan sifushi jiasuduji

动圈伺服式加速度计 （moving coil servo accelerometer）

在速度摆加速度计的动圈上附加换能绕组和相应有源伺服放大电路构成的加速度传感器。

动圈伺服式加速度计的结构与原理见图。m 为振子质量，k 为支承振子的弹簧刚度，b_0 为阻尼系数，$\ddot{X}$ 为测点的运动加速度，θ 为振子的角位移，L_k 为摆长，i 为电流，U_0

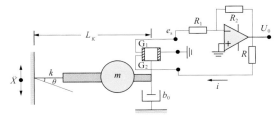

动圈伺服式加速度计

为放大器输出电压；R、R_1 和 R_2 为电阻；e_s 为电动势。传感器动圈上的 G_1 和 G_2 两组线圈分别接入伺服放大器的输入端和反馈端，通过调整伺服放大器的放大倍数，可改变

系统的电子阻尼比，使系统的低频下限达 0.01 Hz 甚至更低；系统灵敏度可用反馈回路的电阻 R 调节。此类加速度计具有很低的频率下限和很高的灵敏度。

lipingheng jiasuduji

力平衡加速度计（force balance type accelerometer） 由质量-弹簧-阻尼振子（摆）、电容位移传感器及伺服电路组成的力反馈型加速度传感器（图1）。

图 1 三分量力平衡加速度计

此种传感器的结构和原理见图2。由质量块、弹簧 k 和阻尼 b 组成的摆系统在测点加速度 $\ddot{x}_0$ 作用下将偏离平衡位置，高灵敏度的电容位移传感器 c 将摆的偏离 x 转换为电信号，经含微分器 PD 在内的伺服电路放大和幅相校正后，输出电流 i 驱动设于摆上的线圈产生一个作用在振子质量上的反馈力。该反馈力包含与振子运动速度成正比的阻尼力和与振子运动位移成正比的恢复力，前者可满足加速度计的阻尼要求，后者则增加了系统刚度，扩展了加速度计的高频使用范围。当系统增益很高时，反馈力与输入力几乎完全平衡，质量处于相对平衡位置。与反馈力成正比的动圈驱动电流正比于被测力，此电流在取样电阻 R 上的电压降即为正比于测点加速度的输出电压 U_{PD}。

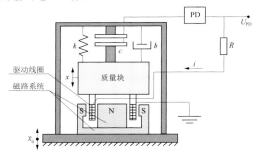

图 2 力平衡加速度计结构原理

此类加速度计所采用的力平衡反馈技术可弥补普通惯性式传感器机械部件引起的误差，减小弹性部件的非线性失真，具有静态精度和线性度高、滞后小、重复性好、灵敏度高、阈值低、低频响应好、动态测量范围宽等优点。

力平衡加速度计可用于长周期、小加速度测量，如桥梁、建筑、舰船等交通工具以及长周期强地震动的测量，这是其他传感器难以胜任的。力平衡加速度计的输出还可精确反映传感器灵敏轴与重力加速度方向的夹角，因此，可用于水准角和倾斜角的精确测量，如石油钻井井斜测量。

yingbianshi jiasuduji

应变式加速度计（strain gauge type accelerometer） 利用应变片作为敏感元件的加速度传感器。

此类传感器的运动转换机构与其他类型的加速度计相同，均为弹簧-质量-阻尼振子（摆）系统，当摆系统的自振频率远大于测点振动频率时，其位移与测点加速度成正比。但其输出不直接源自质量的位移，而是依据与位移成正比的支承弹簧的应变。

应变式加速度计的原理见图。电阻应变片粘贴在支承

应变式加速度计

弹簧的表面，应变变化可转换为电阻变化，通过测量电路可输出正比于加速度的电信号。弹簧通常为空心圆柱，以提高系统的固有振动频率和增加应变片的粘贴面积。

应变式加速度计的另一种结构形式为悬臂梁式，弹性悬臂梁的一端固定于外壳，一端装有质量块；应变片贴在悬臂梁固定端附近的两平行表面。悬臂梁振动时，应变片感受应变并输出电压信号，应变片可在测量电路中接成差动桥式电路。传感器的测量频率取决于系统固有振动频率和阻尼比，最高可达 3500 Hz。

yadianshi jiasuduji

压电式加速度计（piezoelectric accelerometer） 以天然或人造压电材料作为敏感元件的加速度传感器。

在简单的压电式加速度计中，将压电元件置于质量块和传感器外壳之间并以弹簧元件施加预压力。测量时，质量块的惯性力作用于压电元件上，使之变形。在传感器的固有频率远大于测量频率时，压电元件变形与测点加速度成正比，传感器输出与加速度成正比的电荷量。

压电式加速度计的结构类型大致分为如图所示的四类。

（1）基座压缩型。传感器由底座、压电片、质量块和预压弹簧组成（图a），其特点为工作可靠，灵敏度和响应频率高。

（2）环形剪切型。传感器的压电元件和质量块均为空心圆柱形，质量块粘套在压电元件上，压电元件粘套在底座的圆柱上（图b）。轴向极化的压电元件利用切变压电效应进行测量，在压电元件的内外圆柱面上测量电荷。环形剪切型压电加速度计的性能优于其他结构的压电加速度计，但过载能力稍差。

（3）悬臂梁弯曲型。压电元件被夹持在底座与导电柱

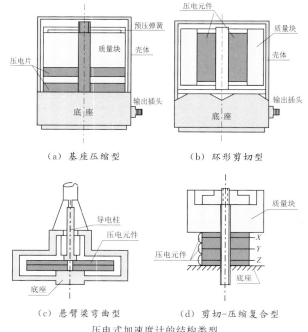

（a）基座压缩型　　　（b）环形剪切型

（c）悬臂梁弯曲型　　（d）剪切-压缩复合型

压电式加速度计的结构类型

之间，同时作为惯性质量（图 c）。传感器承受测点振动时，悬臂梁型压电元件在自身惯性力的作用下发生弯曲变形，同时输出正比于振动加速度的电信号，其特点是体积小、质量轻且灵敏度极高。

（4）剪切-压缩复合型。由一个质量块和三组压电元件构成（图 d），可同时测量三个方向的加速度。X 组和 Y 组压电元件感受横向的惯性剪切力，Z 组压电元件感受惯性轴力，并分别输出正比于各自方向加速度的电荷。

压电式加速度计的工作温度范围为 $-100 \sim 250\,^{\circ}\mathrm{C}$，灵敏度为 $0.001 \sim 30\,\mathrm{V}/g$（V 为电压单位伏特；$g$ 为重力加速度），测量加速度的高频限为 $f_0/4$（f_0 为传感器系统的自振频率），低频限由连接系统决定。压电加速度计灵敏度高，频带宽，体积小且质量轻，对振动体的负荷相对小，且易于用积分网络测量速度和位移。

压电式加速度计可用于航空、兵器、造船、纺织、农机、车辆、电气和土木工程等各种系统的振动和冲击测试、信号分析、结构动态试验、环境模拟试验、振动校准、模态参数识别和故障诊断等。

yazushi jiasuduji
压阻式加速度计（piezo-resistance type accelerometer）利用单晶硅材料的压阻效应制成的加速度传感器。

压阻式加速度计的结构原理如图，通常采用悬臂梁结构。硅梁的自由端装有敏感质量块，梁根部的四个性能一

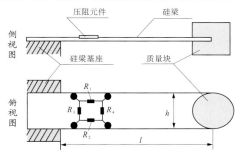

压阻式加速度计

致的电阻 R_1，R_2，R_3，R_4 构成惠斯顿电桥；l，h 分别为悬臂梁的长度和宽度。在测点振动加速度作用下，质量块的惯性力使悬臂梁产生弯曲应力；此时硅梁上的四个电阻阻值发生变化，造成惠斯顿电桥的不平衡，进而输出与外界加速度成正比的电压值。

利用硅的压阻效应和集成电路技术制成的加速度计灵敏度高，动态响应快，测量精度高，稳定性好，工作温度范围宽，使用方便且易于小型化和批量生产，是应用广泛且发展迅速的一种新型传感器。

zhenxianshi jiasuduji
振弦式加速度计（vibrating wire accelerometer）以弦丝支承质量块并通过弦丝振荡频率差测量加速度的传感器。

振弦式加速度计结构原理见图，两根弦丝将质量块支承在传感器壳体内，并在激振器激励下振动。当沿弦丝轴向无外界加速度输入时，两根弦丝的振动频率相同；当有轴向加速度输入时，质量块的惯性力将使一侧弦丝张力增加、频率升高，另一侧弦丝张力减小、频率降低。拾振器可检测振弦频率的交互变化，并经测量电路输出脉冲信号，

由脉冲信号可确定测点的输入加速度。

振弦式加速度计测量范围大，分辨率高；但弦丝张力受材料特性和环境温度影响较大，需要精密的温度控制装置和张力调整机构。此类传感器尚未在实际中广泛应用。

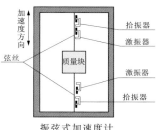

振弦式加速度计

guangxian jiasuduji
光纤加速度计（optical fiber accelerometer）利用光导纤维传输信号并检测振动的加速度传感器，主要有马赫-曾特尔光纤干涉仪式加速度计和迈克尔逊干涉仪式双光纤加速度计。

马赫-曾特尔光纤干涉仪式加速度计　由光源发射的激光经分束器后分为两束，其中透射光为参考光束，反射光为测量光束（图 1）。测量光束经透镜进入缠绕于拾振器悬臂

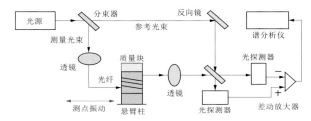

图 1　马赫-曾特尔光纤干涉仪式加速度计

柱上的光纤，柱上设有质量块。测点振动时，质量块的惯性力使悬臂柱变形，光纤拉伸导致光程变化；相位改变后的测量光束与参考光束会合，产生干涉效应；光探测器接受干涉信号并转换为电信号，经差动放大器处理后输出加速度。

迈克尔逊干涉仪式双光纤加速度计　光源发射的激光经 3 dB 耦合器分成两束，分别经光纤射入传感器质量块上的反射镜，并发生反射（图 2）。质量块由金属膜片支承在传

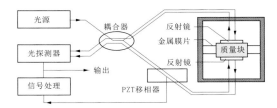

图 2　迈克尔逊干涉仪式双光纤加速度计

感器壳体内。当测点振动时，质量块的惯性力使与反射镜连接的光纤伸长或缩短，改变了两束激光的光程；两束反射激光再次通过耦合器进入光探测器，经信号处理后输出与测点加速度成正比的电压信号。干涉仪一个臂上设置的 PZT 移相器，可使光束间保持 $\pi/2$ 相位差以获得最佳灵敏度，且可对噪声进行有效的补偿。

cimin jingtiguanshi jiasuduji
磁敏晶体管式加速度计（magneto-transistor type accelerometer）利用磁敏晶体管作为敏感元件的加速度传感器。

其原理如图所示。质量块用弹簧片固定在传感器外壳

磁敏晶体管式加速度计

框架上，弹簧片端部设置磁敏晶体管；当测点以加速度 a 振动时，质量块的惯性力带动弹簧片发生变形，同时磁敏晶体管在磁场中运动导致集电极电流的变化，输出与测点加速度成正比的电压信号。

MEMS chuanganqi

MEMS 传感器（micro electro-mechanical system）　微电子机械系统传感器，亦称微系统传感器或微机械传感器。此类传感器集微型传感器、执行器以及信号处理和控制电路、接口电路、通信和电源于一体。

MEMS 技术旨在通过系统的微型化和集成化探索具有新原理、新功能的元件和系统，是多学科交叉的前沿研究领域，几乎涉及到自然科学及工程科学的所有领域，如电子技术、机械技术、物理学、化学、生物医学、材料科学、能源科学等，是当代高新技术发展的热点之一。将 MEMS 技术用于航空航天、信息通信、土木工程、生物化学、医疗、自动控制、家用电器以及兵器等应用领域，可制作出满足不同技术要求的微传感器、微执行器、微结构等 MEMS 器件与系统。MEMS 传感器具有微型化、智能化、多功能、高集成度和适于大批量生产等特点。

起源和发展　自晶体管发明以来，微电子技术有了突飞猛进的发展。20 世纪 80 年代，晶体硅微机械加工技术已成为制作微机械器件的有效手段；1982 年，"微机械"这一名词应运而生。1985 年，牺牲层技术被引入微机械加工，"表面"微机械加工概念由此产生；1987 年，美国加州大学伯克利分校利用微机械加工技术制作出世界上第一个微静电马达。此后，微电子机械系统的研究迅速发展并开发了若干应用产品，如 1993 年 ADI 公司将差动电容敏感元件和电路集成在一个单片上开发了 ADXL 系列加速度计。

中国自 20 世纪 80 年代开始研发 MEMS 传感器，国家自然科学基金委员会和国家科委确定 MEMS 为重要研究项目。1993 年，国防科工委建立了微加工基地和项目研究中心。国家科技部组织了集成微光机电系统重大基础研究项目，863 计划也将 MEMS 列为主题。MEMS 压力传感器、湿度传感器、加速度传感器以及气体传感器等系列产品已被开发应用。

分类　MEMS 传感器使用敏感元件的电容、压电、压阻、热电偶、谐振、隧道电流变化等检测物理量、化学量和生物量。已形成产品和正在研究中的 MEMS 传感器有压力、温度、湿度、加速度、角速度和微陀螺传感器，以及光学、位置、电量、磁场、质量、流量、气体成分、pH 值、离子浓度和生物浓度、触觉等测量装置。

MEMS 加速度计是集成在单片集成电路上的完整的加速度测量系统，由差动电容敏感元件或压敏电阻元件以及信号调理电路等组成。它采用了先进的多晶硅表面微加工技术、BiMOS 电路和激光微调薄膜电路等工艺以及闭环反馈力平衡技术，无须外加任何有源器件即可接到模数转换器的输入端。此类加速度计体积小，质量轻，频带宽，量程大，有广阔的应用前景。

zhineng chuanganqi

智能传感器（intelligent sensor）　带微处理器、兼有信息检测和信息处理功能的传感器。其最大特点是将传感器的信息检测功能与微处理器的信息处理功能结合在一起。此类传感器或将传感器与微处理器集成在一个芯片上，或以微处理器配适一般的传感器。

（1）功能：①自动调零、自校准、自标定功能；②逻辑判断和信息处理功能；③自诊断功能，通过自检软件对传感器和系统的工作状态进行定期或不定期的检测，诊断故障的原因和位置，做出必要的响应，发出预警信号；④使用灵活的组态功能；⑤数据存储和记忆功能；⑥双向通信功能，可通过各种总线向计算机传输信息。

（2）特点：①由于采用了自调零、自补偿、自校准等多项新技术，其测量精度和分辨率大幅提高；②测量范围很宽，并具有很强的过载能力；③能进行多参数、多功能的测量；④自适应能力强；⑤可靠性高；⑥性价比高；⑦超小型和微型化；⑧信噪比高。

（3）分类：按测试物理量的不同，有测量位移、加速度、角速度、湿度、温度、压力、液位、流量等不同物理量的传感器；按工作原理的不同，有利用电阻、电感、电容、电流、磁场、光电、光栅、热电偶、铂电阻等不同物理特性的传感器；按输出信号性质的不同，有输出连续变量的模拟传感器和输出代码或脉冲的数字式传感器。

智能传感器的研究和开发向单片集成化、网络化、系统化、高精度、多功能、高可靠性和高安全性方向发展。

shuzishi chuanganqi

数字式传感器（digital transducer）　把被测信号转换成数字量输出的传感器。一般指那些适于直接将输入量转换成数字量输出的传感器，如光栅式传感器、磁栅式传感器、码盘、谐振式传感器、转速传感器、感应同步器等。

广义而言，所有模拟式传感器的输出都可经模数转换器（A/D）变换为数字量输出，这类传感器可称为数字系统或广义数字式传感器。数字式传感器的优点是精度高，分辨率高，输出信号抗干扰能力强且可直接输入计算机处理。它是测量技术、微电子技术和计算技术的综合产物，是传感器技术的发展方向之一。

fangdaqi

放大器（amplifier）　增强信号幅度或功率的装置，信号放大所需功耗由能源提供。线性放大器的输出是输入信号的复现和增强，非线性放大器的输出则与输入成一定函数关系。

放大器按信号描述的物理现象不同可分为机械放大器、机电放大器、电子放大器、液动放大器和气动放大器等，其中应用最广的是电子放大器。依输入方式的不同可分为反相输入放大器、同相输入放大器、差动输入放大器、直流输入放大器和交流输入放大器；从功能上可分为电压放大器、电流放大器、电荷放大器和应变放大器；按所用有源器件的不同又可分为真空管放大器、晶体管放大器、固体放大器和磁放大器，其中以晶体管放大器应用最广。放大器也被用于阻抗匹配、隔离、电流-电压转换以及实现输出-输入间的一定函数关系（如运算放大器、积分器等）。

为满足各类传感器的动态范围、通频带等多种要求，通常要求放大器具有如下特性：低噪声、高输入阻抗、低输出阻抗、宽频带、较强的过载能力、足够高的放大倍数、较强的抗干扰和抗频率混叠能力。放大器可有多个通道，可采用交、直流电源。

dianya fangdaqi

电压放大器（voltage amplifier） 电压输出型传感器的输出信号放大装置。

由拾振器的电压放大器工作原理框图可见，它主要由阻抗变换、放大、积分、滤波等部分组成。阻抗变换可满

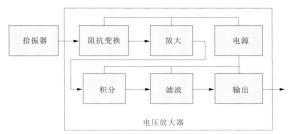

电压放大器工作原理框图

足拾振器的输出阻抗要求；放大部分可满足不同振动信号的放大倍数要求，放大倍数可采用手动调节或自动增益调节，放大倍数可达 10000 倍甚至更高；积分器可将加速度（或速度）信号进行一次积分获得速度（或位移）信号；滤波器为多频段高陡度低通滤波器，可消除高频噪声。电压放大器采用低噪声、高精度运算放大器，具有较大动态范围，可使用直流或交流电源。

dianhe fangdaqi

电荷放大器（charge amplifier） 压电式加速度计输出电荷的放大装置，实质上是一种阻抗放大器，可把高阻抗电荷信号变换成低阻抗的电压信号。

电荷放大器是具有反馈网络的高增益直流放大器，它与压电式加速度计一起组成的等效电路如图 1 所示。压电晶体产生的电荷 Q 同时对反馈电容 C_f、加速度计的电容 C_a、电缆电容 C_c 和放大器输入电容 C_i 充电，若忽略放大器的输入电阻和并联于反馈电容的漏电阻 R_f，放大器输出电压为

$$e_0 = \frac{-AQ}{C_a + C_c + C_i + (1+A)C_f}$$

当放大器的开环增益 A 远大于 1 时，其输出电压可表示为 $e_0 = -Q/C_f$。

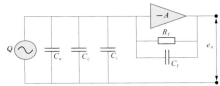

图 1 电荷放大器的等效电路

电荷放大器的系统框图见图 2。电荷变换器是仪器的核心，为测量不同的输入电荷量 Q，反馈电容 C_f 一般是多量程的。为使不同灵敏度的压电式加速度计的输出电压归一化，设置了适调放大器，它由多档开关连接比例电阻构成，也可采用多圈电位器。高、低通滤波器的作用是滤除低频

图 2 电荷放大器工作原理框图

或高频干扰。输出级放大器可使放大器输出适宜的电流、电压信号，以便驱动配接的记录器。过载指示旨在防止放大器进入非线性工作范围。

yingbian fangdaqi

应变放大器（strain amplifier） 对应变式拾振器或应变计的输出信号进行转换、滤波和放大的装置，亦即电阻应变仪。

应变放大器有静态电阻应变仪、静动态电阻应变仪、动态电阻应变仪、超动态电阻应变仪和遥测应变仪等（见电阻应变测量装置）多种，主要由电桥、放大器、相敏检波器、滤波器、振荡器、电源等部分组成。交流电桥电阻应变仪系统工作原理如图所示。

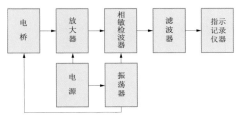

交流电桥电阻应变仪工作原理框图

试件变形时应变计产生电阻变化，对来自振荡器的载波进行调幅；电桥将其转换为电流和电压的变化，输出幅值与应变成比例、频率与载波频率相同的调制波；调制波输入放大器后再经相敏检波器解调。相敏检波后的波形中包含载波的高次谐波，须由低通滤波器滤掉高频成分。

jiluqi

记录器（recorder） 记录并显示测量信号的仪器。按记录方式可分为模拟记录器和数字记录器两类。

模拟记录器有自动平衡记录仪、笔录仪、电流计记录器、模拟磁带记录仪、记忆示波器等多种。数字记录器有数字磁带记录器、固态存储记录器、数据采集卡式记录器等。随着高速、高精度、低功耗、集成化的模数转换器和数字存储技术的发展，记录器不断更新。振动测量常用的记录器有光线示波器、磁带记录器、数据采集器等。

光线示波器 利用磁电式振子的偏转运动和光学杠杆的放大原理，将输入信号的变化转换为光点的移动并记录在感光纸或胶卷上的仪器。光线示波器轻便，可进行多通道同时记录，记录结果可长期保存，其工作频率范围从直流至 5000 Hz 左右。

光线示波器主要由五部分组成。①振子：光线示波器的心脏，实质上是一个小型的磁电式电流计；振子外壳内胀紧着一根贴有镜片的 U 形的金属丝，构成单自由度扭转振动系统；因振子置于磁场中，故信号电流由放大器流入金属丝后将产生力偶，使镜片作强迫扭转振动。②光学杠杆放大系统：光源发出的强光经透镜、反射镜等光学系统，

形成光束照射到振子的镜片上,镜片的偏转引起反射光束的偏转,再经过反射镜、柱形透镜会聚到记录纸上。③时间基准系统:时间基准线脉冲触发频闪灯闪光,经反射镜、透镜在记录纸上记下时间标记。④分格线系统:光源的另一束光线经透镜、反射镜及梳状光栅,在记录纸上记下分格线,便于直读记录波形的幅值。⑤记录纸传动系统:带动记录纸以选择的速度移动,使记录沿时间轴展开。(见电流计记录式强震仪)

磁带记录器 把随时间变化的电信号转化为磁带剩磁变化的仪器,结构与工作原理见图1。

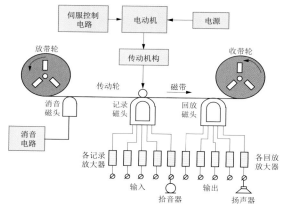

图 1　磁带记录器结构与工作原理

磁带记录器由四部分组成。①记录放大器和回放放大器:前者将待记录的输入电信号放大,处理成为适于记录的信号;后者在磁带回放时将回放磁头接受的信号作放大处理,还原为原记录信号并输出。②磁头:含记录磁头、回放磁头和消音磁头;记录磁头将记录放大器传来的信号记录在磁带上,回放磁头则将磁带上的磁场变化转换成相应的电信号送给回放放大器,消音磁头可消除磁带上以前记录的信号。③磁带:记录和存储信号的介质。④磁带传动装置:利用伺服控制电路和电动机使磁带在一定张力下均匀运动,可实现变速、快进、快退和停止。

数据采集器 将传感器输出的模拟电压信号经处理转换成计算机能识别的数据,并输入计算机进行存储、处理、显示或打印的设备,又称数据采集系统。

数据采集器种类繁多,涉及振动测量者主要有固态存储记录器(见数字强震仪)和微型计算机数据采集器(图2)两种。前者在低频段有很高的测量精度,缺点是通道数较少,成本高,且不能测量中高频振动信号;后者通道数多,成本较低,使用频带宽,数据可直接存储于微机硬盘。

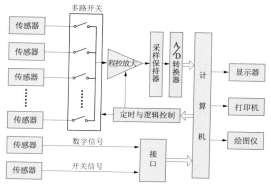

图 2　微型计算机数据采集系统

图 2 中的模拟多路开关用来轮流切换各模拟传感器与 A/D 转换器之间的通道,在一个特定的时间内只允许一路模拟信号输入到 A/D 转换器,从而实现分时转换。程控放大可增强信号,以便充分利用 A/D 转换器满量程的分辨率。A/D 转换器把模拟量转化为数字量,采样保持器则保证 A/D 转换器输入端的模拟信号电压不变,实现较高的转换精度。数字传感器的信号可直接通过接口输入计算机存储。

pinpu fenxiyi

频谱分析仪(spectrum analyzer)　采集存储时间序列信号并对信号进行处理和时频域分析的设备,亦称频域示波器、跟踪示波器、分析示波器、谐波分析器、频率特性分析仪或傅里叶分析仪等,是一种多用途的电子测量仪器。此类仪器除可进行信号的时频域分析之外,尚有滤波、显示、模态分析和信号发生等功能,可检测信号的失真度、调制度、谱纯度、频率稳定度和交调失真。

频谱分析仪分为扫频式和实时分析式两类。

扫频式频谱分析仪　具有显示装置的扫频超外差接收机,主要用于连续信号和周期信号的频谱分析。它工作于声频直至亚毫米的波频段,只显示信号的幅度而不显示信号的相位。其工作原理为:本地振荡器采用扫频振荡器,它的输出信号与被测信号中的各个频率分量在混频器内依次进行差频变换,所产生的中频信号通过窄带滤波器后再经放大和检波,加到视频放大器作为示波管的垂直偏转信号,使屏幕上的垂直显示正比于各频率分量的幅值。本地振荡器的扫频由锯齿波扫描发生器所产生的锯齿电压控制,锯齿波电压同时还用作示波管的水平扫描,从而使屏幕上的水平显示正比于频率。

实时式频谱分析仪　可在被测信号存在的有限时间内提取信号的全部频谱信息进行分析并显示其结果,主要用于分析持续时间很短的非重复性平稳随机过程和瞬时过程,也能分析 40 MHz 以下的连续信号。

如图所示,分析仪利用衰减器和滤波器对模拟信号进行处理,再经模数变换形成数字信号后进行傅里叶分析。

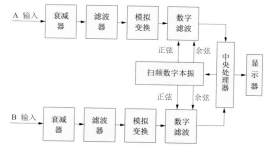

双通道实时频谱分析仪工作原理框图

由中央处理器控制的扫频数字本振是正交型扫频振荡器,它产生按正弦和余弦变化的数字本振信号,当其频率与被测信号的频率相同时就有输出,经积分处理后得出的分析结果由示波管显示为频谱图形。由正弦和余弦本振信号得到的分析结果是复数,可以换算成幅值和相位。分析结果可传送到打印绘图仪或通过标准接口与计算机相连。

技术指标　频谱分析仪的主要技术指标如下。

(1)频率范围。频谱分析仪正常工作的频率区间。

(2)分辨率。又称分辨力,是频谱分析仪在显示上区分相邻两条谱线间频率间隔的能力，能分辨的频率间隔越小则分辨力越高。分辨力是频谱分析仪最重要的技术指标，它取决于滤波器类型、波形因子、带宽、本振稳定度、剩余调频和边带噪声等因素，扫频式频谱分析仪的分辨力还与扫描速度有关。

（3）分析谱宽。又称频率跨度，是频谱分析仪在一次测量分析中能显示的频率范围。分析频宽等于或小于仪器的频率范围，通常是可调的。

（4）分析时间。完成一次频谱分析所需的时间，它与分析谱宽和分辨力有密切关系。对于实时式频谱分析仪，分析时间不能小于其最窄分辨带宽的倒数。

（5）扫频速度。分析谱宽与分析时间之比，即扫频本振频率的变化速率。

（6）灵敏度。频谱分析仪显示微弱信号的能力，灵敏度越高越好。动态范围是显示器上可同时观测的最强信号与最弱信号之比。

（7）显示方式。频谱分析仪显示的幅度与输入信号幅度之间的关系。通常有线性显示、平方律显示和对数显示三种方式。

（8）假响应。显示器上出现的不应有的谱线。假响应对超外差系统是不可避免的，应设法将其抑制为最小。

yiqi biaoding

仪器标定（calibration of vibration sensor）　用试验方法确认拾振器输入输出关系的基本性能。

衡量拾振器基本性能的主要指标有：灵敏度、通频带、动态范围和非线性参数等。根据待标定性能参数的不同，有静态标定和动态标定之分；动态标定又有绝对标定和相对标定两种。拾振器的标定应在与其使用条件相同的环境状态下进行。为获得较高的标定精度，应将拾振器配用的放大器、滤波器、电缆等测试系统一并校准。

jingtai biaoding

静态标定（static calibration）　基于高精度量具产生的静位移确认零频式拾振器静力特性。

零频式拾振器包括电涡流式位移计、应变式加速度计、压阻式加速度计、力平衡加速度计等。这类拾振器的低频下限可达零赫兹，故可用静态校准法标定其静灵敏度、线性度及横向灵敏度等。

相对式零频位移计的静态标定　采用涡流式、电感式、电容式等变换原理的相对位移拾振器静态校准原理见图1。

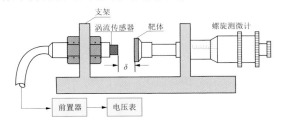

图1　相对式零频位移计的静态标定

用螺旋测微计改变传感器与靶体（用与被测对象相同的材料制成）之间的间隙值 δ，对应每一 δ 值读出传感器的输出电压，据此求得位移计的灵敏度和线性工作范围。间隙的测量也可使用千分表、块规和读数显示镜等计量工具。

惯性式零频加速度计的静态标定　可采用地球重力法在高精度可倾转台上进行(图2)。将垂直向加速度计固定于可倾转台基准面上，其灵敏轴应平行于重力方向。可倾转台逆时针转动 φ 角和顺时针转动 φ 角时，加速度计的输出电压分别为 V_c 和 V_w（用直流数字电压表测量），垂直向加速度传感器所承受的加速度变化为

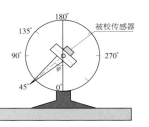

图2　惯性式零频加速度计的静态标定

$$a_v = g(1 - \cos\varphi)$$

式中：g 为重力加速度。垂直向加速度传感器灵敏度为

$$S_v = \frac{|V_c| + |V_w|}{2g(1 - \cos\varphi)}$$

水平向加速度计的标定原理与垂直向加速度计的标定原理相同，但其灵敏轴应垂直于重力方向。可倾转台逆时针转动 φ 角和顺时针转动 φ 角时，加速度计的输出电压分别为 V_c 和 V_w，水平向加速度传感器所承受的加速度变化和灵敏度分别为

$$a_h = g\sin\varphi$$

$$S_h = \frac{|V_c| + |V_w|}{2g\sin\varphi}$$

改变可倾转台的倾角，可测定加速度计的线性工作范围。

dongtai biaoding

动态标定（dynamic calibration）　利用振动台强迫振动试验确认拾振器的动态特性。

拾振器的动态特性含动态灵敏和频率响应特性等。动态标定有绝对校准和相对校准两类，前者直接就待标定拾振器进行，后者将待标定拾振器与另一个标准拾振器（又称参考拾振器）进行比较。

绝对校准　利用振动标准装置进行。拾振器置于振动台台面，在不同频率的正弦波输入下达稳态强迫振动状态，精确地测量拾振器输出、输入的幅值及频率并进行比较，即可求得拾振器的灵敏度和幅频特性等参数。频率的测量一般用计数式频率计，其精度可达 10^{-7}。由于频率测量的精度远高于振幅测量的精度，故振幅的测量是绝对校准法的中心技术环节。振幅的测量方法很多，测量的范围和精度各异，激光干涉振动校准法（干涉条纹计数法）等光学测量方法占有优势。

相对校准　将已知动态特性的标准拾振器与待标定拾振器置于同一振动台上，根据两者输出的比较，确定后者的动态特性。相对校准使用的设备和技术相对简单，无须使用振动标准装置，具有方便易行的特点；但标定精度低于绝对校准，适用的振幅和频率范围受参考拾振器相应技术指标的限制。（见比较振动校准）

zhendong biaozhun zhuangzhi

振动标准装置（vibration standard apparatus）　校准拾振器动态参数的装置，含超低频振动标准装置、低频振动标准装置、中频振动标准装置和高频振动标准装置。

低频和超低频振动标准装置一般由五部分组成。①低频激振部分。由超低频信号发生器、精密功率放大器、垂

直和水平标准振动台组成。标准振动台采用空气轴承、磁悬浮、静压导轨等精密机械中的先进技术；超低频振动台引入了位移反馈、相对速度反馈和绝对速度反馈等控制技术，以扩宽振动台的低频特性并提高其稳定度。②振幅测量部分。由激光电源、稳频器、激光干涉仪、干涉条纹计数器和示波器组成。③拾振器电输出测量部分。④时间测量部分。用通用计数器测量振动周期或频率。⑤数据处理部分。低频振动标准装置和数据处理的频率范围为分别 0.1～100 Hz 和 0.01～100 Hz。

超低频振动标准装置

中频振动标准装置由标准信号发生器、功率放大器、振动台和测量设备组成。振动台系电磁振动台，由永磁材料和电工纯铁构成恒定磁场，其动圈用氮化硅陶瓷材料制成。振幅用激光干涉仪测量，频率和周期用通用计数器测量。中频标准装置的频率范围为 20～2000 Hz，可用于小体积加速度计的标定。

jiguang ganshe zhendong jiaozhun

激光干涉振动校准（vibration calibration by laser interferometry）
利用迈克尔逊干涉仪精确测量振动位移、确认拾振器动态特性的绝对校准方法，又称干涉条纹计数法。

该法使用的设备及校准原理见图。标准振动台由信号发生器和功率放大器驱动作简谐振动，激光干涉仪安装在

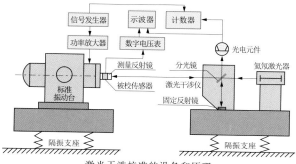
激光干涉校准的设备和原理

隔振支座上以隔离周围环境传来的振动。氦氖激光器发射单色光束投射到半透射半反射的分光镜上使光束分为两束：一束射向固定反射镜，再反射回分光镜；另一束射向粘贴在被校传感器外壳上的测量反射镜，再反射回分光镜。两束光线在分光镜处重新汇合，因存在光程差而发生干涉，得到的干涉图像是明暗相间的平行条纹。将干涉图像的一部分投射到光电元件上，变换成与光强成正比的电信号。根据光学原理，两光束的光程差每增减一个波长，干涉条纹就相应移动一条，光电元件接收的光的明暗就变化一次，

光电元件输出一个电脉冲。以振动信号控制计数器对脉冲进行计数，可得振动台（拾振器外壳）的振幅。拾振器的输出信号可由数字电压表测量，并基于振动台振幅进行校准。反映振动台运动的光电信号与拾振器的输出信号可同时在示波器中显示。

迈克尔逊干涉仪测量振幅的范围是数十至数百微米，精度可达 1% 左右。改变信号发生器发出的谐波频率，重复上述试验，可得拾振器的动态幅频特性。

bijiao zhendong jiaozhun

比较振动校准（relative vibration calibration）
将待校准拾振器（或测振系统）与参考拾振器（标准拾振器）进行比较，确认其动态性能。参考拾振器是经绝对校准或高一级精度的比较校准的拾振器。

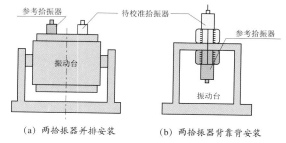
（a）两拾振器并排安装　　（b）两拾振器背靠背安装
两种比较校准方式

如图所示，待校准拾振器与参考拾振器均置于振动台上承受相同的简谐振动，测量两者的输出电压分别为 U 和 U_0；若已知参考拾振器的灵敏度为 S_0，则被校准拾振器的灵敏度为

$$S = S_0 \frac{U}{U_0}$$

改变振动台的振动频率重复上述试验，即可根据参考拾振器的幅频特性求得待校准拾振器的幅频特性。测量两拾振器输出的相位差，再根据参考拾振器的相频特性，则可求得待校准拾振器的相频特性。改变频率的试验也可采用频率扫描的方法进行。

比较校准法的关键之一是两个拾振器必须承受相同的振动。对于图（a）两拾振器并排安装的形式，必须十分注意振动台振动的单向性和台面各点振动的均匀性，安装时应使两拾振器的共同重心落在台面的中心线上。若将两拾振器的位置互换而输出电压之比不变，则表明它们承受的振动确实相同。另一种如图（b）所示的两拾振器"背靠背"的安装方式，能较好地保证两拾振器承受相同的振动激励，应优先采用。

shizhendu celiang

失真度测量（distortion measurement）
对拾振器等振动系统谐波失真程度的确认。在纯正弦信号作用下振动系统输出信号中出现新的谐波成分称为谐波失真，亦称非线性失真。谐波失真程度用失真度 K（失真系数）表示，强震动仪、拾振器及其他电声仪器设备的失真度应尽量小。

失真度　定义为输出信号中全部谐波能量与基波（输入的正弦波）能量之比的平方根值。对纯电阻负载，即为全部谐波电压（或电流）有效值与基波电压（或电流）有效值之比，即

$$K = \frac{\sqrt{U_2^2 + U_3^2 + \cdots + U_n^2}}{U_1} \times 100\%$$

式中：U_1 为基波电压有效值；U_2，U_3，$\cdots$，U_n 为各次谐波电压有效值。失真度也可用其近似值 K_0（亦称总失真度）来表示：

$$K_0 = \sqrt{\frac{U_2^2 + U_3^2 + \cdots + U_n^2}{U_1^2 + U_2^2 + \cdots + U_n^2}} \times 100\%$$

K 与 K_0 可由下式换算：

$$K = \frac{K_0}{\sqrt{1 - K_0^2}}$$

　　失真度测量　可采用基波剔除法或频谱分析法测定失真度。前者首先测量输出信号中全部频率成分的总电压有效值，再测量剔除基波后的输出信号的电压有效值，进而计算失真度的近似值 K_0；该方法可用模拟式失真度测量仪实现，基波剔除可采用有频率选择性的无源网络（如谐振电桥）完成。后者采用频谱分析仪测定输出信号中基波和各次谐波的分量强度，而后计算失真度 K，这是更精确的测定方法。

shuju chuli

数据处理（data processing）　利用计算机采集、记录数据，经加工产生新的信息形式的技术。

　　数据指数字、符号、字母和各种文字的集合。数据处理涉及的加工方法比一般算术运算广泛得多。数据和信息是人类社会宝贵的资源，广泛应用于国民经济各领域。现代社会已产生了独立的信息处理业，对信息资源进行整理和开发。数据处理系统在工程抗震领域的应用涉及强震动观测、结构抗震试验、工程场地地震安全性评价、地震损失评估和震害预测等。数据处理也涉及文卷系统、数据库管理系统、分布式数据处理系统等技术。

　　计算机数据处理主要涉及八个方面：①数据采集，收集所需的信息；②数据转换，把信息转换成机器能够接收的形式；③数据分组，指定编码，按有关信息进行有效的分组；④数据组织，整理数据或用某些方法安排数据，以便进行处理；⑤数据计算，进行各种算术和逻辑运算，以便得到进一步的信息；⑥数据存储，将原始数据或计算的结果保存起来，供以后使用；⑦数据检索，按用户的要求找出有用的信息；⑧数据排序，把数据按一定要求排列。

　　数据处理的过程大致分为数据的准备、处理和输出三个阶段。在数据准备阶段，将数据脱机输入到穿孔卡片、穿孔纸带、磁带或磁盘，这也可以称为数据的录入阶段。数据录入以后，就要由计算机对数据进行处理，为此预先要由用户编制程序并把程序输入计算机，使之按程序的指示和要求对数据进行处理。所谓处理，就是指上述八个方面工作中的一个或若干个的组合。最后输出的是各种文字和数字的表格和图形等。

shuzi xinhao chuli

数字信号处理（digital signal processing）　研究用数字方法对信号进行分析、变换、滤波、检测、调制、解调以及相关快速算法的技术。

　　一般认为，数字信号处理主要是研究有关数字滤波技术、离散变换快速算法和谱分析方法。随着数字电路、系统技术以及计算机技术的进步，数字信号处理技术迅速发展，应用领域极其广泛。考虑信号来源的不同，有地球物理信号、振动信号、通信信号、雷达信号、遥感信号、控制信号、生物医学信号等的处理。基于处理信号的不同特点，又可分为语音信号处理、图像信号处理、一维信号处理和多维信号处理等。

　　数字滤波器　有多种数字滤波器的实用类型，大体可分为有限冲激响应型和无限冲激响应型两类，可用硬件和软件两种方式实现。在硬件实现方式中，它由加法器、乘法器等单元组成，与电阻器、电感器和电容器所构成的仿真滤波器完全不同。数字信号处理系统很容易用数字集成电路制成，具有体积小、稳定性高、可程控等优点。软件实现方法是借助于通用数字计算机按滤波器的设计算法编出程序进行数字滤波计算。（见滤波器）

　　快速傅里叶变换　1965 年，库利（J. W. Cooley）和图基（J. W. Tukey）首先提出离散傅里叶变换的快速算法，简称快速傅里叶变换（FFT）。有了快速算法以后，离散傅里叶变换的运算次数大为减少，使数字信号处理的实现成为可能。快速傅里叶变换还可用来进行一系列有关的快速运算，如相关分析、褶积、功率谱等运算。快速傅里叶变换可做成专用设备，也可以通过软件实现。与快速傅里叶变换相似，其他形式的变换，如沃尔什变换、数论变换、小波变换等也有快速算法。

　　频谱分析　在频域中描述信号特性的一种分析方法，不仅可用于确定性信号，也可用于随机性信号。所谓确定性信号可用既定的时间函数来表示，它在任何时刻的值是确定的；随机信号则不具有这样的特性，它在某一时刻的值是随机的。因此，随机信号处理只能根据随机过程理论，利用统计方法进行分析和处理，如经常利用均值、均方值、方差、相关函数、功率谱密度函数等统计量来描述随机过程的特征或随机信号的特性。

　　实际中经常遇到的随机过程多是平稳随机过程而且是各态历经的，故其样本函数的集系平均可以根据某一个样本函数的时间平均确定。平稳随机信号本身虽仍是不确定的，但它的相关函数却是确定的。在均值为零时，其相关函数的傅里叶变换或 Z 变换可以表示为随机信号的功率谱密度函数。

　　观测到的数据总是有限的，往往须利用某些估计的方法，根据有限的实测数据估计完整信号的功率谱。针对减小谱分析的偏差、减小对噪声的灵敏程度、提高谱分辨率等目标，已提出许多不同的谱估计方法。在线性估计方法中，有周期图法、相关法和协方差法；在非线性估计方法中，有最大似然估计、最大熵法、自回归滑动平均模型法等。谱分析和谱估计方法仍在研究和发展中。

　　数字信号处理系统　信息的应用基于原始信号的获取，如果原始信号是连续信号，还须经过信号采样过程使之成为离散信号，再经过模数转换得到能为数字计算器或处理器所接受的二进制数字信号。如果所收集到的数据已是离散数据，则只须经过模数转换即可得到二进制数码。数字信号处理器的功能是将从原始信号采样转换得来的数字信号，按照一定的要求（如滤波）进行适当的处理，得到所需的数字输出信号。可经过数模转换将数字输出信号转换为离散信号，再经过保持电路将离散信号连接起来成为仿真输出信号。这类系统适用于各种数字信号的处理，仅专用处理器或应用软件有所不同。

振动信号处理　机械振动信号的分析与处理技术已应用于汽车、飞机、船舶、机械设备、房屋建筑、水坝等结构的研究和制造中。振动信号处理的基本原理是在试体上施加激振力作为输入信号，在测量点上监测输出信号；输出信号与输入信号之比称为试体系统的传递函数。根据传递函数可进行模态参数识别，继而计算刚度建立系统数学模型，用于结构的动态分析和设计。上述工作均可利用数字处理器进行。模态分析实质上是信号处理在振动工程中的特殊方法。

地球物理信号处理　在选定地点实施人工激震，如用爆炸方法产生向地下传播的振动波。入射波遇到地层分界面产生反射或折射，设置若干检波器接收到达地面的反射波或折射波，从反射波或折射波的延迟时间和强度可判断地层的深度和结构。检波器接收到的人工地震记录相当复杂，须经处理才能进行地质解释。处理的方法含反褶积法、同态滤波法等。地震勘探及其结果解释是正在发展之中的技术。

xinhao caiyang
信号采样（signal sampling）　将模拟信号形成一系列离散值的过程，可在时域或频域进行。

由传感器等直接提供的原始信号一般为模拟的连续电信号，在数字计算机技术高速发展和广泛应用的背景下，对模拟信号采样并进行数字化处理，是信息传输、存储、分析和处理的基本步骤。在地震工程领域，强震动观测和结构抗震试验中的数据处理都涉及信号采样。保留原始信号的完整信息，可由离散信号重构原始信号是采样的根本要求。信号采样流程见图1。

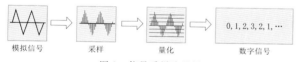

图 1　信号采样流程图

采样　令图1所示连续的模拟信号通过以时间间隔 Δt（或频率间隔 Δf）周期性开闭的采样开关，则可在开关的输出端得到时域（或频域）的离散脉冲信号序列。采样间隔的长短将决定采样后离散信号的质量和数量。时域采样间隔短，有利于保留原始模拟信号的信息，但所得离散信号的数据量将增加，会降低信号的频率分辨率；采样间隔过长，将歪曲或丢失原始模拟信号所包含的信息，以至不能由离散信号重构原始信号，造成信号分析处理的误差。在对连续的频域信号进行采样时，若使用的采样间隔 Δf 不能使采样点与原始信号的峰点重合，则采样后的频谱与原始信号频谱 $X(f)$ 将产生不可恢复的误差 Δ，这一现象称为栅栏效应（图2）。

信号采样应遵从采样定理进行。

量化　采样后的信号在时间（或频率）上被离散化，但信号幅度仍是连续取值的。为获得数字化信号，应将信号幅值转换为数字信号，即将信号的幅值离散化，这一过程称为量化。量化是对信号幅度的分级（或分层）处理。给定量化的间隔之后可采用四舍五入法、舍去法或补足法

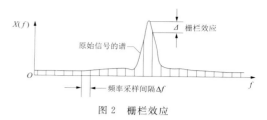

图 2　栅栏效应

确定信号幅度的离散值。这一过程显然要引入不可恢复的误差，该误差可用量化噪声表示。

caiyang dingli
采样定理（sampling theorem）　模拟信号离散化采样应遵循的基本规律，又称取样定理或抽样定理。

采样定理于1928年由奈奎斯特（H. Nyquist）提出，1933年由科捷尔尼科夫（V. A. Kotelnikov）给出严格的公式表述，并于1948年由香农（C. E. Shannon）做出明确解释，故称为奈奎斯特-科捷尔尼科夫采样定理或香农-科捷尔尼科夫采样定理。采样定理是信息论的重要基本结论，在数字通信、信息处理、振动信号分析中应用广泛。

定理表述　若原始时域模拟信号 $x(t)$ 的带宽有限且最高频率为 f_{max}，那么使用等时间间隔 $\Delta t \leqslant 1/(2f_{max})$ 的脉冲序列对原始模拟信号进行采样，所得离散信号 $y(n\Delta t)$ 可唯一地重构原始信号，n 是采样点的序号。换言之，只有当采样频率 $f_s \geqslant 2f_{max}$ 时（$f_s = 1/\Delta t$），才能使离散信号无失真地恢复为原始信号。

在傅里叶分析中，若给定时间序列的采样间隔 Δt，则从采样后的离散信号中所能分辨出的最高频率 $f_c = 1/(2\Delta t)$。当 Δt 满足采样定理要求时，f_c 称为奈奎斯特频率 f_N，亦称折叠频率（folding frequency），此时的采样频率（$1/\Delta t$）称为奈奎斯特采样率 f_R；奈奎斯特频率 f_N 为奈奎斯特采样率 f_R 的1/2。值得注意的是，使用任意频率 $f_s = 1/\Delta t$ 对未知频率含量的信号进行采样，并不意味着可滤除原始信号中高于 $f_c = 1/(2\Delta t)$ 的频率成分；相反，高于 f_c 的频率成分将会叠加到低于 f_c 的信号中，这一现象称为频率混叠。

频率混叠　可在频域或时域对频率混叠进行解释，见图1和图2。图1中 $x(t)$ 为有限带宽的原始时间序列，最高频率为 f_{max}，$X(f)$ 为该信号的傅里叶谱（图1a）。$y(n\Delta t)$ 为采样后的离散信号，该离散信号的傅里叶谱 $Y(f)$ 是谱 $X(f)$ 在频域中的周期延拓。当 $\Delta t \leqslant 1/(2f_{max})$ 时，周期延拓

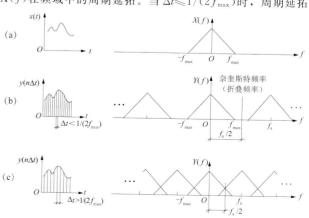

图 1　频率混叠的频域示意图

的谱互不交叠，可经傅里叶反变换得到离散的时间序列 $y(n\Delta t)$，再由 D/A 转换器恢复为原始信号（图 1b）。当 $\Delta t>1/(2f_{max})$ 时，采样后的离散时间信号的相邻频谱将发生交叉重叠，此时即便采用理想的低通滤波器，也不能重现原信号的频谱，此离散时间信号相对原始信号是失真的（图 1c）。

图 2 中原始时间序列 $x(t)$ 含频率分别为 $f_1=1$ Hz 和 $f_2=4$ Hz 的两个谐波分量，f_2 为最高频率。当使用时间间

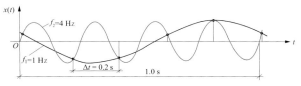

图 2　频率混叠的时域示意图

隔 $\Delta t=0.2$ s 进行等间隔离散采样时，采样频率 $f_s=5$ Hz；由于 $f_s<2f_2$，不满足采样定理的要求，故在采样后的离散时间序列中，$f_2=4$ Hz 的高频分量混入 $f_1=1$ Hz 的低频分量中，采样结果是失真的，不能再恢复为原始信号。

实际问题中得到的连续信号不会是严格有限带宽的，且可能含有频率未知的高频成分。由于采样频率不可能无限提高，故信号离散采样造成的频率混叠是不能绝对避免的，只能根据具体问题尽量减小频率混叠带来的误差。减小频率混叠的方法是在采样前对模拟信号进行低通滤波，再根据采样定理选取适当小的等间距采样间隔 Δt；或利用不等间距采样，使采样点对应原始信号中的所有峰值。

shuju yasuo

数据压缩（data compression）　将庞大的原始数据重新编码压缩存储于尽量小的数据空间的技术。

大多数信息的表达都具有冗余度，采用一定的模型和编码方法重新整理压缩信息可以降低冗余度，节省存储空间。压缩后的数据经解压恢复得到的信息量应与原始数据完全一致，或具有与原始数据相同的使用价值。数据压缩技术已广泛应用于通用数据和多媒体数据的存储和传递，服务于军事、数学、通信、计算机、互联网、土木工程和文件编译等广阔领域，在人类社会信息量和信息流通急速扩展的形势下具有重大应用价值。

起源和发展　人类早已使用缩略语或成语表示较长的信息，速记方法已具有与数据压缩相似的原理，摩尔斯电报编码方法已经采用了数据压缩中的统计模型。

计算机技术的萌芽和发展催生了现代数据压缩技术。20 世纪 40 年代，美国科学家香农（C. E. Shannon）在他开创的信息论中借用热力学名词"熵"表示排除冗余后真正需要编码的信息量，建立了数据压缩的理论基础。香农和法诺（R. M. Fano）最早提出对符号进行编码实现数据压缩的有效算法。1952 年，霍夫曼（D. A. Huffman）发表论文《最小冗余度代码的构造方法》，促进了数据压缩技术在商用计算机程序中的实现和推广应用；至 80 年代初期，源于霍夫曼的编码方法仍然垄断着数据压缩领域。以后出现的新的算术编码方法虽然可最大限度减少信息冗余度，但也需要更多的压缩和解压时间。在 20 世纪 70 年代末和 80 年代初，人们逐渐认识到，对于多数灰度图、彩色图和声音信息，并无必要精确保留原始数据的全部信息，允许一定的压缩精度损失可以获得更大的压缩效能，这是人类对数据压缩的

新的有价值的认识。

数据压缩技术的又一次飞跃源自以色列科学家基夫（J. Ziv）和兰贝尔（A. Lempel），他们的研究工作突破统计编码的传统途径，提出了字典编码的创新思路。由此开发的 LZ77 和 LZ78 算法及其变种 LZW 算法迅速占据了 UNIX 和 DOS 平台；基于上述方法的改进，形成了广泛使用的数据压缩程序。采用字典编码方式的 ZIP 压缩格式已成为当今事实上的技术标准。1994 年，伯罗斯（M. Burrows）和惠勒（D. J. Wheeler）开发了新的通用数据压缩算法 BWT，该法对由符号串轮转构成的符号矩阵进行排序和变换，可以提高文本文件的压缩效果。另外，分形几何学和人工智能技术在数据压缩中的应用也引起人们的关注。

原理和分类　如图所示，数据压缩过程包含"模型"和"编码"两个环节。模型是分析原始信息中各个符号的出现概率并决定各符号代码应有位数的程序，出现频率高的符号应使用位数较少的代码。编码则是精巧地确定具有相应位数的各符号代码的方法，以便在解压时可准确识别表示不同符号的编码部分。

数据压缩技术流程

数据压缩模型有统计模型和字典模型两类。统计模型直接分析原始数据各符号出现的频率；字典模型则在对原始数据扫描过程中，不断寻找与"窗口字典"相匹配的符号串，实际上也隐含符号出现概率的计算。数据压缩编码方法有多种，前缀编码是编码的基本要求，即任一符号的编码都不应是其他符号编码的前缀（开头部分）。满足前缀编码要求的二叉树编码方法常与统计模型结合使用。使用字典模型进行数据压缩时，通俗地讲，符号编码由相应符号在"字典"中的位置确定。无论采用统计模型或字典模型，在分析原始数据结构时，均可使用静态方法或动态自适应方法。静态方法要预先扫描全部原始信息，效率不高。为提高效率可采用动态自适应扫描分析方法，如字典模型中的字典就是动态滑动的窗口字典。

应用　数据压缩技术可用于通用数据和多媒体数据，前者一般使用无损压缩技术，后者兼用无损压缩和有损压缩。通用数据的无损压缩可使用基于统计模型的霍夫曼方法和算术编码方法，基于字典模型的 LZ77、LZ78 和 LZW 算法在通用数据压缩中被广泛应用。多媒体数据压缩中，JBIG 标准用于二值（黑白）图像的压缩，JPEG 标准用于灰度和彩色图像压缩，MPEG 标准在音频和视频信息的压缩中使用。应用 JPEG 标准和 MPEG 标准的数据压缩为有损压缩。

在现代健康监测技术系统中，传感器将在线采集海量动态数据，具有数据压缩功能的智能传感器可有效减少数据存储和传输量，提高系统的运行效能。

lüboqi

滤波器（filter）　在振动信号处理中，能选择通过或抑制消除某些频率成分的装置或算法。

在时间序列信号获取和传输过程中，不可避免要包含各种复杂因素引起的噪声，为最大限度消除噪声的干扰，可使用滤波器对原始信号进行处理，提取其中的有用信息。

滤波器广泛应用于地震监测、强震动观测、地球物理勘探、振动测试、通信、广播等领域以及雷达、声纳和其他大量仪器设备中。

分类　滤波器因所处理的信号类型不同，可分为模拟滤波器和数字滤波器两类；前者处理时间连续的模拟信号，后者处理时间离散信号。如图所示，依实现的功能不同，滤波器可分为低通滤波器、高通滤波器、带通滤波器和带阻滤波器等。低通滤波器抑制和消除信号 $A(\omega)$ 中的高频成分（ω 为圆频率），高通滤波器抑制和消除信号中的低频成分，带通滤波器抑制和消除信号中某个中间频带之外的成分，带阻滤波器抑制和消除信号中某个中间频带的成分。滤波可采用机械谐振元件、电感、电容等元件组成的电路、计算机软件和大规模集成的数字电路模块等实现。

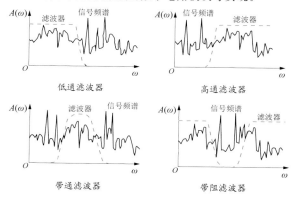

不同功能的滤波器示意图

模拟滤波器　早在 19 世纪 80 年代，电阻、电容滤波电路即已出现。具有频率选择功能的电感、电容谐振回路可作为最简单的模拟滤波器使用，其传输函数可表示为

$$H(\mathrm{j}\omega) = \frac{1}{2} \ln \frac{U_1 I_1}{U_2 I_2} \qquad (1)$$

式中：$\mathrm{j} = \sqrt{-1}$；U_1，I_1 及 U_2，I_2 分别为输入端和输出端的复数电压和电流；$H(\mathrm{j}\omega)$ 的实数部分称为衰减，虚数部分称为相位。输出功率 $|U_2 I_2|$ 等于输入功率 $|U_1 I_1|$ 时衰减为零，表示该频率范围内的输入信号能全部通过。电路理论的发展、新型元件的采用以及计算方法的改进，促进了滤波器自身的发展，利用运算放大器和阻容元件可构成各种模拟滤波器。巴特沃斯滤波器、切比雪夫滤波器、椭圆滤波器等被广泛使用。

数字滤波器　20 世纪 60 年代，基于电子计算机技术和大规模集成电路的发展，出现了由数字乘法器、加法器和延时单元组成，可用计算机软件或集成硬件实现的数字滤波器，它具有高精度、高可靠性、可程控改变特性或复用、便于集成等优点。

一般数字滤波器的输入输出关系可用以下线性差分方程表示：

$$y_n = \sum_{i=0}^{m} b_i x_{m-i} - \sum_{i=1}^{n} a_i y_{n-i} \qquad (2)$$

式（2）经 Z 变换可得滤波器的传递函数

$$H(\mathrm{e}^{\mathrm{j}\omega T}) = \frac{\displaystyle\sum_{i=0}^{m} b_i \mathrm{e}^{-\mathrm{j}\omega_i T}}{1 + \displaystyle\sum_{i=1}^{n} a_i \mathrm{e}^{-\mathrm{j}\omega_i T}} \qquad (3)$$

式（2）（3）中：x，y 分别为滤波前后的离散时间信号；a_i 和

b_i 为滤波器系数；T 为采样时间间隔；ω 为圆频率；j 为虚数单位；m，n 为滤波器的阶数；i 为离散数据点的序号。数字滤波器的设计是适当选择 a_i 和 b_i，使与单位采样的脉冲响应函数对应的传递函数能逼近理想的传递函数，实现滤波目标。

当 a_i 不全部为零时，式（3）构成递归数字滤波器，又称无限冲激响应（infinite impulse response；IIR）数字滤波器。该滤波器的单位采样脉冲响应函数是无限长的。此类滤波器可使用冲激不变和双线性变换等方法进行设计。

当 a_i 全部为零时，构成非递归数字滤波器，又称有限冲激响应（finite impulse response；FIR）数字滤波器。该滤波器的单位采样脉冲响应函数是被截断的，此类滤波器可使用窗口法（傅里叶变换法）、一致逼近（等波纹逼近）法和频率抽样法等进行设计。在使用窗口法设计数字滤波器时，为减小对脉冲响应函数进行截断产生的吉布斯振荡，一般使用窗函数进行加权处理。FIR 数字滤波器的稳定性好，且由于具有严格的相位线性特性而殊具吸引力。

平滑滤波　为消除时间序列信号中的随机噪声所进行的平滑处理方法，可采用时域平均、频域平均、指数平均和峰值平均等方法实现。时域平滑滤波采用的加权移动平均算法之一为

$$y_k = \frac{1}{\displaystyle\sum_{i=-m}^{m} W_i} \sum_{i=-m}^{m} W_i\, x_{i+k} \qquad (4)$$

式中：x，y 分别为滤波前后的离散时间信号，k 为采样点序号，i 为采样移动窗内采样点的局部序号；m 与采样移动窗内采样点个数 n 相关，$m = (n-1)/2$，n 为奇数；W_i 为对称的加权函数的加权系数，例如，$n = 5$ 点的平滑加权系数可取为：-3，12，17，12，-3。

Weina lübo

维纳滤波（Winer filtering）　利用平稳随机过程的相关特性和频谱特性对混有噪声的信号进行滤波的方法，系 1942 年美国科学家维纳（N. Wiener）为解决对空射击的控制问题所建立，是 20 世纪 40 年代在线性滤波理论方面取得的最重要成果。维纳滤波可用于线性系统的滤波、平滑和预测。

问题表述　用 $x(t)$ 表示信号的真实值，$n(t)$ 表示噪声，t 表示时间，则实际上观测到的信号是

$$z(t) = x(t) + n(t) \qquad (1)$$

滤波就是要从实测信号 $z(t)$ 中尽可能滤掉噪声 $n(t)$，以得到真实 $x(t)$ 的良好估值。数学上，滤波问题可以归结为根据 $z(t)$ 寻求 $x(t)$ 的最优估值 $\hat{x}(t)$。

维纳滤波中，最优估计 $\hat{x}(t)$ 是在均方误差的数学期望 $\mathrm{E}[x(t) - \hat{x}(t)]^2$ 取极小意义下的一种估值。在假定信号过程 $x(t)$ 与噪声过程 $n(t)$ 为联合平衡，且在半无限时间区间 $(-\infty, t)$ 内能获得 $z(t)$ 的全部观测数据的前提下，维纳滤波给出了计算最优估值 $\hat{x}(t)$ 的一种方法。

维纳滤波器　实现维纳滤波的系统或装置称为维纳滤波器，它是一个定常线性系统，通过合理的设计，可使其对噪声 $n(t)$ 具有良好的过滤特性。如图所示，当观测信号 $z(t) = x(t) + n(t)$ 输入滤波器时，它的输出就是信号 $x(t)$ 的最优估值 $\hat{x}(t)$。

维纳滤波器原理

　　构造维纳滤波器的步骤如下。假设维纳滤波器的单位脉冲响应函数是 $h(t)$，则最优估值为

$$\hat{x}(t) = \int_0^\infty z(t-\xi)h(\xi)\mathrm{d}\xi \qquad (2)$$

式中：ξ 为时间变量。若以 $R_{xz}(\tau)$ 表示 $x(t)$ 和 $z(t)$ 的互相关函数，$R_{zz}(\tau)$ 表示 $z(t)$ 的自相关函数，已证明它们之间具有类似于式(2)的关系式：

$$R_{xz}(\tau) = \int_0^\infty R_{zz}(\tau-\xi)h(\xi)\mathrm{d}\xi \qquad (\tau > 0) \qquad (3)$$

式中：τ 为延时。此关系式称为维纳-霍夫方程。如果所讨论的各随机过程均具有各态历经性，则式中的 $R_{xz}(\tau)$ 和 $R_{zz}(\tau)$ 均是已知的。设计维纳滤波器的问题，可归结为由维纳-霍夫积分方程中解出未知函数 $h(t)$；$h(t)$ 的拉普拉斯变换就是欲求的维纳滤波器的传递函数 $H(s)$，$s = \mathrm{i}\omega$，i 为虚数单位，ω 为圆频率。对于一般问题，维纳-霍夫方程往往不易求解。但当给定问题的随机过程的功率谱密度是有理分式函数时，$H(s)$ 的显式解较易确定。根据求得的 $H(s)$ 即可构造所需的维纳滤波器，而信号的最优估值 $\hat{x}(t)$ 则可由相应关系式得出。

　　特点　维纳滤波器的优点是适应面较广，无论平稳随机过程是连续的还是离散的，是标量的还是向量的，信号与噪声的谱是分离的抑或重叠的，均可应用。对某些问题尚可求出滤波器传递函数的显式解，进而采用简单的物理元件组成的网路构成维纳滤波器。然而，维纳滤波器要求得到半无限时间区间内的全部观察数据的条件很难满足，且一般不适用于噪声 $n(t)$ 为非平稳随机过程的情况。由此又发展了因果的维纳滤波和互补维纳滤波等方法。

Kaerman-Buxi lübo

卡尔曼-布西滤波 （Kalman-Bucy filtering）

基于状态空间的描述对混有噪声的信号进行滤波的方法，简称卡尔曼滤波。这种方法是卡尔曼（R. E. Kalman）和布西（R. S. Bucy）于 1960 和 1961 年提出的，是一种切实可行、便于应用的滤波方法，其计算过程通常须在计算机上实现。实现卡尔曼滤波的装置或软件称为卡尔曼滤波器。

　　特点　从混有噪声（干扰）的信号中滤除噪声、提取有用信号是滤波的基本目的。在卡尔曼滤波出现以前，已经建立了采用最小二乘法处理观测数据和采用维纳滤波方法处理平稳随机过程的滤波理论。但这些滤波方法或因功能不够，或因条件要求苛刻而不便应用。卡尔曼滤波是在克服以往滤波方法局限性的基础上提出来的，是滤波方法的重大演进。

　　卡尔曼滤波相对维纳滤波有以下优点：①在卡尔曼滤波中采用物理意义较为直观的时间域语言，而在维纳滤波中则采用物理意义较为间接的频率域语言；②卡尔曼滤波仅需有限时间内的观测数据，而维纳滤波则需用过去的半无限时间内的全部观测数据；③卡尔曼滤波可使用比较简单的递推算法，而维纳滤波则须求解一个积分方程；④卡尔曼滤波可以推广到非平稳随机过程的情况，而维纳滤波

只适用于平稳随机过程；⑤卡尔曼滤波所需数据存储量较小，便于用计算机进行实时处理，而维纳滤波计算复杂，步骤冗长，不便于实时处理。在相同条件下，卡尔曼滤波能得出与维纳滤波相同的结果。在实用上，卡尔曼滤波比维纳滤波功能强，用途广，已在航天技术、通信工程、工业控制等领域中得到比较广泛的应用。

　　卡尔曼滤波的局限性表现在只能用于线性的信号过程，即状态方程和观测方程都是线性的随机系统，而且噪声必须服从高斯分布。虽然不少实际问题都可满足这些限制条件，但当实际系统的非线性特性稍强或者噪声特性偏离高斯分布较大时，卡尔曼滤波就不能给出符合实际的结果。

　　算法　线性随机系统可由以下状态方程和观测方程表述：

$$S(k) = A(k)S(k-1) + W(k-1) \qquad (1)$$
$$X(k) = C(k)S(k) + V(k) \qquad (2)$$

式中：$S(k)$，$X(k)$ 分别为系统的状态矢量和观测矢量；系统激励 $W(k)$ 和测量噪声 $V(k)$ 均为零均值白噪声；$A(k)$，$C(k)$ 为已知的系统矩阵；k 为离散时间变量。

　　卡尔曼滤波的一次递推公式为

$$P'(k) = A(k)P(k-1)A^{\mathrm{T}}(k) + Q(k-1) \qquad (3)$$
$$H(k) = P'(k)C^{\mathrm{T}}(k)[C(k)P'(k)C^{\mathrm{T}}(k) + R(k)]^{-1} \qquad (4)$$
$$P(k) = [I - H(k)C(k)]P'(k) \qquad (5)$$
$$\hat{S}(k) = A(k)\hat{S}(k-1) + H(k)[X(k) - C(k)A(k)\hat{S}(k-1)] \qquad (6)$$

式中：$\hat{S}(k)$ 为系统状态的最佳估计；$P(k)$ 为状态矢量真值与估计值之差的均方误差矩阵；$Q(k)$，$R(k)$ 分别为激励与观测噪声的协方差矩阵；I 为单位矩阵。若系统初始状态 $S(0)$ 已知，且令 $\hat{S} = \mathrm{E}[S(0)]$，$P(0) = \mathrm{Var}[S(0)]$，$\mathrm{E}(\cdot)$ 为数学期望，$\mathrm{Var}(\cdot)$ 为方差；将初始条件 $P(0)$ 代入式(3)可得 $P'(1)$，将 $P'(1)$ 代入式(4)可得 $H(1)$，将 $P'(1)$ 和 $H(1)$ 代入式(5)可得 $P(1)$，再将初始条件 $\hat{S}(0)$ 和 $H(1)$ 代入式(6)则得到 $\hat{S}(1)$。依此递推可得全部状态矢量的最佳估计 $\hat{S}(k)$。

chuanghanshu

窗函数 （window function）

截取序列信号进行分析时采用的有限长度乘子函数。序列信号的数值分析总要截取有限长度进行，截取有限长度形同设置一个窗口。对有限长度信号进行傅里叶分析通常会产生频率泄漏，频率泄漏可采用窗函数予以抑制。

　　特征　时域上的窗函数通称时窗，时窗函数对称分布，呈矩形或山丘形；时窗函数的频谱称为谱窗，亦为对称分布，呈接续的花瓣形。时窗函数与原时序信号相乘等价于相应的谱窗函数与原信号频谱的褶积（加权平均）；相反，谱窗函数与原信号频谱相乘等价于相应的时窗函数与原时序信号的褶积。

　　谱窗中具有最大峰值的瓣称为主瓣，两侧接续的瓣称为旁瓣，对信号有衰减和阻塞作用的频率范围称为阻带。褶积运算中，主瓣范围内原信号的频谱被平滑，若原信号频谱存在尖峰，平滑后将产生较大差异，故主瓣宽度越窄越好。窗函数旁瓣作用于原信号频谱将造成能量泄漏，故旁瓣的幅值（能量）越小越好。主瓣带宽、旁瓣峰值和阻带最小衰减是表征窗函数性能的主要参数。

　　实际使用的窗函数有很多种，如矩形窗、三角窗、巴特利特（Bartlett）窗、海明（Hamming）窗、汉宁（Hanning，

Hann)窗、布莱克曼（Blackman）窗、凯塞（Kaiser）窗、高斯（Gauss）窗、平顶窗等。

几种窗函数在时域和频域的形状见图，表中列出了部分窗函数的主要性能。

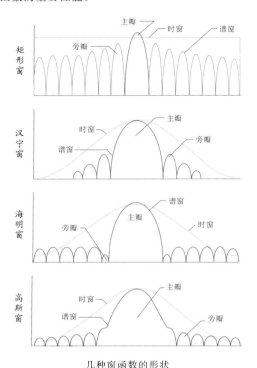

几种窗函数的形状

几种窗函数的主要性能

窗函数	主瓣宽度	旁瓣峰值 （最高旁瓣量级） dB	阻带最小衰减 （$f_s/2$ 旁瓣值）[①] dB
矩形窗	$4\pi/N$[②]	—13	—21
三角窗	$8\pi/N$	—25	—25
汉宁窗	$8\pi/N$	—32	—44
海明窗	$8\pi/N$	—42	—53
布莱克曼窗	$12\pi/N$	—57	—74
凯塞窗[③]	$12\pi/N$	—57	—94

① f_s 为阻带边缘频率；② N 为窗函数的阶数，即时窗内采样点数目；③ 凯塞窗的主瓣宽度除与 N 有关外，尚可由宽度参数调整。

加窗方法　利用窗函数截取序列信号抑制频率泄漏的方法有两种：①用矩形窗截取时序信号后进行傅里叶变换，再将得到的傅里叶谱与选择的谱窗做褶积运算；②用选择的时窗截取时序信号（与时序信号相乘），再对截取的时序信号进行傅里叶变换。这两种方法是等价的。

谱窗的狭窄主瓣有利于提高频率识别精度，低幅值旁瓣有利于提高幅值识别精度，故主瓣狭窄且旁瓣幅值低的窗函数有最好的抑制频率泄漏的效果。然而，上述两个要求是不能在一个窗函数中同时被充分满足的，应用中只能根据实际问题选择适当的窗函数和窗函数的阶数。显然，矩形窗具有较高的频率识别精度，但抑制频率泄漏的效果不佳；布莱克曼窗具有较高的幅值识别精度，可有效抑制频率泄漏，但频率识别精度较低。通常，当信号在远频段包含强干扰时，宜选用阻带衰减较高的窗函数；当信号在有用频率附近包含强干扰时，宜使用旁瓣幅值低的窗函数。当须在某一频率附近分离多个信号时，宜选择主瓣窄的窗函数；当信号幅值比频率更重要时，可选择宽主瓣的窗函数；当信号频带甚宽时，可使用主、旁瓣均衡的窗函数或不使用窗函数；对冲击和瞬态过程信号，应使用矩形窗。汉宁窗在多数情况下都很有效，故对于随机信号和周期信号或在不了解信号的特征时，可首选汉宁窗。自由衰减信号可使用指数窗。凯塞窗和高斯窗具有较高的性能（主瓣能量集中，旁瓣幅值低），但计算复杂，一般只在特殊情况下使用。

motai canshu shibie

模态参数识别（modal parameter identification）　利用振动体系的输入、输出实测数据确定其固有频率、振型和振型阻尼比等模态参数的技术方法，又称试验模态分析，是结构动力学的反问题，亦即系统辨识在振动工程中的应用。

模态参数决定了弹性体系的振动性态，模态参数识别可用于结构设计方案合理性的判断、振动系统建模、模型修正以及振动响应的预测，在结构抗震、结构振动控制和结构健康监测领域具有重要意义。模态参数识别方法涉及结构动力学、数字信号处理、数理统计和自动控制等理论和技术。

技术步骤　模态参数识别全过程包括振动试验、模态识别和结果校验三个基本环节。

（1）选择具体问题所要求的结构体系作为试体，进行振动试验。系统的输入可由信号发生器、激振器、振动台、冲击力锤或环境地脉动产生，应根据实际问题确定激振器的布设位置、方向、个数和出力大小。选择适当的传感器拾取体系的输入、输出信号，利用示波器、滤波器、频谱分析仪和相关软件工具箱等进行信号处理，利用相干函数检验、互易性检验和重复性检验等方法校核测试数据。这是模态参数识别的基础环节。

（2）采用频域方法、时域方法或时频域混合方法确定试体的各阶模态参数，并以适当方式（图形和表格等）显示模态参数识别结果。这是实验模态分析的核心步骤。

（3）利用频率响应拟合检验、频率图检验、正交性检验和振型相关矩阵检验等方法，校验模态参数识别结果的正确性。

模态识别方法　利用实测信号识别结构体系模态参数的分析方法很多。根据体系的输入、输出状态可分为单输入单输出（SISO）、单输入多输出（SIMO）和多输入多输出（MIMO）等方法；根据模态识别结果的阶数可分为单模态识别方法和多模态识别方法。常用的分析方法又可区分为频域方法、时域方法和时频域方法三类。

频域方法　利用频响函数（传递函数）识别模态参数的方法。此类方法的实施须获得体系输入和输出的实测数据，是最早发展、广泛应用和相对成熟的方法。其中，单模态识别可使用直接估计、曲线拟合或最小二乘导纳图拟合方法，多模态识别可使用最小二乘频域法（LSFD）、最小二乘复频域法（LSCF）、复模态指数函数法（CMIF）等。分区模态综合法和频域总体识别法适用于大型复杂结构。频域方法的优点在于利用频域平均技术可抑制噪声影响，易于解决模态定阶问题；但它不可避免存在功率泄漏和频率混叠问题，傅里叶分析不具备时域局部信号的分析功能，且高阶模态参数的识别比低阶参数更为困难。

时域方法　仅利用结构体系振动响应的实测数据（不需要系统输入的观测数据）识别模态参数的方法。该类方法的开发较频域方法晚。基本和常用的时域分析方法包括：利用体系自由振动观测数据通过振动体系运动模型识别模态参数的 Ibrahim 方法，以及在其基础上开发的 ITD 法和 STD 法；只使用一个测点的脉冲响应数据求解 SISO 系统模态参数的最小二乘复指数方法（LSCE）；多参考点复指数方法（PRCE）；特征系统实现算法（ERA）和自回归滑动平均时序分析法（ARMA，见自回归滑动平均模型）等。时域方法的特点和优点是直接利用体系的振动响应信号，避免了实际工程中检测系统输入的困难。此类方法无须进行傅里叶变换，可对持续工作体系的动力特性进行在线识别。尽管时域分析很难获得完整的模态参数，且受噪声影响精度较差，但仍引起研究者和工程界的广泛兴趣。

时频域方法　同时在时域和频域分析振动体系观测信号的时频局部化分析方法。这类方法包括小波变换方法和希尔伯特-黄变换（HHT）方法等，特别适用于非稳态信号的分析。

此外，人工智能方法和进化算法也被用于模态参数识别研究。

展望　模态参数识别具有广阔的工程应用前景。该领域有待研究解决的主要问题包括：开发模态密集、观测数据不完备条件下的识别方法，改善从观测数据和模态识别结果中甄别和去除噪声的方法，发展更精确的振动测量和振动数据处理技术、自动识别技术和环境激励下的模态识别方法。

bangonglüdianfa

半功率点法（half power point method）　根据强迫振动试验获得的幅频曲线或频响函数确定结构阻尼比的一种图解方法，亦称半功率法。

（1）在由强迫振动试验得到的幅频曲线中，振幅 $A(\omega)$ 的共振峰对应的圆频率 ω_r 近似为结构的自振频率。在共振峰幅值 A_m 的 $1/\sqrt{2}$ 处引一条与频率轴平行的直线，可与共振峰曲线交于两点，两点对应的圆频率分别记为 ω_1 和 ω_2（图 1），

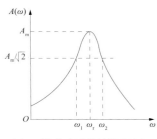

图 1　利用幅频曲线计算阻尼比

对应 ω_1 或 ω_2 的功率为共振时功率的一半；在结构满足小阻尼条件时，相应于共振频率（即结构自振频率）的临界阻尼比可由式（1）估计：

$$\zeta = \frac{\omega_2 - \omega_1}{2\omega_r} \qquad (1)$$

式中：ω_r 为共振频率；$\omega_2 - \omega_1$ 为半功率带宽。

（2）也可以根据强迫振动体系的频率响应函数（见传递函数）$H(\omega)$ 利用半功率点法确定振型阻尼比（图 2）。将复频响应函数 $H(\omega)$ 分解为实部 $R(\omega)$ 和虚部 $I(\omega)$。在共振圆频率 ω_r 处，频响函数的实部 $R(\omega)$ 为零，在 ω_r 左右两边，实部幅值极大值 R_{max} 和极小值 R_{min} 对应的圆频率分别为 ω_1 和 ω_2，据此可由式（1）计算阻尼比。在共振频率 ω_r 处，频响函数的虚部 $I(\omega)$ 有近似极值 $I_{min} = -1/(2\zeta)$，在虚部极

值的 1/2 处引一条与频率轴平行的直线，该线可与频响函数虚部曲线交于两点，两点对应的圆频率分别记为 ω_1 和 ω_2，据此亦可由式（1）计算临界阻尼比。

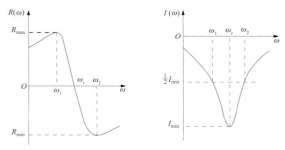

图 2　利用频响函数计算阻尼比

在实际应用中，也经常利用半功率点法根据实测的结构脉动响应的功率谱曲线确定结构阻尼比。在功率谱曲线上判断某固有频率对应的峰值点，沿该点幅值的一半高度引一条水平线，该线在峰值点左右与功率谱曲线各有一个交点，将两个交点对应的频率之差除以峰值点频率的 2 倍可得对应该峰值频率的阻尼比。这一方法实际上是将脉动视为白噪声，将脉动响应的功率谱视为传递函数；当实际脉动并非理想白噪声时，此法结果将有偏差。

shijian xulie fenxi

时间序列分析（time series analysis）　利用数理统计方法和随机过程理论等分析时间数据序列规律的理论和方法。

时间序列是依时间间隔顺序排列的某种现象的观测数据，亦称动态序列。人体生物电、商品市场价格、太阳黑子数、传染病发病病例和结构振动响应等的观测数据都构成时间序列。这些观测数据具有两个基本特征：①观测量只是事物的结果，不直接涉及现象发生的原因；②观测量具有相关性，即任何时刻的观测值都受以前观测值的影响，相关性是时间序列分析的基础。时间序列分析结果可用于现象的描述、分析、预测和决策控制。

起源和发展　古代埃及人通过观测尼罗河水的涨落，掌握洪水泛滥规律并用于农业生产，是时间序列分析雏形的一例。随着社会经济进步和数学等科学知识的长足发展，1927 年，尤尔（G. U. Yule）提出了自回归参数模型，并用于时间序列的预测。1931 年，沃克（G. T. Walker）也就该模型进行了研究。1970 年，博克斯（G. Box）和詹金斯（G. Jenkins）发表著作《时间序列分析、预报与控制》，对时间序列模型的理论和应用作了系统深入的阐述。同期，美籍华人吴贤铭（X. M. Wu）和潘迪（S. M. Pandit）也就系统建理论作了详细讨论。此后，自回归滑动平均模型的应用取得了迅速发展。在第二次世界大战以前，时间序列分析已用于经济预测，战时和战后则有更为广泛的应用。20 世纪末，时间序列分析已在军事、空间技术、工业自动控制、商务、金融、信息、天文、气象、地质、农业、传染病防治和动力系统模态参数识别等领域获得应用。

方法　时间序列分析方法有时域方法与频域方法，确定性方法与随机方法，一般统计方法和模型法之分。

频域方法是时间序列分析的传统方法之一。通过傅里叶变换计算时间序列的功率谱，可以有效识别周期性变量。但是，频域方法在观测样本长度有限时，会因频率截断产

生能量泄漏，影响分辨率。

时域中的确定性方法在时间序列分析中被广泛应用。简单的描述性图形分析具有直观形象的特征，除可直接作为判断依据外（如心电图、脑电图分析），还往往作为序列分析的最初手段被使用。相关分析也广泛应用于确定性或随机性信号序列的时域分析。

对于相互关联的若干时间序列信号，若假定其中某个信号是因变量而其他信号为自变量，则可通过回归分析估计时间序列间不确定的因果关系。

建立在随机理论和数理统计方法上的系统模型法是时间序列分析中的重要部分。模型法的思路是将时间序列看作某一系统的输出，系统的输入则为白噪声。只要确定系统模型，预测问题则迎刃而解。平稳随机序列的模型分析已有较为完善的理论基础，最常用的模型是自回归滑动平均模型以及自回归模型和滑动平均模型这两个特例。

非线性时间序列分析、混沌时间序列分析、神经网络建模方法、多维时间序列分析、非参数系统统计分析以及小波变换的应用等，是时间序列分析中正在探索的问题。

时域分析（time domain analysis）　就信号幅值随时间变化的规律所作的分析。例如：确定信号在任意时刻的瞬时值或在一定持续时间内的最大值、最小值、均值、均方根值等；通过信号的时域分解研究其稳定分量和波动分量；通过相关分析研究信号本身或相互间的相关程度；研究信号幅值的分布状态，分析信号幅值取值的概率及概率分布。也涉及产生时域信号的系统建模和时域信号的稳定性、瞬态和稳态性能的研究。

时域分析在社会经济和科学技术领域应用广泛，也是地震工程中研究强地震动和结构地震反应特性的重要方法。

自回归滑动平均模型（auto regressive moving average model；ARMA）　描述时间序列内在联系及规律性的一种数学模型。该模型将时间序列视为某一系统的输出，而系统的输入是白噪声，系统建模就是随机时间序列的谱分解问题。这里所述系统是为对时间序列进行分析和预测而构造的，并不是产生时间序列的真实系统。模型参数可直接用于预测目的，但其物理意义必须结合具体问题进行研究后方可解释。

模型　表示时间序列 $y(t)$ 的内在联系及输入、输出关系的差分方程为

$$y(t) - \varphi_1 y(t-1) - \varphi_2 y(t-2) - \cdots - \varphi_n y(t-n)$$
$$= w(t) - \theta_1 w(t-1) - \theta_2 w(t-2) - \cdots - \theta_m w(t-m)$$
$$(1)$$

式(1)即为 n，m 阶的自回归滑动平均模型 ARMA(n,m)。方程左端为 n 阶的自回归部分 AR(n)，$\varphi_i(i=1,2,\cdots,n)$ 为自回归系数；右端为 m 阶滑动平均部分 MA(m)，$\theta_i(i=1,2,\cdots,m)$ 为滑动平均系数，$w(t)$ 为系统的白噪声输入。当 φ_i 全部为 0 时，式(1)变为滑动平均模型；θ_i 全部为 0 时，式(1)则为自回归模型。引入 Z 变换算子 $Z^{-1} y(t) = y(t-1)$，式(1)可写为

$$\frac{y(t)}{w(t)} = \frac{\Theta(Z^{-1})}{\Phi(Z^{-1})} G(z) \qquad (2)$$

式中：$\Phi(Z^{-1}) = [1 - \varphi_1 Z^{-1} - \varphi_2 Z^{-2} - \cdots - \varphi_n Z^{-n}]$；$\Theta(Z^{-1}) = [1 - \theta_1 Z^{-1} - \theta_2 Z^{-2} - \cdots - \theta_n Z^{-n}]$；$G(z)$ 为传递函数。$\Phi(Z^{-1}) = 0$ 的根为系统的极点，$\Theta(Z^{-1}) = 0$ 的根为系统的零点。

参数估计和阶的确定　对于有 N 个观测数据的时间序列 $y(t)$，其 AR(n) 模型为

$$y(t) = \varphi_1 y(k-1) + \cdots + \varphi_n y(k-n) + w(t) \qquad (3)$$

利用最小二乘法得出的参数 $\boldsymbol{\Phi} = [\varphi_1, \varphi_2, \cdots, \varphi_n]$ 的估计为

$$\hat{\boldsymbol{\Phi}} = (\boldsymbol{X}^\mathrm{T} \boldsymbol{X})^{-1} \boldsymbol{X}^\mathrm{T} \boldsymbol{y} \qquad (4)$$

式中：$\boldsymbol{y} = [y(n+1), y(n+2), \cdots, y(N)]$

$$\boldsymbol{X} = \begin{bmatrix} y(n) & y(n-1) & \cdots & y(1) \\ y(n+1) & y(n) & \cdots & y(2) \\ \vdots & \vdots & & \vdots \\ y(N-1) & y(N-2) & \cdots & y(N-n) \end{bmatrix}$$

ARMA(n,m) 模型的参数估计须采用非线性最小二乘法，一般可以某个参数初始值出发逐步求解。一种简单的方法是，首先略去滑动平均参数，由线性最小二乘法得出参数 φ_i 的初值估计，但以后估计滑动平均系数 θ_i 则较为复杂。利用逆函数法和两次最小二乘法估计参数 φ_i 和 θ_i 的初值是普遍有效的。

确定 ARMA(n,m) 模型的阶 n 和 m 是不容易的，一般只能通过逐次比较进行，即从低阶至高阶逐次拟合模型，直至模型的残差平方和不再显著减小。显然，当模型阶次较高时计算量非常之大。为简化试算过程，可采用总是使用 ARMA($n,n-1$) 模型的策略。

推荐书目

王秀峰等．系统建模与辨识．北京：电子工业出版社，2004.

相关分析（correlation analysis）　分析信号之间相似程度的理论和方法。相关分析是数字信号处理和统计分析的重要手段，既可用于确定的信号，也可用于随机信号。

相关系数　对于两个确定的信号序列 $x(n)$ 和 $y(n)$（$N_1 \leqslant n \leqslant N_2$），定义其相关系数为

$$\rho_{xy} = \sum_{n=N_1}^{N_2} x(n) y(n) \Big/ \sqrt{\sum_{n=N_1}^{N_2} x(n)^2 \sum_{n=N_1}^{N_2} y(n)^2}$$

式中：分子为未标准化的相关系数（亦称相关系数）。当 $\rho_{xy} = 1$ 时，两个信号线性相关，是完全相似的；当 $\rho_{xy} = 0$ 时，两个信号则完全不相关。

类似地，对于两个随机变量 x 和 y，定义相关系数为

$$\rho_{xy} = E[(x-\mu_x)(y-\mu_y)] / \{E[(x-\mu_x)^2] \times E[(y-\mu_y)^2]\}^{1/2}$$

式中：$E[\cdot]$ 为数学期望；μ_x 和 μ_y 分别为随机变量 x 和 y 的均值。

相关函数　衡量时间序列信号之间或时间序列信号自身在不同时刻的相似程度的函数。

（1）自相关函数。确定的或随机的时间序列函数 $x(n)(n=0,1,\cdots,N-1)$ 的自相关函数分别表示为

$$R_{xx}(\tau) = \sum_{n=0}^{N-1} x(n)x(n+\tau)$$

$$R_{xx}(\tau) = \mathrm{E}[x(n)x(n+\tau)]$$

式中：τ 为时间变量。自相关函数具有如下基本特性：①自相关函数是时间变量 τ 的偶函数，即 $R_{xx}(\tau) = R_{xx}(-\tau)$；②在 $\tau = 0$ 时取最大值；③当时间变量 τ 趋近无穷大时，自相关函数值趋于零。周期信号的自相关函数仍是同频信号，但不保留原信号的相位特性；随机噪声信号的自相关函数随 τ 的增加迅速衰减。

类似地，自协方差函数定义为

$$C_{xx}(\tau) = \mathrm{E}\{[x(n) - \mu_{x(n)}][x(n+\tau) - \mu_{x(n+\tau)}]\}$$

式中：$\mu_{x(n)}$ 和 $\mu_{x(n+\tau)}$ 分别为随机过程 $x(n)$ 在时刻 n 和 $n+\tau$ 的均值。

（2）互相关函数。确定的或随机的时间序列函数 $x(n)$ 和 $y(n)(n=0,1,\cdots,N-1)$ 的互相关函数分别表示为

$$R_{xy}(\tau) = \sum_{n=0}^{N-1} x(n)y(n+\tau)$$

$$R_{xy}(\tau) = \mathrm{E}[x(n)y(n+\tau)]$$

互相关函数具有如下性质：①互相关函数的下标不能颠倒，即 $R_{xy}(\tau)$ 不能写做 $R_{yx}(\tau)$，因为 $R_{yx}(\tau) = R_{xy}(-\tau)$；②$|R_{xy}(\tau)| \leqslant \sqrt{R_{xx}(0)R_{yy}(0)}$。两个同频周期信号的互相关函数仍是同频周期信号，且保留原信号的相位特性；两个非同频周期信号互不相关。

类似地，互协方差函数定义为

$$C_{xy}(\tau) = \mathrm{E}\{[x(n) - \mu_{x(n)}][y(n+\tau) - \mu_{y(n+\tau)}]\}$$

huigui fenxi

回归分析（regrssion analysis）　确定某一问题的两个或两个以上的变量中，自变量与因变量因果关系的统计分析方法。按照分析所涉及的自变量数目，可分为一元回归分析和多元回归分析；按照自变量与因变量间函数关系的类型，可分为线性回归分析和非线性回归分析。

回归分析的内容包括：①依据原始数据确定变量间的定量关系，即建立数学模型并估计其参数，常采用最小二乘法进行；②对上述关系的可信程度进行检验；③在涉及多个自变量的问题中，判断有显著影响的主要自变量和无显著影响的次要自变量；④利用回归关系对同类问题进行预测或检测。

仅涉及一个自变量和一个因变量且二者关系可用一条直线描述的问题称一元线性回归，其数学模型如下。

变量 $x(n)(n=1,2,\cdots,N)$ 为自变量，$y(n)$ 为因变量，两者不确定的因果关系的拟合算式为

$$\hat{y}(n) = a + bx(n)$$

式中：$\hat{y}(n)$ 为 $y(n)$ 的最佳估计；由最小二乘法可得

$$a = y - bx \qquad b = l_{xy}/l_{xx}$$

$$x = (1/N)\sum_{n=1}^{N} x(n)$$

$$y = (1/N)\sum_{n=1}^{N} y(n)$$

$$l_{xy} = \sum_{n=1}^{N} [x(n) - \bar{x}][y(n) - \bar{y}]$$

$$l_{xx} = \sum_{n=1}^{N} [x(n) - \bar{x}]^2$$

jingyan motai fenjie

经验模态分解（empirical mode decomposition；EMD）　对时间序列信号进行逐次筛选得出其固有模态函数族的信号处理方法。

固有模态函数（intrinsic mode function；IMF）是原始信号中所包含的简单振动形态，它与结构动力学中弹性体系的振动模态是两个不同的概念。弹性体系的振动模态与确定的频率相对应，各模态满足对体系质量矩阵和刚度矩阵的正交条件；但固有模态函数的频率可能是变动的，仅具有近似的正交性。当时间序列信号是某个弹性体系的振动响应时，其固有模态与该体系的模态反应将十分接近。

可使用逐次筛选方法得出信号的固有模态函数，即反复利用时间序列信号包络的均值作为基准，逐次提取固有模态函数。具体计算步骤如下。

（1）确定原始时间序列 $X(t)$ 各个局部极大值和极小值，利用样条插值方法分别连接各极大值和极小值得到 $X(t)$ 的上下包络曲线，即极大值包络 $X_{\max}(t)$ 和极小值包络 $X_{\min}(t)$。

（2）对每个时刻的极大包络值和极小包络值求平均，得瞬时平均值

$$m(t) = \frac{1}{2}[X_{\max}(t) + X_{\min}(t)]$$

（3）从原始信号 $X(t)$ 中减去瞬时平均值 $m(t)$，得到滤掉低频信号的新时间序列：

$$h(t) = X(t) - m(t)$$

（4）判断 $h(t)$ 是否满足以下条件：①$h(t)$ 的极值点数目等于过零点数目，或两者差值为1；②在任意时刻，$h(t)$ 的局部极大值包络 $h_{\max}(t)$ 和极小值包络 $h_{\min}(t)$ 的均值为0。若满足以上条件，$h(t)$ 为第一阶固有模态函数，记为 $C_1(t)$，转步骤（5）；若不满足以上条件，将 $h(t)$ 视为原始序列重复进行步骤（1）—（3）。

（5）由原始序列 $X(t)$ 减去 $C_1(t)$ 得新序列 $r_1(t)$；将 $r_1(t)$ 视如原始序列重复执行步骤（1）—（4），得出其他各阶固有模态函数 $r_i(t)(i=2,\cdots,n-1)$，直至 $r_n(t)$ 不能再分解（成为单调函数或常数）为止。

经验模态分解的最终结果可将原始时间序列表示为各阶固有模态函数与一个非振动单调趋势（或常数）的和：

$$X(t) = \sum_{i=1}^{n-1} C_i(t) + r_n(t)$$

suiji jianliang fangfa

随机减量方法（random decrement technique；RDT）　从结构随机振动时间序列中提取其动力特性的经验方法。该法是美国宇航局的科尔（H. A. Cole）在20世纪60年代末70年代初最早提出的，尚未建立起严格、系统的理论，主要应用于结构模态参数（如自振频率和振型阻尼比）的提取和损伤诊断。

（1）在随机环境荷载作用下，结构体系（如飞行器和土木工程结构）振动响应的观测数据可视为平稳的、各态历经的随机振动时间序列。该时间序列中，在 $t_0 \sim t_0 + \tau$ 时段的振动状态 $X(t)$，可视为 t_0 时刻初位移引起的振动 $X^{(1)}(t)$，t_0 时刻初速度引起的振动 $X^{(2)}(t)$ 以及该时段环境荷载引起的随机振动 $X^{(3)}(t)$ 的叠加：

$$X(t) = X^{(1)}(t) + X^{(2)}(t) + X^{(3)}(t) \qquad (1)$$

为删除随机振动 $X^{(3)}(t)$ 的影响，从 $X^{(1)}(t)$ 和 $X^{(2)}(t)$ 中提取结构动力特性参数，可构造随机减量函数

$$\hat{D}_{xx}(\tau) = \frac{1}{N}\sum_{i=1}^{N} X(t_i + \tau) \qquad (2)$$

式中：$X(t_i+\tau)$ 为实测时间序列 $X(t)$ 中的时序片断；t_i 为时序片断的起始点，又称触发点；τ 为时序片断的长度（持续时间）；N 为时序片断的数量。

时序片断的起始点是由穿越触发条件确定的。若采用水平穿越触发条件，如图所示，即将常量 a 与序列 $X(t)$ 的交

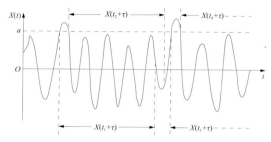

水平穿越触发条件下时序片断的选取

点作为起始点，则随机减量函数近似为初位移作用下结构的自由衰减振动；若采用零穿越触发条件，即将常量 0 与序列 $X(t)$ 的交点作为起始点，则随机减量函数近似为脉冲响应函数。在时序片断的叠加过程中，随机振动 $X^{(3)}(t)$ 被消除了，故可由随机减量函数确定结构的频率和阻尼比，并借此进行健康监测。在构造随机减量函数的过程中，穿越触发条件、时序片断的长度 τ 以及时序片断数量 N 的选择是重要的。在采用水平穿越触发条件时，阈值 a 常为 $X(t)$ 幅值分布标准差 σ_X 的某个倍数，如 $1.5\sigma_X$；时序片断长度应大于结构基本周期，时序片断的数量可取 2000。

（2）由单点的实测时间序列只能得到关于结构振动频率和振型阻尼比的估计，若欲估计振型须获得多点观测数据，并借助相关随机减量函数的概念。定义式（2）表示的测点 X 的实测时间序列 $X(t)$ 的随机减量函数为自相关随机减量函数，定义测点 X 与测点 Y 的互相关随机减量函数为

$$\hat{D}_{yx}(\tau) = \frac{1}{N}\sum_{i=1}^{N} Y(t_i + \tau) \qquad (3)$$

式中：$Y(t_i+\tau)$ 为 Y 测点实测时间序列 $Y(t)$ 中与 $X(t_i+\tau)$ 对应的时序片断。尽管在相关随机减量函数的定义中使用了"自相关"和"互相关"的字样，但它与相关分析中相关函数的经典定义与算法是不同的。研究表明，序列 $X(t)$ 的自相关随机减量函数 $\hat{D}_{xx}(\tau)$ 与自相关函数 $R_{xx}(\tau)$ 是比例函数，序列 $X(t)$ 和 $Y(t)$ 的互相关随机减量函数 $\hat{D}_{yx}(\tau)$ 与互相关函数 $R_{yx}(\tau)$ 也是比例函数。

在工程应用中，有将实测时间序列先进行经验模态分解，再对得出的固有模态函数构造随机减量函数的做法。

pinyu fenxi

频域分析 （frequency domain analysis） 将信号的幅值、相位和能量变换为以频率表示的函数，进而分析其特性的方法；又称频谱分析。

频谱即信号的全部频率分量的完整表述。频谱图形有离散和连续的两种基本类型。离散频谱又称线状频谱，各条谱线（代表某频率分量幅度或相位的线）有一定间隔，

周期信号的频谱都是离散频谱。连续频谱的谱线连成一片，非周期信号和各种无规则噪声的频谱都是连续频谱。实际信号的频谱往往是混合频谱，被测量的连续信号或周期信号，除了它的基频、各次谐波和寄生信号所呈现的离散频谱外，通常伴有随机噪声所呈现的连续频谱作为基底。

频谱分析的基础是傅里叶分析，它可以将一个随时间变化的信号变换成以频率为变量的包含幅值和相位两者的函数，即任意时变信号可以分解成不同频率、不同相位、不同幅值的正弦波。频谱分析的结果可用幅值谱、相位谱、能量谱密度、功率谱密度等表示。

频域分析是近代信息技术的重要手段，对信号进行频谱分析可获得更多有用信息。频域分析在以下方面有广泛应用：拾振器或其他传感器失真度的检测，机械故障诊断，结构动力特性分析，信号的因果性或相关性分析，振动试验的控制。可借助各种传感器或转换器对非电量信号（振动、水声、生物行为、医学现象，各种随机过程和瞬态过程如爆炸、导弹发射、水声混响、舰船和鱼雷噪声等）进行频域分析，进而研究其特征和改进相关产品的设计。

Fuliye fenxi

傅里叶分析 （Fourier analysis） 将时间序列信号转换为谐波信号的叠加，进而分析信号成分、强度、相位等特性的理论和方法。傅里叶分析是法国科学家傅里叶（J. Fourier）最早提出的，至今仍是进行频域分析的最重要的基础，在科学研究、工程实践中有极其广泛的应用。

傅里叶变换 在有限时间段 $t\in[-T/2,T/2]$ 内，任意时间序列信号可表示为傅里叶级数，即一系列谐波信号的叠加：

$$x(t) = \sum_{n=-\infty}^{+\infty} c_n \mathrm{e}^{\mathrm{i}2\pi n f_0 t} \qquad (t\in[-T/2,T/2]) \qquad (1)$$

$$c_n = \frac{1}{T}\int_{-T/2}^{T/2} x(t)\mathrm{e}^{-\mathrm{i}2\pi n f_0 t}\mathrm{d}t \qquad (2)$$

式中：$f_0=1/T$；n 为谐波的阶数；c_n 称为有限傅里叶系数。傅里叶级数中所含各谐波的频率是一系列离散值 $f=nf_0$。若 $x(t)$ 是以 T 为周期的函数，则在整个时间轴上，傅里叶级数与 $x(t)$ 相同；若 $x(t)$ 不是周期函数，T 仅为 $x(t)$ 的某个片断的持续时间，那么傅里叶级数仅与该片断是相同的。实际问题中的时间序列信号往往不是周期函数，为分析非周期函数 $x(t)$ 全过程的谱特性，须借助傅里叶积分。将式（2）积分限中的 T 予以扩展，当 $T\to\infty$ 时有

$$X(f) = \int_{-\infty}^{+\infty} x(t)\mathrm{e}^{-\mathrm{i}2\pi f t}\mathrm{d}t \qquad (3)$$

$$x(t) = \int_{-\infty}^{+\infty} X(f)\mathrm{e}^{\mathrm{i}2\pi f t}\mathrm{d}f \qquad (4)$$

式（3）和式（4）构成傅里叶变换对，可表示为 $x(t)\Leftrightarrow X(f)$；$X(f)$ 称为时间序列函数 $x(t)$ 的傅里叶谱。傅里叶谱 $X(f)$ 中的频率 f 是在 $(-\infty,+\infty)$ 范围内连续取值的。

傅里叶变换具有如下基本性质：①共轭性，即 $\overline{x}(t)\Leftrightarrow \overline{X}(-f)$（函数符号上面的一横表示该函数的共轭函数）；②时移性，即 $x(t\pm t_0)\Leftrightarrow X(f)\mathrm{e}^{\pm \mathrm{i}2\pi f t_0}$；③对称性，即 $x(f)\Leftrightarrow X(-t)$；④频移性，即 $x(t)\mathrm{e}^{\pm \mathrm{i}2\pi f_0 t}\Leftrightarrow X(f\mp f_0)$；⑤比例性，$x(at)\Leftrightarrow(1/|a|)X(f/a)$，当 $a=-1$ 时，有 $x(-t)\Leftrightarrow X(-f)$，即翻转后的 $x(t)$ 和 $X(f)$ 仍满足傅里叶变换关系。

快速傅里叶变换（FFT） 在对离散时间序列信号进行傅

里叶分析时，可采用库利（J. W. Cooley）和图基（J. W. Tukey）研究的快速傅里叶分析算法。在应用 FFT 算法时，要求等间距的采样点个数 N 等于 2 的乘幂，即 $N=2^n$。为此，必须截取原离散时间信号的一部分，或在原信号的首尾添加若干个 0。在原始信号首尾加零不会影响傅里叶变换的正确性，且可增加频率分辨率（即使频谱的频率间隔减小）；但不可能提高谱分析的最高频率。截取信号的一部分进行傅里叶变换则有可能产生频率泄漏，影响分析精度。

频率泄漏 实际信号分析中处理的信号只能是有限长度的时间信号。在傅里叶变换中，有限时间信号是被首尾连接重复使用的。若时间序列片断的截取不适当，造成首尾不能依原信号的性质平滑连接而出现奇异点，则在谱分析中将出现原信号中并不存在的频率成分，造成原信号某谐波能量向相邻频率的泄漏现象。

例如，图中的原始信号 $x(t)$ 为谐波函数，只有单一的频率 f_0，其频谱 $X(f)$ 为脉冲函数；若以矩形窗 $w(t)$ 截取原始信号的有限片段但截断处不是原信号周期的整数倍，则截断信号的频谱 $X(f)*W(f)$ 将发生畸变［$W(f)$ 为 $w(t)$ 的频谱，* 表示褶积］，造成频率泄漏。为减少频率泄漏引

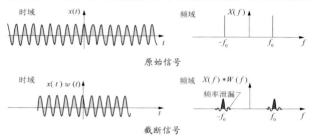

原始信号

频率泄漏示意图

起的计算误差，应适当截取时间序列片断。一般情况下选择使用窗函数进行截断是有效的，亦可设计专门的滤波器抑制泄漏，但泄漏效应不可能完全消除。

时频域分析（time-frequency domain analysis） 将时域分析与频域分析相结合进行信号分析的理论与方法。

分别在时域和频域对信号进行分析，尤其是频域的分析，显然加深了对信号特征的了解。然而，频域分析方法在理论和实践中大多只适用于频率不随时间变化的平稳信号，对于非平稳信号，频域分析具有很大的局限性。例如，傅里叶分析将信号分解为一系列不同频率和相位的正弦信号的叠加，但无法识别某个频率成分在何时发生。当一个时间序列信号的特征在不同时段产生变化时，对信号整体所进行的傅里叶分析并不能揭示其变化规律。时域信号在短时间内发生突变，往往包含了重要信息，但傅里叶分析也不能对突变信号进行解释。

时频域分析的研究始于 20 世纪 40 年代，80 年代以来取得了迅速发展，形成信号分析领域的研究热点，逐渐建立起独特的理论体系。为了得到信号的时变频谱特性，学者们提出了众多形式的时频分析方法和时频分布函数，其中包括：短时傅里叶变换、Wigner - Ville 分布、Cohen 族时频分布和小波变换等。利用这些方法，可以完成信号从时域到频域的转换，得出信号的时频分布图形、表示信号各分量的时间关联谱特性，在不同时刻给出任意频率成分的

能量聚积特征等。时频域分析已在工程学、物理学、天文学、化学、生物学、医学和数学等广阔领域被应用，显示了在信号分析中的重要作用和巨大潜力。

短时傅里叶变换（short time Fourier transform；STFT）将时间序列信号在时间上分割截取并分别进行傅里叶变换得到信号的时变频谱的方法。分割截取时间序列信号是利用移动的窗函数实现的，故短时傅里叶变换又称时窗傅里叶变换或窗口傅里叶变换，是以傅里叶变换为基础、对信号时频特征的最简单的线性表述。

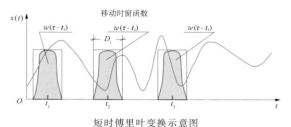

短时傅里叶变换示意图

如图所示，将平方可积的能量型信号 $x(t)$ 乘以宽度为 D_t 的移动时窗函数 $w(t)$ 并作傅里叶变换，可得信号 $x(t)$ 的短时傅里叶变换如下：

$$T_{STFx}(\omega,t) = \int_{-\infty}^{\infty} x(\tau)\overline{w}(\tau-t)e^{-i\omega\tau} d\tau$$

式中：$\overline{w}(\cdot)$ 为 $w(\cdot)$ 的复共轭函数；τ 为延时；ω 为圆频率。显然，短时傅里叶变换 $T_{STFx}(\omega,t)$ 给出了信号 $x(t)$ 在 $[t-(1/2)D_t, t+(1/2)D_t]$ 时间段内的频谱信息。由短时傅里叶变换可重构信号 $x(t)$，在 $\int_{-\infty}^{\infty}|w(t)|^2 dt = 1$ 的条件下，有

$$x(t) = \frac{1}{2\pi}\int_{-\infty}^{\infty}\int_{-\infty}^{\infty} T_{STFx}(\omega,t)w(t-\tau)e^{i\omega t} d\tau d\omega$$

短时傅里叶变换具有时移性和频移性。（见傅里叶分析）

当窗函数 $w(t)$ 为持续时间无限的矩形窗时，短时傅里叶变换退化为傅里叶变换。$w(t)$ 的傅里叶变换 $W(\omega)$ 称为谱窗，其有效带宽为 D_ω，$T_{STFx}(\omega,t)$ 频谱的带宽为 $[\omega-(1/2)D_\omega, \omega+(1/2)D_\omega]$。$D_t$ 和 D_ω 分别确定了短时傅里叶变换的时间分辨率和频率分辨率。不同窗函数的 D_t 和 D_ω 是不同的，根据海森柏格（Heisenberg）测不准原理，D_t 和 D_ω 的乘积为常数，故两者不能同时任意小。实际应用中，为了准确定位信号中高频成分的发生时刻，应使用 D_t 较小的时窗（此时 D_ω 必然较大）；反之，为了提高低频信号的频率分辨率，应使用 D_ω 较小的时窗（此时 D_t 必然较大）。由于短时傅里叶变换中窗函数的形式是固定的，只能就时间分辨率和频率分辨率作折中选择，这是其最大的缺点。

小波变换（wavelet transform；WT） 利用有限长度的衰减小波函数族对时间序列信号进行短时傅里叶分析的数学方法，是时频域分析的一种。

小波变换利用可变的窗函数实现对时间序列信号的局部化多分辨率分析，弥补了傅里叶变换和短时傅里叶变换方法的不足。该法可对非平稳时间序列信号进行任意高分辨率的分析，对高频信号具有高时间分辨率，对于低频信号具有高频率分辨率，故被称为"数学显微镜"。

发展和应用 小波变换思想最早出现于 20 世纪 30 年代。1984 年，法国地球物理学家莫莱（J. Morlet）在地球物理勘探信号分析中使用了基于傅里叶变换的小波分析概念；理论物理学家格罗斯曼（A. Grossman）利用小波函数的平移和伸缩建立了小波变换的理论体系。1985 年法国数学家迈耶（Y. Meyer）构造了小波正交基；1988 年比利时数学家道布切斯（I. Daubechies）证明了紧支撑正交标准小波基的存在，使离散小波变换成为可能；1989 年马利特（S. Mallet）提出了多分辨率分析的概念，统一了构造小波的方法，并开发了二进制小波分析的快速算法。

小波变换是一种尚在发展中的新的数学工具，已在信号分析、图像识别、数据压缩、医学诊断、量子物理、石油勘探、损伤识别和数值分析等领域获得广泛应用。在地震工程中，小波变换已被用于结构模态参数识别、结构性态变化识别、结构健康监测和结构地震反应分析等。

应用中的若干小波函数见图。

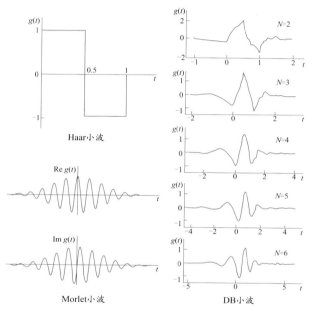

几种小波函数的时域波形

连续小波变换 取能量有限、满足平方可积条件的函数 $g(t)$ 作为基小波（母小波）函数，通过 $g(t)$ 的平移和伸缩形成一组完备、正交的基函数：

$$g_{b,a}(t) = |a|^{-1/2} g\left(\frac{t-b}{a}\right)$$

时间序列信号 $x(t)$ 的连续小波变换为

$$W_x(b,a) = |a|^{-1/2} \int_{-\infty}^{\infty} g^*\left(\frac{t-b}{a}\right) x(t) \mathrm{d}t$$

式中：a 为伸缩因子；b 为平移因子；$g^*(\cdot)$ 是 $g(\cdot)$ 的共轭。小波逆变换为

$$x(t) = \frac{1}{c_g} \int_{-\infty}^{\infty} \int_{-\infty}^{\infty} W_x(b,a) g_{b,a}(t) \frac{1}{a^2} \mathrm{d}b \mathrm{d}a$$

$$c_g = 2\pi \int_{-\infty}^{\infty} |G(\omega)|^2 |\omega|^{-1} \mathrm{d}\omega$$

式中：$G(\omega)$ 为 $g_{b,a}(t)$ 的傅里叶变换。对于不同的伸缩因子 a（即对应于不同的频率），可得相应的瞬时频率和瞬时幅值。在时频平面 (a,b) 上每一点的小波变换系数 $W_x(b,a)$ 表

示相应基函数对信号 $x(t)$ 的贡献。

离散小波变换 将伸缩因子和平移因子取离散值，即伸缩因子 $a = a_0^{-m} (a_0 > 1)$，平移因子 $b = nb_0 a_0^{-m} (b_0 \neq 0)$，则基函数族为

$$g_{n,m}(t) = a_0^{m/2} g(a_0^m t - nb_0) \quad (m, n = 0, \pm 1, \pm 2, \cdots)$$

离散小波变换和逆变换分别为

$$W_x(n,m) = a_0^{m/2} \int x(t) g^*(a_0^m t - nb_0) \mathrm{d}t$$

$$x(t) = \sum W_x(n,m) g_{n,m}(t)$$

a_0 取 2 时的离散小波变换为二进小波变换。特别是当 $a_0 = 2$，$b_0 = 1$ 时，基函数族构成标准正交基，此时的小波变换可采用快速算法。

希尔伯特–黄变换（Hilbert-Huang transform；HHT）

将经验模态分解方法与希尔伯特变换相结合的时间序列信号分析方法。

1998 年，美籍华人黄锷（N. E. Huang）提出的经验模态分解方法，可将非平稳时间序列分解为一组固有模态函数；对固有模态函数进行希尔伯特变换即为希尔伯特–黄变换，进而可分析信号的时、频域特征。该变换方法是分析窄带信号的有力手段，在地球物理勘探、结构损伤识别、数据图像处理和疾病诊断等研究中被应用。

利用经验模态分解方法将时间序列信号分解为一系列固有模态函数，记为 $C(t)$，其希尔伯特变换为

$$\hat{C}(t) = \frac{1}{\pi} \int_{-\infty}^{\infty} \frac{C(\tau)}{t-\tau} \mathrm{d}\tau$$

式中：τ 为延时。反变换公式为

$$C(t) = -\frac{1}{\pi t} \hat{C}(t) = -\frac{1}{\pi} \int_{-\infty}^{\infty} \frac{\hat{C}(\tau)}{t-\tau} \mathrm{d}\tau$$

显然，信号经希尔伯特变换后仅相角产生 90° 偏移。利用原信号和变换后的信号构成原信号的解析函数（复函数）：

$$q(t) = C(t) + \mathrm{i}\hat{C}(t) = a(t) \mathrm{e}^{\mathrm{i}\theta(t)}$$

式中：$a(t)$ 和 $\theta(t)$ 分别为信号 $C(t)$ 的瞬时幅值（又称包络函数）和瞬时相角，同时可定义瞬时频率 $\omega(t)$：

$$a(t) = [C^2(t) + \hat{C}^2(t)]^{\frac{1}{2}}$$

$$\theta(t) = \arctan\left[\frac{\hat{C}(t)}{C(t)}\right]$$

$$\omega(t) = \frac{\mathrm{d}\theta(t)}{\mathrm{d}t}$$

将对应不同频率 ω（即对应不同固有模态函数）的 $a(t)$ 标示在时间–频率平面上，即得非平稳时间序列的希尔伯特谱 $H(\omega,t)$。

对 $H(\omega,t)$ 在时间域 $(0,T)$ 积分，可得边界谱 $h(\omega)$；对 $H(\omega,t)$ 的平方在频域积分，可得瞬时能量谱 $E(t)$；对 $H(\omega,t)$ 的平方在时域积分，可得能量谱 $E(\omega)$：

$$h(\omega) = \int_0^T H(\omega,t) \mathrm{d}t$$

$$E(t) = \int_\omega H^2(\omega,t) \mathrm{d}\omega$$

$$E(\omega) = \int_0^T H^2(\omega,t) \mathrm{d}t$$

结构地震反应分析

jiegou dizhen fanying fenxi

结构地震反应分析（seismic response analysis of structure）计算工程结构在地震作用下的振动反应的理论和方法。结构地震反应分析可为结构抗震设计、震害预测和抗震鉴定加固提供必要的计算依据，是研究结构破坏机理、抗震性能和抗震薄弱环节的重要手段，也是实施结构振动控制和健康监测不可缺少的环节，是地震工程最重要和最基本的内容之一。

结构地震反应分析的实施涉及强地震动特性，地震作用理论，结构的模型化（建模），材料、构件和结构体系的本构关系，数值计算方法，不确定性处理等范围广阔的内容；是工程地震学、结构工程学、结构动力学、结构力学、材料力学、弹性力学、塑性力学、计算数学、概率理论、随机过程乃至人工智能等学科的综合运用。

结构地震反应分析的理论和方法伴随地震工程研究而发展，在经受结构抗震试验验证和总结工程结构震害经验的基础上逐步深入，计算机技术的普及促进了结构地震反应分析的应用。随着现代科学技术的发展，地震反应分析的理论和方法将更趋完善。

dizhen zuoyong lilun

地震作用理论（earthquake action theory） 研究强地震动与接地结构的力学状态变化关系规律的科学。

强地震的发生将导致置于地下和坐落于地面的结构物运动状态的变化，乃至造成房屋倒塌、基础设施毁坏等重大灾害。然而，在近代科学诞生之前，人们除对震害现象进行宏观描述之外，未能形成对地震成灾原因的科学认识，也不可能在科学基础上发展系统的人工结构抗震技术。基于近代力学理论解释，工程结构震害研究促进了地震作用理论的产生；强震动观测推进了地震作用理论的发展；结构力学、结构动力学、随机振动等理论的应用，结构抗震试验技术的开发和计算机技术的普及，使地震作用理论形成系统的科学，成为结构抗震技术的基础。减轻地震灾害的迫切需求是推动地震作用理论研究和发展的根本动力，地震作用理论成果应用于工程实践并在实践中接受检验而不断发展。

静力理论 基于牛顿力学，人们认识到地震动作为短暂时间内突发的往复运动必然产生加速度 a，与地面连接的质量为 m 的刚性结构将承受 $F=ma$ 的惯性作用，这是关于地震作用的最初的科学认识。有史料记载的这一认识是由意大利和日本学者首先提出的，日本学者大森房吉（Omori Fusakichi）在 19 世纪末提出的建筑物在地震中承受均匀而幅值不变的水平加速度、进而产生地震力的学说广为人知。由于这一表述没有考虑建筑物自身作为弹性体而存在的动力效应，且将加速度产生的惯性作用以固定不变的静力方式作用于结构，故后人将其称为静力理论。

在静力理论指导下，产生了以日本震度法为代表的地震作用分析和抗震设计方法。1922 年，内藤多仲（Naito Tachu）采用震度法按加速度 0.067 g 设计的八层兴业银行大楼在 1923 年日本关东地震中经受了考验。然而当时尚未获取地震动加速度的观测记录，只能根据推测并考虑当时技术经济能力，人为规定某个加速度值进行结构抗震分析设计，规定的设计加速度幅值大多不超过 0.1 g。

反应谱理论 20 世纪初，日本学者物部长穗（Mononobe Nagaho）假定地面运动为稳态的谐和振动，开始了结构地震反应分析的进一步探索。1923 年日本关东地震后，基于震害经验分析，日本兴起了"刚性论"和"柔性论"之争。刚性论者认为，地震动卓越周期在 1.0～1.5 s 之间时，刚性结构可以避免共振，故支持震度法的假定；柔性论者认为，结构是弹性体，震度法不符合结构的实际情况。尽管囿于当时动力分析方法的不成熟和对强地震动特性缺乏了解，"刚柔论争"没有得出公认的结论，但却推动了地震作用理论的深入发展。

在 1933 年美国加州长滩地震中，人类首次用强震动仪记录了地震动加速度时程，并认识到地震动是包含多种频率成分的宽频震动；同年，比奥（M. A. Biot）基于单自由度体系地震反应的模拟提出了地震反应谱的概念；20 世纪 50 年代，苏联学者假定地面运动为若干个周期不同的衰减正弦函数的叠加。有关地震动认识的飞跃推进了地震作用理论的发展。1953 年，豪斯纳及其合作者用电路模拟方法并考虑阻尼影响，计算了当时美国强震记录的反应谱曲线，这些结果成为美国确定设计地震作用的主要依据，并被其他国家广泛采用。

用反应谱方法计算结构地震作用的原则算式为

$$F = K\beta(T)W$$

式中：K 为地震系数，即地面地震动加速度与重力加速度之比；$\beta(T)$ 为对应结构自振周期 T 的动力放大系数，它是单自由度弹性体系最大绝对加速度反应与地面地震动加速度的比值，对应不同周期的动力放大系数即归一化的地震反应谱曲线；W 为结构重力。

20 世纪 40 年代以后，建筑结构的模态参数测试验证了弹性体系的振型分解理论，振型叠加反应谱法成为计算结构地震作用的有力工具。此期的震害研究获得更为丰富的结构抗震经验。如：1960 年智利中部地震中倒摆式柔性水塔完好无损，附近的刚性水塔却破坏严重；整体性能较好的抗震墙建筑在历次地震中都有良好的表现，底层空旷柔弱的所谓"鸡腿建筑"则被证明是对抗震不利的结构形式。反应谱方法的科学性被理论和实践所证明。

反应谱理论相对静力理论的重大进步，在于认识到地震动是包含多种频率成分的宽频振动，它与弹性结构体系的动力特性（频率、振型和阻尼）共同决定了结构的地震反应。反应谱的计算和结构的振型分解都运用了结构动力学原理，就此而言，反应谱方法具有动力本质。然而，在抗震分析和设计中，由振型反应得出的地震作用仍然以静力方式施加于结构，人们并不能由反应谱方法的计算结果分析结构地震反应的动力过程。

动力理论 20 世纪 60 年代计算机的普及应用，使求解复杂体系的弹性乃至非弹性动力反应时间过程成为可能。结构地震反应时间过程可由下述运动方程的数值积分得出：

$$Ma(t) + Cv(t) + K(t)d(t) = -MIx_g(t)$$

式中：M，C，K 分别为结构体系的质量矩阵、阻尼矩阵和刚度矩阵；I 为单位矩阵；$d(t)$，$v(t)$ 和 $a(t)$ 分别为结构相对位移、速度和加速度反应矢量；$x_g(t)$ 为输入地震动加速度时间过程。

这一阶段，有关场地条件对地震反应影响的研究，考虑抗震结构非线性的弹塑性地震反应分析研究以及有限元方法的问世，都推动了地震作用分析理论的发展。

随着强震加速度记录的积累，人们认识到地震动的不确定性，随机振动理论被引入地震工程，发展了诸多地震动随机模型。考虑到结构体系的不确定性，基于概率理论的极限状态分析方法被抗震分析采用。适应大型、复杂工程建设的需求，土-结相互作用体系、地震动多点输入体系、生命线工程地震反应分析等成为重要研究课题。新的抗震试验技术（地震模拟振动台试验、伪动力试验和联网试验）的开发为发展和验证地震作用理论和方法提供了新的有力手段。适应工程结构性态抗震设计的需要，利用静力弹塑性分析方法（pushover 方法）估计地震作用效应也引起人们的广泛兴趣。

这一阶段地震作用理论和方法的发展全面深入而丰富，并非"动力"二字所能概括。在弹性体系地震作用理论渐趋完善的基础上，复杂非弹性体系的分析成为必须面对的科学问题。借助于现代科学技术的新成果，地震作用理论将继续深入发展。

结构动力分析（dynamic analysis of structure）

jiegou dongli fenxi

计算工程结构在动荷载作用下的变形和内力的理论和方法。

动荷载是随时间快速变化、可引起惯性作用的荷载，动荷载作用下的结构反应是随时间变化的动力过程。结构动力分析是结构工程的重要内容，结构地震反应分析是结构动力分析在地震工程中的应用。

结构动力反应分析涉及结构力学分析模型和运动方程的建立、结构力学参数的确定以及运动方程求解方法。

结构动力反应分析可从不同角度分类。例如，确定性分析和不确定性分析（见随机地震反应分析），线弹性反应分析和非线性反应分析，时域分析和频域分析，单质点、多质点和分布质量体系的分析，以及单点、单向输入和多点、多向输入反应分析等。选取何种分析模型和分析方法取决于具体问题的条件和要求。

由于建筑结构的复杂性、地震动的不确定性以及破坏性地震的强烈和罕遇性，地震反应动力分析具有特殊的困难；其中，随机地震反应分析，非线性地震反应分析和多向、多点输入地震反应分析，土-结相互作用体系地震反应分析是尚未圆满解决的科学问题。抗震设计中的结构地震反应分析多采用不同的简化算法。

结构力学分析模型（mechanics analysis model of structure）

jiegou lixue fenxi moxing

反映真实结构几何与力学特性、供结构分析使用的简化抽象计算图形。

建立抗震结构力学分析模型是结构地震反应分析的关键环节之一，直接影响分析结果的可靠性。确定分析模型的基本原则是反映真实结构的质量分布和抗力体系，能描述结构在外界荷载及地震作用下的变形性质且便于使用。模型的简化程度取决于结构特征和计算目标，并与计算方法密切相关。电子计算机的普及应用极大推动了分析模型的发展。

结构分析模型可分为集中质量模型和分布质量模型两类。结构抗震分析多使用集中质量模型，含单质点模型、串联多质点模型、平面杆系模型和三维有限元模型等。

单质点模型（single mass model）

danzhidian moxing

结构体系质量集中于一点的结构力学分析模型，在结构动力反应分析中应用最早，适用于线弹性体系或非线性体系。

单质点模型简单明了，广泛用于阐述振动理论、对结构体系进行初步定性分析和计算反应谱。由于实际结构均较复杂，故将其简化成单质点模型过于粗糙。在计算机广泛应用的今天，单质点模型在地震工程应用中仅限于近似模拟质量集中的工程结构（如柱承式储仓和水塔等）。

图（a）是由无质量悬臂杆支承集中质量 m 构成的单质点模型，无质量杆的刚度 k 是结构整体的刚度；若给出结构

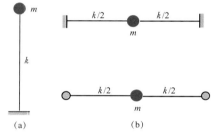

(a)   (b)

单质点模型

体系两个水平正交方向的刚度和竖向刚度，可计算结构在三向扰力作用下的动力反应。图（b）是由两端支承杆与集中质量 m 构成的单质点模型，每端杆的刚度为体系刚度的一半，多用于计算垂直于杆轴线方向的动力反应。

串联多质点模型（series multi-mass model）

chuanlian duozhidian moxing

一根无质量悬臂杆支承多个集中质量构成的结构力学分析模型，亦称串联多自由度体系分析模型。

图1　串联多自由度体系分析模型

串联多质点模型一般基于结构竖向分段划分计算单元，质量 m_i 集中于各段标高处，以悬臂杆各段刚度 k_i 描述结构力学性质（图1）；因计算量小、使用方便在抗震分析中广为应用，最适用于估计规则结构的弹性或非线性地震反应。与单质点模型相比，串联多质点模型可考虑高阶振型的影响。

该模型的基本假定是：①结构各段中水平构件的轴线刚度无穷大，同一段中各竖向构件的侧向位移相同；②结构刚度中心与质量中心重合，在水平地震作用下结构不发生绕竖轴的扭转。

串联多质点模型有对应不同结构和算法的多种应用，如剪切型模型、D值法模型和修正的剪切型模型等。

剪切型模型　如图2所示，该模型假定结构水平构件

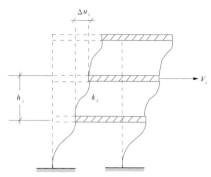

图 2　剪切型模型结构受力与变形

（如楼板和梁）的刚度无穷大，不产生弯曲和轴向变形，梁柱节点转角为零；竖向构件在水平荷载下不产生轴向变形。

基于上述假定，结构的分段刚度为该段所有竖向构件抗侧力刚度之和，结构总刚度矩阵由各分段刚度组成。对于框架结构，柱 i 的弹性刚度为

$$k_i = \frac{12EI_i}{h_i^3}$$

式中：E 为弹性模量；I_i 为柱的截面惯性矩；h_i 为柱 i 所在层高。对于多层砌体结构，仅考虑墙的剪切刚度。

确定分段刚度亦可采用以下方法：首先用有限元方法建立结构总体刚度矩阵，然后用静力法计算结构各水平层间相对位移 Δu_i 及层间剪力 V_i，再按下式计算该段等效剪切刚度：

$$k_i = \frac{V_i}{\Delta u_i}$$

这种模型的总刚度矩阵呈三对角形（见刚度矩阵），运算简便；但因其基本假设与大部分实际结构不完全相符，故应用受到限制，仅较多用于多层框架结构和砌体结构，且原则上只适用于强梁弱柱型框架结构，强柱弱梁型框架结构应用此模型将引起较大误差。

D 值法模型　为考虑梁弯曲变形对柱刚度的影响，提出了各种修正方法，D 值法即为其中之一。在计算机和有限元方法普及之前，该法作为简化计算方法被广泛应用，可用于框架结构分析。

D 值系指框架柱的抗侧刚度值，柱 i 的 D 值为

$$D = \alpha_c \frac{12 i_c}{h_i^2}$$

式中：i_c 为柱的线刚度；α_c 为与梁柱刚度比有关的系数，该系数由柱的位置和梁柱刚度比确定。层刚度为各柱抗侧刚度之和。

修正的剪切型模型　同时考虑竖向结构构件的弯曲刚度和剪切刚度的串联多质点体系计算模型。例如，配筋砌体结构的竖向构件（墙）的等效抗侧刚度可表示为

$$k_i = \frac{1}{\dfrac{h_i^3}{12EI_i} + \dfrac{\xi_i h_i}{G_i A_i}}$$

式中：h_i 为 i 构件所在层的高度；I_i 为 i 构件的惯性矩；ξ_i 为与 i 构件几何形状有关的系数，常取 1.2；G_i 为 i 构件剪切模量；A_i 为 i 构件横截面积。层等效抗侧刚度可由叠加该层各构件等效抗侧刚度得出。

层等效抗侧刚度亦可利用有限元模型计算，即在各层施加水平力，得出结构侧向柔度矩阵，再求逆得到各层等效抗侧刚度。

ping-niu oulian fenxi moxing

平-扭耦联分析模型（lateral-torsional coupled analysis model）　考虑平面不规则结构扭转振动的简化结构力学分析模型。该模型由刚性楼板和联结各楼板的非同轴竖向杆件构成。

模型假设楼板为绝对刚性，每层质量集中于该层质心处；层抗侧刚度等于该层所有竖向构件抗侧刚度之和；各构件均不考虑自身扭转刚度。模型每层具两水平向位移 x，y 和平面内转角 φ 三个自由度；n 层结构的自由度数为 $3n$。

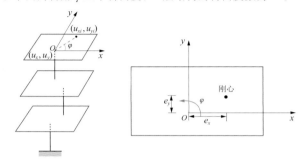

平-扭耦联结构分析示意图

平-扭耦联结构分析示意如图。取质心为楼层坐标原点，该点在整体坐标中的位置为 (u_x, u_y)；刚心的坐标为偏心距 (e_x, e_y)。刚性屋面板任意一点 i 的位移为

$$\begin{aligned} u_{xi} &= u_x - y_i \varphi \\ u_{yi} &= u_y + x_i \varphi \end{aligned}$$

该体系运动方程中对应位移向量 $[u_x, u_y, \varphi]^{\mathrm{T}}$ 的质量矩阵和刚度矩阵分别为

$$\boldsymbol{m} = \begin{bmatrix} m & & \\ & m & \\ & & J \end{bmatrix}$$

$$\boldsymbol{k} = \begin{bmatrix} k_x & 0 & k_{x\varphi} \\ 0 & k_y & k_{y\varphi} \\ k_{\varphi x} & k_{\varphi y} & k_\varphi \end{bmatrix}$$

式中：m 为各层集中质量；J 为刚性楼板绕质心竖轴的转动惯量；k_x，k_y 分别为层中竖向抗侧力构件在 x 和 y 方向刚度之和，$k_x = \sum_i k_{xi}$，$k_y = \sum_i k_{yi}$；抗扭刚度 $k_\varphi = \sum_i k_{xi} y_i^2 + \sum_i k_{yi} x_i^2$；耦联刚度 $k_{x\varphi} = k_{\varphi x} = -e_y k_x$，$k_{y\varphi} = k_{\varphi y} = -e_x k_y$。

该模型可粗略估计偏心结构的地震反应，更精确的分析须借助有限元方法。

pingmian ganxi moxing

平面杆系模型（plane frame model）　结构构件简化为轴线处于同一平面内的杆件、且荷载也作用于该平面内的结构力学分析模型，可用于框架、拱、刚架、桁架、框架-剪力墙等结构的力学分析。各杆件连接点可为铰接或刚接，视杆端约束不同杆件可承受轴力、剪力和弯矩。此类模型应用较广，可进行弹性及非线性动力反应分析。

该模型用于结构较规则、无明显扭转的框架房屋时，一般假定楼板在自身平面内为无限刚，竖向构件节点水平位移相同；梁单元无轴向变形，每个梁节点只考虑剪切和弯曲两个自由度。柱单元节点有轴向、剪切和弯曲三个自由度。框架结构的简化平面杆系模型见图 1，图 2 为框架-剪力墙结构的简化平面杆系模型。

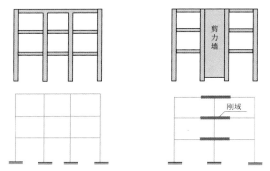

图 1 框架结构计算模型   图 2 框架-剪力墙结构计算模型

图 2 中的剪力墙以柱单元离散，并与带刚域的梁连接。类似地在抗震设计中又有框架-剪力墙协同工作模型。假定同一楼层的框架和剪力墙水平位移相同，地震作用由框架和剪力墙共同承担。结构中全部剪力墙可综合为总剪力墙，全部框架可综合为总框架，连梁综合为总连梁。连梁与剪力墙的连接端可设刚域，另一端不设刚域。这一模型的运动方程形式与弹性地基梁相同，框架相当于支承剪力墙的弹性地基，可用多种方法求解。

sanwei youxianyuan moxing

三维有限元模型 （three dimension finite element model）
利用有限元方法建立的空间结构力学分析模型。随着计算机技术和有限元方法的发展，该模型已用于结构地震反应分析与设计，只要模型简化合理，可获得满足一定精度要求的计算结果。

此类模型可假设楼板无限刚，以减少自由度；当楼板有较大开洞时，也可采用板壳单元考虑其弹性变形。模型分析中常用的单元有三维梁单元、板壳单元和二力杆单元。三维梁单元用于模拟结构的梁柱和固接斜杆；板壳单元由平面应力单元和板单元叠加而成，用于模拟剪力墙和楼板，可计算平面内和平面外受力和变形；二力杆单元则用于模拟某些铰接的斜杆。某机场航站楼三维有限元模型就是这类模型的一个实例。

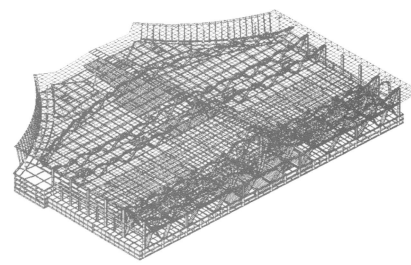

某机场航站楼三维有限元模型

结构的三维弹性有限元分析较为成熟，并得到广泛应用；但三维弹塑性有限元分析在使用中还存在较大问题，有待进一步解决。

yundong fangcheng

运动方程 （motion equation）   描述外部动力作用与结构体系动力变形关系的数学物理方程，又称动力平衡方程。

运动方程可从不同角度分类，例如离散体系运动方程和连续体系运动方程，单自由度体系运动方程和多自由度体系运动方程，弹性体系运动方程和非弹性体系运动方程，时域运动方程和频域运动方程等。

运动方程的数学形式   主要有以下几种。

偏微分方程   当考虑结构体系是具有分布质量和刚度的、具有无限自由度的连续体时，其运动方程具有偏微分方程的形式，亦称波动方程。例如，具有均匀分布质量的剪切梁的运动方程为

$$K\frac{\partial^2 u(x,t)}{\partial x^2} = m\frac{\partial^2 u(x,t)}{\partial t^2} - p(x,t) \qquad (1)$$

式中：$u(x,t)$ 为梁在垂直于轴线方向的位移；K 为梁的剪切刚度；m 为梁单位长度的质量；x 为对应梁横截面位置的空间坐标变量；t 为时间变量；$p(x,t)$ 为作用于梁上随位置和时间变化的横向外荷载。一维波动方程（1）可描述水平地震动作用下多层框架结构的地震反应，具有相当高的精确性。

连续地壳介质的弹性动力反应一般采用三维波动方程描述（见波动分析方法）。

常微分方程   工程分析中，为使动力反应计算简单，结构体系分析模型常取为一系列相互联系的集中质量，这些集中质量的位移可近似描述实际体系的位移；此时的运动方程具有二阶常微分方程的形式。例如，具有黏滞阻尼的多层剪切型框架结构在地震动作用下的运动方程为

$$\boldsymbol{M}\frac{\mathrm{d}^2 \boldsymbol{u}}{\mathrm{d}t^2} + \boldsymbol{C}\frac{\mathrm{d}\boldsymbol{u}}{\mathrm{d}t} + \boldsymbol{K}\boldsymbol{u} = \boldsymbol{M}\boldsymbol{I}\frac{\mathrm{d}^2 u_{\mathrm{g}}}{\mathrm{d}t^2} \qquad (2)$$

式中：$\boldsymbol{M}$，$\boldsymbol{C}$，$\boldsymbol{K}$ 分别为离散结构体系的质量矩阵、阻尼矩阵和刚度矩阵；$\boldsymbol{u}$ 为集中质量的水平相对位移矢量；$\boldsymbol{I}$ 为单位矢量；u_{g} 为地震动位移。

二阶常微分方程（2）通过变量代换改写为一阶常微分方程的形式（见复振型叠加法）后，通称状态方程。

利用常微分方程求解体系动力反应方便而实用，在适当选择集中质量的条件下，也可使计算结果足够精确。

差分方程   有限差分法将运动微分方程中的导数以差商代替，可得相应的差分方程。定义系统位移反应一阶导数的向前差商为 $\dot{u}_i = \mathrm{d}u_i/\mathrm{d}t = (u_i - u_{i-1})/\Delta t$，向后差商为 $\dot{u}_i = (u_{i+1} - u_i)/\Delta t$，中心差商为 $\dot{u}_i = (u_{i+1} - u_{i-1})/(2\Delta t)$；$u_i$ 为 $u(t)$，u_{i+1} 为 $u(t+\Delta t)$，u_{i-1} 为 $u(t-\Delta t)$，Δt 为时间步长；仿此可写出系统反应二阶导数的差商，进而建立体系运动方程。例如，利用向前差商格式，可得单自由度体系在地震作用下动力反应的差分方程为

$$m\frac{u_i - 2u_{i-1} + u_{i-2}}{\Delta t^2} + c\frac{u_i - u_{i-1}}{\Delta t} + ku_i = -m\ddot{u}_{\mathrm{gi}} \qquad (3)$$

式中：m，c，k 分别为体系质量、阻尼系数和刚度；$\ddot{u}_{\mathrm{gi}} = \ddot{u}_{\mathrm{g}}(t)$ 为输入地震动。显然，差分方程是系统反应的离散变

量与其相继值和离散输入变量间的递推代数等式。

积分微分方程　结构体系的运动方程亦可用积分微分方程形式表述。例如，采用复阻尼理论的杆结构的积分微分运动方程为

$$u(x,t) = -\mathrm{e}^{-\mathrm{i}\gamma}\int_{\Omega} k(x,\xi)[p(\xi,t) - m(\xi)\ddot{u}(\xi,t)]\mathrm{d}\xi \quad (4)$$

式中：$u(x,t)$ 为体系位移反应；$\ddot{u}(x,t)$ 为体系加速度反应；x,ξ 为杆横截面位置的空间坐标；$k(x,\xi)$ 为体系的位移影响系数，即作用于 ξ 处的单位力在 x 处引起的位移；$p(\xi,t)$ 为随位置和时间变化的外荷载；$m(\xi)$ 为杆的单位长度质量；Ω 为杆的长度；$\mathrm{i}=\sqrt{-1}$；γ 为复阻尼系数。

具有积分微分方程形式的运动方程概念清晰，但位移影响系数的计算量大，且积分方程求解困难，故一般不采用式(4)进行实际工程振动分析。

频域运动方程　时域运动方程经傅里叶变换可得频域运动方程。多自由度弹性体系在地震作用下的频域运动方程为

$$U(\omega) = H_{\mathrm{dd}}(\omega)U_{\mathrm{g}}(\omega) \quad (5)$$

式中：$U(\omega)$ 为频域的地震反应矢量；$H_{\mathrm{dd}}(\omega)$ 为系统传递函数矩阵；$U_{\mathrm{g}}(\omega)$ 为频域中的地震动输入矢量；ω 为圆频率。运动方程(5)为复数代数方程组，体系的频域反应经傅里叶反变换可得时域反应。（见傅氏变换法）

运动方程的建立方法　建立动力体系运动方程常用的三种方法是直接平衡法、虚位移原理方法和哈密尔顿原理方法，运动方程可用其中的任一种建立。对于简单体系，最明了的方法是采用直接平衡法建立包括惯性力在内的作用于体系上的全部力的平衡关系，得出运动方程。对于更复杂的体系，直接建立矢量平衡关系可能是困难的，此时采用功和能等标量建立平衡关系更为方便，其中包括虚位移原理方法和哈密尔顿原理方法。

上述三种方法的结果完全相同，采用何种方法取决于是否方便、个人的偏好以及动力体系的性质。

danziyoudu tixi yundong fangcheng
单自由度体系运动方程（SDOF system motion equation）理想化单自由度运动体系由仅可作单一方向运动的刚体质量、支承弹簧与阻尼组成。

在如图所示的单自由度体系中，k 为弹簧刚度，m 为质量，c 为黏滞阻尼系数，$p(t)$ 为外力。若 $x,\dot{x},\ddot{x}$ 分别为

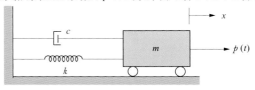
（a）物理模型

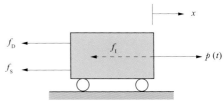
（b）平衡力系

理想化单自由度运动体系

体系的位移、速度和加速度反应，则质量块承受的惯性作用 $f_{\mathrm{I}}=m\ddot{x}$，弹性恢复力 $f_{\mathrm{S}}=kx$，黏滞阻尼力 $f_{\mathrm{D}}=c\dot{x}$。

运动方程的建立　主要有以下方法。

（1）采用直接平衡法建立运动方程。如图(b)所示，根据力的平衡可以得

$$f_{\mathrm{I}} + f_{\mathrm{D}} + f_{\mathrm{S}} = p(t) \quad (1)$$

即

$$m\ddot{x} + c\dot{x} + kx = p(t) \quad (2)$$

式(2)即为单自由度体系运动方程。

（2）采用虚位移原理建立运动方程。假设给图(b)所示体系一个虚位移 δx（体系约束所允许的微小位移），则作用于体系的全部力都将做功，体系所做的总功可写作

$$[-m\ddot{x} - c\dot{x} - kx + p(t)]\delta x = 0 \quad (3)$$

由于 δx 不等于零，故可得与式(2)相同的方程。

（3）采用哈密尔顿原理建立运动方程。根据定义，体系的动能为 $T=(1/2)m\dot{x}^2$，仅由弹簧的应变能表达的位能为 $V=(1/2)kx^2$；该体系的非保守力为阻尼力 f_{D} 和外荷载 $p(t)$，这些力所做功的变分为 $\delta w_{\mathrm{nc}}=p(t)\delta x - c\dot{x}\delta x$；将以上各式代入哈密尔顿原理表达式，经相应的变分和整理后可得

$$\int_{t_1}^{t_2}[m\ddot{x}\delta\dot{x} - c\dot{x}\delta x - kx\delta x + p(t)\delta x]\mathrm{d}t = 0 \quad (4)$$

因变分 δx 的任意性，括号内的表达式必须为零才能使方程始终得以满足，由此可得同样的单自由度体系运动方程。

当单自由度体系承受地震作用时，不仅须考虑体系相对地面的加速度 $\ddot{x}$，还要考虑地震动加速度 $\ddot{x}_{\mathrm{g}}$，因此，惯性力 $f_{\mathrm{I}}=m(\ddot{x}+\ddot{x}_{\mathrm{g}})$。此时可将 $m\ddot{x}_{\mathrm{g}}$ 移到方程的右端作为一种特殊的外荷载处理。

如果外荷载 $p(t)=0$，式(2)则成为单自由度体系自由振动方程

$$\ddot{x} + 2\xi\omega\dot{x} + \omega^2 x = 0 \quad (5)$$

式中：ξ 为阻尼比，$\xi=\dfrac{c}{2m\omega}$；ω 为无阻尼自振圆频率，$\omega=\sqrt{k/m}=2\pi f$，f 是体系自振频率。

运动方程的解　运动方程(5)的解为

$$x(t) = \mathrm{e}^{-\xi\omega t}\left[\frac{\dot{x}(0) + x(0)\xi\omega}{\omega_{\mathrm{D}}}\sin\omega_{\mathrm{D}}t + x(0)\cos\omega_{\mathrm{D}}t\right]$$

$$(6)$$

式中：$\dot{x}(0)$ 和 $x(0)$ 分别代表体系的初始速度和初始位移；ω_{D} 为阻尼振动圆频率，$\omega_{\mathrm{D}}=\omega\sqrt{1-\xi^2}$。式(6)表示初始扰动下体系的自由衰减振动过程。

若单自由度体系承受幅值为 p_0、圆频率为 $\bar{\omega}$ 的简谐荷载的作用，则强迫振动方程为

$$\ddot{x} + 2\xi\omega\dot{x} + \omega^2 x = \frac{p_0}{m}\sin\bar{\omega}t \quad (7)$$

该方程的通解由补解和特解两部分组成：

$$x(t)_{\text{补}} = \mathrm{e}^{-\xi\omega t}(A\sin\omega_{\mathrm{D}}t + B\cos\omega_{\mathrm{D}}t) \quad (8)$$

$$x(t)_{\text{特}} = \frac{p_0}{k}\left[(1-\beta^2)^2 + (2\xi\beta)^2\right]^{-\frac{1}{2}}$$

$$\times\left[(1-\beta^2)\sin\bar{\omega}t - 2\xi\beta\cos\bar{\omega}t\right] \quad (9)$$

式(8)所示补解表示单自由度体系的阻尼衰减振动（亦称瞬态反应），常数 A 和 B 可由给定的初始条件算出；瞬态反应将因阻尼效应迅速消失，故工程中一般不予考虑。式(9)所示特解为单自由度体系的稳态反应，其频率与外荷

载频率相同，但幅值及相位与外荷载不同。式中，β 为荷载频率 $\tilde{\omega}$ 与结构自振频率 ω 之比，$\beta = \tilde{\omega}/\omega$。

多自由度体系运动方程（MDOF system motion equation）

duoziyoudu tixi yundong fangcheng

可以简支梁为例阐述多自由度体系运动方程的建立，其思路适用于任何类型结构。图中，$p(x,t)$ 为外荷载，$m(x)$ 为梁的质量分布，$EI(x)$ 为梁的刚度分布，E 为弹性模量，$I(x)$ 为梁横截面惯性矩。

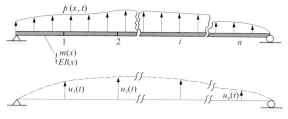

简支梁的离散化

假定简支梁垂直于轴线的横向运动可由梁上一系列离散点的位移 $u_1(t)$，$u_2(t)$，…，$u_n(t)$ 确定，这些离散点可以任意设置，位移分量的数目（自由度数）取决于分析要求，自由度越多越逼近结构真实的动力行为；对于实际工程问题，取适当数量的自由度即可满足分析要求。视问题需要每个离散点亦可取几个位移分量，如除横向位移外再取转角和轴向位移等。

使用直接平衡法对体系的每一个自由度列出力的平衡关系，可得体系的运动方程。一般说来，任意一点 i 作用有四种力：外荷载 $p_i(t)$，由于运动而产生的惯性力 f_{Ii}，阻尼力 f_{Di} 和弹性力 f_{Si}。动力平衡条件可写为

$$\left.\begin{array}{c} f_{I1} + f_{D1} + f_{S1} = p_1(t) \\ f_{I2} + f_{D2} + f_{S2} = p_2(t) \\ \cdots\cdots\cdots \end{array}\right\} \quad (1)$$

当力用向量形式表示时，亦可写为

$$f_I + f_D + f_S = p(t) \quad (2)$$

这就是多自由度体系的运动方程。

体系抗力（弹性力）可用一组适当的影响系数来表示。例如，节点 1 的弹性力分量依赖于结构所有节点的位移分量：

$$f_{S1} = k_{11}u_1 + k_{12}u_2 + \cdots + k_{1n}u_n \quad (3a)$$

节点 i 弹性力的一般形式为

$$f_{Si} = k_{i1}u_1 + k_{i2}u_2 + \cdots + k_{in}u_n \quad (3b)$$

式中：k_{ij} 为刚度系数，数值为 j 点的单位位移引起的作用于 i 点的力。

用矩阵形式表达的弹性力与位移的关系为

$$\begin{bmatrix} f_{S1} \\ f_{S2} \\ \vdots \\ f_{Si} \\ \vdots \end{bmatrix} = \begin{bmatrix} k_{11} & k_{12} & \cdots & k_{1i} & \cdots \\ k_{21} & k_{22} & \cdots & k_{2i} & \cdots \\ \vdots & \vdots & & \vdots & \\ k_{i1} & k_{i2} & \cdots & k_{ii} & \cdots \\ \vdots & \vdots & & \vdots & \end{bmatrix} \begin{bmatrix} u_1 \\ u_2 \\ \vdots \\ u_i \\ \vdots \end{bmatrix} \quad (4)$$

可简写为

$$f_S = ku \quad (5)$$

式中：k 为结构对应某种位移坐标的刚度矩阵；u 为结构的位移向量。

假定体系阻尼为与速度相关的黏滞阻尼，则与各自由

度对应的阻尼力具有类似于式（4）和式（5）的形式，阻尼力与各节点速度的关系为

$$f_D = c\dot{u} \quad (6)$$

式中：$\dot{u}$ 为各点运动速度 $\dot{u}_i$ 构成的速度向量；c 为阻尼影响系数 c_{ij} 构成的阻尼矩阵，c_{ij} 为 j 点单位速度引起的作用于 i 点的阻尼力。

体系惯性力亦可用一组影响系数表示，影响系数描述各自由度的加速度与其产生的惯性力之间的关系。类似于式（4）和式（5），惯性力可表达为

$$f_I = m\ddot{u} \quad (7)$$

式中：$\ddot{u}$ 为各点加速度 $\ddot{u}_i$ 构成的加速度向量；影响系数矩阵即质量矩阵 m，m 由质量系数 m_{ij} 构成，m_{ij} 的数值为 j 点单位加速度引起的作用于 i 点的惯性力。

将式（5）（6）和（7）代入式（2），可得多自由度体系的动力平衡方程

$$m\ddot{u} + c\dot{u} + ku = p(t) \quad (8)$$

在地震作用下，$f_I = m\ddot{u} + mI\ddot{u}_g$，$I$ 为单位列向量，$\ddot{u}_g$ 为地面地震动加速度。以 $mI\ddot{u}_g$ 代替式（8）右端的 $p(t)$ 即得到体系在地震作用下的运动方程。

刚度矩阵（stiffness matrix）　结构分析中位移矢量与弹性力矢量之间的转换矩阵，反映了结构体系刚度分布特性。刚度矩阵 k 由刚度系数 k_{ij} 组成，k_{ij} 是 j 坐标单位位移引起的作用于 i 坐标的弹性力。

gangdu juzhen

原则上，与任何一组指定的节点位移相关的刚度系数都可直接应用其定义求得。对于简单的集中质量结构体系，这种方法是简单可行的。然而，当采用有限元方法计算较复杂的结构时，应首先计算单元刚度矩阵，而后将单元刚度矩阵适当地组合为结构总刚度矩阵。

简单模型的刚度矩阵　多层剪切型框架结构及其计算模型见图1。

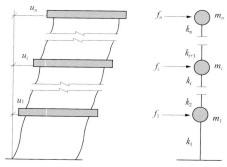

图 1　剪切型结构及其计算模型

假定结构水平构件（梁、板）的刚度无穷大，不产生弯曲变形，梁柱节点转角为零，且竖向构件（柱）在水平荷载下不产生轴向变形。每个柱的侧向刚度为

$$k = \frac{12EI}{h^3}$$

式中：E 为弹性模量；I 为柱的截面惯性矩；h 为层高。叠加 i 层所有柱的刚度，可得层间刚度 k_i。根据刚度的定义，剪切型结构每一楼层的变形 u_i 仅与相邻楼层刚度有关，第 i 层的水平弹性力可写为

$$f_i = k_{i+1}(u_{i+1} - u_i) - k_i(u_i - u_{i-1})$$

归纳各层弹性力与楼层变形的关系，可得 n 层结构的总刚度矩阵呈三对角形

$$k = \begin{bmatrix} k_1+k_2 & -k_2 & & & 0 \\ -k_2 & k_2+k_3 & -k_3 & & \\ & & \cdots & & \\ & & -k_{n-1} & -k_{n-1}+k_n & -k_n \\ 0 & & & -k_n & k_n \end{bmatrix}$$

有限元模型的刚度矩阵　有限元模型的单元刚度矩阵可根据假定的单元内部变形插值函数和虚功原理求得。

例如，图2为二维弯曲梁单元，l 为单元长度，u_1，u_2 分别为两杆端的平动自由度，θ_1，θ_2 分别为两杆端的转角

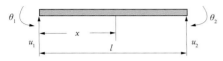

图2　二维弯曲梁单元

自由度。当 u_1 发生单位位移而其他三个自由度被约束时，梁的挠曲线 $\varphi_1(x)$ 可用多项式函数表示为

$$\varphi_1(x) = 1 - 3\left(\frac{x}{l}\right)^2 + 2\left(\frac{x}{l}\right)^3$$

与此类似，当 θ_1，u_2 和 θ_2 分别发生单位变形时，相应的梁的挠曲线可表示为

$$\varphi_2(x) = x\left(1 - \frac{x}{l}\right)^2$$

$$\varphi_3(x) = 3\left(\frac{x}{l}\right)^2 - 2\left(\frac{x}{l}\right)^3$$

$$\varphi_4(x) = \frac{x^2}{l}\left(\frac{x}{l} - 1\right)$$

$\varphi_i(x)$ 称为插值函数或形函数。这样，单元的挠曲形状就可以用它的结点位移表示为

$$v(x) = \varphi_1(x)u_1 + \varphi_2(x)\theta_1 + \varphi_3(x)u_2 + \varphi_4(x)\theta_2$$

梁的应变能为

$$W = \frac{1}{2}\int_0^l EI(x)\left(\frac{d^2 v}{dx^2}\right)^2 dx$$

式中：E 为已知的构件弹性模量；$I(x)$ 为已知的构件截面惯性矩。根据虚位移原理可以求出单元刚度矩阵中的各个刚度系数 k_{ij}（即坐标 j 的单位位移引起的对应坐标 i 的弹性力）：

$$k_{ij} = \int_0^l EI(x)\varphi_i''(x)\varphi_j''(x)dx$$

由上式可以导出二维等截面弯曲梁的单元刚度矩阵为

$$k_e = \frac{EI}{l^3}\begin{bmatrix} 12 & 6l & -12 & 6l \\ & 4l^2 & -6l & 2l^2 \\ & & 12 & -6l \\ \text{对称} & & & 4l^2 \end{bmatrix}$$

建立单元刚度矩阵后，采用有限元规定的组装方法即可建立结构总刚度矩阵。

zhiliang juzhen

质量矩阵（mass matrix）　结构动力分析中加速度矢量与惯性力矢量之间的转换矩阵，反映了结构体系的质量分布特性。质量矩阵应考虑所有因振动而产生惯性力的质量，可分为集中质量矩阵和一致质量矩阵。

　　集中质量矩阵　假定振动体系质量积聚在某些须计算

平动位移的节点上而构成的质量矩阵。采用静力学方法将单元质量等效到单元的各个节点上，结构任意节点积聚的质量，等于与该节点连接的各单元分配给此节点的质量之和；同时，外部荷载质量也用同样方法等效到该节点。这样形成的质量矩阵具有对角形式，即矩阵中只在对角线上有值，对角线以外的元素均为零。

　　集中质量矩阵形式简单，且大量计算结果表明它具有较好的计算精度，实际结构分析中较多采用这种质量矩阵。例如，多层框架结构在简化为串联多质点模型时，可将质量集中在各层楼板处，每个集中质量包括该层楼板和梁的质量，以及该层上下柱质量的各一半。

　　一致质量矩阵　根据有限元原理推导出的质量矩阵。质量矩阵中的元素 m_{ij}（即质量系数）是由坐标 j 的单位加速度引起的对应于坐标 i 的惯性力；其形成过程与刚度矩阵相似，首先须形成单元质量矩阵，然后再组装成总质量矩阵。单元质量矩阵的建立类似于单元刚度矩阵，弯曲梁单元的质量系数为

$$m_{ij} = \int_0^l m(x)\varphi_i(x)\varphi_j(x)dx$$

式中：$m(x)$ 是已知的结构质量分布；$\varphi(x)$ 是插值函数；l 为梁的长度。事实上，此式适用于任何一种单元，只是不同的单元要选用不同的插值函数和积分区域。一致质量矩阵对应所有的转动和平动自由度，包含若干非对角线元素；采用一致质量矩阵时，体系动力分析的计算量要比采用集中质量矩阵时大得多。可采用静力凝聚方法消除一致质量矩阵中的非对角线元素，本质上是缩减对结构反应仅有次要影响的转动自由度。

zuni juzhen

阻尼矩阵（damping matrix）　振动体系分析中各自由度运动分量和阻尼力矢量之间的转换矩阵，反映了结构体系弹性状态下的耗能特性。根据采用的阻尼机制假定的不同，阻尼矩阵具有不同的形式。

　　当采用黏滞阻尼耗能机制时，阻尼矩阵是黏滞阻尼力矢量与速度矢量之间的转换矩阵。如能定量估计结构的黏滞阻尼特性，则可采用类似构造刚度矩阵的方法确定体系的阻尼矩阵。例如，采用有限元方法可得单元的阻尼系数为

$$c_{ij} = \int_0^l c(x)\varphi_i(x)\varphi_j(x)dx$$

式中：c_{ij} 为坐标 j 的单位速度引起的对应坐标 i 的黏滞阻尼力；$c(x)$ 表示分布的阻尼特性；$\varphi(x)$ 为插值函数；l 为梁的长度。不同单元采用不同的插值函数和相应的积分域，即能得到相应的单元阻尼矩阵。

　　然而，结构阻尼特性 $c(x)$ 一般是不可预知的，结构体系动力分析中，一般根据试验得出的阻尼比表示阻尼，黏滞阻尼矩阵常常根据阻尼比利用刚度矩阵和质量矩阵构造（见瑞利阻尼）。

　　当采用刚度比例阻尼、复阻尼或频率相关的黏性阻尼时，单元阻尼矩阵 c 均可用单元刚度矩阵 k 表示，分别为 $c=\beta k$，$c=\mathrm{i}\nu k$ 和 $c=(\nu/\omega)k$；β 为常数，$\mathrm{i}=\sqrt{-1}$，ν 为复阻尼中的阻尼系数，ω 为扰力圆频率。体系的总阻尼矩阵可由组装单元阻尼矩阵得出。

Ruili zuni

瑞利阻尼（Rayleigh damping） 由结构质量分布和刚度分布确定的黏滞耗能形式。

瑞利阻尼矩阵 在多自由度体系中，瑞利阻尼以矩阵形式表述：

$$c = \alpha m + \beta k \tag{1}$$

式中：c 为瑞利阻尼矩阵；m 为质量矩阵；k 为刚度矩阵；α 和 β 为比例常数。

根据振型正交条件，α，β 与 l 阶振型阻尼比 ξ_l 和 l 阶频率 ω_l 之间应满足关系

$$\xi_l = \frac{\alpha}{2\omega_l} + \frac{\beta\omega_l}{2} \tag{2}$$

式中右端第一项称 α 阻尼，第二项称 β 阻尼。若已知对应两阶自振频率 ω_i 和 ω_j 的阻尼比 ξ_i 和 ξ_j，由式（2）可确定系数 α，β：

$$\alpha = 2\omega_i\omega_j \frac{\xi_i\omega_j - \xi_j\omega_i}{\omega_j^2 - \omega_i^2} \tag{3}$$

$$\beta = 2 \frac{\xi_j\omega_j - \xi_i\omega_i}{\omega_j^2 - \omega_i^2} \tag{4}$$

瑞利阻尼形式简单，满足正交条件，在地震反应分析中广泛应用。然而，若对应两振型 i，j 的阻尼比相同，记为 ξ_c，则采用式（2）计算得出的这两振型之间各振型的阻尼比均小于 ξ_c，而其他振型的阻尼比将大于 ξ_c，这并不符合实际经验；因此，在动力反应分析中使用瑞利阻尼可能削弱或夸大某些振型的反应，见图。

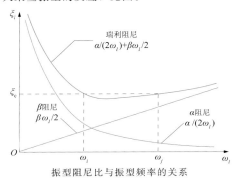

振型阻尼比与振型频率的关系

考西阻尼矩阵 由质量矩阵和刚度矩阵组合而成的考西阻尼矩阵为

$$c = m \sum_{l=0}^{N-1} \alpha_l [m^{-1}k]^l \tag{5}$$

式中：N 为结构体系的自由度数量（即振型阶数）；α_l 为待定常数。式（5）右边的前两项即为瑞利阻尼，瑞利阻尼仅是考西阻尼的特定简化形式。

由考西阻尼确定的振型阻尼比为

$$\xi_i = \frac{1}{2} \sum_{l=0}^{J-1} \alpha_l \omega_i^{2l-1} \tag{6}$$

式中：J 为确定阻尼比时欲考虑的振型阶数，即式（5）右边多项式的项数。显然，在给定 J 个振型频率和对应的阻尼比后，则可确定 J 个待定系数 α_l。考西阻尼可以使动力分析中欲考虑的多个振型具有适当的经验阻尼比，从而避免瑞利阻尼可能削弱或夸大某些振型反应的缺点。然而，由于式（5）右边各项具有量级的差异，求解 α_l 的代数方程可能是病态的；另外，考虑多个振型后，考西阻尼矩阵将为满阵，必然增加动力分析的计算量。

比例阻尼矩阵 若假定阻尼矩阵 $c = \beta k$，则构成刚度比例阻尼矩阵，又称 β 阻尼，见图；由式（2）可得 $\xi_l = \beta\omega_l / 2$，当用第一振型的阻尼比确定 β 时，则其他各振型的阻尼比将单调提高，因此该阻尼可能削弱高阶振型对结构反应的影响。

若假定阻尼矩阵 $c = \alpha m$，可构成质量比例阻尼矩阵，又称 α 阻尼，见图；由式（2）可得 $\xi_l = \alpha / (2\omega_l)$，当用第一振型的阻尼比确定 α 时，则振型阶数越高阻尼越小，因此该阻尼可能夸大高阶振型对结构反应的贡献。应用中，系数 α 和 β 宜以动力反应中最主要的振动频率和相应的阻尼比确定。

瑞利阻尼、考西阻尼都是比例阻尼，可统称黏性比例阻尼；复阻尼幅值与刚度成正比，亦称结构比例阻尼。

见阻尼理论。

zhijie pinghengfa

直接平衡法（straight equilibrium method） 通过动力体系各质点的力矢量平衡关系建立运动方程的方法。

任何动力体系的运动方程都可以用牛顿第二运动定律表示，即任何质量的动量变化率等于作用在这个质量上的力。这一关系在数学上可用微分方程来表达：

$$p(t) = \frac{d}{dt}\left(m\frac{du(t)}{dt}\right) \tag{1}$$

式中：$p(t)$ 为作用力矢量，t 为时间；$u(t)$ 为质量 m 的位移矢量。对于大多数结构动力学问题，可以假设质量不随时间变化，这时方程（1）可改写为

$$p(t) = m\frac{d^2u(t)}{dt^2} = m\ddot{u}(t) \tag{2}$$

式中：$m\ddot{u}(t)$ 称为抵抗质量加速度的惯性力。

质量所产生的惯性力与它的加速度成正比，但方向相反，这一概念称为达朗贝尔原理。借助该原理可以把运动方程表示为动力平衡方程。方程中的力 $p(t)$ 包括多种作用于质量上的力，如抵抗位移的弹性恢复力、抵抗速度的黏滞阻尼力以及其他独立确定的外荷载。因此，运动方程的表达式仅仅是作用于质量上所有力（包含惯性力）的平衡表达式。在许多简单问题中，直接平衡法是建立运动方程最直接且方便的方法。（见单自由度体系运动方程）

xuweiyi yuanli

虚位移原理（virtual displacement principle） 该原理可表述为：如果一组力作用下的平衡体系承受一个虚位移（即体系约束所允许的任何微小位移），则这些力所做的总功（虚功）等于零。虚功为零和体系平衡是等价的，因此，只要明了作用于体系质量上的全部力（包括按照达朗贝尔原理所定义的惯性力），然后引入对应每个自由度的虚位移，并使全部力做的功等于零，则可导出运动方程。虚功为标量，故可依代数方法相加，这是此法的主要优点。

当结构体系相当复杂，且包含许多彼此联系的质量点或有限尺寸的质量块时，直接写出作用于体系上的所有力的平衡方程可能是困难的。尽管作用于体系的力可以容易地用位移自由度来表示，但它们的平衡关系则可能十分复杂，此时，利用虚位移原理建立运动方程更为方便。（见单自由度体系运动方程）

哈密尔顿原理（Hamilton principle） 即哈密尔顿积分变分原理。可表示为

$$\int_{t_1}^{t_2} \delta(T-V)\mathrm{d}t + \int_{t_1}^{t_2} \delta W_{nc}\mathrm{d}t = 0$$

式中：T 为体系的总动能；V 为体系的总位能，包括应变能及任何保守外力（如重力）的势能；W_{nc} 为作用于体系的非保守力（包括阻尼力及任意外荷载）所做的功；δ 为在指定时间区间内所取的变分。哈密尔顿原理表明：在任何时间区间 $t_1 \sim t_2$ 内，动能和位能的变分与非保守力所做的功的变分之和必须等于零。应用此原理可直接导出任何给定体系的运动方程。

在虚功分析中，尽管功本身是标量，但被用来计算功的力和位移都是矢量。利用哈密尔顿原理建立运动方程时，不直接使用惯性力和弹性力，而代之以动能和位能的变分项，平衡关系只与纯粹的标量（能量）有关，这是此法与虚位移原理方法的区别。（见单自由度体系运动方程）

运动方程求解方法（solution method of motion equation） 得出运动方程中未知运动变量的方法，可分为解析方法和数值方法两类。

只有简单荷载（如简谐荷载、等周期性荷载或单一脉冲荷载等）作用下的单自由度体系可以采用解析方法求解，其他情况下均须采用数值方法求解。

数值方法包括适用于线性方程的傅氏变换法和振型叠加法，以及线性与非线性系统都适用的逐步积分法。傅氏变换法是频域求解方法，而振型叠加法和逐步积分法均是时域求解方法。

杜哈梅积分（Duhamel integration） 杜哈梅（G. Duhamel）提出的一般动力荷载作用下结构反应的表述形式。

振动体系承受如图所示任意荷载 $p(t)$，若时刻 $t=\tau$ 的荷载强度为 $p(\tau)$，则在一短时间间隔 $\mathrm{d}\tau$ 内结构将承受冲量

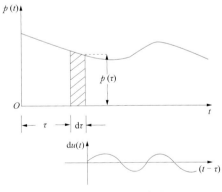

杜哈梅积分推导示意图

$p(\tau)\mathrm{d}\tau$。该冲量作用在质量 m 上产生的速度变化可由牛顿运动定律确定，即 $m\,\mathrm{d}\dot{u}/\mathrm{d}t = p(\tau)$，从而有 $\mathrm{d}\dot{u} = p(\tau)\mathrm{d}\tau/m$。将速度增量 $\mathrm{d}\dot{u}$ 视为 τ 时刻体系的初始速度即可求解运动方程。

对于单自由度无阻尼自由振动体系，运动方程的位移解为

$$u(t) = \frac{\dot{u}(0)}{\omega}\sin\omega t + u(0)\cos\omega t \qquad (1)$$

式中：ω 为结构自振圆频率。令 τ 时刻的初始速度 $\dot{u}(0) = \mathrm{d}\dot{u}$，初始位移 $u(0)=0$，则在以后某一时刻 t，微分冲击荷载 $p(\tau)\mathrm{d}\tau$ 作用下的体系微分位移反应为

$$\mathrm{d}u(t) = \frac{p(\tau)\mathrm{d}\tau}{m\omega}\sin\omega(t-\tau) \qquad (2)$$

全部荷载时程可视为一系列短脉冲，每个脉冲将产生一个如式(2)所示的微分反应，对于弹性体系，总反应是荷载时程所产生的全部微分反应之和，即

$$u(t) = \frac{1}{m\omega}\int_0^t p(\tau)\sin\omega(t-\tau)\mathrm{d}\tau \qquad (3)$$

式(3)即为无阻尼体系的杜哈梅积分解，求该解的方法称为卷积或褶积。

采用类似方法，可得到有阻尼体系的杜哈梅积分解如式(4)：

$$u(t) = \frac{1}{m\omega_\mathrm{D}}\int_0^t p(\tau)\mathrm{e}^{-\xi\omega(t-\tau)}\sin\omega_\mathrm{D}(t-\tau)\mathrm{d}\tau \qquad (4)$$

式中：ω_D 为阻尼自振圆频率，$\omega_\mathrm{D} = \omega\sqrt{1-\xi^2}$，$\xi$ 为阻尼比。若式(4)积分较为简单，可得体系反应的解析解，否则须用数值方法求解。

傅氏变换法（Fourier transform method） 将时域运动方程变换到频域求解的方法之一。傅氏变换法计算简洁，在线弹性地震反应分析中应用广泛，且可方便地用于力学参数随频率变化的线性体系。

单自由度系统强迫运动方程为 $m\ddot{u}(t) + c\dot{u}(t) + ku(t) = p(t)$；$m$，$c$，$k$ 分别为体系的质量、阻尼系数和刚度；$u(t)$，$\dot{u}(t)$，$\ddot{u}(t)$ 分别为体系反应的位移、速度和加速度时间过程；$p(t)$ 为外部扰力。当体系承受地震动时，$p(t) = -m\ddot{u}_\mathrm{g}(t)$，$\ddot{u}_\mathrm{g}(t)$ 为地面地震动加速度时程。令 $U(\omega)$ 和 $\ddot{U}_\mathrm{g}(\omega)$ 分别为位移反应 $u(t)$ 和地震动加速度 $\ddot{u}_\mathrm{g}(t)$ 的傅里叶变换（见傅里叶分析），将它们代入单自由度体系运动方程，可得

$$\int_{-\infty}^{\infty}\left[(k-m\omega^2+\mathrm{i}c\omega)U(\omega) + m\ddot{U}_\mathrm{g}(\omega)\right]\mathrm{e}^{\mathrm{i}\omega t}\mathrm{d}\omega = 0$$

$$U(\omega) = H_d(\omega)\ddot{U}_\mathrm{g}(\omega)$$

式中：$H_d(\omega)$ 为位移传递函数；ω 为圆频率；

$$H_d(\omega) = -\frac{m}{k-m\omega^2+\mathrm{i}c\omega}$$

$U(\omega)$ 经傅里叶反变换可得时域解 $u(t)$。

多自由度体系位移反应的频域计算公式为

$$\boldsymbol{U}(\omega) = \frac{-\boldsymbol{m}}{\boldsymbol{k}-\boldsymbol{m}\omega^2+\mathrm{i}\omega\boldsymbol{c}}\ddot{\boldsymbol{U}}_\mathrm{g}(\omega) = \boldsymbol{H}_d(\omega)\ddot{\boldsymbol{U}}_\mathrm{g}(\omega)$$

式中：$\boldsymbol{m}$，$\boldsymbol{c}$，$\boldsymbol{k}$ 分别为体系的质量矩阵、阻尼矩阵和刚度矩阵；$\boldsymbol{H}_d(\omega)$ 为位移传递函数矩阵。

结构地震反应分析中，因地震动加速度时程以离散形式给出，故傅里叶变换和逆变换均采用离散快速傅里叶变换（FFT）进行。

振型叠加法（mode superposition method） 利用多自由度弹性体系振型正交性求解体系振动反应的时域方法。

利用系统正交特性可将 n 维运动方程组解耦，转换为 n 个

单自由度系统的运动，分别求解各单自由度体系反应后再进行叠加即得原结构反应。该法广泛应用于结构地震反应分析。

多自由度体系运动方程为 $m\ddot{u}+c\dot{u}+ku=p(t)$；$m$，$c$，$k$ 分别为系统的质量矩阵、阻尼矩阵和刚度矩阵；$\ddot{u}$，$\dot{u}$，u 分别为体系的加速度、速度和位移反应；$p(t)$ 为外荷载；考虑地震激励时，$p(t)=-mI\ddot{u}_g$，I 为单位矢量，$\ddot{u}_g$ 为地震动加速度。n 维结构系统可由模态分析求出 n 个振型，记作 $\boldsymbol{\varphi}_1$，$\boldsymbol{\varphi}_2$，$\cdots$，$\boldsymbol{\varphi}_n$。根据结构动力学原理可知结构反应为各阶振型反应之和

$$u = \boldsymbol{\varphi}_1 y_1 + \boldsymbol{\varphi}_2 y_2 + \cdots + \boldsymbol{\varphi}_n y_n \qquad (1)$$

式中：y_i 为第 i 阶振型反应的时间过程，数学上称为广义坐标。上述关系的矩阵表示式为

$$u = \boldsymbol{\varphi} y \qquad (2)$$

将式（2）代入运动方程，并将各项同时左乘 $\boldsymbol{\varphi}^{\mathrm{T}}$：

$$\boldsymbol{\varphi}^{\mathrm{T}}m\boldsymbol{\varphi}\ddot{y}+\boldsymbol{\varphi}^{\mathrm{T}}c\boldsymbol{\varphi}\dot{y}+\boldsymbol{\varphi}^{\mathrm{T}}k\boldsymbol{\varphi}y=-\boldsymbol{\varphi}^{\mathrm{T}}mI\ddot{u}_g \qquad (3)$$

由于系统具有正交特性（假设阻尼矩阵也具有正交特性），式（3）具有解耦形式，即 m，c 和 k 经振型矩阵左右乘后，得到的矩阵只在对角线上有值，其他元素均为零。这样便可得到 n 个互不关联的方程

$$m_i^*\ddot{y}_i+c_i^*\dot{y}_i+k_i^*y_i=p_i^*(t) \quad (i=1,2,\cdots,n) \qquad (4)$$

也可写成

$$\ddot{y}_i+2\xi_i\omega_i\dot{y}_i+\omega_i^2 y_i=-\gamma_i\ddot{u}_g \qquad (5)$$

式（4）（5）中：$m_i^*=\boldsymbol{\varphi}_i^{\mathrm{T}}m\boldsymbol{\varphi}_i$，$c_i^*=\boldsymbol{\varphi}_i^{\mathrm{T}}c\boldsymbol{\varphi}_i$，$k_i^*=\boldsymbol{\varphi}_i^{\mathrm{T}}k\boldsymbol{\varphi}_i$，$p_i^*(t)=-\boldsymbol{\varphi}_i^{\mathrm{T}}mI\ddot{u}_g$，$\gamma_i=\boldsymbol{\varphi}_i^{\mathrm{T}}mI/m_i^*$，它们分别称为第 i 振型的广义质量、广义阻尼、广义刚度、广义荷载和振型参与系数；ξ_i 为第 i 阶振型阻尼比；ω_i 为第 i 阶自振频率。

可以采用杜哈梅积分或其他数值方法分别求解上述各单自由度运动方程，然后将解代入式（2）求得结构总体反应。工程应用中，通常不必考虑结构系统的全部振型，只须选取适量低阶振型进行计算即可得出足够精确的解。

fuzhenxing diejiafa

复振型叠加法（complex mode superposition method）求解非比例阻尼体系动力反应的振型叠加法。

严格来说，只有单一材料建造的质量和刚度分布均匀的小阻尼结构，其阻尼才近似满足正交条件。实际工程结构可能由不同材料组成，构成复杂的动力体系（如结构-设备动力相互作用、土-结相互作用和结构被动控制问题等），在这些情况下，阻尼属非比例阻尼，不满足正交条件。复振型叠加法为不满足正交条件的一般阻尼结构提供了有效的分析途径。

n 自由度体系的运动方程可转换为关于状态变量 z 的具有 $2n$ 个自由度的一阶微分方程

$$m_a\dot{z}+k_a z=q(t) \qquad (1)$$

式中：m_a，k_a 分别为质量矩阵和刚度矩阵；$q(t)$ 为扰力矢量。该体系具有 $2n$ 个共轭成对出现的复频率和复振型（见复模态分析）。

对式（1）进行坐标变换：

$$z = \boldsymbol{\varphi} y \qquad (2)$$

式中：$\boldsymbol{\varphi}$ 为复振型矩阵；y 为广义坐标向量。

将式（2）代入式（1），且各项同时左乘 $\boldsymbol{\varphi}^{\mathrm{T}}$：

$$\boldsymbol{\varphi}^{\mathrm{T}}m_a\boldsymbol{\varphi}\dot{y}+\boldsymbol{\varphi}^{\mathrm{T}}k_a\boldsymbol{\varphi}y=\boldsymbol{\varphi}^{\mathrm{T}}q(t) \qquad (3)$$

由于复振型矢量具有关于质量矩阵和刚度矩阵的正交特性，方程（3）具有解耦形式，即矩阵 m_a 和 k_a 经复振型矩阵左右乘后得到的矩阵只在对角线上有值，其他位置值均为零。这样便可得到 $2n$ 个互不关联的一阶微分方程

$$a_i\dot{y}_i+b_i y_i=\boldsymbol{\varphi}_i^{\mathrm{T}}q(t) \quad (i=1,2,\cdots,2n) \qquad (4)$$

或写成

$$\dot{y}_i+\lambda_i y_i=\bar{q}_i(t) \quad (i=1,2,\cdots,2n) \qquad (5)$$

式（4）（5）中：$a_i=\boldsymbol{\varphi}_i^{\mathrm{T}}m_a\boldsymbol{\varphi}_i$，$b_i=\boldsymbol{\varphi}_i^{\mathrm{T}}k_a\boldsymbol{\varphi}_i$，$\lambda_i=b_i/a_i$ 分别为第 i 阶复振型的复振型质量、复振型刚度和复频率；$\bar{q}_i(t)=\boldsymbol{\varphi}_i^{\mathrm{T}}q(t)/a_i$。

可采用杜哈梅积分或其他数值方法分别对上述 $2n$ 个独立的一阶方程求解，然后再代入式（2）求得结构总体反应。

zhubu jifenfa

逐步积分法（step-by-step integration method）将体系运动时间过程依时间间隔 Δt 取离散值，依次计算每个离散时间点的结构反应的数值方法，亦称时程分析法。该法既适用于结构弹性时程反应分析，也适用于弹塑性时程反应分析，是求解结构动力反应时间过程的重要手段之一。

在 t 和 $t+\Delta t$ 时刻，多自由度体系运动方程分别为

$$m\ddot{u}(t)+c\dot{u}(t)+ku(t)=p(t) \qquad (1)$$

$$m\ddot{u}(t+\Delta t)+c\dot{u}(t+\Delta t)+ku(t+\Delta t)=p(t+\Delta t) \qquad (2)$$

式中：m，c，k 分别为体系的质量矩阵、阻尼矩阵和刚度矩阵；$\ddot{u}(t)$，$\dot{u}(t)$ 和 $u(t)$ 分别为体系的加速度、速度和位移反应；$p(t)$ 为输入扰力；Δt 为微小时间间隔。式（2）减式（1），可得增量运动方程

$$m\Delta\ddot{u}(t)+c\Delta\dot{u}(t)+k\Delta u(t)=\Delta p(t) \qquad (3)$$

利用式（3）可接续求解体系在 t 时刻的振动反应，具体计算方法有线性加速度法、威尔逊-θ 法和纽马克法等。

Niumakefa

纽马克法（Newmark method）纽马克提出的求解运动方程的逐步积分法，是 Newmark(γ,β) 法的简称，γ 和 β 是控制计算精度和稳定性的参数。

以单自由度体系为例，假定在时间间隔 Δt 中，体系的速度和位移变化分别为

$$\dot{u}_{t+\Delta t}=\dot{u}_t+[(1-\gamma)\ddot{u}_t+\gamma\ddot{u}_{t+\Delta t}]\Delta t \qquad (1)$$

$$u_{t+\Delta t}=u_t+\dot{u}_t\Delta t+\left[\left(\frac{1}{2}-\beta\right)\ddot{u}_t+\beta\ddot{u}_{t+\Delta t}\right]\Delta t \qquad (2)$$

式中：u_t，$\dot{u}_t$ 和 $\ddot{u}_t$ 分别为 t 时刻体系的位移、速度和加速度反应；Δt 为积分步长。纽马克方法的推导和运动方程求解过程与线性加速度法完全相同，但因 γ 和 β 取值不同，可得出不同的数值积分算子。为保证算法不低于二阶精度，要求参数 γ 的取值为 1/2。应用中若取 $\gamma=1/2$ 和 $\beta=0$，算法等价于中心差分法，是条件稳定算法。取 $\gamma=1/2$ 和 $\beta=1/4$，可得通称的平均加速度法或常量加速度法〔在时间间隔 Δt 内，体系加速度为常量 $(\ddot{u}_t+\ddot{u}_{t+\Delta t})/2$〕，是无条件稳定算法。当 $\gamma=1/2$ 和 $\beta=1/6$ 时，即为线性加速度法，是条件稳定算法。

xianxing jiasudufa

线性加速度法（linear acceleration method）假定运动过程的离散时间间隔内体系力学特性不变，且体系加速

反应呈线性变化，求解运动方程的数值方法。

单自由度体系运动方程的增量形式为

$$m\Delta\ddot{u}(t) + c\Delta\dot{u}(t) + k\Delta u(t) = \Delta p(t) \tag{1}$$

式中：m，c，k 分别为体系的质量、阻尼系数和刚度；位移反应增量 $\Delta u(t) = u(t+\Delta t) - u(t)$；荷载增量 $\Delta p(t) = p(t+\Delta t) - p(t)$，$\Delta t$ 为时间间隔。如图所示，假定体系在时

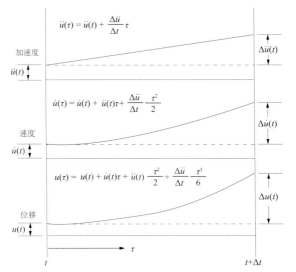

时间间隔 Δt 中的运动变化

间间隔 Δt 内的加速度依时间 t 呈线性变化，可导出在间隔 Δt 终点的加速度和速度的增量方程如下：

$$\Delta\ddot{u}(t) = \frac{6}{(\Delta t)^2}\Delta u(t) - \frac{6}{\Delta t}\dot{u}(t) - 3\ddot{u}(t) \tag{2}$$

$$\Delta\dot{u}(t) = \frac{3}{\Delta t}\Delta u(t) - 3\dot{u}(t) - \frac{\Delta t}{2}\ddot{u}(t) \tag{3}$$

将式（2）式（3）代入式（1）可得

$$\tilde{k}(t)\Delta u(t) = \Delta\tilde{p}(t) \tag{4}$$

$$\tilde{k}(t) = k(t) + \frac{6}{(\Delta t)^2}m + \frac{3}{\Delta t}c(t) \tag{5}$$

$$\Delta\tilde{p}(t) = \Delta p(t) + m\left[\frac{6}{\Delta t}\dot{u}(t) + 3\ddot{u}(t)\right]$$
$$+ c(t)\left[3\dot{u}(t) + \frac{\Delta t}{2}\ddot{u}(t)\right] \tag{6}$$

$k(t)$ 和 $c(t)$ 表示刚度和阻尼可随时间变化（但在一个时间间隔 Δt 中保持不变）。式（4）相当于静力增量平衡关系，给定 $t=0$ 时刻结构的初始状态后，解方程可以得到位移增量，继而可接续计算各离散时刻的体系反应。多自由度体系的计算与单自由度体系相类似，只须将相应的刚度、阻尼、质量和荷载换成矩阵形式。

线性加速度法是有条件稳定的数值积分方法，当 $\Delta t/T$（T 为结构基本周期）过大时，结构反应会出现振荡现象，不能给出正确解。一般来说，时间步长 Δt 应取为结构周期 T 的 $1/5\sim1/10$。

威尔逊-θ 法（Wilson-θ method）

延长积分步长推导增量运动方程数值积分算子的线性加速度法。

威尔逊-θ 法的推导同线性加速度法，但取积分步长为 $\tau = \theta\Delta t$（$\theta \geqslant 1.37$）。积分算子推导中，在延伸的时间步长 τ 上用标准的线性加速度法求加速度增量，然后用内插法求

得在常规步长 Δt 上的加速度增量，进而确定位移增量和速度增量，逐步求解运动方程。该方法被证明是无条件稳定的，在运动方程求解中广泛应用。在实际应用中 θ 值不宜过大，一般取 1.4 左右，否则会引起较大误差。

阻尼理论（damping theory）

研究动力系统在振动过程中能量耗散的现象、机理和数学物理模式的理论。

人们观察到，振动体系在外荷载停止作用之后，其自由振动将随时间延续而衰减；另外，在材料、构件和结构的往复荷载作用试验中，即使在弹性范围内，实测得到的力-变形曲线也并非严格的直线，而是具有一定面积和形状的滞回环。这些现象表明，振动体系具有能量耗散（即阻尼）的普遍特征。阻尼理论是结构动力反应分析的重要基础之一。

概况　由于阻尼机制的复杂性以及在振动过程中直接测量阻尼力的困难，长期以来，人们只能借助阻尼效应的实测结果，在某种假定的机理下对阻尼进行定量描述，并未形成系统严格的阻尼理论。有关阻尼物理机制的经典研究涉及干摩擦和内摩擦两种概念。干摩擦的研究结果以库仑摩擦理论为代表；内摩擦亦称黏滞摩擦，研究结果表述为黏滞阻尼理论。实际上，振动体系的耗能机制还包括材料塑性变形、断裂乃至超弹性和相变等，并非库仑摩擦和黏性所能概括。

一些文献认为，阻尼可以分为内阻尼和外阻尼两类。内阻尼是因结构材料的内摩擦和构件之间的干摩擦造成的振动能量耗损，外阻尼则是所研究的振动体系在与外部介质（土、空气、水、电场和磁场）相互作用中发生的能量耗散（如辐射阻尼）。然而，内阻尼和外阻尼并没有严格的界限。例如，上述内阻尼也可理解为振动能量转化为热能并向外界温度场的扩散。若将研究对象局限于地面结构自身，则结构振动能量向地基的扩散可视为外阻尼；但研究对象若为土-结相互作用体系，上述阻尼效应则属体系内的能量传递。

理论　结构弹性地震反应的阻尼理论主要涉及常系数黏滞阻尼、频率相关黏滞阻尼和复阻尼。

（1）采用具有常量阻尼系数的一般黏滞阻尼的单自由度体系在简谐扰力作用下的运动方程为

$$m\ddot{x} + c\dot{x} + kx = P\sin\theta t \tag{1}$$

式中：m，c，k 分别为体系的质量、阻尼系数和刚度；x，$\dot{x}$，$\ddot{x}$ 分别为体系反应的位移、速度和加速度；P 为扰力最大幅值；θ 为扰力圆频率。上述体系的强迫振动稳态解为

$$x_c = P[(k - m\theta^2)^2 + (c\theta)^2]^{-\frac{1}{2}}\sin(\theta t - \varphi) \tag{2}$$

式中：φ 为相位。在稳态反应的一个循环中体系的耗能为

$$U = \pi c\theta P^2[(k - m\theta^2)^2 + (c\theta)^2]^{-1} \tag{3}$$

显然，体系耗能与扰力频率成正比，但这并不符合一般工程结构的试验结果。

（2）采用系数与频率相关的黏滞阻尼（亦称结构阻尼、滞变阻尼或滞弹性阻尼），可建立单自由度体系在简谐扰力作用下的运动方程为

$$m\ddot{x} + (h/\theta)\dot{x} + kx = P\sin\theta t \tag{4}$$

式中：h/θ 为频率相关的黏滞阻尼系数。运动方程（4）的强迫振动稳态解为

$$x_c = P\left[(k - m\theta^2)^2 + h^2\right]^{-\frac{1}{2}} \sin(\theta t - \varphi) \quad (5)$$

在稳态反应的一个循环中，体系的耗能为

$$U = \pi h P^2\left[(k - m\theta^2)^2 + h^2\right]^{-1} \quad (6)$$

由于采用了频率相关的黏滞阻尼系数，体系耗能不再与扰力频率线性相关。

（3）复阻尼（亦称结构阻尼或滞变阻尼）一般假定阻尼力与刚度成正比，但相位与反应速度相同。采用复阻尼的单自由度体系在简谐扰力作用下的运动方程为

$$m\ddot{x} + (1 + i\nu)kx = P\sin\theta t \quad (7)$$

式中：$i = \sqrt{-1}$；ν 为复阻尼系数。运动方程（7）的强迫振动稳态解为

$$x_c = P\left[(k - m\theta^2)^2 + (k\nu)^2\right]^{-\frac{1}{2}} \sin(\theta t - \varphi) \quad (8)$$

在稳态反应的一个循环中，体系的耗能为

$$U = \pi\nu k P^2\left[(k - m\theta^2)^2 + (k\nu)^2\right]^{-1} \quad (9)$$

复阻尼体系的耗能也不与扰力频率线性相关。

对比式（6）和式（9）可以发现，频率相关黏滞阻尼与复阻尼本质是一致的，只要阻尼系数满足 $h = k\nu$，两种阻尼的耗能相同，这也是两者都被称为滞变阻尼的原因。当扰力频率 $\theta = 0$ 时，式（5）和式（8）给出的体系位移并不等于静力 P 作用下的静位移，这是不合理的；但若考虑阻尼系数是远小于 1 的数，上述差别在实际工程中是可以忽略的。对比式（3）和式（9），欲使黏滞阻尼与复阻尼耗能相同，必须满足 $c\theta = k\nu$。由于 c 和 ν 均为常数，而扰力频率 θ 与体系刚度 k 无关，故两种阻尼系数不存在一般的关系；只有在结构体系的振动频率 $\omega_0 = \sqrt{k/m}$ 与扰力圆频率 θ 相等的情况（共振状态）下，才可由 $c\omega_0 = k\nu$ 和 $c = 2\xi\omega_0 m$ 得出 $\nu = 2\xi$，即复阻尼系数 ν 为等效临界黏滞阻尼比 ξ 的 2 倍。

以上分析是就单自由度弹性体系在简谐输入下的稳态强迫振动进行的。尽管实际结构一般不是单自由度体系，结构地震反应并不是稳态的，地震动输入亦非简谐波，但上述分析至今仍是弹性阶段结构地震反应分析中应用和确定黏滞阻尼比、考虑耗能特性的根据。

应用 地震工程中所关注的阻尼现象主要包括结构体系弹性振动状态下的耗能，非线弹性振动状态下的耗能，以及振动控制技术中各类阻尼器的耗能。阻尼耗能的分析可以采用某种耗能机制的物理假设，但更注重与试验结果的拟合与数值计算的便利。

（1）线弹性振动体系（或等效线性体系）的耗能特性多采用黏滞阻尼形式，具体表述方式含瑞利阻尼和考西（Caughey）阻尼等。多自由度体系的瑞利阻尼矩阵和考西阻尼矩阵都是由振动体系的质量矩阵和刚度矩阵组合形成的，瑞利阻尼矩阵可视为考西阻尼矩阵的特例。此类阻尼表述形式可对结构振型解耦，故又称正交阻尼，一些文献中又称为经典阻尼。一旦构成黏滞阻尼矩阵，运动方程可使用逐步积分法求解。

（2）阻尼比是阻尼理论研究和应用中的重要概念，是由单自由度黏滞阻尼振子的分析定义的。只要确定振型阻尼比，即可用振型叠加法计算体系的动力反应。动力体系的黏滞阻尼系数不能由结构材料和构件尺寸确定，但振型阻尼比可由多种试验手段得出，这为动力体系分析提供了便利。某些材料的黏滞阻尼可能具有频率相关特性，但大量建筑结构的试验结果表明，阻尼比并不具有明确的频率

相关特性。以某种材料制成的结构，无论尺寸和形状如何，其阻尼比在线弹性和弱非线性动力状态下，均有较为稳定的数值范围，故阻尼比在工程应用中可与材料相联系。

（3）复阻尼以复数形式描述能量耗散，本质上是频率相关的黏性阻尼。采用复阻尼的运动方程虽然形式简洁，但复数运算不便，且求解复数运动方程的理论复杂，故在实际地震反应分析中使用不多。

（4）就阻尼与其他结构动力参数（如刚度、质量）的关系着眼，瑞利阻尼、考西阻尼和复阻尼等都是比例阻尼（proportional damping）。在动力体系分析中，亦有更简单的比例阻尼形式。例如，由刚度矩阵乘以某个常数构成的阻尼矩阵称为刚度比例阻尼矩阵，由质量矩阵乘以某个常数构成的阻尼矩阵称为质量比例阻尼矩阵。严格地讲，结构体系的比例阻尼矩阵只有在系统质量和刚度分布均匀、结构各部分由相同材料构成、耗能特性无明显差别的情况下才适用。不满足这些条件的结构体系，如土-结相互作用体系、隔震和消能减振体系等，必须应用非比例阻尼矩阵描述耗能特性。非比例阻尼矩阵可由叠加动力特性不同的子结构的阻尼矩阵形成。

（5）动力体系在非线弹性变形状态下的能量耗散是地震工程关注的重要问题。这类能量耗散表现为塑性残余变形能和滞回耗能。显然，这与结构体系的非线性本构关系（含骨架曲线和滞回规则）密切相关。鉴于结构非线性状态复杂多变，塑性滞回耗能很难以简单的模型表述，耗能效应通常依据由试验得出的材料本构关系或构件恢复力模型通过非线性地震反应分析确定。

（6）结构振动控制中应用的各类阻尼器具有不同的耗能机制，如摩擦耗能机制、黏性耗能机制、弹塑性耗能机制、超弹性耗能机制等，必须针对不同阻尼器进行具体分析。

（7）等效阻尼是工程结构动力分析中经常使用的概念和方法，意指不区分阻尼物理机制，仅从阻尼效应相同的角度，将能量耗散表述为某种阻尼（多为黏滞阻尼）予以定量。等效阻尼既用于结构体系的弹性振动，亦可用于非线弹性振动、乃至能量向体系外的传播和扩散。

zunibi

阻尼比（damping ratio） 振动体系黏滞阻尼系数与临界黏滞阻尼系数的比值，亦称临界阻尼比，是等效临界黏滞阻尼比的简称。阻尼比是可由试验测定的、广泛用于结构地震反应分析的重要参数。

概念 黏滞阻尼是与结构运动速度相关的耗能机制，采用黏滞阻尼耗能形式的单自由度体系的自由运动方程为

$$m\ddot{x} + c\dot{x} + kx = 0 \quad (1)$$

式中：m，c，k 分别为单自由度体系的质量、阻尼系数和刚度；x，$\dot{x}$，$\ddot{x}$ 分别为体系运动位移、速度和加速度。利用变换 $x = e^{st}$（e 为自然对数的底，s 为待定常数，t 为时间变量），可将运动方程（1）转换为特征方程

$$ms^2 + cs + k = 0 \quad (2)$$

上述二次代数方程的根为

$$s = \frac{-c}{2m} \pm \sqrt{\frac{c^2}{4m^2} - \omega_0^2} \quad (3)$$

式中：ω_0 为振动体系的圆频率，$\omega_0 = \sqrt{k/m}$。若式（3）中

$c^2/(4m^2)=\omega_0^2$，方程只有一个实根 $s=-c/(2m)$，运动方程(1)的解为 $x=\mathrm{e}^{-[c/(2m)]t}$。显然，此时单自由度体系的位移将随时间衰减，但不会形成往复振动，故可定义 $c_\mathrm{c}=2m\omega_0$ 为临界阻尼系数。只有当体系的阻尼系数 c 小于临界阻尼系数 c_c 时，特征方程有一对复根，单自由度体系才能处于振动状态。体系黏滞阻尼系数与临界阻尼系数的比值定义为临界阻尼比，记为 $\xi=c/c_\mathrm{c}=c/(2m\omega_0)$，振动体系的临界阻尼比应小于1。运动方程(1)可改写为

$$\ddot{x}+2\xi\omega_0\dot{x}+\omega_0^2 x=0 \tag{4}$$

应用　根据线弹性体系的振型分解原理(见振型叠加法)，多自由度体系的振动可分解为若干等效单自由度体系的振动，每个单自由度振动体系对应一个振动频率；故可将临界阻尼比的概念引入多自由度体系，多自由度体系的耗能特性可用振型阻尼比表述。

线弹性体系的振型阻尼比，可利用自由振动试验或强迫振动试验得出。试验表明，由同一材料构成的结构体系，不论其结构尺寸和形状如何，振型阻尼比通常并不随振动频率呈规律的变化，在小弹性变形条件下，阻尼比数值远小于1，且变动范围不大。钢筋混凝土结构的阻尼比大约为 $0.02\sim0.05$ 或更小，钢结构的阻尼比为 $0.01\sim0.02$ 或更小。根据阻尼比的实测结果，可以方便地利用振型叠加法或振型叠加反应谱法计算弹性体系的动力反应，亦可构成瑞利阻尼等比例阻尼矩阵，利用逐步积分法求解运动方程。

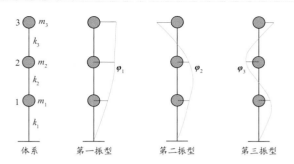

图1　三自由度剪切型线弹性振动体系的振型

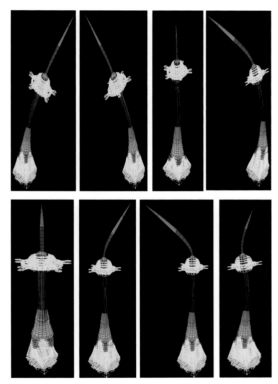

图2　某观光塔的前8阶振型

motai fenxi

模态分析（mode analysis）　计算弹性体系自振特性的理论和方法。

多自由度体系的自振特性即模态参数，含振型和对应各振型的自振频率，也包括振型阻尼比。结构自由振动具有周期性。一个振动往复所需的时间称为自振周期或固有周期，常以 T 表示，单位为 s；每秒内振动的次数称为自振频率或固有频率，常以 f 表示，单位为 Hz。自振圆频率 $\omega=2\pi f$，单位为 rad/s，通常亦简称自振频率。

无阻尼体系的模态参数　无阻尼单自由度体系的自振频率 $\omega=\sqrt{k/m}$，k 为体系弹性刚度，m 为体系质量。

多自由度体系的无阻尼自由振动微分方程可写为

$$M\ddot{u}+Ku=0 \tag{1}$$

式中：M，K 分别为系统的质量矩阵和刚度矩阵；$u=[u_1,u_2,\cdots,u_n]^\mathrm{T}$，为各质点偏离平衡位置的位移矢量。方程(1)的时空解耦解可以设为

$$u(t)=\varphi\sin\omega t \tag{2}$$

式中：φ 为仅与空间位置有关的振型矢量；ω 为结构固有振动圆频率。将式(2)对时间求导数并代入式(1)，得到特征方程

$$(K-\omega^2 M)\varphi=0 \tag{3}$$

振型 φ 恒为零代表结构的静止状态。对于振动体系，令 $(K-\omega^2 M)=0$，则可得到 ω 的 n 个实数根 ω_1，ω_2，$\cdots$，ω_n，即体系的各阶固有频率；将其分别代入式(3)，将得到对应的 n 个列向量 φ_1，φ_2，$\cdots$，φ_n，即振型矢量。每个列向量中均有一个自由变量，表明该列向量尽管不是定解，但是向量各元素之间的比值是确定不变的。φ_i 是对应频率 ω_i 的振型。图1为三自由度剪切型线弹性振动体系的振型示意图，图2为复杂工程的振型分析结果示例。

计算方法　结构体系的振型和频率原则上可以利用行列式方程求解，但对于包含众多自由度的复杂体系，这一方法显然行不通。从数值方法着眼，这属于矩阵特征值问题，可用不同技术求解。

迭代法　利用迭代法可依次求解基阶（第一阶）模态参数和高阶模态参数，或直接求解最高阶模态参数。由特征方程(3)有

$$\varphi_n=\omega_n^2 D\varphi_n \tag{4}$$

式中：$D\equiv K^{-1}M$，称为动力矩阵。假定一阶振型矢量初始值为 φ_1^0，计算标准化振型矢量 $\varphi_1^1=D\varphi_1^0$，可得 $\omega_1^2\approx\varphi_1^0/\varphi_1^1$；重复上述计算可使 φ_1^i 和 φ_1^{i-1} 的差值达任意小，则可得一阶振型和频率。仿照上述方法，可求结构体系的二阶振型和频率，但假定的二阶振型矢量初始值中应删除一阶振型矢量成分。依此类推，可逐次求得更高阶的振型和频率。

由特征方程(3)亦可得

$$\omega_n^2\varphi_n=E\varphi_n \tag{5}$$

式中：$E\equiv M^{-1}K$。利用式(5)，并假定最高阶振型矢量的初始值，可经迭代计算直接确定结构体系的最高阶振型和频率。

瑞利-里兹法 瑞利-里兹（Rayleigh-Ritz）法依据保守体系最大应变能与最大动能相等的原理求解模态参数。振动体系反应可写为 $u = \varphi A$，假定振型矩阵 $\Phi = [\varphi_1, \varphi_2, \cdots, \varphi_n]$，其中各振型矢量称为里兹基，$A$ 为待定常数矢量，亦称广义坐标。由 $u = \varphi A$ 可得运动体系的最大动能和最大应变能，令两者相等则有

$$\omega^2 = A^T \varphi^T K \varphi A / (A^T \varphi^T M \varphi A) \tag{6}$$

记 $K^* = \varphi^T K \varphi$，$M^* = \varphi^T M \varphi$，由式（6）可得

$$\omega^2 = A^T K^* A / (A^T M^* A) \tag{7}$$

式（7）右端称为瑞利商，将瑞利商对 A 求偏导数，可得

$$K^* A = \omega^2 M^* A \tag{8}$$

求解上述特征值问题即可确定各阶频率和振型。利用上述方法求解一阶频率时，称瑞利法；求解多阶模态参数时称瑞利-里兹法。利用此法可由假定的不精确的振型，求得较为精确的各阶频率上限。

矩阵变换法 利用计算机借助矩阵变换求解广义特征值问题的算法程序有多种，这些程序一般均包含在结构分析软件包中。其中，雅克比（Jacobi）法将已知的质量矩阵或刚度矩阵转换为下三角矩阵及其转置矩阵的乘积，将广义特征值问题变为标准特征值问题求解。浩斯霍德（Householder）法将对称矩阵逐步三对角化，而后可就三对角矩阵方便地求解特征值。QL 方法将实对称矩阵经多次正交变换并依预先设定的精度逼近对角矩阵，对角矩阵各元素即为原实对称矩阵的特征值。

对于无阻尼体系，模态参数为实数，对应不同频率的各振型位移的相位差为 0° 或者 180°，有固定的振型形状和节点。对于一般阻尼体系，须采用复模态分析方法确定模态参数。

motai canshu

模态参数（modal parameter） 描述多自由度弹性体系动力特性的参数。见模态分析。

fumotai fenxi

复模态分析（complex mode analysis） 阻尼体系的模态分析。振动体系均具有阻尼耗能机制，在忽略阻尼时，可得实模态参数；若考虑一般阻尼项，亦可实施模态参数分析，但依阻尼特性的不同，模态参数有不同形式的变化。

黏性比例阻尼体系 单自由度黏性阻尼体系的阻尼自振圆频率为 $\omega_D = \omega \sqrt{1 - \xi^2}$，$\omega$ 为无阻尼自振圆频率，ξ 为阻尼比（见单自由度体系运动方程）。

具有 n 个自由度的黏性比例阻尼体系自由运动方程为

$$M \ddot{u} + C \dot{u} + K u = 0 \tag{1}$$

式中：M、C、K 分别为质量矩阵、阻尼矩阵和刚度矩阵；$\ddot{u}$、$\dot{u}$、u 分别为结构反应加速度、速度和位移矢量。设方程（1）的特解为 $\varphi e^{\lambda t}$，可得特征值问题

$$(\lambda^2 M + \lambda C + K) \varphi = 0 \tag{2}$$

式中：φ 为振型矢量。求解上述特征值问题可得 $2n$ 个呈共轭对形式的复特征值（复频率）

$$\lambda_{2i-1,2i}^{(i)} = -\xi^{(i)} \omega^{(i)} \pm j \omega_D^{(i)} \tag{3}$$

式中：各变量的上角标 (i) 表示 i 振型；$\xi^{(i)}$，$\omega^{(i)}$，$\omega_D^{(i)}$ 分别为

i 振型的阻尼比、无阻尼自振圆频率和阻尼自振圆频率，$j = \sqrt{-1}$。$\lambda_{2i-1,2i}^{(i)}$ 的模仍是无阻尼自振圆频率 $\omega^{(i)}$，系统特征矢量（振型）φ 仍为无阻尼体系的振型，且具有关于质量矩阵、阻尼矩阵和刚度矩阵的加权正交性。

复阻尼体系 采用复阻尼的多自由度体系自由运动方程为

$$M \ddot{u} + (1 + j\nu) K u = 0 \tag{4}$$

式中：ν 为复阻尼系数。设方程（4）的特解为 $\varphi e^{\lambda t}$，可得特征值问题

$$[\lambda^2 M + (1 + j\nu) K] \varphi = 0 \tag{5}$$

解特征值问题可得复频率

$$\lambda_i^2 = -\omega_i^2 (1 + j\nu) \tag{6}$$

式中：ω_i 为 i 振型的无阻尼自振圆频率。系统特征矢量 φ 仍为无阻尼体系的振型且具有加权正交性。

非比例阻尼体系 具有 n 个自由度的非比例阻尼体系的自由运动方程同式（1），但 C 表示非比例阻尼矩阵。通过变量代换 $z = [u, \dot{u}]$ 和 $\dot{z} = [\dot{u}, \ddot{u}]$，可得 $2n$ 个单自由振动状态方程（一阶微分方程）

$$m_a \dot{z} + k_a z = 0 \tag{7}$$

式中：$m_a = \begin{bmatrix} C & M \\ M & 0 \end{bmatrix}$；$k_a = \begin{bmatrix} K & 0 \\ 0 & -M \end{bmatrix}$。

设方程（7）的解为 $z = \varphi e^{\lambda t}$，得特征值问题

$$(\lambda m_a + k_a) \varphi = 0 \tag{8}$$

解式（8）可得到 $2n$ 个共轭成对出现的复频率和复振型。此时，复频率与原体系的无阻尼固有频率并不相等；各独立振型也不再呈现实振型的稳定驻波形态，同一振型各质点运动的相位差不再保持 0° 或 180°，不同时达到平衡和最大位置；振型节点（振型曲线与平衡位置的交点）的位置不再固定；换言之，复振型具有行波特征。复振型对 m_a 和 k_a 具有加权正交特性，而对结构体系的原质量矩阵 M、刚度矩阵 K 和阻尼矩阵 C 不存在正交性质。

jiegou kekaodu fenxi

结构可靠度分析（reliability analysis of structure） 考虑结构体系和外部荷载的不确定性估计结构可靠程度的理论和方法。

任何结构体系都包含大量不确定性因素，材料强度、构件尺寸和外部荷载等严格地讲都是随机变量，因此，结构的概率可靠度分析与确定性分析相比较更具合理性。结构可靠度涉及安全性、适用性和耐久性等三个方面；可靠度分析是现代结构优化设计的基础，也是性态抗震设计的理论基础之一。

结构可靠度 意指结构在规定的时间内和规定的条件下完成预定功能的概率。涉及结构安全性、适用性和耐久性的要求通常以极限状态表示。极限状态是结构不能完成某一预定功能的临界状态。例如，一般结构的承载力极限状态就是结构构件发生破坏、不能继续安全承载的临界状态。临界状态可由功能函数 $G(x)$ 表示：

$$Z = R - S = G(x) \tag{1}$$

式中：R 为结构的抗力，取决于材料特性和构件尺寸；S 为荷载作用效应，是外部荷载和结构特性的函数；Z 为随机变量 R 与 S 之差。随机变量 R 和 S 由基本随机变量 x 决定。功能函数 $G \leqslant 0$ 表示结构达到或超过某一临界状态，表

失某种预定功能；反之结构将保持某种功能。假定结构抗力及荷载作用效应都是连续的随机变量，且两者的概率密度分别为 $f_R(r)$ 和 $f_S(s)$，联合概率密度函数为 $f_{RS}(r,s)$［或记为 $f_X(x)$］，则结构对应某种功能的失效概率 P_f 为

$$P_f = P(R - S \leqslant 0)$$

$$= \iint_{R \leqslant S} f_{RS}(r,s)\mathrm{d}r\mathrm{d}s$$

$$= P[G(x) \leqslant 0] = \int_{G(x) \leqslant 0} f_X(x)\mathrm{d}x \quad (2)$$

分析方法 结构可靠度分析的关键是了解相关随机变量的概率分布。可靠度分析方法可分为解析法、数值法和蒙特卡洛方法三类。解析法只有在式(2)所示积分域规则且被积函数简单的情况下方可应用。对于复杂的可靠度分析问题，一般采用简化的数值方法近似求解，如一次二阶矩方法和荷载粗糙度指标方法等，但这类近似计算一般要求随机变量的概率密度函数是连续的。利用蒙特卡洛法求解结构可靠度不受概率密度函数连续的限制，计算易行且稳健，但计算效率较低，须花费大量时间。

有限元法作为结构分析的重要数值方法不仅可进行确定性分析，亦可求解结构可靠度问题。有限元在结构可靠度分析中的应用之一是随机有限元法。该法将材料特性的变异性融入有限元计算过程，可分析参数随机性对结果的影响；亦可将相对独立的概率分析与有限元计算程序相连接，利用成熟的通用有限元程序软件求解各类结构的可靠度问题。

体系可靠度 现行结构设计方法通常是针对结构构件的设计，可以利用前述各种方法估计构件的可靠度。一般认为，如果体系的所有构件都是安全可靠的，则结构体系就是安全可靠的。但是，真实结构的可靠度估计只能通过体系可靠度分析获得，而结构体系的可靠度估计是困难的。问题的关键在于，不同构件对体系可靠度的贡献实际是不相同的；结构有众多可能的破坏模式，不同破坏模式将对应不同的体系可靠度；结构各构件和结构各种失效模式并不完全独立而存在一定的相关性。计算构件可靠度的积分域是一个函数，但估计体系可靠度的积分域将由众多失效模式确定。有关体系可靠度的研究，集中于寻找对体系可靠度影响最大的主要失效模式，并估计其失效概率。

推荐书目

李刚等著．基于性能的结构抗震设计——理论、方法与应用．北京：科学出版社，2004．

yici erjieju fangfa

一次二阶矩方法（first order second moment method）

计算结构可靠度的一种近似方法，又称均值点（或中心点）的一次二阶矩方法。

假定结构抗力 R 和荷载效应 S 均服从正态分布，则功能函数 $G = R - S = Z$ 也是服从正态分布的随机变量。显然，当 $Z > 0$ 时，结构处于可靠状态；当 $Z < 0$ 时，结构处于失效状态；当 $Z = 0$ 时，结构处于极限状态。结构的失效概率为

$$P_f = P(Z \leqslant 0) = P\left[\frac{Z - \mu_Z}{\sigma_Z} \leqslant \frac{-\mu_Z}{\sigma_Z}\right] = \Phi\left(-\frac{\mu_Z}{\sigma_Z}\right)$$

式中：μ_Z、σ_Z 分别为 Z 的均值和标准差；$\Phi(\cdot)$ 为标准正态分布函数。失效概率 P_f 见图1。

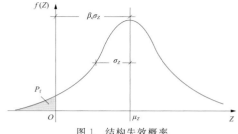

图1 结构失效概率

图中 $f(Z)$ 为随机变量 Z 的概率密度函数。定义结构可靠度指标为 $\beta_c = \mu_Z / \sigma_Z$，则有 $\beta_c = \Phi^{-1}(1 - P_f)$ 和 $P_f = \Phi(-\beta_c)$。β_c 为标准正态空间中坐标原点到功能函数曲面的最短距离，若 $\hat{R}$ 和 $\hat{S}$ 分别为标准正态分布的抗力和荷载效应变量，则如图2所示的垂足 P^* 称为设计验算点。

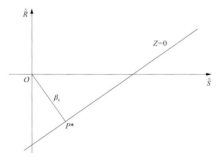

图2 标准正态空间中的可靠度指标

为将上述原理扩展到多变量 x_i（如材料特性、构件尺寸、外部荷载和结构特性等）和功能函数具有非线性的情况，可将功能函数在各基本随机变量的均值处展开，即

$$\bar{Z} = G(\boldsymbol{\mu}_x) + \sum_{i=1}^{n} \frac{\partial G}{\partial x_i}(x_i - \mu_{x_i})$$

$$\mu_{\bar{Z}} = G(\boldsymbol{\mu}_x), \quad \sigma_{\bar{Z}} = \sqrt{\sum_{i=1}^{n}\sum_{j=1}^{n} \frac{\partial G}{\partial x_i} \frac{\partial G}{\partial x_j} \mathrm{Cov}(x_i, x_j)}$$

式中：$\boldsymbol{\mu}_x$ 为基本变量均值矢量；$\mathrm{Cov}(x_i, x_j)$ 为协方差函数。

fanying qumianfa

反应曲面法（response surface method；RSM）

将复杂结构的极限状态方程以简单的显式解析式表达，并以迭代方法计算结构可靠度指标的方法。

在复杂结构的可靠性分析中，往往难以写出结构体系极限状态方程的显式表达式，反应曲面法是解决这一困难的有效方法。该法的基本概念和实施步骤如下。

(1) 构造简单的显式表达式 $\bar{Z} = \bar{g}(x_1, x_2, \cdots, x_n)$（即反应曲面），代替不能以显式表达的结构体系极限状态方程 $Z = g(x_1, x_2, \cdots, x_n)$，式中 $x_i(i = 1, 2, \cdots, n)$ 为随机变量，$\bar{Z}$ 中包含若干待定系数。

(2) 选取插值点，生成各随机变量的样本；利用样本点以有限元方法计算结构体系的反应，继而确定表达式 $\bar{Z}$ 中的待定系数。

(3) 用优化算法计算反应曲面 $\bar{Z}$ 至标准状态空间原点的最小距离（即可靠度指标）。

(4) 判断计算得出的可靠度指标是否满足指定的精度要求。可靠度指标的精度可由前后两次可靠度指标计算结果的差值表示。若满足精度要求，迭代停止；否则按某种规则调整插值点样本值，返回步骤(2)重新计算，直至可靠

度指标计算结果满足精度要求。

Mengtekaluofa

蒙特卡洛法（Monte Carlo method）

通过随机取样进行统计估计求解具有概率性质或决策性质问题的实验数学方法，亦称随机抽样法或统计试验法。

蒙特卡洛法在电子计算机出现后具有重要的应用价值，在核反应、物种演化、传染病传播、生产管理、战争和博弈等问题中获得广泛应用。该法也是进行结构可靠度分析和系统寻优的有力工具。遗传算法和模拟退火等优化算法都基于蒙特卡洛法的随机取样统计分析原理。

使用蒙特卡洛法进行结构可靠度分析一般包括如下步骤：①选取涉及结构体系和外部荷载的随机变量，并明确其分布类型；②生成 0～1 之间均匀分布的随机数，并依据各随机变量的分布类型进行概率转换，得到各随机变量的样本点；③就各随机变量的样本进行结构分析，并依据功能函数判断结构是否达到临界状态；④结构失效概率为达到或超过临界状态的抽样点数与总抽样数的比值。

上述方法的计算程序容易实现，稳健性好且可适应随机变量的任何分布类型，功能函数形式对计算结果也没有影响。但是，该法计算效率比较低，为提高计算精度必须增加抽样点数，造成计算时间延长；当失效概率很小时需要极大的抽样数量，这一问题在采用有限元模型分析时更为突出。因此，蒙特卡洛方法在应用中改进的重点是抽样方式。改进的抽样法有重要抽样法、方向抽样法、条件期望法和轴正交抽样法等。

hezai cucaodu zhibiao fangfa

荷载粗糙度指标方法（load roughness index method）

灾害荷载作用下结构可靠度分析的近似方法。灾害荷载包括罕遇地震作用、飓风和特大洪水等。

粗糙度指标 I_{lr} 是衡量结构抗力 R 与荷载效应 S 离散程度相对关系的无量纲指标，定义为

$$I_{lr} = \sigma_S \Big/ \sqrt{\sigma_S^2 + \sigma_R^2}$$
$$= 1 \Big/ \sqrt{1 + \left(\frac{\mu_R}{\mu_S}\right)^2 \left(\frac{\delta_R}{\delta_S}\right)^2}$$

式中：σ_S，μ_S 和 δ_S 分别为荷载效应的标准差、均值和变异系数；σ_R，μ_R 和 δ_R 分别为抗力的标准差、均值和变异系数。I_{lr} 的取值范围为 0～1。当 σ_R 远大于 σ_S 时，I_{lr} 的值很小，此时荷载可称为光滑荷载；当 σ_R 远小于 σ_S 时，I_{lr} 的值很大，此时荷载可称为粗糙荷载。

若结构抗力 R 与荷载效应 S 均服从正态分布，对于一般粗糙荷载（$0 < I_{lr} < 1$），结构可靠度指标为

$$\beta = I_{lr}\left(\frac{\mu_R}{\sigma_R}\frac{\sigma_R}{\sigma_S} - \frac{\mu_S}{\sigma_S}\right) = \frac{\sqrt{1 - I_{lr}^2}}{\delta_R} - \frac{I_{lr}}{\delta_S}$$

对于无限粗糙荷载（$I_{lr} = 1$），结构抗力相对荷载而言已成为确定量，结构可靠度指标为

$$\beta = I_{lr}\frac{\mu_R - \mu_S}{\sigma_S} = \frac{R - \mu_S}{\sigma_S}$$

对于无限光滑荷载（$I_{lr} = 0$），荷载效应相对抗力而言已属确定量，结构可靠度指标为

$$\beta = \sqrt{1 - I_{lr}^2}\frac{\mu_R - \mu_S}{\sigma_R} = \frac{\mu_R - S}{\sigma_R}$$

feixianxing dizhen fanying fenxi

非线性地震反应分析（nonlinear seismic response analysis）

计算非线性结构地震反应的理论和方法。

结构的非线性含几何非线性、材料非线性和接触问题等。设计抗震结构使其在罕遇的强烈地震作用下仍然保持小变形和线弹性在经济上是不合理的，在技术上也不总是可行的。一般抗震结构允许发生损坏但又应将其控制在预期范围内，这必然涉及结构的非线性，故结构非线性地震反应分析是地震工程研究和抗震结构设计中的重要内容。

基于弹性体系得出的振型叠加法、振型叠加反应谱法和傅氏变换法等已不再适用于非线性体系，结构非线性地震反应一般采用逐步积分法求解。非线性分析的关键问题是结构分析模型的建立和单元本构关系的确定。

分析模型 可分为微观模型、宏观模型和宏观-微观结合模型。微观模型将结构各构件均作细密离散，如将钢筋混凝土构件的钢筋和混凝土分别划分为有限单元，且遵循各自的本构关系；这种模型计算量庞大，故在复杂三维结构的非线性分析中应用不多。宏观模型一般以构件作为基本单元，或以包含多个构件的结构层作为计算单元，在结构非线性地震反应分析中被广泛使用。宏观-微观结合模型以构件作为基本单元，但在单元内部进一步划分子单元，并规定内部子单元间的变形协调关系；这些子单元可遵循不同的本构关系，较细致地描述单元内部复杂的应力状态；纤维模型和分层单元模型等均属此类。

有限元模型中通常采用接触单元模拟高度非线性的接触问题。接触单元是覆盖在分析模型接触面（如基础和地基的接触面）上的单元，用以模拟接触面的滑动、变形和摩擦。

本构关系 考虑材料非线性的结构本构关系有多种，其中骨架曲线由多段直线组成者如理想弹塑性模型、刚塑性模型、双折线模型、三折线模型等，骨架曲线为曲线者如双曲线模型等（见土的弹塑性模型）。这些模型的参数（如刚度）在地震反应时间过程中不再为固定值，而是随位移变化。

结构在大变形状态下，其应变不能再由位移的一阶导数确定，必须考虑应变的二次项，此即几何非线性。具有几何非线性的结构，其刚度矩阵由弹性刚度矩阵和几何刚度矩阵构成。

对于处理接触非线性问题的接触单元，应选择适当的接触刚度和接触面的摩擦类型，如采用库仑摩擦模型及相应摩擦系数或起始滑动力。

cailiao bengou guanxi

材料本构关系（material constitutive relation）

结构材料的力-变形关系，与构件恢复力模型密切相关。

多维受力状态下材料的非线性本构关系十分复杂，不同的加载方式、边界条件和试件尺寸等都将对本构关系产生影响。受试验设备及试验结果的限制，可供使用的材料多维非线性本构关系很少，试验得出的有关混凝土和钢的单轴本构关系一般特征如下。

混凝土 混凝土单向轴压应力 σ 与应变 ε 的关系曲线见图 1。当压应力 σ 较小时（$\sigma \leqslant 0.3 f_c$，f_c 为混凝土轴向抗压强度），混凝土基本处于弹性阶段（OA 段），其应力-应变

关系近似为直线。当 $\sigma=(0.3\sim0.8)f_c$ 时，混凝土已有非线性性质（AB 段），微裂缝有所发展，但仍处于稳定状态。当 $\sigma=(0.8\sim1.0)f_c$ 时，非线性则十分明显，BC 段为稳定的裂缝扩展阶段，C 点对应的应力峰值为抗压强度 f_c，对应的应变为 ε_0。曲线下降段 CD 为混凝土裂缝急速发展的软化破坏阶段，破坏时极限应变 ε_{cu} 的大小随混凝土强度不同而有较大差别。对于普通混凝土，$\varepsilon_{cu}=0.003\sim0.004$。

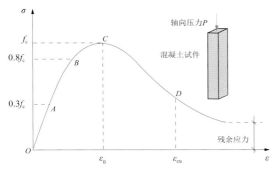

图 1　混凝土轴压应力-应变曲线

钢筋　低碳钢筋的拉应力 σ 与应变 ε 的关系曲线见图 2。曲线 a 点以前为弹性阶段，应力-应变关系为直线，对应 a 点的钢筋应力称为比例极限。应力达到 b 点后钢筋的应力-应变关系发生明显变化，钢筋应力将下降到 c 点，且在应力基本不变的情况下应变迅速增加，产生相当大的塑性变形。b 点称为上屈服点，c 点称为下屈服点；与下屈服点相对应的钢筋应力称为屈服强度；曲线水平段 cd 称为屈服台阶或流幅。此后曲线 de 段又呈上升趋势，抗塑性变形

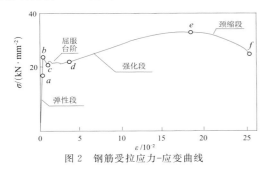

图 2　钢筋受拉应力-应变曲线

能力有所提高，称为强化段，对应 e 点的应力称为抗拉强度或极限强度。到达 e 点后，钢筋产生颈缩现象，应力下降，应变增长，直到 f 点钢筋在某个薄弱部位被拉断，曲线 ef 段称为颈缩段或下降段。

goujian danyuan moxing

构件单元模型（element analysis model）
描述结构体系中各构件几何与力学特性、供结构分析使用的简化抽象计算图形。最常用的构件单元模型有以下三种。

单分量模型　两端设置塑性铰弹簧的杆单元，假定单元的弹塑性变形集中于构件两端，且反弯点 O 固定不变（图 1a）。单元的两端可设多个塑性铰弹簧，每个铰弹簧代表不同的变形分量，图 1(b) 中杆件每端的两个铰弹簧分别模拟弹塑性弯曲和剪切变形分量。

这一模型有关单元内部反弯点固定不变的假定虽然不符合构件动力反应的真实状态，但在工程分析中仍具有适当的精度。该模型在结构弹塑性分析中应用广泛。

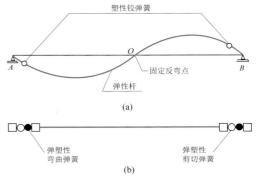

图 1　单分量模型

双分量模型　由两个平行杆组成（图 2），一个杆具有理想弹塑性力-变形关系，另一个杆为弹性杆，两杆的力-变形关系示于图 3。此模型物理意义简单明确，很容易形成单元刚度矩阵，但只适用于双折线力-变形本构关系，且不能考虑刚度退化。

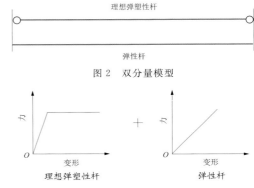

图 2　双分量模型

图 3　双分量模型的力-变形关系

纤维模型　纤维模型（fiber model）用不同的纵向纤维束代表钢筋和混凝土材料，纤维分别采用对应不同材料的应力-应变关系。通过平截面假定可建立杆件截面的本构关系及其与纤维束应力、应变间的联系，如图 4 中弯矩 m_y 和转角 φ_y 的关系、轴力 p_0 和轴向应变 ε_0 的关系。纤维 i 的变形可根据其坐标 (x_i, y_i) 和节点的变形确定，从而克服了其他宏观模型在多向受力状态下力-变形关系难以确定的缺点。纤维模型多用于模拟柱或剪力墙，可仅在单元两端设置，其间由弹性杆件连接，亦可沿单元贯通设置。

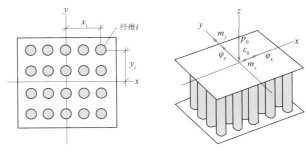

图 4　纤维模型

纤维模型概念清晰，既有宏观模型自由度少的优点，又有微观模型直接采用材料本构关系进行非线性计算的优点，在复杂结构地震反应分析中具有应用前景。然而，该模型受平截面假设的限制，不能考虑钢筋和混凝土之间的黏结滑移。

构件恢复力特性（member restoring force character）　构件受力与变形的关系。弹性状态下构件的力-变形关系遵从胡克定律，非线性状态下构件的力-变形关系则十分复杂。

钢是均匀各向同性材料，钢构件的非线性力与变形关系相对较为简单。混凝土构件和钢筋混凝土构件均属复合材料构件，试验结果表明，这类构件几乎不存在理想的弹性变形阶段。钢筋混凝土构件恢复力特征尤为复杂，受多种因素（如荷载大小与形式、配筋率、箍筋间距和材料强度等）的影响。

由往复荷载试验得出的钢筋混凝土构件的主要力学特征如下。

刚度退化　钢筋混凝土构件在往复荷载作用下，屈服后力 F 与变形 x 关系曲线的卸载段和重新加载段斜率（刚度）低于初始加载段刚度，且随受力循环的增加更趋减小，其变化率与峰值变形和循环加载次数有关，这一现象称为刚度退化。刚度退化的原因在于与低周疲劳有关的混凝土开裂，钢筋的非线性变形和钢筋与混凝土之间滑移的不断扩大。典型的刚度退化现象见图1。

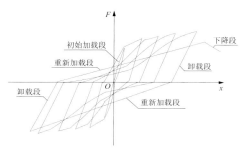

图1　钢筋混凝土构件的刚度退化和负刚度

负刚度　试验中，混凝土构件在屈服后还将发生随荷载减小但变形持续增加的现象，这一现象在本构模型中表现为具有宏观负刚度的下降段。钢构件受重力二次效应或支撑屈服的影响，也会发生负刚度现象。

强度退化　在往复荷载作用下，当钢筋混凝土构件弹塑性变形较大时，构件的再加载强度不能保持为初始强度并渐次降低（图2），这一现象称为强度退化。强度退化的大小取决于构件变形模式和细部构造、混凝土的剪切强度、加载历程和轴力水平等多种因素。

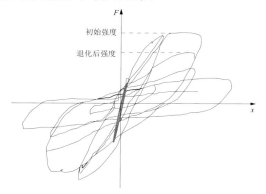

图2　钢筋混凝土构件的强度退化

捏拢现象　往复荷载作用下钢筋混凝土构件发生损坏后，其力-变形关系曲线在重新加载段的斜率往往有极其明显的改变，在急剧降低后又复增加，致使滞回环不能保持

近似的椭圆形或梭形，而呈中间部分凹进的纺锤状或倒 S 形，这种现象称为捏拢（pinching）。该现象与往复荷载作用下构件裂缝的开合有关。在某个方向的加载使构件出现明显开裂的情况下，反向加载开始时构件将只有较小的抗力，直至裂缝闭合后抗力才开始增加。捏拢现象较多出现于发生剪切破坏或黏接失效破坏构件，其曲线形状见图3。

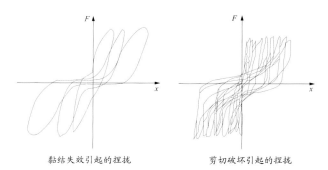

黏结失效引起的捏拢　　剪切破坏引起的捏拢

图3　钢筋混凝土构件的捏拢现象

往复荷载实验一般速度较慢，属准静力加载模式。在速度更高的动力加载模式下，材料力学性能又有所不同。一般情况下，动弹模大于静弹模，动强度高于静强度，且动力作用下延性较小；当应变速率很低时，蠕变效应相对突出。

构件恢复力模型（member restoring force model）　地震反应分析中采用的构件的力-变形关系。

构件恢复力模型应具有尽量简洁的数学表达式，且能模拟主要的试验结果。试验得出的构件弹力 F 与变形 x 的关系近似为直线，但非线性力-变形关系复杂且离散。非线性恢复力模型有多种，一般可分为曲线型和折线型两类。前者数学表达式多较复杂，在可以近似模拟试验曲线的同时，却难以确定刚度、强度等力学参数值；折线型恢复力模型相对简单，使用更为广泛。非线性恢复力模型一般由骨架曲线和滞回规则组成。骨架曲线是幅值渐增循环加载时滞回曲线峰值点的连线（见滞回曲线），与单调持续加载的力-变形曲线相近；卸载和重加载时的力-变形迹线则为滞回规则，滞回环围成的面积表示塑性耗能能力。典型的构件恢复力模型如下。

两折线模型　两折线模型的恢复力骨架曲线由两段直线构成，初始段斜率为弹性刚度 k_1，另一段斜率则为屈服后刚度 k_2，折点相应于屈服点，滞回曲线见图1；该模型可描述钢筋混凝土构件的非线性，但不能模拟刚度退化现象。最简单的两折线模型是理想弹塑性模型，滞回曲线见图2，构件屈服后刚度为零。

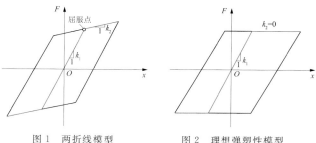

图1　两折线模型　　图2　理想弹塑性模型

若将理想弹塑性模型的初始刚度取为无限大，则成为刚塑性模型，可用于模拟弹性应变相对塑性应变可以忽略的构件和具有库仑摩擦机理的元件。事实上，多数结构构件屈服后仍具有一定刚度，这是理想弹塑性模型所不能模拟的。另外，其恢复力滞回规则也不能反映钢筋混凝土构件的刚度退化特征。

克拉夫于 1966 年提出了一种两折线模型，两段骨架线的刚度分别为 k_1 和 k_2，其滞回规则可考虑刚度退化，即屈服后卸载和重加载阶段的刚度可小于初始刚度。该模型相对简单，应用较为广泛（图 3）。

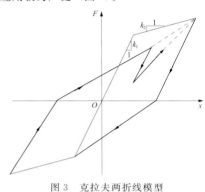

图 3　克拉夫两折线模型

三折线模型　模型骨架曲线由三段直线组成，第一段为弹性阶段，刚度为 k_1；第二段模拟开裂阶段，刚度为 k_2；第三段模拟屈服阶段，刚度为 k_3。两个折点相应于开裂点和屈服点。较常用的三折线模型是武田（Takeda）模型（图 4）。该模型的滞回规则可模拟刚度退化特征，适用范围广，模拟效果也较好。

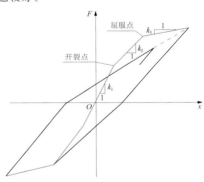

图 4　武田三折线模型

鲍克-文模型　基于鲍克（R. Bouc）和文义归（Y. K. Wen）有关强迫振动体系的研究形成的非线性恢复力模型（图 5）。该模型可由以下非线性微分方程表示：

$$\ddot{x} + 2\xi\omega_n\dot{x} + \alpha\omega_n^2 x + (1-\alpha)\omega_n^2 z = f(t)$$
$$\dot{z} = -\gamma|\dot{x}| \cdot |z|^{n-1} - \beta\dot{x}|z|^n + a\dot{x}$$

式中：x 为结构位移反应；ξ 为线弹性黏滞阻尼比；ω_n 为自振圆频率；α 为屈服后刚度与弹性刚度之比；$f(t)$ 为对体系质量归一化的扰力函数；a 为控制滞回幅度的参数；z 为描述滞回特性的虚拟位移变量，又称滞回变量或记忆变量，它表示系统的非线性恢复力不仅是当前位移的函数，而且依赖于已发生的运动过程；γ，n，β 是控制滞回曲线形状的参数，当 $\gamma=\beta=0$ 时，模型退化为弹性模型。模型参数的不同组合可描绘不同的滞回环形状。例如，当 $n=1$ 时，γ 与 β 的不同取值及组合可形成如图 5 所示的滞回环。

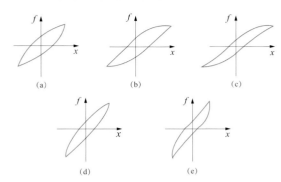

图 5　鲍克-文模型的滞回环形状（$n=1$）
(a) $\beta+\gamma>0$，$\beta-\gamma<0$；(b) $\beta+\gamma>0$，$\beta-\gamma=0$；(c) $\beta-\gamma>\beta-\gamma>0$；
(d) $\beta+\gamma=0$，$\beta-\gamma<0$；(e) $\beta-\gamma<\beta+\gamma<0$

双轴恢复力模型　真实结构构件的受力状态是复杂的，与前述单向受力的恢复力模型相比，考虑在构件截面内双向受力的恢复力模型更具一般性。利用塑性理论中的正交流动法则和莫洛茨（Mroz）硬化规则，并考虑两向恢复力的耦合影响，可建立双轴恢复力模型（图 6）。

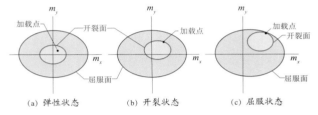

图 6　双轴恢复力模型

模型中弹性、开裂和屈服状态以双向力坐标 (m_x, m_y) 中的曲面描述，开裂面和屈服面相对位置的变化对应加载、卸载、重加载的过程。当加载点位于开裂曲面内时，截面为弹性状态（图 6a）；加载点达到开裂面时，截面进入开裂状态（图 6b）；若继续加载，开裂面随加载点移动，加载点达到屈服面时截面进入屈服状态，此时开裂面内切屈服面于加载点（图 6c）；若继续加载，开裂面与屈服面随加载点一起移动。曲面运动时，其形状和大小不变。此类模型中加载曲面函数和曲面移动规则的数学表达式十分复杂。

suiji dizhen fanying fenxi
随机地震反应分析（stochastic seismic response analysis）将地震动输入和结构反应视为随机过程的结构地震反应分析理论和方法。

地震动是极其复杂、不可能准确预知的运动时间过程；将地震视为具有某种统计特性的随机过程，继而对结构进行随机地震反应分析具有合理性。随机过程理论是进行结构随机地震反应分析的基础。

可以单自由度弹性体系为例说明随机地震反应分析的基本步骤，多自由度体系一般可通过振型分解转化为单自由度问题求解。

脉冲响应函数和频响函数　单自由度体系运动方程在零初值条件下的杜哈梅积分解为

$$u(t) = \int_0^t p(t)h(t-\tau)\mathrm{d}\tau \tag{1}$$

式中：$u(t)$ 为系统反应的时间过程；$p(t)$ 为外荷载；$h(t)$ 称为单位脉冲响应函数；τ 为延时。

$$h(t) = \frac{1}{m\omega_d}\exp(-\xi\omega_n t)\sin\omega_d t \tag{2}$$

式中：ω_n 为单自由度体系的无阻尼自振圆频率；ω_d 为阻尼自振圆频率；m 为体系质量；ξ 为阻尼比。

单自由度体系的频域运动方程为

$$U(\omega) = H(\omega)P(\omega) \tag{3}$$

式中：$U(\omega)$ 和 $P(\omega)$ 分别为反应和输入的傅里叶变换，ω 为圆频率变量；$H(\omega)$ 为复频响函数（见傅氏变换法），

$$H(\omega) = \frac{1}{k - m\omega^2 + ic\omega}$$
$$= \frac{1}{m[\omega_n^2 - \omega^2 + i(2\xi\omega_n\omega)]} \tag{4}$$

k 为体系刚度系数，c 为阻尼系数，$i = \sqrt{-1}$。单位脉冲响应函数 $h(t)$ 和频响函数 $H(\omega)$ 是傅里叶变换对，分别表述时域和频域中的体系动力特性。

弹性体系的随机反应　设 $X(t)$ 为单自由度体系的输入随机过程，$Y(t)$ 为反应随机过程，式式（1）可得

$$Y(t) = \int_0^\infty X(t-\tau)h(\tau)d\tau \tag{5}$$

若 $X(t)$ 为平稳过程，均值 $E[X(t-\tau)] = \mu_x$，自相关函数（见相关分析）为 R_x，则反应的均值为

$$E[Y(t)] = \mu_x\int_0^\infty h(\tau)d\tau = \mu_y \tag{6}$$

式中：μ_y 为反应的均值。反应的均方值为

$$\Psi_y^2 = R_y(0) = \int_0^\infty d\tau_1\int_0^\infty R_x(\tau_1-\tau_2)h(\tau_1)h(\tau_2)d\tau_2 \tag{7}$$

式中：R_y 为反应的自相关函数；R_x 为输入的自相关函数。上述结果表明，由体系的动力特性和输入的统计特征可确定反应的统计特征。若输入是平稳过程，则反应亦是平稳过程。输入的谱密度 $S_x(\omega)$ 和反应的谱密度 $S_y(\omega)$ 之间存在以下关系：

$$S_y(\omega) = S_x(\omega)H(\omega)H^*(\omega) = |H(\omega)|^2 S_x(\omega) \tag{8}$$

式中：$H^*(\omega)$ 为 $H(\omega)$ 的共轭，$|H(\omega)|^2$ 为体系的功率增益因子，是体系传递函数的模的平方。

其他研究　实际地震动是非平稳随机过程，地震动作用下的结构反应开始是非平稳的，经一段时间后才能过渡为弱平稳随机振动。只有在某个持续时间（与体系阻尼有关）之后，将地震反应视为弱平稳随机过程进行处理才是正确的。

随机地震反应分析可以得出反应的均值、均方值和谱密度等主要统计特征，但这往往并不是随机地震反应分析的最终目的。人们还希望估计结构的可靠性，估计结构是否达到承载力极限状态或发生疲劳破坏，这将涉及随机响应的门槛值交叉问题以及随机反应的峰值分布问题。

强烈地震作用下结构将发生弹塑性变形，弹塑性本构关系给随机地震反应分析带来极大困难。蒙特卡洛法可以求解任意复杂系统的平稳或非平稳随机反应，但耗时过长。等效线性化方法和福克-普兰克（Fokker-Planck）方法被广泛用于非线性随机振动分析，这类方法的数学计算虽也相当复杂，但具有适当精度且有效，前者在理论上更较完善。

虚拟激励法（pseudo excitation method）　由地震动功率谱构造简谐输入，并利用单自由度体系在简谐输入下的强迫振动解，估计复杂动力体系在地震作用下的随机反应的算法。

动力系统的随机反应可由下式表述：

$$S_y(\omega) = |H(\omega)|^2 S_x(\omega)$$

式中：$S_y(\omega)$ 为反应的功率谱密度函数矩阵；$S_x(\omega)$ 为输入功率谱密度函数矩阵；$H(\omega)$ 为系统的传递函数矩阵，亦称频率响应矩阵。该式的表达十分简洁，但对于复杂结构体系，传递函数矩阵不易以显式表达，且矩阵乘法计算量大。虚拟激励法给出了估计随机地震反应的更为简便的算法。该法的基本步骤为：

（1）利用已知的地震动功率谱密度函数 $S_x(\omega)$ 构造对应不同频率的简谐地震动输入 $\sqrt{S_x(\omega)}\,e^{i\omega t}$，其中 $i = \sqrt{-1}$，ω 为圆频率变量；

（2）对线性动力体系进行振型分解，得出以振型质量 m_i、振型阻尼比 ζ_i、振型频率 ω_i（$i = 1, 2, \cdots, n$）、振型参与系数和简谐输入表达的对应各振型的单自由度体系强迫振动方程；

（3）由不同简谐输入 $\sqrt{S_x(\omega_j)}\,e^{i\omega_j t}$（$\omega_j$ 为结构体系自振圆频率，$j = 1, 2, \cdots, r$）下体系的强迫振动解计算反应的功率谱密度函数。

上述方法中，最基本的计算环节是求解单自由度体系在简谐输入下的确定性动力反应，算法概念清晰，计算简单。虚拟激励法已被用于平稳随机过程、非平稳随机过程以及多点随机过程输入下的动力体系随机反应分析。

多点输入地震反应分析（seismic response analysis with multi-input）　结构不同支承点承受不同地震动时的地震反应分析。

地震反应分析一般假定结构基底各点的地震动输入相同，这对平面尺寸不大的结构是合理的。但若结构平面尺寸很大（如大跨桥梁和大坝等），则地面不同点的地震动不仅有相位差，而且波形和强度也可能变化。为此，须考虑基底各支承点地震动输入不同时的结构地震反应分析方法。

方法原理　如图所示，在假设的双自由度体系模型中，虚线以上所示单质点体系的质量为 m_1，杆的侧移刚度为 k。

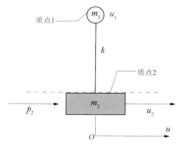

假设的双自由度体系模型

假设于杆底附近挖取质量为 m_2 的地基介质，构成另一个质点 2，它与原有的质点 1 形成一个双自由度体系，两质点在水平方向上的位移分别为 u_1 和 u_2，称为在固定坐标系中的总位移。原问题相当于质点 2 作 $\ddot{u}_2 = \ddot{u}_b$（地震动加速度）的水平运动时求质点 1 的反应，也相当于求解双自由度体系在外力 p_2 作用下的反应（p_2 为地基对质点 2 的作用力）。

该双自由度体系有如下运动方程：

$$m_1 \ddot{u}_1 + k u_1 - k u_2 = 0 \atop m_2 \ddot{u}_2 - k u_1 + k u_2 = p_2 \Bigg\} \tag{1}$$

将总位移 u_1 作如下分解：

$$u_1 = u_{1d} + u_{1s} \tag{2}$$

式中：u_{1d} 为动态位移，即由质点 2 运动引起的质点 1 的振动位移（与惯性力和动能有关）；u_{1s} 为伪静态位移，即质点 1 受到质点 2 运动的牵连而产生的随动位移（仅与时间 t 有关而与惯性力和动能无关）。将式（2）代入式（1）中第一式可得

$$m_1 \ddot{u}_{1d} + m_1 \ddot{u}_{1s} + k u_{1d} + k u_{1s} - k u_2 = 0 \tag{3}$$

在不考虑与惯性力和动能有关的各项时，伪静态位移仍应满足式（3），故有

$$k u_{1s} - k u_2 = 0 \tag{4}$$

由此可得 $u_{1s} = u_2 = u_b$，u_{1s} 就是牵连位移或地震动位移。式（3）中动态部分则为通常的单自由度体系运动方程。

方程（3）的推导过程可归纳为以下步骤：① "解放" 原体系支承点，扩充自由度建立新体系，并在固定坐标系中用总位移来描述新体系运动；② 将非支承点的总位移分成动态位移和伪静态位移两部分；③ 从非支承点动力平衡方程中去掉与动态项（涉及动态位移和惯性力的各项），得到伪静态位移所满足的方程；④ 在伪静态位移确定后，再从原方程确定动态位移，进而确定总位移 $u_1 = u_{1s} + u_{1d}$。

多点输入的运动方程 地震动多点输入下多自由度体系的反应分析可按上述原理进行。"解放" 体系各支承点，并在各支承点处附加虚拟质点和外力，对这个新的体系建立运动方程

$$m \ddot{u} + c \dot{u} + k u = p \tag{5}$$

式中：m，c 和 k 分别为新体系的质量矩阵、阻尼矩阵和刚度矩阵；u 为总位移向量；p 为外力向量（由对应非支承点的零分量和对应支承点的结构-地基相互作用力分量组成）。

式（5）中的刚度矩阵 k 是奇异的。令下角标 s，b 分别表示与非支承点和支承点有关的量，则体系总自由度数为 $n = n_s + n_b$，n_s 为非支承点的自由度总数，n_b 为支承点的自由度总数，以分块矩阵形式改写方程（5）：

$$\begin{bmatrix} m_{ss} & m_{sb} \\ m_{bs} & m_{bb} \end{bmatrix} \begin{Bmatrix} \ddot{u}_s \\ \ddot{u}_b \end{Bmatrix} + \begin{bmatrix} c_{ss} & c_{sb} \\ c_{bs} & c_{bb} \end{bmatrix} \begin{Bmatrix} \dot{u}_s \\ \dot{u}_b \end{Bmatrix} + \begin{bmatrix} k_{ss} & k_{sb} \\ k_{bs} & k_{bb} \end{bmatrix} \begin{Bmatrix} u_s \\ u_b \end{Bmatrix} = \begin{Bmatrix} \mathbf{0} \\ p_b \end{Bmatrix} \tag{6}$$

式中：u_s 和 u_b 分别为非支承点和支承点的位移矢量；p_b 为地基反力矢量。

位移矢量作如下分解：

$$\begin{Bmatrix} u_s \\ u_b \end{Bmatrix} = \begin{Bmatrix} u_{ss} \\ u_b \end{Bmatrix} + \begin{Bmatrix} u_{sd} \\ \mathbf{0} \end{Bmatrix} \tag{7}$$

即将结构上的非支承点位移 u_s 分解为伪静态部分 u_{ss} 和动态部分 u_{sd}。将式（7）代入式（6）中非支承点的运动方程，并去掉所有的加速度、速度和动态位移相关项，得

$$u_{ss} = -k_{ss}^{-1} k_{sb} u_b \tag{8}$$

动态位移反应 u_{sd} 可由式（6）中非支承点运动方程得出：

$$m_{ss} \ddot{u}_{sd} + c_{ss} \dot{u}_{sd} + k_{ss} u_{sd}$$
$$= (m_{ss} k_{ss}^{-1} k_{sb} - m_{sb}) \ddot{u}_b + (c_{ss} k_{ss}^{-1} k_{sb} - c_{sb}) \dot{u}_b \tag{9}$$

当阻尼矩阵与刚度矩阵成正比时，式（9）右端第二项为零；一般当结构的阻尼比很小时，式（9）右端第二项比第一项也小很多，可忽略不计；求解动态位移的方程为

$$m_{ss} \ddot{u}_{sd} + c_{ss} \dot{u}_{sd} + k_{ss} u_{sd} = (m_{ss} k_{ss}^{-1} k_{sb} - m_{sb}) \ddot{u}_b \tag{10}$$

在已知各支承点处的输入地震加速度时程 $\ddot{u}_b$ 时，可利用上述运动方程求解体系地震反应。

方程（10）的初值问题可利用振型叠加法或逐步积分法等求解，至于方程（8）的解仅须利用各支承点处的位移时程便可获得。

见桥梁运动方程和桥梁运动方程解法。

jiegou dizhen fanying fenxi ruanjian

结构地震反应分析软件（software for seismic response analysis） 实施结构地震反应分析的计算机程序。

随着计算机科学的发展，许多复杂的力学现象均可在计算机上进行数值模拟。结构分析软件的功能越来越强大，已成为实施结构地震反应分析计算的有力工具。

结构分析软件可分为结构分析专用软件和结构分析通用软件两大类。前者是专门用于土木工程结构分析的软件；后者则不仅适用于土木工程结构，还可用于机械、航空航天等领域的力学问题分析。

jiegou fenxi zhuanyong ruanjian

结构分析专用软件（special software for structural analysis） 仅适用于土木工程结构分析的计算机程序。地震工程界使用的主要结构分析专用软件如下。

SAP2000 和 ETABS 软件 均系由美国 CSI 公司开发的大型结构三维空间有限元分析程序，在土木工程领域具有广泛应用。

（1）SAP2000 是在曾有重大影响的 SAP 系列程序基础上发展起来的。该软件拥有十分丰富的单元库，可进行结构弹性和弹塑性静、动力反应分析，移动荷载作用下的桥梁反应分析，静力弹塑性分析和重力二次效应分析等，但三维弹塑性动力分析功能还有待完善。针对建筑结构的特点，程序加入了空间主从结点关系选项以处理楼板平面内无限刚等假设，既方便用户又提高了计算效率。SAP2000 还将美国、加拿大和新西兰等国的设计规范和常用材料的特性编入程序，可据计算分析结果直接进行设计。该软件具有界面友好、功能强大的 Windows 图形界面，并具有连接 CAD 程序的完善接口，从建立模型、计算分析、结果整理显示直至结构设计均可在此图形界面下进行。

（2）ETABS 是在具有重大影响的 TABS 软件基础上发展起来的。该软件专门用于建筑结构分析，建模时无须像其他程序那样考虑结点和单元，而采用更直观的梁、柱、支撑和墙建立计算模型，提高了使用效率。它可以输出结构反应的层间位移、剪力、基底剪力等总体信息，亦可采用楼板平面内无限刚假设，使用方便。软件提供框架单元（包括梁、柱单元）、壳（墙）单元、结点单元和连接单元等；可进行各种荷载作用下的静、动力弹性反应分析，模态分析和反应谱分析，还可进行静、动力弹塑性反应分析，是国际上应用最广的建筑结构设计与分析程序之一。

PKPM 软件 中国建筑科学研究院开发的结构设计与分析程序。其中两个主要的结构反应分析模块是 TAT 和 SATWE，前者采用薄壁柱单元模拟剪力墙，后者采用板壳单元模拟剪力墙。薄壁柱单元模拟剪力墙具有一定近似性；板壳单元由平面应力单元和抗弯板单元叠合而成，可考虑平面内和平面外刚度；结构构件的洞口在自动细分单元后

可完成内部自由度凝聚，提高了计算效率。PKPM软件功能十分强大，从分析、设计直至绘制设计图纸可接续完成，前后处理简便、高效，是中国建筑结构分析与设计应用最广的软件。

MIDAS软件　韩国浦项制铁集团开发的软件，它包括MIDAS. CIVIL和MIDAS. GEN两部分。MIDAS. GEN是建筑结构通用结构分析与优化设计软件，适用于建筑结构、工业厂房、体育场馆等结构的分析与设计。除一般的静力和动力分析之外，MIDAS. GEN还可以进行施工阶段分析、几何非线性分析、时程分析、静力弹塑性分析、水化热分析、隔震和消能减振分析。MIDAS. CIVIL则可用于桥梁、大坝的分析。

DRAIN-2D和DRAIN-2DX软件　DRAIN-2D软件是美国加州大学伯克利分校地震工程研究中心于20世纪70年代编制的大型平面结构动力反应分析程序，可用于结构非线性地震反应时程计算，曾被国际地震工程界广泛使用。该软件提供桁架单元、梁柱单元、半刚结点单元、填充墙（板）单元、梁单元和退化刚度梁单元等6种单元，只能进行动力时程反应分析。

DRAIN-2DX软件是DRAIN-2D的提高版。该软件可进行重力荷载作用下的结构弹性静力分析、任意结点荷载组合的结构非线性静力分析、地震动加速度或位移作用下的结构非线性时程反应分析、自振特性分析、弹性反应谱分析、结点动荷载作用下的结构非线性动力反应分析。该软件共提供12类单元，其中5类单元与DRAIN-2D中的单元基本相同，其他7类单元为裂缝-摩擦节点单元、弹性板单元、连接单元、销栓单元、退化摩擦节点单元、剪切摩擦节点单元和分层分片单元。

IDARC-2D软件　1987年美国纽约州立大学开发的大型平面结构非线性反应分析程序，其后又发展了若干提高版。该软件中结构计算模型由一系列平行的平面结构和横向连梁组成，提供柱单元、梁单元、剪力墙单元、墙边柱单元、横向连梁单元、转动弹簧单元、一维杆单元和填充板单元等。该软件可以进行地震作用下结构的静、动力分析，前者即静力弹塑性分析，除进行常规分析并提供计算结果外，还可计算最大变形和能量耗损，给出结构的破损指数。

jiegou fenxi tongyong ruanjian

结构分析通用软件（general software for structural analysis）

可供包括土木工程在内的多领域结构分析使用的计算机程序。国际上使用的主要结构分析通用软件如下。

ANSYS软件　美国ANSYS公司开发的大型有限元分析软件。它能与许多分析软件或CAD软件（如Nastran，Algor和AutoCAD等）接口，实现数据的共享和交换，同时支持并行运算。软件主要包括前处理模块、分析计算模块和后处理模块三部分。前处理模块提供了强大的实体建模及网格划分工具，用户可以方便地构造有限元模型。分析计算模块可进行结构计算（线性分析、非线性分析和高度非线性分析）、流体动力学分析等。后处理模块可将计算结果以彩色等值线显示或以透明及半透明方式显示（可以看到结构内部），也可将计算结果以图表、曲线形式显示或输出。软件提供了100种以上的单元类型，用来模拟工程

中的各种结构和材料。ANSYS软件还提供了混凝土弹塑性断裂模型和整体式钢筋模型。

ABAQUS软件　美国HKS公司开发的大型有限元计算分析软件。它的单元库丰富，具有强大的分析模拟功能，特别在处理几何、材料和接触非线性问题等方面具有独特之处。

ABAQUS软件提供了混凝土弹塑性断裂和混凝土损伤模型单元。另外，在ABAQUS/Explicit模块中，还提供了也可用于模拟混凝土破坏的弹性断裂模型。该软件中的混凝土材料本构模型可用于二维、三维实体单元，壳单元和梁单元等。该软件还可以添加单独的钢筋单元，嵌入混凝土单元中并自动耦合自由度，实现钢筋与混凝土的协同工作。ABAQUS软件二次开发使用的用户自定义子程序UMAT，采用科技工作者熟悉的Fortran语言，便于用户解决特殊问题。

MSC. MARC软件　原系美国MARC公司开发，后被MSC公司收购。该软件具有极强的结构分析能力，可以进行各种线性与非线性结构分析，包括线性和非线性静力分析、模态参数分析、简谐响应分析、频谱分析、随机振动分析、动力响应分析、静动力接触、屈曲失稳、失效和破坏分析等。它拥有单元库、功能库、分析库和材料库。单元库提供了157种单元，包括结构单元、连续单元和特殊单元，几乎每种单元都具有处理高度非线性问题（如几何非线性、材料非线性和包括接触在内的边界条件非线性及其组合）的超强能力；分析库、材料库提供了混凝土弹塑性断裂模型和钢筋混凝土组合式模型。混凝土模型可用于二维、三维实体单元和壳单元。MSC. MARC软件提供了方便的开放式用户环境，可满足高级用户的特殊需要和进行二次开发。

ADINA软件　美国ADINA R & D公司推出的大型有限元分析软件，其功能十分强大，长期以来在国际上广泛应用。

ADINA软件的材料本构模型十分丰富，除了通用的线弹性、弹塑性、黏弹性、黏塑性和蠕变等材料模型外，还包括7种专用于土木工程的材料，含黏土材料、杜拉克-普拉格材料、剑桥软黏土材料、摩尔-库仑材料、混凝土材料、具有徐变和多孔介质属性的材料，这些材料模型的骨架可采用任何模型或用户自定义的本构关系。ADINA提供的混凝土单元可模拟混凝土材料和任何脆性岩石材料，可以描述材料非线性应力-应变关系并同时考虑材料软化、材料失效（开裂、压碎、应变软化）和温度作用的影响等，可以采用混凝土材料的多轴应力-应变关系。

ALGOR FEAS软件　美国ALGOR公司开发的大型有限元分析程序。该软件可以进行线性分析、线性动力分析、非线性动力分析、热传导分析、流体运动分析、电场分析、埋设管道分析和机械运动仿真等。其突出特点是线性分析功能强大，前后处理相对简便实用；但非线性单元和材料模型较少，只能处理较简单的非线性问题。

dibu jianlifa

底部剪力法（base shear method）

利用串联多质点模型计算规则结构地震反应的简化方法，又称基底剪力法。该法适用于质量和刚度分布比较均匀且以剪切变形为主的中、

低层结构以及近似于单质点体系的结构，相当于只考虑第一振型作用的振型分解反应谱法；因其简单实用，被各国抗震设计广泛采用。

利用该法进行地震反应分析时，首先计算结构总的水平地震作用（即作用于结构底部的基底剪力），再将总水平地震作用按某种规则分配到各层，计算结构构件的地震作用效应。

按中国建筑抗震设计规范的规定，结构总水平地震作用及其沿各楼层的分布分别为

$$F_{eq} = \alpha_1 G_{eq}$$

$$F_i = \frac{G_i H_i}{\sum_{j=1}^n G_j H_j} F_{eq}(1 - \delta_n) \quad (i = 1, 2, 3, \cdots, n)$$

式中：F_{eq} 为结构总水平地震作用；α_1 为相应于结构基本自振周期的水平地震影响系数；G_{eq} 为结构等效总重力（单质点体系取全部重力，多质点体系一般可取全部重力的 80%～90%）；F_i 为第 i 层水平地震作用；G_i，G_j 分别为第 i 层和第 j 层的重力；H_i，H_j 分别为第 i 层和第 j 层的计算高度（见图）；δ_n 为顶部附加地震作用系数。

中国建筑抗震设计规范规定，多层钢筋混凝土结构房屋、钢结构房屋和多层内框架砖房应依规定采用顶部附加地震作用系数。

中国《构筑物抗震设计规范》（GB 50191—93）和《建筑工程抗震性态设计通则（试用）》（CECS 160:2004）对底部剪力法进行了修正，引入了与结构类型有关的水平地震影响增大系数和基本振型指数，以使用简单方法确定第一、二振型并考虑其影响。

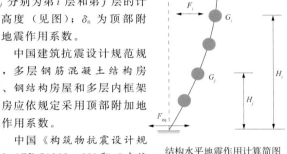

结构水平地震作用计算简图

zhenxing diejia fanyingpufa

振型叠加反应谱法 (mode superposition response spectrum method)

根据振型分解原理、利用反应谱计算结构地震反应最大值的简化方法，亦称振型分解反应谱法。与求解多自由度弹性体系动力反应时间过程的振型叠加法相比较，振型叠加反应谱方法无须进行时程分析，在实际结构抗震分析中应用广泛。

原理　n 个自由度的结构体系的运动方程可以分解成 n 个互不关联的单自由度体系运动方程

$$\ddot{y}_j + 2\xi_j \omega_j \dot{y}_j + \omega_j^2 y_j = -\gamma_j \ddot{u}_g \quad (1)$$

式中：$\ddot{y}_j$、$\dot{y}_j$ 和 y_j 分别为自振圆频率为 ω_j、阻尼比为 ξ_j 的单自由度体系的相对加速度、速度和位移反应；γ_j 为振型参与系数；$\ddot{u}_g$ 为输入地动加速度。叠加各振型反应后，结构第 i 个质点的位移反应时间过程为

$$u_i(t) = \sum_{j=1}^n \varphi_{ij} y_j(t) = \sum_{j=1}^n \varphi_{ij} \gamma_j \Delta_j(t) \quad (2)$$

式中：$\Delta_j(t)$ 为广义坐标，是单自由度弹性体系在地震动加速度 $\ddot{u}_g$ 作用下的位移反应；φ_{ij} 为 j 振型振型矢量的 i 质点分量。结构质点 i 承受的 j 振型地震作用最大绝对值为

$$F_{ij} = m_i \gamma_j \varphi_{ij} |\ddot{\Delta}_j(t) + \ddot{u}_g(t)|_{\max} \quad (3)$$

式中：m_i 为 i 质点的质量。定义第 j 振型最大绝对加速度反应与重力加速度 g 的比值为地震影响系数

$$\alpha_j = \frac{|\ddot{\Delta}_j(t) + \ddot{u}_g(t)|_{\max}}{g} \quad (4)$$

α_j 的数值可根据 j 振型的自振周期由地震反应谱确定，第 j 振型中质点 i 的最大水平地震作用为

$$F_{ij} = \alpha_j \gamma_j \varphi_{ij} G_i \quad (5)$$

式中：G_i 为 i 质点的重力。

求出各振型各质点的最大水平地震作用后，即可按一般力学方法计算结构构件对应各振型的地震作用效应（内力和变形），叠加各振型最大地震作用效应可得对结构总地震作用效应的估计。

振型组合　式(5)给出的不是振型反应时间过程，而是振型反应的最大绝对值；考虑各振型反应的最大值并不同时发生，故叠加各振型最大反应不能精确确定总地震反应。由振型最大反应估计总地震反应最大值称为振型组合问题，在工程应用中可采用各种近似方法。

若考虑地震动为零均值的平稳随机过程，在某些假定条件下，可导出振型组合的平方和开平方法（SRSS法），这一方法被各国抗震设计规范广泛采用。中国抗震设计规范中采用这一方法计算结构总地震作用效应的算式为

$$S = \sqrt{\sum_{j=1}^n S_j^2} \quad (6)$$

式中：S 为总地震作用效应；S_j 为第 j 振型的地震作用效应。工程分析中一般不必取全部 n 阶振型，低层和简单结构可取前 2～3 个振型，高层建筑和复杂结构考虑的振型数应适当增加。

上述方法忽略了不同振型地震反应的相关性，仅对自振频率分布稀疏的小阻尼结构才近似成立。当结构自振频率较密集时，应采用完全平方组合法（CQC法）计算结构反应。中国抗震设计规范给出的计算总地震作用效应的 CQC 组合公式为

$$S = \sqrt{\sum_{j=1}^m \sum_{k=1}^m \rho_{jk} S_j S_k} \quad (7)$$

$$\rho_{jk} = \frac{8\xi_j \xi_k (1 + \lambda_T) \lambda_T^{1.5}}{(1 - \lambda_T^2)^2 + 4\xi_j \xi_k (1 + \lambda_T)^2 \lambda_T} \quad (8)$$

式中：S 为总地震作用效应；S_j，S_k 分别为第 j 和 k 振型的地震作用效应；ξ_j，ξ_k 分别为第 j 和 k 振型的阻尼比；ρ_{jk} 为 j 振型与 k 振型的耦联系数；λ_T 为 k 振型与 j 振型的自振周期之比。在采用这一方法进行振型组合时，中国抗震规范要求考虑 9～15 个振型。

dizhen niuzhuan xiaoying fenxi

地震扭转效应分析 (analysis of earthquake torsion effect)

水平向地震动作用下，质量中心和刚度中心不重合的非对称结构或存在偶然偏心的规则对称结构，都将产生绕竖直轴的角位移和扭矩；扭转效应的产生机制和影响因素十分复杂，除可采用有限元模型进行模拟外，工程上大多使用简化方法估计地震扭转作用及其效应。主要简化分析方法有以下几种。

修正系数法　中国《建筑抗震设计规范》（GB 50011—

2001)规定，规则结构在不进行平-扭耦联地震反应分析时，为考虑偶然偏心等因素的影响，可将周边构件地震作用效应乘以修正增大系数。短边和长边的增大系数可分别采用 1.15 和 1.05；扭转刚度较小时增大系数不宜小于 1.3。

日本建筑规范规定，在偏心距不大的情况下，可对反应谱方法计算得出的水平地震作用乘以偏心刚度系数考虑扭转效应。偏心刚度系数与平面静偏心和水平动位移有关，取值不超过 2.25。

平-扭耦联振型分解法 中国《建筑抗震设计规范》(GB 50011—2001)规定，计算平-扭耦联地震作用效应可采用多质点模型，建筑各楼层可设为集中质量，考虑两个正交的水平位移和绕竖轴的转角共三个自由度（见平-扭耦联分析模型）。利用振型叠加反应谱法计算地震作用时，其作用效应组合可考虑以下情况。

（1）只考虑一个方向水平地震作用下的平-扭耦联效应时，作用效应组合为

$$S_{\mathrm{Ek}} = \sqrt{\sum_{j=1}^{m}\sum_{k=1}^{m}\rho_{jk}S_jS_k} \tag{1}$$

式中：S_j，S_k 分别为 j，k 振型的地震作用效应；ρ_{jk} 为 j 振型与 k 振型的耦联系数；

$$\rho_{jk} = \frac{8\zeta_j\zeta_k(1+\lambda_T)\lambda_T^{1.5}}{(1-\lambda_T^2)^2 + 4\zeta_j\zeta_k(1+\lambda_T)^2\lambda_T} \tag{2}$$

ζ_j 和 ζ_k 分别为 j 振型与 k 振型的阻尼比，λ_T 为 k 振型与 j 振型的自振周期比。

（2）双向水平地震作用下的平-扭耦联效应，取以下公式计算结果的较大者：

$$S_{\mathrm{Ek}} = \sqrt{S_x^2 + (0.85S_y)^2} \tag{3}$$

$$S_{\mathrm{Ek}} = \sqrt{S_y^2 + (0.85S_x)^2} \tag{4}$$

式中：S_x，S_y 分别为依式（1）计算得出的 x 向和 y 向单向水平地震作用下的平-扭耦联效应。

附加扭矩方法 美国统一建筑规范规定，不规则建筑的楼层扭矩 M 为偏心扭矩 M_t 与偶然扭矩 M_{ta} 之和。偏心扭矩 M_t 为作用于该楼层的水平剪力与相应静偏心距的乘积；偶然扭矩 M_{ta} 为水平剪力与偶然偏心距的乘积，偶然偏心距取剪力正交方向建筑物平面尺寸的 5%。设计中扭矩 M 尚应乘以放大系数

$$A_x = \left(\frac{\Delta_{\max}}{1.2\Delta_{\mathrm{avg}}}\right)^2 \tag{5}$$

式中：Δ_{avg} 为楼层 x 两侧水平位移的平均值；$\Delta_{\max}$ 为楼层 x 水平位移的最大值；A_x 取值不应大于 3.0。

新西兰抗震规范规定，中等程度不规则建筑的楼层设计扭矩，可由楼层剪力乘以正交方向的设计偏心距得出，设计偏心距取以下两式计算结果较大者：

$$e_{\mathrm{d}1} = 1.7e_s - e_s^2/b + 0.1b \tag{6}$$

$$e_{\mathrm{d}2} = e_s - 0.1b \tag{7}$$

式中：e_s 为静偏心距；b 为剪力正交方向的结构水平面最大尺寸。式（6）和式（7）综合考虑了静偏心、平-扭耦联动力效应、扭转地震动和其他不确定因素引起的扭转效应。

剪-扭等效屈服面方法 假定楼板在自身平面内为刚体，质量集中于楼板处，楼层内各抗侧力构件遵循理想弹塑性本构关系；在小变形条件下，导致结构屈服破坏的楼层扭矩 T 和剪力 V_y 的所有可能的静力组合可构成剪-扭等效屈服面。面内表示结构的弹性完好状态，面外则表示屈

服失效状态。在最简单的单向剪力和扭矩作用下的屈服面示例见图；a，b 为结构平面的边长，f 为抗侧力构件的强

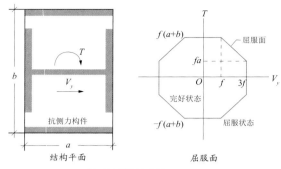

剪-扭屈服面示例

度。该屈服面为外凸多边形，各边表示破坏状态及相应状态下抗侧力单元的位置（塑性转动中心）；若各抗侧力单元的正反向屈服变形相同，则屈服面关于坐标原点对称，第一象限内所含屈服面边的个数等于剪力作用方向的抗侧力单元数。双向剪力和扭矩作用下的等效屈服面则为三维空间中的多面体表面。等效屈服面控制了结构平-扭耦联作用效应，可以简单地比较不同结构设计的优劣。

qingfu liju

倾覆力矩（overturning moment） 沿结构高度某一水平截面以上的水平地震作用对该截面产生的弯矩。

倾覆力矩将引起构件内力的变化并影响结构稳定性，是水坝、挡土墙、高柔结构和地基基础等抗震设计中应予考虑的重要因素。世界各国建筑抗震设计规范中多包括倾覆力矩计算和验算的要求。

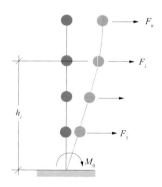

房屋基底倾覆力矩的分析

倾覆力矩可由结构有限元模型计算。在如图所示的简化分析中，作用于房屋固定基底的倾覆力矩常用下述静力公式估计：

$$M_0 = \sum_{i=1}^{n} F_i h_i$$

式中：F_i 为楼层 i 的水平地震作用最大值；h_i 为楼层 i 至基底的高度。

然而，各楼层的水平地震作用最大值一般不会同时发生，建筑基底并非与刚性地基连接，故上式计算结果将是对倾覆力矩的偏高估计。抗震规范中一般使用折减系数对计算结果进行适当修正。折减系数可取固定值，或随结构高度或结构自振周期变化。

zhongli erci xiaoying

重力二次效应（secondary effect of gravity） 竖向荷载作用于有水平侧向位移的结构而产生的附加作用效应，通称 P-Δ 效应，又称变形二次效应，是一种几何非线性问题。

结构或构件在外荷载（如地震、风等）的作用下产生水平侧向位移，此时，作用于结构的竖向荷载（重力和竖向地震作用等）不仅引起结构构件的轴力，还会引起附加

的弯矩和弯曲应力，这一附加作用效应又转而影响结构构件的位移。当结构构件的水平侧向位移微小时，重力二次效应通常可忽略；但在地震作用下，高柔结构可以产生相当大的水平位移，此时重力二次效应应予考虑。

分析方法 在图（a）所示的单质点体系中，竖向力在体系支承点处产生的弯矩为 $[F_y+m(\ddot{v}+\ddot{v}_g)]u$，它与体系作用一个假想水平附加力 $f_x=[F_y+m(\ddot{v}+\ddot{v}_g)]u/h$ 产生的弯矩相等；F_y 为竖向荷载，$m(\ddot{v}+\ddot{v}_g)$ 为竖向地震作用，m 为单质点的质量，$\ddot{v}$ 为质点相对竖向加速度反应，$\ddot{v}_g$ 为竖向输入地震动加速度，u 和 v 分别为体系的水平与竖向位移反

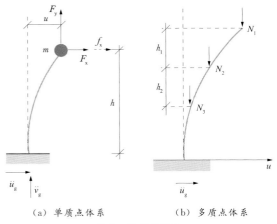

（a）单质点体系　　　（b）多质点体系
重力二次效应分析

应，h 为质点距支承点的高度。该体系在地震作用下的水平和竖向运动方程分别为

$$m\ddot{u}+c_x\dot{u}+k_xu=F_x-m\ddot{u}_g+[F_y+m(\ddot{v}+\ddot{v}_g)]u/h \tag{1}$$

$$m\ddot{v}+c_y\dot{v}+k_yv=F_y-m\ddot{v}_g \tag{2}$$

式中：c_x，c_y 和 k_x，k_y 分别为体系的水平与竖向的阻尼系数和刚度；F_x 为作用于体系的水平荷载；$\ddot{u}_g$ 为水平向输入地震动加速度。显然，即使体系是线性的，也将因考虑重力二次效应而变成非线性问题。

方程（2）可独立求解，在给定初始条件解出 v 后将其代入式（1），便可在相应的初始条件下求得 u。若不考虑竖向地震作用，且 F_y 仅为不变的自重 $w=mg$ 时，式（1）变为

$$m\ddot{u}+c_x\dot{u}+\left(k_x-\frac{w}{h}\right)u=F_x-m\ddot{u}_g \tag{3}$$

由式（3）可以看出，重力二次效应降低了结构的刚度，必然使结构反应产生变化。

在不计竖向地震作用时，多质点体系近似考虑重力二次效应的运动方程为

$$m\ddot{u}+c\dot{u}+(k-k_p)u=-mI\ddot{u}_g \tag{4}$$

式中：m，c，k 分别为体系的质量矩阵、阻尼矩阵和刚度矩阵；k_p 为重力二次效应引起的几何刚度矩阵；u 为体系的水平位移反应向量；I 为单位矩阵。由重力二次效应引起的等效附加水平力矢量为 $f=k_pu$。几何刚度矩阵 k_p 的各元素由各构件分段高度 h_i 和承受的竖向力 N_i $(i=1,2,3,\cdots,n)$ 决定（图b）。

应用 美国《统一建筑规范》（1997）规定，由重力二次效应产生的力矩、构件内力及楼层侧移应在评价结构整体稳定性时考虑。如果次生弯矩（重力代表值与地震水平变

位的乘积）与初始弯矩（地震剪力与结构构件高度的乘积）之比 θ 不超过 0.10，则重力二次效应可不考虑。美国联邦紧急事务管理局（FEMA）编写的《编制新建房屋抗震设计规程的建议》规定，当 $\theta>0.10$ 但小于 θ_{max} 时 $[\theta_{max}=0.5/(\lambda C)\leqslant0.25]$，层间位移应乘以放大系数 $1/(1-\theta)$，再计算由此引起的剪力和弯矩的增值；式中 λ 为楼层剪力与抗剪强度之比，C 为位移放大系数。中国《建筑抗震设计规范》（GB 50011—2001）规定在 $\theta>0.10$ 时，抗震分析应计入重力二次效应的影响；弹性分析时的内力增大系数可取 $1/(1-\theta)$，弹塑性分析时可利用几何刚度计算重力二次效应。中国《建筑工程抗震性态设计通则（试用）》（CECS 160：2004）采用了与美国规范相同的规定。

baoyou shuiping nailifa

保有水平耐力法（reserved horizontal seismic capacity method）日本抗震设计中计算结构弹塑性地震反应的简化方法，是结构地震反应分析的拟静力法的一种。

保有水平耐力是为防止结构倒塌必须保持的水平抗力以及同时具备的塑性变形能力。该法可考虑结构的不规则性，用能量等效准则估计构件等效强度，用于大震作用下结构发生塑性变形后的抗震验算。

采用保有水平耐力法进行抗震验算的表达式为

$$Q_{un}\geqslant CC_{es}ZR_tA_nK_2W_n$$

式中：Q_{un} 为结构第 n 层的保有水平耐力，通常可用层间剪力表示；C 为构造特性系数（亦称剪力折减系数，取值 1.0～0.25）；C_{es} 为刚度偏心系数（取值 1.0～2.25）；Z 为地区系数（取值 0.7～1.0）；R_t 为反应谱系数（取值≤1）；A_n 为层间剪力沿结构竖向的分布系数（取值≥1）；K_2 为第二设计水准（大震）的震度，$K_2=1.0$；W_n 为结构第 n 层及以上的重力；构造特性系数 $C=C_\zeta C_\mu$，$C_\zeta=1.5/(1+10\zeta)$，ζ 为阻尼比，C_μ 为层间屈服剪力与按弹性反应计算的层间剪力之比，对于理想弹塑性体系，$C_\mu=1/\sqrt{2\mu-1}$，μ 为延性系数。刚度偏心系数 $C_{es}=C_eC_s$，C_e 表示结构刚度在竖向的不均匀分布，由楼层刚度比决定；C_s 表示结构的平面不规则性，由结构平面偏心率计算。层间剪力分布系数 A_n 由结构自振周期和质量分布决定：

$$A_n=1+(1/\sqrt{\gamma_n}-\gamma_n)[2T/(1+3T)]$$

式中：$\gamma_n=W_n/W$，W 为结构总重力；T 为结构自振周期。

按照日本抗震设计的传统，震度 K 是以重力加速度 g 为单位、作用在结构上的地震反应加速度；由于结构自振周期不同，地震反应加速度亦将变化，故应乘以小于 1 的反应谱系数。

保有水平耐力 Q_{un} 的计算步骤为：在结构构件中设置塑性铰，在规定的层间剪力分布模式下，逐步加大层间剪力，根据构件非线性恢复力特性，求塑性铰发生的先后顺序，直至形成机构，得到对应倒塌极限状态的层间保有水平抗力。计算中，结构变形不能超过最大允许值。

nijinglifa

拟静力法（pseudo-static method） 具有静力算法的形式但又可考虑动力效应的结构地震反应简化算法。

结构地震反应分析方法一般可分为静力法、反应谱方法和动力时程分析法三类。拟静力法是介于静力法和反应谱方法之间的简化方法，并没有严格统一的定义和算式。该法与静力法的区别在于可简单考虑动力效应；与反应谱方法的区别在于，不使用反应谱或仅考虑基本振型的动力效应而不进行多个振型反应的组合。不同抗震设计规范中规定的拟静力算法有细节的差异，这类方法中的一部分在某些文献中被归于静力方法，但另一部分利用反应谱者又被称为反应谱方法或简化的动力方法，其共性是依据经验或结构基本周期估计结构的动力效应。

各国抗震设计规范中使用的此类方法有多种，计算公式也存在差异。不同规范中，同一符号可能具有不同的定义或不同的名称，不同符号亦可能有相同的定义。

等效静力法（静力系数法） 计算水平地震作用 F 的静力方法，算式为

$$F = \eta W S_a$$

式中：W 为结构重力荷载；S_a 为设计反应谱最大值；η 为放大系数，一般取值为 1.5，只有经过充分论证方可取更小的值。该法多用于设备的抗震计算。

底部剪力法 首先利用结构等效重力荷载和反应谱最大值计算结构基底剪力，然后利用简单规则将基底剪力分配给结构各质点，有的算法还依据经验规定顶部附加地震作用系数。该法被中国多数抗震设计规范所采用，适用于高度不大、质量和刚度分布均匀的结构。在进行弹塑性地震反应分析时，该法要采用结构系数。

中国《电力设施抗震设计规范》（GB 50260—96）中利用底部剪力法计算水平地震作用 F 的算式为

$$F = CSW$$

式中：C 为结构系数；S 为对应结构基本周期的反应谱值；W 为结构重力荷载。

拟静力方法 中国《水运工程抗震设计规范》（JTJ 225—98）和《公路工程抗震设计规范》（JTJ 004－89）中计算水平地震作用 F 的简化算法，算式为

$$F = CK\beta W$$

式中：C 为综合影响系数；K 为水平地震系数（以重力加速度 g 为单位的地面地震动加速度）；β 为对应结构基本周期的标准加速度反应谱（放大倍数谱）值；W 为结构重力荷载。

《水工建筑物抗震设计规范》（SL 203—97）和《铁路工程抗震设计规范》（GBJ 111—87）中的拟静力法算式为

$$F_i = CK\eta_i W_i$$

式中：F_i 为结构 i 质点的水平地震作用；K 为水平地震系数；η_i 为 i 质点的地震反应放大系数，依据经验由简单算式或图形确定；W_i 为 i 质点的重力荷载。在水工建筑物抗震设计规范中 C 称为效应折减系数。

修正震度法 日本抗震设计采用的计算地震作用的简化算法，其公式为

$$F_i = ZSA_i KW_i$$

式中：F_i 为 i 楼层水平地震剪力；Z 为区域系数；S 为对应结构基本周期的反应谱值；A_i 为 i 楼层剪力沿高度的分布系数；K 为基本震度系数，对应一次设计取 0.2。保有水平耐力法是修正震度法在二次设计中的应用，基本震度系数取 1.0 且须考虑与结构变形、延性和耗能能力有关的折

减系数 C（又称构造特性系数，与结构系数有相同内涵）。个别文献中修正震度法被称为反应谱法。

等效侧力法 美国抗震设计广泛采用的地震作用简化计算方法。基底剪力 F 的算式为

$$F = \frac{S}{R/I}W$$

式中：S 为设计反应谱加速度；R 为反应修正系数，相当于结构系数 C 的倒数；I 为结构重要性系数；W 为结构重力荷载。可根据简单算式将基底剪力分配到结构不同高度，得到楼层剪力。

中国《叠层橡胶支座抗震设计规程》（CECS 126：2001）中计算隔震建筑地震作用的简化方法亦称等效侧力法，隔震层水平剪力 F 的算式为

$$F = SW$$

式中：S 为对应隔震建筑基本周期的反应谱值；W 为结构重力荷载。

简化动力法 欧洲规范中规定采用的计算结构地震作用的简化方法之一。楼层 i 的水平剪力计算公式为

$$F_i = SW_i s_i \sum_{j=i}^{n} W_j / \sum_{j=i}^{n} s_j W_j$$

式中：S 为对应结构基本周期的设计反应谱值；s_i，s_j 为由简单假定得出的基本振型的分量；W_i，W_j 为相应楼层的重力荷载。

静力法 欧洲规范中规定采用的计算结构地震作用的简化方法之一。楼层 i 的水平剪力计算公式为

$$F_i = \zeta KS\beta_0 W_i$$

式中：ζ 为阻尼修正系数；K 为地震系数；S 为场地系数；β_0 为加速度反应谱（放大倍数谱）最大值；W_i 为 i 楼层重力荷载。

dengxiao xianxinghua fangfa

等效线性化方法（equivalent linearization method） 以线性黏弹性体系代替真实非线弹性体系进行结构动力反应分析的近似简化方法。

非线弹性体系的动力反应分析因计算复杂而不便应用，在某些情况（如弱非线性）下，根据某种等效准则利用线性黏弹性体系模拟非线弹性体系的动力反应是可行的。等效线性化后的体系能降低计算量和分析难度，乃至可用反应谱方法求解，故在结构地震反应分析中有较为广泛的应用。

以线性黏弹性体系代替非线弹性体系，必须合理确定线性黏弹性体系的等效动力参数（如等效阻尼和等效刚度等），这须要选择某种等效准则并对动力体系特性做出相应假定。

（1）定义 U 为非线弹性体系的反应或能量，U_e 为线性黏弹性体系的反应或能量，它是等效质量、等效阻尼比和等效刚度（或频率）的函数。令线性黏弹性体系与非线弹性体系的反应（或能量）之差在统计意义上最小：

$$J_{min} = E[(U - U_e)^2] \tag{1}$$

式中：$E[\cdot]$ 为求数学期望。据此可得出等效体系参数（质量、刚度、阻尼）和原非线弹性体系参数之间的关系。鉴于振动体系和地震动输入的复杂性，具体等效准则的选取显然具有主观随意性。

（2）在等效线性化方法的推导中，往往假定动力反应

是准谐和的。地震作用下的单自由度体系非线性运动方程为

$$\ddot{u} + 2\xi_0\omega_0\dot{u} + \omega_0^2 f(u) = -\ddot{u}_g \qquad (2)$$

式中：u 为体系位移反应；ξ_0 和 ω_0 分别为体系屈服前弹性阶段的名义阻尼比和频率；$f(u)$ 为归一化的非线性恢复力模型，如双线性模型；$\ddot{u}_g$ 为输入地震动加速度。

单自由度等效黏弹性体系的运动方程为

$$\ddot{u} + 2\xi_e\omega_e\dot{u} + \omega_e^2 u = -\ddot{u}_g \qquad (3)$$

式中：ξ_e 和 ω_e 分别为等效阻尼比和等效频率。对运动方程 (2)(3) 的差求极小，可得

$$\omega_e^2 = \omega_0^2 C(A)/A \qquad (4)$$

$$\xi_e = \frac{\omega_0}{\omega_e}\xi_0 - \left(\frac{\omega_0}{\omega_e}\right)^2 \frac{S(A)}{A} \qquad (5)$$

$$C(A) = \frac{1}{\pi}\int_0^{2\pi} f(A\cos\varphi)\cos\varphi\,\mathrm{d}\varphi \qquad (6)$$

$$S(A) = \frac{1}{\pi}\int_0^{2\pi} f(A\cos\varphi)\sin\varphi\,\mathrm{d}\varphi \qquad (7)$$

式中：$C(A)$ 和 $S(A)$ 分别为原非线性体系在一个反应循环中的应变能和非线性滞回耗能；A 为位移反应最大值。根据已知的体系非线性恢复力模型，并选择体系位移反应最大值 A 的初始估计，则可由式 (4)—式 (7) 得到等效阻尼比 ξ_e 和等效频率 ω_e，并由式 (3) 计算等效体系的位移反应最大值 A_e。经迭代计算，当 A 与 A_e 的误差小于给定小数时，计算完成。以上方法称为谐振等效线性化（HEL）方法。

在体系反应为谐和振动的假定下，单自由度体系等效线性化方法甚多，如共振幅值匹配法（RAM 法）、动质量法（DM 法）、常临界阻尼法（CCD 法）、几何刚度法（GS 法）、几何能量法（GE 法）等，因具体假定条件不同，等效参数的表达式亦有差别。多自由度体系也可借助振型叠加原理，利用等效单自由度体系确定整体等效参数。

（3）若基于随机振动理论建立等效线性化模型，一般假定体系输入为平稳高斯过程，体系反应为窄带高斯过程，且反应幅值的概率密度函数为瑞利分布。此时等效体系的等效阻尼比 ξ_e 和等效频率 ω_e 是反应均值的函数，最终得出的是具有某个超越概率的最大反应估计。此类等效线性化方法有稳态随机等效线性化方法（SREL 法）、平均周期和阻尼法（APD 法）、平均刚度和能量法（ASE 法）等。将求解非线性系统随机地震反应的福克-普兰克（Fokker-Planck）方程与等效线性化方法相结合，更适用于地震反应的求解。

（4）对于求解非线弹性体系地震反应的工程问题，其等效线性化往往采用理论上非精确的经验方法。如将非线性体系的恢复力取为双线性模型，且直接给出以延性系数为参数的等效周期和等效阻尼比的表达式。在确定预期延性要求后，计算等效参数并进行弹性分析，直至对应弹性分析结果的结构延性等于预期的延性要求。土体地震反应的等效线性化分析可采用土的等效线性化模型。

jingli tansuxing fenxi fangfa

静力弹塑性分析方法（static elastoplastic analysis method）采用静力分析估计结构整体的弹塑性变形能力，再利用地震反应谱求解结构动力反应的简化方法，亦称 pushover 方法或推覆方法。

该法以沿结构高度分布的水平静荷载模拟水平地震作用，通过静力弹塑性分析求得结构基底剪力 V_b 与顶层位移 δ_n 的关系曲线（即能力曲线）；然后结合结构的能力曲线和设计反应谱曲线进行比较分析，估计结构地震反应。该法避免了求解多自由度体系非线性地震反应的复杂动力计算，适用于简单、均匀、以第一振型振动为主的结构非线性地震反应的近似估计。该方法实施步骤如图所示。

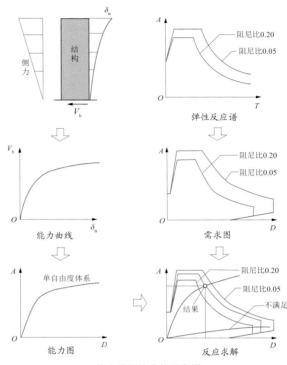

静力弹塑性分析示意图

（1）将依某种形式沿高度分布的侧向静力荷载逐步施加于结构，经弹塑性静力分析得出结构各层的变形和剪力，并由结构基底剪力 V_b 与顶层位移 δ_n 得出结构能力曲线。可供采用的侧向荷载分布形式有多种，如均匀分布、倒三角形分布、振型组合分布和曲线分布等；其中相对简单、较多使用者为倒三角形分布。

（2）将结构体系转换为等效单自由度体系并对能力曲线进行坐标变换。一般可根据振型叠加法原理，将对应第一振型的单自由度体系作为等效体系。利用等效体系的动力学参数，将结构能力曲线转换到以谱加速度 A 和谱位移 D 表示的坐标系统，即 $A = V_b/m_1^*$，$D = \delta_n/(\gamma_1\varphi_{n1})$；$m_1^*$ 和 γ_1 分别为对应结构第一振型的广义质量和振型参与系数，φ_{n1} 为结构第一振型顶层位移值。A-D 坐标系中的能力曲线又称能力图（capacity diagram）。

（3）结合利用能力图和地震反应谱估计结构地震反应。根据采用的反应谱的不同形式，有如下两种类似的求解方法，这两种方法一般均称为能力谱法。

一是根据弹性反应谱求解。此时利用的弹性反应谱是对应不同阻尼比的一组加速度反应谱。利用关系式 $D = (T/2\pi)^2 A$（T 为周期），将 A-T 坐标系中的反应谱变换至 A-D 坐标系，坐标变换后的反应谱通称需求图（demand diagram）。对应不同阻尼比的反应谱曲线构成一组需求图曲线。将能力图与需求图在同一坐标系下进行比较分析，若能力图曲线不与任何一条需求图曲线相交，可判定结构不满足抗震要求（能力低于需求）。若能力图曲线与需求图

曲线相交，则可由插值图解方法得出需求图与能力图曲线的某个交点，需求图曲线上该点对应的阻尼比等于能力曲线上同一点对应的阻尼比。此点确定了等效单自由度体系在设计反应谱作用下的最大反应（位移、力）和相应的阻尼比，进而可计算结构延性。等效单自由度体系的最大反应可再变换为原结构的反应，进行抗震能力评估、抗震验算和抗震设计。

二是根据非弹性反应谱求解。此时采用的非弹性反应谱，是对应不同延性的一组加速度反应谱。同样将非弹性反应谱变换至 $A-D$ 坐标系中的需求图，在相同坐标系下将能力图与需求图进行比较分析。根据能力图曲线与需求图曲线的交会状态，可判断结构是否符合抗震要求，或求得等效单自由度体系的最大反应和延性；在后者情况下可将最大反应转换为原结构的反应，进行抗震能力评估、抗震验算和抗震设计。

上述图解方法亦可由数值迭代计算实现，但在数值迭代计算中通常要给出能力曲线的简化分析模式（如双线性模式）。

boruoceng weiyi fanying guji

薄弱层位移反应估计（displacement response estimation of weak layers） 估计罕遇地震作用下多层框架结构薄弱层（或薄弱部位）弹塑性变形的方法。

中国《建筑抗震设计规范》（GB 50011—2001）规定：规则结构的弹塑性变形计算可采用层模型（串联多质点模型）或平面杆系模型，不规则结构应采用空间模型，一般结构可采用静力弹塑性分析方法或弹塑性时程分析法。

不超过 12 层的刚度无突变的钢筋混凝土框架结构，可采用以下简化方法估计薄弱层的弹塑性位移。该法是在归纳多层规则框架结构非线性地震反应数值模拟分析结果的基础上建立的。

薄弱层弹塑性层间位移

$$\Delta u_{\mathrm{p}} = \eta_{\mathrm{p}} \Delta u_{\mathrm{e}}$$

式中：Δu_{p} 为层间弹塑性位移；η_{p} 为层间弹塑性位移增大系数；Δu_{e} 为罕遇地震作用下由弹性分析得出的层间位移。层间弹塑性位移增大系数与楼层屈服强度系数 ξ_{y} 有关，楼层屈服强度系数定义为结构各层结构抗力与罕遇地震作用下由弹性分析得出的地震作用的比值。当薄弱层屈服强度系数 ξ_{y} 不小于邻层该系数平均值的 4/5 时，η_{p} 可按表中数值采用；当 ξ_{y} 不大于邻层该系数平均值的 1/2 时，η_{p} 可按表中相应数值的 1.5 倍采用；其他情况可采用内插法取值。

弹塑性层间位移增大系数 η_{p}

结构类型	总层数（或部位）	ξ_{y}		
		0.5	0.4	0.3
多层均匀框架结构	2~4	1.30	1.40	1.60
	5~7	1.50	1.65	1.80
	8~12	1.80	2.00	2.20
单层厂房	上柱	1.30	1.60	2.00

zizhen zhouqi de jingyan guji

自振周期的经验估计（estimation of natural period）根据简单经验公式对结构基本周期的粗略估计。

利用试验或分析方法确定具体结构的模态参数可能需要较多时间，在某些情况下（如结构初步设计阶段等），迅速对结构自振周期做出粗略估计是必要的，这种粗略估计可由简单经验公式得出。经验公式的建立主要依据大量同类结构的脉动测试结果，经统计分析，将实测结构基本周期 T_1 表述为结构整体尺寸或层数的函数。下面是一些国家使用的这类经验公式。

（1）中国。

高度低于 25 m 的小开间钢筋混凝土框架填充墙结构：

$$T_1 = 0.22 + 0.035H/\sqrt[3]{B}$$

高度低于 50 m 的钢筋混凝土框架-抗震墙结构：

$$T_1 = 0.33 + 0.00069H^2/\sqrt[3]{B}$$

高度低于 50 m 的钢筋混凝土抗震墙结构：

$$T_1 = 0.04 + 0.038H/\sqrt[3]{B}$$

高度低于 35 m 的化工煤炭行业钢筋混凝土框架结构厂房：

$$T_1 = 0.29 + 0.0015H^{2.5}/\sqrt[3]{B}$$

钢筋混凝土框架结构：

$$T_1 = (0.08 \sim 0.10)N$$

钢筋混凝土框架-抗震墙结构（或框架-筒体结构）：

$$T_1 = (0.06 \sim 0.08)N$$

钢筋混凝土框架-抗震墙结构（或筒中筒结构）：

$$T_1 = (0.04 \sim 0.05)N$$

高层钢结构：

$$T_1 = (0.08 \sim 0.12)N$$

多层砌体结构房屋：

$$T_1 = 0.0168(H + 1.2)$$

高度低于 120 m 的钢筋混凝土烟囱：

$$T_1 = 0.45 + 0.0011H^2/D$$

高度低于 60 m 的砖烟囱：

$$T_1 = 0.26 + 0.0024H^2/D$$

（2）美国。

一般房屋：

$$T_1 = 0.108H/\sqrt{B}$$

无墙框架房屋：

$$T_1 = 0.1N$$

框架填充墙结构房屋：

$$T_1 = 0.05H/\sqrt{B}$$

（3）日本。

钢结构建筑：

$$T_1 = 0.03H \quad 或 \quad T_1 = 0.09N$$

钢结构以外的建筑：

$$T_1 = 0.02H \quad 或 \quad T_1 = 0.06N$$

（4）苏联。

砌体结构房屋：

$$T_1 = 0.056N$$

大型砌块砌体房屋：

$$T_1 = 0.014H$$

上述各式中，T_1 为结构基本周期，单位为 s；H 为结构总高度，单位为 m；B 为计算方向的结构平面最大长度，单位为 m；N 为结构总层数；D 为烟囱 1/2 高度处截面的外直径，单位为 m。

抗震设防

抗震设防（seismic fortification） 为减轻地震灾害，实现抗震设防目标采取的预防措施。

抗震设防有广义和狭义两种理解，前者包括防震减灾的组织管理、科学研究、人才培养、法律法规建设、宣传教育、规划和预案、地震保险以及各类工程的抗震设防；后者则仅限于工程抗震设防的技术对策，体现于新建工程的抗震设计和现有不符合抗震要求的工程结构的抗震鉴定加固。

提高工程结构抗御地震灾害的能力，努力减轻地震灾害损失，是人类面临的长期任务。世界范围内实施有组织的、目标明确的、以现代科学技术为基础的抗震设防，大约已有百年历史。

中国抗震设防的研究和实践始于 1949 年中华人民共和国建立之后。1957 年，国家基本建设委员会和发展计划委员会颁布了 298 个城镇的基本烈度和抗震设防规定。1977年，国家建委抗震办公室成立，统管全国抗震工作；此后，具有中国特色的抗震设计规范与抗震鉴定加固技术规范逐步系统、完善，并贯彻执行。实践表明，按照工程抗震设防的技术要求进行工程建设，能有效提高抗御地震灾害的能力。如 2008 年四川汶川地震中，都江堰市经过抗震设计的建筑物大部分未毁坏或倒塌。

抗震设防对策是遵循自然科学和社会科学的基本理论，逐步总结实践经验而得出的，并将随着社会经济和科学技术的发展不断完善。

2008 年四川汶川地震后都江堰市的局部街区

地震作用（seismic action） 地震现象及其对自然界、工程结构、社会经济等的影响，在社会领域和地震工程领域中有不同的内涵。

在社会领域中，地震作用一词往往泛指地震、地震动或导致地震损失的原因。在地震工程领域，科技人员关心的是地震破坏作用，即造成人工结构破坏的地震地质破坏和结构承受的地震惯性作用。在工程结构抗震分析和抗震设计中，地震作用专指地震动加速度引起的作用于地面结构的惯性作用，这种惯性作用早期称为地震荷载或地震力（见设计地震作用和地震作用理论）。

抗震设防目标（seismic fortification object） 对人类社会抗御地震灾害的预期目标的概略表述。破坏性地震具有罕遇、强烈和不可准确预知等特点，未来地震可能造成的人员伤亡、经济损失和社会影响也很难评价，因此，抗震设防目标乃是基于对未来地震活动性的估计、考虑当前社会经济技术发展水平作出的风险决策。与抗震设防的广义和狭义理解相对应，抗震设防目标有社会综合抗震设防目标和工程抗震设防目标之分。

综合抗震设防目标 一般表述为：逐步提高社会综合抗震能力，最大限度减轻地震灾害，保障地震作用下人类生命安全和社会运行；在预期地震作用下，重要设施和系统可保持功能或迅速恢复功能，一般设施不发生严重破坏，社会生活可维持基本正常。

预期地震作用常用震级或地震动强度表示，如未来某个时期内可能发生的确定性的最大地震或以某个超越概率发生的地震动。中国将预期地震作用表述为震级 6 级左右、与地区设防烈度相当的地震作用。

工程抗震设防目标 对预期地震作用下工程结构所应具备的抗震能力的概略表述，旨在维持地震作用下工程设施的运行，保障生命安全，防止次生灾害并减少经济损失。

工程抗震设防目标的表述包含设防地震动（又称防御目标或设防水准）和在相应地震动作用下工程结构性能要求这两个因素。设防地震动是未来可能发生并造成灾害的地震动，可采用确定性方法或概率方法估计；世界各国大多将未来 50 年内以 10% 超越概率发生的地震动作为基本设防地震动。使工程结构在设防地震动下不受损失、保障绝对安全是不现实和不合理的，工程抗震设防目标规定了不同工程结构所应达到的最低性能要求。

例如，中国建筑工程的抗震设防目标可概述为"小震不坏，中震可修，大震不倒"，其中中震为设防地震动，小震和大震分别为相对较小或更大的地震动。美国海洋平台的抗震设防目标为，在中等水准地震动作用下平台结构不发生显著损伤，在罕遇水准地震动作用下平台结构可发生损坏但不倒塌。日本电站设备的抗震设防目标为，防止因电气设备的破坏造成大范围、长时间的停电。世界各国核电厂的抗震设防目标均为，在运行安全地震动作用下核电厂应能正常运行，在极限安全地震动作用下反应堆能安全停堆并维持安全停堆的状态。

各国工程抗震设防目标的表述具有如下特点：①语言高度概括，定性阐明工程结构抗震设防基本目标；②表述通俗简练，便于政府部门和一般民众理解；③对象分门别类，考虑不同工程结构的重要性和成灾后果的差别，如房屋和设备的抗震设防目标通常有明显不同；④设防地震动分级，一般将设防地震动区分为二至三个等级（如小震、中震和大震），但也有只对单一等级设防地震动规定设防目标的做法。

见性态抗震设防目标、建筑抗震设防目标、构筑物抗震设防目标。

gongcheng kangzhen shefang mubiao

工程抗震设防目标（seismic fortification object of engineering） 对预期地震作用下工程结构所应具备的抗震能力的概略表述。见抗震设防目标。

kangzhen shefang biaozhun

抗震设防标准（seismic fortification lever） 基于工程结构分类、权衡工程可靠性需求和经济技术水平规定的抗震设防基本要求，与工程抗震设防目标密切相关。工程抗震设防目标是对某类工程结构预期抗震能力的一般表述；而抗震设防标准则是再区别此类工程结构中不同工程的重要性及其成灾后果的差异，通过采用不同的设计地震动和抗震措施等，实现、调整和细化抗震设防目标的决策。

同类工程中，功能、规模、构造类型和设计使用年限不同的具体工程，遭遇地震后所造成的损失及相应社会经济影响也不同，故应区别这些差异采用不同的设计地震参数、抗震措施以及有关场地选择等的其他抗震设计要求，使某些重要的、特殊的工程结构具有更强的抗震能力，同时适当放宽对较次要工程结构的抗震要求。抗震设防标准的采用有利于合理使用建设经费等社会资源，实现防震减灾的总体目标。

中国工程抗震设防标准是在工程结构分类（如抗震设防分类）的基础上制定的（见建筑抗震设防标准、构筑物抗震设防标准、桥梁抗震设防标准、混凝土坝抗震设防标准）。其他国家工程结构的抗震设计虽不使用抗震设防标准这一术语，但也有类似的规定。如美国根据建筑功能的重要性和设防地震动参数，将建筑结构分为四至六类，分别采用不同的结构类型、计算方法和细部构造。欧洲规范将工程结构依重要性分为四类，采用不同的抗震系数。日本的《新耐震设计法》（1980）依结构类型和高度将建筑分为四类，采用不同的设计要求；日本道路桥梁设计规范将桥梁分为两类，规定了不同的抗震设防要求。

kangzhen shefang fenlei

抗震设防分类（structural classification for seismic fortification） 考虑各类工程结构重要性、使用功能、震害后果、损坏后修复难易程度及其在救灾中的作用的差异，从抗震角度对工程结构所作的分类，通称抗震类别。该术语首先用于中国建筑抗震设计规范，与中国其他工程抗震设计规范及其他国家抗震设计规范中使用的抗震重要性分类和抗震设计分类具有相似的含义。抗震类别划分是制定抗震设防标准的基础。

抗震类别的表述往往是原则和定性的（见建筑抗震设防分类、构筑物抗震设防分类、设备抗震设防分类），为对各类、各种工程结构作出具体规定，中国颁布了若干抗震设防分类技术标准，如《建筑工程抗震设防分类标准》（GB 50223—2004）。

kangzhen sheji

抗震设计（seismic design） 对处于地震活动区域、有可能发生震害的工程结构实施的专项结构设计。当代工程结构的抗震设计一般遵照抗震设计技术标准进行；尚无相关技术标准可依或未完全采用现有技术标准的规定、但明确以提高抗震能力为目标的结构设计，亦属抗震设计。抗震设计包括新建工程的抗震设计和不满足抗震设防要求的现有工程结构的抗震加固设计。

起源和发展 抗震设计始于20世纪初的日本，最早应用于房屋建筑。随着工程震害经验的积累和地震作用理论的发展，抗震技术标准不断修订完善，经济发达国家地震区的建筑和其他工程设施普遍实施了抗震设计。

中国于20世纪50年代开始在重要城市和重大工程实施抗震设计，1976年河北唐山地震后按抗震设计要求进行城市重建取得成效（图1），抗震设计开始向各工业部门和城市地区推广。随着社会经济的发展，乡镇建筑的抗震设计也引起了普遍关注。

事实表明，抗震设计结构能有效提高抗震能力，减轻地震破坏。例如，四川汶川地震中，地处烈度Ⅺ度区的都江堰市虹口乡高原村破坏严重，但该村三组38套按7度抗震设防的新建示范砌体结构农居仅有轻微损坏（图2）。新疆乌什农村安居工程也经受住了地震考验（图3）。

理论基础 抗震设计在着重关注实践经验的同时，须以地震作用理论和工程设计理论为基础。地震作用和地震作用效应的定量计算须利用结构动力学、结构力学、材料力学、弹性力学、塑性力学、土力学、土动力学和计算力学的基础知识。在确定设计地震动参数、进行抗震分析和实施结构抗震验算时，概率论、随机振动理论、结构可靠度理论和能量理论也有广泛的应用。结构振动控制理论为开辟抗震设计新途径提供了基础。

内容和方法 抗震设计包括规划、选址、选型、初步设计、计算设计和细部设计等内容，应遵循抗震概念设计的原则。设计计算本质上是结构动力分析，区别情况可采用拟静力方法、振型叠加反应谱法、振型叠加法、逐步积分法、静力弹塑性分析方法和弹塑性时程分析法计算结构体系的地震作用及其效应，进行必要的强度、变形和稳定性验算。抗震设计的重要内容是采取适当的抗震措施。

特点和难点 地震具有罕遇、强烈、复杂和不可准确

图 1　1976 年河北唐山地震 30 年后城市新貌

图 2　都江堰市虹口乡高原村的示范农居在 2008 年
四川汶川地震后损坏轻微

图 3　乌什农村安居工程在 2005 年新疆乌什地震后完好
图左完好的为经抗震设计的民居，图右倒塌的为老旧房屋

预知的特性，故抗震设计具有与一般工程结构设计不同的特点和困难。

土木工程抗震设计一般允许结构在设计地震动作用下进入非线性变形状态；抗震设计在关注结构体系承载力（强度）的同时，尤其强调延性和非线性耗能能力。地震作用下结构体系的破坏模式十分复杂；小震验算对应的结构承载力极限状态，其可靠度远低于静力荷载作用下的可靠度；大震验算则对应弹塑性变形极限状态，这种状态在一般结构设计中是不允许出现的。地震作用比风、浪和机械振动更为复杂，抗震设计在考虑地震动频谱的同时，也关注与强地震动持续时间有关的低周疲劳效应和脉冲型地震动作用效应。结构与地基、流体等构成动力体系，其相互作用分析也是抗震设计中的难点。另外，在结构进入非线性变形阶段后，结构的地震动多维输入反应分析和长大结构的多点输入地震反应分析也是有待解决的问题。

展望　基于震害和工程经验的总结以及抗震设计理论的发展，当代工程结构抗震设计已经形成了较为系统的科学方法，并体现于各类抗震设计技术标准。然而，鉴于地震动和地震作用效应极其复杂以及新型、重大、复杂工程结构的不断发展，涉及安全性、适用性和经济性的抗震设计尚有不完善之处。有待深入研究的主要问题包括：考虑地震作用和结构体系的不确定性，基于概率理论、随机振动理论和极限状态理论的抗震设计方法和可靠度研究；传统和新型结构材料、结构构件和结构体系的非线性力学特性及数值模拟研究；以实现性态抗震设计为目标的基于位移和能量的设计理论和方法研究，以及基于振动控制理论的抗震控制设计方法的研究等。

sheji dizhen zuoyong

设计地震作用（design seismic action）　抗震设计中采用的作用于结构上的地震惯性作用。

地震发生时，结构将承受地震动引起的惯性作用，其数值等于结构质量与结构振动加速度（或转动惯量与转动角加速度）的乘积。这种惯性作用在结构动力学中称为惯性力，在结构抗震文献和抗震规范中通常称为地震力或地震荷载。按照中华人民共和国国家计划委员会1985年颁布的《建筑设计通用符号、计量单位和基本术语》的规定，地震时结构承受的地震力是地震动引起的动态作用，属于间接作用，不可称为"荷载"，应称地震作用。

结构和构件的设计地震作用理论上有六个分量，即对应直角坐标系的三个平动分量（两个水平地震作用和一个竖向地震作用）和三个转动分量（扭转地震作用）。

设计地震作用的计算涉及结构地震反应分析、设计地震动和抗震技术标准。

水平地震作用　水平地震作用计算在一般情况下是抗震设计的最主要的内容，其原因在于：强震观测表明，除地震震中局部区域以外，地震动的水平分量一般大于竖直分量；工程结构的静力设计着重考虑的是重力荷载作用，而结构地震破坏往往主要由水平地震作用造成。

竖向地震作用　对依靠重力维持稳定的结构、大跨度结构、悬臂结构、烟囱和类似的高耸结构，抗震设计须考虑竖向地震作用。抗震设计规范多将竖向地震动取为水平地震动的2/3左右（中国抗震设计规范多取65%，其他国家常取50%）。若工程结构位于未来可能发生破坏性地震的震中区域时，则竖向地震动的取值可高于水平地震动。

扭转地震作用　结构质量和刚度的不均匀分布造成的偏心，施工和维修运行造成的偶然偏心及地震动扭转分量，都将引起结构的扭转地震作用，它所产生的附加应力在抗震设计中应予考虑。抗震设计一般只考虑水平地震动引起的不规则结构的扭转地震作用。

dizhen zuoyong xiaoying

地震作用效应（seismic action effect）　承受地震作用的结构构件的内力（如剪力、弯矩、轴力和扭矩等）和变形（如线位移、角位移等）。地震作用效应是影响结构抗震能力、进行结构抗震验算的直接依据。结构的弹性内力和变形是保障结构正常使用功能的重要指标；弹塑性位移则标志结构的不同破坏程度，是涉及人身安全、经济损失和结构倒塌的决定性因素。

估计地震作用下结构构件的动力作用效应，尤其是弹塑性变形阶段的作用效应是十分复杂的。抗震设计中，往往采用地震反应分析简化方法估计地震作用的最大值，再通过材料力学和结构力学方法计算地震作用效应。对应水平地震作用、竖向地震作用和扭转地震作用，结构构件的地震作用效应是多维的，抗震设计中应适当估计其中起主要作用者。为实现抗震概念设计的原则，抗震设计中还往往采用地震作用效应增大系数等对计算得出的地震作用效应进行调整。

kangzhen yansuan

抗震验算（seismic check）　基于设计地震作用效应与其他荷载效应的组合值对结构抗震安全性进行的计算校核，是工程结构抗震设计的重要环节。结构、基础和地基的抗震验算一般包括构件承载力验算、变形验算和稳定性验算，液化判别是结构地基稳定性的专项抗震验算。

满足抗震验算要求的结构，其设计地震作用效应与其他荷载效应的组合值不应超过规定的抗力（如材料强度和结构变形限值等）。抗震验算方法含极限状态设计方法和允许应力法（或安全系数法）两类。前者是基于概率理论和极限状态的方法，将设计参数视为随机变量；后者是传统的方法，将设计参数视为确定量。

抗震验算的实施与抗震设防目标密切相关。为使结构满足与多个地震动水准对应的不同性态要求，原则上应进行多次（阶段）验算，不同地震动水准下的抗震验算一般不能相互替代。现行抗震设计规范多规定采用二阶段验算，如小震作用下的弹性验算和大震作用下的弹塑性验算。各阶段抗震验算可选择承载力、变形和稳定性等不同内容，不同验算内容（承载力、变形和稳定性）对应不同的破坏机理，也不能相互替代。

见建筑结构抗震验算。

kangzhen cuoshi

抗震措施（seismic measure）　抗震设计中根据经验和一般概念规定的设计要求。采用抗震措施是提高结构抗震能力和减轻地震灾害的重要环节。

抗震措施大体包括三部分内容。①涉及工程结构的选型选址，含结构高度和层数的限制，结构类型、基础类型、平立面布置的确定，防震缝的设置和场地、地段的选择等；在中国建筑抗震设计规范中上述内容称为抗震设计一般规定。②涉及工程结构的细部设计，旨在加强构件连接，提高结构整体性和构件延性，实现预期的破坏模式，如构造柱、圈梁的设置和构件配筋等，称为抗震构造措施。③抗震计算中有关地震作用分配和地震作用效应调整的人为规定，如采用地震作用效应增大系数等，旨在体现抗震概念设计原则，可称为计算措施。

kangzhen gouzao cuoshi

抗震构造措施（seismic detailing）　在抗震结构体系和构件的细部设计中，不经计算而采用的抗震措施，是实现工程抗震设防目标、落实抗震设防标准、体现抗震概念设计原则的重要抗震设计要求。

有关抗震构造措施的规定是世界各国抗震设计规范的共同内容，这些规定涉及构件的连接方式以及抗震支撑、配筋、圈梁、构造柱和芯柱的设置等。上述措施一般难以在计算模型中进行精确分析，但符合基本力学概念且经实践考验被证明有效。

见建筑抗震构造措施、非结构构件抗震措施、桥梁抗震构造措施、混凝土坝抗震措施、埋地管道抗震措施。

xingtai kangzhen sheji

性态抗震设计（performance-based seismic design；PBSD）　以结构使用功能为控制目标的抗震设计理念和方法，是基于性态的抗震设计的简称，亦称功能抗震设计或性能抗震设计。

抗震设计旨在保障人的生命安全和结构的预期使用功

能，这一目标与结构在预期地震作用下的性态密切相关。性态抗震设计与现行抗震设计相比较，其基本理念并不矛盾。日本《新耐震设计法》（1980）规定的二次设计方法，以及中国《建筑抗震设计规范》（GB J11—89）提出的"小震不坏，中震可修，大震不倒"的抗震设防目标和相应设计要求，已包含了对结构使用功能的考虑。然而，性态抗震设计在理念和方法上具有更为深化、细化、优化和个性化等特点，是现行抗震设计的延续和发展。

起源和发展　20世纪末发达或较发达城市地区发生了一系列破坏性地震，如1989年美国加州洛马普列塔（Loma Prieta）地震、1994年美国洛杉矶北岭（Northridge）地震、1995年日本阪神地震和1999年台湾集集地震等。这些地震与以往地震的比较表明，业经抗震设计的建筑在有效减少人员伤亡的同时，仍因结构损坏造成了巨大的经济损失。现行抗震设计不能对结构功能丧失造成的损失进行预估和有效控制，这令政府部门、地震工程人员和公众深感不满。在总结分析新的震害经验的基础上，美国学者提出性态抗震设计的理念并迅速在地震工程界引起热烈反响。

在美国联邦紧急事务管理局（FEMA）和国家自然科学基金会（NSF）资助下，美国应用技术委员会（ATC）、加州大学伯克利分校地震工程研究中心（EERC）和加州结构工程师协会（SEAOC）等率先开展了有关性态抗震设计的最初研究，并发表了《现有钢筋混凝土建筑的抗震性能评估与加固》（ATC 40）、《NEHRP建筑抗震加固指南》（FEMA 273）和《基于性态的地震工程》（SEAOC Vision 2000）等一系列研究成果，成为继续深入研究性态抗震的基础。日本建设省于1995年启动了"建筑结构新的设计方法开发"项目，并于2001年在《建筑基准法》中纳入性态抗震的内容。中国自然科学基金会在重大科研项目中列入了性态抗震内容，部分高等院校和科研机构开展了相关研究；体现性态抗震设计理念的《建筑工程抗震性态设计通则（试用）》（CECS 160:2004）、《城市桥梁抗震设计规范》（GJJ 166—2011）已颁布实施。有关性态抗震设计的研究主要涉及性态抗震设防目标和性态抗震设计方法两个部分。

内容特点　作为传统抗震设计理念和方法的延续与发展，性态抗震设计大体有以下特点。

（1）在关注结构主体抗震能力的同时，更强调地基基础、非结构构件、建筑附属设备的抗震性能对结构使用功能的影响，并认为结构功能的保障应贯穿规划设计、施工管理、质量检验和使用维护的全过程。

（2）在以"小震不坏，中震可修，大震不倒"为代表的现行抗震设防目标的基础上，以新的性态水准（如充分运行、运行、基本运行、保障生命安全和防止倒塌等）和地震水准（如常遇地震、偶遇地震、罕遇地震等），细化了结构抗震设防目标的表述。

（3）基于投资-效益准则进行优化分析，确定基本（最低）抗震设防目标和不同等级的更高的抗震设防目标，可适应具有不同重要性的工程结构对功能保障的不同需求。性态抗震设计允许建筑业主和使用者根据个性化的需求提出预期的功能保障要求，设计者可根据个性化需求进行设计并确认满足预期目标。这一特点可适应全球经济一体化背景下的建筑抗震设计需求。

（4）允许区分结构体系的一般部位、重要部位、关键部位或可能引发倒塌的部位，有针对性地规定不同的抗震性能要求，以便合理利用投资，发挥最大经济效益。

（5）性态抗震设计方法具有更广的包容性，在不排斥现行规范规定的计算方法的同时，可采用针对新型建筑材料、新型抗震结构的新的分析方法和抗震技术，可与结构振动控制技术结合使用。为实现性态抗震设防目标应采用多次抗震验算。

展望　在强烈地震作用下，种类繁多、庞大复杂的工程结构体系的抗震性态和功能保障，不但有赖于对结构体系的破坏机理、破坏模式和非线性本构关系的深入了解，同时涉及经济技术能力和运行管理等众多领域。鉴于问题的复杂性，性态抗震设计尚未建立起系统理论，性态抗震设计方法也很不完善。然而，性态抗震设计研究涵盖了地震工程尚未圆满解决的众多关键问题，必将推动地震工程的深入发展，并逐步在实际工程中获得应用。

推荐书目

李刚等著．基于性能的结构抗震设计——理论、方法与应用．北京：科学出版社，2004.

xingtai kangzhen shefang mubiao

性态抗震设防目标（performance-based seismic fortification object）　基于功能保障的结构抗震设防目标。

现行抗震设防目标通常是针对主体结构性态的粗略表述，是最低抗震设防目标。例如，中国建筑结构的抗震设防目标是"小震不坏，中震可修，大震不倒"；构筑物的抗震设防目标是"应能抵抗设防烈度地震，如有局部损坏经一般修理仍可继续使用"等。性态抗震设防目标虽然仍由地震动水准和抗震性态水准两个要素构成，但作为新的表述方式，对这两类水准的考虑更趋细化，尤其强调以预期功能表述抗震性态。功能水准不仅包括主体结构的抗震性能，而且涵盖了对地基基础、非结构构件和附属设备的抗震要求。另外，基于投资-效益准则得出的性态抗震设防目标可包含最低性态目标和更高的性态目标，就此而言，可将其理解为抗震设防目标和抗震设防标准的结合。

性态水准　结构的抗震性态水准可有多种表述方式。例如，可用主体结构和非结构构件的破坏程度（如完好、轻微破坏、严重破坏、濒临倒塌等）表述，亦可使用结构功能的保障程度（如正常使用、立即入住、生命安全等）表述。为适应抗震计算的需要，这些性态水准应有相应的物理指标（如构件的刚度和强度，结构反应速度、加速度、位移、变形、延性和能量等）。表1列出了部分就使用功能保障对房屋建筑抗震性态水准的表述。

表1　建筑抗震性态水准的表述

资料来源	美国 FEMA[1] 273	美国 SEAOC[2] Vision 2000	美国 ATC[3] 40	日本研究报告	中国《设计通则》[4]
抗震性态水准		完全正常使用			充分运行
	正常使用	正常使用	正常使用	正常使用	运行
	立即入住		立即入住	易修复	基本运行
	生命安全	生命安全	生命安全	生命安全	生命安全
	防止倒塌	接近倒塌	结构稳定		防止倒塌

①美国联邦紧急事务管理局；②加州结构工程师协会；③美国应用技术委员会；④全称为《建筑工程抗震性态设计通则（试用）》（CECS 160:2004）。

尽管不同研究结果对性态水准的表述不尽相同，但"正常使用（运行）"和"生命安全"两级水准是共同采用的。前者意指建筑继续保持使用功能；后者意指建筑使用功能不能保持，但结构破坏尚不致危及人身安全。尽管上述性态水准仍是定性和粗略的，但相对传统的"不坏""可修""不倒"等表述，可对建筑遭遇地震后的使用价值和相关损失有更明确的了解。严格地讲，任何一级性态水准都可能伴有结构破坏发生，但有些破坏是不影响使用功能的非结构构件的破坏，有些是使建筑丧失使用功能的主体结构破坏，有些是威胁生命安全的破坏。这些破坏原则上都是可修的，但修复经费将有很大差异，不同破坏对应不同的经济损失和社会影响。

地震动水准 强地震动具有极大的不确定性，抗震设计采用的地震动水准常以概率方法确定，以重现周期或相应的在一定时期内发生的超越概率来表述。性态抗震设计研究中采用的地震动水准一般分为3～5个等级，往往冠以"多遇""常遇""偶遇""罕遇"等名称，范围大体为30年内超越概率为50%（重现周期约44年）至50年内超越概率2%（重现周期约2500年）。其中，50年内超越概率为50%（重现周期约72年）和50年内超越概率为10%（重现周期约475年）的两级地震动水准被大多数研究者所采用，后者又被称为抗震设防（设计）基本地震动水准。严格地讲，由于强烈地震动样本数据的稀少，重现周期很长（1000年以上）的罕遇地震动是不宜由概率方法估计的。

性态设防目标 性态抗震设防目标是地震动水准和相应结构性态水准的对应关系，一般以表格形式表述（表2、表3）。

表2 美国SEAOC Vision 2000性态抗震设防目标

地震动水准	性态水准			
	完全正常使用	正常使用	生命安全	接近倒塌
30年超越概率50%（重现周期44年）	○			
50年超越概率50%（重现周期72年）	⊙	○		
50年超越概率10%（重现周期475年）	●	⊙	○	
100年超越概率10%（重现周期950年）		●	⊙	○

注：○地震动水准与性态水准的对应关系为基本（最低）设防目标；⊙更高的重要设防目标；●最高的临界设防目标。

表3 中国《建筑工程抗震性态设计通则(试用)》（CECS 160：2004）规定的设防目标

地震动水准	抗震建筑使用功能分类			
	Ⅰ	Ⅱ	Ⅲ	Ⅳ
多遇地震（T_{MJ}年超越概率63%）	基本运行	充分运行	充分运行	充分运行
设防地震（T_{MJ}年超越概率10%）	生命安全	基本运行	运 行	充分运行
罕遇地震（T_{MJ}年超越概率5%）	接近倒塌	生命安全	基本运行	运 行

表3规定了使用功能分类不同的建筑的最低性态抗震设防目标。T_{MJ}是取决于建筑重要性的某个年限，如一般建筑可取为50年，更重要的建筑可取100年或200年。在同一超越概率下，T_{MJ}取值越大，对应的地震动重现周期越长，强度越高。抗震建筑使用功能分类表示建筑功能重要性和功能丧失产生的社会经济影响的差异，依Ⅰ～Ⅳ的顺序，功能重要性和社会经济影响逐级提高，具有一般重要性的建筑属于Ⅱ类。

抗震设防目标的确定涉及众多复杂的、不确定的因素，这类问题通常由风险决策处理。理想的性态抗震设防目标的确定应考虑投资-效益准则的分析结果。

touzi-xiaoyi zhunze

投资-效益准则（cost-effectiveness criterion） 在抗震设计中考虑技术、经济等因素，使结构的初始造价和预期损失达到优化平衡，实现寿命期内总耗费最小的原则。

工程建设的初始投资和期望损失构成结构在寿命期内的总耗费，增加初始投资可以降低期望损失，减少投资则可能增加期望损失，寻求两者之间的合理平衡是确定优化抗震设防目标和优化设计方案的关键问题。例如，国际标准《结构可靠性总原则》(ISO 2394)就结构设计的目标可靠性指出，从经济观点看，可靠性的目标水准应取决于失效后果和安全措施费用之间的平衡。正确的做法是努力降低以式(1)表述的寿命周期内的总耗费

$$C_{tot} = C_b + C_m + \sum P_f C_f \quad (1)$$

式中：C_b为建筑成本；C_m为维护和拆除费用；C_f为独立的失效模式的发生概率；P_f为对应失效模式的损失费用。

灾害性地震是偶然发生的小概率事件，类似"小震不坏，中震可修，大震不倒"的设防目标是减轻地震灾害的风险决策，实践表明，它可发挥保障生命安全的作用，但不能估量地震引起的经济损失。性态抗震设计则以投资-效益准则处理投资与风险的关系。式(2)是应用投资-效益准则的一种模型。

取x为抗震设计（或设防目标）相关变量建立目标函数

$$W(x) = C_0(x) + \sum_i [1 - P_{si}(x)] C_{fi} \quad (2)$$

式中：$C_0(x)$为初始造价；$P_{si}(x)$为设计方案（或设防目标）x相对于功能i的体系可靠性；$1 - P_{si}(x)$为对应的失效概率；C_{fi}为功能i失效的损失费用。在强度要求、构造措施等约束条件下求目标函数$W(x)$的最小值，则可获得优化的抗震设计方案或抗震设防目标。投资-效益优化分析的关键环节是失效风险和结构寿命期内总费用的准确估计。实际中，这类估计应区别不同地区和不同类型结构进行，且以震害统计经验为基础。

显然，可实施的投资-效益准则仅是基于可量化费用的优化分析，如何考虑地震人员伤亡和社会影响等因素确定性态抗震设防目标仍是有待解决的问题。

xingtai kangzhen sheji fangfa

性态抗震设计方法（performance-based seismic design method） 实施性态抗震设计采用的技术途径和具体方法。

性态抗震设计的技术途径和方法与传统抗震设计相比并无本质区别，均包括抗震设防目标和抗震设防标准的采用以及初步设计、计算设计和构件细部设计等基本步骤；仍须遵循抗震概念设计原则和采取适当的抗震构造措施；

须进行地震作用及地震作用效应的计算，并依某种物理指标（力或位移等）进行抗震验算。然而，性态抗震设计作为传统抗震设计的改进和发展，其具体实施途径和方法具有自身特点。

（1）现行抗震设计一般依据抗震设计规范采用规定的设防目标和设防标准。性态抗震设计则可根据用户要求，与设计者共同商定采用最低抗震设防目标或更高设防目标，即可经优化分析采用满足用户要求的个性化设防目标。

（2）现行抗震设计一般依据结构使用要求和设计者的经验确定初步设计方案，仅当不满足抗震计算要求时再修订设计。性态抗震设计可在初步设计阶段采用简化方法（如基于位移或能量的方法）选择满足预期性态要求的初步设计方案，该设计方案亦可在计算设计后再作修改。

（3）现行抗震设计一般依据规范要求采用规定的计算设计方法，性态抗震设计方法则具有更大的包容性。后者在不排斥采用传统的基于力（强度）的设计方法的同时，强调采用更为合理的基于位移的抗震设计方法或基于能量的抗震设计方法，旨在控制结构发生非线性变形后的性态；可以采用基于随机理论的极限状态设计方法，可以进行结构可靠度分析和优化设计，可以结合结构振动控制技术进行性态设计。

（4）现行结构的抗震验算多就1～2个地震动水准进行，验算指标为力、位移和稳定性。性态抗震设计须采用多水准验算，以满足细化的抗震性态要求，且采用比现行方法更多样、更合理的验算指标（如位移、延性和能量）。

理论上，采用空间有限元模型和非弹性时程分析可以得出对结构抗震性态的较为精确的描述，但由于强地震动和结构体系的复杂性和不确定性以及计算时间的限制，这种精确分析对于现行抗震设计和性态抗震设计都难以实现。性态抗震设计方法的研究，多致力于简化弹塑性分析方法的开发和应用。

传统抗震设计方法与性态抗震设计方法间并无明确的分野，某种具体计算方法既可用于现行抗震设计，亦可用于性态抗震设计。现行抗震设计规范可经修订体现性态设计理念和采用新的性态设计方法。性态抗震设计理念只能在深入研究的基础上经实践验证后方可被抗震设计采用，在对传统方法的继承和发展中得以实现。

jiyu weiyi de kangzhen sheji

基于位移的抗震设计（displacement-based seismic design；DBSD） 以结构或构件的地震位移反应或变形为控制目标的结构抗震设计。由于结构的地震破坏与结构体系的位移反应和构件变形能力密切相关，故采用基于位移的抗震设计比基于力的抗震设计更能反映结构和构件的性态，更有利于实现性态抗震的理念。此类方法与现行抗震设计中的变形验算有所不同。

（1）现行抗震设计中的变形验算只是承载力设计后对结构宏观位移的校核，一般只应用于结构整体或层间，构件延性主要由经验性的抗震构造措施保障。基于位移的性态抗震设计则将位移作为抗震设计的基本控制指标，适用于结构、构件和截面三个层次，并试图定量估计配筋等构造措施对构件延性的影响。

（2）传统抗震设计中的结构弹塑性位移反应一般借助

弹性设计反应谱、通过力的计算（采用结构系数），再由位移放大系数、弹塑性位移增大系数等进行估计；性态抗震设计则倾向于开发更合理的非线性分析方法（如结合静力弹塑性分析的能力谱方法）。

已开发的基于位移的抗震设计方法大体可分为延性系数法、能力谱法（见静力弹塑性分析方法）和直接位移法三类。这些方法实质上是估计结构弹塑性地震反应的简化方法。

延性系数法 在满足结构整体及层间位移延性要求的前提下，经定量分析采取适当的抗震构造措施使构件满足延性要求的设计方法。在钢筋混凝土结构抗震设计中，该法的关键环节是建立构件的位移延性系数（或截面曲率延性系数）与构件尺寸、荷载、配筋等影响因素的关系，通过配箍率的选择使构件具有预期延性，满足性态设计要求，实现强柱弱梁和强剪弱弯的概念设计原则。使用延性系数法进行抗震设计的原则步骤如下。

（1）估计某一水准地震作用下满足性态要求的结构整体位移及层间位移（此位移通称位移要求或目标位移）。目标位移可采用静力弹塑性分析方法或其他简化方法计算。例如，可基于等效单自由度体系利用弹塑性时程分析、弹性时程分析（借助等位移假定）或简单经验公式估计。

（2）考虑结构和构件的屈服机制将上述目标位移分解为构件的延性系数。

（3）根据构件延性系数与构件尺寸、荷载、配筋等参数的关系，决定采用适当的构造措施（如箍筋配置）。

这一方法已作为"能力设计"方法被新西兰抗震设计规范所采用。利用位移延性系数描述构件弹塑性变形能力的重要问题是，如何具体定义结构或构件的屈服位移和极限位移，不同的定义得到的延性系数可能相差很大。

直接位移法 根据预期的满足某一性态水准要求的目标位移进行结构抗震设计的方法，是直接基于位移的设计方法的简称。此类方法首先将抗震结构转换为等效单自由度体系（图a），图中，F_d 为等效单自由度体系对应最大目

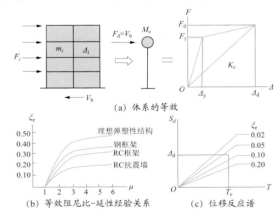

(a) 体系的等效

(b) 等效阻尼比-延性经验关系   (c) 位移反应谱

直接基于位移的抗震设计

标位移 Δ_d 的力，F_y 和 Δ_y 分别为等效单自由度体系的屈服力和屈服位移；而后利用该体系的延性 μ 估计等效阻尼比 ξ_e（图b）；最后，利用设计位移反应谱 $S_d(T)$ 确定地震作用（图c）。设计位移反应谱可由对应某个地震动水准的加速度时间过程生成，或由设计加速度反应谱转换得出；设计位移反应谱 S_d 可以是对应不同阻尼比的弹性位移反应谱或对应不同延性系数的非弹性反应谱。

用弹性位移反应谱进行抗震设计的算法如下。

（1）确定等效单自由度体系的动力学参数，含最大目标位移 Δ_d、等效质量 M_e 和位移延性 μ：

$$\Delta_\mathrm{d} = \sum m_i \Delta_i^2 / \sum m_i \Delta_i$$

$$M_\mathrm{e} = \sum m_i \Delta_i / \Delta_\mathrm{d}$$

$$\mu = \Delta_\mathrm{d} / \Delta_\mathrm{y}$$

$$\Delta_\mathrm{y} = \sum m_i \Delta_{yi}^2 / \sum m_i \Delta_{yi}$$

式中：m_i 为结构体系各层质量；Δ_i 为预先给定的各楼层对应某一性态水准的最大位移（不应超过性态水准规定的层间位移限值），$\Delta_i = \Delta_{yi} + \Delta_{pi}$，其中 Δ_{yi} 和 Δ_{pi} 分别为屈服位移和塑性位移，可考虑楼层各构件的屈服曲率、塑性曲率、钢筋拉应变、塑性区长度等确定。

（2）依据已知的经验关系，由结构类型和延性系数 μ 确定等效单自由度体系的黏滞阻尼比 ξ_e（图 b）。

（3）利用设计位移反应谱，可由 Δ_d 和 ξ_e 得出等效单自由度体系的等效周期 T_e（图 c）。

（4）计算等效单自由度体系基底剪力（即抗震结构的基底剪力）$V_\mathrm{b} = K_\mathrm{e} \Delta_\mathrm{d}$，$K_\mathrm{e} = 4\pi^2 M_\mathrm{e} / T_\mathrm{e}^2$，各楼层的剪力为

$$F_i = (m_i \Delta_i / \sum m_i \Delta_i) V_\mathrm{b}$$

（5）根据楼层剪力计算各构件的作用效应并设计构件；可重复上述步骤，得到满足性态要求的最终设计。

jiyu nengliang de kangzhen sheji

基于能量的抗震设计（energy-based seismic design）

基于地震作用下结构体系能量平衡概念的抗震设计方法。结构地震反应是地震动能量输入结构、能量发生形式转化和耗散的过程。以能量平衡方程表示的结构地震反应过程具有形式简单、概念明确的特点，与结构地震反应分析的静力方法和反应谱方法相比，能量分析可以考虑地震动持续时间对结构性态的影响，且结构体系的滞回耗能与结构进入塑性状态的程度有关，故能量分析为结构性态抗震设计所关注。

概念　结构地震反应过程可用如下能量平衡方程表示：

$$E_{EQ} = E_K + E_D + E_E + E_P + E_H$$

式中：E_{EQ} 为输入结构的地震动能量；E_K 为结构的动能；E_D 为结构的阻尼耗能，通常认为是结构材料的黏弹性耗能；E_E 为结构的弹性变形能；E_P 为结构的塑性变形能；E_H 为结构往复塑性变形引起的滞回耗能。地震结束、结构停止振动后，结构体系的速度归于零（$E_K = 0$），弹性变形恢复（$E_E = 0$），但存在残余塑性变形，故总的地震输入能量等于结构的阻尼耗能 E_D、塑性变形能 E_P 和滞回耗能 E_H 之和。其中 E_D 发生在结构弹性振动阶段，E_P 和 E_H 则发生于塑性变形阶段。分析上述能量平衡方程可得以下认识。

（1）提高结构的设计承载力可使结构体系不进入塑性变形状态，弹性变形范围内的动能和变形能由结构的黏滞阻尼耗散，与地震动输入能量平衡，结构无破坏。但由于在实际工程中这种理想状态是不经济或技术不可行的，故只能调整弹性能和塑性能两者的比率，使结构具有适当的弹性承载力，又允许其进入塑性状态，依靠塑性变形及其滞回耗散地震能量。

（2）提高结构阻尼可耗散更多地震能量，使结构不进入塑性变形阶段或减少塑性变形引起的结构破坏，始终是

抗震设计追求的目标；但受通常使用的建筑材料性能所限，阻尼耗能是有限的，不可能很高。采用被动控制技术，在结构体系中设置阻尼器，是增加耗能、提高结构体系抗震能力乃至将结构振动控制在弹性范围内的有效途径。

（3）结构具有适当的滞回耗能能力（延性），可以平衡强大的地震输入能量；若滞回耗能能力不足，结构只能以毁坏方式耗散地震能量。设计结构使其具有适当延性，发生预期可以接受的塑性变形，是抗震设计中控制结构性态和防止倒塌的关键所在。

研究概况　基于能量的抗震设计思想早在 19 世纪 30 年代即由日本学者妹泽克惟（Sezawa Katsutada）和金井清提出，此后的相关研究又获得诸多进展。

（1）纽马克的早期工作探讨了具有相同初始刚度的单自由度弹性体系和弹塑性体系的最大位移反应的比值。结果表明，短周期（周期小于 0.5 s）结构的弹塑性位移可基于等能量假定由弹性体系位移乘系数 η 估计，系数 η 与构件延性有关；长周期结构则适用等位移假定，即弹性体系和弹塑性体系最大位移反应相同。这些结果被抗震设计所广泛采用。以后的研究者基于能量平衡分析得出了更较细密的结果，认为系数 η 是结构体系的振动周期、屈服力和滞回能量耗散的函数。

（2）豪斯纳的早期研究以结构质量和拟速度反应定义地震输入能量，认为结构体系塑性耗能为地震输入能量和弹性能量之差，由这些基本假定可估计弹塑性结构的承载力和弹塑性构件的残余塑性变形。

（3）根据单自由度和多自由度弹塑性体系的动力时程分析，计算地震动输入能量、阻尼耗能和滞回耗能的时间过程，并讨论相关影响因素。研究结果认为，强烈地震作用下结构阻尼耗能一般小于滞回耗能，并建议了平衡地震输入能量的各类耗能所占比例的经验关系。

（4）帕克（Y. J. Park）和洪华生（A. H-S. Ang）利用结构最大位移反应和滞回耗能定义了双参数损伤指标，这一指标被广泛用于结构抗震能力的评估：

$$D = \frac{\delta_\mathrm{m}}{\delta_\mathrm{u}} + \beta \frac{\int \mathrm{d}E}{F_\mathrm{y} \delta_\mathrm{u}}$$

式中：D 为损伤指标；δ_m 为最大位移反应；δ_u 为极限位移；E 为滞回耗能；F_y 为屈服强度；β 为循环荷载影响系数。

类似的工作还包括基于滞回耗能研究引起结构损伤的等效滞回次数和低周循环次数。

（5）基于（3）（4）两方面的研究成果，借助等效单自由度体系确定结构体系的最大地震位移反应、位移延性和损伤指数，继而进行结构抗震验算和抗震性能评估。

基于能量的抗震设计概念清晰，但实施困难。地震动输入结构体系的能量并不能由强地震动自身定义，它除与地震动强度、频谱、持续时间有关外，还与结构体系的动力特性、体系和构件的屈服机制以及非线性本构关系等密切相关。地震动输入能量和结构阻尼耗能、滞回耗能的定量计算应考虑结构破坏模式建立非线性力学模型，并进行动力时程分析。由于结构的复杂性和不确定性，这种分析难以为设计者所掌握，且结果的可靠性尚有待探讨。与其他抗震设计方法的研究类似，有关能量设计方法的探索通常是采用若干近似假定，开发简化分析方法并予以验证。

建 筑 抗 震

建筑抗震（earthquake resistance of building） 防御和减轻房屋建筑地震破坏的理论和实践。强烈地震造成建筑物的破坏，继而带来经济损失、人员伤亡并引发其他次生灾害，是地震成灾的重要原因。建筑抗震是地震工程研究最早和最重要的内容之一。建筑抗震理论与实践的发展，除与工程地震研究密切相关外，还广泛运用了结构工程、结构动力学、材料科学、计算科学等领域的科技成果。

起源与发展 地震灾害伴随着人类历史，尽管人类在房屋建造的实践中早已采用了各种有利抗震的结构形式和技术方法，但有史料记载可查、明确针对房屋抗震问题的科学探索，直至 19 世纪末、20 世纪初才出现。地处强震区的美国、日本、意大利等经济技术相对发达国家率先开始建筑抗震研究。1906 年美国旧金山地震、1908 年意大利墨西拿（Messina）地震和 1923 年日本关东地震后，有关地震断层、房屋抗震技术措施、房屋抗侧力计算方法的研究，逐渐引起学者和工程师的关注。

20 世纪 30 年代，最早一批强震加速度记录的获取提高了人们对强地震动的了解，使基于地震动输入进行房屋抗震设计成为可能。结构动力学知识的应用使抗震分析的静力方法发展为反应谱方法。20 世纪 70 年代以后，结构地震反应分析进入动力理论阶段；结构振动控制理论和技术被引入土木工程。20 世纪末出现的性态抗震设计理念，为建筑抗震研究提出了更高的目标和要求。

借鉴国际地震工程研究成果，中国在 20 世纪 50 年代开始建筑抗震研究并编制了最早的技术标准。1976 年河北唐山地震的发生推动了中国建筑抗震理论研究和实践的进程。至 90 年代，中国已经建立起较为完整的建筑抗震研究和管理体系。

震害经验 建筑抗震设计与土木工程设计同属经验方法的范畴，其理论和技术研究源自震害经验的启发，且研究成果必须在地震环境中经受检验。20 世纪初发生在日本、美国、意大利等国的一系列破坏性地震催生了建筑抗震学科；1964 年日本新潟地震、1971 年美国加州圣费尔南多地震、1985 年墨西哥米却肯州地震等，取得了更丰富的、涉及各类房屋的震害经验，推进了建筑抗震和地震反应分析方法的发展。1976 年河北唐山地震的惨重损失和丰富的震害经验，极大地促进了中国建筑抗震的研究与实践。在总结 20 世纪末日本阪神地震、台湾集集地震等震害经验的基础上，性态抗震设计理念被提出。地震灾害现象和震害经验始终是建筑抗震发展重要的知识源泉。

抗震试验 地震灾害是对建筑抗震能力最真实和最严格的检验，但这种检验是可遇而不可求的，罕有发生的强烈破坏性地震不能适应建筑抗震研究的急切要求。为了验证抗震理论和技术方法的正确性，人们开发了一系列试验装置和试验技术进行结构抗震试验研究。最早开展的结构模态参数测试试验检验了反应谱理论，广泛进行的结构构件的伪静力试验则为分析抗震建筑在非弹性阶段的性能奠定了基础。1981 年，美日联合实施的多层钢筋混凝土结构试验计划，将地震模拟振动台试验、伪动力试验与建筑动力反应分析研究密切结合，发展了建筑抗震新方法。在信息技术高速发展背景下出现的联网试验，则为充分利用抗震试验技术装备和专家知识开创了新的技术途径。

地震作用理论 建筑结构的地震破坏往往是由地震动加速度引起的结构质量惯性作用造成的，这是人类有关地震作用的最初的科学认识。将地震动加速度乘以结构质量得出的惯性力视为作用在结构水平方向上的静力荷载进行抗震设计，称为地震作用分析的静力理论。以后，人们又认识到建筑物自身不是刚性质量而是弹性体，开始利用反应谱近似估计地震作用下结构动力反应的最大值，形成了地震作用分析的反应谱理论。随着计算机的普及应用和地震反应分析逐步积分法的实施，使人们有能力估计建筑结构地震反应的时间过程，建筑抗震分析进入动力理论阶段。在此基础上，可描述地震动和地震反应不确定性的随机理论，多点输入地震反应分析方法、土-结相互作用理论和结构振动控制理论等，均在建筑抗震分析中获得应用。

抗震技术标准 建筑抗震技术标准是建筑抗震理论和实践经验的集中体现。世界上最早的建筑抗震技术标准是 1924 年日本颁布的《市街地建筑物法》。作为开展建筑抗震研究最早的抗震技术先进国家，美、日两国的抗震设计规范在抗震技术标准发展中具有重要影响，苏联这方面工作也开展得较早。20 世纪 70 年代美国应用技术委员会（ATC）颁布的《编制建筑抗震规范的暂行规定》（ATC—3—06）和 80 年代日本编制的《新耐震设计法》（1980）中的抗震设计概念和方法，被其他国家编制的规范广泛采用。中国于 20 世纪 50 年代后期着手建筑抗震规范的研究，1964 年编制的《地震区建筑设计规范（草案）》成为以后建筑抗震设计规范修编的基础；1966 年河北邢台和 1976 年河北唐山地震后，中国建筑抗震设计规范不断修订、完善并实施，且颁布了《建筑抗震鉴定标准》（GB 50023—95）和《建筑抗震加固技术规程》（JGJ 116—98）；至 20 世纪 90 年代已形成较为系统和完整的建筑抗震技术标准体系，适应了抗震防灾的社会需求。（见中国建筑抗震设计规范）

展望 百年以来，建筑抗震理论研究与实践取得长足进展，人类已经可以在现代科学技术的基础上设计抗震建筑，有效地减轻了地震灾害。然而，破坏性地震具有罕遇、强烈、不可准确预测等特点；建筑结构因复杂、庞大而难以准确描述；出于经济技术条件的限制，现代社会还不能使建筑结构在偶然荷载作用下仍可在弹性范围内安全运行，而是允许建筑发生某种程度的损坏；这样，建筑抗震不得不面对非弹性分析和探讨倒塌破坏机理等十分困难的问题。实现性态抗震设计目标、控制地震作用下建筑的性态和功能，最大限度地减轻地震人员伤亡和经济损失，人类还有很长的路要走。

建筑抗震设防目标（seismic protection object of building） 对预期地震作用下建筑物所应具备的抗震能力的概略表述。

见建筑抗震设防标准。

建筑抗震设防标准 (seismic protection lever of building)

基于建筑物分类，权衡建筑的可靠性需求和经济技术水平规定的抗震设防基本要求，是对不同建筑物采用不同的设计地震动和抗震措施，实现、调整和细化建筑抗震设防目标的决策。

概念 中国《建筑抗震设计规范》（GB 50011—2001）中对建筑抗震设防目标表述为："当遭受低于本地区抗震设防烈度的多遇地震影响时，一般不受损坏或不需修理可继续使用；当遭受相当于本地区抗震设防烈度的地震影响时，可能损坏，经一般修理或不需修理仍可继续使用；当遭受高于本地区抗震设防烈度预估的罕遇地震影响时，不致倒塌或发生危及生命的严重破坏。"这一设防目标通称为"小震不坏，中震可修，大震不倒"。

各种建筑物的功能、规模、结构类型和设计使用年限不同，遭遇地震后所造成的损失及其社会经济影响也存在差异，故应区别这些差异采用不同的设计地震动参数、抗震措施及其他有关抗震设计的规定，使重要建筑具有更强的抗震能力，同时适当放宽对较次要建筑的抗震要求，为此制定了抗震设防标准。抗震设防标准的采用，有利于合理使用建筑经费等资源，实现防震减灾的总体目标。

规定 1974 年以后中国先后颁布的四个建筑抗震设计规范中，有关设防标准的表述归纳于表 1—表 4。其中基本烈度和设防烈度内涵相同，均为抗震设防采用的地震烈度；建筑重要性分类和建筑抗震设防分类亦属同一个概念。

表 1 《工业与民用建筑抗震设计规范（试行)》（TJ 11—74）的抗震设防标准

安全等级	建筑重要性分类	设防要求
一	特别重要的建筑物	比基本烈度提高一度设防
二	重要建筑物	按基本烈度设防
三	一般建筑物	比基本烈度降低一度设防，基本烈度为 7 度时按基本烈度设防
四	临时性建筑物	不设防

表 2 《工业与民用建筑抗震设计规范》（TJ 11—78）的抗震设防标准

安全等级	建筑重要性分类	设防要求
一	特别重要的建筑物	可比基本烈度提高一度设防
二	一般建筑物	按基本烈度设防
三	次要建筑物	比基本烈度降低一度设防，基本烈度为 7 度时按基本烈度设防

表 3 《建筑抗震设计规范》（GBJ 11—89）的抗震设防标准

安全等级	建筑重要性分类	设防要求
一	甲类建筑	按专门研究的地震动参数设计，采取特殊的抗震措施

续表

安全等级	建筑重要性分类	设防要求
二	乙类建筑	按设防烈度计算地震作用，提高一度采取抗震措施；9 度时适当提高抗震措施，6 度时可不计算地震作用
三	丙类建筑	按设防烈度计算地震作用并采取抗震措施，但 6 度时可不计算地震作用
四	丁类建筑	按设防烈度计算地震作用，但 6 度时可不计算地震作用；可降低一度采取抗震措施，但 6 度时不降低

表 4 《建筑抗震设计规范》（GB 50011—2001）的抗震设防标准

安全等级	建筑抗震设防分类	设防要求
一	甲类建筑	按批准的地震安全性评价结果计算地震作用，设防烈度 6～8 度时提高一度采取抗震措施，9 度时应采用高于 9 度规定的抗震措施
二	乙类建筑	按设防烈度计算地震作用，6～8 度时提高一度采取抗震措施，9 度时应采用高于 9 度规定的抗震措施。较小的乙类建筑在采用抗震性能较好的结构类型时，可不提高抗震措施
三	丙类建筑	按设防烈度计算地震作用并采取抗震措施
四	丁类建筑	按设防烈度计算地震作用，抗震措施可适当降低，但 6 度时不应降低

建筑抗震设防分类 (building classification for seismic protection)

在建筑抗震设计中，根据建筑重要性、使用功能、震害后果以及在抗震救灾中作用的不同对建筑所作的分类；通常亦称重要性分类，是规定建筑抗震设防标准的基础。

中国《建筑抗震设计规范》（GB 50011—2001）依照建筑物使用功能的重要性将建筑物分为甲、乙、丙、丁四个抗震设防类别。甲类建筑为重大建筑工程和地震时可能发生严重次生灾害及社会影响的建筑，如存放剧毒生物制品的建筑、中央和省级的电视调频广播发射塔建筑、国际电信楼、国际卫星地球站等；乙类建筑为地震时使用功能不能中断或需尽快恢复的建筑，如大中城市的三级医院的住院部和门诊部、中央级广播发射台和广播中心、大区和省中心长途电信枢纽等；丙类建筑为甲、乙、丁类之外的一般建筑；丁类建筑为抗震次要建筑和临时建筑。抗震设防类别不同的建筑采用不同的抗震设防标准。

见《建筑工程抗震设防分类标准》（GB 50223—2004）。

建筑抗震设计类别（building category of seismic design）区别设计地震动参数和建筑使用功能的差别，在抗震设计中规定的建筑分组。这种分类方法由美国抗震规范首先采用，后被某些其他抗震设计规范［如中国《建筑工程抗震性态设计通则（试用）》（CECS 160：2004）］所采用。

规定建筑抗震设计类别的出发点与规定建筑抗震设防分类相似，但具体分类方法有所不同。前者的合理之处在于，抗震设计要求（如结构体系、计算模型、分析方法、细部构造等的采用）不但与建筑功能分类相关，亦取决于设计地震动的强度。

美国的规定　美国《编制建筑抗震规范的暂行规定》（ATC—3—06）是最早规定抗震设计类别的建筑抗震设计规范（表1）。

表1　美国ATC—3—06规范有关抗震设计类别的规定

地震活动性指标	房屋重要性分类		
	Ⅲ	Ⅱ	Ⅰ
4	D	C	C
3	C	C	B
2	B	B	B
1	A	A	A

表中房屋重要性分类Ⅰ、Ⅱ、Ⅲ分别为非重要建筑、一般重要建筑和最重要的建筑；地震活动性指标1～4对应的设计地震动加速度系数分别为0.05，0.05～0.15，0.15～0.20和0.2～0.4；抗震设计类别分为A、B、C、D四类。抗震设计类别D对应最重要的建筑和最强的设计地震动，应采用最高的设计要求（含分析方法、结构体系和基础设计）；例如体形不规则的房屋应进行动力时程分析，不得采用无筋或部分配筋的砌体剪力墙结构，不得使用预应力桩基础等。抗震设计类别A对非重要建筑和最低的设计地震动，采用最低限度的抗震要求；例如可不进行整体抗震分析，只须满足构造要求和构件承受最小地震作用的要求；可采用任何结构体系，结构基础仅须满足一般设计要求。设计类别B、C的设计要求介于A和D类之间，C类较高而B类较低。

中国的规定　中国《建筑工程抗震性态设计通则（试用）》（CECS 160：2004）采取类似的规定，将抗震设计类别分为A、B、C、D、E五类，并规定了它们与地震动参数（加速度a）和建筑使用功能分类的关系（表2，g为重力加速度）。建筑使用功能分类中，Ⅰ类至Ⅳ类的使用功能要求逐步提高。抗震设计类别E为最高设计类别，应采用最高的抗震设计要求；设计类别A则只须满足最基本的设计要求；B、C、D类的设计要求介于A和E之间。

表2　中国《建筑工程抗震性态设计通则（试用）》（CECS 160：2004）有关抗震设计类别的规定

设计地震动加速度 g	建筑使用功能分类			
	Ⅰ	Ⅱ	Ⅲ	Ⅳ
$a \leqslant 0.05$	A	A	A	B
$0.05 < a \leqslant 0.10$	A	B	B	C
$0.10 < a \leqslant 0.20$	A	C	C	D
$0.20 < a \leqslant 0.30$	B	C	D	E
$0.30 < a \leqslant 0.40$	B	D	E	E

抗震概念设计（seismic concept design）　基于震害经验和理论分析得出的指导抗震设计的基本概念和原则。违反抗震基本概念和原则的设计是不合理的设计，且不能借助抗震分析计算予以弥补，将造成建设资金的浪费并难以达到预期的抗震要求。

抗震概念设计包括以下基本内容。

（1）抗震工程的建设要综合考虑平时和震后的功能，在提高结构自身抗震安全的同时，还应注意避免导致地震次生灾害或使次生灾害限于局部。

（2）抗震工程建设应选择抗震有利地段，避开不利地段；当无法避开时，应采取适当的抗震措施；不应在危险地段建造甲、乙、丙类建筑。应依据地震地质背景等有关资料对建筑场地进行综合评价；同一结构单元不宜建在性质截然不同的地基上，同一建筑不宜部分采用天然地基，部分采用桩基；当地基包含软弱黏土、可液化土或不均匀土层时，宜采取措施加强基础的整体性和刚度。

（3）抗震结构布置宜均匀规整，结构体形力求简单，并选择有利抗震的建筑平面和立面；抗侧力构件的质量、刚度和强度分布宜均匀对称；尽量减少扭转效应，并避免因局部强度或刚度突变形成薄弱部位，产生过大的应力和变形集中。

（4）抗震结构应有合理的结构体系，除应具有明确的力学计算简图和合理的地震作用传递途径外，还应考虑以下概念。① 不同设防烈度下，不同建筑材料和不同结构体系的适用范围不同，应选择适当的抗震结构类型；抗震建筑应考虑安全和经济因素，适当限制高度和层数。② 尽可能使结构的自振周期避开场地卓越周期，防止因共振加重震害。③ 抗震结构应采用多道抗震设防体系，各体系应能协同工作抗御地震作用，避免因部分结构或构件破坏引起结构倒塌；结构应具有尽可能多的赘余度，且有意识地设计一系列分布的塑性区，提高耗能能力。④ 结构应具有良好的整体性和变形能力，防止构件剪切破坏、黏结失效、失稳等突发性破坏；柱的抗震能力应高于梁，构件抗剪能力应高于抗弯能力，构件节点的强度不应低于连接构件的强度，预埋件的锚固强度不应低于相关连接件强度；装配式结构的构件应牢固连接，加强整体性。

（5）非结构构件（围护墙、隔墙、填充墙等）的设计应考虑其对抗震的不利和有利影响，避免因设置不合理导致主体结构构件的破坏。女儿墙、雨篷等非结构构件和装饰物应与主体结构可靠连接，防止在地震中塌落伤人。

（6）合理选用建筑材料并保证施工质量，采用轻质材料构件有利于减小地震作用。

多道抗震设防（multi-protection of seismic building）　抗震设计中使结构具有协同工作的多重抗侧力体系和适当多的赘余约束，控制结构破坏的先后次序、增加耗能、防止倒塌的抗震概念设计原则。

仅有单一抗侧力体系的结构在超过承载力极限状态后将会倒塌；缺乏赘余约束的结构体系，在塑性铰发生和构件破坏后承载力下降，且可能形成机构（具有活动连接的运动可变的构件组合）而失稳坍塌；缺乏延性的脆性结构构件，开裂后迅即破坏。因此，抗震结构应有多重抗侧力体系协同工作，宜增加构件赘余度并提高构件延性和耗能能力。

多层砌体结构房屋的多道抗震设防体现于砌体抗震墙和钢筋混凝土构造柱及圈梁。地震时，砌体墙作为第一道防线承受水平地震作用；墙体开裂后，圈梁和构造柱将约束开裂砌体使其不致离析坍塌，构成第二道防线，可保证砌体房屋裂而不倒。

框架-抗震墙结构由延性框架和抗震墙两个系统组成。作为主要抗侧力体系的抗震墙开裂、刚度退化后，结构体系的内力将重新分布，满足抗震计算和抗震措施要求的框架可在塑性变形阶段继续承受地震作用。框架体系可在层间设置斜撑构成支撑框架体系，斜撑可使梁产生预期的塑性变形段，塑性变形段先期屈服增加耗能，保护主体结构。

被动控制体系可通过阻尼器耗散能量，保护主体结构甚至使主体结构处于弹性状态，能更灵活有效地实现多道抗震设防思想。

qiangzhu ruoliang

强柱弱梁（strong column-weak beam）　抗震设计中使框架结构的梁端在强烈地震作用下先于柱端形成塑性铰，增加耗能，防止体系倒塌的抗震概念设计原则。

框架的变形能力取决于梁、柱的变形。柱是压弯构件，梁则以弯曲变形为主；梁、柱破坏的先后顺序不同将导致不同的体系破坏模式，造成抗震可靠度的差异。柱端塑性铰的形成将直接导致所在层的过大变形，增大重力二次效应，乃至形成机构而倒塌；框架底层柱端过早出现塑性铰将削弱结构整体的变形及耗能能力。上述破坏模式将导致严重后果。梁端塑性铰的出现不易使结构体系成为机构，不危及结构整体，塑性铰的出现有利于耗散振动能量，此种破坏模式相对有利。所以，框架结构的抗震设计应提高柱的可靠度，使梁成为相对较弱的构件，即采用强柱弱梁的设计原则。

强震作用下，梁端弯矩将达到受弯承载力，柱端弯矩也与其偏压下的受弯承载力相等。所以，体现强柱弱梁概念的方法是使节点处柱端受弯承载力大于梁端受弯承载力。因地震动、结构体系和材料的影响复杂，上述原则通常采用简化的计算措施实现。为此，中国建筑抗震设计规范规定采用增大的柱端弯矩设计值，在计算梁端抗震承载力时，计入楼板钢筋且考虑材料强度的超强系数。在多肢抗震墙结构设计中使连梁先于墙肢屈服的"强墙弱梁"设计原则也体现了相同的抗震设计概念。

qiangjian ruowan

强剪弱弯（strong shear-weak bending）　抗震设计中防止钢筋混凝土梁、柱、抗震墙和连梁等构件在弯曲屈服前发生剪切破坏的抗震概念设计原则。构件的脆性剪切破坏将导致承载力的急剧下降，以至造成结构整体倒塌；但构件受弯形成塑性铰后仍保持一定的承载能力，且可通过往复变形耗散能量；故剪切破坏是更为危险的、应予避免的构件破坏形态。

为实现强剪弱弯的抗震设计思想，应使构件受剪承载力大于构件弯曲屈服时实际达到的剪力。中国抗震设计规范规定将承载力关系转换为内力关系，考虑材料实际强度和钢筋实际面积的影响，引入剪力增大系数来调整梁、柱、墙截面组合剪力设计值。框架梁端剪力增大系数的取值范围为1.1～1.3，框架柱和框支柱剪力增大系数的取值范围为1.1～1.4，角柱剪力增大系数的取值应不小于1.1，抗震墙剪力增大系数的取值范围为1.2～1.6。钢筋混凝土梁、柱、抗震墙和连梁等构件应区别剪跨比和跨高比的不同，满足组合剪力设计值的验算要求。规范还规定进行一级抗震墙施工缝和梁柱节点的抗剪承载力验算。

剪跨比　反映梁、柱截面所承受的弯矩与剪力相对大小的参数，是衡量梁、柱变形能力和破坏模式的重要指标。简支梁的剪跨比定义为

$$\lambda = a / h_0$$

式中：a 称剪跨，是简支梁上集中荷载作用点到支座边缘的最小距离；h_0 为梁截面有效高度。柱和墙肢剪跨比的一般定义为

$$\lambda = M / (V h_0)$$

式中：M，V 分别为墙、柱端部截面的弯矩和剪力；h_0 为墙、柱截面有效高度。反弯点接近中点的框架柱，常近似以长细比表示剪跨比，即

$$\lambda = M / (V h_0) = H_{c0} / (2 h_0)$$

式中：H_{c0} 为柱的净高。剪跨比较大（$\lambda > 2$）的柱通称长柱，多发生弯曲或弯-剪破坏；剪跨比较小（$\lambda \leqslant 2$）的柱通称短柱，一般易发生剪切破坏；$\lambda \leqslant 1.5$ 的柱称为极短柱，将发生无延性的脆性剪切破坏。短柱和极短柱在抗震设计中应当尽量避免出现（见短柱效应）。

跨高比　梁的净跨与梁截面高度之比，是影响梁的塑性铰发展的重要参数。当跨高比小于4时，地震作用下的梁极易发生以斜裂缝为表征的主拉破坏形态，交叉裂缝将沿梁的全跨发展，从而使梁的延性及承载力急剧降低。跨高比小于2的简支梁和跨高比小于2.5的连续梁称为深梁，深梁变形不再符合一般的平截面假定，受力分析比一般梁更为复杂。

jiankuabi

剪跨比（shear-span ratio）　衡量构件变形能力、影响构件破坏形态的指标。见强剪弱弯。

kuagaobi

跨高比（span-depth ratio）　衡量构件变形能力、影响构件破坏形态的指标。见强剪弱弯。

kangzhen sheji yiban guiding

抗震设计一般规定（general provide of seismic design）建筑抗震设计中为实现抗震设防目标、落实抗震设防标准、体现抗震概念设计原则而规定的抗震措施的一部分。

抗震设计一般规定大体包括如下内容。

（1）结构类型选择的规定。考虑经济、技术能力和抗震需求等因素，并非所有的抗震结构类型都适用于某个具有特定使用功能的房屋；结构类型选择的规定有利于保障

具体房屋的预期抗震能力和使用功能，且具有技术可行性和经济合理性。

（2）结构尺寸的规定。一般包括房屋最大适用高度和层数、层高、立面高宽比和平面长宽比等限值。这些限值与设防烈度和结构类型密切相关，一般来自工程抗震经验的总结。遵守这些限值有利于提高结构抗震可靠度和保证计算方法的适用性。砌体墙局部尺寸的限值旨在减轻结构易损部位的损伤。

（3）结构构件布设的规定。抗震墙和框架梁柱等主体构件是决定结构抗震承载力的重要因素，必须满足一定的数量和尺寸要求。主体结构构件均匀对称设置，有利于减少扭转效应。各层结构构件布置沿竖向均匀变化，是保障结构规则性、防止出现薄弱楼层的重要因素。楼屋盖承受重力荷载并传递水平地震作用，影响同一楼层各竖向构件侧力的分配，应满足结构类型和尺寸的要求。

（4）防震缝设置的规定。一般可不设防震缝，设置防震缝将增加经费并造成施工困难，防震缝并不能保证两侧建筑在强烈地震作用下不发生碰撞。不规则建筑设置防震缝可减轻不规则性的不利影响且便于采用简化计算方法，必要时防震缝可结合沉降缝设置。

（5）划分钢筋混凝土房屋抗震等级的规定。基于钢筋混凝土房屋的设防烈度、结构类型、房屋高度和结构中各抗震构件作用的不同，划分等级采用不同的计算方法和构造措施，有利于加强重点部位、体现多道抗震设防原则，保障结构整体的抗震可靠性。

（6）地基和基础的规定。地基除影响地震作用外，其自身稳定性也是关系结构抗震能力的重要因素；基础必须有支承上部结构和抗御自身地震作用的能力；地基和基础应予加强。

（7）材料强度要求。材料强度是决定构件抗震承载力的基本因素，必须满足最低强度要求。

（8）其他规定。涉及隔震建筑和消能减振建筑的特殊规定等。

钢筋混凝土房屋抗震等级（earthquake resistant grade of RC building） 区分设防烈度、房屋高度、结构类型和抗震构件作用的不同，在抗震设计中对钢筋混凝土结构房屋及其构件所作的分类，是中国钢筋混凝土结构抗震设计的一项重要措施。这项规定自列入《建筑抗震设计规范》（GBJ 11—89）后沿用至今，《高层建筑混凝土结构技术规程》（JGJ 3—2002）也采用了类似规定。

钢筋混凝土房屋抗震等级由高至低分为一、二、三、四类，不同抗震等级的结构在设计时采用的计算要求和构造措施不同；抗震等级高低体现了对结构抗震性能要求的严格程度的差异。例如，设防烈度为 9 度的钢筋混凝土房屋划归一类，应满足最严格的抗震要求；同一设防烈度下的同种结构房屋，高度较大者划归较高的抗震等级；框架抗震墙结构房屋中，作为主要抗侧力体系的抗震墙具有高于框架的抗震等级。

制定这些规定的出发点在于，设防烈度、房屋高度和结构体系的差异将引起地震反应的不同，同一建筑中的不同结构构件在抗震体系中的作用和重要性也不相同，故应

有不同的抗震要求。例如，设计地震动较强的房屋和较高的房屋地震反应一般较大，故位移延性的要求应予提高，墙肢底部塑性铰区的曲率延性要求也应提高；次要抗侧力构件的抗震要求可低于主要抗侧力构件。制定钢筋混凝土房屋抗震等级便于在设计中处理这些问题。

防震缝（seismic joint） 为避免或减轻结构体系不规则对抗震性能的不利影响，将建筑物分割为若干较规则单元的竖直间隙，亦称抗震缝。

当建筑结构平面过长，平立面体形特别不规则，各单元的结构类型不同以及同一结构的地基条件有较大差异时，往往造成体系各部分的地震反应不同，进而造成应力或变形集中，导致构件开裂或结构损坏。设置防震缝可以使不规则建筑分割为相对独立的较规则的若干单元，减轻不规则性的不利影响，且便于使用简化模型对分割后的单元进行抗震计算。

防震缝不能确保被分割的建筑在强烈地震作用下不发生碰撞，过大的防震缝宽度将给建筑立面处理造成困难；另外，防震缝两侧结构设置的复杂化也将增加施工难度和建设投资。因此，建筑抗震设计应尽量避免采用不规则的结构方案，不设防震缝；对于具有某种不规则性的建筑，亦应优先考虑采用适当的整体计算方法和有效的构造措施，避免设置防震缝带来的不利因素。

当必须设缝时，防震缝应有适当的宽度，最小宽度应根据抗震设防烈度、建筑高度、结构类型等因素确定。防震缝应贯穿房屋全高，并可结合沉降缝和伸缩缝设置。设防烈度为 8、9 度的框架结构房屋，当防震缝两侧结构高度、刚度或层高差别较大时，可在防震缝两侧房屋尽端沿全高设置与防震缝垂直的数道抗撞墙，旨在减轻房屋碰撞引起的破坏。

抗震结构（seismic structure） 具有潜在抗震能力的各类型结构或业经抗震设计具有预期抗震能力的结构，可从不同角度分类。例如：就建筑材料可分为砌体结构、钢筋混凝土结构和钢结构等，就结构形式可分为框架结构和剪力墙结构等，就使用功能可分为工业厂房、公用建筑和民用住宅等。

在社会经济发展和抗御自然灾害过程中，人类开发了各种不同的建筑结构类型。实践表明，若干结构类型具有潜在的抗御地震作用的能力，但也具有不同的抗震薄弱环节。基于震害经验总结以及理论和试验研究，若干适于抗御地震作用的结构类型（如钢结构、钢筋混凝土结构等）被保留和发展，其抗震薄弱环节逐步改善，并用技术标准规定了这些结构的抗震设计要求。少数具有严重抗震缺陷的结构形式（如"鸡腿式"柔底层建筑和单排柱内框架结构等）则禁止在地震区使用。受社会经济发展水平的限制，完全淘汰抗震能力不强的结构类型（如黏土砖房和生土房屋等）是不现实的，只能尽量改善其抗震能力并限制其使用范围。随着材料和工程科学的发展，新的结构形式（如小型砌块房屋和大跨空间结构等）不断涌现，其抗震性能研究也是地震工程学的重要内容。

gangjin hunningtu jiegou

钢筋混凝土结构（RC structure） 由钢筋混凝土梁、柱、墙、筒等承载构件组成的结构体系。其强度较高，刚度较大，且有良好的耐久性和防火性能；可塑性好，结构造型灵活，是多层和高层建筑的主要结构形式之一。钢筋混凝土结构含框架结构、抗震墙结构、框架-抗震墙结构、板柱-抗震墙结构、部分框支抗震墙结构、框架-核心筒结构和筒中筒结构等。

一般要求 中国抗震技术标准规定的钢筋混凝土结构房屋应共同遵循的一般抗震要求，主要包括以下内容。

（1）综合考虑安全和经济因素，钢筋混凝土房屋的高度应有所限制。不同结构类型和不同设防烈度下的最大适用高度限值有所不同，平面和竖向均不规则的结构或建造于Ⅳ类场地的结构，应将适用的最大高度适当降低。板柱-抗震墙结构和部分框支抗震墙结构在设防烈度9度时不应采用。

（2）钢筋混凝土房屋应根据设防烈度、结构体系、高度的不同和结构构件的主次差别划分抗震等级。依抗震等级和抗震设防分类的不同进行抗震分析和采用抗震构造措施（见钢筋混凝土房屋抗震等级）。

（3）规则的钢筋混凝土房屋可不设防震缝，设防震缝的房屋应满足缝宽的要求。防震缝应贯通至基础或地下室顶板，当与沉降缝结合使用时应贯通至地基。

（4）抗震墙是主要抗侧力构件，应沿竖向连续布置，不宜设大洞口；较长的抗震墙应适当开洞形成均匀的墙段。应确定抗震墙底部加强部位并采取相应抗震构造措施。

（5）楼屋盖应有适当刚度传递水平地震作用，装配式楼屋盖应加强整体性并与主体结构可靠连接。

（6）地基基础应满足抗震结构的一般要求，主楼和裙房相连的钢筋混凝土房屋在采用天然地基时主楼基础不应出现零应力区。地下室顶板作为上部结构的嵌固结构时应采用现浇梁板结构，并满足有关开洞、板厚、混凝土强度、双层双向配筋和配筋率的要求。地下室的抗侧刚度不应小于上部楼层抗侧刚度的两倍。

（7）钢筋混凝土房屋采用框架填充墙、高强混凝土和预应力混凝土时，应满足规定的设计要求。

计算要点 应基于抗震概念设计原则、抗震等级和地震作用计算结果，对梁、柱、抗震墙、连梁等构件的组合弯矩和组合剪力设计值进行调整，区别不同情况采用增大系数以实现强剪弱弯、强柱弱梁等概念原则。结构体系应考虑多道抗震设防原则和塑性变形阶段的内力重新分配，进行不同构件和结构部分的地震作用调整。计算分析中，应计及抗震墙与端部翼墙的共同工作。钢筋混凝土结构应进行构件截面承载力和层间变形验算，抗震墙施工缝和框架核心区亦应进行抗震验算。

抗震构造措施 为加强结构薄弱环节和重要部位，提高抗震承载能力和变形能力，钢筋混凝土房屋应满足梁、柱、墙等构件的尺寸要求，构件配筋（钢筋直径、钢筋间距、配筋率和箍筋加密等）要求和构件连接要求；柱和抗震墙应满足轴压比的要求；抗震墙应设置暗柱、端墙或翼墙等边缘构件。

见《建筑抗震设计规范》（GB 50011—2001）。

gangjin hunningtu kuangjia jiegou

钢筋混凝土框架结构（RC frame structure） 以梁和柱组成的构架（框架）作为承载体系的钢筋混凝土结构。框架结构的梁、柱截面较小，可形成较大的使用空间，墙体可采用填充墙或预制墙板，建筑布置灵活，广泛应用于各种建筑（图1、图2）。

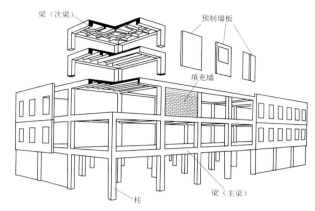

图1 钢筋混凝土框架结构示意图

图2 江油川矿集团四层框架办公楼震后基本完好
（2008年四川汶川地震）

分类和特点 根据体系布置的不同，可分为三种基本形式：①横向框架，它由横向主梁和柱组成，纵向连系梁将横向框架连成整体；②纵向框架，它与横向框架相反，沿房屋纵向布置的梁和柱为主要承载结构，横向次梁将纵向框架连成整体；③双向框架。

根据梁、柱构件的连接方式不同，框架结构又分为刚接框架和铰接框架；前者梁、柱之间采用刚性连接，后者采用铰接。

框架结构为高次超静定体系，可承受竖向荷载、水平荷载和地震作用，梁、柱杆件同时承受弯矩、轴力和剪力。框架结构设计中主要考虑梁的弯矩和剪力作用以及柱的弯矩和轴力作用。框架结构的水平刚度小，地震作用下易产生较大的侧向变形，引起填充墙等非结构构件的破坏。

抗震要求 抗震设计应满足抗震概念设计、计算设计和抗震构造措施要求。

（1）钢筋混凝土框架房屋应采用双向框架，避免采用铰接框架。框架结构的高度应加以限制，一般不宜超过60 m；在抗震设防烈度较高的地区，高度限制应更加严格。

框架体系防震缝两侧应设防撞墙。框架结构房屋在采用单独柱基时宜设基础系梁。

（2）框架结构的横向和纵向均须进行抗震分析，可建立串联多质点模型、平面杆系模型或空间模型计算地震反应；计算方法采用底部剪力法、振型叠加反应谱法或逐步积分法。刚性框架应有足够的延性，为实现强柱弱梁、强剪弱弯及强节点弱构件等抗震概念设计原则，梁、柱、连梁等构件的弯矩和剪力设计值应采用放大系数进行调整。

（3）框架结构构件应满足尺寸要求。梁的宽度不应小于 200 mm，截面高宽比大于 4，跨高比不宜小于 4；柱截面边长不宜小于 300 mm，截面长短边比不宜大于 3，剪跨比宜大于 2。梁、柱构件均应满足配筋（含钢筋直径、配筋率和箍筋加密等）要求，柱应满足轴压比要求。采用扁梁时楼板应现浇，扁梁设置应满足抗震要求。

框架结构的砌体填充墙宜与柱脱开或采用柔性连接。填充墙应均匀对称布置，砌筑砂浆等级不应低于 M5，墙顶应与框架梁紧密结合，墙体用钢筋与框架柱拉接，高、长的砌体填充墙应设钢筋混凝土构造柱和水平系梁。

gangjin hunningtu kangzhenqiang jiegou
钢筋混凝土抗震墙结构（RC shear wall structure）

以纵横向抗震墙构成承载体系的钢筋混凝土结构，亦称剪力墙结构。此类结构一般适用于高层住宅，因平面布置欠灵活且自重较大，不适用于大空间的公共建筑。

特点 抗震墙结构具有较大的抗弯和抗剪承载力，传力直接，整体性好，且具有较强的耗能能力；抗震墙结构受楼板跨度的限制，墙的间距不能太大，故刚度大、自振周期短。

抗震墙既高且宽，但厚度相对较薄，竖向荷载作用下可视为受压的薄壁柱，水平地震作用下则为悬臂深梁，处于压、弯、剪复合受力状态。地震作用下墙段高宽比大于 4.5 的高抗震墙可发生弯-剪型破坏，墙段高宽比小于 1.5 的低抗震墙易发生剪切破坏。

抗震要求 应满足抗震概念设计、计算设计和抗震构造措施要求。

（1）抗震墙结构不应超过最大高度限值（对应不同设防烈度，约为 60～140 m），结构布置应简单、规则、对称。较长的抗震墙宜设洞口，各墙段高宽比不应小于 2，连梁跨高比宜大于 6；墙肢宽度在立面不宜有突变，洞口宜上下对齐。

（2）抗震墙结构可根据具体情况采用平面或空间结构计算模型，地震作用计算可采用底部剪力法、振型叠加反应谱法或逐步积分法。抗震计算中，应区别抗震等级对墙肢截面组合弯矩设计值进行调整。双肢抗震墙不宜出现小偏心受拉，大偏心受拉时的剪力、弯矩设计值应乘以增大系数；抗震墙底部加强部位的截面组合剪力设计值应进行调整，乘以增大系数；抗震墙和连梁的截面组合剪力设计值应满足规定要求。抗震墙设计应计入端部翼墙的协同效应。

（3）抗震墙应满足最小厚度、钢筋间距、钢筋直径、最小配筋率和箍筋加密等要求，一、二级抗震墙的底部加强部位应满足轴压比要求，抗震墙端部和洞口两侧应设边缘加强构件。

gangjin hunningtu kuangjia-kangzhenqiang jiegou
钢筋混凝土框架-抗震墙结构（RC frame-shear wall structure）

在钢筋混凝土框架结构中设置部分混凝土抗震墙构成的结构体系，亦称框架-剪力墙结构（图1），大量用于中高层和高层建筑。

特点 框架与抗震墙的受力和变形性质有很大差异。侧力作用下，抗震墙是弯曲变形的悬臂结构，框架则是剪切变形的悬臂结构。框架和抗震墙通过刚性楼盖和连梁连接，在同一楼层上位移相同，故框架-抗震墙结构的

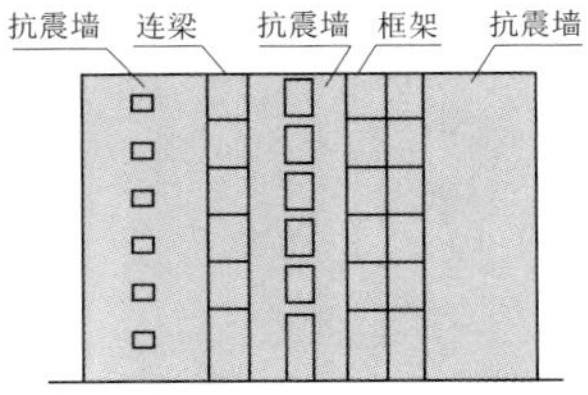

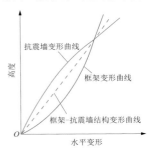

图1 框架-抗震墙结构立面示意图

变形曲线为弯-剪型（图2）。框架和抗震墙协同工作，有利于减小层间变形和顶点位移，提高整体刚度。框架-抗震墙结构中抗震墙是主要抗侧力构件，但也要求框架能承担一定比例的水平地震作用；抗震墙破坏之后框架仍能承担侧力和竖向荷载而使结构不致倒塌。这类结构因设置部分剪力墙弥补了框架结构抗侧刚度小、变形大的弱点，同时保持了框架结构较大的使用空间。

图2 框架-抗震墙结构的变形特征示意图

基本要求 框架-抗震墙结构不应超过房屋最大高度的限值，并区分抗震等级进行抗震设计。抗震墙基础应满足整体性要求，并具有抗转动能力。抗震墙应满足的设置原则如下：

（1）沿房屋纵、横两个方向都应布置抗震墙；

（2）设置适当数量的抗震墙，沿房屋某一方向设置的抗震墙的长度与房屋建筑面积之比，一般应取为 0.05～0.12 m/m²；

（3）在平面布置上应力求均匀对称，分散于周边；

（4）应贯通房屋全高，使结构上下刚度连续均匀；

（5）间距不应过大，一般不超过 30～50 m 和楼面宽度的 2～4 倍。

分析方法 框架-抗震墙结构通常简化为等代平面协同工作模型，可使用振型叠加反应谱法或底部剪力法计算地震作用，并估计框架部分和抗震墙部分的受力和变形。计算中，连梁的刚度可折减，抗震墙应计入端部翼墙的作用。侧向刚度沿竖向均匀分布的框架-抗震墙结构，应对框架部分承担的地震剪力进行调整，框架部分承担的地震剪力，应取 0.2 倍总底部剪力和 1.5 倍框架部分最大楼层剪力中的较小值。

抗震构造措施 框架部分和抗震墙部分应分别满足框架结构和剪力墙结构的抗震构造要求。抗震墙厚度应大于 160 mm，且不小于层高的 1/20；底部加强部位的厚度不应小于 200 mm，且不小于层高的 1/16。抗震墙周边应设梁和端柱组成的边框；墙体采用双排配筋，分布筋配筋率应不小于 0.25%，且满足钢筋直径和间距要求。端柱截面宜与同层框架柱相同，抗震墙底部加强部位的端柱和洞口边

的端柱应加密箍筋。

框支抗震墙结构（shear wall structure with lower frame）
底部框架-抗震墙结构支承上部抗震墙结构的钢筋混凝土结构体系，亦称部分框支抗震墙结构或底层大空间剪力墙结构。这类结构旨在使抗震墙结构底部实现大空间（诸如商场、餐厅等）的使用要求，是在总结柔底层建筑震害经验的基础上开发的。

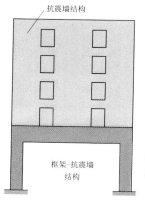

框支抗震墙结构
立面示意图

柔底层建筑由底部框架支承上部抗震墙，因立面侧向刚度存在突变，在强烈地震作用下破坏严重。框支抗震墙结构使上层部分剪力墙贯通落地，增强了底部侧向刚度，改善了竖向不规则性，可提高抗震能力。

一般抗震要求　框支抗震墙结构除应满足一般钢筋混凝土结构的抗震要求外，还应满足以下要求。

（1）框支抗震墙结构不应在设防烈度9度区采用。区别设防烈度的不同，最大适用高度为 80～120 m；不规则的和建筑场地为Ⅳ类的此类建筑应适当降低最大高度。

（2）矩形平面的框支抗震墙结构，其底部框支层的侧向刚度不应小于相邻非框支楼层侧向刚度的50%，框支层落地抗震墙间距不宜大于 24 m，框支层平面布置宜对称，宜设抗震筒体。落地抗震墙数量不应小于剪力墙总量的 50%。

（3）落地剪力墙尽量不开洞；抗震墙底部加强部位高度可取框支层及以上两层的高度，且不应小于落地抗震墙总高度的 1/8，但不超过 15 m。

计算要点　框支抗震墙结构地震作用计算要点如下。

（1）框支柱数目多于10根时，柱受的总地震剪力不应小于同层地震剪力的20%；柱少于10根时，每根柱承受的地震剪力不应小于同层地震剪力的2%。一、二级框支柱的地震附加轴力增大系数分别取1.5和1.2，一、二级框支柱最上端和最下端的组合弯矩设计值增大系数分别取1.5和1.25。

（2）一级落地抗震墙的抗剪承载力验算不宜计入混凝土的作用，计入混凝土作用的抗震墙应满足拉结筋直径和间距的要求。

构造措施　主要应满足以下要求。

（1）一、二级抗震墙的轴压比分别不应超过0.6和0.7。

（2）抗震墙底部加强部位分布钢筋配筋率不应小于0.3%，钢筋间距不应大于200 mm。

（3）一、二级落地抗震墙底部加强部位及相邻上层抗震墙两端应设置翼墙或端柱，洞口两侧应设约束构件；非落地抗震墙的底部加强部位和上层抗震墙两端应设置约束构件；无地下室且截面偏心受拉的墙肢底部宜设交叉防滑斜筋。

（4）框支梁中线宜与框支柱中线交合；框支层与上部楼层之间的转换层楼面应现浇，厚度不小于 180 mm。

板柱-抗震墙结构（slab-column shear wall structure）
钢筋混凝土柱和抗震墙支承无梁楼盖成的钢筋混凝土结构。其受力特性和使用性能与钢筋混凝土框架-抗震墙结构相似，便于利用建筑空间且平面布置灵活。此类结构的板、柱连接节点属抗震薄弱环节，只由柱承载的板柱结构在地震中易发生损坏；作为抗震结构，板柱体系应增设抗震墙，且须加强节点构造。

一般要求　板柱-抗震墙结构应不超过最大适用高度的限值。抗震墙布置应规则对称，避免偏心扭转。抗震墙间楼屋盖的长宽比不宜超过 2～3，墙、柱构件应确定抗震等级并满足相应设计要求。房屋和楼（电）梯洞口周边应设有梁框架，屋盖和地下一层的顶板宜采用有梁混凝土板。此类结构在设防烈度9度区不应采用。

计算要点　抗震墙应能承担全部地震作用，柱至少应能承担总地震作用的20%。板柱结构可按等代平面框架进行分析，并按规定确定等代梁的宽度。其中有梁框架应满足一般框架的抗震计算要求；当柱的反弯点超出层高范围时，柱端弯矩设计值应乘以增大系数1.1～1.4。底层柱下端的截面组合弯矩设计值应乘以增大系数1.15～1.5。房屋周边边梁的设计应考虑竖向荷载及地震作用引起的扭矩。

构造措施　设防烈度8度时宜采用有托板或柱帽的板柱节点，并满足尺寸和配筋要求；无柱帽楼板应在柱上板带中设暗梁，并满足尺寸、配筋和连接要求。抗震墙和柱尚应满足钢筋混凝土框架-抗震墙结构和框架结构的相关构造要求。

钢筋混凝土筒体结构（RC tube structure）　由一个或多个承载筒体构成的钢筋混凝土结构。筒体结构具有承载力高、刚度大、抗震抗风性能好、建筑布局灵活等优点，适用于地震区的高层及超高层建筑；但此类结构计算相对复杂，施工难度也较高。

分类　筒体有实腹筒和框筒两种基本形式，前者是作为电梯间、楼梯间或管道井等使用的实腹薄壁钢筋混凝土筒，后者是由密布的钢筋混凝土柱与深梁组成的封闭空间框架。如图所示，根据筒体形式、布置方式和数量的不同，

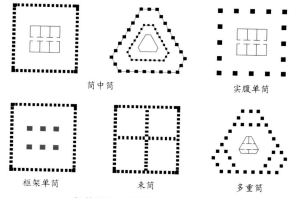

钢筋混凝土筒体结构平面示意图

筒体结构有筒中筒、实腹单筒、框架单筒、束筒（组合筒）、多重筒等多种。由中央的实腹筒和周边普通框架组成实腹单筒结构又称框架-核心筒结构。

特点 筒体结构整体是竖向悬臂梁，具有很大的侧向刚度和扭转刚度；但框筒结构在侧力作用下水平截面的应力分布与理想的悬臂梁不同，裙梁的剪切变形将导致截面整体变形偏离平面分布，造成角部应力偏大而中间应力偏小的剪切滞后现象。框架-核心筒的受力特征和工作性能与框架-抗震墙结构相似，核心筒相当于抗震墙，与框架共同承受水平地震作用，但筒体具有较宽的翼缘，其抗弯刚度和承载力比抗震墙大得多。筒中筒结构的内筒一般为具有复杂截面形状的实腹筒，外筒则为框筒；筒中筒结构具有非常大的侧向刚度，在风荷载和水平地震作用下侧向变形小，抗倾覆和抗扭转能力强；此类结构受力状态也与框架-抗震墙结构类似，但外部框筒侧向刚度比一般框架大得多，可承担高层建筑上部的大部分水平力，实腹内筒则类似剪力墙，承担高层建筑下部的大部分水平力。

筒体结构的抗震设计除应符合钢筋混凝土结构的一般要求外，应采用特殊的计算方法和抗震措施。

计算方法 框筒的近似抗震分析可假定楼板在平面内刚度无穷大，平面外刚度为零。在这一假定下，可采用等效连续化方法、等效平面框架法、平面框架协同分析法、空间框架分析法等进行抗震计算。

实腹筒可区别筒体洞口设置的不同采用不同分析方法。开洞较小且筒体边长小于总高度的1/10时，筒体可作为薄壁杆件计算；否则可将筒体划分为若干带翼缘的墙肢，按剪力墙进行分析。实腹筒也可将筒壁简化为离散的框架，按照由等效框架组成的空间结构进行分析。

筒体结构是典型的空间结构，进入弹塑性变形阶段后塑性变形对结构影响十分显著，故非线性地震反应分析是评价其抗震性能的重要步骤。通常，实腹筒的简化等效薄壁杆件及框筒的简化等效矩形截面杆件，均可视为压弯控制的钢筋混凝土构件，采用空间弹塑性恢复力模型进行分析，除双向压、弯分量外，其余内力分量可作弹性处理。

框架-核心筒结构的整体分析，应当计入水平加强层的影响。

抗震措施 对不同筒体结构的要求如下。

（1）框筒结构平面宜选用正多边形、圆形或矩形；为充分保障其空间工作性能，平面长宽比不宜大于2，长度宜小于50 m，高宽比不小于3，高长比不小于2。框筒的柱间距不宜大于层高且小于5 m，梁高可取柱间距的1/3~1/4且不小于层高的1/4~1/5。外墙洞口面积不宜大于墙体总面积的50%，中柱截面以矩形为宜。

（2）实腹筒结构除应满足一般抗震墙的构造要求外，尚应满足以下要求：楼层梁不宜支承于筒体转角处和洞口连梁，支承处宜设暗柱；连梁应满足配筋要求；门洞不宜靠近转角，洞口平立面布置应规则对称，洞口边缘应加强，底部加强部位应满足轴压比和设置边缘构件的要求；墙肢端部应满足加强的配筋要求。

（3）筒中筒结构的平面形状宜采用方形、圆形、正多边形等双对称平面，高宽比大于4。内筒刚度沿竖向应均匀变化，其平面长度和宽度应分别不小于外框筒平面长度和宽度的1/3；壁厚应不小于层高的1/20，且不小于20 cm。

底部由翼缘框架承担的总体弯矩不应小于地震作用总弯矩的20%，内筒承担的地震剪力不宜小于总地震剪力的50%。

（4）框架-核心筒结构平面宜选用方形或矩形，长宽比不宜大于2，高宽比宜大于3。框架柱的柱距根据建筑功能确定，一般为4~8 m。核心筒与框架间的楼盖宜采用梁板体系，加强层的大梁或桁架应与核心筒的墙肢贯通并与周边框架柱铰接或半刚性连接，设防烈度9度时不应采用加强层，应减小结构竖向温度变形及轴向压缩对加强层的影响。转换层抗震设计应符合规范要求。

yuyingli hunningtu jiegou
预应力混凝土结构（prestressed RC structure） 采用预应力混凝土构件的钢筋混凝土结构。预应力混凝土构件中混凝土受拉区的预压应力是由预应力钢筋的张拉实现的。预应力混凝土构件可充分发挥高强钢筋的力学性能，提高构件承载力，推迟裂缝的出现，减小裂缝宽度和构件挠度，具有广泛的应用。

制作方法 预应力混凝土构件的制作工艺有三种：①先张法，在混凝土浇注之前张拉钢筋，而后浇注混凝土；②后张法，在混凝土构件浇注时预留孔洞，待混凝土强度达强度标准值的75%时，将钢筋插入孔洞进行张拉，而后对孔洞灌浆；③自张法，在混凝土硬化过程中同时拉张钢筋。

一般预应力混凝土构件中，钢筋中的预应力通过黏结作用传递给混凝土构件。在后张法制作的预应力混凝土构件中，还有一种无黏结预应力构件。此类构件的制作，是将钢筋用塑料管包裹后浇注混凝土，待混凝土达到设计强度后张拉钢筋，并将钢筋端头与构件锚固。此类构件的预应力由锚具传递，不依赖黏结作用。预应力钢筋一般采用优质碳素钢专用钢丝或钢绞线。

抗震设计要求 抗震设防烈度为6、7、8度时，采用先张法和后张法工艺的有黏结预应力混凝土结构的抗震设计要点如下。

（1）预应力混凝土抗震结构宜采用有黏结预应力混凝土构件，后张法施工的预应力钢筋的锚具不宜设置于梁柱节点核芯区。

（2）后张预应力混凝土框架梁混合使用预应力筋和非预应力筋，并控制预应力强度比 λ。
$$\lambda = A_P f_{PY}/(A_P f_{PY} + A_S f_Y)$$
式中：A_P，A_S 分别为受拉区预应力筋和非预应力筋的截面面积；f_{PY}，f_Y 分别为预应力筋和非预应力筋的抗拉强度设计值。

预应力混凝土框架梁梁端纵向受拉钢筋按非预应力筋抗拉强度设计值换算的配筋率不应大于2.5%，应控制梁端混凝土受压区高度和有效高度的比值在0.25~0.35范围内；应控制梁端底面和顶面非预应力钢筋配筋数量的比值在1.0~0.8范围内，底面非预应力钢筋配筋数量不应低于梁的毛截面面积的0.2%。

（3）预应力混凝土悬臂梁的设计可采用预应力框架梁的相关规定。

（4）大跨预应力混凝土框架的顶层边柱宜采用非对称配筋，一侧采用混合配筋，另一侧采用普通配筋；预应力框架柱应按照一般混凝土框架结构的抗震要求调整内力组合设计值；应限制柱截面受压区高度与有效高度的比值在0.25～0.35范围内；预应力柱箍筋应沿全高加密。

qiti jiegou

砌体结构（masonry structure） 以砖、砌块、石材等砌筑墙体作为承重和抗侧力构件的结构体系。

砌体结构是中国传统建筑结构形式之一，具有取材方便、造价低、保温隔热性能较好及施工简便等优点，至今仍在房屋建设中广泛应用。一般砌体结构自重大，强度低，变形能力差，抗震能力较低。黏土砖用黏土做原料会大量毁坏耕地，为保护土地资源、节约能源和保护环境，近年中国限制黏土砖的使用，着力发展混凝土砌块、多孔砖、灰砂砖、粉煤灰砖等。

抗震设计要求 中国在总结震害经验的基础上规定了较为系统的砌体结构抗震设计要求。除建筑场地选择和建筑规则性要求之外，砌体结构应优先采用横墙承重或纵横墙承重结构体系，满足房屋高度、房屋高宽比、横墙间距及局部尺寸等要求。砌体结构可采用底部剪力法计算地震作用。

砌体结构的抗震构造措施包括按规定设置构造柱、圈梁、芯柱以及非结构构件，保障砌筑质量并加强纵横墙的连接，加强楼屋盖与其他构件的连接，预制构件应满足在墙体上的搁置长度要求等。

约束砌体结构和配筋砌体结构可提高砌体结构的抗震能力。

约束砌体 在砌体墙中配置钢筋或设置梁、柱等现浇混凝土约束构件形成的砌体结构，又称约束配筋砌体（图1）。

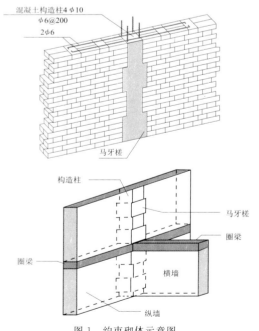

图1 约束砌体示意图

约束砌体的地震作用基本仍由砌体承受，约束构件的截面与配筋量虽小，但可提高结构的整体性和变形能力，有助于实现大震不倒的设防目标。中国依抗震规范设计建造的多层黏土砖房和多层砌块房屋，大体属于约束砌体结构的范畴。约束砌体结构设置构造柱和圈梁，局部（如墙体转角、纵横墙交接处和墙体较大洞口边缘等）配置构造钢筋，但无明确的配筋率要求。

美国相关规范规定约束砌体配筋率应达0.07%～0.2%。欧洲规范规定了混凝土约束构件截面宽度和高度的要求，竖向约束构件截面尺寸最低为150 mm×150 mm，约束梁的配筋面积不应小于2.5 cm²。

配筋砌体 在砌体中分布配置钢筋或以钢筋砂浆或钢筋混凝土面层包覆砌体形成的砌体结构，亦称均匀配筋砌体（图2）。配筋砌体本质上是装配整体式抗震墙结构，可显著提高砌体结构的整体性、承载能力与变形能力。配筋砌体强度高，延性好，与钢筋混凝土结构相比具有造价低、用料省、施工周期短等优点，一般适用于20层左右的高层建筑，具有良好的应用发展前景。

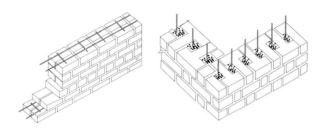

图2 配筋砌体示意图

配筋砌体可在水平砌缝中配置钢筋或钢筋网片，更多则在空心砌块（或砖）的孔洞内放置竖向钢筋并灌注细石混凝土或砂浆；墙体承受竖向和水平作用，是结构的主要承重和抗侧力构件。与钢筋混凝土抗震墙结构相似，配筋砌体应满足最小配筋率（0.1%）要求。配筋砌体除同时配置水平和竖向钢筋外，还有仅配置水平钢筋（或钢筋网片）或竖向钢筋者，分别称为横向配筋砌体和竖向配筋砌体。水平钢筋可提高砌体的抗压、拉剪强度，通常用于承载力不足的砌体墙柱。竖向配筋的通常做法是加密设置构造柱和芯柱。

niantu zhuanfang

黏土砖房（clay brick building） 以烧结普通黏土砖或烧结多孔黏土砖墙作为承重和抗侧力构件的砌体结构房屋，其承重方式如图所示。

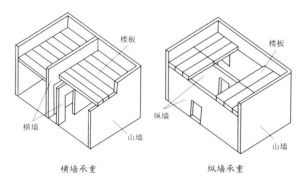

砖房的承重方式

黏土砖房取材方便，造价低廉，施工简单，长期以来是中国住宅和小型公用房屋的主要结构形式。黏土砖砌体属脆性材料，抗震性能差，在强烈地震中易发生损坏；黏土砖烧制将毁坏耕地,消耗能源并污染环境,故黏土砖房不是理想的抗震房屋,应限制使用。考虑社会经济发展尚不具备彻底淘汰黏土砖房的条件,故在总结丰富抗震经验的基础上,中国建筑抗震设计规范仍然保留了黏土砖房的抗震规定。

中国标准实心黏土砖的尺寸为 240 mm × 115 mm × 53 mm。砖墙的厚度一般为 240 mm,370 mm 和 490 mm。通常外墙比内墙厚,底层墙比上层墙厚。将砖立砌称为"斗",平砌称为"眠",二者可组成厚 180 mm 的实心墙或空心墙体(通称空斗墙),这两类墙体抗震性能低于一般砖墙。

黏土砖房的楼板和屋盖可使用混凝土预制板或现浇混凝土板,大开间要增加横梁,这类砖房在中国称为砖混结构。采用木屋架或木楼板的砖房称为砖木结构。沿平面长轴方向布置的墙称为纵墙,沿短轴方向布置的墙称为横墙,房屋两侧的墙称为山墙;楼板搭在横墙上为横墙承重,搭在纵墙上为纵墙承重。

一般要求 黏土砖房应区别设防烈度不超过最大层数和高度的限值,如普通黏土砖房在设防烈度 6、7、8、9 度时的层数限值分别为 8 层、7 层、6 层和 4 层;医院、学校等横墙较少的多层黏土砖房尚应比规定减少一层。黏土砖房的层高、高宽比和抗震横墙间距应满足规定要求,砖墙墙段局部尺寸应不超过规定限值。

多层黏土砖房应优先采用横墙承重或纵横墙混合承重的结构体系,墙体布置宜均匀对称。楼梯间不宜设置于房屋尽端和转角处;烟道、风道和垃圾道不应削弱墙体,不宜采用无竖向配筋的附墙烟囱和出屋面烟囱;不应采用无锚固的钢筋混凝土预制挑檐。

黏土砖房同一结构单元宜采用同一类型的基础,基础底面宜有相同标高。

计算要点 可采用底部剪力法计算地震作用并只对薄弱墙段进行抗震验算。应考虑墙段高宽比和门窗洞口的设置确定墙段等效侧向刚度,并根据楼屋盖类型分配同一层各墙体承受的水平地震作用。

墙体抗剪强度设计值应区别正应力影响系数确定,正应力影响系数与墙体承受的竖向压应力有关。计算墙体截面抗剪承载力时可计入构造柱的有利影响。

抗震构造措施 采取适当的构造措施是提高黏土砖房抗震能力的重要途径。黏土砖房应设置现浇钢筋混凝土构造柱和圈梁,满足布设位置、间距、截面尺寸、配筋和连接等要求。

楼屋盖应满足在墙、梁上的搭接长度要求,连接要求以及预制混凝土板相互拉结的要求;屋盖梁或屋架应与墙、柱、圈梁可靠连接。外墙转角和内外墙交接处,墙体应按要求设置拉结钢筋。楼梯间墙体应加强配筋,大梁、楼梯、平台板等应采取可靠的连接措施。屋架、屋盖构件和支撑应加强连接。门窗洞不应采用无筋砖过梁,过梁应满足支承长度要求。预制阳台应与圈梁和楼板可靠连接。

接近高度最大限值的、横墙较少的多层黏土砖住宅应满足以下特殊要求:房屋开间不宜大于 6.6 m;应控制错位横墙的数量并采取加强措施;宜控制墙体中门窗洞口的宽度和位置;各层纵横墙均应设置加强的现浇钢筋混凝土圈梁,并满足截面尺寸和配筋要求;同一单元的楼屋盖应有

相同标高;房屋底层和顶层窗台处,应设置通长的现浇钢筋混凝土带。

qikuai fangwu

砌块房屋(block building) 以混凝土小型空心砌块墙体作为承重和抗侧力构件的砌体结构房屋。

中国的混凝土小型空心砌块多为外形尺寸为 390 mm × 190 mm × 190 mm、空心率为 50% 左右的单排孔砌块,由混凝土掺合一定量的粉煤灰和添加剂经蒸压养护制成。与黏土砖相比,混凝土小型空心砌块抗压强度更高,但抗剪强度较低。这种新型建筑材料可保护土地资源,利用工业废料,便于在工厂生产中提高生产率和产品质量,作为黏土砖的良好替代品具有更大的适用范围。

砌块房屋可分为混凝土空心砌块多层房屋和配筋混凝土空心砌块抗震墙房屋两类。前者大体可划归约束砌体结构的范畴,性能与黏土砖房类似;后者则属配筋砌体结构范畴,力学性能与混凝土结构较为接近。砌块房屋的砌筑方法、构造措施和破坏机制与黏土砖房有较大不同。

20 世纪 80 年代以来,中国针对混凝土小型空心砌块房屋的抗震性能、开裂和渗漏等问题,就建筑材料、结构形式、构造措施和质量控制进行了大量试验研究;在总结经验的基础上,中国建筑抗震设计规范制定了砌块房屋的抗震要求。

hunningtu kongxin qikuai duoceng fangwu

混凝土空心砌块多层房屋(multistory hollow concrete block building) 以混凝土小型空心砌块墙体作为承重和抗侧力构件的约束砌体房屋。混凝土小型空心砌块是一种替代黏土砖的新型建筑材料,空心砌块房屋在砌筑方法、构造措施和破坏机制等方面与黏土砖房有较大不同。中国建筑抗震设计规范规定了混凝土空心砌块多层房屋的抗震要求。

一般规定 混凝土空心砌块多层房屋应不超过房屋高度和层数的限值,层高不应大于 3.6 m;抗震横墙最大间距的规定与黏土砖房相同,局部尺寸限值可在增设芯柱的条件下适当放宽。为有效传递水平剪力,木楼屋盖不适用于砌块房屋。

应优先采用横墙承重或纵横墙混合承重的结构体系,墙体布置宜均匀对称,并按要求设置防震缝。楼梯间不宜设置于房屋尽端和转角处;烟道、风道和垃圾道不应削弱墙体,不宜采用无竖向配筋的附墙烟囱和出屋面烟囱;不应采用无锚固的钢筋混凝土预制挑檐。

计算要点 空心砌块多层房屋地震作用计算与黏土砖房大体相同,但由于墙体设置芯柱和构造柱而有效提高了抗剪强度,故墙体截面抗剪承载力可计入芯柱和构造柱的影响,构造柱可视同芯柱进行计算。

抗震构造措施 应设置芯柱和钢筋混凝土构造柱,满足设置部位、数量、间距、截面尺寸、灌孔混凝土强度、配筋及连接等要求。应按规定设置现浇钢筋混凝土圈梁,满足设置位置、宽度、配筋和箍筋间距的要求。砌块墙体交接处和灌芯处应在墙体内设置拉结钢丝网片。房屋层数较多时,应在底层和顶层窗台标高处沿纵横墙设置通长的钢筋混凝土现浇带。空心砌块房屋尚应满足多层砌体房屋

的其他构造要求。

peijin hunningtu kongxin qikuai kangzhenqiang fangwu

配筋混凝土空心砌块抗震墙房屋（reinforced hollow concrete block building）
由配置竖向和水平向钢筋的混凝土小型空心砌块墙体作为承重和抗侧力构件的配筋砌体房屋。此类房屋墙体因配筋加强，故受力特点和破坏形态与一般砌体墙有明显差异，接近于混凝土墙，且变形能力又比混凝土墙高，是具有优良力学性能的结构构件，多用于中高层建筑。

一般要求 应满足最大适用高度和高宽比限值的要求；设防烈度 8 度时最大适用高度可达 30 m，当横墙较少或建筑场地为 Ⅳ 类时，最大适用高度应适当降低；但若采取有效的加强措施，高度可适当增加。

因其抗震性能与钢筋混凝土抗震墙房屋接近，故规定应区别抗震设防分类、设防烈度和房屋高度采用不同的抗震等级，并据此采用相应的抗震计算和构造措施。

此类房屋应避免采用不规则的建筑结构方案，控制墙段的高长比、洞口设置和抗震横墙最大间距。

计算要点 为加强不利截面，体现强剪弱弯的抗震概念设计原则，底部加强部位的截面组合剪力设计值应乘以增大系数 1.0～1.6。应区别剪跨比验算抗震墙截面组合剪力设计值，应考虑竖向压力、水平钢筋截面积和间距等验算偏心受压墙体截面受剪承载力。跨高比大于 2.5 的连梁宜采用钢筋混凝土梁，并满足截面组合受剪承载力和斜截面受剪承载力的设计要求。

构造措施 墙体灌芯混凝土应满足塌落度大、流动性及和易性好的要求，强度不应低于 C20。墙段底部应按加强部位配置水平和竖向钢筋，抗震墙的横向和竖向分布钢筋应满足钢筋直径、间距、配筋率、搭接长度和锚固长度的要求。抗震墙应满足轴压比的要求，以增加延性和强度。抗震墙应满足边缘构件的设置要求，连梁应满足纵向钢筋锚固长度、箍筋设置、水平分布筋设置以及开洞的设计要求。楼屋盖宜采用现浇钢筋混凝土板；各楼层均应设置现浇钢筋混凝土圈梁，并满足混凝土强度、截面高度及配筋要求。

shijiegou fangwu

石结构房屋（stone house）
以石材砌筑的墙体构成承重和抗侧力体系的砌体结构房屋。

石结构是人类历史上长期使用的传统房屋结构形式之一，具有就地取材、造价低廉、施工简单、材料强度高等特点，设计合理、施工质量良好的石结构房屋有一定抗震能力。中国各地石结构房屋使用的石材在形状和物理性质上差别甚大，石结构房屋尚缺乏丰富的抗震经验，其震害特征与黏土砖房类似，抗震关键环节在于房屋和墙体的整体性，以及与黏结材料和砌筑方法密切相关的石砌体的抗剪强度。

石结构房屋使用的石材一般可分为毛石（块石）和料石两类，前者为爆破后不经雕凿的不规则石块，后者是雕凿为规则形状的石块，多为长方体。

中国建筑抗震设计规范主要针对闽南地区大量建造的条石房屋规定了抗震要求，福建省亦制定了地方标准《石结构房屋抗震设计规范》（DBJ 13—11—93）。此类石结构房屋抗震设计要点如下。

（1）多层石结构房屋的平立面布置宜规则、对称，质量和刚度分布宜均匀，不应错层；石结构房屋应满足层数、高度、层高和抗震横墙间距的规定要求，这些要求与多层黏土砖房相比更较严格，当有充分依据时，这些限值可予以适当增减。

（2）多层石结构房屋宜采用现浇或装配整体式钢筋混凝土楼屋盖，禁止使用条石楼板和跨度大于 1.2 m 的石梁。

（3）石墙截面的抗震强度验算方法可参照多层黏土砖房采用，但抗剪强度应由试验确定。

（4）应设置钢筋混凝土构造柱，并沿每层纵横墙设置钢筋混凝土圈梁；构造柱和圈梁均应满足设置位置、截面尺寸和配筋的要求。

（5）抗震横墙开洞的水平截面面积，不应大于该墙段总水平截面面积的 1/3；无构造柱的纵横墙交接处应采用无垫片砌筑方法，并沿墙高按规定设置拉接钢筋网片。

（6）应满足多层黏土砖房的其他抗震构造措施要求。

gangjiegou

钢结构（steel structure）
由钢梁、钢柱、钢支撑桁架等承载构件组成的结构体系。

钢结构强度高，与混凝土结构相比自重轻，有更大的变形能力，抗震性能好。这类结构加工精度和施工效率较高，但耐火性和耐腐蚀性较差。钢结构用于建筑工程已有百年历史，广泛用于大跨度、高层和超高层建筑，是现代建筑结构采用的主要结构类型之一。钢结构建筑有多种不同的形式，如钢框架结构、框架-支撑结构、钢筒体结构、钢框架-剪力墙结构和巨型结构等。由钢管、角钢和薄壁型钢构件组成的钢结构通称轻钢结构。

一般规定 《建筑抗震设计规范》（GB 50011—2001）对钢结构抗震设计的一般规定包括以下主要内容。

（1）钢结构房屋不应超过最大适用高度，设防烈度 9 度的钢框架结构不应超过 50 m，设防烈度 6、7 度的钢筒体结构则可高达 300 m；不规则钢结构建筑及建筑场地为 Ⅳ 类的钢结构建筑应适当降低高度。钢结构房屋的最大高宽比为 5.5～6.5。

（2）钢结构房屋的抗震设计应根据设防烈度、结构类型和房屋高度，采用不同的地震作用调整系数和抗震构造措施。

（3）避免采用不规则的建筑方案。规则建筑可不设防震缝；须设置防震缝时，缝宽应不小于相应钢筋混凝土结构房屋防震缝宽度的 1.5 倍。

（4）设防烈度较高时，高层钢结构房屋宜采用框架-偏心支撑结构、筒体结构或设置消能支撑；其他钢结构房屋的结构类型可不受限制。

（5）楼盖宜采用压型钢板现浇混凝土组合楼板或非组合楼板，楼板应具整体性且与主体结构可靠连接，高层钢结构楼板必要时可设置水平支撑。

（6）高层钢结构房屋应设地下室，天然地基下基础埋置深度不宜小于房屋总高度的 1/15，桩基承台埋深不宜小于房屋总高度的 1/20。

计算要点 钢结构抗震计算要点如下。

（1）构件抗震验算时，钢材强度设计值应除以规定的承载力调整系数。

（2）多遇地震下高层钢结构的阻尼比可取 0.02，其他钢结构可取 0.035；罕遇地震下的阻尼比可取 0.05。

（3）钢结构的内力、变形计算应考虑重力二次效应；框架梁可按梁端内力进行设计；工字形截面柱宜计入梁柱节点域剪切变形对侧移的影响，中心支撑框架和非高层钢结构可不计节点域剪切变形的影响。应区别不同结构类型和结构构件，对构件内力乘以增大系数进行调整，实现强柱弱梁的概念设计要求，增强节点的耗能能力。

（4）应按规范要求进行构件和节点的抗震承载力验算；构件连接处、焊缝和高强连接螺栓应按地震组合内力进行弹性分析和极限承载力验算，体现强连接弱构件的设计原则。

构造措施 构件应满足长细比要求，板件应满足宽厚比要求；构件连接应满足细部构造要求、焊接要求、构件接头要求和偏心支撑框架消能梁段的设计要求等。

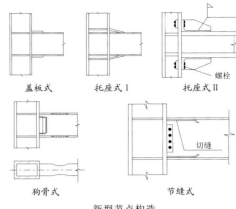

新型节点构造

区从柱面外移，使节点具有足够的承载力。具体方法是将节点局部加强或在柱面外一定距离处将梁截面局部削弱，如采用盖板式节点、托座式节点、狗骨式节点和节缝式节点等，如图所示。

gangkuangjia jiegou

钢框架结构（steel frame structure） 由钢梁和钢柱组成的承受重力和抵抗侧力的结构体系。此类结构能提供较大的内部使用空间，建筑布置灵活，构造简单；其侧向刚度主要取决于梁和柱的抗弯刚度，随高度的增加侧向水平位移较大；主要适用于多层和中高层建筑，具有较为广泛的应用。中国建筑抗震设计规范规定了钢框架结构的抗震设计要求。

钢框架结构应遵守钢结构抗震设计的一般规定和计算方法。钢框架结构的抗震构造措施要点如下。

（1）框架柱应满足规定的构件长细比限值要求，框架梁和柱的板件宽厚比应满足规定的限值要求。

（2）梁柱构件在预期出现塑性铰的截面处，其上下翼缘均应设置侧向支承，相邻两支撑点间的构件长细比应满足规定要求。

（3）梁柱连接宜采用柱贯通型。在两个水平正交方向均与梁刚接的柱宜采用箱形截面；仅一个方向与梁刚接的柱宜采用工字形截面，且将柱腹板置于刚接框架平面内。柱与梁的连接应符合连接构造形式、连接方式（焊接或螺栓连接）、设置加劲肋、塑性铰外移等要求。悬臂梁段与柱刚性连接时，梁应满足拼接要求。箱形截面柱在对应梁翼缘处设置的连接板、工字形截面柱横向加劲肋与翼缘和腹板的连接，均应满足规定的焊接要求。

（4）节点域体积不满足要求时，应加厚节点域或贴焊补强板，补强板的厚度和焊缝应由计算确定。

（5）梁与柱刚性连接时，在规定的节点范围内，柱翼缘与柱腹板之间或箱形柱壁板之间的连接焊缝应采用坡口全融透焊缝。

（6）框架柱接头宜置于框架梁上方 1.3 m 左右，接头焊缝及附近柱翼缘与柱腹板的焊缝、箱形柱壁板间焊缝，均应采用全融透焊缝。

（7）12 层以上钢框架结构的刚接柱脚宜采用埋入式，设防烈度 6、7 度时亦可采用外包式。

美国根据梁柱节点破坏原因的总结分析和试验研究，提出了若干改进节点细部设计的方法，旨在使梁的塑性铰

kuangjia-zhicheng jiegou

框架-支撑结构（frame-bracing structure） 沿竖向在一跨或数跨设置斜撑的钢框架结构（图1）。设置斜撑后的部分框架已构成桁架，故框架-支撑结构亦称框架-支撑桁架结构，是钢框架-抗剪结构体系的一种。在水平受力状态下，框架-支撑结构与一般框架结构相比提高了侧向刚度，更适用于抗震建筑。

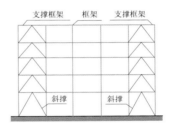

图 1 框架-支撑结构

特点和分类 在水平侧力作用下，框架和桁架的变形状态不同。桁架的侧向刚度远大于框架，它们两者由连梁和楼盖连接后，即可形成协同工作体系和多道抗震防线，类似于框架-剪力墙结构。

钢框架-支撑结构的斜撑布置形式可分为中心支撑和偏心支撑两类。中心支撑系指两端均与梁柱节点连接的斜撑，或一端与梁柱节点连接、另一端交会于梁柱跨中的一对斜撑（图2a）；偏心支撑则至少有一端不与梁柱节点或梁柱跨中直接连接（图2b），形成耗能梁段。前者构造简单，可产生较大侧向刚度，但在大震作用下体系可能失稳；后者耗能梁段可先期屈服耗散能量，具有更强的抗震能力。

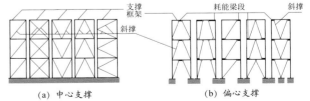

（a）中心支撑　　　　　（b）偏心支撑
图 2 框架-支撑结构的斜撑布置形式

抗震设计要求 应满足抗震概念设计、计算设计和抗震构造措施要求；除满足一般钢结构设计要求外，尚应遵循以下规定。

（1）区别抗震设防烈度不同，钢框架-支撑结构的最大适用高度为 140～220 m。支撑桁架应沿平面长、宽方向对

称布置，桁架间楼盖长宽比不宜大于3。中心支撑框架宜采用X形支撑，亦可采用人字形、V形或单斜杆支撑，不宜采用K形支撑。

（2）抗震设计中框架部分承担的地震剪力应不小于总地震剪力的25%和框架部分最大楼层剪力的1.8倍。斜撑可按端部铰接计算。中心支撑偏离梁柱节点不大时，仍可按中心支撑计算，但要计及附加弯矩；人字形和V形支撑的组合内力设计值应乘以放大系数1.5。偏心支撑内力设计值应予调整，斜撑轴力、耗能梁段所在跨的框架梁柱内力均应乘以增大系数。中心支撑和偏心支撑框架构件均应按规范要求进行承载力验算。

（3）单受拉中心支撑应沿不同斜向设置，并有相同的截面积；高层建筑的中心支撑宜采用H型钢，两端与框架刚接，连接处应设加劲肋；与框架连接的中心支撑端部宜做成圆弧；梁与人字形和V形中心支撑的交接处应设侧向支撑。偏心支撑框架耗能梁段的钢材屈服强度不应大于345 MPa；耗能梁段应满足规定的长度要求，腹板不应补强或开洞，应设置加劲肋；耗能梁段与柱连接时应满足规定的强度和焊接要求；非耗能梁段和耗能梁段两端的上下翼缘应设侧向支撑。

gangtongti jiegou

钢筒体结构（steel tube structure） 主要以钢结构筒体承受重力和抵抗侧力的结构体系。其受力特点与钢筋混凝土筒体结构相似，具有承载力高、刚度大、抗震抗风性能好、建筑布局灵活等优点，适用于地震区的高层及超高层建筑。

钢筒体结构主要分为四类。

（1）钢框架-核心筒结构。钢结构封闭核心筒承受全部或大部分侧力和扭矩，核心筒可根据建筑规模和使用功能采用单筒或几个相对独立的筒。外围铰接钢框架或钢骨混凝土框架仅承受自身重力荷载和部分侧力。

（2）外框架筒体结构。将外围钢框架做成具有很大刚度的封闭箱形框筒，该筒由密柱和连梁组成，似多孔墙体，可有效提高体系的抗侧移和抗扭刚度；取消内部剪力墙和支撑桁架等抗侧力构件，仅设少量的柱承受重力荷载。

（3）筒中筒结构。外围钢框筒和内部核心筒经楼板连接构成空间体系，其刚度高于钢框架-核心筒结构，又可改善外框架筒体结构的剪力滞后现象。

（4）束筒结构。多个框筒相互连接构成组合筒体，是侧向刚度极大的结构体系。各筒体可在平面和立面采用多种组合形式，满足使用功能需求并获得丰富的建筑效果。

钢筒体结构和巨型结构同是使用高度最大的结构体系，中国建筑抗震设计规范规定的钢筒体结构最大适用高度为180～300 m，世界范围内建成的钢筒体结构高度已达400 m以上。钢筒体结构的抗震设计应遵循钢结构抗震设计的要求。由于结构高大复杂，抗震分析应采用空间模型；但在初步设计方案的确定阶段，可采用适当的简化算法。钢筒体结构的抗震构造措施主要在于构件连接和节点细部构造。

见钢筋混凝土筒体结构。

dikuangjia-kangzhenqiang jiegou

底框架－抗震墙结构（masonry structure with lower frame） 底部框架-抗震墙结构支承上部砌体结构的承载

体系。这类结构旨在使砌体结构底部一层或两层实现大空间（如商店、餐厅等）的使用要求。未经抗震设计的底层为全框架、内框架、半框架和空旷房屋的砖房，因底层薄弱致使震害相对多层砖房更较严重。在总结震害经验的基础上，规定了底框架-抗震墙结构房屋的抗震要求。

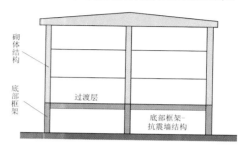

底框架-抗震墙房屋

一般要求 底框架-抗震墙结构房屋应满足房屋总高度、层数、层高和高宽比的限值要求。例如，在抗震设防烈度8度区，这类房屋的高度不应超过19 m，最大层数为6层，层高不应超过4.5 m，最大高宽比为2.0。应控制此类房屋的横墙间距，上部砌体房屋的横墙间距应满足一般砌体结构的要求，底框架部分的抗震横墙间距在6度区可适当放宽。底部钢筋混凝土框架应符合钢筋混凝土结构的抗震设计要求。9度区一般不应采用此类房屋。

底框架-抗震墙房屋底部应均匀对称设置砌体抗震墙或钢筋混凝土抗震墙，上部砌体抗震墙应与底部的框架梁或抗震墙对齐。应控制此类房屋的侧向刚度，当底部设置一层框架时，第2层与底层的侧向刚度比不应小于1.0，但不超过2.0（设防烈度8度）和2.5（设防烈度6、7度）；底部设置两层框架时，第3层与第2层的侧向刚度比亦不应小于1.0，但不超过1.5（8度）和2.0（6、7度）。底部抗震墙应设置条形基础、筏式基础或桩基。

计算要点 中国建筑抗震设计规范规定，底部框架-抗震墙房屋的地震作用可采用底部剪力法计算，地震作用效应应按照规定进行调整。底层的纵向和横向地震剪力设计值应乘以放大系数1.2～1.5。为使底层框架与上部砖房的抗震能力相匹配，不宜使底层过强，造成薄弱层向上转移。底部纵向和横向地震剪力应全部由该方向的抗震墙承担，并依各抗震墙的侧向刚度比例进行分配。底部框架柱的地震剪力设计值可按各抗侧力构件的有效侧向刚度分配，计算中，钢筋混凝土墙的有效侧向刚度可乘折减系数0.30，砖墙有效侧向刚度可乘折减系数0.20。框架柱应计入倾覆力矩产生的附加轴力。钢筋混凝土托墙梁应采用适当的计算简图，应考虑墙体开裂的影响调整弯矩、轴力等计算参数。

构造措施 应满足一般砌体房屋的抗震构造措施要求。①上部结构应依规范要求设置钢筋混凝土构造柱，构造柱宜与下部框架柱贯通。②过渡层楼板应采用现浇钢筋混凝土板且应满足板厚、开洞的要求，其他楼层在采用装配式钢筋混凝土楼板时应设现浇圈梁，现浇钢筋混凝土楼板沿墙体应加强配筋并与构造柱可靠连接。钢筋混凝土托墙梁应满足截面尺寸和配筋等构造要求。③底部钢筋混凝土抗震墙应满足厚度、高宽比、开洞及设置周边加强构件和配筋的要求，当墙体高宽比小于1.0时，宜设置开竖缝的带边框剪力墙。底部砖抗震墙应满足厚度和砌筑砂浆等级要求，应设置拉结钢筋和增设钢筋混凝土构造柱。④框架柱、钢筋混凝土抗震墙、托墙梁的混凝土强度等级不应低于C30，过渡层砖墙的砌筑砂浆等级不应低于M7.5。

neikuangjia jiegou

内框架结构（internal frame-external masonry wall structure） 由外部砌体墙和内部钢筋混凝土框架-抗震墙结构组成的承载体系。此类房屋的结构如图所示，由于内部采用钢筋混凝土框架，可形成较大的使用空间，且具有造价较低、施工简便的特点，常用于中小型工业厂房以及餐厅和商店等建筑。

此类房屋构造形式有四种：①单排框架柱到顶；②多排框架柱到顶；③底层为内框架结构，上部为砖混结构；④底层为内框架结构，上部为空旷房屋。未经抗震设计的内框架结构房屋，由于框架动力特性与砖墙不一致、框架梁与支承墙或壁柱缺乏锚固措施、刚度低和整体性差等原因，在地震中损坏较为严重（见内框架砖房震害）。在总结震害经验的基础上，中国建筑抗震设计规范已不再推荐使用此类房屋。

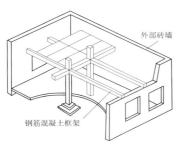

外部砖墙

钢筋混凝土框架

内框架结构房屋示意图

一般要求 内框架结构房屋不宜采用单排柱内框架。多排柱内框架结构房屋应区分设防烈度，不超过最大层数、总高度和层高限值。例如，砖墙厚度为240 mm的内框架结构房屋在8度区总高度不应超过13 m，层数不超过4层，层高不应超过4.5 m。对应设防烈度6、7、8度的多排柱内框架结构的抗震横墙最大间距分别为25 m，21 m，18 m。砌体墙段及门窗洞应满足局部尺寸限值。房屋宜采用矩形平面，立面应规则，楼板间横墙宜贯通房屋宽度。横墙间距较大时外纵墙的窗间宜设置混凝土-砖组合柱。抗震墙应设条形基础、筏式基础或桩基。内框架结构房屋的混凝土框架部分尚应确定抗震等级，满足钢筋混凝土结构的抗震要求。9度区一般不应采用此类房屋。

计算要点 内框架房屋的震害多具上重下轻的特点，当采用底部剪力法计算地震反应时，总地震作用的20%应集中施加于顶层，其余80%按倒三角形分配于下部楼层。横向地震作用主要由横墙承担，但当横墙间距较大时，不应忽略框架柱的抗侧力能力。应按规定计算多层多排柱内框架房屋的钢筋混凝土柱和组合柱的地震剪力设计值。外墙组合柱应按偏心受压构件进行抗震验算，配筋应按计算确定。

构造措施 多排柱内框架房屋应在外墙和楼梯间四角、楼梯平台梁支承部分、抗震墙两端以及对应柱列轴线的未设组合柱的外墙部位设置钢筋混凝土构造柱，并满足配筋要求。楼屋盖应采用现浇或装配整体式钢筋混凝土板，现浇钢筋混凝土楼板可不设圈梁，但楼板沿墙体周边应加强配筋并与构造柱可靠连接。内框架梁在外墙上的搁置长度不应小于300 mm，梁端应与圈梁、组合柱或构造柱连接。多层多排柱内框架房屋尚应满足砌体结构和钢筋混凝土结构的其他有关构造措施要求。

danceng zhuanzhu changfang

单层砖柱厂房（single story brick column factory） 由黏土砖柱（墙垛）和围护墙、屋盖等构成的中小型厂房。未经抗震设计的此类厂房在地震中多有损坏，主要表现为砖墙、砖柱断裂乃至倾倒，屋架移位或坍塌（见单层砖柱厂房震害）。在总结震害经验的基础上，中国建筑抗震设计规范规定了此类厂房的抗震设计要求。

一般要求 厂房平立面布置应当规整，厂房与贴建建筑间宜留缝，墙体防震缝两侧应设双柱或双墙。厂房宜采用轻型屋盖，两端应设承重山墙，天窗应避开两端开间。设防烈度6、7度时，可采用十字形截面的无筋砖柱；但在设防烈度较高（8、9度）和场地偏软（Ⅲ、Ⅳ类场地）时宜采用组合砖柱，中柱宜采用钢筋混凝土柱；砖柱柱列间可设置与柱等高的纵向抗震砖墙，无墙时应设通长的柱顶水平压杆；纵横向内隔墙宜做成抗震墙，非承重隔墙宜采用轻质墙，独立隔墙顶部应设置现浇钢筋混凝土压梁，采取措施保证其出平面稳定性。

计算要点 厂房可按平面排架进行计算，但当采用混凝土屋盖或瓦木屋盖时，应计及空间作用，调整地震作用效应。厂房纵向抗震计算可采用振型叠加反应谱法、修正刚度法，或依柱列分片独立进行计算。应进行突出屋面天窗架的纵横向抗震计算，偏心受压砖柱的抗震验算可采用抗震承载力调整系数。

构造措施 厂房柱应满足规定的砖强度、砂浆强度或混凝土强度的要求。当采用混凝土屋盖时，应控制山墙开洞。烈度较高时应在规定部位设置钢筋混凝土构造柱，构造柱应满足截面尺寸和配筋的要求。墙体宜竖向钢筋，并深入圈梁，未设构造柱的外墙转角和纵横墙交接处应设置拉结钢筋。木屋盖应按要求设置支撑，并加强屋架构件的连接。厂房柱顶应沿外墙和承重内墙设置封闭的现浇钢筋混凝土圈梁，抗震设防烈度8度和9度时应沿墙高每隔3～4 m增设一道圈梁，圈梁应满足截面高度和配筋的要求。软弱地基上的厂房应设基础圈梁。山墙应设现浇钢筋混凝土卧梁并与屋盖构件锚固，山墙壁柱截面尺寸与配筋不应小于排架柱且应抵达墙顶与卧梁或屋架构件连接，屋架与圈梁或柱顶垫块应有可靠连接，砖砌女儿墙应与主结构加强锚固。

danceng gangjin hunningtuzhu changfang

单层钢筋混凝土柱厂房（single story RC column factory） 由钢筋混凝土柱和屋架、围护墙等构成的单层工业厂房，其结构见图。

单层钢筋混凝土柱厂房主要由排架柱、屋盖系统和围护墙三部分组成。立柱是支承墙板和屋架的承重构件，成两列排列，故称排架柱，柱间设斜撑。屋盖系统的屋架按材料和厂房规模分为重型屋架和轻型屋架，前者如钢筋混凝土屋架，后者如轻钢屋架等；一般上铺混凝土、石棉等不同材料的屋面板，有的厂房设有高于屋架的天窗。厂房墙体或用砖砌，或用混凝土等材料的预制板，在接近屋檐部分称为封檐墙（板）。两端的墙称为山墙，因厂房山墙高大，故设立柱加强，称为抗风柱。

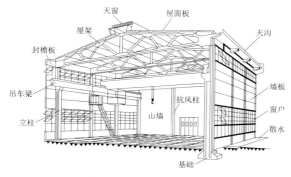

单层工业厂房结构示意图

未经抗震设计的此类厂房在 9 度地震作用下普遍发生损坏，破坏多发生于屋盖系统、承重柱、围护墙、山墙、封檐墙以及厂房和贴建房屋的连接处（见单层钢筋混凝土柱厂房震害）。总结震害经验得出的单层钢筋混凝土柱厂房的抗震设计要点如下。

一般要求　厂房同一结构单元不应采用不同的结构形式，厂房端部应设屋架，不应采用山墙承重，不应采用横墙和排架混合承重，各柱列侧向刚度宜均匀。多跨厂房宜等高和等长，应按规定要求设置防震缝，贴建建筑不宜设于厂房角部和防震缝处；登吊车铁梯不应靠近防震缝，多跨厂房的铁梯不应设置于同一轴线；工作平台宜与主体结构分离。

屋架宜采用钢结构或低重心的预应力混凝土结构和钢筋混凝土结构；跨度不大于 15 m 时，可采用钢筋混凝土屋面梁；跨度大于 24 m，或设防烈度 8 度 III、IV 类场地和 9 度时，应优先采用钢屋架；天窗架突出屋面时不宜采用预应力混凝土或钢筋混凝土空腹屋架。宜采用突出屋面较小的或下沉式天窗架，突出屋面的天窗架可采用钢结构或钢筋混凝土结构，天窗架设置宜避开厂房端部的两个柱间，天窗屋盖和壁板宜采用轻型板材。

设防烈度较高时，厂房排架柱宜采用矩形、工字形截面柱或斜腹杆双肢柱，不宜采用薄壁工字形柱、腹板开洞的工字形柱、预制腹板的工字形柱和管柱。柱下端和阶形柱的上柱宜采用矩形截面。

计算要点　厂房抗震计算应就纵横两个方向进行。混凝土无檩和有檩屋盖厂房的横向地震作用计算，宜采用考虑屋盖横向弹性变形和山墙有效刚度的空间模型；满足规定条件时可按平面排架计算，并对排架柱的剪力和弯矩进行调整；柱距相等的轻型屋盖厂房，可按平面排架计算。混凝土无檩和有檩屋盖厂房以及有完整支撑系统的轻型屋盖厂房的纵向地震作用计算，宜采用空间分析方法；满足规定条件时，可采用修正刚度法计算；纵墙对称布置的单跨厂房和轻型屋盖多跨厂房，可按柱列分片独立计算。当工作平台和刚性内隔墙与厂房主体结构连接时，应采用适当的计算简图进行分析。

突出屋面天窗架的抗震计算亦应就纵横两个方向进行。横向抗震计算可采用底部剪力法或振型叠加反应谱法，纵向可采用空间模型或底部剪力法进行分析。设防烈度较高和场地较软时，带有小立柱的拱形和折线形屋架及上弦节间较长和矢高较大的屋架，应进行上弦杆件的抗扭验算。

不设桥式吊车和柱间支撑的大柱网厂房，柱可视为悬臂构件计算两个主轴方向的地震作用。不等高厂房应进行支承低跨屋盖的牛腿配筋验算。应进行柱间支撑及其连接节点的验算和山墙抗风柱的验算；当抗风柱与屋架下弦连接时，还应进行连接点和支撑杆件的承载力验算。

构造措施　厂房的有檩屋盖和无檩屋盖均应按规定设置屋架支撑和天窗架支撑，屋盖构件应可靠连接。屋架支撑应满足设置位置、数量、间距和构件材料等要求，突出屋面混凝土天窗架的侧板与立柱宜以螺栓连接。混凝土屋架应满足截面尺寸和配筋的要求，厂房柱箍筋应满足加密设置、肢距和直径的要求，山墙抗风柱应满足配筋要求，大网柱厂房柱应满足截面尺寸、轴压比、配筋和柱端箍筋加密要求。柱间支撑应满足设置位置、设置形式、数量、材料和节点连接要求，烈度较高、跨度较大的多跨厂房宜在柱顶设置通长水平压杆。厂房各结构构件应可靠连接，满足连接件形式、预埋板、锚筋、焊接等要求。厂房承重柱与围护墙应有拉接。（见抗震支撑）

山墙抗风柱（又称山墙壁柱）是提高单层厂房纵向抗震承载力和稳定性的重要构件。抗风柱可将墙面受到的风荷载和纵向地震作用传至纵向柱列和基础。抗风柱截面沿高度可设计为阶梯形；当厂房跨度和高度不大时，抗风柱可采用砖壁柱，当厂房跨度和高度较大时，一般采用钢筋混凝土柱；高度很大的厂房可加设水平抗风梁或桁架作为抗风柱的中间支点，以减小抗风柱的截面尺寸。

danceng gangjiegou changfang
单层钢结构厂房（single story steel factory）　采用钢结构作为承重和抗侧力体系的单层厂房，多用于重型机械制造、冶金、能源行业，也是飞机库、火车站等常用的结构形式。单层钢结构厂房在地震中破坏轻微，主要震害为支撑或连接部位的损坏或压屈。中国建筑抗震设计规范规定了此类厂房的抗震设计要求。

一般要求　厂房布置应均匀规整。厂房横向抗侧力体系可采用铰接或刚接框架、门式钢架、悬臂柱或其他结构体系；纵向抗侧力体系宜设置柱间支撑，亦可采用钢架结构。构件宜采用螺栓连接；构件塑性铰区应避免焊接，无法采用螺栓连接的构件应加强焊缝；实腹横梁构件连接处应提高承载力；柱间支撑不宜有接头，支撑接头及支撑与其他构件的连接应予加强。

计算要点　抗震计算中应计及轻质墙板或与柱柔性连接的预制钢筋混凝土墙板的全部自重，但不计及刚度；砌体围护墙应计及全部自重和平行于墙体方向的等效刚度。厂房横向抗震计算一般宜考虑屋盖变形进行空间分析，轻型屋盖厂房可按平面排架或框架计算；采用轻质墙板或与柱柔性连接的大型墙板的厂房，纵向抗震计算可采用单质点模型，并按规定分配各柱的地震作用；采用黏土砖围护墙的厂房，纵向地震作用计算可区别情况采用多质点空间模型、修正刚度法或按柱列分片独立计算。屋盖竖向支撑桁架的腹杆应能传递水平地震作用，柱间交叉支撑应按规定进行抗震验算。

构造措施　应设置屋盖支撑，并满足设置位置、数量、间距、材料等要求。钢结构构件应满足长细比和宽厚比的要求。应采用插入式或埋入式柱脚，并满足埋入深度的要求；当采用外露式刚性柱脚时，应增大连接螺栓的弯矩设计值。柱间交叉支撑应满足设置位置、数量、构件长细比、节点板厚度等要求，有条件时可采用消能支撑。

大跨空间结构（large space structure）

在水平尺度很大的建筑空间内部不设柱、墙等承载构件的空间结构体系。体育馆、影剧院、飞机库等建筑，其空间跨度可达数十乃至数百米，且不能设柱或墙，此类结构的大空间使用功能由大跨覆盖结构实现。常用的大跨空间覆盖结构形式主要有网架、拱、壳体、悬索结构等，建筑材料主要采用钢材，仅少数使用钢筋混凝土。此类结构受力合理，用料经济，轻质高强且造型美观，但缺乏充分的抗震经验，相关抗震性能和抗震设计方法尚在研究中。

网架结构　大量杆件（多采用钢管或角钢）按照一定规律组成的空间杆系结构，作为先进的空间钢格构体系具有广泛的应用。网架杆件主要承受轴力，能充分发挥材料强度。

汉旺东方汽轮机厂网架屋面体育馆震后完好

（2008 年四川汶川地震）

网架可分为平板网架和曲面网壳两类。平板网架可灵活设计成各种形状，按腹杆设置不同有四角锥体系、三角锥体系、交叉桁架体系等多种。曲面网壳分单层和双层两类，常见的有圆柱面网壳、圆球形网壳和双曲抛物面网壳。与平板网架相比，曲面网壳用钢量少，受力性能更好，但增加了屋盖表面积，构造和施工较复杂。

网架与一般结构相比，竖向地震反应更较突出，应满足竖向地震作用下的构件强度、变形和稳定性要求。

拱结构　外型呈曲线或折线、在荷载作用下构件主要产生轴向压力的结构，一般分为三铰拱、两铰拱、无铰拱三类。拱结构可使用钢材、混凝土、砌块或木材制作，能充分发挥材料受压能力。拱结构轴线一般采用抛物线形状，拱截面高度较大时常采用格构形式以节省材料，大跨度拱形屋顶往往采用筒拱。拱在荷载作用下对支承产生推力，应采取措施保障体系稳定。

薄壳结构　具有连续曲面形状的空间薄壁结构，多采用钢筋混凝土制作。曲面薄壳主要承受荷载产生的中面内力，可充分利用材料强度；与传统的梁板结构相比，具有传力路线直接、自重轻、用料少的特点，并兼具承载与围护两种功能。

按壳面形状不同，薄壳结构有筒壳、圆顶薄壳、双曲扁壳、双曲抛物面壳、扭壳等多种。薄壳结构空间整体性好，适于覆盖大跨度空间，可适应各种建筑平面，但施工复杂。

悬索结构　以受拉钢索作为主要承载构件的结构，一般由索网、边缘结构和下部支撑三部分组成。钢索不承受弯矩，可以充分发挥钢材的抗拉性能。悬索体系可节省材料、减轻自重且施工方便，高强度钢丝的出现推动了悬索结构的发展。

悬索结构种类很多，依索网表面形状可分为单曲面和双曲面两类，每一类又有单层悬索和双层悬索两种体系，双曲面体系中还有采用交叉曲面索网的鞍形悬索。悬索结构自身刚度和稳定性较弱，在地震和风作用下反应较大，应采取相应的加强措施。

巨型结构（huge structure）

主结构采用巨型梁、柱和斜撑，次结构采用常规构件的承载体系。

巨型结构主结构的构件尺寸很大。例如：采用实腹钢筋混凝土柱、空间格构式桁架或筒体结构的巨型柱，其截面尺寸往往超过普通框架的柱距；采用平面或空间格构式桁架的巨型梁，其梁高往往超过普通建筑的层高。常规构件组成的次结构（如框架结构）支承于巨型框架的各层。巨型结构可采用钢、钢筋混凝土或钢-混凝土组合构件建造，多用于超高层建筑。

特点　巨型结构的主结构作为抗侧力体系，承受全部水平荷载和次结构传递的荷载；次结构主要承受竖向荷载，并传递给主结构。此类结构有利于建筑布置，如邻接巨型梁的次结构顶层可形成大使用空间，巨型梁自身可作为设备层使用，巨型柱可用作楼、电梯井。巨型结构传力明确，具有巨大的抗侧力刚度和整体性，可采用多种结构形式和建筑材料，具有良好的建筑适应性和节省材料、降低造价的潜力。

分类　巨型结构一般可分为四类。

（1）巨型框架（图 1）。主结构是由巨型梁、柱组成的框架，梁可采用桁架式、斜格式钢结构或预应力混凝土结构，柱可采用支撑式、斜格式、框筒式钢结构或预应力型钢混凝土、钢筋混凝土筒体结构。次结构坐落在主结构上。

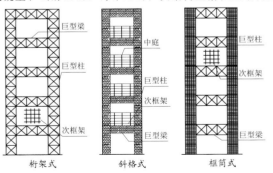

图 1　巨型框架

（2）巨型桁架（图 2）。主结构以桁架形式承载，巨型支撑布设于结构体系内部或外表面。最常用的巨型桁架结构是巨型支撑框筒结构，其主结构包括设置于外框筒的巨型角柱、斜撑和窗裙架，即使在框筒采用疏柱和浅梁的情况下，仍可达到减小一般框筒剪力滞后效应的目的。其他的巨型桁架结构还有巨型空间桁架结构和斜格桁架筒体结

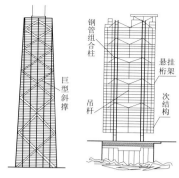

图2 巨型桁架　　图3 巨型悬吊结构

构。前者主体结构是巨型柱和沿建筑周边及内部对角线设置的巨型支撑，构成空间桁架体系；后者在结构外立面密布巨型斜撑，与巨型柱构成主结构，可削弱剪力滞后效应。

（3）巨型悬吊结构（图3）。可视为巨型框架结构的特殊形式，其特点在于次结构与主结构的连接采用悬吊方式。巨型桁架梁可伸出柱外，次结构各层以吊杆与主结构连接，可发挥减振效能。

（4）巨型分离式结构。由若干相对独立的巨型结构（一般为筒体）相互连接而成。这类联体式巨型结构体系庞大，可构成小型空中城镇。

抗震研究　巨型结构是巨大、复杂的新型超高层结构体系，其抗震性能、抗震设计方法和施工建造技术均在研究中。这些研究涉及：整体简化计算模型和分析方法，复杂节点的分析和设计，结构振动控制技术的应用，体系的薄弱环节、破坏机理和累积损伤，可靠性分析和优化设计，基础设计和土-结相互作用分析，构件制作和施工技术等。

gang-hunningtu zuhe jiegou

钢-混凝土组合结构（steel-concrete combined structure）承重和抗侧力体系中包含钢-混凝土组合构件的结构。钢-混凝土组合构件是钢构件和混凝土构件的组合，包括钢管混凝土梁、柱、斜撑，型钢混凝土（亦称钢骨混凝土或劲性混凝土）梁、柱、剪力墙、斜撑，钢-混凝土组合梁以及压型钢板混凝土组合楼板、轻钢密肋混凝土组合楼板等。

组合结构中，钢-混凝土组合构件可与普通钢构件、钢筋混凝土构件配合使用。如支撑框架中梁柱采用钢管混凝土或型钢混凝土，但斜撑采用普通钢构件；或仅梁采用型钢混凝土，而柱和斜撑为钢构件等。若结构体系的承重和抗侧力构件全部采用钢-混凝土组合构件，该体系可称为全钢-混凝土组合结构。若结构体系中的钢-混凝土组合构件系冷弯薄壁型钢混凝土构件或薄壁钢管混凝土构件，则此类体系可称为轻钢-混凝土组合结构。

钢-混凝土组合结构能充分利用钢材受拉与混凝土材料受压的力学性能，扬长避短协同工作，使结构体系更好地满足承载和使用要求。与混凝土结构相比，组合结构可减少构件截面尺寸和质量，增大使用空间，减少现场施工作业量，缩短施工周期，进一步提高结构延性和承载力；与

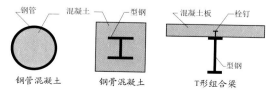

钢-混凝土组合构件

钢结构相比，组合结构可增大构件刚度和稳定性，减少钢材用量，降低造价，有利于提高耐火性能和耐久性。钢-混凝土组合结构具有显著的经济技术效益，是有广阔发展前景的新型结构体系。

钢-混凝土组合结构除可用于各种类型的房屋建筑之外，也在构筑物、桥梁、地下结构、结构加固改造中获得成功应用。此类结构的设计和抗震性能研究尚不充分，现有抗震设计规定多数沿袭钢结构和钢筋混凝土结构的相关要求。为进一步推进组合结构的发展，应在试验研究、理论分析和总结工程经验的基础上，着力于组合构件在多种受力状态下的力学性能（含动力性能）和计算方法的研究，组合结构体系力学性能和构造措施研究、尤其是构件节点连接形式和施工技术的研究，以及体系稳定性分析和抗震性能研究。

mujiegou fangwu

木结构房屋（timber building）　以木质构件组成承重和抗侧力体系的房屋。木结构是人类历史上长期使用的传统的房屋结构形式之一，常见于世界各地民居，在中国亦为礼堂、粮仓等大跨空旷房屋所采用。保存至今的中国木结构古建筑，具有珍贵的历史文化价值，也提供了丰富的抗震经验（见中国古建筑的抗震经验）。结构合理、施工质量良好的木结构房屋具有较强的抗震能力。

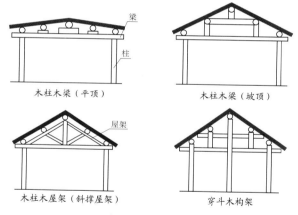

中国的木结构房屋

木结构建造方法因国家、地区传统习惯不同而有很大差异。中国常见的木结构房屋有四种类型，即木柱木梁（平顶）式、木柱木梁（坡顶）式、木柱木屋架（斜撑屋架）式和穿斗木构架式；前三种又俗称四梁八柱式。木结构房屋的围护墙一般用砖、土坯或毛石等砌筑，墙体不承重，采用全包或半包方式与木柱连接。

中国建筑抗震设计规范规定的木结构房屋主要抗震要求如下。

（1）木结构房屋应有规则的平面布置，同一房屋不应采用木柱与砖柱或砖墙的混合承重体系；木柱木屋架和穿斗木构架房屋不宜超过两层，总高度不宜超过6m；木梁木柱房屋宜为单层，高度不应超过3m；礼堂、粮库等较大跨度的建筑宜采用四柱支承的三跨木排架结构。

（2）木屋架应设置支撑，并满足单层砖柱厂房屋盖支撑的设置要求，但房屋两端的屋盖支撑应设置于端开间。应沿纵向在木柱檐口以上部位设置竖向剪刀撑；穿斗木构

架房屋应在木柱上下端和楼层下部沿纵横向设置穿枋，穿枋应贯通各柱；应在纵向柱列间设置剪刀撑或斜撑。

（3）木柱柱顶应有暗榫插入屋架下弦，并以U形铁件加固；设防烈度8、9度时，柱脚应采用铁件或其他措施与基础锚固。空旷房屋的木柱与屋架间应设斜撑；横隔墙较多的房屋应在非抗震隔墙内设斜撑，斜撑宜采用木夹板并连接屋架上弦。

（4）斜撑和屋盖支撑构件均应采用螺栓与主体构件连接，屋盖椽木与檩木搭接处应满钉连接。

（5）木柱梢径不宜小于150 mm，木柱同一高度处不应在纵横向同时开槽，同一截面开槽面积不应超过柱截面面积的50%；木柱不应有接头。

（6）围护墙应与柱可靠拉接；砌体围护墙不应包裹木柱，宜贴砌于木柱外侧。

shengtu fangwu

生土房屋（earth house）　以未经焙烧的土构成承重和抗侧力体系的房屋。生土房屋是人类长期使用的传统房屋结构形式之一，具有取材方便、造价低廉、施工简单、保温效果尚好的特点。但天然土料强度较低，砌筑方法亦受限制，故此类房屋抗震能力较低（见生土房屋震害）。

因地区特点和传统建筑习惯的不同，中国生土房屋具多种形式，没有规范的名称和分类，大致包括土坯墙房屋、灰土墙房屋、夯土墙房屋、土窑洞和土坯拱房屋等。土坯墙由单纯土料制成的土坯砌筑；灰土墙以土料掺石灰或其他黏结材料制成的土坯砌筑，或直接以灰土夯筑；夯土墙是以单纯土料夯筑的墙体。这三类房屋一般采用木屋顶，屋顶檩条直接置于山墙上（称硬山搁檩），如图所示。土窑洞是在未经扰动的原状土中开挖形成的崖窑，土坯拱房屋是以黄土夯筑墙体、以土坯砌筑顶拱的坑窑。

三角木屋架硬山搁檩生土房屋

囿于经济发展不平衡，生土房屋仍存在于中国乡村地区，难以在短时期内被其他现代建筑所取代，故中国建筑抗震设计规范纳入了此类房屋的抗震要求，其要点如下。

（1）房屋平面应规则，立面避免错层和突变；房屋宜为单层，檐口高度不宜超过2.5 m，开间不宜大于3.2 m；设防烈度6、7度时灰土墙房屋可建二层，但总高度不应超过6 m；窑洞净跨不宜大于1.5 m。

（2）不宜采用土搁梁屋盖，应采用轻质屋面材料。硬山搁檩房屋宜采用双坡屋面或弧形屋面，檩条支承处应设垫木；檐口标高处应设木圈梁或木垫板，端檩应出檐；檩条在内墙上应满搭，或以夹板和燕尾连接。木屋盖各构件应加强连接。

（3）房屋各开间均应设横墙，同一房屋不宜采用不同材料的承重体系（如外廊为砖柱、石柱承重或四角采用砖柱、石柱承重，其他部分为生土构件承重）。内外墙体应同时分层交错夯筑或咬砌；外墙四角和内外墙交接处，宜以竹筋、木条或荆条等拉接。

（4）地基须夯实，应采用砖或石基础；墙体宜做外墙裙防潮，墙脚宜设防潮层。

（5）土坯宜采用黏性土湿法成型，宜掺和草、苇等拉接材料；土坯墙宜采用黏土浆或黏土石灰浆卧砌。

（6）灰土墙房屋各层均应设置圈梁，并贯通横墙；宜在内纵墙顶面两端增砌踏步式墙垛支撑山尖墙。

（7）土坯拱房屋应多跨连续布置，拱脚应支承于稳固的土崖或夯土墙；拱圈应支模砌筑，厚度宜为300～400 mm；拱圈和支承拱脚的墙体不应开洞。

（8）土窑洞应避开可能发生滑坡或崩塌的地段；开挖窑洞的崖体应土质密实，土体稳定，坡度较平缓，无明显竖向节理；崖窑前不宜接砌土坯或其他材料的前脸；不宜开挖层窑，若开挖层窑应保持足够间距，且上、下不宜对齐。

kangzhen jiegou de guizexing

抗震结构的规则性（egularity of seismic structure）　抗震结构平立面简单、对称、规整，质量、刚度、强度分布均匀的性质。不满足规则性要求的建筑结构，在地震作用下将产生应力、变形相对集中的薄弱部位，可能导致结构整体破坏；不规则建筑结构在地震作用下还将发生不可忽视的附加扭转作用效应，降低结构构件和体系的抗震可靠度。抗震结构应尽量满足规则性要求。

由于建筑美学和使用功能的要求，抗震结构往往不是完全规则的。抗震设计中根据建筑结构是否满足规则性要求，可区分为规则建筑和不规则建筑，两者应采用不同的分析方法和抗震措施。

guize jianzhu

规则建筑（regular building）　平、立面外形简单规整，且抗侧力构件的质量、刚度和强度分布相对均匀的建筑。

复杂的建筑结构做到完全规则是困难的，而且也很难就规则性给出简单的衡量指标。设计者应根据抗震概念设计原则和工程经验尽量采用有利于抗震的规则建筑。规则建筑一般应满足立面要求和平面要求，其平、立面形状见图1和图2。

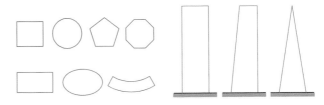

图1　规整的建筑平面　　　　图2　简单的建筑立面

立面要求　规则建筑的立面要求如下。

（1）立面轴对称结构相邻楼层的相对缩进尺寸不大于建筑相应方向总尺寸的20%；立面非轴对称结构相邻楼层的相对缩进的尺寸不大于建筑相应方向总尺寸的10%，总缩进尺寸不大于建筑相应方向总尺寸的30%（图3）。

（2）抗侧力构件上下层连续、不错位，且水平尺寸变化不大。

（3）相邻层质量变化不大，如质量比在3/5～1/2内。

（4）相邻层侧向刚度相差不大于30%，连续三层刚度

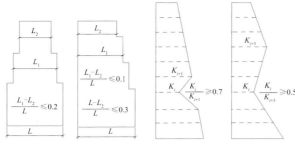

图3 规则结构的立面
缩进要求

图4 规则结构的立面
刚度要求

总变化不超过50%（图4）。

（5）相邻层抗剪屈服强度变化平缓。

平面要求　规则建筑的平面要求如下。

（1）房屋平面局部突出部分尺寸 t 不超过其正交方向的最大尺寸 b，且凸出尺寸 t 不大于相同方向平面总尺寸 d 的30%（图5）。

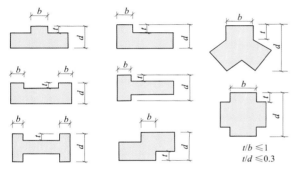

图5 规则结构的平面要求

（2）同层抗侧力构件的质量分布基本均匀、对称。

（3）平面内不同方向的抗侧力构件轴线相互垂直或基本垂直，便于确定两个主轴方向分别进行抗震分析。

（4）楼板的平面内刚度与抗侧力构件的侧向刚度相比足够大，可忽略楼板平面内变形对抗侧力构件水平地震作用分配的影响。

buguize jianzhu

不规则建筑（irregular building）　平立面体形复杂，抗侧力体系的质量、刚度和强度沿竖向分布不均匀，不连续，平面布置不对称的建筑。由于建筑功能的多样性和结构的复杂性，建筑的不规则性难以完全避免，主要表现为：几何形状急剧变化、平面呈凹凸状，荷载传递路线中断，强度和刚度不连续，关键构件截面因开洞而削弱，构件尺寸比例不当等。

抗震设计规范一般将不规则结构分为平面不规则和竖向不规则两大类，再分别规定具体衡量标准。中国建筑抗震设计规范将平面不规则分为扭转不规则、平面凹凸不规则和楼板局部不连续三种，将竖向不规则分为侧向刚度不规则、抗侧力构件竖向不连续及楼层承载力突变三种；并规定了衡量各种不规则性的定量指标。可根据超过指标的程度，是否具有抗震薄弱部位和严重的抗震薄弱环节，以及造成震害的严重程度划分不规则建筑、特别不规则建筑和严重不规则建筑。就不规则结构对抗震能力的影响而言，

竖向不规则比平面不规则更不利，竖向及平面两者均不规则最为不利。

引起建筑结构不规则的因素很多，对于体形复杂的建筑很难用简单的定量指标判断其不规则性并加以限制。地震区建筑的设计者应掌握抗震概念设计原则，采用抗震性能好的规则建筑，不宜采用抗震性能较差的不规则建筑，不应采用抗震性能差的严重不规则建筑。各类不规则建筑的计算分析，均宜采用空间计算模型，满足规范规定的相应设计计算要求，并采取有效的抗震措施。体形复杂、平立面特别不规则的建筑结构，可根据实际情况在适当部位设置防震缝，形成多个较规则的抗侧力结构单元。

pingmian buguize

平面不规则（plane irregularity）　结构平面偏心、外形不规整和楼板开洞等造成的建筑结构的不规则性。

平面不规则一般可分为三种类型。

扭转不规则　由建筑物同一层内抗侧力构件的强度和刚度分布不对称造成。例如，有些临街建筑为满足使用功能要求，常在底层的三个边设置抗震墙或钢筋混凝土框架填充墙，而临街一边设大洞口；这类建筑的刚度中心和质量中心明显不重合，地震时将产生扭转振动。扭转不规则可由结构地震反应计算定量判断。当按照刚性楼盖计算得出的楼层最大弹性水平位移（或层间位移）大于该楼层两端弹性水平位移（或层间位移）δ_1 和 δ_2 平均值的1.2倍时，可认为存在扭转不规则（图1）。任何楼层的偏心率（偏心距与相同方向结构平面尺寸之比）大于0.2时，亦可判断该建筑为扭转不规则建筑。

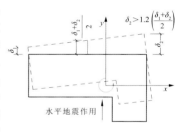

图1　扭转不规则

凹凸不规则　建筑平面形状复杂和不对称造成凹凸不规则。例如，建筑平面采用L、T、Y等形状，在几何上没有对称轴或只有一个对称轴。凹凸不规则建筑在地震作用下将产生附加的扭转效应，凹角处将产生应力集中，形成薄弱部位。当平面凸出部分的尺寸 B（或 L）大于同一方向结构平面最大尺寸 B_{max}（或 L_{max}）的30%时，可判定为凹凸不规则（图2）；凸出尺寸超过突出部分正交方向的尺寸时，亦可判定为凹凸不规则。

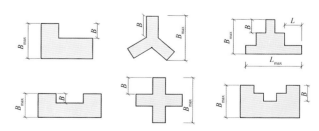

图2　凹凸不规则（$B>0.3B_{max}$，$L>0.3L_{max}$）

楼板局部不连续　楼板设置不均匀和楼板平面内刚度的急剧变化造成的不规则性。例如，多层建筑为了竖向交通的需要或其他目的在楼板上设置的洞口将削弱楼板刚度，洞口周边形成薄弱部位，影响水平地震作用的传递。当有

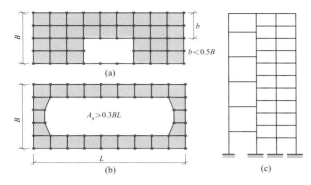

图 3　楼板局部不连续（大开洞及错层）

效楼板宽度 b 小于该楼层楼板宽度 B 的 50% 时（图 3a），或开洞总面积 A_0 大于该层楼板总面积 $A = BL$ 的 30% 时（图 3b），可判定为楼板局部不连续；错层建筑的楼层高差超过梁高时亦应按楼板开洞考虑（图 3c）。相邻楼层有效楼板刚度变化超过 15% 时，亦属平面不规则。

美国抗震设计规范尚将抗侧力构件上下错位、抗侧力构件与结构主轴斜交等也视为平面不规则因素。

建筑抗震设计不应采用严重不规则的设计方案，应避免过大偏心等不规则因素；可通过增加结构抗扭刚度减轻平面不规则性的影响。平面不规则建筑的抗震设计应遵循不规则建筑结构的设计要求。

shuxiang buguize

竖向不规则（elevation irregularity）　抗侧力体系的侧向刚度和承载力沿立面分布不均匀或抗侧力构件不连续造成的建筑结构的不规则性。

中国建筑抗震设计规范将建筑结构的竖向不规则区分为三种类型。

侧向刚度不规则　由于使用功能和建筑艺术处理的需要，建筑外形往往沿竖向收进，或在不同楼层采用不同的结构布置。竖向收进将造成房屋上下相邻部分地震作用的大幅变化，收进处将产生应力集中；在建筑的某些层布置大开间会议室和餐厅等也往往造成这些层的侧向刚度与邻层相比大幅减小，形成软弱层；这些不规则性将影响建筑整体的抗震能力。当某一楼层的侧向刚度 K_i 小于相邻上一层侧向刚度 K_{i+1} 的 70% 或小于上部相邻三

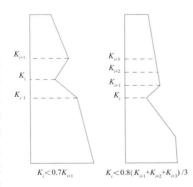

$K_i < 0.7K_{i+1}$　　$K_i < 0.8(K_{i+1} + K_{i+2} + K_{i+3})/3$

图 1　侧向刚度不规则（有软弱层）

个楼层侧向刚度平均值的 80% 时，可判定为侧向刚度不规则（图 1）；除顶层外，当竖向收进的水平向尺寸大于相邻层水平尺寸的 25% 时，亦可判定为侧向刚度不规则。

抗侧力构件竖向不连续　抗侧力构件（柱、抗震墙、抗震支撑）未贯通全部楼层与基础连接，上部水平地震作用必须经由水平转换构件（梁、板、桁架等）向下传递，称为抗侧力构件竖向不连续。为满足底层大空间使用要求建造的柔底层房屋，是抗侧力构件竖向不连续的典型代表

（图 2）。具有此种不规则性的建筑在强烈地震作用下往往造成底层和邻层的严重破坏。

楼层承载力突变　建筑某层的抗剪承载力与邻层相比明显偏小形成薄弱层称为楼层承载力突变。薄弱层相对其他楼层将先期出现塑性铰发生破坏，从整体考虑既不经济也不安全。当建筑某楼层的抗剪承载力 $Q_{y,i}$ 小于相邻上一楼层承载力 $Q_{y,i+1}$ 的 80% 时，可判定为楼层承载力突变（图 3）。

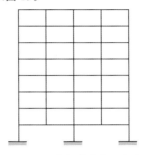

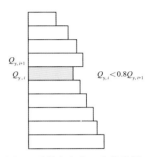

图 2　竖向抗侧力构件不连续　　图 3　承载力突变（有薄弱层）

抗震设计应尽量避免采用竖向不规则建筑。对于具有竖向不规则性的建筑，应采用空间模型计算地震反应并进行弹塑性变形验算。对刚度突变层的构件应采取加强的构造措施；针对抗侧力构件竖向不连续，应增大水平转换构件的内力设计值，提高其抗震等级并采用增强的抗震措施。对楼层承载力突变的建筑，薄弱层的地震剪力设计值应乘以增大系数。

对于多层和高层建筑，结构竖向布置不均匀或抗力的变异可形成薄弱层。控制薄弱层是抗震概念设计中的重要内容。楼层实际屈服强度是判断结构薄弱层的基本因素，设计中要使楼层屈服强度系数在总体上保持相对均匀变化，否则将因塑性变形阶段的内力重分布而产生较大的非线性层间变形。应防止加强局部楼层而忽视整体结构刚度、强度的协调；抗震设计中应控制薄弱层部位，使之有足够的变形能力又不致使薄弱层发生转移，以保障结构整体的抗震能力。

jianzhu jiegou kangzhen yansuan

建筑结构抗震验算（seismic check of building）　就设计地震作用效应与其他荷载效应的组合值对建筑结构抗震安全性进行的计算校核。设计地震作用效应是设计地震作用引起的结构构件内力（剪力、弯矩、轴向力、扭矩等）或位移（线位移、角位移等）。抗震验算应满足的原则表达式为

$$S \leqslant R$$

式中：S 为地震作用效应与其他荷载效应的组合值；R 为结构或构件的抗力，即结构或构件承受外力作用效应的能力，如强度和变形限值等。

适用范围　抗震结构设计一般应进行抗震验算，但各国规范也大都规定了少量可不进行抗震验算的情况。例如，美国《编制建筑抗震规范的暂行规定》（ATC—3—06）规定 A 类房屋可不进行整体地震作用分析和抗震验算；中国《建筑工程抗震性态设计通则（试用）》（CECS 160：2004）规定，设防烈度 6 度的一户或两户独立住宅和 A 类规则建筑以及无人居住的临时建筑可不进行抗震验算；《建筑抗震

设计规范》(GBJ 11—89)曾规定,抗震设防烈度6度的乙、丙、丁类建筑除有具体规定者外,一般可不进行地震作用计算和抗震验算。

验算步骤 抗震建筑在场地确定以后,一般按下列步骤计算上部结构的荷载效应,进行抗震验算,并最终确定构件截面。

(1) 选定结构类型,就静荷载进行初步设计,初步确定构件尺寸。

(2) 按初步设计计算结构的地震作用和地震作用效应。

(3) 计算地震作用效应与其他荷载效应的组合,进行抗震验算;根据验算结果调整设计。

验算内容 抗震验算一般包括构件强度验算(或截面承载力验算)、结构变形验算和稳定性验算。

(1) 构件达到开裂强度后将产生裂缝、进入非线性变形状态,达到极限强度后将丧失承载能力,故强度验算是抗震验算的重要内容。

(2) 结构变形轻则造成非结构构件的变形、开裂或脱落,重则导致结构构件开裂和破坏、连接失效或毗邻结构的碰撞;尤其在抗震设计允许结构发生非弹性性状的条件下,变形成为控制结构性态和功能的重要因素。结构变形验算一般为结构层间变形验算,部分规范也规定了最大总变形的验算和相邻建筑防碰撞间隔的验算。

(3) 局部构件失稳将改变结构体系的性状,整体失稳将直接造成结构倒塌,故稳定性验算也是抗震设计所应考虑的内容。

验算方法 抗震设计规范中的抗震验算方法可分为允许应力(或安全系数)方法和极限状态设计方法两类。前者是结构设计的传统方法,后者是以概率理论为基础的极限状态设计方法。传统方法将结构作用效应和抗力均视为确定值,极限状态设计方法则将结构抗力和作用效应视为随机变量,通过满足极限状态方程的可靠度评价结构的适用性、安全性和耐久性。

极限状态设计方法计算复杂,故设计规范中一般采用以分项系数表示的简化验算表达式。中国建筑抗震设计规范规定了小震作用下的构件截面承载力抗震验算表达式;大震作用下的变形极限状态十分复杂,缺乏完善的理论和足够的经验数据,难以确定可靠度指标,故大震变形验算直接将分析得出的弹塑性变形与给定变形限值进行比较。

设防目标和抗震验算 各国抗震设计规范规定的建筑抗震设防目标是类似的,即区别地震发生的频度和强度分别规定了保障运行和防止倒塌等不同目标。然而,为实现这一目标所执行的抗震验算次数则有区别。以美国多数现行规范的规定为代表,若干国家仅进行设防地震动作用下的一次抗震验算,中国和日本则规定进行对应大、小两个地震动水准的两次抗震验算。

两次抗震验算(又称两阶段验算或两阶段设计)方法是日本《新耐震设计法》(1980)首先提出的。中国《建筑抗震设计规范》(GBJ 11—89)及以后修编的《建筑抗震设计规范》(GB 50011—2001)也采用了类似的方法。中国抗震设计规范规定,小震(即多遇地震)作用下结构应处于弹性阶段,地震作用与其他荷载的组合应力不应大于结构构件的设计强度,结构的层间变形不应大于规定弹性位移角限值;大震(即罕遇地震)作用下结构处于弹塑性阶段,

强度不再是设计的控制参数,但结构的弹塑性层间变形不得超过规定值,以防止结构倒塌。

极限状态设计方法(limit state design method) 以概率理论为基础、基于结构或构件满足预定功能极限状态的可靠度进行结构设计的方法。

极限状态设计将作用效应和结构抗力考虑为随机变量,结构及构件必须在某个可靠度指标下满足承载能力极限状态和正常使用极限状态的要求。该方法较为复杂,不便于设计人员掌握使用,在建筑结构抗震验算中多采用简化的极限状态设计表达式。抗震结构构件设计的目标可靠指标,是在对现有抗震结构构件进行可靠指标校准的基础上,考虑结构安全和经济能力两方面因素确定的。

极限状态设计表达式 中国《建筑抗震设计规范》(GB 50011—2001)将小震地震作用考虑为可变作用。构件在小震作用下的截面承载力验算采用下述以分项系数表示的简化极限状态设计表达式:

$$\gamma_G S_{GE} + \gamma_{Eh} S_{Ehk} + \gamma_{Ev} S_{Evk} + \Psi_w \gamma_w S_{wk} \leqslant R/\gamma_{RE}$$

式中:γ_G 为重力效应分项系数,一般情况采用 1.2,当重力荷载效应对构件承载能力有利时,不应大于 1.0;γ_{Eh}、γ_{Ev} 分别为水平和竖向地震作用效应分项系数,当仅计算水平地震作用时取 $\gamma_{Eh}=1.3$,当仅计算竖向地震作用时取 $\gamma_{Ev}=1.3$,当同时计算水平和竖向地震作用时 γ_{Eh} 和 γ_{Ev} 分别取 1.3 和 0.5;γ_w 为风荷载效应分项系数,采用 1.4;S_{GE} 为重力荷载代表值的效应,有吊车时,尚应包括悬挂物重力标准值的效应;S_{Ehk} 为水平地震作用标准值的效应,计算中尚应乘以相应的地震作用效应增大系数或调整系数;S_{Evk} 为竖向地震作用标准值的效应,计算中亦应乘以相应的地震作用效应增大系数或调整系数;S_{wk} 为风荷载标准值的效应;Ψ_w 为风荷载组合值系数,一般结构取 0.0,风荷载起控制作用的高层建筑应采用 0.2;γ_{RE} 为承载力抗震调整系数,区别不同材料、不同结构构件和不同受力状态,取值范围为 0.75~1.0;当仅计算竖向地震作用时,宜取 1.0;R 为结构构件承载力设计值,可按规范规定的材料性能和几何参数标准值求出。

分项系数 设计表达式中,与规范规定的有关设计变量标准值效应相乘的系数;含荷载(作用)效应分项系数和抗力分项系数。这些分项系数是根据相关基本变量的概率分布类型和统计参数以及规定的目标可靠度指标,通过计算分析并考虑工程经验确定的。荷载(作用)效应分项系数的数值,等于设计验算点的计算值与规范规定的标准值的比值。抗震设计的抗力分项系数被合并于抗震承载力调整系数考虑。

组合系数 设计表达式中,与可变荷载标准值效应相乘的系数。就抗震设计而言,其理论数值应该是地震发生时恒荷载与其他可变荷载相遇时,可变荷载值与其标准值的比值,此数值在实际设计中无法确定。中国《建筑结构可靠度设计统一标准》(GB 50068—2001)规定,在荷载分项系数给定的前提下,对于有两种或两种以上可变荷载参与组合的情况,要通过引入组合系数对荷载标准值进行折减,使按极限状态设计表达式设计的各种结构构件具有的可靠指标,与仅有一种可变荷载参与组合情况下的可靠指

标有最佳的一致性。依《建筑抗震设计规范》(GB 50011—2001) 进行结构抗震设计时，已经考虑了地震作用与各种重力荷载（恒荷载与活荷载、雪荷载等）的组合问题，形成了抗震设计的重力荷载代表值，因此抗震验算表达式中仅出现风荷载组合系数。

抗震承载力调整系数　鉴于现阶段大部分建筑结构构件的截面抗震承载力验算，采用有关非抗震设计的承载力设计值，故在保持结构可靠度与既定的目标值相一致的原则下，《建筑抗震设计规范》(GB 50011—2001) 将抗震承载力调整系数定义为非抗震承载力设计值与抗震承载力设计值之比。该系数主要体现了材料的静强度和动强度的差别。

见结构可靠度分析和《工程结构可靠度设计统一标准》(GB 50153—92)。

louceng qufu qiangdu xishu

楼层屈服强度系数（story yield coefficient）　建筑结构某一楼层的抗力与相应地震作用效应的比值。在中国建筑抗震设计规范中，楼层屈服强度系数是确定罕遇地震作用下结构薄弱层层间弹塑性位移增大系数应考虑的一个变量。

楼层屈服强度系数的计算中，楼层抗力应按楼层各抗侧力构件实际断面尺寸和材料强度标准值计算，设计地震作用效应是按弹性反应计算的对应大震的作用效应。该系数大于 1 表示结构处于弹性阶段，小于 1 对应非弹性阶段。依抗震规范要求设计的建筑，各楼层的屈服强度系数沿建筑高度宜均匀分布，该系数较小的楼层在地震时容易出现变形集中，导致结构破坏或破坏加重。楼层屈服强度系数愈小，相应弹塑性位移增大系数愈大。

见薄弱层位移反应估计。

jiegou xishu

结构系数（structure coefficient）　抗震计算中根据弹性分析结果估计结构弹塑性地震反应时使用的折减系数。在设防地震作用下，结构一般将发生非弹性性状；由于弹塑性动力分析十分复杂、计算费时且不易为设计者掌握，故在工程上通常基于设防地震作用下的弹性动力分析结果估计弹塑性地震反应，即结构地震作用等于弹性分析结果乘以某个结构系数。

原理　由于结构屈服后刚度降低，受力不能随变形增加继续呈线性增长，结构系数即为结构实际受力与假定弹性状态受力的比值，该比值取决于具体结构体系和材料的弹塑性性状。就最简单的理想弹塑性模型对结构系数的解释如图所示。

图中直线 OK 表示结构的弹性本构关系，折线 OAB 表示理想弹塑性本构关系。在设防地震动作用下，结构受力 F 达屈服载 F_y 后将发生塑性变形，与屈服荷载对应的变形 U_y 为屈服变形；弹塑性地震反应变形 U 的最大值为 U_{max}。若结构始终保持弹性，结构受力可达 F_e，但相应变形将小于 U_{max}。假定结构在弹性和弹

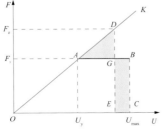

结构系数和结构延性

塑性状态下吸收相同的地震能量，则三角形 ODE 的面积与梯形 $OABC$ 的面积相同，即三角形 ADG 与矩形 $GBCE$ 面积相同。定义结构延性（亦称延性系数、延性率、延性比或塑性率）

$$\mu = U_{max}/U_y$$

由图示几何关系可得结构系数

$$C = F_y/F_e = 1/\sqrt{2\mu - 1}$$

显然，结构系数的数值主要取决于结构的延性，延性越大则结构系数越小；换言之，延性好的结构在地震作用下屈服后的受力较小。结构类型、建筑材料和细部构造等因素都对结构本构关系有影响，并导致不同的延性和结构系数。抗震设计中采用的结构系数粗略考虑了上述影响因素，调整结构系数可改变抗震结构的安全度，结构系数的取值具有经验性和主观性。

应用　中国早期的建筑抗震设计和其他多数国家的抗震设计一般针对设防地震进行，多应用结构系数的概念简单地估计弹塑性地震作用。例如，中国《工业与民用建筑抗震设计规范》(TJ 11—78) 中规定钢结构、木结构和钢筋混凝土结构的结构系数取 0.30，砖结构和内框架结构取 0.35，烟囱、水塔和高构筑物取 0.40。美国抗震规范中使用的反应修正系数可理解为结构系数的倒数，两者概念同出一源。

现行中国建筑抗震设计规范采用两次抗震验算，第一次验算是弹性状态下的小震验算，故不再使用结构系数；然而，小震强度乃是考虑不同结构的平均结构系数由设防地震（中震）强度折减得出的。

见综合影响系数。

dizhen zuoyong xiaoying zengda xishu

地震作用效应增大系数（magnifying coefficient of seismic action effect）　抗震设计中对某些构件地震作用效应计算结果的调整系数。

地震作用效应增大系数的采用，或为实现某种设计思想，或为考虑计算模型简化带来的偏差和结构在弹塑性变形阶段内力重分布等因素。例如，为实现强柱弱梁的设计思想，在设计时将柱端弯矩乘以增大系数；为实现强剪弱弯的设计思想，将梁和柱端的剪力乘以增大系数；结构在不进行水平地震作用下的平扭偶联分析时，为考虑扭转作用，可将结构周边构件的地震作用效应乘以增大系数；在设计单层厂房的天窗架和屋顶突出物时，考虑到简化计算方法不能完全反映鞭梢效应，对天窗架和屋顶突出物的地震反应乘以增大系数等。

cengjian bianxing

层间变形（storey drift）　同一结构中不同高度的相邻层在地震作用下的水平相对位移，亦称层间位移。水平相对位移一般取相邻楼层质心的位移差；对平面不规则结构，可取相邻楼层边缘的最大位移差。

层间变形是反映结构体系抗震性态的重要参数，与结构使用功能和结构构件破坏密切相关，尤其在强烈地震作用下结构进入非线弹性变形阶段后，层间变形是控制结构倒塌的决定因素。各国抗震设计规范均规定了有关层间位移的计算方法和抗震验算中层间位移或层间位移角限值，

层间位移角定义为相邻层水平相对位移值除以层高。

层间变形估计 严格地讲，抗震验算中层间变形应取结构地震反应同一时刻层间变形的最大值，须进行结构地震反应的时程分析。考虑时程分析的复杂性，尤其是弹塑性地震反应时程分析的技术困难，各国抗震设计规范均规定了粗略估计层间变形的简化计算方法，主要方法如下。

（1）采用底部剪力法计算弹性体系地震反应时，层间变形为楼层剪力除以该楼层的侧移刚度。

（2）采用振型叠加反应谱法计算平面结构弹性地震反应时，首先计算各振型反应的层间变形，对于以弯曲变形为主的高层建筑，计算中应扣除结构摆动产生的水平位移，然后采用平方和开平方方法（SRSS法）得出结构的层间变形估计。

（3）采用平-扭耦连分析模型计算弹性结构地震反应时，首先利用刚性楼板假定，考虑平动和转动位移的耦连计算各振型反应的层间变形，然后用完全平方组合法（CQC法）叠加各振型的层间变形。

（4）当采用底部剪力法或振型叠加反应谱法估计结构弹塑性层间变形时，可首先采用结构系数对弹性分析得出的层间变形进行折减，然后再乘以位移放大系数。

（5）多层剪切型结构薄弱层弹塑性层间变形的计算可采用薄弱层位移反应估计方法。

（6）可采用静力弹塑性方法估计结构的弹塑性层间变形。

层间位移角限值 抗震验算采用的层间位移角限值是区别不同结构类型、并考虑不同极限状态确定的。弹性层间位移角限值是构件的开裂变形角（表1）。对于超过弹性阶段的不同变形极限状态，层间位移角限值很难由理论确定，抗震设计规范中的限值是基于数值模拟、试验结果、震害和工程经验的综合判断结果（表2、表3）。

表 1 中国《建筑抗震设计规范》(GB 50011—2001)规定的弹性层间位移角限值

结构类型	$[\theta_e]$
钢筋混凝土框架	1/550
钢筋混凝土框架-抗震墙,板柱-抗震墙,框架-核心筒	1/800
钢筋混凝土抗震墙,筒中筒	1/1000
钢筋混凝土框支层	1/1000
多、高层钢结构	1/300

表 2 中国《建筑抗震设计规范》(GB 50011—2001)规定的弹塑性层间位移角限值

结构类型	$[\theta_p]$
单层钢筋混凝土柱排架	1/30
钢筋混凝土框架	1/50
底部框架砖房中的框架-抗震墙	1/100
钢筋混凝土框架-抗震墙,板柱-抗震墙,框架-核心筒	1/100
钢筋混凝土抗震墙,筒中筒	1/120
多、高层钢结构	1/50

表 3 美国《新建房屋和其他结构抗震规程建议》(FEMA 450—2003)规定的许用层间变形

结构类型	抗震使用分组		
	I	II	III
不超过4层的非砌体抗震结构,且其内墙、隔墙、天棚和外墙的设计可适应层间变形②	0.025h①	0.020h	0.015h
悬臂砌体剪力墙结构③	0.010h	0.010h	0.010h
其他砌体剪力墙结构	0.007h	0.007h	0.007h
特殊砌体抗弯框架结构	0.013h	0.013h	0.010h
所有其他结构	0.020h	0.015h	0.010h

①h 为楼层高度，h 前的系数即为层间变形限值；②单层房屋无层间变形的要求；③结构主体由落地竖向悬臂砌体剪力墙组成，且基础构造使剪力墙间的弯矩传递可予忽略。

hezai daibiaozhi

荷载代表值（representative value of load） 结构设计时采用的荷载值。

中国《建筑结构设计统一标准（试行）》（GBJ 68—84）根据不同极限状态的设计要求，对设计表达式中涉及的各种荷载规定了不同的代表值，如永久荷载以标准值为代表值，可变荷载以其标准值、组合值或准永久值为代表值。各种荷载的标准值是建筑结构按极限状态设计时采用的荷载基本代表值。荷载标准值统一由设计基准期最大荷载概率分布的某一分位数确定。地震作用的标准值是在某一设计地震动作用下按规范规定的方法计算出的地震作用数值；重力荷载代表值是计算地震作用时采用的重力荷载值，其数值在中国建筑抗震设计规范中规定为结构和构配件自重标准值与有关可变荷载组合之和；可变荷载有雪荷载、层面积灰荷载、按等效均布荷载计算的楼面活荷载、吊车悬吊物等。

jianzhu kangzhen gouzao cuoshi

建筑抗震构造措施（seismic detailing of building） 采用被震害经验证明行之有效的细部构造，加强构件与构件间的连接，旨在提高建筑物抗震能力的工程抗震措施。抗震构造措施是抗震经验的总结，它所涉及的细部构造一般难以在计算模型中被具体模拟，但能以其确实可靠的效能，弥补计算分析的不足与简化模型无法顾及之处，是抗震设计中实现抗震概念设计原则、提高结构抗震能力的重要内容。

建筑抗震构造措施主要包括构件之间的连接方法，圈梁、构造柱、芯柱、抗震支撑等辅助构件的设置要求，构件尺寸与配筋的基本要求，结构易损部位的加强措施等。采取抗震构造措施可提高建筑物抵御地震的整体稳定性，提高结构、构件与节点的变形能力与耗能能力，提高薄弱部位的强度。

peijin

配筋（reinforcement assembly） 在混凝土构件中合理配置钢筋，使钢筋与混凝土共同工作实现预期性态的抗震构造措施。钢筋和混凝土分别是以承受拉力和压力为主的建筑材料，在混凝土构件中合理设置钢筋，可充分发挥钢筋和混凝土两者的力学性能，使构件具有适当的刚度、强度、延性和耗能能力。钢筋混凝土构件中有关钢筋设置位置、设置方式、配筋数量、钢筋直径、分布间距、钢筋连接与锚固、箍筋设置等的规定，是抗震构造措施的重要内容。

配筋率　钢筋混凝土受弯构件中若受拉钢筋用量过多（通称超筋），会出现钢筋尚未受拉屈服，而混凝土已达到极限压应变而产生脆性破坏的现象；若受力钢筋用量过少（通称少筋），混凝土将承担相当部分的拉力，一旦混凝土开裂钢筋则迅速屈服，也可能出现脆性破坏。钢筋用量得当（通称适筋）方可合理利用钢筋和混凝土两者的力学性能。适筋与超筋两种状态间的界限配筋率称为最大配筋率，少筋与适筋两种状态间的界限配筋率称为最小配筋率。

钢筋混凝土构件中纵向钢筋的截面总面积与构件有效横截面积的比值称为纵向配筋率；箍筋体积与相应混凝土体积的比值称为体积配箍率（亦称体积配筋率），它是由配箍特征值得出的。

由于配筋数量对钢筋混凝土构件的承载力、延性、耗能能力和破坏机理具有重要影响，故中国抗震设计规范区别构件抗震等级、轴压比和剪跨比等因素，针对受力筋和构造筋分别对配筋数量作出具体规定。其中主要包括：①框架梁端纵向受拉筋的最大配筋率，梁纵向钢筋的直径和根数；②柱纵向钢筋最小总配筋率和最大配筋率；③抗震墙竖向和横向分布钢筋的最小配筋率、钢筋间距和直径，抗震墙边缘约束构件在箍筋加密区范围内的纵向钢筋配筋率、钢筋直径、间距与根数；④配筋混凝土小型空心砌块墙体竖向和横向分布钢筋的最小配筋率，墙端边缘构件的最小配筋数量；⑤钢筋混凝土圈梁和构造柱的配筋要求等。

箍筋　亦称钢箍，是设置在钢筋混凝土构件纵向钢筋的垂直面内、紧贴纵向钢筋的环状封闭形约束钢筋。箍筋可承受剪力或扭矩，亦可防止受压纵筋压曲，还具有固定纵筋的位置、便于混凝土浇灌的作用。

箍筋有普通箍、复合箍及复合螺旋箍等不同形式。在体积配箍率相等的情况下，箍筋形式不同，对混凝土核芯的约束作用也不同。复合箍和螺旋箍与普通箍相比具有更好的抗震效能。

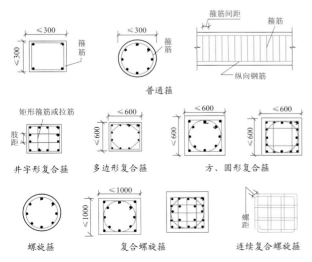

箍筋的形式

较小的箍筋间距能有效地约束混凝土的横向变形，提高构件的抗剪承载力和延性。因此，对于重要的钢筋混凝土构件或构件的特定部位，应采用箍筋加密措施。加密部位主要包括框架结构的梁端、框架柱柱头和柱根，底层柱、框支柱、一级和二级框架角柱、剪跨比小于2的短柱和框架节点核芯区，排架柱的柱头、柱根、牛腿、柱间支撑与柱的连接部位和柱变位受约束区段，以及山墙抗风柱的柱头与变截面部位等。中国建筑抗震设计规范规定了箍筋加密区的范围、最小体积配箍率和配箍特征值，箍筋的最小直径、最大间距和肢距等。

连接和锚固　方法和要求如下。

（1）钢筋连接可采用绑扎、机械连接和焊接等多种方式。①绑扎钢筋接头应满足最小搭接长度的要求，接头不宜处于构件最大弯矩处，各受力钢筋的绑扎接头位置应相互错开；在箍筋与纵向钢筋的交叉点、纵横向分布钢筋的交叉点，钢筋的绑扎应满足相关技术要求。②钢筋的机械连接有径向挤压套管接头、轴向挤压套管接头和锥螺纹钢筋接头等多种，它具有施工速度快、位置准确、安全可靠和节省钢材等优点，宜为抗震建筑采用。③钢筋焊接可利用闪光对焊机、电阻点焊机、电弧焊机、电渣压力焊机、埋弧压力焊机实施。抗震建筑中的受力钢筋可采用焊接接头，焊接接头不宜置于箍筋加密区范围内，同一构件内受力筋焊接接头应相互错开，接头数量和位置以及焊接质量应满足相关技术要求。

（2）钢筋应满足在混凝土构件或相连混凝土构件中的锚固要求。在混凝土构件中的钢筋端头、箍筋端头和拉接筋端头应按规定要求设置弯钩。钢筋应满足有关锚固长度和锚固措施的技术要求。例如，抗震建筑一级抗震墙底部加强部位的纵向钢筋宜延伸至相邻上层的顶板，小型空心砌块房屋芯柱中的竖向插筋应贯通墙身并与圈梁连接，与圈梁连接的构造柱内的纵筋应插过圈梁，底部框架-抗震墙房屋的钢筋混凝土托梁内的主筋和腰筋应按受拉钢筋的要求锚固于柱内。

peijinlü

配筋率（reinforcement ratio）　反映钢筋混凝土构件中钢筋配置数量的参数。见配筋。

gujin

箍筋（stirrup）　亦称钢箍。见配筋。

quanliang

圈梁（ring beam）　为加强房屋的整体性和抗变形能力，在砌体房屋中设置的水平约束构件，是经实践考验有效的砌体结构房屋的抗震构造措施。圈梁作为楼屋盖的边缘约束构件，可限制装配式楼屋盖的移位，防止预制楼板散开坍落；可提高楼屋盖的水平刚度，更有效地传递并分配层间地震剪力。圈梁与构造柱一起约束墙体，可限制墙体裂缝的开展和延伸，使墙体裂缝仅发生于局部墙段，并防止开裂墙体的倒塌；圈梁可加强纵横墙的连接，基础圈梁还可以减轻地震时地基不均匀沉陷与地表裂缝对房屋的影响。

圈梁有现浇钢筋混凝土圈梁、钢筋砖圈梁和木圈梁等多种，以现浇钢筋混凝土圈梁应用最多，木圈梁可用于生土房屋。

抗震建筑的圈梁设置要求如下。①圈梁应设置于砌体房屋的顶层、底层、中间各层和基础顶面；对于空旷房屋和单层厂房等，应在柱顶标高和墙体不同高度处设置圈梁。②当采用现浇或装配整体式钢筋混凝土楼屋盖时，允许不设圈梁，但楼板沿墙体周边应加强配筋，并与构造柱钢筋可靠连接。③现浇钢筋混凝土圈梁的截面高度一般不应小

圈梁示意图

于120 mm，钢筋为4ϕ10～4ϕ14，箍筋间距为150～250 mm；基础圈梁截面高度不应小于180 mm，配筋不应少于4ϕ12。④房屋各层圈梁应形成闭合约束，遇有洞口时应上下搭接，圈梁应设置于楼板标高处。圈梁应按要求设置于各层的外墙、内纵墙和内横墙，并应与构造柱连接；当规定应设置圈梁的横向位置无横墙时，应以楼板梁或楼板板缝中的配筋替代圈梁。

gouzaozhu

构造柱（tied column） 为加强结构的整体性和抗变形能力，在砌体结构房屋的特定部位设置的钢筋混凝土竖向约束构件，是经实践检验有效的砌体房屋的抗震构造措施。构造柱可大幅度提高砌体结构的抗变形能力，有构造柱的墙体的极限变形可达普通墙体的1.5～2倍，使砌体结构得以满足抗震延性的一般要求；构造柱与圈梁一起形成砌体墙的约束边框，可阻止裂缝发展，限制开裂后砌体的错位，使破裂的墙体不致散落，维持一定的竖向承载力。构造柱不但是防止砌体房屋倒塌的有效措施，还能在有限程度上提高墙体的抗震承载能力。

抗震建筑的构造柱设置要求如下。①砌体房屋的外墙

墙体转角处的构造柱施工

四角、错层部位横墙与外纵墙交接处、大房间内外墙交接处和墙体较大洞口的两侧，均应设置构造柱；另外，尚应区别设防烈度和房屋类型及层数，在楼电梯间四角、横墙与外纵墙交接处、山墙与内纵墙交接处、内外墙交接处、内墙较小墙垛处、内纵墙与横墙交接处以及较长的砌体墙中设置构造柱。②构造柱必须与砌体墙有良好的连接，应先砌墙后浇柱，连接处墙体应砌成马牙槎；构造柱沿高度每隔500 mm应设2ϕ6拉结钢筋或钢筋网片与墙体连接，每边伸入墙内不小于1 m。③构造柱最小截面可采用240 mm×180 mm（黏土砖房）或190 mm×190 mm（砌块房屋），纵向钢筋宜采用4ϕ12～4ϕ14，箍筋间距不宜大于200～250 mm；柱的上下端箍筋应适当加密。④构造柱必须与圈梁相连，柱内纵筋应穿过圈梁，形成由竖向和水平向钢筋混凝土边框组成的约束体系。构造柱可不单独设置基础，但应伸入室外地面下500 mm，或插入埋深小于500 mm的基础圈梁内。

kangzhen zhicheng

抗震支撑（seismic bracing） 为提高单层工业厂房或结构类似的单层空旷房屋的整体性、抗震稳定性和耗能能力，在屋盖构件间和柱间设置的支撑构件，是重要的抗震构造措施。抗震支撑包括屋盖支撑和柱间支撑，柱间支撑可设置阻尼器成为耗能支撑。

屋盖支撑 包括屋架上弦的横向和纵向支撑、下弦的横向和纵向支撑、竖向支撑、水平系杆和天窗架支撑（图1）。

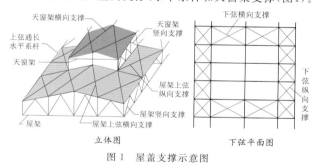

图1 屋盖支撑示意图

支撑系统可提高屋盖的整体空间稳定性，防止屋架上、下弦杆的出平面失稳，构成可靠的传力体系并提高房屋的整体刚度。

屋盖支撑应根据房屋跨度、高度，柱网布置，屋盖形式，抗震设防烈度及荷载作用等设置。

（1）对于有檩或无檩屋盖均应在屋架上弦和天窗上弦平面内设置上弦横向支撑；上弦横向支撑一般设在房屋单元两端第一个柱间，以利于直接传递水平力。当屋架下弦作为抗风柱的支点，或厂房有桥式吊车或悬挂吊车及锻锤等振动设备时，宜设置下弦横向支撑；下弦横向支撑应与上弦横向支撑位于同一柱间，旨在组成稳定的空间结构体系。当采用有檩屋盖、柱距较大、屋架用托架支承或厂房有桥式吊车和锻锤等振动设备时，宜设置下弦纵向支撑；下弦纵向支撑通常沿纵向柱列设在屋架下弦的端节间内，旨在与下弦横向水平支撑形成封闭的支撑体系。横向与纵向支撑一般采用斜杆，根据屋架高跨比分别采用人字形或交叉支撑形式。

（2）竖向支撑是形成稳定的、几何不变的屋盖空间体

系不可缺少的构件，凡设有横向支撑的柱间，都应根据屋架形式、跨度大小及抗震设防烈度在屋架中设置跨中和跨端竖向支撑。

（3）系杆可保证未设横向支撑的屋架弦杆的稳定性，因此，对未设横向支撑的屋架及天窗架均应沿房屋纵向设置通长系杆。系杆分为承受压力的刚性系杆和只承受拉力的柔性系杆两种，系杆必须与横向支撑节点相连才能起到支撑作用。

（4）屋盖的天窗亦应设置天窗屋架的上下弦横向支撑及天窗架跨端的竖向支撑。

柱间支撑 设置在房屋纵向柱间的重要抗侧力构件，可提高房屋的纵向稳定性和刚度，抵抗纵向地震作用并将吊车纵向刹车力和山墙风力传递至基础。不设支撑或支撑过弱，地震时会导致柱列纵向变位过大，柱子开裂甚至倒塌；如支撑设置不当或支撑刚度过大，则可能引起柱身和柱顶联接的破坏。吊车梁以上的柱间支撑称为上柱支撑，吊车梁以下柱间支撑称下柱支撑。

（1）一般情况下，应在厂房中部设置上、下柱间支撑；在高烈度区宜在厂房两端增设上柱间支撑。

（2）下柱间支撑的下节点位置和构造措施，应保证将地震作用直接传给基础，应考虑支撑作用力对柱与基础的不利影响。

（3）柱间支撑的刚度应适宜，须控制支撑的长细比，避免支撑过弱或过强产生抗震不利影响。

（4）为更有效传递纵向地震作用，在高烈度区（8、9度）宜在柱顶端设置通长水平系杆，柱顶系杆按受压杆计，系杆与柱顶的节点应能抗压和抗拉。

（5）柱间支撑与柱连结节点焊缝及柱内锚固件应与支撑杆件等强，避免节点过早破坏。

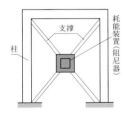

图 2 带消能内框的柱间支撑

柱间支撑有交叉支撑、门形支撑、八字形及人字形支撑等多种形式。交叉支撑是最常用的形式。

消能支撑 在柱间交叉支撑的斜杆交接处设置框形软钢滞变阻尼器吸收地震能量的一种支撑形式（图 2）。消能支撑的延性系数、阻尼比均比普通交叉支撑高，但刚度略低。在正常使用条件下，消能支撑处于弹性受力状态；在强大侧力作用下，阻尼器屈服耗能，减少支撑斜杆的拉压变形；震后支撑易于修复，适于高烈度地震区采用。

xinzhu

芯柱 （core column） 为增加混凝土空心砌块房屋的整体性和延性，提高其抗震能力，在墙体一定部位的砌块竖孔内浇注的钢筋混凝土柱。芯柱作用与构造柱类似，但设置位置比构造柱更灵活，设置要求比构造柱更严格。混凝土空心砌块多层房屋墙体抗剪承载力的计算应计入芯柱的影响，并根据灌孔数量采用芯柱参与工作系数。

混凝土空心砌块房屋的外墙转角、楼梯间四角、大房间内外墙交接处、横墙与外纵墙交接处必须设置芯柱；根据抗震设防烈度和房屋层数不同，尚应在山墙与内纵墙交接处、内纵墙与横墙交接处、墙体洞口两侧设置芯柱；对

应不同设置位置，应满足灌孔芯柱的数量要求。

旨在提高墙体抗震承载力而设置的芯柱，宜在墙体内均匀布置，最大间距不宜大于 2.0 m。芯柱截面积不宜小于 120 mm×120 mm，灌孔混凝土强度等级不应低于 C20；孔内竖向插筋应贯通墙身且与每层圈梁连接，插筋数量不应小于 1 φ12～1 φ14。芯柱应伸入室外地面下 500 mm 或与埋深小于 500 mm 的基础圈梁相连。芯柱与墙体连接处应沿墙高每隔 600 mm 设拉结钢筋网片，网片可由直径 4 mm 的钢筋经电焊制成，网片每边深入墙内不宜小于 1 m。

配筋混凝土空心砌块抗震墙房屋墙体中的芯柱设置数量远高于一般混凝土空心砌块多层房屋。芯柱中的钢筋可单排设置，钢筋最小直径为 12 mm，芯柱最大间距为 600 mm；在顶层和底层芯柱间距尚应适当减小。竖向、横向分布钢筋的最小配筋率范围为 0.10%～0.13%。芯柱的灌芯混凝土应满足坍落度大、流动性和和易性好、能与砌块良好结合的要求，灌芯混凝土的强度等级不应低于 C20。

shuiping jiaqiangceng

水平加强层 （horizontal rigid belt） 高层和超高层建筑中设置水平刚性梁或桁架等加强构件的楼层。水平加强层又称刚性层，可使框架-核心筒结构的外柱参与整体抗弯，从而增加结构整体抗侧刚度，减小核心筒的弯距和结构的侧移。

未设加强层的框架-核心筒结构，由于楼面梁刚度较小不能对核心筒在水平地震作用下产生的横截面转动起到有效的约束作用，结构会产生较大的侧向变形和倾覆力矩，且倾覆力矩绝大部分将由核心筒承受。建筑层数越多，核心筒将越趋向弱，很难抵抗巨大的弯矩。在框架-核心筒结构体系中设置刚度很大的加强层后，由于水平加强构件（桁架）变形极小，可加强内筒与外框架的联系，使筒与框架变形协调；核心筒弯曲时，其横截面将受外柱变形的限制，外柱拉伸和压缩产生的力矩将平衡部分倾覆力矩，从而使核心筒受力减小，整体刚度提高、侧移减小。但是，设置加强层也会改变体系内力，产生复杂乃至不利的影响。

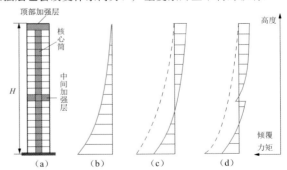

加强层对核心筒倾覆力矩的影响
（a）设加强层的结构；（b）无加强层；
（c）设顶部加强层；（d）设顶部和中间加强层

水平加强层的设置位置与其效能密切相关，优化设置位置的研究为工程设计所关注。实际工程中，水平加强层一般布置在建筑顶层和设备层。当只设一道加强层时，加强层常取顶层或接近顶部的楼层；两道加强层多位于顶部和建筑物半高处。在平面上，加强层构件应沿建筑四周布置，且连接核心筒和框架柱。

zhuanhuanceng

转换层（transfer floor）　为满足使用功能要求和构建合理的传力途径，在高层建筑中结构类型不同或承载构件轴线不同的上下部分间设置的水平转换结构，亦称过渡层。

现代高层建筑具有功能多样性，同一座建筑因使用功能不同，沿高度方向的结构类型可能发生变化，如上层为剪力墙结构但下层为框架结构，或结构类型同为框架但下层柱网间距更大。例如一座高层建筑上部楼层为小开间的公寓，中间部分为开间较大的办公室，下部则为大空间的商场或停车场等。

根据结构分析原理，高层建筑下部承受的重力荷载效应以及风和地震引起的侧向作用效应相对上部更大；故一般建筑下部剪力墙应较多，框架柱网应较密，刚度应更大。上部为小开间下部为大空间的结构布置方式违反了上述结构布置规则，造成了不利的受力状态。在适应建筑使用功能要求的前提下，为使上部结构的荷载能有效传递到下部并保障结构整体的安全，设置各种形式的结构转换层是必需和有效的。

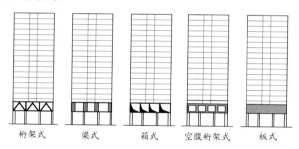

| 桁架式 | 梁式 | 箱式 | 空腹桁架式 | 板式 |

结构转换层示意图

转换层的结构形式有梁式、板式、桁架式及箱式等多种。为在外框筒中形成宽阔的入口，可采用梁式、桁架式或拱式转换层；内部大空间的形成可借助梁式、桁架或空腹桁架式、箱式和板式转换层。为承受结构荷载和传递水平力，转换层一般体形庞大、受力复杂；应进行转换层的抗震计算分析和验算，并满足抗震构造措施要求；转换层可结合设备层设置。

louwugai

楼屋盖（diaphragm plate）　建筑物各楼层之间和屋顶承受重力荷载并传递水平力的结构，设于楼层之间者称楼盖，设于屋顶者称屋盖。

分类　楼盖大多为梁板构件组成的平面结构，屋盖除平面结构外尚有桁架、网架、悬索、索网、拱等不同结构形式（见大跨空间结构）。

楼屋盖依其自身平面内的变形状态，一般可分为刚性、中等刚性及柔性三类。刚性楼屋盖的平面内刚度与墙柱的侧向刚度相比甚大，一般可忽略其平面内的变形，如现浇钢筋混凝土楼屋盖、装配整体式钢筋混凝土楼屋盖以及压型钢板与现浇混凝土的组合楼盖等。柔性楼屋盖自身平面内刚度较小，各支承处的变形存在差异，如木板和梁组成的楼屋盖。混凝土预制板拼接构成的装配式钢筋混凝土楼屋盖，其刚度介于刚性与柔性两者之间，可称为中等刚性楼屋盖。

平面结构楼屋盖的抗震要求如下。

抗震计算　除特殊重要的框支抗震墙结构的框支层楼板和高层建筑转换层外，一般楼屋盖无须进行抗震计算分析。然而，抗震设计中楼屋盖的变形状态将影响各抗侧力构件所承受的地震作用，应采用适当的计算方法。

采用有限元模型进行结构抗震分析时，楼屋盖可划分单元并计算其平面内及出平面变形，刚性楼盖的平面内刚度通常取为无穷大。

采用层模型计算结构地震作用时，可区别楼屋盖刚性的差异确定同一层中各抗侧力构件的地震作用。刚性楼屋盖结构的楼层地震剪力，依各抗侧力构件的侧向刚度分配；柔性楼屋盖结构的楼层地震剪力，依各抗侧力构件所承受的重力荷载分配。计算中，某一竖向构件承受的重力荷载可取与相邻竖向构件之间一半楼屋盖面积上的重力荷载。中等刚性楼屋盖结构的楼层剪力分配，介于刚性和柔性楼屋盖两者之间。

构造措施　楼屋盖应加强自身的整体性及其与相关抗侧力构件的连接。主要措施如下。

装配整体式钢筋混凝土楼屋盖应满足现浇层厚度的要求。框架-抗震墙结构中，抗震墙间的楼屋盖不应有大洞口且应满足规定的长宽比要求。板柱结构的无柱帽楼屋盖宜在柱上板带中设构造暗梁，并满足板底配筋要求。砌体房屋在装配式混凝土楼屋盖及木楼屋盖处应设圈梁，预制混凝土楼屋盖要满足在墙上的搭接长度要求和连接要求，同一结构单元的楼屋盖应处于同一标高，避免错层。内框架结构房屋应采用刚性楼屋盖，并加强与墙体和构造柱的连接。高层钢结构应采用刚性楼屋盖并设水平支撑，楼屋盖与钢梁应可靠连接。

某些结构部位的楼屋盖应特殊加强。例如，支承上部结构的地下室顶板应采用现浇混凝土梁板结构，避免开大洞口，且满足厚度、混凝土强度和配筋的要求。框支抗震墙结构的框支层楼盖应双层双向配筋，并满足厚度、混凝土强度和配筋率的要求，楼盖边缘和较大洞口周边应设边梁。高层筒体建筑转换层应采用刚性结构，高烈度区不宜使用混凝土厚板转换层，不应设大洞口；转换层上部抗侧力构件应支承于转换层主结构，转换层应与墙、筒可靠连接。

单层钢筋混凝土柱厂房有檩屋盖的檩条应与屋架焊牢，并有足够的支承长度，双脊檩应相互连接，屋面应设抗震支撑；无檩屋盖的屋面板应与屋架焊牢并设支撑。单层砖柱厂房屋盖应设支撑，檩条与山墙连接处应设卧梁。土、木、石结构房屋宜使用轻型屋面材料；檩条支承处应设垫木，加强构件连接。

zhouyabi

轴压比（axial load ratio）　混凝土柱、墙的组合轴压力设计值与柱、墙的设计抗压承载力的比值。

轴压比 n 由下式计算：

$$n = N/(f_c A)$$

式中：N 为组合轴压力设计值；f_c 为混凝土抗压强度设计值；A 为柱、墙构件的横截面面积。

轴压比是影响钢筋混凝土柱、墙变形能力和破坏形态的重要参数。小轴压比构件的破坏形态为受拉钢筋首先屈服的大偏心受压破坏，大轴压比构件的破坏形态是受压区混凝土压碎而受拉钢筋尚未屈服的小偏心受压破坏。混凝土构件的延性随轴压比增大急剧下降。钢筋混凝土结构的抗震设计应限制轴压比,以保证柱、墙有必要的延性,不出现小偏心受压破坏。中国抗震设计规范规定,随抗震等级的不同,柱的最大轴压比应控制在 0.6～0.95 范围内,墙的轴压比控制在 0.4～0.6 范围内;其他国家抗震设计规范中对轴压比的限制更为严格。

为满足抗震设计中对轴压比限值的要求,混凝土构件可采用高强混凝土,柱可采用复合螺旋箍筋或设置核芯柱;使用钢-混凝土组合结构柱（如钢管混凝土柱或钢骨混凝土柱）也是提高柱的受压承载力、改善变形能力的有效途径。单纯增大柱的截面尺寸在减小轴压比的同时会形成短柱,对抗震不利。

goujian changxibi
构件长细比 （slenderness ratio）
钢结构构件的计算长度与截面回转半径之比,它直接反映了构件的柔度,可用以确定压杆的临界应力。

构件长细比与钢结构震害有关,长细比越大损坏越严重;震害率随构件长细比减小而降低。在水平荷载作用下,拉、压支撑构件是共同工作的,长细比较大的压杆容易压屈,导致强度迅速下降,使地震作用大部分转移到拉杆上,造成拉杆受力过大乃至连接点拉脱破坏。因此,对构件长细比加以限制是必要的。

杆件的计算长度 L_0 又称自由压屈长度,是杆件受压挠曲线两个反弯点间的距离,其数值等于其几何长度 L 与计算长度系数的乘积,该系数的大小与压杆两端的支承条件即所受约束情况有关。如两端铰支的轴压杆件,计算长度 $L_0=1.0L$;一端固定、一端铰支的轴压杆件,计算长度为 $0.7L$;两端固定杆的计算长度为 $0.5L$。杆截面的回转半径为其惯性矩与截面面积之比的平方根。截面面积相同情况下,截面对其主轴的惯性矩愈大,其回转半径也愈大。

抗震设计中,在轴压杆件具有相同截面面积时,应尽可能选用回转半径大的截面。单层钢筋混凝土柱厂房上柱支撑长细比不宜超过 250,下柱支撑长细比不宜超过 200。单层钢结构厂房当 $\rho<0.15$（ρ 为钢柱组合轴压力设计值与按屈服强度计算得到的承载力之比）时,柱的最大长细比为 150;$\rho\geqslant0.15$ 时,Ⅰ级钢柱最大长细比为 $120(1-\rho)$,Ⅱ级钢柱最大长细比为 $100(1-\rho)$。高层钢结构框架柱和中心支撑杆件对应不同设防烈度的长细比限值为 120～60,非高层钢结构的中心支撑杆件对应不同设防烈度的长细比限值为 200～120。

jianzhu feijiegou goujian kangzhen
建筑非结构构件抗震 （earthquake resistance of non-structural member of building）
建筑非结构构件一般泛指不作为结构主体承受和传递地震作用的建筑构件和支承在结构上的建筑附属设备,有些文献中的非结构构件专指建筑构件。

建筑构件包括:砌筑在屋顶周边的女儿墙,在框架柱间嵌砌的起隔离作用的填充墙,其他非承重墙,附着于结构构件的装饰和部件,大型广告板、商标和标志,储物架,固定在主体结构上的玻璃幕墙等。建筑附属设备包括:屋顶天线等通信设备,采暖和空调系统,烟火监测和消防系统,电气设备,电梯,应急电源,屋顶水箱和各类管道等。

非结构构件在地震作用下发生损坏尽管不涉及主体结构的抗震承载能力,但将影响建筑使用功能,危及人身和周边物体的安全,造成经济损失。为防止地震时非结构构件自身及其与主体结构的连接破坏,设计时应根据抗震要求进行计算分析和采取抗震措施。建筑附属设备的抗震设计一般以设备自身不发生地震破坏为前提,主要考虑其与主体结构的连接和锚固。建筑非结构构件在地震作用下的功能保障是性态抗震设计的重要内容,有待进行深入研究。

feijiegou goujian de dizhen zuoyong
非结构构件的地震作用 （seismic action of non-structural member）
非结构构件承受的地震惯性作用。

非结构构件附着于结构主体,其所承受的地震作用不仅取决于自身质量与刚度,且与连接方式、主体结构动力性能和地震动特性有密切关系。严格地讲,只有将其作为结构体系的一部分,通过建筑整体的结构地震反应分析才能合理地估计其地震作用。由于非结构构件种类和数量繁多、分布复杂且动力特性各异,故包括非结构构件的整体分析模型将十分繁杂,难以建立。考虑非结构构件对结构主体地震反应影响不大,一般采用简化方法估计其地震作用,这些简化分析方法大致有以下几种。

（1）非结构构件设计地震作用 F 为构件重力与地震地面加速度系数及其他计算系数的乘积,如美国有关规范规定
$$F = A_v C_e \rho W_c$$
式中:A_v 为地震地面加速度系数,即地震动加速度峰值与重力加速度的比值;C_e 为建筑非结构构件的动力系数（0.6～3.0）;ρ 为非结构构件的性能系数（0.5～1.5）;W_c 为非结构构件重力。

（2）日本《新耐震设计法》（1980）规定,非结构构件的地震作用为构件重力与构件地震系数的乘积,构件的水平地震系数区别不同结构类型取 0.5～1.0,水平悬臂构件的竖向地震系数取 1.0。

（3）非结构构件的设计地震作用 F 利用设计反应谱计算,并考虑构件所在高度等因素的影响,如希腊有关规范规定
$$F = 3F_x \frac{W_c}{W} \frac{1}{\beta}$$
式中:F_x 为非结构构件所在标高 x 处的建筑物的地震作用;W_c 为非结构构件重力;W 为建筑物重力;β 为动力放大系数,由建筑结构自振周期和场地条件根据设计反应谱确定。

（4）用楼层反应谱计算非结构构件的设计地震作用,其一般算式为
$$F = C\gamma\beta W_c$$
式中:F 为沿不利方向作用于非结构构件重心的水平地震作用标准值;C 为非结构构件功能系数,由相关技术标准根据设防类别和使用要求确定;γ 为非结构构件类别系数,由相关技术标准根据构件材料性能确定;β 为对应非结构构件的楼层反应谱值,与设防烈度、非结构构件自振周期、结构体系自振周期、非结构构件所在的位置有关;W_c 为非结构构件的重力。

计算得出的地震作用效应与其他荷载效应组合后进

行抗震验算；幕墙应与风荷载效应组合，容器类设备应与运行温度、工作压力等效应组合。

见建筑附属设备抗震设计。

feijiegou goujian kangzhen cuoshi

非结构构件抗震措施（seismic measure of non-structural member）　防止地震时非结构构件自身及其与主体结构的连接发生破坏所采取的工程措施。建筑非结构构件自身及其连接件、预埋件、锚固件等均应采取加强措施以承受地震作用，防止构件破坏坠落危及周边人员和结构，避免建筑功能受损，减少经济损失。

中国建筑抗震设计规范规定，非承重墙体的材料和布置应根据设防烈度、房屋高度、结构层间变形能力、墙体自身抗侧力能力综合确定。①钢筋混凝土结构和钢结构中的非承重墙体一般宜采用轻质墙体材料，单层钢筋混凝土柱厂房的围护墙宜采用轻质墙板或钢筋混凝土大型墙板，钢结构厂房的围护墙宜采用轻质墙板或与柱柔性连接的钢筋混凝土墙板。②墙体与主体结构应有可靠的拉结，应适应主体结构不同方向的层间位移。多层砌体结构中，后砌的非承重隔墙沿高度每隔一定距离应配置与承重墙相连的拉结钢筋；钢筋混凝土结构中的砌体填充墙宜与柱脱开或采用柔性连接；厂房的砌体围护墙宜采用外贴式并与柱可靠拉结。位于人员出入口上方的砌体女儿墙应与主体结构锚固。③各类顶棚的构件及其与楼板的连接件，应能承受顶棚、悬挂重物的自重和地震附加作用；悬挑雨篷应与主体结构可靠连接。④玻璃幕墙、预制墙板、附设于楼屋面的悬臂构件和大型储物架的抗震构造，均应符合有关技术标准的规定。

建筑附属设备亦应采取相应的抗震措施（见建筑附属设备抗震设计）。

zhongguo gujianzhu de kangzhen jingyan

中国古建筑的抗震经验（earthquake resistance experience of ancient building in China）　中国古建筑物如明清时期及以前的宫殿、寺庙、园林、皇陵等已历经了数百乃至上千年的风雨，经受了多次强烈地震，有些建筑至今仍然完好。例如，北京故宫自建成至今经历过 20 多次地震，其中较大的有 1484 年北京居庸关地震、1679 年河北三河—平谷地震、1730 年北京西北郊地震及 1976 年河北唐山地震，但众多建筑至今仍保持完好；建于 984 年的河北蓟县独乐寺观音阁，在唐山地震中遭受Ⅶ度地震烈度影响仍较完好；建于 1056 年的山西应县佛宫寺木塔已有 900 多年历史，历经 1305 年山西怀仁—大同地震、1626 年山西灵丘地震（分别经受Ⅷ度和Ⅶ度地震作用），至今巍然屹立。

存留至今的中国古建筑多属木结构，其营造手法和施工工艺有很多独到之处。为保证建筑的营造质量和便于工程施工的审查管理，历史上很多朝代编撰了类似于现代建筑设计规范和施工规程之类的法规，如宋代的《营造法式》和清代的《工程做法》。书中含木构做法、工程匠作做法、用料定额和用工定额等若干卷；规定了殿堂型建筑、城门楼、角楼、方圆亭子等的木构件尺寸，成为一种示例性建筑设计方案；匠作做法中规定了木作、石作、瓦作、土作的做法。这些法规保证了古建筑的营造质量。

长期以来古建筑所采用的构架、墙、拱和悬索等结构形式等都可形成合理的抗震结构体系。具有良好抗震能力的中国古代木结构建筑除体形规则、均匀对称、高宽比较小等各类古建筑共同的抗震有利因素外，其抗震能力尚与以下因素有关。

（1）木材密度较其他建筑材料小，地震时受到的惯性作用也较小；木构件还具有良好的韧性和弹性。

（2）宫殿、衙署、庙宇等建筑的选材都是优质木材；为了防止风雨浸蚀，建筑的木构件用精制的灰泥与麻布相间涂抹和包缠数层，然后磨光表层，涂刷数道油漆，可经久不腐。

（3）古代的宫殿、寺庙、塔、亭等一般都建有高台基，建筑高离地面可不受雨水浸蚀；石砌柱基深入台基；建筑地基采用密实的素夯土；建筑阶基甚至用糯米浆合砌，部分地基亦经糯米浆处理，地基基础坚韧牢固。

山西应县佛宫寺木塔历经多次地震依然完好

（4）古建筑的木柱多浮放置于基础石磉上，在侧向荷载作用下，木柱有较强的变位能力，可以延长建筑的自振周期，避开地震动的高频成分且利于振动能量的耗散。建筑竖向由多个结构层组成，层层浮置，在强烈地震作用下可发生滑移并耗能；如屋盖与柱框间设置铺作层即为典型的摩擦耗能结构。

（5）无论是抬梁式木构架或穿斗木构架，均有良好的整体性和变形能力。梁式构件间往往嵌有板件，构件连接部设置替木，提高了构件的抗弯刚度，改善了受力状态。构件之间的连接既非刚性连接亦非铰接，在侧力作用下能传递部分弯矩，同时产生变形，在保持稳定的前提下具有变形和耗能能力。

（6）宫殿、庙宇建筑中的墙多数不承受屋顶荷载；山墙、檐墙、廊心墙的砖在砌筑时被磨平、浸湿、灌浆，砌筑质量优良，墙体牢固；柱间实体砖墙及砖垛可发挥抵抗地震侧力的作用。

构 筑 物 抗 震

gouzhuwu kangzhen

构筑物抗震（earthquake resistance of construction） 防御和减轻构筑物地震破坏的理论与实践。

构筑物一词源于俄文 coopyжение，一般泛指房屋以外的土木工程结构，但并无严格统一的定义；构筑物与大型工业设备之间亦无明确的界限。中国土木工程界广泛使用的构筑物一词与日本的"土木工程"具有大体相同的内涵，但在英语中并无相应的专业词汇。广义的构筑物包括挡墙、烟囱、水塔、储水池、散状物料储仓、矿井塔架、通廊、管道、电厂冷却塔、电视塔、微波塔、高炉系统、水闸、船闸、码头、海洋平台、桥梁、堤坝、隧道乃至设备支承和基础等，多见于生命线系统，广泛应用于国民经济各个行业。

构筑物抗震是工程结构抗震的重要内容，其理论基础和原则方法与建筑抗震相同，但应考虑更多、更复杂的影响因素。

特点 构筑物抗震区别于建筑抗震的主要特点如下。

（1）尽管构筑物的建造材料与房屋建筑相同，一般为土、砌体、混凝土和钢，但其结构类型更为复杂，除与地面建筑类似者外，尚有架空、悬吊、埋地等多种构筑方式，不乏体形特殊而不规则者。

（2）构筑物具有各不相同的特定使用功能，与生命线工程相关的构筑物往往具有超出一般房屋的特殊重要性，是关系国计民生的重要基础设施。

（3）构筑物在场址选择中可能面对范围更大、更复杂的自然环境，体形长大的构筑物如长桥和大坝将承受地震动多点输入。

（4）构筑物在运行中除承受重力荷载、风荷载和地震作用外，还往往承受外界的土压力和水压力，结构内部的液、气压力乃至高温和腐蚀等作用。

（5）单体构筑物往往是实现某一特定功能的结构群体的一部分，相关结构间的功能联系和动力相互作用显著。

（6）构筑物在地震作用下的破坏机理比房屋建筑更为复杂，但震害经验却不如房屋建筑丰富；海洋平台、核电厂安全壳和大型钢结构桥梁尚无实际震害资料。

由于各种构筑物具有特殊的使用功能，其抗震设防目标、抗震设防标准和抗震设防分类的表述与一般建筑结构不同；抗震设计要求与抗震计算方法各有具体规定。重要构筑物的抗震设计通常须进行专门的地震地质背景分析和环境抗震安全性评价。由于缺乏构筑物的丰富震害经验，在构筑物抗震研究中除借助数值模拟之外，模型试验备受关注。地震模拟振动台台阵的研制和应用主要服务于多跨和大跨桥梁的多点地震动输入反应研究，日本的大型地震模拟振动台则主要用于大比例尺核反应堆设施的抗震性能研究。构筑物抗震的理论和技术研究相对房屋建筑更较复杂和困难。

技术标准 作为抗震研究的成果和工程实践的指南，日、美等国均编制了各类构筑物的抗震技术标准。如美国的《固定式海洋平台规划设计和施工条例》（API RP2A—WSD 1993）和《加州运输部桥梁抗震设计法则》（1.1 版 1999），日本的《道路桥示方书·同解说Ⅴ.耐震设计篇》（1996）等。

中国的构筑物抗震设计始于烟囱、水塔、水工建筑和桥梁，至 20 世纪 90 年代，适用于各类构筑物的抗震设计规范大多编制完成，并进行了修订。这些技术标准主要涉及室外给水排水和燃气热力工程、核电厂、铁路工程、公路工程、水工建筑物、电力设施、石油化工构筑物、水运工程、输油（气）钢质管道和其他各类工业设施。另外，各类构筑物抗震鉴定加固技术标准亦已颁布实施。

gouzhuwu kangzhen shefang mubiao

构筑物抗震设防目标（seismic protection object of construction） 对预期地震作用下构筑物所应具备的抗震能力的一般表述。

构筑物具有各不相同的特殊使用功能，且结构类型、环境作用十分复杂，故其抗震设防目标的表述与房屋建筑有所不同。中国相关技术标准中关于构筑物抗震设防目标的表述方式一般分为三类。

（1）与建筑抗震设防目标类似，就多遇地震烈度、设防烈度和罕遇地震烈度作用下的构筑物性态分别表述，即：结构遭受低于本地区抗震设防烈度的多遇地震影响时，一般不受损坏或不须修理可继续使用；遭受相当于本地区抗震设防烈度的地震影响时，可能损坏，经一般修理或不须修理仍可继续使用；遭受高于本地区抗震设防烈度的罕遇地震影响时，不致倒塌或发生危及生命及导致重大经济损失的严重破坏。

这种抗震设防目标的表述见诸于中国《构筑物抗震设计规范》（GB 50191—93）、《电力设施抗震设计规范》（GB 50260—96）、《石油化工构筑物抗震设计规范》（SH/T 3147—2004）和《室外给水排水和燃气热力工程抗震设计规范》（GB 50032—2003）。

严格地讲，只有性态要求与房屋建筑相似的构筑物，才能采用这种表述方式。

（2）仅就设防烈度地震作用下的构筑物性态进行表述。即：经抗震设计的结构应能抵抗设防烈度地震，如有局部损坏经一般修理仍可继续使用。

中国《水工建筑物抗震设计规范》（SL 203—97）、《公路工程抗震设计规范》（JTJ 004—89）、《铁路工程抗震设计规范》（GBJ 111—87）和《水运工程抗震设计规范》（JTJ 225—98）均采用这类表述方式。如《公路工程抗震设计规范》（JTJ 004—89）规定：遭遇基本烈度地震影响时，位于一般地段的高速公路和一级公路工程，经一般修理即可正常使用；位于一般地段的二级公路工程及位于软弱黏性土层或液化土层上的高速公路、一级公路工程，经短期抢修即可恢复使用；三、四级公路工程和位于抗震危险地段、软弱黏性土层或液化土层上的二级公路以及位于抗震危险地段的高速公路、一级公路工程，其桥梁、隧道以及重要构造物不发生严重破坏。

采用上述设防目标的原因，在于这类构筑物的功能丧失将对社会经济产生重大影响，应确保其在设防烈度地震作用下可维持使用功能，不发生严重损坏，不导致次生灾害。

由于对构筑物破坏机理的认识尚不完善，相关抗震技术亦不成熟，对大震作用下的结构性态缺乏了解，且防止局部损坏的抗震设计可能造成经济上的不合理，故未对构筑物在小震和大震作用下的性态作出明确规定。

（3）具有特殊重要性、一旦发生损坏将造成极其严重后果的构筑物具有特定的抗震设防目标，如核电厂抗震设防目标。

构筑物抗震设防标准（seismic protection lever of construction） 基于构筑物分类，权衡工程可靠性需求和经济技术水平规定的抗震设防基本要求。

各种构筑物的功能、规模和场地条件不同，遭遇地震后所造成的社会经济影响也存在差异，故应区别这些差异采用不同的设计地震动参数和抗震措施，使重要构筑物具有更强的抗震能力。分类不同的构筑物，可实现的抗震设防目标实际有所差别。不同技术规范对相关构筑物抗震设防标准的规定示例如下。

《构筑物抗震设计规范》（GB 50191—93）规定，构筑物依抗震重要性分为四类。甲类构筑物应经专门研究确定设计地震动参数，并应采取特殊的抗震措施；乙类构筑物按设防烈度确定设计地震动参数，且提高一度采取抗震措施；丙类构筑物按设防烈度确定设计地震动参数和抗震措施；丁类构筑物可按设防烈度降低一度采取抗震措施，但当设防烈度为 6 度时不宜降低。《石油化工构筑物抗震设计规范》（SH/T 3147—2004）关于抗震设防标准的规定与上述要求类似。

《公路工程抗震设计规范》（JTJ 004—89）规定，公路构筑物分为四类。特别重要的特大桥梁，宜经烈度复核或地震危险性分析确定设计地震动参数。不同类别的构筑物在抗震分析中采用不同的重要性修正系数。一般构筑物按基本烈度采取抗震措施，高速公路和一级公路上的抗震重点工程可按基本烈度提高一度采取抗震措施。《铁路工程抗震设计规范》（GBJ 111—87）有关抗震设防标准的规定与此类似。

《水工建筑物抗震设计规范》（SL 203—97）规定，水工建筑物分为四类。一般水工建筑物依基本烈度确定设计地震动参数，大型水利工程应依地震危险性分析确定设计地震动参数。不同结构采用不同的反应谱放大系数。甲类水工建筑物可按基本烈度提高一度进行抗震设计。

《化工建、构筑物抗震设防分类标准》（HG/T 20665—1999）规定，化工构筑物分为四类。甲类构筑物应提高一度进行抗震设计；乙类构筑物分为乙 1 和乙 2 两类，前者应提高采用抗震措施，后者应选用对抗震有利的场地、结构体系和材料；丙类构筑物依设防烈度进行抗震设计；丁类构筑物可降低采用抗震措施。

构筑物抗震设防分类（construction classification for seismic protection） 考虑各类构筑物的重要性、使用功能、震害后果、损坏后修复的难易程度以及在救灾中的不同作用，从抗震角度对构筑物所作的分类。

由于结构特点和使用功能不同，各抗震设计规范中有关构筑物抗震设防分类的规定并不一致。《水工建筑物抗震设计规范》（SL 203—97）、《公路工程抗震设计规范》（JTJ 004—89）、《构筑物抗震设计规范》（GB 50191—93）和《石油化工构筑物抗震设计规范》（SH/T 3147—2004）将相关构筑物划分为甲、乙、丙、丁或 I、II、III、IV 四类，分别隐含"特殊重要""重要""一般"和"次要"的意义。区别不同分类的指标含构筑物的重要程度、使用功能和作用范围的差异、规模大小和构筑物的等级（如公路工程和水工建筑物的等级）等。

《化工建（构）筑物抗震设防分类标准》（HG/T 20665—1999）亦将构筑物分为甲、乙、丙、丁四类，但根据重要性不同，乙类构筑物又再分为乙 1 和乙 2 两类。《电力设施抗震设计规范》（GB 50260—96）将相关构筑物分为"重要""一般"和"次要"三类。

《室外给水排水和燃气热力工程抗震设计规范》（GB 50032—2003）将相关构筑物分为"重要"和"一般"两类。有些规范未就抗震设防分类作出明确规定，但具体条款中包含对相关构筑物区别对待的规定。

核电厂构筑物因其使用功能、运行环境与一般构筑物有很大不同，故分类标准有其特殊的表述（见核电厂物项分类）。

中国抗震设计规范中有关构筑物抗震设防分类的表述一般是定性的、原则的。为便于设计者针对具体工程进行分类并采用不同的设计要求，国家有关部门又编制了更为细致具体的抗震设防分类标准，如《化工建（构）筑物抗震设防分类标准》（HG/T 20665—1999）、《石油化工企业构筑物抗震设防分类标准》（SH 3069—95）等。

构筑物抗震设计地震动（design ground motion of construction） 构筑物抗震设计中采用的输入地震动，含地震动幅值、设计反应谱和地震动加速度时间过程。中国采用的抗震设计地震动多与设防烈度相对应。

中国构筑物一般以《中国地震烈度区划图》（1990）和《中国地震动参数区划图》（GB 18306—2001）给出的地震基本烈度或地震动参数为依据确定抗震设计地震动，对已经做过抗震设防区划的城市、地区或重要厂矿（见地震小区划），可按业经批准的抗震设防区划确认的设防烈度或设计地震动参数进行抗震设计。对于重要结构或高烈度区的某些结构，设计地震动参数可由专门的地震危险性分析确定，对应基本烈度的设计地震动参数在未来 50 年内的超越概率为 10%。

特殊构筑物的设计地震动与一般构筑物不同，《水工建筑物抗震设计规范》（SL 203—97）规定，壅水建筑物的设计地震动在未来 100 年内的超越概率为 2%，非壅水建筑物的设计地震动在未来 50 年内的超越概率为 5%。核电厂设计地震动也是特殊规定的。

幅值 设计地震动幅值参数一般取地面地震动加速度峰值。各构筑物抗震设计规范均明确给出对应不同设防烈度的水平加速度幅值，一般规定与烈度 6、7、8、9 度对应的加速度幅值分别为 0.05 g、0.10 g、0.20 g、0.40 g（g 为重力加速度）。《构筑物抗震设计规范》（GB 50191—93）、

《电力设施抗震设计规范》(GB 50260—96)、《石油化工构筑物抗震设计规范》(SH/T 3147—2004) 和《室外给水排水和燃气热力工程抗震设计规范》(GB 50032—2003) 根据《中国地震动参数区划图》(GB 18036—2001),将对应烈度 7 度和 8 度的加速度幅值各分为两档,分别为 0.10 g、0.15 g 和 0.20 g、0.30 g,使设计地震动分级更较细密。

竖向地震动幅值一般比照水平设计地震动幅值确定。中国大多数规范规定竖向地面地震动加速度幅值为水平向幅值的 2/3(或 65%),仅《公路工程抗震设计规范》(JTJ 004—89) 和《锅炉构架抗震设计标准》(JB 5339—91) 取竖向地震动幅值为水平地震动幅值的 1/2。

设计反应谱 中国构筑物抗震设计使用的加速度反应谱示例见图(a)(b)。反应谱曲线在小于特征周期 T_g 的高频段一般为水平直线段,超过 T_g 后为平滑下降曲线;反应谱幅值可随结构临界阻尼比的变化而调整。不同设计反应谱的区别在于谱曲线幅值的物理量、低频截止周期和反应谱下降段的数学表达式不同。

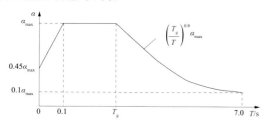

(a) 电力设施设计反应谱(地震影响系数曲线)

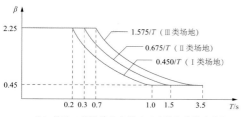

(b) 铁路工程设计反应谱(动力放大系数曲线)

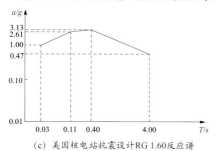

(c) 美国核电站抗震设计 RG 1.60 反应谱

构筑物抗震设计反应谱

按谱曲线幅值的物理量不同,设计反应谱可分为地震动力放大系数曲线、地震影响系数曲线和直接以加速度峰值标定的反应谱曲线三种。

(1) 地震动力放大系数曲线的纵坐标是绝对加速度反应最大值与地面地震动加速度峰值之比 β。中国规范中 β 最大值多取为 2.25,但《水工建筑物抗震设计规范》(SL 203—97) 中 β 的最大值对应不同结构在 2.00~2.50 间变化。

(2) 地震影响系数曲线的纵坐标是以重力加速度 g 为单位的加速度反应幅值 α,α 是地震动力放大系数 β 与地震系数(即以 g 为单位的地面加速度幅值)的乘积。

(3) 核电厂抗震设计反应谱一般以地面地震动加速度

峰值 1.0 g 标定,直接给出反应谱值(图 c)。

不同抗震规范中设计反应谱的低频截止周期不同。最短者如《水工建筑物抗震设计规范》(SL 203—97) 采用 3 s,最长者如《电力设施抗震设计规范》(GB 50260—96) 采用 7 s(图 a)。原则上,截止周期应涵盖抗震结构的自振周期,当代高柔、大跨结构自振周期的增加提出了延长设计反应谱截止周期的需求;有关地震动频谱特性的观测和分析则是对反应谱截止周期及其谱值做出定量判断的基础。

抗震设计反应谱幅值在周期超过特征周期 T_g 后均呈下降趋势,这反映了一般地震动的平均特征。反应谱下降段表达式一般取为周期 T 的幂函数,为反应谱最大值乘以 $(T_g / T)^\theta$,θ 取值在 0.7~1.0 间变化。多数反应谱的 θ 取为固定数,但《公路工程抗震设计规范》(JTJ 004—89) 和《水运工程抗震设计规范》(JTJ 225—98) 中反应谱的 θ 值是随场地类别变化的。

由于反应谱长周期段的幅值缺乏充足的观测依据,为保障长周期结构的抗震安全性,部分规范规定了反应谱长周期段的最低幅值。如《电力设施抗震设计规范》(GB 50260—96) 中最低幅值取为地震影响系数最大值的 0.1 倍(图 a),《水工建筑物抗震设计规范》(SL 203—97) 中的最低幅值取为动力放大系数最大值的 0.20 倍,《铁路工程抗震设计规范》(GBJ 111—87) 规定的最低幅值为动力放大系数最大值的 0.20 倍(图 b)。

加速度时间过程 构筑物抗震规范规定地面地震动加速度时间过程采用多条实测强震加速度记录或人造地震动加速度时程曲线。实测加速度记录应取自工程所在场地或与其相似的场地,实测强震加速度记录和人造加速度时程曲线的谱特性应与设计加速度反应谱大体一致。

gouzhuwu changdi kangzhen fenlei

构筑物场地抗震分类 (site earthquake resistance classification of construction) 从抗震角度对构筑物所在建设场地的分类,可以反映不同场地对强地震动特性的影响。构筑物抗震设计一般要区别建设场地进行,根据场地抗震分类采用设计地震动、结构类型、基础形式、抗震措施、分析模型和计算方法。

为便于工程设计者掌握建设场地在地震作用下的复杂物理力学性态,抗震设计规范一般将场地粗略地划分为多个类别。中国构筑物抗震设计规范大多将场地划分为四类,Ⅰ 类为坚硬场地,Ⅱ 类为中硬场地,Ⅲ 类为中软场地,Ⅳ 类为软弱场地;仅《铁路工程抗震设计规范》(GBJ 111—87) 将场地划分为硬、中、软三类,其中中等场地相当于四类场地划分中的 Ⅱ 类和 Ⅲ 类场地。

规范中的场地分类方法有两种:其一,首先确定场地土类别(或土层平均剪切波速)和覆盖土层厚度,再通过图表划分场地类别;其二,利用场地指数划分场地类别。

见场地抗震分类。

gouzhuwu kangzhen yansuan

构筑物抗震验算 (seismic check of construction) 基于设计地震作用效应和其他荷载效应的组合值对构筑物体系和构件的抗震安全性进行的计算校核。根据结构性质、震害机理和抗震设防标准的不同，构筑物的抗震验算内容、次数和方法亦有差异。

构筑物均应进行结构构件（包括锚固结构的地脚螺栓和支承构件）的承载力（或强度）验算、地基承载力和稳定性验算，部分高柔结构尚应进行体系的弹塑性变形验算，水工和土工结构等尚须进行体系的抗滑移和抗倾覆稳定性验算。中国有关构筑物抗震验算的原则规定如下。

验算次数 当构筑物的抗震设防目标就多遇地震烈度、设防烈度（基本烈度）和罕遇地震烈度分别表述时，通常采用两阶段抗震验算。第一阶段的承载力和变形验算，旨在满足多遇地震烈度和设防烈度作用下的设防目标；第二阶段的弹塑性变形验算，旨在实现罕遇地震烈度作用下的设防目标。只有少数结构规定进行第二阶段验算，罕遇地震作用下结构的设防目标主要由构造措施保证。

多数规范规定，构筑物的第一阶段验算就多遇地震烈度（小震）进行，但《构筑物抗震设计规范》（GB 50191—93）将第一阶段验算分为 A、B 两级，A 级验算就多遇地震烈度进行，B 级验算就设防烈度（中震）进行，并就不同类型构筑物分别规定了适用的验算等级。多数构筑物的抗震设防目标仅就设防烈度表述，其抗震验算一般就设防烈度进行一次。

抗震设防目标的表述和抗震验算次数的规定是考虑构筑物的功能、力学性质、破坏机理、震害经验、抗震理论和技术水平的综合决策。由于多数构筑物震害经验不足、破坏机理复杂，其功能又具特殊重要性，现有知识尚难以界定其地震反应的弹性阶段，也难以就罕遇地震作用下的破坏形态作出判断，故只能就基本烈度作用进行验算，达到保持使用功能或不产生严重震害后果的设防目标。构筑物的多阶段验算是性态抗震设计的重要研究内容。

验算方法 抗震验算的原则表达式为 $S \leqslant R$，S 为地震作用效应和其他荷载效应的组合值，如构件的剪应力、弯曲应力和轴向应力等内力以及体系变形等；R 为材料强度、变形或稳定性的设计限值。早期结构抗震验算使用许用应力法和安全系数法，随着结构分析理论的发展，人们倾向认为使用基于概率理论的极限状态设计方法更为合理。这一理论的前提是对结构体系不同极限状态做出明确的描述，并获得有关材料力学性质、构件几何形态和荷载特性的统计模式；就构筑物的抗震设计而言，获得上述知识是困难的。

中国《构筑物抗震设计规范》（GB 50191—93）、《石油化工构筑物抗震设计规范》（SH/T 3147—2004）、《水运工程抗震设计规范》（JTJ 225—98）、《水工建筑物抗震设计规范》（SL 203—97）、《室外给水排水和燃气热力工程抗震设计规范》（GB 50032—2003）、《公路工程抗震设计规范》（JTJ 004—89）和《锅炉构架抗震设计标准》（JB 5339—91）等规定进行多遇地震烈度作用下的构件承载力验算，或设防烈度作用下的构件承载力验算和体系稳定性验算，使用以分项系数表示的简化的极限状态设计表达式。但罕遇地震烈度作用下的变形验算，均未采用极限状态方法。《铁路工程抗震设计规范》（GBJ 111—87）中的构筑物、《公路工程抗震设计规范》（JTJ 004—89）中的部分构筑物、《电力设施抗震设计规范》（GB 50260—96）中的电气设施以及核电厂设备构件的强度验算采用许用应力方法。

zonghe yingxiang xishu

综合影响系数 （comprehensive influence coefficient） 根据结构的弹性地震反应分析结果粗略估计实际发生的非弹性反应时使用的计算系数，亦称地震作用效应折减系数或地震作用折减系数。《建筑工程抗震性态设计通则（试用）》（CECS 160：2004）中的结构影响系数、中国早期抗震设计规范中的结构系数和日本抗震设计规范中的构造特性系数（剪力折减系数）、美国抗震设计规范中的地震反应修正系数的倒数，均与综合影响系数有相似的物理意义。

在设防烈度地震作用下，构筑物一般将发生非弹性变形，影响其反应性态的因素包括：结构材料和构件的非线性本构关系，地震动特性，场地条件和地形特点，结构的不规则和扭转振动，地基、结构和水的相互作用以及其他不确定性因素等。即使建立复杂模型进行分析，上述诸因素的影响也难以分别精确考虑。在震害和试验资料缺乏、实践经验不足的情况下，抗震设计中一般采用简化结构模型和弹性计算方法，将弹性计算结果乘以综合影响系数估计实际结构的非弹性反应；该系数具有综合性和经验性，其数值恒小于 1。

在抗震规范的编制中，综合影响系数是针对不同结构，将地震反应数值分析结果与实际破坏状态相比较确定的。综合影响系数的数值因结构材料、结构类型和环境因素的不同而存在差异。中国不同规范的综合影响系数见表；日

中国不同规范中的综合影响系数

规范名称	综合影响系数取值范围
《公路工程抗震设计规范》（JTJ 004—89）	0.20～0.35
《铁路工程抗震设计规范》（GBJ 111—87）	0.20～0.25
《构筑物抗震设计规范》（GB 50191—93）	0.25
《建筑工程抗震性态设计通则（试用）》（CECS 160：2004）	0.35～0.55

本抗震设计规范中构造特征系数为 0.30～0.55，美国抗震设计规范中地震反应修正系数的倒数为 0.125～0.80。综合影响系数的取值实际隐含了结构抗震设计的不同安全裕度。

jiasudu fenbu xishu

加速度分布系数 （acceleration distribution coefficient） 利用拟静力法进行构筑物水平地震作用计算时，确定结构加速度反应沿高度分布的定量方式，又称动态分布系数或水平地震作用沿高度的增大系数。利用该系数估计结构各质点地震作用与采用底部剪力法估计结构各质点地震作用在物理意义上是相同的，日本抗震设计的保有水平耐力法，也有关于层间剪力竖向分布系数的规定。

地震作用下弹性体各质点的加速度反应是不同的，结构地震反应观测、结构抗震试验和地震反应数值分析表明，结构地震加速度反应一般高于地面输入加速度，且结构上部加速度反应高于下部加速度反应。加速度反应放大程度因结构动力特性和地震动特性不同而存在差异。

中国部分抗震设计规范规定了构筑物的加速度分布系数，其数值在 1.0～6.0 之间。加速度分布系数多用图形表示，图中竖轴为结构高度，横轴为加速度反应放大系数 α_i（加速度反应最大值与地面地震动加速度峰值之比）。一般

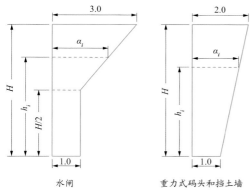

加速度分布系数图示

给定若干高度的加速度放大系数，其他高度的加速度反应由插值确定。部分结构的加速度分布系数亦可根据结构高度由简单算式得出。

储仓抗震设计

chucang kangzhen sheji

储仓抗震设计（seismic design of storage） 存放散状物料的储仓是化工、煤炭、冶金、建材等系统的常用构筑物。大、中型储仓多为架设于地面的方仓或圆筒仓，包括仓体、支承结构和仓顶的上部结构，如图所示。储仓仓体一般刚度较大，储仓抗震能力主要取决于支承结构，储仓上部结构的刚度突变对抗震不利。造粒塔多具有与储仓相同的结构。中国《构筑物抗震设计规范》（GB 50191—93）和《石油化工构筑物抗震设计规范》（SH/T 3147—2004）规定了储仓和造粒塔的抗震要求。

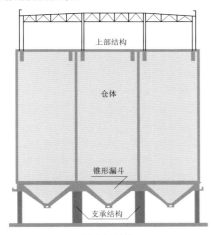

储仓的结构

一般规定 钢筋混凝土储仓宜采用筒承式圆仓；设防烈度为 8、9 度时应采用现浇钢筋混凝土结构，9 度时柱承式储仓可采用钢结构；设防烈度为 6、7 度且直径不大于 6 m 的筒承式圆仓可采用砖结构，柱承式储仓不应采用砖结构。钢筋混凝土柱承式储仓的柱间宜设横梁，方仓支柱宜延伸至仓顶；9 度时储仓支承体系宜对称设置钢筋混凝土抗震墙。上部结构的屋盖和楼板宜采用现浇钢筋混凝土结构，围护墙宜采用轻质材料；应限制上部结构高度，上部结构承重构件宜采用现浇钢筋混凝土框架或钢结构；上部结构高差较大处和储仓与辅助建筑连接处宜设防震缝。

抗震计算 储仓仓体一般可不进行抗震验算。设防烈度 7 度时，筒身开洞不大的钢筋混凝土筒承式圆仓、场地类别为硬或中硬的钢筋混凝土柱承式圆仓和高度不大于 15 m 且单格仓的储料荷载标准值不超过 5000 kN 的钢筋混凝土柱承式方仓、钢结构柱承式储仓，均可不进行支承结构的抗震验算。设防烈度 7 度及 8 度且场地为硬或中硬的钢结构以及设防烈度 7 度的钢筋混凝土结构仓上建筑，亦可不进行抗震验算。任何情况下均应满足抗震构造措施要求。

须进行抗震验算时，储仓的水平地震作用可使用底部剪力法、振型叠加反应谱法或有限元法计算。采用底部剪力法时，筒承式圆仓宜采用多质点模型，柱承式储仓可采用单质点模型。高烈度区的柱承式储仓应计算偏心引起的附加水平地震作用，单排柱式群仓应考虑扭转效应。设防烈度为 8 度、软场地的柱承式筒仓应考虑重力二次效应。设防烈度 8、9 度时，储仓漏斗与仓壁间的焊缝或连接螺栓应考虑竖向地震作用。储仓应进行构件强度验算，设防烈度 9 度的钢筋混凝土柱承式储仓应做变形验算。

构造措施 柱承式储仓支承结构构件应满足刚度、轴压比、配筋和箍筋加密等要求，柱间填充墙应沿全高对称设置，并加强与梁柱连接，支承结构横梁应满足线刚度、设置高度和高宽比的要求；筒承式储仓的支承筒壁应满足壁厚、配筋和开洞要求；钢结构储仓的钢柱应加强节点连接和基础锚固；砖储仓的仓体和支承筒均应设圈梁和构造柱，洞口周边应设混凝土加强框；砌体结构的上部建筑应设圈梁和构造柱，应满足墙体厚度要求，局部突出部分应采用钢筋混凝土框架结构。

造粒塔塔身进风口上下应设环梁，环梁应与塔壁同厚，塔体与环梁交接处应加肋并配筋。电梯间与塔身整体连接时，电梯间壁与塔壁交接处应加肋并配筋。

tonglang kangzhen sheji

通廊抗震设计（seismic design of conveyer passageway） 运输机通廊是工业生产系统中常见的连通设施，多为狭长的架空构筑物。通廊一般由廊身和支承廊身的支架组成，两端与建筑物相连。通廊结构特点为纵向刚度大，横向刚度相对较小；通廊与两端连接的结构相比，无论刚度或质量都存在较大差异。通廊自身承受地震作用并将其传递给相连结构，其抗震设计具有特殊性。

一般规定 地上通廊宜采用稳定性好的钢筋混凝土结构或钢结构，宜使用轻质围护结构和顶板；地下通廊应采用现浇钢筋混凝土结构。通廊跨间承重结构可采用钢筋混凝土梁、预应力混凝土梁或预应力混凝土桁架，大跨时宜使用钢桁架。通廊的支承结构优先采用钢筋混凝土结构，也可采用钢结构；在设防烈度为 6 度及 7 度硬或中硬场地，且支承高度小于 5 m 时，亦可使用箱形砖结构。通廊和相连建筑物之间以及廊身中部应根据具体情况设防震缝。

设防烈度为 7 度、场地类别为硬或中硬的通廊钢筋混凝土或钢支承结构可不进行抗震验算。设防烈度为 7 度或设防烈度为 8 度、场地类别为硬或中硬，以及设防烈度为 9 度、硬场地的露天式通廊的钢筋混凝土或钢支承结构，亦可不进行抗震验算。通廊廊身结构可不进行水平抗震验算，当通廊跨度较小时（如不大于 24 m），亦可不进行竖向抗震验算；钢筋混凝土地下通廊可不进行抗震验算。通廊结构均应满足抗震构造措施要求。

抗震计算 可取通廊的防震缝之间部分作为计算单元。

计算纵向地震作用时通廊廊身可简化为支承在弹簧上的均质梁，弹簧刚度为支承结构的纵向刚度；廊身端部落地处或与建筑物连接处可设为铰，端部与相邻建筑脱开处可设为自由端。通廊基频主要由支承构件刚度决定，高振型则与廊身刚度有关；通廊的纵向地震反应分析可采用振型叠加反应谱法，横向地震反应分析可采用单质点模型。

抗震措施 钢筋混凝土支承框架构件应满足截面宽度和跨高比的要求，以及配筋数量、配筋率和箍筋加密要求；钢结构支承宜设平腹杆和交叉腹杆，并满足构件长细比和锚固要求；箱型砌体支承结构应设圈梁和构造柱。通廊跨间的承重混凝土大梁应满足箍筋直径、箍筋加密和梁端锚固要求；跨间承重桁架宜采用下承式，并加强端部连接。相邻建筑上支承通廊的梁，应加强与通廊大梁的连接。通廊廊身的砌体围护墙应满足厚度和开洞要求，应设圈梁和构造柱。通廊宜设滑动或滚动支座与相邻支承建筑相连，并采取防落梁措施。

冷却塔抗震设计

lengqueta kangzhen sheji

冷却塔抗震设计（seismic design of cooling tower） 冷却塔是发电厂和石化企业的重要设施。发电厂的冷却塔为钢筋混凝土双曲线自然通风冷却塔，石化企业的冷却塔为逆流式机械通风冷却塔或横流式机械通风冷却塔。中国《构筑物抗震设计规范》（GB 50191—93）和《石油化工构筑物抗震设计规范》（SH/T 3147—2004）分别规定了上述两类不同冷却塔的抗震要求。

电厂冷却塔 自然通风冷却塔俗称"晾水塔"，由风筒和淋水装置两部分组成，见示意图。风筒包括双曲线回转通风筒壳、底部的人字支承柱和基础；淋水装置由空间构架，进、出水管和竖井等组成。冷却塔为钢筋混凝土结构，宜使用环板型基础或倒 T 型基础；坚硬场地上可采用独立基础。

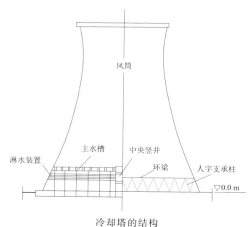

冷却塔的结构

抗震计算 设防烈度 7 度，建设场地类别为硬、中硬、中软时或设防烈度 8 度，建设场地类别为硬、中硬时，淋水面积小于 4000 m² 的冷却塔塔筒可不进行抗震验算；设防烈度 7 度，建设场地类别为硬、中硬时或设防烈度 8 度，建设场地类别为坚硬时，基本风压大于 0.35 kN/m²、淋水面积为 4000～9000 m² 的冷却塔塔筒亦可不进行抗震验算；设防烈度 7 度，建设场地类别为硬或中硬时，淋水装置可不进行抗震验算。塔筒和淋水装置均应满足抗震构造措施要求。

须进行抗震验算时，塔筒结构地震反应分析可使用振型叠加反应谱法和有限元方法，当使用前者计算时，可根据淋水面积不同，考虑 3～7 个或更多的振型，且宜考虑土-结相互作用。淋水装置可按照平面框排架结构进行抗震计算。

构造措施 筒身应采用双层配筋并满足配筋率等要求，设防烈度 9 度时筒身与塔顶刚性环的连接处应采取加强措施。斜支柱的尺寸和布置应满足规范要求，应控制斜支柱的轴压比、配筋率和箍筋间距，满足箍筋加密和钢筋锚固的要求。淋水装置的平、立面布置宜规则对称，淋水装置构架的柱应满足箍筋加密要求，淋水装置构架、水槽支架等应有可靠的连接。设防烈度 8、9 度时，淋水装置构架的梁和水槽不宜搁置于筒壁牛腿上，若置于筒壁牛腿上，宜设置隔振层和缓冲层。淋水装置构架的柱和水槽与塔筒内壁之间，应预留间隙；塔筒基础和竖井与水池底板之间，应设沉降缝；跨越沉降缝的结构应设防震缝。穿越水池池壁的大口径进水管，宜采用柔性接口，水槽应有可靠的连接。设防烈度 8、9 度时，淋水填料不得浮置，且应与构架可靠连接。

石化冷却塔 冷却塔的支承可采用钢筋混凝土结构、钢结构或钢-混凝土组合结构。设防烈度为 7 度且场地为Ⅰ、Ⅱ类的冷却塔，设防烈度为 7、8 度且深度小于 2.5 m 的塔下水池可不进行抗震验算，但应满足抗震构造措施要求。

可采用振型叠加反应谱法计算冷却塔的水平地震作用，至少考虑 3 个振型。根据地震作用计算结果进行构件强度验算。

冷却塔的支承结构和塔下水池应分别满足框排架和水池的抗震构造措施要求，冷却塔的围护结构与支承结构应有可靠连接。

电视塔抗震设计

dianshita kangzhen sheji

电视塔抗震设计（seismic design of television tower） 电视塔是广播电视行业的重要枢纽设施，一般采用高耸的钢筋混凝土结构或钢结构。

抗震计算 中国《构筑物抗震设计规范》（GB 50191—93）规定，抗震设防烈度 9 度且高度超过 300 m 的电视塔，其抗震设计应进行专门研究。属于甲类构筑物的电视塔，其水平地震动加速度最大值取为设计基本地震动加速度的两倍，并须进行非线性地震反应分析。设防烈度 7 度及 8 度且场地类别为硬或中硬时，无塔楼的钢结构电视塔可不进行抗震验算；设防烈度 7 度、场地类别为硬或中硬，且基本风压不小于 0.4 kN/m² 时，钢筋混凝土电视塔可不进行抗震验算；设防烈度 7 度、场地类别为软或中软，以及设防烈度 8 度、场地类别为硬或中硬时，基本风压不小于 0.7 kN/m² 的钢筋混凝土电视塔亦可不进行抗震验算。任何情况下电视塔都应满足抗震构造措施要求。

须进行抗震验算时，钢筋混凝土电视塔可简化为多质点模型进行抗震计算。高度 200 m 以下的电视塔可采用振型叠加反应谱法进行计算；200 m 及以上的电视塔除采用振型叠加反应谱法外，还应采用逐步积分法进行补充计算。根据自振周期不同，采用振型叠加反应谱法计算时宜取 3～7 个或更多振型。采用逐步积分法时，宜选择 3～5 组类似场地的实测加速度记录或人造地震动加速度时程作为输入。

钢结构、钢筋混凝土结构和预应力混凝土结构电视塔的阻尼比可分别取 0.02，0.05 和 0.03。混凝土单筒型电视塔应同时计算两个水平主轴方向的地震作用；混凝土多筒型电视塔和钢结构电视塔，尚应计算非主轴两个正交水平方向的地震作用。设防烈度为 8 度和 9 度时，应同时计算水平和竖向地震作用。电视塔应进行构件截面强度验算，电视塔抗震分析宜考虑土-结相互作用。钢结构电视塔的轴心受压腹杆应验算稳定性，高度超过 200 m 或设有塔楼的电视塔，应考虑重力二次效应。

构造措施 钢结构电视塔应满足钢材、构件长细比及厚度的要求，应满足焊缝、螺栓、连接件的相关要求；钢筋混凝土电视塔应满足最低混凝土强度的要求，混凝土塔身应满足壁厚、开洞、配筋、混凝土保护层和轴压比等要求。钢结构和钢筋混凝土结构电视塔都应依规定设置横隔。

设置振动控制装置是改善电视塔抗震性能的又一途径。中国若干电视塔考虑了被动控制设计方案，南京电视塔设置了主动控制系统。

kuangjing tajia kangzhen sheji
矿井塔架抗震设计（seismic design of mine tower） 矿井塔架是矿山地面建筑中广泛使用的提升构筑物，建设在矿井井口处，通过罐笼和箕斗输送人员和物料。矿井塔架按照结构特点可分为井塔、混凝土井架和斜撑式钢井架等不同类型。中国《构筑物抗震设计规范》（GB 50191—93）区别矿井塔架的不同形式分别规定了抗震要求。

井塔 设防烈度 7 度，建设场地为 I、II 类且塔高不超过 50 m 时，箱（筒）型井塔可不进行抗震验算，但应满足抗震构造措施要求。井塔应按两个主轴方向分别计算水平地震作用，设防烈度 8、9 度时，尚应计算竖向地震作用；地基条件复杂时，应考虑土-结相互作用。地震作用计算可采用底部剪力方法或振型叠加反应谱法，设防烈度 9 度时中软、软弱场地上的井塔，宜采用时程分析法作补充计算。井塔结构的抗震验算为结构构件的截面强度验算。

井塔应根据场地抗震分类选择适当的基础形式，硬场地可采用单独基础或条形基础，岩石地基优先采用锚桩基础；中硬场地宜采用条形基础、箱基或筏基；中软或软场地采用桩基或与井筒固结的井颈基础（即倒方台、倒圆台或倒锥壳基础）。井塔宜优先采用箱（筒）型结构，设防烈度不高于 8 度时，亦可采用框架结构。井塔平面应规则对称，长宽比不宜大于 1.5～2.0；应限制井塔提升机层的悬挑长度；井塔塔身开洞应均匀对称并限制尺寸。井塔塔壁应满足厚度、开洞和配筋等要求，井颈基础应满足混凝土强度和受压区配筋的要求，井筒竖向钢筋必须与基础钢筋可靠连接。钢筋混凝土框架井塔应满足一般钢筋混凝土框架结构的抗震构造措施要求。

钢筋混凝土井架 设防烈度 7、8 度的四柱式井架和 7 度时的六柱式井架的纵向框架可不进行抗震验算，但应满足抗震措施要求。须进行抗震验算时，井架应按两个主轴方向分别计算水平地震作用。四柱式井架在抗震分析中可简化为平面结构，在采用底部剪力法时，横向框架应按剪切型结构计算，纵向框架应按弯曲型结构计算。六柱式井架的抗震分析宜采用空间杆系模型，至少考虑 3 个振型，并应计入扭转效应。设防烈度 9 度时，四柱式井架横向框

架的底层和六柱式井架的一、二层，除进行构件截面强度验算外尚应进行变形验算。

四柱和六柱式井架高度分别不宜超过 20 m 和 25 m，天轮梁的支承横梁宜采用桁架式结构，应满足防震缝设置和基础埋深的要求。设防烈度 9 度时，斜架基础混凝土强度等级不应低于 C20。井架梁柱长度、截面尺寸和梁腋设置应满足规范要求；井架梁柱和基础配筋应满足规范要求，井架柱的纵向钢筋必须与基础可靠锚固；四柱式井架在纵向平面内宜完成对称梯形设置。

斜撑式钢井架 设防烈度 7 度的斜撑式钢井架可不进行抗震验算，但应满足抗震措施要求。须进行抗震验算时，斜撑式钢井架的抗震分析宜采用空间杆系模型，按两个主轴方向分别计算水平地震作用并验算构件强度。采用振型叠加反应谱方法进行计算时，单绳和多绳提升井架应分别考虑至少 3 个和 5 个振型。设防烈度 8 度且场地软弱或设防烈度 9 度时，宜采用时程分析法进行补充计算，且应考虑竖向地震作用。钢井架阻尼比采用 0.02。

钢井架与贴建结构间应满足防震缝设置要求。井架构件应采用焊接或高强螺栓连接；井架节点应采取加强的构造措施，节点板厚度和构件宽厚比应满足规范要求。外露式斜撑基础应采取加强构造；设防烈度 9 度时斜撑基础混凝土强度等级不应低于 C20，并满足配筋要求。

gaolu xitong kangzhen sheji
高炉系统抗震设计（seismic design of blast furnace） 高炉系统是钢铁冶炼行业的核心构筑物。高炉系统结构含高炉、热风炉、除尘器、洗涤塔及桁架式斜桥等。随着高炉系统建造工艺的改进，其结构形式不断变化，抗震设计应进行具体研究。中国《构筑物抗震设计规范》（GB 50191—93）中有关高炉抗震的规定仅适用于当时的高炉结构。

高炉 设防烈度为 7 度及 8 度且场地类别为硬或中硬时，高炉结构可不进行抗震验算，但应满足抗震构造措施要求。须进行抗震验算时，高炉结构地震反应分析宜采用空间杆系模型，炉体可简化为多质点悬臂杆，与炉顶相连的设备可通过刚臂与悬臂杆连接。地震作用计算应区别正常生产工况和大修工况进行，后者情况下应考虑拆除部分修正计算简图。高炉结构可只计算水平地震作用，地震作用计算宜采用振型叠加反应谱法，取 20 个以上振型。高炉结构构件的截面强度验算，应着重考虑导出管根部、上升管及其支座、炉顶平台梁、炉体框架、炉顶框架的主要构件和柱脚连接、炉体框架和炉体顶部的水平连接等。

设防烈度 8 度、场地类别为软或中软以及设防烈度为 9 度时，高炉宜设炉体框架或炉缸支柱，导出管宜设膨胀器。设防烈度 7 度、场地类别为软或中软，以及设防烈度为 8、9 度时，炉体框架和炉顶框架宜设抗震支撑，并满足构件长细比、截面形状和连接的要求。导出管不设膨胀器时，应采取加强措施。应加强构件连接，设备间的水平间隙应满足抗震要求。

热风炉 设防烈度 7 度或 8 度且场地类别为硬或中硬时，内燃式热风炉和燃烧室采用钢筒支承的外燃式热风炉可不进行结构抗震验算，但应满足抗震构造措施要求。内燃式热风炉、刚性连通管外燃式热风炉和燃烧室为钢筒

的柔性连通管外燃式热风炉须进行抗震分析时，可先确定结构基本自振周期，而后计算基底剪力和弯矩。截面强度抗震验算着重考虑炉壳、炉底与基础及支架顶板的连接，考虑燃烧室的支承结构。燃烧室为支架支承的柔性连通管外燃式热风炉的抗震分析，宜采用空间杆系模型和振型叠加反应谱法，宜考虑 10 个以上振型。

炉体底部应采取加强措施，炉底与基础或支架顶板的连接宜适当加强。设防烈度 7 度、场地类别为软或中软，以及设防烈度为 8、9 度时，应加强管道与炉体的连接；9 度时热风管宜设膨胀器。场地类别为软、中软或地基不均匀时，刚性连通管外燃式热风炉的蓄热室和燃烧室应设置整体基础。燃烧室为钢支架支承的外燃式热风炉，其支撑构件应满足长细比、宽厚比的规定。设防烈度 7 度、场地类别为软或中软，以及设防烈度 8、9 度时，柱脚连接应有可靠的抗剪措施。燃烧室为混凝土框架支承的外燃式热风炉，框架应满足抗震等级和配筋的要求。

除尘器和洗涤塔　除尘器和洗涤塔筒体，设防烈度 7 度、场地类别为硬或中硬的除尘器支架，设防烈度 7 度及 8 度硬和中硬场地的洗涤塔支架，可不进行抗震验算，但应满足抗震构造措施要求。

须进行抗震验算时，除尘器结构宜与高炉等组成空间杆系模型进行抗震分析。设防烈度 7 度、场地类别为软或中软，以及设防烈度为 8、9 度时，应加强筒体与支座、筒体与管道、支架与基础的连接。钢支撑构件应满足长细比要求。钢筋混凝土支承框架宜设柱顶水平环梁，并满足抗震等级、配筋、箍筋加密等要求。

斜桥　斜桥结构可不进行抗震验算。斜桥桥身应在上下端部支承处设横向门式钢架，并满足刚度和构件长细比的要求。斜桥与高炉的连接应采用铰接单片支架或滚动支座，采用滚动支座应有防落梁措施。斜桥下端支承处与基础的连接应有可靠的抗剪措施。沿斜桥全长应设压轮轨，应加强其刚度及其与斜桥结构的连接。

海洋平台抗震设计（seismic design of offshore platform）海洋平台是海洋油气资源开发的重要基础设施。海洋平台有固定式、活动式和半固定式等多种，固定式平台（含导管架平台、重力式平台和塔架式平台）和半固定式平台涉及抗震问题。海洋平台体积庞大，所处自然环境严酷，

应具备比陆上构筑物更高的安全性。海洋平台尚无因发生地震损坏者。

美国石油协会（API）编制的《固定式海洋平台规划设计和施工条例》（API RP2A－WSD 1993）规定了固定式海洋平台的抗震要求。海洋平台抗震涉及地震地质环境调查和地震危险性分析，场地地震反应分析、抗震设计准则、地震作用分析方法、抗震验算和细部构造设计等。海洋平台的抗震设防目标为：在设计地震作用下，结构和基础不发生明显损坏；在罕遇地震作用下，结构允许有损坏，但不倒塌，不危及人身安全和不造成严重环境污染。

地震区划和设计地震动　美国近海的地震区划分为 0～5 级。海洋平台抗震设计应考虑两个地震动水准；第一水准是重现周期为 200 年的设计地震动水准，第二水准是重现周期为几百至几千年的罕遇地震动水准。海洋平台结构地震反应分析应考虑两个水平方向和竖向地震作用，三个方向强地震动加速度峰值的比例为 1：2/3：1/2。海洋平台场地分为岩石、薄沉积层和厚沉积层三类，对应三类场地分别规定了设计反应谱。

地震作用分析和抗震验算　为实现海洋平台的抗震设防目标，应进行两阶段的抗震验算以满足强度、刚度和稳定性要求。重力式海洋平台的抗震分析主要是支承结构和基础的分析。在设计地震动水准下进行结构强度验算，在罕遇地震动水准下进行结构延性验算。强度验算采用弹性分析，可使用反应谱方法或动力时程分析法。延性验算要考虑结构的弹塑性并建立三维计算模型；分析中应当考虑重力二次效应，海水浮力和水压力，地基、桩和结构的相互作用。

一般规定和细部设计　重力式海洋平台应实施多道抗震设防，使结构体系在部分构件发生塑性变形后仍具备承载能力，且应避免构件的脆性破坏。构件应先于节点破坏，斜撑应先于柱、桩破坏。钢管构件的直径与壁厚的比例应满足最大限值要求，以获得更高的变形能力。

中国尚未进行近海海洋的地震区划，也未制订海洋平台抗震设计规范。在海洋平台设计中，根据场址的地震危险性分析，取未来 50 年内超越概率为 10％的地震动（重现周期 475 年）作为设计地震动进行强度验算。结构体系常取为串联多质点模型，依据海底沉积土特性和工程经验确定桩的计算锚固深度。有关海洋平台的抗震研究涉及抗震设防水准的比较研究，近海地震区划研究，地震作用下海洋平台的多目标优化设计，桩、土、结构的相互作用分析以及动力可靠性分析。另外，也进行了海洋平台的结构振动控制和健康监测技术系统研究。

输电设施抗震设计（seismic design of power transmission installation）　输电设施含拉线杆塔、自立式铁塔和微波塔等，是电力系统的重要设施。输电杆塔质量轻，具有较强的抗震能力；震害调查发现，杆塔的磁质横担断裂较多，亦有因地震地质破坏导致杆塔倾斜或构件失稳屈曲者（见供电工程震害）。中国《电力设施抗震设计规范》（GB 50260—96）规定了输电设施的抗震要求。

设防烈度 8 度及以下的拉线杆塔、自立式铁塔和微波塔可不进行抗震验算。须进行抗震验算时，大跨越塔和高

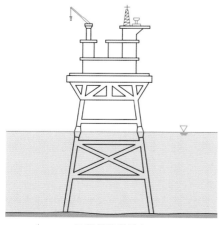
导管架海洋平台

度在 50 m 以上的自立式铁塔宜采用振型叠加反应谱法计算水平地震作用，大跨越塔和设有长悬臂横担的杆塔尚应计算竖向地震作用。杆塔抗震分析中，可不计入导线和避雷线的质量。在构件截面强度验算时，地震作用效应与其他荷载效应组合。自立式铁塔阻尼比宜取 0.03，钢筋混凝土杆塔和拉线杆塔的阻尼比宜取 0.05。设防烈度 8、9 度时宜采用拉线杆塔，且塔上不应使用磁质横担。大跨越杆塔、微波塔，设防烈度 8、9 度时 220 kV 及以上耐张型转角塔和微波塔的基础，应进行地基的液化判别，可能液化时应采用整体平板基础、桩基础或在基础间设连梁。

kuangpaijia jiegou kangzhen sheji

框排架结构抗震设计（seismic design of frame and bent structure）

框排架是构筑物常用的承载体系，其抗震性能不但与自身的适用性和安全性有关，还直接影响相关设

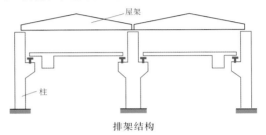

排架结构

备的使用功能。排架结构可用于输变电设施和工业厂房等。框架结构和排架结构均应满足抗震设计要求（见钢筋混凝土框架结构、单层钢筋混凝土柱厂房）。

xuandiao guolu goujia kangzhen sheji

悬吊锅炉构架抗震设计（seismic design of hanging boiler structure）

悬吊式锅炉构架是火力发电厂的重要构筑物（图 1）。此类构架较高且空旷，荷载分布不均匀，存在扭转效应，炉顶小间有刚度突变，动力反应较大。炉架与锅炉之间设有制晃或导向装置。这些特点与一般厂房框架结构相比具有特殊性。中国《构筑物抗震设计规范》（GB 50191—93）和机械行业标准《锅炉构架抗震设计标准》（JB 5339—91）规定了悬吊锅炉构架的抗震设计要求。

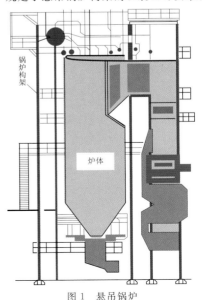

图 1 悬吊锅炉

设防烈度 6 度区的悬吊锅炉构架和功率小于 6 MW 的锅炉构架一般可不考虑抗震要求，6 度区重要电站的锅炉构架应采取抗震构造措施。悬吊锅炉构架可采用钢筋混凝土结构或钢结构。炉顶小间宜采用轻型钢结构，围护构件宜使用轻型板材。炉架大板梁间应设水平斜杆提高刚度，炉顶梁系统应形成刚性盘体。

抗震计算 锅炉构架地震反应计算可采用底部剪力法、振型叠加反应谱法或有限元方法，考虑两个主轴方向的地震作用。采用振型叠加反应谱法进行计算时宜考虑 5 个以上振型，炉体简化为刚体质量，柱顶、柱脚和顶盖结构的地震作用效应计算结果应适当增大。计算简图见图 2。大跨和长悬臂构件在设防烈度为 8、9 度时应计算竖向地震作

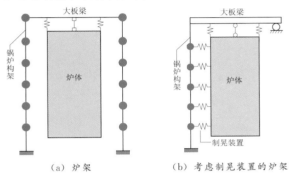

（a）炉架　　　　（b）考虑制晃装置的炉架

图 2 悬吊锅炉构架抗震计算简图

用，但该作用不向其他构件传递。抗震验算为构件截面强度验算。

构造措施 根据震害经验总结得出的悬吊锅炉构架抗震构造措施要点如下：炉架柱的尺寸应满足相关规范要求；制晃装置设计要适应炉体自由膨胀、不传递锅炉爆压力和燃烧时的振动，制晃装置与炉体的间隙应可调整且不妨碍悬吊功能；炉架柱顶与大板梁间宜形成铰接；炉架的竖向及水平支撑应连续布设；应加强构件连接和柱脚的锚固。

yancong kangzhen sheji

烟囱抗震设计（seismic design of chimney）

烟囱是最常见的高耸构筑物之一，一般由筒身、内衬、隔热层、基础及附属设施构成。烟囱具有体形简单、自振周期较长、竖向地震反应和重力二次效应相对显著的特点。烟囱抗震要求曾列入中国建筑抗震设计规范，现由《烟囱设计规范》（GB 50051—2002）和《石油化工构筑物抗震设计规范》（SH/T 3147—2004）等规定。

高度小于 60 m 的烟囱一般可采用配筋砖结构；高度超过 60 m 或设防烈度 8、9 度及重要烟囱，宜采用钢筋混凝土结构；特别重要的烟囱可采用钢结构。

抗震计算 设防烈度为 7 度，场地为 I、II 类，且基本风压大于等于 0.5kN/m² 的钢筋混凝土烟囱；设防烈度为 7 度时 I、II 类场地，8 度时 I、II 类场地且高度不超过 45m 的砖烟囱可不进行截面抗震验算；但任何情况下均须满足抗震构造措施要求。须进行抗震验算时，高度不超过 100 m 的烟囱，抗震计算可采用简化方法；100 m 以上的烟囱宜采用振型叠加反应谱法进行分析，并考虑 3～5 个振型。

简化方法首先利用经验公式估计结构基本自振周期，而后计算底部弯矩和剪力，再依计算简图确定烟囱各水平截面的弯矩和剪力。计算简图中，H 为烟囱总高度；M_0，

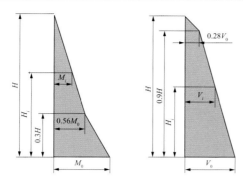

烟囱抗震设计计算简图

V_0 分别为底部弯矩和剪力；M_i、V_i 分别为计算截面 i 的弯矩和剪力；H_i 为计算截面的高度。设防烈度为 8 度或 9 度的烟囱抗震分析应考虑竖向地震作用；钢筋混凝土烟囱还应考虑重力二次效应引起的附加弯矩。

构造措施 砖烟囱上部应满足竖向和环向配筋要求；顶部应设钢筋混凝土圈梁，设防烈度 8 度时在总高度 2/3 处亦应设圈梁；钢筋应满足有关弯钩、搭接长度、绑扎和锚固要求。钢筋混凝土烟囱应满足壁厚、开洞和配筋的相关要求，烟囱与烟道接口处应设防震缝。烟囱的混凝土应满足最小强度要求。设防烈度 8 度或 9 度时钢烟囱的开洞应采取加强措施，筒壁与裙座宜采用对焊连接；地脚锚固螺栓应满足设置数量和直径的要求，基础环壁应满足尺寸和配筋要求。

shuita kangzhen sheji

水塔抗震设计（seismic design of water tower） 水塔由水柜和支承体系组成，是供水系统中最常见的构筑物之一。水柜一般为钢筋混凝土结构，支承体系有钢筋混凝土结构、砖筒和砖柱等不同形式。水塔的抗震设计要求曾被列入建筑抗震设计规范，2003 年后改由《室外给水排水和燃气热力工程抗震设计规范》（GB 50032—2003）规定。

Ⅰ、Ⅱ类场地上设防烈度为 6、7 度且水柜容积不大于 20 m³ 的水塔，可使用砖柱支承；Ⅰ、Ⅱ类场地上设防烈度为 8 度或设防烈度为 6、7 度时，水柜容积不超过 50 m³ 的水塔，可采用砖筒支承；设防烈度为 9 度或 8 度且场地类别为Ⅲ、Ⅳ类时，应采用钢筋混凝土结构支承。

抗震计算 水塔的水柜一般可不进行抗震验算。设防烈度 7 度且场地为Ⅰ、Ⅱ类的水塔的钢筋混凝土支承结构，水柜容积不大于 50 m³ 且高度不超过 20 m 的水塔砖筒支承结构，水柜容积不大于 20 m³ 且高度不超过 7 m 的水塔砖柱支承结构，设防烈度 7 度或 8 度且场地为Ⅰ、Ⅱ类的水塔的钢筋混凝土筒支承结构，均可不进行抗震验算。但任何情况下，水塔都应满足抗震构造措施要求。

水塔须进行抗震验算时，应考虑空载和满载两种工况。水塔支承为构架时，应分别按平面边长方向和对角线方向进行抗震验算；9 度地区的水塔应考虑竖向地震作用。抗震分析中，可依等效单自由度体系计算水塔的水平自振周期，并计算水柜中水的振荡周期。水塔的水平地震作用采用反应谱方法计算，总地震作用为振荡水地震作用和水塔结构地震作用的平方和的平方根。水塔质量应计入脉冲水等效质量。应根据地震作用效应计算结果验算支承结构构件的承载力。

构造措施 钢筋混凝土支承筒筒壁应满足有关配筋和

开洞限制的要求；钢筋混凝土支承构架的横梁和立柱应满足配筋、箍筋加密要求，水柜下环梁和支架梁端应加腋并配筋，设防烈度 8 度或 9 度时高度超过 20 m 的水塔，沿高度每隔 10 m 左右宜设钢筋混凝土水平交叉支撑。砖支承筒筒壁应满足配筋要求，筒壁宜设构造柱和圈梁，筒壁开洞处应予加强。除Ⅰ类场地外，水塔采用柱支承时，柱基宜为筏基或环状基础；采用独立基础时应设连系梁。

shuichi kangzhen sheji

水池抗震设计（seismic design of cistern） 水池是给水系统、石油化工企业和其他工业企业常用的盛水构筑物。水池一般采用钢筋混凝土、预应力钢筋混凝土或砌体结构，有地面式、地下式和半地下式等构筑方式。中国《室外给水排水和燃气热力工程抗震设计规范》（GB 50032—2003）和《石油化工构筑物抗震设计规范》（SH/T 3147—2004）规定了水池的抗震设计要求。

抗震计算 设防烈度 7 度且不设变形缝的单层水池，设防烈度 8 度的地下式敞口钢筋混凝土水池和预应力钢筋混凝土圆形水池，以及设防烈度 8 度的地下式水池、平面长宽比小于 1.5 且无变形缝的钢筋混凝土或预应力钢筋混凝土有盖矩形水池，均可不进行抗震验算，但应满足抗震构造措施要求。石化企业的地下式水池，设防烈度为 6、7 度的半地下水池和地面式水池，设防烈度为 8 度的半地下式水池和地面式圆形水池，亦可不进行抗震验算，但应满足抗震构造措施要求。

须进行抗震验算的水池，当高度一半以上埋置地下时，可按地下结构进行抗震验算；反之可按地面结构进行抗震验算。地面式水池壁板和顶盖的水平地震作用可采用底部剪力法计算，沿壁板高度的地震作用为曲线分布；地下式水池壁板和顶盖的水平地震作用采用等效静力方法计算，应区别圆形水池和矩形水池计算贮水的动水压力；地下式水池应计算动土压力，水池内部隔墙与导流墙，视同池壁计算地震作用。设防烈度 9 度时，水池顶盖地震作用和动水压力的计算应考虑竖向地震作用。应根据地震作用效应计算结果验算水池构件、地基和基础的承载力。

抗震措施 设防烈度 8、9 度的水池不应采用砌体结构。水池池壁应满足最小厚度的要求；水池顶盖的预制装配式结构应予加强；应加强水池顶盖与池壁的连接，满足搁置长度、接缝灌浆的要求，且应在顶盖和池壁、立柱间设预埋连接件。设防烈度为 8、9 度时，有盖水池的内部立柱应采用钢筋混凝土结构，立柱应满足配筋、箍筋加密和与其他构件的整体连接要求；设防烈度为 7 度且场地为Ⅲ、Ⅳ类的砌体结构矩形水池，池壁拐角处应设水平连接钢筋；设防烈度 8、9 度的钢筋混凝土矩形水池，池壁拐角处应满足配筋要求；设防烈度 8 度且场地为Ⅲ、Ⅳ类的有盖水池，池壁应保留足够的干弦高度（贮水水面以上部分的高度）。应采取措施避免水池内部立柱在干弦高度内形成短柱。

matou kangzhen sheji

码头抗震设计（seismic design of wharf） 码头是供船舶停靠、货物装卸和旅客上下的水工构筑物，是水运和海洋工程的重要枢纽。从结构类型区分，码头有重力式和桩基式两大类，后者又分为板桩式、高桩式等多种（图 1—图

3）。各类码头在地震中受损现象非常普遍（见港口工程震害）。码头结构多建在软弱地基上，地震时承受强大的动土压力和动水压力。在结构、地基和水相互作用的复杂环境下，码头结构的抗震分析十分复杂。

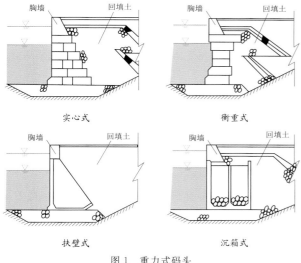

实心式　　　　　　　　衡重式

扶壁式　　　　　　　　沉箱式

图 1　重力式码头

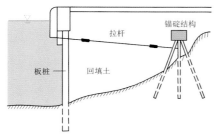

图 2　板桩式码头

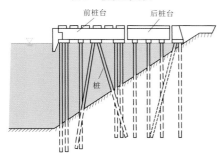

图 3　高桩式码头

日本码头抗震设计　长期以来，日本的码头抗震设计采用对应单一设计地震动的震度法。1995 年日本阪神地震后，日本就码头设计地震动、性态抗震设计要求和抗震分析方法进行了广泛研究，提出在运用原设计震度进行抗震设计之外，应增加采用更高的第二设计水准地震动（即安全水准地震动）进行抗震验算；日本港湾协会 1999 年颁布的《码头港口设计标准及解说》，将有效应力分析方法和静力弹塑性分析方法引入码头的抗震设计。

（1）震度法。结构的水平地震作用由水平震度（结构加速度反应最大值与重力加速度之比）乘以结构重力确定，水平震度取 0.2（可称为运行水准地震作用），计算结果考虑区域地震危险性、场地和结构重要性的差异进行修正。修正的震度法是震度法的改进，增加了考虑结构体系动力特性的修正系数（反应谱系数）。

（2）有效应力分析方法。该法可用于重力式码头，须建立二维有限元或有限差分模型，对码头结构、地基和回填土构成的相互作用体系进行地震反应分析。其中，码头基础（如沉箱）使用线性模型，土采用有效应力本构关系。模型参数可由现场土层波速测量、标准贯入试验、土样的动三轴试验等确定。有效应力分析适用于安全水准地震作用下的抗震分析，可判断码头是否失效，并得到码头的失效模式和结构残余变形。

（3）静力弹塑性分析方法。该法可用于高桩式码头，码头结构质量集中于地面平台处；桩的埋地部分简化为温克尔地基梁，可采用土的非线性本构关系进行分析。地震惯性作用以等效静力方式施加于平台集中质量处，渐次增加荷载并计算应力状态，判断塑性铰的发生及结构体系是否失效，该法适用于安全水准地震作用下的抗震验算。

中国码头抗震设计　中国《水运工程抗震设计规范》（JTJ 225—98）规定了码头抗震设计的基本要求，包括场地、地基和岸坡的抗震要求，地震作用计算和结构抗震验算方法以及相关抗震构造措施。

抗震计算　码头抗震设计应考虑两个水平方向（或一个最危险方向）的地震作用和竖向地震作用。设前、后方桩台的高桩码头，前、后方桩台可作为整体计算横向地震作用，桩台间以链杆相连，纵向地震作用可仅就端部段计算；基桩按刚架计算内力，质量刚度分布不均匀的高桩码头应考虑水平扭转效应。板梁式、无梁面板式、桁架式和实体墩式高桩码头，可简化为单质点模型采用反应谱方法计算地震作用；空箱式、刚架式和桁架式高桩码头可建立多质点模型，采用反应谱方法计算地震作用，当码头高度超过 30 m 时，应考虑高振型影响；重力式码头和重力墩使用拟静力法计算地震作用，使用规范规定的综合影响系数和沿结构竖向的加速度分布系数；斜坡码头和浮码头的柱和桩式墩宜建立多质点模型，采用反应谱方法计算地震作用，土压力的计算使用物部公式，动水压力的计算使用韦斯特加德（Westergaard）近似方法。

抗震验算　码头地基的抗震验算包括地基承载力验算和岸坡整体抗震稳定性验算，后者使用圆弧滑动面法。码头结构抗震验算包含以下内容：桩和柱的截面抗震承载力验算；重力式岸壁码头的抗滑和抗倾稳定性验算，重力墩的抗滑和抗倾稳定性验算；板桩式码头板桩墙的入土深度和稳定性验算，锚碇墙或板的稳定性验算；混凝土构件和预应力混凝土构件的截面承载力验算，钢构件的强度验算。

抗震措施　不同类型码头要求如下。

（1）设防烈度 8、9 度的重力式码头或重力墩，宜在码头墙后采用一坡到底的抛石棱体；方块式码头宜减少方块层数，方块间设榫槽或预留竖向孔并灌注钢筋混凝土，混凝土胸墙宜与方块现浇成整体；预制安装的扶壁式码头应加强纵向整体性，宜采用现浇胸墙并加强配筋。

（2）高桩码头前后桩台的分缝处宜填充缓冲材料；码头各分段的桩基宜对称布设、适当增设叉桩，不宜全部采用混凝土直方桩；钢桩宜加强整体性和延性，后方桩台的桩顶与上部结构应采用固接，叉桩桩帽与横梁间应加强配筋，优先采用刚度大的码头上部结构；桩台和引桥与接岸结构间宜设简支过渡板。

（3）板桩码头板桩墙与锚碇结构间的软土或可液化土

应换置为密实、透水性好的粗砂或石料，拉杆端部应铰接并减少拉杆下垂，设防烈度8、9度时宜采用叉桩锚碇并加强桩帽。

（4）斜坡码头和浮码头的桥跨活动支座应有防落梁措施（见桥梁抗震构造措施），墩台和横梁上的桥跨支座应满足搭接长度要求；高度较大的柱和墩应提高顺桥向刚度；重力式混凝土墩台宜减少施工缝、加强整体性，应加强桥台的胸墙，胸墙与梁端之间宜填充缓冲材料。

chuanzha kangzhen sheji

船闸抗震设计（seismic design of ship lock） 船闸是通航建筑的一种，其功能是使船舶通过具有集中大水头落差的航道。船闸由闸首、闸室、上下游引航道、输水系统和相关设备组成，一般为水利枢纽的组成部分。中国《水运工程抗震设计规范》（JTJ 225—98）规定了船闸抗震设计的基本要求，场地、地基和岸坡的抗震要求，地震作用计算和结构抗震验算方法以及相关抗震构造措施。

抗震计算 船闸抗震设计应考虑两个水平方向（或一个最危险方向）的地震作用和竖向地震作用。岩基和土基上的闸首边墩、土基上的闸室墙、闸顶机架桥等均可简化为多质点模型，使用拟静力法计算地震作用，计算中使用规定的综合影响系数和加速度分布系数。基岩上闸室墙的地震作用计算也使用拟静力方法，但要首先估计总水平地震作用，再计算各质点的地震作用。船闸结构抗震验算含构件截面承载力验算和稳定性验算，闸首边墩、闸室墙要计入渗透力验算截面抗拉强度。

抗震措施 船闸的排水倒滤结构和抗渗结构（灌浆帷幕和防渗铺盖）及其连接部位，应采取防止扬压力增加、渗流、管涌和流土措施。基岩场地上的船闸应对断层、软夹层、破碎带作妥善处理，严格清基并提高底部混凝土强度。设防烈度超过6度时，船闸闸首应采用整体混凝土结构；土基上的闸室在设防烈度8、9度时，宜采用整体混凝土结构；土基上的分离式闸室墙，应采用混凝土结构。船闸的分缝止水材料应耐久性好，且能适应大变形。船闸中的浆砌块石结构应采用高强度水泥砌筑砂浆和勾缝砂浆。闸门、启闭机的选型布置应考虑降低机架桥高度和减小质量；机架桥宜采用刚架结构，并加强与闸墩的连接；船闸的混凝土刚架、梁柱节点应加密布设箍筋，设防烈度9度时机架柱应在全范围加密箍筋。

shuizha kangzhen sheji

水闸抗震设计（seismic design of sluice） 水闸是通过闸门闭启挡水和泄水的中低水头水工构筑物。水闸因功能不同有节制闸、进水闸、冲沙闸、泄洪闸、挡潮闸和排水闸等多种。水闸一般由闸室和上、下游连接段组成，闸室部分含闸门、底板、闸墩、胸墙、启闭机和交通桥、工作桥等。中国《水工建筑物抗震设计规范》（SL 203—97）规定了水闸抗震要求。

抗震计算 水闸闸室、两岸连接建筑及地基应进行抗震稳定性验算，各结构构件均应进行截面抗震承载力验算。水闸地震作用计算可采用动力法或拟静力法；抗震设防等级为丙类的二级水闸，在设防烈度为9度时应采用动力法进行抗震计算。使用拟静力法计算时，各部结构采用串联多质点模型，应区别闸墩、闸顶机架、岸墙和翼墙，并考虑地震作用方向的不同采用动态分布系数（见加速度分布系数）。使用动力法计算时，应建立闸室的三维模型；宜采用振型叠加反应谱法并考虑前3～5阶振型。应考虑作用在水闸上的地震动水压力以及作用在岸墙和翼墙上的地震土压力。水闸沿基础底面的抗滑稳定性验算应采用规范规定的结构系数。

抗震措施 水闸采用桩基时，应加强基础与闸底板的连接并采取防渗措施；闸室结构布置应均匀对称，增强整体性；闸门、启闭机的选型和布置应考虑降低机架高度，减轻质量；机架桥宜采用框架结构，并加强桥柱与闸墩和桥面的连接；应采取提高边墩和岸坡稳定性的措施和上游防渗、下游排水措施。

jiakong guandao kangzhen sheji

架空管道抗震设计（seismic design of overhead pipe） 架空管道是广泛使用的输送液、气态物质的设施。架空管道的地震破坏一般由支架失效引发（见架空管道震害），架空管道抗震主要是管道支架抗震。

根据结构形式的不同，架空管道支架可分为独立式支架和管廊式支架两类（见图）。前者各支架间不设水平联系

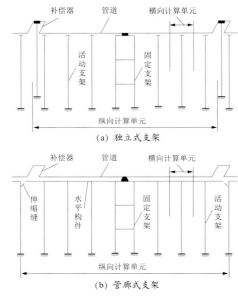

(a) 独立式支架

(b) 管廊式支架

架空管道支架的计算单元

构件，管道直接敷设于支架上；后者支架间有支承管道的水平构件。根据管道在支架上敷设方式的不同，架空管道支架又可分为活动支架和固定支架两类。前者管道与支架间无固定措施，管道可在支架上滑动；后者管道与支架间有固定措施。架空管道是沿管道敷设方向连续延伸的结构体系，管道与支架间的联系状态在地震中可能变化。中国《构筑物抗震设计规范》（GB 50191—93）、《室外给水排水和燃气热力工程抗震设计规范》（GB 50032—2003）和《石油化工构筑物抗震设计规范》（SH/T 3147—2004）均规定了架空管道支架的抗震设计要求。

一般规定 管道支架宜采用钢筋混凝土结构，亦可用钢结构。固定支架宜采用现浇钢筋混凝土结构，活动支架可采用装配式钢筋混凝土结构。较大直径的管道和输送易燃、易爆、剧毒、高温、高压介质的管道宜支承于四柱

式钢筋混凝土框架结构固定支架,管道自身不宜用作支承结构而受力。设防烈度为8、9度的活动支架宜采用刚性支架,不宜采用半铰接支架。单柱式活动支架应采用螺栓与基础连接。

抗震计算 架空管道地震反应分析一般采用简化方法。石化企业的架空工艺管道可建立三维连续梁模型计算地震作用,计算中应考虑与塔式设备连接的耦联效应。当管道与其他设备相连时,管端可按固端考虑。应计算两水平主轴方向的地震作用并验算截面强度。

管道活动支架在管道纵向滑动方向可不进行抗震验算。独立式支架的纵向计算单元,可取两个管道补偿器之间的部分,横向计算单元可取相邻两跨中线之间的部分(图a);管廊式支架的纵向计算单元可取支承结构伸缩缝之间的部分,横向计算单元可取相邻两跨中线之间的部分(图b)。管道支架可简化为单质点模型计算,支架重力荷载代表值应按规定考虑永久荷载和可变荷载,支架自振周期可由重力荷载代表值和等效刚度计算。计算单元中,各支架所承受的水平地震作用应区别固定支架和活动支架、考虑各支架刚度以及管道与支架连接方式确定,活动支架不承受管道滑动方向的地震作用。设防烈度8、9度时,支承大口径管道的长悬臂构件和跨度大于24 m的管廊式支架的水平桁架,应计算竖向地震作用。地震作用效应与其他荷载效应组合后进行支架构件截面强度验算。

抗震措施 管道支架基础埋深不宜小于1 m;钢筋混凝土框架结构支架应满足框架结构的抗震构造要求,支架横梁外侧的管道应采取防滑落措施;半铰接支架柱应满足构造配筋要求;管廊式支架的水平构件应设水平支撑;架空敷设的热力管道应使用具有良好柔性的保温材料。管道穿越墙体时应设套管,套管与管道间应填充柔性材料;若管道嵌固于墙体,则嵌固处附近管道应设置柔性装置。

jiaolu jichu kangzhen sheji

焦炉基础抗震设计 (seismic design of coke oven base)
焦炉是生产焦炭的热工窑炉,含炉体和基础两部分。震害经验表明,即使在强烈地震作用下焦炉炉体仍可保持完整,仅基础损坏,故基础是焦炉抗震的重点。大中型焦炉基础含基础顶板、梁、柱和基础底板,一般采用钢筋混凝土框架结构。在炉体纵向两端设有抵抗墙(梁柱和墙板组成的钢筋混凝土构架),抵抗墙间在炉顶水平梁处设钢拉条。

抗震计算 《构筑物抗震设计规范》(GB 50191—93)规定,设防烈度7度且场地抗震分类为硬或中硬时,四柱至六柱的焦炉基础可不作抗震验算,但要满足抗震构造措施要求。须作抗震验算时,焦炉基础横向水平地震作用计算可采用简化单质点模型,焦炉炉体与基础的质量可集中于一点,抵抗墙、基础构架和纵向钢拉条简化为无质量弹性杆,基础结构与抵抗墙间力的传递由刚性链杆实现。地震惯性力作用点可取焦炉炉体重心。计算中应计入温度作用和重力二次效应,应进行构件截面强度的抗震验算。

构造措施 焦炉基础的抗震构造措施要点如下:设防烈度为8、9度且场地分类为软或中软时,焦炉基础横向构架边柱的上、下端节点宜采用铰接或固接,中间柱的上、下

端节点宜采用固接。焦炉基础构架应区别抗震等级(见钢筋混凝土房屋抗震等级)满足钢筋混凝土框架结构的抗震构造要求,现浇构架柱铰接端的插筋应满足直径和锚固长度要求,预制构架柱柱端与杯口内壁之间应预留适当间隙并填充软质材料,构架柱铰接端应设置焊接钢筋网片,焦炉基础与相邻结构间应有适当间隙。

shihua shebei jichu kangzhen sheji

石化设备基础抗震设计 (seismic design of petrochemical facility base) 石化设备基础含塔型设备基础,反应器、再生器的框架基础,常压立式圆筒形储罐基础,球罐基础,冷换设备和卧式容器基础,管式炉基础,裂解炉炉架及基础,一般采用钢筋混凝土结构或钢结构。对应设备支承结构的不同形式,基础可采用独立式或环墙式。中国《构筑物抗震设计规范》(GB 50191—93)和《石油化工构筑物抗震设计规范》(SH/T 3147—2004)规定了石化设备基础的抗震要求。

抗震计算 可不进行抗震验算的石化设备基础有:设防烈度7度,场地类别为硬或中硬的圆筒式、圆柱式塔式设备基础和管式炉基础;无地脚螺栓且未采用桩基的常压立式储罐基础;卧式冷换设备基础;设防烈度6度,场地为硬、中硬、中软或设防烈度7度,场地为硬或中硬且基本风压较高的裂解炉炉架和基础。任何基础均应满足抗震构造措施要求。

须进行抗震验算时,石化设备基础抗震计算除应考虑水平地震作用外,在以下情况还应考虑竖向地震作用:设防烈度8、9度的框架式塔式设备基础和反应器、再生器的框架基础,设防烈度9度的裂解炉炉架基础。石化设备基础承受的地震作用可使用底部剪力法或振型叠加反应谱法计算,设备体系的自振周期可由经验公式或理论方法计算。当数个塔型设备通过联合平台成一列设置时,垂直于排列方向的自振周期取单塔周期的最长者;平行于排列方向的自振周期取单塔周期最长者的0.9倍。石化设备基础应进行构件截面强度验算、地脚螺栓强度验算。若结构楼层屈服强度系数小于0.5,反应器、再生器的钢筋混凝土框架基础宜再进行变形验算。

抗震措施 塔式设备可采用钢筋混凝土圆筒式、圆柱式、框架式独立基础或联合基础,亦可采用钢框架或钢框架支承基础。反应器、再生器框架基础可采用钢结构或现浇钢筋混凝土结构,独立基础应设系梁;常压立式储罐可采用护坡式、外环墙或环墙式基础,中软或软场地宜采用钢筋混凝土环墙基础;球罐宜采用钢筋混凝土环形基础,采用独立基础时应设系梁;冷换设备和卧式容器宜采用钢筋混凝土支墩或支架基础;管式炉应采用钢筋混凝土基础;乙烯裂解炉应采用钢框架支承和钢筋混凝土基础。

石化设备基础应满足埋置深度的要求,框架式基础应满足相应框架结构的抗震构造措施要求,混凝土构件应满足配筋要求,支承和基础的厚度、宽度、高度等应满足规范要求。常压立式储罐的基础环梁不宜开孔,开孔处要取加强措施。裂解炉炉架底部柱脚宜为铰接,且应加强采用抗剪措施;双槽钢组合构件应采用密封焊缝。

设 备 抗 震

shebei kangzhen

设备抗震（earthquake resistance of equipment） 防御和减轻设备地震破坏的理论与实践。设备广泛应用于社会经济各个部门，含电力设备，通信设备，医疗设备，计算设备，机械设备，石油化工行业的钢制炉、塔、罐、柜，各类测试仪器以及房屋建筑的附属照明、通风、供水设施等。设备自身具有特定的、乃至十分重要的使用功能，对保障相关各类设施的正常运行具有举足轻重的作用，部分设备损坏可能导致严重次生灾害，通信设备、医疗设备的损坏将严重影响地震应急救援行动；设备抗震是抗震设防的重要内容。

特点 与建、构筑物相比，设备抗震技术具有特殊性。大多数设备是工厂生产的定型产品，为实现使用功能和抵抗运行中可能承受的机械力、温度、压力和腐蚀等作用，设备制造均有严格的技术标准，在构件强度上有较大裕度，多具有较为坚固的机架或外壳，且经过试验验证和长期运行的考验。然而，设备承受地震作用的研究开展不多，震害经验也较缺乏。多数设备在设计中不考虑地震环境下性能受损或功能失效的可能性；另外，设备在使用中须设置于地面或其他支承物上，安装方式和支承结构的动力特性对设备安全和地震反应有重要影响。因此，设备的抗震安全既取决于自身结构，又与所在建、构筑物的抗震性能和设备的支承安装方式有关。

一般要求和抗震措施 设备一般抗震要求和抗震措施涉及设备的选型与设置位置的选择，设备及支承体系的规则性和多道抗震设防原则，构件材料强度和延性的要求，设备稳定性和锚固要求以及构件的抗震构造措施。结构振动控制技术（隔震和消能减振）已在设备抗震中应用。

设备抗震设防目标、抗震设计方法、抗震鉴定加固技术和设备抗震的可靠度有待进行深入研究。

shebei kangzhen shefang mubiao

设备抗震设防目标（seismic protection object of equipment） 对预期地震作用下设备所应具备的抗震能力的一般表述。它是考虑不同设备的重要性、结构特点、破坏机理、震害后果和经济技术能力综合确定的。

《石油化工电气设备抗震设计规范》（SH/T 3131—2002）仿照建筑物有关规范的要求提出了三水准的抗震设防目标：遭受多遇地震烈度作用时，设备一般不受损坏或不经修理可以继续使用；遭遇设防地震烈度作用时，设备可能有轻微损坏但仍能继续运行；遭遇罕遇地震烈度作用时，设备不致倾倒或发生严重次生灾害。

《电力设施抗震设计规范》（GB 50260—96）和《通信设备安装抗震设计规范》（YD 5059—98）规定，遭遇设防烈度地震作用时，设备不损坏，仍可继续使用；遭遇罕遇烈度地震作用时不发生严重损坏，修理后可恢复使用。

《石油化工钢制设备抗震设计规范》（SH 3048—1999）规定，在设防烈度地震作用下设备非受压构件可能损坏，经一般修理或不修理仍可继续使用。

美国《变电站抗震设计实施条例》（IEEE Std 693—1997）规定，变电站设备在遭受设计地震动作用时无明显的结构损坏，可保持使用功能，允许发生小的损伤，少部分设备可能不具备完全的功能。日本《电气设备抗震设计指南》（JEAG 5003—1980）规定，应防止电气设备在设计地震动作用下的破坏造成大范围、长时间的断电。

shebei kangzhen shefang fenlei

设备抗震设防分类（equipment classification for seismic protection） 考虑设备的等级、规模、运行环境以及重要性和破坏后果等，从抗震角度对设备所作的分类。

中国石油化工钢制设备分为"重要""一般"和"次要"三类，电力设施分为"重要"和"一般"两类；不同类别设备采用的设计地震动和抗震构造措施不同。核电厂设备抗震区别核电厂设备安全分级和核电厂物项分类进行，采用不同的荷载（含地震作用）组合、计算方法和验算指标。

多数设备没有明确的抗震设防分类，但设备抗震计算可采用不同的重要性系数。无须抗震设防的仪器设备一般为无高精度要求、价值较低的非关键仪器设备。

shebei kangzhen sheji dizhendong

设备抗震设计地震动（design ground motions of equipment） 设置于地面的设备直接承受地震动，设置于建筑物上的设备承受的是建筑物的地震反应，亦与地震动有关。设备抗震设计地震动的规定与建、构筑物大体一致，包括对应不同烈度的地震动加速度峰值、反应谱和地震动时程。抗震设计反应谱一般区别场地抗震分类给出，设备场地抗震分类的规定与建、构筑物相同。

《石油化工钢制设备抗震设计规范》（SH 3048—1999）中的反应谱具有非同一般的特殊形式，即反应谱长周期（大于 3.5 s）下降段算式取为周期平方的幂函数，长周期反应谱最小幅值为地震影响系数最大值的 0.05 倍，且截止周期长达 15 s。

shebei kangzhen jisuan

设备抗震计算（seismic response analysis of equipment） 设备地震作用计算方法与建、构筑物相同，可视不同结构类型采用静力法、拟静力法、底部剪力法、振型叠加反应谱法或时程分析法。多数设备设置于建、构筑物的楼层上，地震作用计算须考虑建筑结构的振动和设备自身的动力特性，这是设备抗震分析区别于建、构筑物的重要特点。为了简化计算，设备抗震设计规范中一般都给出了估计设备所在建筑物楼层地震反应的简化算式或图表，或规定楼层反应谱。抗震计算所需的设备体系动力特性参数宜由试验测定。

设备抗震验算多为针对设防烈度地震的一次验算，包括结构构件的强度验算、锚固螺栓验算以及设备抗倾覆和抗滑移验算等。构件强度抗震验算往往只针对薄弱构件、连接件和支承构件进行，采用许用应力方法。

chuyeguan kangzhen sheji

储液罐抗震设计（seismic design of liquid tank）

储液罐是石油化工系统的重要设备，常用的储液罐有立式常压圆柱形储罐、球形储罐和卧式圆筒形储罐等。储罐一般储存易燃、易爆、有毒介质，地震中储液罐破坏将引发严重次生灾害。

概况 大型立式常压储液罐一般浮放在地基基础上，由薄钢板圆柱形罐壁、底板和顶盖组成。此类储罐地震损坏甚多（见储罐震害）。立式圆形储罐结构较为简单，但震害现象的解释和地震反应数值模拟甚为复杂，至今没有令人满意的结果。其原因主要在于：罐壁、罐底等均为大尺度薄壁受力构件，可能发生大的变形并产生失稳；罐内贮存液体，液体与罐体的耦联动力作用较为复杂；再者，就浮放罐而言，罐底边界条件难以确定。

豪斯纳最早进行了储液罐抗震分析，在罐底固定、罐壁刚性的假定下，基于等效原则提出了考虑液体振荡效应的简化分析模型。以后，研究者又利用分析和试验手段对罐壁变形和罐底翘离进行了探索，开发了考虑罐壁弹性变形、罐壁和液体相互作用的有限元分析程序并提出了若干简化分析方法。但是，这些研究并未得到充分的验证。包括隔震在内的若干振动控制技术也就储液罐做了研究，基底隔震技术已用于实际储液罐工程。中国、美国、日本等国均编制了有关储液罐的抗震设计规范。

中国《构筑物抗震设计规范》（GB 50191—93）和《石油化工钢制设备抗震设计规范》（SH 3048—1999）就不同类型储液罐的抗震设计作了具体规定。位于设防烈度6度区的储液罐可不进行抗震验算，但应采取抗震构造措施。

立式常压圆柱形储罐 立式常压圆柱形储罐（图1）可利用简化公式估计罐体与储液耦合振动的基本自振周期，并考虑储罐的径高比，利用反应谱计算水平地震作用；计算液体晃动的基本周期并估计液面晃动最大波高；利用简化公式计算罐壁底部的最大压应力。地震作用下，罐壁底

图1 立式储罐

部最大压应力不得超过稳定临界值，运行中的储罐液面至罐顶距离不得小于最大波高；罐底锚固时，螺栓应满足强度验算要求。

立式常压圆柱形储液罐应满足以下抗震措施要求：Ⅲ、Ⅳ类场地的储罐宜采用钢筋混凝土环墙基础，Ⅰ、Ⅱ类场地宜采用钢筋混凝土外环墙基础，基础宽度、混凝土强度等级、配筋应满足规范要求。基础环墙不应开口，若必须开洞时，应预埋钢管衬套。储液罐采用浮顶可能减低储液振荡波高，浮顶罐导向装置和转动浮梯应接触良好、连接可靠，浮顶与罐壁间应设置软质密封材料。大直径刚性管道宜采用柔性装置与储罐连接。

球形储罐 球形储罐（图2）一般为高压钢制容器。球罐可沿通过支柱的一个主轴方向计算水平地震作用，球罐

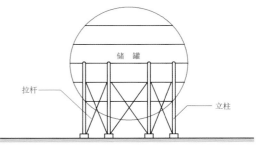

图2 球形储罐

分析可取等效单质点模型。球罐在运行状态下的等效质量包括罐壳质量，保温层质量，支座、拉杆和其他附件的质量以及储液的等效脉冲质量等。球罐支承构架的水平侧移刚度可考虑结构体系的几何和物理力学特性由简化公式计算。可由设计反应谱计算水平地震作用并估计支承结构的倾覆力矩。球罐应进行支承构件的截面强度验算。

球罐基础和支墩的混凝土强度等级不宜低于C20；基础埋深不宜小于1.5 m；设防烈度为6度及7度Ⅰ、Ⅱ类场地时，球罐可采用独立墩式基础，否则宜采用环形基础或由地梁连接的墩式基础。Ⅲ、Ⅳ类场地的储罐与管道相连处应采取柔性连接措施（如在管道上设置弯管补偿器）。

卧式圆筒形储罐 卧式储罐（图3）的鞍座不应浮放于基础。卧式储罐可简化为等效单质点模型计算地震作用。

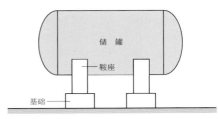

图3 卧式储罐

大型储罐的水平方向自振周期应区别纵向和横向分别计算，储罐等效质量包括罐体、储液和鞍座的质量。当罐体长度与直径之比达到或超过5时，应考虑竖向地震作用。根据设计反应谱计算水平和竖向地震作用，计算鞍座反力最大值，进行构件截面强度验算和地脚螺栓强度验算。

当罐体直径小于1 m或罐体长度与直径之比小于8时，可不作罐壁强度验算。设置在楼板上的卧式储罐，应利用楼层动力放大曲线（见楼层反应谱）计算地震作用。

多个卧式储罐沿竖向连接构成重叠卧式设备（图4）。重叠卧式设备应考虑水平和竖向地震作用，建立串联多质点模型使用底部剪力法计算地震反应。应计算鞍座反力最

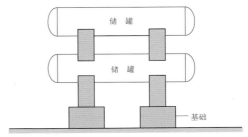

图4 重叠卧式储罐

大值，验算构件强度和螺栓强度。坐落在楼层上的重叠卧式设备，应利用楼层动力放大曲线计算地震作用。

chuqiguan kangzhen sheji

储气罐抗震设计（seismic design of gas tank） 燃气工程中的储气罐包括钢制球形储气罐、卧式圆筒形储气罐和水槽式螺旋导轨储气罐。中国《室外给水排水和燃气热力工程抗震设计规范》（GB 50032—2003）规定了上述储气设施的抗震设计要求，其中球罐和卧式罐的抗震计算方法和抗震措施与球形储液罐和卧式储液罐大体相同（见储液罐抗震设计）。

水槽式螺旋导轨储气罐是由多段可升降的塔节、塔顶和底部环形水槽构成的以水作为密封材料的储罐，用以储存煤气或天然气。储罐各塔节设有挂圈、导轨、导轮、水

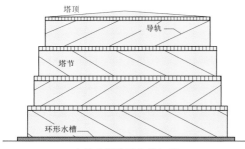

塔顶
导轨
塔节
环形水槽

水槽式螺旋导轨储气罐

封环和配重等装置。储罐可简化为多质点体系，用反应谱方法计算水平地震作用；设防烈度为9度时应考虑竖向地震作用。储罐塔体应区别塔节全部升起和最底段塔节未升起两种工况进行抗震验算。底部环形水槽验算应考虑动水压力作用。储罐应进行导轮、导轨的强度验算，以及底段塔节导轨与挂圈间的连接强度验算。

位于Ⅲ、Ⅳ类场地上的储罐，其高度与直径之比不宜大于1.2，与储罐相连的管道应设弯管补偿器或采取其他柔性连接措施。各组导轮的轴座应有良好的整体性。储罐容量达到或超过5000 m³时，导轨不宜采用小于24 kg/m的钢轨。

tashi shebei kangzhen sheji

塔式设备抗震设计（seismic design of tower facility） 石油化工企业的钢制塔式设备又称直立式设备，多承受高温高压作用。塔式设备根据支承结构的不同分为裙座式和支腿式（含支承式）两类，前者支承结构为曲面钢壳体，后者支承结构为钢柱。中国《石油化工钢制设备抗震设计

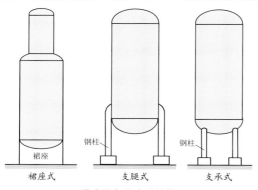

裙座
钢柱
钢柱
裙座式 支腿式 支承式

塔式设备的支承结构

规范》（SH 3048—1999）参照日本《高压瓦斯设备抗震设计标准》规定了塔式设备的抗震设计要求。

裙座式塔式设备 高度小于10 m且高径比小于15的裙座式塔式次要设备可不进行抗震验算，但应采取抗震构造措施。须进行抗震验算时，此类设备可简化为串联多质点模型，采用底部剪力法、振型叠加反应谱法或时程分析法计算水平地震作用。当高径比大于5且设防烈度在7度以上时，尚应考虑竖向地震作用。此类设备有构架支承时，构架应作为设备的一部分进行计算。应根据结构地震反应分析结果，验算裙座的锚固螺栓强度。

裙座式塔式设备应采用的抗震措施包括下述内容。设备平台应沿高度均匀分布，与其他结构相连的平台不应少于两层。大直径管道应以柔性装置与塔身相连接，附属设备应自设支承，内部承重构件应与塔身牢固连接。塔身变直径段的壁厚不应小于相连塔身的壁厚。当设备高径比大于5且设防烈度高于7度时，塔身与裙座不宜采用搭接。裙座开孔处应予加强，裙座地脚螺栓直径不宜小于M24，个数不少于8个。

支腿式塔式设备 直径小于1.4 m、总高度小于5 m、支承高度小于0.7 m的支腿式塔式设备可不进行抗震验算。须进行抗震验算时，此类设备可简化为等效单质点模型计算自振周期，使用底部剪力法计算地震作用。设置在楼层上的支腿塔式设备应使用楼层动力放大曲线（见楼层反应谱）计算地震作用。根据地震反应计算结果，进行支承的稳定性、抗剪强度验算和地脚螺栓强度验算。当抗震设防烈度高于7度时，此类结构的支腿不应少于4个。

jiarelu kangzhen sheji

加热炉抗震设计（seismic design of heating furnace） 石油化工企业的加热炉含管式加热炉、裂解炉、卧式加热炉及其附属设备。中国《石油化工钢制设备抗震设计规范》（SH 3048—1999）规定了加热炉的抗震设计要求。

抗震计算 要点如下。

（1）立式加热炉、裂解炉和圆筒炉对流室的支承框架应计算两个水平主轴方向的地震作用，卧式加热炉可仅计算设备横向的水平地震作用。

（2）高度大于35 m的圆筒式加热炉，高度大于40 m的立式加热炉、裂解炉及变截面烟囱，可简化为串联多质点模型计算其自振周期；其他设备可利用简化公式估计自振周期。

（3）高度小于等于40 m且以剪切变形为主的立式加热炉、裂解炉，高度小于等于40 m的座地烟囱，卧式加热炉以及支承预热器的座地刚架等可使用底部剪力法计算地震作用。其他管式加热炉、高大座地烟囱、架空烟道及其支架可使用振型叠加反应谱法计算地震作用。

（4）炉顶烟囱可使用楼层动力放大曲线（见楼层反应谱）计算地震作用；若用地面反应谱计算地震作用，则作用效应应乘以放大系数2.0。

（5）设防烈度高于8度、高度超过80 m的直立设备可进行地震作用的时程分析，计算结果应与简化分析方法结果进行比较后采用。

（6）加热炉应根据地震作用效应计算结果进行构件强度验算。

构造措施 应针对不同类型加热炉采取相应措施。

（1）立式加热炉和裂解炉的炉顶平面和炉架柱间应设斜撑，梁柱构件和斜撑均应满足最小截面要求，构件应有适当、可靠的连接。

（2）圆筒式加热炉的对流室高度不应超过辐射室，对流室框架柱间应设斜撑，支承烟囱时应设平面斜撑，斜撑和支承烟囱的梁均应满足最小截面尺寸面要求；支承辐射炉的筒体顶部应设竖向加强肋，筒体直径大于3.8 m时，顶部和底部的环梁宜采用空腹组合构件；炉底柱等于或少于8根时，柱脚应设螺栓座。

（3）卧式加热炉筒体壁厚、鞍座立板厚度、肋板厚度、底板厚度和宽度均应满足最小尺寸要求。

（4）加热炉地脚螺栓、炉顶烟囱的底座螺栓、落地烟囱的地脚螺栓均应满足最小直径和个数的要求，落地烟囱的底环应满足最小厚度要求。加热炉炉架在可能发生塑性变形处不应使用焊接连接。架空烟道应区别周长大小满足壁厚要求，烟道的承插式温度补偿装置应满足承插长度要求，烟道补偿装置应设支承构件，支座处烟道两侧应设限位装置。

dianqi sheshi kangzhen sheji

电气设施抗震设计 （seismic design of electrical installation）电气设施含输变电和配电工程中的变压器、互感器、电抗器、断路器、避雷器、绝缘子等和通信、控制、调度系统的相关电气设备。电气设施的地震损坏主要表现为构架失稳、座地设备移位、架空设备跌落、瓷件断裂等（见供电工程震害）。

变压器震落（2008年四川汶川地震）

美国电气设施抗震设计 美国电气和电子工程师协会颁布的《变电站抗震设计实施条例》（IEEE Std 693—1997），对电气设施的抗震设计地震动、抗震功能、抗震验算和试验规程作了详细规定。电气设施的设防地震动分为高、中、低三个等级，对应的水平地震动加速度峰值分别为1.0 g，0.5 g 和0.1 g（g 为重力加速度）；抗震分析要求的反应谱（RRS，即在设备抗震试验中由相关性技术标准规定的输入反应谱）对应的水平地震动加速度峰值取0.5 g，0.25 g 和0.1 g。竖向地震动峰值取水平地震动峰值的0.8。

电气设施的抗震计算为线弹性分析，可采用静力法、静力系数法、振型叠加反应谱法和动力时程分析法进行。抗震验算考虑双水平向地震输入与竖向地震输入的组合，或单一水平向地震输入与竖向地震输入的组合。静力分析适用于自振频率超过33 Hz的设备，由地面加速度峰值确定的惯性力作用于设备或设备部件的重心处。在静力系数分析方法中，作用于设备的等效惯性力为静力分析惯性力的1.5倍。采用振型叠加反应谱法要考虑多个振型，使用要求的反应谱，利用平方和开平方方法（SRSS法）叠加各振型的地震作用效应。截面强度验算使用允许应力方法。

重要电气设施除进行抗震验算外还要进行试验验证。电气设施结构抗震试验在振动台上进行，可采用谐波、拍波、白噪声和地震动时程等不同的输入方式。输入的地震动时间过程应与试验反应谱（TRS，即在设备抗震试验中实际采用的输入反应谱）相匹配，且强地震动持续时间不应低于20 s；试验反应谱应为要求的反应谱的包络，至少在结构主要振动频率范围内不小于RRS的幅值。经抗震试验的设备不应丧失功能，构件不应开裂。

中国电气设施抗震设计 中国《电力设施抗震设计规范》（GB 50260—96）和《石油化工电气设备抗震设计规范》（SH/T 3131—2002）规定了各类电气设备的抗震要求。电气设备抗震设计依据设防烈度进行。设防烈度不低于8度的电气设施、设防烈度不低于7度的330 kV电压及以上的电气设施，以及设防烈度不低于7度的非设置于地面或支架较高的电气设施，均应进行抗震设计。

计算分析和抗震验算 电气设施的计算模型可针对不同结构的特点采用单质点模型、串联多质点模型或有限元模型。电气设施的抗震分析方法可分为静力方法和动力方法两类，后者含底部剪力法、振型叠加反应谱法和时程分析法。变压器、电抗器、开关柜、通信设备和蓄电池等可采用静力法或振型叠加反应谱法计算水平地震作用，高压电器、高压电瓷、管型母线、封闭母线和串联补偿装置等应采用动力法进行抗震分析。动力分析的输入可使用拍波串（见拍波试验）。使用静力法或拍波输入动力法计算设备本体地震反应时，应视设备支承方式的不同乘以动力放大系数（取值范围为1～2）。当采用振型叠加反应谱法进行抗震分析时，应根据设备的实际阻尼对阻尼比为0.05的设计反应谱进行修正。设置在楼层上的电气设备应使用楼层反应谱（楼层动力放大系数曲线）计算水平地震作用。当须要考虑竖向地震作用时，竖向地震动强度取水平地震动强度的65%。电气设备应就连接件、支承构件和地脚螺栓等计算弯曲应力、拉压应力、剪应力或组合应力，基于允许应力或破坏应力进行强度验算。

抗震构造措施 设防烈度9度且电压等级在110 kV及以上的电气设施，不宜采用高型、半高型和双层室内设置，管型母线配电装置的管型母线宜采用悬挂设置方式。设防烈度7度及7度以上的设备引线及连线宜采用软导线，使用硬导线时应采用软连接。电气设备可适当设置隔震、消能减振装置。电气设备应采用螺栓连接或其他方式与基础或支承物固定，设备锚固螺栓和焊接强度应满足抗震要求。蓄电池应设抗震架，防止滑移碰撞和倾倒。旋转电机以及断路器的作动力源安装应符合抗震要求。成列开关柜、控制保护屏和通信设备在安装时应连成整体。电气设备的继电器和仪表应采取固定措施，屏柜中的电路板插件和可抽出单元应有锁定装置。

抗震试验 电气设备的抗震试验可使用原型设备或其易损部件在振动台上进行。振动台输入应取抗震不利方向。设备体系试验可采用拟合设计反应谱的人造地震动作为输入；设备本体和部件的试验可采用拍波试验，同时考虑支承的动力放大系数。试验中应测试危险截面的应力，判断是否满足强度要求。

tongxin shebei kangzhen sheji

通信设备抗震设计（seismic design of communication equipment） 通信设备含载波机、交换机、微波发信机、整流器等台式、自立式、列架式设备，也包括通信电缆，通信电源设备，微波天线和馈线以及邮电机械设备等。通信设备抗震是通信系统工程抗震的关键环节。中国通信行业标准《通信设备安装抗震设计规范》（YD 5059—98）规定了相关抗震要求。

计算分析和抗震验算 通信设备一般设置于建（构）筑物上。通信设备的地震反应可采用反应谱方法或动力时程分析法计算。抗震设计中通信设备常简化为单质点模型，其水平地震作用采用的简化计算公式为

$$F_H = \alpha k_1 k_2 k_3 G$$

式中：α 为设备所在建筑的自振周期对应的水平地震影响系数；k_1 为楼层反应系数，反映设备所在不同楼层地震作用的差异；k_2 为设备对楼面的反应系数，反映设备对所在楼层地震反应的动力效应，利用楼层反应谱计算；k_3 为设备重要性系数，取 1.0～1.2；G 为设备等效重力荷载。列架式设备可作为整体计算两个水平主轴方向的地震作用。设防烈度 9 度时，设备还要考虑竖向地震作用，其数值为水平地震作用的一半。应根据地震作用计算结果验算设备支承构件和连接螺栓的强度，验算抗震防滑铁件厚度。

抗震构造措施 高度较大、重心较高的设备设置于由梁、柱、斜撑、撑铁等构成的钢列架上，称为列架式设备。此类设备顶部应与列架梁可靠连接，下部应与地面锚固；不能使用螺栓与地面锚固的设备，应设置限位角铁；列架端部应与房屋的柱或承重墙相接。设防烈度 6、7 度时，小型台式设备宜采用组合机架方式安装，机架顶部应与建筑结构构件连接，底部应与地面锚固；设防烈度 8 度及 8 度以上时，小型台式设备应设置于抗震组合柜中。桌面上的台式设备，应采用压条或防滑铁件固定，或设置于桌面凹形基座内。质量大、重心低的设备可采用自立式设置方式，底部用螺栓锚固；当底部剪力较大时，顶部可设连接支撑。通信电缆与设备连接处或穿越建筑防震缝处，均应预留长度裕度。

蓄电池组应以抗震框架固定，设防烈度 8、9 度时，应采用钢制抗震框架，且框架底部应与地面锚固。同列设置的变配电设备应以螺栓相互连接，且底部应与地面锚固。柴油发电机组应与钢筋混凝土基础锚固；质量大于 2500 kg 的机组应设减振器，机组底盘应以防滑铁与减振器固定；发电机附属设备应与基础、房屋承重墙可靠连接。太阳能电源的支架应以螺栓锚固。设防烈度 8、9 度时，重要通信

枢纽和蓄电池的输出端与汇流条间应采用软连接母线，穿越房屋防震缝的汇流条两端应采用软连接；支线架上的汇流条应用绝缘物固定，汇流条应与相连构件可靠固定，穿越墙洞的汇流条应与墙体或支架固定。支线架上的电缆应绑扎在支线架横铁上。

座式安装的微波天线，在与支座铁架或钢筋混凝土底座连接处应以钢板夹压固定；天线支座与天线平台或钢筋混凝土底板的槽钢连接时，应使用压圈钢板或 U 形钢卡箍固定；悬挂安装的微波天线应用卡箍固定，设防烈度 8 度以上且直径大于 3 m 的悬挂微波天线应设支撑；天线馈线应采用硬波导。

吊挂式邮件传送皮带机应与屋面结构可靠连接；带脚轮的设备在无自锁装置时，应设应急锁定装置；信函分拣设备各单元顶部和底部均应采取加强连接措施和限位固定措施。

jianzhu fushu shebei kangzhen sheji

建筑附属设备抗震设计（seismic design of building auxiliary facility） 建筑附属设备含建筑内的电梯、照明和应急电源系统、烟火监测和消防系统、采暖和空调系统、通信系统、公用天线等。建筑附属设备一般仅考虑设备连接构件和支架的抗震要求，并不涉及设备自身的抗震能力。中国《建筑抗震设计规范》（GB 50011—2001）和《建筑工程抗震性态设计通则（试用）》（CECS 160：2004）分别参照美国 UBC 97 规范和 NEHRP 1997 规范对建筑附属设备抗震设计作了规定。

设防地震动强度较低、质量较小、重要性不高的设备或不会产生地震破坏的悬吊设备，以及较小直径的管道可不考虑抗震要求。

计算分析和抗震验算 附属设备地震反应计算应基于设备与结构体系的相互作用模型，抗震设计中一般使用简化方法估计设备地震作用。当设备体系自振周期大于 0.1s 且其重力大于所在楼层重力的 1% 或设备重力大于所在楼层重力的 10% 时，宜采用楼层反应谱计算设备的地震反应。中国《建筑抗震设计规范》（GB 50011—2001）和《建筑工程抗震性态设计通则（试用）》（CECS 160：2004）采用等效侧力法计算设备地震反应的简化算式分别为

$$F = \gamma \eta \zeta_1 \zeta_2 \alpha_{max} G$$
$$F = \alpha_p I_p \lambda_p k G (1 + 2z/h)$$

式中：F 为沿最不利方向施加于设备重心的水平地震作用；γ 为由建筑设防类别和使用要求等确定的功能系数（取 0.6～1.4）；η 为由构件材料性能决定的构件类别系数（取 0.6～1.2）；ζ_1 为由设备动力特性决定的状态系数（取 1.0 或 2.0）；ζ_2 为位置系数（取 1.0～2.0）；α_{max} 为地震影响系数最大值；G 为设备的重力；α_p 为由构件动力特性决定的动力放大系数（取 1.0～2.5）；I_p 为构件重要性系数（取 1.0 或 1.5）；λ_p 为由构件变形和耗能能力决定的反应修正系数（取 0.3～1.0）；k 为地震系数；z 为设备设置高度；h 为设备所在建筑结构的高度。

抗震设计中还应考虑因设备支承点的相对位移引起的设备构件内力，设备连接构件和支架的强度验算尚应考虑重力与地震作用之外的其他荷载效应。

一般要求和抗震措施 建筑附属设备不应设置于建筑

结构抗震危险部位，应防止设备与建筑结构发生共振。设备连接部件和支架应有足够的刚度和强度，应与建筑结构有可靠的连接。设备应能适应建筑结构的相对变形，应采取防止和减缓设备碰撞的措施。摩擦钳不应用于锚固连接，膨胀螺栓不应用于额定功率高于 5.45 kW 的未隔振机械设备。与采暖空调系统连接的风扇、热交换器和加温器等设备应设独立支承。应加强蓄电池的约束，干式变压器内部线圈应牢固固定，电器控制板的可滑出部件应有锁定装置。应在建筑最高楼层设置触发加速度为 0.3 g 的电梯地震安全开关（g 为重力加速度）。

yiqi kangzhen sheji

仪器抗震设计 （seismic design of instrument）

置于地面、楼板或工作台上的仪器设备有浮放和固定连接两种安装方式。地震作用下建筑物倒塌、构件坠落可能危及仪器，仪器自身受地震作用也可能发生滑移、碰撞和倾倒，仪器机件亦可能因自身振动反应造成精度和功能的损伤。仪器抗震研究十分复杂，抗震经验也比较缺乏。

抗震计算 仪器的地震反应与仪器所在建筑物的振动、仪器支承物（如工作台）的振动以及仪器自身的动力特性有关；浮放仪器的地震反应十分复杂，在地震惯性力、重力、设备底面与支承物表面的摩擦力作用下，设备可能发生弹性振动、滑移或倾倒，涉及多种运动形态的耦合与转换。仪器地震反应分析涉及建筑-支承-仪器体系，利用楼层反应谱计算仪器地震作用是抗震设计中的常用方法。在工程应用中，仪器也常被简化为刚体，不考虑支承物影响，使用楼层地震反应放大系数（取值为 1～3）估算仪器的地震作用。仪器地震作用计算除考虑水平地震作用外，在烈度较高时也应考虑竖向地震作用。

抗震验算 基底锚固仪器的抗震验算一般为连接件（如地脚螺栓）的强度验算。连接件在倾覆力矩和基底剪力作用下产生的轴应力、剪应力或组合应力应不超过相应许用应力。当仪器自身规定了正常运行所能承受的振动强度时，仪器地震反应不宜超过这一强度限值。检验仪器自身抗振性能的更可靠的方法是进行带负荷运行的仪器的地震模拟振动台试验。

抗震措施 仪器的抗震安全可由适当的抗震安装措施保证。在可能情况下，应加强仪器底座和支承物的连接；不能采用螺栓、焊接等固定方式时，可利用金属器件夹紧仪器底座或设置防滑隔震垫。叠放仪器可用紧固带绑扎加固。仪器可置于专门设计的抗震机箱内，放置仪器的工作台亦应加固。不使用的仪器可采取安全的悬吊方式保存。为保障仪器的使用功能，可将仪器设置在减振平台或减振楼板上，大型贵重设备应尽量设置于建筑底层。建筑物不发生强烈振动和不损坏、不倒塌，是建筑物内设备安全的基本保障。

浮放仪器应符合浮放设备抗震设计的要求。

fufang shebei kangzhen sheji

浮放设备抗震设计 （seismic design of floating facility）

浮放设备系指坐落于地面、楼板或工作台上且未与支承物锚固的设备。浮放设备依靠摩擦力和重力维持自身平衡和稳定。

浮放设备动力反应分析可假定设备为刚体或弹性体，在设备与支承面不完全脱离接触的前提下建立体系运动方程。可利用数值方法模拟初始提离（设备底面一端与支承物脱离接触而倾斜）或地震动作用下的设备反应。刚体设备从初始提离状态释放后，可在静止的支承物表面作摇摆运动，其晃动周期将随时间变化。在水平和竖向地震作用下，设备可能与支承物保持摩擦连接产生弹性变形或发生滑移和倾倒，其运动形态与自身几何力学特性、浮放面的摩擦系数和地震动特性有关。浮放设备在地震作用下的实际反应远比理论分析结果复杂。

蓄电池倾倒（2008 年四川汶川地震）

抗震计算 浮放设备的水平地震作用与地震动、设备所在建筑的动力特性以及放置设备的支承物的动力特性有关。抗震设计中常采用简化方法、假定设备为刚体估计浮放设备地震作用（见仪器抗震设计），浮放设备应基于库仑摩擦理论和静力平衡概念进行抗滑移和抗倾覆验算。浮放设备发生滑移的判别条件为，作用在设备上的地震水平惯性力达到设备底面与支承物表面间的摩擦力。浮放设备发生倾覆的判断条件为，作用在设备重心的水平地震惯性力引起的倾覆力矩达到或超过设备重力产生的抗倾覆力矩。摩擦力和抗倾覆力矩的计算应考虑竖向地震动的不利影响。

抗震措施 为防止浮放设备发生滑移、倾倒或因振动而损坏，在不影响设备使用功能的前提下，可将设备固定于底部支承物或在支承面上设置挡块等防滑装置，连接固定件应满足强度验算要求。设备底部与支承物间可设置防滑隔震垫。较高的设备可在上部与所在建筑结构相拉结。精密设备可使用隔震楼板或振动控制平台减小地震作用。加强建筑物抗震能力，减小其地震反应且防止倒塌是建筑物内设备安全的基本保障。

生命线工程抗震

shengmingxian gongcheng kangzhen

生命线工程抗震（earthquake resistance of lifeline engineering） 生命线系统和所属工程结构地震反应分析理论、方法、抗震设计和抗震措施的相关研究和应用。

社会生存所必需的能源、运输、通信、用水等基础设施称为生命线工程，其范围尚无明确定义，一般认为至少包括电力（水电、火电、核电），交通（公路、铁路、轻轨、水运、航空），通信（有线、无线、广播、电视、计算机网络），供水、排水和供气（燃气）等子系统；更广义的理解还包括输油系统，供热系统，大坝等重要工程设施。生命线系统和基础设施内涵的差异不甚明确，一般认为生命线系统属于基础设施。

生命线系统在城市尤为重要，其规模和复杂程度随城市化进程而迅速扩展，一旦生命线系统破坏，城市运行将极其困难甚至陷于瘫痪状态，并可能引发火灾等次生灾害；生命线系统在应急救灾中具有至关重要的作用，是地震工程的重要研究内容。

起源和发展 1971 年美国加州圣费尔南多地震中交通、供水、电力等系统遭到严重破坏，影响救灾和城市正常生活。在震害调查研究中，美国学者杜克（C. M. Duke）将电力、供排水、交通、通信、供气系统合称为生命线系统，受到地震工程界重视。1974 年，美国土木工程师协会（ASCE）成立了生命线地震工程委员会（TCLEE），并召开了相关学术讨论会。生命线工程抗震在 1984 年第八届世界地震工程会议上被列为专题。此后，国际地震工程界在网络系统分析、结构非线性地震反应分析、埋地管道和长大结构抗震分析、震害和功能失效预测、紧急处置和灾后修复等诸多方面开展大量研究，制定了各种相关技术标准；在区域性生命线系统安全、复合生命线系统分析、生命线系统耐久性、生命线系统健康监测、灾害预警和应急处置等方面的研究深入发展。

中国的生命线工程抗震研究在 1976 年河北唐山地震后引起广泛重视并取得迅速发展。20 世纪 70 年代以后编制和完善了各类生命线工程抗震设计、抗震鉴定加固技术规范，广泛开展了震害预测工作以及应急管理和应急处置技术系统的研究。

生命线工程特点 主要表现在以下方面。

（1）结构类型复杂。生命线系统的工程结构（含建、构筑物和各种设施与设备）种类多，结构复杂，功能各异；除地面结构外，还有地下或半地下结构，一些结构还承受液体和气体的作用，其地震反应和破坏机理须分门别类研究。生命线工程抗震包括一些特殊重要工程结构抗震问题，如核电设施、大跨桥梁、混凝土大坝、长输油气管道等。

（2）场地影响显著。桥梁、码头、管道等工程因功能需要无法避开不良场地，易遭受地震地质破坏（如地表错动、位移、沉降、液化、滑坡等）的影响，故场地条件的影响更为突出。

（3）输入地震动呈空间分布。生命线系统空间分布范围广，道路、管道、大型桥梁、水坝等长距离延伸，地震反应分析应考虑地震动空间相关性和结构的空间振动。

（4）系统网络化。生命线系统是网络系统，各系统由节点（工程结构）和连线（管道和线路等）构成通路；只有各环节共同工作维持网络畅通，系统才能发挥正常功能。因此，生命线系统的分析不能仅限于各单体结构，还应采用网络系统分析方法估计整个系统的工作状态，特别是故障、失效产生的影响。

（5）分级运行和管理。生命线系统网络的设计和运行管理分不同层次，如铁路和公路的干线和支线，车站、机场分级，通信系统的中心交换局、汇接局和端局，管路的干（主）线、支线等。分级配置和管理反映了网络各部分重要程度和影响范围的差异，便于保障重点、区别层次和范围实施管理、运营、维护，有利于在灾害环境下及时采取应急措施。

（6）系统相互关联。生命线各系统间有密切的联系，构成复合生命线工程系统。例如电力系统为供水和排水系统设施提供动力，一旦停电，供水和排水系统无法正常工作；交通系统为火力发电厂运输燃料，一旦交通中断，火力发电厂则无法运行；这种影响在灾害环境中更为突出。生命线各系统之间的相互影响增加了系统运行和抗震减灾的复杂性。

（7）灾害后果严重。生命线系统的破坏往往会引发次生灾害，如燃气泄漏、电器短路引起火灾，核泄漏造成污染，供水管道漏水阻碍交通，医院因停电停水中断对病患的救治等。生命线系统运行中断将对相关产业产生严重的后果，例如交通破坏将中断原材料和产品的运输链，造成其他企业的损失。

生命线系统对成灾和救灾都有特殊意义，因此，生命线工程抗震和生命线地震紧急处置系统备受重视。

分析方法 生命线系统抗震分析包括单体结构分析和网络系统分析。

（1）单体结构分析。生命线系统中的建筑抗震分析同一般房屋（见建筑抗震）。重要功能一旦遭受破坏将造成严重影响的结构，如核电设施、大坝、大跨桥梁等，应作为特殊重要结构进行抗震分析（见核电厂抗震、桥梁抗震、混凝土坝抗震）；其他设施亦分门别类进行分析（见构筑物抗震、设备抗震和埋地管道抗震）。

结构地震作用分析的一般方法均适用于生命线工程结构，但在具体应用时要考虑生命线工程结构的特殊性，如结构长距离延伸、自振周期长、场地条件复杂、结构功能不同等，分析模型和地震动输入往往须进行专门处理。生命线工程的抗震试验比建筑更为复杂，且震害和工程经验不如建筑结构丰富。

（2）网络分析。网络可靠性分析是研究生命线系统的重要方法，它基于单体元件的地震反应或功能状态，通过网络分析对整个系统状态进行综合评价。网络分析包括网络连通可靠性分析和网络功能可靠性分析两个方面。连通性分析是以网络的节点和连线的工作状态为依据，衡量网络从输入到输出的连通程度，例如供水系统设备破坏是否切断系统运行；功能分析则旨在评价节点和连线对网络传

输功能的影响，例如供水系统设备状态对供水压力或供水量的影响。（见网络系统分析）

减灾对策 早期生命线系统建设没有考虑地震破坏的严重性，缺乏有针对性的抗震策略和技术。生命线工程的地震灾害及其严重后果推动了防震减灾对策研究，包括开展震害调查积累资料，利用单体结构抗震分析和网络分析进行生命线工程系统的震害预测和功能失效预测；针对单体工程或系统中的薄弱环节，采取相应的加固和改造措施，以提高系统的综合抗震能力。

生命线工程灾后恢复策略和方法的研究也在实践中取得了重要进展。例如开发了埋地管道修复技术，建立了燃气系统震后恢复模型，编制了供水系统震后恢复规划及抗震对策，发展了重要设施的电力和通信双重独立保障系统，开发了基于地理信息系统的生命线系统数据库等。这些对策不但可用于生命线系统的震后恢复，亦对系统日常维护和抗震安全具有重要作用。

hedianchang kangzhen
核电厂抗震 （earthquake resistance of nuclear power plant）
核电厂抗震的理论与实践。

核电是当今世界的主要能源之一，自20世纪50年代至20世纪末，世界范围内建成运行的核电厂已超过400座，其装机容量接近总发电装机容量的20%；中国的秦山、大亚湾、岭澳、田湾核电厂等已建成投产，更大规模的核电建设计划正在实施之中。基于全球能源的中长期需求和环境保护的需要，核电发展有其必然性和合理性；但与放射性泄漏和污染有关的核安全问题也引起人们的深切关注，地震安全是核电厂建设应予考虑的重要问题。

内容和特点 核电厂抗震涉及场址的选择、地震危险性分析和强地震动参数的确定、结构的抗震分类、结构地震反应分析方法、抗震构造措施、地震环境下的土-结相互作用效应、施工质量控制、地震监测与报警系统等。与其他抗震结构相比较，核电厂抗震设防的特殊性是应保证地震环境下核电厂防泄漏设施的功能，以及在特殊情况下安全停堆设施的功能。核电厂抗震具有两个突出特点：①核电厂抗震设计相当保守，迄今尚无核安全相关物项因地震反应而受损的事故；②核电厂必须具有比其他工程更高的抗震安全性，这不仅涉及核反应堆建筑，也与相关机电设施、仪器仪表有密切关系。建于沿海地区的核电厂应对地震海啸的威胁给予充分考虑。

发展概况 美国核管理委员会（NRC）长期资助核电厂抗震安全计划，该计划涉及地震危险性分析、结构地震反应分析和结构易损性估计；日本尤其关注核反应堆的抗震试验研究；结构振动控制技术在核电厂中的应用很受重视。国际组织和有关国家均已编制核电厂抗震技术法规，如国际原子能机构（IAEA）于1972年制定的核反应堆安全导则，国际标准化组织核能技术委员会颁发的《核电厂——抗御地震灾害的设计》（ISO 6258—1985），美国的核反应堆《管理导则》，法国的《核设施基本安全规则》，日本的《原子力发电所耐震设计指针》和德国的《核电厂抗震设计规则》等。

中国借鉴国际核设施的研究成果和实践经验，结合本国实际在1986年陆续颁布了有关核电厂设计的系列法规，如《核电厂厂址选择安全规定》（HAF 0100）、《核电厂设计安全规定》（HAF 0200）等，以后又在《安全导则》中对上述法规作了更详细的补充和说明。1998年，中国国家技术监督局和建设部联合制定了《核电厂抗震设计规范》（GB 50267—97）。

展望 针对目前具有保守倾向的核电厂抗震设计，有必要进一步探索兼顾安全性与经济技术合理性的核电厂抗震设防标准与设计方法。在缺乏震害经验的情况下，加强核电厂建筑和设备、设施的抗震试验研究是改善核电站抗震设计的重要途径。

hedianchang kangzhen shefang mubiao
核电厂抗震设防目标 （seismic protection object of nuclear power plant）
中国《核电厂抗震设计规范》（GB 50267—97）规定，在运行安全地震动作用下，核电厂应能正常运行，即具有核扩散危险的相关结构不能出现非弹性变形，或只出现轻微的非弹性变形，并保障与结构物连接的机电设备与仪器安全运转；在极限安全地震动作用下，应确保核反应堆冷却剂压力边界的完整，反应堆能安全停堆并维持安全停堆的状态，放射性外逸不超过国家规定限值。这是国际通用的核电厂抗震设防目标。

hedianchang sheji dizhendong
核电厂设计地震动 （design ground motion of nuclear power plant）
核电厂抗震设计中采用的地震动加速度峰值和反应谱等强地震动参数以及地震动时程。

美国、加拿大和欧洲诸国等规定核电厂设计地震动采用两个等级，分别为安全停堆地震动（safe-shutdown earthquake；SSE）和运行基准地震动（operating basis earthquake；OBE），并推荐采用与代表性强震记录峰值相近的加速度幅值。美国、西班牙、瑞士、印度等国核电站的SSE加速度取值为0.10～0.25g，日本现有采用0.48g（g为重力加速度）者；OBE加速度通常不小于SSE加速度的1/2；竖向地震动通常取为水平地震动的2/3。

核电厂抗震设计反应谱一般具有固定形状，采用三对数坐标分别表示加速度、速度和位移反应的最大值（见三联反应谱）。美国最早使用的核电厂抗震设计反应谱是豪斯纳在1959年根据四条强震记录

2007年日本新潟—上中越近海地震引起柏崎市刈羽核电厂变压器起火

得出的平均光滑反应谱。1973年，纽马克-布卢姆-卡帕反应谱为美国原子能委员会《管理导则》所采用；该反应谱适用于基岩和硬土场地，竖向反应谱与水平向反应谱相同，反应谱幅值由最初的平均值改变为包络值。

中国《核电厂抗震设计规范》(GB 50267—97)规定，设计地震动区别为极限安全地震动和运行安全地震动两个等级。设计地震动应包括不少于三组的三分量（两个水平分量和一个竖向分量）设计加速度时间过程和三分量设计加速度峰值及设计反应谱，竖向加速度峰值为水平加速度峰值的2/3。设计加速度时间过程可由谐波叠加方法生成或由实测加速度记录调整得出（见人造地震动）。核电厂抗震设计反应谱可采用标准反应谱或场地相关反应谱。

极限安全地震动　中国核电厂抗震设计采用较高等级的设计地震动，相当于国际上使用的安全停堆地震动，通常认为是核电厂场址可能遭遇的最大地震动。该地震动可取地震构造法、最大历史地震法和综合概率法（设计基准期内的年超越概率为0.1‰）分析结果的最大者，相应的加速度峰值不得小于$0.15g$；台湾的安全停堆地震动加速度取$0.3g$或$0.4g$。

运行安全地震动　中国核电厂抗震设计中采用的较低等级的设计地震动，相当于国际上使用的运行基准地震动，在设计基准期内的年超越概率为2‰，相应加速度峰值不得小于极限安全地震动的$1/2$($0.075g$)。

设计反应谱　中国核电厂抗震设计的标准反应谱区别两类场地（基岩和硬土）和两个方向（水平和竖向）分别给出；反应谱可在阻尼比$\xi=0.005\sim0.20$范围内调整。如图所示，该反应谱依地面地震动加速度峰值$1.0g$计算，给

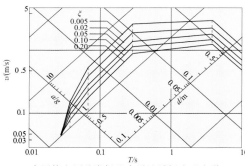
中国核电厂基岩场地水平地震标准反应谱

出谱位移d、谱速度v、谱加速度a随周期T的变化，使用时谱幅值应依实际设计加速度峰值按比例调整。同时规定了华北地区场地地震相关反应谱的生成方法。

jixian anquan dizhendong

极限安全地震动（ultimate safety ground motion）　核电厂的安全停堆地震动。见核电厂设计地震动。

yunxing anquan dizhendong

运行安全地震动（operational safety ground motion）　核电厂的运行基准地震动。见核电厂设计地震动。

hedianchang wuxiang fenlei

核电厂物项分类（classification of structure, system and component of nuclear power plant）　基于涉及核安全的重要性

对核电厂各类建、构筑物和设备的分类。核电厂的建、构筑物和设施种类繁多，具有不同功能，对保障核安全、防止核泄漏和核污染具有不同的重要性，应区别物项分类采用不同的抗震设计要求。

日本的核电厂设计将结构物分为四类：第一类（As类）为特别重要者，如安全壳和停堆装置；第二类（A类）为功能丧失将引起反应堆事故者以及反应堆发生事故时防止核泄漏所必需者，如反应堆结构、控制室；第三类（B类）为与核辐射有关但不属前两类者，如涡轮机房和废料处理室；第四类（C类）为上述三类以外者。

中国《核电厂抗震设计规范》(GB 50267—97)参照美国核电厂设计标准，规定核电厂物项分为三类。

Ⅰ类物项。与核安全有关的重要物项，包括损坏后会直接或间接引发事故的物项，保证反应堆安全停堆并维持停堆状态及排出余热所需的物项，地震发生时和地震以后减轻核事故破坏后果所需的物项，以及发生损坏或丧失功能后会危及上述物项的其他物项，如安全壳、核辅助厂房、燃料厂房、控制室等结构，反应堆冷却剂承压边界、反应堆堆芯等系统和部件。

Ⅱ类物项。Ⅰ类物项之外与核安全有关的物项以及损坏或丧失功能后会危及上述物项的其他物项，如放射性废物处理系统有关结构、乏燃料（使用过的核燃料）冷却设施、防火系统设备等。

Ⅲ类物项。核电厂中与核安全无关的物项。

hedianchang kangzhen sheji

核电厂抗震设计（seismic design of nuclear power plant）
核电厂抗震设计区别不同物项分类和设计地震动等进行。中国《核电厂抗震设计规范》(GB 50267—97)规定，Ⅰ类物项采用运行安全地震动和极限安全地震动两者进行抗震设计；Ⅱ类物项采用运行安全地震动进行抗震设计；Ⅲ类物项依照其他有关抗震设计规范进行抗震设计。（见核电厂物项分类）

结构体系与模型　核电厂各结构体系中的不同部分可区别为主体系和子体系，可视主体系与子体系的质量比和频率比决定是否进行系统的耦联计算。对于不作耦联计算的结构体系，子体系的地震作用可由主体系的计算结果确定，如使用楼层反应谱计算设置于楼层上的设备的地震作用；若主体系与子体系为刚性连接，主体系计算中应包括子体系的质量。

不对称结构的计算模型应考虑平动-扭转耦联振动，集中质量模型中集中质量的数目不宜小于所考虑振型数的两倍，应视地基剪切波速决定是否考虑土-结相互作用，土-结相互作用分析可视具体情况采用集中参数法或有限元模型。计算模型应计入对物项动力反应有影响的支撑构件的刚度，计入物项内液体和附属部件的质量，考虑物项内部的液体振荡效应。

抗震计算　Ⅰ、Ⅱ类物项的抗震计算应考虑两个水平方向和竖向的地震作用，水平地震作用应取对物项不利的方向；应采用反应谱方法或时程分析法计算地震作用。核电厂设计中的结构抗震计算一般不作非线性分析，具有弱非线性的物项可采用较大的阻尼比，具有强非线性的物项应考虑刚度和阻尼的变化，土的非线性分析可采用等效线

性化方法。

抗震验算中地震作用效应应与各工况下其他荷载作用效应进行最不利的组合,作用效应组合值应不大于承载力设计值与承载力调整系数的乘积。对于混凝土结构的安全壳、建筑物、构筑物、地下结构和地下管线,承载力调整系数应取 1.0。

抗震构造措施 核电厂安全壳、建筑物、构筑物宜坐落在基岩或剪切波速大于 400 m/s 的岩土地基上。混凝土安全壳和混凝土建筑的抗震构造措施,应满足《建筑抗震设计规范》(GB 50011—2001)规定的抗震等级为一级的混凝土结构构件的设计要求(见钢筋混凝土房屋抗震等级);其他结构构件的抗震构造措施应满足《建筑抗震设计规范》(GB 50011—2001)规定的设防烈度 9 度的抗震要求。

核电厂各物项的抗震设计应分别满足安全壳抗震设计、核电厂设备抗震设计、核电厂地基抗震设计、核电厂地下结构抗震设计和工艺管道抗震设计的具体要求。

核电厂应设置地震监测与报警系统。

anquanqiao kangzhen sheji

安全壳抗震设计 (seismic design for reactor containment vessel) 安全壳是核电厂的Ⅰ类物项(见核电厂物项分类),应具有在事故工况下使释放的放射性保持在可接受限值内的重要功能。

压水反应堆的安全壳一般为混凝土结构,由基础底板、筒壁和穹顶构成。中国《核电厂抗震设计规范》(GB 50267—97)规定,混凝土安全壳的抗震设计应考虑五种包含地震作用效应在内的荷载效应组合:①正常运行作用与严重环境作用的效应组合;②正常运行作用与严重环境作用以及事故工况作用的效应组合;③正常运行作用与严重环境作用以及事故工况后的水淹作用的效应组合;④正常运行作用与极端环境作用的效应组合;⑤正常运行作用与极端环境作用以及事故工况作用的效应组合。

正常运行作用含正常运行和停堆期间的永久荷载、活荷载、预应力、温度作用、设备反力、安全壳内外

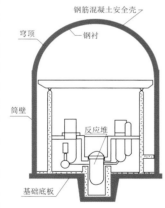

核电厂安全壳示意图

压力差以及侧向土压力;严重环境作用指运行安全地震动作用,极端环境作用指极限安全地震动作用;事故工况作用含设计基准事故工况下的压力、温度、设备反力以及局部管道破裂产生的各种荷载;水淹作用系指安全壳内部溢水产生的荷载。

作用效应组合的通用表达式为

$$S_i = \sum \gamma_{ij} S_{ij}$$

式中:S_i 为第 i 种组合下作用效应设计值;γ_{ij} 为第 i 种组合下第 j 种作用的分项系数;S_{ij} 为第 i 种组合下第 j 种作用的作用效应标准值。(见极限状态设计方法)

安全壳抗震计算宜采用有限元模型,整体基础底板和

地基可分别采用厚板模型和集中参数模型,利用弹性方法计算应力。承载力验算包括正截面受拉、受压和受弯承载力,径向受剪承载力,切向受剪承载力,集中力作用下的冲切承载力以及扭矩作用下的受扭承载力验算。

安全壳基础底板除满足承载力要求外,尚应进行裂缝宽度、基础滑移和抗倾覆稳定性验算。天然地基的承载力验算应考虑运行安全地震动和极限安全地震动分别进行,满足有关接地率、平均压应力设计值和最大压应力设计值的要求。

hedianchang shebei kangzhen sheji

核电厂设备抗震设计 (seismic design of nuclear power plant equipment) 中国《核电厂抗震设计规范》(GB 50267—97)涉及的核电厂设备包括除管道和电缆托架以外的机械、电气设备和部件。设备抗震设计区别核电厂设备安全分级和不同使用荷载进行。

荷载组合 核电厂设备的安全等级可分为一、二、三、四级(见核电厂设备安全分级),使用荷载分为 A、B、C、D 四级(分别对应正常工况、异常工况、紧急工况和事故工况)。核电厂设备抗震计算考虑如下两种作用效应组合:①运行安全地震作用与 A 级或 B 级荷载作用的效应组合;②极限安全地震作用与 D 级荷载作用的效应组合。

属于Ⅰ类物项的设备应就以上两种作用效应组合进行设计计算,属于Ⅱ类物项的设备仅就第①种组合进行设计计算。第①种组合中,组合作用效应取不同作用效应的绝对值之和;第②种组合中,组合作用效应取不同作用效应平方和的平方根。

抗震分析 安全一级设备的验算应考虑地震引起的低周疲劳效应。设备应避免与支承结构发生共振。地震作用下设备应保证结构完整性、可运行性,相邻设备部件和设备与结构间不得发生碰撞。设备应牢固锚固在支承结构上,设备基础和地脚螺栓应作稳定性和强度校核。浮放设备在地震作用下不得发生倾覆、滑移、翘离和抛掷。

与支承结构耦联的设备,应就耦联体系在支承结构底部地震动作用下进行分析。不与支承结构耦联的设备,应采用设备支承处的振动时间过程或设计楼层反应谱进行分析。当设备有两阶(或两阶以上)频率在设计楼层反应谱的同一峰值范围内时,可对楼层反应谱进行修正;当设备主轴与支承结构主轴方向不一致时,应变换坐标对楼层反应谱进行修正。在采用时程分析法计算设备地震反应时,应考虑支承结构动力特性的不确定性,以调整振动过程时间间隔的方法进行地震反应计算。

Ⅰ类和Ⅱ类物项设备的地震作用效应可由计算、试验或计算与试验相结合的方法确定。设备抗震计算一般采用弹性分析方法。当设备有多个支承点且支承点运动有很大差别时,可就地震动多点输入进行设备反应时程分析;亦可采用各支承处反应谱的上限包络作为输入,同时考虑各支承点相对位移的最不利组合。振型叠加法可用于线性系统或由设备部件间隙造成的几何非线性系统的分析。非线性系统的分析应采用时程分析法。

储液容器或设施的抗震计算应计入液体振荡效应。动液压力一般可采用刚壁假定计算,但薄壁储液容器的计算应考虑器壁柔度的影响,并进行器壁稳定性校核。自由放

置的或高径比大的储液容器，应进行抗滑移、抗倾覆和抗翘离验算。浸入液体的设备部件分析可引入附加质量和附加阻尼考虑动液压力和液体的阻尼作用。

hedianchang shebei anquan fenji
核电厂设备安全分级（safety classification of nuclear power plant equipment） 为正确选择核电厂设计标准并规定设计要求，考虑安全功能对相关设备、系统和部件所作的分类。

规定设备安全等级要首先列举安全功能条目，并按照重要程度排序；而后再对各安全功能条目进行分类，得到不同安全等级。在同一安全等级中的各项安全功能大体具有同等的重要性。当某一设备或部件承担多项安全功能时，应依最重要的安全功能确定安全等级。世界各国核电厂设备安全等级一般分为四级，不同等级的功能如下。

安全一级设备。具有在安全系统失效情况下防止反应堆放射性物质泄漏的功能，如反应堆压力容器、主冷却剂循环管道等。

安全二级设备。具有减轻事故后果的功能，当缺乏这些安全功能时，事故可能导致反应堆放射性物质泄漏；也具有防止运行事件发展为事故工况所需的功能，如与传热系统相连接的仪表管线、堆芯应急冷却系统的阀门和再生泵等。

安全三级设备。具有对一、二、三级设备起支持作用的功能和其他防止核污染的功能，但这些功能失效并不会直接引起放射性污染增大的后果；如含泵和阀门在内的高、低压或再循环供水系统，应急供电系统的发电机供油设备等。

安全四级设备。不具有一、二、三级安全功能的设备。

louceng fanyingpu
楼层反应谱（floor response spectrum） 由结构体系某一楼层或某一高度的地震反应时间过程生成的反应谱；亦称楼面反应谱或楼板反应谱，可用于计算支承于相应楼层或高度上的设备的地震反应。抗震设计中使用的楼层反应谱有多种不同形式。

中国《核电厂抗震设计规范》（GB 50267—97）规定，核电厂的设计楼层反应谱包括两个水平方向和竖向的反应谱。对于非对称的结构体系，计算某一方向的楼层反应谱时，应考虑其他方向振动引起的牵连效应，即某个方向的地震反应取三分量地震作用单独作用下该方向反应的平方和的平方根。核电厂设计楼层反应谱（图1）应考虑结构与地基系统动力参数的不确定性和计算方法的近似性，对计算得出的楼层反应谱进行调整。调整时应适当拓宽与结构频率相关的各个谱峰，并予以平滑化。图1中R_a为反应谱幅值，

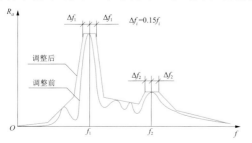

图 1　核电厂楼层反应谱的峰值拓宽与平滑

f为频率，Δf_1和Δf_2分别为对应频率f_1和f_2的谱峰拓宽幅度。

图2为《通信设备安装抗震设计规范》（YD 5059—98）规定的设备对楼面的反应系数曲线，T为设备的自振周期。该曲线参照日本实测统计结果确定，动力放大系数k_2为设备振动反应峰值与所在楼层振动峰值之比。

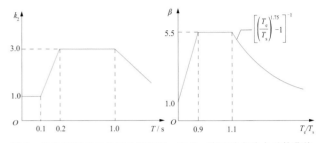

图 2　设备对楼面的反应系数曲线　图 3　楼层动力放大系数曲线
　　　（通信设备）　　　　　　　　（石油化工电气设备）

图3为《石油化工电气设备抗震设计规范》（SH/T 3131—2002）规定的设备对楼面的动力放大系数曲线。该曲线横坐标是设备自振周期T_e与所在建筑自振周期T_s的比值，纵坐标是设备动力放大系数β（即图2中的k_2）。图2和图3都是标准楼面反应谱。

yeti zhendang xiaoying
液体振荡效应（liquid oscillation effect） 振动环境下储液容器中液体对容器器壁的动力作用效应。储液容器中的液体在振动环境中承受质量惯性作用并发生不同形态的运动，液体与容器相互作用对容器器壁产生压力，引起容器壁的附加应力和变形，是储液容器动力分析和安全性评价应予考虑的问题。

豪斯纳最早指出，储液容器内下部液体与器壁无相对运动，而液面附近的上部液体呈振荡状态，与器壁有相对运动；在罐壁为刚性和液体为无旋、不可压缩、均匀、无黏性的假定下可推导储液罐罐壁的动液压力分布。如图所示，液体可简化为由脉冲质量（与器壁无相对运动的液体质量）、对流质量（与器壁有相对运动的液体质量）和相关连接（弹簧或刚性杆）组成的集中质量体系，基于简化体系与原体系罐底总剪力和倾覆力矩等效的原则，可确定等效液体脉冲质量和对流质量的大小及作用高度，并可计算对流质量振荡周期。脉冲质量对容器壁的水平动液压力称为脉冲压力（impulsive pressure）；对流质量对容器壁的水平动液压力称为对流压力（convective pressure），亦称晃动压力。在罐壁为弹性的情况下，也可进行类似分析。

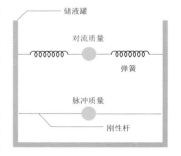

液体振荡分析示意图

见调谐液体阻尼器。

hedianchang diji kangzhen sheji
核电厂地基抗震设计（seismic design of nuclear power plant foundation） 核电厂选址及场址地基的抗震安全性校核。

中国《核电厂抗震设计规范》(GB 50267—97)规定,核电厂地基不应选择水平方向力学特性差异很大的岩土,不应为软土、液化土或填土。同一结构体系不应同时采用人工地基和天然地基。Ⅰ、Ⅱ类物项的地基以及与Ⅰ、Ⅱ类物项安全有关的斜坡应进行地震安全性评价。

地基 地基抗震承载力设计值按《建筑抗震设计规范》(GB 50011—2001)中地基承载力数值的75%采用。地基抗滑验算依次采用滑动面法、静力有限元法和动力有限元法进行,直至用某种方法判定地基稳定为止。抗震验算应考虑自重、水平地震作用、竖向地震作用和结构荷载的不利组合。在采用滑动面法和静力有限元法时,水平地震系数(地震地面加速度峰值与重力加速度之比)和竖向地震系数分别取0.2和0.1。在采用动力有限元法时,应输入基岩加速度时间过程。计算地基的组合作用效应时,各项作用的分项系数均取1.0。对应滑动面法、静力有限元法和动力有限元法,抗滑验算安全系数分别取2.0、2.0和1.5。存在饱和砂土和饱和粉土的地基,应进行液化判别,可采用《建筑抗震设计规范》(GB 50011—2001)中的标准贯入试验判别法。

斜坡 斜坡的抗震稳定性验算依次采用滑动面法、静力有限元法和动力有限元法进行,直至用某种方法判定斜坡稳定为止。斜坡稳定性验算应输入极限安全地震动,并采用水平地震动与竖向地震动的不利组合。对应滑动面法、静力有限元法和动力有限元法,斜坡抗震稳定性验算安全系数分别取1.5,1.5和1.2。

hedianchang dixia jiegou kangzhen sheji

核电厂地下结构抗震设计 (seismic design of nuclear power plant substructure) 核电厂地下结构含地下进水口、放水口、过渡段、地下竖井、泵房及地下管道。这些结构对核电厂安全运行和防止与减轻事故具有重要作用。

地下结构和地下管道宜建造在密实、均匀、稳定的岩土中。由于处于埋置状态,这些结构的性态与地基、地形、地震动位移密切相关。

计算模型和算法 中国《核电厂抗震设计规范》(GB 50267—97)规定,进水口、放水口、过渡段和竖井的结构地震反应分析可采用静力反应位移法或动力多点输入弹性梁法;前者宜用于地下结构,后者宜用于半地下结构。地基作用可采用集中弹簧模拟,地基弹簧的压缩和剪切刚度可由试验或分析确定。采用平面有限元整体计算方法可模拟地基土的不均匀性和非线性,但要选择适当的透射边界模型(见人工边界处理),可以只考虑水平方向地震动输入。

地下直埋管道、管廊和隧洞等,可简单估计与地震作用相关的最大轴向应力和最大弯曲应力,并据此进行结构设计。当结构截面很大而壁厚相对甚薄时,应依一般地下结构计算环向应变。当地下管线沿线地质和地形有明显变化时,应进行专门的地震反应分析;计算可使用分段一维模型、集中质量模型或平面有限元模型,应取管道高程处的地震动作为输入。地基土的弹簧刚度可由现场试验或计算分析确定。地下管道的弯曲点、分叉点和锚固点所在局部管段可采用弹性地基梁法进行分析。地下管道与其他工程的连接处或转折处,应估计相对变形在管道内引起的附加应力并与地震作用效应进行组合。采用柔性接头的地下管道,应验算接头处的最大相对轴向位移和角位移,防止地震时接头松脱。

抗震验算 地下结构、地下管道的基础和地基应满足抗震承载力和稳定性要求。地下结构和地下管道凡属Ⅰ类物项者,其正常作用效应组合应包括极限安全地震动作用效应;凡属Ⅱ类物项者,其正常作用效应组合应包括运行安全地震动作用效应,特殊作用效应组合应包括极限安全地震动作用效应。地下混凝土结构应进行强度和抗裂验算,地下钢管可依工艺管道有关要求进行验算。当地下结构和地下管道穿越在地震作用下可能发生滑坡、地面破裂和不均匀沉陷的地段时,应设置柔性接头并验算,应对地基进行加固处理。

fanying weiyifa

反应位移法 (response displacement formulation) 计算地下结构地震位移反应的简化静力方法。反应位移法的基本方程为

$$KU + K_s(U - U_s) = F$$

式中:K 为结构刚度矩阵;K_s 为地基刚度矩阵;F 为作用在结构上的等效地震作用;U_s 为输入地震动位移;U 为待求的结构绝对地震位移反应。等效地震作用 F 含结构和设备承受的地震惯性力、动水压力以及结构顶面和底面的地震剪力,构成自平衡力系;F 可按等效静力法(见拟静力法)计算,地震动加速度可取结构高程范围内设计地震动加速度的平均值。

gongyi guandao kangzhen sheji

工艺管道抗震设计 (seismic design of process pipe) 核电厂工艺管道系指架空钢质管道。中国《核电厂抗震设计规范》(GB 50267—97)规定,工艺管道的抗震设计应区别核电厂物项分类、核电厂设备安全分级,以及不同荷载类别进行。

工艺管道应具有抗御运行安全地震动和极限安全地震动的能力,抗震设计应考虑三种作用效应组合:①设计荷载效应与运行安全地震动作用效应的组合;②A级或B级使用荷载效应与极限安全地震动作用效应的组合;③D级使用荷载效应与极限安全地震动作用效应的组合。

Ⅰ类物项中安全一级管道设计应采用上述全部三种组合,Ⅰ类物项中安全二级和三级管道应采用上述第②③种组合,Ⅱ类物项采用上述第②种组合。管道允许应力值和强度验算算式应符合规范规定,中国规范采用了美国核管理委员会核反应堆《管理导则》(RG 1.48)和美国机械工程师协会(ASME)规范的原则与要求。

管道计算模型以管道锚固点或其他已知边界条件点作为边界。计算中应计入阀门及其他附件的自重并考虑其偏心影响。采用等效静力法(见拟静力法)时,地震作用可由设计反应谱和管道重力确定;管道重力应包括管内介质和保温材料的重力,并乘以1.5的放大系数。采用反应谱分析方法时,阻尼比宜由试验或实测确定,亦可根据管道振动频率估计(取值范围为0.02~0.05);若管道跨越不同建筑或同一建筑不同楼层时,应考虑不同支承点反应谱的差异采用多反应谱分析方法,或采用不同支承点反应谱的包络谱,同时计入支承点相对位移的影响。

qiaoliang kangzhen

桥梁抗震 (earthquake resistance of bridge)　防御和减轻桥梁地震破坏的理论和实践。桥梁是交通生命线系统的重要枢纽工程，桥梁抗震是地震工程学研究的重要内容。

起源和发展　桥梁抗震研究源自桥梁震害。利用现代科学知识解释震害现象推动了桥梁抗震理论的发展，桥梁抗震技术的开发有赖于桥梁工程经验的总结，新型结构桥梁的应用促使抗震理论与技术方法的研究不断深入，经抗震设计的桥梁工程有效提高了抗震能力（图1）。

图1　日本明石大桥经历1995年阪神地震后基本完好

1964年日本新潟地震和美国阿拉斯加地震后，桥梁震害经验渐趋丰富，在总结典型破坏现象的基础上提出了桥梁抗震措施，桥梁抗震分析由静力方法向反应谱方法发展；20世纪70年代日本编制了桥梁抗震设计规定。1971年美国加州圣费尔南多（San Fernando）地震推动了美国桥梁抗震研究，单一的强度抗震设计理论向强度与延性并重的设计理论发展，《桥梁抗震设计指南》于1981年颁布，1992年被收入美国《公路桥梁标准规范》。随着高墩桥、大跨斜拉桥、城市立交桥等的大量建造，地震动多点输入反应分析、非线性分析和土-结相互作用分析被引入桥梁抗震设计，结构振动控制技术也在桥梁抗震中获得应用。服役多年的桥梁的抗震鉴定加固亦引起世界各国的普遍关注。

1976年河北唐山地震推动了中国桥梁抗震研究，在总结分析震害经验的基础上，《铁路工程抗震设计规范》（GBJ 111—87）和《公路工程抗震设计规范》（JTJ 004—89）规定了桥梁的抗震设计要求。《公路桥梁抗震设计细则》（JTG/T B02—01—2008）已于2008年8月发布，2008年10月实施。

理论和特点　桥梁抗震基本理论与其他工程结构相比并无本质差别，均是基于结构力学和结构动力学理论，对桥梁所受地震作用及力学特征的定量描述；是解释桥梁震害现象、预测桥梁抗震性态、进行桥梁抗震设计和抗震加固的基础。

桥梁结构与其他结构相比具有自身的特殊性。从结构特点着眼，桥梁是由基础、桥墩、桥面和连接构件等组成的大跨空间结构，有梁式桥、拱桥、悬索桥、斜拉桥、刚构桥等不同类型（图2）；就所处环境而言，桥梁受河流、海湾和沟谷等地质、地形条件影响很大，地震动输入和外界荷载更为复杂；由桥梁的使用功能决定，桥梁的抗震设防目标与一般建筑结构不同，多数桥梁在预期地震作用下必须保持运行能力或经简单维修后可恢复运行能力，倒塌或濒临倒塌破坏状态是不可接受的。

抗震试验　桥梁抗震试验可以弥补震害资料的不足，

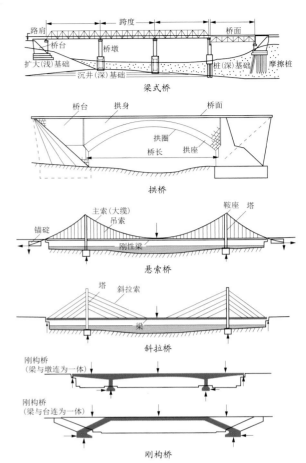

图2　桥梁的结构类型（据万明坤等，1997）

帮助人们解释震害现象，验证桥梁抗震理论并指导桥梁抗震设计。但由于桥梁结构平面尺度很大，不仅原型和足尺模型的地震模拟试验不可实现，且全桥缩尺模型的设计和试验也十分困难。桥梁抗震试验多为模态参数测试试验或桥梁构件、节点、支座等的伪静力试验和伪动力试验；缩尺桥梁的地震模拟试验一般须利用振动台台阵设施进行，过小的缩尺比例将影响试验结果的定量可靠性。这种情况的改善有赖于地震模拟试验技术和模型试验理论的发展。子结构试验与数值模拟的结合是桥梁抗震试验的新途径。

抗震设计与加固　桥梁抗震设计与加固是桥梁震害经验、抗震理论以及抗震试验结果在工程中的应用，抗震要求由相关技术标准规定。桥梁抗震设计除应进行概念分析和定量计算之外，特别重视工程细节，包括构造细节、施工技术细节以及与其他设计要求的协调等。针对新建桥梁的抗震设计与针对既有桥梁的抗震加固，互相关联又有区别，两者基于共同的理论和方法，旨在保障桥梁达到预期的抗震能力，但具体实施方法和要求有所不同。

qiaoliang kangzhen shefang mubiao

桥梁抗震设防目标 (seismic protection object of bridge)　桥梁工程抗震设计所要达到的宏观目标。见桥梁抗震设防标准。

qiaoliang kangzhen shefang biaozhun

桥梁抗震设防标准 (seismic protection lever of bridge)　基于桥梁分类，权衡其可靠性需求和经济技术水平规定的

抗震设防基本要求，包括不同桥梁选择场址、采用设计地震动和抗震措施的原则规定，是实现桥梁抗震设防目标的决策。

抗震设防分类　《城市桥梁抗震设计规范》（CJJ 166—2011）规定的桥梁抗震设防分类如下。

甲类：悬索桥、斜拉桥以及大跨度拱桥；

乙类：除甲类桥梁以外的交通网络中枢位置的桥梁和城市快速路上的桥梁；

丙类：城市主干路和轨道交通桥；

丁类：除甲、乙和丙类之外的其他桥梁。

《公路桥梁抗震设计细则》（JTG/T B02—01—2008）中规定的桥梁抗震设防分类如下。

A类：单跨跨径超过150m的特大桥；

B类：单跨跨径不超过150m的高速公路、一级公路上的桥梁，单跨跨径不超过150m的二级公路上的特大桥、大桥；

C类：二级公路上的中桥、小桥，单跨跨径不超过150m的三、四级公路上的特大桥、大桥；

D类：三、四级公路上的中桥、小桥。

设防地震动　《城市桥梁抗震设计规范》（CJJ 166—2011）规定，桥梁抗震设计考虑E1和E2两级地震影响。甲类桥梁的E1和E2应根据地震安全性评价确定，重现周期分别为475年和2500年；其他各类桥梁的E1和E2，应根据《中国地震动参数区划图》（GB 18306—2001）提供的地震动加速度和地震反应谱特征周期确定，其中地震动加速度应乘以调整系数后采用。

《公路桥梁抗震设计细则》（JTG/T B02—01—2008）亦将设防地震动规定为E1和E2两级，E1和E2重现周期分别为475年和2000年。A类桥梁以及场址设防烈度为9度和9度以上的B类桥梁，应经地震安全性评价确定设计地震动；场址设防烈度为8度的B类桥梁，宜经地震安全性评价确定设计地震动；其他桥梁采用与所在地区设防烈度相应的设计基本地震动加速度和反应谱特征周期。

抗震设防标准和抗震设防目标　《城市桥梁抗震设计规范》（CJJ 166—2011）规定的桥梁抗震设防标准见表1。

《公路桥梁抗震设计细则》（JTG/T B02—01—2008）规定的桥梁抗震设防目标见表2。

《公路桥梁抗震设计细则》（JTG/T B02—01—2008）还规定，A、B、C类桥梁必须进行E1和E2两级地震动作用下的抗震设计，D类桥梁只须进行E1地震动作用下的抗震设计。抗震设防烈度为6度的B、C、D类桥梁可只采用抗震措施。

表2　公路桥梁抗震设防目标

桥梁抗震设防分类	设防目标	
	E1 地震作用	E2 地震作用
A	一般不受损坏或不需修复可继续使用	可发生局部轻微损伤，不需修复或经简单修复可继续使用
B		应保证不致倒塌或产生严重结构损伤，经临时加固后可供维持应急交通使用
C		
D		

qiaoliang kangzhen sheji sixiang

桥梁抗震设计思想（bridge seismic design philosophy）桥梁抗震设计应遵循的基本理念，与建筑抗震概念设计类似，是基于桥梁抗震经验和理论分析得出的抗震设计基本原则。

桥梁抗震设计思想较为系统的表述如下。

能力设计思想　20世纪70年代新西兰学者提出的结构抗震设计理念，强调把握结构体系中不同构件安全度的差异，确保结构在大震作用下具有适当延性，防止脆性破坏。按照能力设计思想进行桥梁结构的抗震设计时，应选择主要抗侧力体系中的部分构件，通过合理的计算和细部构造设计，使其具有在大变形下的耗能能力，其他结构构件则应具备足够的强度，以实现预期的耗能机制和损伤模式。

基于性态的设计思想　基于性态的抗震设计应根据结构的重要性和用途确定其性态抗震目标；根据不同的性态目标规定不同的抗震设防标准，使设计的结构在使用期间和未来地震中满足预定的性态要求，实现预期功能。

基于性态的桥梁抗震设计思想所具有的特征：①区别桥梁的重要性建立多种抗震设防目标，用户和业主可以根据自身需求选择预期的设防目标；②性态目标的实现涉及结构体系的各组成部分，且贯穿设计、施工和使用维护全过程；③性态抗震设计思想要求对桥梁结构的地震反应性态进行更详细的划分，特别应对非线性性态进行定量描述，单一的强度指标不能实现性态设计思想，强调概念设计和抗震构造措施的重要性；④基于性态的抗震设计思想本质上蕴含了地震风险和概率统计的意义，是桥梁抗震设计理念和方法的重要发展。（见性态抗震设计）

qiaoliang kangzhen sheji zhunze

桥梁抗震设计准则（seismic design criteria of bridge）桥梁抗震设计应遵循的设计计算方法，以桥梁震害、抗震设计基本理论、桥梁设计的一般理论和经验为基础，主要体现为抗震验算物理指标的选择。

表1　城市桥梁抗震设防标准

桥梁抗震设防分类	E1 地震作用		E2 地震作用	
	震后使用要求	损伤状态	震后使用要求	损伤状态
甲	立即使用	结构总体反应在弹性范围，基本无损伤	不需修复或经简单修复可继续使用	可发生局部轻微损伤
乙			经抢修可恢复使用，永久性修复后恢复正常运营功能	有限损伤
丙			经临时加固可供紧急救援车辆使用	不产生严重的结构损伤
丁			—	不致倒塌

桥梁抗震采用的以及尚在研究中的设计准则如下。

强度设计准则 采用反应谱方法或拟静力法计算地震作用，考虑构件非线性和其他因素影响对地震作用效应进行修正，然后实施结构构件的强度验算和设计。此法缺点在于难以合理考虑结构屈服后的内力重分布，可能低估地震时结构的位移反应。

位移设计准则 以结构位移或构件应变作为抗震设计的基本依据，通过位移验算使结构达到预期的性态要求。相应的设计方法有延性系数设计方法和直接基于位移的设计方法。多数学者认为变形能力和耗能能力不足是造成结构在大震作用下倒塌的主要原因，故采用位移控制结构在大震作用下的性态更为合理。（见基于位移的抗震设计）

复合指标设计准则 综合考虑结构变形和耗能进行抗震设计和抗震能力评估的方法。帕克（Y. J. Park）和洪华生（A. H-S. Ang）等最早定义了由最大变形和累积滞回耗能线性组合的地震损伤指标 I_D，旨在考虑刚度退化、强度退化、黏结滑移等对构件的影响。该方法在地震工程研究中被广泛应用。为描述弯曲型桥梁墩柱的地震破坏状态，根据圆形墩柱试验结果得出的破坏状态与损伤指标 I_D 间的对应关系列于表中。

地震破坏状态与损伤指标

破坏状态	损伤指标
没有破坏或仅有局部的微小裂缝	$I_D < 0.11$
可修复（压溃开展但仍保持固有刚度）	$0.1 \leqslant I_D < 0.4$
不可修复（仍然竖立但发生永久破坏）	$0.4 \leqslant I_D < 0.7$
倒塌	$I_D \geqslant 0.7$

能量设计准则 以输入结构的地震能量为设计依据，要求结构能吸收地震能量且实现预期的抗震目标。地震动能量参数的选择和结构耗能的计算是困难的，采用此类方法进行抗震设计尚不成熟。（见基于能量的抗震设计）

qiaoliang kangzhen nengli

桥梁抗震能力（bridge seismic capacity） 桥梁结构在地震作用下实现预期抗震设防目标的能力，具体体现为抗震设计中结构构件对强度、位移、延性等抗震验算指标的满足程度。实际桥梁以混凝土结构为多，故桥梁抗震能力的研究主要集中于墩、柱等关键混凝土构件。

强度 桥梁抗震设计的基本性能指标之一。钢结构件和实体混凝土结构常用的强度指标是应力，钢筋混凝土结构构件常用的强度指标是剪力和弯矩。强度指标的使用关键在于合理的取值。

（1）约束混凝土柱抗弯强度。桥梁混凝土墩柱通常用密排螺旋筋或箍筋等横向钢筋约束混凝土。混凝土中应力较低时，横向钢筋几乎不受力；但当应力接近单轴强度时，内部混凝土开裂的发展使得横向应变增大，混凝土将受横向钢筋约束。横向钢筋的约束作用能显著改变混凝土在大应变时的应力-应变关系，在大幅提高墩柱截面延性的同时，也可增加强度。描述约束混凝土柱抗弯强度的指标含屈服弯矩和极限弯矩等。

（2）混凝土柱抗剪强度。钢筋混凝土墩柱的抗剪强度取决于混凝土的剪切强度、横向钢筋提供的剪切强度和轴向

力影响等；计算方法有多种，普里斯特利（M. J. N. Priestley）等人提出的计算公式应用最广。

延性 结构或构件的延性是经受反复的弹塑性变形循环后，结构或构件的强度和刚度均无明显下降的能力。早期的桥梁抗震设计对延性认识不足，基于震害经验的总结，延性设计得到重视。

抗震设计中，桥梁钢筋混凝土墩柱弹塑性循环变形的幅值取值一般不超过设计允许的最大变形值；循环周数的最低要求为 5 次；规定强度无明显下降是指强度下降量不超过初始强度的 15％～20％。满足延性要求的桥梁结构可避免在大震下倒塌。为提高延性可采用约束混凝土柱。

位移 桥梁结构和构件的位移含弹性位移和塑性位移，塑性位移与构件的延性有关。描述桥梁墩柱的位移指标含屈服曲率、极限曲率和屈服转角、极限转角等。桥梁抗震设计还包括对构件间（主梁与墩、台顶）的相对位移限值要求。

yanxing

延性（ductility） 构件或结构在发生塑性变形后其强度和承载能力不发生快速降低的能力。结构或构件在地震作用下的延性，是经受反复的弹塑性变形循环后，结构或构件的强度和刚度均无明显下降的能力。具有这种能力的构件或结构称为延性构件（具有局部延性）或延性结构（具有整体延性），局部延性与整体延性之间密切相关。

往复荷载作用下，延性的提高伴随耗能的增加，延性是衡量结构在强烈地震作用下抗震能力的重要性态指标；对于强震区的抗震结构，动力延性具有特别重要的意义。延性与变形密切相关，但延性概念与变形概念并不完全相同。一个结构可能具有相当大的变形能力，但其延性水平却可能很低；反之，一个结构可能具有较高的延性水平，但其变形能力却可能较低。

延性的量化指标为延性系数，延性系数定义为最大变形与屈服变形的比值。根据变形物理量的不同，延性系数有曲率延性系数、转角延性系数、位移延性系数等。曲率延性系数用于构件特征断面延性能力的描述，位移延性系数用于结构或构件延性的描述。结构的位移延性系数与结构体系布置有关，须根据具体结构情况就结构系统的不同层次予以定量。

qiaoliang kangzhen fenxi moxing

桥梁抗震分析模型（seismic analysis model of bridge）反映桥梁结构几何与力学特性、供结构地震反应分析使用的桥梁抽象计算图形。基于抗震分析模型可进行桥梁地震反应数值模拟，进而解释桥梁震害，验证桥梁抗震理论和技术，为桥梁抗震设计和抗震安全评价提供定量的依据。

在桥梁抗震研究和设计中使用的分析模型包括桥梁简化模型和桥梁有限元模型。桥梁抗震分析模型的建立应考虑以下因素。

（1）分析模型的选择与数值计算能力密切相关。早期桥梁抗震研究和抗震设计，因缺乏有效的数值计算工具而无法采用复杂的分析模型。计算机技术和结构地震反应分析软件的发展，使采用复杂桥梁抗震分析模型成为可能。

（2）分析模型的选择与动力分析理论以及数值计算方

法密切相关。动力分析理论与数值计算方法影响分析模型的精细程度，各种有限元模型在桥梁抗震建模中被广泛使用。

（3）桥梁工程不断采用新结构形式，桥梁抗震分析模型应适应和满足新型桥梁地震反应分析和抗震设计的需要。

（4）一般来说，精细的桥梁分析模型可能提供更多和更详细的计算结果。但是，结构建模受众多不确定性因素的影响，且依赖于若干假定，力学上复杂的桥梁模型并不会必然得出更精确和更合理的分析结果。如果不能提供比简单模型更多的实际有用的可靠信息，则复杂模型的使用并无必要。桥梁抗震分析模型越复杂，对使用人员的知识和技术能力的要求也越高。

（5）与简化设计计算方法相应的简化分析模型应能反映桥梁基本动力特性，给出使用者最关心的地震反应数值结果。

qiaoliang jianhua moxing
桥梁简化模型（simplified bridge model）　正确反映桥梁结构基本动力特性、符合力学概念的桥梁简单分析模型，适用于目标明确的关键部位地震反应的定量估计。采用这种模型的前提，是对桥梁结构在地震作用下的性态有较为深入的了解，且基本力学概念清晰。建模过程涉及构件的等代处理以及刚度、惯性质量和边界条件的合理简化。因此，正确建立和使用简化模型应具有良好的基础知识和较多的实践经验。

桥梁抗震设计规范规定，某些常用的规则桥梁（如梁式桥）可采用简化模型进行分析，如图所示的简支梁桥。

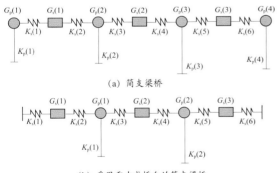

(a) 简支梁桥

(b) 采用重力式桥台的简支梁桥
简支梁桥分析模型

例如，中国《公路工程抗震设计规范》（JTJ 004—89）采用的橡胶支座梁式桥简化分析模型和相应计算方法如下。

（1）全联均采用同类型板式橡胶支座的连续梁桥，以及桥面连续或顺桥向具有足够强的连接措施的简支梁桥，可假定地震作用下各墩墩顶顺桥向位移相同，将全桥简化为等效单墩模型；利用设计反应谱、仅考虑第一振型计算上部结构对支座顶面的总地震作用。总地震作用再依刚度分配给各墩支座。各桥墩可简化为单质点模型或多质点模型，利用反应谱方法计算顺桥向地震作用，计算中可简单考虑地基变形。

（2）一联采用数个板式橡胶支座，其余为聚四氟乙烯滑板支座的连续梁桥，亦可采用等效单墩模型、考虑滑板支座摩擦阻力计算上部结构对橡胶支座顶面的顺桥向地震作用。采用板式橡胶支座的各桥墩的顺桥向地震作用，可

采用单质点或多质点模型，利用反应谱方法计算。

（3）采用板式橡胶支座的多跨简支梁桥，刚性桥墩可按单墩单梁模型计算顺桥向地震作用。柔性桥墩应考虑上下部结构的耦联效应，采用图(a)所示多质点模型计算顺桥向地震作用；采用重力式桥台的简支梁桥可用图(b)模型计算顺桥向地震作用。图中，$G_p(i)$ 为桥墩等效重力，$G_s(i)$ 为上部结构重力，$K_p(i)$ 为桥墩抗推刚度，$K_s(i)$ 为板式橡胶支座抗推刚度。

qiaoliang youxianyuan moxing
桥梁有限元模型（finite element model of bridge）　采用有限元方法建立的桥梁抗震分析模型，可分为桥梁简化有限元模型和桥梁一般有限元模型。

简化有限元模型　采用有限元方法对结构体系进行简化处理的桥梁分析模型，总体上能较好地描述桥梁结构的刚度和质量分布以及边界和连接条件，较准确地反映桥梁结构的动力学特征，在桥梁抗震分析中被广泛使用。图1、图2为桥梁抗震简化有限元模型的示例。

图1　斜拉桥的简化有限元模型

（1）基础。桥梁的扩大基础、沉井基础、锚碇和桩基础承台一般作为刚体处理，桩采用梁单元模拟。土与基础的相互作用采用集中参数法，利用附加边界弹簧和阻尼器考虑；亦可在基础上附加适当的

图2　连续梁桥的简化有限元模型

土体等效质量考虑土的惯性作用。浸入水中的基础应考虑振动时水的动力效应，将地震动水压力等效为附加质量和附加阻尼；当附加质量和阻尼与振动频率相关时，结构运动方程应在频域内求解，这对非线性问题的分析十分不便；一般可将附加质量和附加阻尼近似取为与频率无关。

当地面以下20 m范围内有砂土液化的可能时，应根据判定的液化严重程度对液化层的土抗力、承载能力（包括桩侧摩阻力）、内摩擦角和内聚力等进行修正。

（2）桥墩和桥塔。较纤细的桥墩采用梁单元模拟可保证分析精度；较粗的桥墩通常也采用梁单元模拟，以计入这些桥墩对结构总体刚度和总体惯性质量的贡献，但这样处理对估计桥墩受力状态是十分粗糙的。

采用三维梁单元模拟斜拉桥、悬索桥的桥塔可以提供良好的工程分析精度，但对于粗的桥塔和一些在建筑美学方面有特殊考虑的桥塔，这种建模方法精度较低。考虑到桥塔的构造特点，建模时单元数目不能过少。

（3）主梁。可采用空间梁单元（包括单梁式、双梁式和三梁式）模拟。单梁式是使用最多的一种模式，适用于各种桥梁的桥面系；双梁式和三梁式主要用于缆索（吊杆）

承重桥梁。桥梁二期恒载等一般不计算刚度，仅作为附加质量考虑。

（4）缆索和吊杆。可用杆单元模拟，缆索的垂度效应采用等效弹性模量方法考虑。缆索承重桥的初始静力状态对桥梁动力特性和地震反应具有重要的影响，故须以重力刚度方式考虑；悬索桥若不计入主缆的重力刚度，则无法进行动力计算或导致错误的计算结果。斜拉桥拉索、悬索桥和拱桥吊杆的初始静力状态也对桥梁的动力特性有一定影响。缆索承重桥的桥塔、斜拉桥和自锚式悬索桥的主梁以及拱桥的主拱圈受压将导致构件刚度降低，对于大跨度桥梁应予考虑。

（5）支座和连接构件。可采用统一单元建模或独立单元建模两种方法模拟支座和连接构件。统一单元建模方法将支座、挡块等构件合并于一个有限单元中，可用此单元模拟多种力学状态，但这种单元的参数较多，须仔细确定和协调。独立单元建模方法分别建立支座、挡块、伸缩缝、减隔震装置及其他连接构件的力学模型和有限单元，建模过程清晰、简单、易于掌握，但将导致计算模型中单元数目增加。

一般有限元模型 一般有限元模型对缆索、吊杆、支座与连接构件的处理与简化有限元模型相同，但对桥墩（特别是矮桥墩）、桥塔、主梁和地基土采用板壳单元及实体单元

图 3 桥梁一般有限元模型

建模，同时考虑土介质的范围和边界处理问题。这种建模方式用于特别重要的或构造特殊的桥梁的抗震分析与设计，计算量巨大。桥梁一般有限元模型的示例见图 3。

qiaoliang yundong fangcheng

桥梁运动方程（motion equation of bridge） 描述外界荷载与桥梁结构体系动力变形关系的数学物理方程（见运动方程），依地震动输入方式的不同可分为两种。

一致地震动输入运动方程 假定桥梁各地面支承点（基础）地震动相同而建立的运动方程。此时基础的运动状态需要六个独立的运动参数描述，即三个平移自由度（u_{gx}，u_{gy}，u_{gz}）和三个旋转自由度（ψ_x，ψ_y，ψ_z）（图 1），工程中一般仅考虑三个平移自由度。

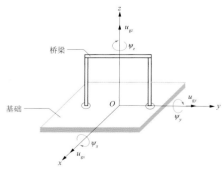

图 1 一致地震动输入下的结构体系

在这一假定下，桥梁的各地面支承点之间不发生任何相对运动。记结构的相对位移为 u，根据达朗贝尔原理可写出桥梁结构在基础运动作用下的运动方程为

$$M\ddot{u} + C\dot{u} + Ku = -MR\ddot{u}_g$$

式中：M，C，K 分别为桥梁结构体系的质量矩阵、阻尼矩阵和刚度矩阵；R 为地震动影响矩阵；$\ddot{u}_g$ 为输入地震动加速度向量；u，$\dot{u}$，$\ddot{u}$ 分别为结构反应的相对位移、速度和加速度向量。

非一致地震动输入运动方程 适用于长大桥梁的地震反应分析。当桥梁各地面支承点的运动不同时（图 2），结构体系运动方程的形式与一致地震动输入下的方程有所不同。此时，运动方程可采用结构运动的绝对位移作为基本未知量，也可采用结构运动的伪静态位移与动态位移两者作为基本未知量。图中 $u_g(1)$，$u_g(2)$ 和 $u_g(3)$ 表示各支承点不同的地震动位移。

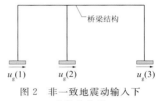

图 2 非一致地震动输入下的结构体系

（1）以结构运动绝对位移（总位移）作为基本未知量，记总位移向量为 $u = [u_s, u_g]^T$，T 表示转置，下标 s 和 g 分别表示结构的非支承点和地面支承点。结构体系的运动方程可写为

$$M_{ss}\ddot{u}_s + C_{ss}\dot{u}_s + K_{ss}u_s = P_{eff} = -M_{sg}\ddot{u}_g - C_{sg}\dot{u}_g - K_{sg}u_g$$

式中：M_{ss}，C_{ss}，K_{ss} 分别为对应非支承点结构的惯性质量子矩阵、阻尼子矩阵和刚度子矩阵；M_{sg} 为非支承点结构与地面支承点结构的耦合惯性质量子矩阵；耦合刚度子矩阵 K_{sg} 和阻尼子矩阵 C_{sg} 下标的物理意义与质量矩阵 M_{sg} 类同；u_g 和 $\dot{u}_g$ 为输入地震动位移和速度向量；等效地震作用 P_{eff} 与地震动加速度、速度和位移都有关，仅当采用对角质量矩阵且忽略阻尼影响时，$P_{eff} \approx -K_{sg}u_g$。显然，此时等效地震作用主要取决于地震动位移。

（2）亦可将结构绝对位移向量 u 表示为伪静态反应与动态反应之和建立运动方程。（见多点输入地震反应分析）

qiaoliang yundong fangcheng jiefa

桥梁运动方程解法（motion equation solution of bridge）
在一致地震动作用下，桥梁运动方程的求解与其他结构完全相同（见运动方程求解方法）；非一致地震动作用下，桥梁结构运动方程的求解可采用总位移法或分解位移法。（见多点输入地震反应分析）

采用总位移法或分解位移法求解桥梁运动方程在理论上可得出相同的结果，但具体应用中有不同特点。

（1）用总位移法进行桥梁地震反应分析时，地震反应与地震动位移密切相关，故精确的地震动位移时程是正确计算地震反应的关键（见桥梁运动方程）。由于强震观测直接得到的是地震动加速度，地震动速度和位移是由地震动加速度积分得到的，积分过程的误差可能影响结果的精度。此时积分步长应取得非常小，一般取 $10^{-3} \sim 10^{-5}$ s 才能保证计算精度，因此将耗费大量的计算时间。

（2）使用分解位移法进行桥梁地震反应分析时，伪静态位移和动态位移的分解清楚地揭示了桥梁在空间变化地震动作用下的结构反应特征。当地震反应中动态部分占主

导地位时（这是最常见的情况），采用分解位移方法得到的结果比较可靠；否则，也存在地震动位移的计算精度问题。分解位移法中动态反应部分的时程分析与一般运动方程的分析完全相同，积分步长在 10^{-2} s 左右即可保证计算精度；但涉及伪静态反应，则在理论上每一步都须更新伪静力影响矩阵，因此也会增加计算时间。

（3）采用分解位移方法可直接利用地震反应谱的概念和设计反应谱的统计结果计算弹性地震反应最大值，总位移法则无法利用反应谱理论。

（4）总位移方法适用于一般非线性结构体系地震反应的求解。分解位移方法运用了叠加原理，理论上只适用于线弹性结构体系地震反应的求解；但在弱非线性且伪静态反应与动态反应相比不起主要作用的情况下，分解位移法在桥梁结构非线性地震反应分析中仍有广泛应用。

qiaoliang kangzhen fenxi de fanyingpufa

桥梁抗震分析的反应谱法（response spectrum method of bridge seismic analysis）

根据振型分解原理，利用反应谱计算桥梁结构地震反应最大值的简化方法。一致地震动输入下桥梁抗震计算的反应谱方法与一般结构的振型叠加反应谱法相同，单分量地震动作用下结构体系各振型反应的组合可采用 CQC 方法或 SRSS 方法。

桥梁抗震分析中，针对地震动多维输入（多分量一致地震动输入）和地震动多点输入（非一致地震动输入）的情况采用的振型组合方法如下。

百分比方法 多分量地震动作用下进行振型组合的简单方法，在桥梁抗震设计中广泛使用。百分比方法将结构反应表达为各地震动分量单独作用下的结构反应的某个百分比之和，即结构反应最大值为

$$R = R_1 + aR_2 + aR_3 \quad 或 \quad R = aR_1 + R_2 + aR_3$$
$$或 \quad R = aR_1 + aR_2 + R_3$$

式中：R_1，R_2 和 R_3 分别为三个地震动分量单独作用下的结构反应最大值；a 是经验系数，取值一般为 30%～40%。

CQC3 方法 三分量地震动输入下振型叠加反应谱方法的一种，以时不变地震动主轴存在的假定为前提。虽然地震动主轴是随时间变化的，但强震记录的分析表明，地震动最大主轴方向大体指向震中，地震动水平分量最大值出现的邻近时间段内主轴方向变化不大，竖轴为最小方差轴。使用时不变地震动主轴可以带来很多便利，但原则上必须得到主轴方向的地震反应谱。

抗震设计规范中的设计反应谱并非按主轴方向统计。若将规范中的水平设计反应谱 $S_a(\xi, \omega)$ 视为最大主轴反应谱（ξ 为阻尼比，ω 为圆频率），假定与之垂直的另一水平方向的反应谱为 $rS_a(\xi, \omega)$（r 为强度比例因子，$0 \leqslant r \leqslant 1$，常取 0.85），可得结构反应最大值为

$$R = \{[R_1^2 + (rR_2)^2]\cos^2\theta + [(rR_1)^2 + R_2^2]\sin^2\theta + 2(1-r^2)R_{12}\sin\theta\cos\theta + R_3^2\}^{1/2}$$

式中：R_1 和 R_2 分别为反应谱 $S_a(\xi, \omega)$ 单独作用下结构 x_1 方向和 x_2 方向的地震反应；R_3 为竖向地震动作用下的结构反应；各分量地震动单独作用下的结构反应 R_k（$k=1$, 2, 3）可由 CQC 方法计算得到；θ 是地震动最大主轴方向与结构坐标 x_1 方向的夹角，当地震动最大主轴方向未知时，对上式求导可得使 R 取极值的最不利角度。

MSRS 方法 非一致地震动输入下结构抗震分析的振型叠加反应谱法。根据振型分解原理和随机振动理论，可将结构地震反应最大值的均值表示为伪静态反应、动态反应和两者协方差之和。在 MSRS 方法初期研究成果的基础上，又得出了计算结构反应标准差的算式以及相关系数和谱参数的简化计算方法。

qiaoliang feixianxing dizhen fanying fenxi

桥梁非线性地震反应分析（nonlinear seismic response analysis of bridge）

桥梁因大变形和损伤进入非线性状态后的结构地震反应分析理论和方法，主要涉及材料非线性和几何非线性等非线性问题的处理。

一般情况下，桥梁抗震分析应考虑大变形引起的几何非线性以及小应变下的材料非线性或它们的组合效应。桥梁抗震分析的初始状态是结构的静力平衡状态，相应的结构刚度参数应取静力终了状态的数值。静力状态对桥梁构件刚度的影响一般通过几何刚度近似描述；更精确的做法比较复杂，实际工程意义不大。桥梁初始状态对构件材料非线性的影响源自构件的非线性力-变形本构关系。桥梁的滑动支座和隔震支座在地震作用下也具有非线性性质，此类支座非线性亦应在桥梁抗震分析中予以考虑。另外，桥梁基础滑移、落梁等属强非线性行为，挡块、拉杆等防落梁构件也将产生连接非线性问题；这类非线性的定量分析都是桥梁抗震动力分析的内容。

在强烈地震作用下桥梁可能发生严重损伤乃至倒塌，进入严重非线性力学状态，这种状态超出了桥梁抗震设计考虑的范畴。

jihe feixianxing

几何非线性（geometrical nonlinearity）

结构构件几何变形引起的非线性力学性质，即变形二次效应。结构抗震分析中，高层建筑和大跨柔性桥梁常涉及此类问题。

概念 结构分析中通常假定构件变形微小（变形远小于构件自身尺寸，即应变远小于 1），在此假定下，体系力学平衡方程的建立可不考虑构件形状和位置的变化。但是上述假定即使在弹性范围内也可能不成立。例如，一弹性直杆在轴向拉力作用下产生较大应变（达百分之几）时，其横截面积将减小，这时杆的拉应力已不能就原截面面积进行计算。两端铰支杆在横向力作用下发生较大挠曲时，横向刚度将受轴力影响而发生变化。悬臂竖直杆发生较大横向变形后，其竖向荷载将对杆的固定端产生附加弯矩（见重力二次效应）。这些现象均系几何非线性所致。

严格地讲，固体力学问题在本质上均具几何非线性，只有在假设位移无限小时方可简化为几何线性问题处理。当几何线性假设不能满足分析精度要求时，则应进行非线性分析。几何非线性研究主要涉及三类问题，即大位移小应变问题、大位移大应变问题和大转动问题。工程结构分析（含结构抗震分析）中的几何非线性问题多属于大位移小应变问题，处理这类问题的方法称为有限位移理论。

工程分析方法 几何非线性分析的有限位移理论的研究始于 19 世纪末，至 20 世纪 80 年代已较为成熟。计算机的普及应用和运算能力的迅速提高使得在工程分析中考虑这类问题成为可能。几何非线性分析方法含非线性有限元

方法和稳定函数法两类，考虑几何非线性分析的有限元方法依参考构形的不同可分为总体拉格朗日列式法（TL法）和修正拉格朗日列式法（UL法）。在引入随转（拖动）坐标系后又产生了CR-TL法和CR-UL法。工程分析中较多应用UL法或CR-UL法。

采用UL法的有限元分析中，结构整体刚度矩阵由弹性刚度矩阵和几何刚度矩阵组合而成，几何刚度矩阵可由虚功原理得出。可采用如下迭代方法求解几何非线性问题：①计算结构整体刚度矩阵，取荷载增量加载；②计算节点位移增量；③计算单元内力增量，修正单元内力；④更新节点坐标，计算节点不平衡力；⑤若节点不平衡力（或节点位移）满足收敛条件，可继续实施下一步加载，否则更新刚度矩阵，以不平衡力作为节点荷载，返回步骤②进行迭代计算。

cailiao feixianxing

材料非线性（material nonlinearity）　结构材料超出线弹性变形状态（即力-变形关系为直线，刚度为常量）后的非线性力学性质，亦称物理非线性。塑性、超弹性、黏塑性、黏弹性、蠕变（徐变）、凸胀、与温度相关的材料特性等都属于材料非线性的研究范畴。建、构筑物常用材料如混凝土和钢材的材料非线性见材料本构关系。

桥梁抗震计算中，有各种通用的混凝土梁柱的非线性本构关系可供使用。应用较多的是恒定轴力作用下具有足够延性的混凝土非线性本构模型。该模型在模拟空间延性钢筋混凝土单元时，采用以下基本假定：①钢筋混凝土单元具有一般理想弹塑性单元的弯矩-曲率关系，塑性铰仅发生在单元两端节点处、不考虑塑性区长度，单元节点间保持弹性；②抗剪屈服强度以及抗扭屈服强度充分大；③屈服轴力和屈服弯矩根据屈服条件下的截面法向应力分布确定，与剪力和扭矩引起的剪应力无关；④轴力和弯矩之间的相互作用可用三维标准屈服球面表示；⑤几何非线性可通过几何刚度矩阵表述。

zhizuo feixianxing

支座非线性（bearing nonlinearity）　桥梁下部结构与上部结构间的连接构件（支座）的非线性性质。一般情况下，桥梁支座可发生六个自由度的运动，即三个平动和三个转动。支座的竖向刚度一般很大，虽然可以通过试验手段确定竖向刚度系数，但取某一足够大的数值即可满足工程分析的要求；支座抗转动能力一般很弱，通常予以忽略。桥梁支座的非线性性质主要涉及水平方向的力-变形关系。

桥梁支座有多种形式，如板式橡胶支座、聚四氟乙烯滑板橡胶支座、活动盆式支座、活动球型支座、各种减隔震支座等，其非线性性质有所不同。

（1）板式橡胶支座。滞回曲线呈斜向狭长形，可近似作线性处理；其水平受力 $F(u) = ku$，k 为支座的等效剪切刚度，u 为上部结构与墩顶的相对位移。板式橡胶支座的耗能能力可通过等效阻尼系数考虑。

（2）滑板橡胶支座。聚四氟乙烯滑板橡胶支座的动力滞回曲线类似于理想弹塑性材料的力-变形关系。静力屈服位移为 $u_y = fN/K$，K 为橡胶支座的水平剪切刚度，f 为静摩擦系数，N 为支座承受的静压力。

（3）活动盆式支座和活动球形支座。相对位移几乎完全由聚四氟乙烯滑板和不锈钢板的相对滑动产生。因此，其力学模型与聚四氟乙烯滑板橡胶支座相同，只是屈服位移 u_y 很小。

（4）其他减隔震支座。桥梁抗震设计中广泛采用各种减隔震支座（如铅芯叠层橡胶支座等），这些专门的支座一般具有较强的非线性耗能能力。

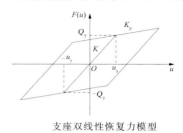

支座双线性恢复力模型

虽然各种支座的非线性性态存在差别，但理想化的双线性恢复力模型能反映其主要特征，故被广泛应用于桥梁支座的非线性描述。

图中，Q_y 和 u_y 分别为屈服剪力和屈服位移，K 为初始刚度，K_p 为屈服后的切线刚度。

qiaoliang kangzhen gouzao cuoshi

桥梁抗震构造措施（seismic detailing of bridge）　基于震害经验或基本力学概念得出的、可不经计算采用的桥梁抗震细部构造及构件连接方法等。由于强烈地震的不可预知性以及人类对桥梁结构（尤其是动力性能复杂的桥梁结构）地震破坏机理的认识尚不完备，桥梁抗震设计不能完全依靠定量的计算分析。基于震害经验或基本力学概念得出的一些工程措施可有效地减轻桥梁震害，是抗震设计要求的重要内容。

桥梁主要抗震构造措施涉及以下概念和内容。

搭接长度　主梁梁端与其支承墩顶面（或盖梁顶面）边缘间的距离，在图1中标注为 a。采用适当的搭接长度可

图1　梁端搭接长度

有效防止落梁震害的发生，这一构造要求在各国的桥梁抗震设计规范中都有明确的规定。搭接长度 a 可由设计规范的经验公式确定，亦可由计算估计；斜桥搭接长度的估计较为复杂。

防落梁系统　防止桥梁上部结构因结构构件或地基破坏而跌落的构造措施，典型的防落梁措施见图2。

防落梁系统的设置必须满足如下要求：①防落梁构件的强度不应低于其承受的设计地震作用效应；②防落梁构件不应妨碍支座的移动或回转；③防落梁结构须能顺应桥的横向移动；④防落梁结构应便于支承部分的维护保养。

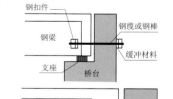

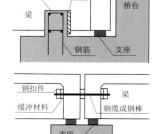

限位装置　保障中小地震作用下桥梁不因位移过大导致伸缩缝等连接部件发生损坏的装置，横向和纵向限

图2　典型的防落梁措施

位装置可协调桥梁的内力和位移反应。轴向限位装置的移动能力应与支座的变形能力相适应，限位装置不得妨碍防落梁措施发挥作用。

连接构造　当桥梁上部结构由多片梁组成时，为避免各梁在地震作用下分离或边梁发生横向坠落，在各梁间采取的加强横向连接、提高上部结构整体性的构造措施。另外，支座也必须采取措施与上下部结构可靠连接，以充分发挥其功能。

桥梁结构地震反应越强烈，越容易发生落梁等严重破坏现象，构造措施也越重要。处于高烈度区的桥梁结构须特别重视构造措施的采用，但构造措施不应妨碍定量设计目标的实现。

qiaoliang zhendong kongzhi

桥梁振动控制 （vibration control of bridge）结构振动控制技术在桥梁工程中的应用。

传统结构的抗震能力源自结构构件自身的强度和变形能力，在设计中通过构件塑性铰位置的选择和良好的细部构造保障结构的整体性和防倒塌能力；振动控制技术则开辟了提高桥梁抗震能力的新途径。性态抗震设计思想对桥梁功能提出了更细化和明确的要求，振动控制是实现这一设计思想的有效技术手段。

桥梁工程采用的振动控制技术含主动控制、半主动控制和被动控制。其中，应用最多的是含隔震和消能减振在内的被动控制技术。隔震技术可延长结构的基本周期，避开能量集中的地震动成分，降低结构的地震反应。通过延长结构振动周期减小地震作用，将导致结构位移反应的增大并造成设计的困难。为控制过大变形和在正常使用荷载作用下桥梁可能发生的有害振动，可在桥梁结构中设置阻尼器，通过耗能能力的增加减低结构振动反应。

桥梁应用的主要被动控制装置如下。

叠层橡胶支座　在桥梁结构中广泛使用，虽然此种支座并非专为抗震目的而开发，但可发挥隔震效能。其一般构造见图1。

铅芯橡胶支座　普通叠层橡胶支座阻尼很小，在支座中插入铅芯（图2）则构成耗能能力较高的隔震装置。铅芯

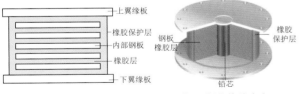

图1　叠层橡胶支座的构造　　图2　铅芯橡胶支座

在较低水平力作用下具有较高的初始刚度，变形很小，在强地震动作用下铅芯屈服可消耗振动能量，亦可降低支座刚度，达到延长结构周期的目的。

滑动摩擦支座　此类支座滑动面由不锈钢与聚四氟乙烯制作，具有摩擦系数小、水平位移大的特点，应用于桥梁已数十年。由于支座摩擦系数通常低于 0.08，在涂有润滑剂时仅为 0.01～0.03，故在温度、徐变、地震等引起上部结构变形时，支座产生的抗力很低。这类支座的本构模型接近于理想刚塑性模型，没有复位能力，在地震作用下可能发生很大的永久变位。为减小永久变位，可将支座配

合其他恢复力构件一起使用。（见滑动隔震）

钢阻尼器　利用软钢的塑性耗能性质制成的阻尼器（图3）。钢阻尼器可耗散振动能量并控制地震位移反应，使

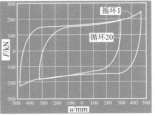

钢阻尼器装置　　　钢阻尼器力-变形曲线

图3　钢阻尼桥梁支座

结构满足预期的功能要求。钢阻尼器在屈服前的小变形范围不发挥耗能作用。（见软钢滞变阻尼器）

油阻尼器　这类装置利用油缸中活塞前后的压力差使油液流动而耗能，典型的油阻尼器及其力 F 与变形 Δ 的关系见图4。油阻尼器产生的阻尼力 F 与速度和温度有关；

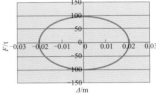

油阻尼器装置　　　油阻尼器力-变形曲线

图4　油阻尼器

油压的调整、漏油、灰尘的侵入等将影响阻尼器的性能，应用中须采取相应的维护措施。（见黏滞流体阻尼器）

hunningtuba kangzhen

混凝土坝抗震 （earthquake resistance of concrete dam）防御和减轻混凝土坝地震破坏的理论和实践。混凝土坝有重力坝、拱坝、支墩坝等不同结构类型（图1—图3）。多数混凝土坝库容大，坝体高且建有发电站，坝体破坏将引起严重经济损失和次生灾害，故大坝抗震具有特殊重要性而备受重视。

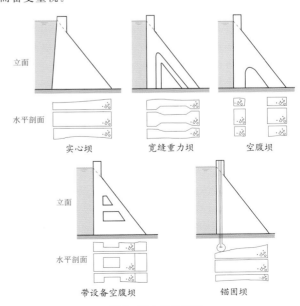

图1　重力坝示意图

地基-库水体系的动力分析模型，计算坝体的自振特性和坝体的线弹性、非线性动力反应，分析坝体损伤开裂和破坏机理。④抗震试验。原型试验如爆破试验、起振机激振试验用于测量大坝的自振频率和振型等模态参数，观测坝体与地表振动的差别；模型试验则可验证理论计算结果，探索大坝地震反应特点。在上述工作基础上，确定混凝土坝抗震设计地震动，制定混凝土坝的抗震设防目标和抗震设防标准，进一步编制抗震设计规范，规定设计方法和细则。

分析方法　早期大坝抗震分析受计算能力限制采用静力方法，这些方法体现了大坝受力的基本特征，至今仍在设计中应用。计算机技术的发展使大坝动力分析成为可能，开发了直接输入地震动时程进行大坝动力反应计算的有限元法和其他数值计算方法。与其他结构相比，大坝抗震分析的特殊之处在于库水参与其中，具体涉及以下内容。

（1）坝体-地基动力相互作用。用子结构法分析相互作用时，可采用多种近似方法处理地基影响，其中无质量地基模型在工程上比较常用；直接法将体系作为整体分析。上述两种方法在考虑地基影响时，都涉及用有限域代替无限域时的人工边界处理问题。

（2）库水引起的流-固耦合作用。早期分析只考虑库水的惯性作用，将水体等效质量附加于坝体形成附加质量模型。更合理的分析应考虑动水压力的模拟和水的可压缩性。库水与地基也存在复杂的相互作用，在地基-库水相互作用中还应考虑淤砂层的影响。

（3）地震动输入模式。大坝跨度往往以千米计，采用一致地震动输入显然不合理。混凝土坝地震动输入方式应考虑地震动的空间非均匀分布；在截取有限域计算坝体地震反应时，应根据地表强震记录确定基底的地震动输入。

（4）大坝混凝土的动力特性。混凝土强度等参数与应变率有关，在动力加载条件下混凝土抗压强度将比静强度有所提高，混凝土动力特性对大坝抗震设计有很大影响。

关键问题　混凝土坝抗震研究已经取得很大进展，表现为坝体动力反应计算从线性分析发展为非线性分析，可模拟坝体的损伤开裂、拱坝横缝闭合和其他破坏机理，这些工作是大坝抗震设计和安全性评价的基础。有待进一步研究的问题如下。

（1）抗震设防标准。中国混凝土坝现采用单一抗震设防水准，美国等普遍采用两级设防水准。实施多级设防的性态抗震设计是未来混凝土坝抗震设计的发展趋势。

（2）设计地震动。单一的加速度峰值不能全面反映地震动特性，应深入研究坝址的地震动场，合理规定设计地震动参数及地震动时程。

（3）大坝安全控制指标。多数大坝的抗震设计采用强度控制，但并无公认的一致标准，这是涉及大坝抗震安全的关键问题之一。

（4）坝体和坝肩的动力耦合作用。工程设计通常将坝体和坝肩二者分别处理，且依据不同准则进行安全评价。合理的分析应计算两者的动力耦合作用，并考虑坝肩的稳定性。

（5）高坝的随机地震反应分析。鉴于地震动的不确定

图 2　混凝土拱坝

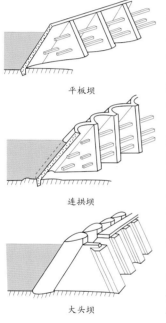

平板坝

连拱坝

大头坝

图 3　支墩坝示意图

起源与发展　20 世纪 30 年代混凝土坝的抗震设计采用静力方法，取固定的加速度值均匀作用于坝体，采用悬臂梁法和拱梁分载法等材料力学方法计算重力坝和拱坝的地震作用。50 年代，日本、美国、意大利等国开始进行大坝的模态参数测试试验、大坝模型的动力试验和强震动观测。在此基础上，混凝土坝抗震设计发展为拟静力法，开始考虑坝体对地基地震动的放大效应及地震作用的不均匀分布。

20 世纪 60 年代以后，中国、印度、美国的一些混凝土坝遭遇地震并受到损伤，大坝抗震引起了工程界的关注。基于地震动输入、坝体-地基-库水相互作用、非线性分析方法等的研究，各国修订了大坝设计规范和抗震设计要求。随着计算机技术和有限元方法的普及与应用，混凝土坝抗震分析开始采用反应谱和动力分析方法。

中国混凝土坝抗震研究始于 20 世纪 50 年代，内容涉及混凝土坝的动力试验和强震观测、动水压力计算、大坝地震反应分析以及抗震加固。1978 年《水工建筑物抗震设计规范》（SDJ 10—78）颁布试行；随着经验积累和研究的深入，相关抗震技术标准进行了多次修编。经过抗震设计的混凝土坝，大多抗震性能良好。

研究内容　混凝土坝抗震研究的主要内容如下。①震害调查。考察坝体的损坏部位，详细记录坝体裂缝的走向、宽度、长度和深度，调查坝址区基岩的滑坡、崩塌、断层错动等现象，分析大坝结构震害机理和特点，从中提炼出提高混凝土坝抗震能力的工程措施和加固技术。②强震动观测。在混凝土坝坝体和坝址附近设置监测仪器，获取大坝的地震动和地震反应数据，验证和研究坝址区的地震动分布以及坝体地震反应规律。③动力反应分析。建立坝体-

性，用概率方法研究大坝地震作用是合理的，这有赖于随机振动分析方法的发展。

（6）混凝土材料的动力特性。混凝土材料动力特性对大坝动力分析具有重要影响，复杂受力状态下的混凝土的动力特性研究有待深入。

（7）动力分析模型的验证。混凝土坝的计算分析模型很多，但不同模型得到的计算结果往往并不相同，须进一步验证模型的合理性和有效性。

hunningtuba kangzhen fenfa fangfa

混凝土坝抗震分析方法（seismic analysis method of concrete dam）
确定地震作用下混凝土坝坝体应力、变形、裂缝开展等动力效应的方法，含解析法和试验法两类。这两类方法可以单独使用或配合使用。

解析方法 有确定性方法和随机方法。

（1）确定性方法。大坝地震反应分析的确定性方法含静力法、拟静力法、动力法等，其中动力分析法又包括振型叠加反应谱法和直接动力分析法（见逐步积分法）。拟静力法是简化的动力分析法，实践证明，采用拟静力法设计的水工建筑物具有适当的抗震能力，多数国家的大坝设计规范都推荐使用这类方法。振型叠加反应谱方法和直接动力分析法中的威尔逊-θ法也在大坝分析中广泛使用。

（2）随机方法。地震动具有很大的随机性，无法精确预测。随机振动分析方法可反映地震动和地震反应的统计概率特性，作为更合理的分析工具而受到重视；此类方法在实际应用中以功率谱密度函数作为分析的基础，可以得到体系地震反应的统计信息。（见随机地震反应分析）

试验方法 模型试验是进行抗震分析的有效途径。可制作大坝及地基的模型，利用大型振动台输入预定的地震动时间过程，并量测模型的地震反应（见混凝土坝模型抗震试验和振动台试验）。但此法受设备条件的限制难以普遍采用。

利用起振机或爆破激振方法可在现场测量大坝的自振特性以及坝体、坝肩、自由地表等处的振动（见现场试验和强迫振动试验），试验结果可用于大坝的动力分析或动力模型的验证，也可研究合理的地震动输入方法。

问题和需求 利用模型试验测定结构的动力特性（如自振周期和振型），再辅以振型叠加法计算结构的地震反应，这种将试验和数值模拟相结合的方法有望改善大坝地震反应分析结果。但是，大坝地震反应十分复杂，以下问题有待研究解决。

（1）地震动有三个平动分量和三个转动分量，但地震动转动分量实测资料甚少，在抗震分析中无法考虑。

（2）基岩输入地震动通过土层传播后，振幅和频率会发生改变；地基变形使地基面各点的运动产生相位差，并将引起土-结相互作用和辐射阻尼；故大坝抗震分析须采用更合理的分析模型和地震动输入。

（3）建立能考虑构件连接、接缝的张合、施工质量等影响的大坝计算分析模型。

hunningtuba dizhendong shuru fangshi

混凝土坝地震动输入方式（strong ground motion input mode for concrete dam）
混凝土坝抗震分析中，有关地震动及其输入位置的处理方法。

结构地震反应分析通常假定均匀一致的地震动由刚性基底输入，但对于混凝土坝这类大体积结构，分析范围内地震动并非均匀，且坝基输入地震动将受结构反馈影响，故大坝地震动输入面临更为复杂的问题。广东河源新丰江大坝强震动台网的实测记录表明，坝基下的基岩地震动加速度比坝体下游约100m、同一高程基岩露头处的加速度实测值小1/3左右。另外，受河谷地形、局部地质条件、山体动力放大效应等因素的影响，坝基各高程处的地震动幅值和相位都有较大差异。大坝抗震分析采用的地震动输入方式尚未能完全考虑这些影响，输入地震动时程一般由地表自由场的强震记录得出，输入方式大致可分为四种，如图所示。图中 ρ 为地基质量密度，k 为地基刚度。

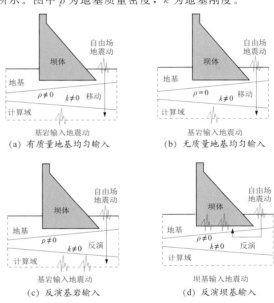

(a) 有质量地基均匀输入　(b) 无质量地基均匀输入

(c) 反演基岩输入　(d) 反演坝基输入

混凝土坝地震动输入方式

有质量地基均匀输入 取大坝地基有限区域（一般底面深至基岩）作为计算域，将地表自由场地震动置于底部边界作为基岩的均匀地震动输入，且考虑划定区域内的地基质量（图a）。若地基是均匀基岩且自由场地震动取自基岩地表，可将自由场地震动幅值减半作用于地基。这种方法的缺欠是：①若基岩上存在相对软的覆盖层，则相当于重复计算覆盖层对地震动的放大作用；②采用刚性边界假定，无法考虑散射波向无限域地基的扩散（即辐射阻尼），导致地震反应计算结果比实际高；③均匀输入不能考虑地震动的空间变化。此法在大坝抗震设计中已很少采用。

无质量地基均匀输入 取大坝地基有限区域作为计算域，将地表自由场地震动置于底部边界作为基岩的均匀地震动输入，但视地基为无质量弹簧（图b）。这一输入方式可考虑地基的弹性影响。在地基无质量假定下，若不考虑库水和坝体，基岩底部输入传到坝基面后仍是原来的自由场运动；考虑坝体和库水时，则可模拟其对自由场地震动的反馈作用。这是混凝土坝抗震设计中被广泛采用的地震动输入方式。然而这一方法仍未考虑非均匀场地（峡谷）引起的地震动空间变化，仍忽略了无限域地基的辐射阻尼。

反演基岩输入 考虑场地特性的空间变化，将地表自由场地震动反演至计算域的底边界作为基岩地震动输入，分析中考虑地基的质量与刚度（图c）。与第一种方式相比，此法没有重复计算地基的放大作用，在理论上更趋于合理。由于反演分析比较复杂，要考虑浅层地质构造和地基特性，故本方法一般只用于简化的一维等效非线性模型（见场地地震反应分析），或就平面问题（P-SV型）和出平面问题（SH型）（见波场分解）分别反演。该法简化分析结果与实际情况的差别很难确定，仍未考虑无限地基的辐射阻尼。

反演坝基输入　将地表地震动反演至坝基，得到大坝基础所在界面各点地震动作为大坝地震反应分析的输入（图d）。反演分析可基于子结构法实施，须借助多种假定近似考虑坝体和地基的相互作用，仍忽略地基的无限域辐射阻尼。

实际地基是无限延伸的，坝体和库水振动引起的散射波向无限域扩散，将使坝体的振动减小，以上四种输入方式都没有考虑这一点。人为截取的计算边界将引起波动的反射，计算结果在理论上是不严格的。如果采用能模拟无限域的人工边界，则地震动可以在任意给定界面上输入。现已有关于这类方法的研究，如在考虑土-结相互作用的子结构法中采用自动满足无限域辐射条件的边界元，或在直接法中采用透射边界等。为能保证计算精度且又方便实用，此类方法尚须进一步完善。

wuzhiliang diji moxing

无质量地基模型（no-mass foundation model）　假定有限范围内的地基为无质量弹簧的混凝土坝地震反应分析模型。该模型广泛用于大坝抗震设计，可考虑结构和地基的动力相互作用效应，避免了截取部分有质量地基造成的对基底入射地震动的人为放大作用，但也因忽略了地基质量的影响而存在明显的局限性。

原理　混凝土坝的地基为半无限空间，在大坝地震反应数值模拟分析中，须人为截取有限范围的地基，从截断的边界处输入实测强震记录或人造地震动。鉴于一般实测强震记录取自建坝以前的地表自由场，不包含坝体和库水对地震动的反馈作用，因此将自由场地震动记录移到地基边界上输入，再经过地基放大传至坝体，必然夸大坝体反应。为消除这种人为的放大作用，20世纪70年代，克拉夫提出了在人工截取的计算边界范围内只考虑地基弹性的无质量地基模型。至80年代，一系列拱坝的现场振动试验表明，这种模型在适当选取地基范围及其等效弹性模量后，基本能反映地基的影响，得出比较符合实测结果的坝体动力特性。

局限性　无质量地基模型不能考虑地震波在复杂地基中的传播效应和河谷散射影响，将导致拱坝两岸坝肩反应的显著增大；又因忽略了振动能量向远域的辐射，将影响坝体地震反应分析结果的准确性。

见混凝土坝地震动输入方式。

gongliang fenzaifa

拱梁分载法（arch-beam load-distributed method）　将拱坝分为水平拱和竖向悬臂梁两个体系进行力学分析的方法，又称拱坝试载法。

拱梁分载法的概念提出于20世纪初。20世纪30年代美国内政部垦务局进行胡佛坝等拱坝的设计时，对其理论

和计算方法进行了系统研究，并制成供计算应用的各种图表，使该法逐渐成熟。该算法的早期应用须进行试算，不断调整体系受力以满足拱、梁的变位协调条件，故称试载法。20世纪60年代，随着电子计算机的发展和应用，逐步以代数方程组的求解代替试算，名称也随之改为拱梁分载法。该法虽因简化假定存在误差，但模型试验和长期使用经验证实了该法的可靠性。这一方法被世界各国的大坝设计规范推荐使用，很多国家已有该法的专用计算程序。

基本原理　拱坝在迎水方向呈拱形，依靠拱的作用将库水压力传至两岸；拱坝又生根于地基，坝体作为悬臂梁抵抗库水的推力，据此可将拱坝分割成拱圈和悬臂梁的组合。在水平方向上坝被分割为一系列独立的水平拱圈，在竖向则被分割为一系列独立的悬臂梁，见图；外荷载 p 由

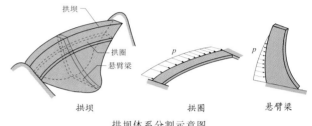

拱和梁共同承担。拱梁分割求解的根据是力学中的内外力代替原理和解的唯一性定理（克希霍夫定理）。根据前者可将任意受力物体分割成若干隔离体（拱和悬臂梁即为隔离体），隔离体的内接触面上作用有大小相等、方向相反的力系，此力系即原体系在该处的内力，分割后显露为隔离体的外力。对每个隔离体列出力平衡方程，可联立求解；根据解的唯一性定理，可求得每个隔离体的受力和变形。

分割原则　理论上，将坝分割为无穷多个拱和梁后可得精确解；实际中取5～7个拱圈和5～7根悬臂梁即可满足一般拱坝设计要求，非对称拱坝可取9～13根梁。分割时力求拱、梁均匀分布，一般在坝体最深处取一根悬臂梁，其余梁的位置应选在水平拱的拱座处，使拱和梁交于地基表面同一点，以便运用变形一致的条件。若各层拱圈的曲率半径是变化的，梁的侧面将呈曲线形。水平拱沿高度均匀分布，取高度为1m的拱圈作为拱单元；竖向悬臂梁中心线与拱圈中心轴线的交点是梁、拱的交点；沿拱径方向切取宽度为1m的梁作为梁单元，称为单宽悬臂梁。

计算方法　每个拱、梁单元的变形有平动和转动共六个分量，因此受力为三个轴向力和三个扭矩。常采用单位荷载法计算拱、梁的分配荷载和变位；以分布的单位面力分别作用于拱、梁的各点，计算其变位，得到变位系数。将荷载分别乘以相应的变位系数后进行叠加，即得拱、梁各点的实际变位；若算出的拱、梁某点的拉应力超过允许值，说明该点附近出现裂缝，上述叠加方法不再适用。变位系数须按预先估计的有效截面计算，开裂后应将开裂区扣除。

拱、梁的变位计算均基于材料力学公式，即假定拱、梁截面上的法向应力沿厚度方向成直线分布。拱、梁的变位还应包含地基变形部分，地基变形可由伏格特（Voigt）公式及相关图表计算，其效应在计算结果中占较大比重。

拱梁分载法中拱坝的自重及施工期的荷载均由悬臂梁承担。拱坝横缝灌浆形成整体后所承担的荷载（如坝面水

压力、淤砂压力、地震作用等），其水平分量由拱、梁分担，竖向分量全部由悬臂梁承担，温度荷载由拱、梁共同承担。

推荐书目

李瓒等著．混凝土拱坝设计．北京：中国电力出版社，2000．

xuanbiliangfa

悬臂梁法（cantilever method） 将重力坝视为悬臂梁，采用材料力学方法计算坝体地震作用效应的分析方法。材料力学方法对外力作用下结构的变形和应力状态作了一系列假定，是一种近似的方法。工程实践表明，这种近似方法在总体上是有效的。重力坝的设计计算至今仍主要采用这种方法，并形成了一整套控制坝体设计断面的强度指标和安全系数，可对大坝提供一定的安全保障。

模型 悬臂梁法视重力坝各坝段为固接于地基的悬臂梁，不考虑地基变形对坝体应力的影响，并认为各坝段独立工作，坝段间的横缝不传递力的作用。地震反应分析中假定坝体为均质、连续、各向同性的弹性体。取重力坝坝段中单位厚度的一片作为分析对象，将整个坝段沿高程分成 N 段，如图所示，每段高度为 h，第 1 段固着于基础面。将各层质量集中于各段中间，就各集中质量所形成的串联多质点体系进行动力计算。

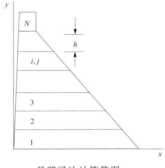

悬臂梁法计算简图

频率和振型 根据结构动力学理论，坝体的频率方程可以表示为

$$| \boldsymbol{K} - \omega^2 \boldsymbol{M} | = 0 \tag{1}$$

式中：$\boldsymbol{K}$ 为刚度矩阵；$\boldsymbol{M}$ 为质量矩阵；ω 为圆频率。质量矩阵可采用集中质量矩阵，库水的动水压力作用一般用韦斯特加德库水附加质量表示（见附加质量模型），刚度矩阵可由柔度矩阵得到。考虑坝体在水平地震作用下由弯曲变形和剪切变形产生的水平振动，柔度矩阵系数可表示为

$$f_{ij} = \int_0^{y_j} \left[\frac{\overline{M}_{i(y)} \overline{M}_{j(y)}}{EI_{(y)}} + \frac{c \overline{Q}_{i(y)} \overline{Q}_{j(y)}}{GA_{(y)}} \right] \mathrm{d}y \tag{2}$$

式中：i, j 为节点序号，$i = 1, 2, \cdots, N$；$j = 1, 2, \cdots, i$。考虑竖向地震作用下的竖向振动反应时，柔度矩阵系数可表示为

$$f_{ij} = \int_0^{y_j} \frac{\overline{N}_{i(y)} \overline{N}_{j(y)}}{EA_{(y)}} \mathrm{d}y \quad (i = 1, 2, \cdots, N; j = 1, 2, \cdots, i) \tag{3}$$

式(2)(3)中：E，G 分别为坝体混凝土材料的弹性模量和剪切模量；$\overline{M}_{i(y)}$ 和 $\overline{Q}_{i(y)}$ 分别为 i 节点水平方向作用单位力时在坝体截面内所产生的弯矩和剪力；$\overline{N}_{i(y)}$ 为 i 节点垂直方向作用单位力时在坝体截面内所产生的轴力；$\overline{M}_{j(y)}$、$\overline{Q}_{j(y)}$ 和 $\overline{N}_{j(y)}$ 为与节点 j 有关的量；$I_{(y)}$ 和 $A_{(y)}$ 分别为坝体断面的惯性矩和截面积；c 为截面因子，对于实体重力坝，水平截面为矩形时 $c = 1.2$。

求解方程(1)可得坝体的自振频率和相应的振型。

地震作用 可根据反应谱理论计算坝体在基底地震动输入下的地震作用。设加速度设计反应谱为 $\beta(T)$（即加速度反应相对地面地震动加速度的放大倍数谱曲线），竖向地震反应谱形状与水平向一致，竖向设计地震系数 a_v 为水平向地震系数 a_h 的 2/3。作用于重力坝质点 i 的 j 振型地震作用 F_{ji} 为

$$F_{ji} = a_h C_Z \beta_j \gamma_j \left[X_{ji} M_{ii} \right] \tag{4}$$

$$\gamma_j = \frac{\sum\limits_i M_{ii} X_{ji}}{\sum\limits_i M_{ii} X_{ji}^2} \tag{5}$$

式中：β_j 为对应于重力坝 j 振型自振周期 T_j 的反应谱值；γ_j 为振型参与系数；C_Z 为综合影响系数，取 0.25；对于竖向地震作用，应当用 a_v 代替 a_h；M_{ii} 为 i 质点的质量；X_{ji} 为 i 质点的 j 振型幅值。

得出地震作用的计算结果后，可采用静力分析方法得到坝体的应力，并验算坝体的动力稳定性。

悬臂梁法引入了很多假定，是一种近似计算方法。中国《水工建筑物抗震设计规范》(SL 203—97) 在明确阐述材料力学法是重力坝动力效应分析的基本方法的同时，也规定抗震设防分类为甲类或结构及地基条件复杂的重力坝，宜采用有限元法进行补充分析。

hunningtuba fenxi de youxianyuanfa

混凝土坝分析的有限元法（finite element method for concrete dam analysis） 将连续坝体离散为有限单元的集合求解混凝土坝地震反应的数值方法。

有限元法亦称有限元素法或有限单元法，其基本思想的提出可以追溯到库朗（R. Courant）在 1943 年的工作，他第一次尝试应用定义在三角形区域上的分片连续函数和最小位能原理求解圣文南扭转问题。特纳（M. J. Turner）和克拉夫等在 1956 年分析飞机结构时，首次应用三角形单元求得平面应力问题的正确解答。此后，随着计算机应用的普及，有限元法迅速发展为一种非常有效的数值分析方法，广泛用于结构工程和其他工程领域问题的求解，亦是世界各国进行混凝土坝地震反应分析最常用的方法。

基本方程 将连续的结构体系离散为按一定方式相互连接的有限个单元的组合体，在单元内利用近似函数分片表示待求的未知函数，将未知函数及其导数在各个节点上的数值作为新的未知量，从而使一个连续的无限自由度结构变成离散的有限自由度结构。对离散结构应用最小势能原理即可建立关于节点未知量的控制方程。在混凝土坝地震反应分析中，一般假定库水为不可压缩的流体，并用附加质量近似表示其对坝体的惯性作用。

混凝土坝地震反应分析的有限元基本动力方程可以表示为

$$(\boldsymbol{M} + \boldsymbol{M}_a) \ddot{\boldsymbol{u}} + \boldsymbol{C} \dot{\boldsymbol{u}} + \boldsymbol{K} \boldsymbol{u} = -(\boldsymbol{M} + \boldsymbol{M}_a) \ddot{\boldsymbol{u}}_g$$

式中：$\boldsymbol{M}$，$\boldsymbol{C}$ 和 $\boldsymbol{K}$ 分别表示坝体-地基系统的质量矩阵、阻尼矩阵和刚度矩阵，当不考虑地基质量时，$\boldsymbol{M}$ 矩阵中相应于地基自由度的元素为零，$\boldsymbol{C}$ 矩阵体现了振动过程中的能量耗散，通常采用瑞利阻尼矩阵；$\boldsymbol{M}_a$ 为库水附加质量矩阵；$\ddot{\boldsymbol{u}}_g$ 为地基均匀输入地震动；$\boldsymbol{u}$，$\dot{\boldsymbol{u}}$ 和 $\ddot{\boldsymbol{u}}$ 分别为节点的相对位移、相对速度和相对加速度向量。

求解方法　对于线性体系，有限元法基本动力方程的求解可采用振型叠加法或逐步积分法。振型叠加法基于结构自振特性求解动力反应；逐步积分法不必求解结构自振特性，但当积分步长取值较小而强震动持续时间又较长时，计算量将大幅增加。在使用振型叠加法时若振型数目取得足够多，则两种方法计算结果精度相近。非线性体系只能采用逐步积分法求解（见非线性地震反应分析）。

优点　混凝土坝地震反应分析涉及固体介质（坝体和地基）、流体介质（库水）、液固两相介质（库底淤砂层）及其动力相互作用，既要考虑坝体和地基的复杂力学特性和复杂几何形状，又要考虑能量向无穷远处的辐射作用。面对这一复杂问题，有限元方法与悬臂梁法和拱梁分载法相比具有如下优势：①有限单元能按不同的方式联结，且单元本身可取不同形状，故能合理模拟混凝土坝复杂的几何形状；②不同的单元可以采用不同的材料参数和不同的本构模型，故可方便地模拟坝体横缝、地基节理、断层等造成的几何非线性，也可考虑坝体混凝土和地基的材料非线性；③适当增加单元数目和单元自由度，提高插值函数的精度，可改进解的近似程度；④有限元法与其他数值方法结合可以模拟更为复杂的问题，如与离散元法结合可以实现坝体在外载作用下从小变形到完全破坏的全过程仿真分析，与边界元法结合或采用适当的人工边界处理方法可以模拟坝体无限地基的辐射阻尼作用。

bati-diji-kushui xianghu zuoyong

坝体-地基-库水相互作用（dam-foundation-reservoir interaction）　坝体、地基和库水动力效应的相互影响。由于坝体、地基、库水三者相互耦联，地基地震动会引起坝体的振动，坝体和库水也会对地基的运动和变形产生影响；坝体振动与库水振动的相互影响也很显著。因此，混凝土坝

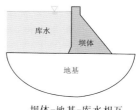

坝体-地基-库水相互
作用体系

地震反应的完整分析模型应合理考虑坝体-地基-库水的动力相互作用，既要模拟近场区域坝体和基岩的复杂材料性质和几何形状，也要模拟能量向无限远域的辐射。

这样的复杂系统很难得到精确的解析解，一般只能通过数值方法求解。在理论分析和工程计算中常将此体系分解，即分别研究坝体-地基动力相互作用、坝体和库水的相互作用（见流-固耦合作用）和地基-库水相互作用。

bati-diji dongli xianghu zuoyong

坝体-地基动力相互作用（dam-foundation dynamic interaction）　地震引起的地基与坝体的变形和运动的相互影响，是典型的土-结相互作用问题。

相互作用的影响　混凝土坝属大体积结构且坝体混凝土的弹性模量与地基的弹性模量相差不大，故混凝土坝与地基的相互作用较为强烈。相互作用将产生以下影响。①坝体的巨大质量对坝基振动有抑制作用，使其振动幅值减小。如广东河源新丰江大坝22例强震记录的分析表明，坝基加速度幅值较坝外约100 m处的基岩加速度幅值小，两者平均比值约为2/3。②相互作用改变了坝基地震动的频谱

成分，导致坝基振动含有若干与坝体自振频率对应的分量。③由于坝体与地基接触面的尺度往往与地震波波长为同一量级，且坝体对基础面各处的影响不同，故基础面各点地震动的波形、强度和相位存在差异。

研究方法　土-结动力相互作用研究方法可归纳为理论分析法、模型试验法和原型测试法三类。体积庞大的坝体和地基造成模型试验和原型测试的困难，故相关研究工作主要涉及理论分析和数值模拟，分析方法包括子结构法、直接法和集中参数法。

（1）子结构法将体系分割为坝体子结构与地基子结构，在坝、基交界处的相互作用关系表现为力系平衡和变形协调，可通过联立方程求解，是分析坝体-地基动力相互作用的常用方法。其优点是可对每个子结构采用最合适的分析方法，需要解决的主要问题是求解地基的动力阻抗函数和模拟无限域辐射阻尼。

（2）直接法将坝体与地基视为整体，通常采用数值法或半解析数值法（如有限元法、边界元法和无限元法等）求解，是分析坝体-地基非线性反应的有力手段；随着计算机的普及和发展，该法获得广泛应用。

（3）集中参数法将半无限地基简化为弹簧-阻尼-质量系统，概念明确，应用方便，在工程中也被广泛使用。

辐射阻尼　坝体-地基系统的振动能量通过地基介质向无限域传播的现象称为辐射阻尼。散射波能量向远域的辐射将使结构振动减小，拱坝地震反应可降低25%～30%。因此，大坝的地震反应分析应合理考虑无限地基的辐射阻尼效应；人为截取的基础边界应模拟振动能量辐射，使向外传播的波不被边界反射。

在坝体-地基动力相互作用中考虑辐射阻尼是一个复杂的问题。从理论上讲，有限元-边界元混合法是处理这一问题的理想方法，即用有限元模拟坝体结构及坝体邻域介质的复杂几何形状和材料特性，用边界元模拟半无限地基、考虑地基的辐射阻尼效应；但时域边界元法的计算效率尚难以解决实际非线性问题。有限元方法与透射边界、阻尼边界等近似方法的结合有较为广泛的应用。

diji-kushui xianghu zuoyong

地基-库水相互作用（foundation-reservoir interaction）　地震作用下地基和库水动力效应的相互影响；主要涉及地基柔性对库水动力反应的影响，尤其是库底的淤砂引起的库水振动性态的变化，以及振动能量通过地基的耗散。考虑到地基材料和几何形状的复杂性，以及库水与坝体间的动水压力和能量的辐射作用，使这一问题十分复杂，一般只能通过数值方法求解。

地基柔性的影响　1968年，罗森布卢斯考虑地基的柔性和水波在库底的反射与折射，得到相互作用下动水压力较小的结果。20世纪80年代，乔普拉相继发表了一系列研究成果，提出了基于一维波传播理论的吸收系数方法，近似模拟柔性地基的影响。吸收系数定义为

$$\alpha = \frac{C_r \rho_r / (C_w \rho_w) - 1}{C_r \rho_r / (C_w \rho_w) + 1}$$

式中：ρ_r 和 C_r 分别为地基介质密度和 P 波波速；ρ_w 和 C_w 分别为库水密度和 P 波波速。$\alpha = 1$ 表示地基为刚性，动水压力波在库底发生全反射；$\alpha < 1$ 表示地基为柔性，动水压

力波传播到库底时，部分反射回库水，部分透射至地基，因此动水压力减小。

吸收系数方法在一定程度上反映了地基柔性对库水动压力的影响，在计算中容易实现，因此得到了较多的应用。但该法只考虑了动水压力幅值的减小，而没有考虑地基的柔性对库水自振频率的影响，并不完全合理。此后，许多学者采用有限元、边界元等数值方法，对坝体-地基-库水动力反应进行了更较严格的研究。结果表明，地基的柔性可以减小坝体反应，不考虑库水-地基动力相互作用会产生很大误差，有可能高估或低估坝体反应。另外，即使考虑地基的柔性，在库水上游方向截取库水计算区域也会对坝体的反应产生重要影响。

库底淤砂层的影响　水库运行一段时间后，库底将沉积淤砂。淤砂层将改变库水的动力特性，进而影响坝体的地震反应。传统的观念认为，库底淤砂层具有吸能效应，地震反应分析中忽略淤砂层的影响是一种偏于保守的做法。但后来的研究表明，库底淤砂层的存在不仅会改变坝体地震反应的幅值，还会改变坝体-基础-库水系统的自振频率。饱和淤砂层对坝体地震反应的影响不突出；非饱和淤砂层对坝体地震反应的幅值和频率有非常明显的影响，可能导致动水压力和坝体动力反应的增加。部分学者认为库底可能存在非饱和淤砂层，应重视淤砂层的影响；但也有部分学者认为，库底不会存在非饱和淤砂层，故不必考虑这一问题。

liu-gu ouhe zuoyong
流-固耦合作用（fluid-solid interaction）　地震作用下，库水动荷载与坝体变形或运动间的相互影响。坝体在强地震动和动水压力的作用下将产生变形，坝体的变形又将改变库水的边界条件，影响坝面动水压力分布。

起源和发展　坝体-库水动力相互作用问题研究起源于20世纪30年代，当时将坝体变形假定为一条直线，在计算动水压力时应用迭代法考虑坝体变形的影响。此后这一问题的研究进展可分为三个阶段。①20世纪30年代至70年代中期，相关研究一般采用假定坝体变形形状的一些近似方法，如将没有库水时坝体振动的第一振型作为坝体-库水系统中坝体的变形形状，或将坝体模拟为变截面悬臂梁、一维剪切梁等；这些假定与实际坝体变形相差很大，方法本身和分析结果都不令人满意。②20世纪70年代末至80年代末，使用有限元、边界元和无限元等方法建立混凝土坝-库水的数值分析模型，对库水的可压缩性、库水的边界形状、库水的辐射阻尼等问题进行了广泛研究，取得了丰富的成果。这些研究采用频域算法，时域解由傅里叶分析得出，故不适用于非线性问题。③20世纪90年代以后开始进行时域分析，研究并考虑坝体-库水体系的非线性性质。

现状和趋势　库水可压缩性对坝体-库水耦合作用的影响十分复杂，库水底边界的不同处理方法（见地基-库水相互作用）也导致分析结果的很大差异，这些问题尚未取得一致的认识。不考虑库水可压缩性的附加质量模型因其简单和基本反映实际情况仍在工程界广泛应用。

坝体-库水耦合作用有待深入研究的主要问题包括：①库水可压缩性对坝体横缝张开程度的影响；②库水动水压力对坝体上游面裂缝的影响；③库水边界形状和边界条件对坝体地震反应的影响；④数值模型的合理性和有效性

的试验验证。

dongshuiyali
动水压力（hydrodynamic pressure）　水体振动产生的动压力。地震作用下库水内部将产生附加的动水压力并作用于坝体，是大坝地震反应分析应予考虑的重要问题之一。

起源与发展　有关坝面承受的动水压力的研究可追溯至20世纪30年代，韦斯特加德（H. M. Westergaard）假定坝体和地基为刚性，研究了垂直坝面的动水压力，同时提出了不考虑库水可压缩性的附加质量模型，该模型作为考虑坝-水相互作用的重力坝分析方法被广泛采用。此后，许多研究者基于不同的模型对此问题作了进一步的分析。早期的研究受计算工具和计算方法的限制，一般采用假定坝体和地基为刚性的简化模型。随着计算机技术的发展，动水压力分析开始采用多种数值方法，计算模型可考虑坝体和库水的动力相互作用、地基柔性、库水可压缩性、库底淤砂层以及各类非线性的影响。

动水压力方程　库水的黏性很小，一般假定为理想流体。动水压力方程可以表示为

$$\nabla^2 p = \frac{\rho_w}{K_w} \ddot{p} \tag{1}$$

式中：p 为动水压力；$\ddot{p}$ 表示动水压力关于时间的二次偏导数；ρ_w 为库水密度；K_w 为库水体积模量；∇^2 为拉普拉斯算子，$\nabla^2 = \frac{\partial^2}{\partial x^2} + \frac{\partial^2}{\partial y^2} + \frac{\partial^2}{\partial z^2}$。若假定库水为不可压缩流体，则上述方程可以简化为

$$\nabla^2 p = 0 \tag{2}$$

方程（2）的边界条件如下。①当忽略库水表面波的影响时，库水表面压力 $p=0$；若考虑表面波影响，库水表面满足 $\dot{u}_n = \frac{1}{\rho_w g} \dot{p}$，$\dot{u}_n$ 为库水表面法向速度，g 为重力加速度，$\dot{p}$ 为动水压力对时间的一阶偏导数。②在液-固介质交界面处有 $-\frac{\partial p}{\partial n} = \rho_w \ddot{u}_n$，n 表示交界面法向方向，$\ddot{u}_n$ 为交界面法向加速度。

对于极规则的边界形状，可以求得满足动水压力方程及边界条件的解析解，一般情况下则须采用数值方法求解。忽略了库水可压缩性以后，动水压力对坝体振动的影响相当于在坝体上游面附加一定的质量。

库水可压缩性　一般而言，水作为弹性体是可压缩的，具有自身的振动频率；波速在水中与固体中不同，因此动水压力变化与坝体振动存在相位差。然而，在混凝土坝地震反应分析中是否考虑库水可压缩性始终是一个有争议的问题。

若假定坝体和地基为刚性且库水不可压缩，则坝面动水压力与激励频率无关；若考虑库水可压缩，动水压力将随频率变化，当激励频率接近库水振动频率时会发生共振。一些研究表明，库水可压缩性对坝体的地震反应有明显影响；在某些假定条件下，流体的变形效应可能导致库水的谐波共振和动水压力增大，不考虑库水可压缩性可能造成重大误差。然而，实际的坝体和地基均非刚性，其吸能效应可显著削减库水共振。日本学者分别进行了塚原重力坝的原型试验和室内模型试验，均未发现共振现象。其他一些学者的研究也表明库水可压缩性影响很小，忽略库水可压缩性不会产生很大误差。20世纪80年代和90年代，中

美两国合作在响洪甸、泉水、蒙蒂塞洛（Monticello）、东江、龙羊峡等拱坝进行了一系列现场激振试验，未能得出是否应考虑及如何考虑库水可压缩性的明确结论。

库水能量辐射　在用有限元方法分析库水动水压力时，需要在某个距离上将上游库水截断，并引入虚拟的人工边界以模拟库水上游方向的能量辐射效应。实际常用的处理方法大致可分为两类：第一类采用简化的边界条件，如无穷域辐射条件、黏性边界和无限元等，这类方法在数值分析中使用方便，计算量小，但计算精度较低；第二类是混合方法，如有限元模型和解析解的结合，此类方法的计算精度相对较高，但计算量大。

fujia zhiliang moxing

附加质量模型（added mass model）　利用附加质量的惯性作用近似模拟上游坝面的动水压力、计算混凝土坝地震反应的分析模型。

韦斯特加德模型　1933 年美国学者韦斯特加德（H. M. Westergaard）假定库水在上游方向无限延伸、库水作无旋小变形运动、库底为刚性水平面，忽略表面波影响建立了库水动水压力的二维分析模型，求得了水平简谐地面运动作用下，可压缩库水作用于刚性直立坝面的动水压力的级数解。不考虑库水可压缩性时，坝面动水压力等价于一定体积的水体随坝体运动产生的惯性力，这一附加质量模型的计算公式为

$$m_\mathrm{w}(h) = \frac{7}{8}\rho_\mathrm{w}\sqrt{H_0 h}$$

式中：$m_\mathrm{w}(h)$ 为水深 h 处的库水附加质量；ρ_w 为水体密度；H_0 为库水深度；h 为计算点的水深。由于概念简单、便于应用，该模型沿用至今，是重力坝抗震设计中通常采用的动水压力计算方法，中国《水工建筑物抗震设计规范》(DL 5073—2000) 也推荐采用这一方法。该模型采用刚性坝体、刚性地基和库水不可压缩的假定，不考虑库底边界形状以及库水-坝体和库水-地基的动力相互作用，得到的坝面动水压力偏于保守。

有限元附加质量模型　这种附加质量模型可考虑坝体-库水动力相互作用。假定库水为不可压缩流体，以动水压力 p 表示的库水运动方程为

$$\nabla^2 p = 0$$

式中：∇^2 为拉普拉斯算子，$\nabla^2 = \dfrac{\partial^2}{\partial x^2} + \dfrac{\partial^2}{\partial y^2} + \dfrac{\partial^2}{\partial z^2}$。在设定坝体上游面、库水表面及上游界面和库底的边界条件后，略去表面波影响，库水有限元附加质量矩阵表达式为

$$M_\mathrm{w} = L^\mathrm{T} H L$$

式中：H 为经静力凝聚后只包括坝体迎水面节点的库水刚度矩阵；L 为坝面动水压力与坝面节点力的转换矩阵，上角标 T 表示矩阵的转置。这种可考虑坝体-库水动力相互作用效应的模型也有广泛的应用。

附加质量模型忽略了有争议的库水可压缩性效应，使坝体动力反应分析大为简化。

hunningtuba moxing kangzhen shiyan

混凝土坝模型抗震试验（seismic test of concrete dam model）　激励混凝土坝模型作强迫振动，观测其动力反应及破坏过程的试验研究方法，通常是地震模拟振动台试验。这类试验可用于验证大坝抗震设计和理论计算结果。

试验步骤　混凝土坝模型抗震试验的主要步骤包括：①根据研究目的和试验条件，选定模型体系和模型比例，制造试验模型，并编写试验大纲和试验计划；②按试验要求选择模型结构的断面和测点，布置位移、加速度、应变传感器及其他监测和监视设备；③实施预加载，检查振动台设备和测量仪器的运转情况，并测试模型的自振特性，校核试验系统的精度；④根据预定方案输入地震动进行地震模拟试验，测量模型结构的动力反应；⑤整理测量资料和试验观察资料，分析模型结构及相应原型结构的抗震性能，编写试验报告。

模型相似律　受振动台设备能力的限制，大坝一般只能进行缩尺模型试验，模型应满足动力相似条件。动力相似性通常用柯西（Cauchy）数和弗洛德（Froude）数这两个参数控制。柯西数 C_N 表示惯性力 F_i 与弹性恢复力 F_e 的比：

$$C_\mathrm{N} = \frac{F_\mathrm{i}}{F_\mathrm{e}} = \frac{\rho v^2}{E} \tag{1}$$

弗洛德数 C_F 表示惯性力与重力 F_g 的比：

$$C_\mathrm{F} = \frac{F_\mathrm{i}}{F_\mathrm{g}} = \frac{v^2}{Lg} \tag{2}$$

式 (1)(2) 中：ρ，v，E，L 分别为模型的密度、地震反应速度、弹性模量和长度；g 为重力加速度。

从理论上讲，试验模型的柯西数和弗洛德数都应与原型结构的相应参数匹配，但实际上很难做到这一点。大坝模型的振动台试验往往根据试验的主要目的采取一些近似处理，只考虑主要参数的相似性，而忽略一些次要因素。（见相似模型）

局限性　混凝土坝模型的地震模拟振动台试验对于验证大坝结构的抗震性能具有重要意义，但受设备条件限制存在如下局限性：①实际试验中很难让所有的模型参数都满足相似条件，即使弹性变形阶段的相似条件可以满足，也很难根据模型试验结果确定原型结构的非线性动力反应特性；②地震模拟振动台台面近似为刚性体，无法考虑输入地震动的不均匀性（即地震动多点输入），这对于跨度很大的混凝土坝显然是不合理的；③大坝地基的辐射阻尼效应十分明显，但振动台试验不能模拟这种耗能机制。

daba hunningtu de dongli texing

大坝混凝土的动力特性（dynamic property of dam concrete）　大坝混凝土材料在动力荷载作用下的动强度和动变形等力学性能。在动力荷载作用下，混凝土材料将呈现出不同于静力荷载作用下的力学特性。

动强度　混凝土动强度与应变率有关，称为率敏感性。混凝土动强度试验主要以单轴动力试验为主，受试验设备等诸多因素的影响，多轴动力试验很少。混凝土受拉试验对设备的要求很高且成功率很低，相对于受压试验更为困难，故单轴动强度试验以抗拉试验居多。

尽管试验结果都有一定的离散性，且不同试验者的结论往往存在差别，但也得到了一些比较明确的规律。例如：混凝土强度随应变率（应变随时间变化的速率）的增加而提高；抗拉强度的率敏感性高于抗压强度；在应变率相同

的条件下，湿混凝土的强度增加值高于干混凝土；混凝土的强度等级、初始静载、侧压力等也是影响其率敏感性的因素。在 $10^{-5}/s \sim 10^2/s$ 的应变率范围内，应变率每提高一个数量级，单轴抗压强度提高 $4\% \sim 10\%$，抗拉强度增加 15% 左右；在 $10^2/s \sim 10^4/s$ 应变率范围内，存在应变率临界值，达到临界值混凝土强度会有陡然升高的现象，单轴动抗压强度最高可增加至静压强度的 4 倍，动抗拉强度则可增加至静拉强度的 $3 \sim 12$ 倍。

动变形　有关混凝土动变形特性的研究结论很不一致，部分结果如下。

（1）弹性模量。试验结果表明，随着应变率的增加，混凝土的弹性模量增加，在某一特定应变或应力处的割线模量也相应增加，但不同试验得出的增加幅度并不一致。部分试验结果表明，抗拉、压弹性模量可增加 $15\% \sim 30\%$，低于强度增加幅度。

（2）峰值应变。混凝土在峰值应力处的应变是混凝土变形特性的一个重要指标。有些研究认为峰值应变随应变率增加而增加，也有些研究认为峰值应变基本不随应变率改变，还有研究认为峰值压应变随应变率的增加而减小。

（3）泊松比。一般认为混凝土受压时泊松比随应变率的增加而减小，但也有相反的研究结果；混凝土受拉时泊松比随应变率的增加而减小，最多可减小 40%。还有若干试验表明泊松比不随应变率改变。

造成混凝土材料变形特性试验结果不一致的原因，可能是在影响混凝土动变形特性的诸多因素（材料静强度、骨料类型、试验条件、应变率等）中，应变率的影响相对是微小的，其他因素的影响可能掩盖了率敏感性。

机理　关于混凝土动力性能的率敏感性机理有不同的解释，但一致认为混凝土存在微裂纹是主要因素；率敏感性与裂缝的关系可从能量耗散、微损伤等角度解释。

（1）能量耗散机理。混凝土材料的破坏源于裂纹的产生和发展。根据断裂力学观点，裂纹形成过程所需的能量远比裂纹发展过程所需的能量高。加载速率越高，产生的裂纹数目就越多，因而要耗散更多的能量。

（2）微损伤机理。高应变率下混凝土材料内部同时发生应变硬化和损伤软化这两种效应。在惯性效应影响下，微裂纹相互贯穿需要时间，损伤会出现滞后现象，而此时的硬化效应却在增强。

这两种观点都能解释混凝土动刚度和动强度的提高，但无法解释其他参数的率敏感性以及存在应变率临界值等问题。因此有人认为，混凝土在高应变率加载下表现出的率敏感性并不是材料的真实特性，而是受试验方法影响产生的，试验方法的不同使研究者得出不同的结论。

相对于大坝抗震动力分析和大坝动力模型试验的发展，大坝混凝土材料动力特性的研究相对滞后。大坝抗震安全评价只能基于少量试验资料，将大坝混凝土的静力指标提高某个百分比作为动力指标采用。

daba hunningtu de dongli shiyan

大坝混凝土的动力试验（dynamic test of dam concrete）研究大坝混凝土的动力特性的试验。常用的试验设备及方法如下。

分离式霍普金生压杆（SHPB）试验　将试样夹在两根弹性长杆（分别为输入杆和输出杆）中间，利用子弹高速撞击产生的应力波对试样进行加载。压杆试验的装置和测试方法简单，被广泛用于混凝土动力性能的高应变率试验，且易于改装用于三轴试验，可测定拉伸、扭转、剪切状态下的力学参数和裂纹扩展速度，动力断裂韧性等。但压杆装置受加载脉冲宽度的限制，难以获得 $10^2/s$ 的应变率。

电液伺服加载试验　电液伺服试验机（见液压式激振器）能够很好地进行脆性材料的单轴和三轴试验，且能测定轴向荷载、轴向变形、横向变形和体积变形等全过程曲线。现代电液伺服试验机受换向阀换向时间（20 ms 以上）所限，难以获得上升足够陡峭的加载脉冲，适用的应变率不超过 $10^{-2}/s$，但采取措施后应变率可达 $10^2/s$。

落锤试验　利用落锤冲击试验装置进行。落锤试验系统由垂直轨道、自由落体重物及高度测量系统组成。重锤自由下落撞击承压本体的活塞杆对试样施加冲击载荷，可通过调节落锤下落距离、落锤质量以及活塞杆垫板材料获得不同的载荷脉冲波形。落锤式冲击试验机是一种简单、可靠、重复性好的加载装置，适用的应变率范围为 $10^{-5}/s \sim 10^1/s$。

轻气炮试验　利用瞬时高压气推动弹丸在炮筒中加速运动，至靶室与靶（试验材料）相撞；设置于靶背面的压阻传感器可连续测量应力波，通过波剖面的时间分辨可得到材料的动力特征信息。轻气炮装置弹速控制准确，使用方便，无废气、无噪声、无污染，是在每秒几百至几千米的速度范围内对材料进行动力试验的有效设备，加载应变率适用范围为 $10^1/s \sim 10^2/s$。

板冲击试验　圆盘形试件置于发射体装置的前端，试件与铁砧板受发射体冲击后产生压力波，压力波在试件与铁砧板后表面被反射形成拉力波，从而降低了试件中的压应力。激光干涉仪系统可测定铁砧板后表面不同点的速度，并据此分析试件的不均匀变形。板冲击试验可在很好的控制条件下获得 $10^3/s \sim 10^4/s$ 的应变率。

声发射检测　外力作用下混凝土内部的损伤破坏主要包括裂纹的产生、扩展和搭接。裂纹形成和扩展造成应力松弛，部分能量将以应力波的形式突然释放，产生声发射。声发射装置可记录、分析材料声发射信号，进而推断其内部结构的变化，是研究混凝土在外力作用下内部破坏状况和破坏机理的有效方法。（见声发射法）

hunningtuba kangzhen sheji

混凝土坝抗震设计（seismic design of concrete dam）为使地震区的混凝土坝安全运行所进行的专项结构设计，一般包括计算分析和采用抗震措施两个方面。前者涉及大坝的地震作用效应计算和抗震验算，后者则借助工程措施提高大坝抗震能力。混凝土坝是挡水构筑物，大坝一旦发生地震破坏不仅影响自身正常运行而造成经济损失，且可能引发严重的次生水灾，造成灾难性后果。因此，混凝土坝抗震设计具有特殊重要意义，高坝的抗震设计问题尤为突出。

计算分析　抗震计算须以强地震动参数或地震动时程作为输入。抗震分析方法主要有拟静力法和动力法两种。拟静力法由结构重力、地震系数（设计地震动加速度与重力加速度的比值）和加速度分布系数估计地震作用，动力法则依据结构动力学理论求解地震作用。

混凝土坝的抗震计算须建立合理的分析模型，尽可能反映大坝的真实状态，包括坝体-地基-库水相互作用、坝址区复杂的地质地形特性、坝体的损伤开裂、地基中的行波效应、无限地基的辐射阻尼、可压缩库水向上游的能量辐射影响等。

大坝抗震计算设计主要涉及强度分析和稳定性分析。

(1) 混凝土坝的强度分析方法大致可归纳为两类，一类是以材料力学为基础的分析方法，如悬臂梁法、拱梁分载法等；另一类是以有限元法为代表的数值方法。前者对坝体结构采用一系列近似假定，但能基本反映坝体的受力和变形特征，作为传统方法已经形成了一套较为成熟的控制指标和安全评价体系，在世界各国大坝抗震设计中被广泛应用；后者可较为精细地模拟坝体的性态，但数值计算结果的评价仍有待解决。

(2) 混凝土大坝的稳定性分析主要采用刚体极限平衡原理和方法，这种半经验性方法有赖于工程师的经验判断。

抗震措施 大坝的损伤状态如裂缝、渗漏、沉陷、预留缝的张开与闭合、止水损坏以及软弱地基的破坏等，很难通过抗震计算进行定量分析，因此，在抗震设计中还须采用有效的细部构造和其他工程抗震措施，由经验总结得出的抗震措施是抗震设计的重要内容。(见混凝土坝抗震措施)

hunningtuba kangzhen shefang biaozhun

混凝土坝抗震设防标准 (seismic fortification lever of concrete dam)

区别混凝土坝类别，综合考虑抗震需求和社会经济技术水平，为实现抗震设防目标而规定的抗震设防基本要求。确定混凝土坝的抗震设防标准，应根据工程的重要性、投资大小、工程破坏对社会和环境的影响等因素划分设防类别，进而对设计地震动参数、抗震措施和其他有关因素作出原则规定，以实现预期的抗震能力。

设防目标 虑及地震发生的不确定性和混凝土坝地震破坏机理的复杂性，在强震时完全避免大坝局部破坏将导致工程设计很不经济，且在技术上也有一定困难。中国的混凝土坝采用单一级别的抗震设防目标，即在设防地震作用下允许发生轻微损坏，但经一般处理后仍可正常使用。美国的混凝土坝实施两级设防：在设计基准地震 (design basic earthquake; DBE) 作用下大坝能保持运行功能，所受震害易于修复；在最大可信地震 (maximum credit earthquake; MCE) 作用下允许大坝出现裂缝，但不影响坝体稳定，不发生溃坝而保持蓄水能力，且大坝的泄洪设备可以正常工作，震后能放空库水。采用两级设防是大坝抗震设计的发展趋势。

设防类别 中国混凝土坝的抗震设防类别分为四类，与工程级别（大坝规模和重要性等的综合评价，分为1～5级）和场地基本烈度有关（表1）。

表 1 混凝土坝抗震设防类别

抗震设防类别	工程级别	基本烈度
甲	1	≥6
乙	2	≥6
丙	3	≥7
丁	4,5	≥7

场地选择 大坝震害有两类原因：一是地震动引起的惯性作用；二是地震地质破坏，如地震断层、崩塌、滑坡、

液化破坏以及地震涌浪引起的漫坝等（见地震破坏作用）。合理选择大坝的建设场地有利于抗震安全。大坝设计应在工程地质勘察和工程地震研究的基础上，按构造活动性、边坡稳定性和场地地基条件等对坝址进行综合评定。中国《水工建筑物抗震设计规范》(DL 5073—2000) 规定，水工建筑物宜选择抗震相对有利地段，避开不利地段，未经充分论证不得在危险地段进行建设（表2）。

表 2 水工建筑物场地地段的划分

地段类别	构造活动性	边坡稳定性	场地地基条件
有利地段	距坝址8 km范围内无活动断层；库区无大于等于5级的地震活动	岩体完整，边坡稳定	抗震稳定性好
不利地段	枢纽区内有长度小于10 km的活动断层；库区有长度大于10 km的活动断层，或有过大于等于5级但小于7级的地震活动，或有诱发强水库地震的可能	枢纽区、库区边坡稳定条件较差	抗震稳定性差
危险地段	枢纽区内有长度大于等于10 km的活动断层；库区有过大于等于7级的地震活动，有伴随地震产生地震断裂的可能	枢纽区边坡稳定条件极差，可产生大规模崩塌、滑坡	地基可能失稳

设防地震动 不同类别的大坝采用不同的设计地震动水准。中国《水工建筑物抗震设计规范》(DL 5073—2000) 以设计烈度表示设计地震动。规范规定，水工建筑物一般应采用《中国地震烈度区划图》(1990) 给出的基本烈度作为设计烈度。工程抗震设防类别为甲类的水工建筑物，要在基本烈度基础上提高一度设防。对基本烈度6度或6度以上地区、坝高超过200 m或库容大于100亿 m^3 的大型工程，以及基本烈度7度及7度以上地区、坝高超过150 m且库容大于等于10亿 m^3 的大型工程，其设防依据应根据专门的地震危险性分析提供的基岩峰值加速度成果评定，其设计地震动加速度代表值的概率水准，对壅水建筑物应取基准期100年内的超越概率为2%。

hunningtuba sheji dizhendong canshu

混凝土坝设计地震动参数 (design ground motion parameter of concrete dam)

混凝土坝抗震设计采用的地震动参数，一般包括地震动加速度峰值、反应谱和强地震动持续时间等。

地震动幅值 对应基本烈度（50年超越概率10%，重现期475年）7、8、9度，中国《水工建筑物抗震设计规范》(DL 5073—2000) 规定的水平向设计地震动加速度幅值分别取为 $0.1g$，$0.2g$ 和 $0.4g$（g 为重力加速度）。

反应谱 《水工建筑物抗震设计规范》(DL 5073—2000) 中的设计反应谱见图。混凝土重力坝和拱坝设计反应谱最大值 β_{max}（β 为谱加速度与地面加速度的比值）分别为2.0和2.5，设计反应谱下限值 β_{min} 应不小于设计反应谱最大值的20%。特征周期 T_g 就四种不同的场地类别分别取0.20 s，0.30 s，0.40 s 和 0.65 s；设计烈度不大于8度且基本自振周期大于1.0 s的结构，特征周期宜再延长0.05 s。

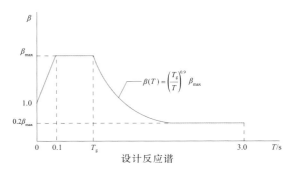

设计反应谱

强震动持时 强地震动持续时间对结构的影响主要出现在结构反应进入非线性阶段之后，持时的增加使结构出现较大永久变形的概率提高，持时愈长则破坏的积累效应愈大。大坝抗震设计的地震动持时采用工程场地地震安全性评价的结果。

zhongliba kangzhen sheji

重力坝抗震设计（seismic design of gravity dam）

为使地震区的混凝土重力坝安全运行所进行的专项结构设计，包括抗震计算和采用混凝土坝抗震措施。

抗震计算 重力坝体形比较规则（其截面形状如图所示），一般呈整体振动，但在强地震动作用下单个坝段的振

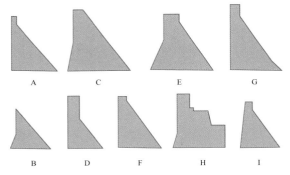

重力坝坝体截面形状示例

动是近乎独立的，抗震设计时一般可取单个坝段作为平面结构进行分析。计算方法基本可划归两类，一类是传统的拟静力法；另一类是动力分析方法，包括逐步积分法、振型叠加法或反应谱法。重力坝由于坝体下部刚度很大，上

部刚度较小，导致坝顶动力放大系数相对较大，地震作用下坝体上部将产生较大的动应力。计算中随采用的振型阶数的增加，动水压力的影响逐渐下降。

重力坝的损伤开裂分析可采用虚拟裂缝模型或断裂带模型。虚拟裂缝模型将带状微裂区简化为一条分离的虚拟裂缝，虚拟裂缝面上的分布面力用混凝土断裂过程中传递的内力表示，裂缝面上的应力与其张开位移的关系呈应变软化特性。断裂带模型用密集的平行微裂带描述混凝土的破损，微裂带外的混凝土则保持弹性状态；当混凝土应力达到抗拉强度时，断裂带混凝土表现出应变软化行为。

示例 表1和表2分别给出图示的9座实体重力坝的主要设计参数和采用悬臂梁法计算得到的坝体自振周期。计算中假定地基为刚性，库水不可压缩。

抗震能力 混凝土重力坝具有较高抗震能力，世界范围内上百座重力坝曾遭遇地震，除台湾石冈水坝（坝高20 m）在1999年台湾集集地震中因断层穿越坝轴线而毁坏外，尚无因地震动而坝体失事者。其主要原因在于：

（1）重力坝一般都建造在新鲜坚硬的岩石地基上，坝基内的断层和破碎带一般均作灌浆和回填混凝土等处理，地震时地基变形相对较小；

（2）混凝土重力坝的刚度大，自振周期短，坝高不超过300 m时自振周期都远小于1 s，动力放大效应低。

表1 坝的主要参数

编号	坝高 m	底宽 m	水深[1] m	宽高比	水深比[2]	密度 kg/m³
A	284.0	221.9	284.0	0.778	1.000	2450
B	20.07	200.7	196.0	0.965	0.947	2470
C	134.0	133.1	126.9	0.993	0.947	2400
D	103.0	70.2	92.2	0.681	0.895	2640
E	84.0	90.0	75.2	1.071	0.895	2400
F	77.5	61.8	73.4	0.798	0.947	2350
G	50.0	38.4	50.0	0.768	1.000	2400
H	40.2	38.0	32.0	0.945	0.789	2400
I	33.4	26.7	29.9	0.800	0.895	2400

[1]满库时的计算水深；[2]水深与坝高之比。

表2 坝体自振周期　　　　　　　　　　　　　　单位：s

编号	空 库 振型					满 库 振型				
	1	2	3	4	5	1	2	3	4	5
A	0.582	0.275	0.163	0.107	0.079	0.754	0.312	0.177	0.115	0.083
B	0.365	0.175	0.109	0.077	0.059	0.445	0.194	0.115	0.081	0.061
C	0.264	0.111	0.062	0.042	0.032	0.229	0.122	0.066	0.044	0.033
D	0.304	0.118	0.061	0.039	0.028	0.337	0.136	0.066	0.041	0.030
E	0.169	0.073	0.040	0.027	0.020	0.183	0.080	0.042	0.028	0.021
F	0.169	0.078	0.042	0.028	0.020	0.201	0.087	0.046	0.029	0.021
G	0.113	0.053	0.029	0.019	0.014	0.146	0.061	0.032	0.020	0.014
H	0.077	0.036	0.020	0.013	0.010	0.081	0.038	0.021	0.013	0.010
I	0.073	0.033	0.018	0.012	0.009	0.082	0.036	0.019	0.012	0.009

gongba kangzhen sheji

拱坝抗震设计（seismic design of arch dam）　为使地震区的混凝土拱坝安全运行所进行的专项结构设计，包括抗震计算和采用混凝土坝抗震措施。

动力特性　拱坝的动力特性取决于结构自身和周边介质，具有以下特点：①拱坝的振型可分为对称和反对称两类，顺河向地震作用主要激发对称振型的振动，横河向地震作用主要激发反对称振型的振动；②拱坝自振频率分布比较密集，在地震动的主要频率范围内常包括拱坝的多阶频率，故在抗震计算中要考虑较多的振型；③原型观测表明，拱坝阻尼比约为 0.03～0.05，随地震动强度的提高有增加的趋势。

抗震计算　拱梁分载法在拱坝抗震设计中广泛应用。拱坝接缝的开合、地震行波效应以及坝体与坝肩岩体的动力相互作用等在设计中应予考虑。

（1）横缝张开度分析。强震作用下拱坝横缝将反复开合，削弱拱坝的整体刚度，使坝体拱向应力显著降低而梁向应力增加，合理模拟横缝张开效应是正确评价拱坝抗震安全性的主要因素之一。拱坝横缝张合过程属动力接触问题，模拟方式大致可分为两类：一类是在接触面设置接触单元，另一类是直接设置横缝接触关系。另外，横缝键槽的存在使横缝张开并非完全自由地相对滑动，这一现象的模拟尚有待进一步研究。

（2）行波效应。受坝区地形和地质条件的影响，坝基各点输入地震动的相位和幅值不同，称为行波效应。拱坝作为超静定空间结构，对两岸拱座的不均匀地震动十分敏感。考虑行波效应的方法大致可分为两类：一类为基底波动输入法，另一类是由坝址河谷的自由场地震动估计坝基地震动输入。（见混凝土坝地震动输入方式）

（3）损伤开裂分析。高拱坝中上部的梁方向存在较大的拉应力区，可能造成坝体混凝土的损伤开裂，应考虑裂缝范围、裂缝发展趋势和裂缝的稳定性等问题。

（4）坝肩稳定性分析。坝肩岩体在地震作用下的变形与稳定性直接影响坝体的受力和变形状态，坝肩岩体和坝体的相互作用是拱坝抗震的重要问题之一。拱坝抗震设计中较多采用刚体极限平衡原理分析坝肩稳定性，但这一方法不能合理模拟坝体和岩体的相互作用，坝肩岩体的抗滑稳定性评价缺乏有效的计算手段。发展中的三维可变形体离散元方法提供了解决这一问题的可能途径。

（5）地震荷载的随机性。地震动具有很大不确定性，利用拟合设计反应谱的人造地震动计算坝体动力反应，最大差异可达 1 倍以上。在拱坝设计分析中合理考虑地震动的随机性是必要的。

抗震性能　拱坝属空间结构，地震作用可在拱、梁系统中进行调整，是一种有利抗震的坝型。拱坝较轻且外形光滑平顺，能降低惯性作用和减缓应力集中。尽管拱坝尚未有地震垮塌的先例，但其抗震能力有待更多强烈地震的考验。

hunningtuba kangzhen cuoshi

混凝土坝抗震措施（seismic measure of concrete dam）　总结震害和工程实践经验得出的有关混凝土坝选型、选址、细部构造和地基处理等的抗震设计要求。混凝土坝的裂缝、渗漏、沉陷、预留缝的张开与闭合、止水损坏、软弱地基的破坏等，很难进行模拟计算并给出定量的设计要求，采用有效的抗震措施是混凝土坝抗震设计的重要内容。

重力坝抗震措施　中国《水工建筑物抗震设计规范》（DL 5073—2000）规定了混凝土重力坝的主要抗震措施。

（1）重力坝的体形应简单，坝坡形状避免剧变，顶部折坡宜取弧形，坝顶不宜过于偏向上游；宜减轻坝体上部质量、增大刚度、提高上部混凝土强度或适当配筋。

（2）地基中的断裂、破碎带、软弱夹层等薄弱部位应采取工程处理措施，做好坝底接触灌浆和固结灌浆，适当提高大坝底部混凝土强度。

（3）坝顶附属结构宜采用轻型、简单、整体性好的结构体系并尽量降低其高度，不宜在坝顶设置笨重的桥梁或高耸的塔式结构；宜加强溢流坝段顶部交通桥的连接，并增加闸墩侧向刚度。

（4）在坝轴线方向的大坝水平截面形状突变部位以及纵向地形、地质条件突变部位，坝体应设置横缝，宜选用变形能力大的接缝止水方式及止水材料。

（5）切实保证大坝混凝土的浇注质量，加强温度控制和养护措施，尽量减少表面裂缝的发生。

（6）坝内孔口和廊道拉应力区应适当增加配筋，避免混凝土开裂。

（7）重要水库应设置泄水底孔、隧洞等应急设施。

拱坝抗震措施　中国《水工建筑物抗震设计规范》（DL 5073—2000）规定的拱坝抗震措施如下。

（1）充分考虑抗震要求选取合理的坝体体形，改善拱座推力方向，减小地震作用下坝体的拉应力区；减小双曲拱坝向上游的倒悬，防止倒悬块附近的接缝开裂。

（2）加强拱坝两岸坝头岸坡的抗震稳定性，避免两岸岩性和岩体结构的过大差别，避免坝头坐落在比较单薄的山体上；地基软弱部位可采用灌浆、混凝土塞、局部锚固、支护等措施加固；严格控制顶部拱座与岸坡接触面的施工质量，必要时采取加厚拱座、深嵌锚固等措施；应做好坝基、坝肩防渗帷幕和排水措施，并避免压力隧洞离坝肩过近，力求降低岩体内渗透压力。

（3）加强坝体分缝的构造设计，尤其是分缝的止水、灌浆温度控制及键槽设计，改进止水片形状及材料以适应地震时接缝多次张合的特点。

（4）采取有效的工程措施加强坝体中上部薄弱部位，适当布置拱向及梁向抗震钢筋，提高坝体局部混凝土强度，减轻顶部质量并加强刚度。

（5）坝顶附属设施应采用轻型、简单、整体性好的结构并尽量减小其高度，溢流坝段闸墩间宜设置传递拱向推力的结构，加强顶部交通桥等结构的连接以防止脱落。

hunningtuba dizhen jiance

混凝土坝地震监测（earthquake monitoring of concrete dam）　利用自动记录的专用仪器对库区地震地质活动、强地震动和坝体地震反应的长期连续观测，是保证大坝抗震安全的重要措施。通过对观测记录的分析，可以评价与大坝相关的地震地质环境，检测大坝的动力特性，检验大坝动力分析模型以及坝体的抗震能力。

地震活动性观测　通过设置在库区的高灵敏度地震仪记录库区的地震活动，确定地震震级和震源位置等参数。通过对观测记录的分析，判断地震活动规模和当前趋势，特别是地震与水库蓄水的相关关系，作为预报和研究水库诱发地震的依据之一。为监测水库地震，至少应在大坝截流蓄水前1～2年在库区设置地震台站，取得库区蓄水前微震活动背景的定量资料；蓄水后若有水库地震迹象，再环绕坝址加密台网。此外，还须进行地形变、地面倾斜、地下水位、重力和磁场等的监测。

大坝强震监测　在大坝坝体各部位及附近基底设置强震动仪，将实测强震记录与数值模拟结果和大坝设计值进行比较分析，可检验抗震理论及计算假定，深化对地震破坏作用和结构破坏机理的认识，改进大坝抗震分析方法和抗震措施。强震监测也包括坝面动水压力、坝体内动应力和动孔隙水压力的观测。

应急监测　在坝区附近地区临震预报发布或有感地震发生后，立即查看地震监测仪器的工作状况并及时处理已有的监测记录，增加监测项目的测读次数。应急监测应与大坝裂缝、位移、滑动、崩塌、下沉、冒水、渗漏等工程震害调查结合进行，并作详细记录。根据应急检测结果，采取防震减灾应急措施。

观测仪器　地震仪和强震仪是实施大坝地震监测的主要仪器。一些国家也开始尝试采用全球定位系统（GPS）实时监测大坝的变形。1995年美国在帕柯依玛（Pacoima）拱坝设置的GPS监测系统已经成功运行多年。

shuiku youfa dizhen

水库诱发地震（reservoir-induced earthquake）

水库蓄水引起的库区及附近区域的地震事件。水库诱发地震有两种表现形式，一是蓄水前没有历史地震记载但蓄水后发生地震；二是蓄水后发生的地震震级和频度高于历史地震。

据统计，自1931年希腊马拉松水库发生水库诱发地震以来，世界各洲近120座水库都发生过蓄水诱发的地震活动。其中震级大于6级的有：中国广东河源新丰江水库地震（1962年3月19日，6.1级），赞比亚—津巴布韦边界卡里巴水库地震（Kariba，1963年9月23日，6.1级），希腊克马斯塔水库地震（Kremasta，1966年2月5日，6.3级）和印度柯依纳水库地震（Koyna，1967年12月10日，6.5级）。水库诱发地震因对大坝构成直接威胁而备受关注。

特点　水库诱发地震具有如下特点：①震中在库区或附近，一般集中分布在水库岸边几千米至十几千米范围或集中于水库最大水深处或附近，也可能位于水库主体峡谷区；②地震活动与库容相关，地震活动峰值滞后于库容峰值，一般在水库蓄水几个月后微震活动有明显增加，随后地震频度随库容增大而明显变化；③地震震级不高，多属微震、弱震，6级以上强震至今只有四例；④震源深度一般在10 km以内，以4～7 km居多，部分水库诱发地震初期震源浅，而后渐趋加深；⑤震害集中且震中破坏程度相对更高，但与同震级的一般构造地震相比影响范围较小。

类型　水库诱发地震有多种类型。①按地震活动与水库蓄水变化的时间差可分为快速响应型和滞后响应型，前者的特点是水库蓄水后立即有诱发地震出现，后者则在水库初次蓄水数年后发生。②按地震序列的特征可分为震群型和前震-主震-余震型。前者特点为水库蓄水以后不久立即出现地震活动，而后形成数组地震或几个小震群，通常多为1级以下的微震，且地震序列持续时间不长；后者特点为水库蓄水后先有微小地震，经数月乃至数年的持续地震活动之后，出现主震和缓慢衰减的余震。③按地震能量来源可分为构造型和非构造型；构造型水库地震的能量源自应力集中的活动构造的错断，非构造型水库地震的能量源自局部岩体或岩块的失稳破坏。亦有兼具这两种类型的震例。④按断层错动类型有走滑、正滑和逆滑等多种，已知水库地震多属走滑型和正滑型，逆滑型很少。

成因　水库诱发地震的成因有应力说和软化说。前者认为水库蓄水引起地壳内部应力分布状态变化而诱发地震，如水库蓄水增加了地表荷载从而增大了地壳应力，或库水渗透改变了地壳应力的分布。后者认为库水渗透的直接作用或应力腐蚀引起岩石断面物质的软化及抗剪强度的降低而诱发地震。也有人认为水库地震是地壳应力和地壳介质特性变化的综合结果。这些解释均未得到完全的证实。

maidiguandao kangzhen

埋地管道抗震（earthquake resistance of buried pipeline）

地下管道的地震反应分析方法、抗震设计和抗震措施相关研究和应用，是生命线工程抗震的重要内容。埋地管道是供水、排水、供气、热力、输油等生命线工程系统的基本构件，在地震中容易遭受破坏，并有可能引发各种地震次生灾害，其抗震研究具有重要意义。

管道分类　按管材进行分类，埋地管道有钢管、铸铁管、球墨铸铁管、预应力钢筋混凝土管、素混凝土管、塑料管〔如聚氯乙烯（PVC）管、聚乙烯（PE）管、玻璃钢纤维管〕、石棉水泥管和陶土管等。按管道连接方式分类有刚性连接管道和柔性连接管道。根据输送介质的不同，可分为供水管道、排水管道、输油管道、输气管道、供热管道等。此外，对输送易燃或有毒的气体、液体，以及承受压力的管道尚有特殊分类。

管道接口　地震中管道接口是比管体更易遭受破坏的薄弱部位。常用的管道接口按构造形式不同有承插式、套管式和法兰盘连接式，如图所示；亦有平口、企口连接方

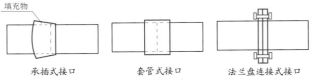

| 承插式接口 | 套管式接口 | 法兰盘连接式接口 |

管道接口的构造形式

式。按变形能力不同可分为刚性、半柔性和柔性接口。刚性接口：如平口式焊接、丝扣连接、卡箍环套加填封连接以及承插式接口中的铅口密封（即青铅灌注密封）和灰口密封（用石棉水泥、石膏水泥、膨胀水泥或油麻嵌缝填封）。半柔性接口：在承插式的刚性接口中以橡胶圈替换油麻嵌缝材料。柔性接口：常见于承插式，不使用填充材料，直接用橡胶圈密封；如滑入式、机械压入式接口，使用O形胶圈、楔形胶圈、U形胶圈、防脱自锁橡胶的承插式接口等。实际使用和震害资料表明，柔性接口在施工条件、保养期、使用寿命、防渗漏、维修和抗震效果等方面，远较刚性接口优越。

管道震害 地震引起埋地管道破坏的原因分为两类，一类为地震波使管道产生大的内力或变形而破坏，另一类是地基破坏（如地面破裂、沉降、场地液化等）使管道产生破裂。震害调查表明，管道破坏与材质、管径、埋深、场地、年代（腐蚀程度）等因素有关。①脆性材料管道较延性者破坏重，按材质的抗震能力由强到弱排列，依次是钢管、球墨铸铁管、钢筋混凝土管、铸铁管、素混凝土管、石棉水泥管和陶土管；塑料管震例少，抗震能力尚不明确。②管径越小越容易破坏，管径越大抵抗变形能力越强。③年代久的腐蚀管道首先破坏。④埋地深则破坏相对减轻。⑤场地对管道破坏影响很明显，大多数破坏位于不良场地。⑥接口是管道薄弱部位，地震中常有接头脱落、拔出，插口或承口断裂，法兰螺栓松动、折断等现象；连通构件（如阀门、三通等）也容易破裂。（见供水工程震害）

抗震分析 由于场地对管道破坏影响很大，故管道抗震分析依不同场地进行。

（1）一般场地管道抗震分析。管道受土体围裹，随场地土一同变形；管体振动幅度很小，可忽略惯性力的影响，故可用拟静力法进行计算分析。刚性连接和柔性连接管道在地震作用下的反应不同，要分别研究。（见承插式管道抗震验算、整体刚性管道抗震验算）

（2）跨断层管道抗震分析。跨断层管道受到断层错动作用而破坏严重，其抗震分析多采用简化近似分析方法，如纽马克-霍尔方法和肯尼迪方法。亦可用有限元模型分析断层错动下管-土动力相互作用，以研究管道尺寸、材质、场地土特性、断层位移大小以及管道与断层交角等对管道抗震性能的影响。

（3）液化场地管道抗震分析。埋地管道在液化场地破坏较重。液化场地埋地管道的抗震分析可采用传递矩阵与有限元杂交的方法、拟静态传递矩阵法、土体离散有限元法、孔隙水压力解析法和液化势法等。

在震害经验总结、理论分析和实验研究的基础上，已制定了一系列埋地管道抗震技术标准。例如，中国先后颁布实施了《室外煤气热力工程设施抗震鉴定标准（试行）》（GBJ 44—1982）、《室外给水排水和燃气热力工程抗震设计规范》（GB 50032—2003）、《油气输送管道线路工程抗震技术规范》（GB 50470—2008）等，规定了埋地管道抗震设计和抗震鉴定要求。

yiban changdi guandao kangzhen fenxi

一般场地管道抗震分析 （seismic analysis of pipeline in general site） 不存在液化、沉陷、地面错动等地震地质灾害的场地上的管道地震反应分析方法。此时土体可视为均匀介质，据此估计给定地震作用下管道本体的内力和变形，并判断其是否超过允许值。

管道受土体约束且质量和体积相对土体而言都非常小，管道和土体的振动频率相差甚远，动力放大作用甚微，故可忽略惯性力影响，近似认为土体变形就是管道变形，用静力法进行分析。实际管道和土体之间存在相互作用和相对运动，管道变形比土体略小，要适当校正。多数管道地震反应分析只考虑轴向变形。在上述假定下，管道地震反应分析有如下几种方法。

变形反应法 在管道与土体变形相同（同步变形模型）

的假定下，管道轴向应变的上限就是地震产生的最大地面应变，管线最大曲率的上限是最大地面曲率，分别考虑体波或面波作用，可得到管道最大轴向应变和最大弯曲应变的近似估计算式。

正弦波近似法 早期分析曾将地震波简化为平面正弦波（图1）。设有入射角为 φ 的平面剪切波，位移为 $u = A\sin(2\pi x/L)$，A 为剪切位移振幅，x 为平面波传播方向坐

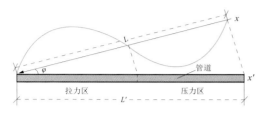

图1 正弦波对管道的轴向作用

标，L 为正弦波波长，近似等于剪切波速与场地卓越周期的乘积。管轴方向坐标为 x'，平面波在管轴方向的视波长为 L'。剪切位移在管轴 x' 方向的分量 $u' = u \sin \varphi = A\sin \varphi \sin(2\pi x'/L')$，管轴方向应变为

$$\varepsilon = \frac{\partial u'}{\partial x'} = \frac{\partial \left[(A\sin\varphi \sin(2\pi x'/L') \right]}{\partial x'} = \frac{\pi}{L} A \sin 2\varphi \cos\left(\frac{2\pi x'}{L'}\right)$$

管道轴向应变在 $\varphi = 45°$ 为最大值：

$$\varepsilon_{\max} = \frac{\pi A}{L} \cos\left(\frac{2\pi x'}{L'}\right)$$

由图1可见，在固定时刻，管道在半个波长内受压，另半个波长内受拉，因此将半个视波长的管段作为验算单元，单元内的最大变形为

$$\Delta L = \frac{\pi A}{L} \int_{-L'/4}^{L'/4} \cos(2\pi x'/L')\mathrm{d}x' = \sqrt{2} A$$

假定此变形由半个视波长内管段接口承担，据此进行接口验算。因实际地震波并非正弦波，故以半个视波长为计算单元不尽合理。

地震波输入法 以平面暂态波代替正弦波模拟地震波，可得土体剪切应变为

$$\gamma(t) = \frac{v(t)}{c}$$

式中：$v(t)$ 为土体质点速度；c 为剪切波传播速度。则轴向应变为

$$\varepsilon(t) = \frac{v(t)}{c} \sin\varphi \cos\varphi = \frac{\gamma(t)}{2}\sin 2\varphi$$

应变最大值为 $\varepsilon_{\max} = v_{\max}/(2c)$。此式适用于管道任一点，比假定正弦波输入更为合理。

拟静力分析法 此法不考虑管道的动力响应，以一组分布弹簧模拟土体对管道的作用（图2，K_P 为管道刚度系数，K_S 为土刚度系数，U 为管道位移）。弹簧的应力-应变

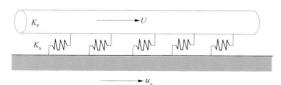

图2 拟静力法管道计算模型

关系可采用适当的非线性本构关系（如双线性关系）。将管道和土体离散为一系列的单元（质点），设地震输入是以波速 c 沿管道轴向传播的位移行波 u_g（斜入射地震波则考虑其

在管道轴向的投影），将地震波对管道的作用按时间步距分解为一系列随时间变化的静力作用，可得到任意时刻的管道增量力学平衡方程。原则上此法可考虑三维输入，也可假定管道为支承在土体上的连续地基梁，用类似方法计算。

相对变形修正　管道和土体之间实际存在相对滑动，使管道变形比同步变形模型的计算结果小，工程上常用传递系数 ζ 对应变进行折减：

$$\bar{\varepsilon}_{\max} = \varepsilon_{\max} \zeta$$

式中：$\varepsilon_{\max}$ 为同步变形模型得到的应变最大值；$\bar{\varepsilon}_{\max}$ 为折减后的应变值。原则上可采用拟静力法借助分布弹簧-质点模型估计 ζ 值，但合理的计算要考虑管土间的摩擦力，十分困难。根据 1975 年辽宁海城地震和 1976 年河北唐山地震的震害资料可得经验关系如下：

$$\zeta = \cfrac{1}{1 + \cfrac{EAD}{2c_S^2}}$$

式中：E 为管道材料弹性模量；A 为管道横截面积；D 为管道平均直径；c_S 为土体平均剪切波速。中国《室外给水排水和燃气热力工程抗震设计规范》(GB 50032—2003)根据计算分析给出的公式为

$$\zeta = \cfrac{1}{1 + \left(\cfrac{2\pi}{L}\right)^2 \cfrac{EA}{K_1}}$$

式中：K_1 为沿管道轴向的土体刚度（单位长度的土体弹性抗力）。

在管道弯头、三通、十字交叉等处，管道应变将有不同程度的增大，可引入应变调整系数 λ 予以考虑：

$$\bar{\varepsilon}_{\max} = \varepsilon_{\max} \lambda \zeta$$

已经采用有限元法、边界元法等研究地震波入射角、波速、管道埋深、管道直径、管道接口形式等因素对管道地震反应的影响。在进行管道抗震性能评价或震害预测时，柔性接口管道一般采用变形验算，刚性接口管道采用应力验算。

chengchashi guandao kangzhen yansuan

承插式管道抗震验算 (seismic check for socket pipeline)

承插式接口（见埋地管道抗震）是管道的薄弱部位，中国《室外给水排水和燃气热力工程抗震设计规范》(GB 50032—2003)等规定了相应抗震验算要求。

承插式接头的埋地圆形管道的位移由接头承担，在不考虑管内动水压力的情况下，抗震验算公式为

$$\gamma_{\text{EHP}} \Delta_{\text{pl,k}} \leqslant \lambda_c \sum_{i=1}^n [u_a]_i$$

式中：$\Delta_{\text{pl,k}}$ 为剪切波行进中引起半个视波长范围内管道轴向位移量标准值；γ_{EHP} 为埋地管道的水平地震作用分项系数，可取 1.20；$[u_a]_i$ 为 i 种接头方式的单个接口设计允许位移量；λ_c 为半个视波长范围内管道接口协同工作系数，可取 0.64；n 为半个视波长范围内管道接口总数。

按照正弦波近似法（见一般场地管道抗震分析），在剪切波作用下，半个视波长范围内管道沿管轴向的位移量标准值 $\Delta_{\text{pl,k}}$ 计算公式为

$$\Delta_{\text{pl,k}} = \zeta_1 \Delta'_{\text{sl,k}}$$

式中：$\Delta'_{\text{sl,k}}$ 为沿管道方向半个视波长范围内自由土体的位移标准值；ζ_1 为沿管轴方向的位移传递系数。$\Delta'_{\text{sl,k}}$ 计算公式为

$$\Delta'_{\text{sl,k}} = \sqrt{2} U_{0k}$$

U_{0k} 为剪切波行进时管道埋深处土体的最大位移标准值，

$$U_{0k} = \frac{T_m k_h g}{4\pi^2}$$

k_h 为水平地震系数；T_m 为土体卓越周期；g 为重力加速度。

ζ_1 按下式估算：

$$\zeta_1 = \cfrac{1}{1 + \left(\cfrac{2\pi}{L}\right)^2 \cfrac{EA}{K_1}}$$

式中：L 为剪切波波长，用 $L = T_m c_S$ 估计，c_S 为管道埋深处的剪切波速，按实测值的 2/3 采用；E 为管道材料的弹性模量；A 为管道的横截面积；K_1 为沿管道轴向的土体刚度（单位长度的土体弹性抗力），计算公式为

$$K_1 = u_p k_1$$

式中：u_p 为管道单位长度外缘表面积；k_1 为轴向土体单位面积弹性抗力（刚度），可由试验确定，或取 0.06 N/mm²。

zhengti gangxing guandao kangzhen yansuan

整体刚性管道抗震验算 (seismic check of whole rigid pipeline)

所有接口均为焊接或丝扣连接的钢质埋地管道，其接口强度与管体无大差别，称为整体刚性管道。此类管道可认为在地震中均匀受力。

中国《室外给水排水和燃气热力工程抗震设计规范》(GB 50032—2003)规定，仅考虑剪切波在管道内引起的变形或应变，若不计地震作用引起的管道内动水压力，则管道地震作用效应基本组合为

$$S = \gamma_G S_G + \gamma_{\text{EHP}} S_{EK} + \psi_t \gamma_t C_t \Delta_{tk}$$

式中：S_G 为重力荷载作用效应标准值；γ_G 为重力荷载分项系数；S_{EK} 为地震作用效应标准值；γ_{EHP} 为水平地震作用分项系数；Δ_{tk} 为温度作用标准值；C_t 为温度作用效应系数；γ_t 为温度作用分项系数；ψ_t 为温度作用组合系数。整体连接的埋地管道，截面抗震验算应符合：

$$S \leqslant \frac{|\varepsilon_{ak}|}{\gamma_{\text{PRE}}}$$

式中：$|\varepsilon_{ak}|$ 为管道的允许应变量标准值；γ_{PRE} 为埋地管道抗震调整系数，可取 0.90。

应变量标准值可用多种方法计算，如

$$\varepsilon_{at,k} = \zeta_1 U_{0k} \frac{\pi}{L}$$

式中：ζ_1 为沿管道轴向的位移传递系数；L 为剪切波波长，可用 $L = T_m c_S$ 估计，T_m 为土体卓越周期，c_S 为剪切波速；U_{0k} 为剪切波行进时管道埋深处土体的最大位移标准值，按下式估计：

$$U_{0k} = \frac{T_m k_h g}{4\pi^2}$$

式中：k_h 为水平地震系数；g 为重力加速度。

钢管的允许拉伸和压缩应变量标准值分别可取 $\varepsilon_{at,k} = 1.0\%$ 和 $\varepsilon_{ac,k} = 0.35 t_p / D_1$，$t_p$ 为管道壁厚，D_1 为管道外径。

对于大口径的薄壁钢质管道，还须进行受压情况下的屈曲稳定性分析。

kuaduanceng guandao kangzhen fenxi

跨断层管道抗震分析 (seismic analysis of pipeline crossing fault)

穿越发震断层上部覆盖土层的管道称为跨断层管

道。断层位错引起的地表破裂将使跨断层管道产生超过允许值的轴向应变或横向应变，造成管道断裂破坏或屈曲破坏。此类震害屡有发生，是管道抗震研究中的重要内容。

断层错动通过土体传递给管道，使管道发生大变形，土体对管道的作用力与管土之间相对位移呈非线性关系，故跨断层管道的地震破坏分析十分复杂。工程上一般忽略动力作用，采用静力方法进行简化分析。如通常采用双折线的管土相互作用力-位移关系模型，将管材的应力应变状态分为弹性、弹塑性和塑性三个阶段，并认为管道的应力超过材料极限应力时将发生破坏。此类分析方法如纽马克-霍尔方法，将地表断裂引起的管道变形量与允许值进行比较以作出安全性估计，以后的肯尼迪方法又有所改进。

随着计算机技术和结构分析方法的发展，采用更精细的模型进行跨断层管道的抗震分析已成为可能，已有采用管壁薄壳单元和土弹簧单元建立三维有限元模型的分析研究。

Niumake-Huoer fangfa
纽马克霍尔方法（Newmark-Hall method） 纽马克与霍尔（W. J. Hall）于 1975 年共同提出的跨断层管道抗震分析方法。

该方法以如下受力分析和假定为基础。

（1）跨断层管道在地震前被土壤嵌固，一般情况下管道的轴向应力为土的静压应力、温度应力和内压引起的应力之和。地震时，管道在断层处的位移、应变和应力最大，两端管道锚固点（管道限位锚固装置所在处）的位移、应力或应变近似为零，两者之间为变形过渡段。过渡段内管道相对周围土体运动，管道和土体之间的摩擦力阻止这种运动。假设摩擦力在过渡段内保持不变。

（2）忽略断层破裂带的宽度，不论地表断裂范围如何，将断层两侧土体近似考虑为沿一个平面相对错动。

（3）允许管道材料进入弹塑性变形阶段，但不允许发生完全的塑性，弹塑性阶段与完全塑性阶段交点处的应变值为管道的最大允许应变值。

基于以上三点假设，分别计算埋地管道受拉伸和受压缩时的滑动长度和变形量，比较轴向变形量和允许变形量，评价跨断层管道的抗震性能。若断层作用引起的管道轴向变形量小于允许值，管道可不采取抗震措施；反之应采取抗震措施。该方法的主要特点是假定管道以轴向变形适应断层位移作用，忽略土的横向作用力和管道的弯曲变形。

Kennidi fangfa
肯尼迪方法（Kennedy method） 肯尼迪（R. P. Kennedy）等人于 1977 年提出的跨断层管道抗震分析方法。

该方法改进了纽马克-霍尔方法，考虑了土体对管道的横向作用及其引起的管道曲率和弯曲应变，认为管道直线部分和弯曲部分的摩擦阻力不同，改进了轴向土摩擦力的模拟。但该方法忽略了管道的弯曲刚度，过高估计了土体对弯曲应变的影响，所得结果在大多数情况下是保守的。

该方法计算中须输入沿管道轴向、横向及竖向的土体参数，采用试错法确定轴向应力，使轴向应力引起的轴向伸长等于根据已知断层运动计算得到的管道相应伸长量。

采用朗贝格-奥斯古德（Ramberg-Osgood）本构模型确定沿管道长度的轴向变形，同时假定断层附近发生的弯曲变形具有不变的曲率半径；对靠近断层的管道弯曲断面采用增大的轴向土体抗力。通过比较断层作用引起的管道轴向变形量和允许变形量，评价跨断层管道的抗震性能。该方法只适用于断层运动引起管道受拉的情况。

yehua changdi guandao kangzhen fenxi
液化场地管道抗震分析（seismic analysis of pipeline in liquefaction site） 场地液化易使地表土层产生不均匀沉陷和侧向流动等现象，穿过液化场地的埋地管道震害会加重。液化场地管道抗震分析主要涉及不均匀沉陷对管道的影响，亦研究直接埋设在液化土层中的管道的上浮反应。

试验研究 用橡胶棒模拟地下管道，分别将其埋设在可液化砂层和干燥砂中，输入稳态谐波和幅值渐变谐波，可对比研究液化和非液化砂层中管道的反应特性。研究发现，不论激振方向如何，不完全液化砂再沉积时管道动应变较大。为了取得液化区地下管道反应分析所需的浮力、外力及等效弹簧常数，进行了地下管道模型在稳态谐波作用下的振动台试验，结合试验结果和弹性地基梁的理论分析解，得出液化区等效土弹簧常数可取为非液化土的 $1/1000 \sim 1/3000$。研究还表明，在液化和非液化区的交界处，管道（尤其是直径较大的管道）应变将增大。研究工作也探讨了管端约束条件、埋设深度、初始应力、振动持续时间等因素对管道变形和上浮反应的影响。

理论研究 以连续梁模拟地下管道，改变地基土的力学参数，用有限差分法分析管道的动应力，结果表明地基土的抗力可大大提高管道轴向抗力。采用更为接近实际的土体阻尼值，分析比较液化情况下管道的水平反应，发现有检查井的管道比无检查井的管道反应明显增大。亦有研究工作采用非线性有限元法模拟液化产生的浮力和液化土侧向流动对管道反应的影响；利用虚功原理，考虑土的非线性约束作用和管道的初始轴力，建立液化场地中埋设管道的上浮反应分析模型等。

鉴于问题的复杂性，液化场地管道抗震分析引入许多假定，试验和数值模拟研究有待深入，成果尚待实际震害的验证。

bujunyun chenjiangqu guandao kangzhen fenxi
不均匀沉降区管道抗震分析（seismic analysis of pipeline in uneven settlement site） 地震时场地液化或震陷引起的地基不均匀沉降，是造成埋地管道破坏的重要因素。震害调查表明，在管道与检查井或其他构筑物的连接处、地表沉降区的边缘及管道的接头处，往往是管道震害高发部位。

日本学者以砂与硫铵配制混合土，利用硫铵的溶解性使混合土产生沉降，对埋设于混合土中端部固定、有接头的钢管和硬质氯乙烯管进行了沉降试验。结果表明，氯乙烯管可很好地适应沉降，接头的压曲可使管道应力降低。利用液压式沉降土槽对有接头的铸铁管、钢管进行差异沉降试验，结果发现，地基的夯实程度越高，管体变形越大，数值模拟分析结果与试验一致。此外，基于试验和数值模拟，给出了沉降区等效地基弹簧常数的确定方法和沉降区地下管道的设计公式。

maidi guandao kekaoxing fenxi

埋地管道可靠性分析 (reliability analysis of buried pipeline) 考虑结构体系和外部荷载的不确定性，采用极限状态理论估计埋地管道抗震可靠度的理论和方法。

埋地管道可因地震动或地质灾害而发生破坏，应分别考虑这两种因素进行可靠性分析。

地震波作用下的可靠性分析 只考虑轴向变形，对柔性接口管道建立破坏状态函数

$$g = \Delta u - \Delta L \tag{1}$$

式中：Δu 为地震波半个视波长内管道允许变形函数；ΔL 为在地震波作用下的管道变形函数。

对焊接钢管等刚性接口管道，用允许应力函数 $\Delta\sigma$ 和实际应力函数 σ 作状态变量，设

$$g = \Delta\sigma - \sigma \tag{2}$$

当 $g>0$ 时，管道安全；$g=0$ 时，处于临界状态；$g<0$ 时，管道破坏。

引入变形可靠性指数 β_1 和应力可靠性指数 β_2：

$$\beta_1 = \frac{E[\Delta u] - E[\Delta L]}{\sqrt{\delta^2(\Delta u) + \delta^2(\Delta L)}} \tag{3}$$

$$\beta_2 = \frac{E[\Delta\sigma] - E[\sigma]}{\sqrt{\delta^2(\Delta\sigma) + \delta^2(\sigma)}} \tag{4}$$

式中：$E[\cdot]$ 表示数学期望；δ 为标准差。一般假定状态变量服从正态分布，则管道破坏概率为

$$P_f = P(g<0) = \int_{-\infty}^{0} \frac{1}{\sqrt{2\pi}\bar{\delta}} \exp\left[\frac{(g-\bar{g})^2}{2\bar{\delta}^2}\right]dg = \Phi(-\beta) \tag{5}$$

式中：$\Phi(\cdot)$ 为标准正态分布函数；当计算管道因变形或应力引起的破坏概率时，$\bar{g}$ 和 $\bar{\delta}$ 分别取式(3)、式(4)中的分子和分母。管道破坏概率分别为 $P_{f1}=\Phi(-\beta_1)$ 和 $P_{f2}=\Phi(-\beta_2)$。结构的可靠度分别为 $P_{s1}=1-P_{f1}=\Phi(\beta_1)$ 和 $P_{s2}=1-P_{f2}=\Phi(\beta_2)$。

分析中应计算管道在地震波作用下的变形（见一般场地管道抗震分析），允许变形和允许应力的数学期望和标准差可由试验得出。

不同场地的可靠性分析 场地条件对埋地管道的影响包括跨断层场地、液化场地、不均匀沉降场地等多种情况。不确定因素的统计特征常根据震害资料估计。例如假定长度为 L 的管段发生 n 处破坏的概率为泊松分布，即

$$P_n = \frac{\exp(-\lambda L)\lambda L}{n!} \tag{6}$$

式中：λ 为平均震害率（以每千米的破坏处计）。在长为 L 的管段至少发生一处破坏的概率为

$$P_f = 1 - \exp(-\lambda L) \tag{7}$$

平均震害率是可靠性分析的核心，有许多估计平均震害率的统计公式，如

$$\lambda = C_d C_g 10^{0.8(I-9)} \tag{8}$$

式中：C_d，C_g 分别为与管径和场地有关的经验系数；I 为地震烈度。或

$$\lambda = 0.00475 K_1 v_{max} \tag{9}$$

式中：v_{max} 为地震动速度峰值；K_1 为调整系数。或

$$\lambda = 1.427 K_2 d_{max}^{0.32} \tag{10}$$

式中：d_{max} 为地震动位移峰值；K_2 为调整系数。

对管道接口变形限值与抗力的综合试验研究表明，不同管径管道的开裂位移极限和渗漏位移极限的均值和方差变化不明显，统计检验表明服从正态分布假定。但确定埋地管道抗震可靠性的各参数的取值受多种复杂因素的影响，具有很大的不确定性。

见结构可靠度分析。

maidi guandao pohuai zhunze

埋地管道破坏准则 (failure criteria of buried pipeline) 管道可靠性分析中对不同破坏极限状态的规定。

结构可靠度对应不同极限状态，管道可靠度可用两种破坏准则表述。

双态破坏准则 管道可靠度仅就完好和破坏两种状态进行估计。设管道的功能函数为

$$Z = R - S$$

式中：R 为管道抗力函数；S 为作用效应函数；两者均为假定具有正态分布的随机变量。当取管道的接口变形程度计算可靠度指标时，管道的极限状态方程为

$$Z_u = R_2 - S_u$$

式中：R_2 为管道接口渗漏位移限值（即允许变形极限）；S_u 为管道接口变形。当 $Z_u<0$ 时管道接口将处于渗漏破坏状态，当 $Z_u>0$ 时管道接口将处于完好状态。

多态破坏准则 最简单的多态破坏准则是三态破坏准则。① 基本完好。管体结构基本完好，刚性接头的相对变形小于允许开裂变形极限 R_1，接头可能有少量细微裂纹，可能发生轻微渗漏。② 中等破坏。刚性接头的相对变形超过允许开裂变形极限 R_1，但小于允许变形极限 R_2，柔性接头的胶圈与管道间产生滑动，多数接头产生裂纹，有渗漏现象，并可能使管道压力下降。③ 严重破坏。接头相对变形超过允许变形极限 R_2，填料松动，密封胶圈拉出，渗漏严重。

根据上述破坏等级划分，管道基本完好的极限状态方程为

$$Z_1 = R_1 - S = 0$$

式中：S 为管道变形。

管道中等破坏与严重破坏的界限状态方程为

$$Z_2 = R_2 - S = 0$$

显然，当 $Z_1>0$ 时管道处于基本完好状态，当 $Z_2<0$ 时管道处于严重破坏状态，其他情况下管道处于中等破坏状态。

虽然原则上可就多态破坏准则进行可靠度分析，但其逻辑推理和失效相关等问题尚须进一步研究，目前实用的可靠性分析大多采用双态破坏准则。

maidi guandao kangzhen cuoshi

埋地管道抗震措施 (seismic measure of buried pipeline) 基于震害经验或合理的概念得出的可有效提高埋地管道抗震能力的设计、施工方法。这些方法不完全依靠定量计算，主要涉及场地选择和处理，管道敷设方式，管道类型、材质和接口形式的选择等。

场地条件对埋地管道的震害率影响很大，因此在铺设管道、尤其是干线管道时，要尽量选择抗震有利地段，避

开软弱地基或易发生地基失效、滑坡、地裂缝的地段。

一般措施 须注意以下要点。

（1）选择延性高、抗震性能好的管道，如钢管、球墨铸铁管等。

（2）管道自身连接及管道与固定设备的连接应采用抗震性能好的柔性接口及可滑动的柔性接口。必要时采用可挠管、蛇形管及伸缩节等特殊类型管道（图1）。

图1 大尺度可挠柔性连接管道

（3）加强三通、阀门、法兰盘等构件的强度。

（4）埋入式管道不应有脱离管沟沟底的悬空段。

（5）埋地管道敷设的曲率半径不宜小于6倍管径。

（6）管道穿越河、沟时，应采用斜坡敷设，管轴向倾斜角不宜大于30°。

（7）管道穿越墙体或建筑基础时，周边应留空隙，并填塞柔性材料。

（8）管道穿越断层或设防烈度高的城市时，两侧应设截断阀。

（9）管道和电力、通信线路可采用钢筋混凝土结构的大断面共用地下管沟，有利抗震，便于维修（图2）。

图2 管线共用管沟

跨断层管道抗震措施 在可能发生断层破裂的区域铺设管道时，可根据实际情况采取以下措施。

（1）对于预期可能产生很大地震地表断裂的场址，宜将管道改为地面敷设，尽量减少对管道的约束。

（2）采用具有较好延性和强度的管道，延性高的材料许用拉伸应变亦大，有利于适应断层错动产生的大变形。

（3）尽量采用大口径、厚壁管道，管道的许用压缩应变与管壁厚度成正比。

（4）管沟回填土要尽量疏松，以利管道适应断层位错作用。

（5）可将管道置于带斜坡的管沟内，斜坡倾角小于或等于45°，使管道便于相对土体滑动，避免应力集中；若管道敷设于永久冻土层，还应在管沟底部安放隔热板；岩石地段管沟应适当加大底宽。

（6）合理选择管道穿越断层的位置，避开断层位移大、断裂带宽的地段；管道敷设方向不应与断裂带平行；穿越逆冲断层时，管道宜与断层斜交。

（7）断层两侧管道变形过渡段内，不应采用不同直径和壁厚的管道，不应设置三通、旁通和阀门等部件。

液化场地管道抗震措施 须采取防液化破坏措施。

（1）使用延性好、壁厚适当大的管道。

（2）采取地基处理措施，增加其抗液化能力，防止液化的发生。

（3）允许地基液化，但采取防止管道上浮的措施；例如用桩或锚杆将管道与非液化土层锚固，亦可在管道上设置压重物，使之与管体上浮力相平衡。

（4）液化区不均匀沉陷地段的管道宜采用地上敷设。

（5）液化区内管道不宜设置三通、旁通和阀门等部件。

其他场地管道抗震措施 不均匀沉降地段抗震措施：①管道采用柔性接口；②处理地基，减少沉降。

滑坡地段管道抗震措施：①管道敷设方向不得与滑动方向垂直；②边坡稳定性不满足抗震要求时，可采取排水、支挡和减载措施。

wangluo xitong fenxi

网络系统分析（network system analysis） 基于图论进行网络分析的方法。生命线系统是网络结构，除应保障单体结构的功能之外，还要考虑部分结构破坏对全系统运行和功能的影响，为此须采用网络分析方法。

网络构成 网络分析以图论为基础，图是一系列的节点和连接节点的边的集合；例如在供水系统中，水源、水池、泵站、用户是节点，输水管道是边。

节点的连接方式 节点由边以不同形式连接，最基本的连接方式为串联、并联或非串并联的桥式连接、格栅形连接和船形连接等（图1）。

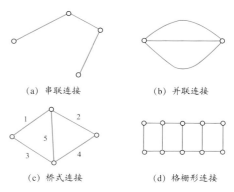

(a) 串联连接　　　　(b) 并联连接

(c) 桥式连接　　　　(d) 格栅形连接

图1 节点连接方式

非串并联连接可按照问题需要构成复合连接，即构成两节点间串联连接的并联网络，或并联连接的串联网络。例如，图1中的桥式连接（图1c）可化为如图2所示的两种组合。

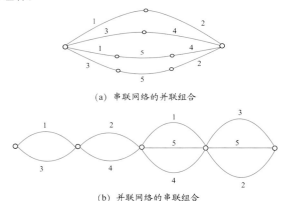

（a）串联网络的并联组合

（b）并联网络的串联组合

图2　桥式连接的等效连接组合

源点与汇点　如果边只允许单向连通，称为有向边，否则为无向边。由有向边组成的图称为有向图，如供水系统；由无向边组成的图为无向图，如通信系统；兼有两类边者是混合图，如带有单向通行路段的交通系统。在有向图中，流入节点的边的总数称为该节点的入度，流出边的总数为出度；入度为零的节点称为源点，出度为零的节点称为汇点。对供水、供气、电力系统，源点和汇点是分开的；而交通或通信系统的源点和汇点可能是重合的，且生命线系统中源点和汇点往往不止一个。

赋权　网络是图的现实体现，因生命线系统中有物质输送，故网络的节点和边不仅有实体对应，而且对节点和边还要赋予有一定物理意义的实数。例如，边的长度、流量、压力、费用、时间延迟等，称为边的权；节点的交换容量、费用、集散消耗等，称为点的权；只考虑边具有权值，称为边权网络；只考虑节点具有权值称为点权网络。赋权对于分析生命线系统功能失效等实际问题非常重要，一些文献称网络就是赋权的图。

通路　根据图论，如果任意两节点间可由一组边连接，则称两点间是连通的，这组边称为通路（路、路径）。通路可能有多条，一条通路如果去掉任意一条边就不连通（如串联通路），则该通路称为最小通路（最小路、最小径）。最小通路中没有重复的节点或重复的边，图论中最小通路所包含边的数目称为通路长度。网络的多个最小通路组成最小路集，亦称最小径集；常用于网络的连通可靠性分析。网络中可有多个由不同数目的边组成的集合，若某集合中删去所有的边后两点间就恒不连通（如并联通路），即当系统中这些边都破坏失效后两点间的传输功能才中断，这些边的集合称为原图的割集；若割集中任一条边连接可使传输功能恢复，则称为最小割集。最小路集和最小割集是对偶的，可互相推得。

邻接矩阵　如果两节点间有边连接，此两点称为邻接。为方便计算网络连通性，节点间的连接关系用邻接矩阵表示。邻接矩阵的元素，以1表示两点间有边连接，以0表示两点间无边，或此边已经破坏失效造成不连通。如图3所示的无向图网络有6个节点，则对应的邻接矩阵 L 为6阶方阵

$$L = \begin{bmatrix} 0 & 1 & 0 & 0 & 0 & 1 \\ 1 & 0 & 1 & 0 & 0 & 1 \\ 0 & 1 & 0 & 1 & 0 & 1 \\ 0 & 0 & 1 & 0 & 1 & 0 \\ 0 & 0 & 0 & 1 & 0 & 1 \\ 1 & 1 & 1 & 0 & 1 & 0 \end{bmatrix}$$

邻接矩阵的对角线元素为0。

图3　连通图的示例

对于有向图，元素的取值根据流向确定，如果流向从 i 指向 j 点，则 $l_{ij}=1$，$l_{ji}=0$；源点所在列元素为0，汇点所在行元素为0。

邻接矩阵在网络连通性计算中有重要作用，但对复杂的网络构建该矩阵计算量大。

可靠性分析　网络系统工作状态用可靠性来衡量，网络可靠性表征预定时间内网络节点或边破坏失效后的网络连通能力或功能维持程度。如果节点或边的破坏状态是确定的事件，则分析得到的网络工作状态也是确定性的结果。在地震工程中，大多数情况是预测生命线网络在未来地震中的破坏状态，地震作用可用概率形式给出，网络中的节点结构和管道等的破坏也可用概率形式给出，则计算方法和结果都具概率形式；此时的可靠性可理解为在预定时间内网络系统达到运行要求和预定功能的概率，此概率值称为可靠度。

网络可靠性分析包括连通可靠性和功能可靠性两类。前者涉及网络任意两节点间是否连通，特别关注指定的源点和汇点间的连通状态；后者旨在判断两节点间、特别是源点和汇点间在连通基础上功能是否正常发挥，例如供水系统的水压是否正常。

对于具体构成不明确的网络系统，可以分析灾害或事故与成因之间的定性或定量关系（可靠度或事故发生概率）。有效的方法是根据对有关事件的调查研究和详细分解，将所有因素按因果层次连接，构成一定的逻辑结构模型，再利用故障树方法、事件树方法等进行分析。还有一些利用其他数学工具进行网络分析的方法，如随机模拟方法、模糊网络分析、人工神经元网络分析等。

网络分析方法广泛用于各生命线系统的抗震分析。为降低计算量，发展了许多改进的算法用于供水、电力、交通系统的连通可靠性研究。由于在电力、交通等系统中建立工程结构破坏与功能损失间的定量关系比较困难，故功能可靠性分析仅对供水系统有一定的研究。

与电子线路等网络相比，生命线系统复杂得多，生命线系统的可靠度比电子线路的可靠度也低得多。生命线系统仅根据两点连通性分析不能对整个系统作出可靠性评价，要考虑多个输入或输出点；由于生命线各系统间相互影响，结构破坏与功能间的关系很复杂，故生命线系统的网络抗震分析还不成熟。

liantong kekaoxing

连通可靠性（connectivity reliability） 网络系统中任意两节点间连通状态的评价。连通可靠性在多数情况用两点间连通的概率值表示，称为连通可靠度。

两点间连通是网络正常工作最基本的条件，因此连通可靠性分析是网络系统分析的基本内容。网络由节点和边组成，节点间可能是串联、并联或既非串联又非并联的桥式、格栅形、船形等形式连接，后者可以用若干串并联复合连接予以分析（见网络系统分析）。

目前生命线系统网络的连通性只考虑连通和中断两种状态，即双态问题。实际生命线系统，如交通系统的桥梁（点）或道路（边）的破坏可能是连通与中断之间的过渡状态，称为多态问题。双态问题分析可采用逻辑运算法则，即布尔代数方法；多态问题尚无有效的推理规则。

网络连通性分析有确定性方法和概率性方法。

确定性方法 确定性方法规定组成网络的节点或边单元的状态变量为

$$x_i = \begin{cases} 1 & \text{第 } i \text{ 个单元正常} \\ 0 & \text{第 } i \text{ 个单元破坏} \end{cases} \tag{1}$$

利用布尔代数的计算方法，可以得到整个系统的可靠性，表示为

$$G = \Phi\{X\} = \begin{cases} 1 & \text{网络连通} \\ 0 & \text{网络破坏} \end{cases} \tag{2}$$

式中：$G = \Phi\{x_1, x_2, \cdots, x_n\}$ 为网络中各节点和边的连接顺序关系的函数，称为网络的结构函数。n 个单元组成的串联系统和并联系统的结构函数分别为

$$G = \Phi\{X\} = \prod_{i=1}^{n} x_i \tag{3}$$

$$G = \Phi\{X\} = 1 - \prod_{i=1}^{n}(1 - x_i) \tag{4}$$

式中：$\prod$ 表示布尔代数中的积运算，在式（3）中的意义是：网络中所有元件状态变量都取 1（工作正常），则 G 为 1；只要有一个为 0（破坏），G 也为 0；这是串联系统的特点。式（4）表示，所有元件都为 0（破坏）G 才为 0，否则总为 1（正常）；这是并联网络的特点。

概率性方法 单元的可靠度用概率形式给出，p_{si} 为 i 单元正常工作的概率（可靠概率、安全概率），p_{fi} 为 i 单元的破坏概率，则

$$p_{si} + p_{fi} = 1 \tag{5}$$

单元的可靠概率为状态变量 x_i 取值为 1 的概率，即 $p_{si} = p(x_i = 1)$，其中 $p(\cdot)$ 表示求概率。此时变量 x_i 的数学期望值为

$$\begin{aligned} E(x_i) &= 1 \times p(x_i = 1) + 0 \times p(x_i = 0) \\ &= p(x_i = 1) = p_{si} \end{aligned} \tag{6}$$

故系统的可靠概率（可靠度）为

$$E(G) = p(G = 1) = E[\Phi\{X\}] \tag{7}$$

假定各单元的安全概率互相独立，串联连接网络的可靠度为

$$P_s(G) = E\left(\prod_{i=1}^{n} x_i\right) = \prod_{i=1}^{n} E(x_i) = \prod_{i=1}^{n} p_{si} \tag{8}$$

并联连接网络的可靠度为

$$P_s(G) = E\left[1 - \prod_{i=1}^{n}(1 - x_i)\right] = 1 - \prod_{i=1}^{n}(1 - p_{si}) \tag{9}$$

用单元的破坏概率 p_{fi} 求串、并联网络的连通的破坏概率时，可将式（8）和式（9）互换，且用 p_{fi} 代替 p_{si}。

计算概率的初级方法可用穷举法，但计算量太大，改进的方法是最小路（径）法和最小割集法。最小路（径）法将网络两点间连通视为一个事件，连通事件发生的概率可表示为至少有一条最小通路可以从始点到达终点，则系统可靠度表示为

$$P_s(G) = P\left(\bigcup_{i=1}^{m} A_i\right) \tag{10}$$

式中：A_i 为第 i 个最小通路；m 为最小通路数目；$\bigcup$ 表示布尔代数的"并"运算。

对于并非简单串、并连的网络，同一个单元在网络分析中可能出现多次，此时期望值计算和布尔代数运算不能互换，可用概率加法公式将概率运算转变为代数和运算（见布尔代数）。

与此相对偶，用最小割集法计算网络的破坏失效率 $P_f(G)$ 为

$$P_f(G) = P\left(\bigcup_{j=1}^{n} C_j\right) \tag{11}$$

式中：C_j 为第 j 个最小割集；n 为最小割集数目；与式（10）对比具有相同的形式。

连通性搜索 判断两点间是否连通要搜索网络的最小通路，求解网络两点间最小通路的基本方法是邻接矩阵法；邻接矩阵是用矩阵形式描述的节点间连接关系（见网络系统分析），一般采用深度搜索法或宽度搜索法求解。

（1）深度搜索法。从起始点（源点）k_0 开始，找出某个邻接点 k_1，再找到与之相邻的连通点 k_2，记录下 k_1（例如对节点和边染色），依次向前搜索连接点，此时其他连接点待查；直到 k_i 点碰壁后，退回 k_{i-1} 点再从未搜索的点中寻找；如此运行，直到终点（汇点），已染色的节点和边构成通路。

（2）宽度搜索法。逐层搜索，即对每个节点先将所有与之连接的节点都搜索出来，再依次对此层中每个连接点逐个搜索，直到终止点为止。

搜索最小通路的邻接矩阵法的计算量很大，要研究进一步简化的方法。

随机模拟方法 即蒙特卡洛法。此法步骤如下：①首先根据震害预测等方法得到各单元的安全（或破坏）概率；②用随机数给出各单元的安全概率阈值；③将单元的安全概率与随机数安全阈值相比，若大于阈值则认为此单元安全，否则破坏，得到一次模拟样本；④对该次样本作连通性搜索，若节点与源点连通，则将该点"染色"做出记号；⑤重复①～④的模拟过程，记录各节点连通（染色）的次数；⑥将连通（染色）次数与模拟总次数相除得到连通频次，作为该节点连通概率的近似值。

随机模拟方法不使用邻接矩阵作连通性分析，也不计算概率值，每次只作单纯的连通搜索。对于大型网络，随机模拟可能要进行数万次。该法计算简单，但收敛标准对模拟次数影响很大，不易确定，且不能用于复杂的功能失效分析。

推荐书目

赵成刚，冯启民．生命线地震工程．北京：地震出版社，1994.

李杰．生命线工程抗震——基础理论与应用．北京：科学出版社，2005.

gongneng kekaoxing

功能可靠性（functional reliability）　部分元件遭到破坏后网络系统功能维持程度的评价。

实施网络系统功能可靠性分析，首先要对构成网络的各个节点和边赋权，即确定描述其功能的定量指标。不同网络实体的功能指标各异。例如，供水系统的水压和供水量、交通系统的车流量、电力系统的电压降和功率损失、通信系统的通话量等，这些功能指标对生命线系统抗震性能殊为重要。

功能可靠性分析的目标是求解网络在受损情况下功能指标的变化，为此要给出这些指标与各节点元件（工程结构）和边（管道、线路）的物理状态之间的关系。这些关系以物理定律为基础；例如，供水系统的水流在网络中流动要服从以下规律。

（1）质量守恒。对第 i 个节点，流入水量与流出水量相等，节点流量平衡方程为

$$\sum_{j=1}^{m} Q_{ij} + Q_{ir} + l_i = 0 \qquad (1)$$

式中：Q_{ij} 为网内节点 i，j 之间管道的流量；m 为与 i 节点连接的节点数目；Q_{ir} 为该节点向网外输出（或由网外流入）的流量，根据实际情况确定；l_i 为节点 i 的漏水流量，由渗漏面积和渗漏点水压决定，可由经验公式估计。式(1)中流入为正，流出为负。

（2）能量守恒。节点 i，j 之间管道的流量与管道两端的水头（水压）差有关，满足

$$Q_{ij} = R_{ij}(E_i - E_j)^\alpha \qquad (2)$$

式中：$E_i - E_j$ 为节点 i，j 之间的水头差，表示管道的能量损失；R_{ij} 为与管径、管长、管材粗糙度有关的系数；α 为经验系数。这些参数常用哈曾-威廉姆斯经验公式确定：

$$\alpha = 0.54 \qquad (3)$$
$$R_{ij} = 0.2785 c_{ij} D_{ij}^{2.63} L_{ij}^{0.54} \qquad (4)$$

式中：c_{ij} 为管材系数，随材质不同取值为 $90 \sim 150$；D_{ij} 为管径，m；L_{ij} 为管长，m。

式(1)(2)中流量和水头都是未知数，可对水源以外所有节点建立方程，形成非线性联立方程组，由迭代法或线性化法求解。计算中常采用关联矩阵，关联矩阵与邻接矩阵类似，但包括了边的因子。关联矩阵 $\boldsymbol{A}$ 的分量为

$$a_{ij} = \begin{cases} 1 & \text{当节点 } i \text{ 为边 } j \text{ 的始点} \\ -1 & \text{当节点 } i \text{ 为边 } j \text{ 的末点} \\ 0 & \text{当节点 } i \text{ 与边 } j \text{ 无关} \end{cases} \qquad (5)$$

式中：i 为节点的序号；j 为边（管段）的序号。关联矩阵的行按照节点序号排列，列按照边的序号排列，矩阵中每行的元素表示该节点与各边的连接关系，每列中必然有 1 和 -1 两个元素，表示此边的两端点序号，其余为 0。利用关联矩阵，可以方便地用矩阵表示流量平衡和能量损耗。

功能可靠性分析中，首先根据各元件的抗震特性预测元件破坏的分布、破坏数量或破坏的概率分布模型。无论采用经验统计或计算模型进行预测，其主要参数均由震害资料确定。

其次进行连通可靠性分析，在分析中对已破坏的节点或边作适当处理，这是功能分析中一个重要环节。此环节目前尚无统一的处理方法，可令破坏节点出水为零，或令

管道出口水压为大气压，或将渗漏管道作为虚拟节点模拟漏水等等。漏水模型有许多方案，建立模型和计算都比较复杂。进一步还可以划分供水失效区域，此时用概率方法尚须估计失效管道长度或失效范围的比例等。

网络的功能可靠性分析比连通可靠性分析更为复杂，关键问题是建立网络结构（节点与边）中物流传送的定量物理关系，供电、通信等系统中的这种关系尚在研究中。

zuiduan lujingfa

最短路径法（shortest path method）　求解网络中任意两节点间最短通路的方法。

网络由节点和边组成，任意两点间有多条经过不同节点和边的通路，其中含最短通路。所谓最短必须根据有物理含义的数值衡量，数值与节点和边的赋值（图论中称为权）有关，例如以边的长度为权，即为里程最短的通路；以费用为权，则为最省钱的通路，等等。

求网络两节点间的最短路径是图论中的经典问题，基本解法是戴克斯特拉（E. W. Dijkstra）提出的搜索法，原则是从起点出发逐次搜索连接下一个节点，每一步都挑选最短路径，直到终点。可以证明，只要每一步都是最短，则最终得到的也是最短路径，此法可以得到起点到任意节点间的最短路径。

guzhangshu fangfa

故障树方法（fault tree method）　按照层次分析灾害事故与诸诱发因素之间的关系，通过与门（AND）和或门（OR）进行逻辑推理，并估计事故发生概率的分析方法。亦称失效树方法或事故树方法。

故障树构成　根据图论，网络由节点和边互相连接组成，如果边的集合生成一个连通图，且图中没有圈（起点和终点重合的边集合），则此图称为树。

为研究灾害或事故发生的原因和防灾措施，从给定灾害或事故（称为顶层事件）开始，列举造成此事件的各种原因，用与门和或门将故障与这些因素连接，然后再逐个分析这些因素产生的原因，同样以与门和或门连接，如此逐层搜索直至最基本的事件（称为底层事件），就形成故障树。图1中 T 为顶层故障事件，x_1，x_2 等为底层事件。

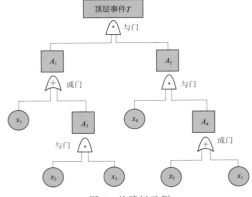

图 1　故障树示例

如图所示，只有故障事件 A_1，A_2 同时发生，故障事件 T 才发生，此为"与门"；又只要 x_1 或 A_3 之中有一个发生，就产生 A_1，称为"或门"，其余类推。

构成故障树必须详细调查工程对象结构和发生事故的要素。首先确定顶层故障事件，全面考虑所有可能的要素，并分清因果关系，逐层依次列举，获得灾害或事故发生链的直观图像。顶层事件只有一个，且可以逐层分解其原因；多个顶层事件就用多张故障树图分析。故障树图中有事件符号、逻辑门符号和转移符号；符号标示有统一规定，构成故障树后，有定性和定量两种分析方法。

定性分析方法 定性分析就是将故障树分解为以底层事件组合的最小割集或最小路集，以便分析顶层事件发生模式，掌握各底层事件对顶层事件的影响程度，为采取预防措施提供依据，并为故障树定量分析，即估计顶层事件发生概率提供计算基础。

可运用布尔代数对故障树进行逻辑分析，与门对应布尔代数中的"交"运算（以符号 $x \cap y$ 表示），或门对应"并"运算（以符号 $x \cup y$ 表示）。

最小割集方法 依次逐层用下层事件代替上层事件，则图 1 所示的故障树可化为

$$T = A_1 \cap A_2 = (x_1 \cup A_3) \cap x_4 \cap A_4$$
$$= x_1 \cup (x_2 \cap x_3) \cap x_4 \cap (x_1 \cup x_5) \quad (1)$$

根据布尔代数中的分配律、吸收律和幂等律，进一步将式(1)变换为

$$T = x_1 \cap x_4 \cup x_2 \cap x_3 \cap x_4 \cap x_5 \quad (2)$$

式(2)表示原故障树可化为图 2 所示的底层事件组成的系统，$\{x_1, x_4\}$，$\{x_2, x_3, x_4, x_5\}$ 与顶层事件以或门连接，其中任何一组事件发生就导致顶层事件发生，数学上称为最小割集。为防止顶层事件发生，不允许其中任何一个割集的底层事件同时发生。

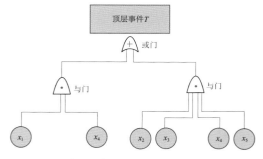

图 2 用底层事件最小割集表示故障树的示例

除布尔代数推演外求最小割集还有下述方法。

（1）行列法。亦称下行法，顺序用下一事件代替上一层事件，凡是用或门连接的事件按列排列，用与门连接的事件按行排列，直到全部由底层事件表示为止。所得到的每一行就是割集，经过化简并挑选互不包含的割集即为最小割集。

（2）矩阵法。行列法在计算机上的实现。

最小路集方法 可利用布尔代数分配律将式(1)转换为式(3)：

$$T = (x_1 \cup x_2) \cap (x_1 \cup x_3) \cap x_4 \cap (x_1 \cup x_5) \quad (3)$$

此式表示原故障树可化为图 3 所示底层事件组成的系统，$\{x_1, x_2\}$，x_4，$\{x_1, x_3\}$，$\{x_1, x_5\}$ 四个组合与顶层事件以与门连接，数学上称为最小路集，表示必须四个路集同时出现，顶层事件才发生，只要有一个不出现，顶层事件就不出现。

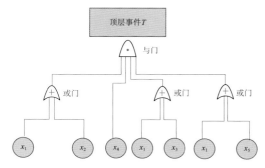

图 3 用底层事件最小路集表示故障树的示例

与最小割集方法类似，除布尔代数推演外，求最小路集还有下述方法。

（1）行列法。与求最小割集类似，只是行列的元素排列相反，凡是用或门连接的事件按行排列，用与门连接的事件按列排列。

（2）对偶法。利用事件发生与不发生是互斥的对偶事件，首先将故障树变换成其对偶的成功树，然后求出成功树的最小割集，即故障树的最小路集。将故障树变为成功树的方法是：将原故障树中的逻辑或门改成逻辑与门，将逻辑与门改成逻辑或门，并将全部事件符号加上标（′），变成事件补的形式。

定量分析方法 首先确定底层事件的发生概率，然后求出故障树顶层事件的发生概率，与系统安全目标值进行比较；计算值超过目标值时，则须采取防范措施，使其降至安全目标值以下。安全概率与破坏概率的和为 1，由此也可以评价系统的安全概率（可靠度）。

如果故障树中不含有重复的或相同的底层事件，各底层事件又都是相互独立的，顶层事件发生概率可根据故障树的结构由下列公式求得。

用与门连接的顶层事件的发生概率为

$$P(G) = \prod_{i=1}^{m} q_i \quad (4)$$

式中：$\prod$ 为布尔代数中的积运算；q_i 为第 i 个底层事件的发生概率；m 为底层事件数目。

用或门连接的顶层事件的发生概率为

$$P(G) = 1 - \prod_{i=1}^{m} (1 - q_i) \quad (5)$$

当故障树中含有重复出现的底层事件，或底层事件可能在几个最小割集中重复出现时，最小割集之间是相交的。这时可采用的计算方法有：最小割集法、最小路集法、状态穷举法、不交化处理、近似解法。

根据底层事件的发生概率和求出的顶层事件发生概率，可以定量分析割集重要度或各底层事件的重要度系数，用以衡量底层事件的重要程度；进一步求出底层事件发生概率的变化率对顶层事件发生概率变化率的影响，称为关键重要度，以确定降低哪些底层事件的概率能迅速有效地降低顶层事件的发生概率。

shijianshu fangfa

事件树方法（event tree method） 由灾害始因出发，逐层列出各种后果，以评价灾害或事故发生概率的方法。

分析地震与人员伤亡关系的事件树示例如图所示。

图中给出对伤亡有影响的因素和对其发生概率的估计。每一层要素的发生和不发生的概率之和为 1，最终事件发生的概率为前几项之积，最后各项的概率之和也为 1。

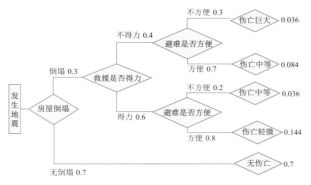

事件树示例

完成事件树要对事件作全面的调查研究，列举可能与事件有关的各种要素，不应遗漏或曲解；是与否的概率大多根据经验，因此事件树方法是对灾害事故的宏观分析。

事件树方法也用于估计许多问题的不确定性，例如估计地震危险性分析中的不确定性。

Buer daishu

布尔代数（Boolean algebra）　针对布尔变量的四则运算和逻辑运算。

布尔变量取值只有 1 或 0，在众多学科的逻辑推理中有重要作用。例如，若以 1 表示安全，0 表示破坏，则可用于灾害或事故分析。地震工程中生命线系统的可靠性分析常用布尔代数计算。

布尔变量的运算法则与普通代数不同，基本规定如下。

运算法则　含"并"运算、"交"运算、"反"运算。

"并"运算，记为 $F=x \bigcup y$。其中 x, y 取值为 1 或 0；只要 x, y 中有一个为 1，F 取值为 1；x, y 都为 0，F 取值为 0。有的文献称为布尔和运算，或用"$+$"号代替"$\bigcup$"。

"交"运算，记为 $F=x \bigcap y$。其中 x, y 取值为 1 或 0；只有 x, y 都为 1，F 取值为 1；否则为 0。有的文献称为布尔积运算，或在公式中略去符号"$\bigcap$"。

"反"运算，记为 $F=\bar{x}$。如果 x 为 1，则 F 为 0；如果 x 为 0，则 F 为 1。

"反"运算的优先级最高，"交"运算次之，"并"运算最低。

基本定律　主要含以下内容。

交换律：
$$x \bigcup y = y \bigcup x; \quad x \bigcap y = y \bigcap x$$

分配律：
$$x \bigcup y \bigcap z = (x \bigcup y)(x \bigcup z)$$
$$x(y \bigcup z) = x \bigcap y \bigcup x \bigcap z$$

主元律：
$$1 \bigcup x = 1; \quad 0 \bigcup x = x; \quad 1 \bigcap x = x; \quad 0 \bigcap x = 0$$

补元律：
$$x \bigcup \bar{x} = 1; \quad x \bigcap \bar{x} = 0$$

由上述定律推导出：

结合律：
$$x \bigcup (y \bigcup z) = (x \bigcup y) \bigcup z$$

$$x \bigcap (y \bigcap z) = (x \bigcap y) \bigcap z$$

吸收律：
$$x \bigcap (x \bigcup y) = x; \quad x \bigcup (y \bigcap z) = x$$

由此可得
$$x_1 \bigcup (x_1 \bigcup x_2 \bigcup x_3 \cdots \bigcup x_n) = x_1 \bigcup x_2 \bigcup x_3 \cdots \bigcup x_n$$

幂等律：
$$x \bigcup x = x; \quad x \bigcap x = x$$

此公式在化简故障树时起作用。

覆盖律（不交和公式）：
$$x \bigcup y = x + \bar{x} \bigcap y = y + \bar{y} \bigcap x$$

此公式是不交和处理的主要公式。

互斥布尔变量满足 $x \bigcap y$，从集合观点看，表示两者无交集，记为 $y = \bar{x}$，上划线表示为互斥变量，相当于集合论中的余集（补集）。

主要定理　内容如下。

（1）容斥定理（概率加法公式）。
$$P\left(\bigcup_{i=1}^{m} x_i\right) = \sum_{j=1}^{m} (-1)^{j-1} \sum_{1 \leqslant i_1 < \cdots \leqslant i_j \leqslant m} p\left\{\prod_{k=1}^{j} x_{i_k}\right\}$$

式中：$P(\cdot)$ 和 $p\{\cdot\}$ 均为事件发生概率。当布尔变量互斥时，
$$P\left(\bigcup_{k=1}^{m} x_k\right) = \sum_{k=1}^{m} p\{x_k\}$$

当布尔变量独立时，
$$P\left(\bigcup_{k=1}^{m} x_k\right) = 1 - \prod_{k=1}^{m} (1 - p\{x_k\})$$

（2）德·摩根（De. Morgen）定理。
$$\overline{x_1 \bigcup x_2 \bigcup x_3 \cdots \bigcup x_n} = \overline{x_1} \bigcap \overline{x_2} \bigcap \overline{x_3} \cdots \bigcap \overline{x_n}$$
或
$$\overline{x_1 \bigcap x_2 \bigcap x_3 \cdots \bigcap x_n} = \overline{x_1} \bigcup \overline{x_2} \bigcup \overline{x_3} \cdots \bigcup \overline{x_n}$$

式中：上划线表示取相应变量的互斥变量。

（3）香农（Shannon）定理。
$$\overline{f(x_1, x_2, \cdots, x_n, 0, 1, \bigcap, \bigcup)} = f(\overline{x_1}, \overline{x_2}, \cdots, \overline{x_n}, 1, 0, \bigcup, \bigcap)$$

此式表示，布尔函数的反函数等于用所有变量的互斥变量代替原变量，将并运算和交运算互换，且变量 0，1 也互换。

gongshui xitong kangzhen kekaoxing fenxi

供水系统抗震可靠性分析（seismic reliability analysis of water supply system）　对供水系统在地震作用下保持连通性和功能水平的概率性评价。

供水系统由取水设施，水处理设施（房屋、水池、各种附属设施），泵房，水塔和供水管道组成，可以看成是以管道为边（连线）、其他结构为节点的网络系统。

分析地震造成的供水系统的破坏概率，首先应当研究系统中各类建筑物或工程结构、设备的抗震可靠性，即在不同水平地震作用下的破坏失效概率（或可靠度，即安全概率）。

单体结构和埋地管道的可靠性分析可采用两种不同途径：其一，由经验统计关系或动力分析判断破坏等级，而后给出与破坏等级对应的失效概率；其二，直接经可靠性分析（见结构可靠度分析）给出失效概率。供水管道的具体计算方法与埋地管道可靠性分析相同。

在单体结构可靠性分析基础上，供水系统的网络抗震可靠性分析包括如下两个方面。

连通可靠性分析。侧重分析供水系统遭到地震破坏后，从源点（供水点）到汇点（用水点）之间的连通性，分析的方法有解析方法和近似方法。

功能可靠性分析。估计震后各用户节点保有额定水压或供水范围等功能指标的可靠性。常用的节点法根据质量守恒原理、能量守恒原理和流量-压差物理方程建立表示连通管路的非线性方程组，利用关联矩阵求解水压或管段传输流量及流速等参数。由于问题复杂，目前的功能失效分析仅考虑管道的可靠性，且只考虑完好和破坏两态问题。

地震造成管道不同程度的破坏，但部分管道可能还有一定的输水功能，应急救灾须分析地震破坏后供水系统的供水范围和水量，这靠功能可靠性分析完成。实际问题是建立管道的渗漏模型。供水管段渗漏面积受地震动幅值、场地条件、管道接口形式等多种因素影响，有两种模型。

（1）点式渗漏模型。反映渗漏流量与渗漏处面积及水压之间的关系，如

$$Q_L = 0.42 A_L \sqrt{H_L}$$

式中：Q_L 为渗漏流量；A_L 为渗漏处面积；H_L 为渗漏处水压。

（2）一致渗漏模型。假定管网各部分渗漏水平一致，给出管段渗漏流量与管网总体渗漏水平之间的经验关系，例如

$$Q_L = c_{ij} L_{ij} \big[(H_i + H_j)/2 \big]$$

式中：c_{ij} 为经验统计常数；L_{ij} 为第 ij 管段的长度；H_i，H_j 为节点 i 和 j 的水压。

计算管道破坏概率和带渗漏供水系统的破坏概率，都可用一次二阶矩方法，即将状态函数在均值处展开，只取线性项近似，可直接得到可靠度指标。非线性计算将展开点选在失效边界上离均值最近的验算点上，可减小误差。破坏概率计算亦可采用基于超越概率或条件概率的概率积分法。

dianli xitong kangzhen kekaoxing fenxi

电力系统抗震可靠性分析（seismic reliability analysis of power supply system） 对电力系统在地震作用下的连通性和功能水平的概率性评价。

电力系统包括发电、输电、配电三大部分。发电系统有火力、水力发电厂，核电站等不同类型；输电系统包括高压输电线路，主变电站和分设于各地的高压变电站等；配电系统则指中低压配电装置及送电线路。

电力系统的抗震可靠性分析首先建立高压电气设备失效概率的计算模式，然后采用网络系统分析方法估计电力系统的连通可靠性和功能可靠性。功能可靠性分析中，可用导纳（阻抗的倒数）矩阵表示各节点间的阻抗关系，用节点功率平衡方程表示功率流动关系（如同供水系统中的质量守恒和水头损失方程），以节点震后电压变化或功率变化为功能损失衡量指标，预测供电功能的损失。分析中可引进元件重要性系数，根据经验分析对系统中的关键设备赋予重要性加权因子，以反映不同设备对功能影响的程度。

但是，建立高压电气设备失效与网络电压潮流损失之间的定量关系十分困难，此种方法仅适用于简单网络的示例性分析。较实用的方法是将系统分解为不同的子系统分别研究。例如，将系统分为高压电气设备、高压变电站主接线系统和区域电力网络三个层次进行可靠性分析。

高压电气设备 主要部件一般由瓷套或瓷瓶连接而成，瓷件属于脆性材料，在地震作用下很容易损坏（见供电工程震害）。可采用反应谱和有限元分析方法计算单柱式、拉线式、多柱式及支架式结构的地震反应的均值和方差，据此构造结构反应的随机分布函数，并结合结构抗力分布函数，构造高压设备的状态函数，按照结构可靠度分析的原理和方法，用概率积分法或一次二阶矩方法等求解设备的可靠度。

主接线系统 是一组高压电气设备的组合，若将电源作为源点，输出线作为汇点，则源点至汇点的系统构成主接线网络，它是维持电力系统稳定安全运行的关键环节。在高压电气设备抗震可靠性分析的基础上，可采用网络分析方法进行主接线系统的抗震可靠性分析，应对不同的工作状态建立不同的分析准则。若不考虑电气设备地震破坏的可修复性，并假定各电气元件的失效互不相关，则可依以下步骤进行电气主接线系统的抗震可靠性分析：①将实物系统简化为逻辑方块图，可根据需要将多个电气元件进行等效处理；②按照逻辑关系采用简单系统组合法或网络最小路分析法构造系统结构函数；③结合高压电气设备抗震可靠性分析结果求解系统抗震可靠概率。

区域电力网络 以各高压变电站主接线系统为节点、以输电线路为边构成，主要可从两个不同层面分析其抗震可靠性：①同时考虑输电线路和变电站节点的可靠性构成一般赋权网络，即对节点和边赋予各自的破坏失效概率；②仅考虑变电站等节点的可靠性构成点权网络，即仅对节点的破坏概率赋值进行可靠性分析。

由于区域电网覆盖面积很大，高压设备处于不同的场地，故其破坏概率的确定应与区域地震安全性评价相结合，合理地确定网络系统各节点处的地震作用。

jiaotong xitong kangzhen kekaoxing fenxi

交通系统抗震可靠性分析（seismic reliability analysis of transportation system） 对交通系统在地震作用下的连通性和功能水平的概率性评价。

交通系统包括公路、铁路、轻轨、水运和航空等。在陆上交通系统中，车站、桥梁、隧道等构成网络系统的节点，道路则构成网络的边。可基于各单体结构的抗震分析，得到构件地震破坏概率（或可靠度），然后进行网络系统的可靠性分析。水运和航空系统的抗震可靠性分析主要涉及港口和机场，一般不采用概率方法。

震后公路、铁路交通的连通性和运输量主要由桥梁、隧道、车站震害所决定，且与线路路基和路面的破坏有关；城市交通还将受沿街建筑倒塌的影响。用网络系统分析方法进行交通系统的可靠性分析，首先应分析构成系统节点的设施（如桥梁、隧道等）和路段的破坏概率或破坏状态，路基的破坏主要源自不良场地。因隧道震害一般较轻，故分析中主要考虑桥梁。

桥梁分析 确定桥梁等重要结构的破坏概率可采用确定性方法或概率性方法。确定性方法如下。

（1）破坏等级预测法。以震害资料为基础，选取造成桥梁破坏的主要因素，如场地、结构类型、桥墩、基础、支座、桥梁长度和高度等，用统计回归分析建立影响因素与破坏等级间的经验关系，再根据经验确定与破坏等级对应的通行概率，见表。

桥梁的破坏等级与通行概率

破坏等级	基本完好	轻微破坏	中等破坏	严重破坏	倒塌
通行概率	1.0	0.8	0.6	0.1	0

（2）动力分析法。利用反应谱方法或时程分析法计算桥梁地震反应（见桥梁抗震），依据抗震规范进行抗震验算并判断破坏部位和破坏程度，再将破坏部位、程度与破坏等级相联系，根据上表确定通行概率。

概率性方法与供水系统抗震可靠性分析类似。

路基分析　确定路基的抗震可靠性一般采用经验方法。地基失效和地面破坏是路基破坏的主要原因，可根据路段所在的场地条件给出路段的通行概率。特殊的高台路基可基于稳定性分析确定通行概率。

城市交通分析　逐栋考虑建筑物倒塌对城市交通的影响显然过于繁杂，一般采用简化方法。根据沿街建筑物高度和临街面积，估计道路阻塞宽度，再根据房屋破坏等级计算瓦砾量，进而估计通行概率。最简单的方法是直接进行经验估计。

系统分析　在以上分析的基础上，可建立由路网中各个路段组成的交通网络分析模型，采用网络连通性分析方法（见连通可靠性）计算各个路段的震后通行概率（即可靠度）。其中桥梁的影响可结合路段考虑，路段的连通概率 P_{tr} 由下式计算：

$$P_{tr} = P_r P_b$$

式中：P_r 为不含桥梁路段单元的震后通行概率；P_b 为桥梁单元的通行概率。

wangluo xitong kangzhen youhua sheji
网络系统抗震优化设计（seismic optimal design of network system）　用网络分析方法研究网络的最佳设计。

生命线网络系统由不同的单体元件构成，并采用分级运营管理，不同层次、不同类别的元件或不同位置的同类元件在同一系统中的重要性不同，关键元件的失效可能导致整个系统瘫痪，而次要元件的失效可能只影响局部。使关键元件或环节具有较高的抗震可靠度，有利于提高系统的连通和功能可靠性，这一特性有利于实施生命线网络的优化设计。

在以维持功能为目标的优化设计分析中，可根据实际情况对不同元件规定不同的重要性指数，并采用遗传算法或传统的网络优化方法（如启发式算法等）进行优化设计。基于抗震的优化设计与基于造价的优化设计可能得出很不相同的结果，基于连通可靠性和功能可靠性的优化设计结果也可能存在差异，这一问题须以平衡决策方法处理。

shengmingxian dizhen jinji chuzhi xitong
生命线地震紧急处置系统（seismic emergency handling system for lifeline）　实时监测地震动和结构地震反应信息，经综合评定决策后迅速采取措施、减轻生命线系统地震灾害的自动操作系统。

地震紧急处置系统包括地震信息获取、信息传输、综合决策和紧急处置四个部分。通过布设在结构、场地及周边的测振仪器（如强震动仪和烈度计等）获取地震、地震动和结构反应信息，采用专用通信设施传输信息，由设在调度中心的主控模块软件结合人工判断进行综合决策；依据综合决策结果启动紧急处置装置，实施关闭阀门、制动刹车、开启保护装置等措施。

地震监测设备和紧急处置设备的布设方案应根据生命线设施的结构组成、功能分区、地震易损性等综合因素制定，根据系统结构的特点采取相应的紧急处置措施。其中，阈值自动处置系统的作用是当测量的振动超过设定的阈值时，可自动采取处置措施。如城市燃气管网的测振装置可以安装在用户控制开关内部或管网的小区接入端，当地震动或机械振动超过设定阈值时自动切断燃气管路。再如远程指令处置系统，可根据实测的地震参数和地震动强度，经震害快速评估和智能判断发布指令，实施远程操作，指令高速铁路列车制动。

日本是世界上最早建立生命线地震紧急处置系统的国家。日本煤气公司在东京、大阪、横滨等地建设了燃气供应网络地震紧急处置系统，该系统以地震动观测台网为基础，以震害快速评估结果为指导，自动关闭或用远程指令关闭输气装置，可有效避免或减少地震发生时由于管道破裂、燃气泄漏导致的爆炸、火灾等次生灾害。日本供气系统的紧急处置系统如图所示。在1995年日本阪神地震中，虽然燃气管道出现上万处破坏，但因使用了紧急处置系统，燃气泄漏引发的火灾仅几十起，发挥了减灾实效。

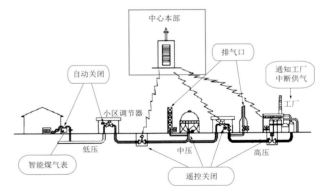

日本供气紧急处置系统示意图

日本铁路系统于20世纪50年代后期开始布设报警地震计，常规铁路线的地震计布设间距为40～50 km，新干线布设间距约20 km。东京地区、青函海底隧道、东海道新干线、山阳新干线等均陆续布设了地震紧急自动处置系统，通过地震观测台网实时监测地震动，发布指令自动切断列车动力供电并通知列车采取制动措施。

岩土工程抗震 （earthquake resistance of geotechnical engineering）

工程场地、地基基础、天然斜坡、土工结构物（挡土墙、土坝、尾矿坝等）以及地下工程在地震作用下的变形、稳定性理论及抗震设计方法和工程措施。

震害特点 岩土工程震害与地震时土体的变形和稳定性有关，具有如下特点：① 地基失效、岩土滑坡等往往会形成灾难性的后果，造成巨大损失；② 地下土体的破坏具隐蔽性，震害部位的判断及震后的修复或加固更为困难；③ 岩土工程震后修复费用高，时间长。鉴于上述特殊性，地震工程将与岩石土体地震变形及稳定性有关的工程问题视为特殊的独立部分。

研究内容 岩土工程抗震的理论基础是工程地震学、结构动力学、土动力学。工程地震学为岩土工程结构抗震设计提供地震动输入的依据；结构动力学为岩土工程抗震提供动力反应分析方法；土动力学将土作为一种力学介质和工程材料，研究在动荷载作用下土的动变形、动强度及耗能特性，为土体地震反应分析提供土的动力学模型及参数，并为确定地震作用下的土体破坏提供判别准则。

研究方法 岩土工程抗震的主要研究手段包括震害调查、理论分析、室内及现场试验以及工程实践经验总结。现场震害调查以宏观定性（或某种程度的定量）方式研究地基和土工结构的破坏现象和抗震性能；理论分析主要是建立岩土工程力学模型，模拟震害机制，定量研究其抗震性能；室内及现场试验为理论分析提供必需的土性资料。综合震害经验及理论分析成果，可估计岩土工程的震害程度，进行合理的抗震设计，确定减轻震害的工程措施。

发展概况 20 世纪 60 年代以前，仅对岩土工程抗震的个别问题，如地震作用下的地基承载力、地震引起的动土压力等进行了初步研究。1964 年日本新潟地震时饱和砂土液化导致地基失效，同年美国阿拉斯加地震时饱和砂土液化造成滑坡，引起地震工程界高度关注，推动了岩土地震工程研究的进展；此后发生的一系列破坏性地震，提供了有关岩土工程震害的新经验。电子计算机的应用以及数值分析技术的发展，极大地提高了岩土工程数值模拟分析能力，土动力试验仪器及测试技术的发展，特别是动三轴仪的研制成功，为研究地震作用下土的动力性能提供了有效手段。这些重大进展，使岩土工程抗震研究从以经验为主发展到经验与理论分析相结合。有关岩土工程和地基基础的抗震要求逐步纳入抗震设计规范。

中国的相关研究始于 20 世纪 60 年代。1965 年，机械式动三轴仪和电磁式动三轴仪分别在中国水利水电科学研究院和中国科学院工程力学研究所研制成功，为岩土工程抗震研究提供了重要的试验手段。1966 年河北邢台地震滏阳河堤地基饱和砂层液化的分析，开始了岩土工程抗震问题的理论研究；1975 年辽宁海城地震和 1976 年河北唐山地

震则推动了岩土工程抗震研究的全面发展，在土动力试验、模拟分析及震害评估等方面取得了重要成果。

近年性态抗震设计理念的提出为岩土工程抗震研究提出了新的课题，将使岩土工程抗震研究向更深层次发展。

土的动力性能 （dynamic behavior of soil）

土在地震等动力作用下的变形、强度、孔隙水压力及耗能特性。

土既是地震波传播介质，也是工程材料。土是由土颗粒构成的骨架和孔隙中的空气和水组成的三相介质，其中孔隙完全被水充填者称为饱和土。作用于饱和土的应力是由土骨架和孔隙水共同承受的。由土骨架承受的应力称为有效应力，由孔隙水承受的应力称为孔隙水压力，两者之和为总应力。土可以承受一定的应力作用并发生变形，随着受力水平的提高，土的变形增大；当受力水平提高到某种程度时，变形的发展会导致土体破坏。在静力作用下，土的力学性能含变形、强度及孔隙水压力特性。在动应力作用下，土颗粒将发生滑动或滚动，在克服土颗粒间摩擦力时将消耗能量，称为土的耗能特性。土骨架很软弱，在很低的受力水平下其结构就会发生破坏，具有非常明显的非线性特性。

土动力试验及其测试结果是土动力性能研究的基础，进行土的动力试验需要动三轴仪和共振柱试验仪等特殊的试验仪器。为抗震而进行的土动力性能研究旨在定量描述地震荷载作用下的土动力特性。试验中通常将地震作用模拟成等幅、有限作用次数的动荷载，由试验测定在不同幅度的动应力作用下，变形、强度、孔隙水压力和耗能特性随动力循环次数变化的关系，进而建立数学模型。其中最重要的是动应力-应变关系（即本构关系），这是土体地震反应分析的基础。

有效应力 （effective stress）

土体固体颗粒间平均的接触应力。

土是由固体颗粒、水、空气组成的三相集合体，由矿物质组成的固体颗粒是土的骨架，土骨架间布满相互贯通的孔隙。孔隙被水充满的土称为饱和土，一部分孔隙由水充填、其余孔隙由气体充填的土称为非饱和土，孔隙完全由气体充满的土称为干土。

如图所示，作用于饱和土土体的应力，一部分由组成土骨架的固体颗粒承受，并通过颗粒接触面传递，称为粒

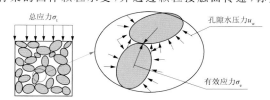

土体应力状态示意图

间应力，平均粒间应力就是有效应力；另一部分应力由孔隙水承受，并通过水传递，称为孔隙水压力。用连续介质模拟土体，则饱和土受到的总应力包括两部分，可表示为

$$\sigma_t = \sigma_e + u_w$$

式中：σ_t 为总应力；σ_e 为有效应力；u_w 为孔隙水压力。孔

隙水压力各向均匀作用，不足以使固体颗粒变形，且不能抵抗剪力作用，故土的压缩变形和抗剪强度只取决于有效应力。饱和土受力和变形分析要考虑有效应力作用，此即太沙基(K. Terzaghi)在 1923 年提出的有效应力原理。有效应力原理的提出是土力学的重大进展，在地基和基础工程的分析和设计中具有关键作用。

　　孔隙水压力因外界动力作用（如地震）而升高时，在总应力不变的情况下，将导致有效应力降低，地基承载力随之下降。当孔隙水压力等于总应力时，有效应力为零，松散砂土失去承受剪切变形的能力，呈现可流动状态，这是对砂土液化的简单解释。此时密实的饱和砂土仍可保持部分抗剪强度（见循环流动性）。

　　孔隙中存在气体的非饱和土其应力关系可表述为

$$\sigma_t = \sigma_e + u_a - \chi(u_a - u_w)$$

式中：u_a 为孔隙气压力；χ 为与饱和度有关的系数。

tu de dongli zuoyong shuiping

土的动力作用水平（dynamic action level of soil）　土承受的动力作用大小的度量，以动应力幅值或动应变幅值表示。

　　当动力作用的幅值不规则时，常以动应力或动应变的等效幅值来表示，等效幅值一般取最大幅值的 65%。由于土的破坏通常是由剪切作用引起的，所以土所受到的动力作用水平通常以剪应力或剪应变的幅值（或等效幅值）来度量。当指定幅值的动剪应力作用于不同种类的土或不同状态的同一种土时，将引起不同幅值的剪应变，即相同动剪应力作用所产生的结果是不同的。因此，以动剪应变幅值度量动力作用水平更为可取。

tu de dongli zhuangtai

土的动力状态（dynamic state of soil）　土在动力作用下的变形状态。

　　当土的动力作用水平很低时，土的结构不发生破坏，变形是可以恢复的。随着动力作用水平的提高，土的结构将发生破坏且渐趋严重，此时土体除可恢复的变形外，还要发生越来越大的不可恢复变形。最后，当动力作用水平达到某个数值时，土的结构完全破坏，发生流动。如图所示，试验表明：当剪应变幅值约小于 10^{-5} 时，土处于小变

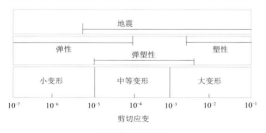

土的剪应变范围

形阶段，其变形基本上是可以恢复的，可视为处于弹性状态；当剪应变幅值在 $10^{-5} \sim 10^{-3}$ 范围内时，土处于中等变形阶段，即弹塑性状态，除可以恢复的变形外，还包括必须考虑的不可恢复的变形；当剪应变幅值约大于 10^{-3} 时，土处于大变形阶段，呈流动或破坏状态。

　　地震是动力作用的一种，对工程结构有影响的地震作用一般将使土体处于中等变形或大变形状态。土体地震反

应分析中，当土的剪切应变不超过 10^{-4} 时，常作为弹性体处理；当土的剪切应变接近 10^{-2} 时，土进入破坏状态。

tu de sulü xiaoying

土的速率效应（rate effect of soil）　随荷载变化速率增高，土的抗变形能力有所增强的现象。

　　土的结构改变需要经历一定时间。在静力或变化速率很慢的荷载持续作用下，土有足够的时间完成结构的改变，土的变形能充分发展达到最终的稳定状态。在动力荷载下，如果速率很高，作用时间短暂，土的结构改变不能迅速充分地完成，相应土的变形不能充分发展，因而表现出更高的抗变形能力。

tu de pilao xiaoying

土的疲劳效应（fatigue effect of soil）　随循环作用次数增加，土破坏所对应的应力幅值减小的现象。

　　当循环应力作用于土体单元时，每一次循环作用都使土的结构发生一定程度的改变；随着循环次数的增加土的结构改变逐渐累积，当循环作用达到某次次数时就发生破坏。由于每一次循环作用下土的结构变化程度随动应力幅值的增大而增大，故动应力幅值越大，土破坏所对应的循环作用次数越少。在较低动应力幅值作用下，随循环作用次数增加，土的结构将因疲劳效应而破坏。

tu de dongbianxing

土的动变形（dynamic deformation of soil）　动荷载作用下往复变化的土位移或土应变。

　　土的动变形与静变形相似，分为体积变形和偏斜变形（或剪切变形）。由于土具有剪胀性（受剪后体积膨胀）或剪缩性（受剪后体积减小），不仅动球应力分量（平均正应力）作用引起土的体积变形，动偏应力分量作用也要引起土的体积变形。动偏应力分量作用引起的土体积变形对某些土类（如砂土）具有特别重要的意义。例如，在动偏应力作用下砂土体积压缩，是干砂土发生沉降变形和饱和砂土孔隙水压力变化的根本原因。动偏应力分量作用下饱和砂土的孔隙水压力增加，使有效正应力及抗剪切变形的能力降低，并引起附加的偏斜变形或剪切变形，甚至导致破坏。另一方面，动荷载作用停止后孔隙水压力将逐步消散，使饱和砂土发生沉降变形。

　　等幅循环动荷载作用下土的动变形时程曲线如图所示，它是具有一系列峰值和谷值的曲线。由曲线可以确定每次循环作用下动荷载为零时相应的变形，将这些变形点连接可得到一条随作用次数增加的单调上升曲线（见图中虚线），它表示循环荷载作用所引起的单方向累积变形的发展；相对于累积变形的往复变形部分称为循环变形。这

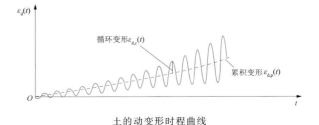

土的动变形时程曲线

样，任何时刻 t 的动变形 $\varepsilon_d(t)$ 可以表示成为累积变形 $\varepsilon_{d,p}(t)$ 与循环变形 $\varepsilon_{d,c}(t)$ 之和：

$$\varepsilon_d(t) = \varepsilon_{d,p}(t) + \varepsilon_{d,c}(t)$$

pianyingli

偏应力 （deviation stress） 物体中某点的应力与平均正应力之差。

微元体的应力状态可用张量表示为

$$\boldsymbol{\sigma} = \begin{bmatrix} \sigma_x & \tau_{xy} & \tau_{xz} \\ \tau_{yx} & \sigma_y & \tau_{yz} \\ \tau_{zx} & \tau_{zy} & \sigma_z \end{bmatrix}$$

式中：σ 为正应力；τ 为剪应力。定义平均应力张量为

$$\boldsymbol{\sigma}_m = \begin{bmatrix} \sigma_m & 0 & 0 \\ 0 & \sigma_m & 0 \\ 0 & 0 & \sigma_m \end{bmatrix}$$

式中：$\sigma_m = \frac{1}{3}(\sigma_x + \sigma_y + \sigma_z)$，称为平均应力。$\boldsymbol{\sigma}_m$ 称为球应力张量，微元体在球应力张量作用下只能产生均匀的压缩或膨胀，体积变化但形状不变。

定义偏应力张量（简称偏应力）为原应力张量与球应力张量之差：

$$\bar{\boldsymbol{\sigma}} = \begin{bmatrix} \sigma_x - \sigma_m & \tau_{xy} & \tau_{xz} \\ \tau_{yx} & \sigma_y - \sigma_m & \tau_{yz} \\ \tau_{zx} & \tau_{zy} & \sigma_z - \sigma_m \end{bmatrix}$$

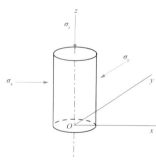

土试样的坐标系与应力

偏应力表示实际应力状态与均匀应力状态的差别，它包括正应力与平均应力之差和剪切应力，对于分析土体形状变化有重要作用。

在土动力学试验中，土试样为圆柱形，受力如图所示。动三轴等试验中对土样施加轴向应力 σ_1 和围压 σ_3，相当于 $\sigma_x = \sigma_y = \sigma_3$，$\sigma_z = \sigma_1$；则偏应力轴向分量 $(\sigma_z - \sigma_m)$ 为 $(2/3)(\sigma_1 - \sigma_3)$，侧向分量 $(\sigma_x - \sigma_m)$ 和 $(\sigma_y - \sigma_m)$ 则为 $-(1/3)(\sigma_1 - \sigma_3)$，显然此时偏应力可用 $(\sigma_1 - \sigma_3)$ 衡量。

tu de qufu yingbian

土的屈服应变 （yield strain of soil） 土在受力过程中结构发生明显破坏时所对应的剪应变幅值。

动力作用水平对土的循环变形和累积变形具有重要影响。等幅循环荷载作用下，在小变形和中等变形开始阶段，土的循环变形幅值保持常数，不随作用次数的增加而增大，且累积变形几乎为零。当动力作用水平提高到某个程度时，土的循环变形幅值不再保持常数，而随作用次数的增加而增大，并且产生不可忽视的累积变形（见土的动变形），表明土发生了屈服。当土的剪应变超过某一幅值时，土结构将发生明显破坏，这个剪应变幅值称为屈服应变，以 γ_y 表示。试验研究表明，不同土的屈服应变值 γ_y 变化不大，约为 2.0×10^{-4}。

见土的滞回曲线。

tu de zhihui quxian

土的滞回曲线 （hysteresis curve of soil） 土在循环荷载作用下一次往复中应力随应变变化的曲线。

滞回曲线的确定 在土样的端部施加一个等幅循环荷载，测量土样端部的变形；计算土样所受的动应力 $\sigma(t)$ 和动应变 $\varepsilon(t)$，则可得到滞回曲线。截取动应力时程曲线及相应动应变时程曲线中的第 i 次循环（图1）；注意应力为零时相应的应变并不为零，应力峰值也并不对应应变峰值。把该时段内同一时刻的应力和应变绘于以应变 ε_d 为横轴、以应力 σ_d 为纵轴的坐标中，则得到一个倾斜的环形曲线，即滞回曲线（图2），亦称应力-应变迹线或应力-应变关系。

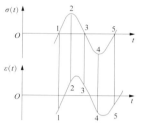

图1 应力和应变时程曲线　图2 滞回曲线

滞回曲线的特性 土的滞回曲线与其所受的静应力和动应力作用水平有关，有三种情况（图3）。

（1）当剪应变幅值小于屈服应变时（见土的屈服应变），等幅循环荷载作用下土的累积应变为零，且循环应变幅值为常数，不随作用次数增加而增大；滞回曲线是闭合的，各次循环的滞回曲线相互重合（图3a）。

（2）当静偏应力或静剪应力为零、剪应变幅值大于屈服应变时，等幅循环荷载作用下土的累积应变为零，但循环应变幅值随作用次数增加而增大；各循环的滞回曲线在横向渐次变宽，但滞回曲线的中心点不变（图3b）。

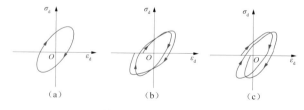

图3 土的滞回曲线类型

（3）当静偏应力或静剪应力不为零、剪应变幅值大于屈服应变时，土体将产生累积应变，循环应变幅值随循环次数增加而增大；各次循环的滞回曲线在横向渐次变宽，且滞回曲线中心沿横轴方向移动（图3c）。

tu de haoneng texing

土的耗能特性 （energy dissipation character of soil） 土在动力荷载作用下的能量耗散特性。

土由土颗粒骨架和孔隙中的水、空气组成，土的变形即土骨架的变形。土骨架变形使土颗粒相互滑动，运动中克服摩擦而做的功将转换成热能耗散。这是关于土的耗能机制的一种解释。

根据应变能定义，在一次等幅循环应力作用下，单位体积土体所耗损的能量为

$$\Delta W = \int_0^T \sigma(t)\,\mathrm{d}\varepsilon \tag{1}$$

式中：$\sigma(t)$ 为 t 时刻的应力；$\mathrm{d}\varepsilon$ 为应变微分；T 为等幅循环应力周期。从式（1）可见，耗能 ΔW 即为土的滞回曲线所围成的面积；只要加荷与卸荷时的应力-应变迹线不重合，ΔW 就不为零。弹性材料的加荷与卸荷应力-应变迹线是重合的，但这并不符合土的试验结果。

土的耗能特性可用下述方法估计。

黏性耗能　黏性材料的应力 $\sigma_c(t)$ 与其应变速率 $\dot\varepsilon(t)$ 成正比：

$$\sigma_c(t) = c\dot\varepsilon(t) \tag{2}$$

式中：c 为黏滞系数。设应力 $\sigma_c(t)$ 为随时间按正弦函数变化的等幅应力，即

$$\sigma_c(t) = \bar\sigma_c \sin\omega t \tag{3}$$

式中：$\bar\sigma_c$ 为应力幅值；ω 为应力的圆频率。由式（2）和式（3）可得

$$\varepsilon(t) = -\frac{\bar\sigma_c}{c\omega}\cos\omega t + a \tag{4}$$

式中：a 为由初始条件确定的常数。由式（3）和式（4）可得

$$\left[\frac{\sigma_c(t)}{\bar\sigma_c}\right]^2 + \left[\frac{\varepsilon(t)-a}{\bar\sigma_c/(c\omega)}\right]^2 = 1 \tag{5}$$

式（5）表明，黏性材料的滞回曲线为椭圆，其耗损的能量 ΔW 为椭圆的面积。

塑性耗能　塑性材料屈服后将发生塑性变形。卸荷时塑性变形不可恢复，则加荷与卸荷时的应力-应变迹线将不重合。塑性材料滞回曲线包围的面积即是能量耗损。

等价耗能　土的滞回曲线是实测得出的，其能量耗损既可能包括黏性耗能，也可能包括塑性耗能，两者难以区分。在实际应用中，通常要对耗能机制作必要的理想化假定。若假定土的能量耗损全部是黏性耗能，则将其称为等价黏性耗能；若假定能量耗损全部是塑性耗能，则将其称为等价塑性耗能。

tu de donglixue moxing
土的动力学模型（dynamic model of soil）　描述土在动荷载作用下应力-应变关系的物理力学模型。

本构关系　土在动力作用下的变形特征是土动力学研究的基本内容。土的动力性能非常复杂，为便于描述其主要性能，可将土视为某种理想化的力学介质建立物理力学模型，这类物理力学模型的应力-应变关系称为动力学模型的本构关系。土的动力学模型考虑的物理力学现象越多，模型的本构关系就越复杂，使用中也更受限制。实际应用的简单模型考虑最基本和最重要的物理力学现象，而忽视另外一些物理力学现象。

模型参数　动力学模型本构关系中所包括的参数称为模型参数，可由试验测定。模型参数越多，所需试验设备越复杂，试验量也越大；当模型参数多得难以准确测定时，这个模型就失掉了实际意义。便于应用的动力学模型参数一般能用常规的动力试验仪器（如动三轴仪、共振柱试验仪）测定。

模型的分类　土的动力学模型可从不同角度分类，最基本的分类是线性模型和非线性模型。线性动力学模型的典型代表是线性黏弹性模型，它是最基本和最简单的动力学模型。非线性动力学模型可进一步分为非线性黏弹性模型和弹塑性模型。非线性黏弹性模型的典型代表是等效线性化模型，弹塑性模型的典型代表是基于曼辛准则的滞回曲线模型。

模型的适用性　土的动力学模型应与土的受力水平相对应。当土的受力水平处于小变形阶段时，土可用线性黏弹性模型描述；当土的受力水平达到中等变形阶段时，土将表现出不可忽视的非线性性能，此时则应采用等效线性化模型或弹塑性模型。在大变形阶段，土将处于流动或破坏状态，目前还没有公认的适用于该变形阶段的动力学模型。在破坏性地震作用下，土体受力水平一般处于中等变形阶段和大变形的开始阶段，因此，土体地震反应分析通常采用等效线性化模型或弹塑性模型。

tu de niantanxing moxing
土的黏弹性模型（visco-elastic model of soil）　假设土体为黏弹性介质建立的动力学模型。该模型中动应力由弹性恢复力和黏性力组成，两者分别与变形和变形速率成正比，是常用的土的动力学模型。

基本假定　黏弹性模型的应力关系为

$$\sigma = \sigma_e + \sigma_c \tag{1}$$

式中：σ_e，σ_c 分别为弹性恢复力和黏性力。σ_e 与应变 ε 成线性关系：

$$\sigma_e = E\varepsilon \tag{2}$$

式中：E 为动弹性模量（常数）。黏性力 σ_c 与应变速率 $\dot\varepsilon$ 或变形速度 $\dot u$ 成正比：

$$\left.\begin{array}{l}\sigma_c = c_\varepsilon\dot\varepsilon \\ \sigma_c = c_u\dot u\end{array}\right\} \tag{3}$$

式中：c_ε 或 c_u 为黏滞系数（常数）。在微元体分析中可采用式（3）第 1 式，在有限体分析中可采用式（3）第 2 式。

滞回曲线　若动应力幅值为 $\bar\sigma$、频率为 p，即 $\sigma=\bar\sigma\sin pt$，利用式（1）—式（3）可解得

$$\left(\frac{\sigma}{\bar\sigma}\right)^2 - 2\cos\delta\left(\frac{\sigma}{\bar\sigma}\right)\left(\frac{\varepsilon}{\bar\varepsilon}\right) + \left(\frac{\varepsilon}{\bar\varepsilon}\right)^2 = \sin^2\delta \tag{4}$$

式中：$\bar\varepsilon$ 为应变幅值；δ 为应变滞后于应力的相角；分别如式（5）和式（6）：

$$\bar\varepsilon = \frac{\bar\sigma}{\sqrt{(c_\varepsilon p)^2 + E^2}} \tag{5}$$

$$\tan\delta = \frac{c_\varepsilon p}{E} \tag{6}$$

式（4）表示线性黏弹性模型的滞回曲线在 ε_d - σ_d 坐标下为一个倾斜的椭圆（图 1），在椭圆上可找到两个应变最大点 M 和 N，这两点应变速率 $\dot\varepsilon$ 为零，则对应的黏性应力 σ_c = 0。因此，M，N 两点的应力全部为弹性应力 σ_e，直线 MON 的斜率为动弹性模量 E。椭圆上任意点 P 的纵坐标 PQ 表示该点的应力 σ，PQ 被直线 MON 分成两段，下段 RQ 表示该点的弹性应力 σ_e，上段 PR 表示该点的黏性应力 σ_c。

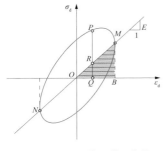

图 1　线性黏弹性模型滞回曲线

能量耗损系数 η 图 1 所示的椭圆面积表示在一次应力循环中线性黏弹性介质的能量耗损 ΔW，三角形 OMB 的面积表示线性黏弹性介质所具有的最大弹性能 W。能量耗损系数定义为 $\eta = \Delta W / W$，计算可得

$$\eta = 2\pi \frac{c_\epsilon p}{E} = 2\pi \tan\delta \tag{7}$$

式(7)表明，黏滞系数 c_ϵ 越大，线性黏弹性介质的能量耗损系数 η 越大。

动力学方程及其解 基于线性黏弹性模型，可将一微小土体（如土样）视为由质量块（m）、线性弹性元件（K）与线性黏性元件（c）构成的组合元件（图 2）。图中，S 为土样横截面积，h 为土样高度，E 为土的弹性模量，ρ 为土的密度。质量 $m = \rho S h$，刚度系数 $K = SE/h$。

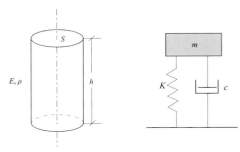

图 2 土试样的简化体系

由质量块 m 的动力平衡条件，可建立质量块自由振动方程式，自由振动的位移解为

$$u = Ae^{-\lambda\omega t}\sin(\omega_1 t + \delta) \tag{8}$$

式中：ω_1 为阻尼自由振动的圆频率，$\omega_1 = \sqrt{1-\lambda^2}\,\omega$，阻尼比 $\lambda = c/(2\omega m)$，c 为黏滞系数；$\omega = \sqrt{K/m}$ 为无阻尼自由振动频率；A 为振幅；δ 为相角。

见单自由度体系运动方程和自由振动试验。

tu de dengxiao xianxinghua moxing

土的等效线性化模型（equivalent linearization model of soil）
考虑介质非线性黏弹性的土的动力学模型。

在强地震动作用下，土的动模量随地震作用提高而减小，阻尼则随之增加，如图所示；这给土体地震反应分析带来很大不便。为简化计算，可在随地震作用水平变化的动模量和阻尼比中，按照一定原则选取等效值，而后运用黏弹性模型求解，近似考虑土介质的非线性。工程上采用

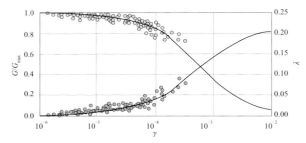

动剪切模量比 $G/G_{\max}$ 和阻尼比 λ 随剪应变 γ 的变化

的等效原则比较简单，即选择动弹性模量和阻尼比的初值，通过迭代计算达到收敛（见土体地震反应分析）。采用这一模型只须进行数次弹性分析，从而避免了进行弹塑性时程分析的困难。

为建立等效线性化模型，必须首先对土样进行从小到大逐级施加等幅循环荷载的动力试验，测定土的动剪切模量 G 和阻尼比 λ 与剪应变幅值 γ 的关系（图中 $G_{\max}$ 为动剪切模量最大值），即等效线性化模型的基本关系。实际应用中，上述基本关系可直接用试验曲线描述，亦可用拟合试验数据的数学式描述（见土的弹塑性模型）。

tu de tansuxing moxing

土的弹塑性模型（elasto-plastic model of soil）
考虑弹塑性变形的土的动力学模型。

在等幅循环荷载作用下，土的应力-应变曲线可分为初始加载曲线和后继加载曲线。初始加载曲线从原点开始达到设定幅值，构成骨架曲线。初始加载曲线存在于应力-应变坐标中的第一象限和第三象限（图 1），图中 σ_d 和 ε_d 分别为轴向动应力和动应变。假定土是各向同性介质，则骨架曲线是关于坐标原点的对称曲线。后继加载曲线是初始加载达到设定幅值后的往复应力-应变迹线，要经历多次卸载和反向加载。由于存在塑性变形，卸载和反向加载的应力-应变曲线将不同于初始加载曲线。弹塑性模型就是对初始加载曲线和后继加载曲线的描述。

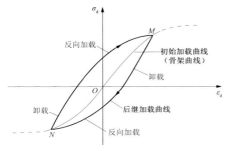

图 1 初始加载曲线和后继加载曲线

骨架曲线 由动力试验得出。为便于应用，该曲线通常以双曲线或奥斯古德-朗贝格（Osgood-Ramberg）曲线拟合。采用双曲线拟合的初始加载曲线为

$$\sigma_d = \frac{\varepsilon_d}{a + b\varepsilon_d} \tag{1}$$

式中：σ_d，ε_d 分别为动应力和动应变；a，b 由试验确定。可以证明：

$$\left.\begin{array}{l} a = 1/E_{\max} \\ b = 1/\sigma_{d,\text{ult}} \end{array}\right\} \tag{2}$$

式中：$E_{\max}$ 为最大动模量，即原点处双曲线切线的斜率；$\sigma_{d,\text{ult}}$ 为最终强度，等于双曲线的水平渐近线的纵坐标。引入参考应变 $\varepsilon_r = a/b$，式(1)可改写成

$$\sigma_d = E_{\max} \frac{\varepsilon_d}{1 + \varepsilon_d/\varepsilon_r} \tag{3}$$

后继加载曲线 有两种不同的荷载作用情况。

（1）等幅循环荷载作用下的后继加载曲线按下述假定建立：① 后继加载曲线与初始加载曲线具有相同形式，例如，若初始加载曲线为双曲线，后继加载曲线亦为双曲线；② 后继加载曲线是同向初始载荷曲线的平移和放大。

根据曼辛准则：①在卸载开始点，后继加载曲线的切线模量 E 等于初始加载曲线在原点处的切线模量，即最大模量 $E_{\max}$；②反向加载曲线和同向初始加载曲线的交点 N 与卸载开始点 M 关于原点 O 为对称（图 1）。

（2）不规则循环荷载作用下的后继加载曲线按下列假定建立。

当动荷载幅值不规则时，反向加载的转折点 F（亦称拐点）一般不在初始加载曲线上（图2）。在这种情况下，

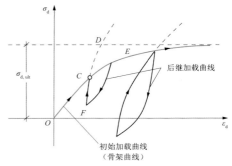

图 2　不规则动荷载的后继加载曲线

当后继加载曲线与同向初始加载曲线在 C 点相交后再继续延伸到 D 点时，其动应力可能超过土的最终强度 $\sigma_{d,ult}$。为避免发生这种不合理现象，规定后继加载曲线在 C 点后沿走向相同的初始加载曲线 CE 变化。

派克（R. M. Pyke）提出了另一种建立后继加载曲线的方法，可避免判断后继加载曲线是否与同向初始加载曲线相交，称为派克模型。该模型假定后继加载曲线与同向初始加载曲线具有相同的最终强度，可得后继加载曲线的参考应变 ε_r' 如下：

$$\varepsilon_r' = \varepsilon_r \mp \frac{\sigma_0}{E_{max}} \qquad (4)$$

式中：σ_0 为平均静应力；符号"$\mp$"按如下规定选取：与第一象限初始加载曲线同向的后继加载曲线取"$-$"，与第三象限初始加载曲线同向的后继加载曲线取"$+$"。后继加载曲线的表达式为

$$\sigma_d - \sigma_{d0} = E_{max} \frac{\varepsilon_d - \varepsilon_{d0}}{1 + \left| \dfrac{\varepsilon_d - \varepsilon_{d0}}{\varepsilon_r'} \right|} \qquad (5)$$

式中：σ_{d0} 和 ε_{d0} 分别为后继加载曲线起始点的动应力和动应变。土的应力-应变关系非常复杂，很难用简单的函数关系统一表示。在实际工程中，简单方便、参数易于获取的模型应用广泛。

Manxin zhunze

曼辛准则（Massing criterion）　动力荷载作用下关于土的单向应力-应变关系的基本规定。

根据试验结果，土在等幅循环荷载作用下的应力-应变关系遵从以下规则。

（1）初始加载过程中，应力 τ 与应变 γ 的关系遵循骨架曲线 $\tau = f(\gamma)$，函数 f 可取双曲线等形式。

（2）后继加载曲线的初始动模量等于土体最大动模量，即后继加载曲线起始点的切线与初始加载曲线原点处的切线平行；且曲线形状为

$$\frac{\tau - \tau_c}{2} = f\left(\frac{\gamma - \gamma_c}{2}\right)$$

式中：τ_c、γ_c 分别为后继加载曲线起始点的应力和应变，且 $f(-\gamma) = -f(\gamma)$。这意味着后继加载曲线是骨架曲线的平移和放大。

在非等幅荷载作用下，采用以下补充规定。

（1）后继加载曲线与骨架曲线相交后，其应力-应变迹线遵循骨架曲线。

（2）加载曲线与先前的后继加载曲线相交后，其应力-应变迹线遵循先前的后继加载曲线。

见土的弹塑性模型。

dongkongxishui yali

动孔隙水压力（dynamic pore water pressure）　动荷载引起的饱和土中变化的孔隙水压力。

通常认为在动荷载作用之前，土体在静力作用下的变形已完成；而动荷载将引起土的附加应力和附加变形，导致孔隙水压力发生变化。土体中各点的动应力分布是不均匀的；如果在动荷载作用期间土体处于排水状态，则孔隙水要从高压力区向低压力区流动，此时孔隙水压力取决于如下两种相反的效应：动荷载引起的孔隙水压力增长，由排水引起的孔隙水压力消散。

孔隙水压力方程　考虑上述两种效应求解动荷载作用期间孔隙水压力变化的方程如下：

$$\frac{\partial u}{\partial t} - \frac{k k_s'}{\gamma_w}\left(\frac{\partial^2}{\partial x^2} + \frac{\partial^2}{\partial y^2} + \frac{\partial^2}{\partial z^2}\right)u = \frac{\partial u_g}{\partial t} \qquad (1)$$

式中：u 为动力作用期间的孔隙水压力；t 为时间；k 为土的渗透系数；k_s' 为土的体积回弹模量；γ_w 为水的重力密度；u_g 为动应力作用引起的动孔隙水压力。动力作用停止后，只有消散作用，孔隙水压力可继续由求解式（1）得到，但应令右端 $\partial u_g/\partial t = 0$。$u_g$ 可由孔隙水压力增长模型计算。

孔隙水压力增长模型　在不排水状态和动力作用下，孔隙水处于受阻状态而引起孔隙水压力升高。有两种孔隙水压力增长模型。

（1）马丁-希德（Martin-Seed）模型。令动剪切作用引起的砂土体积压缩应变为 $\varepsilon_{v,d}$，引起的孔隙水压力 u_d 为

$$u_d = k_s' \varepsilon_{v,d} \qquad (2)$$

土的体积回弹模量可由试验测定。

（2）希德经验模型。该模型是基于大量饱和砂土动剪切试验资料建立的。在动剪试验中，饱和砂土土样在竖向压力 σ_v 下固结，固结完成后在不排水状态下施加循环剪切荷载，在剪切作用过程中测量孔隙水压力 u_d 和相应的动力循环次数 n，并得到当孔隙水压力增高到竖向压力 σ_v 时的循环作用次数 N_f。令 $\alpha_n = n/N_f$ 和 $\alpha_u = u_d/\sigma_v$，则 $\alpha_u - \alpha_n$ 的经验回归曲线为

$$\alpha_u = \frac{1}{2} + \frac{1}{\pi}\arcsin\left(2\alpha_n^{1/a} - 1\right) \qquad (3)$$

式中：试验参数 $a = 0.7$。只要根据实际问题确定 N_f，即可由式（3）得到任意动力作用循环次数 n 时的动孔隙水压力。

以上两个模型均只适用于估计水平场地饱和砂土受水平剪切作用所引起的孔隙水压力增长。

tu de dongqiangdu

土的动强度（dynamic strength of soil）　动力荷载作用下土的破坏面上的应力。土的破坏一般表现为剪切破坏，强度多取为破坏面上的剪切应力；破坏面位置与土的受力状态和土的性质有关。土的破坏是逐渐发生的，通常以某个剪应变值作为破坏的指标，故土的动强度亦可表示为动力荷载作用下对应某一指定剪应变的剪切应力。土的动强度受各种复杂因素影响，在不同种类试验中有不同的确定

方法。

影响因素　影响土的动强度的主要因素包括：①动力荷载的不同作用方式，如冲击荷载、等幅循环荷载以及随机振动等；②动力荷载的幅值和频率，包括动荷载引起的土的变形速率；③土的排水状态，土中孔隙水可以排出或不能迅速排出；④土的固结应力和破坏面上的正应力大小；⑤土的孔隙比、黏聚力与饱和状态等。

试验方法　土的动强度可用动剪切仪、动三轴仪、共振柱仪、动力扭剪仪以及爆破等方法测定。动三轴试验最为常用，地震工程中的这类试验通常在不排水状态下进行（见土动力试验）。

（1）地震作用下的动强度测试。将土试样排水固结，在轴向施加峰值渐次增加的地震动时程，测记每次试验中轴向动应力峰值和土的残余应变，根据全部试验结果绘制动应力-累积残余应变曲线，确定对应某一残余应变的动应力，进而得出对应该地震动时程的土的动强度。

（2）正弦波作用下的动强度测试。试验方法与（1）类似，但与土样破坏对应的动应力幅值与加载循环次数有关。根据试验结果可得动应力幅值-破坏循环次数曲线，进而得出对应某一循环次数的土的动强度。

实际应用中，有时直接采用对应某一指定应变的动应力作为动强度；也可同时考虑静应力影响，如根据试验结果作动静组合应力摩尔圆确定动强度。

dizhen zuoyongxia tu de fenlei
地震作用下土的分类（soil classification for seismic action）
根据地震作用下土变形和稳定性的差异对土的粗略区分。

土动力试验资料表明，循环荷载作用下某些土的孔隙水压力明显升高，变形逐渐增大，甚至发生破坏；另外一些土则不会产生明显的孔隙水压力升高及大变形。震害事例也表明，在地震作用下产生永久变形及丧失稳定性的场地、地基和土工结构物，总包含某些相同的土类。据此，可将土划分为对地震作用敏感的土和对地震作用不敏感的土两类。这种区分虽然粗略，但对工程判断有实用意义。

对地震作用敏感的土在地震作用下会产生明显的孔隙水压力升高及大的永久变形，抗剪强度会大幅降低或完全丧失。这类土包括松散-中密状态的饱和砂土、黏粒含量小于10％的饱和轻粉质黏土、软黏土和淤泥以及砾含量小于70％的砂砾石。

对地震作用不敏感的土在地震作用下不会产生明显的孔隙水压力升高及大的永久变形，这类土包括干砂、饱和的密实状态的砂土、压密的黏性土以及砾含量大于70％的砂砾石。

tudongli shiyan
土动力试验（dynamic test of soil）
利用专门仪器测量土在动荷载作用下的变形特性、耗能特性、孔隙水压力特性及强度特性的试验。

土动力试验可定性或定量揭示土的动力性能，是建立土的动力学模型的基础。

试验设备　常规的土动力试验设备有动三轴仪和共振柱试验仪，此外，还有动剪切仪和动扭剪仪等。装备后两种动力试验仪器的试验室很少。

无论哪种土动力试验仪器，都包括四个组成部分。

（1）试样室或试样盒。安置试样的压力室或压力盒，在土样的顶面装有试样帽或顶盖。

（2）静荷载系统。在动荷作用之前对土样施加指定静荷载的气压或液压装置，使土样在指定静应力下固结。

（3）动荷载系统。可以产生正弦振动、随机振动或地震动的装置，有气动式、液压伺服式、电磁式三种类型。

（4）测量系统。由传感元件、放大器、数字采集装置、计算机、绘图仪和打印机组成。

可利用计算机实现土动力试验的自动化和数字化，如自动控制试验过程和对试验结果进行分析。

试验步骤　建筑地基和土工结构物中的土体在静力作用下变形已经稳定，而后承受动力作用。为模拟这一过程，土动力试验通常分两个试验阶段。

（1）静力固结阶段。在排水状态下给试验土样施加指定的静应力，并使静应力作用引起的变形达到稳定，模拟实际工程环境。

（2）动荷载作用阶段。根据动荷载的类型及土的种类，动荷载可在不排水状态或排水状态下施加。模拟历时很短的地震或爆炸等动力作用下的饱和土试验，通常在不排水状态下进行。虽然有些动力试验仪器可产生任意波形的动荷载，但大多数仍以等幅循环动荷载模拟地震和波浪等作用。动力作用期间要测量土样承受的动应力、产生的动变形及孔隙水压力。

由于动荷载的周期通常很短，采样间隔也必须很短，要求自动测量和记录土样的动应力、动变形及孔隙水压力。

土动力试验中，根据试验的要求，动荷载有两种施加方式：①幅值从小到大逐级施加，每级的作用次数等于指定的次数；②将指定幅值的动力荷载施加于土样直至土样破坏。第一种加荷方式适用于测试土的动模量和阻尼比，第二种加荷方式适用于测试土的动强度。

dongsanzhou shiyan
动三轴试验（dynamic triaxial test）
利用动三轴仪进行的土动力试验。

试验方法　动三轴试验在动三轴仪上进行（图1）。土试样为圆柱形，直径通常为40 mm，高为80 mm。试验中，将应力为 σ_1 的轴向静荷载与应力为 σ_3 的侧向静荷载施加于土样（图2），土试样在静应力作用下固结完成，此时 σ_1

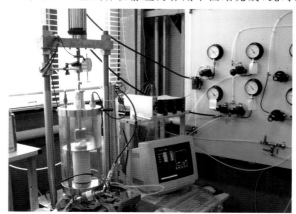

图1　动三轴试验仪

与 σ_3 之比称为固结比，以 k_c 表示；再通过动荷系统将动荷载施加于土样，使土样承受轴向动应力 σ_{ad}。有些动三轴仪亦可施加侧向动荷载 σ_{rd}。

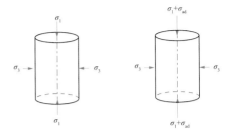

图 2　动三轴试验土样的受力状态

在动三轴试验中，土样的静力和动力受力状态均为轴对称应力状态，土样承受的剪应变幅值约为 $10^{-4} \sim 10^{-2}$，可测试中等变形到大变形阶段的动模量、阻尼比和动强度。

动模量和阻尼比测试试验，通常在给定的固结比 k_c 下进行。动荷载按幅值从小到大分级施加；根据实测资料可求得对应每级荷载的动弹性（杨氏）模量 E、最大动弹性模量 E_{max}、阻尼比 λ 以及相应的轴向动应变幅值 $\bar{\varepsilon}_a$，$\bar{\varepsilon}_a$ 可转换成动剪应变幅值 γ。在土的动强度测试试验中，则将指定幅值的动荷载施加于土样直至发生破坏。在施加动荷载过程中，测量和记录土试样承受的轴向动应力 σ_{ad}、轴向动应变 ε_{ad} 和孔隙水压力 u_d 的时间过程。

试验分组　试验要指定三个固结比 k_c 值进行，通常取 $k_c=1.0$、1.5、2.0。对于每个指定的固结比 k_c，要指定三个侧向静应力 σ_3，通常取 100，200，300 kPa。对每个指定的固结比 k_c 和侧向静应力 σ_3，至少选择五个轴向动应力幅

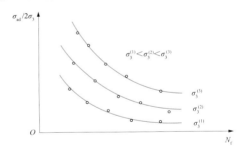

图 3　指定固结比 k_c 下的动强度三轴试验结果

值 σ_{ad} 分别进行试验。在动强度试验中记录每个试样发生破坏时动应力的作用次数 N_f。对一个指定的固结比 k_c 和侧向静应力 σ_3，可测得一组轴向动应力幅值 σ_{ad} 和相应的破坏作用次数 N_f。对每一个指定的固结比 k_c，可得三条轴向动应力幅值 σ_{ad} 与相应破坏作用次数 N_f 的关系曲线（图 3）。

gongzhenzhu shiyan

共振柱试验（resonant column test）　利用共振柱仪进行的土动力试验。

试验原理　共振柱试验在共振柱试验仪上进行（图 1）。土试样为圆柱形，土样底部固定，顶端设有可施加动扭矩的电磁式驱动器，土试样和驱动器构成如图 2 所示的扭转振动体系，σ_3 为静应力。假定土试样具有黏弹性，驱动器为刚块；土试样顶部承受的动扭矩等于刚块极惯性矩乘以刚块扭转振动的角加速度。

图 1　共振柱试验仪

土样扭转振动方程式为

$$\frac{\partial^2 \theta}{\partial t^2} = v_s^2 \frac{\partial^2 \theta}{\partial z^2} \qquad (1)$$

式中：θ 为扭转角；v_s 为土的剪切波速，$v_s = \sqrt{G/\rho}$，G 和 ρ 分别为土的动剪切模量和质量密度。边界条件为

$$\left.\begin{array}{l} Z=0, \quad \theta=0 \\ Z=L, \quad M(L,t)=I_0 \ddot{\theta}(L,t) \end{array}\right\} \qquad (2)$$

式中：Z 为轴向的长度坐标；L 为土样高度；$M(L,t)$ 为土样顶面的扭矩；I_0 为刚块的极惯性矩。求解方程式（1）可得动剪切模量为

$$G = \rho \left(\frac{2\pi f L}{\beta} \right)^2 \qquad (3)$$

式中：f 为体系的扭转自振频率；β 按（4）式确定：

$$\beta \tan\beta = I/I_0 \qquad (4)$$

式中：I 为土样的极惯性矩。由式（3）可见，只要测得土样扭转振动的自振频率 f，即可求得土的动剪切模量 G。

试验方法　共振柱试验可采用自由振动法或强迫振动法进行。

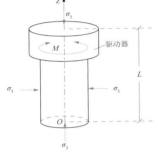

图 2　土试样与驱动器构成的扭转振动体系

自由振动法　驱动器在土试样顶部施加扭矩，使土试样发生扭转变形，然后突然释放扭矩，则驱动器和土样一起产生自由扭转振动。安装在驱动器上的加速度计可测量扭转振动加速度时程曲线，该曲线振动周期 T 的倒数即为自振频率 f。由加速度时程曲线亦可求得对数衰减率，进而确定土的阻尼比（见自由振动试验）。

强迫振动法　驱动器在土试样顶部逐次施加一组幅值相等而圆频率不同的扭转作用。土试样和驱动器体系在给定频率的动力扭矩作用下发生扭转振动，达到稳态振动时其振幅为常值。稳态振动幅值随外加扭矩圆频率的变化而改变。由试验可得振动幅值与圆频率的关系曲线（即共振曲线），共振曲线峰值所对应的圆频率即为体系的自振圆频率。此外，由共振曲线还可以确定土的阻尼比（见半功率点法）。

比较而言，自由振动法比强迫振动法实施简便，应用更多。

在共振柱试验中，土试样剪应变幅值 γ 的范围一般为 $10^{-6} \sim 10^{-4}$，适用于测试小变形到中等变形开始阶段的动

剪切模量及阻尼比。

共振柱试验通常在固结比 $k_c = 1$ 的情况下进行，取三个土样在各自不同的静应力 σ_3 下固结，固结完成后，从小到大分级施加扭矩进行动力试验。由测量结果可以确定每级扭矩作用下的动剪切模量、阻尼比以及相应的剪应变幅值。

tugong lixinji zhendongtai shiyan

土工离心机振动台试验（geotechnical centrifuge shaking table test） 利用土工离心机振动台设备进行的岩土试样、岩土体和岩土工程的动力试验。

岩土体和岩土工程体积庞大，一般振动台很难模拟其缩尺模型的重力效应（见地震模拟振动台）。

土工离心机振动台可利用离心机旋臂的高速旋转产生强大的离心作用，离心力的大小与设备和试体的质量及其旋转速度有关。可调节离心机旋转速度产生期望的离心力，模拟试体原型的重力场；设置于离心机旋臂一端吊篮中的振动台则可对试体施加动力作用，从而克服一般振动台的局限，在接近真实的应力条件下进行岩土试体的动力试验。土工离心机振动台试验是岩土工程抗震研究的有力手段。

土工离心机振动台设施由土工离心机和设置于离心机旋臂一端吊篮中的振动台组成（图1）。土工离心机设备在20世纪60年代开始应用，80年代又开发出土工离心机振动台设施。

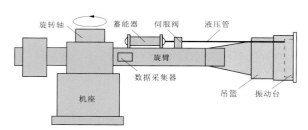

图 1　土工离心机振动台装置示意图

一般土工离心机振动台（图2）旋臂长度为数米，旋臂旋转可产生数十至 100 g 左右的加速度；振动台亦可产生相同量级的振动加速度，由于试体为小比例尺缩尺模型，为满足相似率要求，振动台振动频率应达数百赫兹，最大负载为数百至数万牛顿。

图 2　土工离心机振动台试验装置

离心机振动台产生的加速度和振动频率远高于一般地面振动台，故制作技术难度和运行要求更高。目前使用的离心机振动台采用爆炸、机械、压电、电磁、电液伺服等多种驱动、控制方式，可产生一维或三维的幅值和频率可调的正弦波、合成波和地震波，其中以电液伺服控制系统最为理想。

土工离心机振动台试验可用于堤坝、边坡和挡土墙的稳定性、土-结相互作用、土体液化，桩基、地下工程、岩土工程抗震的试验研究，在岩石力学和土动力学、冻土力学、爆破工程和岩土工程领域获得应用。土工离心机振动台试验为深入认识岩土力学特性和岩土工程抗震能力、验证数值分析方法发挥了重要作用。

见振动台试验。

shatu yehua

砂土液化（sand liquefaction） 饱和砂土由固态变成可流动、不具抗剪切能力的液态的一种现象。地震、爆炸、波浪、机械振动、车辆行驶等外部作用均可触发饱和砂土液化。地震工程研究仅涉及地震触发的饱和砂土液化。

液化现象和危害 在破坏性地震的震害调查中，常见饱和砂土液化及其引起的工程灾害；喷水冒砂是地面下饱和砂土液化的宏观标志。

砂土液化形成的喷水冒砂孔（2003年新疆巴楚—伽师地震）

饱和砂土液化的震害特点如下。

（1）液化后饱和砂土丧失抵抗剪切作用的能力而失稳，导致建筑物或其他工程结构沉降、断裂、严重倾斜甚至倾覆（见液化破坏）。

（2）液化后饱和砂土具有流动性，当斜坡中含有饱和砂层时能造成土体流动，破坏地下管道。1976年河北唐山地震时，北京密云水库白河主坝斜墙保护层因液化而滑落。

（3）当岸坡含有饱和砂层或由饱和砂土组成时，岸坡土体可能因液化发生滑动，使桥梁、码头等结构受到侧向推力而发生严重破坏。1975年辽宁海城地震和1976年河北唐山地震中许多桥梁的破坏就是典型事例。

（4）饱和砂土可能在很低的地震动水平（如地震烈度Ⅵ度）下发生液化，并引起严重灾害；上述白河主坝破坏就发生于Ⅵ度区。当工程结构未因地震惯性作用而破坏时，却可因饱和砂土液化造成结构震害。

（5）在某些情况下，地震停止后才发生饱和砂土液化引起的滑坡；1975年辽宁海城地震石门岭水库土坝上游砂砾石坝坡的滑坡即属此事例。

机理和研究进展 饱和砂土液化的根本原因在于动力荷载作用下土中孔隙水压力的升高（见有效应力和循环流

动性）。

饱和砂土液化及其对工程的危害早已引起人们的关注。20 世纪 50 年代，苏联学者马斯洛夫（H. H. Maslov），美国学者卡萨格兰德（A. Casagrande），中国学者黄文熙、汪闻韶等已进行液化研究。饱和砂土液化的全面系统研究始于 1964 年日本新潟地震。70 年代初，美国学者希德首先提出了判别水平地面下饱和砂土液化的简化方法，中国学者也相继提出了类似的经验公式，并纳入抗震设计规范。目前饱和砂土液化研究涉及饱和砂土液化机制、饱和砂土液化判别、饱和砂土液化的工程危害评估以及避免或减轻饱和砂土液化的工程措施。

见液化破坏。

yehua yingxiang yinsu
液化影响因素（influence factor to liquefaction）　砂土液化是复杂的物理力学现象，其主要影响因素如下。

（1）砂土粒径。试验研究表明，平均粒径 d_{50} 在 $0.1\sim0.08$ mm 范围内的饱和砂土最易液化。

（2）砂土密度。液化研究中以相对密度 D_r 作为砂土密度的定量指标。当相对密度小于 80% 时，饱和砂土的抗液化能力随相对密度增大呈线性增长；当相对密度大于 80% 时，抗液化能力增长更快。由于原状砂土采样困难，天然砂层中砂土的相对密度难以测定，故在一般情况下以现场测量的标准贯入击数 N 作为砂土密度的定量指标。现场测量的标准贯入击数 N 不仅与砂的相对密度 D_r 相关，还随测点上覆压力 σ_v 的增加而增大。通过消除上覆压力的影响，可将测量的标准贯入击数 N 转换成修正的标准贯入击数 N_1，并作为砂土密度的定量指标。

（3）砂土结构。在相对密度相同的条件下，原状饱和砂土的抗液化能力明显高于结构破坏后重新制备的饱和砂土。砂土的原状结构是经长期地质年代形成的，在试验室内无法再现；因此，在研究天然砂层中饱和砂土抗液化能力时必须采用原状结构的砂土试样。松-中密状态的原状饱和砂土采样是困难的，须采取冻结法等特殊技术。

（4）固结压力或上覆压力。饱和砂土的抗液化能力随固结压力或上覆压力的增加而增加。水平场地天然砂层中饱和砂土单元所受的上覆压力 σ_v 与砂土的埋深和地下水位埋深有关，砂土埋藏越深、地下水位越低，则上覆压力 σ_v 越大，其抗液化能力越高；大量的地震现场液化调查资料也证明了这一点。

（5）静剪应力比。破坏面上的静剪应力 $\tau_{s,f}$ 与该面上静正应力 $\sigma_{s,f}$ 之比称为静剪应力比，以 $\alpha_{s,f}$ 表示。在动力试验中，$\alpha_{s,f}$ 随试样的固结比 k_c（轴向静应力与侧向静应力之比）的增加而增大。试验资料表明，饱和砂土的抗液化能力随固结比 k_c 和 $\alpha_{s,f}$ 的增加而增大。

（6）压密状态。压密状态指饱和砂土处于正常压密状态或超压密状态。试验研究表明，超压密饱和砂土的抗液化能力明显高于正常压密饱和砂土，原因在于超压密饱和砂土具有更高的静止土压力系数，侧向静应力较高。

（7）动应力幅值和作用次数。动荷载作用下饱和砂土具有疲劳效应，幅值较小的动应力引起液化所需要的循环作用次数较多，幅值较大的动应力引起液化所需要的循环作用次数较少。

xunhuan liudongxing
循环流动性（cyclic mobility）　密实的饱和砂土在孔隙水压力升高达到固结压力之后，仍具有抗剪切变形的能力、保留部分强度仅发生缓慢滑移的现象。

饱和砂土液化要经历一个发展过程。在动荷载作用下，随着孔隙水压力的升高，饱和砂土变形不断增大，但变形的发展与饱和砂土的密度状态有关。试验表明，在动荷载作用下，不同密度的饱和砂土的孔隙水压力都会升高到固结压力；但此后密实的砂土与松-中密的饱和砂土变形发展明显不同。密实的饱和砂土变形发展缓慢，甚至会达到稳定状态而不破坏；这表明密实的饱和砂土此时仍有一定的抗剪切变形能力，还保留一部分强度。但是，松-中密的饱和砂土变形发展特别迅速，很快就产生破坏。因此，只有松-中密的饱和砂土才具有典型的液化特征，密实的饱和砂土表现为流滑特征。

yehua panbie
液化判别（liquefaction judgment）　对场地、建筑物地基或土工结构物中饱和砂土能否发生液化，以及液化部位、范围及程度的评定。

基本资料　地震液化判别所需资料与所采用的判别途径或方法有关，任何方法都必须使用的基本资料包括：①饱和砂土体在场地、建筑物地基或土工结构物中的分布；②饱和砂土的密度（可用相对密度 D_r 或标准贯入击数 N 表示）；③地下水位；④所在地区可能受到的地震作用（可用地震烈度、地面最大水平地震动加速度或震级和震中距表示）。

判别方法　液化判别方法大致可分为三类。

（1）试验-理论分析方法。采用试验方法确定饱和砂土的抗液化能力，采用理论分析方法确定地震时饱和砂土体中各点的动应力作用水平。将地震动应力作用水平与抗液化能力进行比较，判别是否液化。显然，只有当土样抗液化能力的试验结果能够代表其实际抗液化能力时，此法才适用。

（2）经验方法。利用简单经验公式进行液化判别的方法。建立经验液化判别式既应调查液化实例，也要调查未液化的实例；每个实例均应取得液化相关的饱和砂土及其所受地震作用水平的定量资料。足够多的实例调查资料才能保证经验液化判别式的可靠性。

（3）综合方法。经验调查与理论分析相结合的液化判别方法。通常利用地震现场液化调查资料确定饱和砂土的抗液化能力，采用理论分析方法确定饱和砂土所受到的地震动应力作用水平；结合两者进行液化判别。

受调查资料所限，目前经验方法和综合方法只适用于水平场地液化判别。

判别结果　液化判别结果应确认场地、建筑物地基或土工结构物中的饱和砂土体能否发生液化；若可能发生液化，应以图件形式给出液化的位置，以定量指标表示液化的程度。液化程度定量指标称为液化势指数（见液化势指数法）。

经判别不会液化的饱和砂土体，应给出抗液化安全系数。抗液化安全系数定义为一点的抗液化能力与地震动应力作用水平之比。

水平场地液化判别（liquefaction judgment for level site）水平场地指地面无坡度、地上无建筑且地下各土层呈水平（或近似水平）展布的场地。此类场地震害调查资料比较丰富，地震反应分析易于进行，故饱和砂土液化判别较为简单，目前广泛采用的液化判别方法多适用于水平场地。

地震现场液化调查资料表明，相同的饱和砂土层在自由水平地面下比在建筑物地基中更容易液化。因此，除一些重大工程外，可以用自由水平场地的液化判别保守地代替建筑物地基中饱和砂层的液化判别，部分判别方法如下。

希德简化法 20世纪70年代希德提出了用剪应力比判别水平场地下饱和砂层液化的方法，此后几经改进，目前采用的判别方法如下。

等效地震剪应力比的确定 等效地震剪应力可按式（1）进行计算：

$$\bar{\tau}_{hv,eq} = 0.65 r_d \frac{a_{max}}{g} \sum_{j=1}^{n} \gamma_j h_j \quad (1)$$

式中：a_{max} 为地面最大水平地震加速度；g 为重力加速度；γ_j 为第 j 层土的重力密度，地下水位以上取天然重力密度，地下水位以下取饱和重力密度；h_j 为第 j 层土的厚度；r_d 为考虑土变形的修正系数，随深度的增加而减小（取值范围为 1.0～0.9）；n 为土层分层数。

有效上覆应力 σ_v 为

$$\sigma_v = \sum_{i=1}^{n} \gamma_i' h_i \quad (2)$$

式中：γ_i' 为第 i 层土的有效重力密度，地下水位以上取天然重力密度，地下水位以下取浮重力密度。

由式（1）（2）即可求得等效地震水平剪应力比 $\bar{\tau}_{hv,eq}/\sigma_v$。

液化剪应力比的确定 水平场地液化剪应力比定义为液化时水平面上的等效水平剪应力幅值 $\bar{\tau}_{hv,f}$ 与该面有效上覆应力之比 $\bar{\tau}_{hv,f}/\sigma_v$。希德收集 20 世纪 80 年代以前世界范围内历次大地震中液化和未液化场地的资料，得出与震级有关的液化剪应力比和标准贯入锤击数的经验关系，利用这一关系，可由实测土层的标准贯入锤击数和地震震级确定相应的液化剪应力比。

液化判别 若土中某层的等效地震剪应力比 $\tau_{hv,eq}/\sigma_v$ 与液化剪应力比 $\bar{\tau}_{hv,f}/\sigma_v$ 满足

$$\tau_{hv,eq}/\sigma_v \geqslant \bar{\tau}_{hv,f}/\sigma_v \quad (3)$$

则该层将发生液化，否则不液化。

根据每层的判别结果，可确定液化的部位和范围，并可按式（4）计算相应的液化势指数（缩写为 LPI，以 I_{lp} 表示）：

$$I_{lp} = \frac{\bar{\tau}_{hv,eq} - \bar{\tau}_{hv,f}}{\bar{\tau}_{hv,eq}} \quad (4)$$

中国抗震规范方法 中国《建筑抗震设计规范》（GB 50011—2001）规定的液化判别方法如下。

限界判别法 当饱和砂土或粉土（不含黄土）符合下列条件之一时，可初步判别为不液化或可不考虑液化影响。①地质年代为第四纪晚更新世（Q₃）及其以前，设防烈度 7、8 度时可判为不液化。②粉土的黏粒（粒径小于 0.005 mm 的颗粒）含量百分率在 7、8 度和 9 度时分别不小于 10%、13% 和 16% 时，可判为不液化。③天然地基上覆非液化土层厚度和地下水位深度符合下列条件之一时，可不考虑液

化影响：

$$\left. \begin{array}{l} d_u > d_0 + d_b - 2 \\ d_w > d_0 + d_b - 3 \\ d_u + d_w > 1.5 d_0 + 2 d_b - 4.5 \end{array} \right\} \quad (5)$$

式中：d_w 为地下水位深度，按设计基准期内年平均最高水位采用，也可按近期年最高水位采用；d_u 为上覆非液化土层厚度，计算时宜将淤泥和淤泥质土层扣除；d_b 为基础埋置深度，不超过 2 m 时应采用 2 m；d_0 为液化土特征深度，可按表 1 采用；单位均为 m。

表 1　液化土特征深度 d_0　　　　单位：m

饱和土类型	7 度	8 度	9 度
粉土	6	7	8
砂土	7	8	9

现场试验法 通过大量试验建立标准贯入锤击数与液化临界状态的经验关系。采用标准贯入试验判别地面下 15 m 深度范围内的液化；当采用桩基或埋深大于 5 m 的深基础时，尚应判别 15～20 m 范围内土的液化。当饱和土标准贯入锤击数（未经杆长修正）小于液化判别标准贯入锤击数临界值时，应判为液化土。

在地面下 15 m 深度范围内，液化判别标准贯入锤击数临界值可按式（6）计算：

$$N_{cr} = N_0 [0.9 + 0.1(d_s - d_w)] \sqrt{3/\rho_c} \quad (d_s \leqslant 15) \quad (6)$$

在地面下 15～20 m 范围内，液化判别标准贯入锤击数临界值可按式（7）计算：

$$N_{cr} = N_0 (2.4 - 0.1 d_s) \sqrt{3/\rho_c} \quad (15 \leqslant d_s \leqslant 20) \quad (7)$$

式中：N_0 为液化判别标准贯入锤击数基准值，应按表 2 采用；d_s 为饱和土标准贯入点深度，单位为 m；ρ_c 为黏粒含量百分率，当饱和土为砂土或黏粒含量 <3% 时，ρ_c 取 3。

表 2　标准贯入锤击数基准值 N_0

设计地震分组	7 度	8 度	9 度
第一组	6(8)	10(13)	16
第二、三组	8(10)	12(15)	18

注：括号内数值用于设计基本地震加速度为 0.15g 和 0.30g 的地区。

在判断发生液化后，还须要进一步判别液化的严重程度或危害性，即液化的等级，以液化指数作为液化程度的标志。

土工结构液化判别（liquefaction judgment for earth structure） 河堤、路堤、土坝、尾矿坝等土工结构物及其地基的液化判别。

土工结构中的饱和砂土通常是原状结构受到破坏的填筑砂土，而结构地基中的饱和砂土是保持原状结构的天然砂土，特性有所差别，要分别对待。土工结构物中饱和砂土的液化判别通常采用试验-理论分析方法，其步骤如下。

（1）确定饱和砂土的分布，并获取有代表性的试样。

（2）对土工结构物所包含的各种土进行静力和动力试验，确定其静力和动力学模型参数。

（3）制备液化土试样，进行液化试验，测试其抗液化

性能；液化试验通常用动三轴仪进行。

（4）对土工结构物进行静力分析，确定饱和砂土体中各点的静应力。静力分析中应考虑自重、渗透力以及其他外荷载，同时考虑土的材料非线性。静力分析通常采用数值分析方法进行。

（5）对土工结构进行地震反应分析，确定饱和砂土体中各点的地震应力。地震反应分析应考虑土的非线性性质，通常采用数值分析方法进行。

（6）根据液化试验及静力分析结果确定饱和砂土体各点的抗液化能力。各点的抗液化能力用液化时破坏面上的剪应力幅值 $\bar{\tau}_{d,f}$ 表示，由动三轴试验可确定液化破坏面上的动剪应力幅值 $\bar{\tau}_{d,f}$ 与该面静正应力 $\sigma_{s,f}$ 的关系。

（7）根据静力分析和地震反应分析结果，确定饱和砂土体中各点的动应力作用水平。各点的动应力作用水平以破坏面的等效地震剪应力幅值 $\bar{\tau}_{d,eq}$ 表示。在平面应变状态和只考虑地震水平剪应力作用的情况下，破坏面的等效地震剪应力幅值为

$$\bar{\tau}_{d,eq} = \frac{0.65\tau_{xy,max}}{\sigma_z + \sigma_y}\sqrt{(\sigma_x + \sigma_y)^2 - 4\tau_{xy}^2}$$

式中：$\tau_{xy,max}$ 为地震引起的最大水平剪应力，由地震反应分析确定；σ_z、σ_y、τ_{xy} 分别为竖向、水平向的静正应力及水平静剪应力，由静力分析确定。

（8）当 $\bar{\tau}_{d,f}$ 和 $\bar{\tau}_{d,eq}$ 确定之后，由下式进行液化判别：

$$\bar{\tau}_{d,eq} < \bar{\tau}_{d,f} \qquad 不液化$$
$$\bar{\tau}_{d,eq} \geqslant \bar{\tau}_{d,f} \qquad 液化$$

液化势指数可按下式计算：

$$I_{lp} = \frac{\bar{\tau}_{d,eq} - \bar{\tau}_{d,f}}{\bar{\tau}_{d,eq}}$$

根据判别结果可确定液化区的部位、范围和程度，并绘制液化势等值线图。

jianzhu diji yehua panbie

建筑地基液化判别（liquefaction judgment for building foundation）　建筑物地基中饱和砂土液化判别的方法和步骤与土工结构液化判别相同。建筑物地基中的饱和砂土液化试验除必须使用原状试样外，还存在如下特殊问题。

（1）在进行静力分析和地震反应分析时应考虑地基土与结构的相互作用。

（2）在许多情况下土-结构体系不宜简化为平面应变问题，而应进行三维静力和动力分析。

（3）经三维应力状态分析，确定地基中饱和砂土体各点的抗液化能力和地震引起的动应力作用水平。

上述特殊问题增加了建筑物地基中饱和砂土液化判别的复杂性。目前，除某些重大工程（如核电站安全壳）的地基之外，大多以水平场地液化判别代替地基中饱和砂土的液化判别。

yehua weihaixing pinggu

液化危害性评估（liquefaction hazardness assessment）对液化可能造成的工程结构破坏程度的估计，是采取措施防止或减轻工程结构液化灾害的依据。

液化危害性评估应判别液化的部位、范围、程度以及液化是否会危害工程结构和危害程度。通常把液化危害按

轻重程度划分成轻微、较轻、中等、较重、严重五个等级。液化危害性评估包括两方面内容：①给出液化危害等级的划分标准；②确定某个实际工程的液化危害属于哪个等级。

液化危害评估方法可分为两类。

定性的宏观评估方法　主要根据以往的宏观震害经验确定液化危害等级。就液化区部位而言，如果液化处于地基或坡体内部、离边界较远而处于封闭状态，则液化危害较轻甚至不会产生危害；如果液化位于地基或坡体的边界附近且处于开敞状态，则液化危害较重甚至很严重。就液化区范围而言，如果液化范围很小，则引起的危害较轻；如果液化范围很大，则引起的危害范围也大，甚至波及结构整体，液化危害较重甚至很严重。液化程度可用液化区的液化势指数及其分布表示。

对具体的工程，应就液化部位、液化范围及液化程度做出综合评估。

定量指标评估方法　定量指标评估涉及：①选取评估液化危害的定量指标；②根据定量指标划分液化危害等级；③就具体工程确定指标数值和液化危害等级。

目前评估液化危害的定量指标有两种：①场地液化势指数，该指标主要适用于评估液化引起的地面破坏及其对相关建筑物及地基的危害；②液化引起的永久变形，该指标适用于评估液化对重大建筑物及土工结构物的危害。评估重大建筑物的液化危害时，宜采用土体地震永久变形的竖向分量（即附加沉降量）作为评估指标；评估土工结构物的液化危害时，采用永久变形的水平分量更为合适，因为水平变形分量是土工结构物坡体稳定性的度量指标。

划分液化危害等级的定量指标必须以地震现场液化调查资料为依据。对每个液化事例，应根据实际资料评估危害等级，并确定相应的定量指标。基于大量液化事例，则可确定每个液化危害等级对应的定量指标范围。

yehuashi zhishufa

液化势指数法（liquefaction potential index method）以液化势指数作为定量指标评估液化程度的方法。

液化势指数于 20 世纪 70 年代由岩崎敏男（Iwasaki Toshio）提出，某点的液化势指数定义为

$$\frac{地震动应力作用水平 - 抗液化能力}{地震动应力作用水平}$$

式中：地震动应力作用水平和抗液化能力可取剪应力或转换为土的其他物理指标。场地的液化势指数为

$$I_{lp,s} = \sum_{i=1}^{n} W_i I_{lp,i} \Delta h_i$$

式中：n 为地面下液化区的分层数；W_i 为第 i 层液化危害的权，权值随深度减小，呈三角形分布；Δh_i 为第 i 层的厚度；$I_{lp,i}$ 为第 i 层液化势指数。中国《建筑抗震设计规范》（GB 50011—2001）称液化势指数为液化指数，且规定地面下 5 m 内 W_i 取 10，最大计算深度处 W_i 取 0，中间呈线性变化。最大计算深度取 15 m 或 20 m。

fentu yehua

粉土液化（silt liquefaction）　与砂土液化类似的粉土液化现象。粉土是界于砂土和黏性土之间的土类，旧称轻亚黏土，分布广泛。地震现场调查表明，饱和粉土也会发生

液化。

就颗粒尺寸而言，平均粒径 d_{50}（大于和小于此粒径的颗粒质量均为总质量的 50％）在 $0.1 \sim 0.08$ mm 范围内的饱和砂土抗液化能力最低；当平均粒径小于 0.08 mm 时，抗液化能力反而会提高。土的平均粒径越小意味着细粒含量越高，饱和砂土的抗液化能力随细粒含量的增加而增强。

粉土中的细粒含量比砂土高，故在标准贯入击数相同的情况下，抗液化能力高于饱和砂土。细粒含量是影响饱和粉土抗液化能力的重要因素。在研究细粒含量影响时，希德提出以粒径小于 0.075 mm 的颗粒（粉粒）含量作为细粒含量的指标。中国的某些研究则以粒径小于 0.005 mm 的颗粒（黏粒）含量作为细粒含量的指标。

yehua fangzhi

液化防治（liquefaction prevention） 防止液化和减轻液化危害的工程措施。工程项目必须制定适宜的防止液化和减轻液化危害的方案，此类方案涉及液化防治措施的基本原理、具体方法、施工工艺与机械以及效果的检验。

防止液化的措施 若液化危害性评估结果表明液化会影响场地、地基和土工结构物的稳定性，则必须采取防止液化的工程措施，具体方法如下。

（1）换土。将液化区中的饱和砂土挖除，然后填筑不液化的土类，这种方法适用于液化区中饱和砂土埋藏较浅的情况。在施工时应注意填土的密度要求、基坑开挖的稳定性以及对周围建筑物的影响。

（2）增加上覆压力。主要方法是在液化区地面填筑覆盖土层。该法同时可增加液化土层的埋深，减小液化危害。采用这种方法必须有根据地确定适宜的覆盖土层填筑厚度，当填筑土层的厚度很大时，此法难以实施。

（3）增加饱和砂土密度。采用这种方法应确定饱和砂土必须达到的密度。当液化土层埋深很浅且厚度不大时，可采用振动碾压加密；当液化土层埋藏较深且厚度较大时，则宜采用振冲方法加密。振冲方法除可提高砂土密度外，还可形成排水通道，缩短排水途径，减小孔隙水压，亦可减小振冲孔周围饱和砂土承受的地震剪应力。在加密施工之前，通常应进行现场加密试验，旨在检验施工工艺及机械的适宜性，估计能否达到加密的要求并决定对施工工艺及机械进行改进。

（4）胶结饱和砂土颗粒。可采用钻孔灌浆法、钻孔旋喷法、钻孔搅拌法等，通过胶结饱和砂土颗粒防止液化发生。灌浆法依靠压力将水泥浆液注入饱和砂土，胶结砂土颗粒。当饱和砂土不均匀时，灌浆胶结的效果往往不理想。旋喷法和搅拌法在将饱和砂土结构破坏后，利用水泥浆液胶结砂土颗粒，效果相对较好。采用胶结法正式施工之前，应在现场进行胶结试验。

减轻液化危害的措施 当液化不影响建筑物地基及土工结构物坡体的稳定性时，可采取减轻液化危害的工程措施，以减小液化附加变形和增加土体对变形的抵抗能力。减轻液化危害的主要工程措施如下。

（1）加强排水，缩短排水途径。

（2）封闭液化区的饱和砂土，约束其偏斜变形或剪切变形。

（3）采用桩基础将荷载传至液化土层之下的持力土层。

（4）采用加强建筑结构整体性和刚性的措施，如采用箱形基础、筏板基础，设置钢筋混凝土地基梁及圈梁，在独立基础之间设置钢筋混凝土连系梁等。

具体工程防止液化和减轻液化危害的措施应考虑安全、有效、经济以及技术可行性等综合确定。

tuti dizhen fanying fenxi

土体地震反应分析（seismic response analysis of earth mass） 基于土的动力学模型对土体在地震作用下运动过程和稳定性的数值计算。

分析内容 土体包括工程场地自由场土体、支承建筑物的地基土体、斜坡土体、土工结构物土体以及与挡土墙和地下结构相邻的土体等。地震波由基岩输入并在土体中传播，使土体各点产生运动，并引起动应变和动应力。通过土体的滤波和放大，地表运动与基岩地震动相比在运动幅值和频谱成分上均发生明显改变，一般情况下将放大地震动幅值且滤掉高频成分。土体运动取决于输入地震动的频谱特性，土体的质量、刚度分布以及边界条件。可采用动力学方法计算输入地震动在土体中引起的位移、速度、加速度、动应变和动应力。某些土体（如建筑物地基中的土体、与挡土墙和地下结构相邻的土体）的地震反应分析应考虑土-结相互作用。地震作用下饱和土体的孔隙水压力将发生变化，广义的土体地震反应分析也包括孔隙水压力分析、土体的稳定性分析和永久变形分析。

土体地震反应分析是复杂的数学力学问题，通常采用数值方法求解，现已成为岩土工程抗震设计和研究的重要手段。

分析方法的类别 土体地震反应分析有多种分类。

（1）按离散方法分类。由于土体具有明显的非均质性，采用有限元法和差分法进行离散分析最为适宜。

（2）按土的动力学模型分类。土的动力学模型可分为线性动力学模型和非线性动力学模型两类。在强地震作用下，土通常处于中等到大变形阶段，表现出明显的非线性，故土体地震反应分析应采用非线性动力学模型；较广泛采用的有土的等效线性化模型及土的弹塑性模型。比较而言，等效线性化模型的计算速度高，多用于计算量大的二维或三维问题；弹塑性模型能更好地描述土的动力非线性性质，多用于一维问题。

（3）按运动方程求解方法分类。求解运动方程的方法主要有三种。①振型分解法：仅适用于线性地震反应分析，因此在土体地震反应分析中应用较少；②逐步积分法：系时域分析方法，既适用于线性反应分析，也适用于非线性反应分析，在土体地震反应分析中应用广泛；③傅氏变换法：系频域分析方法，利用傅里叶变换求解振动反应，一般适用于线性地震反应分析，但在利用等效线性化模型考虑土的动力非线性时也可采用。

（4）按是否考虑地震孔隙水压力分类。求解方法有二。①总应力反应分析方法：不考虑地震孔隙水压力的地震反应分析，广泛用于实际工程问题；②有效应力分析方法：考虑地震孔隙水压力的地震反应分析，此时必须采用适当的方法确定地震引起的孔隙水压力，并考虑孔隙水压力对土动力学模型参数的影响。有效应力分析在理论上更为合理，但目前求解地震孔隙水压力的方法既繁复又不成熟，故有效应力分析在实际工程中应用较少。

等效线性化方法 采用土的等效线性化模型进行的土体地震反应分析。该法使计算得以简化，同时又在一定程度上反映了土的非线性本构关系，适用于分析非线性不太强的土体地震反应。

在进行土体地震反应分析之前土体各点的等效剪应变幅值是未知的，故工程上采用迭代方法逐步逼进与实际受力水平相容的模量 G（或模量比 $\alpha = G/G_{max}$，G_{max} 为最大模量）和阻尼比 λ。等效线性化分析迭代过程如下。

（1）指定土体各单元的某个剪应变幅值作为等价剪应变幅值 $\bar{\gamma}_{eq}$ 的初始值。强地震作用下土处于中等到大变形阶段，故指定的剪应变幅值可在 $10^{-4} \sim 10^{-3}$ 范围内选取。

（2）根据等价剪应变幅值 $\bar{\gamma}_{eq}$ 的初始值，由 α-γ 关系及 λ-γ 关系确定相应的模量比 α 及阻尼比 λ，进而确定相应的模量；γ 为剪应变。（见土的等效线性化模型）

（3）建立运动方程，根据模量和阻尼比等计算刚度矩阵和阻尼矩阵。

（4）求解土体地震反应时间过程，得出各单元的最大剪应变 γ_{max}。

（5）由各单元的最大剪应变 γ_{max} 重新确定各单元的等价剪应变幅值 $\bar{\gamma}_{eq}$，并确定相应的当前模量和阻尼比。

（6）计算各单元当前模量与上次计算中使用的模量之差，并求最大值。若模量差值或最大差值大于允许值，须重复步骤(3)～(6)；否则迭代计算完成。

弹塑性地震反应分析 采用土的弹塑性模型进行的土体地震反应分析。

弹塑性模型给出了初始加载阶段和后继加载阶段的应力-应变关系。初始加载阶段的应力-应变关系由动力试验确定，并以某个数学式拟合；后继加载阶段的应力-应变关系一般可采用曼辛准则及其附加条件确定。由应力-应变关系可得任意点的切线模量。

弹塑性模型假定全部耗能为塑性耗能，故运动方程不含黏滞阻尼项。弹塑性反应分析中切线模量随时间变化。当时间从 t 变到 $t + \Delta t$ 时（Δt 是微小时间间隔，又称计算时间步长），刚度矩阵应重新确定，故计算量较大。土的一维弹塑性分析是实际可行的，但二维和三维反应分析受计算量的限制很少采用。

水平土层地震反应分析

shuiping tuceng dizhen fanying fenxi

水平土层地震反应分析（seismic response analysis of flat soil layers） 水平成层土的地震反应计算。

模型 水平土层地震反应分析是土体地震反应分析中最简单的情况。假定各土层分界面是水平的，在底部基岩水平地震动加速度时程 $\ddot{u}_g(t)$ 作用下，土层发生水平剪切变形；由于水平位移只与竖向坐标 z 有关，故可由土层中选取单位面积土柱进行分析（图 1a）。地震时土柱的水平运动可分解为基岩引起的牵连运动 $u_g(t)$ 和相对基岩的运动 $u(t)$（图 1b）。

总刚度矩阵 假定单位面积的土柱是剪切杆，并将其划分成 n 段。设第 i 段土的模量为 G_i，则其刚度系数 k_i 为

$$k_i = \frac{G_i}{l_i}$$

式中：l_i 为第 i 段土柱的长度。采用叠加法确定土柱的总刚

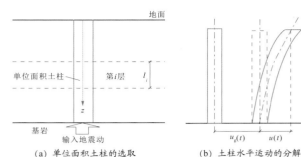

图 1 水平土层地震反应分析模型

(a) 单位面积土柱的选取　　(b) 土柱水平运动的分解

度矩阵 K，K 为三对角矩阵。

总质量矩阵 假定第 i 段土柱的质量密度为 ρ_i（地下水位以上取对应天然含水量的质量密度，地下水位以下取对应饱和含水量的质量密度），第 i 段土柱质量 m_i 为

$$m_i = \rho_i l_i$$

在集中质量模型中，第 i 段质量 m_i 被等分集中于结点 i 和 $i+1$，此时可给出土柱的总质量矩阵 M（对角矩阵）。

总阻尼矩阵 若采用土的黏弹性模型或土的等效线性化模型进行地震反应分析，还应确定土柱的黏滞阻尼矩阵 C。阻尼矩阵可采用瑞利阻尼确定。由于土柱各段的阻尼比不相等，须对各段分别计算瑞利阻尼系数。假定第 i 段土柱的阻尼比为 λ_i，土柱的卓越频率为 ω，则第 i 段的黏性阻尼系数 C_i 为

$$C_i = \alpha_i m_i + \beta_i k_i$$
$$\alpha_i = \lambda_i \omega$$
$$\beta_i = \lambda_i / \omega$$

土柱运动方程为

$$M\ddot{u}(t) + C\dot{u}(t) + Ku(t) = -MI\ddot{u}_g(t)$$

式中：I 为单位矢量。

方程求解 若采用等效线性化模型，可用逐步积分法或傅氏变换法求解；若采用弹塑性模型则只能采用逐步积分法求解。

土的动力学模型的选择会影响计算结果。图 2 给出了同一算例按两种动力学模型得到的场地地面加速度反应谱 $a(T)$（T 为周期），表明等效线性化模型得到的地面最大谱加速度及其相应的卓越周期 T_P，均大于弹塑性模型的计算结果。图 3 给出了同一算例按两种动力学模型得到的土

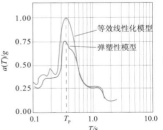

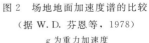

图 2 场地地面加速度谱的比较　　图 3 土层最大水平剪应力 τ
（据 W. D. 芬恩等，1978）　　随深度 h 分布的比较
g 为重力加速度　　1 ft=0.3048 m；1 lbf=4.448 N

层最大水平剪应力 τ 的分布，表明等效线性化模型得到的土层最大水平剪应力大于弹塑性模型的计算结果。其原因在于，等效线性化分析中土的模量不随时间改变，加强了土层的共振效应；而弹塑性反应分析中土的模量随时间变化，不具共振效应。

采用弹塑性模型考虑土的动力非线性在理论上更为合理，在一维场地反应分析中也不存在技术困难。因此，弹塑性模型对于一维场地土层地震反应分析更为可取。

土工结构地震反应分析（seismic response analysis of earth structure） 土工结构物是以土为主要材料的人工结构，如土坝、河堤、路堤、尾矿坝等。土工结构物的地基由天然原状土层组成，坡体是人工填筑土。此类结构多为一侧或两侧无约束的斜坡体，依靠土的自身强度保持稳定；因其多沿纵向延伸，故可视作平面应变问题进行地震反应分析。土工结构物地震反应分析给出土工结构物及其地基土体各点在地震作用下的位移、速度、加速度，以及由地震引起的附加应力，这些结果是评估土工结构物抗震性能的重要依据。

土工结构物地震反应分析应考虑：①土体材料的非均质性；②土体材料的静力和动力非线性；③初始静应力对土的动力学模型参数的影响；④土工结构物与地基土体的相互作用（见土-结相互作用）。

进行土工结构物的地震反应分析，应先完成如下工作：①通过勘探确定土工结构场地的土层分布，并提取足够数量的土样供试验使用；②确定土工结构物自身的材料分布，并备足土样供试验使用；③确定地下水位线或土工结构物（如土坝）的浸润线；④进行室内静力试验，测定地基和土工结构物中各种土料的静力学模型参数；⑤进行相关室内动力试验，测定地基和土工结构物中各种土料的动力学模型参数；⑥对土工结构物及其地基进行静力分析以确定地震前土体的初始静应力，静力分析应考虑自重、渗透力及外荷载的作用效应；⑦确定基岩输入地震动，在已知地面自由场地震动时，应反演得出基岩地震动。

土工结构物的地震反应宜采用逐步积分法求解，对经验丰富的简单问题亦可采用简化方法求解。

地基土体地震反应分析（seismic response analysis of earth foundation） 确定地震时地基土体各点的位移、速度、加速度以及地震附加应力的计算分析。

地基土体支承上部结构，地震时将与上部结构发生相互作用，因此地基土体地震反应分析应与上部结构分析一并进行（见土-结相互作用）。地基土体与上部结构的相互作用包括两种机制。

（1）运动相互作用。地基土体与建筑物基础材料的刚度有显著差别，地震波在两者界面会发生散射，使地基土体的运动不同于自由场地下土体的运动。

（2）惯性相互作用。地震时上部结构及基础的惯性力反作用于地基土体，使地基土体承受的地震附加应力与自由场地土体不同。

基于上述原因，自由场地土体的地震反应分析不能代替地基土体的地震反应分析。同时，地基土体与上部结构组成空间体系，一般不宜简化为平面问题进行分析。由于相互作用问题的复杂性，实际中一般仅重大工程（如核电站安全壳）的地基中含有饱和砂土层或软黏土层时，才进行相互作用体系的地震反应分析。

一般情况下，地基土体地震反应分析的方法与土工结构地震反应分析相同。反应分析的结果是评估地基中饱和砂土液化和软黏土附加变形的重要依据。

土坡地震稳定分析（seismic stability analysis of earth slope） 地震作用下土斜坡稳定性的计算分析。

失稳机制 震害资料表明，土坡地震失稳有滑裂、滑落和流滑三种类型。滑裂是部分土体沿某滑动面发生有限位移并造成裂缝，滑落是部分土体沿某滑动面发生块体式的滑落，流滑是斜坡中部分土体发生流动性滑动。土坡地震失稳原因有两方面：①地震惯性力导致滑动力增加；②地震作用破坏了土的结构，饱和土中孔隙水压力增加，使其抗剪强度降低甚至完全丧失。

一般来说，滑裂和滑落主要是由滑动力增大造成的；流滑主要是由土的抗剪强度降低甚至完全丧失造成的。滑裂、滑落、流滑的破坏形式和机制不同，应采用不同的方法进行分析。

拟静力法 将地震惯性作用以等效静力方式施加于结构体系，分析地震时土体发生滑动的可能性，得出抗滑安全系数；该法适用于块体式滑落分析。

抗滑安全系数定义为滑动面上的抗滑力（或力矩）与滑动力（或力矩）之比，滑动面常假定为圆弧面。抗滑力和滑动力的计算通常采用条分法进行，即把可能的滑动土体分成若干个竖向土条，土条重力为 W_i，对每个土条计算其抗滑力 S_i 和滑动力，然后分别求和（图1）。抗滑安全系数最小的滑动面为临界滑动面，又称最危险滑动面，须由试算确定。

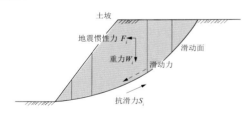

图1 条分法示意图

计算地震时土坡的抗滑安全系数，应考虑如下两个关键问题。

（1）地震作用。拟静力法将地震惯性力 F_i 作为等效静力施加于可能滑动的土体，为此须确定土坡的地震动加速度。土坡底面的最大水平地震动加速度可取所在地区的抗震设防加速度，由地震区划图确定或由场地地震安全性评价给出。确定地震惯性力后，则可计算水平地震作用和竖向地震作用引起的附加滑动力（或力矩）。经验表明，计算得出的附加滑动力（或力矩）还应乘以一个综合折减系数，其值由规范规定。

（2）土的抗剪强度。抗滑力计算中采用的土的抗剪强度指标一般应由动三轴试验测定。根据试验结果，假定破坏面上的静、动剪应力之和 τ 与该面的静正应力 σ 成线性关系（图2），该直线与莫尔应力圆相切，其截距为抗剪强度，即黏结力，直线与水平轴的夹角为摩擦角。试验结果表明，黏结力和摩擦角随破坏面上的静剪应力比改变，静剪应力比定义为破坏面上的静剪应力与该面静正应力之比。

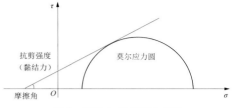

图 2　剪应力-静正应力关系

由动三轴试验可以确定黏结力和摩擦角与静剪应力比的关系。实际分析中，可根据滑动面上的平均静剪应力比确定相应的黏结力和摩擦角。对每个土条计算底面的剪力和法向力，各土条的剪力之和与法向力之和的比值即为平均静剪应力比。

若不具备动三轴试验条件，土的抗剪强度指标可采用静三轴固结不排水剪切试验测定的总抗剪强度指标。

时程分析法　将地震动输入到土坡底部，通过时程分析计算地震动在土坡中引起的变形、应力及孔隙水压力，并据此对土坡的稳定性作出评估。时程计算法步骤如下：

（1）对土坡中的各种土进行静力试验，测定土的静力学模型参数及抗剪强度指标；

（2）对土坡中的各种土进行动力试验，测定土的动力学模型参数及动抗剪强度指标，包括抗液化强度；

（3）进行土坡静力分析，确定在自重、渗透力以及外荷载作用下土坡中各点的静应力，即地震前的初始应力；

（4）进行土坡地震反应的时程分析，确定地震作用下土坡中各点的位移、速度、加速度以及应变和应力；

（5）考虑不同震害形式对土坡地震稳定性做出评估。

tupo youxian huadong fenxi

土坡有限滑动分析（limited slide analysis of earth slope）依据有限滑动变形量进行土坡地震稳定分析的一种方法。

纽马克于 1965 年提出以有限滑动变形量作为评价土坡地震稳定性的定量指标，并基于屈服加速度的概念给出了计算有限滑动变形量的方法。该法步骤如下。

（1）确定屈服加速度 a_y。屈服加速度是使滑动面以上的土体处于稳定临界状态时的地震动加速度。令 M_s 表示滑动力矩，它与滑动面以上土体的地震动加速度有关；令 M_r 表示抗滑力矩，它与土的抗剪强度有关；且 M_s 和 M_r 都是滑动面几何形状、土坡几何形状以及土的重力密度等的函数。沿指定滑动面的滑动力矩 M_s 和抗滑力矩 M_r 可按条分法计算。当土坡处于临界状态时，

$$M_s = M_r$$

据此可求解屈服加速度 a_y。

（2）确定等效刚体运动加速度时程 $a_{eq}(t)$。由土坡地震反应分析可求得作用于指定滑动面的水平力 $h_s(t)$，假定该水平力是滑动面以上土体的刚体运动惯性力产生的，则相应的加速度称为等效刚体运动加速度：

$$a_{eq}(t) = \frac{h_s(t)}{m_s}$$

式中：m_s 为滑动面以上土体的质量。

（3）计算有限滑动的水平变形分量 Δ_h。滑动面以上土体发生有限滑动的条件为 $a_{eq}(t) > a_y$。比较加速度时程曲线 $a_{eq}(t)$ 与屈服加速度 a_y，可求出 $a_{eq}(t) > a_y$ 的各时段。假如

有 n 个时段满足滑动条件，令 δ_{hi} 为第 i 时段滑动引起的滑动变形水平分量，则

$$\Delta_h = \sum_{i=1}^{n} \delta_{hi}$$

式中：$\delta_{hi} = \iint \ddot{u}(t) \mathrm{d}^2 t$，$\ddot{u}(t) = a_{eq}(t) - a_y$。

（4）根据土坡的水平变形分量 Δ_h 评价其稳定性。

此法尚缺乏实际震害的验证。

tupo liuhua fenxi

土坡流滑分析（flow slide analysis of earth slope）　计算地震作用下斜坡土体发生流动性滑落的方法。

震害资料表明，土坡流滑往往是由土坡中的饱和砂土或粉土液化引起的，但饱和砂土或粉土液化并不总会引起流滑。流滑分析包括两个步骤。

（1）对土坡中的饱和砂土或粉土进行液化判别，确定液化区的部位、范围及液化程度。液化判别应在土坡地震反应分析和液化试验的基础上进行。

（2）根据液化区的部位、范围及液化程度估计流滑可能性。目前尚无适宜的评定流滑的定量指标，通常只能定性估计发生流滑可能性的四个等级。①不可能：土坡不存在液化区，或仅在远离坡面处存在局部的被封闭的液化区；②可能性小：在远离坡面处存在范围较大的被封闭的液化区；③可能性大：在距坡面较近处（如距坡面距离小于 4～6 m）存在大范围的被封闭的液化区；④可能：坡面存在开敞的液化区。

tuti dizhen yongjiu bianxing

土体地震永久变形（seismic permanent deformation of earth mass）　地震作用下土体产生的位移、下陷或沉降等不可恢复的变形。

震害资料表明，含有饱和砂土或软黏土的土体，即或在地震时保持稳定（未滑动或流滑），也可能产生明显的下陷或沉降，可能造成结构破坏。目前较为实用的分析方法是基于软化模型和等价节点力模型的分析方法，这两个模型都引用了永久应变势的概念。

永久应变势　地震作用下土的永久应变，亦称残余应变，与土体静应力和动应力等参数有关，通常由动三轴试验测定。动三轴试验测定的永久应变势以 ε_{ap} 表示，它是土固结后施加轴向动应力所引起的轴向永久应变。固结时轴向静应力 σ_1 和侧向静应力 σ_3 之比为固结比，动三轴试验得出的 ε_{ap} 与 σ_3、固结比 k_c、轴向动应力幅值 $\bar{\sigma}_{ad}$ 以及循环作用次数 N 有关：

$$\varepsilon_{ap} = f(\sigma_3, k_c, \bar{\sigma}_{ad}, N) \qquad (1)$$

式中的函数形式由室内试验和震害经验统计得到。但是，按此法确定的土单元轴向永久应变势只考虑了单元的应力条件，并不满足与相邻单元的变形协调条件。

软化模型方法　软化模型假定土在动力作用下发生了软化，表现为土的变形模量降低；土单元的永久应变是在静应力作用下由于变形模量降低而产生的附加应变。设固结排水试验应力-应变关系曲线上的 A 点表示土单元在地震前的状态，E_i 为相应的割线模量（图 1）。

令 $\sigma_1 - \sigma_3$ 表示土单元的静主应力差，假定其值在地震

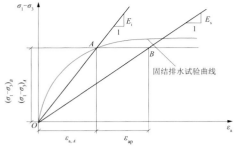

图 1　软化模型

前后不变。地震前，该单元的轴向应变为 $\varepsilon_{a,A}$；地震后，该单元的轴向应变为 $\varepsilon_{a,A}+\varepsilon_{ap}$，$\varepsilon_{ap}$ 为该单元的轴向永久应变势。按定义，震后土的软化应力-变应曲线应穿过 B 点，其模量为

$$E_s = \frac{\sigma_1-\sigma_3}{\varepsilon_{a,A}+\varepsilon_{ap}} \qquad (2)$$

软化模型分析步骤如下：

（1）考虑土的自重、渗透力以及其他静荷载，由静力非线性分析可确定土体中各节点的位移、各单元的静应力分量和静力状态，即图 1 中 A 点的状态；

（2）由非线性地震反应分析确定土体各单元的动应力分量；

（3）根据求得的静应力及动应力，由式（1）确定土体各单元的轴向永久应变势 ε_{ap}，由式（2）确定软化后各单元的模量 E_s；

（4）应用软化后的模量再进行土体静力分析，求得土单元各节点的位移，分析中所考虑的荷载与第一次静力分析时相同；

（5）求前后两次静力分析得到的土单元节点的位移差，该差值即为地震作用引起的土体永久变形。

等价节点力方法　等价节点力模型认为地震时土单元的偏应变是一组静应力分量的作用结果，在数值分析中将这组静应力分量转换成单元节点力，并称其为单元等价节点力。

单元的等价节点力可根据该单元的轴向永久应变势 ε_{ap} 确定。假定单元轴向永久应变势 ε_{ap} 为最大主应变；在平面应变假定下由体积不变条件可求出最小主应变为 $-\varepsilon_{ap}$，相应的最大剪应变为 $\gamma_p=2\varepsilon_{ap}$，称为单元最大永久剪应变。由于假定地震作用以水平剪切为主，则单元最大永久剪应变 γ_p 相应于水平剪应变。假定 γ_p 由静水平剪应力 τ_{xy} 作用而产生，则

$$\tau_{xy} = G\gamma_p \qquad (3)$$

式中：G 为土的静剪切模量。由式（3）确定的水平剪应力 τ_{xy} 称为单元等价剪应力。

通常一个节点相连若干单元，将这些单元在该节点上的等价节点力叠加，得到土体的等价节点力向量。将等价节点力向量作为土体的荷载 $\boldsymbol{R}$，则土体永久变形可由式（4）求解：

$$\boldsymbol{K}\gamma = \boldsymbol{R} \qquad (4)$$

式中：γ 为土体节点的永久位移向量；$\boldsymbol{K}$ 为土体的总刚度矩阵。

设固结不排水试验应力-应变关系曲线的 A 点代表地震前单元的状态（图 2）；地震作用下单元的轴向应变为 $\varepsilon_{a,A}+$

ε_{ap}，因假定地震中土单元的体积不变，震后应力-应变状态沿不排水试验曲线移动到 B 点，对应的偏应力为 $(\sigma_1-\sigma_3)_B$，则增量割线模量为

$$E = \frac{(\sigma_1-\sigma_3)_B-(\sigma_1-\sigma_3)_A}{\varepsilon_{ap}} \qquad (5)$$

式中：$(\sigma_1-\sigma_3)_A$ 为 A 点相应的偏应力。

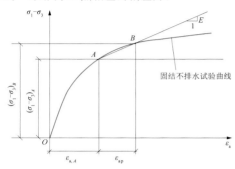

图 2　等价节点力模型

按式（5）确定模量 E 后，进而根据泊松比确定相应的剪切模量 G。由式（3）计算单元等价剪应力 τ_{xy}，再由式（4）计算永久位移。

以上方法还需要震害资料的进一步验证。

diji jichu kangzhen

地基基础抗震（earthquake resistance of foundation and base）　防御和减轻工程结构的基础与地基地震破坏的理论与实践，含地震反应分析方法、抗震设计和抗震措施等。

基础是上部结构与地基之间的结构单元，将上部结构承受的荷载传递给地基；地基是支承基础的岩土介质。在地震作用下，地基与基础要具有足够的强度和稳定性，且变形应小于限定值，以保障上部结构的抗震安全性。

（1）基础抗震涉及：①考虑上部结构与地基特性，选择适当的基础类型；②进行基础的抗震承载力验算、基础接地率验算、基础的抗滑移验算、基础裂缝开裂宽度验算和基础变形验算；③采取基础抗震构造措施。

（2）地基抗震涉及：①实施场地勘察，尽可能选择对抗震有利的场地地基；②进行地基的承载力验算、稳定性验算和变形验算，确保地震下土体有足够的强度，不发生大的变形；③进行地基液化和震陷的判别及危害性评估，以便采取相应的工程防御措施；④对承载力不足、可能发生不均匀沉陷、失稳、液化的地基采取必要的处理措施，减少或消除其危害。

地基基础的抗震分析宜在地基-基础-上部结构相互作用体系中进行，应充分考虑地基特性的不确定性；实践经验在地基基础抗震分析中具有重要作用。

diji chengzaili

地基承载力（bearing capacity of soil foundation）　地基在变形允许和保持稳定的前提下，单位面积上所能承受的基础底面压力。

使地基发生剪切破坏而失去整体稳定性的最小基础底面压力称为地基极限承载力。在工程设计中必须限制建筑物基础底面的压力，不仅不允许达到地基极限承载力，而且必须具备一定的安全度，以保证地基不会发生滑动破坏，同时也使建筑物不致因过大变形影响其正常使用。

确定地基极限承载力的方法主要有两种。

（1）现场试验法。在工程现场进行荷载模拟试验或原位测试，如标准贯入试验、静力触探试验、旁压仪试验等，确定地基的极限承载力。

（2）理论计算方法。基于土的抗剪强度和极限平衡理论的计算方法，如普朗特公式、太沙基公式、维西克公式等在工程上得到了广泛应用。然而，确定地基极限承载力的问题至今仍没有得到圆满解决，特别是深基础的地基极限承载力计算有待进一步研究。

震害调查表明，地震时部分房屋因地基失效而导致上部结构破坏，这类地基多为液化地基、易产生震陷的软弱黏性土地基或不均匀地基，大量的一般性地基均具有良好的抗震能力。在地震环境下，地基承载力应该同时满足地基变形和强度两方面的要求，由于变形的定量计算尚不成熟，故目前多只进行地基强度的抗震验算，地基变形控制通过对上部结构或地基采取一定的抗震措施解决。地震作用是有限次循环动力作用，此时稳定的地基土的动强度比静强度略高；再考虑地震作用的偶然性，地基土抗震承载力的安全度与静力分析相比可适当降低。

绝大多数国家的抗震规范规定在地基土强度验算时，将地基土抗震承载力取为静承载力乘以调整系数，调整系数一般大于1，但软弱土地基的调整系数取1。

diji chenjiang

地基沉降（soil subsidence）　地基承受静荷载或动荷载作用产生的竖向变形。

地基沉降一般可分为瞬时沉降、固结沉降、次固结沉降三类。静力荷载作用下的沉降主要由固结引起。地震作用引起的地基土的附加沉降又称地基震陷。震害调查表明，显著的震陷多出现于软弱黏性土和液化地基，且分布不均匀。1976年河北唐山地震中，天津塘沽地区软土地基震陷达几十厘米，造成了很多房屋的开裂和整体倾斜。（见软土震陷）

静力作用下的地基沉降一般采用分层总和法进行计算，即在地基沉降计算深度范围内将地基划分为若干层，计算各层的压缩量并求和，是较为成熟的分析方法。地基震陷特别是不均匀地基震陷的计算则十分复杂，与地基土的力学性能和分布、上部结构和基础的类型以及地震动特性都有密切关系。（见土体地震永久变形）

qianjichu kangzhen fenxi

浅基础抗震分析（seismic analysis of shallow foundation）浅埋基础的地震反应分析和抗震设计。

位于天然地基上、埋置深度小于5 m的一般基础以及埋置深度虽超过5 m但小于基础宽度的大尺寸基础称为天然地基上的浅基础，包括独立基础、条形基础、筏板基础和箱形基础等，如图所示。

浅基础抗震设计的内容和步骤为：①选择基础的材料、构造类型和平面布置；②确定基础的埋置深度；③确定地基承载力；④根据地基承载力、上部结构荷载及地震作用，计算基础的底面尺寸；⑤必要时进行地基的变形验算。

地震中天然地基上浅基础建筑物可因地基液化或软黏土地基的滑移、变形和不均匀震陷产生破坏，因此宜选择

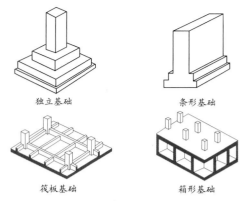

独立基础　　　　　　条形基础

筏板基础　　　　　　箱形基础

浅基础

坚硬土或开阔平坦、密实均匀的中硬土作为地基。软弱地基和可液化土上的浅基础，宜考虑地基-基础-上部结构的相互作用进行变形计算；采用整体性好或强度高的基础可提高抗震能力。

zhuangji kangzhen fenxi

桩基抗震分析（seismic analysis of pile）　各种类型桩基础的地震反应分析和抗震设计。

按受力不同桩可分为端承桩和摩擦桩，前者可穿透软弱土层，将上部荷载传递到有足够承载力的地基层由桩端阻力平衡；后者靠桩侧面与地基的摩擦力承受荷载，适于岩基较深的地基。摩擦桩带动周围土体受力，其沉降比端承桩大，且群桩承载力小于各单桩之和。图为桩基及其受力示意。

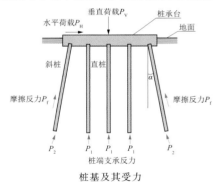

桩基及其受力

桩和连接桩顶的桩承台组成的深基础可应用于各种工程地质条件和各种类型的工程，尤其适用于建筑在软弱地基上的大型结构，在沿海以及软土地区应用广泛。

破坏特征　桩基础具有良好的竖向承载能力，但处于不良地基中的桩基础在地震中可因侧向承载力不足出现各种问题，特别是导致桥梁和码头的破坏（见港口工程震害）。桩基础地震破坏的主要类型包括：①当桩周土为饱和软黏土或液化土时，在动荷载作用下土的承载力降低，导致桩产生过度下沉或倾斜；②液化土侧向大变形及侧向扩展使桩受到过大的水平推力和水平位移，桩身受弯破坏；③斜坡的滑移导致桩身弯曲破坏；④在较好的非液化土中，桩头部位因剪、压、拉、弯的作用而破坏。

分析方法　桩基础在地震作用下的设计方法目前还不成熟，特别是可液化土中桩基础横向承载力分析方法尚在探讨，工程中多将液化土的桩周摩擦阻力及桩水平抗力乘以折减系数简化处理。桩基础地震反应分析的方法如下。

（1）集中质点模型，又称集中质量模型。将桩简化为

弯曲型或弯曲剪切型多质点体系，土对质点的作用由土的动力学模型确定。该模型能考虑土的弹性剪切变形，但无法考虑弯曲变形。

（2）文克尔（Winkler）地基梁模型。桩基采用梁模型，土层对桩基的作用以文克尔弹簧-阻尼器模拟，作用于梁模型上的地基反力系数是弹簧系数与深度相关函数的乘积，有多种方法估计弹簧系数。

（3）有限元模型。将地基土、桩和上部结构以及桩土界面离散为不同类型的单元，可以比较合理地考虑桩-土-结构动力相互作用以及桩-土界面的分离与滑移等非连续状态。有限元分析方法计算量大，且液化大变形下桩-土-结构动力相互作用的本构关系也不很清楚，工程应用中更倾向于采用简化算法。

（4）非线性 $p-y$ 曲线方法。当桩发生较大的位移时，土的非线性反应将变得突出。建立桩土相互作用力 p 与桩土相对位移 y 之间的非线性关系，进一步得到桩基础横向承载力，是较先进的设计思想和分析方法，该法已应用于工程实践。目前 $p-y$ 曲线主要源自拟静力分析，忽略了结构、基础与地基之间的动力相互作用。液化土层中桩基础的地震反应分析也是有待解决的问题。

岩土工程抗震设计（seismic design of geotechnical engineering）

对地震作用下可能发生震害的工程场地、地基基础、天然斜坡、土工结构物的专项结构设计。

传统的岩土工程学以土为介质，涉及土力学和基础工程学。广义岩土工程学包括土力学和基础工程学、岩石力学和地下工程、工程地质学等三个领域，以岩土体的工程利用、改造与整治为研究对象，解决和处理工程建设中出现的所有与岩土体有关的工程技术问题。岩土工程中有关抗震的内容又称为岩土地震工程，目标是解决和处理地震环境下与岩土体有关的工程技术问题，特别是与土体抗震有关的问题。

在地震作用下，土体作为各类工程结构的地基以及土坝、码头、岸堤、挡土墙等土工结构物和边坡的组成材料，其稳定性和变形对结构的破坏有很大影响，在一些情况下甚至起决定作用；土体作为地震波的传播媒介，其动力特性和分布对地震动也有很大影响。岩土工程抗震问题主要与这两类问题有关。

岩土工程抗震设计理论和方法与岩土工程和地震工程的发展密切相关，从拟静力法逐渐向动力法、时程分析法和性态设计方向发展。与建筑物抗震分析方法相比较，岩土工程抗震分析有如下特点。

（1）岩土工程抗震面对的不是人工材料建造的工程结构，而是天然的岩土。天然岩土是多相介质，复杂多变，其动力特性更具不确定性。

（2）分析方法的建立除基于理论分析和数值模拟外，特别关注工程经验判断以及原位测试和室内试验。

（3）土体非线性效应强烈，在砂土液化和软土震陷等地基失效现象中表现明显，对地震动的影响也很显著。

（4）岩土地下工程地震反应的控制因素主要是地震导致的土体变形，而不是地震惯性力，变形分析是其抗震设计的基本内容。

土石坝抗震设计（seismic design of earth and rockfill dam）

地震作用下土石坝的专项结构设计，是岩土工程抗震设计的重要内容之一。土石坝是由土料、石料或土石混合料经过抛填、辗压等方法堆筑成的挡水结构。当坝体材料以土和砂砾石为主时，称为土坝；以石渣、卵石、爆破石料为主时，称为堆石坝；当两类材料均占相当比例时，称为土石混合坝。土石坝是历史悠久、应用广泛的一种坝型。

水坝按地点不同可分为上游坝、中游坝和下游坝，按库容可分为大型坝（1 亿 m^3 以上）、中型坝（1000 万～1 亿 m^3）和小型坝（小于 1000 万 m^3）。土石坝由坝基、防渗体、坝壳（稳定体）、排水反滤体、护坡、防浪墙和附属结构构成，依防渗体设置不同可分为均质坝、心墙坝和斜墙坝。

砌石坝以水泥砂浆或灰浆砌筑块石构成，在上游面采用混凝土或沥青料护坡防渗；此类坝一般建于上游基岩场地，规模不大。堆石坝由大块毛石堆成，或用砂砾石分层碾压筑成；坝体含 50% 以上石料者，即可视为堆石坝。堆石坝多以混凝土面板防渗，亦有以黏土心墙或砂黏土灌浆防渗者。有的砌石坝为减少坝厚且保持坝体隐定，在石墙后堆石料或砂料，构成混合坝。

影响土石坝地震安全性的因素主要有坝址地震动、坝体和坝基的土质条件以及坝体和坝基的动力学特性。实践表明，在正常设计和施工条件下，土石料抗震性能的好坏直接影响土石坝震害的程度。土石坝抗震设计原则是保证强震下坝体的稳定性，同时允许产生一定程度的震害。

抗震设计　土石坝抗震设计包括以下内容。

（1）坝址选择和坝基地震稳定性的确定。在工程地质勘察的基础上，按构造活动性、边坡稳定性和场地地基条件等进行综合评价，选择对土石坝抗震相对有利地段，避开不利地段；可液化土和软弱黏土地基要进行处理。

（2）抗震设防标准和坝址基岩设计地震动的确定。根据坝的规模和重要性，确定土石坝的设防标准。根据所在地区的地震烈度确定设计地震动参数。重要的中大型土石坝，设计地震动参数应根据专门的地震危险性分析确定，并考虑竖向地震作用。

（3）现场勘察测试和室内动力试验。对土石坝进行现场勘察测试，为抗震计算提供必要的资料和参数。通过现场取土进行室内动力试验，确定坝基层和坝体土料在地震作用下的强度、变形和孔隙水压力特性。震前坝体的初始静应力状态，特别是剪切应力状态对坝体地震安全有重要影响。

（4）抗震稳定性验算。拟静力法已积累了较为丰富的经验，是土石坝稳定性计算的常规方法。对于不同类型土石坝，可采用不同的圆弧条分法验算稳定性，例如瑞典圆弧法、毕肖普方法或滑楔法。但当坝体或坝基中存在可液化土类时，即使对于中小型土石坝，拟静力法也难以得出正确评价。

可建立动力有限元模型计算坝体的滑动、变形和应力状态，确定地震时坝基、坝体的破坏区，特别是饱和砂土液化区，同时确定地震引起的坝体残余变形。一般来说，中型和大型坝应进行动力分析以弥补拟静力设计的不足。

（5）土石坝震后地震稳定性分析。根据具体条件，以动力分析结果为初值，求解震后饱和土体孔隙水压力消散过程和分布，验算震后坝基、坝体的地震稳定性。

抗震措施　土石坝主要抗震措施如下。

（1）土石坝宜采用直线或凸向上游的坝轴线，不宜采用折线形或 S 形的坝轴线，防止张力导致防渗体开裂。

（2）高烈度区宜选用堆石坝，防渗体不宜选用刚性心墙，以防地震时与周围填土沉陷不同导致裂缝。当坝区有丰富的合适土料而又缺乏石料时，中小型工程可选用均质土坝，且应设置内部竖向或水平排水系统，以降低浸润线。

（3）确定土石坝的安全超高时应考虑地震涌浪高度（见湖涌）；对库区内大体积塌岸和滑坡而形成的涌浪，应进行专门研究。高烈度区安全超高应计入坝和地基在地震作用下的附加沉陷。

（4）高烈度区宜适当加宽坝顶，采用上部缓、底部陡的坝断面，使坝顶受损后仍能保持整体稳定。

（5）加强土石坝防渗体，特别是在地震中容易发生裂缝的坝体顶部、坝与岸坡或混凝土等刚性建筑物的连接部位的防渗体。应在防渗体上、下游面设置反滤层和过渡层，且必须压实并适当加厚，以防止出现贯通性裂缝或减少裂缝所产生的渗透破坏。

（6）应选用抗震性能和渗透稳定性较好且级配良好的土石料筑坝。均匀的中砂、细砂、粉砂及粉土饱和后易液化，抗冲刷性能差，不宜作为地震区的筑坝材料。

（7）黏性土的填筑密度以及堆石的压实和设计孔隙率应严格控制，在高烈度区宜采用其规定范围的高限。

（8）不宜在坝下埋设输水管。当必须在坝下埋管时，宜采用钢筋混凝土管或铸铁管，且应将管道置于岩基或坚硬的土层中，或将有压管道建在坝下的廊道中。接头处要做好止水和反滤。

路基抗震设计（seismic design of subgrade）　地震作用下路基的专项结构设计。路基是铁路轨道或道路路面下的基础构筑物。当地面低于路基设计标高时应修筑路基，反之应开挖路堑。中国《公路工程抗震设计规范》（JTJ 004 - 89）和《铁路工程抗震设计规范》（GBJ 111 - 87）均规定了路基和路堑的抗震要求。

路基抗震稳定性的验算要求见表。路基仅考虑道路横向的水平地震作用，水平地震作用采用静力法计算，其算式为

$$F = C_1 C_2 K_h G$$

式中：C_1 为重要性修正系数；C_2 为综合影响系数；K_h 为水平向地震系数；G 为路基土体重力。

路基应满足以下抗震措施要求。

（1）路基填方宜采用碎石土、卵石土和不易风化的石块等抗震稳定性较好的土，不宜采用粉砂、细砂、黏粉土和有机土；填土压实度应符合相关规范要求。采用砂类土填筑公路路基时，应压实并加固边坡坡面。Ⅰ、Ⅱ级铁路路基使用稳定性差的填土时，应采用加固措施。

（2）高速公路和一级公路的路堤在高度较大时，岩石、非软土和非液化土地基上的铁路路堤在高度较大时，均应放缓边坡坡度。当路基为半填半挖或地面横坡坡度较大时（铁路大于 1：5，公路大于 1：3）时，应处理路基底并加强上侧山坡排水措施，在坡脚采取支挡措施。在设防烈度 8、9 度地段，对于Ⅰ、Ⅱ级铁路大于临界高度的路基，应放缓护道和堤身坡度或采取加固措施。当边坡石质破碎或存在软弱面时，应采取加固措施进行设计。

（3）建筑在软弱黏性土和液化土层上的路基，应采取防护措施和地基加固措施。设防烈度为 8、9 度且岩体严重风化地段，不宜采用大爆破开挖路基。铁路路基的浸水部分，应选用抗震稳定性较好的渗水性土；使用粉砂、细砂、中砂作为填料时，应采取防液化措施。

挡土墙抗震设计（seismic design of retaining wall）　地震作用下挡土墙的专项结构设计。挡土墙是防止土体坍塌的土工构筑物，在房屋建筑、水利工程、铁路与公路工程中都有广泛的应用。挡土墙按照结构形式划分有：①重力式，靠墙体重力维持平衡；②衡重式，上部墙体收缩形成衡重台，借台面上土体压重增加稳定性；③加筋式，由墙面、拉筋和填料组成复合墙体；④锚拉式，依靠锚杆或锚定板固定在岩土中维持稳定。如图所示。

挡土墙的稳定性与墙体的强度、挡土墙与地基的结合程度和墙后土压力有关。墙后土压力按照墙体位移朝向墙外或墙内，分为主动土压力和被动土压力。

在地震作用下挡土墙的破坏形式有裂缝、滑移、倾覆、沉降以及整体滑移等。地震中挡土结构破坏的原因有：墙背侧向土压力的增加；墙前水压力的减小；回填土液化，有时地基液化可使墙体滑移或沉降达到数米。

路基抗震稳定性验算要求

道路等级			A			B
设防烈度			7	8	9	9
岩石、非液化土、非软土地基上的路基	非浸水	岩块或细粒土填筑	不验算	$H>20$ m 验算	$H>15$ m 验算	$H>20$ m 验算
		粗粒土填筑	不验算	$H>12$ m 验算	$H>6$ m 验算	$H>12$ m 验算
	浸水	渗水性土填筑	不验算	$H_w>3$ m 验算	$H_w>2$ m 验算	$H_w>3$ m 验算
	地面横坡大于 1：3 的路堤		不验算	验算	验算	$H>20$ m 验算
路堑	黏性土、黄土或碎石类土		一般不验算	$H>20$ m 验算	$H>15$ m 验算	$H>20$ m 验算

注：A 为Ⅰ、Ⅱ级铁路（或高速公路及一、二级公路）；B 为Ⅲ级铁路及Ⅰ级工企铁路（或三、四级公路）；H 为路基边坡高度；H_w 为路堤浸水常水位的深度。

挡土墙的结构形式

挡土墙抗震设计方法如下。

拟静力法 将地震作用视为等价附加静力施于结构，进行墙体抗倾伏、抗滑稳定性和墙体强度验算。墙体地震作用按下式估计：

$$F_i = C_1 C_2 K_h \zeta W_i$$

式中：F_i 为沿挡土墙高度作用于 i 截面的水平向地震作用；C_1 为重要性系数；C_2 为地震影响折算系数，一般取 $0.2 \sim 0.25$；K_h 为水平向地震系数；ζ 为沿高度的增大系数（见加速度分布系数）；W_i 为 i 截面以上墙体重力。

地震时挡土墙与墙后土体相互作用，使挡土墙背产生附加的动土压力，其大小与墙后土体的变形和墙的位移有关。动土压力计算常用物部-岗部（Mononobe-Okabe）模型，它基于库仑土压力模型，将地震作用化为等效静力考虑。中国《铁路工程抗震设计规范》（GBJ 111—87）规定地震主动土压力按库仑公式计算（见主动土压力），土的内摩擦角 φ、墙背摩擦角 δ 和土的容重 γ 应基于地震角 θ 进行修正，地震角是水平地震作用与重力的合力方向与竖直方向的夹角。修正后的内摩擦角 φ_E、墙背摩擦角 δ_E 和土的容重 γ_E 分别为

$$\varphi_E = \varphi - \theta$$
$$\delta_E = \delta + \theta$$
$$\gamma_E = \gamma / \cos \theta$$

地震角 θ 按设计烈度取值（表）。

地震角 θ 取值

设计烈度		7	8	9
地震角 θ	水上	1°30′	3°	6°
	水下	2°30′	5°	10°

拟静力法计算得出的地震作用过于保守，需要折减；中国《水工建筑物抗震设计规范》（SL 203—97）规定一般取计算值的 0.25。

滑块模型计算方法 同时考虑墙体惯性力和墙背土压力，并完全限制墙体位移的设计过于保守，导致墙体尺寸过大，为此可在允许墙体位移的条件下进行设计。考虑地震时墙体位移的分析模型如理查兹-埃尔姆斯（Richards-Elms）模型，它假定墙体为刚体，忽略墙后土体地震动分布的不同，由纽马克（Newmark）滑块模型计算墙体位移（见土坡有限滑动分析）。

非线性有限元方法 非线性有限元分析模型将墙体和土体都视为变形介质，对地基-挡土墙-墙后土体进行整体分析，并利用有效应力理论分析地基和墙后土体的液化。液化导致挡土墙大变形的分析方法还需要深入研究。

zhudong tuyali

主动土压力（active earth pressure） 挡土墙（或类似结构）离开墙后填土移动或转动时，土体在滑动临界状态下对墙体的极限推力。

当挡土墙墙体向外移动时，墙后土体潜在滑动面上的剪应力增加；当剪应力等于土的抗剪强度时，土体处于滑动临界状态，此时土体对墙体的压力为极小值，此即主动土压力。

主动土压力可根据土体极限状态下力的平衡求解，常用的方法基于朗金（Rankin）理论和库仑（Coulomb）理论。

朗金理论方法 若墙背直立、光滑，且墙后填土面水平（图1），根据土中一点的应力平衡条件计算主动土压力的

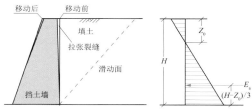

图 1 朗金主动土压力示意图

公式为

$$E_a = \frac{\gamma H^2}{2} K_{aL} - 2cH \sqrt{K_{aL}} + \frac{2c^2}{\gamma}$$

式中：K_{aL} 为朗金主动土压力系数，$K_{aL} = \tan^2(45° - \varphi/2)$，$\varphi$ 为土的内摩擦角；c 为黏土的黏聚力；H 为墙高；γ 为土重度。主动土压力作用点在距墙底 $(H - Z_0)/3$ 处，Z_0 为墙土间张拉裂缝距地面的高度，$Z_0 = 2c/(\gamma \sqrt{K_{aL}})$。对非黏性土 $c = 0$。该方法忽略了墙背与土体间的摩擦力，算出的主动土压力偏大，不适用于墙背倾斜或填土面倾斜的挡土墙，也不适用于衡重式挡土墙。

库仑理论方法 根据墙后楔形土体的极限平衡条件计算主动土压力。假定滑动面为平面，墙后土为无黏性土。图2中，α 为墙背与竖直线的夹角，俯斜取正号，仰斜取负号；β 为填土面与水平面的夹角；δ 为墙背与填土的摩擦角，根据试验或经验取值；θ 为滑动面与水平面的夹角。楔形土体承受自重 W，下部土体反力为 R，墙体反力为 E_a（即主动土压力的反力），根据力平衡条件，变化滑动面角度 θ 求极限可得

$$E_a = \frac{\gamma H^2}{2} K_{aK}$$

式中：K_{aK} 为库仑主动土压力系数，

$$K_{aK} = \frac{\cos^2(\varphi - \alpha)}{\cos^2 \alpha \cos(\alpha + \delta) \left[1 + \sqrt{\dfrac{\sin(\varphi + \delta)\sin(\varphi - \beta)}{\cos(\alpha + \delta)\cos(\alpha - \beta)}}\right]^2}$$

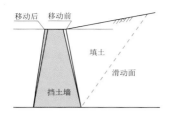

图 2　库仑主动土压力示意图

主动土压力作用点在墙底 $H/3$ 处。朗金模型是库仑模型在墙背竖直($\alpha=0$)、光滑($\delta=0$)、填土面水平($\beta=0$)时的特例。对于填土面为非平面情况，可用图解法求解。当填土为黏性土时，应计入黏聚力 c 的作用，考虑墙土间的张拉裂缝，用图解法求解；或计入土的黏聚力用修正的广义库仑土压力公式求解。

此方法适用于各种形式的挡土墙，但将填土滑动面假定为平面将导致误差；计算中填土面倾角 β 不能大于土体内摩擦角，墙背仰斜或俯斜角度不能过大，否则结果不合理，应进行修正。

beidong tuyali

被动土压力（passive earth pressure）　当挡土墙（或类似结构）向墙后填土移动或转动时，土体在向上滑动临界状态下对墙体的极限推力。

墙体向土体移动，墙后的土体产生向上滑动趋势，剪应力反向增加；当滑动面上的剪应力等于土的抗剪强度时处于向上滑动临界状态，此时土体对墙体的压力达到极大值，此即被动土压力。

被动土压力数值根据土体极限状态下力的平衡求得到，常用的方法基于朗金（Rankin）理论和库仑（Coulomb）理论。

朗金理论方法　若墙背直立、光滑，墙后填土面水平（图1），根据土中一点的应力平衡条件计算的被动土压力的

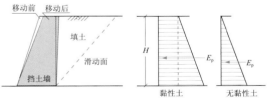

图 1　朗金被动土压力示意图

公式为

$$E_p = \frac{\gamma H^2}{2} K_{pL} + 2cH \sqrt{K_{pL}}$$

式中：K_{pL} 为朗金被动土压力系数，$K_{pL}=\tan^2(45°+\varphi/2)$，$\varphi$ 为土的内摩擦角；c 为黏土的黏聚力；H 为墙高；γ 为土重度。对于黏性土，被动土压力作用点为土压力梯形分布的形心。对非黏性土 $c=0$，被动土压力作用在距墙底 $H/3$ 处。该方法忽略了墙背与土体间的摩擦力，算出的被动土压力偏小，不适用于墙背倾斜或填土面倾斜的挡土墙，也不适用于衡重式挡土墙。

库仑理论方法　根据墙后楔形土体的极限平衡条件计算被动土压力（图2），楔形土体承受自重 W、下部土体反力 R 和墙体反力 E_p（即被动土压力的反力）。对无黏性土

$$E_p = \frac{\gamma H^2}{2} K_{pK}$$

式中：K_{pK} 为库仑被动土压力系数，

$$K_{pK} = \frac{\cos^2(\varphi+\alpha)}{\cos^2\alpha\cos(\alpha-\delta)\left[1+\sqrt{\dfrac{\sin(\varphi+\delta)\sin(\varphi+\beta)}{\cos(\alpha-\delta)\cos(\alpha-\beta)}}\right]^2}$$

式中：α 为墙背与竖直线的夹角，俯斜取正号，仰斜取负号；β 为填土面与水平面的夹角；δ 为墙背与填土的摩擦角，根据试验或经验取值。被动土压力作用点为距墙底 $H/3$ 处。对比可知，朗金模型是库仑模型在墙背竖直（$\alpha=0$）、光滑（$\delta=0$）、填土面水平（$\beta=0$）时的特例。

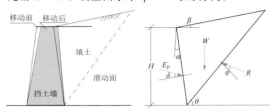

图 2　库仑被动土压力示意图

对黏性土，应计入黏聚力 c 的作用，用图解法求解；或采用广义库仑土压力公式计算。

该方法适用于各种形式的挡土墙，但将填土滑动面假定为平面，误差可达 2～3 倍。一般被动土压力的计算要根据实际情况采用曲线滑动面或用其他方法修正。

weikuangba kangzhen sheji

尾矿坝抗震设计（seismic design of tailing dam）　地震作用下尾矿坝的专项结构设计。

拦截选矿后尾矿粉渣和水的坝体即尾矿坝。尾矿初期坝用当地材料筑成，并作为堆积坝的排渗体和支承体；堆积坝是生产过程中在初期坝坝顶以上用尾矿充填堆筑而成的坝体。尾矿坝有三种筑坝方式：①上游筑坝法：在初期坝上游方向充填堆积尾矿筑坝；②中线筑坝法：在初期坝轴线处用旋流分级粗砂冲积尾矿筑坝；③下游筑坝法：在初期坝下游方向用旋流分级粗砂冲积尾矿筑坝。

尾矿坝的筑坝材料和工艺与常规土石坝不同，后者设计方法不能对易液化的尾矿坝地震安全性作出正确评价。

中国《构筑物抗震设计规范》（GB 50191—93）规定的尾矿坝抗震计算要求包括两部分：①液化分析，即坝内的孔压分布及液化区的确定，根据重要性级别，采用一维简化动力分析法或二维时程法进行计算；②稳定分析，考虑孔压增高或液化情况下的滑动稳定分析，一般采用圆弧滑动面法计算，但在有软弱夹层时尚要验算此层面的滑动。要选取不少于两个填高阶段进行抗震验算；应采用规定的坝基和坝体液化的判别公式，以及等效线性化地震反应分析方法（见水平土层地震反应分析）。

抗震措施：设防烈度较低时采用上游筑坝法，烈度高时采用中游法或下游法；后继扩大坝体宜经碾压填筑并控制相对密度；增加滩长，降低浸润线，增加坝体干燥部分；采取有利于地震稳定性的工程措施，如控制堆积的上升速度，放缓下游坡度，在坝基和坝体内设排水设施，在坝脚设减压井，在下游坝坡设排渗井，在下游坝脚设反压体等。

dixia jiegou kangzhen sheji

地下结构抗震设计（seismic design of underground structure）　地震作用下对地下工程的专项结构设计。

地下结构泛指在岩土体中的各种类型的地下建筑物和各类工程结构，包括山体隧道、地下通道、地下洞库、沉埋隧道、地下铁道和水底隧道；用于市政、防空、采矿等的各类地下巷道和硐室；各种军用国防坑道；水力发电工程的地下发电厂房及各种水工隧洞等。

地下结构的地震反应与地上结构有很大不同，表现为地震反应小，破坏轻；地下结构地震反应的控制因素是地基地震变形而不是地震惯性力。地下结构在地震中遭受严重破坏的实例很少。

地下结构主要抗震设计方法如下。

(1) 拟静力法。将地震作用作为等效静力荷载进行结构抗震计算，地震时的土压力作为外力考虑。这种方法的缺陷在于，没有考虑土层与结构各自的振动特性以及地震动位移作用下的动力相互作用。

(2) 位移法。把地震时地基的位移当作已知条件，求解地下结构产生的应力和变形。位移法的关键是确定地基变位和抗力系数。抗力系数可以采用文克尔弹簧常数或地基土介质的弹簧常数。这种方法的理论基础是基于，地震时控制地下结构地震反应的是地基变形而不是结构物的惯性力。近年来，多数地下结构都采用这种方法进行抗震验算。

(3) 动力分析法。一般采用有限元理论将地基土和结构作为一个相互耦合的整体，将地震动直接输入求得结构的动力反应。这种方法不仅可以求得结构受地震作用时反应的最大值，而且可以分析结构反应的全过程，同时也可考虑地基土和结构的弹塑性反应，适用于结构物形状和地质条件比较复杂的地下结构抗震分析。但这种方法较为复杂，要合理确定相关参数，同时涉及有限计算区域的人工边界处理问题。

tu zhong bo de chuanbo
土中波的传播 （wave propagation in soil）

岩土介质中应力波传播的物理现象。地震、爆炸和机械运动等都会激发应力波在岩土中的传播。

地震动是地震波传播引起的岩土振动。振动的传播必须经过一定时间，不同地点的地震动具有相位差。地震波在土层界面上要发生反射和折射，变化的界面使得土体中的波场十分复杂。地震波可分为体波和面波（或导波）两大类，前者含纵波（亦称压缩波、P 波）和横波（亦称剪切波、S 波），后者含洛夫波、瑞利波、斯通利波和通道波等；不同波型的传播方式不同。

土体的动力特性与岩石有显著的差别，具有复杂的非线性特性，且阻尼效应也比岩石大得多，导致应力波的衰减。受土层构造和动力特性的影响，土层各部位波动的幅度、频率成分和到时（相位）都不同。

分析波在岩土中的传播，可确定岩土层的结构和性质，预测土层地震动的大小和频率特性。研究岩土中地震波的传播采用波动分析方法，在经典力学中以波动方程作为波传播的控制方程，求解波动方程有解析方法和数值方法。解析方法的解答具有普适性，但因求解困难而仅限于简单模型；大量波动问题要用数值模拟方法求解，计算中要解决一系列技术问题，正确处理离散准则、寄生振荡、人工边界条件等，才能得到合理的结果。

bodong fenxi fangfa
波动分析方法 （wave analytical method）

运用波动理论分析介质质点运动规律的方法。

广义的波动包括固体和液体中的应力波，液体和空气中的声波，空间的电磁波、光波等。固体中的波动是质点振动在介质中传播的运动现象。工程中的波动问题大多涉及固体（有时涉及液体）的宏观运动，即介质的特征尺寸和波长均远大于介质微观构造的线度且传播速度远小于光速，此时可将介质视为连续介质。弹性体连续介质中的运动微分方程是波动分析方法的基础。

基本方程 依据牛顿力学原理，在均匀、各向同性的无限弹性体中，质点运动由纳维（Navier）方程（亦称波动方程）控制：

$$\mu \nabla^2 \boldsymbol{u} + (\lambda + \mu) \nabla (\nabla \cdot \boldsymbol{u}) + \rho \boldsymbol{f} = \rho \frac{\partial^2 \boldsymbol{u}}{\partial t^2}$$

式中：ρ 为介质密度；$\boldsymbol{f}$ 为单位体积外力；$\boldsymbol{u}$ 为位移矢量场，包括三个分量；λ，μ 是介质常数，亦称拉梅（Lame）常数，与介质刚度（模量）相关；μ 即剪切模量，压缩模量（杨氏模量）为 $E = \frac{\mu(3\lambda + 2\mu)}{\lambda + \mu}$，体积模量为 $k = \lambda + \frac{2}{3}\mu$；泊松比为 $\nu = \frac{\lambda}{2(\lambda + \mu)}$，它代表介质横向变形与纵向变形能力之比，对弹性体取值小于 1/2〔其值越小，横向变形相对越小；如果令其为 1/2（如液体），剪切模量为 0，即没有因剪切作用而产生的横向变形〕；$\nabla = \frac{\partial}{\partial x}\boldsymbol{i} + \frac{\partial}{\partial y}\boldsymbol{j} + \frac{\partial}{\partial z}\boldsymbol{k}$，其中 $\boldsymbol{i}$，$\boldsymbol{j}$，$\boldsymbol{k}$ 分别为直角坐标系的三个相互垂直的轴方向的单位矢量，作用于标量场相当于求梯度；$\nabla^2 = \nabla \cdot \nabla = \frac{\partial^2}{\partial x^2} + \frac{\partial^2}{\partial y^2} + \frac{\partial^2}{\partial z^2}$，算符"$\cdot$"表示矢量的数量积（亦称点乘），即两矢量对应坐标分量乘积之和。

根据亥姆霍兹（Helmholts）分解原理，任何矢量场 $\boldsymbol{u}$ 可进一步分解为无旋场和等容场：

$$\boldsymbol{u} = \boldsymbol{u}^{(1)} + \boldsymbol{u}^{(2)}$$

式中：$\boldsymbol{u}^{(1)}$ 和 $\boldsymbol{u}^{(2)}$ 分别代表位移场的无旋波（亦称 P 波、纵波、初至波）和等容波（亦称 S 波、横波、次达波），工程中则常分别称压缩波和剪切波，合称体波。按照矢量分析理论，前者没有旋度，可简单理解为只有压缩或膨胀变形；后者没有体积变化，只有形状（剪切）变化。

外力也可分解为无旋场 $\boldsymbol{f}_1$ 和等容场 $\boldsymbol{f}_2$。基本运动方程可以分解为

$$c_1^2 \nabla^2 \boldsymbol{u}^{(1)} + \nabla \cdot \boldsymbol{f}_1 = \frac{\partial^2 \boldsymbol{u}^{(1)}}{\partial t^2}$$

$$c_2^2 \nabla^2 \boldsymbol{u}^{(2)} + \nabla \times \boldsymbol{f}_2 = \frac{\partial^2 \boldsymbol{u}^{(2)}}{\partial t^2}$$

式中：$c_1 = \sqrt{(\lambda + 2\mu)/\rho}$（常记为 c_P），$c_2 = \sqrt{\mu/\rho}$（常记为 c_S），分别为纵波和横波波速；算符"$\times$"表示矢量积运算（亦称叉乘），是两个矢量各分量间按规定行列式相乘，结果仍然是矢量。

计算可知 $c_1 > c_2$，即纵波先于横波到达观测点。纵波质点振动方向与波传播方向相同，横波质点振动方向与波传播方向垂直。$\lambda = \mu$ 的介质称泊松体，此时 $c_P = \sqrt{3} c_S$。

在半空间和成层半空间界面附近存在面波，主要有瑞

利(Rayleigh)波和洛夫(Love)波。瑞利波存在于弹性半空间和成层弹性半空间，质点的运动轨迹是竖直面内逆时针运动的椭圆，地面处幅值最大，随深度的增加幅值按指数衰减。洛夫波存在于具有表面层的半空间，为水平偏振的剪切波，运动限制在表面层的两个边界之间。

反射与折射　波传播至界面将发生反射和折射，入射波、反射波、折射波三者的幅值和相位之间的关系要满足应力和位移连续条件。以平面波为例，按照斯奈尔定律，折射角的正弦与入射角正弦之比等于界面两侧相应波速之比，幅值和相位要满足界面的边界条件。极端的边界是自由边界（如地表面）和刚性边界。对自由边界，反射波和入射波叠加后应力为零，即要求应力反射波符号与入射波相反，据此可推得自由边界位移反射波的符号与位移入射波相同，且幅值相等，两者叠加使自由表面位移是入射波的两倍。刚性边界条件位移为零，因此位移反射波符号与入射波相反，应力则相同，叠加后应力为入射波的两倍。

解析方法　求解波动方程的解析方法如下。

（1）经典数学方法。包括求解全空间集中力点源解洛夫方法、求解半空间表面点源解的兰姆方法、求解其他类型波源问题的卡格尼亚-德胡普方法，即拉普拉斯变换方法，这些方法应用经典数学中的各种变换，需要高超的求解技巧和完成复杂的围道积分。

（2）波函数展开法。在不同坐标系下分离变量，可以得到问题的闭合级数解，并为其他解法提供基函数。

（3）加权残值法。假定方程的解可由有限个已知的插值函数的线性组合表示的试函数来逼近，采用加权函数消除边界残差，以寻求方程的近似解，根据权函数的选择不同，具体有配点法、最小二乘法等。

（4）里兹法。将波动微分方程归结为泛函极值的变分问题，通过选择试函数，寻求方程的近似解。

（5）摄动法。对于扰动波频率很低的情况，可取某一摄动参数，将问题的解用此参数的幂级数来表示，得到各个展开项的解，从而求得原问题的渐近解答。

（6）离散波数法。假设介质模型的分界面周期变化，将总波场分成入射波场和散射波场两部分，散射波场用平面波的无穷积分表达，以振幅为待求量，通过满足边界条件得到求解未知量的代数方程组。

（7）几何射线法。在高频波作用下，假设位移波振幅的函数形式，代入波动方程得到振幅的递推公式，边界条件也用相应的未知振幅表示，进而求得近似解。

（8）复变函数法。将波动方程进行保角变换，通过引进适当的域函数，求解变换后的方程。

因求解困难，解析方法只能求得少数简单震源（如点源）和简单介质模型（如全空间、半空间、规则区域等）问题的线性解，这些经典解揭示了固体中波动的物理特性，奠定了波动理论基础，也为数值近似计算提供了检验标准。

数值方法　采用时空离散技术将连续介质中的波动转变为离散模型的求解方法，可直接进行波动过程的模拟，主要包括：①有限差分方法，适合大尺度和较均匀介质模型；②有限元方法，适合形状复杂或非线性介质模型；③边界元方法，适合无穷域或应力集中问题。数值方法是解决复杂波动问题的有力工具。

数值法应解决的主要问题为：①离散网格尺寸与模拟频段的关系，即为保障计算精度，必须限制网格尺寸，称为离散准则；②显式计算格式的计算稳定性；③离散计算中出现的特殊问题，如寄生振荡、离散网格中的频散和用有限区域模拟无限区域形成的人工边界处理问题等。（见波动数值模拟）

推荐书目

艾龙根 Ａ Ｃ，舒胡毕 Ｅ Ｓ．弹性动力学．戈革，译．北京：石油出版社，1984．

bochang fenjie

波场分解（decomposition of wave field）　将质点的波动拆分为互相独立的分量。波动的空间展布称为波场。实际地震波场十分复杂，各点振动振幅和相位不同。为分析方便，可分离为理想的简单波型，一方面表示简单波源发出的波场，另一方面可作为分析复杂波场的基础。

振动幅值和相位相同的点组成的面称为波阵面。一个点源发出的波向外传播，在半径相同的球面上各点振动相同，波阵面是球面，称为球面波；一个无限长的线源发出的波在相同半径的柱面上各点振动相同，波阵面是柱面，称为柱面波；可以设想一个无穷大的面源发出的是平面波。用一个空间坐标描述波场称为一维问题，适当选择坐标系，例如对球面波用球面坐标系，柱面波用柱坐标系，平面波用直角坐标系，则这三种波在无限均匀介质中的传播都是一维问题。若平面波垂直入射到水平界面，如水平成层土层，反射和折射形成的波场仍然是一维问题；但平面波斜入射到水平界面，即使取一个坐标面与水平界面平行，或与波传播方向垂直，形成的波场都要用两个变量确定，是二维问题；更一般的情况是三维问题。

在直角坐标系中，可以将任意波场对时间和空间作四重傅里叶变换，分解为无限多个平面谐波的叠加，因此平面波的波场是研究复杂波场的基础。

一般地理直角坐标系下的平面波波阵面如图所示，波阵面上各点运动相同，表示质点运动大小和方向的射线矢

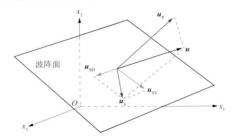

平面波在与波阵面相关坐标系下的波场分解

量 u，可以分解为沿波传播方向的分量 u_P（纵波分量或 P 波分量）和垂直于传播方向、在波阵面上的分量 u_S（横波分量或 S 波分量）；S 波分量在波阵面内又可分解为水平偏振分量 u_{SH} 和与之正交的偏振分量 u_{SV}，分别称为 SH 波和 SV 波。

在与波阵面相关的直角坐标系内进行波的分解，为波动方程求解带来方便。因为在一般情况下，平面 P 波斜入射到界面上，除产生反射和折射 P 波外，还会产生反射和折射 S 波，即发生波型转换，求解很复杂。可以证明，引入无旋波和等容波的位移势函数求解波动方程，只考虑 u_{SH}

波传播时，不发生波型转换，使求解大为简化。因此在分析复杂波动问题时，常先求解 u_{SH} 波传播的解，获得定性和定量的结果，称为 SH 型波动问题，因 SH 波运动方向沿 x_3 轴，与 $x_1 - x_2$ 坐标面垂直，故亦称出平面问题或反平面问题。P 波和 SV 波互相耦联，必须一同处理，称为 P - SV 型波动问题或平面内问题。

Sinaier dinglü
斯奈尔定律（Snell law）　描述入射平面波在界面上产生的反射波和折射波行进方向的规律。

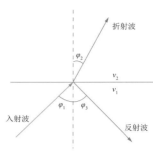

平面波在平界面的反射和折射

在界面上入射波、反射波和折射波（亦称透射波）的关系为：入射角、反射角和折射角的正弦之比等于相应波速之比。

如图所示，上层波速为 v_2，下层波速为 v_1，平面波由下层介质入射到界面，折射波的折射角（φ_2）正弦与入射角（φ_1）正弦之比等于界面两侧波速之比：

$$\frac{\sin \varphi_2}{\sin \varphi_1} = \frac{v_2}{v_1} \tag{1}$$

反射波与入射波在同介质内，反射角 φ_3 与 φ_1 关系为：

$$\sin \varphi_3 = \sin \varphi_1 \tag{2}$$

斯奈尔定律可以用多种方法证明。例如：界面质点运动同时受这三种波的共同作用，必须保持位移和应力连续，或在界面上同步行进，即必须保持各自的视波速为相同数值，按视波速定义可知：

$$\frac{v_1}{\sin \varphi_1} = \frac{v_2}{\sin \varphi_2} = \frac{v_1}{\sin \varphi_3} \tag{3}$$

此即式（1）和式（2）。

shibosu
视波速（apparent wave velocity）　平面波在弹性半空间内传播时沿地表的传播速度。

如图所示，设介质波速为 c，当平面波波阵面沿前进方向由 A 点传到 O 点时，在地表相当于从 B 点传到 O 点，则

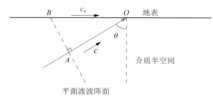

平面波入射的视波速

视波速为

$$c_a = c / \sin \theta$$

式中：θ 为平面波入射角（平面波射线与竖直方向的夹角）。当平面波垂直入射时，视波速为无穷大，面波传播时，视波速就是面波波速。

bozukang
波阻抗（wave impedance）　介质密度与波速的乘积，反映介质对波动传播的阻力。

以压缩波问题为例。设波动位移解为达朗贝尔行波解 $u = f(t - x/c)$，x 为距离，$c = \sqrt{E/\rho}$ 为压缩波速，E 为压缩模量，ρ 为介质密度；质点速度为 $\dot{u} = \partial u / \partial t = f'(t - x/c)$；应力为

$$\sigma = -E \frac{\partial u}{\partial x} = \frac{E}{c} f'(t - x/c) \tag{1}$$

应力与质点速度之比即为波阻抗：

$$\frac{\sigma}{\dot{u}} = \frac{E}{c} = \rho c \tag{2}$$

波阻抗等于介质密度与波速的乘积。令 c 为剪切波速，则得剪切波的波阻抗。波阻抗与介质应力和速度的关系，类似于电阻与电压和电流的关系。

波阻抗的物理意义如下。

（1）波阻抗控制波动能量在介质中的传送率。定义能流密度 w 为作用在传播方向垂直平面上的应力与作用方向上质点速度的乘积：

$$w = \sigma \frac{\partial u}{\partial t} \tag{3}$$

它表示在波动传播方向上通过单位面积在单位时间输送的能量。将式（2）代入式（3）：

$$w = \rho c \left(\frac{\partial u}{\partial t} \right)^2 \tag{4}$$

（2）波阻抗是波反射和折射问题中的关键参数。只有波阻抗发生变化的界面才产生反射或折射，或形成面波，这是地震勘探法的物理基础。由于固体的密度变化不大，因此波阻抗主要由波速控制。

（3）波阻抗联系质点速度和应力。根据式（2）可知介质所受应力等于波阻抗与质点速度的乘积，可通过测量质点速度估计物体所受外荷载的量级。

（4）波阻抗是决定反射、折射波振幅与入射波振幅比的重要参数。

bodong shuzhi moni
波动数值模拟（numerical simulation of wave motion）　用离散模型代替连续介质，利用数值计算近似求解波动传播过程的方法。

经典的波动解析方法要求运用数学变换、围道积分等技巧，求解十分困难，只能解决简单波源和简单介质模型中的波动问题。复杂波动问题只能采用近似计算方法。

常用数值模拟方法有两种，一种是用差商代替基本方程中的偏导数，即有限差分法；另一种是将复杂介质分割为许多单元，在各单元内利用里兹法求解，即有限单元法。两种途径都将介质网格化，求得的都是网格点（有限差分法的微分间隔点和有限单元的节点）的运动量。此后又发展了边界单元法和其他近似方法。

离散模型的优点在于：只要网格足够小，则可在给定频段内，以允许的精度模拟任意形状的介质模型。变化网格大小和形状，可以方便地处理形状和受力状态复杂的边界，这正是解析方法的难点。但是，离散模型的计算也须解决一系列相关问题才能得到正确的结果。

　　计算格式　离散计算采用步进式的递推格式，即在时间上某时刻的解由前面时刻解的递推出，空间上某点的解要借助邻近点的解计算。给定初值和某个边界点值后，计算可以递推进行。计算格式有隐式算法和显式算法之分。

以一阶常微分方程的有限差分法为例：

$$\frac{\mathrm{d}u}{\mathrm{d}x} = f(u, x) \tag{1}$$

对自变量 x 离散化，第 n 个值记为 $t_n = n\Delta x$，$n = 1, 2, \cdots$，Δx 为离散步距。如果 x 为时间，则 Δx 为时间步距；若为空间变量，则 Δx 为空间步长（网格尺寸）。类似地对给定函数离散化为 $f_n = f(u_n, x_n)$，采用单边差商表示导数，但采用平均（梯形）公式近似表示函数 f，则有

$$(u_{n+1} - u_n)/\Delta x = \frac{1}{2}(f_{n+1} + f_n) \tag{2}$$

即

$$u_{n+1} = u_n + \frac{\Delta x}{2}(f_{n+1} + f_n) \tag{3}$$

按式（3），虽然第 $n+1$ 点的值由第 n 点值推得，但 $f_{n+1} = f(u_{n+1}, x_{n+1})$ 中仍有待求未知量 u_{n+1}，还须与其他点的值一起求解联立方程才能得解，这种格式称为隐式计算格式。

改变计算格式，令

$$(u_{n+1} - u_n)/\Delta x = f_n \tag{4}$$

即

$$u_{n+1} = u_n + \Delta x f_n \tag{5}$$

此时 $n+1$ 点的值直接由第 n 点的值推得，与其他点的值无关，称为显式计算格式。

波动显式算法的特点是每一步计算只涉及邻近网格点的前面时刻的值，因而可以直观地模拟波动过程，计算量小，易于编排计算程序。但显式算法是有条件稳定的，稳定性是显式算法是否可行的关键问题之一。隐式算法的特点是每一步计算需要求解联立方程，计算量大，在波动尚未达到的点也会有值，不符合实际波动过程。但隐式算法是无条件稳定的，有时会带来方便。

稳定性　波动数值模拟可能出现计算迅速失控的现象，表现为解的绝对值急剧增大，或以高频振荡的形式迅速增大，以至于超过计算机的最大可表达数值，称为"溢出"；溢出亦可表现为低频飘移，两者统称为计算失稳。失稳的原因是数值计算中总会产生含入误差、截断误差等，这些误差在某些计算格式中被无限制放大，以至于淹没有效计算数值，使计算失败。

将假设的计算产生的有限微小误差代入计算格式，如果计算结果的幅值与假定误差的幅值比小于 1，意味着误差不会被放大，使该比值小于 1 的条件称为稳定条件。波动方程数值求解的稳定条件为

$$\Delta t < \frac{\Delta x}{c} \tag{6}$$

式中：Δt 为时间步距；Δx 为空间步距；c 为波速。式（6）称为库朗（Courant）条件，是显式算法为保证稳定的必要条件。对实际的二维或三维问题，往往要求 Δt 取值更小。求解不同模型的波动数值计算稳定条件称为稳定性分析，诺伊曼（J. V. Neumann）开创了经典的稳定性分析方法，此后又发展了许多数学理论和方法；但对于复杂的实际问题，还须通过试算总结规律。

计算精度　数值近似解与微分方程解之间的误差称为截断误差。截断误差代表计算的精度，用离散步距的阶数衡量，近似公式不同精度也不同。将式（4）等号左边的 u_{n+1}

以 u_n 作泰勒展开得到

$$(u_{n+1} - u_n)/\Delta x = u_n' + \frac{\Delta x}{2}u_n'' + O[(\Delta x)^2] \tag{7}$$

式中：u_n'，u_n'' 分别表示对 u_n 求一阶导数和二阶导数；$O[(\Delta x)^2]$ 表示比 $(\Delta x)^2$ 更高阶的小量。则截断误差为

$$[(u_{n+1} - u_n)/\Delta x - f_n] - [u_n' - f_n] = O(\Delta x) \tag{8}$$

此式表示单边差商的截断误差为离散步距的一阶小量，类似地可推导中心差商的截断误差是二阶小量，比单边差商的精度高。

由此可见，计算精度与网格大小 Δx 有关，网格尺寸越小，能模拟的谐波频率越高，这相当于用足够的离散点近似表示谐波的空间变化。规定网格尺寸与谐波波长的关系称为离散准则，离散准则由简单模型的试算得出，还没有严格的理论分析方法。

有效频段　当时间步距和空间步距确定后，并不是所有频率的谐波都能在离散计算中被正确模拟，计算存在有效频段。严格分析表明，即使对于一维波动，频率高于一定数值的波动也会以低频波动出现，高波数波动也会以低波数波动出现，类似时序分析中的混淆效应，这称为离散模型的波动频散效应。

超过某个频率的波动只能在本地振荡，不会向外传播（见寄生振荡），这个频率称为波动数值模拟的截止频率。

时间步距 Δt 和空间步距 Δx 都控制有效频段。计算中时间步距应比感兴趣的波动周期小得多，使一个周期内有足够数目的离散数值点；还要保证在有效频段内的最短波长有足够的离散点取值（见离散准则）。

人工边界　因计算机容量有限，无限介质波动数值模拟计算只能在有限计算区域进行，此时在无限区域中截取的有限计算区域边界即为人工边界。人工边界处理得当，才能保证结果合理，节省计算时间。（见人工边界处理）

推荐书目

廖振鹏著．工程波动理论导论．第 2 版．北京：科学出版社，2001.

lisan zhunze

离散准则（discrete criterion）　用离散网格代替连续体进行近似计算时，为保证计算精度，离散网格（单元）尺寸所应满足的条件。有些文献对离散准则的定义还包括对时间步距的限制。

将离散网格代替连续体进行波动数值模拟，会出现频散效应，使波动在传播过程中产生变形；或因寄生振荡使超过截止频率的波动在原地振荡而不传；从而使波动数值模拟结果产生误差。由寄生振荡分析和数值试验可知，此误差的大小与空间步距（离散网格尺寸）和时间步距有关，且与要模拟的谐波波长有关。为保证计算精度，必须规定网格尺寸（空间步距）与所模拟波长间的关系。

尚无理论分析模型求解上述关系，实用的方法是用简单模型试算结果与解析解进行比较，在给定误差要求下确定计算步距。例如一维波动问题，在给定精度为 5%～2% 范围内，集中质量模型的空间离散步距 Δx 应取有效传播的最短波长的 1/6～1/9；其他算例也给出类似结果。对某些采用二次单元的有限元模型，该比值可放宽到 1/4。时间步距也有类似的分析，在显式算法中两者还要满足稳定条件。

jisheng zhendang

寄生振荡（parasitic oscillation） 用离散网格代替连续体进行波动近似计算时，超过某截止频率的波动不向外传播而在原地振荡的现象，通常由近似计算中的舍入、截断误差等引起。

对于线弹性连续介质，波传播中振动的传递特征不变，即任意频率的谐波均以幅度和速度不变的行波传播。但离散模型计算中难免产生的扰动在高频段内将引起一种特殊的振荡，使相邻节点相位正好相反，而振幅随距离按等比级数衰减。这种振荡通常寄居于扰动源附近，故称之为寄生振荡。

寄生振荡的频率高于截止频率，一维波动的截止频率为

$$\omega_u = \frac{2}{\pi} \omega_N \arcsin \frac{c \Delta t}{\Delta x}$$

式中：$\omega_N = \pi/\Delta t$ 为奈奎斯特圆频率；c 为波速；Δt 为时间步距；Δx 为空间步距；反正弦取值范围为 $[0, \pi/2]$。

一般寄生振荡的振幅很小，不影响有意义的波动，且频率远高于有意义的频段，可用滤波等方法消除。但在分析某些特殊问题，如计算稳定性时，须考虑寄生振荡的影响，因为由误差引起的干扰很可能在计算中被放大而引起失稳。

rengong bianjie chuli

人工边界处理（artificial boundary simulation） 用有限区域代替无限域进行波动数值模拟计算时，在人为截取的边界处采用的波动赋值方法。

因为计算机容量有限，须截取有限区域代替无限域，截取的边界称为人工边界；在用离散模型代替连续介质近似计算时，步进递推式的计算格式要求必须在人工边界赋值，方可使计算连续进行。人工边界处理原则是能代替边界以外的无限介质的作用，使计算结果不受干扰，如同未设置人工边界一样。

人工边界处理得当，对有意义频段波动的影响很小。可将边界设置在有意义的波源或非均匀区附近，即所谓近场区域附近，以节省计算机内存和计算时间，这对于大型计算问题尤其重要。人工边界应尽量简单，易编程实现，不增加过多计算量。

人工边界有多种名称，如吸收边界、无反射边界、透射边界、寂静边界、无回声边界、辐射边界、透明边界、开放边界、自由空间边界、相互作用边界、单侧边界等，这些名称都试图从某个侧面反映研究者处理人工边界的物理概念和作用。人工边界按照处理方法不同可分为全局人工边界条件和局部人工边界条件。

全局人工边界条件 目标是保证传播到计算区域以外的外行波满足无限域内波动方程和无穷远辐射条件。建立全局人工边界条件的思路是，首先解析求解无限域内的波动问题，然后由解析解导出所应满足的条件。主要方法如下。①基于边界积分方程的全局人工边界。运用土-结相互作用分析中的子结构法的概念，将近场区域从无限域中分割，分割的边界就是人工边界。在边界上建立力平衡方程，常见的方法是运用基于边界积分方程的边界元方法，自动满足无穷域边界条件，然后在边界上离散化求解。②一致边界条件。当外域是水平成层模型时，可以求解基于面波型函数展开的本征值问题，得到边界上的解析解。③波函数展开法。简单的模型可用适当的波函数展开，将待定系数与内部节点运动方程联立求解。④利用惠更斯原理建立边界波动传播条件，此法仅适用于声波问题。

全局人工边界主要特征是所有边界节点的运动在空间和时间上相互耦合（方法④除外），须求解大型联立方程组，计算量巨大。例如方法①中如果人工边界有 N 个自由度，则每一步运算须完成 N^2 次卷积，还要对 N^2 个分量完成傅里叶反变换。若以近似方法减小计算量，又会失去全局边界精确解的特点。

局部人工边界条件 局部人工边界几乎均属模拟单侧波动传播，近场区域的散射波是向外传播的，人工边界之外的区域不存在散射源，从内域传播的外行散射波不再返回计算区。单侧波动直接模拟无限域，各种局部人工边界互相有联系。局部人工边界条件的主要特征是时空解耦。在空间域，人工边界点运动量的计算只同该点及其周围相邻的几个节点有关；在时间域，当前时刻人工边界节点物理量的计算只同前几个时刻的物理量相关，这意味着无须求解联立方程组，大大减少了计算量。但大多数局部人工边界都须采取适当措施抑制计算失稳。

局部人工边界导出方法可分为两类：①从特定运动微分方程（如声波方程）推导；②直接模拟单侧波动的传播过程。

利用声波方程推导的局部人工边界主要有三种。①无限域辐射条件。当波动行进方向与人工边界垂直时，$\frac{\partial u}{\partial t} + c \frac{\partial u}{\partial x} = 0$，$c$ 为波速，u 为位移，此式对于多维问题是近似式。②旁轴近似边界。根据拟微分算子理论将内传波场和外行波场分离，对声波单侧频散关系作近似有理展开（帕特近似展开），由傅里叶反变换求得不同阶的时域近似公式，高阶近似可提高大入射角散射波的透射效率。③海格顿（Higdon）边界。基于声波方程的有限差分近似和单侧平面波概念设计的一种局部人工边界，假定散射波由若干固定入射角的平面波组成，可吸收以这些角度入射的平面波组合，但入射角是经验假定的。旁轴近似边界是此边界的一种特殊形式。

模拟单侧波动建立的局部人工边界有两种。①黏性边界。沿人工边界设置一系列阻尼器吸收射向边界的波动能量，概念清楚，简便易行，不失稳；问题是当散射波在边界上入射角较大时会产生反射波。②多次透射边界（MTF）。在时空解耦的基础上直接模拟单侧波动的运动学特征，认为从近场发出的各向散射波可以用一个假定波速的单侧波动模拟，可得到不同阶次的多次透射公式，对大角度入射的散射波有良好的透射效果，简便易行，具有普适性，可用于任何类型的波动数值模拟。

推荐书目

廖振鹏著．工程波动理论导论．北京：科学出版社，1996.

tu-jie xianghu zuoyong

土-结相互作用（soil-structural interaction；SSI） 地基土与所支承的结构物的动力相互影响。

研究目的　为简化结构动力反应的计算，常假定地基是刚性的，这种近似对一般建筑或结构可以接受；但是，对于核电站、大坝、海洋平台、大型桥梁、地下结构、高层建筑等质量大、跨度长的重要结构，刚性基底的假定显然不合适，地基的变形和由此引起的结构动力反应及地基地震动的变化不可忽视。早期的土-结相互作用分析将地基视为弹性体，随研究发展，地基被考虑为非线性可变形体，结构动力模型也更趋复杂。

发展简史　1904 年兰姆（H. Lamb）求得作用在弹性半空间上集中力的动力经典解，是相互作用理论分析的发端，此后主要针对动力机械的基础隔振等问题开展研究。1936 年，瑞斯纳（E. Reissner）发表关于弹性半空间表面刚性圆盘基础竖向振动问题的研究结果（称为 Reissner 理论），成为土-结动力相互作用问题理论分析的基础；1956 年拜克罗夫特（G. N. Bycroft）给出这一问题的平移和转动稳态解；1966 年莱斯默（J. Lysmer）提出集中参数法；1967 年帕米利（R. A. Parmelee）给出土-动力相互作用理论计算模型和基本方程，研究相互作用体系在地震作用下的动力反应。这些工作奠定了土-结相互作用研究的理论基础，自此，土-结相互作用问题一直是地震工程和结构动力学的前沿研究方向。

20 世纪 70 年代，计算机和重大工程的迅速发展，促进了相关研究范围的扩展和分析的深入，有限元法、有限差分法，特别是边界元法等数值方法成为重要的计算分析手段。借助数值方法，研究了不同形状基础的动力阻抗函数，就桩-土-结构体系进行分析，考虑地基分层、非线性变形、地形影响等因素，探索了基础提离，滑移和主次结构、相邻结构等相互作用问题。20 世纪 80 年代以后，沃尔夫（J. P. Wolf）及其合作者推进了时域子结构法和成层、黏弹性等复杂地基模型的研究，并出版专著对土-结动力相互作用研究作了较系统的论述。

与此同时，开展了土-结相互作用的室内模型试验和现场原型测量研究。例如：日本福岛核电厂进行了大比例尺模型的土-结相互作用试验；为验证和改进分析计算方法，台湾花莲县罗东的 SMART-2 台阵设有 1∶4 和 1∶12 的核电站安全壳模型相互作用观测系统。

相互作用机理　未建人造结构或未经施工改造的天然场地称为自由场，地震引起的天然场地地震动称为自由场地震动。场地上建造人工结构之后，边界条件发生变化，场地地震动将与自由场地震动不同。一方面，基础的运动发生了变化，与结构之间产生运动相互作用；另一方面，上部结构的惯性力也会通过基础作用于地基，地基运动又会发生变化，从而产生惯性相互作用。这两种作用都使地基运动与自由场运动有差异，也使结构反应有别于刚性地基上的反应。

从能量交换的观点看，如果将地基视为不可变形的刚体，上部结构是封闭（保守）体系，地基和结构不存在能量交换。如果将地基视为变形体，则土体和结构间存在相互作用，在基础和地基界面上要满足相应的力平衡和变形连续条件，或给定的边界条件；此时上部结构为开放（非保守）体系，地基和结构间存在能量交换，结构振动的部分能量将通过基础以辐射阻尼的方式散失到无穷域地基中。

相互作用效应　地基为变形体时，土-结相互作用会改变结构物的振动特性和地基的地震动。地基地震动幅值一般比自由场地震动要小，但接近结构自振频率的分量得到加强，受相互作用影响，地基附近液化和震陷的发展也与自由场有所不同。

考虑土-结相互作用之后，结构的动力特性和地震反应也会发生变化，变化大小与结构和地基的相对刚度有关。软土地基上的刚性结构受相互作用影响最为强烈，表现为振动频率降低、基底剪力和弯矩减小，但位移（含转角）和重力二次效应会增加。坚硬地基上的柔性结构受相互作用影响轻微。相互作用总会加大结构的阻尼效应，降低结构振动频率，增加摆动反应。

分析方法　土-结相互作用的主要分析方法如下。

（1）子结构法。又称阻抗函数法、分步法，是土-结动力相互作用分析常用的一种方法。子结构法的优点在于可以灵活分割整个体系，针对每个子结构（上部结构、基础、地基）采用不同的最适合的分析方法。

（2）直接法。又称整体法、全结构法，将土-结体系作为一个整体进行分析，是土-结动力相互作用分析中较常用的方法。整体法的优点在于可利用有限元方法，灵活变化结构、基础和地基的单元形式，以模拟复杂体系。

（3）集中参数法。亦称集总参数法，将半无限地基简化为弹簧-阻尼-质量系统，在水平地震动作用下，可考虑结构的平动（swing）和摇摆（rocking）反应，亦称为 SR 模型。此法简单方便，符合常用的工程处理习惯，应用较为广泛。

zijiegoufa

子结构法（sub-structure method）　将结构和地基划分为独立体系，运用分界面上的力平衡和位移连续关系计算土-结相互作用体系动力反应的方法。

无地震作用的相互作用体系　在物体受力分析中将地基和结构拆分为不同的隔离体，称为子结构（图1）。以基础与地基的接触面 b 将体系划分为两个子结构：上部结构 s 和有切口的地基无限域 g。

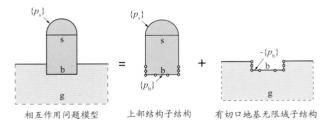

相互作用问题模型　　上部结构子结构　　有切口地基无限域子结构

图 1　子结构法示意图

令 $\{p_s\}$ 为作用于上部子结构的外力（如机械振动或外来撞击等），$\{p_b\}$ 是分界面上暴露的作用力。结构总位移 $\{u\}$ 可分解为结构内点位移 $\{u_s\}$ 和分界点位移 $\{u_b\}$：

$$\{u\} = \{u_s\} + \{u_b\} \qquad (1)$$

式中：下标 s 表示内点；下标 b 表示分界面。

令 $[S_{ss}]$ 为上部结构内点复刚度矩阵，$[S_{sb}]$ 为分界面位移引起上部结构内力的复刚度矩阵，$[S_{bs}]$ 为结构内点变形引起分界面力的复刚度矩阵，$[S_{bb}]$ 为分界面的复刚度矩阵。一般复刚度矩阵的表达式为：$[S] = -\omega^2[M] + i\omega[C] + [K]$；$[M]$，$[C]$，$[K]$ 分别为质量矩阵、阻尼矩阵、刚度矩阵，ω 为圆频率，$i = \sqrt{-1}$。

上部结构子结构的动力平衡方程为

$$\begin{bmatrix} [S_{ss}] & [S_{sb}] \\ [S_{bs}] & [S_{bb}] \end{bmatrix} \begin{Bmatrix} \{u_s\} \\ \{u_b\} \end{Bmatrix} = \begin{Bmatrix} \{p_s\} \\ \{p_b\} \end{Bmatrix} \qquad (2)$$

在分界面上，作用在结构上的力系与作用在地基上的力系大小相等、方向相反。根据分界面上的位移连续条件，地基子结构在分界面上的位移等于 $\{u_b\}$。

地基子结构的动力平衡方程为

$$[S_{bb}^{\infty}]\{u_b\} = -\{p_b\} \qquad (3)$$

式中：$[S_{bb}^{\infty}]$ 为有切口地基的动力刚度矩阵，它表示在地基子结构分界面上产生单位位移所需的力，又称为动力阻抗函数。

将式(3)代入式(2)可得

$$\begin{bmatrix} [S_{ss}] & [S_{sb}] \\ [S_{bs}] & [S_{bb}]+[S_{bb}^{\infty}] \end{bmatrix} \begin{Bmatrix} \{u_s\} \\ \{u_b\} \end{Bmatrix} = \begin{Bmatrix} \{p_s\} \\ \{0\} \end{Bmatrix} \qquad (4)$$

式(4)为相互作用体系的动力反应完备方程组。

地震作用下的相互作用体系　地震波入射作用下的相互作用体系模型如图2所示。

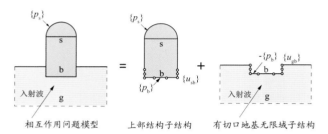

图2　地震波入射下子结构法示意图

此模型中，分界面上的位移 $\{u_{gb}\}$ 为入射波产生的位移，是地基的牵连运动位移；上部结构作用在分界面产生的位移为 $\{u_{sb}\}$，是相对运动位移；分界面上总位移为二者之和：

$$\{u_b\} = \{u_{sb}\} + \{u_{gb}\} \qquad (5)$$

对于地基子结构，分界面的相互作用力取决于界面上的相对运动，因而有

$$[S_{bb}^{\infty}](\{u_b\} - \{u_{gb}\}) = -\{p_b\} \qquad (6)$$

代入式(2)得到

$$\begin{bmatrix} [S_{ss}] & [S_{sb}] \\ [S_{bs}] & [S_{bb}]+[S_{bb}^{\infty}] \end{bmatrix} \begin{Bmatrix} \{u_s\} \\ \{u_b\} \end{Bmatrix} = \begin{Bmatrix} \{p_s\} \\ \{[S_{bb}^{\infty}]\{u_{gb}\}\} \end{Bmatrix} \qquad (7)$$

此即体系在外力和地震波入射下土-结相互作用的完备方程组。由于工程问题中通常已知自由场的地震动，并不知道缺口地基分界面上的地震动位移 $\{u_{gb}\}$，故不能利用式(7)直接求解相互作用体系的地震反应，须对式(7)再做变换。

未开挖的地基称为自由场，可将自由场 f 分割为挖去的土体 e 和有切口的地基无限域子结构 g，如图3所示。

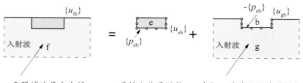

图3　自由场子结构分解示意图

有切口地基分界面上的作用力为 $\{p_{eb}\}$，总位移为 $\{u_{fb}\}$，挖去土体在界面处相对位移为 $\{u_{eb}\}$，入射地震波的牵连位移为 $\{u_{gb}\}$，则

$$\{u_{fb}\} = \{u_{eb}\} + \{u_{gb}\} \qquad (8)$$

$$\{p_{eb}\} = -[S_{bb}^{\infty}]\{u_{eb}\} = [S_{bb}^{f}]\{u_{fb}\} \qquad (9)$$

$$[S_{bb}^{\infty}] = [S_{bb}^{f}] - [S_{bb}^{e}] \qquad (10)$$

式中：$[S_{bb}^{f}]$ 为自由场的动力刚度矩阵；$[S_{bb}^{e}]$ 为开挖土体子结构的动力刚度矩阵。将式(8)(9)(10)代入式(7)可得

$$\begin{bmatrix} [S_{ss}] & [S_{sb}] \\ [S_{bs}] & [S_{bb}]+[S_{bb}^{\infty}] \end{bmatrix} \begin{Bmatrix} \{u_s\} \\ \{u_b\} \end{Bmatrix} = \begin{Bmatrix} \{p_s\} \\ \{[S_{bb}^{f}]\{u_{fb}\}\} \end{Bmatrix} \qquad (11)$$

利用式(11)则可由自由场的地震动位移 $\{u_{fb}\}$ 求解相互作用体系的地震反应。

子结构法概念清楚，可以根据实际问题对整个体系作灵活的分割，并针对每个子结构（如上部结构、地下结构、基础、地基）分别采用最适当的计算方法。例如，对简单地基模型可采用解析解，对上部结构可用有限元方法求解，或作两者的优化组合。该法在土-结相互作用分析中得到广泛应用。

子结构法可在频域和时域中实施，频域子结构法基于叠加原理，只适用于线性体系；时域子结构法可用于非线性体系，但计算量过大，简化近似方法尚在研究中。

推荐书目

Wolf J P. Dynamic soil-structure interaction. Prentice-Hall inx., 1985.

zhijiefa

直接法（direct method）　将上部结构和地基作为整体计算土-结相互作用体系动力反应的方法，亦称整体法、全结构法或一步法。由于作整体分析，不必对结构和地基的分界面（如基础底面和侧面）作详细受力分析，只须给出连续条件，或给出提离、滑移、翘曲等附加边界条件。

结构在地震作用下的反应就是地震波由地基传到基础，再传到结构中；经过复杂的反射和折射，部分能量又返回无限地基，如此往复传播，直至能量消耗。因此直接法往往采用波动分析方法。

只有极为简单的理想模型可以用解析方法直接求解，其他模型的求解都用数值方法。在时域中求解，可以直接考虑地基或结构元件的弹塑性变形或其他非线性变形，还可以模拟构造和形状复杂的地基及上部结构。波动数值模拟的直接法已编制出大型软件。

数值模拟直接法要解决以下主要问题。

（1）用有限计算区域代替地基无限域。因计算机容量有限，用有限元或有限差分离散模型模拟波传播要划分出有限计算区域，此时要考虑人工边界处理。

在土-结相互作用研究中常用全局人工边界中的边界元方法，它采用运动方程的点源基本解（见格林函数），通过加权残值法或贝蒂（Batti）互易原理，将无穷域微分方程边值问题化为有关边界上的积分方程，并在边界上离散化求解。

局部人工边界直接模拟散射波在边界上向外传播的物理过程，计算只涉及当前点附近若干点在前几个时刻的值，

简单易行，可控制精度。可将它与解耦的显式数值模拟方法结合，首先求解短时脉冲作用下的结构反应，再转换为频域解，得到传递函数；然后与输入地震波的频谱相乘，得到结构反应的频谱；最后经傅里叶反变换得出结构的时域解。

（2）确定地震波输入。直接法要在无限域中输入地震波，地震波有体波和面波等类型；要针对地基模型、计算格式等要求确定地震波输入。边界元方法将输入地震动转化为人工边界上的等效荷载；有限元或有限差分方法一般假定地震波是垂直入射的 S 波，有些问题中则采用斜入射的体波或沿界面的面波。地震波输入方式要与人工边界处理方法相结合。例如，对多次透射边界，须分解波场，将总波场分解为入射波与散射波之和，在人工边界上向内输入入射波，向外透射出散射波，在内域计算总波场或散射波场。对内源问题，则采用封闭的源区域，在此区域边界作波场分解，据惠更斯原理使源区域边界成为新的震源，散射波可以自由出入源区域，或用等效荷载代替内源。

（3）不同方法的结合。为发挥不同数值方法的优点，根据计算模型可选择数值方法和解析方法结合，或有限元与无限元的结合，有限元与边界元的结合，有限元和边界阻抗的结合以及有限元与半解析法的结合等。

（4）简化或改进计算方法。采用有限元或有限差分方法时，为满足离散准则和稳定条件，网格单元的尺寸很小因而计算量巨大，须采用并行计算技术或简化的改进方法。

jizhong canshufa

集中参数法（lumped parameter method）　用等效弹簧-阻尼-质量系统模拟地基计算土-结相互作用体系动力反应的方法，亦称集总参数法。

1966 年，莱斯默（J. Lysmer）在研究弹性半空间圆盘基础竖向激振动力响应时发现，地基的动力刚度和阻尼可以表示为与频率无关的参数，这意味着可以用等效的刚度和阻尼模拟弹性半空间，这样的简化非常适合工程应用。

该法将地基用有限数目的等效弹簧-阻尼-质量近似表示并与基础连接，一般亦将上部结构简化为单质点或多质点体系，计算结构的反应；然后与弹性半空间或成层半空间的理论解对比，利用最小二乘法等方法确定等效弹簧和阻尼参数。

建立等效模型是有条件的，集中参数随模型而变化。地基模型可能是半空间或成层半空间；结构基础的形状可能是圆盘、矩形等，可能是明置（在地基表面）或埋置；上部结构可能是单质点、多质点；激振方式可能是竖向、水平、摇摆、扭转，或其组合。原则上可以用试验确定等效参数。对于复杂系统获得等效参数是困难的。

一旦确定等效的集中参数，则结构反应计算成为常规的结构动力学问题，可以进行强震作用下的非线性反应分析。

dongli zukang hanshu

动力阻抗函数（dynamic impedance function）　采用子结构法计算土-结相互作用体系动力反应时，地基在分界面上的复刚度函数，在离散模型中表示为矩阵。

子结构法将整个体系分割为上部结构子结构与基础开挖后的地基无限域子结构，分界面上作用着大小相等、方向相反的力系。动力阻抗函数定义为：地基无限域分界面上产生单位位移时，界面上所施加的作用力；表示为

$$[S_{bb}^{\infty}] = -\{p_b\}/\{u_b\}$$

式中：$\{u_b\}$ 为界面的位移；$-\{p_b\}$ 为结构在界面对地基施加的力；$[S_{bb}^{\infty}]$ 即为动力阻抗函数。因力系 $\{p_b\}$ 中包括惯性力、恢复力和阻尼力，故阻抗函数具有复数形式。

动力阻抗函数取决于地基模型（半空间、水平成层、横向变化等）和力学特性（弹性、非线性），结构基础的形状（圆盘、矩形、任意形状），设置方式（明置、埋置）等。土-结相互作用研究的重要内容就是求解不同模型的动力阻抗函数。

动力阻抗函数的经典解奠定了土-结相互作用研究的理论基础，多数解析解都以 1904 年兰姆（H. Lamb）关于弹性半空间作用集中力的经典解为基础。假设弹性半空间表面基础底面地基反作用力的分布形式，可求圆盘形、条形基础的阻抗函数；或将基础面分割为足够小的单元，每个单元作用有等效集中力，可求矩形或任意形状基础的阻抗函数。阻抗函数的计算尚可考虑水平、竖向、摇摆、扭转等多种激振方式或其组合，可考虑基础无质量、刚性或柔性等情况。对埋置基础，解析方法只能处理如半圆形或半球形等规则基础，或采用巴拉诺夫-诺瓦克（Baranov-Novak）近似方法。这些解答不仅揭示了相互作用的原理和特点，也是检验数值解的标准，以此为基础发展了实用的集中参数法。

更复杂的模型的动力阻抗函数计算必须借助数值方法，如有限元法、有限差分法、边界元法、离散元法、无限元法、嫁接法（cloning）、有限条法等，其中关键是如何用有限计算区域模拟无限域的辐射条件。子结构法中常用边界元方法，直接法常用行波数值模拟方法。

一般动力阻抗函数是与频率相关的，这给时域分析带来困难，不便处理非线性相互作用问题；此时，不得不采取近似方法，例如实部取为地基静力刚度，虚部（阻尼）取有效频段平均值或各种等效值。已有研究利用频域转换或其他方法求解动力阻抗函数的时域表达式。

fushe zuni

辐射阻尼（radiation damping）　结构振动时能量由基础向地基的散失。

位于地基上的结构在振动时存在着两类能量耗散，一是结构内部阻尼，是结构的内摩擦和塑性变形引起的振动能量损耗；二是辐射阻尼，是结构的部分振动能量通过基础向地基辐射引起的能量散失，是结构-地基开放系统的特性。

辐射阻尼效应随地基相对于上部结构刚度的增加而减小，随地基刚度减小而增加。当把地基看成完全刚性时，不存在辐射阻尼效应。理论分析、实测和计算都表明，辐射阻尼对结构的振动反应影响很大；算例表明，只考虑辐射阻尼的结构地震反应，比采用刚性基底只考虑结构内阻尼的结果，更接近精确解。合理的结构动力反应计算应当考虑辐射阻尼的影响，土-结相互作用分析可包括辐射阻尼效应。

抗震鉴定加固

kangzhen jianding jiagu

抗震鉴定加固（seismic evaluation and strengthening）　抗震鉴定是调查分析现有工程结构设计施工质量和现状，按规定的抗震设防目标对其在地震作用下的安全性进行评估；当现有工程结构不满足抗震鉴定要求时，为使其达到规定的抗震设防目标所采用的技术措施称为抗震加固。

地震工程研究和实践仅有百年的历史，至今世界各国均存在未经抗震设计的工程结构；部分早期建筑的抗震设防标准较低，采用的抗震技术亦不完善；建构筑物在长期使用及遭遇灾害后也有不同程度的损坏；因此，为提高上述工程结构的抗震能力，使其达到相应的安全要求，应当实施抗震鉴定加固。

抗震鉴定加固以地震工程知识为基础，结合采用工程与材料科学的相关技术成果而逐步发展。

发展概况　1922 年，日本学者内藤多仲（Naito Tachu）按震度法设计加固的部分房屋成功地经受了 1923 年关东地震的考验。20 世纪 60 年代末，如何修复地震中受损的建筑引起了广泛关注，美、日学者开始研究钢筋混凝土建筑地震安全评价和加固方法。1969 年，日本混凝土工程协会（JCI）提出了提高结构强度和延性、减少结构自重的抗震加固原则。70 年代以后，日本基于震害经验的总结、结构抗震分析方法和新型材料的开发，陆续编制和修订钢筋混凝土结构抗震鉴定和加固技术标准，并广泛应用于实际工程。

美国应用技术委员会（ATC）在 1978 年的 ATC—3 标准中规定了评价现有建筑物抗震能力的定性和定量方法，阐述了钢结构、钢筋混凝土结构、木结构房屋、砌体结构以及非结构构件和基础的修复技术。20 世纪 80—90 年代，美国先后编制了涉及公路桥、生命线工程、现有房屋和邮电系统工程的抗震评定和加固的技术标准。1998 年颁布的《房屋抗震鉴定指南（试行）》（FEMA 310/1998），总结了世界范围内大地震的震害经验、工程经验以及新的抗震技术成果。

中国在 1966 年河北邢台地震后首先在北京、天津地区开展部分房屋的抗震普查与鉴定；1968 年提出京津地区民用建筑、单层工业厂房、老旧建筑、农村房屋、烟囱、水塔等结构的抗震鉴定标准草案和抗震措施要点，并开展了抗震加固的试点工作。1975 年辽宁海城地震后颁布《京津地区工业与民用建筑抗震鉴定标准（试行）》，1976 年河北唐山地震之后，抗震鉴定加固工作扩展至全国范围；各行业陆续编写了相关技术标准，内容涉及房屋建筑、铁路桥梁、工业设备、室外给水排水工程设施和石油化工设备。在新的经验和技术基础上，20 世纪 90 年代编制颁布《建筑抗震鉴定标准》（GB 50023—95）和《建筑抗震加固技术规程》（JGJ 116—98），其他行业的相关技术标准也进行了修订。中国在抗震鉴定加固工作中投入大量资源，且已建立了较为完善的技术标准。2009 年，修订的《建筑抗震鉴定标准》（GB 50023—2009）颁布实施。

目标　由于地震发生的不确定性，工程结构类型复杂且使用功能不同，加之社会经济技术发展水平存在差异，各国规定的抗震鉴定和加固的设防目标不尽相同，且与新建工程的抗震设防目标有所区别。

中国现有工程结构抗震鉴定加固的一般目标是：在遭遇设防烈度地震影响时，能切实保障城市及区域要害系统的安全和震后人民生活的基本需求；量大面广的居住建筑和其他公共建筑不致倒塌伤人或砸坏重要设备，经修理后可继续使用；生命线工程运行基本不受影响，管网等设施的震害控制在局部范围内，一般不致造成严重的次生灾害，并便于抢修和迅速恢复使用；重要工矿企业和关系国计民生的关键设施不致严重破坏，不发生次生灾害，生产基本正常或能迅速恢复。

工作程序　中国采取全面规划、统筹安排，突出重点、兼顾一般和区别缓急、分批进行，严格管理、确保质量的抗震鉴定加固对策。

抗震鉴定的基本程序为：确定应予鉴定的工程结构及其设防烈度，调查其设计施工资料和现状，结合概念鉴定和抗震计算分析综合评定结构的抗震能力。不符合鉴定要求的工程结构可拆除、重建、改变使用用途或加固。抗震加固应依抗震鉴定、加固设计、设计审批、工程施工、工程验收等步骤实施。

平时的抗震鉴定加固，可综合考虑地震危险性、工程重要性以及经济能力开展；重点抗震城市和地区中可能引发次生灾害的工程，一旦毁坏将造成严重后果的工程和震后救灾所必需的工程应优先考虑。震后的抗震加固，应基于城市建设规划全面实施。

实施效果　中国的部分抗震加固工程经历了破坏性地震的考验，发挥了防震减灾的效能。如：天津发电设备厂经抗震加固的 64 项主要建筑，在 1976 年河北唐山地震中无一倒塌，保证了人员、设备的安全，震后三天即恢复生产；天津市在 1975 年辽宁海城地震后加固的两万间民房，在唐山地震中均未倒塌；道孚邮电局加固的通信机房和设备，在 1981 年四川道孚地震中完好无损。

经验表明，科学合理的抗震加固能减轻工程结构的震害，保障人员和生产设备的安全；即使在不发生地震的情况下，也可提高结构物的安全性和耐久性，具有明显的经济和社会效益。

推荐书目

陈寿梁等. 抗震防灾对策. 郑州：河南科学技术出版社，1988.

kangzhen jianding fangfa

抗震鉴定方法（seismic evaluation method）　评估现有工程结构抗震能力是否达到规定要求的技术环节和方法。

技术环节　抗震鉴定的基本技术环节为：①根据地震环境和工程结构重要性确定抗震鉴定采用的地震动强度（地震烈度）；②搜集待鉴定工程的原始技术资料，含工程地质勘探报告、设计施工图和工程验收文件等，并调查结构现状；③综合考虑抗震构造和抗震承载力进行抗震能力评估。

技术方法　抗震鉴定具体方法大体可分为经验法、计算法和试验法。

（1）经验法。主要根据震害经验和工程实践，就工程结构整体性态和抗震措施进行鉴定。鉴定内容包括场地和地基、结构和非结构构件，主要涉及房屋高度、结构规则性、结构整体性、构件裂缝和腐蚀以及抗震措施等。

（2）计算法。通过结构地震反应分析进行抗震鉴定。计算分析可采用抗震设计规范中规定的计算方法或其他适当方法。

（3）试验法。采用无损检测技术或半无损检测技术测试结构构件的强度或损伤状态，利用振动试验测试结构的模态参数。对于重要结构或典型结构，亦可建造能反映原型状态的结构模型，通过振动台试验、伪动力试验等验证其抗震能力。

现代健康监测技术系统能实时提供反映结构性态的监测数据，可供结构抗震鉴定使用。

jianzhu kangzhen jianding

建筑抗震鉴定（seismic evaluation of building）　按规定的抗震设防要求，对现有建筑物抗震安全性的评估。

不同国家有关建筑抗震鉴定的规定如下。

中国　《建筑抗震鉴定标准》（GB 50023—95）规定，符合鉴定要求的建筑或不符合鉴定要求但经抗震加固的建筑，在遭遇到抗震设防烈度的地震影响时，一般不致倒塌伤人或砸坏重要生产设备，经修理后仍可继续使用。

现有建筑依重要性和使用功能分为甲、乙、丙、丁四类（见建筑抗震设防分类标准）。甲类建筑的抗震鉴定应按专门规定进行；乙类建筑可依设防烈度进行计算分析，可提高一度进行抗震构造措施鉴定（9 度除外）；丙类建筑应依设防烈度进行抗震鉴定；丁类建筑可适当降低鉴定要求，可降低一度进行抗震构造措施鉴定，设防烈度 6 度时可不作抗震鉴定。

建筑抗震鉴定可分为两级进行（见两级鉴定法）：第一级鉴定以整体性态和构造鉴定为主进行综合评价，当符合第一级鉴定要求时，建筑可评定为满足抗震鉴定要求，当有些项目不符合一级鉴定要求时，一般应进行第二级鉴定；第二级鉴定以抗震验算为主，结合构造影响进行综合评价，采用抗震能力指数作为验算指标。

整体性态和构造鉴定的基本内容包括：建筑高度和层数，建筑的规则性，体系薄弱环节，构件尺寸和截面，构件连接和支撑，非结构构件，材料强度，地基和基础。构件地震作用效应计算和抗震验算可采用建筑抗震设计规范规定的方法进行，但抗震鉴定的承载力调整系数可按规定进行调整。

美国　《房屋抗震鉴定指南（试行）》（FEMA 310/1998）规定采用两级性态水准和三级鉴定方法。房屋根据结构类型不同划分为 15 类，根据结构的重要性和结构分类选取生命安全水准或立即入住水准进行鉴定；两级性态水准的鉴定要求不同。

抗震鉴定分三级进行，当结构未能满足采用相对简单方法的鉴定要求时，仍可再逐级采用更加细密的方法进行鉴定；任何一级鉴定通过均可认定为满足抗震要求。第一级鉴定采用简单的分析方法，快速校核主要构件的强度和刚度，利用底部剪力法计算地震作用，根据不同设防水准

采用不同的内力调整系数，校核框架、剪力墙平均抗震承载力及斜撑、节点弯矩等。第二级鉴定采用线性静力分析法、线性动力分析法或振型叠加反应谱法，考虑荷载组合内力调整系数对结构构件进行强度校核。当整幢房屋须进一步考察，或第一、二级鉴定中发现存在缺陷的构件时，应当进行第三级鉴定；第三级鉴定可采用结构加固设计方法或新建房屋结构设计方法。

日本　《现有钢筋混凝土房屋安全性鉴定指南》规定多层钢筋混凝土结构房屋的抗震鉴定分三级进行。抗震鉴定可由第一级开始，不满足某级鉴定要求者，可再进行高一级鉴定，通过任何一级鉴定者均可认定其满足鉴定要求。第一级鉴定是最简单和保守的鉴定，只考虑抗侧力构件的强度，不考虑延性；第二级鉴定是较保守的鉴定，考虑墙柱的强度和延性，但不考虑梁的屈服耗能能力；第三级鉴定是不保守的鉴定，增加考虑抗侧力构件，且计入梁端耗能。

日本采用抗震指数作为鉴定指标，房屋抗震指数不小于标准抗震指数时视为鉴定通过。房屋抗震指数为基本抗震指数、场地条件系数、结构系数和时间劣化系数等的乘积。基本抗震指数由强度和延性决定；场地条件系数一般取 1.0；结构系数反映结构不规则性和局部缺陷对抗震能力的影响，取 0.4～1.0；时间劣化系数反映使用过程中超载、混凝土收缩开裂、材料劣化、火灾和化学腐蚀对抗震能力的影响，取 0.1～0.5。

liangji jiandingfa

两级鉴定法（two step evaluation）　中国建筑抗震鉴定使用的逐级筛选方法。当建筑满足第一级鉴定要求时，鉴定通过；当有些项目不满足要求时，或依规定进行处理，或可在第二级鉴定中作进一步判断。这种鉴定方法将抗震构造要求和抗震承载力验算要求相结合，具体体现了结构抗震能力取决于承载能力和变形能力的原则。

第一级鉴定　以整体性态和构造鉴定为主进行评价，基本内容及要求如下。

（1）地基不存在饱和砂土、饱和粉土和软弱土；存在饱和砂土或粉土，但符合可不考虑液化的判别要求；存在软弱土，但厚度和静承载力满足鉴定要求。

（2）基础无腐蚀、酥碱、松散和剥落，上部建筑无不均匀沉降或倾斜。

（3）结构构件无裂缝、不歪闪，钢筋不出露、无锈蚀。

（4）建筑满足高度、层数、高宽比、横墙间距和楼屋盖长宽比等要求。

（5）建筑满足平、立面的规则性要求，底框架房屋满足底部侧移刚度比要求。

（6）钢筋混凝土构件满足配筋率、箍筋和钢筋锚固要求。

（7）结构构件间的连接构造满足整体性要求，易损部位满足局部尺寸要求，满足圈梁、构造柱等设置要求，厂房有较完整的支撑系统。

（8）混凝土、砂浆等结构材料的实际强度符合鉴定要求。

第二级鉴定　以抗震验算为主，结合构造影响进行综合评价；当结构承载力较高时，可适当放宽某些构造要求，

在构造良好时可酌情降低承载力要求。

（1）应依照建筑抗震设计规范或采用简化方法进行液化判别和地基承载力验算。

（2）砌体结构应根据房屋不符合第一级鉴定的具体情况，分别采用楼层平均抗震能力指数法、楼层综合抗震能力指数法和墙段综合抗震能力指数法进行抗震验算。

（3）多层钢筋混凝土房屋可采用楼层综合抗震能力指数进行验算。

（4）内框架和底层框架砖房可采用砌体房屋和多层钢筋混凝土房屋的验算方法。

（5）在采用建筑抗震设计规范规定的验算方法时，抗震鉴定承载力调整系数一般取抗震设计承载力调整系数的 0.85 倍，但砖墙、砖柱和钢结构连接件仍采用设计规范中的调整系数。

kangzhenqiang jizhun mianjilü

抗震墙基准面积率（minimum area ratio of shear wall） 砌体房屋各层墙体在楼层高度 1/2 处的净水平截面积与同一楼层建筑面积的比值，又称抗震墙最小面积率。该参数是中国《建筑抗震鉴定标准》（GB 50023—95）规定使用的砌体结构抗震验算简化方法中的基本参数。

抗震墙基准面积率的概念和计算方法如下。

假定房屋各层层高相等且各楼层单位面积的重力荷载相同，则有

$$
\left. \begin{array}{l} H_i = i h \\ G_i = g_0 A_{bi} \end{array} \right\}
$$

式中：H_i 为地面到 i 楼层的高度；h 为层高；i 为楼层序号，由地面向上依次为 1，2，$\cdots$，n；G_i 为 i 楼层重力荷载；g_0 为楼层单位面积的平均重力荷载代表值，可取 12 kN/m² （0.012 MPa）；A_{bi} 为 i 楼层的建筑面积。

利用底部剪力法，假定水平地震作用沿高度按倒三角形分布，作用于 i 层的水平地震作用可表示为

$$
F_i = \alpha_1 \frac{G_i H_i}{\sum\limits_{j=1}^{n} G_j H_j} \sum\limits_{j=1}^{n} G_j = \alpha_1 \left(\frac{2i}{n+1} \right) g_0 A_{bi}
$$

式中 α_1 为相应于结构基本自振周期的水平地震影响系数，按设防烈度 7 度计算取 0.08。

作用于 i 楼层的地震剪力设计值 V_i 为该楼层及以上各楼层水平地震作用之和：

$$
V_i = \sum\limits_{i}^{n} F_i = 0.16 g_0 \frac{(n+i)(n-i+1)}{n+1} A_{bi}
$$

考虑 i 楼层的地震剪力设计值 V_i 不应大于该楼层抗震砖墙 1/2 层高处（截面积 A_i）的抗剪承载力，则有

$$
0.16 g_0 \frac{(n+i)(n-i+1)}{n+1} A_{bi} \leqslant f_{VE} A_i
$$

定义 i 楼层抗震墙基准面积率为

$$
\xi_{0i} = \frac{A_i}{A_{bi}} = \frac{0.16 g_0}{f_{VE}} \frac{(n+i)(n-i+1)}{n+1}
$$

式中：f_{VE} 为砖砌体沿阶梯形截面破坏的抗震抗剪强度设计值，其计算表达式与建筑抗震设计规范相同。

《建筑抗震鉴定标准》（GB 50023—95）以表格形式给出 7 度区多层砌体房屋对应不同墙体类型、门窗洞口、砂浆强度等级的基准面积率，其他情况可以换算。

kangzhen nengli zhishu

抗震能力指数（seismic capacity index） 抗震鉴定验算中衡量结构抗震能力是否满足要求的无量纲指标。中国《建筑抗震鉴定标准》（GB 50023—95）规定，砌体结构、钢筋混凝土结构、内框架砖房和底层框架砖房的第二级抗震鉴定可采用抗震能力指数简单估计结构的抗震能力。抗震能力指数不小于 1.0 时可评定为满足抗震鉴定要求。针对不同结构类型和不同结构状况，抗震能力指数有不同计算方法。

砌体结构 根据结构不符合第一级鉴定要求的具体情况，分别采用楼层平均抗震能力指数、楼层综合抗震能力指数和墙段综合抗震能力指数进行第二级鉴定。

（1）当横墙间距和房屋宽度超过一级鉴定限值时，可采用楼层平均抗震能力指数进行第二级鉴定。楼层平均抗震能力指数定义为

$$
\beta_i = A_i / (A_{bi} \xi_{0i} \lambda)
$$

式中：A_i 为 i 楼层的纵向或横向抗震墙在层高 1/2 处的总水平截面积（高宽比大于 4 的墙段不计）；A_{bi} 为 i 楼层的建筑面积；ξ_{0i} 为 i 楼层纵向或横向抗震墙基准面积率；λ 为烈度影响系数，对应烈度 6、7、8、9 度分别取 0.7、1.0、1.5 和 2.5。

（2）当结构体系、楼屋盖整体性连接、圈梁布置和构造以及易倒塌部位不满足第一级鉴定要求时，可采用楼层综合抗震能力指数进行第二级鉴定。楼层综合抗震能力指数定义为

$$
\beta_{ci} = \varphi_1 \varphi_2 \beta_i
$$

式中：β_i 为 i 楼层的纵向或横向墙体的楼层平均抗震能力指数；φ_1 为体系影响系数，对应房屋高宽比和横墙间距等各项鉴定内容不符合第一级鉴定要求的程度，取值范围为 0.70～1.00；φ_2 为局部影响系数，对应墙体局部尺寸和大梁支承长度等各项鉴定内容不符合第一级鉴定要求的程度，取值范围为 0.33～0.95。

（3）横墙间距超过规定值、有明显扭转效应、易引起局部倒塌的结构构件不符合第一级鉴定要求且最弱楼层的综合抗震能力指数小于 1.0 时，可再采用墙段综合抗震能力指数进行第二级鉴定。i 楼层 j 墙段的墙段综合抗震能力指数定义为

$$
\beta_{cij} = \varphi_1 \varphi_2 \beta_{ij}
$$

式中：β_{ij} 为 i 楼层 j 墙段的抗震能力指数，$\beta_{ij} = A_{ij} / (A_{bij} \xi_{0i} \lambda)$，$A_{ij}$ 为 i 楼层 j 墙段在层高 1/2 处的水平截面积，A_{bij} 为从属 i 楼层 j 墙段的建筑面积。

钢筋混凝土结构 钢筋混凝土房屋可依两个主轴方向分别选取平面结构，以楼层综合抗震能力指数进行第二级鉴定。i 楼层综合抗震能力指数定义为

$$
\beta_i = \varphi_1 \varphi_2 \xi_{yi}
$$

式中：φ_1 为体系影响系数，可根据结构体系、梁柱配筋、轴压比等不符合第一级鉴定要求的程度和部位确定，取值范围为 0.80～1.25；φ_2 为局部影响系数，可根据局部构造不符合第一级鉴定要求的程度确定，取值范围为 0.60～0.95；ξ_{yi} 为楼层屈服强度系数，为 i 楼层抗剪承载力与该楼层弹性地震剪力的比值，弹性地震剪力可采用底部剪力法计算。

内框架和底层框架砖房　底层框架和底层内框架砖房的上部砖结构可依砌体结构利用抗震能力指数方法进行第二级鉴定；底层的砖墙部分亦可使用砌体结构的抗震能力指数方法进行第二级鉴定，但要提高采用烈度影响系数；底层的框架部分可依钢筋混凝土房屋采用综合抗震能力指数方法进行第二级鉴定。

多层内框架砖房的砖墙可使用砌体结构的抗震能力指数方法进行第二级鉴定，但要提高采用烈度影响系数；框架部分可依钢筋混凝土房屋采用综合抗震能力指数方法进行第二级鉴定。

shengmingxian gongcheng kangzhen jianding
生命线工程抗震鉴定（seismic evaluation of lifeline engineering）　按规定的抗震设防要求，对现有生命线工程抗震安全性的评估。生命线工程一般包括给排水、供气、热力、电力管线和管网，以及交通运输系统和通信系统等。

设防目标　生命线工程具有不同的使用功能，相应的抗震鉴定设防目标的表述亦有差别。例如：在满足抗震鉴定要求的情况下，在遭受设防烈度地震影响时，供水系统建（构）筑物一般不致倒塌伤人或砸坏重要生产设备，经修理后仍可继续使用，供水管网震害可控制在局部范围内，一般不致造成严重次生灾害；燃气热力工程管网和设备的震害仅限于局部范围，不造成严重次生灾害，便于抢修并恢复使用；电力系统仍可继续供电和保持通信联络，设备支承结构的损害控制在可修范围内；重要桥梁不产生严重破坏，经整修可正常使用，交通线路经短期抢修可恢复通车。

鉴定内容和方法　生命线工程中的建筑物，如泵房、加压站、厂房、控制楼、调度楼、车站、候机厅等，均应满足《建筑抗震鉴定标准》（GB 50023—95）的相关技术要求（见建筑抗震鉴定）。生命线工程中的构筑物，如储水池、水塔、烟囱、变电构架、设备基础等，均应满足《工业构筑物抗震鉴定标准》（GBJ 117—88）等技术规范的要求（见构筑物抗震鉴定）。生命线工程中的设备，如塔、炉、储罐、电气设备、通信设备等，应满足《工业设备抗震鉴定标准（试行）》（1979）和《电气设施抗震鉴定技术标准》（SY 4063—93）等技术规范的要求（见设备抗震鉴定）。

地下管网抗震鉴定　应检查管网整体布置和控制体系，如供水、供气系统是否有合理分布的多个水源或气源，系统运行的监控设施和应急设施是否符合要求等。应予鉴定的主要构造措施包括：地下管道与室内地上设备的连接，地下管道的闸阀、重要管段的加强措施（如套管和盖板的设置），穿越铁路、公路、河流、地震断层、液化地段以及其他不均匀不规则场地的特殊加强措施（如涵管、涵洞、柔性接头、锚固措施等）。地下管道的抗震鉴定计算可采用考虑管-土相互作用（见土-结相互作用）的弹性地基梁模型，要求验算管道的强度、延性和稳定性。

交通系统抗震鉴定　应检查公路和铁路的路基、路堤稳定性，排水设施和软弱地基的加固措施。应调查桥墩、桥台基础冲刷深度及河床变化，必要时可进行勘探或试验，如利用无损检测设备测试桥墩、桥台的混凝土强度，通过现场振动试验测试桥梁的动力参数。应重点检查的部位和

构造措施包括：桥墩、桥台，桥梁纵横向连接和挡块等防落梁措施，桥梁支座及锚固。桥梁的抗震鉴定计算一般可采用反应谱方法，应验算墩台的强度、稳定性以及地基的抗震承载力。（见桥梁抗震鉴定）

qiaoliang kangzhen jianding
桥梁抗震鉴定（seismic evaluation of bridge）　按规定的抗震设防要求，对现有桥梁抗震安全性的评估。桥梁是交通系统的重要枢纽工程，在多年运行或遭遇灾害事故后发生损坏十分普遍。桥梁抗震鉴定作为实施抗震加固的前提，多与桥梁的可靠性评估结合进行，在世界各国备受关注。

发展概况　1971年美国加州圣费尔南多地震后，美国联邦公路局、加州运输部和美国国家自然科学基金会开展了桥梁抗震鉴定加固研究，并编制了相关技术标准，如美国联邦公路局的《桥梁抗震加固手册》（1995）和加州运输部的《加州桥梁抗震加固指南》（1995）。日本在1971年开始进行全国性的桥梁安全性评估，对近20万座跨度15 m以上桥梁实施抗震鉴定与加固；1995年阪神地震后，又颁布实施《既存铁道构造物耐震补强紧急措施》等一系列技术标准。中国在1976年河北唐山地震后开始普遍进行桥梁抗震鉴定与加固；铁道部颁布实施《铁路桥梁抗震鉴定与加固技术规范》（TB 10116—99）；21世纪初，中国交通部又组织实施了"公路桥梁抗震性能评价及抗震加固技术研究"项目。

鉴定步骤　收集桥梁设计、施工和竣工技术资料，相关地震活动性和工程地质水文资料；考察桥梁现状和周边设施，必要时进行补充勘察和现场测试试验，以获得材料强度、动力特性和承载力等基本数据。根据上述资料确认场址地震危险性和场地抗震分类，依照相关技术标准规定的内容和方法进行抗震鉴定。

桥梁抗震鉴定一般区别地震活动性和桥梁重要性分别规定抗震鉴定要求和鉴定技术方法，桥梁抗震鉴定结果多以不同的易损性等级表述。

鉴定内容　桥梁抗震的鉴定内容如下：

（1）边坡稳定性、地基液化势和地基沉降；

（2）墩台的风化、水蚀、剥落、破损、下沉、滑动、倾斜和开裂状况，墩台基础埋置深度和损伤；

（3）桩基承载力和易损性；

（4）支座和梁的破损，最小支座宽度，防落梁措施，限位器和支座的能力；

（5）钢筋混凝土构件的裂缝、蜂窝、麻面、空洞、露筋、保护层厚度和碳化深度；

（6）混凝土和钢筋的弹性模量和强度，钢筋的数量、位置、直径和锈蚀状况；

（7）桥墩等构件的刚度、强度和变形能力，全桥的整体承载力等。

鉴定方法　中国铁路桥梁鉴定必须检查抗震措施，部分桥梁尚应进行强度和稳定性验算。公路桥梁倾向于采用两级评价方法，一级评价以墩台、支座、梁、基础和场地的宏观鉴定为主，二级评价为稳定性、强度、延性的抗震验算。地震作用计算可采用反应谱方法、静力弹塑性分析方法、时程分析方法或其他简化计算方法。

美国桥梁抗震鉴定侧重采用定量计算方法，就设防地震作用进行桥梁构件的能力-需求分析或整体的强度分析。日本倾向于采用不作复杂计算的经验统计方法，就影响强度和变形的因素给出多项鉴定内容和评判规则，判定抗震薄弱部位。

gouzhuwu kangzhen jianding

构筑物抗震鉴定（seismic evaluation of construction）

按规定的抗震设防要求，对现有构筑物抗震安全性的评估。中国《工业构筑物抗震鉴定标准》（GBJ 117—88）及其他有关规范对鉴定目标、内容和方法的主要规定如下。

目标和标准 满足抗震鉴定要求的现有工业构筑物在遭遇相当于抗震鉴定加固烈度（通常取为抗震设防烈度）的地震影响时，一般应不致严重破坏，经修理后仍可继续使用。

构筑物依重要性划分为 A、B、C 三类，分别表示特别重要、重要和次要。不同类别构筑物的抗震鉴定要求不同，特别重要的构筑物应由主管部门批准，按设防烈度提高一度进行鉴定。

内容和方法 构筑物抗震鉴定应进行两方面工作。

（1）资料收集和现状调查。收集工程勘察、设计和施工等原始资料，调查构筑物的现状和隐患，分析场地、地基的抗震有利和不利因素，检查构筑物的抗震构造措施是否完善。

结构应符合下列要求：钢结构受力构件无缺损，满足构件长细比、支承长度等要求，连接构件和节点应牢固可靠；钢筋混凝土受力构件的混凝土表面无损坏，裂缝不超过设计允许值，构件长细比、配筋、支承长度和节点等满足设计要求；填充墙或柱间支撑不会引起结构刚度突变和偏心，避免形成短柱；砖结构墙体无损坏，纵横墙连接良好，局部尺寸、砂浆强度等级以及构造柱和圈梁的设置等满足要求。

（2）计算鉴定。若构筑物满足设计和施工验收要求，使用过程中未改变原设计依据或没有降低构筑物的抗震能力，结构无重大损伤和缺陷，抗侧力构件和节点符合抗震构造要求、不会发生脆性破坏，相邻建构筑物以及场地条件都不影响被鉴定构筑物的安全，则可不进行计算鉴定。

不满足以上条件者应进行计算鉴定。计算中构筑物的基本周期可采用经验估计值或实测值。当采用实测值时，可根据结构的重要性和塑性变形能力乘以 1.1～1.4 的周期加长系数，但砖结构不加长。构筑物地震作用及地震作用效应的计算、结构构件强度以及节点连接强度的验算方法，与抗震设计方法相同，计算鉴定的安全度应按鉴定标准采用。

常见构筑物的抗震鉴定 工业构筑物类型繁多，性能各异，鉴定要求亦不相同。几类常见构筑物的主要鉴定内容如下。

储仓 钢筋混凝土储仓的鉴定检查内容。

（1）柱承式储仓支承柱的轴压比和配筋率，支承柱上下端和支承框架节点的箍筋设置；柱间填充墙材料、质量及其与柱的拉结；柱间支撑配置和节点强度。

（2）筒承式储仓支承筒洞口的加强构造。

（3）仓上建筑承重结构与仓顶的连接以及保障结构整体性的措施。

（4）储仓与毗邻结构的连接。

（5）柱承式储仓结构有无严重偏心，地基有无不均匀沉陷。柱承式钢储仓可不进行抗震鉴定计算，但应满足柱间支撑、锚栓和仓上建筑的构造措施要求。

槽罐结构 鉴定检查内容如下。

（1）钢储液槽的钢筋混凝土支承筒的抗震强度、构造以及槽体与支承筒连接锚栓的强度和构造；支承筒的筒壁厚度与配筋，筒壁洞口宽度，洞口间距以及加强框与配筋等抗震构造；高烈度区应进行结构的抗倾覆验算。

（2）储气柜的地基沉降，钢筋混凝土水槽的槽壁质量以及进出口管道与槽壁的连接和升降装置；高烈度区的进出口管道应设伸缩段或柔性接头，靠近管槽连接点处宜有三脚架等刚性支座。

（3）钢筋混凝土油罐应检查罐壁强度，顶盖构造以及顶盖与罐壁、梁、柱之间的连接。

通廊 检查砖石支承结构、砖通廊和砖混通廊廊身砌体的质量，砖砌体与通廊大梁（或桁架）和屋面结构的整体性；通廊与支承结构及毗邻结构的连接。高烈度区的砖石支承结构、砖混通廊的钢筋混凝土支架、横向稳定性差的钢筋混凝土支架、砖混通廊的桁架式跨间承重结构应进行抗震强度验算。

塔类结构 钢井架应检查立架底部节点的连接构造、立柱和腹杆连结节点、构件长细比以及斜架与柱脚的连接，采用空间杆系的钢井架应考虑扭转效应验算基础锚栓和抗剪钢板。钢筋混凝土井架应检查框架梁柱及其节点的配筋和构造，验算要求与钢筋混凝土框架相同。

钢筋混凝土井塔应检查箱筒型井塔底部洞口的配筋和构造，应按框支抗震墙结构和空腹筒体结构进行计算分析。框架型井塔应检查梁柱及其节点的构造。检查提升机层框排架结构的支撑设置、节点连接以及悬挑结构的强度。

钢筋混凝土造粒塔应检查底部支承柱或支承筒，塔壁与楼（电）梯间的连接以及突出塔顶的操作室的砖墙质量。

双曲线型冷却塔应检查通风筒、支座、环形基础和淋水装置中梁柱的强度和质量。湿陷性黄土或不均匀地基上的冷却塔还应检查管沟接头、储水池渗漏和基础沉陷状态。

水塔 着重检查筒壁、支架的强度和质量。水塔的钢筋混凝土筒壁和支架不应有明显裂缝和严重腐蚀，设防烈度 9 度的钢筋混凝土支架应进行抗震强度验算；Ⅱ、Ⅲ类场地土上的钢筋混凝土支架水塔宜设整片或环状基础。水塔的砖筒筒壁不应有裂缝或松动，砌筑砂浆强度等级、配筋、圈梁、构造柱等应符合要求。

烟囱 设防烈度为 9 度、高度在 100 m 以上的钢筋混凝土烟囱应进行抗震验算。砖烟囱的砂浆强度等级和配筋应满足要求，烟囱的拉索和钢烟囱筒壁不应有严重锈蚀。

架空管线 检查设备间管道的配管方式和接头，管道的排放、扫线和静电接地系统。管线穿过墙体或楼板时周围应留间隙，穿过防爆厂房墙壁或楼板时应设套管及耐火材料，滑动管托应有加长措施，活动管架应设置防滑挡板。应检查管托和钢管架的焊缝和腐蚀状况，管架和支吊架的倾斜、变形以及固定螺栓是否变形、松动，装配式钢筋混凝土管架节点是否开裂露筋以及预埋件的可靠性。管道和支承系统应采用反应谱方法或静力法进行地震作用计算和抗震验算。

炉窑结构　高炉应检查导出管根部、炉顶封板、炉体框架和炉顶框架的柱梁、炉缸支柱、炉身支柱、支撑设置以及构件间的连接。热风炉应检查炉底钢板、炉壳下弦带及其连接焊缝、炉底连接螺栓、炉体与管道的连接、风管系统的连接以及外燃式热风炉的燃烧室支架。除尘器和洗涤塔应检查支架及其连接螺栓的强度和质量。斜桥应检查构件节点和上、下弦平面支撑系统的完整性，检查支座支承面、支架和压轮轨。桁架式斜桥应检查上、下支承点处受力杆件长细比。焦炉基础应检查基础构架、抵抗墙，检查炉端台、炉间台和操作台的梁端支座以及焦炉的纵横向拉条。

变电构架和支架　检查梁柱节点的强度和质量、柱脚和基础的连接、抗侧力拉压杆的设置、支架根部的固定、避雷针支架与针杆的连接以及主变压器基础台的宽度。

操作平台　检查平台砖柱，钢筋混凝土柱及梁柱节点的配筋和构造，平台上的附属砖房，平台与设备或相邻结构的连接。

shebei kangzhen jianding

设备抗震鉴定（seismic evaluation of equipment）　按规定的抗震设防要求，对现有设备抗震安全性的评估。

1976 年河北唐山地震后，中国制订了《工业设备抗震鉴定标准（试行）》（1979），20 世纪 90 年代又陆续编制和颁布了涉及石油化工设备、精密仪器和电气设备的一系列技术标准，规定了相关设备的抗震鉴定目标和鉴定方法。满足抗震鉴定要求的一般设备在遭受设防烈度地震影响时，不致发生严重损坏，经一般修理或不经修理仍可使用，且不发生危及人身和环境安全的严重次生灾害。1992 年颁布的《核电厂安全系统电气设备抗震鉴定》（GB 13825—92），对核电厂电气设备、仪表和控制设备规定了特殊的抗震鉴定目标和鉴定方法。

设备抗震鉴定内容包括：设备本体和支座及其连接锚固件的强度、变形、腐蚀和损伤，设备阀门等控制装置的运行可靠性，设备应急防护技术措施以及设备与周边环境的关系。

设备抗震鉴定方法可归纳为三类。

（1）直观检查。检查设备的结构和外形尺寸，钢构件壁厚和焊缝饱满度，构件损伤和腐蚀，基础和地基以及抗震措施是否满足鉴定要求。

（2）抗震验算。依据地震作用效应和其他荷载作用效应的组合值对重要设备构件及支承连接件进行强度验算，对设备体系进行抗滑移和抗倾覆稳定性验算。

（3）抗震试验。对复杂重要设备进行现场测试或原型结构抗震试验，确定其动力特性和抗震能力。

见石化设备抗震鉴定、机械设备抗震鉴定和电气设备抗震鉴定。

shihua shebei kangzhen jianding

石化设备抗震鉴定（seismic evaluation of petrochemical equipment）　按规定的抗震设防要求，对现有石化工业设备抗震安全性的评估。

石化设备种类繁多，结构类型各异，中国相关技术标准规定了常见石化设备抗震鉴定的要点。

管式加热炉　检查炉体结构体系和传力途径，炉衬、炉管吊架、喷嘴接口、炉顶烟囱的壁厚和变径部分的焊缝质量。当炉顶烟囱用法兰盘连接时，螺栓直径、数量及间距应符合规定要求。圆筒炉对流室或箱式炉框架受压构件的长细比，节点焊接质量，圆筒炉筒体上、下口环梁的截面形式，中间环梁及加劲板的设置应满足鉴定要求；箱式炉框架斜撑、连系梁布置以及炉底地脚螺栓的数量和直径、防火层等应符合规定要求。圆筒炉和箱式炉应进行强度和稳定性验算。

塔式容器　检查地脚螺栓直径，加劲板间距，螺母锁紧措施以及壳体和裙座、盖板及底座环间的焊缝。塔式容器应验算容器壳体应力、裙座应力、混凝土基础最大压应力、底座环厚度、地脚螺栓应力、壳体与裙座焊缝剪应力。

卧式容器及直立支腿式设备　检查设备外观是否存在裂纹或其他缺陷，支座是否明显倾斜，砖和混凝土支座是否疏松、开裂、腐蚀和钢筋外露。设防烈度 6 度以上时不应采用墙式砖砌体设备基础。重叠式设备、高烈度区的卧式设备、立式支腿式设备应采用双螺母或其他锁紧装置固定，设备地脚螺栓不应有明显变形、螺母不应松动。7 度区混凝土支座高度小于 800 mm 的小容积设备和支座高度小于 500 mm 的设备均可浮放，无须进行抗震验算；其他情况则应进行强度验算。高烈度区的地面浮放设备须考虑竖向地震作用进行抗倾覆验算，卧式及直立支腿式设备应验算壳体压应力、支腿构件应力、地脚螺栓及焊缝应力。

常压立式圆柱形储液罐　检查罐壁稳定性、罐顶与罐壁的连接、罐底板锚固件和罐底焊缝、管接头与附件的连接以及地基沉陷，检查浮顶油罐上部构件、浮舱的腐蚀和焊缝等。容积不小于 100 m³ 的储罐应进行抗震验算，验算内容含罐壁底部最大轴向压应力、罐壁环向应力、罐壁和边缘板焊缝强度和液面晃动波高等。

球形储罐　检查拉杆松紧度和支柱地脚螺栓，检查焊缝、裂纹或其他缺陷。位于易燃区或储存易燃及液化石油物料的球罐，应检查球罐支柱防火层和通气孔。软土地基上球罐的气相、液相管道宜设置弯管或柔性连接。应验算球壳和球罐支承结构的强度和稳定性。

空气冷却器　检查构架、管束、风机和附件。风机及其附属设备应牢固可靠，且无严重锈蚀；安装在承重构架上的空气冷却器管束应有横向和竖向的限位措施；设置于地面的空气冷却器在高烈度区应有限位措施；空气冷却器与承载构架应采用螺栓连接并锁紧，或以连续焊缝焊接。地脚螺栓直径和柱脚板厚度应满足规定要求。应对空气冷却器的立柱、斜撑、焊缝、柱脚底板、地脚螺栓进行抗震验算。

dianqi shebei kangzhen jianding

电气设备抗震鉴定（seismic evaluation of electrical equipment）　按规定的抗震设防要求，对现有电气设备抗震安全性的评估。

中国《工业设备抗震鉴定标准（试行）》（1979）和《石油化工企业电气设备抗震鉴定标准》（SH 3071—1995）规定的一般电气设备抗震鉴定要点如下。

外观和抗震措施检查　电气设备应满足以下外观和抗

震措施鉴定要求。

（1）变压器部件应无损坏，本体无倾斜和明显位移，事故排油设施应畅通；柱上变压器和消弧线圈应有防止倾斜、滑移和跌落的措施；变压器潜油泵及管道与基础台间的距离应大于 200 mm，基础台宽度不宜小于 800 mm；变压器和消弧线圈应有固定措施；变压器与导线的连接应能适应变形和位移；分离设置的变压器和冷却器间的管道，应有切断阀和柔性接头。

（2）蓄电池组应有围栏固定，直流回路和事故联动装置应完好。

（3）断路器和隔离开关应稳固，其操作电源或气源应能可靠运行。

（4）高压电瓷器件应无裂纹、连接牢固，与导线的连接应能适应变形和位移；浮放的高压互感器应固定。

（5）浮放的电力电容器宜与支架固定或连成整体，三向重叠布置的水泥电抗器应有固定措施。

（6）高压开关柜、低压配电屏、控制（保护）屏、直流屏和配电箱等均应以螺栓锚固于基础，成列设备应连成整体；设备中的继电器和仪表均应固定；开关柜内的器件应有锁定机构，电缆插头应有防松动措施。

计算鉴定　设防烈度 6 度区各种电气设备，电力电容器、蓄电池、高压开关柜、低压配电屏、控制保护屏、直流屏及配电箱可不进行抗震验算；7 度区 110 kV 及以下设置于地面的多油断路器、少油断路器、隔离开关、电流（电压）互感器，棒式绝缘子和穿墙瓷套管亦可不进行抗震验算；其他设备须进行抗震验算。电力变压器的地脚螺栓、散热器与变压器的连接钢管、电抗器、断路器、避雷器应进行抗震验算。设置于楼层或构架上的设备，应依规定考虑楼层动力放大系数（见楼层反应谱）计算地震作用效应。

jixie shebei kangzhen jianding

机械设备抗震鉴定（seismic evaluation of mechanical equipment）　按规定的抗震设防要求，对现有机械设备抗震安全性的评估。

中国《工业设备抗震鉴定标准（试行）》(1979)规定了机械设备的抗震鉴定要点。

金属切削机床　设防烈度 8、9 度时，浮放的机床应有防滑移和防倾倒措施，多段长床身机床应以螺栓紧固连接；机外装置应稳固，机床精密附件应有防止滚动、滑动和跌落的措施；精加工机床宜有防振措施。

锻压设备　锻压设备主机可不进行抗震鉴定。设防烈度 8、9 度时，浮放的锻压设备主机和辅助设备均应固定；设防烈度 9 度时，重心高、支承面积小的非标准锻压设备主机应验算地脚螺栓的强度；高压蓄能罐与支座的连接焊缝不应有裂纹，高度超过 9 m 或地脚螺栓少于 6 个的钢支座应进行强度验算，多排布置的蓄能罐应连成整体。

铸造设备　符合设计要求的铸造造型、造芯和清理设备可不进行抗震鉴定。大型滚筒式清理机的两端轴颈和支承件不应有严重损伤，小车式铸工输送器轨道转弯处的导轮限位支承件应牢固，抛砂机的回转臂、滚筒起模机的传动链条、大型造型（造芯）机的翻转支承臂不应有严重缺陷。

起重设备　桥式、龙门式和冶金专用起重机在起吊额定负荷时，主梁挠度不应超过主跨的 1/700，吊钩和钢丝绳

应进行抗震鉴定；起重机轨道在伸缩缝处应断开，钢轨、车挡与吊车梁和轨道基础的连接应牢固；起重机停用时，停放位置应尽量避开易倒塌的建筑，也不宜停放在距厂房两端及伸缩缝 6 m 范围内和重要设施上方。

kangzhen jiagu jishu

抗震加固技术（seismic strengthening technique）　改善和提高现有工程结构的抗震能力，使其达到规定的抗震设防要求而采取的技术措施。工程结构应根据结构的重要性、使用要求以及抗震鉴定结果确定加固技术方案。

抗震加固涉及各类建筑物、构筑物、土体和设备。在总结工程结构震害经验、应用地震工程和材料科学研究成果的基础上，抗震加固技术不断发展。使用钢、混凝土等传统建筑材料和施工技术进行抗震加固取得了良好的效果，结构振动控制技术和新型高强纤维材料在抗震加固中的应用显示了突出的优越性，在抗震加固设计中应用性态抗震设计理念也引起了广泛关注。

抗震加固技术方法集中体现于世界各国的抗震加固技术标准。中国《建筑抗震加固技术规程》（JGJ 116—98）和其他抗震鉴定加固技术标准具体规定了各类工程结构的抗震加固技术方法。

见建筑抗震加固、桥梁加固、混凝土坝加固、岩土工程加固和设备加固。

jianzhu kangzhen jiagu

建筑抗震加固（seismic strengthening of building）　改善和提高现有建筑结构的抗震能力，使其达到规定的抗震设防要求而采取的技术措施。不满足抗震鉴定要求的建筑可酌情实施抗震加固。抗震加固可采用整体加固、区段加固和构件加固等不同方式；抗震加固应结合维修改造进行，可考虑改善使用功能并注意美观；加固方案应便于施工，且尽量减少对生产、生活的影响。

用外包圈梁和构造柱加固的砌体房屋

原则要求　抗震加固设计应根据结构实际情况正确处理下列问题。

（1）应当优先采用有利于增强结构整体抗震性能的加

固方案。

（2）加固设计应注意防止结构的脆性破坏，使结构质量和刚度分布较为均匀对称，避免局部加强致使结构承载力和刚度发生突变；新增构件应防止扭转效应及薄弱层的转移；增设的抗震墙、柱等竖向构件应有可靠的基础。

（3）薄弱部位、易损部位、新旧构件和不同类型结构的连接部位的抗震构造应予加强，使其比一般部位有更强的承载力和变形能力。

（4）不符合鉴定要求的女儿墙、出屋顶烟囱等易倒塌伤人的非结构构件可优先考虑拆除、改矮或改用轻质材料，须保留时应加固。

（5）针对具体场地和结构，选择可减小场地效应的上部结构加固措施；尽量减少地基基础的加固工作量。

加固措施　各类建筑结构的抗震加固均应着眼于抗震承载力、变形能力、结构整体性及其综合效果的提高。

（1）可对开裂或有缺陷的结构构件进行压力灌浆（采用水泥砂浆、水玻璃浆或环氧树脂砂浆等），或以铁扒锯固定构件裂缝。这种加固方法的应用范围和效能有限，可作为其他加固方法的辅助手段。

（2）在结构构件外表面增设加强层，如外包钢筋混凝土面层、钢筋网水泥砂浆面层、纤维塑料筋（FPR）混凝土面层、水泥砂浆面层、型钢网笼、钢板、碳纤维板或玻璃纤维板等。这种加固方法可提高结构构件的承载力、变形能力和整体性，适用于薄弱的或损坏严重的结构构件。

（3）增设抗震墙、柱、拉杆、支撑、圈梁、支托、刚架、门窗框乃至增设新的承载体系以加强原结构。此类加固方法可能对结构动力特性有较大影响，应就采用加固方案的新的结构体系进行分析。

（4）采用拉接钢筋、钢夹套以及压浆锚固等方法加强结构构件间的连接，可提高体系的抗震承载力、变形能力和整体性。这种加固方法适用于结构构件承载能力满足要求但构件间连接薄弱的情况。

（5）以强度高、延性好的构件替换原有强度低、变形能力差的构件，如以钢筋混凝土柱替换砖柱，以钢筋混凝土墙替换砖墙，以钢构件替换木构件等。替换构件与周边构件应有可靠的连接。

（6）被动控制技术（含隔震和消能减振）可用于改善和加强各类建筑的抗震能力，并已取得若干成功的经验。使用此类技术加固建筑结构应进行控制体系的分析，并就经济技术可行性和合理性进行论证。

gangjin hunningtu jiegou jiagu
钢筋混凝土结构加固（strengthening of RC structure）
为改善或提高现有钢筋混凝土结构的抗震能力，使其达到抗震设防要求而采取的技术措施。

基本要求　中国《建筑抗震加固技术规程》（JGJ 116—98）规定了钢筋混凝土结构抗震加固的基本要求。

（1）根据抗震鉴定结果和房屋实际情况，有针对性地采用提高结构抗震承载力、增强变形能力或改变结构体系的加固方案。

（2）加固后的楼层综合抗震能力指数不应小于1.0，且不宜超过下一楼层综合抗震能力指数的20%；超过时应同时增强下一楼层的综合抗震能力，以防薄弱层转移。

（3）加固后的框架应避免形成短柱、短梁或强梁弱柱。

加固方法　钢筋混凝土结构的加固可区别不同情况采用不同方法。

（1）结构或构件的抗震能力不足时可采用以下方法加固（图1、图2）。①单向框架宜做成双向框架或加强楼屋盖的整体性，同时增设抗震墙、抗震支撑等抗侧力构件。②框架梁柱配筋不足时，可在梁柱外表面覆以型钢制成的构架，通过约束原构件提高其变形能力和承载力；在梁柱外包覆一定厚度的钢筋混凝土亦可提高构件承载力和变形能力，同时增加构件刚度，适用于梁柱和节点的加固；在钢

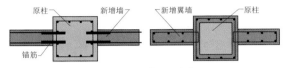
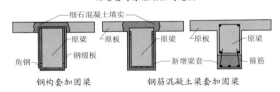

图1　钢筋混凝土结构加固（1）

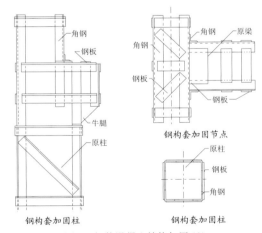

图2　钢筋混凝土结构加固（2）

筋混凝土构件表面粘贴钢板或碳纤维板，此法相当于增设钢筋和箍筋，施工工艺简单，工期短且基本上不增加构件的刚度和质量。③结构刚度较低或刚度明显不均匀时，可增设钢筋混凝土抗震墙或翼墙；新增抗震墙及翼墙的布置、墙体和翼缘的材料、截面与配筋，墙与原框架的连接构造等均应符合技术要求；新增抗震墙可采用不同结构形式，如格构装配式抗震墙或钢板抗震墙、外包钢板分缝抗震墙等。这些新技术不但可提高承载力，也有良好的变形和耗能能力。另外，采用被动控制技术（加装阻尼器）亦可有效提高结构整体的抗震能力。

（2）当钢筋混凝土构件仅有局部损伤时，可采用细石混凝土修复；裂缝可灌注107胶水泥浆、水玻璃或环氧树脂浆等补强。

（3）当墙体与框架连接不良时，可采用拉筋或钢夹套加强连接。

（4）可通过减小结构自重减轻结构地震反应，如将钢筋混凝土框架的砖填充墙或围护墙以轻质墙代替。

（5）女儿墙等易倒塌部位采用砌体结构加固方法。

qiti jiegou jiagu

砌体结构加固（strengthening of masonry structure）　为改善和提高现有砌体结构抗震能力，使其达到规定的抗震设防要求而采取的技术措施。

　　基本要求　中国《建筑抗震加固技术规程》（JGJ 116—98）规定有关砌体房屋抗震加固的基本要求。

　　（1）加固后的楼层综合抗震能力指数不应小于1.0，且不宜超过下一楼层综合抗震能力指数的20%；如超过应同时增强下一楼层的抗震能力，以防薄弱层转移。

　　（2）非承重墙和自承重墙加固后的抗震能力，不应超过同一楼层中承重墙体加固后的抗震能力。

　　（3）非刚性结构体系房屋在加固柱和墙梁、增设支撑或支架时，应提高其变形能力且控制层间位移。抗震墙间距较大且采用非刚性楼屋盖的房屋，宜增设抗震墙和提高楼屋盖水平刚度。

　　加固方法　砌体房屋可供采用的加固方法如下。

　　（1）结构抗震承载力不足时可采用的加固方法。在墙体交接处以现浇钢筋混凝土构造柱加固，构造柱应与圈梁、拉杆连成整体，或与现浇钢筋混凝土楼屋盖可靠连接（图1a、b）。可采用水泥砂浆面层、钢筋网砂浆面层或钢筋混凝土板墙加固墙体一侧或两侧（图1c），或沿墙体对角线设锚固的钢绞线，再覆涂水泥砂浆面层加固墙体；强度过低的墙体可拆除重砌，重砌时可采用更强的墙体材料；开裂的墙体可采用压力灌浆修补，砂浆饱满度差或强度等级低的墙体，可满墙灌浆加固。柱、墙角或门窗洞边可用型钢或钢筋混凝土包角或镶边加固，柱、墙垛亦可用钢筋混凝土套加固。刚度差的房屋可增设型钢或钢筋混凝土支撑或支架。

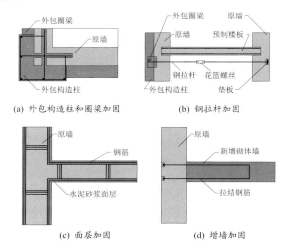

(a) 外包构造柱和圈梁加固　　(b) 钢拉杆加固

(c) 面层加固　　(d) 增墙加固

图1　砌体结构加固

　　（2）加强房屋整体性可选择的方法。平面布置不闭合的墙体可增设墙段使其闭合，墙体开口处可增设现浇钢筋混凝土框。纵横墙连接较差时，可采用钢拉杆、长锚杆、外加柱或外加圈梁等加固。楼屋盖构件支承长度不够时可增设托梁或增强楼屋盖整体性，腐蚀变质的楼屋盖构件应予更换，人字屋架应增设下弦拉杆。圈梁设置不符合要求时应增设圈梁，外墙圈梁宜采用钢筋混凝土圈梁，内墙圈梁可用钢拉杆或进伸梁梁端锚杆代替。

　　（3）房屋易倒塌部位应针对具体情况采用不同的加固

措施。承重窗间墙宽度过小时可增设钢筋混凝土窗框或采用面层、板墙加固。无拉结或拉结不牢的隔墙，可采用镶边、钢夹套、锚筋或钢拉杆加固。支承大梁的墙段抗震能力不足时，可增设砌体柱、钢筋混凝土柱或采用面层、板墙加固。出屋面楼（电）梯间和水箱间的墙体可采用面层或外加柱加固，墙体上部应与屋盖构件可靠连接，下部应与主体结构的加固措施相连。出屋面烟囱和无拉结女儿墙的超高部分宜拆除或采用型钢、钢拉杆加固。悬挑构件锚固长度不足时，可增设拉杆或减少悬挑长度。

　　（4）有明显扭转效应的砌体房屋的加固。可在薄弱部位增砌砖墙或钢筋混凝土抗震墙（图1d），或用面层加固原墙；亦可采用分割建筑平面单元的措施。

　　（5）应用新技术进行砌体房屋加固。如：在房屋基底设置隔震层能显著减小其整体地震作用，在墙体上粘贴碳

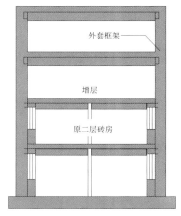

图2　外套加固与增层

纤维（或玻璃纤维）面层是提高其承载力的简单而有效的方法。外加钢筋混凝土框架承载体系除可加固砌体房屋外，尚可结合增层扩展使用功能（图2）。

gangjiegou jiagu

钢结构加固（strengthening of steel structure）　为提高和改善现有钢结构的抗震能力，使其达到抗震设防要求而采取的技术措施。

　　钢结构加固旨在加强构件连接，提高结构整体性以及增加构件承载力和稳定性，可采用多种加固方法。

　　（1）构件局部受损处可焊接钢盖板或拼接板加固，这一方法常用于构件截面受损而无法纠正的情况，也可用于提高构件连接点的承载力。

　　（2）钢构件的细微裂缝可利用焊条融敷金属焊补，焊补后应将表面磨光与原构件齐平。

　　（3）增设支撑可减少构件计算长度和长细比，提高构件抗压承载力和构件稳定性；空旷房屋增设柱间支撑和屋盖支撑可加强结构整体空间刚度，改善钢结构构件受力状态。

　　（4）增设新构件分担原有结构的部分地震作用，改善体系受力状态。

　　（5）钢柱破坏严重无法修复时可用新柱替换。

　　（6）节点加固可采用增加焊缝长度或厚度、补焊及加大节点板尺寸等方法，铆钉或螺栓连接的节点可改用高强螺栓或焊接连接。

（7）采用被动控制或半主动控制技术（设置阻尼器）加固钢结构可有效提高整体抗震能力，改善薄弱部位的受力状态乃至减少扭转效应。

mujiegou jiagu

木结构加固（strengthening of timber structure）　提高木结构（穿斗木构架、旧式木骨架、木柱木屋架、桁木檩架和康房等）抗震能力的技术措施。

木结构房屋抗震加固的重点是提高木构架的抗震能力。根据结构不符合抗震要求的具体情况，可选择使用相应的加固方法。

（1）构造不合理、稳定性差的木构架应增设防倾倒的构件。如在穿斗木屋架每一纵向柱列设置1～2道柱间斜撑，康房底层柱间设置不少于两对的斜撑或剪刀撑，在木柱与屋架（梁）间设置斜撑或木夹板，增设构件与原构件应可靠连接。

（2）木构件连接松动时可采用铁件、木板、附木或钢丝绑扎等方法加固。高烈度区的木结构柱脚与基础宜采用铁件连接。斜撑、屋盖支撑构件及其他木构件均应采用螺栓与主体结构连接。

（3）开裂的木构件一般可采用铁箍加固。截面过小、腐朽或严重开裂的木构件应予更换或增设新构件，新增构件应与原构件可靠连接。

（4）木结构房屋的墙体发生空臌、酥碱、外闪等严重破坏时，可拆除重砌或增设新墙，新墙宜采用轻质隔墙，墙体与木结构应有可靠拉结；砌体墙的砂浆强度等级、厚度、构造措施均应符合技术规范要求。

qiaoliang jiagu

桥梁加固（strengthening of bridge）　为改善或提高现有桥梁的抗震能力，使其达到抗震设防要求而采取的技术措施。桥梁抗震加固应根据桥梁重要性、设防烈度、修复的难易程度和地基状况区别对待。一般来说，重要的、难修复的、设防烈度高的、跨度大的桥梁应作为重点，进行详细分析并实施整体加固。

　　基本要求　桥梁加固的基本原则和要求：①宜采用消能减振或隔震措施减小地震作用；②桥墩、桥台基础应采取抵抗岸坡滑移的措施；③增强钢筋混凝土桥墩的横向弯曲延性和抗剪强度；④梁式桥加固主要是防止落梁、防止支座破坏及减少梁墩相对位移；⑤拱桥加固重点是拱肋与拱波、拱肋与桥墩（台）、拱上建筑与拱圈的连接；⑥加固措施不应影响桥梁正常使用和结构构件的收缩、变位；⑦应考虑加固措施对桥梁整体动力性能的影响。

　　一般加固方法　桥梁加固可采用以下方法。

（1）梁式桥应采取有效的防止落梁措施，如增加梁的支承面尺寸，增设挡块、挡杆、限位钢支架、钢缆并加强胸墙；防止支座破坏可设置支座挡块、限位器，采用U形或一字形承托支座等；可将简支梁桥改建为多跨连续梁桥。

（2）拱桥以整体加固为主；拱肋与拱波间的裂缝可注入环氧树脂砂浆补强，主拱圈以锚杆、钢筋网、喷射混凝土补强或增设封闭的钢筋混凝土套箍；在混凝土构件受拉部位、损坏处或薄弱部位粘贴高强纤维面层或钢板；利用顶推法调整拱脚相对变位，改善拱圈受力状态，增设预应

用外包钢板混凝土加固桥墩

力钢索或钢拉杆改善梁截面应力分布。

（3）桥梁的液化土或软土地基应采取有效的抗震措施，如采用加密砂桩、砂化法旋喷桩等加固地基。（见土体加固）

（4）利用隔震支座、阻尼器等被动控制装置或半主动控制装置减小上部结构的地震作用；多跨简支梁桥采用隔震支座时，梁间应有连接措施，并填塞缓冲材料。

（5）质量不良的混凝土或砌石桥墩、桥台，应采用钢纤维混凝土或钢筋混凝土套箍、钢板、钢套箍等加固；或增设桥墩、增大基础面积、加设斜撑，增设挡墙或扶壁。桥墩施工缝可采用钢筋混凝土套箍加强。钢管型桥墩内可增设纵向钢筋并灌注混凝土。

（6）桥面可增设钢筋混凝土面层或纵梁，并加强纵梁间的连接；可采用钢结构梁替换混凝土梁，以减少桥梁质量和地震作用。

（7）小型桥梁的墩台间可设置支撑或增设铺盖，大型桥梁墩台应以桩基贯入稳定持力土层，防止滑移。

hunningtuba jiagu

混凝土坝加固（strengthening of concrete dam）　为改善或提高现有混凝土坝的抗震能力，使其达到抗震设防要求而采取的技术措施。未进行抗震设防的大坝，已进行抗震设防但未达到现行抗震设防标准要求的大坝，以及遭受地震发生损坏的大坝，均应进行抗震加固；实际抗震加固多针对发生地震损坏的混凝土坝进行。

随着社会经济发展和大坝下游居住人口的增加，大坝破坏引发巨大灾难的危险性也相应增加，大坝的抗震安全性为世界各国所关注。许多国家意识到，过去采取的抗震安全措施并未充分考虑地震危险性，且对混凝土坝断裂部位进行强度修复十分困难，因此，对设防标准未达现行规定要求的混凝土坝进行震前加固具有非常重要的意义。一些发达国家已着手对建成的混凝土坝重新进行抗震安全评估，并采取抗震加固措施。

　　广东河源新丰江大头坝　该坝为下游面敞开的单支墩大头坝（图1），抗御坝轴方向地震作用的能力很差。

图1 加固后的广东新丰江水库混凝土大坝

大坝于1959年建成蓄水后不久库区附近即出现频繁小震，其中最大的一次震中烈度为6度。鉴于大坝的重要性，1961年按设防烈度8度对大坝进行了一期抗震加固，在各坝墩间增筑混凝土撑墙并在墩间灌浆，旨在连接各墩使之形成整体，使地震作用能够向两岸传递。一期加固提高了坝体抗滑稳定性且改善了坝踵应力。但加固混凝土回填在坝体下部，使上部更显薄弱，造成坝体上、下部抗力不均衡。1962年库区发生6.1级地震时，大坝整体稳定性经受了考验，但坝体上部开裂，表明上部是抗震薄弱部位。（见混凝土坝震害）

为确保大坝的地震安全，震后决定进行二期抗震加固，旨在确保大坝顺河向的抗滑稳定性，加固设计的水平地震系数取为0.15，同时考虑竖向地震系数0.075。加固方案为坝腔回填混凝土及坝后贴坡。在综合考虑抗震稳定性和坝踵应力要求后，确定回填混凝土的高度为坝高的1/4（图2）。

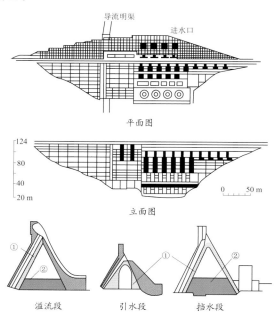

图2 新丰江大头坝抗震加固示意
①一期加固；②二期加固

美国帕柯依玛（Pacoima）拱坝 该坝在1971年加州圣费尔南多地震中受损。震后对破坏严重部位采取的临时补救措施为：用柔性填料修补拱坝与推力墩间的张开接缝，采用喷射混凝土对左坝肩上部裂缝进行喷浆封闭，清除左坝肩山脊及坡面上松动的岩块，在左、右坝肩岩体中钻减压排水孔以确保排水良好和减少扬压力，在左坝肩上游沿推力墩东侧长约20 m范围内进行钻孔灌浆加强帷幕的防渗作用，对左坝肩上部的扰动岩体和泄洪洞内衬砌层进行灌浆加强岩体的整体性。之后又采取了三项永久性的加固措施：①采用锚索加固左坝肩岩体；②修补坝与推力墩之间的接缝和推力墩上的裂缝，首先清除临时性嵌缝填料，后用环氧树脂填料将张开的接缝和推力墩上下游表面的裂缝嵌缝密封，而后再对接缝和推力墩进行灌浆处理；③对基岩进行一次全面帷幕灌浆，以充分堵塞裂缝。

印度柯依纳（Koyna）重力坝 该坝在1967年水库诱发地震中受损。震后除对坝体损伤进行修复外，考虑坝库区地震活动的增加及强震破坏已削弱坝体，决定对非溢流

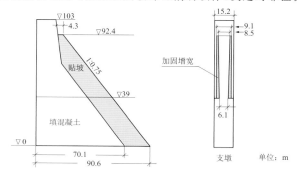

图3 柯依纳重力坝抗震加固

坝段进行抗震加固。加固方法为在坝后贴坡以增加坝体断面宽度，坝高39 m以下全部填注混凝土，上部支墩宽度增至9.1 m（图3）。

yantu gongcheng jiagu

岩土工程加固（strengthening of geotechnical engineering）为提高岩土工程的承载力，减少其变形、沉降和水的渗漏，防止岩土体开裂、滑移和崩塌而采取的技术措施。

岩土工程加固涉及地面工程的地基和基础、斜坡、土石坝和地下工程等，包括施工期间的临时加固，工程建成后运行期间的加固以及工程发生损伤后的加固。这些加固措施可能并不具体针对地震作用，但对提高其抗震安全性具有重要意义。

岩土工程加固工程量大，技术复杂，应区别不同工程类型、运行工况、环境条件、病险部位和程度，综合考虑技术经济因素，采用有效、可行、可靠的基于物理或化学方法的处理措施。

地基处理 建筑地基处理是最普遍的岩土工程加固问题。适用于软弱地基土的加固措施一般包括：①以换填、振

冲等方法用稳定的地基土置换软弱地基土；②以堆载预压、真空预压、电渗降水等方法加速地基土的排水固结；③以表层压实、强夯等方法加密地基土；④以碎石桩、砂桩等挤密软弱土形成复合地基；⑤以高压旋喷、深层搅拌等方法加强地基土；⑥以土工织物、土钉墙、加筋土及锚杆等提高地基土的稳定性；⑦将可固化浆液注入地基，提高地基土的稳定性、承载力或防止水的渗流。（见土体加固）

可液化土要进行液化防治处理。对沙漠、冻土、溶洞、裂隙黏土、湿陷性黄土、膨胀土、盐渍土等特殊地基土应研究采用专门的处置措施。

工程施工过程中基坑和斜坡加固处理可采用以下方法：①采用削坡减载和止水、排水等临时或永久处置措施；②以土钉墙、排桩、阻滑桩、锚杆及其组合方法加固土坡；③以锚索、抗滑桩、灌浆、深层搅拌、钢筋网喷射混凝土面层等方法加固岩坡或土坡。

土石坝加固 土石坝加固涉及运行中的病险水坝（含不符合抗震要求和发生地震损伤的坝）加固方法如下。

（1）在土坝坝体内采用劈裂灌浆技术构成防渗帷幕，采用振动沉模方法构筑防渗墙或实施高压喷射灌浆防止坝体渗漏。

（2）自土坝坝体至不透水基岩构筑混凝土连续墙，或以高压喷射技术构成防渗体系，防止基岩上覆盖层的渗漏。

（3）采用压力灌浆或高压喷射灌浆技术等，防止土体与基岩接触面或土体与刚性构筑物接触面的渗漏。

（4）堆石坝渗漏可采用构筑混凝土防渗墙、坝前坡面和堆石体及对堆石体实施托底固结灌浆等综合技术处理。

（5）土石坝基岩中溶洞和裂隙发育时，可采用坝前铺盖、坝后减压或压重、开挖导流洞等临时处置措施。处理溶洞和大裂隙的有效措施是实施级配料灌浆。

（6）土坝坝体可液化土料的水上部分可用非液化土料置换，水下部分可采用抛石压坡处置。可用良好级配的混合料放缓坝坡、加厚坝前铺盖及斜墙以提高抗液化能力，淤泥层可采用振冲或土工织物压淤加固方法处理。

（7）消除白蚁、獾、鼠等在土坝内的巢穴。

地下工程加固 地下工程加固涉及隧道、地铁、地下商业街和人防工程等。

（1）极软弱地基土中的地下工程施工前，可采用冷冻技术或小导管注浆技术进行超前支护，提高周边土体强度和稳定性，防止坍塌。

（2）采用高压旋喷灌浆、深层搅拌、换土、锚杆、注浆等技术加固地下工程周边的岩土介质。

（3）防水是地下工程施工和运行中的重要问题，可结合使用截断水源，导出地面水流，设置防水混凝土层等排水、挡水、导水等临时或永久性措施。

（4）采取填充补强、设置支撑拱架、衬砌等方法加强地下工程的支护。

（5）衬砌发生损坏后，可用注浆、粘贴高强纤维、钢丝网锚杆喷射混凝土和设置钢板衬砌等方法进行加固或更新衬砌。

tuti jiagu

土体加固 （stabilization of earth mass） 防止地基或土工结构物产生不允许的变形，提高土体稳定性的技术措施。对地震作用敏感的土类（如饱和的松-中密状态的砂土、软黏土、轻粉质黏土等）须加固，土体加固应综合考虑静力作用和地震作用。土体加固涉及加固原理、方法、施工工艺和机械以及加固效果的检验。

加固原理 土体加固的主要原理为：①改变土的状态，主要是增加土的密度；②改变土的结构，主要是使原有的不稳定结构变成新的稳定结构；③增强土颗粒之间的连接；④在土中设加强体，减小土承受的应力。

加固方法 根据须加固土层的部位及厚度，有浅层加固和深层加固之分。有些机械只能影响地面以下2～3 m范围内的土体，适用于浅层加固；另一些加固机械能影响埋藏较深和较厚的土体，适用于深层加固。加固方法与所采用的机械有密切关系。

碾压 采用碾压机压密地下土体，压密范围一般为地面下2～3 m。压密砂或砂砾石应采用振动碾压机。

砂井预压固结 在饱和软黏土层内设置砂井（或同时在地面铺设砂垫层），利用地基上建筑物的重力或堆载对地基加压，促使软土中的孔隙水经砂井排出，逐渐固结提高强度。为提高加固效果，可对砂垫层进行真空排气，该法加固范围可达地面下10 m。砂井预压固结加固实施前，应设计砂井的孔径、间距及孔深，砂垫层的厚度及范围，预压应力强度、分级及预压间隔时间；在每级加压过程中应测量竖向变形、侧向变形及孔隙水压力；待该级加压引起的变形趋于稳定及孔隙水压力基本消散后，再施加下一级压力。

砂井预压固结加固不仅可提高软黏土的变形模量和抗剪强度，还可借助砂井减小软黏土的受力，增加排水通道，有利于减小地震作用引起的动孔隙水压力。

振冲加密 地基的振冲加密使用振冲器进行。振冲器类似于混凝土振捣棒，但上下两端有射水孔。振冲器借助射水插入地基，靠自重下沉，并因自身振动使周围砂土加密。振冲器到达指定深度后提升，提升过程中从孔口投入碎石，在地基中形成碎石柱体，可加密深部的饱和砂土。振冲加密实施前应根据现场振冲试验选择振冲器的型号，确定振冲孔的孔径、间距、振冲深度以及振冲器下沉速度等。振冲过程中应观测地面沉降和振冲作用引起的孔隙水压力。

振冲加密不仅能加密砂土，且形成的碎石柱可以减小周边砂土的受力，增加排水通道，有利于减小地震作用引起的动孔隙水压力。

灌浆加固 采用压力灌浆设备将浆液注入土的孔隙，利用浆液将土颗粒胶结。灌浆浆液应无污染，通常采用水泥浆。当砂土不均匀时，浆液往往不能均匀地注入孔隙，加固效果可能不令人满意。

复合地基 在地基土体中设置加强体，使基础荷载由加强体和周边土体共同承担。加强体的刚度高于周边土体的刚度，与原地基土相比可承受更大的应力，故复合地基的承载能力明显高于原天然地基。地基土中的加强体通常沿竖向设置，形成多个圆柱体。为使基础荷载均匀有效地作用于地基，须在复合地基表面和基础底面间设置砂或砂砾石垫层。

加强体按组成材料及其刚性的差异，可分为柔性、半柔性及刚性三种类型。

（1）柔性加强体通常是碎石组成的柱体，具有较大的压缩性；这种复合地基的破坏通常表现为碎石柱体的破坏。

（2）半柔性加强体通常是以旋喷法或搅拌法施工的水泥土圆柱体，搅拌法形成的水泥土更为均匀；水泥土的水泥掺合比通常为 10%～20%，其力学性质不仅与水泥掺合比有关，还与母土的类型有关；水泥土仍具有较大的压缩性，欲发挥其侧摩阻力须使加强体顶面发生更大的沉降。这种复合地基的破坏形式主要表现为水泥土圆柱的破坏，但也可能表现为土体的破坏。

（3）刚性加强体通常为压缩性小的钢筋混凝土柱体，这种加强体的工作机制与混凝土桩相同；由于混凝土的强度很高，复合地基的破坏形式表现为土的破坏。柔性和半柔性加强体的抗弯和抗拉能力低，故就抗震加固而言，宜采用刚性加强体复合地基。

复合地基的设计内容包括加强体类型的选择，加强体施工方法的选择，加强体直径、间距及长度的确定，加强体材料力学指标的确定，复合地基承载力的确定以及在指定荷载下复合地基变形的计算。

shebei jiagu

设备加固（strengthening of equipment） 为改善或提高现有设备的抗震能力，使其达到抗震设防要求而采取的技术措施。设备抗震加固可减小设备振动反应，提高设备的强度和稳定性，防止设备倾倒或移位，并防止火灾、爆炸、有毒有害物料泄漏等次生灾害。

各类设备的主要加固方法如下。

电气设备 含变压器、电容器等。

（1）变压器等浮放设备应以螺栓或焊接方法固定，如图 1 中箭头所指位置。

图 1 变压器的固定

（2）设备应采用软导线或柔性装置与相关设施连接。

（3）电容器、高压开关柜、低压配电屏、保护屏等应采用螺栓或扁钢等与地面或其他固定物连接，防止移位和倾倒；应控制设备顶部位移量，防止因晃动发生碰撞或接线短路。

（4）采用消能减振、隔震措施。

通信设备 加固要点如下。

（1）小型设备或仪表可置于抗震组合柜内，台式设备应防止滑移，列架式设备应以整体钢构架固定，自立式设备应加强锚固。

（2）可利用附加质量降低设备重心、改变设备固有频率减小振动反应，或采用隔振、减振装置。

（3）设置限位器防止设备碰撞、倾倒、移位。

直立式化工设备 不同类型设备加固措施如下。

（1）塔类设备应提高薄弱构件的强度和稳定性，加强地脚螺栓的锚固强度。

（2）管式加热炉筒体外壁及筒体与裙座连接处可增设加劲板（图 2）；采用保温钉固定炉衬，喷嘴接口处采用柔性连接，炉底柱上应设防火层；烟囱应设加强构件且与对流室或辐射室顶部以螺栓连接。箱式炉支承框架应设柱间斜撑。

图 2 管式加热炉筒壁设加劲板

（3）立式储罐罐壁稳定性不足时可增设加劲圈（图 3）；油罐浮顶应采用弹性材料密封；软土或液化土上的储油罐应以金属软管与管道连接；防油堤强度不足时可采用增设壁柱、混凝土面板及放缓土堤边坡等加固措施，当管线穿过防油堤时应回填密封材料。

（4）球罐应提高拉杆强度，可增设新拉杆或加大拉杆直径，钢管拉杆可用角钢补强；可采用加焊角钢、灌注水泥砂浆等方法增加支柱刚度；球壳接管根部和支柱底板可增设加劲板，并加强地脚螺栓的锚固；支柱应设防火层。球罐可设置消能减振器。

图 3 储罐罐壁底部设加劲圈

卧式容器　如卧式储罐等。

（1）筒体支座处可用加劲圈加固（图4）。

（2）浮放卧式容器应采用地脚螺栓固定。

（3）加固或更换砖砌体基础。

图4　卧式储罐支座处设加劲圈

建筑附属设备　应防止空调机、锅炉、煤气罐、水罐、冷却器等移位或倾倒，可将设备锚固于楼板或基础，或设限位装置及加设顶部支撑构件。

gujianzhu jiagu

古建筑加固（strengthening of ancient building）　为保护古建筑采取的维修加固技术措施。古建筑的抗震加固可结合古建筑的维修加固进行，应遵守古建筑维修与加固的一般原则规定和抗震加固的特殊规定。

一般原则　古建筑维修加固必须遵守不改变文物原状的原则。原状系指古建筑个体或群体中一切有历史意义的遗存现状。若要恢复到创建时的原状或恢复到具有某个历史时期特点的原状时，须经可靠的历史考证和充分的技术可行性论证。

古建筑维修加固应注意保存：①原来的建筑形制，包括原建筑的平面布局、造型、法式特征和艺术风格等；②原来的建筑结构；③原来的建筑材料；④原来的工艺技术。

抗震加固规定　古建筑抗震加固应遵守以下规定。

（1）抗震鉴定加固烈度按基本烈度采用，重要古建筑经相关部门批准可提高一度加固。

（2）抗震加固设计应在不改变文物现状原则下提高其承重结构的抗震能力。

（3）800年以上及特别重要的古建筑的抗震加固方案，应经专家论证确定。

（4）加固后的古建筑，遭受低于设防烈度的多遇地震影响时不受损坏，遭受设防烈度地震影响时稍有损坏、经一般修理后可正常使用，遭受高于设防烈度的罕遇地震影响时不致坍塌或砸坏内部文物，经大修后可恢复原状。

勘察与鉴定　是加固前必须进行的工作。

（1）古建筑勘察应掌握相关区域的地震、雷击、洪水、风灾、火灾、环境污染等基础资料，有特殊需要时尚应掌握地质构造、工程地质和水文、气象及地下资源开采资料。结构勘察包括结构体系、结构构件及其连接尺寸，结构整体变位和支承状况，构件的材料、材质状况，承重构件的

受力和变形状态，主要节点和连接的工作状态，历代维修加固措施和目前状态。

（2）古建筑结构的可靠性应根据承重结构中残损点的数量、分布、恶化程度及破坏后果进行鉴定评估。根据残损点的评估将古建筑分为Ⅰ～Ⅳ类，其中Ⅰ类是残损点均获正确处理的古建筑，Ⅳ类是处于危险状态、必须立即采取抢修措施的古建筑。抗震设防烈度6度及6度以上的古建筑均应进行抗震构造鉴定，应根据古建筑的建筑类别和年代、高度、基本烈度和场地抗震分类等确定进行截面抗震强度验算和变形验算的范围；设防烈度6度和7度的古建筑，凡存在残损点者均应被判定为不符合抗震构造要求；设防烈度8度和9度的古建筑尚应符合附加的构造鉴定要求。

加固方法　应针对不同情况采取相应措施。

（1）木柱裂缝可采用木条嵌补、胶粘和加设铁箍等方法处理，关键处的裂缝或发展中的裂缝应根据具体情况采取加固措施或更换新柱；腐朽的木柱可采用剔补或墩接方法处理，同时用铁件固定；内部腐朽、蛀空的木柱可采用高分子灌浆加固；腐朽严重者可更换新柱。

（2）梁枋腐朽、裂缝但承载力满足要求者，可采用贴补、胶粘及铁件等加固，承载力不满足要求者应更换；梁枋挠度超过规定限值或有断裂迹象时，可采用立柱支顶、埋设型钢加固件处理，或更换构件；内部腐朽中空的梁枋可灌注环氧树脂加固；梁枋榫头完整但脱榫者，可拨正后以铁件拉结；榫头腐朽断裂者，应新制榫卯，并以胶粘和铁件等固定。

（3）斗拱维修一般不得增加杆件，挠曲变形引起尺寸偏差时可粘贴硬木垫；为防止斗拱构件移位，应将暗销补齐，榫卯应严密。

（4）古建筑的地基翻修应符合相关技术标准的要求，地基加固可选用桩基、水泥灌浆、硅化加固、旋喷加固等方法；局部加固可采用抬梁换基、敷设砂石垫层等简便方法；为使古文化遗址的场地土体不受自然环境侵蚀，可采用适当的非水分散体加固剂实施加固保护。

（5）有横缝、斜缝、受力竖缝及因表层风化不满足承载力要求的承重石柱应支顶或更换；石雕艺术品表面宜采用有机硅类涂料保护。

（6）古建筑墙壁的维修加固不得改变墙壁结构、外观、质感及各部分尺寸；墙壁主体坚固、仅面层凸鼓者，可剔凿挖补或拆砌面层，使新旧砌体咬合牢固；墙体局部倾斜超过限值者，可局部拆砌归正；夯土墙、土坯墙应按原状保护，严重风化、表面疏松、粉粒脱落的土坯墙，可先用丙烯酸树脂非水分散体加固剂进行保护，使土坯墙表面固结，而后采用传统墙面处理工艺进行处理；可用压力灌浆或喷浆法提高墙体强度。

（7）古建筑瓦屋顶凡能维修者不得揭顶大修；屋顶除草后应勾灰堵洞，松动的瓦件应坐灰粘牢；瓦顶局部损坏、木构架移位腐朽者应整修拆换。

（8）为提高砖结构、砖石结构或砖木结构古建筑的整体稳定性，可在内部以隐蔽的钢筋混凝土柱和圈梁加固。

结 构 振 动 控 制

jiegou zhendong kongzhi

结构振动控制（structural vibration control） 利用机械、液压或电磁等控制装置抑制结构体系有害振动的理论和方法，可分为被动控制（含隔震和消能减振）和主动控制（含半主动控制）两大类。

土木工程结构地震反应控制是结构振动控制的重要内容，是提高结构抗震能力的新途径。传统抗震设计利用结构体系自身的强度、变形能力和构造措施抗御地震作用，受现有建筑材料的制约，抗震结构体系的耗能能力不高，较强的能量耗散往往伴随构件的破坏和功能失效；另外，大量抗震结构的自振周期处于地震动卓越频带内，从而加大了结构的地震反应；再者，经过抗震设计的结构在遭遇高于设计水准的地震动时，一般难以保障预期的功能。与传统抗震设计不同，结构振动控制技术可大幅度改变结构体系的动力特性（周期和阻尼），通过隔离、转移和耗散地震能量减小结构体系的地震反应，保护主体结构，也更有利于满足不确定的地震作用下结构的安全性和使用性要求。

起源和发展 结构地震反应控制的设想起源于19世纪80年代，当时人们提出在结构基底设置可发生滚动或滑动的圆木、卵石或滑石、云母等材料，以阻隔地震动向上部结构传输；此后，又有在结构体系中设置阻尼器或吸振器以耗散振动能量的设想。然而直到20世纪50年代，基于材料科学、结构工程、结构动力分析和控制理论的发展，结构地震反应控制才步入现代技术的轨道。日本学者小堀铎二（Kobori Takuji）基于非线性动力学提出了结构变刚度控制的概念；美国科学家凯利（J. M. Kelly）在60—70年代开展了隔震支座和阻尼耗能元件的试验研究。1972年，美籍华人学者姚治平（J. T. P. Yao）发表《结构控制的概念》，阐述了土木工程主动控制的思想。此后，在机械工程和航空航天工程等领域获得成功应用的结构控制技术，被引入抗震和抗风工程。

20世纪最后20年间，结构振动控制成为地震工程最活跃和最重要的前沿领域之一。1993年中国建筑学会抗震防灾分会结构减震与控制专业委员会成立。1994年国际结构控制学会（IASC）成立，同年在美国洛杉矶召开了第一届世界结构控制会议。1998年中国振动工程学会结构抗振控制专业委员会成立，成为国际结构控制学会成员。2003年在意大利召开的第三届世界结构控制与监测会议上，国际结构控制学会更名为国际结构控制与监测学会（IASCM）。中国、美国、日本、新西兰和意大利等国科学家在振动控制领域取得了一系列理论和应用成果。

理论基础 1948年出版的美国科学家维纳（N. Wiener）所著《控制论》一书，探讨了控制系统共有的信息交换、反馈调节、自组织和自适应的原理，阐述了系统控制的概念、原理和方法。20世纪50年代以来，工程自动控制经历了从古典控制论到现代控制论的发展。古典控制论主要将单输入、单输出线性定常系统作为研究对象，以拉普拉斯变换和频域分析方法为主要数学工具，利用输入输出传递函数建立系统模型，研究系统的稳定性、运动特性和控制设计原理，又称为自动调节原理。20世纪60年代，在空间技术发展的推动下，为解决更复杂、广泛的控制问题，现代控制论建立并迅速发展。现代控制论在状态空间的基础上，将研究对象扩展到多变量、非线性和时变系统；极大值原理、动态规划方法、卡尔曼-布西滤波等原理和方法的确立，标志着现代控制论的形成。现代控制论的主要内容包括线性控制理论、非线性控制理论、最优控制理论、随机控制理论和自适应控制理论等。

振动控制是自动控制、通信技术、计算机科学、数理逻辑、结构力学和振动理论等相互渗透形成的交叉学科，在工业过程、机械工程和军事工程等领域具有广泛应用，也是结构地震反应主动控制的理论基础。

分类 结构地震反应控制包括隔震、消能减振和主动控制（含半主动控制）。隔震技术通过设置在被分隔的结构之间的隔震装置改变结构体系的自振特性，减少和耗散输入结构的地震能量；消能减振是在结构体系中设置阻尼器或吸振器，吸收并耗散结构振动能量；它们无须监测体系运动状态，且无须外界能源的支持，均属被动控制（亦称无源控制）范畴。主动和半主动控制一般为反馈控制（又称有源控制），应监测体系运动状态和外界扰力，通过伺服反馈系统对结构施加控制力，须借助外界能源的支持。半主动控制只需很少的能量调节控制器的参数、通过改变结构振动周期或增加阻尼减小地震反应。智能控制是人工智能与控制理论的结合，属主动控制范畴。混合控制是不同控制技术的组合。

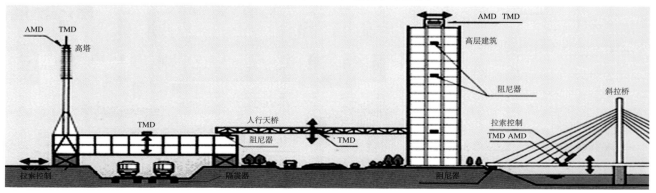

结构振动控制技术应用示意图

AMD 为主动质量阻尼器；TMD 为调谐质量阻尼器

展望 结构振动控制作为工程防震减灾的新技术，正向实用化方向发展。性能稳定、价格低廉、使用维护方便的隔震装置和阻尼装置的开发以及被动控制设计的规范化，是隔震和消能减振技术推广应用的前提。主动控制系统的可靠性、稳定性、系统优化等仍是有待研究解决的关键科学技术问题。半主动控制展现了广阔的应用开发前景，智能材料和人工智能在振动控制中的应用是引人关注的研究领域。伴随控制理论和方法、材料科学、信息科学和计算机技术的发展，在经受试验和实际地震的检验之后，抗震控制工程将有更为广泛的应用。

zhudong kongzhi

主动控制（active control） 借助外界能源的支持，通过控制装置的出力抑制结构体系有害振动的理论和方法，又称有源控制。

实施结构主动控制须利用传感器实时监测受控结构的振动反应或地震动等环境干扰，控制器根据监测信号和预先选择的控制算法计算控制力，作动器利用外界能源将该控制力施加于受控结构，达到减小结构体系振动的预期目标（图1）。基于结构振动反应监测的主动控制称为反馈控制或闭环控制，基于外界环境干扰监测的主动控制称为前馈控制或开环控制（图2），结合两者的主动控制称为开-闭环控制。结构地震反应主动控制多为反馈控制。

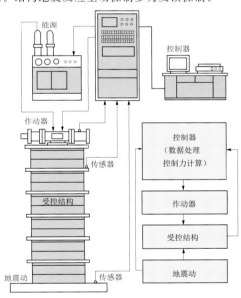

图1 主动控制体系示意图

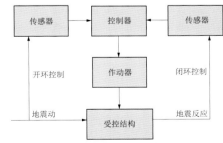

图2 结构主动控制框图

起源和发展 1972年美籍华人学者姚治平（J. T. P. Yao）基于现代控制论提出土木工程结构主动振动控制概念，此后该领域研究取得迅速进展，至今仍是土木工程和地震工程领域活跃的研究方向之一。结构主动控制研究内容包括控制律（即控制算法）的建立，控制装置的开发，控制体系的数值模拟和试验验证，以及主动控制技术的工程应用等方面。

控制律 根据结构振动状态确定施于结构的控制力的算法。已开发的结构主动控制算法主要包括线性二次型优化控制算法（LQR）、线性二次型高斯优化控制算法（LQG）、模态控制算法、极点配置控制算法、滑移模态控制算法和H_∞控制算法等。

控制装置 依据控制信号产生相应控制力并施予结构的装置。土木工程使用的主动控制装置主要包括主动质量阻尼器（active mass damper；AMD）和主动锚索系统（active tendon system；ATS）。主动质量阻尼器的核心部分是由电液或电磁伺服作动器驱动的质量块，利用质量块的惯性作用产生控制力。此类装置可用坐地或悬吊方式安装在结构顶部附近，在主动控制工程中被广泛使用。主动锚索装置设置于结构体系中可产生相对运动的部位之间（如建筑结构的层间），作动器驱动钢索产生轴力，直接抑制结构振动，这类装置在土木工程抗震控制中使用不多。

模型试验 主动控制体系的试验旨在检验各种控制算法的有效性和控制体系的减振效能。已进行的主动控制体系缩尺模型试验包括：简单梁柱和框架结构模型的主动锚索控制体系试验，建筑物和构筑物模型的主动质量控制体系、主动锚索控制体系以及混合控制体系的试验等。为比较不同控制算法的效能，基准模型试验被倡导实施。

工程应用 1989年，日本鹿岛建设公司建成世界上第一座使用主动质量驱动器的京桥Seiwa大厦；1991年，日本彩虹桥桥塔上首次使用含主动控制系统在内的混合质量阻尼器。至20世纪末，世界上采用主动控制技术的高层建筑和桥梁已超过50座，这些工程大多建于日本，中国南京电视塔和高雄国际广场大厦也是其中的两例。

展望 结构主动控制虽已建立了较为系统的理论基础，但由于土木工程规模庞大、体系复杂、结构材料和结构体系均具不确定性，地震作用强大、罕遇且难以准确预测，故土木工程振动控制在取得迅速进展的同时，也面临若干有待解决的问题。如复杂体系的辨识和建模，保障系统稳定性和鲁棒性的控制算法，控制过程的时滞问题和控制体系的优化设置，复杂控制装置的建造、维护以及外界能源的供应等。上述问题的解决，将进一步推动主动控制技术在重大工程抗震中的应用。

zhudong kongzhi xitong jiben texing

主动控制系统基本特性（basic propertiy of active control system） 主动控制体系的稳定性、可控性和可观性。

数学模型 主动控制体系的运动微分方程为
$$M\ddot{X}(t) + C\dot{X}(t) + KX(t) = D_sF(t) + B_sU(t) \quad (1)$$
式中：M，C，K分别为结构控制体系的$n \times n$维质量矩阵、阻尼矩阵和刚度矩阵；$\ddot{X}(t)$，$\dot{X}(t)$，$X(t)$分别为n维结构反应的相对加速度、相对速度和相对位移矢量；D_s为干扰力位置矢量；$F(t)$为干扰力矢量；B_s为$n \times p$维控制力作用位置矩阵；$U(t)$为p维控制力矢量。

控制结构分析中一般将式(1)二阶运动方程写为一阶状态方程的形式，令$Z = \{X, \dot{X}\}^T$，$\dot{Z} = \{\dot{X}, \ddot{X}\}^T$，T表示转置；

可得控制体系的状态方程

$$\dot{Z}(t) = AZ(t) + BU(t) + DF(t) \quad (2)$$

式中：A 为 $2n \times 2n$ 维系统矩阵；B 为 $2n \times p$ 维控制力位置矩阵；D 为扰力位置矩阵；

$$A = \begin{bmatrix} 0 & I \\ -M^{-1}K & -M^{-1}C \end{bmatrix}$$

$$B = \begin{bmatrix} 0 \\ M^{-1}B_s \end{bmatrix}, \quad D = \begin{bmatrix} 0 \\ M^{-1} \end{bmatrix}$$

I 为单位矩阵。相应控制体系的输出方程为

$$Y(t) = C_0 Z(t) + B_0 U(t) + D_0 F(t) \quad (3)$$

式中：Y 为 m 维输出矢量；C_0 为 $m \times 2n$ 维输出矩阵；B_0 和 D_0 分别为控制力和扰力的位置矩阵。

稳定性 若控制系统在有限输入下的输出也是有限的，则该系统是稳定的。线性系统的稳定性不受输入的影响，非线性系统的稳定性通常与输入有关。任意输入条件下控制系统稳定性的一般理论尚未建立，以下有关稳定性的表述仅限于输入为常量或零。

若控制系统状态空间中的某个点满足 $\dot{Z} = 0$，则该点称为系统的平衡点。任意系统不一定存在平衡点，线性系统一般只有一个平衡点，非线性系统可能有多个平衡点。当系统受到扰动时，状态矢量将随时间变化，平衡状态也将改变，故可由平衡状态变化的特性考察系统的稳定性。若对于偏离平衡点的任意小的距离 α，总存在一个距离 β（$\beta \leqslant \alpha$），当系统状态在 β 内变化的任意时刻都不超出 α 时，则系统在该平衡点是稳定的，否则是不稳定的；若系统在初始时刻后的某个时间可返回稳定的平衡点，则该平衡点是渐进稳定的。系统中所有可返回渐进平衡点的初始状态的总合称为平衡点吸引区，若该吸引区包含了系统运行的全部状态，则该平衡点称为全局渐进平衡点。显然，控制系统的稳定性应就其全部平衡点进行考察。控制系统应不仅是稳定的，更应该是渐进稳定的，否则，一个微小的扰动可能导致状态矢量相当大的持续震荡。控制系统的平衡吸引区最好能容纳系统运行的全部状态。只有当系统状态空间全部为线性时，其渐进稳定性才具有全局性。控制系统稳定性判别的李亚普诺夫（Lyapunov）方法如下。

（1）李雅普诺夫第一方法。线性定常系统特征方程所有根（特征值）都具有负实部，是具备渐进稳定性的充要条件；当任一特征值有正实部时，系统是不稳定的。对于非线性系统，体系在平衡点邻域可等效为 $\dot{Z} = AZ + O_2(Z)$ [$O_2(Z)$ 为状态变量的二阶及二阶以上的高阶项] 时，若矩阵 A 的所有特征值均无等于零的实部，则此非线性系统的稳定性与系统矩阵为 A 的线性系统相同；若矩阵 A 有一个特征值实部为零，其余特征值有负实部，则其稳定性应由平衡点邻域的系统特征矩阵判别。显然，在利用李雅普诺夫第一方法判别系统稳定性时须求解系统的特征值，或在工程应用中确认能使全部特征值具有负实部的系统参数范围。

（2）李雅普诺夫第二方法。就定常系统定义一个正定的李雅普诺夫标量函数 $V(Z)$，若 $\dot{V}(Z) \leqslant 0$，则系统是稳定的，否则是不稳定的。若 $\dot{V}(Z) < 0$，则系统是渐进稳定的；若 $\dot{V}(Z) < 0$，且当状态矢量的模趋于无穷大时，$V(Z)$ 也趋于无穷大，此时系统是全局渐进稳定的。应当注意的是，满足给定系统的李雅普诺夫函数并不是唯一存在的，

且无统一的寻找非线性系统的李雅普诺夫函数 $V(Z)$ 的规则。但一个稳定的系统必定存在相应的 $V(Z)$ 函数，即使不能找到它，也不意味该系统是不稳定的。

控制系统稳定性判别还可使用基于系统传递函数的极点分析方法，基于奈奎斯特稳定判据的复变函数方法以及根轨迹图解方法等。

可控性 对于线性定常系统（时不变系统），若在任意有限的时间间隔 $[t_0, t_1]$ 内，总存在有限的控制力矢量 U，可使系统状态由 Z_0 转换为 Z_1，则该系统是可控的。可控性判别方法如下。

（1）系统矩阵判别法。矩阵 $[B, AB, A^2 B, \cdots, A^{n-1} B]_{n \times np}$ 的秩等于 n，是系统可控的充要条件。

（2）系统独立振型判别法。若系统矩阵 A 的特征值互异，且矩阵 $S^{-1} B$ 中不含全部元素为零的列，则系统是可控的。S 为系统的特征向量矩阵。

可观性 对于线性定常系统，若在任意有限的时间间隔 $[t_0, t_1]$ 内，可由输出矢量 $Y(t)$ 确定系统初始时刻的状态矢量 Z_0，则系统是可观的。换言之，系统的可观性意味着对系统输出的多次测量可获得关于系统状态的全部信息。可观性判别方法如下。

（1）系统矩阵判别法。矩阵 $[C_0^T, A^T C_0^T, (A^T)^2 C_0^T, \cdots, (A^T)^{n-1} C_0^T]_{n \times nm}$ 的秩等于 n，是系统可观的充要条件。

（2）系统独立振型判别法。若系统矩阵 A 的特征值互异，且矩阵 $C_0 S$ 中不含全部元素为零的列时，则系统是可观的。

可见，若系统 (A, B, C_0) 是可控的（或可观的），则系统 (A^T, B^T, C_0^T) 是可观的（或可控的）；在这一意义上，这两个系统称为对偶系统。

推荐书目

莱顿 J M. 多变量控制理论. 黎鸣，译. 北京：科学出版社，1982.

lubangxing

鲁棒性（robustness） 当控制系统的参数发生扰动或观测数据混有噪声时，系统仍可保持稳定正常运行的属性。鲁棒性一词通常的含义为强壮、稳健，早期曾出现于统计学分析，也曾用于微分方程的研究。20 世纪 70 年代以后，该词被广泛用于控制系统的分析。

尽管现代控制论已经形成较为系统完善的理论，在机械工程和航空航天领域取得了令人瞩目的成就，但并不是所有的理论方法在应用中都能取得良好的效果。有关控制系统的分析和设计都是针对确定的体系进行的，然而控制系统建模的误差是不可避免的，系统参数在运行过程中可能发生变化，系统在线运行中的观测数据必然含有噪声。控制系统若对上述诸多不确定因素并不敏感，仍可实现其预定功能，则系统具有鲁棒性。鲁棒性是衡量控制系统品质的重要因素。

鲁棒控制的研究始终为理论界和工程界所关注。在结构控制领域，涉及控制系统鲁棒性分析和设计的成果甚多，如基于状态反馈控制的鲁棒特征结构配置方法、H_∞ 控制理论的鲁棒性问题和响应鲁棒控制问题。鲁棒控制方法适用于地震作用下的大型复杂结构、隔震建筑、阻尼减振结构、土-结相互作用体系及地震动多点输入的结构体系等。

时滞（time delay） 在结构主动控制实施过程中，由某一时刻的实测状态矢量计算得出的主动控制力迟于该时刻施加于结构体系的现象。

发生时滞的根本原因是信号传递时间的延迟。主动控制体系中，获得某一时刻状态矢量的实测信号，计算相应控制力以及将该控制力由作动装置施加于结构都需要时间，时滞是上述时间的总和。作动装置获得控制信号并实现相应出力所需时间通常是产生时滞的主要因素。

在主动控制体系的数值模拟中，一般忽略上述控制系统各环节的动力过程，并假定计算得出的某个时刻的控制力是准确地在同一时刻施加于结构的；忽略时滞现象导致数值模拟结果与实际系统存在差异。时滞现象的存在将造成实际控制效果下降，甚至使控制体系失稳。时滞系统的控制效能和稳定性问题是控制系统理论研究和工程应用的重要问题之一。

可通过控制体系的试验或精细理论分析估计时滞的大小，并采用补偿方法对时滞进行修正。具有良好鲁棒性的控制体系可以减少时滞对控制效能的影响。主动控制体系设计中至少应判断以临界时滞表征的系统允许的时滞范围，并使实际发生的时滞不超出临界时滞。

主动质量阻尼器（active mass damper；AMD） 主动控制体系中，利用质量块运动的惯性作用施加主动控制力的装置，又称主动质量驱动器（active mass driver）。

主动质量阻尼器一般设置在结构顶部附近，设置方式有坐地式和悬吊式两种（图1）。这类控制装置中，质量块

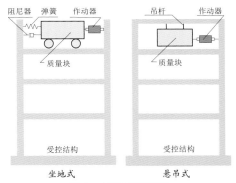

图 1 AMD 控制结构

和受控结构之间设有可依控制指令出力的作动器，亦可设弹簧和阻尼器增加耗能，限制质量块行程。当弹簧阻尼元件和质量块参数满足被动调谐质量阻尼器（TMD）的要求时，又称为主动调谐质量阻尼器（active tuned mass damper；ATMD）或混合质量阻尼器（hybrid mass damper；HMD），这种装置在伺服反馈机构不起作用时可作为被动控制装置使用。DUOX 控制装置（图2）将主动质量阻尼器设于被动调谐质量阻尼器的质量块上，兼有被动和主动控制两者的能力。V 形主动质量装置的质量块沿曲面运动，曲面的曲率半径决定质量块自由振动的周期。

主动质量阻尼器作动装置多采用电液伺服装置，也有使用直线电机作动装置的研究。后者将直线电机初级和次级线圈分别设置于 AMD 系统的受控结构和质量块（图3），

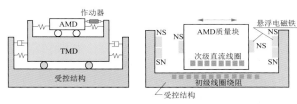

图 2 DUOX 控制装置　　　图 3 直线电机驱动器

利用磁场耦合产生的电磁力作为主动控制力，质量块可悬浮于结构上，具有行程大、频响宽的特点。

主动锚索系统（active tendon system；ATS） 主动控制体系中，利用缆索伸缩直接施加主动控制力的装置。

主动斜撑系统（active brace system；ABS）与主动锚索系统具有相同原理。此类装置的缆索或斜撑一般设置于结构体系中可产生相对运动的部位之间（如建筑结构的层间对角线方向，图1），亦可直接利用体系中的结构构件（如斜拉桥的钢缆，图2）。作动器依指令使锚索或斜撑产生期望

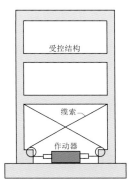

锚索控制细部

图 1 房屋的锚索控制　　　图 2 桥梁的锚索控制

的轴力，控制结构体系振动。主动锚索系统对控制结构风振反应具有良好效果，在地震反应控制中不如主动质量控制系统的出力大。

控制装置中的作动器多采用电液伺服装置，当出力要求不大时，亦可采用压电驱动器或磁致伸缩驱动器。压电材料（如压电陶瓷）在变形时可产生电势（正压电效应），反之在电压作用下可发生变形（逆压电效应），利用逆压电效应可制作驱动元件。压电驱动器有单片式和多层式两种，后者由多片压电材料叠合而成（又称压电堆，图3），可增加变形和驱动力。磁致伸缩材料可因磁化状态的改变产生变形，磁致伸缩

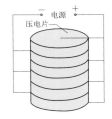

图 3 压电堆

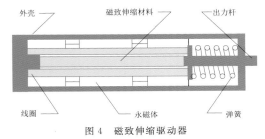

图 4 磁致伸缩驱动器

驱动器（图4）比压电陶瓷驱动器的变形能力更大，所需电压低，也更安全。

线性二次型优化控制（linear quadratic optimal control；LQR） 通过全状态反馈确定最优主动控制力的渐进稳定控制算法，是现代控制论的重要方法之一。

结构的运动方程为

$$M\ddot{X}(t) + C\dot{X}(t) + KX(t) = D_sF(t) + B_sU(t) \quad (1)$$

式中：M，C，K 分别为结构的质量矩阵、阻尼矩阵和刚度矩阵；$X(t)$，$\dot{X}(t)$，$\ddot{X}(t)$ 分别为结构的位移、速度和加速度向量，且 $X = [x_1, x_2, \cdots, x_n]^T$；$U(t)$ 为主动控制力向量；$F(t)$ 为干扰向量，如地震作用或风荷载等；B_s，D_s 分别为控制力和干扰的位置矩阵。

将结构的运动方程转化为状态方程（见主动控制系统基本特性），有

$$\dot{Z}(t) = AZ(t) + BU(t) + DF(t), \quad Z(t_0) = Z_0 \quad (2)$$

式中：$Z(t)$ 为结构的状态向量；Z_0 为初始状态向量；$Z(t) = [x_1, x_2, \cdots, x_n, \dot{x}_1, \dot{x}_2, \cdots, \dot{x}_n]^T$；$A$ 为系统矩阵，$A = \begin{bmatrix} 0 & I \\ -M^{-1}K & -M^{-1}C \end{bmatrix}$，$I$ 为单位矩阵；$U(t)$ 为控制力向量；B 和 D 分别为状态方程中控制力和干扰位置矩阵，$B = \begin{bmatrix} 0 \\ M^{-1}B_s \end{bmatrix}$，$D = \begin{bmatrix} 0 \\ M^{-1} \end{bmatrix}$。

定义受控结构的二次性能指标为

$$J = \int_0^{t_f} (Z^TQZ + U^TRU)\mathrm{d}t \quad (3)$$

式中：Q 和 R 为调节控制效果和控制力大小的权矩阵，分别为半正定和正定矩阵。Q 越大，体系振动反应越小，控制效果越好；R 越小，控制力越大，控制效果越好。t_f 为外界扰力结束时刻。使用拉格朗日变分方法，由泛函极值定理可得最优主动控制力的全状态反馈表达式为

$$U(t) = -R^{-1}B^TP(t)Z(t) \quad (4)$$

式中：$P(t)$ 为式(5)微分利卡提（Ricatti）方程的解，

$$\dot{P}(t) = -P(t)A - A^TP(t) + P(t)BR^{-1}B^TP(t) - Q \quad (5)$$

式(5)的解 $P(t)$ 具有如图所示的特性，即只在 t_f 附近，

利卡提矩阵的特性

$P(t)$ 具有较大的变化，在其他时间段内 $P(t)$ 保持不变。因此，由 $\dot{P}(t) = 0$，式(5)可简化为

$$-PA - A^TP + PBR^{-1}B^TP - Q = 0 \quad (6)$$

上述利卡提方程可以方便地由 MATLAB 程序求解。

推荐书目

欧进萍. 结构振动控制——主动、半主动和智能控制. 北京：科学出版社，2003.

线性二次型高斯优化控制（linear quadratic Gauss optimal control；LQG） 根据结构部分状态测量信息确定结构控制系统最优主动控制力的算法。该算法不具渐进稳定性，模型的不确定性会影响结构控制系统的稳定。

线性二次型优化控制算法须观测和反馈结构的全部状态，这对于大型复杂结构是难以实现的；线性二次型高斯优化控制算法则仅须观测和反馈结构的部分状态矢量。

结构状态方程和观测方程分别为

$$\dot{Z}(t) = AZ(t) + BU(t) + \varepsilon_1(t) + DF(t), \quad Z(t_0) = Z_0$$
$$Y(t) = C_0Z(t) + \varepsilon_2(t)$$

式中：$Z(t)$ 为状态矢量；A 为系统矩阵；B 和 D 分别为控制力和干扰的位置矩阵；$U(t)$ 为控制力矢量；$F(t)$ 为干扰矢量；$\varepsilon_1(t)$ 和 $\varepsilon_2(t)$ 分别为输入噪声和量测噪声；C_0 为观测矩阵；$Y(t)$ 为观测的状态矢量。

假设 (A, C_0) 是可观的，$\varepsilon_1(t)$ 和 $\varepsilon_2(t)$ 均为零均值高斯白噪声，且有

$$E[\varepsilon_1(t)\varepsilon_1^T(\tau)] = Q_e\delta(t - \tau) \quad Q_e = Q_e^T \geq 0$$
$$E[\varepsilon_2(t)\varepsilon_2^T(\tau)] = R_e\delta(t - \tau) \quad R_e = R_e^T > 0$$

式中：$E[\cdot]$ 表示均值；Q_e 和 R_e 分别为输入噪声和量测噪声的协方差矩阵；$\delta(\cdot)$ 为狄拉克函数；τ 为延时；上角标 T 表示转置。

可根据结构的部分观测输出，采用卡尔曼（Kalman）滤波器估计结构的全部状态向量，即

$$\dot{\hat{Z}}(t) = A\hat{Z}(t) + BU(t) + K_e[Y(t) - \hat{Y}(t)] + DF(t)$$
$$\hat{Z}(t_0) = \hat{Z}_0$$
$$\hat{Y}(t) = C_0\hat{Z}(t)$$

式中：$\hat{Z}(t)$ 为状态 $Z(t)$ 的估计；K_e 为卡尔曼滤波器增益，且

$$K_e = P_eC_0^TR_e^{-1}$$

P_e 为卡尔曼滤波器稳态误差的协方差矩阵，由下述利卡提（Ricatti）方程求解：

$$P_eA^T + AP_e - P_eC_0^TR_e^{-1}C_0P_e + Q_e = 0$$

获得结构全部状态的估计后，再采用 LQR 算法（见线性二次型优化控制）确定结构控制系统的最优控制力为

$$U(t) = -G\hat{Z}(t)$$

式中：G 为反馈增益矩阵。

极点配置控制（pole assignment algorithm） 通过设定控制系统的极点确定主动控制力的控制算法。

结构控制系统的状态方程为

$$\dot{Z}(t) = AZ(t) + BU(t) + DF(t), \quad Z(t_0) = Z_0 \quad (1)$$

式中：$Z(t)$ 为结构的 $2n$ 维状态向量；A 为系统矩阵；B 和 D 分别为控制力和干扰的位置矩阵；$U(t)$ 为 p 维控制力向量；$F(t)$ 为干扰向量。控制系统的极点就是系统矩阵 A 的特征值 λ_i。

主动控制力为

$$U(t) = -GZ(t) \quad (2)$$
$$G = -e\boldsymbol{\Gamma}^{-1} \quad (3)$$

式中：G 为反馈增益矩阵；$\boldsymbol{\Gamma} = [\varphi_{j1}(\lambda_1), \varphi_{j2}(\lambda_2), \cdots, \varphi_{jn}(\lambda_n)]$，$\boldsymbol{\varphi}(\lambda_i)$ 为特征向量，$\boldsymbol{\varphi}(\lambda_i) = (\lambda_iI_n - A)^{-1}B$；$e = [e_{j1}, e_{j2}, \cdots, e_{jn}]$，是从 $p \times p$ 维单位矩阵中选取的 n 个列向量；I_n 是维数为 $n \times n$ 的单位矩阵。

极点配置控制算法确定的状态反馈增益矩阵 G 是不唯一的，不同的 G 矩阵对应不同的闭环能量耗散。由于系统

的极点与其频率和阻尼比有关，故可根据期望的减振效果首先确定结构控制系统期望的阻尼比和自振频率，再依式(3)确定反馈增益矩阵。

motai kongzhi

模态控制 (modal control)

基于控制系统模态方程确定主动控制力的算法，在自动控制领域亦称解耦控制算法。该算法一般只控制结构振动的少量主要模态，同时使非控模态具有渐进稳定性；但若受控模态数量远小于结构自由度数目时，控制精度较差。

结构控制系统的运动方程为

$$M\ddot{X}(t) + C\dot{X}(t) + KX(t) = B_s U(t) + D_s F(t) \quad (1)$$
$$X(t_0) = X_0 \qquad \dot{X}(t_0) = \dot{X}_0$$

式中：M，C，K 分别为结构的质量矩阵、阻尼矩阵和刚度矩阵；$X(t)$，$\dot{X}(t)$，$\ddot{X}(t)$ 分别为结构的位移、速度和加速度向量；$U(t)$ 为主动控制力向量；$F(t)$ 为干扰向量，如地震作用或风荷载等；B_s，D_s 分别为控制力和干扰的位置矩阵。设该系统的无阻尼振型矩阵为 Φ，作模态变换：

$$X(t) = \Phi q(t) \quad (2)$$

式中 $q(t) = [q_1(t), q_2(t), \cdots, q_N(t)]^T$ 是系统 N 维广义模态坐标向量。结构一般只以少量模态 $q_c(t)$ (q_c 的维数为 n_c，小于结构的自由度数) 的振动为主，由式(2)提取与 $q_c(t)$ 对应的部分，有

$$X(t) = \Phi_c q_c(t) \quad (3a)$$
$$U_c^*(t) = \Phi_c^T B_s U(t) = L_c U(t) \quad (3b)$$

对式(3)所示的结构控制系统，可以采用某种控制算法(如 LQR)确定主动控制力

$$U_c^*(t) = -G_c \begin{Bmatrix} q_c(t) \\ \dot{q}_c(t) \end{Bmatrix} = -G_{c1} q_c(t) - G_{c2} \dot{q}_c(t) \quad (4)$$

式中：G_{c1}，G_{c2} 为增益矩阵 G_c 的分块矩阵。

广义模态坐标是不可观测的，可将结构主动控制力改写为以位移和速度为反馈量的形式。

huayi motai kongzhi

滑移模态控制 (sliding mode control；SMC)

控制力可将结构运动引入滑移面并沿滑移面稳定趋向原点的主动控制算法，亦称变结构控制。该算法与 LQR 和 LQG 算法不同，不但适用于线性结构，亦可用于非线性结构。

系统状态方程为

$$\dot{Z}(t) = AZ(t) + BU(t) + DF(t)$$

式中：$Z(t)$ 为结构的状态向量；A 为系统矩阵；$U(t)$ 为控制力向量；$F(t)$ 为干扰向量；B 和 D 分别为控制力和干扰的位置矩阵。滑移模态控制包括滑移面的确定和控制器的设计两个方面。

滑移面确定 若欲在结构上安装 p 个控制器，可令滑移面为

$$S(t) = \Theta Z(t) = 0$$

式中：$S(t) = [S_1, S_2, \cdots, S_p]^T$，$S_i$ 为滑移变量；Θ 为待定的矩阵。若可以测得结构的全部状态，则 Θ 可采用线性二次型优化控制算法或极点配置控制算法确定，若仅能测得结构部分状态，则 Θ 只能采用极点配置算法确定。

采用 LQR 算法确定 Θ，可将系统状态作线性变换：

$$\eta = \Gamma Z, \quad Z = \Gamma^{-1}\eta, \quad \Gamma = \begin{bmatrix} I_{2n-p} & -B_1 B_2^{-1} \\ 0 & I_p \end{bmatrix}$$

$$\Gamma^{-1} = \begin{bmatrix} I_{2n-p} & B_1 B_2^{-1} \\ 0 & I_p \end{bmatrix}, \quad B = \begin{bmatrix} B_1 \\ B_2 \end{bmatrix}$$

式中：B_1，B_2 分别为对应控制器和无控制器位置的矩阵；I_p，I_{2n-p} 为单位矩阵。由上述关系可得

$$\dot{\eta} = \hat{A}\eta + \hat{B}U$$
$$S = \hat{\Theta}\eta = 0$$

式中：$\hat{A} = \Gamma A \Gamma^{-1}$；$\hat{B} = [0, B_2^T]^T$；$\hat{\Theta} = \Theta \Gamma^{-1}$。

最终可得 $\Theta = \hat{\Theta}\Gamma = [\hat{\Theta}_1 \vdots I_p]\Gamma$，其中：$\hat{\Theta}_1 = 0.5 T_{22}^{-1}(\hat{A}_{12}^T P + 2T_{21})$，$T_{21}$ 为 T 的分块矩阵，$T = (\Gamma^{-1})^T Q \Gamma^{-1}$，$Q$ 为权矩阵，$\hat{A}_{12}^T$ 为 $\hat{A}$ 的分块矩阵的转置，P 为利卡提(Riccati)方程的解。

控制器设计 假设李雅普诺夫(Lyapunov)函数为

$$v = 0.5 S^T S = 0.5 Z^T \Theta^T \Theta Z$$

$$\dot{v} = S^T \dot{S} = S^T \Theta \dot{Z} = \chi(U - G_s) = \sum_{i=1}^{p} \chi_i(u_i - G_{is})$$

式中：$\chi = S^T \Theta B$，$G_s = -(\Theta B)^{-1}\Theta AZ$。使 $S = 0$ 的充分条件是 $\dot{v} = S^T \dot{S} \leqslant 0$。

连续控制器的主动控制力为

$$u_i = G_{is} - \delta_i \chi_i \quad 或 \quad U = G_s - \delta\chi^T$$

式中：δ 为对角线元素为 δ_i 的对角矩阵，$\delta_i \geqslant 0$ 为滑移裕度。

非连续控制器的主动控制力为

$$u_i = \begin{cases} G_{is} - \delta_i H(|\chi| - \varepsilon_0) & \chi_i > 0 \\ G_{is} - \delta_i H(|\chi| - \varepsilon_0) & \chi_i < 0 \\ 0 & \chi_i = 0 \end{cases}$$

式中：$H(|\chi| - \varepsilon_0)$ 为单位阶跃函数；ε_0 为滑移面厚度，设置滑移面厚度可避免控制器在滑移面附近的抖动。

H_∞ kongzhi

H_∞ 控制 (H_∞ control)

通过结构闭环控制系统传递函数的无穷大范数 H_∞ 的极小化，使干扰对结构控制系统的影响降到最低限度的主动控制算法。

H_∞ 范数可写为 $\|H(s)\|_\infty$，定义为 $\sup\{\sigma[H(j\omega)]\}$；其中 $H(s)$ 为系统闭环传递函数，$\sigma[\cdot]$ 为最大奇异值，sup 表示上确界，ω 为圆频率；$j = \sqrt{-1}$。

结构控制系统存在模型的不确定性和外界干扰的不确定性，反馈控制须克服或减小不确定性的影响。线性二次型优化控制是对系统总能量的优化控制，难以保障在不确定的非平稳输入下的控制效果；H_∞ 控制则可限制体系能量的上界，对最不利状态进行控制，可将极不确定的地震作用对控制系统的影响降到最低限度。

设控制系统的状态方程和观测方程分别为

$$\begin{rcases} \dot{Z} = AZ + B_1 F(t) + B_2 U(t) \\ Y = C_1 Z + D_{12} U(t) \end{rcases} \quad (1)$$

式中：Z 为状态矢量；A 为系统矩阵；Y 为观测的状态矢量；$F(t)$ 为干扰矢量；$U(t)$ 为控制力矢量；B_1，B_2 分别为干扰和控制力的位置矩阵；C_1 为输出矩阵；D_{12} 为转换位置矩阵。假设 (A, B_2) 可镇定，(A, C_1) 可观测，$D_{12}^T C_1 = 0$，且 $D_{12}^T D_{12} = I$，I 为单位矩阵，系统传递函数 $H(j\omega)$ 为

$$H(j\omega) = \begin{bmatrix} A + B_2 G & B_1 \\ C_1 + D_{12} G & 0 \end{bmatrix} \quad (2)$$

H_∞控制旨在寻求使传递函数矩阵的无穷大范数 $\|\boldsymbol{H}(\mathrm{j}\omega)\|<\gamma$ 的反馈控制律 $\boldsymbol{U}(t)=\boldsymbol{GZ}(t)$，$\gamma$ 是某个给定的正常数，$\boldsymbol{G}$ 为反馈增益矩阵。

实现上述目标的充要条件是存在满足式（3）利卡提（Riccati）方程的矩阵 $\boldsymbol{P}=\boldsymbol{P}^{\mathrm{T}}>\boldsymbol{0}$。

$$\boldsymbol{A}^{\mathrm{T}}\boldsymbol{P}+\boldsymbol{PA}+\boldsymbol{P}(\gamma^{-2}\boldsymbol{B}_1\boldsymbol{B}_1^{\mathrm{T}}-\boldsymbol{B}_2\boldsymbol{B}_2^{\mathrm{T}})\boldsymbol{P}+\boldsymbol{C}_1^{\mathrm{T}}\boldsymbol{C}_1=\boldsymbol{0} \quad (3)$$

相应的状态反馈控制律为

$$\boldsymbol{U}=\boldsymbol{GZ}=-\boldsymbol{B}_2^{\mathrm{T}}\boldsymbol{PZ} \quad (4)$$

H_∞ 控制的存在和设计问题实际是利卡提方程（3）的解矩阵 $\boldsymbol{P}$ 存在和求解问题。当 $\gamma\to\infty$ 时，矩阵利卡提方程（3）变成了一般线性二次型最优控制的利卡提方程。线性二次型最优控制可以看作 H_∞ 控制的一个特例。

状态反馈 H_∞ 控制问题的求解方法为：给定正数 $\gamma>0$，判断方程（3）是否有解；如果有解，则减小 γ 再判断；否则增大 γ 再判断；直到求出最小的 γ 为止。若欲考虑系统模型的不确定性，则利卡提方程具有更为复杂的形式。

banzhudong kongzhi

半主动控制（semi-active control）

借助少许能量调节控制装置、通过改变结构体系刚度或阻尼特性抑制结构有害振动的理论和方法，亦称参数控制。其原理与**主动控制**相同，均须实测结构状态变量并据此实施反馈控制，但它并不直接向受控结构输入强大的机械能，控制装置一般为参数可调的被动装置。半主动控制有变刚度控制、变阻尼控制和变摩擦控制等多种。一些文献中常将半主动控制称为主动变刚度（或变阻尼）控制。

起源和发展 20 世纪 50 年代，日本学者小堀铎二（Kobori Takuji）首先提出抗震结构变刚度控制的概念。80 年代以后，半主动控制引起研究者的普遍关注，进一步发展了变阻尼控制、变摩擦控制和半主动控制算法。1990 年，日本建成世界上第一座变刚度控制（AVS）试验建筑；1997 年，美国首次将主动变阻尼装置用于高速公路连续梁桥，旨在减小车辆引起的振动。20 世纪末，智能材料和新型材料的开发推进了半主动控制的发展，中国及其他各国的研究者在控制算法、控制装置和工程应用研究中均取得重要进展。

控制装置 各种半主动控制装置的工作机理不同，图 1 和图 2 是其中两例。

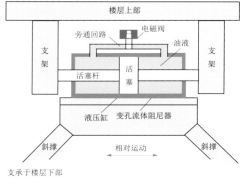

图 1 半主动变刚度装置

图 1 所示变刚度装置是设置在受控结构层间的一个变孔流体阻尼器。液压缸旁通回路上设有电磁阀开关，液压缸缸体由水平刚度为 k 的斜撑支承于楼层下部；液压缸的活塞杆通过支架与楼层上部固定连接。在水平地震作用下，受控结构层间发生相对水平运动，使活塞在缸体内滑动。此时，若调节电磁阀开关处于开启状态，液压缸内的油液将由活塞带动经旁通回路自由流动，结构层间刚度不变。相反，若调节电磁阀开关处于闭锁状态，由于油液不可压缩，活塞在液压缸内不能移动，此时结构层间必然增加水平刚度 k。这样，只须实测结构振动状态，并按某种控制策略调节电磁阀的启闭状态，就可令结构体系改变刚度，达到控制地震反应的目标。电磁阀启闭所需的能量很小，可由电池供给。

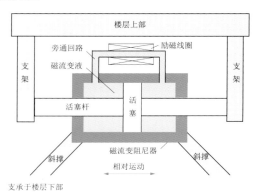

图 2 半主动变阻尼装置

图 2 所示变阻尼装置是设置在结构层间的可调磁流变液阻尼器。当结构层间发生水平相对运动时，活塞将推动缸体中的磁流变液经旁通回路流动。改变旁通回路励磁线圈的磁场强度，磁流变液的性态将发生变化，产生不同的阻尼效应。故可按照某种控制策略调节磁场强度，达到改变阻尼减小振动的目的。激励励磁线圈所需的能量也很小。

特点 半主动控制结合了主动控制和被动控制两者的特点。首先，半主动装置可通过反馈控制达到或接近主动系统的控制效果；其次，半主动控制系统没有主动控制的失稳问题，具有良好的鲁棒性；再者，半主动装置不需要强大外界能源的支持，结构也较简单，提高了在灾害环境下运行的可靠性。上述特点使半主动控制具有潜在的广阔应用前景。

banzhudong kongzhi suanfa

半主动控制算法（semi-active control algorithm）

调节半主动控制装置的状态减小结构有害振动的策略和分析方法。半主动控制须调节控制装置的状态以改变受控体系的刚度或阻尼特性，表现为弹性恢复力、黏性阻尼力或摩擦力的变化，这些力的方向取决于控制体系的变位方向或速度方向。半主动控制算法有多种，且颇具特色。

变阻尼控制算法 半主动变阻尼控制有简单算法和优化算法两类。

简单 Bang-Bang 算法 该算法只有两种控制状态，故亦称开关算法或两阶段算法。该算法可实现的附加阻尼系数为

$$C=C_{\max} \qquad 若\ x\dot{x}>0$$
$$C=C_{\min} \qquad 若\ x\dot{x}\leqslant 0$$

式中：$C_{\max}$ 和 $C_{\min}$ 分别为阻尼器可实现的最大和最小附加黏

滞阻尼系数；x 和 $\dot{x}$ 分别为实时测量的结构振动的相对位移和相对速度。这一算法的物理意义十分明确，即当结构运动趋于远离平衡位置时（$x\dot{x}>0$），提供最大附加阻尼以阻止其运动；当结构振动趋于返回平衡位置时（$x\dot{x}\leqslant0$），提供最小附加阻尼使其尽快抵达平衡位置。采用这种控制算法的结构在通过平衡位置时速度较高。

优化变阻尼算法　为提高变阻尼控制的效能，可比照系统的虚拟主动优化控制力 u，考虑半主动阻尼力的实现条件，确定具优化意义的控制算法。所谓虚拟优化控制力是控制体系由某种主动控制算法计算得出的控制力，系统中并无实现此控制力的主动装置，而是使半主动控制装置的出力尽可能追随该优化控制力。优化变阻尼 Bang-Bang 算法为

$$C = C_{max} \qquad 若\ u\dot{x} < 0$$
$$C = C_{min} \qquad 若\ u\dot{x} \geqslant 0$$

式中：u 为虚拟的优化控制力。上述算法的意义是：当虚拟优化控制力与结构运动速度方向相反时，指令变阻尼装置提供最大附加阻力；反之，当虚拟优化控制力与结构运动速度方向相同时，变阻尼装置不可能实现相应优化控制力，只能指令其提供最小附加阻尼。

另一类变阻尼优化算法是限界 Hrovat 算法（clipped-optimal control approach），其表达式为

$$C = C_{max} \qquad 若\ u\dot{x}<0\ 且\ |u/\dot{x}|>C_{max}$$
$$C = |u/\dot{x}| \qquad 若\ u\dot{x}<0\ 且\ |u/\dot{x}|<C_{max}$$
$$C = C_{min} \qquad 若\ u\dot{x}\geqslant0$$

该法是优化 Bang-Bang 算法的发展，考虑了变阻尼装置实际可实现的附加阻尼力的幅值限制。当附加阻尼力达不到优化控制力幅值时，只能提供最大阻尼力；当附加阻尼力可以达到优化控制力要求时，可提供优化控制力。

半主动变摩擦控制算法与变阻尼算法思路相同，只须将上述算式中的阻尼系数 C 换成摩擦力 F。

变刚度控制算法　常用的半主动变刚度控制算法为开关算法。变刚度装置的弹性恢复力为 $u = -gD$，D 为变刚度装置的实测相对位移，一般即为装置所在结构层间的水平相对位移，g 为增益系数：

$$g = k \quad 若\ Dv\geqslant0, \qquad g = 0 \quad 若\ Dv<0$$

式中：v 为实时测量得到的变刚度装置的相对速度；k 为装置所能提供的附加刚度。这一控制规则的物理意义是：当结构运动偏离平衡点时，利用附加刚度减缓这一趋势；当结构运动返回平衡点时，撤消附加刚度以减小返回平衡点时的速度。显然，这一体系只有简单的"开"或"关"两种控制状态。

半主动变刚度控制亦可采用开环控制方法，即在线监测地震动并识别其卓越频率，将卓越频率与结构自振频率比较决定体系是否采用附加刚度，使自振频率尽可能远离地震动卓越频率，防止共振现象发生，减小结构振动反应。另外，也有仿照优化变阻尼算法的变刚度算法的研究。

biankong liuti zuniqi

变孔流体阻尼器（variable-orifice damper）　控制黏性液体流动调节阻尼和刚度的装置，是常用的半主动控制装置。

变孔流体阻尼器一般由液压缸、活塞、活塞杆、黏滞

流体和带变孔阀（控制阀）的旁通回路组成（图1）。在使用中，缸体和活塞杆分别与被控结构可产生相对变位的构

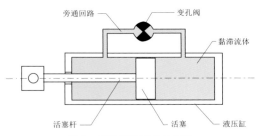

图 1　变孔流体阻尼器原理

件相连接，例如，将缸体与建筑物某层的底板相连接，而活塞杆与该层顶板连接（见半主动控制）。结构的相对变位将带动活塞在缸体内运动，利用变孔阀改变液体流动状态，则可调节附加刚度和阻尼。变孔阀是基于结构响应状态由反馈信号调节的。若变孔阀的开启状态不变，则该阻尼器可作为被动控制装置使用。

变孔流体阻尼器缸体内充满具有黏滞性的硅油（图2），可因硅油流动而耗能；变孔阀可调节黏滞流体的运动，活

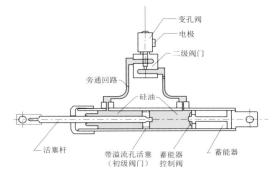

图 2　变孔流体阻尼器结构

塞上也可设溢流孔发挥阻尼效应；蓄能器可调节油液压力。变孔阀关闭对应高刚度状态，变孔阀开启对应阻尼耗能状态。该装置可在 $-40\sim70℃$ 的环境温度范围内稳定运行。

ciliu bianye zuniqi

磁流变液阻尼器（magnetorheological fluid damper；MD）利用磁流变液在磁场激励下的流变特性制造的阻尼力实时可调的减振控制装置（图1）。

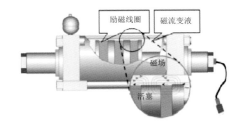

图 1　磁流变液阻尼器的构造

磁流变液主要由非导磁性液体和均匀分散于其中的高磁导率、低磁滞性的微小软磁性颗粒组成；在磁场作用下，它可在毫秒级的时间内，可逆地实现在流动性良好的牛顿流体与高黏度、低流动性的宾汉姆（Bingham）塑性固体间的转变。磁流变液阻尼器的阻尼力可表示为

$$F = c_d\dot{x} + F_1(I)\mathrm{sgn}(\dot{x})$$

式中：c_d 为磁流变液黏滞阻尼系数；$\dot{x}$ 为活塞杆的运动速度；$F_1(I)$ 为随电流变化的阻尼力；I 为电流；sgn（·）表示符号函数。电流越大，$F_1(I)$ 越大，但电流增加到一定程度后，$F_1(I)$ 呈现饱和现象。磁流变液阻尼器的阻尼力 F 和位移 x 及电流之间的关系见图 2，不同颜色滞回曲线对应不同电流。

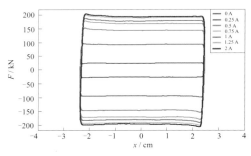

图 2　磁流变液阻尼器滞回曲线

根据磁场变化控制策略的不同，磁流变液阻尼器可采用三种控制方式，即 Passive-off 控制、Passive-on 控制和半主动控制。Passive-off 是指控制过程中电流始终为零，此时磁流变液阻尼器相当于被动黏滞流体阻尼器；Passive-on 是指控制过程中始终保持电流最大，此时磁流变液阻尼器相当于被动黏滞流体阻尼器和被动摩擦阻尼器的并联；半主动控制是指控制过程中实时调节电流强度以改变磁流变液阻尼器的阻尼力。实时调节的阻尼力 u_d 一般采用如下半主动控制算法确定：

$$u_d = \begin{cases} c_d\dot{x} + f_{dymax}\,\mathrm{sgn}(\dot{x}) & \text{若 } u\dot{x} < 0 \text{ 且 } |u| > u_{dmax} \\ |u|\,\mathrm{sgn}(\dot{x}) & \text{若 } u\dot{x} < 0 \text{ 且 } |u| < u_{dmax} \\ c_d\dot{x} & \text{若 } u\dot{x} \geqslant 0 \end{cases}$$

式中：u 为虚拟主动最优控制力（见半主动控制算法）；c_d 为黏滞阻尼系数；f_{dymax} 为仅由电流调节可实现的最大阻尼力；$u_{dmax} = c_d|\dot{x}| + f_{dymax}$ 为磁流变液阻尼器可能实现的最大阻尼力。

磁流变液阻尼器主要应用于机械和车辆，也适用于土木工程结构的风致振动、地震反应、冰致振动和车致振动等的控制；已在建筑、桥梁和海洋平台中应用。

yadian bianmoca zuniqi

压电变摩擦阻尼器（piezoelectric friction damper）　借助压电陶瓷驱动器实时调节摩擦力的智能摩擦阻尼器。

压电变摩擦阻尼器的构造与传统摩擦阻尼器相近，二者的主要区别是前者在摩擦片的紧固螺栓上安装了由压电陶瓷驱动器制成的垫圈。压电变摩擦阻尼器的构造见图。

压电变摩擦阻尼器的构造

1. 十字芯板；2. 圆弧槽孔；3. 垫片；4. 压电陶瓷驱动器；
5. 紧固螺栓；6. 横连板；7. 竖连板；8. 驱动器垫片

压电变摩擦阻尼器的工作原理如下：利用压电陶瓷的逆压电效应，通过施加电压实时调节压电陶瓷驱动器的变形，改变螺栓紧固力，从而实时调节摩擦力。压电变摩擦阻尼器的阻尼力可以表示为

$$f(t) = \mu N(t)\,\mathrm{sgn}[\dot{x}(t)]$$

式中：μ 为动摩擦系数；$\dot{x}(t)$ 为摩擦片之间的相对速度；sgn［·］表示符号函数；正压力 $N(t)$ 与摩擦阻尼器的预紧固力 N_0 和压电陶瓷驱动器产生的可调紧固力有关：

$$N(t) = \begin{cases} N_0 & (E = 0) \\ N_0 + KEd_{33} & (E > 0) \end{cases}$$

式中：E 为电场强度；d_{33} 为压电陶瓷的压电常数；K 为形状系数，它与紧固螺栓以及压电陶瓷的形状和弹性模量有关。

根据施加电场的策略不同，压电变摩擦阻尼器有 Passive-off 控制、Passive-on 控制和半主动控制等三种控制方式。Passive-off 是控制过程中施加的电场强度始终为零，此时变摩擦阻尼器相当于提供预紧固摩擦力的被动摩擦阻尼器；Passive-on 是控制过程中施加的电场强度始终保持最大，变摩擦阻尼器相当于提供最大阻尼力的被动摩擦阻尼器；半主动控制是控制过程中，通过调节电场强度实时改变摩擦阻尼器的摩擦力。采用半主动控制算法实时调节的阻尼力一般可由下式确定：

$$u_d = \begin{cases} f_{max} & \text{若 } u\dot{x} < 0 \text{ 且 } |u| > f_{max} \\ \mu N(t)\,\mathrm{sgn}(\dot{x}) & \text{若 } u\dot{x} < 0 \text{ 且 } |u| < f_{max} \\ f_{min} & \text{若 } u\dot{x} \geqslant 0 \end{cases}$$

式中：u 为虚拟主动最优控制力（见半主动控制算法）；f_{max}，f_{min} 分别为压电变摩擦阻尼器能够提供的最大摩擦力和最小摩擦力。压电陶瓷驱动器的出力一般不大，只能在较小范围内改变紧固力。

推荐书目

欧进萍. 结构振动控制——主动、半主动和智能控制. 北京：科学出版社，2003.

biangangdu zhuangzhi

变刚度装置（variable stiffness device）　调节结构体系或构件刚度的半主动控制装置。

最早的变刚度装置是日本学者小堀铎二（Kobori Takuji）于 1990 年建成的主动变刚度系统（active variable stiffness；AVS）。该装置设置于结构层间，由可控液压缸和支撑组成。液压缸缸体由刚性斜撑与下部结构固定，活塞杆则与上部结构连接。液压缸设旁通油路，油路中设有伺服阀。油路完全关闭时，结构具有最大刚度，油路开启则结构刚度减小。通过控制油路的开闭，可以改变结构体系的刚度（见半主动控制）。

主动变刚度系统控制原理见图 1，控制器采集传感器测量的状态输出信号，并依设定的控制律输出反馈控制信号调节变刚度装置，使结构刚度在 K 和 $K + \Delta K$ 间变化。

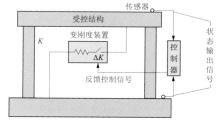

图 1　变刚度控制系统示意图

变刚度装置还可与被动调谐质量阻尼器（TMD）结合使用，构成半主动连续变刚度调谐质量阻尼器（SCVS - TMD），该装置通过调节TMD的刚度 $k + \Delta k$，可使振子与受控结构保持调谐发挥减振耗能作用（图2）。

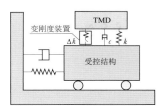

图2 变刚度TMD系统力学模型

变刚度半主动控制可采用开环控制、闭环符号控制、滑移模态控制或模态控制算法。闭环控制具有更强的效能和应用的灵活性。

被动控制 (passive control)

beidong kongzhi

被动控制（passive control） 在结构体系中设置无源控制器件，通过改变结构体系动力特性减小结构有害振动的理论和方法，含隔震和消能减振。与主动控制相比，被动控制无须外部能源支持，控制体系不含信号采集与反馈控制系统。

起源和发展 土木工程地震反应被动控制的设想起源于19世纪末，直至20世纪60年代，基于材料科学和结构非线性动力学的发展，在机械工程中获得成功应用的被动控制技术（含隔振、耗能和动力吸振技术）才被引入土木工程领域。80年代，中国和世界范围内的土木工程抗震被动控制若干技术趋于成熟，并应用于各类工程（见被动控制技术）。

被动控制技术的研究涉及材料特性、控制装置、控制体系的模拟和试验以及控制工程的建设。除传统材料如钢、铅、橡胶和黏性流体之外，磁流变液、形状记忆合金等新型材料也在被动控制中获得成功应用。利用现代试验设施进行的各类材料和控制装置的力学特性试验，为控制技术的应用奠定了基础。数值模拟和模型试验被用于验证控制体系的可行性和效能，控制工程在经受实际地震的考验后逐步拓宽应用前景。

分类 土木工程地震反应被动控制可分为隔震和消能减振两大类。

隔震 将结构体系上下部分或结构体系与地基分割后再以特殊支承连接的被动控制方式，依机理不同可作如下分类。①柔性隔震。利用叠层橡胶支座、软钢支座等柔性支承延长体系的水平自振周期，避开地震动的高频卓越频段，减小体系地震反应；这类支座具有水平弹性恢复力。摆动隔震利用摩擦摆和短柱摆等支承延长体系自振周期，这类支座的恢复力来自结构重力。悬吊隔震与摆动隔震具有相同的机理。②摩擦隔震。利用金属板、聚四氟乙烯（特氟隆）板和滚球或滚轴等滑动和滚动支承装置，实现适当小的摩擦系数，限制、减小上部结构承受的地震剪力。单纯的滑动隔震支座或滚动隔震支座不具恢复力。

实际使用的隔震装置，可能是具有不同机理的隔震装置的组合，隔震支座多与阻尼器、抗风装置和限位装置结合使用。

消能减振 在结构体系中设置耗能装置的被动控制方式。依机理不同消能减振可作如下分类。①吸振器。此类装置利用阻尼调谐振子的大幅振动吸收能量，从而减小主体结构的振动。吸振器主要有调谐质量阻尼器和调谐液体阻尼器两类。②阻尼器。利用材料的滞回特性，借助结构体系振动产生的相对位移或速度耗散能量。其中黏弹性阻尼器和黏滞流体阻尼器的阻尼力正比于振动速度，称为速度相关型阻尼器；软钢滞变阻尼器、铅阻尼器和摩擦阻尼器的耗能与非弹性变形相关，称为位移相关型阻尼器。另外还有可利用超弹性耗能的形状记忆合金阻尼器。

若干阻尼装置（如耗能限位器）包括多种耗能机制。有些消能减振装置（如调谐液柱阻尼器）具有吸振器和阻尼器的双重功能。部分隔震支座也可作为消能减振装置使用。

展望 被动控制与传统抗震技术相比，可因改变结构体系动力特性（频率和阻尼）而减小地震反应，具有抗御地震作用的更大潜力和灵活性；与主动控制结构相比，又有结构简单、使用维护方便、无须外界能源支持和不存在动力失稳问题等优点。因此，被动控制具有广泛的应用前景。多维（含水平方向和竖向）隔震技术的研究，新的耗能减振装置的开发和产业化，控制体系设计方法的完善和规范化，以及更多被动控制工程经受实际地震的考验，将推动这一技术的工程应用。

beidong kongzhi jishu

被动控制技术（passive control technique） 无须外界能源支持的结构振动控制技术，含隔震和消能减振。被动控制技术适应人类社会经济的发展而产生，吸取材料科学、机械工程、土木工程等新的科技成果而迅速发展。

土木工程的被动控制研究历经百年，至今已成为结构抗震抗风的重要技术途径，其进展可分为三个阶段。

起源阶段 土木工程地震反应被动控制的设想源于19世纪末。1881年，日本学者河合浩藏（Kawai Kozo）和鬼头健三郎（Kido Kensaburo）分别提出在建筑基底设置滚木及滑石云母以阻隔地震动向上部结构传输的设想。20世纪初，意大利工程师和英国医生也提出了类似想法。1921年，日本东京帝国饭店的建设明确考虑了隔震概念，该建筑的密布短桩插入坚实土层，但并不深入下部软弱土层；由于软土的隔震作用，该建筑在1923年的关东大地震中免遭破坏。1927年，日本中村太郎（Nakamura Taro）提出在建筑中设置水平向阻尼器的设想，成为土木工程消能减振技术的发端。同一时期，在美国出现了柔底层建筑的设想，试图以柔性底层降低结构体系的自振频率，使其偏离地震动卓越频段，同时利用底层非弹性变形耗散能量。尽管柔底层建筑在实际应用中并不成功，但其设想在以后的隔震建筑和耗能减振建筑中得以成功实现。

全面发展阶段 20世纪60年代，基于材料科学和结构非线性动力学的发展，在机械工程中获得成功应用的隔振、耗能和动力吸振技术被引入土木工程领域。美国学者凯利（J. M. Kelly）等进行了叠层橡胶支座的研究，新西兰工程师罗宾森（W. H. Robinson）等开发了铅芯叠层橡胶支座。中国李立教授进行了房屋基底砂垫层滑移隔震的研究并建造了试验工程。在1963年南斯拉夫斯科普里市（现马其顿共和国首都）地震的震后重建中，一座学校建筑采用了天然橡胶块和陶瓷元件结合的隔震装置。20世纪70年代，希腊雅典的一座办公大楼采用桥梁活动支座作为隔震装置。同期，法国电力公司设计了复合筏基隔震基础并用于核电站（见滑动隔震）。1977 年，苏联克里米亚塞瓦斯托波尔的一座使用蛋形滚动隔震装置的房屋成功经受了地震的考验。新西兰开发并应用了套筒桩隔震装置（见桩基隔震）。

1969 年，美国纽约 110 层的世界贸易中心大厦双子楼设置了黏弹性阻尼器用以控制风致振动。20 世纪 70 年代，苏联研究者提出了在建筑层间斜撑的交叉部位设置软钢圆环阻尼器的设计（见软钢滞变阻尼器），罗宾森开发了铅挤压阻尼器（见铅阻尼器），美国学者凯利进行了大量软钢滞变阻尼器的研究。1980 年，扭转梁和弯曲梁型软钢屈服阻尼器在新西兰用于桥梁工程。

这一时期各国学者进行的广泛探索为被动控制研究和应用奠定了基础。

深入研究和推广应用阶段　20 世纪 80 年代以后，土木工程抗震被动控制研究取得迅速进展，若干技术趋于成熟并应用于各类工程。铅芯叠层橡胶支座在隔震建筑中获得广泛的应用，至 20 世纪末，中国、日本、美国、新西兰和欧洲一些国家已建造隔震房屋和隔震桥梁逾千座，其中采用橡胶隔震支座者占大多数；世界范围内的消能减振工程也已达数百项。上述国家已编制了隔震和消能减振设计技术标准并发展了隔震和减振设备产业。被动控制技术除用于新建工程外，还用于抗震能力不足的现有建筑的抗震加固（见抗震加固技术）。

这一时期开发应用的消能减振装置主要有 X 形钢板阻尼器、Pall 型摩擦阻尼器、黏滞流体阻尼器、调谐质量阻尼器（TMD）、调谐液体阻尼器（TLD）、调谐液柱阻尼器（TLCD）、复合调谐质量阻尼器（MTMD）和双重调谐质量阻尼器（DTMD）等。磁流变液阻尼器和形状记忆合金阻尼器在土木工程中的应用备受关注。

隔震装置振动台试验

中国土木工程抗震被动控制研究也取得了迅速进展，基于试验研究开发和应用了叠层橡胶支座、摩擦滑移支座等多种隔震技术；也开发了摩擦阻尼器、黏滞流体阻尼器、软钢阻尼器、调谐质量阻尼器、调谐液体阻尼器和开缝剪力墙等被动消能减振技术。这些技术已在工程结构抗震中获得应用。

gezhen

隔震（isolation）　将结构体系上下部分或结构体系与地基分割后再以控制装置连接、减小结构地震反应的技术方法，是被动控制技术的一种。

隔震体系　采用隔震装置的建筑物或构筑物构成隔震体系，隔震控制装置多为隔震支座。例如，基底隔震房屋在结构首层与基础之间设置隔震支座（图1），桥梁的隔震支座设于桥墩与桥面结构之间（图2）。隔震支座沿水平面

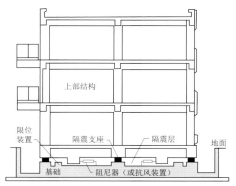

图 1　基底隔震建筑

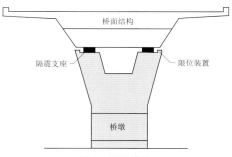

图 2　隔震桥梁

分割并连接结构，形成隔震层。隔震层除包含隔震支座外，一般还设置阻尼器、抗风装置及限位装置。阻尼器旨在增加耗能；抗风装置可防止风和微弱地震作用下的结构振动，保障使用功能；限位装置可防止大震作用下隔震体系因变位过大发生损坏。这些装置可以单独设置，亦可与隔震支座组成一体。隔震体系的工程应用大多限于减少结构体系的水平地震反应。

机理　土木工程结构在强地震动作用下将发生振动反应，振动反应的大小与强地震动特性和结构动力特性两者有关。当结构体系的基阶振动频率处于地震动的卓越频段（即高幅值地震动成分所在频段）时，动力放大效应将对结构安全造成重大威胁。强地震动记录的统计分析表明，地震动卓越频段多在 1～10 Hz 之间，多数建筑的自振频率处于这一频带内。改变结构的动力特性，降低结构的自振频率是提高其抗震安全性的有效手段；基底隔震是达到这一目标的合理途径。隔震机理可分为如下两类。

（1）若在结构基底设置水平刚度低的隔震支座（如水平刚度远小于结构刚度的叠层橡胶支座），可使隔震体系的自振周期长达 2 s 以上，大幅降低结构地震反应。基底隔震还可采用摆式支座或柔性桩实现。摆式支座依据单摆原理可降低结构体系的自振频率，悬吊隔震与摆动隔震具有相同机理。采用柔性桩的隔震体系也可降低自振频率。

（2）若在结构基底设置摩擦滑移隔震层，上部结构承受的水平地震剪力将不超过基底摩擦力 fW，W 为重力荷载，f 为摩擦系数。显然，选择摩擦系数适当小的滑移层材料，可减少结构的水平地震作用。在摩擦隔震层滑动之

后，结构体系成为典型的非线性体系，不存在固定不变的振动频率，可避免和减轻动力放大效应。滚动隔震是滑动隔震的特殊形式，可以实现极小的摩擦系数。

上述不同隔震机理的共同本质是改变结构体系动力特性。实际使用的隔震装置，可能是上述机理的组合。

应用和检验　世界范围内的隔震建筑已超过千座，20世纪90年代以来，若干现代隔震建筑经历了强烈地震的考验，在验证水平隔震技术效能的同时，也提供了改善隔震设计的经验。

1995年日本阪神地震中，神户市距震中35 km处建有两栋相邻的三层混凝土结构建筑，一栋为叠层橡胶支座隔震建筑，另一栋为一般抗震建筑（图3）。该地水平

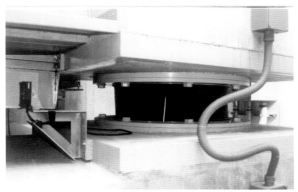

图3　日本某隔震楼及其叠层橡胶隔震支座

地震动加速度约0.27 g，竖向加速度为0.23 g；隔震建筑的水平地震反应没有放大，房屋完好无损；相邻抗震建筑的水平加速度反应放大3倍以上，室内设施受损；但两栋房屋的竖向加速度反应差别不大。位于震区的西部邮政大楼是六层劲性钢筋混凝土结构隔震建筑，使用120个叠层橡胶支座，在约0.3 g地面加速度作用下，顶层最大加速度反应仅0.1 g，保障了主体结构和内部通信设施的安全。

1994年美国洛杉矶北岭地震中，距震中36 km的南加州大学医院隔震建筑经历了加速度峰值达0.5 g的强地震动。该建筑为七层钢结构，使用149个叠层橡胶支座，地震中顶层最大加速度反应仅为0.2 g，房屋主体结构、非结构构件和室内设施完好无损，保障了作为地震应急救护中心的功能。与之相比，该医院附近采用传统抗震设计建造的橄榄景医院大楼，则因结构和设施受损丧失了正常使用功能。距震中39 km的洛杉矶消防总部是二层钢结构隔震建筑，使用了32个高阻尼叠层橡胶支座。该建筑遭受的水平地震动加速度约0.2 g，房屋顶层东西向最大加速度反应

为0.32 g，南北向最大加速度反应为0.10 g，震后房屋完好。东西向加速度反应出现较大幅值高频脉冲的原因，是建筑的主结构与相邻砌体墙发生碰撞。距震中24 km的桑塔莫尼卡一栋三层钢框架结构，隔震层使用了橡胶支座、钢弹簧支座和黏性阻尼器。该建筑经历了极强的地震动（附近地面水平地震动加速度超过0.9 g，竖向加速度为0.25 g），表现了良好的隔震效果，仅因隔震房屋水平位移受到周边附属建筑的阻碍，导致钢梁与附属结构砌块墙体间产生轻微裂缝。

diceng xiangjiao zhizuo

叠层橡胶支座（laminated rubber bearing）　由橡胶板和钢板交互叠合再经黏结硫化制成的支承装置，又称夹层橡胶支座。这种支座是较为理想的水平隔震装置，可用于新建隔震工程和已有工程的隔震加固。由于叠层橡胶支座具有阻尼耗能能力，故亦可作为阻尼减振装置用于各类工程结构。

结构和分类　叠层橡胶支座由内部橡胶板和钢板、钢封板、连接板和橡胶保护层等组成，部分支座中心还装有耗能铅芯（图1）。

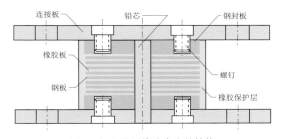

图1　铅芯叠层橡胶支座的结构

实际使用的叠层橡胶支座有天然橡胶支座、高阻尼橡胶支座和铅芯橡胶支座三种。三种支座结构相同，主要差别在于耗能能力。天然橡胶支座的耗能能力很低，在天然橡胶中加入添加剂可制成高阻尼橡胶支座，其等效黏滞阻尼比可达0.10。纯铅是屈服强度很低、且可因屈服后重新结晶而大量耗能的金属，在橡胶支座中加入铅芯可使支座的等效阻尼比达0.20以上，铅芯是嵌入支座的阻尼器。工程中使用的叠层橡胶支座为圆柱形或立方体形。

物理力学特性　叠层橡胶支座中钢板的弹性模量很高，橡胶的弹性模量很低且具有超弹性大变形能力。在水平荷载作用下，橡胶板可发生大的剪切变形，支座水平刚度由橡胶层控制。薄橡胶板与上下钢板黏结，在竖向荷载作用下侧向变形受到限制，增强了承重能力；支座竖向承载力主要由钢板的强度决定。

主要力学参数　含水平刚度、水平变形、竖向刚度和承载力以及阻尼耗能能力。在橡胶只发生水平剪切变形的情况下，水平刚度K_h可由简单算式估计，$K_h=GA/H$，G为橡胶的剪切模量，A为橡胶支座的水平横截面积，H为支座中各层橡胶板厚度的总和。支座中橡胶的水平剪切应变可超过400%，使用中一般控制在350%之内。支座竖向刚度可达水平刚度的500～2000倍，竖向承载能力因支座水平尺寸而变化。无铅芯橡胶支座的本构模型是弹性的，铅芯橡胶支座的本构模型（力F与变形d间的关系）一般取为双线形（图2）。

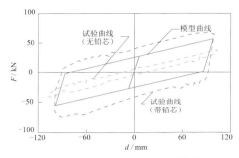

图2 铅芯橡胶支座的力-变形曲线

力学性能的影响因素 影响叠层橡胶支座力学特性的因素十分复杂，主要包括钢材的弹模和强度，橡胶的弹模和硬度，支座承受的竖向荷载、支座的水平变形，钢板厚度、橡胶板厚度及相对比值，铅芯直径以及支座的形状系数。橡胶支座的制作工艺和质量也与其性能直接相关。

钢材强度愈高则支座竖向承载力愈高。橡胶弹模和硬度的增加会导致水平刚度和竖向刚度的增加，支座竖向荷载的大幅增加将减小水平刚度；随支座水平变形的增加，水平刚度呈降低趋势；但当水平变形很大（如剪应变超过200％）时，可能因橡胶受拉而提高水平刚度。适当提高钢板厚度与橡胶板厚度的比值，可以提高支座承载力。铅芯直径的加大可增加支座的阻尼，同时也使支座初始水平刚度提高。第一形状系数 S_1 是单层橡胶水平承压面积与侧面自由面积的比值，$S_1 = R/(2t_r)$，R 为圆形支座的半径，t_r 为单层橡胶板的厚度。第二形状系数 S_2 是水平承压面直径 D 与橡胶总厚度的比值，$S_2 = D/(nt_r)$，n 为支座中橡胶板的总层数。S_1 愈大则支座的竖向承载力和竖向刚度愈大；S_2 愈大则水平刚度愈大，支座稳定性愈好。

叠层橡胶支座的耐久性 耐久性涉及在光照、温度、空气、水分和腐蚀性介质作用下橡胶材料的老化、在长期荷载作用下橡胶徐变导致的永久变形，以及经受强地震作用而产生的低周疲劳。试验和实践经验表明，橡胶支座在使用寿命期间具有良好的耐久性，但这一问题显然需要更严格的试验验证，特别有待于更充分的工程实践的考验。在橡胶炼制中掺入适当的抗老化剂可以提高其耐久性；在橡胶中添加阻燃剂或在橡胶保护层外表面涂刷特殊涂料，可以提高支座的耐火和耐腐蚀性能。

应用 中国、日本、新西兰等国均可生产各种规格的叠层橡胶支座系列产品。支座中橡胶板厚度多为3～8 mm，钢板厚度为1.5～4.0 mm。第一形状系数大于15，第二形状系数为3～6。橡胶支座的直径为300～1000 mm以上，相应竖向设计承载力可达1000～20000 kN，水平刚度一般为0.4～2.0 kN/mm。叠层橡胶支座多用于房屋和桥梁。

huadong gezhen

滑动隔震（sliding isolation） 利用支承面的水平滑动摩擦实现工程结构隔震的技术。滑动隔震是最早被考虑的基底隔震方式之一，早在19世纪就有在房屋基底设置滑石或云母阻隔水平地震动向上部结构传输的设想。基于当代技术的发展，多种滑动隔震装置被开发并应用于房屋和桥梁。滑动隔震支承常与橡胶支座配合使用。

机理 滑动隔震支承的滑动面具有较小的摩擦系数，在水平地震作用下可产生滑移，将上部结构基底剪力限制

在预期的小范围内。不考虑竖向地震动，隔震建筑上部结构的基底剪力即等于摩擦力 fW，f 为摩擦系数，W 为上部结构重力；显然，无论经受多大的地震动，上部结构承受的最大水平剪力将是不变的；摩擦系数愈小，地震作用也愈小。另外，隔震装置一旦发生滑动，隔震体系即形成非线性体系，可减少地震作用下的结构共振效应。然而，此类支座不具有复位功能；为防止滑移面产生过大位移，一般要与限位装置和阻尼装置配合使用。

装置 工程中使用的滑动隔震装置有很多种。最简单的滑动装置是由摩擦副组成的摩擦滑移支座和摩擦铰支座（图1），支座滑移面经特殊处理，具有足够小的摩擦系数（如不超过0.05）。摩擦铰支座曾为日本隔震房屋采用。

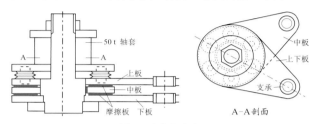

图1 摩擦铰支座

法国的核电站基础使用了昂贵的滑动隔震装置，早期的滑动支承由不锈钢板和铅-青铜滑板组成（图2），后期以

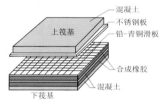

图2 核电站隔震基础

聚四氟乙烯（PTFE，特氟隆）板代替了铅-青铜滑板。该滑移装置设置在橡胶支座顶部。聚四氟乙烯因其优良的耐久性和很小的摩擦系数被多数滑动隔震装置采用。图3所示滑动隔震支座在滑动面上使用了聚四氟乙烯板且内部设有限位装置。另一种利用聚四氟乙烯板叠合形成的滑移隔震支座（R-FBI）见图4，该支座中的橡胶柱使支座具有变形后的复位功能。

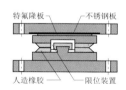

图3 滑移限位支座

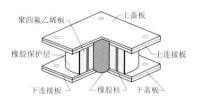

图4 R-FBI支座

在房屋上部结构与基础之间填充天然砂、秸秆等材料的基底隔震房屋也曾被研究并建造了试验工程，亦属滑动隔震范畴；但砂和秸秆等可实现的摩擦系数具有很大不确定性，这些天然材料也缺乏长期耐久性，难以实现预期隔震效果。

gundong gezhen

滚动隔震（rolling isolation） 利用支承元件的水平滚动摩擦实现工程结构隔震的技术。滚动隔震是最早被考虑的基底隔震方式之一，早在19世纪就有在房屋基底设置滚石或圆木阻隔水平地震动向上部结构传输的设想。现代工程中应用的滚动隔震技术含滚轴隔震和滚球隔震两种。

滚动隔震机理与滑动隔震相同，均可使上部结构的基底剪力不超过支座的摩擦力，但滚动摩擦可实现比滑动摩

擦更小的摩擦系数。这类装置中滚轴（或滚球）与滚动面间以极小面积接触，且接触面在上部结构的重力作用下不应产生大的变形。由于建筑结构体积、质量庞大，良好满足上述条件相当困难。实际工程中，这种装置往往与其他隔震支座配合使用；单独使用时一般仅适用于质量不大的结构，如以隔震地板（图1）的形式用于计算机设备或其他精密仪器的隔震。

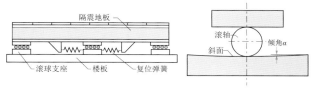

图 1 隔震地板   图 2 可复位的滚动支座

滚动支座自身不具恢复力，为使支座偏离初始位置后可自动复位，隔震层一般设有复位弹簧，或使支座支承面具有微小倾角（图2）。滚轴支座与滚球支座不同，只能在单方向运动，为实现双水平向隔震，须将两个滚轴支座在竖向叠合成正交设置。

zhuangji gezhen

桩基隔震（pile foundation isolation）　利用特殊设计的桩基实现土木工程隔震的技术。坐落在软弱地基上的建筑一般采用桩基提高地基承载能力；利用桩基实施隔震的基本原理是借助桩的柔性变形能力降低地面结构的自振周期，进而减小地震反应。

日本学者中村太郎（Nakamura Taro）在1927年提出了利用柔性桩实现建筑隔震的设想（图1）。桩基底部嵌固在地基持力层中，上部可发生水平变位；桩顶设阻尼器以耗散能量。

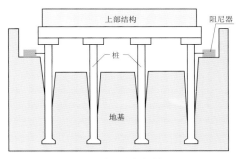

图 1 桩基隔震设想

桩基隔震技术在新西兰取得了重要进展。1983年建造的奥克兰工会大厦（12层）和1991年建造的惠灵顿中心警察局大厦（10层）均坐落于淤泥和软土地基上，两座建筑采用长度超过 10 m 的大直径桩贯入地基，并使用了套筒桩隔震技术（图2）。套筒桩的结构为：基桩置于钢套筒内，下部借助锚固销与地基嵌固，桩与套筒间有 150～400 mm 的间隙；阻尼器设在上部结构与地下室之间，地下室结构与上部结构相分离。采用套筒桩后，两座建筑的地震

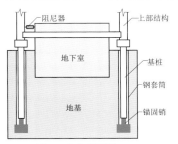

图 2 套筒桩隔震

作用大幅降低，采用仅设外围斜撑的框架结构即可满足抗震要求；与采用筒体结构或抗弯框架结构的抗震设计相比，大幅度降低了造价。

baidong gezhen

摆动隔震（pendulum isolation）　利用支承元件的刚体摆动实现土木工程隔震的技术，有摆座隔震和摆柱隔震两类。

摆座隔震　摆座隔震与悬吊隔震具有相同的机理，均可用单摆振动解释。吊索悬挂刚体组成单摆，刚体以平衡位置为中心往复运动，在振幅不大的条件下，振动周期 T 仅由摆长确定；发生摆动后，单摆势能提高，在重力作用下倾向于恢复平衡位置。隔震摆座中的滑块或滚轴沿圆弧面的运动与单摆运动具有相同的特征，弧面的曲率半径相当于摆长，据此可选择适当的弧面曲率半径降低隔震体系的自振周期，避开地震动的卓越频段。工程中使用的摆座隔震装置有摩擦摆装置和滚摆装置等，摩擦摆和滚摆支承上部结构构成隔震体系。

摩擦摆　1990年美国开发的隔震装置，由球面摆座和半球滑块组成，在滑块与摆座间设聚四氟乙烯板。在微小位移情况下，摩擦摆的自振周期为 $2\pi\left[(R-d)/g\right]^{1/2}$，$R$ 为摆座曲面半径，g 为重力加速度，d 为滑块重心到底面的距离（图1）。

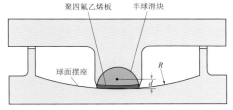

图 1 摩擦摆

滚摆　由曲面摆座和滚轴组成，应用于工程的一种滚摆装置，在曲面摆座和滚轴间以机械齿啮合（图2）。采用此类支座的隔震体系，无论设置单滚轴或双滚轴，在弧面曲率半径 R 远大于滚轴半径 r 且位移微小情况下，其自振周期均近似为 $2\pi\sqrt{2R/g}$。

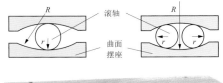

图 2 滚摆

摆柱隔震　摆柱隔震装置有短柱摆和墩摆等多种，其构造和机理相比摆座隔震更为复杂。

短柱摆　由苏联学者发明并用于西伯利亚和远东地区的多层隔震房屋。该装置的混凝土短柱浮放于混凝土下摆座，柱顶支承上摆座，短柱与上下摆座间并无连接构造（图3）。

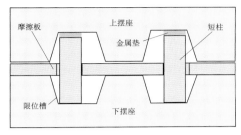

图 3 短柱摆

当摆座发生水平运动时将带动短柱产生倾斜，同时上摆座将升高。在摆柱不倾覆的条件下，短柱可往复摆动，具有与单摆类似的运动特征，振动周期与柱高相关。为防止短柱倾覆，摆座上设有梯形的限位槽。下摆座上覆混凝土摩擦板，该板可由短柱带动滑移，形成摩擦耗能机制。

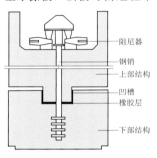

图 4 墩 摆

即使短柱失效，下摆座仍可支承上摆座并发生滑移摩擦运动。在实际使用中，一旦短柱摆动，则柱与摆座的面接触将变为线接触，接触处可因应力集中发生局部损坏而耗能；也有在短柱与摆座的接触面设置耗能金属垫的改进措施。

墩摆 新西兰学者发明，用于桥梁和烟囱。结构的承重构件被分割为上下两部分，上部结构嵌插于下部结构的凹槽内，接触面设橡胶层；利用钢销连接上下部分；上部设阻尼器（图4）。这一装置可改变体系振动周期，上部结构的振动能量可由阻尼装置耗散。

gangtanhuang zhizuo

钢弹簧支座（steel spring bearing） 由钢质弹簧组成的隔震支座，有圆柱形螺旋弹簧支座（图1）和碟形弹簧支座（图2）等。

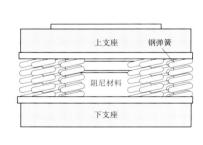
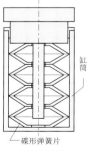

图 1 螺旋弹簧支座　　图 2 碟形弹簧支座

螺旋弹簧的轴向和径向刚度可调，一般远小于结构刚度，可延长结构自振周期，减小地震作用；弹簧间填充阻尼材料可耗散能量。碟形弹簧由叠合的若干碟形弹簧片组成，调节弹簧的竖向压缩刚度，使其远小于上部主体结构的竖向刚度，可减少竖向地震作用。

这类支座的弹簧耐久性好，价格低廉，且力学参数选择范围大；具有竖向隔震潜力是这两种弹簧支座的最大特点。但此类弹簧支座的阻尼很小，通常须与阻尼器配合使用。钢弹簧支座与其他隔震支座配合使用或采用半主动控制方式，将有助于提高隔震效能。

jidi gezhen fangwu sheji

基底隔震房屋设计（design of base isolated building） 采用基底隔震技术的房屋设计。是否采用隔震技术方案应考虑房屋抗震设防分类、抗震设防烈度、场地条件、结构类型和设防要求，与抗震设计方案进行经济性和技术性比较后决定。自振周期较短（小于1 s）、建筑场地属非软弱场地的房屋可采用隔震技术，震时和震后应保持使用功能的重要建筑宜采用隔震技术。设计良好的隔震房屋（图1、图2）可以实现比一般抗震建筑更高的抗震设防目标。

基本要求 隔震支座必须具有足够的承载力和稳定性；应有适当低的水平刚度，使设防地震作用下隔震房屋的振动周期达2 s以上；应有适当的水平恢复力，防止震后隔震层发生过大的水平残余变形。在风荷载和微弱地震作用下，隔震房屋不应发生影响使用功能和人员舒适性的振动。

抗震分析和验算 结构规则、使用叠层橡胶支座的隔震房屋，可采用底部剪力法（见拟静力法）计算隔震层剪

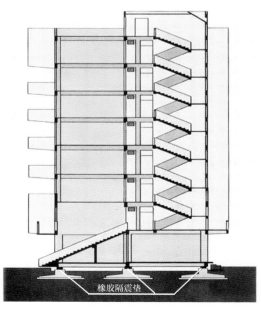

图 1 广东汕头某隔震住宅楼

图2 俄罗斯采用短柱摆的基底隔震建筑

力，再依简单规则计算上部结构各层的水平地震作用；在确定与结构基本周期对应的反应谱值时，应使用与隔震层等效阻尼比对应的设计反应谱曲线。结构不规则的隔震房屋以及隔震层使用滑移支座的隔震房屋，宜采用动力时程分析法进行抗震计算，并考虑水平振动和扭转振动的耦合作用。隔震房屋的抗震分析必须考虑隔震层的非线性特性，并应考虑竖向地震作用。

隔震房屋应通过严格的抗震验算。隔震支座应进行静承载力验算；应进行设防地震作用下结构构件的强度验算；应进行罕遇地震作用下隔震层位移验算，支座稳定性验算，上部结构的层间位移验算；连接隔震支座的梁柱尚应进行抗冲切和局部承压验算。

抗震措施 隔震支座应均匀分散布设（图3），使隔震层的刚度中心与上部结构刚心重合；对于平面不规则的结构，应适当调整支座布置减少扭转效应；隔震支座的布置应便于检查和维护。隔震房屋上部结构与周边固定结构应

图3 隔震支座的安装

预留足够间隔，防止碰撞。穿越隔震层的管线应具柔性且长度应有冗余，防止因隔震层大位移发生损坏。上部结构与隔震支座的连接楼板应采用现浇或装配整体式混凝土楼板，并采取加强措施提高其刚度和承载力。与隔震支座连接的梁柱应采取加密箍筋或设置钢丝网片等措施。隔震房屋的上部结构和基础应采用与相应抗震建筑相同的抗震构造措施。

试验要求 隔震房屋设计中使用的隔震支座和其他隔震层元件的力学参数必须由试验确定，并满足性能要求。隔震支座和隔震层中单独设置的阻尼器或抗风装置的力学参数包括：设计轴压下的竖向刚度和变形性能，竖向极限拉、压应力，设计轴压下的水平力-变形曲线。应由变形曲线确定对应水平剪应变50％，100％，250％的等效水平刚度和等效阻尼比，确定设计轴压下屈服强度、屈服变形和屈服前后的刚度。

xiaoneng jianzhen

消能减振（energy dissipation technique） 在结构中设置可吸收耗散振动能量的装置以减小地震反应的技术方法，是被动控制技术的一类。

消能减振体系 设置消能减振装置（如阻尼器、吸振器）的建筑物或构筑物构成消能减振体系。阻尼器一般设置在具有较大相对位移的结构构件之间，如建筑结构的层间或桥梁的桥墩与桥面结构之间；吸振器多设置在结构地震反应较大的部位，如结构顶部。消能减振装置一般由支撑连接件和锚固件与结构构件固定。消能减振体系可采用多种消能减振装置。

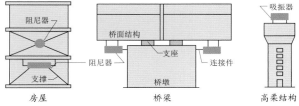

消能减振体系示意图

机理 在地震作用下，由地基传输给上部结构的能量将转换为结构振动的机械能（含动能和变形能），这些能量又将因结构变形、摩擦、屈服、开裂等机理而转换耗散。在结构振动的小变形和弹性阶段，现有结构材料的耗能能力很低，等效黏滞阻尼比大多不超过0.02。较高的耗能能力将伴随结构体系的大变形、结构构件开裂以至结构严重破坏，这显然难以满足结构使用性和抗震安全性的要求。消能减振技术可通过附加在结构上的阻尼器耗散能量，或通过吸振器改变能量分布，达到有效减小结构主体结构振动的目的。

分类 消能减振装置可分为阻尼器和吸振器两大类。阻尼器利用结构构件的相对运动耗散能量，吸振器依靠动力作用将结构体系的振动能量转化为阻尼装置自身的增幅振动，从而吸收和耗散能量。一般文献中，往往并不严格区分阻尼器和吸振器而统称阻尼器。此外，阻尼器一词也并非专指被动控制装置，有些主动和半主动控制装置也被称为阻尼器，如主动质量阻尼器（AMD）和压电变摩擦阻尼器等。

（1）阻尼器。阻尼器因耗能机理不同可分为黏弹性阻尼器、黏滞流体阻尼器、金属阻尼器、摩擦阻尼器和形状记忆合金阻尼器等多种。黏弹性阻尼器和黏滞流体阻尼器的阻尼机制为黏性耗能，阻尼力与结构振动速度相关，故称为速度相关型阻尼器。这类阻尼器的耗能材料为高分子黏弹性固体或黏性流体。金属阻尼器依靠金属材料（如软钢和铅）屈服后的弹塑性滞回特性耗能；摩擦阻尼器依靠摩擦滑动耗能；这两类阻尼器耗散能量的大小与塑性变形

或滑动位移有关，可称为位移相关型阻尼器。形状记忆合金可因超弹性和相变耗能。

（2）吸振器。附加在结构主体上的动力调谐振子。该振子的频率与结构主体的自振频率接近，结构地震反应将导致振子的强烈振动，达到转移能量、保护主体结构的目的。吸振器主要有调谐质量阻尼器和调谐液体阻尼器两类。前者振子为固体质量，后者依靠液体的振荡耗能，故又称为调谐振荡阻尼器。

一些消能减振装置同时具有阻尼器和吸振器的功能，如调谐液柱阻尼器可由液体振荡吸收能量，又可由液体的黏滞流动耗散能量。

有些耗能减震体系直接在结构构件中填充阻尼材料耗能，如混凝土开缝剪力墙。抗震设计中，可有意识地设计部分结构构件（如斜撑和钢剪力墙）先于主体结构屈服，从而耗散振动能量，保护主体结构；这些方法与消能减振控制具有类似的机理。

zuniqi

阻尼器（damper）　吸收并耗散振动能量的装置，多指被动控制装置。见消能减振。

tiaoxie zhiliang zuniqi

调谐质量阻尼器（tuned mass damper；TMD）　利用附加振子的同频振动吸收主体结构振动能量、减小主体结构地震反应的被动控制装置，是吸振器的一种。

该装置由刚体振子、弹簧（或弹簧与阻尼器）组成。"调谐"意指振子的自振频率与主体结构的自振频率尽量接近，在地震反应过程中，振子受主体结构振动的激励将处于接近共振的状态，从而吸收并耗散能量，减小主体结构的地震反应。调谐质量阻尼器具有结构简单、施工方便的优点，已应用于美、日等国的高层建筑和高耸结构。该装置一般设于结构顶部，有座地式和悬吊式两种设置方式。

图中调谐质量阻尼器简化为附加在主体结构上的频率为 f_D 的无阻尼单自由度振子，$f_D=(1/2\pi)\sqrt{k/m}$，k 和 m 分别为振子的支撑刚度和质量；M，K，C 分别为受控结构的质量、刚度和阻尼。若主体结构强迫振动频率亦为 f_D，则 TMD 处于接近共振的状态，将发生大幅振动。地震作用下的调谐质量控制体系远比上述理想状态复杂，实际体系是有阻尼的多自由度弹性体系，地震动有复杂的频率成分而远非谐波。此时，TMD 的减震效能将取决于受控结构的模态参数和地震动的频谱特性，且与振子和主体结构的质量、阻尼和频率的相对比值有关。控制体系的频率比愈接近 1，即振子频率愈趋近于主体结构的主振型频率，控制效果就愈好。控制体系的质量比愈大，即振子的质量愈接

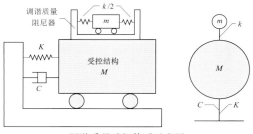

调谐质量减振体系示意图

近主体结构的主振型质量，减振效果愈高；然而，就实际工程而言，振子质量一般不能超过主体结构质量的 1%。

若主体结构振型频率密集且强地震动频率成分丰富，同时考虑主体结构自振频率因结构状态和外界环境（如温度）而发生变化，则参数固定的 TMD 难以令人满意的减振效能。因此，只有当受控结构的主振型反应突出时才适于采用 TMD 被动控制。为了提高对结构振型密集和自振频率变化的适应性，有的研究者提出了多重调谐质量阻尼器（MTMD）的设想，即设置多个频率接近的振子控制主体结构的地震反应。

tiaoxie yeti zuniqi

调谐液体阻尼器（tuned liquid damper；TLD）　利用容器中液体的同频振荡吸收主体结构振动能量、减小主体结构地震反应的被动控制装置，是吸振器的一种。

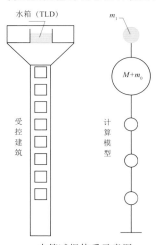

水箱减振体系示意图

调谐液体阻尼器通常为设置在主体结构上的水箱；通过选择水箱的长度（或直径）调节水的振荡频率，使其与主体结构基频相接近，达到减小主体结构振动的目的。调谐液体阻尼器结构简单、造价低廉，已应用于高层建筑和高耸结构的抗震和抗风控制。

水箱减振机理与调谐质量阻尼器相同，减振体系和力学模型见图。TLD 的减振作用由水箱中表层附近的水的对流压力实现。表层附近水的振荡有不同的振型和频率，通常利用其第一振型振荡发挥减振效能。在控制体系的简单分析中，振荡水的第一振型频率 f_1 和等效集中质量 m_1 可分别由式（1）和式（2）计算。水箱底部的水与受控结构同步运动，其脉冲压力无控制作用，此部分水的等效脉冲质量 m_0 由式（3）计算，且合并于主体结构质量 M 中。

$$f_1=\sqrt{g\tanh\left(\pi h/L\right)/(4\pi L)} \qquad (1)$$
$$m_1=0.26m(L/h)\tanh\left(\pi h/L\right) \qquad (2)$$
$$m_0=1.155m(h/L)\tanh\left(0.866L/h\right) \qquad (3)$$

式中：g 为重力加速度；m 为水的总质量；L 为矩形水箱沿水振荡方向的长度；h 为水箱中水的深度，tanh 表示双曲正切函数。容器中液体振荡的频率主要取决于储液容器的长度（或直径），深度增加只会加大无减振作用的脉冲质量，故减振水箱一般采用浅水箱或多个浅水箱的组合。为增加水振荡的阻尼效应，可在水箱中设置阻尼网片或阻尼杆。

tiaoxie yezhu zuniqi

调谐液柱阻尼器（tuned liquid column damper；TLCD）　利用连通器中水柱的同频振荡吸收主体结构振动能量、减小主体结构地震反应的被动控制装置。调谐液柱阻尼器结构简单、造价低廉且减振效能高于调谐液体阻尼器，故颇受工程界关注，该阻尼器已应用于土木工程的抗震、抗风

控制。

被动调谐液柱阻尼器一般为设置在主体结构上的 U 形储水连通器，如图；M，K，C 分别为受控结构的质量、刚度和阻尼。

在外扰激励下连通器中水柱将以圆频率 $\omega=(2g/L)^{1/2}$ 振荡，g 为重力加速度，L 为水柱的总长度，即竖向水柱和水平向水柱长度的总和。调谐液柱阻尼器的减振机理与调谐液体阻尼器相同，当其自振频率与受控结构频率接近

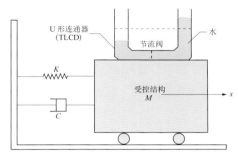

调谐液柱阻尼减振体系示意图

时，可由大幅振荡吸收并耗散能量。若在连通器中设置节流阀，可增加阻尼耗能，此时 TLCD 兼有动力吸振和阻尼减振两种机制。

TLCD 设计中，应使其自振频率尽量接近受控主体结构的基频，且通常取连通器水平段长度为总长度的 0.65 左右；阻尼器的水头损失（即阻尼）与节流阀开孔尺寸和水的振幅有关，实际可实现的阻尼比最高可达 0.10；连通器水平段直径与竖直段直径的比值也影响减振效能，一般多取为 1；连通器中水的质量一般不超过主体结构质量的 1%。为改善强烈外荷载作用下控制体系的可靠性，也有采用 V 形连通器的设计。在控制体系的简化分析中，TLCD 可视为附加振子。

为进一步增强 TLCD 的减振效能，可用电流变液或磁流变液置换连通器中的水，或用可调节的电磁阀置换固定开孔的节流阀。前者可通过调控电场或磁场强度适时增强液体的阻尼，后者可在线控制阀门开孔的大小调节水头损失。此时调谐液柱控制装置已成为半主动控制装置。

nianzhi liuti zuniqi
黏滞流体阻尼器（viscous fluid damper）　利用黏性流体流动耗散振动能量的被动控制装置，属速度相关型阻尼器，有油阻尼器、黏滞阻尼墙和黏滞阻尼支座等多种类型。

机理　黏性材料如硅油和某些有机高分子聚合物等可因变形速度而产生阻尼力，对于纯黏性材料，其阻尼力 f 与变形速度 x 的关系一般可表述为

$$f = c \mid \dot{x} \mid^{a} \mathrm{sgn}(\dot{x})$$

式中：c 为黏滞阻尼系数；指数 α 为与材料有关的常数；sgn（•）表示符号函数。当 $\alpha=1$ 时，黏滞流体的阻尼是线性的，称为牛顿流体；当 $\alpha<1$ 时，黏滞流体的阻尼是非线性的，称为幂律流体。

黏性流体的阻尼力 f 与变形 x 的滞回曲线见图 1，其阻尼特性与温度密切相关。实际使用的黏滞流体阻尼器，除可产生需要的阻尼力外，也同时产生或大或小的刚度，刚度效应来自流体的可压缩性或阻尼器支撑的弹性。

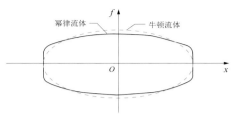

图 1　理想黏滞流体的阻尼力-变形滞回曲线

主要类型　黏滞流体阻尼器有三种主要类型。

油阻尼器　Taylor 油阻尼器（图 2）由缸筒、活塞、活塞杆、蓄能器和硅油组成，活塞设小阻尼孔且与缸壁间留有间隙。活塞的运动将迫使硅油通过小孔和缝隙流动，产生阻尼力。硅油受压时将产生附加刚度，可适当设计蓄能器阀，使少量硅油流入蓄能器，以减小刚度效应。阻尼力的大小除依赖运动速度外，尚与硅油的黏度、密度，以及阻尼孔、活塞、活塞杆和油缸的尺寸等参数有关；该阻尼器的阻尼力表现为幂律关系。油阻尼器的行程和出力很大（出力可达 9000 kN），运行稳定可靠，且可在很宽的温度和频率范围内发挥效能。

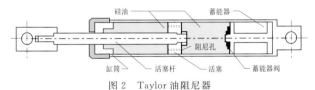

图 2　Taylor 油阻尼器

黏滞阻尼墙　由内、外钢板和其间填充的黏滞流体组成（图 3）。在房屋建筑中，内外钢板可分别与上下层楼板固定连接。在地震作用下，内钢板可相对外钢板作平面内运动，黏滞流体在内外钢板相对运动中产生阻尼力。黏滞阻尼墙的减振效能很高，设置适当数量的阻尼墙，可使建筑的阻尼比达 0.20 以上，使地震反应大幅降低。

黏滞阻尼支座　由黏滞流体、箱座和阻力板等构成（图 4），箱座和阻力板分别固定在可发生相对运动的两个结

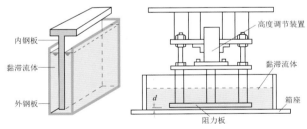

图 3　黏滞阻尼墙　　　　图 4　黏滞阻尼支座

构构件上，如箱座锚固于隔震建筑的基础，阻力板则与上部结构固定。黏性流体可因箱座与阻力板的相对运动而耗能。该支座产生的阻尼力与阻力板面积相关，且受阻力板与箱座间距离 d 和变位幅度的影响，距离 d 可由高度调节装置设定；支座水平相对变位愈大，等效刚度愈小。

niantanxing zuniqi
黏弹性阻尼器（viscoas-elastic damper）　利用黏弹性材料耗散振动能量的被动控制装置，属速度相关型阻尼器。此类阻尼因结构简单、效能可靠、设置方便，广泛应用于新建工程的抗震和抗风设计，并可用于现有结构的抗震加固。

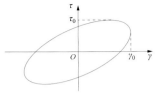

图 1 黏弹性材料的滞回曲线

黏弹性材料试件在正弦扰力作用下的剪切应力 τ 与应变 γ 的滞回曲线见图 1。定义其复模量 $G = G^* e^{i\varphi}$，$G^* = \tau_0/\gamma_0$ 为复模量的模，τ_0 和 γ_0 分别为应力和应变的最大幅值，φ 为应变滞后于应力的相角，$i = \sqrt{-1}$。定义储存模量 $G' = G^* \cos\varphi$，损失模量 $G'' = G^* \sin\varphi$，损失因子 $\eta = G''/G'$。扰力 f 由试件的黏滞阻尼力和弹性恢复力平衡，一般可表示为

$$f = c\dot{x} + kx \qquad (1)$$

式中：x 和 $\dot{x}$ 分别为试件变形和变形速度；c 为黏滞阻尼系数，$c = AG''/(\omega h)$，ω 为扰力圆频率；k 为刚度系数，$k = AG'/h$，A 和 h 分别为材料试件的受剪面积和厚度。黏弹性材料的刚度和阻尼往往是频率的函数，且与温度相关。

黏弹性阻尼器的力学模型除式（1）和图 2(a) 所示的开尔文-沃伊特（Kelvin-Voigt）模型之外，还有麦克斯韦（Maxwell）模型及多

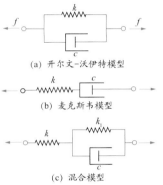

(a) 开尔文-沃伊特模型

(b) 麦克斯韦模型

(c) 混合模型

图 2 黏弹性阻尼器力学模型

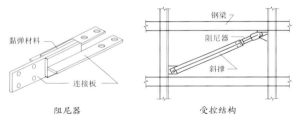

阻尼器　　　　　　　　受控结构

图 3 黏弹性阻尼器

种混合模型，如图 2(b) 和图 2(c) 所示。实际使用的黏弹性阻尼器有多种形式，图 3 为其中之一。

ruangang zhibian zuniqi

软钢滞变阻尼器（steel hysteretic damper）　利用软钢的弹塑性耗散振动能量的被动控制装置，属位移相关型阻尼器。

软钢的力 F 与变形 u 的滞回曲线见图 1，一般可由双直线型本构模型或双曲线型本构模型表示。

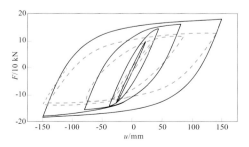

图 1 软钢的力-变形滞回曲线

实际使用的软钢阻尼器有多种形式，可利用钢直杆或曲杆的剪切、弯曲或扭转变形耗能，亦可利用钢板的出平

面或平面内变形耗能。①U 形钢板阻尼器利用钢板弯曲产生的塑性变形耗能，兼有阻尼器和限位器的功能（图 2）。②X 形钢板阻尼器利用阻尼钢板的平面外变形耗能（图 3）。

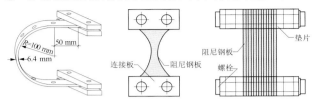

图 2 U 形钢板阻尼器　　　图 3 X 形钢板阻尼器

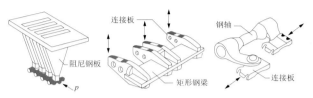

图 4 V 形钢板阻尼器　　　图 5 钢梁阻尼器

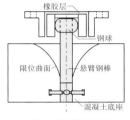 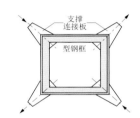

图 6 钢棒阻尼器　　　图 7 钢框阻尼器

X 形钢板可在全断面同时屈服，增加耗能能力；其变种为有菱形孔的矩形钢板，或一端固结、一端铰接的 V 形钢板（图 4）。③钢梁阻尼器由矩形钢梁或钢轴作为阻尼元件（图 5），置于结构不同部位并采取适当连接方式可使钢梁发生弯曲或扭转变形，耗散振动能量。④钢棒阻尼器利用悬臂钢棒作为阻尼元件（图 6），锥形钢棒可全断面同时屈服提高耗能能力。⑤用型钢在建筑层间 X 形斜撑的交点附近连成方框或圆框，因斜撑受力导致钢框屈服耗能，这种装置称为钢框阻尼器（图 7）。

软钢滞变阻尼器还有花瓣弹簧阻尼器和利用平面内塑性变形耗能的钢板阻尼器等。

haoneng xianweiqi

耗能限位器（energy dissipating restraint；EDR）　兼有摩擦耗能机理的被动变刚度装置。该装置原用于核电站管道支承的限位，后以斜撑形式用于房屋抗风、抗震体系和已有房屋的加固。

EDR 装置由套筒、轴杆、摩擦楔盘、摩擦块和弹簧等

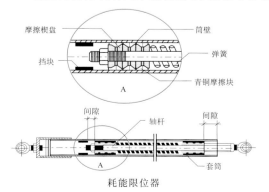

耗能限位器

组成。轴杆两端各装有 6 片摩擦楔盘，盘间嵌有青铜摩擦块，两端盘间设有弹簧，摩擦楔盘与限位挡块间留有间隙。轴杆运动可使摩擦楔盘带动摩擦块沿套筒壁滑动而耗能，至限位装置运动受阻、弹簧被压缩。随弹簧常数、弹簧形式、起滑力和限位间隙的变化，该装置的力-位移滞回曲线可呈现不同形态。

该装置兼有耗能和变刚度功能，且有如下特点：具有自复位功能，可以减少由非弹性引起的结构永久变形；滑动力和能量消耗均随位移增加，在不同强度的地震和风荷作用下均可发挥效能。

zhiliang beng

质量泵（mass pump） 利用泵箱内液体的流动耗散振动能量的被动控制装置。该装置由充满液体的伸缩泵箱和连通管组成，受控结构不同构件（如上下层楼板）间的相对

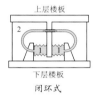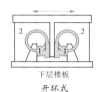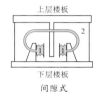

质量泵减振体系示意图
1. 可伸缩泵箱；2. 连通管

变形，可带动伸缩泵箱使液体往复流动，液体运动及其黏滞性可耗散结构体系振动能量。质量泵有闭环式、开环式和间隙式等多种。

qianzuniqi

铅阻尼器（lead damper） 利用铅的塑性变形耗散振动能量的被动控制装置。铅是屈服强度很低的金属，在发生塑性变形后可迅速重新结晶而大量耗能，可用作阻尼材料。

铅阻尼器有两种主要形式：①铅挤压阻尼器，将纯铅封装于钢筒内，筒内设变截面（如纺锤型）钢杆，当钢杆与缸筒发生相对变位时，铅受挤压屈服流动而耗能（图 1）；②铅柱阻尼器，铅柱以不同方式与结构受力构件连接，因剪切或弯曲变形耗散振动能量（图 2）。

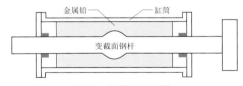

图 1 铅挤压阻尼器

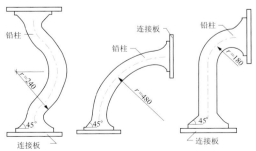

图 2 铅柱阻尼器

铅作为阻尼材料还可与其他控制装置配合使用，如将铅塞置于叠层橡胶支座中，或将铅板与钢板、高分子材料

共同构成复合阻尼器。

gangsisheng zuniqi

钢丝绳阻尼器（wire cable damper） 由钢丝绳螺旋管制成的被动控制装置。该阻尼器结构简单，耐久性好，变形能力大；常用于机械设备或土木工程的基础隔震，可单独使用或与其他控制装置配合使用。

该阻尼器利用夹板与受控结构构件相连，当构件发生相对位移时，螺旋管在径向受拉或受压，钢丝绳内各股

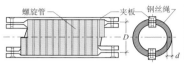

钢丝绳阻尼器

细钢丝间将发生滑动，并因摩擦而耗能。钢丝绳阻尼器的径向刚度与钢丝绳直径 d 和螺旋管直径 D 有关，随 D/d 的增加刚度减小。钢丝绳阻尼器的阻尼随变形幅度增加而增大，等效黏滞阻尼比可达 0.20。阻尼器的力-变形滞回曲线与钢材类似，骨架曲线可用双直线模拟。

moca zuniqi

摩擦阻尼器（frictional damper） 利用固体接触面的干摩擦消耗振动能量的被动控制装置。

干摩擦现象可用库仑摩擦理论描述，当摩擦面上的作用力小于摩擦力时，阻尼器不产生位移，具有无限大刚度；当作用力达到摩擦力后，摩擦面开始滑动，刚度为零。这种理想的干摩擦阻尼器的力-变形滞回曲线为矩形。实际使用的摩擦阻尼器因构件或支撑的弹性而具有有限的初始刚度；滑动过程中，可因摩擦发热导致滞回曲线形状变化。

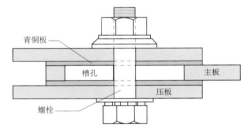

图 1 简单摩擦板阻尼器

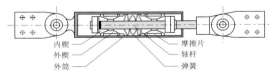

图 2 摩擦筒阻尼器

实际使用的摩擦阻尼器有简单摩擦板阻尼器（图 1）、摩擦筒阻尼器（图 2）和 Pall 型摩擦阻尼器等不同形式。摩擦阻尼器也可与其他控制装置结合使用（见耗能限位器）。

Pall xing moca zuniqi

Pall 型摩擦阻尼器（Pall type friction damper） 摩擦阻尼器的一种，属位移相关型阻尼器（图 1）。在土木工程抗震控制领域的应用较为成熟，既可提高新建结构的抗震性能，也适用于既有结构的抗震加固。

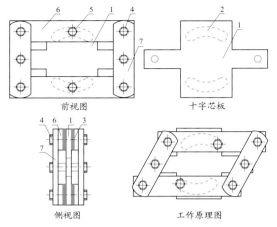

图 1　Pall 型摩擦阻尼器

1. 十字芯板；2. 弧形槽；3. 摩擦片；4, 5. 螺栓；6. 水平钢板；7. 竖板

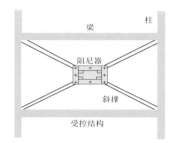

图 2　阻尼器安装示意图

该阻尼器在结构中的安装方式见图 2。

阻尼器各构件可因结构层间变形产生相对位移，十字芯板、水平钢板与摩擦片间可由相对滑动耗能。

若在该阻尼器的螺栓上设置压电陶瓷垫片，则构成压电变摩擦阻尼器，可用于半主动控制。

xingzhuang jiyi hejin zuniqi

形状记忆合金阻尼器（shape memory alloy-based damper）利用形状记忆合金的超弹性制作的被动控制装置，属位移相关型阻尼器。该阻尼器具有很强的滞回耗能能力和耐腐蚀性，适用于减小结构的地震反应。

形状记忆合金（SMA）除具形状记忆特性外，还有超弹性性质：恒温下拉伸奥氏体 SMA 将产生极大的应变，卸载后应变可完全恢复（图 1）。最大可恢复应变与形状记忆合金的种类有关，等原子比镍钛合金的最大可恢复应变可达 8% 左右。

常用的形状记忆合金材料有等原子比镍钛合金和镍钛铜合金，后者发展较早，性能更为稳定。形状记忆合金产品主要含丝材和板材两类，均可用于制作阻尼器。这类阻

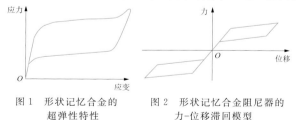

图 1　形状记忆合金的　　图 2　形状记忆合金阻尼器的
　　　超弹性特性　　　　　　　力-位移滞回模型

尼器具有自复位功能，地震后无残余变形，无须更换，且可通过设计实现多种形状的力-位移滞回模型（图 2）。

yeya zhiliang kongzhi xitong

液压质量控制系统（hydraulic mass control system；HMS）利用流体压力驱动刚体运动耗散振动能量的被动控制装置，可用于柔底层建筑的地震反应控制。

HMS 控制系统原理如图所示。地震作用下，上、下层楼板的相对运动可通过斜拉索带动液压缸 1 中的活塞 5 移动，压缩缸内流体沿管道 4 流向液压缸 2，液压缸 2 中的活

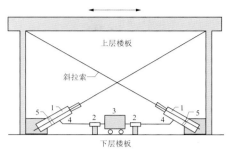

液压质量控制系统示意图

1, 2. 液压缸；3. 可移动质量；4. 管道；5. 活塞

塞通过活塞杆推动刚体 3 沿地面运动。该装置的耗能能力来自流体的黏滞阻尼和刚体的运动。

kaifeng jianliqiang

开缝剪力墙（gap shear wall）利用竖向分缝耗散振动能量的剪力墙，是一种被动控制抗震措施。

多层和高层建筑中的剪力墙除承受重力荷载外，还是抵抗水平地震作用和风荷载的关键构件。在水平侧力作用下，剪力墙的变形以弯曲为主；当一片剪力墙沿竖向被分割之后，分缝两侧的墙面受侧力后将变形并发生相对滑移，从而提供了消耗振动能量的可能。

利用剪力墙分缝耗能的措施有多种，如用钢筋连接分缝两侧的墙体，或在分缝中填充橡胶等黏弹性材料（图 1）。在前者情况下，分缝两侧墙体的相对位移将使连接钢筋受剪屈服而耗能；在后者情况下，墙体与填充材料间可发生

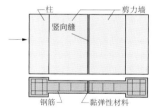

图 1　开缝混凝土剪力墙　　图 2　开缝钢剪力墙

摩擦滑移而耗能，黏弹性材料亦可因自身变形而耗能。实际工程应用中，上述两种耗能机制可结合使用。也有在框架结构中设置开缝钢剪力墙的方法（图 2），增设开缝钢剪力墙后结构整体刚度提高，又可因开缝钢剪力墙的良好延性在大位移下耗散能量。

JARRET zuniqi

JARRET 阻尼器（JARRET damper）具有摩擦和黏弹性双重耗能机制的被动控制装置，可用于土木工程抗震控制和抗震加固（图 1）。

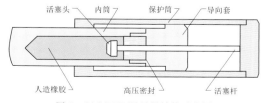

图 1　JARRET 阻尼器结构示意图

该阻尼器内筒嵌于外保护筒内,可沿外筒内壁发生摩擦滑动。外筒带动活塞杆运动,活塞头压缩内筒中密封的硅基人造橡胶合成物。硅基橡胶是一种具有高弹性的黏弹性材料,黏滞阻尼力呈幂律关系。该阻尼器的力 F 与变形 u 的试验滞回曲线见图 2。决定该阻尼器性状的力学参数含摩擦力、硅基人造橡胶的弹性刚度和黏滞阻尼系数。

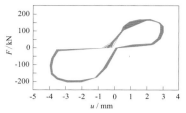

图 2　JARRET 阻尼器滞回曲线

消能减振设计（energy dissipation design of structure）设置被动消能减振阻尼器抑制结构有害振动的工程设计。

消能减振设计应首先确定阻尼器的安装位置和力学参数。阻尼器的安装位置往往受结构使用功能的限制,优化设置位置问题尚在研究中。实际工程的消能减振设计主要在于阻尼器参数的确定。中国《建筑抗震设计规范》(GB 50011—2001)规定的简化设计方法要点如下。

设计要点　①采用消能减振体系须考虑建筑抗震设防分类、设防烈度、场地条件和结构类型,从安全和经济两方面论证其合理性和可行性。②阻尼器可根据需要沿结构两个主轴方向分别设置,其数量和分布应经综合分析确定,一般宜设置于变形较大的层间。③阻尼器与斜撑、墙、梁或节点等支承构件的连接,应符合钢结构或钢筋混凝土结构的构造措施要求。④阻尼器应性能稳定并易于维护,其恢复力模型应由试验确定。⑤消能减振体系须进行罕遇地震作用下的变形验算。

计算方法　结构消能减振体系在地震作用下的运动方程可表示为

$$\boldsymbol{M\ddot{X}} + \boldsymbol{C\dot{X}} + \boldsymbol{G(X,\dot{X})} + \boldsymbol{F}_D = -\boldsymbol{MI}\ddot{x}_g$$

式中:$\boldsymbol{M}$,$\boldsymbol{C}$ 分别为结构的质量矩阵和阻尼矩阵;$\boldsymbol{X}$,$\boldsymbol{\dot{X}}$,$\boldsymbol{\ddot{X}}$ 分别为结构的位移向量、速度向量和加速度向量;$\boldsymbol{G(X,\dot{X})}$ 为结构的恢复力向量;$\boldsymbol{F}_D$ 为阻尼器的阻尼力向量;$\boldsymbol{I}$ 为单位向量;$\ddot{x}_g$ 为输入地震动加速度。

(1)地震作用计算宜采用静力弹塑性分析方法或非线性时程分析方法,主体结构基本处于弹性变形阶段时,可采用底部剪力法和振型叠加反应谱法等简化方法求解。

(2)消能减振结构的刚度应取结构刚度和阻尼装置有效刚度的总和。消能减振体系的阻尼比应取结构阻尼比和阻尼器附加于结构的有效阻尼比的总和。

(3)阻尼器附加于结构的有效阻尼比 ζ_a 可采用下式估计:

$$\zeta_a = W_c/(4\pi W_s)$$

式中:W_c 为安装的所有阻尼器在结构预期位移下往复一周所消耗的能量;W_s 为消能减振体系在预期位移下的总应变能。不计扭转影响时,消能减振结构在水平地震作用下的总应变能为

$$W_s = (1/2)\sum F_i x_i$$

式中:F_i 为质点 i 的水平地震作用标准值;x_i 为质点 i 对应于水平地震作用标准值的位移。

线性速度相关型阻尼器在水平地震作用下所消耗的能量为

$$W_c = (2\pi^2/T_1)\sum C_j \cos^2\theta_j (\Delta u_j)^2$$

式中:T_1 为消能减振结构的基本自振周期;C_j 为 j 阻尼器的线性阻尼系数;θ_j 为 j 阻尼器运动方向与水平面的夹角;Δu_j 为 j 阻尼器两端的相对水平位移。

位移相关型、非线性速度相关型和其他类型阻尼器在水平地震作用下所消耗的能量为

$$W_c = \sum A_j$$

式中:A_j 为 j 阻尼器在相对水平位移为 Δx_j 时,力-变形滞回曲线的滞回环面积。

(4)结构自身为弹性且设置线性速度相关型阻尼器的消能减振体系,可通过结构模态分析确定结构的自振周期和阻尼比。结构自身为弹性,但设置非线性阻尼器(如位移相关型、非线性速度相关型阻尼器等)的消能减振体系,一般可采用等效线性化方法迭代求解。

混合控制（hybrid control）　一种以上的振动控制技术在同一结构体系中的结合使用。实际工程采用的混合控制方式多为主动质量阻尼器与被动调谐质量阻尼器的结合;也有将基底隔震与主动控制、半主动控制结合,将消能减振与半主动控制结合的研究。混合控制体系可以根据地震作用的大小启动不同的控制装置;采用被动和半主动控制可节约能量;在主动或半主动控制装置因仪器设备故障或能源切断而失效的情况下,仍可依靠被动控制发挥减振作用。混合控制有助于发挥不同控制技术的优点。

智能控制（intelligent control）　利用人工智能确定主动控制(或半主动控制)的控制律和控制策略的方法;有些文献也将反馈控制称为智能控制,或认为采用智能材料的控制体系是智能控制体系。这些定义都隐含智能控制与信息反馈的不可分割的联系。

(1)当控制系统具有严重不确定性、高度非线性和控制目标十分复杂时,建立精确的系统数学模型并据此得出控制律或控制策略将面临巨大困难,实际控制效果也可能并不理想。人工智能方法无须采用数学模型,可基于系统的实测振动状态实现更较简单、可靠、稳定的反馈控制。在振动控制体系设计中使用的人工智能方法,主要包括神经网络、遗传算法、模糊数学和专家系统等。

(2)主动控制和半主动控制都是基于观测信号的反馈实现的,接收信号并作出反应是智能的本质。

(3)智能材料是具有感知和响应双重功能的材料,如压电材料可感知压力的变化而输出相应的电信号,反之在电信号驱动下又可产生变形。利用这类材料可制作主动或半主动控制装置,实现反馈控制。

智能控制应用广泛。例如,蒸汽发动机、电弧冶炼炉的模糊控制,造纸过程的专家系统控制,电力系统和轧钢机的神经网络控制,机翼和列车自动驾驶系统的模糊逻辑控制,机器人的模糊控制和神经网络控制等;洗衣机、吸尘器、摄像机、冰柜、空调机等家用电器的运行调节也广泛使用了模糊逻辑、神经网络和混沌控制。在土木工程抗震抗风领域,人工智能应用和智能元件的开发也引人关注。

健　康　监　测

jiankang jiance

健康监测（health monitoring of engineering）　基于现场实测数据对工程结构进行状态检测和安全评估的技术方法。现代健康监测技术系统须预先在结构上布设各类传感器，获取有关结构状态、外部环境和荷载的动态数据，经实测数据的处理与分析自动判断结构是否发生损伤或性能退化，进而确定损伤程度和损伤位置；在此基础上，可估计结构剩余使用寿命，采取改善结构体系安全性、适用性和耐久性的技术措施，或实施报警，并采取应急处置措施。现代健康监测技术系统是工程结构损伤探测在高新技术条件下的发展，是智能结构的重要组成部分。

起源和发展　结构损伤探测可以追溯到古代，但现代健康监测技术系统的提出仅在最近的 20 年。基于当代信息传感和信号传输技术、信号分析技术、高解析数值方法和计算机科学的迅速发展，20 世纪 80 年代后期，美国以军事用途为目标开展了有关智能材料和智能结构系统的大规模研究。这项技术首先在机械工程和航空航天领域获得成功应用，而后开始了利用埋入式传感器构建智能土木工程设施的尝试。同期，欧洲科学基金会（ESF）和日本分别制定了"智能复合材料结构损伤识别"和"智能结构系统"研究计划。中国自然科学基金会、中国高技术研究发展计划（863 计划）等均立项支持健康监测领域的研究。土木工程的健康监测技术研究主要应用于大型桥梁，海洋平台，大型复杂建筑和大坝、边坡等重要结构。20 世纪 90 年代后，美国、加拿大、日本、德国、俄罗斯、瑞士、挪威和韩国等已在数十座桥梁上设置了健康监测系统。中国也开展了桥梁、海洋平台和其他重要设施的健康监测研究。1994 年第一届世界结构控制会议上已有大量健康监测相关论文发表。1997 年，首届国际健康监测学术会议在美国斯坦福大学召开。2003 年国际结构控制学会（IASC）更名为国际结构控制与监测学会（IASCM）。

目标和特点　对结构体系的安全性进行在线、实时评价是现代健康监测系统追求的目标，其基本内容是判断结构有无损伤、损伤程度和损伤位置。与传统的损伤探测相比较，现代健康监测技术系统有两个主要特点。①利用预先埋置在结构上的传感器连续监测结构状态和外界环境作用，无须监测人员携设备进行现场操作，也避免了定期检测不能及时发现结构损伤的缺点；埋置传感器便于对人员难以接近的高空、水下和危险环境中的构件进行监测，提高了全面检测的可行性。②现代健康监测技术系统的损伤识别和安全性评价由计算机软件自动完成，可避免个人经验判断产生的偏差，减少对专家和专业技术人员知识技能的依赖。

技术系统　健康监测技术系统由硬件设备和软件程序组成，前者用于数据采集、传输和数据处理，后者主要用于损伤识别和安全性评价。

现代健康监测技术系统

数据采集传输设备　传感器和信号传输设备是健康监测系统最基本的组成部分。在传统的加速度计、速度计、位移计、应变计、风速表、倾角仪、温度计等被广泛使用的同时，新型光纤传感器（如光纤布拉格光栅传感器）、形状记忆合金传感器、压电传感器（压电薄膜和压电陶瓷传感器）、纤维复合材料传感器、疲劳寿命丝、MEMS 传感器和 GPS 全球定位系统等也因其优异性能而被采用。由于健康监测技术系统中须预先布设较大数量的传感器（或传感器阵列）且长期在线运行，故除精度高、频带宽、信噪比高、稳定性好等一般要求外，所用传感器还要具有轻便、价廉、布设方便和节省能源等特点。利用优化方法确定传感器的数量和最佳布设位置是重要的研究课题。现代健康监测技术系统的数据传输可分为现场传输（由传感器到数据采集计算机）和远程传输两部分，可使用光缆、信号电缆、无线数字通信和互联网等多种方式。无线数字传输在现场传输中具有特殊优越性，长距离传输一般依赖微波、光缆和互联网。

数据存储与处理系统　数据存储涉及采样频率、输入-输出转换（I/O）、延时存储、备份存储及冗余数据处理等。由于大量传感器在线持续运行将获得海量数据，故数据压缩技术的应用势在必行。

观测数据的处理一般包括信号预处理、数字滤波、统计分析和参数识别等，模态参数识别是其中的重要内容。在数据处理中，除使用传统的时域或频域方法（如时间序列分析、传递函数、脉冲响应函数、包络方法、峰值分析、滤波技术和傅里叶分析等）外，经验模态分解、随机减量方法也被使用；时频域分析技术（如小波变换）和希尔伯特-黄变换的应用也是当前的研究内容。此外，光信号解调、波动解析和超声层析分析技术也被用于观测数据处理。为使多种传感器获取的信息互相补充验证，信息融合成为新的研究课题。

损伤识别和安全性评价系统　系统中计算机支持的大型分析软件是实现健康监测最终目标的关键部分。这一部分的研究涉及结构静力和动力分析、概率理论和可靠性估计、系统反演识别和人工智能等极其广泛的知识。

监测方法可分为整体监测和局部监测两类，前者借助结构体系模态参数的变化识别损伤，后者直接识别具体构件的损伤。损伤判断有模型修正（系统辨识）和模式识别（指纹分析）等不同途径，基于振动分析的监测方法具有广泛的应用。由于实测数据和结构力学分析模型两者都包含众多不确定因素，故涉及概率统计分析的贝叶斯方法、随机有限元法、统计模式识别、统一范式框架和概率神经网络等应用广泛。结构分析在采用简化模型和有限元模型的同时，包括神经网络在内的非参数模型也备受关注。

结构构件的应力、应变、裂缝及开裂程度等是判断结构状态和损伤的最直观的指标。结构构件的刚度和结构的模态参数（含频率、振型、阻尼）亦与结构状态相关，均可作为健康监测的技术指标。一些研究中，由模态参数演化得出的应变模态（或变形曲率）、频率比、模态柔度、模态应变能和其他模态组合参数也被作为损伤指标。部分损伤指标是可直接测量的，另一部分损伤指标则是由实测数据推演得出的。

展望　现代结构健康监测系统是正在发展中的多学科交叉技术，在具有广阔应用前景的同时，也面临若干重大科学技术问题。实测信号的噪声、测量数据的不完备、建模的误差、环境条件和运行荷载的变化等，均是健康监测技术必须面对的问题。土木工程的健康监测比机械工程更为困难，这主要源于土木结构庞大的质量、离散的材料特性、复杂的结构边界条件以及诸多环境因素的影响。已建成的土木工程健康监测系统大多还只限于进行状态监测和数据采集，成功的损伤判别尚有待于分析方法的完善和实践验证。新型智能传感器的开发，分布式监测系统的应用，人工智能和统计识别方法的发展，整体方法、局部方法的结合，将有助于实现健康监测的最终目标。健康监测方法的研究中，利用基准模型的对比验证是必要的。

zhengti jiance

整体监测（global monitoring）　依据结构体系模态参数的变化实施健康监测的方法，是基于振动信号进行损伤识别的方法之一。结构体系的模态参数含振型、频率和阻尼比，反映了结构体系的质量、刚度和耗能特性。对于弹性体系，若可获取结构模态的完整数据，则可确定地反演结构质量和刚度矩阵，确定结构状态，这是整体监测的理论基础。

方法　整体监测的技术途径有模式识别和模型修正两类方法。

模式识别　模态参数识别是模式识别中最常用的方法。该法将当前实测的模态参数与知识库中对应结构不同状态的已知模态参数集进行对比，从而确定与实测模态参数相对应的结构当前状态。这一监测途径概念清晰，但实施困难，这是基于以下原因。①结构在完好状态下的模态参数很难精确确定，运行状态下的结构并不等同于完好无损的结构，由结构设计资料计算得出的模态参数一般也不能反映真实结构的完好状态。②获取对应结构不同破坏状态的模态参数更为困难。尽管由模型试验和数值模拟可以得出对应结构不同状态的模态参数，但对于复杂结构，模型试验和数值计算的误差很难估计，难以作为比较的基础。③即使获得了对应结构不同状态的模态参数，考虑到环境的变化及传感器数量和频响特性的限制，实测结构当前状态的准确模态参数也相当困难。

模型修正　通过实测结构动力反应得出对体系当前模态参数的估计，以完好状态与当前状态的模态参数差作为目标函数，反演当前结构的质量和刚度分布（一般认为质量不变，只反演刚度或阻尼）；根据反演结果，可以得出有关结构当前状态（是否发生损伤、损伤程度和位置）的判断。原则上，这一方法可能得出对结构状态更为具体的估计，但仍面临确定完好状态和当前状态的准确模态参数的困难。另外，这一方法还涉及有限元建模和分析技术。

现状　研究表明，利用整体监测方法可以判断简单结构的较大损伤，如某个主要构件刚度损失达 20% 以上或体系基本周期变化达 10% 以上；通常也并不须要实测全部自由度的结构反应和完整的模态参数，只要获得主要模态参数和关键部位的结构反应即可。但是，结构模态参数的变化受多种因素影响，对结构构件的微小损伤并不敏感。

为了准确判断结构运行中发生的状态变化和损伤，整体诊断方法尚待进一步研究和验证。在测试数据不完备的情况下，通常可选用少数低阶模态数据进行损伤识别；亦可以采用模态扩展等方法弥补监测数据的不足。当不能获取精确的环境激励数据时，可采用自回归滑动平均模型（ARMA）、特征系统实现算法（ERA）等直接从结构振动反应信号中提取模态参数，或利用损伤前后测点的传递函数识别损伤。

为避免确定结构完好状态所遇到的困难，可采用只利用当前实测数据而不借助完好状态的相对比较方法。环境因素（如温度）对模态参数测量的影响可通过主成分分析处理，或建立温度-频率曲线估计温度影响。观测信号噪声的消除可使用确定性方法或概率方法（如观测信号的概率分布分析、贝叶斯方法、统计过程控制及统计模式识别等方法），后者可能更具应用价值。

整体监测中传感器的数量和布设位置可借助理论分析（如利用 Fisher 信息阵提取有效独立的主要模态）确定，并行优化算法（如遗传算法）在传感器定位中也有应用。在主振型反应的最大点布设传感器，避免传感器位于振型节点，以及使传感器数量和分布具有冗余等经验方法也有实用价值。寻找对结构损伤更敏感的模态相关参数（如振型转角和结构柔度）始终是研究者的探索目标。

鉴于整体监测难以识别微小损伤，故将整体监测与局部监测相结合可能是实现健康监测更有效的途径。

jubu jiance

局部监测（local monitoring）　依据结构体系构件的状态变化实施健康监测的方法。结构体系由构件组成，若能对全部损伤构件作出判断，则体系的状态也就确定了。局部监测的实施与传统的结构无损检测相类似，两者的主要区别在于，前者依靠固定设置在结构构件上的传感器持续获取在线数据，后者通常由监测人员携相关设备定期在现场进行。

结构构件的应力、应变、裂缝及开裂程度等是判断其状态和损伤的直观指标，构件振动的频谱特性亦与其物理力学状态相关，均可作为局部监测的技术指标。可使用预先设置的长寿命应变片、疲劳寿命丝、光纤传感器、压电传感器和纤维复合材料传感器等，直接获取构件应力、应变、开裂等信息；亦可利用拾振器（如加速度计和位移计等）测量构件的局部振动频率并与完好状态的频率进行比较，判断局部构件的损伤。经局部监测发现结构损伤后，可及时采取修复、加固技术措施；监测数据一旦表明构件接近或达到承载力极限状态，或表明构件发生开裂且裂缝扩展达到危险限度，则可立即报警，采取相应措施防止重大事故发生。

利用振动方法进行局部构件的健康监测，通常也存在与完好状态进行比较的问题，这可能面临与整体监测类似的困难。除此之外，局部监测的局限性在于，在结构全部构件上布设传感器是难以做到的，利用有限的局部信息一般不能对结构整体的健康状态作出全面评价；当发生损伤的构件未布设传感器时，可能导致监测的失败。为解决这些问题，可开发轻便、价廉的传感器，尽可能大量布设或使用分布式传感测量系统；或依据经验及分析判断结构的薄弱及关键构件设置传感器。关键结构构件的确定往往须借助结构的力学分析。精确、耐久、价廉的新型传感器的开发和应用，信号解调分析技术的发展以及与整体监测方法的结合，将推进健康监测技术的发展和应用。

xitong bianshi

系统辨识（system identification）　根据系统输入输出时间过程的实测数据确定可描述该系统行为的模型的理论和方法。

所谓系统意指研究者感兴趣的事物、现象、过程等客观存在。例如，地震作用下的房屋即为一个系统，地震动是系统的输入，房屋地震反应则为系统的输出。模型是对系统的简化描述或对系统部分属性的模仿，系统模型一般是利用数学关系式对系统因果关系所作的定量描述；数学模型可能反映系统的实际结构及运行机理，也可能只模拟系统的输入输出关系。建立数学模型的过程称为建模（modeling）。系统辨识可以获得系统数学模型，或估计系统中的特定物理参数；利用辨识得出的数学模型可以进行系统仿真计算、控制设计和未来状态的预测。结构工程中的模型修正和地震工程中的结构识别均属系统辨识范畴。

基本步骤　系统辨识一般包括四个基本步骤。

（1）模型类选择。利用有关系统的先验知识，选择若干已知的结构模型构成待辨识系统的模型类〔M〕。在这一步骤中，具有适当的先验知识是极其重要的，这些先验知识涉及该系统运动规律、特征、经验和其他已有的知识。模型类选择是否恰当，在很大程度上将决定辨识能否成功。模型因使用用途不同可能有很大差别。

（2）试验设计。有效的实测数据是实施系统辨识的依据。为获得可靠、充足的有关体系运行的实测数据，应认真进行输入信号选择、采样区间设计、采样间隔设计、采样部位和采样类型设计以及预采样滤波器设计等。

（3）结构辨识和参数估计。根据实测数据，从模型类〔M〕中选择一个具体模型 M，并确定该模型的结构参数（如模型的阶或物理参数）和其他未知参数。由于实测数据总是有噪声的，故参数估计多采用统计方法。

（4）适用性检验。对得出的模型 M 进行校验，考察其是否满足要求；如果满足要求，则系统辨识完成。模型不满足要求的原因可能是模型选择不当、实验数据误差过大或不具代表性以及辨识算法不适当。这时，应重新获取实验数据，重新选择模型或改进辨识算法。

模型分类　系统模型多种多样，可就不同角度予以分类。预测模型可利用 t 时刻的输入和输出数据预测未来 $t+\Delta t$ 时刻的系统输出（Δt 为某个时间间隔），仿真模型则可仅用输入数据计算系统输出。从另外的角度，又可将模型区别为线性的和非线性的、集中参数的和分布参数的、定常的和时变的、确定的和随机的、连续的和离散的、参数的和非参数的，等等。仅线性系统，其数学模型又有状态方程（一阶微分方程）、时域的输入输出方程（二阶微分或差分方程）、频域的传递函数以及脉冲响应函数等多种。模糊逻辑、符号逻辑和人工神经网络亦可构建系统模型。

辨识算法　比较常用的有两类。

最小二乘法　是系统辨识最常用也最成熟的方法，可就以下最简单的单变量线性体系予以说明。实际体系测量结果为 $y=\theta x+\varepsilon$，y 为输出，x 为输入，ε 为测量噪声，θ 为未知的系统参数。选择系统模型 $\hat{y}=\hat{\theta}x$，$\hat{y}$ 和 $\hat{\theta}$ 分别为输出 y 和系统参数 θ 的估计值。

根据 n 次测量结果，令 $\hat{y}$ 与实测值 y 之差的平方和为最小，即 $J_{\min}=\sum\limits_{i=1}^{n}[y(i)-\hat{\theta}x(i)]^2$，可得 $\hat{\theta}=\sum x(i)y(i)/\sum x^2(i)$，则可得出关于模型参数 θ 的辨识结果。若误差 ε 均值为零且与输入参数无关，那么随观测次数的增加，$\hat{\theta}$ 的均值可逼近 θ 的真值。这就是最小二乘估计的无偏性和一致性。（见回归分析）

最大似然估计　该法在系统辨识中亦有广泛应用。系统受随机噪声的干扰，输出 y 是随机的。对于系统未知的参数向量 $\boldsymbol{\theta}$，输出 y 的分布密度为 $p(y,\boldsymbol{\theta})$，在 N 次观测后，输出 y 与 $\boldsymbol{\theta}$ 的联合分布密度为 $L(y_N;\boldsymbol{\theta})=\prod\limits_{k=1}^{N}P[y(k);\boldsymbol{\theta}]$。根据数理统计中的最大似然原理，使似然函数 L 达到最大的参数估计 $\hat{\boldsymbol{\theta}}$ 则为最大似然估计，即 $L(y_N;\hat{\boldsymbol{\theta}})=\max L(y_N;\hat{\boldsymbol{\theta}})$。

面对纷繁复杂的客观现象，系统辨识必须有针对性地发展相应的算法。涉及线性动态系统、有色噪声系统、闭环系统、多变量系统、线性系统非参数模型以及非线性系统的模型建立、参数识别、阶的估计等方面都已发展了若干有效的算法。神经网络、遗传算法、模糊数学在系统辨识中也开始展现效能。

moxing xiuzheng

模型修正（model updating）　结构工程中的系统辨识技术。工程结构常用力学分析模型表示，但是，先验建立的模型通常并不能准确模拟结构的真实性态，模型的计算结果往往与实测结果不同。其原因在于，建立模型的理论假定与实际结构并不完全一致，边界条件的模拟与实际存在差异，材料本构关系过于简化或不符合实际，结构物理参数具有不确定性，阻尼机制被忽略或不反映实际，构件几何形态不准确以及离散化数学方法的误差等。结构振动控制和健康监测往往要求建立尽量精确的分析模型，这就要求依据实测结果对先验模型进行修正。

特点　与一般意义上的系统辨识相比较，结构工程的模型修正具有如下特点：①欲修正的模型一般为有限元模型，其运动方程为包含质量、刚度和阻尼矩阵的微分方程；②模型修正是依据结构模态参数（频率、振型）或脉冲响应函数的计算值与实测值之间的差异进行的，该差异即是修正模型的目标函数；③使目标函数最小是通过调整结构的构件尺寸和物理参数实现的。因此，模型修正中的模型选择相对明确，待识别的模型参数和识别途径也比较肯定。

工程结构的模型修正是一件十分困难的工作，是对结构工程研究的重大挑战。模型修正的成功有赖于有限元模型的适当或正确、实测模态参数可靠完整以及优化问题的定义和优化算法解析能力等。模型修正中的试验设计可以采用强迫振动方法或自由振动方法，但无论采用何种方法，都难以排除土木工程的环境因素（如温度变化、地脉动、风荷作用或地面交通扰动）的影响。由于土木工程的复杂和庞大，不可能获取完备的模态数据；测量得到的频率和振型将包含噪声，且振型的测量与频率相比更难精确。土木工程中构件节点和边界条件的建模是复杂的。有限元模型所含单元数量庞大，通过调整每个单元的参数，使计算结果与实测结果良好吻合是解析方法中的难点。

方法　实施模型修正之前，一般应通过有限元模型的缩聚或试验模型的扩展对模态进行预处理，使计算的模态参数可与实测的模态参数进行比较并判断其相关性，还可减少结构模型自由度而提高识别效率。出于同样目的，子结构有限元模型和多层次有限元模型也被使用。

模型修正一般选取计算频率和实测频率之差建立目标函数，若使用频率和振型两者建立目标函数，通常赋予频率更大的权值；频率变化与结构的整体性质相关，振型变化更倾向于反映局部特征。待识别的未知结构参数中，刚度或弹性模量显然是最重要的；视具体问题的要求不同，结构质量、阻尼、边界条件和构件尺寸也可进行识别修正。原则上可采用最小二乘法和卡尔曼滤波等得到对未知物理参数的优化估计；然而，修正得出的质量、阻尼、刚度矩阵的各个元素有时不能就其物理意义作出解释。

基于灵敏度分析的结构参数直接修正方法在模型修正中具有广泛的应用，一般定义灵敏度为结构模态参数对结构设计参数的导数。通过灵敏度分析可以得到模态参数对结构各部分质量、刚度、阻尼变化的敏感程度，进而选择对结构模态有最大影响的参数进行修正，避免模型修正的盲目性，提高精度和效率。实际中，灵敏度矩阵可能是病态的，必须采用特殊方法求解；利用神经网络方法进行参数识别有助于克服这一困难。

经模型修正使计算结果和实测结果完全一致是不可能的，一般也是不必要的。从统计学角度来看，使被修正的模型参数在统计意义上收敛于真值即达到了目的。现已开发的模型修正技术往往只在试验室模型或简单工程结构中得到验证，大型复杂工程的有效的模型修正方法有待于进一步研究和验证。

jiegou shibie

结构识别（structural identification）　抗震分析中的系统辨识技术，通称反演问题。根据已知的地震动加速度时间过程和结构参数计算结构地震反应是地震工程中的正演问题；另一些情况下，人们也试图根据结构的实测加速度反应估计结构参数，这类问题是反演问题。

特点　抗震分析中的结构识别属于系统辨识范畴，但在具体应用中有其自身特点。首先，系统的输入和输出分别是地震动时间过程和结构地震反应时间过程，目标函数一般取为计算的反应与实测反应之差；其次，地震工程中采用的结构模型往往是简化的多质点模型（如串联多质点模型），待识别参数（如楼层刚度）数量较少；再者，结构体系的质量分布和构件几何特性一般被假定为常量。显然，因工程应用的要求不同，抗震分析中的结构识别与服务于结构振动控制和健康监测的模型修正相比是较为简略的。

方法　结构识别利用地震反应计算值与实测值间的偏差建立目标函数，通过使目标函数在最小二乘意义上为最小得出对结构参数（刚度、阻尼）的估计。极小化目标函数通常用线性规划或非线性规划方法进行，高斯-牛顿方法是常用的。结构识别可以在时域或频域进行，前者的目标函数是时域反应的偏差，后者目标函数则为传递函数的偏

差。原则上频域分析只适用于线性结构，但非线性性态较弱结构也常用频域方法求解。

结构地震反应往往是非线性的，从结构的抗震安全性着眼，非线性性状也是人们最关注的。抗震结构识别中的非线性问题，可用等效线性化方法或时域的移动窗技术处理。前者对弱非线性结构是可行的和有效的，后者则用于强非线性结构。所谓移动窗技术，是将地震动时间过程及反应时间过程分时段进行解析，基于不同时段的识别得到对结构性状随时间变化的估计。

应用　通过结构识别可以判断先验的结构模型参数是否适当，估计结构是否发生损伤和损伤发生的时刻，估计地震反应过程中结构振动周期的变化。人们借助结构识别技术，验证了有关高阶振动一般对结构地震反应贡献较少的认识。结构识别可对层数不多、较为简单的结构得出良好的结果，但大型复杂结构的识别比较困难。另外，结构阻尼的识别是困难的，根本原因在于根据实测的含有噪声的地震反应时程或传递函数，难以精确确定结构自振频率，这一问题对高振型更加突出。

在利用实测结构反应识别结构参数的同时估计输入地震动称为联合反演问题。如果结构反应是线弹性的，结构的质量和几何特性是已知和不变的，在忽略结构阻尼或假定其为比例阻尼，且由实测地震反应时间过程可准确识别结构的全部频率和振型的情况下，可以根据结构的特征方程反演结构刚度，同时反演该结构的地震动输入时间过程。

jizhun

基准（benchmark）　比较验证结构振动控制和健康监测的不同方法及其效能的标准模型。

在结构控制和健康监测研究中，人们往往就不同结构（简单试件、房屋、桥梁等）进行分析或试验并得出有关控制装置、控制策略、控制算法和健康监测方法的结论；为更客观地对不同研究成果进行评价，有必要采用统一的标准结构模型和相应的评价指标，这些标准模型称为基准。每个标准模型都包括对模型结构、材料、尺寸的详尽规定，以及相应的结构动力特性参数和分析检验条件。

基准问题于1996年在香港召开的第二届国际结构控制研讨会上被提出并引起广泛关注，国际结构控制学会（IASC）与美国土木工程师协会（ASCE）工程力学分会动力学委员会提出开展结构健康监测基准模型研究的建议。此后，基准问题成为历次结构控制国际会议的重要议题，有力地促进了结构控制和健康监测的研究。

对应不同的结构类型和研究目标，基准模型有很多种。①第一阶段的基准模型是设有主动锚索控制和主动质量阻尼器控制装置的单跨钢框架，旨在检验各种主动控制算法的效能（图1）。②第二阶段的基准模型选用了实际工程结构：美国的一座20层钢结构抗震房屋，可就选定的四条实测强震加速度时间过程，对不同控制装置和不同控制算法进行比较研究；澳大利亚的一座76层钢筋混凝土结构高层建筑用于风振控制研究。③第三阶段的基准模型包括3层、9

图1　结构控制研究基准模型

图 2　健康监测研究基准模型

层和 20 层的三座钢结构建筑，仍使用前述四条强震加速度输入，但调整增大了幅值，用以研究非线性地震反应的控制问题。其他的基准模型还有美国的一座斜拉桥和加州某 8 层隔震结构。图 2 所示的 4 层双跨的钢框架结构，是用于健康监测的一种基准模型，对应该结构分别建立了 12 个和 120 个自由度的两个分析模型，规定了两种不同的外界激励方式和三种输入输出组合；可以通过拆除模型中的斜撑构成六种不同的损伤工况。

dianzu yingbianji celiang jishu

电阻应变计测量技术 （resistance strain gage technique）

用电阻应变计测定构件的表面应变，再根据应力-应变关系确定构件表面应力状态的一种试验应力分析方法。

将电阻应变计固定于被测构件表面，构件变形时，应变计的电阻将发生相应变化。用电阻应变仪（见电阻应变测量装置）测量电阻变化并换算成应变值，即可得到构件的应变和应力。电阻应变计广泛用于机械、化工、土建、航空等领域的结构强度试验。

电阻应变计测量技术的优点是：①测量精度和灵敏度高；②频率响应好，可测量从静态至数十万赫兹的动态应变；③测量数值范围大；④易于实现测量的数字化、自动化和无线遥测；⑤可在高温、低温、高压、高速旋转、强磁场和核辐射等环境中进行测量；⑥可制成各种传感器，测量力、压力、位移、加速度等物理量，在工业生产和科学实验中用作控制或监视设备的敏感元件。

一般测量技术　一般应变测量技术可分为静态应变测量和动态应变测量两类。

静态应变测量　应变计能测定构件表面一点在某个方向的应变，确切地说，能测定栅长范围内的平均应变。用电阻应变计测量常温下的静态应变时，可达到较高的灵敏度和精度，其最小应变读数为 1×10^{-6}，一般精度为 $1\% \sim 2\%$，应变测量范围为 $1 \times 10^{-6} \sim 2 \times 10^{-2}$，特殊的大应变电阻应变计可测量 20% 的应变值。常温箔式电阻应变计适于测量应力梯度较大的构件的应变。

环境温度变化时，安装在可自由膨胀的构件上的电阻应变计，由于敏感栅的电阻温度效应以及敏感栅和被测构件材料的线胀系数不同，电阻应变计的电阻 R 将变化 ΔR：

$$\left(\frac{\Delta R}{R}\right)_T = \beta_R \Delta T + (\alpha_a - \alpha_b) K \Delta T$$

式中：β_R 为敏感栅的电阻温度系数；ΔT 为环境温度的变化；α_a、α_b 分别为试件和敏感栅的线胀系数；K 为应变计灵敏系数。

温度的变化使电阻应变计产生的指示应变值称为热输出（或称视应变），它和所需测定的应变无关，必须消除。消除的方法如下。①补偿块线路补偿。在一块和构件材料相同但不受力的补偿块上，设置与工作电阻应变计规格性能相同的电阻应变计（称为补偿应变计），将补偿块和构件置于温度相同的环境中，并将工作应变计和补偿应变计分别接入电桥的相邻桥臂，利用电桥特性消除热输出。②采用特殊的温度自补偿应变计。③热输出曲线修正。将与工作应变计规格性能相同的应变计，安装在与被测构件材料相同的试件上，在相似的热循环情况下，测取应变计的热输出和温度的关系曲线；在现场测量应变的同时，测定相应的温度，根据上述曲线对测得的应变数据进行修正。④温差电偶补偿。在直流的电桥电路中，用温差电偶的热电动势将热输出的电压变化预先抵消。在常温条件下测量应变时，一般采用第①种方法；在高温或低温条件下测量应变时，采用第①②或第④种方法，也可在使用第②种方法后，再利用第③种方法进行修正。

此外，在使用长导线或使用与电阻应变仪的电阻不相匹配或灵敏系数不相同的应变计时，对测量结果也要进行修正。

动态应变测量　电阻应变计的频率响应时间约为 10^{-7}s，半导体应变计可达 10^{-11}s，构件应变的变化几乎立即传递给敏感栅。但是，由于应变计有一定栅长，当构件的应变波沿栅长方向传播时，应变计的瞬时应变读数为应变波在栅长间距内的应变平均值；这会给测量结果带来误差。高频应变测量的范围，主要受电阻应变仪和记录器的限制；在测量动态应变时，要根据被测应变的频率，对应变计进行动态标定及选择合适的电阻应变仪和记录器。

特殊条件下的测量技术　特殊条件下的应变测量多涉及以下五种情况。

高温或低温条件下的测量　电阻应变计适用的温度范围为 $-270 \sim +800$℃。进行短时间的动态应变测量时，环境温度可高达 1000℃。在高温或低温条件下，应变计的热输出常常超过所测的应变，必须采取有效的补偿方法。

高速旋转构件的测量　采用电阻应变计测量高速旋转构件的应变时，除必须解决应变计的防护和温度补偿问题外，还应采用集流器解决旋转构件上的应变计和测量仪器之间的信号传送问题。一般使用的集流器有拉线式、炭刷式、水银式和感应式四种。无线应变遥测装置可消除集流器因接触电阻而产生的噪声信号。

高液压下的测量　电阻应变计可用于测量储存高压液体介质的容器内壁的应变，此时电阻应变计在高压液态介质中工作，必须解决应变计的防护、引线的引出以及压力效应等问题。

强磁场和核辐射环境下的测量　在强磁场作用下，电磁感应对应变测量系统将产生干扰，影响测量结果。用抗磁材料制造电阻应变计的敏感栅，或将两个相同的应变计重叠在一起，并利用电桥线路，可以减少磁场干扰的影响。在应变测量线路系统中采取有效的屏蔽，也能获得较好的结果。

残余应力测量　应用电阻应变计可以测量机械构件由于焊接、铸造、切削等工艺所产生的残余应力。其原理如下：将电阻应变计安装在被测构件的残余应力区域内，采取切割、钻孔和电化学等方法，全部或部分释放残余应力，测出电阻应变计在残余应力释放前后的应变变化，再按弹性理论算出构件的残余应力。

展望　电阻应变计测量技术的改进途径如下：①合理设计敏感栅的形状，研制性能更好的敏感栅和黏结剂，以提高测量精度和稳定性；②研制栅长更小、更能适应高温环境及有特殊用途的应变计；③研制数字化、自动化、与微处理机或与计算机联用的实时在线处理的应变测量系统以及多通道的应变遥测系统；④研究和提高测量技术，减少测量误差和扩大应变计的应用范围。

dianzu yingbianji

电阻应变计（resistance strain gage）

将结构构件的应变由电阻材料转换为电信号输出的传感器，又称电阻应变片，简称应变计。应变计通常用于测量单向应变（见电阻应变计测量技术）。测量平面应力场时，可采用应变花。

起源和发展 电阻应变计开发于 19 世纪。1856 年，汤姆森（W. Thomson）对金属丝进行了拉伸试验，发现金属丝的应变与电阻的变化有一定的函数关系。1938 年，西蒙斯（E. Simmons）和卢格（A. Ruge）制出了第一批实用的纸基线绕式电阻应变计。此后杰克逊（P. Jakson）利用光刻技术，首次制成了箔式应变计。1954 年，史密斯（C. S. Smith）发现半导体材料的压阻效应；1957 年，梅森（W. P. Mason）等研制出半导体应变计，其灵敏系数比金属丝应变计高 50 倍以上。

电阻应变计应用广泛，品种繁多，除常用品种和规格外，还有特殊用途的温度自补偿应变计、大应变应变计、应力计、测量残余应力的应变花等。利用箔式应变计的制造技术，还能生产出可以测量温度、压力、疲劳寿命、裂纹扩展的各种片式检测元件（包括测温片、测压片、疲劳寿命计等）。

结构和原理 电阻应变计一般由敏感栅、引线、黏结剂、基底和盖层组成（图 1）。

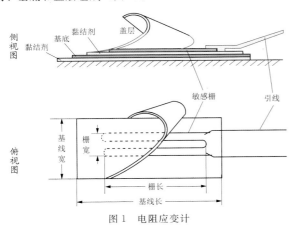

图 1 电阻应变计

将电阻应变计固定于构件表面，构件的微小变形（伸长或缩短）会使应变计的敏感栅随之变形，使应变计的电阻 R 产生 ΔR 的变化，其变化率 $\Delta R/R$ 与构件的应变 ε 成比例；测出电阻的变化，即可计算构件表面的应变以及相应的应力。在应变计轴线方向的单向应力作用下，敏感栅的电阻变化率 $\Delta R/R$ 和引起此电阻变化的构件表面应变 ε 之比 K，称为电阻应变计的灵敏系数：

$$K = \frac{\Delta R/R}{\varepsilon}$$

电阻应变计敏感栅的栅长一般为 $0.2\sim100$ mm，电阻为 $60\sim1000\ \Omega$（最常用的为 $120\ \Omega$ 和 $350\ \Omega$），应变测量范围为 $10^{-6}\sim10^{-2}$。

按敏感栅材料的不同，电阻应变计有金属电阻应变计和半导体应变计两类。

金属电阻应变计 这类应变计敏感栅的常用材料有铜镍合金（康铜）、镍铬系合金、铁铬铝合金、镍铬铁合金、铂和铂合金等，其灵敏系数为 $2\sim6$。应变计黏结剂分为有机黏结剂和无机黏结剂两类；一般情况下，前者用于温度 $400℃$ 以下，后者用于高温条件。用作基底的材料有纸、胶膜、玻璃纤维布、金属薄片（或金属网）等。金属电阻应变计依材料和结构的不同有多种类型。

丝式应变计 这种应变计的敏感栅多为丝绕式或短接线式（图 2）。丝绕式应变计敏感栅由直径 $0.015\sim0.05$ mm 的金属丝连续绕制而成，端部呈半圆形。若安装应变计的

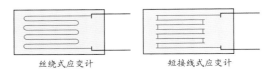

图 2 丝式应变计

构件表面存在两个方向的应变，则圆弧端除可感受纵向应变外，还能感受横向应变，后者称为横向效应。短接线式应变计的敏感栅采用较粗的横丝将平行排列的一组直径为 $0.015\sim0.05$ mm 的金属纵丝交错连接，端部是平直的；其横向效应很小，但耐疲劳性能不如丝绕式。

箔式应变计 敏感栅用厚度为 $0.002\sim0.005$ mm 的金属箔刻蚀成形，易于制成各种形状（图 3）。箔栅横向部分

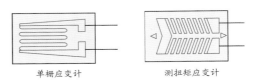

图 3 箔式应变计

可以做成较宽的栅条，使横向效应减小；箔栅很薄，能较好地反映构件表面的变形。箔式应变计测量精度较高，便于大量生产，能制成栅长很短的应变计，在工程中应用广泛。

临时基底应变计 制造时，将紫铜等材料制成的敏感栅粘在临时基底框架上，使用时用黏结剂将敏感栅固定于构件表面，然后将临时基底去掉。这种应变计多用于测量高温条件下的应变（图 4）。

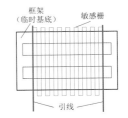

图 4 临时基底型应变计

半导体应变计 半导体应变计利用半导体材料的压阻效应制成，可分为体型（图 5）和扩散型两种。体型应变计的敏感栅由单晶硅或锗等半导体经切片和腐蚀等方法制成，扩散型应变计的敏感栅是将杂质扩散在半导体材料中制成。半导体应变计的优点是灵敏

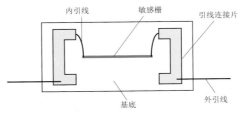

图 5 体型半导体应变计

系数大，机械滞后和蠕变小，频率响应高；缺点是电阻温度系数大，灵敏系数随温度而显著变化，应变和电阻之间的线性关系范围小。正确选择半导体材料和改进生产工艺可望克服这些缺点。半导体应变计多用于测量小应变（$10^{-7} \sim 10^{-4}$）。

半导体应变计中用薄膜作敏感栅者称为薄膜应变计。此类应变计将金属、合金或半导体材料用真空镀膜、沉积或溅射方法在基底上制成一定形状的薄膜，其厚度从几十纳米至几万纳米不等。此外，还有灵敏系数很大的 $p-n$ 结半导体应变计和压电场效应变计。

yingbianhua

应变花（strain rosette） 由两个或两个以上不同轴向的敏感栅组成的电阻应变计。应变花用于确定平面应力场中主应变的大小和方向。敏感栅由金属丝或金属箔制成的应变花，分别称为丝式应变花（图1）或箔式应变花（图2）。

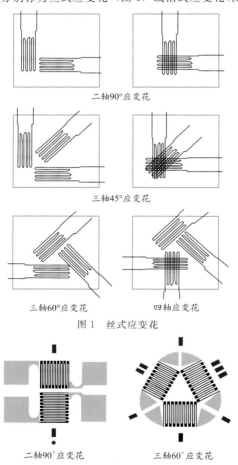

二轴90°应变花

三轴45°应变花

三轴60°应变花　　四轴应变花

图1　丝式应变花

二轴90°应变花　　三轴60°应变花

图2　箔式应变花

二轴90°应变花用于主应力方向已知的场合，三轴和四轴应变花用于主应力方向未知的场合。主应变的大小和方向可由三轴和四轴应变花的测量信号计算，也可由应变莫尔圆求出。主应力的大小可由主应变计算结果、被测构件材料的弹性模量和泊松比计算。

dianzu yingbian celiang zhuangzhi

电阻应变测量装置（resistance strain gage instrumentation）用电阻应变计测量工程结构构件表面应变的装置。该装置一般包括调制应变信号的电桥，放大微弱的调制电信号、鉴别正负极性和滤波的电阻应变仪以及平衡指示器（静态）或记录器（动态）三部分。

依测量要求和应变测量频率的不同，电阻应变仪一般分为静态、静动态、动态、超动态和特殊功能等五种类型。静态和动态电阻应变仪由测量（电）桥、载频振荡器、放大器、相敏检波器、低通滤波器和稳压电源等单元所组成。

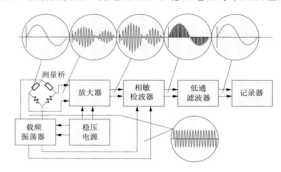

静态和动态电阻应变仪工作原理

载频振荡器供给电桥的载波信号频率比应变最高频率高 $5 \sim 10$ 倍（约 $50 \sim 20000$ Hz），将应变信号调制成调幅波，经过交流放大器高增益放大，再由相敏检波器分辨应变信号的正负极性，送至平衡指示器显示静态读数；或经过低通滤波器滤掉应变信号的残余载波成分，再由记录器记录动态应变波形。

动态应变测量必须选用合适的记录器记录动态波形。在应变测量中常用的记录器有：①描笔式记录仪，包括笔式自动记录仪和自动平衡式记录仪（有自动平衡记录仪和 $X-Y$ 函数记录仪两种）；②光线示波器；③磁带记录器；④阴极射线电子示波器；⑤微处理机或以计算机为核心的实时在线的测量与控制联机系统。

静态和静动态电阻应变仪又有人工手动平衡读数和多点自动切换、数字显示两类。工程上常见的数千赫兹以下的动态应变，可用普通的多通道动态电阻应变仪进行测量。爆炸、冲击波引起的数十至数十万赫兹的瞬态应变，则必须采用超动态电阻应变仪进行测量。

20 世纪 60 年代后，直流式动态应变仪和电阻、电容均可自动平衡或自动补偿的动态应变仪，以及各种形式的具备特殊功能的数字式静态应变仪陆续出现。这些应变仪具有存储信息、实时修正测量数据、分析运算以及数字显示、自动打印等功能，还能与微处理机或电子计算机联用，进行工程结构构件应变的实时在线测量与控制。

dianrong yingbianji

电容应变计（capacitance strain gage） 将结构构件的应变经电容器转换为电信号输出的传感器。常用的电容应变计有弓形电容应变计、平板式电容应变计和杆式电容应变计三种；其主要元件为电容极片，可制成平板形或圆柱形。电容应变计多用于航空器构件，核能设备以及发电厂管道、设备在长期高温环境下的性能测试，可监视裂纹的形成和发展。

电容应变计灵敏系数大（$10 \sim 100$），频率响应高，能在高温、低温、核辐射环境下工作，重复性好，稳定性高；但其输出信号小且阻抗高，测量线路比较复杂，易受电缆的寄生电容影响，故应有良好的屏蔽和较高的绝缘电阻。

平板电容应变计 当不考虑边缘电场的影响时，简单平板电容器（图1）的电容可由下式计算：

$$C = \frac{xA}{s}$$

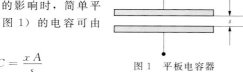

图1 平板电容器

式中：C 为电容；x 为电容极片间介质的介电常数；A 为极片的面积；s 为极片间的距离。

将电容应变计与待测构件表面固定连接，构件表面尺寸 l 变化 Δl 时将引起应变计的电容 C 变化 ΔC。电容的相对变化 $\Delta C/C$ 与构件表面尺寸相对变化 $\Delta l/l$（即应变 ε）之比，称为电容应变计的灵敏系数 K，表示电容应变计输出信号和输入信号间的数量关系：

$$K = \frac{\Delta C/C}{\Delta l/l} = \frac{\Delta C/C}{\varepsilon}$$

弓形电容应变计 在两种曲率不同的镍基合金弓形条之间，安装由一对电容极片构成的电容应变计（图2）。使

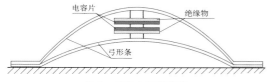

图2 弓形电容应变计

用中可用点焊法将弓形条的两端固定在试件上。该应变计工作温度范围为 $-269 \sim +650℃$，以空气为介质，介电常数不随温度变化，工作稳定，零点漂移极小。

yadian bomo

压电薄膜（piezo film） 利用半结晶高分子聚合物聚偏二氟乙烯（polyvinylidene fluoride）的压电性质制成具有感知功能的薄膜，通称 PVDF。

1969 年，PVDF 高分子材料的压电特性被发现，历经几十年性能逐步提高。其优点为：①压电常数比压电陶瓷（PZT）高 $10 \sim 20$ 倍，灵敏度可达 20 mV/MPa；②厚度从几百微米到几十微米，质量小，柔韧性好，其声阻抗与人体组织相当，易于制作多种传感器；③频响带宽可达 20 MHz；④强度大、耐力学冲击，在 10 万次 20 MPa 聚焦冲击脉冲作用下灵敏度无显著变化；⑤耐腐蚀，可在多种状态下使用；⑥易于加工和安装，可任意分割，制成薄片、薄板、叠片、圆筒等形状和大小不同的元件；⑦稳定性好。

PVDF 压电薄膜可以做成电声换能器、水声换能器、超声换能器、心跳计、加速度计、位移计，在生物医学、军事、地球物理探测和工程结构健康监测等领域有广泛的应用前景。

cizhi shensuo chuanganqi

磁致伸缩传感器（magnetostrictive sensor） 利用铁磁性材料的磁致伸缩效应制成的传感器。

磁致伸缩效应 强磁体在磁化状态下体积和形状发生变化的现象。在铁磁性材料的微观结构中，小范围内电子自旋元磁矩之间的相互作用力，使相邻电子元磁矩的方向一致而形成磁畴。磁畴之间相互作用很小。从宏观上看，在没有外磁场作用时，各磁畴相互平衡，总磁化强度为零；当有外磁场作用时，各磁畴的磁化强度矢量都转向外磁场方向，使总磁化强度不为零，直至达到饱和。在磁化过程中各磁畴的界限发生移动，因而使材料发生变形。这种现象称为磁致伸缩效应。

传感器 磁致伸缩传感器有转矩传感器和位移传感器、磁致伸缩液位计、磁致伸缩效应光纤磁场传感器、磁致伸缩效应光纤电流传感器等。

磁致伸缩位移计的原理如图所示。在具有磁致伸缩效应的铁镍合金管中穿入铜线，当铜线被脉冲电流激励时，

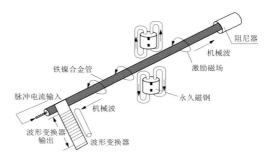

磁致伸缩位移计

将产生环绕铁镍合金管的激励磁场。若在测量位置上放置固定磁性方向的永久磁钢，永久磁钢磁力线与脉冲电流产生的磁力线正交，叠加后的磁场在此处使合金管发生弹性变形，产生的机械波向两边传播，传播速度为 2830 m/s，且不受环境温度、振动、污染等影响。如果用阻尼器吸收传播到远端的波，而在合金管近端安装机械波磁电效应信号波形变换器，那么机械波从永久磁钢位置传播到波形变换器所需的时间与距离成正比。因此，测量激励脉冲与磁致效应信号波形变换器输出脉冲间的时差，就能确定永久磁钢的相对位置。

guangdianshi chuanganqi

光电式传感器（photoelectric transducer） 基于光电效应测量事物状态和特性的传感器。此类传感器可用于红外探测、振动测量、辐射测量、光纤通信等，在军事、工业、医疗、环境保护、防灾救灾等各领域具有广泛应用。

光电效应是某些物质被光照射时，其电特性发生变化的物理现象，可分为外光电效应和内光电效应两类。前者是在光线作用下物体内部电子逸出表面向外发射的物理现象；后者是光线作用下物体内部原子中的部分束缚电子变为自由电子，使物体电子能量、载流子浓度及其分布产生变化的物理现象。基于外光电效应的光电敏感器件有光电管和光电倍增管，基于内光电效应的光电敏感器件有光敏电阻、光敏二极管、光敏三极管和光电池等。

光电式传感器利用光电效应，将光信号转换成电信号输出；它除能测量光强之外，还能利用光线的透射、遮挡、反射、干涉等，测量尺寸、位移、速度、温度等多种物理量，是应用极广的传感器。此类传感器在使用中不与被测对象直接接触，光束的质量近似为零，在测量中不存在摩擦，不对被测对象施力，故在许多应用场合具有明显的优越性。光学器件和电子器件价格较高，对测量环境条件要求也较高。

guangshanshi chuanganqi

光栅式传感器（grating transducer） 采用光栅叠栅条纹原理测量位移的传感器。

光栅是长条形光学玻璃上的等间距密集平行刻线，刻线密度为每毫米 10～100 条线。光栅式传感器由标尺光栅、指示光栅、光路系统和测量系统四部分组成。在光源照射下，标尺光栅相对于指示光栅移动，形成大致按正弦规律分布的明暗相间的叠栅条纹。这些条纹以光栅的相对运动速度移动，并直接照射到光电元件上，在输出端得到一串电脉冲，通过放大、整形、辨向和计数，系统产生数字信号输出，可直接显示被测的位移量。由光栅形成的叠栅条纹具有光学放大作用和误差平均效应，故能提高测量精度。

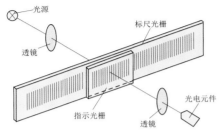

光栅式传感器工作原理

传感器光路有两种形式：一种是透射式光栅，它的栅线刻在透明材料（如工业用白玻璃、光学玻璃）上；另一种是反射式光栅，它的栅线刻在具有强反射的金属（不锈钢）或玻璃金属膜（铝膜）上。

光栅式传感器量程大，精度高，除可用于程控、数控机床和三坐标测量机构，测量静、动态的直线位移和整圆角位移外，在机械振动和变形测量等领域也有广泛应用。

guangxian chuanganqi

光纤传感器（optical fiber transducer） 通过光导纤维把被测物理量转换成调制的光信号的传感器。用光纤传输光信号能量损失极小，且光纤化学性质稳定，横截面小，同时具有防噪声、不受电磁干扰、无电火花、无短路负载和耐高温等优点，故比电信号传输更优越。20 世纪 70 年代末光纤通信技术产生后，光纤传感器也获得迅速发展。

原理 光纤传感器的测量原理有两种。一种是被测物理量（如应变、压力、温度等）直接引起光导纤维传输特性变化，改变了光导纤维中光传播的相位和强度，测量光导纤维中的光相位或光强度变化可得被测参数。另一种是以激光器或发光二极管为光源，用光导纤维作为光传输通道，把光信号载送入或载送出敏感元件，利用敏感元件感受被测物理量，再由敏感元件改变光信号输出。这两种传感器在自动测量系统中都有应用。

分类 光纤通常分为多模光纤和单模光纤两大类。多模光纤可传输多种模式的光信号，纤芯较细，模间色散大，适用于局域（距离数千米）信号传输；单模光纤只能传输单一模式的光信号，纤芯较粗，色散甚小，适用于远程信号传输。

光纤传感器种类繁多，多模光纤传感器和单模光纤传感器是其中重要的类别，它们各自又有不同的类型。

多模光纤传感器 主要有以下两类。

（1）传光型光纤传感器。以多模光纤传输光源输入的光信号，利用敏感元件感应被测物理量，光检测器根据光信号的强度变化确定被测物理量。这类传感器多用于液位、压力、形变、温度、流速、电流、磁场等检测，可制成光

纤位移计和光纤加速度计；其性能稳定可靠、结构简单、造价低廉，但灵敏度低。图 1 为两种光纤液位传感器的原理示意图。

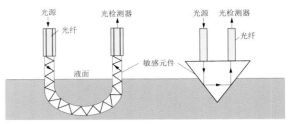

图 1 两种光纤液位传感器

（2）光强调制型光纤传感器。微弯光纤压力传感器（图 2）是光强调制型光纤传感器的一种。激光输入光纤，当光纤光轴的垂直方向承受压力时，光纤产生微弯变形，光波导方式变化，传输损耗增加。由光检测器分析光信号的变化，可确定压力数值。这种传感器具有较高的灵敏度，可用于结构的健康监测和损伤探测。

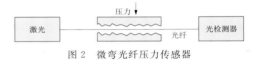

图 2 微弯光纤压力传感器

单模光纤传感器 可分为偏振调制型和相位调制型。

（1）偏振调制型光纤传感器。单模光纤的偏振特性极易受外界各种物理量的影响，如高电场下的克尔效应和强磁场下的法拉第效应。基于这一原理，可用激光源、偏振光镜、单模光纤和检偏镜检测光信号的变化，制成大电流、高电压测试传感器（图 3）。

图 3 偏振调制光纤检测原理

（2）相位调制型光纤传感器。用单模光纤构成干涉仪，外界影响因素改变光信号的光程，引起干涉条纹的变化，据此可测定外界因素。这类传感器有极高的灵敏度，主要用于光纤陀螺、光纤水听器，以及动态温度、压力、应变、机械振动的测量。

干涉仪式光纤温度传感器（图 4）是相位调制型光纤传感器的一种。激光器发出的光经分光器分为基准光路和测量光路。外界温度引起光纤长度和相应光相位的变化，从而产生不同数量的干涉条纹，对干涉条纹的横向移动进行计数，则可测量温度。

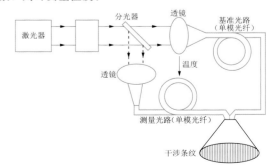

图 4 干涉仪式光纤温度传感器

干涉式光纤陀螺仪（图5）是根据塞格尼克（Sagnac）效应开发的一种测量物体转动速度的光纤传感器。图中

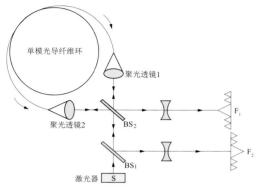

图5　干涉式光纤陀螺仪工作原理

BS$_1$ 和 BS$_2$ 是两个半透镜，激光器 S 发射的激光透过 BS$_1$，在 BS$_2$ 被分为两路，各自通过聚光透镜沿单模光导纤维环的左右环向行进。若光导纤维环自身转动时，不同方向行进的两路光的光程将发生变化；当两路光重新抵达 BS$_2$ 和 BS$_1$ 后，被导入同轴光路并在 F$_1$ 和 F$_2$ 上产生干涉，据此可求出光纤环面在惯性空间中的转速。光纤陀螺无可动部件，是一种高性能的惯性导航陀螺仪。

guangxian Bulage guangshan chuanganqi

光纤布拉格光栅传感器（fibre Bragg grating sensor；FBG）

利用光纤芯区空间相位光栅的带阻滤波作用制成的传感器。自1978年发现光致光栅效应并制成第一根光纤布拉格光栅之后，FBG 传感器迅速成为光纤光栅传感器中最具代表性和发展应用前景的一种。

该传感器除具有普通光纤传感器的抗电磁、抗腐蚀、耐高温、质量轻和体积小等优点外，还具有结构简单、易与光纤耦合、抗干扰能力强、精度高、测量对象广泛且便于实现分布式测量等优点。光纤布拉格光栅传感器可测量应变、温度、压力、剪力、加速度、位移和腐蚀量等，已在通信、电力、航空航天、土木、石油化工和核工业等广泛领域获得应用。

原理　光纤布拉格光栅的工作原理如图1所示，λ 为波长，I 为光强。在激光照射下掺杂光纤的折射率将随光强的空间分布发生相应改变；利用光纤的这种光敏特性，可在

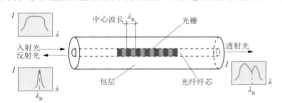

图1　光纤布拉格光栅工作原理

光纤纤芯区写入光栅。例如，采用两束相干的紫外光形成的干涉条纹对载氢掺锗光纤曝光，通过选择激光波长或改变相干光的夹角可在任何波段写入布拉格光栅。光纤光栅的折射率变化通常为 $10^{-5} \sim 10^{-3}$，其中心波长 λ_B（即反射波长，亦称布拉格波长）的基本表达式为

$$\lambda_B = 2n_{\text{eff}}\Lambda \tag{1}$$

式中：n_{eff} 为光纤芯区的有效折射率；Λ 为光栅的周期。当宽带光波经光栅传输时，入射光将在与 λ_B 相应的波长上被

反射，余者则不受影响而透射通过；这样，光纤光栅就起到了光滤波器的作用。

由式(1)可见，光纤光栅波长 λ_B 的变化由有效折射率 n_{eff} 和周期 Λ 决定，故任何使这两个参数变化的因素都将引起布拉格光栅的波长漂移。例如外界温度或应变的变化将引起光栅周期和有效折射率的变化，从而使光栅中心波长改变；通过光解调仪分析反射光的波长变化，则可达测试温度或应变的目的。由于温度和应变（或其他环境因素）的变化会同时影响光栅波长，故仅使用一个 FBG 传感器同时测量温度和应变会产生交叉敏感问题。因此，当温度变化较大时，FBG 应变传感器须采取温度补偿措施。

测量系统　利用光纤布拉格光栅传感器可实现分布式测量系统（图2）。宽带光源应有足够大的功率，以保证反射信号有适当高的信噪比。入射光经光纤通过耦合器输入 FBG 传感器，每根光纤可串联多个传感器，耦合器是传递和分配光信号的无源器件。由各传感器得到的反射信号再经耦合器进入解调器，对反射信号的波长进行鉴别，这是测量系统的核心部分。探测器将光信号转换为电信号，再输入计算机进行分析、存储和显示。

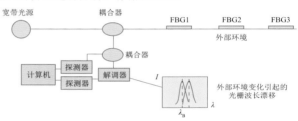

图2　分布式光纤光栅传感器测量系统

技术指标　光纤光栅传感器的技术指标应依具体应用目标确定，下列各指标具有通用性，适合于应变和温度的测量。

（1）传感器波长。波长 λ_B 是对应光栅反射谱尖峰的中心波长。应考虑待测物理量的变化范围，使波长的变化处于分析系统窗口范围之内。

（2）反射率。光栅的反射率越高，返回测量系统的光功率越大，相应的测量距离就越远；反射率越高且带宽越窄，则光栅越稳定。在强调提高反射率的同时，还应注意边模效应，以提高信噪比。

（3）传感器带宽。传感器带宽是光栅反射谱尖峰的宽度，理论上带宽越小，测量精度越高。实际带宽的确定应考虑适当的测量精度和光栅制作工艺水平。

（4）传感器长度。传感器光栅的长度决定了测量定位的精度，理论上光栅长度越小，定位精度越高。但很短的光栅难以满足反射率和带宽的要求，故应综合考虑多种因素确定传感器长度。

（5）边模抑制。传感器频谱的边模（旁瓣）影响中心频率的测试精度，为提高反射信号的信噪比，应抑制边模。

（6）传感器的波长间隔。利用光纤光栅传感器进行分布式测量时，传感器阵列将包含大量传感器，若同一通道中各传感器的中心波长间隔过小，其反射频谱将发生重叠。应设置适当的传感器波长间隔，避免重叠，以提高测试精度并满足每个传感器测量范围的要求。

（7）传感器的封装。裸光纤相对脆弱，易受破坏，应考虑各种使用环境和传感器指标，采用适当的封装工艺。

jiguang chuanganqi

激光传感器（laser transducer） 利用激光技术测量长度、距离、方位和运动相关物理量的传感器。激光传感器由激光器、激光检测器和测量电路组成，测试速度快、精度高，量程大，抗光电干扰能力强，可实现无接触远距离测量；广泛用于国防、工业、医学、环境、结构振动试验和损伤探测等领域。

激光 受激辐射光放大的简称，由激光器产生。激光的发现和应用是 20 世纪 60 年代最重大的科学技术成就之一。在正常状态下，物质多数原子的电子处于稳定的低能级 E_1；在适当频率的外界光线作用下，处于低能级的电子可吸收光子能量激发跃迁到高能级 E_2。光子能量 $\delta = E_2 - E_1 = h\nu$，$h$ 为普朗克常数，ν 为光子频率。反之，受频率为 ν 的光的诱发，处于高能级 E_2 的电子会跃迁到低能级并释放光子，在某种状态下，能出现弱光激发出强光的现象，此即受激辐射光放大。激光器工作物质多数原子中的电子处于高能级状态，能使受激辐射过程占优势，频率为 ν 的诱发光增强后，可通过平行反射镜形成雪崩式的放大作用而产生强大的激光。

激光具有四个重要特性：①高方向性（即高定向性，光束发散角很小），激光束在几千米外的扩展范围不过几厘米；②高单色性，激光的频宽不超过可见光的 1/10；③高亮度，利用激光束会聚可以产生几百万度以上的高温；④极好的相干性，单频辐射激光束中同一方向的波具有恒定的相位差。

激光器 按工作物质不同可分为四种。

（1）固体激光器。工作物质是固体，常用的有红宝石激光器、掺钕的钇铝石榴石激光器（即 YAG 激光器）和钕玻璃激光器等。这类激光器结构大致相同，特点是小而坚固，功率高，钕玻璃激光器的脉冲输出功率可达到数十兆瓦。

（2）气体激光器。工作物质为气体，如各种气体原子、离子、金属蒸气等。常用的有二氧化碳激光器、氦氖激光器和一氧化碳激光器等，特点是输出稳定、单色性好、寿命长，但功率较小、转换效率较低。

（3）液体激光器。工作物质为液体，如螯合物激光器、无机液体激光器和有机染料激光器等，后者的最大特点是波长连续可调。

（4）半导体激光器。工作物质为半导体，以砷化镓激光器较为成熟。其特点是效率高、体积小、质量轻、结构简单，可制成测距仪和瞄准器；其输出功率较小，定向性较差，受环境温度影响较大。

激光测长 长度的精密测量是工业生产的关键技术之一。现代长度计量多用光波的干涉现象进行，其精度主要取决于光的单色性。激光是最理想的光源，它比以往最好的单色光源（氪-86 灯）还纯 10 万倍，故测长的量程大、精度高。氦氖气体激光器的最大量程可达几十千米；在测量数米的长度时，其精度可达 $0.1\,\mu m$。

激光测距 将激光对准目标发射后，测量其往返时间，再乘以光速可得往返距离。由于激光具有高方向性、高单色性和高功率等优点，在远距离测量、判定目标方位、提高接收系统的信噪比、保证测量精度等方面具有优越性。在激光测距仪基础上发展起来的激光雷达不仅能测距，而且还可以测定目标方位、运动速度和加速度等，已成功地用于人造卫星的测距和跟踪。采用红宝石激光器的激光雷达，测距范围为 $500 \sim 2000\,km$，误差仅几米。

激光测振 若波源或波的观察者作相对于波传播方向的运动，则观察到的波动频率不仅取决于波源的振动频率，还取决于波源或观察者运动速度的大小和方向。所测频率与波源的频率之差称为多普勒频移。在运动方向与波的传播方向一致时，多普勒频移 $f_d = v/\lambda$，v 为运动速度，λ 为波长。激光多普勒振动速度测量仪可将物体的振动转换为相应的多普勒频移，再将多普勒频移信号变换为与振动速度相对应的电信号。其优点是使用方便，不需固定参考系，不影响物体本身的振动，测量频率范围宽、精度高、动态范围大；但测量过程受其他杂散光的影响较大。

激光测速 激光测速基于多普勒原理。激光多普勒流速计可以测量风洞气流速度、火箭燃料流速、飞行器喷射气流流速、大气风速和化学反应中粒子的大小及会聚速度等。

chaoshengbo chuanganqi

超声波传感器（ultrasonic transducer） 利用超声波在介质中的传播测量介质状态和特性的传感器，由声波发送器、接收器和测量电路组成。

超声波传感器的基本测量方法有传送时间差法、声波束偏转法、多普勒频移法、谐振法等，常用于流体流速、材料厚度的测量以及桩基检测和损伤探测等。其特点是价格较低，不影响被测物的状态，在某些近距离测量中可代替激光传感器。（见超声法）

yinshenji

引伸计（extensometer） 测量构件两点之间线变形的仪器，通常由传感器件、放大装置和显示装置等三部分组成。传感器件直接和被测构件接触，将构件变形转换为机械、光、电、声等信号；放大装置将传感器件输出的微小信号放大；显示装置（如记录器或读数器）提供放大后的信号。引伸计的种类很多，可分为机械式引伸计、光学引伸计和电子引伸计等。

表式引伸计 机械式引伸计的一种，通称千分表。标距范围内的试件变形可由千分表顶杆传至表面齿轮进行放大，然后由表盘上的指针读出（图1）。

杠杆式引伸计 机械式引伸计的一种（图2）。引伸计可固定在试件上，试件轴向变形带动可动支点转动，经杠杆放大（放大倍数约为1000）的试件变形由指针显示于表盘，其标距（可动支点与不动支点间的距离）可选，具有较高的灵敏度和适应性。

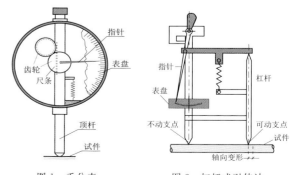

图 1　千分表　　　图 2　杠杆式引伸计

马丁仪 光学引伸计的一种。当试件变形时，可动接触点移动Δl，使安装于可动棱口的反射镜转动（图3）。此

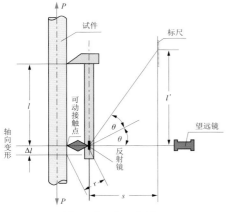

图3 马丁仪工作原理

时，可由仪器的望远镜读取标尺上的变形数据l'，变形放大倍数$M=l'/\Delta l=s\tan 2\theta/(r\sin\theta)$。改变反射镜到标尺的距离$s$，可以改变放大倍数。改装后的这种仪器亦可测量构件表面的转角。

电阻式引伸计 电子引伸计的一种，由横梁、弹性元件、底脚等组成（图4）。底脚固定在试件上，当两底脚之间的

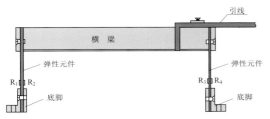

图4 电阻式引伸计

长度发生变化时，贴在弹性元件上的应变片R把弹性元件的应变转换成与长度变化成正比的电压信号。这种引伸计适用于构件表面应力和裂缝的动态测量。

quanqiu dingwei xitong

全球定位系统（global positioning system；GPS） 美国开发的第二代卫星导航定位系统，可向全球用户连续提供高精度全天候三维坐标、三维速度以及时间信息。

系统组成 全球定位系统由三部分组成。

（1）空间星座部分。由24颗工作卫星和4颗备用卫星组成。24颗卫星均匀分布在6个轨道面内，每个轨道面均匀分布有4颗卫星；轨道平均高度约为20200 km，卫星运行周期为11小时58分。地面观测者可观测到的卫星颗数随时间和地点不同，最少为4颗，最多达11颗。卫星可向用户连续发送定位信息；接收和储存地面监控站发来的卫星导航电文信息；接受并执行地面监控站发来的控制指令，适时改正运行偏差或启用备用卫星；通过星载的高精度铷钟和铯钟提供精密的时间标准。

（2）地面监控部分。包括主控站、3个控制站和5个监测站；其作用是监测卫星的运行，确定GPS时间系统，跟踪并预报卫星星历和卫星钟状态，向每颗卫星的数据存储器注入导航数据。

（3）用户设备部分。包括GPS接收机及其天线，微处理器及其终端设备以及电源等。

GPS空间星座图

原理 采用基本的几何与物理原理，可利用空间分布的卫星以及卫星与地面点间的距离交汇确定地面点位置。假如某卫星的位置为已知，通过一定方法又可准确确定某地面点至卫星间的距离，那么该点一定位于以该卫星为中心、以两者距离为半径的圆球上。若能同时测得该点至另外两颗卫星的距离，则该点一定处在三圆球相交的两个点上。根据地理知识，可确定其中一个点是需要定位的点。距离的同步测量必须有统一的时间基准，故必须至少测定到4颗卫星的距离才能实现定位。

定位方法分类 GPS定位方法分为伪距法定位与载波相位测量定位两种；前者定位速度快，后者定位精度高。对于地面点接收机而言，可采用静态定位或动态定位。静态定位含绝对定位和相对定位，前者将接收机设置于不动点观测数分钟或更长时间，以确定该点的三维坐标；后者将两台或更多台接收机置于不同点，确定点间的相对位置。动态定位是指至少有一台接收机处于运动状态，并确定其在各观测时刻的绝对或相对位置。

采用差分GPS定位可提高GPS定位精度。将GPS接收机安置在基准站上进行观测，根据已知的基准站精密坐标计算出坐标、距离或相位的修正数，并由基准站通过数据链实时将该数发送给用户接收机，从而改正其定位结果，提高定位精度。

应用 除军事用途外，GPS亦广泛应用于其他领域。

（1）大地控制测量。进入21世纪以来，GPS定位技术已经完全取代了用常规测角、测距手段建立大地控制网的大地测量。用GPS卫星定位技术建立起的GPS控制网，网中相邻两点的距离可达数千千米至上万千米，可作为全球或区域的高精度坐标框架。

（2）工程变形监测。可监测大坝、高层建筑等结构的静态变形以及高层建筑和桥梁等的动态变形，用于施工控制和健康监测。

（3）地球动力学及地震研究。用GPS监测全球或区域板块运动和地壳运动，从而进行地球成因及动力机制研究。分析地倾斜和地应变积累，研究地下断层活动模式、应力场变化，为进行地震危险性估计和地震预报提供依据。

（4）导航和管制。应用于交通、测绘、导航、公共安全等众多领域。基于GPS的智能地理信息系统，可实现车辆的自动定位和车辆运营管理。

（5）灾害防治。在林业防火、农业病虫害防治等领域亦可应用。

wuxian yaoce

无线遥测（wireless telemetry） 利用自由空间中的电磁波传输信号并对信号进行处理的技术。这种信号传输技术将传感器输出的微弱电信号由发射机发射，通过电磁波传输到接收站由接收机进行放大、处理和记录，具有信噪比高、耐冲击、耐振动、使用方便等优点，尤其适用于恶劣环境、运动物体、难以布线的物体和测试人员不易接近的物体的信号测量和控制；在地震监测、振动测量、工业生产及设备控制等方面应用广泛。对于采用大量分布式传感器的健康监测技术系统，无线遥测技术极具吸引力。

遥测系统 由传感器、发射机、信号接收和处理设备、记录和显示装置组成。在调频-调频（FM－FM）遥测系统（图1）中，传感器将被测物理量（如应变、压力等）转换成电

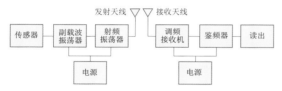

图1 调频-调频遥测系统框图

信号，用来调制副载波振荡器，再由输出的调频信号对射频振荡器进行调制。两次调制后的信号，经天线以电磁波方式发射。调频接收机接收信号后，亦须经两次解调恢复原模拟量，然后由记录器或显示装置读出。旋转机件的物理量测量，通常是在发射天线和接收天线之间采取电容耦合的近程传输方式。

信号处理 遥测系统通常须处理多路信号。将多路信号混合成一个组合信号，并通过一条线路传输的方式称为多路传输；多路传输主要有频率分割多路传输（简称频分制）和时间分割多路传输（简称时分制）两种方式。

（1）在频分制中，通道是按照不同的中心频率划分的，即每个通道有一个中心频率，并占据这个频率附近的一定的频率带宽，信息以模拟量调制形式进行连续传送。

（2）在时分制中，通道是按时间顺序划分的，即由转换开关对所要测量的多路模拟量按时间顺序轮流取样，再将取样电平转换成脉冲量进行传送。取样电平对脉冲信号的调制有几种方式（图2）：①脉幅调制（PAM），脉冲幅度

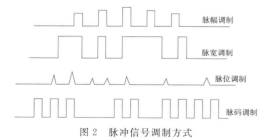

图2 脉冲信号调制方式

与模拟信号成比例变化；②脉宽调制（PDM），脉冲的幅值不变，而脉冲的宽度和模拟信号成比例变化；③脉位调制（PPM），脉冲的幅度、宽度不变，使各脉冲的相对位置（相位）随调制信号变化；④脉码调制（PCM），将模拟信号转换成二进制数字编码的脉冲信号。

对遥测系统获得的数据可进行实时在线处理，也可用各种形式的记录器存储后，再转换成相应的编码，利用计算机进行数据处理。

wusun jiance

无损检测（nondestructive testing；NDT） 以不损坏被检测物体为前提，应用物理方法了解被测物体的性质、状态和内部结构的应用技术。该技术运用力学、光学、电磁学、声学、原子物理学、计算机和信息科学的知识，实施工程质量管理、质量鉴定和在线检测，广泛应用于冶金、机械、石油、化工、航天航空和土木工程等领域，是现代工业的基础技术之一。

起源和发展 中国先秦时期的《考工记》中已有借助铜冶炼中烟气的颜色判断铜料杂质和出炉时机的描述。明朝科学家宋应星所著《天工开物》记载了利用敲击发声检测铸器质量的方法，这些都是无损检测的雏形。

17世纪以后近代物理学的发展，为现代无损检测技术奠定了基础。1895年伦琴（W. C. Rontgen）发现X射线后，无损检测技术开始步入现代工业领域。20世纪初，X射线检测首先在法国和美国获得应用；超声探测技术（见超声法）于1929年用于产品质量检验；20世纪30年代，磁粉探伤方法被开发；1935年第一台电涡流探测仪研制成功。至20世纪中叶，射线检测（RT）、超声检测（UT）、磁粉检测（MT）、渗透检测（PT）和电磁检测（ET）这五种常规方法已形成技术体系。20世纪后期，材料科学和计算机科学的发展进一步推进了无损检测的技术进步。这一时期，开发了射线实时成像检测和工业CT等新技术，γ射线的利用和高能加速器的出现，增大了物体检测的厚度。

中国的无损检测技术借鉴国际研究成果，已在胶片成像X射线检测技术、X射线数字成像技术、X射线工业CT技术、中子射线成像技术、康普顿散射技术等方面取得了良好的进展。

混凝土的无损检测 无损检测在土木工程尤其是混凝土材料的检测中具有广泛应用。最早的混凝土无损检测方法是于1930年提出的表面压痕法。1935年共振法用于测量混凝土弹性模量，1948年回弹仪研制成功，1949年开始利用超声脉冲检测混凝土；此后又有使用放射性同位素检测混凝土密实度和强度的研究。这些进展为混凝土无损检测技术奠定了基础。20世纪60年代，声发射法用于混凝土检测；80年代，机械波反射法被开发，钻芯法、拔出法和射钉法等半破损检测方法相继应用，形成了较为完整的混凝土无损检测体系。20世纪后期，又开发出微波吸收法、雷达波法、红外成像和脉冲回波等混凝土无损检测新技术。

中国的混凝土无损检测技术研究始于20世纪50年代，在70年代末至80年代取得迅速进展，在混凝土强度、裂缝和缺陷检测中取得了一系列成果，混凝土灌注桩的超声检测属其中的重大发展。90年代以后，雷达技术、红外成像技术和冲击回波技术进入实用阶段，检测分析亦由经验判断发展为数值判断和成像判断。在此基础上，相关技术标准陆续颁布实施。

展望 超声检测技术在无损检测中占据最重要的地位，复合材料检测和换能器开发是其研究重点。多涡流检测器和成像阵列探头是涡流成像检测仪器的研究重点，铁磁性部件的漏磁检测法以及金属磁记忆检测技术是新的发展。混凝土强度检测的关键是进一步提高精度并明确无损检测强度与立方体强度的统计关系。无论是金属材料检测或混凝土材料检测，测试数据分析由统计处理到数字信息成像

的发展是共同的方向。

hongwai chengxiang

红外成像（infrared imaging）　根据被测物体的红外线辐射识别物体缺陷或损伤的技术。利用红外检测仪器摄取物体的红外线辐射强度可获得物体表面温度场，该温度场分布的图像能直观显示被测材料或结构的不连续，是一种广泛使用的非接触无损检测技术。

原理　红外线是介于可见光和微波之间的电磁波，波长为 $0.76 \sim 1000\ \mu m$，频率为 $4 \times 10^{14} \sim 3 \times 10^{11}$ Hz。任何高于绝对零度（－273℃）的物体都是红外线辐射源。在均匀光照和热流注入下，无缺陷物体表层温度分布基本是均匀的；物体内部发生裂纹和存在缺陷将改变热传导特性，导致表面温度场产生局部变化，展现物体内部的缺陷和位置。

红外成像技术的实现，要考虑被测物体本身的辐射率和周边的辐射，考虑烟雾等颗粒对红外线传播的影响和辐射能量的衰减等。

红外检测设备　含红外点温仪、红外热像仪和红外热电视等不同类型。红外热像仪的工作原理如图所示。探测

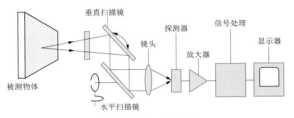

红外热像仪工作原理

器利用扫描镜等光学器件接受被测物体的红外辐射信号，经放大后进行处理分析，分析结果由显示器显示。红外探测的焦距理论上可达 20 cm 至无穷远，在白昼和黑夜均可工作。现代红外热像仪测温范围可达－50～2000 ℃，温度分辨率为 0.1～0.02 ℃。红外摄像仪的拍摄速度多为每秒 1～30 帧，可用于静、动态目标物体的跟踪探测。

应用　红外成像检测技术在大气和气象监测，医疗诊断，电力、石化、冶金和机械设备检测中有广泛的应用。在土木工程领域，红外成像技术可用于山体滑坡监测，建筑装修的检测，混凝土构件损伤探测以及建筑防水层、玻璃幕墙和门窗保温的检测等。热红外成像技术的发展与红外探测材料和红外探测器的发展密切相关。用固体化电子扫描取代光机扫描，并实现室温热成像是当前热红外成像技术的研究目标。

chaoshengfa

超声法（ultrasonic testing；UT）　根据超声波在被测物体内部的传播特性进行损伤探测和质量评定的技术，是无损检测技术的一种。振动频率超过 20000 Hz、人耳听不到的声波称为超声波。用于结构损伤检测的超声波频率为 0.5～10 MHz 或更高。超声波在介质中的传播特性与介质力学性质和状态有关，检测被测物体介质反射的超声波信号，可对被测物体性态和损伤作出判断。超声检测具有灵敏度高、成本低、速度快和使用方便等特点，应用范围十分广泛，但其可靠性在很大程度上取决于检测人员的知识和经验。

超声检测设备　有连续波探伤仪、脉冲波探伤仪、脉冲反射式探伤仪、多通道探伤仪和显式探伤仪等多种。脉冲反射式超声探伤仪结构如图所示。设备发射电路产生的

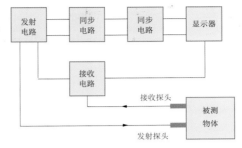

脉冲反射式超声探伤仪结构框图

高频电波经换能器（探头）转换为超声波并向被测物体内部发射。超声波在不同介质物体内的传播速度和衰减特性不同，一旦介质发生变化将产生反射。接收探头和接收电路采集超声波传播的始波、反射波或端面透射波，通过速度、波幅、波形、频率的分析，可判断被测物体的缺陷、力学强度和厚度等，并利用显示器显示结果。

应用　超声检测可用于混凝土强度和损伤检测，混凝土坝的检测和监测，桩基的完整性、均匀性和强度检测，钢结构损伤和焊缝质量检测以及岩石破裂机制研究等。超声法是检测混凝土强度的重要手段。超声波在混凝土中的传播速度与混凝土弹性模量和力学强度有关。影响超声波在混凝土中传播速度的因素很多，包括混凝土构件的横向尺寸、温度和湿度，粗骨料的品种、粒径和含量，水泥的成分、强度和水灰比，养护龄期、养护方法以及构件中可能存在的钢筋和缺陷等。

基于大量试验数据可对影响因素进行显著性分析和统计检验，得出混凝土强度与超声波速度的非线性关系曲线；据此可由超声波速度估算混凝土强度。该曲线依制定条件和适用范围不同，可分为专用（率定）曲线、地区曲线和统一曲线。中国于 2000 年颁布《超声法检测混凝土缺陷技术规程》（CECS 21：2000），对相关方法作出了具体规定。

超声检测技术仍在发展中。超声换能器的性能改进和新型换能器的研制，超声检测结果的定性、定量方法，混凝土等复合材料构件的检测方法，检测仪器的系列化、智能化、自动化和图像化等都是技术改进的方向，核心问题在于提高检测结果的可靠性。

huitanfa

回弹法（rebound method）　利用混凝土回弹仪检测普通混凝土构件抗压强度的方法，是无损检测技术的一种。该方法设备简单，使用方便，可在现场检测混凝土构件强度，使用较为广泛。

混凝土回弹仪　检测混凝土强度的直射锤击式设备。回弹仪内的弹击锤可由弹击拉簧变形获得标准冲击能量，弹击锤脱离挂钩发射后沿中心导杆运动，通过弹击杆将能量传递给混凝土表面，而后弹击杆和弹击锤回弹。弹击锤回弹前后的位置差定义为回弹值，可由指针块和刻度尺显示，回弹值取决于冲击能量和回弹能量。由于混凝土受冲击后局部将发生弹塑性变形并耗能，故回弹能量小于冲击能量。混凝土强度低则塑性变形大，耗能大，导致回弹能量和回弹值减少。因此，可以利用回弹值推定混凝土强度。

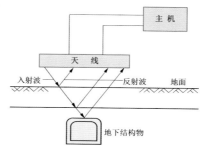

混凝土回弹仪
1. 弹击杆；2. 弹击拉簧；3. 弹击锤；4. 指针片；
5. 刻度尺；6. 中心导杆；7. 挂钩；8. 外壳；9. 指针块

可靠性影响因素 影响回弹法检测可靠性的因素很复杂：①回弹仪的机械加工难以保证各台仪器具有完全一致的机械性能；②混凝土的成分、添加剂、构件成型方法、构件养护方法和湿度，混凝土龄期和碳化，混凝土输送方式（如泵送等）乃至混凝土中的钢筋都对混凝土强度有影响；③回弹仪只能检测混凝土表面强度，而表面强度和内部强度可能并不一致。

考虑上述复杂情况，可根据试验建立回弹值与混凝土强度的经验关系（亦称回归方程、校准曲线或率定曲线）。上述经验关系的建立，应采用与被测构件条件相同的混凝土试块进行破坏性试验，并考虑构件在施工过程中由于成型、养护、龄期等可能产生的强度变异。校准曲线依制定条件和适用范围不同可分为统一曲线、地区曲线和专用曲线三种。校准曲线可将混凝土碳化深度、龄期和含水率等作为变量。此外，混凝土回弹仪不仅在出厂时要具有合格的率定值，而且要保证其在使用中具有恒定的冲击能量和稳定的测试性能，即具有标准状态。

应用 回弹法在美国仅用于混凝土均匀性判断和混凝土构件质量的相对比较，并不用于强度检测；在日本和欧洲将回弹法作为判断混凝土强度的辅助手段；英国和德国专家认为该法可以推算混凝土强度。中国于1985年颁布行业标准《回弹法评定混凝土抗压强度技术规程》(JGJ/T 23—85)，该法规几经修订，2001年修编为《回弹法检测混凝土抗压强度技术规程》(JGJ/T 23—2001)；1993年颁布国家计量检定规程《混凝土回弹仪》(JJG 817—93)。这些技术标准根据实践经验和研究成果对混凝土回弹仪和混凝土回弹检测方法作了具体规定。

chaosheng huitan zonghefa
超声回弹综合法（unified method of rebound and ultra-sonic testing） 同时使用超声法和回弹法检测混凝土强度的方法，是无损检测技术的一种。该方法于1966年在罗马尼亚被提出后引起世界各国的重视，基于大量研究和实践，已在混凝土工程质量检测中获得广泛应用。该方法兼具回弹法和超声法两者的特点，能减少龄期和含水率对混凝土强度测试的影响，更全面地反映混凝土的实际质量，从而提高了测试精度。

利用超声回弹综合法检测混凝土强度须使用超声检测仪和混凝土回弹仪。根据混凝土构件实测的超声波速和回弹值，利用综合测强曲线可确定混凝土强度。测强曲线反映了混凝土抗压强度与超声速度和回弹值间的关系，可用算式或表格表示。建立测强

曲线的过程如下：①考虑影响混凝土强度的各种因素，如水泥品种和数量、粗细骨料的品种和数量、外加剂、碳化深度和含水率等，制作不同龄期、不同强度的大量混凝土试块，分别测定其超声速度和回弹值；②由破坏试验得到混凝土抗压强度；③对测试数据进行分析整理，确定拟合曲线的最佳形式，得出回归系数。测强曲线依制定条件和适用范围不同可分为统一曲线、地区曲线和专用曲线三种。中国于1988年颁布《超声回弹综合法检测混凝土强度技术规程》(CECS 02：88)，对相关技术方法作出具体规定；2005年对这一规程作了修订。

leidabofa
雷达波法（radar technique；RT） 利用微波传播特性，对材料和结构进行损伤检测和结构探测的技术，是非接触无损检测技术的一种。

原理和特点 雷达波是无线电波，探测技术中使用的雷达波大多属于微波频段。微波处于短波与红外线之间，频率为300 MHz～300 GHz，波长为1 mm～1 m。微波具有频率高、频带宽、方向性好、信息容量大的特点。当波长远小于被测物体的尺寸时，微波与光的传播特性相似；波长接近被测物体尺寸时，微波传播具有声波的特点。微波在介质中会产生反射、折射和衍射；微波发射后与传播介质分子产生相互作用，发生取向极化、原子极化和空间电荷极化等现象，致使微波发生衰减和相移。微波接收信号包含了被测物体的内部信息，可用于分析物体结构。微波容易穿透非金属材料，但随着频率升高，穿透能力下降。与超声波和X射线相比较，在微波频段介质电磁特性的变化对缺陷更为敏感，这是微波检测的优势所在。

方法 微波技术用于无损检测始于20世纪50年代。微波检测方法有很多种。信号接收方式有透射波接收和反射波接收的区别，信号发生方式有点频扫描、扫频扫描、脉冲调制等多种，信号处理可采用散射波法、驻波干涉法和计算机辅助断面成像法等。微波探测设备一般由以下几部分组成：由电真空管或固态器件构成的产生微波振荡的信号源，使用波导管、同轴电缆或带状线的信号传输系统，发射和接收微波信号的探头（天线）以及信号采集处理设备。工程中使用的雷达波探测设备包括探地雷达（图1）和钢筋混凝土雷达仪（图2）等。

探地雷达（ground probing/penetrating radar；GPR）又称地质雷达，是微波探测设备的一种，可用于地下结构和浅层地层结构等的探测。探地雷达通过天线将高频电磁波以宽频脉冲方式射入地下，雷达波遇地层分界面或埋地

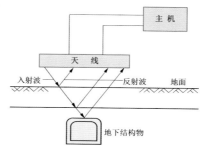

图1 探地雷达工作原理

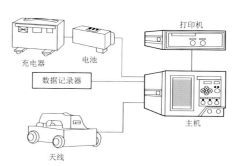

图2 钢筋混凝土雷达仪工作原理

结构物发生反射；在传播途径中，电磁场强度和电磁波波形随介质电磁特性和几何形态发生变化，根据入射波信号和反射波信号间的时间差以及电磁波传播速度，可计算发生反射处的深度，判断地层结构和地下埋藏物。

使用较低频率的雷达波可提高穿透力。雷达波检测技术的发展涉及新的信号处理技术和信号源的改进，旨在提高检测的深度和精度，并扩展应用范围。

应用 雷达波检测技术可用于公路路面和机场跑道厚度的检测，路面与路基缺陷和裂缝的检测；在桥梁施工中，可检测桩基质量；在工程地质勘察中，可探测破碎带、地层分类和持力层位置；在地下工程施工中，可探查埋地污水管线和旧建筑基础。在建筑工程中，可探测混凝土内部的钢筋、孔洞、管道和杂物；在考古工作中，探测地下墓穴和地下结构。微波方法还可检测非金属材料的火箭壳体、航空航天器部件、板材、管材的内部缺陷和金属夹杂，检测金属材料表面裂缝以及各种器件的内部质量。在地质灾害防御中，探地雷达技术可用于滑坡、崩塌、地面沉陷和水土流失等的防治研究。

shengfashefa

声发射法（acoustic emission；AE）

基于声发射现象开发的无损检测方法。受力构件的材料在变形或损伤萌生、扩展过程中释放能量，并以应力波的形式传播的现象称为声发射，亦称应力波发射。

原理和特点 德国科学家凯瑟（J. Kaiser）最早发现金属材料的声发射现象。声发射的能量源自构件内部裂纹的形成、扩展，构件材料的内摩擦、塑性变形或分子的位错。基于被测构件的声发射信号的分析，可以进行结构损伤定位和损伤程度评估；可以监测裂缝发生和扩展过程。

声发射现象具有不可逆效应。声发射检测几乎不受被测构件材料的限制，可用于绝大多数金属和非金属材料。声发射技术可检测微米数量级的微裂纹，是无损检测技术中灵敏度较高的一种。声发射检测可以实时在线进行，且对被测构件的几何形状不敏感。该法可在高温或低温、核辐射、燃烧、爆炸、毒气泄漏等恶劣环境下实施。声发射的低频信号易受噪声干扰是该项技术应用中存在的问题。

设备和检测方法 声发射检测通过专门的声发射设备实施，设备一般由探头和检测仪器构成。单双通道声发射检测仪原理见图1。探头采用压电晶体元件制作，有谐振式

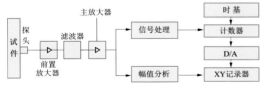

图 1　单双通道声发射检测仪工作原理

探头、差动探头、高温探头和宽频带探头等多种。作为探头的压电传感器固定在被测试件的基体上，接收高频声发射波并转换为电信号，经放大器和滤波器后进行分析处理，可得到声发射特征参数，并据此推测材料内部声发射源的特征和状态。常用的声发射仪器可分为单双通道检测仪和多通道声发射系统两种基本类型。使用多通道声发射检测系统可以确定声发射源（即材料缺陷）的具体位置。声发射事件基本波形和主要特征参数见图2，U 为电压。

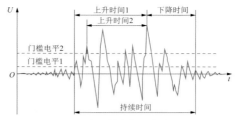

图 2　声发射事件基本波形

声发射事件中，环境干扰信号的上升时间一般比声发射信号的上升时间长得多，可据此区别材料缺陷信号和环境振动信号；天电干扰的持续时间比声发射持续时间短得多，可据此排除天电干扰。下降时间反映了声发射源和材料中机械波传播的衰减特性。门槛电平是控制检测仪工作状态的信号阈值，采用不同的门槛电平可得到不同的信号持续时间和上升时间。

应用 声发射技术产生于 20 世纪 50 年代，最早应用于压力容器的检测。该技术在 70 年代引入中国，90 年代以后取得迅速进展。1978 年中国无损检测学会设立了声发射专业委员会，并颁布了一系列技术标准。声发射技术广泛应用于化工、运输、电力、能源、机械、航空航天、地震、地质等领域。在土木工程中，声发射技术可用于钢构件和混凝土构件的损伤探测。

zuanxinfa

钻芯法（core-drill method）

利用专用钻机从结构混凝土中钻取芯样检测混凝土强度和内部缺陷的方法。钻芯检测将在结构局部形成孔洞，是一种半破损检测方法。该检测方法直观、可靠、准确，但在实际使用中，可能因大量取芯而受到限制。

设备和取样 利用钻芯法检测混凝土须使用钻芯机和配套设备。钻芯机具有驱动钻头旋转、向钻头施加压力并操纵钻头前进后退的基本功能。钻芯机一般设有冷却水系统，机体应有足够刚度和稳定性，并便于移动和拆卸。配套设备包括用于打锚孔固定钻机的冲击钻，确定混凝土中钢筋位置以选择钻孔点的钢筋定位仪等。不同类型钻芯机的取样直径从几厘米到几十厘米不等。

钻芯机钻取的芯样应进行切割、磨平和补平，以满足直径、高度、端面平整度和垂直度的要求。加工后的芯样使用材料试验机进行强度试验。中国采用的标准试验芯样为直径 100 mm、高 100 mm 的圆柱体，由这种圆柱体试样得出的混凝土抗压强度相当于边长 150 mm 立方体试块的强度。当钻芯试样的高径比不等于 1 时，试验得出的抗压强度应作修正。

应用 钻芯法可用于检测混凝土的强度、容重、吸水性和抗冻性，检测混凝土的裂缝和冻层深度、混凝土的接缝和分层以及离析和孔洞等，是进行土木工程质量检测和事故分析的有力手段。钻芯法检测结果可靠准确，可以作为验证或修正回弹法、超声波检测结果的依据。钻芯法应用已有几十年历史，世界各国都有相关技术法规。国际标准化组织编制了技术标准《硬化混凝土芯样的钻取检查及抗压试验》（ISO/DIS 7034）；中国于 1988 年颁布了《钻芯法检测混凝土强度技术规程》（CECS 03：88），2007 年对该规程进行了修订。

抗震技术标准

kangzhen jishu biaozhun

抗震技术标准（seismic technical standard）　统一、协调、简化、优化和综合抗震防灾相关技术的规范文件，旨在建立抗震技术应用的最佳秩序，促成抗震防灾事业的最大效益。地震震害和工程经验的积累、地震工程和相关学科的研究成果是编制抗震技术标准的知识基础。标准的编制应综合考虑抗震安全性要求和经济社会发展水平，满足技术适用性、科学性、先进性和可行性要求，并遵循产生—实践—反馈的过程逐步修订与完善。

起源和发展　在现代地震工程的发源时期，位于地震区的经济发达国家率先研究抗震减灾技术并付诸实施。1895 年日本震灾预防调查会发表《木结构住宅抗震要点》，推荐采用拉杆、斜撑和铁箍等建筑抗震构造措施。1908 年意大利墨西拿（Messina）地震后组织的特别委员会，首次提出结构抗震的工程指南，建议了计算地震作用的等效静力方法。这些技术文件可视为抗震技术标准的雏形。破坏性地震的发生不断推动和检验着抗震技术。1923 年日本关东地震后的第二年，日本基于震度法编制了最早的抗震技术标准《市街地建筑物法》。1927 年美国《统一建筑规范》（UBC）第一版在附录中规定了抗震设计使用的地震系数，成为美国最早包含抗震条款的技术标准。

随着地震工程研究的逐步深入，1981 年日本正式颁布实施《新耐震设计法》（1980），该标准基于十年地震工程研究的新成果，规定了新建房屋抗震设计的最低要求，其中的二次抗震设计思想在理论和方法上均有重大意义。美国应用技术委员会（ATC）于 1973 年组织近百名地震工程界和其他领域的专家，全面分析和规定了新建房屋抗震设计和既有房屋抗震加固的技术途径和方法，于 1977 年颁布了《编制建筑抗震规范的暂行规定》（ATC—3—06）。这些技术标准中的一些基本原则和方法被其他国家的抗震技术标准所采用，对以后抗震规范的制定和修编产生了重要的影响。

20 世纪后期，抗震技术标准化已遍及全球地震区，国际标准化组织、地区性国家组织（如欧洲共同体）、各个国家、各国行业协会和地方政府等分别颁布大量抗震技术标准，涉及各类工程结构的抗震设计施工和抗震试验，既包括新建工程的抗震设计，也包括既有工程的抗震鉴定加固，除对传统抗震技术作出规定外，也吸收了隔震、消能减振等结构控制技术。上述抗震技术标准多由行业协会主持编制，且一般规定为采用相关抗震技术的最低要求。部分抗震技术标准是独立编制的，名称中常冠以"抗震"字样；另一部分则体现于其他技术标准中的抗震相关条款。

美国的"样板规范"（Model Code）是抗震技术标准中特殊的一类，这类标准不谋求法规强制性，但具有技术权威性和可操作性，可供各部门、各地区编制抗震技术标准参考。样板规范的编制有利于促进科学家和工程师的沟通，能尽快吸收抗震科技新成果和震害经验，促进技术规范研究和编制的持续发展。美国的样板规范含统一建筑规范（UBC）、全国建筑规范（NBC）和标准建筑规范（SBC）；此外，还有与样板规范性质相似、影响很大的样本规范性文件，如加州结构工程师协会（SEAOC）和国家减轻地震灾害计划（NEHRP）编制的多种技术文件。

中国抗震技术标准　中国抗震技术标准一般分为国家标准、行业标准、地方标准和企业标准四类，标准内容涉及地震动参数、地震危险性评价、抗震设计、抗震鉴定加固、抗震试验、抗震设防分类、抗震术语等。根据《中华人民共和国标准化法》，技术标准分为强制性标准和推荐性标准两类。为保障国家社会经济和防震减灾事业健康稳妥地发展，一方面要对抗震技术强制性标准和标准中的强制性条款加强管理，严格执行；另一方面也要防止因强制性规定不合理或强制性内容过多造成实施困难、可操作性差。国家鼓励采用国际标准和国外先进标准，提倡由行业协会主持编制抗震技术标准。

中国抗震技术标准的编制和发展大体可分为三个阶段。

第一阶段　20 世纪 50 年代末至 60 年代初，是编制抗震技术标准的准备时期，主要借鉴苏联抗震设计规范和国际地震工程研究成果，试编了中国最早的抗震规范。尽管这些规范未正式批准颁布和全面施行，但在积累经验的同时也培养了地震工程研究队伍。

第二阶段　20 世纪 60 年代中期至 70 年代，在吸收国际地震工程研究成果和总结中国震害经验的基础上，结合中国经济技术发展水平，编制了用于重要城市和重大工程、涵盖主要土木工程结构类型的抗震技术标准。

第三阶段　1976 年河北唐山地震的发生推动了中国地震工程研究和抗震技术标准化的进程，至 20 世纪 90 年代已形成较为完善和系统的涉及建筑物、构筑物及设备的抗震技术标准。新的抗震理论和方法在抗震技术标准修编中被采用，其中包括两阶段抗震验算方法、静力弹塑性方法、动力时程分析法、性态抗震设计概念和结构振动控制技术等。

展望　震害经验的积累和抗震理论的发展将继续推进抗震技术标准的完善。新型抗震结构和抗震控制技术将扩充抗震技术标准的内容。社会经济发展提出了对防震减灾技术的新的更高需求，抗震技术标准的要求将适时提高，性态抗震设计展现了抗震技术标准的未来发展方向。

zhongguo jianzhu kangzhen sheji guifan

中国建筑抗震设计规范（seismic design code of buildings in China）

中国建筑抗震设计规范的编制始于中华人民共和国的建立。规范编制在借鉴苏联、美国、日本等国规范内容的同时，逐步采纳中国抗震研究成果、震害经验和工程设计经验，至 20 世纪 90 年代已形成有中国特色的较为系统完善的建筑抗震设计规范。进入 21 世纪后，中国吸收国际技术标准化发展的经验，强制性的建筑抗震设计规范代之以规定部分强制性条文的规范；开始了推荐性的样板抗震设计规范和地方建筑抗震设计规范的编制。这些发展有利于推动建筑抗震新理念和新技术的采用，适应了新形势下国民经济建设和防震减灾事业的需求。

初创阶段　1955 年，苏联《地震区建筑设计规范》（ПСП—101—51）在中国翻译出版，中国少数重要建筑参照该规范按静力理论进行抗震设计。1959年，中国科学院土木建筑研究所参考苏联规范提出中国第一部抗震设计规范草案，该草案曾试用但未正式颁布。1962年重新启动抗震规范编制工作，并于1964年编制完成《地震区建筑设计规范（草案）》，该规范适用于房屋建筑、给排水和道桥等工程，采用了反应谱理论。该规范亦未正式颁布，但对以后的工程抗震设计和抗震规范编制产生了重要影响。

发展阶段　1966年河北邢台地震和1967年河北河间地震的发生，提高了全社会对抗震防灾重要性的认识并积累了初步的震害经验；1974年，《工业与民用建筑抗震设计规范（试行）》(TJ 11—74)经批准正式颁布。该规范以《地震区建筑设计规范(草案)》为基础，沿用反应谱理论并根据中国经验规定了砂土液化判别式。同年，台湾省《建筑技术规则》中有关抗震设计的规定颁布实施，这些规定参考了美国加州结构工程师协会（SEAOC）标准的相关内容。在总结1975年辽宁海城地震和1976年河北唐山地震经验教训的基础上，《工业与民用建筑抗震设计规范》(TJ 11—78)于1978年颁布。该规范的主要修订内容是规定一般建筑物的设计烈度应按基本烈度采用，并增加了黏土砖房设置构造柱的抗震措施等要求。

在唐山地震之后广泛开展抗震研究的基础上，修订的《建筑抗震设计规范》(GBJ 11—89)于1989年颁布。该规范增加了抗震设防烈度6度区房屋抗震设计的要求；采用了分别对应大震和小震的两阶段抗震验算要求，并依据《建筑结构设计统一标准》(GBJ 68—84)采用了构件承载力验算的极限状态设计表达式。此外，还修改了场地抗震分类标准、设计反应谱和设计地震作用的取值，增加了抗震概念设计、结构抗震分析方法和抗震构造措施的内容。依据该规范制定的抗震设计基本原则和方法，一批针对特定结构房屋的部颁标准和地方标准相继颁布，涉及大板建筑、空心砖承重建筑、底框架砌体建筑、预应力混凝土建筑、大开间异型柱框架建筑和小型空心砌块建筑等。

现阶段　2001年建筑抗震设计技术标准《建筑抗震设计规范》(GB 50011—2001)颁布。该规范以《中国地震动参数区划图》(GB 18306—2001)为依据，采用地震动物理参数计算地震作用，进一步补充完善了有关抗震概念设计、抗震设计计算和抗震措施的规定；增加了有关隔震和消能减振设计的内容。在全部531条规定中，取52条作为强制性条文加强监督实施。

同年，中国工程建设标准化协会标准《叠层橡胶支座隔震技术规程》(CECS 126:2001)颁布，其中包含建筑隔震设计的内容，反映了中国建筑隔震技术研究成果和工程建设经验。2004年，中国工程建设标准化协会标准《建筑工程抗震性态设计通则（试用）》(CECS 160:2004)颁布，该标准依据性态抗震设计思想编制，是一部自愿采用的、具有样板规范性质的推荐性抗震设计技术标准。此外，若干适应各省区特点和需求的地方性建筑抗震设计法规也相继编制。

新的国家标准《建筑抗震设计规范》(GB 50011—2010)已于2010年12月1日施行。

Gongcheng Jiegou Kekaodu Sheji Tongyi Biaozhun (GB 50153 - 92)

《工程结构可靠度设计统一标准》(GB 50153—92) (*Unified Design Standard for Reliability of Engineering Structures*,

GB 50153 - 92)　由中国建筑科学研究院会同建筑、铁路、公路、港口及水利水电工程等部门共同制定，作为强制性国家标准于1992年4月2日发布，1992年10月1日实施。

该标准编制旨在使房屋建筑、铁路、公路、港口及水利水电等各类工程结构的可靠度设计（含抗震设计）遵循统一的基本原则，并使用公认、可行、有效的方法，使设计达到技术先进、经济合理、安全适用和耐久性要求，可使不同工程结构的设计在必要时能实现接轨。标准的编制总结了中国工程实践经验，并借鉴了国际标准《结构可靠性设计总原则》(ISO 2394)的内容。

主要内容　由以下七部分组成。

总则　工程结构应满足四项功能要求。

（1）承受可能出现的各种作用，具有良好的工作性能，具有良好的耐久性和保持必需的整体稳定性。

（2）在规定的时间内和规定的条件下具有完成预定功能的足够的可靠度。

（3）应根据破坏可能产生的后果划分不同安全等级，结构构件的安全等级宜与整体结构的安全等级相同，不同安全等级的结构构件应规定相应的可靠度。

（4）宜采用以分项系数表达的、以概率理论为基础的极限状态设计方法，当有条件时宜按结构体系进行可靠度设计。应对结构设计所依据的主要条件进行控制，以保证结构具有规定的可靠度（见结构可靠度分析）。

极限状态的设计原则　极限状态是某一功能的标志，当超过这个状态时，整个结构或结构的一部分就不能满足设计规定的某一功能要求。极限状态可分为承载能力极限状态和正常使用极限状态两大类。极限状态的设计应遵循以下原则。

（1）工程结构设计时，应根据结构所处状态出现概率的大小和持续时间的长短分为持久、短暂和偶然三种设计状况；不同设计状况可采用不同的结构体系、可靠度水准和基本变量的设计值，分别进行可靠度验算。三种设计状况应按不同的极限状态进行设计，并采用作用效应的最不利组合。

（2）工程结构的极限状态应采用极限状态方程描述，并满足功能函数不小于零的要求。

（3）结构不能完成预定功能的概率为失效概率，结构构件的可靠度宜采用可靠度指标度量。结构构件设计的目标可靠指标，可在对现有结构构件进行可靠指标校准的基础上，根据结构安全和经济的最佳平衡确定。

（4）结构构件宜根据规定的目标可靠指标，采用由作用代表值（见荷载代表值）、材料性能标准值、几何参数标准值以及相应的分项系数组成的极限状态设计表达式进行设计（见极限状态设计方法）。

结构上的作用　结构上的作用按其时间变异性可分为永久、可变和偶然三类，按其空间变异性可分为固定、自由两类，按结构反应特点可分为静态和动态两类。作用随时间变化的规律可用随机变量概率模型描述。不同极限状态设计应采用不同的作用代表值；作用代表值和确定代表值的方法，应遵循技术标准的规定。可能同时出现的不同种类作用，应考虑其效应组合；不可能同时出现的不同种类的作用，不考虑其效应组合。

材料和岩土的性能及几何参数　材料和岩土的强度、

变形模量等物理力学性能应根据试验确定，宜采用随机变量概率模型描述；材料性能标准值的确定应符合技术标准的规定。结构、构件和截面的形状与尺寸及总体布置等几何参数应基于实测确定，可采用随机变量概率模型描述；几何参数标准值的采用应符合技术标准的规定。

结构分析　包括作用效应的分析和抗力及其他性能分析两方面内容，可采用计算或试验方法。结构分析所采用的基本假定和计算模型应能描述所考虑的极限状态下的结构反应。计算模型的不确定性应在极限状态方程中采用一个或几个附加的基本变量考虑。

分项系数设计方法　工程结构可靠度设计是在已知各基本变量（包括结构所受到的各种作用，构件承载能力和结构变形能力以及在外荷载或其他作用下的结构反应等）的统计特征前提下，根据给定的可靠度指标，运用结构可靠度的概率分析方法进行结构构件的设计。这种方法能够比较充分地考虑有关因素的变异性，使所设计的结构构件比较符合预期的可靠度要求。国际上只有核电站建筑直接运用给定的可靠度水准进行结构设计，一般工业与民用建筑的设计，则仍采用设计人员所习惯的构件极限状态设计表达式。

构件极限状态设计表达式中的各种分项系数，应根据相关基本变量的概率分布类型、统计参数以及规定的目标可靠度指标，通过计算分析并考虑工程经验优化确定。作用的设计值由其代表值乘以相应分项系数确定，材料和岩土性能设计值由其标准值除以相应分项系数确定。构件设计应满足极限状态函数不小于零的要求。构件承载力极限状态设计表达式及其对偶然作用、作用组合的考虑应符合技术标准的规定。可变作用的效应组合、特定情况下永久作用分项系数的取值应符合技术标准的规定。正常使用状态设计表达式及其效应组合应符合技术标准的规定。

质量控制要求　为保证结构可靠度，应对勘察与设计、材料和制品、施工、使用和维护实施质量控制。各项质量控制应满足相关技术标准的规定。

该标准未对涉及结构抗震可靠度设计的工程场地地震危险性分析作出规定，有关抗震设计的极限状态设计表达式由相关抗震设计规范具体规定。

条文目录　含7章和6个附录。

正文　1 总则；2 极限状态设计原则；3 结构上的作用；4 材料和岩土的性能及几何参数；5 结构分析；6 分项系数设计方法；7 质量控制要求。

附录　一 一次二阶矩方法；二 永久作用、可变作用和偶然作用举例；三 永久作用标准值的确定原则；四 可变作用标准值的确定原则；五 可变作用准永久值和频遇值的确定原则；六 本标准用词说明。

修订后的《工程结构可靠性设计统一标准》（GB 50153—2008）于 2008 年 11 月 12 日发布，2009 年 7 月 1 日实施。

Duokongzhuan（KP1 Xing）Jianzhu Kangzhen Sheji yu Shigong Guicheng（JGJ 68-90）

《多孔砖（KP1 型）建筑抗震设计与施工规程》（JGJ 68-90）

（*Specification for Seismic Design and Construction of KP1 Perforated Brick Buildings*，JGJ 68-90）　由中国建筑科学研究院会同相关设计研究机构和高等院校共同编

制，作为行业标准于 1990 年 10 月 1 日颁布施行。

内容和特点　KP1 型多孔砖是一种带竖孔的承重多孔黏土砖，该规程规定了采用此种砌体砖的房屋抗震要求，这些要求与砌体结构房屋抗震要求相似，主要内容和特点如下。

（1）规程适用于抗震设防烈度 6～9 度地区 KP1 型多孔砖建筑的抗震设计，抗震设防目标与砌体房屋相同。

（2）具体规定了 KP1 型多孔砖的抗压强度、抗剪强度、强度调整系数和弹性模量等力学参数的取值。

（3）KP1 型多孔砖建筑的高度、层数、横墙间距、局部尺寸、高宽比的限制以及防震缝的设置要求与砌体房屋一致。

（4）KP1 型多孔砖建筑的地震作用计算采用底部剪力法，规定了多孔砖砌体抗剪强度设计值、正应力影响系数；抗震验算为小震作用下的强度验算，采用以分项系数表示的极限状态设计方法。

（5）规定了与一般砌体房屋相类似的包含构造柱、圈梁、墙体拉接、构件连接、突出屋面建筑等的抗震构造措施要求。

（6）详细规定了 KP1 型多孔砖建筑的施工准备、施工方法和质量检验要求。

条文目录　含 6 章和 3 个附录，另附有附加说明。

正文　1 总则；2 材料强度等级和砌体主要计算指标；3 抗震设计的一般规定；4 地震作用和抗震承载力验算；5 抗震构造措施；6 施工技术要求与质量检验。

附录　一 名词解释；二 墙片侧移刚度计算；三 本规范用词说明。

Dieceng Xiangjiao Zhizuo Gezhen Jishu Guicheng（CECS 126：2001）

《叠层橡胶支座隔震技术规程》（CECS 126：2001）

（*Technical Specification for Seismic-Isolation with Laminated Rubber Bearing Isolators*，CECS 126：2001）　由广州大学和中国建筑科学研究院会同相关设计研究机构、高等院校、隔震器材生产企业共同编制，作为中国工程建设标准化协会推荐性标准于 2001 年 11 月 1 日颁布施行。

内容和特点　规程编制中总结了中国隔震技术研究成果和工程经验，借鉴了国际先进技术标准，并与《建筑抗震设计规范》（GB 50011—2001）的相关内容相协调。

（1）标准适用于抗震设防烈度 6～9 度地区房屋和桥梁的隔震设计。应做到：符合设计要求的隔震结构遭受多遇地震烈度影响时不损坏；遭受设防烈度地震影响时仅产生非结构损伤或轻微的结构损伤，一般不须修理仍可继续使用；遭受罕遇地震烈度影响时不发生危及生命的破坏，不丧失使用功能。

（2）隔震结构应满足有关场地和地基、试验和观测以及隔震部件耐久性和使用年限的基本要求。

（3）有关建筑抗震设防分类、设计反应谱和场地抗震分类的规定与《建筑抗震设计规范》（GB 50011—2001）相同。

（4）隔震建筑上部结构的水平地震作用取决于水平向减震系数，该系数由隔震建筑与相应非隔震建筑层间剪力的比值确定；隔震建筑的地震作用可采用等效侧力方法（见拟静力法）或时程分析法进行计算，计算中应考虑隔震

支座的非弹性特性；设防烈度8、9度时，应考虑竖向地震作用。

（5）隔震建筑的抗震验算包括：支座竖向承载力验算，多遇地震作用下的构件强度验算以及框架结构和重要结构的层间变形验算，罕遇地震作用下的隔震层位移验算、框架结构层间变形验算、隔震支座连接构件的强度验算和大高宽比结构的抗倾覆验算。

（6）隔震建筑除采用一般建筑的抗震措施外，还应加强支座连接构件，提高穿越隔震层管线的变形能力，分割上部结构与周边建筑，保障上部建筑首层楼板的刚度和整体性等；一般隔震建筑上部结构的抗震措施可适当降低。

（7）隔震桥梁的地震作用可采用反应谱方法和时程分析法计算，应进行支座竖向承载力验算、设防地震烈度作用下的构件强度验算、稳定性验算和隔震支座的水平变形验算。

（8）隔震层部件的力学性能应由试验确定，应满足技术性能、抗震构造、施工和维护的要求。

（9）用黑体字标注强制性条文。

条文目录 含7章，附有规范用词说明和条文说明。

1 总则；2 术语、符号；3 隔震结构基本要求；4 房屋结构隔震设计；5 桥梁结构隔震设计；6 隔震层部件的技术性能和构造要求；7 隔震建筑的施工和维护。

Jianzhu Kangzhen Sheji Guifan（GB 50011 - 2001）

《建筑抗震设计规范》（GB 50011—2001）（*Code for Seismic Design of Buildings*，GB 50011 - 2001）

由中国建筑科学研究院会同相关设计、勘察、研究和教学单位对《建筑抗震设计规范》（GBJ 11—89）修订而成，作为国家标准于2001年7月20日发布，2002年1月1日实施。

1989年颁布的《建筑抗震设计规范》（GBJ 11—89）反映了中国20世纪70年代末至80年代中期地震工程的科技水平和设计经验，随着城乡建设的发展和新型建筑材料、新的结构体系、新的技术工艺的采用，该规范已不能适应新形势的需求。80年代以来，国内外发生了一系列破坏性地震，取得新的抗震经验，建筑抗震设计规范的修编势在必行。该规范修订过程中，着重调查总结20世纪最后十多年间世界范围内破坏性地震的经验教训，吸收地震工程新的科技成果，并考虑了中国的经济技术水平和工程实践。

修订内容 在沿袭《建筑抗震设计规范》（GBJ 11—89）的基本原则和内容结构的同时，对若干条款进行补充修改并增添了新的内容。

（1）在继续采用"小震不坏、中震可修，大震不倒"抗震设防目标的同时，根据国家标准《建筑抗震设防分类标准》（GB 50223），调整了建筑的抗震设防分类。依据国家标准《中国地震动参数区划图》（GB 18306—2001），规定依设计基本地震动加速度进行抗震设计，并以设计地震分组取代原规范中设计远震和设计近震的规定。

（2）建筑场地划分改用以走时为权值的等效剪切波速计算方法，调整了场地分类的指标，并允许以插值方法计算反应谱的特征周期。修改了地基液化初判准则，给出地面下15～20 m范围内液化判别标准贯入锤击数临界值计算公式。规定了周期达6 s，对应不同阻尼比的新的地震影响系数曲线。

规定了发震断裂的评价要求和有关发震断裂的最小避让距离。增加了桩基抗震验算的原则方法和桩身配筋要求。

（3）在抗震概念设计中强调建筑结构的规则性要求，对规则建筑与不规则建筑给出定量表述。跟踪国际动态，将静力弹塑性分析方法列为地震反应分析方法之一；提出考虑重力二次效应的要求；给出区别平面结构与空间结构进行抗震分析的规定以及动力时程分析应满足的要求。针对长周期结构的抗震安全性，提出了有关楼层水平地震剪力最小值的规定。修改补充了弹性层间位移角和弹塑性层间位移角限值。给出了规则建筑、不规则建筑的扭转作用效应分析简化处理方法和双水平向地震作用效应的组合方法。

（4）对砌体结构的构造柱、圈梁、基础圈梁、构件连接和屋顶突出结构的抗震措施要求作了修订。对混凝土结构提出根据配筋特征值确定加密区箍筋的要求，提出抗震墙设置边缘构件的要求。修改了含构造柱、底层顶板、圈梁、构件连接、托墙梁和底部抗震墙在内的底部框架房屋的抗震措施。

（5）适应新的建筑结构体系的采用，新编了钢筋混凝土筒体结构房屋、钢结构房屋、配筋砌体房屋和非结构构件的抗震设计要求，增加了房屋基底隔震和消能减震设计的规定。根据工程实践的发展，取消了有关单排柱内框架房屋和中型砌块房屋的抗震设计内容；将烟囱、水塔两类构筑物的抗震设计规定删除，改由其他规范表述。

（6）为加强工程建设强制性标准的监督实施，在全部531条规定中，取其中52条作为强制性条文。

条文目录 含13章和11个附录，另附有规范用词语说明和条文说明。

正文 1 总则；2 术语和符号；3 抗震设计的基本要求；4 场地、地基和基础；5 地震作用和结构抗震验算；6 多层和高层钢筋混凝土房屋；7 多层砌体房屋和底部框架、内框架房屋；8 多层和高层钢结构房屋；9 单层工业厂房；10 单层空旷房屋；11 土、木、石结构房屋；12 隔震和消能减震设计；13 非结构构件。

附录 A 我国主要城镇抗震设防烈度、设计基本地震加速度和设计地震分组；B 高强混凝土结构抗震设计要求；C 预应力混凝土结构抗震设计要求；D 框架梁柱节点核芯区截面抗震验算；E 转换层结构抗震设计要求；F 配筋混凝土小型空心砌块抗震墙房屋抗震设计要求；G 多层钢结构厂房抗震设计要求；H 单层厂房横向平面排架地震作用效应调整；J 单层钢筋混凝土柱厂房纵向抗震验算；K 单层砖柱厂房纵向抗震计算的修正刚度法；L 隔震设计简化计算和砌体结构隔震措施。

2008年四川汶川地震后该规范经局部修订出版2008版；修订后的《建筑抗震设计规范》（GB 50011—2010）于2010年5月31日发布，2010年12月1日实施。

Jianzhu Gongcheng Kangzhen Xingtai Sheji Tongze（shiyong）（CECS 160：2004）

《建筑工程抗震性态设计通则（试用）》（CECS 160：2004）（*General Rule for Performance-Based Seismic Design of Buildings*，CECS 160：2004）

由中国地震局工程力学研究所、中国建筑科学研究院工程抗震研究所、哈尔滨工业大学会同其他设计和教学单位编制，作为中国工程建设标准化协会的推荐性标准于 2004 年 8 月 1 日颁布试用。

内容和特点 基于性态抗震设计思想，借鉴美国样板规范和日本、欧洲抗震设计规范的新发展，结合中国抗震经验和地震工程研究成果编制。技术标准的主要内容和特点如下。

（1）适用于设防烈度不大于 9 度地区建筑工程的抗震设计；抗震设防目标为：在遭受地震作用时，建筑结构可保障安全，基本实现其预定的功能目标。建筑根据使用功能区分为四个类别，规定了多遇地震、设计地震和罕遇地震作用下具有不同使用功能分类的建筑的最低抗震性态要求。

（2）根据使用功能分类和设计基本地震加速度的大小确定建筑抗震设计类别。抗震设计类别分为五个等级，是决定采用结构力学分析模型、设计计算方法、竖向地震影响系数和抗震构造措施等实施抗震设计的基本依据。

（3）将建筑质量控制相关内容列为技术标准的条款。

（4）规定了以等效剪切波速和覆盖层厚度划分场地抗震类别的新方法。

（5）通过地震危险性特征分区细化了多遇地震和罕遇地震设计地震加速度的取值。

（6）采用以动力放大系数为指标的设计反应谱，规定了反应谱曲线调整范围和新的调整方法。

（7）结构抗震验算分两级进行。第一级验算为设计地震加速度作用下的构件强度验算和层间变形验算，地震作用计算采用结构系数和位移放大系数；第二级验算为罕遇地震作用下的层间变形验算，地震作用计算应采用弹塑性方法。

（8）给出重力二次效应、土-结相互作用效应的简化分析方法，增加钢-钢筋混凝土组合结构的抗震要求，推荐了特殊中心支撑钢框架结构的设计方法。

（9）规定了选择设计地震动加速度时间过程的原则方法，提供最不利设计地震动时间过程供设计者参考使用。

（10）通则标示了部分必须严格执行的条文。

条文目录 含 12 章、6 个附录以及通则用词说明和条文说明。

正文 1 总则；2 术语和符号；3 抗震设计基本要求；4 场地类别评定和地震影响系数；5 地基基础；6 地震作用和结构抗震验算；7 钢结构；8 钢筋混凝土结构；9 钢-钢筋混凝土组合结构；10 砌体结构；11 隔震房屋；12 非结构构件。

附录 A 我国主要城市抗震设防烈度、设计基本地震加速度、特征周期分区和地震危险性特征分区；B 场地分类和场地特征周期 T_g；C 土层剪切波速的确定；D 场地反应谱的阻尼修正；E 推荐用于 I、II、III、IV 类场地的设计地震动；F 叠层橡胶隔震支座的等效失稳临界应力 σ_{cr}（MPa）。

Yuyingli Hunningtu Jiegou Kangzhen Sheji Guicheng（JGJ 140 -2004）

《预应力混凝土结构抗震设计规程》（JGJ 140－2004）

（*Specification for Seismic Design of Prestressed Concrete Structures*，JGJ 140-2004） 由中国建筑科学研究院会同相关设计研究机构和高等院校共同编制，作为行业标准于2004 年 5 月 1 日颁布施行。

内容和特点 该规程的编制总结了预应力混凝土结构的工程实践经验和震害经验，参考了有关国际标准和若干国家的先进标准。

（1）规程适用于抗震设防烈度 6～8 度地区的现浇后张预应力混凝土框架和板柱等建筑结构的抗震设计。

（2）有关地震作用、地震影响系数曲线、场地震分类、构件抗震等级和高度限制等条款与《建筑抗震设计规范》（GB 50011—2001）的相关内容一致；具体规定了有关预应力构件的采用、预应力板的厚度和连接、不规则预应力板的加强、板端截面预应力强度比、预应力筋的锚固、预应力筋与非预应力筋的配合使用等特殊要求，以及有关材料和锚具的要求；预应力结构的阻尼比取 0.03。

（3）预应力构件的截面强度验算采用以分项系数表示的极限状态设计方法，规程规定考虑预应力作用效应，给出了预应力作用效应的分项系数和各类预应力构件的承载力抗震调整系数。

（4）就预应力混凝土框架、门架和板柱结构，分别规定了涉及剪跨比、受压区高度、预应力强度比、柱端弯矩增大系数、节点核心区剪力设计值等的计算要求；规定预应力板柱框架结构可采用等代框架方法计算内力；板柱剪力墙结构的计算可采用总剪力墙和总框架协同工作方法或有限元方法，剪力墙应能承担全部地震剪力，板柱承担20％的剪力；板柱节点的计算应考虑冲切作用。

（5）就预应力混凝土框架、门架和板柱结构，分别规定了涉及构件尺寸和数量、构件截面形状、配筋率、钢筋直径、箍筋加密区范围、箍筋间距、预应力梁跨高比、柱轴压比、构件连接等的抗震构造措施要求。

（6）规程用黑体字标示强制性条款。

条文目录 含 5 章，附有规范用词说明和条文说明。

1 总则；2 术语、符号；3 抗震设计的一般规定；4 预应力混凝土框架和门架；5 预应力混凝土板柱结构。

Bianzhi Jianzhu Kangzhen Guifan de Zanxing Guiding（ATC-3 -06）

《编制建筑抗震规范的暂行规定》（ATC－3－06）

（*Tentative Provisions for the Development of Seismic Regulations for Buildings*，ATC-3-06） 受美国国家科学基金会（NSF）和美国标准局（NBS）资助，由美国应用技术委员会（ATC）于 1973 年制定计划编制、1977 年颁布的美国样板规范的一种（见抗震技术标准）。该标准的编制组织了约 90 位美国地震工程界和其他领域的专家参与，对当时和以后美国及其他国家抗震规范的制定和修编产生了重要影响。

编制目的 编制本规定是基于以下目的和要求：

（1）评价现有地震工程研究成果和地震现场经验；

（2）编写试验性的设计原则规定，既允许创造性设计，又规定评价设计的明确准则；

（3）提供美国地震区适用的抗震准则；

（4）提出可接受的地震危险性的决策原则；

（5）提出涉及房屋结构体系和部件的试验性的具体设计规定；

（6）控制房屋中设备的损坏程度，保障其必要的功能；

（7）撰写规范编制的说明，以便使用者了解相关内容背景。

内容和特点 ATC—3—06 规范沿袭了弹性计算方法，但与当时其他的抗震设计规范相比较，内容有若干重大变化，具有自身的特点。

（1）抗震设计地震动由 A_a 和 A_v 两个参数确定，A_a 是水平向地面有效峰值加速度，A_v 是用加速度系数表示的水平向地面有效峰值速度；分别表述高频段（2～10 Hz）和中频段（0.4～2 Hz）的地震动强度。

（2）采用 A_a 和 A_v 等值线图确定美国不同区域和地点的设计地震动，设计地震动在未来 50 年内的超越概率为 10%；分别取地震动参数等值线 0.05 g，0.15 g，0.20 g，0.40 g 将全国划分为地震活动性不同的四个区（g 为重力加速度）。

（3）将场地依土类和剪切波速划分为三类，分别规定相应的动力放大系数（2.0～2.5），根据 A_a 和 A_v 两个参数及场地分类可确定设计地震反应谱；反应谱可反映远震对长周期结构的影响。

（4）建筑抗震设防分类根据地震活动性和房屋重要性（破坏后果的严重程度）确定，含 A、B、C、D 四类，不同类别房屋采用不同的分析方法、构造体系和基础。

（5）地震反应计算中使用反应修正系数，该系数与结构自振周期和非线性耗能能力有关，基于抗震经验确定；抗震验算采用许用应力法，许用应力接近屈服强度。

（6）给出了在抗震设计中考虑土-结相互作用的简化方法和考虑 P-Δ 效应（见重力二次效应）的要求。

（7）提出了建筑附属机械、电气设备的抗震分析和构造措施要求。

（8）提出了房屋抗震鉴定加固的相关要求。

XinNaizhen Shejifa（1980）
《新耐震设计法》（1980）（*New Code for Seismic Design*，1980）

由日本建筑研究所和日本土木研究所主编，于 1981 年 6 月正式颁布实施。该标准吸收了地震工程研究的新成果，取代《建筑基准法》成为日本的抗震技术法规。

规范编制的基础研究 为编制新抗震标准设立了一系列研究课题，主要有：

（1）日本各地区的地震活动性估计，基岩强地震动特性分析，考虑场地特性的影响确定设计地震动；

（2）结构构件和节点抗震强度、动力特性和破坏预防的研究；

（3）土体地震反应分析和土的破坏机制研究；

（4）结构动力特性和结构地震反应分析方法研究；

（5）结构设计方法研究；

（6）结构抗震鉴定加固和地震灾害预防研究。

内容和特点 《新耐震设计法》中有关建筑抗震设计的主要内容和特点如下。

（1）采用两阶段设计方法；经抗震设计的建筑在遭受使用期中可能发生几次的地震作用时处于弹性状态，在遭受使用期中不易发生一次的地震作用时，结构不倒塌伤人；规范条款是新建房屋抗震设计的最低要求。

（2）日本全国就地震危险性分为四区，地震分区系数为 0.7～1.0。

（3）将场地区分为软、中、硬三类，分别规定了相应的反应谱。

（4）将建筑物依结构类型和高度分为四类：高度小于 31 m 的房屋只须进行第一次设计；高度大于 60 m 的建筑抗震设计应作专门研究，通常须进行非线性动力时程分析；其他房屋除进行第一次设计外还要进行第二次设计。

（5）第一次设计的结构层间剪力为地震分区系数、反应谱系数、层间剪力分布系数、地震系数和建筑重力的乘积，取地震系数 $k=0.2$；计算地震作用效应后进行构件极限强度验算，旨在保障"小震不坏"。

（6）第二次设计的层间剪力计算中，以构造特性系数（取值为 0.25～1.00，类似于中国的结构系数）考虑结构的弹塑性性态，以偏心系数（取值为 1.00～2.25）考虑结构不规则性的影响；取地震系数 $k=1.0$；根据地震作用计算结果验算层间水平抗力和弹塑性变形，旨在保障"大震不倒"（见保有水平耐力法）。

（7）60 m 以下建筑的抗震计算方法类似于中国的底部剪力法，但计算水平地震作用沿建筑高度的分布时，分布系数取为结构自振周期的函数，自振周期愈长、建筑愈高，顶部地震作用愈大。

《新耐震设计法》于 1996—1998 年进行了修编，修编版于 2000 年颁布实施。

Jiegou Kangzhen Sheji(Ouzhou Guifan 8)（EN 1998 - 1：2004）
《结构抗震设计（欧洲规范 8）》（EN 1998—1：2004）

（*Eurocode 8：Design of Structures for Earthquake*，EN 1998-1：2004） 由欧洲标准技术委员会组织编制，旨在建立有关结构抗震设计的共同准则，以替代欧共体成员国各不相同的技术标准。

内容和特点 该规范第一部分《一般规则、地震作用和有关建筑结构的规定》的主要内容如下。

（1）规范适用于地震区房屋和一般土木工程的抗震设计。在 50 年基准期超越概率为 10%（重现周期 475 年）的地震作用下，抗震结构应能防止倒塌，保障人身安全；在 10 年基准期超越概率为 1%（重现周期 95 年）的地震作用下，抗震结构可限制损坏，重要建筑可保持使用功能。

位于低地震活动性区域的建筑可不作抗震设计，简单砌体结构房屋可不作抗震计算。该规范条文不包括核电站、海洋工程和大坝的抗震设计。

（2）各类结构依重要性分为四类：Ⅳ类是震时和震后均应保障使用功能的建筑，如医院、消防站和水厂；Ⅲ类是倒塌后将产生严重后果的重要建筑，如学校、会议厅和文化设施；Ⅰ类是对公共安全不重要的结构；Ⅱ类是Ⅰ、Ⅲ、Ⅳ类以外的一般建筑。重要性分类不同的结构，在抗震设计中采用不同的重要性系数（对应Ⅰ、Ⅱ、Ⅲ、Ⅳ类结构的重要性系数分别取 0.8，1.0，1.2 和 1.4）。

（3）地震区划可由各国分别确定。地震动由加速度峰值、位移、弹性反应谱和地震动加速度时间过程等表述。当潜在震源差异较大时可采用多个反应谱；对特殊结构应考虑地震动的空间变化。弹性反应谱的动力放大系数与场地分类、潜在震源和地震动方向等有关（基准动力放大系数为 2.5，水平向放大系数最大可达 4.5，竖向放大系数为 0.45～0.90）。反应谱特征周期与场地分类和地震动方向有关（水平地震反应谱特征周期为 0.4～0.8 s，竖向反应谱特征周期为 0.25 s），反应谱下降段为周期比的函数。标准反应谱的阻尼比为 5％，可就其他阻尼比对反应谱进行调整。

设计反应谱可基于弹性反应谱、利用性能系数折减得出。水平地震动加速度反应谱的最小幅值为 0.2 g。

（4）场地类别分为 A、B、C、D、E、S1、S2 共七类。A～D 类场地的剪切波速（或标贯锤击数）渐次降低；E 类场地表层土较软但有坚硬的下卧土层；S1、S2 类场地分别为软黏土（或淤泥）场地和液化土（或敏感土类）场地，应进行专门研究确定其地震作用。

（5）抗震结构的平立面应简单、规则、对称，结构体系应有双水平向承载力和抗扭承载力，应有整体楼板和坚固的基础。结构应有合理的传力体系和分析模型，构件应具有耗能能力和延性，避免脆性破坏。不同的结构延性对应不同的性能系数；一般情况下，性能系数不大于 1.5，低耗能结构的性能系数小于 1.5，钢结构和钢-混凝土组合结构的性能系数可 1.5～2.0。规则性不同的结构采用不同的分析模型、分析方法和性能系数。抗震设计采用能力设计的概念，结构整体和构件应满足延性要求。

（6）结构分析模型可采用平面模型或三维模型。结构地震反应分析应考虑振动体系的耦联、非结构构件的影响和 $P-\Delta$ 效应。结构地震作用计算可采用等效侧力法、振型叠加反应谱法、静力弹塑性分析方法或动力非线性时程分析方法。抗震验算中应考虑永久荷载效应及可变荷载效应的组合；应进行极限承载力验算（采用不同的性能系数），防止结构倒塌；进行变形验算保障使用功能，不同结构的层间变形角限值范围为 1/100～1/200。

（7）详细规定了钢筋混凝土结构、钢结构、组合结构、木结构、砌体结构、隔震建筑及其非结构构件、附属设备的抗震计算要求和抗震构造措施。

条文目录 欧洲规范 8（EN 1998—1：2004）第一部分含 10 章和 3 个附录。

正文 1 总则；2 性能要求和一致性准则；3 场地条件和地震作用；4 建筑结构设计；5 混凝土结构；6 钢结构；7 钢-混凝土组合结构；8 木结构；9 砌体结构；10 基底隔震。

附录 A 弹性位移反应谱（资料性附录）；B 静力弹塑性分析中目标位移的确定（资料性附录）；C 抗弯框架梁柱节点处组合梁上楼板的设计（规范性附录）。

Jiegou Sheji Jichu —Jiegou de Dizhen Zuoyong（ISO 3010-2001）

《**结构设计基础——结构的地震作用**》（**ISO 3010—2001**）（*Basis for Design of Structures—Seismic Actions on Structures*，ISO 3010-2001） 由国际标准化组织编制的国际标准 ISO 3010—2001（E）中的一章，规定了建筑抗震设计的基本计算要求，于 2001 年 12 月颁布。标准的主要内容如下。

（1）在重现周期为 20 年的中、小地震作用下，结构不超出使用极限状态，结构破坏限制在可接受的范围内；在重现周期为 500 年的大地震作用下，结构不超出极限破坏状态，不倒塌或不产生严重破坏；建筑抗震设防目标是防止人员伤亡，保障水、电、气、空调、消防、电梯等设施正常运转，防止产生次生灾害，减少财产损失。

（2）建筑选址应依据地震区划的结果，考虑断层活动性、场址的断层距、土层剖面、大应变下的地基土性能、液化势、地形以及下卧土层的不均匀性，应特别注意软土和冲积盆地边缘的地震放大作用以及砂土液化和软土震陷的破坏作用。

（3）应根据地震小区划确定强地震动参数，地震动参数可使用地震烈度、加速度峰值和速度峰值、有效峰值加速度和有效峰值速度以及地震输入能量；应规定阻尼比为 0.05 的设计反应谱，特征周期为 0.3～1.2 s，不设定反应谱的最长周期，建议反应谱长周期段幅值不小于最大幅值的 0.20～0.33 倍，反应谱下降段以周期比的幂函数确定，幂指数数值与地震地质条件相关，可取 0.33～1.20。竖向地震动幅值可取水平地震动的 1/2～1/3。

（4）建筑结构宜采用简单的平面和立面，抗侧力构件的布置尽可能减少扭转效应，结构质量、刚度和强度沿竖向的变化尽量小，避免薄弱层破坏。结构构件有合理的强度和足够的延性，特别要防止压弯、剪切、钢筋黏结失效等脆性破坏；应考虑反复荷载作用下恢复力特性的退化，抗震计算中结构系数的采用应考虑构件延性、允许变形、恢复力特性和材料超强，其数值一般可取 0.2～1.0。

（5）结构模型必须反映实际结构的力学特性，如模态参数、非线性特性、非结构构件的影响、竖向构件的轴向变形、结构整体弯曲和楼板刚度；结构阻尼比可取 0.01～0.10，对应基本振型的阻尼比可取 0.02～0.05，结构变形愈大，阻尼比也愈大。结构与地基的连接可采用刚性基底模型、平动与转动基础模型或土-结相互作用模型，非线性恢复力模型可采用双线型或三线型。

（6）线性和等效线性体系的地震反应计算可使用振型叠加反应谱法，线性和非线性体系的分析可使用动力时程分析法。振型组合可采用平方和根法（SRSS 法）或完全二次型方根法（CQC 法）。输入地震动时程可采用强震记录或人造地震动，应考虑地震动的随机特性，包络预期的地震作用。应考虑地震作用的扭转效应、竖向地震作用和大震下的 $P-\Delta$ 效应。

（7）应进行结构变形验算，控制结构的层间位移和总位移（顶点位移）。层间位移控制中等地震作用下非结构构件的破坏和大震作用下结构构件的破坏；总位移控制结构在大震作用下与相邻结构的碰撞，以及中等地震作用下人的舒适感。

（8）可采用隔震、消能减振和振动主动控制技术。消能减振技术可提高结构阻尼比达 0.10～0.20，使结构地震反应降低 40％左右；隔震技术可提高结构阻尼比达 0.20～0.30，结构地震反应降低 75％。

（9）非结构构件对体系抗震能力的影响可能是有利的也可能是不利的。应考虑隔墙、楼板、楼梯、窗户等对抗侧力体系的影响，女儿墙、突出屋面结构、装饰和其他附属物、幕墙、填充墙、临街悬挑构件应采用合理的地震作用进行计算。

Xinjian Fangwu he Qita Jiegou Kangzhen Guicheng Jianyi（FEMA 450-2003）

《**新建房屋和其他结构抗震规程建议**》（**FEMA 450—2003**）（*Recommended Provisions for Seismic Regulations* *for New Buildings and Other Structures*，FEMA 450 - 2003) 美国国家地震减灾计划（NEHRP）系列技术文件之一，由美国联邦紧急事务管理局（FEMA）和国家建筑科学研究所共同编制，于 2003 年发表。

内容和特点 该技术文件注重适用性，引入简化计算方法，修改了设计地震动参数和抗震计算中的冗余系数，增加了基础极限设计方法和抗弯支撑框架、钢剪力墙的抗震设计条款，并将附录中消能减振结构设计内容移入正文。该技术文件反映了美国抗震设计规范发展的新动态，其主要内容和特点如下。

（1）规定了保障人身安全和使用功能的最低抗震设计准则，旨在改善结构设施的抗震能力，防止次生灾害的发生，减少对生命和公共安全的威胁。经抗震设计的结构在遭受设计地震作用时可能损坏，但无须使用大量经费即可修复，设施保持使用功能；在遭受更强的地震作用时，结构不倒塌。

（2）建筑结构依使用功能分为三组。功能分组 Ⅲ 是对地震应急和恢复具有重要功能或可能引发地震次生灾害的建筑和设施，如消防站、医院、发电厂及其他应急备用设施，特定的卫生和应急管理运行设施，交通管制设施和储存有毒、爆炸物质的设施；功能分组 Ⅱ 是危及公众安全的建筑和设施，如人员集中的建筑、公共建筑、教育和卫生机构建筑，以及未列入分组 Ⅲ 的电厂和其他必须连续运行的设施、水处理和污水处理设施等；功能分组 Ⅰ 是分组 Ⅲ、Ⅱ 以外的建筑和设施。在抗震计算中，不同使用功能分组的结构使用不同的重要性系数。

（3）设计地震动参数基于最大考虑地震（maximum considered earthquake；MCE）确定。由区划图可确定对应 MCE 的 B 类场地的谱加速度参数 S_S（周期 0.2 s 的加速度反应谱值）和 S_1（周期 1.0 s 的加速度反应谱值）。其他场地的谱加速度参数 S_{MS} 和 S_{MI} 分别由 S_S 和 S_1 乘以场地系数得出。设计谱加速度参数 S_{DS} 和 S_{DI} 分别取为 S_{MS} 和 S_{MI} 的 2/3。设计反应谱由 S_{DS} 和 S_{DI} 确定，反应谱下降段的长周期转换周期 T_L（4～16 s）由 T_L 区划图确定。抗震设计地震动亦可由特定场地分析确定。在特定场地分析中，可经地震危险性分析取未来 50 年超越概率为 2% 的地震动为最大考虑地震动；亦可经确定性分析取相关活动断层特征地震（最佳估计地震）引起的场地反应谱中值的 1.5 倍作为最大考虑地震动；确定性方法得出的结果，不应小于概率方法的结果。

（4）建筑场地分为 A、B、C、D、E、F 六类。A、B 为岩石地基场地，C、D 为坚硬地基场地，E 为软土地基场地，F 为须作特殊研究的场地。确定场地分类时应首先判断场地是否属于 F 类；若不属 F 类，可由软土层厚度判断是否属于 E 类；再由剪切波速、标准贯入试验锤击数和不排水抗剪强度确定场地属 C 类或 D 类，或重新划归 E 类。当缺乏足够详尽的场地参数资料，又无根据或无权确定场地属 E、F 类时，可假定场地为 D 类。

（5）依据建筑结构的使用分组和设计谱加速度的不同，确定建筑结构抗震设计分类。抗震设计分类有 A、B、C、D、E、F 六类，依设计分类的不同，建筑结构应满足不同的规则性要求和高度限制，采用不同的结构类型、不同的计算分析方法、不同的抗震措施。例如，A 类结构对应最

低的设计谱加速度，地震作用可采用简单静力方法计算，且仅须满足构件连接的抗震要求。F 类结构对应最高的设计谱加速度和使用分组 Ⅲ，该类结构不应建于 E、F 类场地，不允许采用普通预制剪力墙和普通中心支撑钢框架结构体系，钢筋混凝土承重墙和特殊中心支撑钢框架等体系的高度不能超过 30 m，不全部满足规则性要求时不能采用等效侧力分析方法（见拟静力法），水平悬臂构件和预应力构件应考虑竖向地震作用。对于功能分组 Ⅰ，场地类别非 E、F 类，层数不超过 3 层并满足规定的结构体系和规则性要求的结构，可采用简化的替代设计要求。

（6）结构抗震计算可采用等效侧力法、反应谱法、线性时程分析法、非线性时程分析法和静力弹塑性分析方法。当使用线性方法计算时，惯性力计算结果应除以反应修正系数（1.5～8），位移计算结果要乘以位移放大系数（1.25～6.5）。对应等效侧力法和反应谱法规定了考虑土-结相互作用的简化计算方法。地震作用效应为水平地震作用效应和竖向地震作用效应的最不利组合，水平地震作用效应应乘以冗余系数或超强系数，竖向地震作用效应为重力荷载乘以 $0.2S_{DS}$。结构抗震验算为构件极限强度验算和层间变形验算；对应不同结构类型和功能分组，规定了层间变形限值。

（7）分别规定了钢结构、钢筋混凝土结构、钢-混凝土组合结构、砌体结构、木结构的设计要求，基础和非建筑结构的设计要求，隔震和阻尼减振结构的设计要求。详细规定了各类结构的设计和细部要求，如对构件连接、墙体锚固、承重墙、构件开洞、悬吊结构、结构竖向不连续和节点的设计和构造要求。

条文目录 该技术文件含 15 章（及章后附录），另有两个文件附录。

正文 1 一般规定；2 质量保障；3 地震动；4 结构设计准则；简化 4 简单承重墙结构和建筑框架结构的替代设计要求；5 结构分析方法（附录 非线性静力方法）；6 建筑、机械、电气构件设计要求（附录 管道系统设计方法）；7 基础设计要求（附录 基础设计的地基极限强度和基础荷载变形）；8 钢结构设计要求；9 混凝土结构设计要求（附录 不到顶的预制板）；10 钢-混凝土组合结构设计要求；11 砌体结构设计要求；12 木结构设计要求；13 隔震结构设计；14 非建筑结构设计要求（附录 其他非建筑结构）；15 阻尼减振结构。

附录 A NEHRP 建议 2000 版与 2003 版的差别；B BSSC 2003 版的修订计划。

Tielu Gongcheng Kangzhen Sheji Guifan（GBJ 111 - 87）

《铁路工程抗震设计规范》（GBJ 111—87）（*Code for Seismic Design of Railway Engineering*，GBJ 111 - 87） 由中国铁道部第一勘测设计院会同有关设计研究机构和高等院校对《铁路工程抗震设计规范（试行）》进行修订而成，作为国家标准于 1988 年 7 月 1 日颁布施行。

内容和特点 规范修订中就砂土液化、桩基、空腹拱桥、路堤稳定等进行了专题研究，将新的研究成果纳入规范条文。

（1）规范适用于基本烈度 7～9 度地区的铁路工程抗震设计；国家和工业企业标准轨距铁路线路、路基、挡土墙、

桥梁、隧道工程等划分为三个等级，分别规定抗震设防目标和抗震设防标准。

（2）建筑场地依土质分类和剪切波速划分为三类，规定了相应的反应谱曲线；增加了砂土液化初判条件，修改了采用标准贯入试验和静力触探法的液化判别曲线。

（3）桥墩地震作用计算采用反应谱方法，路基、挡土墙、隧道、桥台等采用拟静力法。

（4）抗震验算采用允许应力法，考虑地震作用下结构将进入弹塑性状态，提高了建筑材料的允许应力和地基土的允许承载力。

（5）规定了路基、桥梁、隧道的抗震措施。

条文目录 含5章和8个附录，附加说明。

正文 1 总则；2 线路、场地和地基；3 路基和挡土墙；4 桥梁；5 隧道。

附录 一 不同岩土的平均剪切波速；二 液化土的判别方法；三 液化土力学指标的折减系数；四 梁式桥桥墩抗震计算的简化方法；五 梁式桥桥墩和拱桥自振特性的计算；六 本规范名词解释；七 本规范所用法定计量单位与习用的非法定计量单位的对照和换算；八 本规范用词说明。

修订后的《铁路工程抗震设计规范》（GB 50111—2006）于2006年6月19日发布，2006年12月1日实施；后又经局部修订出版2009年版。

Gonglu Gongcheng Kangzhen Sheji Guifan （JTJ 004 - 89）

《公路工程抗震设计规范》（JTJ 004—89） （*Specifications of Earthquake Resistant Design for Highway Engineering*，JTJ 004 - 89） 由中国交通部公路规划设计院会同有关设计、研究机构和高等院校，对《公路工程抗震设计规范》（JT 24—77）修编而成，作为部颁标准于1989年10月4日发布，1990年1月1日实施。

修订内容 该规范考虑抗震技术的发展和中国经济水平，并针对使用中发现的问题对《公路工程抗震设计规范》（JT 24—77）进行了修订和补充。

（1）规范适用于基本烈度为7～9度地区的公路工程抗震设计；公路工程抗震设计的适用范围扩大为包括高速公路在内的所有级别公路的新建和改建工程；区别工程重要性和场地地段的不同分别规定抗震设防目标；考虑不同等级公路工程重要性和修复难易的差别，区别四个等级调整了抗震设防标准。

（2）修订了液化判别方法，补充了软土地基上路基的抗震设计要求。

（3）修订了设计反应谱曲线。

（4）增加了使用橡胶支座的梁式桥、弯桥、连孔拱桥的地震作用计算公式以及动土压力、动水压力的计算公式；桥墩、拱桥的抗震计算采用反应谱方法，路基、挡土墙、重力式桥台等的抗震计算采用拟静力法。

（5）增加了包含地震作用计算和抗震措施在内的隧道抗震设计要求。

（6）修订和增加了有关提高地基和岸坡的稳定性、耗散地震能量、控制上部结构位移、提高构件延性、加强构件连接和薄弱环节以及增加结构整体性和稳定性的抗震构造措施要求。

（7）适应设计理论的发展，除地基和支座的抗震验算仍采用允许应力方法外，钢筋混凝土结构、预应力筋混凝土结构以及砖石和混凝土结构的抗震验算均采用以分项系数表达的极限状态设计方法。

条文目录 含5章和8个附录，并附有条文说明。

正文 1 总则；2 路线、桥位、隧址和地基；3 路基和挡土墙；4 桥梁；5 隧道。

附录 一 桥梁桥墩基本周期的近似计算公式；二 采用板式橡胶支座的桥梁基本周期近似计算公式；三 单孔拱桥基本周期近似计算公式；四 连拱桥自振周期近似计算公式；五 拱桥地震内力系数表；六 按场地评定指数 μ 确定动力放大系数 β 的方法；七 本规范专用术语解释；八 本规范用词说明。

该规范有关桥梁抗震设计的内容修订后，定名为《公路桥梁抗震设计细则》（JTG/T B02—01—2008）于2008年8月29日发布，2008年10月1日实施。

Guolu Goujia Kangzhen Sheji Biaozhun （JB 5339 - 91）

《锅炉构架抗震设计标准》（JB 5339—91） （*Standard for Seismic Design of Supports of Hanging Boilers*，JB 5339 - 91） 由中国机械电子工业部上海发电设备成套技术研究所与国家地震局工程力学研究所共同编制，作为机械行业标准于1991年6月批准，1992年7月施行。

内容和特点 要点如下。

（1）标准适用于抗震设防烈度6～9度地区的锅炉构架的抗震设计，锅炉构架的设防烈度一般按国家规定的基本烈度；经抗震设计的锅炉构架可减少地震损失，避免造成电力系统大面积、长时间停电事故。设防烈度为6度地区的锅炉构架和单机容量小于6 MW的锅炉构架一般可不进行抗震设计，但设防烈度6度的重要电站锅炉构架应采取适当的抗震构造措施。

（2）场地抗震分类由场地指数确定，液化判别、反应谱等规定与《电力设施抗震设计规范》（GB 50260—96）相同，但水平地震影响系数最大值略高。

（3）锅炉构架地震作用计算可采用底部剪力法或振型叠加反应谱法；采用结构系数就设防烈度地震进行抗震计算；大跨度和长悬臂构件在烈度8、9度时应考虑竖向地震作用；抗震验算为构件强度验算，使用以分项系数表示的极限状态设计方法。

（4）规定了涉及结构体系布置、构件连接、柱脚螺栓锚固、炉顶板梁与柱顶连接、炉顶梁格的刚度和稳定性、抗震限位装置和导向装置、烟道、风道及其他管道的抗震构造措施。

条文目录 含5章和3个附录。

正文 1 主题内容与适用范围；2 基本规定；3 场地、地基和地基可液化判别；4 锅炉构架地震作用计算方法；5 锅炉构架抗震设计的构造措施。

附录 A 振型分解反应谱法计算悬吊锅炉构架水平地震作用；B 锅炉构架简化计算自由振动方程；C 锅炉构架周期。

该规范相关内容已纳入国家标准《锅炉钢结构设计规范》（GB/T 22395—2008），2008年9月26日发布，2009年3月1日实施。

Gouzhuwu Kangzhen Sheji Guifan（GB 50191－93）

《构筑物抗震设计规范》（GB 50191－93）（*Design Code for Antiseismic of Special Sructures*，GB 50191-93）

由中国冶金工业部会同其他有关部门编制，作为强制性国家标准于 1993 年 11 月 16 日发布，1994 年 6 月 1 日实施。

20 世纪 90 年代初，中国某些工业构筑物的抗震设计尚无可供遵循的技术标准。为适应国民经济建设的需要，贯彻以预防为主的地震工作方针，减轻地震破坏和经济损失，避免人员伤亡，在总结震害经验、研究成果和设计实践的基础上，编制了该规范。

内容和特点　构筑物破坏可能危及生产设施且造成严重次生灾害，与一般房屋相比具有特殊重要性。构筑物结构复杂多样、震害经验较少，故构筑物抗震设计也面临特殊的技术问题。

（1）规范适用于抗震设防烈度 6～9 度地区的构筑物的抗震设计；构筑物依重要性区分为四类，采用"小震不坏，中震可修，大震不倒"的抗震设防目标。

（2）场地抗震分类依据场地指数划分为四类，除液化判别外，尚规定了软土震陷判别标准和防治措施。

（3）地震影响系数曲线最长周期达 7 s，规定了阻尼比不等于 0.05 时的水平地震影响系数修正系数；对中软和软弱场地的长周期构筑物，通过加长地震影响系数曲线的特征周期考虑远震影响。

（4）在第一阶段设计中，截面抗震验算的水平地震影响系数分 A、B 两个水准给出，即部分构筑物依小震水准 A 计算地震作用效应并进行强度验算，另一部分构筑物依中震水准 B 采用地震效应折减系数（见结构系数）计算地震作用效应并进行强度验算；强度验算采用以分项系数表示的极限状态表达式。部分构筑物应进行第二阶段设计，进行大震作用下的弹塑性变形验算。

（5）在抗震分析中规定了构筑物重力荷载代表值的选取方法；采用新的底部剪力法计算地震作用，新方法考虑了结构一阶和二阶振型的影响，使用中应区别剪切型、弯剪型和弯曲型结构分别确定地震影响系数的增大系数。

（6）具体规定了电力、冶金、采矿、广播电视、石油化工等行业多种构筑物的抗震设计要求。

条文目录　含 23 章、7 个附录，以及附加说明和条文说明。

正文　1 总则；2 术语、符号；3 抗震设计的基本要求；4 场地、地基和基础；5 地震作用和结构抗震验算；6 框排架结构；7 悬吊式锅炉构架；8 贮仓；9 井塔；10 钢筋混凝土井架；11 斜撑式钢井架；12 双曲线冷却塔；13 电视塔；14 石油化工塔型设备基础；15 焦炉基础；16 运输机通廊；17 管道支架；18 浓缩池；19 常压立式圆筒形储罐；20 球形储罐；21 卧式圆筒形储罐；22 高炉系统结构；23 尾矿坝。

附录　A 框排架结构按平面计算的条件及地震作用效应的调整系数；B 框架节点核芯区截面抗震验算；C 柱承式方仓有横梁支承结构的侧移刚度；D 焦炉炉体单位水平力作用下的位移；E 框架式固定支架的刚度；F 尾矿坝的抗震等级；G 本规范用词说明。

修订后的《构筑物抗震设计规范》（GB 50191—2012）于 2012 年 5 月 28 日发布，2012 年 10 月 1 日实施。

Dianli Sheshi Kangzhen Sheji Guifan（GB 50260－96）

《电力设施抗震设计规范》（GB 50260－96）（*Code for Design of Seismic of Electrical Installations*，GB 50260-96）

由中国电力工业部西北电力设计院会同相关设计科研机构和高等院校共同编制，作为强制性国家标准于 1996 年 9 月 2 日发布，1997 年 3 月 1 日实施。

内容和特点　规范的编制吸取 20 世纪 60 年代以来中国和世界的震害经验和电力设施抗震的实践经验，采纳地震工程研究的新成果，并考虑了中国的技术经济条件。

（1）规范适用于设防烈度 6～9 度的电力设施的抗震设计。电力设施含火力发电厂，变电所，送电线路的建、构筑物和电气设施以及水力发电厂的相关电气设施。

（2）电力设施中建、构筑物的抗震设防目标与建筑抗震设计规范中的规定相同，电气设施的抗震设防目标高于建、构筑物；电力设施依重要性和特点分为"重要"和"一般"两类，建筑物依重要性分为三类，应区分类别计算地震作用和采用抗震措施。

（3）建筑场地区分为有利、不利和危险地段；依据场地指数将建筑场地划分为四类，建筑场地应进行液化判别和岩土稳定性评价。

（4）区别场地抗震分类规定了地震影响系数曲线和相应的阻尼修正系数，场地特征周期由场地指数确定。

（5）抗震分析应区别具体情况计算水平地震作用、扭转地震作用和竖向地震作用，可采用静力方法、底部剪力法、振型叠加反应谱法和动力时程分析法；建、构筑物的抗震强度验算采用极限状态设计方法，电气设施抗震强度验算使用允许应力法。

（6）补充规定了建、构筑物的抗震措施，提出电气设施布置和安装的抗震技术要求，规定了电气设施进行抗震强度验证试验的要求。

条文目录　含 7 章和 1 个附录，另有附加说明。

正文　1 总则；2 场地；3 动力作用；4 选址与总体布置；5 电气设施；6 火力发电厂和变电所的建、构筑物；7 送电线路杆塔、微波塔及其基础。

附录　一 本规范用词说明。

修订后的《电力设施抗震设计规范》已于 2012 年通过审查。

Shuigong Jianzhuwu Kangzhen Sheji Guifan（SL 203－97）

《水工建筑物抗震设计规范》（SL 203－97）（*Specifications for Seismic Design of Hydraulic Structures*，SL 203-97）

由中国水利水电科学研究院会同其他设计研究机构和高等院校对《水工建筑物抗震设计规范》（SDJ 10—78）修编而成，作为行业标准于 1997 年 8 月 4 日发布，1997 年 10 月 1 日实施。该技术标准的编制总结了国内外破坏性地震的经验，吸收了地震工程研究的新成果，考虑了我国经济发展水平和工程实践。

修订内容　与《水工建筑物抗震设计规范》（SDJ 10—78）相比较，该规范修订和增加了以下主要内容。

（1）规范适用于设计烈度 6～9 度的水工建筑物的抗震设计；抗震设防目标为：在设防烈度地震作用下如有局部损坏，经一般修理仍可正常运行；明确规定了水工建筑物等级和类型，扩大了结构类型和坝高的适用范围。

（2）提出对重要水工建筑物进行专门的工程场地地震危险性分析以确定强地震动参数的要求，同时规定了设计地震动概率水准。

（3）增加了场地抗震分类标准并对设计反应谱作出相应修改，改进了液化判别方法和抗液化措施要求。

（4）依照《水利水电工程结构可靠度设计统一标准》（GB 50199—94），在保持规范连续性的条件下，区别不同情况，将抗震强度验算和稳定性验算从定值安全系数方法转换为以分项系数表达的极限状态设计方法。

（5）钢筋混凝土水工建筑物的抗震分析以动力方法为主，拟静力法为辅，采用动力方法应计入坝体-地基-库水相互作用；土石坝的抗震分析可采用拟静力方法和相应的地震作用效应折减系数（见综合影响系数）及动态分布系数（见加速度分布系数）。

（6）具体规定了土石坝、重力坝、拱坝、水闸、水工地下结构、进水塔、水电站压力钢管和地面厂房的抗震设计要求。

条文目录　含 11 章、1 个附录，附有条文说明。

正文　1 总则；2 术语、符号；3 场地和地基；4 地震作用和抗震验算；5 土石坝；6 重力坝；7 拱坝；8 水闸；9 水工地下结构；10 进水塔；11 水电站压力钢管和地面厂房。

附录　A 土石坝的抗震计算。

新版《水土建筑物抗震设计规范》（DL 5073—2000）已于 2000 年 11 月 3 日发布，2001 年 1 月 1 日实施。

Hedianchang Kangzhen Sheji Guifan（GB 50267 - 97）
《核电厂抗震设计规范》（**GB 50267－97**）（*Code for Seismic Design of Nuclear Power Plants*，GB 50267 - 97）

由国家地震局工程力学研究所会同相关设计研究机构和高等院校，在国家核安全局指导下编制，作为强制性国家标准于 1997 年 7 月 31 日发布，1998 年 2 月 1 日实施。

内容和特点　核电厂抗震设计规范的编制在中国尚属首次。规范编制中总结、分析、借鉴了核电厂地震选址和抗震设计的国际标准，以及美、日等国先进标准，考虑了中国的地震特点、工程抗震设计经验和经济技术条件。

（1）规范的主要适用范围为压水型反应堆，但抗震设计基本原则也适用于其他堆型；规定了对应运行安全地震动和极限安全地震动的两级抗震设防目标；高烈度区不宜兴建核电厂；核电厂物项分类依据有关核安全的重要性划分，不同类别物项采用不同的抗震设防标准。

（2）考虑结构体系的相互联系、刚度和质量的分布、土-结相互作用、液体和附属构件的振动效应等规定了结构计算模型的选用原则。

（3）规定了基于线性分析的结构地震反应分析方法和考虑地震作用方向的要求，抗震计算可采用等效静力方法、反应谱方法和动力时程分析法，规定了设备抗震计算使用的楼层反应谱方法。

（4）规定了采用设计地震动参数、抗震设计反应谱以及生成人造地震动加速度时间过程的要求。

（5）地震作用效应与不同工况的使用荷载效应进行最不利组合，主要部件抗震强度验算采用允许应力方法。

（6）规定了场地抗震分类和液化判别方法，以及地基抗滑和斜坡抗震稳定性验算方法。

（7）规定了设置地震监测与报警系统的要求。

（8）在附录中规定了设备和构件抗震试验验证方法。

（9）具体规定了各类建筑物、构筑物、设备设施的抗震设计要求。

条文目录　含 10 章和 8 个附录，另有附加说明和条文说明。

正文　1 总则；2 术语和符号；3 抗震设计的基本要求；4 设计地震震动；5 地基和斜坡；6 安全壳、建筑物和构筑物；7 地下结构和地下管道；8 设备和部件；9 工艺管道；10 地震检测与报警。

附录　A 各类物项分类示例；B 建筑物、构筑物采用的作用效应组合及有关系数；C 地震震动衰减规律；D 地下结构地震作用效应计算方法及简图；E 设计楼层反应谱的修正；F 设备、部件采用的允许应力和设计限值；G 验证试验；H 本规范用词说明。

Shuiyun Gongcheng Kangzhen Sheji Guifan（JTJ 225 - 98）
《水运工程抗震设计规范》（**JTJ 225－98**）（*Code of Earthquake Resistant Design for Water Transport Engineering*，JTJ 225 - 98）

由中国交通部水运规划设计院和交通部第一航务工程勘察设计院会同有关设计研究机构和高等院校，对《水运工程水工建筑物抗震设计规范》（JTJ 201—87）修编而成，作为强制性行业标准于 1998 年 4 月 20 日发布，1999 年 6 月 1 日实施。

内容和特点　规范的编制总结了水运工程抗震设计经验，吸收了工程抗震研究新成果。

（1）规定了设计烈度 6～9 度的各类水运工程的抗震设计要求；次生灾害严重或特别重要的水运工程建筑应经地震危险性分析确定设计地震动；经抗震设计的水运工程应能抵抗设计地震作用，如有局部损坏经一般修理仍能继续使用。

（2）规定了包含场地选择、软弱土层处理、结构平立面布置和体系设计以及建筑材料性能等在内的抗震设计基本要求。

（3）场地抗震分类由三类改为四类，增加了利用剪切波速划分场地的内容；采用土层液化的两步判别方法，修改了液化判别式；规定在抗震分析中可部分计入液化土层的强度。

（4）采用阻尼比为 0.05 的、与四类场地对应的抗震设计反应谱。

（5）规定水运工程抗震计算可依不同结构采用反应谱方法或拟静力法，给出了相应的综合影响系数和加速度分布系数；采用与港口工程技术规范一致的地震土压力计算公式。

（6）抗震验算含设防烈度地震作用下的强度验算和稳定性验算，采用以分项系数表示的极限状态设计方法。

（7）补充完善了各类水运工程的抗震措施。

条文目录　含 6 章和 4 个附录，另有附加说明和条文说明。

正文　1 总则；2 符号；3 抗震设计的基本要求；4 场地、地基和岸坡；5 地震作用和结构抗震验算；6 抗震措施。

附录　A 建筑物自振周期的计算；B 高度大于 30 m 的

空箱式和刚架、桁架式高桩墩式码头的地震惯性力及内力的计算；C 地震土压力参数表；D 本规范用语说明。

修订后的《水运工程抗震设计规范》(JTS 146—2012)于 2012 年 1 月 4 日发布，2012 年 3 月 1 日实施。

Shi Wai Jishui Paishui he Ranqi Reli Gongcheng Kangzhen Sheji Guifan（GB 50032-2003）

《室外给水排水和燃气热力工程抗震设计规范》(GB 50032－2003)

(*Code for Seismic Design of Outdoor Water Supply, Sewerage, Gas and Heating Engineering*, GB 50032-2003) 由北京市规划委员会北京市市政工程设计研究总院会同北京市煤气热力工程设计院，对《室外给水排水和燃气热力工程抗震设计规范》(TJ 32—78)修订而成，作为国家标准于 2003 年 4 月 25 日发布，2003 年 9 月 1 日实施。

修订内容 随着工程设计理论和地震工程学科发展以及新的震害经验的积累，原规范的内容和技术水准显见不足。为适应国民经济建设和防震减灾事业的发展，对规范内容进行了修订和调整。

(1) 规范适用于抗震设防烈度 6～9 度地区的室外给水、排水和燃气、热力工程的抗震设计，确定了"小震不坏，中震可修，大震不倒"的抗震设防目标。

(2) 对设计反应谱、场地抗震分类、液化判别等内容进行全面修订，与《建筑抗震设计规范》(GB 50011—2001)协调一致。

(3) 对设防烈度 9 度地区的抗震设计，增加进行竖向地震作用验算的要求；对盛水构筑物，增加考虑长周期地震动对动水压力影响的要求。

(4) 修改储气球罐和卧式罐的地震作用计算公式。

(5) 将泵房抗震要求独立成章，增补地下水取水泵房的地震作用计算规定；对埋深较大的泵房提出考虑土-结相互作用的计算要求。

(6) 增补自承式架空管道的地震作用计算规定。

(7) 修改埋地管道抗震计算中的位移传递系数。

(8) 结构抗震强度验算采用极限状态设计方法。

(9) 列入从建筑抗震设计规范中删除的水塔抗震设计要求，提出水塔抗震分析中考虑贮水脉冲压力和对流压力（见液体振荡效应）的要求，并补充了抗震措施。

(10) 规范用黑体字标注强制性条文。

条文目录 含 10 章和 3 个附录，另有规范用词说明和条文说明。

正文 1 总则；2 主要术语、符号；3 抗震设计的基本要求；4 场地、地基和基础；5 地震作用和结构抗震验算；6 盛水构筑物；7 贮气构筑物；8 泵房；9 水塔；10 管道。

附录 A 我国主要城镇抗震设防烈度、设计基本地震加速度和设计地震分组；B 有盖矩形水池考虑结构体系的空间作用时水平地震作用效应标准值的确定；C 地下直埋直线段管道在剪切波作用下的作用效应计算。

Shuyou（qi）Gangzhi Guandao Kangzhen Sheji Guifan（SY/T 0450-2004）

《输油(气)钢质管道抗震设计规范》(SY/T 0450－2004)

(*Code for Seismic Design of Oil and Gas Steel Pipeline*, SY/T 0450-2004) 由中国石油天然气股份有限公司管道分公司和中国海洋大学会同相关机构编制，取代《输油（气）埋地钢质管道抗震设计规范》(SYJ 0450—1997)，作为石油天然气行业标准于 2004 年 7 月 3 日发布，2004 年 11 月 1 日实施。

内容和特点 该规范以强地震动参数取代地震烈度进行管道抗震设计，区别重要区段和一般区段管道规定抗震设防标准以及工程地质勘察、抗震设计计算和工程抗震措施要求，规定跨断层和跨液化区管道的设计方法和工程措施，增加了覆盖层对地表断层影响的规定。

(1) 规范编制旨在避免和减少输油（气）管道的地震破坏和防止次生灾害，便于工程抢修并迅速恢复使用；规范适用于设计地震动加速度峰值为 0.05～0.4 g 地区输油（气）钢质管道的抗震设计（g 为重力加速度），设计地震动峰值加速度依《中国地震动参数区划图》(GB 18306—2001)确定；设计地震动峰值加速度大于 0.4 g 或有特殊要求的管道，其抗震设计应进行专门研究。

(2) 管道工程建设场地应进行地震地质勘察、工程地质勘察和地质灾害评价，应确定具有地震地质灾害（活断层、液化、滑坡、软土震陷等）背景的区段；应选择有利地段，避开危险地段。

(3) 输油（气）管道沿线依重要性区别为一般区段和重要区段，不同区段应依不同要求进行场地划分、工程地质勘察、地震地质勘察与灾害评价；一般区段的管道建设场地划分为坚硬、一般和软弱三类。

(4) 设计地震动加速度峰值大于或等于 0.2 g 时，埋地管道应计算拉、压应变并进行抗震验算，规定了穿越管道的一般要求和抗震计算方法，以及管道穿越断层时的特殊计算要求。

(5) 规定了跨越管道的一般要求、地震作用和抗震计算方法；抗震计算宜采用振型叠加反应谱法，针对不同结构亦可采用简化方法或时程分析法；结构构件的抗震强度验算采用极限状态设计方法。

(6) 规定了输油（气）管道抗震措施的一般要求和穿越断层管道、滑坡地段管道、液化区管道和跨越管道的特殊要求。管道应进行无损检测；弹性敷设管道应填实；管道穿越活断层和地震加速度峰值大于或等于 0.2 g 的城市时应设截断阀；埋地管道曲率半径不宜小于 6 倍管径；穿越管道的敷设倾角不宜大于 30°；地震动加速度峰值大于或等于 0.2 g 时，埋地管道出入地面部位宜采用柔性连接；管道穿越墙体和建筑基础处，应以减震材料填塞空隙。穿越断层段应选择适当位置和方向；可采用厚壁管道，可减少覆土厚度或于地上敷设，回填土应松软；应在适当位置设固定墩，滑动段管道应采用相同的直径和壁厚，不应设三通、旁通和阀门。滑坡地段管道方向不应与滑坡方向垂直，可采用排水、支挡和减载措施改善地基稳定性。液化区管道应采用延性好的管材，可适当增加壁厚；不均匀沉降地段可采用地上敷设，严重液化区可设抗浮桩或采取其他液化防治措施。跨越管道可采用隔震技术，锚固墩部位管道宜局部加强或采用柔性连接，大型跨越管道应设截断阀，应加强跨越结构构件的连接。

条文目录 含 7 章和 3 个附录，另有标准用词和用语说明以及条文说明。

正文 1 总则；2 术语与符号；3 基本规定；4 场地

和工程地质勘察；5 埋地管道；6 跨越管道；7 抗震措施。

附录 A 管道场地地段划分；B 材料性能和容许拉伸应变；C 滑坡地带的稳定性验算。

Shiyou Huagong Gouzhuwu Kangzhen Sheji Guifan（SH/T 3147－2004）

《石油化工构筑物抗震设计规范》（SH/T 3147－2004）

（Code for Aseismic Design of Special Structures for Petrochemical，SH/T 3147-2004） 由中国石化工程建设公司会同中国石化集团洛阳工程公司和镇海炼化工程公司编制，作为石油化工行业标准于 2004 年 10 月 20 日发布，2005 年 4 月 1 日实施。

内容和特点 为减轻石油化工企业构筑物的地震破坏和次生灾害，保障生产安全和操作人员的人身安全，在现有震害经验、科学研究成果和设计经验的基础上，考虑国家经济技术水平编制了石化构筑物抗震设计规范。

（1）规范适用于设防烈度 6～9 度地区石化构筑物的抗震设计；有关抗震设防目标、结构重要性分类和抗震设防标准的规定与《建筑抗震设计规范》（GB 50011—2001）、《构筑物抗震设计规范》（GB 50191—93）基本一致，但规定坚硬场地上自振周期大于 0.3 s 的甲、乙类构筑物可不提高采用抗震构造措施，丙类构筑物可降低采用抗震构造措施。

（2）场地、地基和基础的抗震要求与《建筑抗震设计规范》（GB 50011—2001）一致，同时采纳了《构筑物抗震设计规范》（GB 50191—93）中有关软土震陷防治和桩基抗震构造等级的规定和要求。

（3）有关抗震结构体系、地震作用计算和抗震验算的规定与《建筑抗震设计规范》（GB 50011—2001）一致，底部剪力法和层间弹塑性位移的简化算法采用《构筑物抗震设计规范》（GB 50191—93）的规定。

（4）在材料与施工内容中，提高了对混凝土强度等级的要求，增加了对钢材物理性能的规定和地脚螺栓的使用要求。

（5）规范将有关反应器、再生器框架，常压立式圆筒形储罐基础，球形储罐基础，冷换设备和卧式容器基础，管式炉基础，裂解炉构架及基础，管架，排气筒、火炬塔架，冷却塔结构，水池，钢筋混凝土筒仓及造粒塔，烟囱的抗震要求单独成章；分别规定了一般要求、抗震计算和构造措施要求。

（6）规范用黑体字标注强制性条文。

条文目录 含 22 章和 3 个附录，另有用词说明和条文说明。

正文 1 范围；2 规范性引用文件；3 主要符号；4 总则；5 抗震设计的基本要求；6 场地、地基和基础；7 地震作用和结构抗震验算；8 钢筋混凝土框排架结构；9 钢框排架结构；10 塔型设备基础；11 反应器、再生器框架；12 常压立式圆筒形储罐基础；13 球形储罐基础；14 冷换设备和卧式容器基础；15 管式炉基础；16 裂解炉构架及基础；17 管架；18 排气筒、火炬塔架；19 冷却塔结构；20 水池；21 钢筋混凝土筒仓及造粒塔；22 烟囱。

附录 A 框排架结构按平面计算的条件及地震作用效应的调整系数；B 框架节点核芯区截面抗震验算；C 柱承式方仓有横梁支承结构的侧移刚度。

Hedianchang—Kangyu Dizhen Zaihai de Sheji（ISO 6258－1985）

《核电厂——抗御地震灾害的设计》（ISO 6258－1985）

（Nuclear Power Plants—Design Against Seismic Hazards，ISO 6258-1985） 由国际标准化组织核能技术委员会编制的国际标准，于 1985 年 2 月发布。

主要内容 有以下要点。

（1）为确定核电厂设计基准地震动（DBE），应收集地震和地质资料并进行地震和地质调查，可采用确定性方法或概率论方法得出对厂区地震动水平的估计，厂区发生超出此水平的地震动的概率应小于预先选择的某个概率。应注意诱发地震、特别是大型水库以及在地下大规模注入或抽取流体造成的地震活动。设计地震动可由反应谱或地震动时程表示；反应谱应符合厂址的地震地质特点，可由适当的强震加速度记录得出，亦可采用形状简单的标准反应谱。地震动时程可采用修改的强震加速度记录或计算机模拟的随机人造地震动。设计反应谱和设计地震动时程应相容。竖向地震动幅值可取水平向地震动幅值的 1/2。

（2）核电厂物项（设备和构筑物等）应就抗震安全性分级。抗震设计的适宜性应由试验或分析结果验证。分析方法可采用动力方法或静力方法，静力分析适用于地震烈度较低的场址，地震系数最大值取反应谱值的 1.5 倍；动力分析基于结构模态参数、反应谱或输入地震动时程进行，非线性系统可采用动力时程分析法确定地震反应。

（3）核电厂结构应区分为主系统和子系统。主要构筑物和地基构成主系统，其他构筑物、系统和部件构成子系统。当子系统和主系统之间存在共振的可能性时，子系统和主系统是耦联的，此时子系统模型应包含在主系统之中。系统分析模型应反映结构刚度、质量和阻尼特性。构筑物和部件模型可采用刚体模型、集中质量模型、梁模型（或一维有限元模型）、板壳模型（二维有限元模型）和三维有限元模型。分析方法可采用集中质量法、有限元法或传递矩阵法。

（4）建、构筑物应进行水平方向和竖向地震反应分析，当地基剪切波速小于 1200 m/s 时，应考虑土-结相互作用。建、构筑物中的子系统应在分析耦联关系后处理。建、构筑物的结构地震反应分析采用动力方法，其地下部分应考虑土压力，相邻结构间应有间隙防止碰撞。基础和土工构筑物应评价其抗震强度和稳定性，评价地基液化、震陷和承载力。

（5）机械和电气部件若不包含在支承构筑物的模型中，应使用设计楼层反应谱或楼层振动时间过程进行地震反应分析，分析中要考虑参数不确定性。管道系统分析可采用等效静态荷载法（见拟静力法）和有限元反应谱方法。仪表和电气设备应借助试验、分析或两者的结合进行抗震设计，其功能应通过试验验证。

（6）弱非线性体系的地震反应可采用增大阻尼系数的线性体系分析得出；具有较强非线性的体系，应考虑刚度随位移变化。阻尼可用瑞利阻尼表示，土-结相互作用体系中应考虑地基介质的阻尼比（0.05～0.15）和辐射阻尼（0.05～0.40）。

（7）当物项的功能不能由计算合理可信地确认时，须进行试验验证。试验可采用足尺或缩尺试件，应模拟环境、边界条件、运行工况和输入运动。初步试验用以确定物项的模态参数，鉴定试验用于物项功能的确认。试验可输入随机振动时程或正弦波，必要时可采用多点激振，试验输入应满足设计反应谱的要求。缩尺模型试验及其结果的解释必须谨慎。

（8）核电厂应设置地震监测系统，以便了解真实的地震动特性，确定地震对结构系统的影响并实施报警；在厂址自由场和反应堆厂房地基必须设置三分量加速计。

条文目录　含 11 章和 1 个附录，并附有参考文献。

正文　1 适用范围和领域；2 定义；3 地质和地震资料的收集和报告；4 设计基准地震动的确定方法；5 电厂设备和建筑物分级；6 设计方法；7 阻尼；8 荷载组合和允许状态；9 抗震设计的验证；10 地震动对厂区的作用；11 地震监测。

附录　地震烈度指标。

Gudingshi Haiyang Pingtai Guihua Sheji he Shigong Tiaoli（API RP2A – WSD 1993）

《固定式海洋平台规划设计和施工条例》（API RP2A － WSD 1993）（*Recommended Practice for Planning，Designing and Constructing Fixed Offshore Platforms-Working Stress Design*，API RP2A-WSD 1993）

由美国石油协会（API）编制的美国国家标准，于 1994 年批准颁布。

内容和特点　该标准规定的钢结构固定式海洋平台抗震设计的主要内容如下。

（1）抗震设防目标。固定式海洋平台的抗震设计应针对两个地震动水准进行。在中等水准地震动（强度水准地震动）作用下，平台结构不发生显著损伤；在罕遇水准地震动作用下，平台结构可发生损坏但不倒塌。

（2）设计地震动。强度水准地震动应基于场地环境和地震活动性研究，由概率地震危险性分析或确定性分析确定；罕遇水准地震动由确定性方法确定。前者重现周期在加州沿海为 200 年，后者重现周期为几百至几千年。设计地震动参数含反应谱和加速度时间过程。对应强度水准地震动的设计反应谱由沿海地震区划图给出，对应六类分区（0～5 区）的水平有效峰值加速度分别为 0，0.05g，0.10g，0.20g，0.25g，0.40g（g 为重力加速度）。竖向加速度峰值取水平加速度峰值的 1/2。

（3）反应谱和场地抗震分类。设计反应谱曲线分别对应三类场地土，阻尼比为 0.05；当实际结构阻尼比不为 0.05 时可进行修正。A 类场地土为岩石，含结晶岩、砾岩和类页岩等，剪切波速大于 914 m/s；B 类场地土为浅层沉积，含密实的砂、粉土和硬黏土等，剪切强度大于 72 kPa，埋深小于 61 m；C 类场地土为深层沉积，是厚度大于 61 m 的密实的砂、粉土和硬黏土等。

（4）低烈度区的抗震要求。海洋平台的抗震要求依地震有效峰值加速度大小而不同。有效峰值加速度≤0.05g 时，平台设计受风暴控制，无须进行抗震分析；有效峰值加速度为 0.05～0.10g 时，平台体系若满足罕遇水准地震动作用下的强度要求，则可视为满足全部抗震要求，甲板上的附属结构只须进行强度水准下的抗震设计，可忽略延性要求。

（5）强度要求。海洋平台应满足强度水准地震动作用下的强度要求。分析模型应反映平台结构三维的刚度、质量和阻尼分布，质量、刚度分布不均匀时应考虑扭转效应。可采用反应谱方法或时程分析法进行弹性分析。采用反应谱方法时，可采用完全二次型方根法（CQC 法）或平方和方根法（SRSS 法）进行振型组合；在平动和扭转的每个方向至少应考虑影响最大的两个振型。时程分析的结果应取至少三组时程作用下反应最大值的平均。应将地震作用效应与重力、静水压力和浮力等荷载效应组合后进行强度验算，许用应力比一般规定提高 70%。

（6）延性要求。海洋平台应满足罕遇水准地震动作用下的延性要求。当罕遇地震作用与强度水准地震动作用的比值不超过 2 时，可不进行计算分析；满足上述条件的八腿以上的导管架平台可不作延性分析，但应满足有关构件布置、构件长细比、钢管径厚比等要求。若不满足上述条件和要求，平台-基础体系应经计算分析证明不会倒塌；分析模型应考虑强度和刚度退化、构件弯矩和轴力的相互作用，以及静水压力、局部荷载和 P-Δ 效应。

（7）附加规定。当水平有效峰值加速度大于 0.05g 时，钢管节点应就相关构件发生屈服或屈曲进行计算，避免节点过早屈服，使结构延性能充分发展。甲板上的附属结构和设备的设计应满足有关焊接、锚固和支撑构件的规定，满足强度和变形要求。重要设备、可能引发次生灾害的设备和具有应急功能的设施，应作特殊考虑。刚性设备的地震作用可用静力法计算，非刚性设备的地震作用可采用楼层反应谱作解耦分析确定，或考虑甲板与设备的相互作用经耦联分析确定。构件强度验算的许用应力可提高 1/3。

条文目录　含策略、前言、定义和 16 节规定条款，附有 15 个对各节条文的解说。

1 规划；2 设计准则和方法；3 钢结构设计；4 构件连接；5 疲劳；6 基础设计；7 其他结构构件和系统；8 材料；9 图件和说明；10 焊接；11 加工；12 安装；13 检验；14 现场调查；15 重复使用；16 最小结构。

Daoluqiao Shifangshu TongJieshuo Ⅴ. *Naizhen Sheji Pian*（1996）

《道路桥示方书·同解说 Ⅴ. 耐震设计篇》（1996）

（*Specifications for Design of Roadway Bridges，Part* Ⅴ *Seismic Design*，1996）　由日本道路协会编制，系日本公路桥梁设计规范抗震部分的第二次修订，1996 年由日本建设省颁布。

该规范在总结 1995 年阪神地震桥梁破坏经验并吸取地震工程研究新成果的基础上修订而成。规范提高了桥梁的设计地震动水准，强调了非线性分析的重要性，详细规定了细部构造要求和抗震措施，反映了当代桥梁抗震设计规范的先进水平。规范主要内容和特点如下。

（1）桥梁设计地震动分为两个水准，第一水准为桥梁使用期内发生频率较高的地震动，第二水准为桥梁使用期内发生频率低、强度大的地震动。桥梁依重要性分为两类。高速公路和国家级公路的桥梁以及跨越公路铁路的、对防灾具有重要意义的地方公路多跨桥梁属特别重要类别，其他地方公路桥梁属一般重要类别。在第一水准地震作用下，桥梁无损；在第二水准地震作用下，特别重要桥梁可发生轻微损坏，一般重要桥梁不发生致命的损坏。

（2）建设场地分为硬、中、软三类，分别规定了对应两个地震动水准、区别三类场地的设计反应谱；第一水准的最大震度（以重力加速度 g 为单位的加速度，即地震系数）$k=0.3$，对于板块边缘地震和板块内部地震，第二水准的最大震度 k 分别取 1.0 和 2.0；规范修订了地基液化判别方法。

（3）桥梁抗震计算可使用静力方法（震度法或保有水平耐力法）和动力方法（反应谱法或动力时程分析法）。对于结构较为简单、可简化为单自由度体系的桥梁，可分别采用震度法和保有水平耐力法进行第一和第二水准地震作用计算；自振周期长、桥墩高的桥梁或隔震桥梁，仍可采用静力方法进行抗震计算，但须以动力分析对计算结果进行校核；结构更为复杂的桥梁（如斜拉桥、吊桥、上承式或中承式拱桥），静力法计算结果只能作为估计构件断面和配筋的参考，必须采用动力分析方法进行抗震设计。

（4）抗震设计强调性态要求。桥墩等上部结构的设计应与基础设计同步进行。桥墩的抗震强度应低于桩基的抗震强度，使桥墩先于基础发生塑性破坏以减小地震作用且利于修复。桥梁支座和梁的连接装置应作为主要结构构件进行设计，应采取防落梁设施等抗震措施以保障必要的功能。

（5）抗震验算对应两级地震动水准分别进行。就第一水准地震作用进行构件允许应力和允许变形等验算，就第二水准地震作用进行抗震强度、塑性率和残余变形等验算。

（6）规定了隔震桥梁的设计方法。隔震桥梁的桥墩变形能力应比非隔震桥梁低 50%，隔震后桥梁的设计地震作用不能低于 0.4 g，防止隔震体系产生过大变形以保障隔震桥梁的整体稳定性。

Jiazhou Yunshubu Kangzhen Sheji Faze（1.1 ban 1999）

《加州运输部抗震设计法则》(1.1 版 1999)（*Caltrans Seismic Design Criteria*，Version 1.1 1999） 由美国加州运输部(Caltrans)于 1999 年颁布，规定了一般桥梁的抗震设计要求。

内容和特点 规范编制采用性态抗震设计思想，强调结构强度与变形并重，代表了美国桥梁抗震设计的发展方向。规范条款是桥梁设计必须满足的最低要求。

（1）桥梁抗震设计基于最大可信地震(maximum credible earthquakes;MCE)进行，由矩震级表示的最大可信地震由地震危险性分析确定。设计地震动参数包括基岩地震动加速度峰值和反应谱。在最大可信地震作用下，桥梁便于监测和维修的部位可能发生大的损伤，但可保障生命安全；在发生频度更高的地震作用下，桥梁结构不发生大的损伤，可保持运行。规范适用于跨度小于 90 m 的普通标准桥梁，其他大型复杂桥梁的抗震设计须作专门研究。

（2）桥梁场地可分为六类，A、B 类为岩石场地，C、D 类为坚硬场地，E 类为软土场地，F 类是须作专门评估的场地（含高塑性土、液化土或高敏感性土，中软黏土层厚度超过 36 m 或泥炭、有机沉积厚度超过 3 m 的场地）。规定了对应六类场地的标准设计加速度反应谱和位移反应谱。当桥梁自振周期较长、距断层 10～15 km 或场地沉积层厚度大于 75 m 时，应对标准反应谱进行修正；当桥梁紧邻断

层、最大可信地震的矩震级大于 6.5 或场地含软土和液化土时，应采用场地相关反应谱；长度大于 300 m 的桥梁，应考虑地震动多点输入。在基础抗震设计中，场地土应区别为适宜、软弱和临界三类；软弱场地土的标准贯入试验锤击数小于 10，这类场地土中的基础应采用特定的目标设计准则，考虑土-结相互作用；临界场地土是勉强可用的场地土，应进行具体研究，选择适当的基础形式和分析要求，桥梁应进行动力反应分析。

（3）桥梁抗震分析可采用等效静力方法（见拟静力法）、弹性动力方法（见振型叠加法）和静力弹塑性分析方法。应考虑两个正交方向的水平地震作用的组合，取一个方向地震作用和另一正交方向地震作用的 30% 的组合最大值进行抗震验算。当桥面形状不规则、桥面呈曲线形或斜交，桥梁具有多道分缝、有大体积子构件或坐落于软土场地时，应进行整体地震反应计算，通常要作非线性分析。为确定桥梁的框、排架和柱的强度和延性，应进行两个水平方向的局部抗震分析。如果桥梁满足刚度和周期的规定要求且位移计算不产生大的误差，框、排架的二维平面分析可简化为柱模型进行。

（4）桥梁结构构件应满足整体和局部的变形要求和位移延性要求，以及抗弯、抗剪的强度要求。功能保护构件（如墩身、排架帽、节点等）在达到其超强能力时，应保持弹性。

（5）桥梁框架、上部结构、排架帽、节点、支撑、柱和墩墙、桥台和基础均应满足抗震设计一般要求和具体要求，如刚度和质量分布、构件形状和尺寸、铰的设置、支座宽度、伸缩缝变形、调节螺栓的设置、构件连接要求等。钢筋混凝土构件要满足钢筋连接、箍筋和分布筋、钢筋锚固长度、钢筋直径和间距等配筋要求。

条文目录 含 8 章和 3 个附录。

正文 1 前言；2 结构构件的要求；3 结构构件的能力；4 要求和能力；5 抗震分析；6 地震活动性和基础功能；7 抗震设计；8 抗震细部。

附录 A 符号及缩写；B 加速度反应谱曲线；C 参考文献。

Tongxin Shebei Anzhuang Kangzhen Sheji Guifan（YD 5059-98）

《通信设备安装抗震设计规范》(YD 5059—98)（*Code for Designing Anti-Seismic Installation of Communication Equipment*，YD 5059-98） 由中国邮电部北京设计院主编，取代原《通信设备安装抗震设计暂行规定》(YD 2003—92)，作为通信行业标准于 1998 年 5 月 1 日颁布施行。

内容和特点 随着邮电事业的迅速发展和大量新型设备的使用，为保障系统的抗震安全，吸收地震工程研究的新成果，总结邮电通信设备抗震安装经验，制定了此规范。

（1）规范适用于设防烈度 6～9 度地区各类通信设备的安装工程和抗震设计，同时可供抗震加固参照执行。满足抗震要求的通信设备，在遭受设防地震烈度作用时，支承铁架和加固点不受损坏；在遭受罕遇地震烈度作用时，铁架和加固点允许发生局部损坏，但设备列架不致倾倒。

（2）区别四类场地和远、近震影响规定了设计反应谱及其特征周期。设置在楼层上的设备的抗震计算采用反应

谱方法，并考虑设备的重要性差异和设备对楼面的动力放大效应；设置于屋顶的微波天线的地震作用采用反应谱方法计算，并考虑顶端放大效应。

（3）给出了构件和螺栓的拉、压、剪切应力计算公式以及加固件尺寸计算公式；应进行设防烈度地震作用下设备支承构件和锚固螺栓的强度验算，抗震验算采用许用应力方法。

（4）规定了列架式、台式、自立式通信设备安装的抗震措施，蓄电池组、变配电设备、柴油发电机组、太阳能电源设备、母线-汇流条和电源电缆等通信电源设备的抗震措施，以及微波天线和馈线以及邮政机械设备安装的抗震措施。

条文目录　含 8 章和两个附录，另有附加说明和条文说明。

正文　1 总则；2 主要符号；3 通信设备安装的抗震设计目标；4 通信设备安装的抗震计算；5 架式、台式、自立式通信设备安装抗震措施；6 通信电源设备安装抗震措施；7 微波天线和馈线安装抗震措施；8 邮政机械设备安装抗震措施。

附录　A 本规范用词说明；B 通信设备安装抗震计算例题。

修订后的《电信设备安装抗震设计规范》（YD 5059—2005）于 2006 年 7 月 25 日发布，2006 年 10 月 1 日实施。

Shiyou Fufang Shebei Gezhen Jishu Biaozhun（SY/T 0318 - 98）

《石油浮放设备隔震技术标准》（SY/T 0318－98）

（*Standard for Unfixed Equipment Isolation Technique Used in Petroleum Industry*，SY/T 0318 - 98）　由中国石油天然气集团公司抗震办公室和江苏省地震局会同石油勘探机构和勘探设备生产企业编制，作为石油天然气行业标准于 1999 年 3 月 3 日发布，1999 年 10 月 1 日实施。

内容和特点　标准编制过程中开展了一系列相关的理论、专题研究和对比试验，采用了地震工程最新的科研成果和工程实践经验。

（1）标准适用于抗震设防烈度 6～9 度地区浮放设备的隔震设计及安装。满足设计要求的隔震设备在遭遇设防烈度地震时不发生损坏，可正常运行；在遭遇罕遇地震烈度时损坏可以修复，设备不发生碰撞。

（2）在设防烈度地震作用下，采用简化公式或时程分析法确定设备承受的地震作用，坚硬场地上设备的地震作用可折减；根据计算的地震作用和设备允许承受的振动量计算所需隔震系数，继而就单质点弹性体系计算隔震支承的刚度和阻尼。

（3）应进行罕遇地震烈度作用下隔震设备的位移和抗倾覆稳定性验算。

（4）规定了隔震装置的检验与安装要求。

条文目录　含 6 章和两个附录，另有标准用词和用语说明以及条文说明。

正文　1 总则；2 术语与符号；3 浮放设备允许振动参数的确定；4 地震作用；5 浮放设备的隔震设计；6 隔震装置的检验与安装。

附录　A 高阻尼增强隔震橡胶材料的主要力学性能；B 常用隔震装置的规格与力学性能。

Shiyou Huagong Gangzhi Shebei Kangzhen Sheji Guifan（SH 3048 - 1999）

《石油化工钢制设备抗震设计规范》（SH 3048－1999）

（*Seismic Design Specification for Petrochemical Steel Facilities*，SH 3048 - 1999）　由中国石油化工集团公司、中国石化北京设计院对《石油化工钢制设备抗震设计规范》（SH 3048—93）修订而成，作为行业标准于 1999 年 9 月 22 日发布，2000 年 1 月 1 日实施。

内容和特点　总结了石油化工设备的抗震设计经验，在沿袭原规范主要原则和内容的同时增加和修改了部分内容。

（1）规范适用于抗震设防烈度 6～9 度地区的石化钢制设备的抗震设计，依设备重要度类别（三类）规定了地震作用计算和采取抗震措施的不同要求；经抗震设计的设备在遭受设防烈度地震影响时非受压构件可能损坏，但经一般修理或不经修理可继续使用。

（2）抗震设计应当满足抗震结构的规则性、稳定性和多道抗震设防等要求，并应满足钢材物理性能要求和防火要求。

（3）设备基础坐落于地面时，可采用底部剪力法、振型叠加反应谱法或动力时程分析法计算地震作用；反应谱取固定的阻尼比（0.05），特征周期依场地抗震分类和远震、近震确定。

（4）修订并简化了坐落于建筑楼层或构筑物上设备的地震作用计算方法，规定在估计建筑和设备自振周期的基础上，采用楼层动力放大系数曲线（见楼层反应谱）计算地震作用。

（5）设备抗震验算针对设防烈度地震进行，使用允许应力方法；应根据设备重要度类别采用不同的允许应力重要度修正系数（0.9～1.1）。

（6）修改了支腿式设备的抗震计算方法，增加了楼层上重叠式卧式设备、锚固储罐和支承式直立设备的抗震计算方法。

（7）具体规定了卧式设备、球罐、圆筒形储罐、直立设备和加热炉的抗震设计要求。

条文目录　含 10 章和 1 个附录，另有用词说明和条文说明。

正文　1 总则；2 符号代号；3 抗震设计基本要求；4 地震作用计算；5 双鞍座支承的卧式设备；6 球形储罐；7 立式圆筒形储罐；8 裙座式直立设备；9 支腿式（支承式）直立设备；10 加热炉。

附录　A 柔度矩阵元素。

同名国家标准《石油化工钢制设备抗震设计规范》（GB 50761—2012）已编制完成，于 2012 年 5 月 28 日发布，2012 年 10 月 1 日实施。

Shiyou Huagong Dianqi Shebei Kangzhen Sheji Guifan（SH/T 3131 - 2002）

《石油化工电气设备抗震设计规范》（SH/T 3131－2002）

（*Seismic Design Specification for Electrical Equipment in Petrochemical Industry*，SH/T 3131 - 2002）　由中国石化工程建设公司会同中国石化洛阳石化工程公司和九江石化设计工程有限公司编制，作为石油化工行业标准于 2003 年 2 月 9 日发布，2003 年 5 月 1 日实施。

内容和特点 该规范的编制总结了地震作用下电气设备的震害和设计经验，贯彻以预防为主的方针，旨在减轻地震破坏和损失，避免人员伤亡。

(1) 规范适用于抗震设防烈度 6～9 度地区石油化工企业中 220 kV 以下电气设备的抗震设计和隔震、消能减震设计。抗震设防目标为：遭受多遇地震烈度影响时，设备一般不损坏或不须修理可继续使用；遭受设防地震烈度影响时，设备可能有轻微损坏但仍能继续供电；在遭受罕遇地震烈度影响时，设备不致倾倒或发生严重次生灾害。规范区别设防烈度、设备种类和设备位置，规定了抗震计算和采取抗震措施的不同要求。

(2) 采用与《建筑抗震设计规范》(GB 50011—2001) 相同的场地抗震分类标准和反应谱特征周期，但水平地震影响系数曲线的形式更较简单。

(3) 地面设备的抗震计算可采用底部剪力法和振型叠加反应谱法；楼层上设备的地震作用计算，在估计设备和所在结构自振周期的基础上，采用楼层动力放大系数曲线（见楼层反应谱）方法。

(4) 设备抗震验算为小震作用下的强度验算，采用许用应力方法。

(5) 具体规定了电力变压器类设备、三相垂直布置的干式电抗器、少油断路器和避雷器的抗震计算要求。

(6) 具体规定了电力变压器类设备，少油断路器、避雷器、隔离开关、棒式绝缘子、互感器及瓷套等电瓷类设备，电力电容器、蓄电池，高压开关柜、低压配电屏、控制保护屏、直流屏、不间断供电设备及配电箱类设备的抗震措施。

(7) 规范以黑体字标志强制性条文。

条文目录 含 8 章和 1 个附录，另附有用词说明和条文说明。

正文 1 范围；2 引用标准；3 主要符号；4 总则；5 抗震设计基本要求；6 选址与布置；7 抗震计算；8 安装设计中的抗震措施。

附录 A 减震措施。

Dianqi Shebei Kangzhen Sheji Zhinan (JEAG 5003 – 1980)

《电气设备抗震设计指南》(JEAG 5003—1980) (*Guide for Seismic Design of Electrical Installations*，JEAG 5003 - 1980) 由日本电气技术标准调查委员会编制，于 1980 年 6 月正式颁布。

内容和特点 该指南的编制进行了大量调查研究，考虑了变电站设备的特殊性和设计者的使用要求，主要内容和特点如下。

(1) 抗震设计旨在防止因变电站电气设备地震破坏而造成大范围、长时间的断电。指南适用于变电站内 170 kV 以上主回路电气设备和保障其功能的控制、辅助装置，也适用于水力、火力发电站及配电所等的电气设备。主回路电气设备含变压器、开关、测试用互感器、电力电缆和母线，控制、辅助装置含电源装置、配电盘、空气压缩机和控制电缆。

(2) 电气设备抗震设计的地面水平加速度峰值取 0.3 g（g 为重力加速度），一般不考虑区域地震危险性的差异。在必须考虑竖向地震作用时，竖向地震加速度峰值取水平

向加速度峰值的 1/2；地震动卓越频率范围为 0.5～10 Hz。抗震设计的输入可采用实测强震记录、楼层地震反应或等效共振正弦波。等效共振正弦波的频率与设备自振频率相同，幅值由地面加速度和设备支承体系动力放大效应决定。正弦共振二波与正弦共振三波分别有两次和三次循环，共振波引起的设备振动效应，一般可超过相应强震记录的地震作用效应。

(3) 应对设备所在场地进行工程地质勘察，判明其承载力及液化势，继而决定设备应采用的基础类型（直接基础或桩基）。对软弱土和液化土应当进行处理，防止基础发生有害沉降、转动或滑移。当地基剪切波速度大于 150 m/s（或标准贯入试验锤击数大于 4）时，满足标准地基的要求，设备抗震计算可以采用简化方法；否则应作特别的考虑。

(4) 设备抗震计算可采用单质点或多质点模型，可区别情况采用静力法、修正震度法、反应谱方法或动力时程分析法。室外电瓷型设备应输入峰值为 0.3 g 的正弦共振三波进行拟共振计算；室外变压器本体使用静力法计算地震作用，加速度取 0.5 g，变压器绝缘套管应输入峰值为 0.5 g 的正弦共振三波进行拟共振计算。设置在地下室或建筑一层的室内设备，抗震计算方法与室外设备相同。设置在建筑二层及以上的设备可考虑地基、基础和设备体系的相互作用，输入强震记录或等效共振正弦波计算地震反应；或先进行建筑体系的地震反应分析，再以楼层反应作为输入进行设备抗震计算。设置在一层以下的电源设备和空压机、设置在三层以下的配电盘均可使用静力法进行抗震计算，加速度分别取 0.5 g 和 1.5 g。设备体系阻尼比可区别连接方式（焊接、瓷套法兰连接和螺栓连接）分别采用 0.02～0.05，0.02～0.08 和 0.05～0.12。基础模型应考虑水平和扭转刚度。

(5) 设备的地震作用效应不与风荷作用效应、短路电磁力和导线连接张力组合。构件抗震验算采用许用应力方法。

(6) 设备抗震能力应进行试验验证。试件可采用设备体系、构件或相应的缩尺模型。模态参数测试可使用振动台试验、激振器激振的强迫振动试验、锤击法、拉张释放法（见自由振动试验）或脉动法（见脉动试验）进行，应变测试只能利用振动台试验进行。

(7) 设备基础和设备安装应满足抗震措施要求。

条文目录 共两章（以及相关说明），另有参考资料和附录。

正文 1 总则；2 抗震设计。

参考资料 Ⅰ 电气设备的抗震设计（电气设备的抗震特征，抗震设计方法，构件强度，试验验证方法，抗震设计实例）；Ⅱ 地基和基础的抗震设计（地基和基础的设计方法，地基基础对电气设备抗震强度的影响，地基的评价）。

附录 1 用语说明；2 抗震设计用构件强度；3 有关设备的抗震设计标准；4 地震和震害调查结果；5 地震动加速度图和地震区划。

Biandianzhan Kangzhen Sheji Shishi Tiaoli (IEEE Std 693 – 1997)

《变电站抗震设计实施条例》(IEEE Std 693—1997) (*Recommended Practice for Seismic Design of Substations*，

IEEE Std 693－1997）　由美国电气和电子工程师学会（IEEE）、电力工程协会变电站设计委员会制定，经电气电子工程师学会标准委员会批准，于 1997 年 12 月颁布施行。

内容和特点　阐述了变电站设备抗震设计的背景，规定了抗震设计地震动水准和抗震设防目标，具体规定了相关设备抗震设计和验证方法，含分析方法、试验方法、一般规定以及相关抗震措施。

（1）经抗震设计和验证的变电站设备在遭受设计地震动作用时无明显的结构损坏，允许发生小的损伤，但可保持使用功能，少量设备可能不具备完全的功能。

（2）抗震设计地震动分为高、中、低三个水准，对应的水平地震动加速度峰值分别为 $1.0g$，$0.5g$，$0.1g$（g 为重力加速度），竖向地震动幅值取水平地震动幅值的 0.8 倍；抗震设计地震动可由地震危险性分析或地震动参数区划图确定，设计地震动在未来 50 年内的超越概率为 2%，设备用户可选择更高的设计地震动水准。对应高、中水准地震动，规定了要求的反应谱（required response spectra；RRS）和抗震设计要求，RRS（在设备抗震试验中由相关技术标准规定的输入反应谱）零周期值为地震动水准的 1/2；采用低水准设计地震动的设备，一般无须进行抗震计算，但要有合理的抗震传力途径，锚固螺栓要满足抗震强度要求。

（3）设备抗震分析可视具体情况采用静力方法、静力系数方法（见拟静力法）、振型叠加反应谱法或动力时程分析法。静力方法适用于自振频率大于 33 Hz 的刚性设备，地震力作用于设备重心；静力系数方法适用于具有少数重要振型的设备，应将 RRS 最大谱加速度的 1.5 倍作用于设备的分布质量；振型叠加反应谱方法或动力时程分析方法适用于有多个重要振型的复杂设备。抗震计算为弹性分析，组合应力验算采用允许应力方法；抗震计算可采用更较精确的方法、保守的算法或以更可靠的验证试验代替。

（4）验证试验的输入可采用正弦波、正弦扫频波、衰减正弦波、正弦拍波、随机波和地震动时程以及上述输入的组合，可视结构特点采用单向、双向、三向或多向地震动输入，地震动输入必须包络 RRS。

（5）具体规定了各类变电站设备和部件的抗震要求。

条文目录　共含 9 章和 20 个附录。

正文　1 前言；2 引用标准；3 定义；4 缩略语；5 细则；6 设备安装；7 计算和试验方法；8 其他设备设计；9 变电站设备的抗震设防标准。

附录　A 标准条款；B 一般设备；C 断路器；D 变压器和电抗器；E 断路和接地开关；F 变压器；G 空心抗流圈；H 电流开关；I 悬吊设备；J 蓄电池和蓄电池组；K 电涌放电器；L 变电站电子设备、配电屏、开关柜和固态整流器；M 金属开关；N 电缆终端套管；O 电容器、串并联补偿器；P 低压变电站设备的经验验证方法；Q 复合材料和瓷绝缘子；R 分析报告格式；S 试验报告格式；T 参考文献。

该条例于 2005 年进行了修订。

Jianzhu Kangzhen Jianding Biaozhun（GB 50023－95）

《建筑抗震鉴定标准》（**GB 50023－95**）（*Standard for Seismic Appraiser of Building*，GB 50023－95）　由中国建筑科学研究院会同相关设计、科研和教学机构对《工业与民用建筑抗震鉴定标准》（TJ 23—77）修订而成，作为强制性国家标准于 1995 年 12 月 19 日发布，1996 年 6 月 1 日实施。

标准编制总结了 20 世纪 70 年代以来建筑抗震鉴定加固的实践和震害经验，吸收了国际范围内建筑物抗震安全评定的新成果，考虑我国经济条件对《工业与民用建筑抗震鉴定标准》(TJ 23－77)进行了修改与补充，并使其内容与建筑抗震设计规范相协调。该标准为通用标准，适用于现有建筑物抗震安全性评估，为抗震加固设计提供技术依据。

主要修订内容　在沿袭《工业与民用建筑抗震鉴定标准》（TJ 23—77）的基本原则和内容的同时，修改并增加了新的内容。

（1）继续采用抗震鉴定设防标准略低于新建建筑物抗震设防标准的原则；鉴定合格的建筑在遭遇设防烈度的地震影响时，一般不致倒塌伤人或砸坏重要的生产设备，经修理后仍可继续使用。

（2）适用于设防烈度 6～9 度地区的现有建筑物的抗震鉴定，增加了 6 度区现有建筑应进行抗震鉴定的规定。

（3）鉴定要求体现了区别对待的原则：①抗震鉴定要求应根据建筑抗震设防分类进行调整；②抗震鉴定要求也可根据建筑所在场地、地基和基础等有利和不利因素进行调整；③同类别的不同结构，鉴定检查的重点、项目内容和要求不同，鉴定方法也不同；④同一结构中的重点部位与一般部位的检查和鉴定有所区别；⑤综合评定时要区别考虑各构件（部位）对结构抗震性能的整体影响和局部影响。

（4）采用构造鉴定和抗震分析相结合的两级鉴定法。一级鉴定以宏观判断和构造鉴定为主进行综合评价，当符合一级鉴定各项要求时，建筑可评定为满足抗震鉴定要求；当有些项目不合格时，可在二级鉴定中进一步判断。二级鉴定以抗震验算为主结合构造影响进行综合评价。标准给出抗震验算的简化计算方法；验算也可采用抗震设计规范规定的方法，但应以抗震鉴定的承载力调整系数替代抗震设计的承载力调整系数。

（5）增加了场地、地基和基础的抗震鉴定内容，明确了鉴定范围、原则和两级鉴定要求。一级鉴定包括饱和砂土、饱和粉土的液化初判和软土震陷初判，规定了可不进行桩基验算的条件；二级鉴定包括饱和砂土、饱和粉土的液化再判，软土和高层建筑的天然地基、桩基承载力验算及不利地段的抗滑移验算。

（6）修订了多层砌体房屋的抗震鉴定内容，扩大了鉴定范围。以两级鉴定方法取代以往的构件综合评定方法。一级鉴定区分刚性体系和非刚性体系房屋进行，二级鉴定采用楼层平均抗震能力指数方法、楼层综合抗震能力指数方法和墙段综合抗震能力指数方法进行。当房屋质量和刚度分布不均匀，或房屋层数超过规定时，应按抗震设计规范的方法和要求验算房屋的抗震承载力。

（7）多层钢筋混凝土房屋的一级鉴定中，增加了规则性要求和配筋构造要求，强调了梁柱的连接形式、混合承重体系的连接构造和填充墙与主体结构的连接问题。二级鉴定采用楼层综合抗震能力指数进行。

（8）规定了内框架和底框架砖房两级鉴定内容。增加了一级鉴定中底框架和底层内框架砖房的二层与底层侧移刚度比、横墙间距、窗间墙宽度、整体性连接等鉴定要求，二级鉴定采用综合抗震能力指数方法进行。

（9）补充了单层钢筋混凝土柱厂房两级鉴定内容。总结震害经验，明确提出以不同烈度下单层厂房的关键薄弱环节作为检查的重点。厂房的抗震能力评定既考虑构造，又考虑承载力。在结构布置和构造鉴定方面增加了防震缝宽度、排架柱、支承屋面板的小立柱以及支撑布置等的鉴定要求，扩大了抗震验算范围。

（10）增加了单层砖柱厂房和空旷房屋结构布置和构造鉴定内容，提出材料强度等级的最低鉴定要求，调整房屋整体性连接的鉴定要求，放宽了不进行抗震验算的范围。

（11）木结构和土、石墙房屋的抗震鉴定条款中，增加了穿斗木构架和康房的鉴定要求。

（12）补充了烟囱抗震构造和抗震承载力验算内容，提出了控制水塔倾斜等鉴定要求。

条文目录 含11章、4个附录和条文说明。

正文 1 总则；2 术语和符号；3 基本规定；4 场地、地基和基础；5 多层砌体房屋；6 多层钢筋混凝土房屋；7 内框架和底层框架砖房；8 单层钢筋混凝土柱厂房；9 单层砖柱厂房和空旷房屋；10 木结构和土石墙房屋；11 烟囱和水塔。

附录 A 砖房抗震墙基准面积率；B 钢筋混凝土结构楼层受剪承载力；C 木构件常用截面尺寸；D 本标准用词说明。

修订后的《建筑抗震鉴定标准》（GB 50023—2009）于2009年6月5日发布，2009年7月1日实施。

Jianzhu Kangzhen Jiagu Jishu Guicheng（JGJ 116-98）

《建筑抗震加固技术规程》（**JGJ 116－98**）（*Technical Specification for Seismic Strengthening of Building*，JGJ 116-98）

由中国建筑科学研究院会同相关设计、科研、施工和教学机构共同编写，作为强制性国家行业标准于1998年9月14日发布，1999年3月1日实施。

1976年河北唐山地震后，中国更加广泛地开展了房屋抗震加固设计方法和加固技术的研究，其成果汇集于《民用砖房抗震加固技术措施》和《工业与民用建筑抗震加固技术措施》。20世纪90年代以后，碳纤维、建筑结构胶黏剂等新材料和消能减振、隔震等新技术相继出现，有力地促进了加固技术的发展。为使现有建筑的抗震加固做到经济、合理、有效、实用，在总结震害经验、工程经验及抗震加固科学技术研究成果的基础上，对《工业与民用建筑抗震鉴定标准》中的加固技术部分进行了补充和修订，制定了该规程。

主要内容 含以下要点。

（1）加固建筑的抗震设防目标和适用范围与《建筑抗震鉴定标准》（GB 50023—95）一致。

（2）抗震加固设计方案应根据抗震鉴定结果综合确定，宜结合维修改造改善使用功能，并注意美观。加固方法应便于施工，减少对生产、生活的影响。

（3）加固设计中结构布置应优先采用增强结构整体抗震性能的方案，宜减少地基基础的加固工程量，并考虑场地的影响。构件加固或新增构件宜使加固后结构质量和刚度分布较均匀、对称，避免结构刚度或强度突变，防止结构脆性破坏。应加强薄弱部位的抗震构造措施，增设的构件与原构件间应有可靠的连接，抗震墙（柱）等应设置基础。易倒塌伤人的非结构构件应予拆除或降低高度，否则应加固。

（4）应在两个主轴方向分别进行加固后结构的抗震验算，可采用楼层综合抗震能力指数方法，加固后的楼层综合抗震能力指数不应小于1。当规程未给出计算参数时，可按建筑抗震设计规范的方法进行验算，但抗震承载力调整系数应采用抗震加固的承载力调整系数。

（5）抗震加固材料的强度等级及抗震加固施工应满足规程要求。

（6）当建筑场地位于存在软弱土、液化土、明显不均匀土层的抗震不利地段时，不符合鉴定要求的地基基础应按规程进行抗震处理和加固。

（7）针对多层砌体结构房屋、多层钢筋混凝土结构房屋、内框架和底框架砖房、单层钢筋混凝土柱厂房、单层砖柱厂房和空旷房屋、木结构和土石墙房屋以及烟囱和水塔的结构和特点，分别给出了加固设计一般规定、加固措施和方法以及加固设计及施工的具体要求。

条文目录 含11章和1个附录，另有附加说明和条文说明。

正文 1 总则；2 术语、符号；3 基本规定；4 地基和基础；5 多层砌体房屋；6 多层钢筋混凝土房屋；7 内框架和底层框架砖房；8 单层钢筋混凝土柱厂房；9 单层砖柱厂房和空旷房屋；10 木结构和土石墙房屋；11 烟囱和水塔。

附录 A 本规程用词说明。

修订后的《建筑抗震加固技术规程》（JGJ 116—2009）于2009年6月18日发布，2009年8月1日实施。

Shiyou Huagong Jianzhu Kangzhen Jianding Biaozhun（SH/T 3130-2002）

《石油化工建筑抗震鉴定标准》（**SH／T 3130－2002**）（*Standard for Seismic Appraiser of Building in Petrochemical Industry*，SH/T 3130-2002）

由中国石化工程建设公司会同相关生产单位编制，作为中国石油化工行业标准于2003年2月9日发布，2003年5月1日实施。

内容和特点 该标准的编制以石油化工企业各类建（构）筑物的震害研究和抗震鉴定加固实践经验为基础，吸收了地震工程新的科技成果，考虑了中国的社会经济技术条件和工程实践，并参考了《建筑抗震鉴定标准》（GB 50023—95）和《建筑抗震设计规范》（GB 50011—2001）等技术文件。

（1）标准适用于抗震设防烈度6～9度地区石化企业现有各类建筑物和构筑物的抗震鉴定。抗震鉴定的设防标准与抗震设计规范中有关新建工程的抗震设防标准基本一致。抗震鉴定要求与《建筑抗震鉴定标准》（GB 50023—95）基本相同。

（2）规定了可不进行场地鉴定的范围。规定位于高烈度区抗震不利地段的建筑，应评估场地地震稳定性、地基滑移及其对建筑的危害。规定了地基基础两级鉴定内容与要求、天然地基及桩基抗震承载力验算以及抗震加固措施的要求。

（3）规定了砌体结构房屋、多层钢筋混凝土结构房屋、内框架和底框架砖房、单层钢筋混凝土柱厂房、单层砖柱厂房和空旷房屋的两级鉴定法，方法与《建筑抗震鉴定标准》（GB 50023—95）基本相同。规定了各类结构的抗震加固措施，与《建筑抗震加固技术规程》（JGJ 116—98）的要求基本相同。

条文目录　共含 12 章及两个附录，另附有用词说明和条文说明。

正文　1 范围；2 规范性引用文件；3 抗震鉴定基本规定；4 术语；5 符号；6 抗震鉴定基本要求；7 场地、地基和基础；8 砌体房屋；9 多层钢筋混凝土房屋；10 内框架和底框架砖房；11 单层钢筋混凝土柱厂房；12 单层砖柱厂房和空旷房屋。

附录　A 砖房抗震墙基准面积率（规范性附录）；B 钢筋混凝土结构楼层受剪承载力（规范性附录）。

Fangwu Kangzhen Jianding Zhinan（shixing）（FEMA 310/1998）

《房屋抗震鉴定指南（试行）》（FEMA 310/1998）

（*Handbook for the Seismic Evaluation of Buildings—a Pre-Standard*，FEMA 310/1998）　由美国联邦紧急事务管理局（FEMA）和土木工程师协会（ASCE）对 FEMA 178 修编而成，作为国家技术标准于 1998 年 1 月颁布试行。

该指南的编制以 FEMA 178（*NEHRP Handbook for the Seismic Evaluation of Existing Buildings*）为基础，总结 20 世纪 80 年代以来世界范围内破坏性地震震害和工程设计的经验，吸收了地震工程新的科技成果。指南提出了基于不同性态水准的三级抗震鉴定方法；为适应全美各州现有房屋的抗震评估，将地震动强度调整为高、中、低三个等级；房屋根据抗侧力系统和楼盖类型划分为 15 类（含木结构房屋 2 类，钢框架结构房屋 5 类，钢筋混凝土结构房屋 5 类，砌体结构房屋 3 类），分别明确了各自的抗震薄弱环节和鉴定要点。该指南与美国《房屋抗震加固指南》（FEMA 273）的相关规定协调一致。

性态水准　考虑了两级性态水准。

（1）生命安全（LS）水准：遭遇设计地震影响时，房屋结构和非结构构件将有显著的破坏，但尚有一定的防止部分或全部倒塌的安全性；虽然人员可能受伤，但不会有生命危险。

（2）震后立即居住（IO）水准：遭遇设计地震影响时，结构与非结构构件有轻微破坏，主要的承重和抗侧力构件基本完好，房屋的强度和刚度与震前相当；可能须进行轻度修复，但可以住人。

对应以上两种性态水准的设计地震动，是一般场地下 50 年内可能遭遇的超越概率为 2% 的地震作用（即最大考虑地震 MCE）。

基本程序　鉴定之前应收集建筑相关资料并进行现场调查，然后由技术人员确定鉴定房屋的性态水准、设计地震动和结构类型。所有被鉴定的房屋均须进行一级鉴定。一级鉴定是一种快速评估的鉴定方法，根据结构类型对其结构构件、非结构构件和地基基础分别填写快速评估表。若房屋有缺陷不能满足一级鉴定安全要求，则应进行二级鉴定。二级鉴定是较细致完善的精确评估方法，包括进行抗震计算和抗震措施鉴定。若房屋不满足二级鉴定的某些要求，应进行更加精确的三级鉴定。

一级鉴定　首先确定房屋类别属于 15 类中的哪一类，确定地震动及性态水准，选定检查项目表。对表中各项内容（包括房屋主要结构构件、非结构构件、地基基础等）进行检查并逐项填写。主体结构选项调查表一般包括房屋竖向承重系统、抗侧力系统和连接三大项，每项列出若干规定条款；应对每一条款确认满足、不满足或无关。一级鉴定中的抗震验算主要是简单的快速校核，计算主要构件的强度和刚度，判断房屋是否符合鉴定要求。

二级鉴定　详细规定了鉴定分析方法，结构体系要求和抗侧力系统评定方法，规定了楼盖、连接结点、场地与地基基础以及非结构构件的鉴定要求。

（1）二级鉴定计算方法含线性静力法、线性动力法、特殊方法及非结构构件计算方法。绝大部分房屋应采用线性静、动力法进行计算；规定了线性动、静力分析方法的适用范围，结构数学模型以及力或位移的控制准则。特殊方法适用于柔性楼盖的无筋砌体承重墙房屋，同时规定了这类房屋的特点及抗震措施要求，包括承重墙数量与间距、交叉墙设置和高宽比限制、楼盖验算、楼盖开洞要求、承重墙地震剪力分配和强度验算、墙体高厚比以及墙体锚固要求。还规定了非结构构件地震作用计算方法和基于侧移比的抗震验算方法。

（2）房屋体系应有完整的传力途径，外形尺寸宜规则，防止出现薄弱层、柔性层，房屋强度和刚度应满足规定要求；竖向连续性、质量变化以及扭转亦应满足规定要求。

（3）规定了木材、钢材、混凝土等建筑材料的宏观鉴定要求。规定了混凝土墙、加筋混凝土墙、填充墙及混凝土框架柱等构件在不同性态水准下的裂缝形式和宽度等要求。分别对框架体系、剪力墙体系和框架支撑体系作了技术规定。框架体系应满足不同性态水准下体现强柱弱梁、强剪弱弯等原则的抗震措施、抗震验算及细部构造要求。剪力墙体系应满足在不同性态水准下的抗震验算、节点连接、配筋、开孔大小、墙体尺寸及锚固等要求。框架支撑体系（含中心支撑框架和偏心支撑框架）应满足不同性态水准下连梁、斜撑的数量要求，连梁和斜撑应进行强度、刚度、稳定性验算，连接与搭接强度应满足规定要求。

（4）楼盖应满足连续性以及不同性态水准下楼盖开洞面积和配筋等要求。木楼盖、金属板楼盖及非块状楼盖还应满足不同性态水准下的跨度要求。接头连接（含墙、柱与楼屋盖连接，墙板连接，构件连接，柱、墙与基础连接等）应满足不同性态水准的要求。

（5）场地和地基基础的鉴定包括液化判别、边坡破坏判别、确定有无活动断层、估计潜在不均匀沉陷对房屋的影响。应分析基础不均匀沉陷大小，查明基础腐蚀程度和范围，评定其对抗侧力系统的影响。

（6）非结构构件（包括隔板、天花板系统、贴面层、栏杆、楼梯、室内家具、机械和电气设备、管道以及电梯间等）均应满足指南规定的要求。

三级鉴定　经一、二级鉴定有缺陷的房屋应进行三级鉴定，三级鉴定的方法有两种。

（1）采用静力线性法、动力线性法、静力弹塑性方法或动力非线性法计算地震作用，按鉴定技术标准规定方法得到的结构内力乘以 0.75 作为三级鉴定的内力，验算不同性态水准下结构构件的强度、刚度和延性等。

（2）采用新建房屋抗震设计方法，将计算得到的内力乘以 0.75 作为三级鉴定的内力。

条文目录　含 5 章和 6 个附录（抗震鉴定算例）。

正文　1 一般规定；2 鉴定要求；3 初估阶段（一级鉴定）；4 评估阶段（二级鉴定）；5 细致评估（三级鉴定）。

附录　A 木结构房屋抗震鉴定；B 柔性楼盖钢框架结构抗震鉴定；C 刚性楼盖、砖填充墙钢筋混凝土框架结构抗震鉴定；D 刚性楼盖加筋砌体承重墙房屋抗震鉴定；E 木框架办公楼抗震鉴定；F 钢框架–支撑结构抗震鉴定。

Shi Wai Meiqi Reli Gongcheng Sheshi Kangzhen Jianding Biaozhun (shixing)（GBJ 44－82）

《室外煤气热力工程设施抗震鉴定标准（试行）》（GBJ 44－82）

（*Standard for Seismic Evaluation of Outdoor Gas and Heating Power Facilities，Probation*，GBJ 44－82）由中国北京市建委会同煤气热力设计所等有关机构共同编制，作为国家标准于 1982 年 3 月 30 日发布，1982 年 9 月 1 日实施。

内容和特点　标准的编制吸收了各国的震害经验，考虑了中国室外煤气、热力工程设施的实际，并参考了《室外给水排水和燃气热力工程抗震设计规范》《工业设备抗震鉴定标准（试行）》（1979）、《工业与民用建筑抗震鉴定标准（试行）》等有关技术标准。

（1）标准适用于基本烈度 7～9 度区室外煤气（压力 8 kgf/cm² 以下的人工煤气、天然气和液化石油气）工程设施和压力在 14 kgf/cm² 以下的热力工程设施（1kgf/cm² ＝ 98 066.5 Pa）。满足抗震鉴定加固要求的室外煤气、热力工程设施，在遭遇相应地震影响时，管网及储罐等设施震害可控制在局部范围内，一般不致造成严重次生灾害，并便于抢修和迅速恢复使用；房屋建筑一般不致倒塌伤人或砸坏重要生产设备，经修理后仍可继续使用。

（2）管线。规定了管网的布局、煤气热力管线抗震鉴定重点检查的部位及要求。高、中压煤气干线和热力干线，高、中压煤气支线和热力支线的起点处应设置阀门，阀门及附件应符合相关技术要求。规定了管线检修平台、扶梯及检查井（室）的井盖、爬梯的安全要求，以及管道穿过建筑物墙体或基础时增设套管等要求。架空管道的活动支架应设置挡板，抗震鉴定加固烈度为 7 度、8 度的可液化土地段和 9 度软土场地的干线管道应满足焊缝质量要求，管道的支架和吊架应满足抗震措施和验算要求。可液化地基土中的地下煤气干线宜采用钢管，干线两端应增设阀门，一侧管道应设置柔性接口。地震时需要操作的煤气阀门应有阀门井。承接式接口的煤气干线及重要支线，应设置满足规定要求的柔性接口。

（3）贮罐。规定了贮罐抗震鉴定检查的部位和要求以及赤道式球罐、卧罐、立式罐的支承结构、杆件、连接件、螺栓等的鉴定要求。罐间的联系平台应采用一端固定、一端活动的支承。软土地基上赤道式球罐的单独支柱基础应加连梁，气相、液相管宜设置弯管或采用柔性连接。水槽

式贮气罐的螺旋轨、直立轨、导轮、导轨应灵活可靠，啮合均匀，导轮轴座应有良好的整体构造，上挂圈与导轨间的焊接应牢固可靠；水槽应无严重腐蚀和渗漏。

（4）场、站设施。场站的进、出口管道应设置阀门。液化石油气储配站的生产区和生活区必须以不可燃实体墙分隔。液化石油气灌瓶站在地震时应保证供电。压缩机和泵的基础以及泵的进出口管道连接、软土地基和高烈度区的阀门设置、设备材料性能以及焊缝质量等均应满足规定要求。框架结构瓶库的边跨梁板不应搭在毗邻建筑的砖墙上。设在混合结构或内框架结构上的加热器罐应进行支承结构的抗震强度验算，应采取措施加强整体性。

条文目录　含 4 章和两个附录。

正文　1 总则；2 管线；3 贮罐；4 场、站设施。

附录　一 架空管架的抗震验算；二 本标准用词说明。

Gongye Gouzhuwu Kangzhen Jianding Biaozhun（GBJ 117－88）

《工业构筑物抗震鉴定标准》（GBJ 117－88）

（*Standard for Seismic Evaluation of Industrial Constructions*，GBJ 117-88）由中国冶金工业部建筑研究总院会同冶金、煤炭、石油、有色金属、化工、电力、机械、建材等部门所属科研、设计和生产单位共同编制，作为国家标准于 1989 年 3 月 1 日颁布施行。

20 世纪 80 年代以来，中国地震工程学的深入发展和世界范围内震害经验的不断积累，为构筑物抗震鉴定提供了技术基础。规范编制过程中调查总结了中国大地震中构筑物的震害经验，吸收了地震工程新的科技成果，并进行了必要的理论分析和试验研究。

主要内容　含九个方面。

（1）总则。规定了工业构筑物抗震鉴定的目标、适用范围和要求。满足鉴定和加固要求的现有工业构筑物在遭受设防烈度地震影响时，一般不致严重破坏，经修理后仍可继续使用。标准适用于基本烈度 7～9 度区未经抗震设计的现有工业构筑物的抗震鉴定加固。标准给出了可不进行抗震验算和抗震加固的构筑物的范围。规定了抗震鉴定加固的相关要求，包括：构筑物等级划分，各类结构现状检查，抗震强度验算中的基本周期、结构影响系数、安全系数的取值，制定构筑物加固方案以及设置地基固定测量基准点等。

（2）场地、地基和基础。规定了场地、地基和基础的抗震鉴定要求，包括场地抗震分类、不利场地对构筑物的影响、非液化土地基抗震强度验算方法、可液化土液化判别方法、地基液化危害性评定、工程处理原则措施以及桩基抗震强度验算要求。还规定了挡土墙墙身及其地基基础的抗震强度和稳定性验算方法、构筑物所在边坡高度和坡度的限制以及稳定性验算方法。

（3）贮仓。规定了钢筋混凝土贮仓抗震鉴定检查的部位和内容以及可不进行抗震验算的部位，单层柱承式贮仓、筒承式贮仓、结构和地基、柱间支撑等抗震验算的要求以及贮仓抗震构造措施。钢贮仓可不进行抗震验算但应满足抗震措施要求。

（4）槽罐结构。规定了钢储液槽的钢筋混凝土支承筒的抗震鉴定检查内容，支承筒抗震强度验算和抗倾覆验算要求，槽体与支承筒连接部位的强度验算要求，储槽基础

环与支承筒间锚栓验算以及支承筒的构造要求；储气柜钢筋混凝土水槽鉴定检查要求以及抗震强度和抗裂验算要求；钢筋混凝土油罐的抗震鉴定要求。

（5）皮带通廊。规定了地面皮带通廊抗震鉴定检查的部位和内容、抗震强度验算方法以及抗震构造措施。

（6）塔类结构。规定了井架的抗震鉴定要求，井架抗震验算和砖井架抗震构造要求；钢筋混凝土井塔的鉴定要求、抗震强度验算要求以及井塔塔壁洞口和砖砌围护墙的构造要求；钢筋混凝土造粒塔抗震鉴定检查的部位及要求，以及高烈度区软土地基造粒塔的构造要求；塔型钢结构设备基础的鉴定要求、抗震强度验算和抗震构造要求；双曲线型冷却塔应检查的部位和构造要求，以及机械通风冷却塔的抗震鉴定要求。

（7）炉窑结构。规定了高炉系统构筑物（含高炉、内燃式热风炉和外燃式热风炉、除尘器、洗涤塔及其桁架和板梁式斜桥），焦炉基础、回转窑和竖窑基础的抗震鉴定要求。

（8）变电构架和支架。规定了外观检查的要求，变电构架抗震验算、设备支架强度验算以及钢筋混凝土构架的构造要求。

（9）操作平台。规定了加固措施和可不加固的结构范围，支承平台的砖柱、钢筋混凝土柱及梁柱节点配筋和构造要求，平台上的附属砖房以及平台与设备或相邻建、构筑物的连接的鉴定要求。

条文目录 含 9 章和 7 个附录。

正文 1 总则；2 场地、地基和基础；3 贮仓；4 槽罐结构；5 皮带通廊；6 塔类结构；7 炉窑结构；8 变电构架和支架；9 操作平台。

附录 一 各钢厂钢筋屈服强度超强系数值；二 局部配筋混凝土地坪的抗震设计；三 钢筋混凝土结构抗震加固方案；四 钢结构抗震加固方案；五 塔型设备基础的地基抗震验算范围判断曲线；六 非法定计量单位与法定计量单位换算关系；七 本标准用词说明。

Changya Lishi Chuguan Kangzhen Jianding Biaozhun（SH 3026 – 1990）

《常压立式储罐抗震鉴定标准》（SH 3026－1990）

（*Standard of Seismic Evaluation for Atmospheric Vertical Tanks*，SH 3026 - 1990） 由中国石油化工总公司上海高桥石油化工公司会同相关设计、科研、生产机构和高等院校共同编制，作为中国石化总公司行业标准于 1991 年 2 月 1 日颁布施行。

内容和特点 该标准的编制总结了有关国家的震害经验以及设备抗震设计、鉴定加固工程经验和试验研究成果，考虑石化部门设备特点，参考了相关技术标准〔含美国《钢制焊接油罐》、日本《钢制焊接油罐结构标准》、中国《石油化工设备抗震鉴定标准》（SHJ 1—86）等〕。主要含三部分内容。

（1）总则。标准适用于抗震设防烈度 6～9 度地区已经使用的高度与直径之比小于 1.6 的常压（包括通过呼吸阀和大气相通的）碳钢制平底储罐。鉴定合格的常压立式储罐遭受抗震设防烈度地震影响时，经一般修理或不经修理仍可使用，且不发生危害人身和环境安全的严重次生灾害。

（2）一般规定。容积为 100 m³ 及以上的储罐，应进行抗震鉴定和验算；容积小于 100 m³ 的储罐一般可不进行抗震鉴定与验算，但应对储存酸和剧毒物料的储罐罐壁和焊缝进行鉴定。储罐重要部位的焊缝（如罐壁、罐壁和罐底的连接，浮船底板、顶板和浮船边缘的连接焊缝等）均应保证质量。浮顶罐的浮船底板或边缘板腐蚀后的厚度、浮顶与罐壁间的连接件、储罐各种附件和静电接地装置、浮顶储罐液面至罐顶的距离、导向管和浮顶船的预留间隙等，均应满足鉴定要求。

（3）抗震鉴定。①抗震分析要考虑储罐和储液的耦联振动和储液晃动。储罐地震作用按反应谱理论计算，规定了反应谱长周期的加速度谱值以计算液体晃动反应。给出了计算液体晃动基本周期、储罐与储液耦联振动周期、储罐底部地震剪力和弯矩、水平地震作用下最大动压力、罐壁环向动液压力以及罐内液面晃动波高等的算式。②给出了储罐底部罐壁稳定性验算的许用临界应力计算公式。储罐抗震验算含罐壁底部最大轴向压应力、罐壁环向应力、罐壁和边缘板角焊缝强度、液面晃动波高等，规定了相应的验算公式。

条文目录 含 3 章和两个附录。

正文 1 总则；2 一般规定；3 抗震验算。

附录 一 罐壁底部边缘弯矩和应力计算；二 用词说明。

该标准修订后为定名为《钢制常压立式圆筒形储罐抗震鉴定标准》（SH/T 3026—2005），于 2006 年 1 月 7 日发布，2006 年 7 月 1 日实施。

Dianqi Sheshi Kangzhen Jianding Jishu Biaozhun（SY 4063 – 93）

《电气设施抗震鉴定技术标准》（SY 4063－93）（*Standard for Earthquake Resistance Evaluation of Electric Facilities*，SY 4063 - 93） 由中国石油天然气总公司基建工程局会同相关设计、科研机构编制，作为行业标准于 1993 年 9 月 1 日颁布施行。

内容和特点 标准的编制调查研究了近年电气设施的震害和工程经验，考虑了电气设施的特点，并总结了石油天然气企业电气设施抗震设计和抗震鉴定加固的经验。

（1）标准适用于抗震设防烈度 6～9 地区已投入运行的电压为 6～22 kV 的电气设施的抗震鉴定和加固。按照标准进行抗震鉴定和加固的电气设备，当遭遇到设防烈度地震影响时，仍可继续供电和保持通讯联系，支承结构损坏控制在可修范围内。

（2）利用场地指数确定电气设施所在的场地抗震分类。

（3）规定了电气设施的抗震验算方法和可不进行抗震验算的范围。电气设施水平地震作用计算可采用质量-弹簧模型。刚度较大的结构（设备）可采用静力法计算地震作用；质量和刚度沿高度分布比较均匀以及近似于单质点体系的结构，可采用底部剪力法计算地震作用；质量和刚度沿高度分布不均匀的结构或高柔结构，可采用振型叠加反应谱法计算地震作用。电气设施的抗震验算，应保证设备和装置根部或其他危险截面处的应力值小于设备材料的允许应力值。

（4）具体规定了变压器、油浸电抗器和消弧线圈、高压电器、高压电瓷器件、三相垂直布置限流电抗器、蓄电池、电力电容器、通讯设施、开关柜、控制屏、保护屏、架空线路、防雷和接地装置、电气照明等各种电气设施的抗震鉴定方法和加固措施。

条文目录 含 13 章和 1 个附录。

正文 1 总则；2 术语、符号和代号；3 场地；4 地震作用和结构抗震验算；5 变压器、油浸电抗器和消弧线圈抗震鉴定和加固措施；6 高压电器、高压电瓷器件抗震鉴定和加固措施；7 三相垂直布置限流电抗器抗震鉴定和加固措施；8 蓄电池、电力电容器抗震鉴定和加固措施；9 通讯设施抗震鉴定和加固措施；10 开关柜、控制屏、保护屏抗震鉴定和加固措施；11 架空线路抗震鉴定和加固措施；12 防雷及接地装置抗震鉴定和加固措施；13 电气照明抗震鉴定和加固措施。

附录 A 本技术标准用词说明。

Gangzhi Qiuxing Chuguan Kangzhen Jianding Jishu Biaozhun（SY 4081-95）

《钢制球形储罐抗震鉴定技术标准》（SY 4081－95）

（*Standard for Earthquake Resistance Evaluation of Steel Spherical Tanks*，SY 4081-95） 由中国石油天然气总公司工程技术研究院会同相关研究、教学和管理机构共同编制，作为中国石油天然气行业标准于 1995 年 3 月 11 日发布，1995 年 9 月 1 日实施。

内容和特点 中国石油化工系统结合本部门设备特点，总结石油企业球罐抗震设计和抗震鉴定加固经验，吸收储罐抗震的试验研究成果，参考中国《石油化工设备抗震鉴定标准》（SH 3001—92）、《钢制球型储罐》（GB 12337—90）和其他国家相关标准，编制了该标准。

（1）标准适用于抗震设防烈度 6～9 度地区已投入运行的、设置在地表以上、采用正切式支柱的球罐及其下部支承结构的抗震鉴定和加固。按标准进行抗震鉴定和加固后的球罐，在遭受多遇地震烈度影响时不损坏，处于正常工作状态；遭受设防烈度地震影响时，支承结构可能有损坏，但经一般修理或不需修理仍可继续使用，且不发生危及人身和环境安全的严重次生灾害；遭受罕遇地震烈度影响时，不致倒塌或发生危及生命的严重次生灾害。

（2）储罐鉴定的重点部位包括基础、球罐本体、支承系统、焊缝质量、螺栓锁紧装置以及支柱防火层。

（3）球罐的场地抗震分类和设计反应谱与《构筑物抗震设计规范》（GB 50191—93）相同。

（4）球罐可简化为单质点模型，计算一个主轴方向的水平地震作用并进行抗震验算。单质点模型的质量采用球罐结构质量与所贮存的有效液体质量之和。标准给出了球罐基本自振周期、水平刚度的简化计算公式。

（5）球罐支承结构强度验算方法与《石油化工设备抗震鉴定标准》（SH 3001—92）的规定相同；采用安全系数法进行抗震验算时，安全系数取不考虑地震作用时的 65%；采用容许应力法时，容许应力取不考虑地震作用时的 155%。应进行支柱轴向力、操作状态下球壳膜应力、支柱外载偏心率、支柱稳定性、地脚螺栓剪应力、基础板的应力、拉杆强度、拉杆连接构件（如销子、耳板和翼板、焊缝等）的强度验算。

（6）抗震验算不符合要求时，标准推荐的抗震加固措施包括：支柱填充水泥砂浆，安装减震器，增设防火层，

更换拉杆以及在球壳与管线连接处设加强板等。

条文目录 含 7 章和 1 个附录，另有附加说明及条文说明。

正文 1 总则；2 代号；3 基本规定；4 场地；5 地震作用及其作用效应计算；6 抗震验算；7 抗震加固措施。

附录 A 本标准用词说明。

Tielu Qiaoliang Kangzhen Jianding yu Jiagu Jishu Guifan（TB 10116-99）

《铁路桥梁抗震鉴定与加固技术规范》（TB 10116－99）

（*Technical Specifications for Aseismic Appraisal and Reinforcement of Railway Bridge*，TB 10116-99） 由中国铁道部第一勘测设计院会同相关高等院校共同编制，作为行业标准于 1999 年 3 月 2 日发布，1999 年 6 月 1 日实施。规范编制考虑了中国铁路现有桥梁的具体情况，吸收了桥梁抗震的成熟技术成果。

主要内容 要点如下。

（1）规范适用于地震基本烈度 7～9 度地区标准轨距既有铁路未经抗震设计的梁式桥，设计烈度低于现行标准的桥梁和地震后损坏的桥梁。特殊重要桥梁和新型结构桥梁的抗震鉴定加固应作专门研究。在遭遇基本烈度地震影响时，鉴定加固后的 I、II 级铁路的桥梁稍加整修可正常使用，III 级铁路的桥梁经短期抢修可恢复通车。

（2）桥梁抗震鉴定应进行现状调查和评定，其主要内容包括：墩、台基础冲刷深度及地基与河床的变化，混凝土墩、台的混凝土强度，砌石墩、台的石料和灰缝强度，墩、台裂缝和损坏及施工缝的加强措施，支座和锚栓的状态；场地液化判别和场地抗震分类。

（3）抗震鉴定应检查抗震措施。震后修复困难的深水、高墩、大跨桥梁，墩、台地基为可液化土和软土的特大桥和大中桥，I 级铁路基本烈度等于或大于 8 度且墩台顶至地面（或冲刷线）高度大于 10 m 的特大桥和大中桥，均应进行强度验算和稳定性验算。抗震计算除考虑水平地震作用外，设计烈度为 9 度的悬臂结构和预应力混凝土刚构桥等尚应计入竖向地震作用。地震作用计算可采用反应谱方法或规范规定的简化方法，应考虑地震动水压力和地基-基础的相互作用。强度和稳定性验算应满足规定的构件容许应力、地基容许承载力和滑动、倾覆稳定系数的要求。

（4）抗震加固的重点为：位于 III 类场地、地基可能液化、岸坡可能滑移的浅基桥梁，常年有水河流上的特大和大中桥梁，墩高大于 20 m 或跨度大于 40 m 的桥梁，材料和施工质量不合格的桥梁和不满足抗震鉴定要求的桥梁。

抗震加固措施包括：利用消能减振装置和隔震支座减小上部结构的地震作用，采用挤密砂桩或旋喷桩加固地基，在小型桥梁的墩台间设置支撑或增设铺盖，大型桥梁桩基应贯入非液化土层防止墩台滑移，混凝土梁采用支挡、钢板梁设置连接板防止落梁，以外包钢纤混凝土或钢筋混凝土套箍加固墩台。

条文目录 含 5 章和 8 个附录，另有条文说明。

正文 1 总则；2 术语和符号；3 既有桥梁现状调查及评定；4 抗震验算；5 抗震加固。

附录 A 液化土的判别方法；B 岩土的平均剪切波速值；C 液化土力学指标的折减系数；D 简支梁桥桥墩抗震

验算的简化方法；E 梁式桥桥墩自振特性的计算；F 钢筋混凝土梁、预应力混凝土梁及钢梁防止落梁的设施；G 连续梁桥地震作用简化计算；H 本规范用词说明。

Gongye Shebei Kangzhen Jianding Biaozhun(Shixing)(1979)

《工业设备抗震鉴定标准(试行)》(1979) (*Standard for Seismic Evaluation of Industry Equipments，Probation*，1979)

由中国第一机械工业部会同其他相关部门编制，于 1979 年 3 月 1 日颁布试行。

内容和特点 该标准总结了 1975 年辽宁海城地震和 1976 年河北唐山地震中各类工业设备的震害和抗震经验，主要内容和特点如下。

(1) 标准适用于基本烈度 7～9 度区机械、电力、冶金、石油化工、煤炭等工业现有设备、管道和设备基础的抗震鉴定，抗震鉴定烈度取基本烈度。符合鉴定要求者，在遭遇基本烈度地震影响时，不致发生严重损坏和引起危及人身和生产安全的次生灾害。

(2) 鉴定内容包含设备金属构件的焊接和铆接，腐蚀和变形，设备和构件的连接，阀门和控制装置的可靠性以及设备与周边环境的相互影响。不满足鉴定要求者应进行抗震加固或采取应急安全措施。

(3) 抗震鉴定应进行设备现状和抗震措施的检查，必要时应进行设备和部件的抗震验算。重要设备、装置和仪器仪表，除进行震前抗震鉴定之外，还应进行震后检查并作记录。

(4) 具体规定了金属切削机床、锻压设备、铸造设备、压缩机、大型鼓风机、空气分离设备、工业锅炉、起重设备、仪器仪表和工业自动化装置等机械设备，发电设备、电气设备、架空线路、通讯设备等电力设施，工业窑炉和炼焦设备等冶金设备，管式加热炉、立式设备、球罐、气柜、常压立式储罐、卧式设备等石油化工设备，提升设施、通风设施、排水设施等采矿设备，架空管道、地下管道和长距离易凝原油管道等工业管道的鉴定要求；各类设备基础的鉴定要求。

条文目录 含总则、8 个部分和 11 个附录。

正文 总则；1 一般规定；2 机械设备；3 电力设施；4 冶金设备；5 石油化工设备；6 矿井提升、通风、排水设施；7 工业管道；8 设备基础。

附录 一 地震荷载和抗震强度验算；二 锻压设备地脚螺栓抗震强度验算例题；三 起重设备吊钩、钢丝绳更换条件；四 万能工具显微镜倾覆验算例题；五 重量和刚度沿高度分布不均匀的设备的水平地震荷载计算方法及例题；六 立式设备壳体、裙座和地脚螺栓抗震能力校核表；七 立式设备抗震验算方法及例题；八 球罐支柱和拉杆抗震验算方法及例题；九 常压立式储罐抗震验算方法及例题；十 承插式铸铁管道直线段抗震柔性接口布置间距表；十一 石油化工塔器基础(圆筒式或圆柱式)地基抗震验算方法。

Shiyou Huagong Jingmi Yiqi Kangzhen Jianding Biaozhun (SH 3044-92)

《石油化工精密仪器抗震鉴定标准》(SH 3044-92)

(*Standard of Seismic Evaluation for Precise Apparatus in Petrochemical Enterprises*，SH 3044-92) 由中国石油化工科学研究院会同相关设计、科研和教学机构编制，作为行业标准于 1992 年 5 月 1 日颁布实施。

内容和特点 标准编制总结了石油化工精密仪器的抗震经验，对仪器抗震进行了调查研究和科学试验，并参考了《石油化工设备抗震鉴定标准》(SH 3001—92)。

(1) 标准适用于设防烈度 6～8 度区的生产工艺装置、试验装置、实验室中的在役精密仪器和配套仪器的抗震鉴定和加固。标准规定了精密仪器及配套仪器可不进行鉴定的范围。按标准鉴定和加固的精密仪器，当遭受到鉴定和加固所依据的设防烈度地震时，不须修理或经一般修理仍可继续使用，不致因倾覆或滑移危及人身安全和产生严重次生灾害。

(2) 放置精密仪器的工作台、地面、楼板、支撑结构与外罩应坚固无缺陷；叠放式仪器应逐层进行抗震鉴定和抗震验算；单独浮放仪器应鉴定其在地震作用下的倾覆或滑移；设防烈度 6 度及 6 度以下地区安装在地面上的精密仪器或工作台，其底部支撑面宽度与质量中心高度之比应大于 0.1。

(3) 精密仪器、配套仪器及工作台均可视为刚性结构，采用简化单自由度体系模型计算地震作用。标准给出了水平地震作用的计算公式，规定了水平地震作用下抗倾覆、抗滑移验算和地脚螺栓抗拉、抗剪验算的方法和鉴定要求。

(4) 精密仪器可采用螺栓或黏结剂加固，应进行螺栓或黏结面的拉力、剪力验算；黏结面的许用应力和面积应符合相关规定。对只产生滑移的精密仪器，可通过改变支承面材料、提高摩擦阻力防止滑移。叠放的精密仪器、单独浮放的精密仪器以及精密仪器的工作台，可依标准提供的方式进行加固，防止倾覆或滑移。带滚轮的精密仪器可依标准提供的方式进行加固，防止碰撞。精密仪器固定件应满足受力、外观及材质等要求。不能承受冲击、易损坏和易丧失功能的贵重精密仪器，宜采取减振措施。减振体系的水平加速度减振系数(体系顶部和底部水平加速度之比)应符合标准要求。

条文目录 含 4 章和 4 个附录，另有附加说明和条文说明。

正文 1 总则；2 一般规定；3 抗震验算；4 加固与减振措施。

附录 1 材料的摩擦系数；2 抗震验算用碳钢膨胀螺栓许用拉力、剪力表；3 附图；4 用词说明。

修订后的《石油化工精密仪器抗震鉴定标准》(SH/T 3044—2004)于 2004 年 10 月 20 日发布，2005 年 4 月 1 日实施。

Hedianchang Anquan Xitong Dianqi Shebei Kangzhen Jianding (GB 13625-92)

《核电厂安全系统电气设备抗震鉴定》(GB 13625-92)

(*Seismic Qualification of Electrical Equipments of the Safety System for Nuclear Power Plants*，GB 13625-92) 由中国核工业部上海核工程研究设计院会同相关设计人员编制，作为国家标准于 1992 年 8 月 29 日发布，1993 年 4 月 1 日实施。

内容和特点 该规范的编制总结了核电厂安全系统电

气设备的抗震经验和一般工程的抗震鉴定经验，考虑了中国地震活动的特点，参考了国际标准《核电厂安全系统电气设备抗震鉴定》（IEC 980—1988）、《核电厂安全系统电气物项质量鉴定》（GB 12727）和《核电厂厂址选择中的地震问题》（HAF 0101）等相关技术法规，规定了抗震鉴定方法和相关要求。

（1）规范适用于核电厂安全系统的电气设备、仪表和控制设备，包括发生故障后对安全系统的功能将产生有害影响的接口部件或设备。

（2）提供了相关地震资料以及地震期间和模拟地震试验期间设备动态性能资料，包括地震环境、模拟地震动、地震动时程、设备的动力放大作用和阻尼比等。

（3）抗震鉴定应验证设备经受一次安全停堆地震动和若干次运行基准地震动后保持使用功能的能力。抗震鉴定应满足设备技术条件和设计地震动（强地震动持续时间、地震动频谱、加速度峰值）要求，亦应满足鉴定标准、试验分析方法以及鉴定文件编制的要求。

（4）抗震鉴定包括四个步骤：①选择鉴定设备的组成部分；②确定鉴定设备的边界条件和相互作用；③进行试验或计算鉴定；④评价鉴定结果和安全裕度。

（5）抗震鉴定可使用分析法或试验法进行，推荐使用试验方法。试验法主要适用于复杂设备或失效后将影响功能的设备。试验应确定地震荷载和试验顺序，满足地震动输入、设备安装条件、工作荷载和运行条件（电压、压力等）；应测试设备输出响应、功能特性以及可运行性。试验鉴定方法和试验鉴定标准等均应符合相关技术规定，满足单向试验、双向试验、三向试验的相关技术要求以及试验输入（随机波、地震动时程、驻波、拍波、扫描波等）的选择要求。

（6）核电厂安全系统电气设备抗震鉴定应提供的文件目录包括：总文件（设备、抗震技术及试验标准等的详细资料，设备生产工艺说明及其检查结果），用分析法进行鉴定的资料和数据，用试验法进行鉴定的内容以及涉及鉴定结果应用的延续性文件。

条文目录 含 8 章和 1 个附录。

正文 1 主题内容与适用范围；2 引用标准；3 术语；4 地震环境和设备响应；5 抗震鉴定要求；6 抗震鉴定分析；7 用试验法进行鉴定；8 文件。

附录 用经验法进行鉴定（参考件）。

Shiyou Huagong Shebei Kangzhen Jianding Biaozhun（SH 3001 -92）

《石油化工设备抗震鉴定标准》（SH 3001－92）

（*Standard of Aseismical Evaluation for Petrochemical Equipment*，SH 3001-92） 由中国石化北京设计院会同相关设计、科研、生产单位和高等院校对《石油化工设备抗震鉴定标准》（SHJ 1—86）修编而成，作为行业标准于 1992 年 10 月 17 日发布，1993 年 5 月 1 日实施。修订中着重调查总结了破坏性地震的经验和中国石油化工企业设备的抗震经验，吸收了地震工程新的科技成果，并考虑了中国的经济技术条件和工程实践。

修订内容 在沿袭《石油化工设备抗震鉴定标准》（SHJ 1—86）的基本思想和内容的同时，增加和修改了若干条款。

（1）标准的适用范围扩大为设防烈度 6～9 度地区。经鉴定及检查合格的石油化工设备在遭受鉴定烈度的地震影响时，经一般修理或不经修理仍可使用，且不发生危及人身和环境安全的严重次生灾害。

（2）补充了抗震鉴定的一般规定以及管式加热炉、塔式容器、卧式容器、立式支腿式设备、球形储罐、空气冷却器和架空管道的抗震鉴定要求。

（3）沿袭了原标准采用的结构力学分析模型和计算方法，规定了基于场地抗震分类和结构自振周期计算地震影响系数的方法。

（4）给出管式立式炉自振周期的计算公式，规定了风荷载计算、圆筒炉与箱式炉抗震验算、炉顶烟囱抗震验算的要求。

（5）给出等直径、等壁厚和不等壁厚的塔式容器自振周期和风荷载的计算公式，塔式容器可视为多质点体系采用振型叠加反应谱法计算水平地震作用。强度验算时的最大弯矩应为地震作用、风荷载及偏心质量引起的弯矩组合，应对塔式容器壳体应力、裙座当量拉压应力、混凝土基础最大压应力、底座环厚度等进行抗震验算。

（6）卧式容器及立式支腿设备采用底部剪力法计算水平地震作用，楼面设备对楼板的动力放大系数可近似取为 2。高烈度区浮放设备必须考虑竖向地震作用并进行抗倾覆验算。增加了卧式容器支座边角处壳体压应力、支腿与壳体焊缝剪应力的验算要求，规定了地脚螺栓、地面上重叠式设备和立式支腿式设备的验算要求和方法。

（7）球形储罐可简化为单质点模型并采用有效质量计算水平地震作用。给出球罐基本周期及支承结构的计算公式，规定了支柱、拉杆、球壳膜应力及焊缝强度等验算要求。

（8）空气冷却器构架按平面结构计算，沿两个主轴方向验算水平地震作用效应，验算部位包括立柱、斜撑、焊缝和地脚螺栓等。

（9）给出架空管道基本自振周期计算公式。管道计算简图可取为三维连续梁，仅考虑水平地震作用沿两个主轴方向分别进行抗震验算，管架可简化为单质点体系。

条文目录 含 3 章和 3 个附录，另有条文说明。

正文 1 总则；2 抗震鉴定一般规定；3 抗震验算。

附录 一 构件强度和稳定验算；二 地脚螺栓和柱脚板验算；三 用词说明。

修订后的《石油化工设备抗震鉴定标准》（SH/T 3001—2005）于 2006 年 1 月 17 日发布，2006 年 7 月 1 日实施。

Shiyou Huagong Qiye Dianqi Shebei Kangzhen Jianding Biaozhun（SH 3071-1995）

《石油化工企业电气设备抗震鉴定标准》（SH 3071—1995）

（*Standard of Aseismic Qualification for Electrical Equipments in Petrochemical Enterprises*，SH 3071-1995） 由中国石化北京设计院会同相关设计、研究、生产机构和高等院校编制，作为行业标准于 1995 年 7 月 7 日发布，1995 年 11 月 1 日实施。

内容和特点 标准的制定考虑了石油化工系统的行业特点，总结了国际范围内电气设备震害经验及石油化工企业电气设备抗震鉴定加固的工程实践，吸收了相关科研成果，进行了广泛的调查研究，参考了《石油化工设备抗震鉴定标准》（SH 3001－92）、美国《建筑物设备抗震暂行条例》等技术法规。

（1）标准适用于抗震设防烈度6～9度区石化企业现有电气设备的抗震鉴定和抗震措施的采用。经过抗震鉴定和采取抗震措施的电气设备，遭受设防烈度的地震影响时，不致产生严重破坏并可继续供电。

（2）规定了电气设备鉴定外观检查的要点和电气设备可不进行验算的几种情况。对电力变压器、消弧线圈、三相垂直布置水泥电抗器、少油断路器、避雷器、电力电容器、隔离开关、棒式绝缘子、电流（压）互感器类电瓷设备、蓄电池、高压开关柜、低压配电屏、控制（保护）屏、直流屏和配电箱等的抗震鉴定要求和抗震措施作出了具体规定。

（3）一般可采用底部剪力法计算设备的地震作用。当设备所在楼层的质量与设备操作质量之比小于2时，可视建（构）筑物与设备固接计算地震作用，计算结果应考虑设备阻尼比进行修正；当质量比大于或等于2时，应考虑设备对楼层的动力放大系数（见楼层反应谱）计算地震作用。电力变压器抗震验算包括电力变压器地脚螺栓和变压器悬臂式散热器的抗震验算，散热器与变压器本体连接钢管在水平和竖向地震作用下的弯曲应力和剪应力的抗震验算，以及变压器油枕的抗震验算。对于三相垂直布置的水泥电抗器，取多质点模型按振型叠加反应谱法进行水平地震作用计算；应验算环氧玻璃钢柱底部的强度、埋地组合钢管强度和组合钢管的连接螺栓强度。少油断路器和避雷器应对根部瓷件、绝缘拉杆与避雷器连接部位等进行抗震验算。

条文目录 含4章和3个附录；另有附加说明和条文说明。

正文 1 总则；2 符号代号；3 抗震鉴定一般规定；4 抗震验算。

附录 A 三相垂直布置水泥电抗器抗震加固；B 少油断路器及避雷器减震装置设计方案。C 用词说明。

Heshebei Kangzhen Jianding Shiyan Zhinan（HAF·J 0053）
《核设备抗震鉴定试验指南》（**HAF·J 0053**）（*Guide of Seismic Tests for Nuclear Equipments*，HAF·J 0053）

由中国国家核安全局委托国家科委核安全中心编写，作为核安全法规技术文件于1995年10月7日颁布供参考使用。

内容和特点 该指南的编制参考了美国IEEE－344技术标准，总结了中国核电厂设备抗震鉴定试验和其他结构抗震试验的经验，并考虑了中国抗震试验设备的具体条件。主要内容和特点如下。

（1）当核电厂抗震Ⅰ类设备在地震作用下的完整性和可运行性不能由分析方法给出合理可信的证实时，应采用试验方法进行鉴定；这些设备含机械设备和电气设备，如控制棒驱动机构、泵、阀、继电器、柴油发电机组及测量仪表等。

（2）抗震鉴定试验的目的是测定设备的自振频率、振型、阻尼等模态参数或设备的地震反应，考核设备的刚度（变形）、强度和位移，验证设备在地震荷载作用下的完整性和可运行性。

（3）实施抗震试验的地震模拟振动台应有足够宽的工作频带和良好的低频特性，应能产生符合要求的模拟地震动或指定频率的单频波，振动台应能安装设备和承受设备重量，并能同时产生水平和竖向振动；应有满足试验要求的传感器、仪表、测量通道和数据采集分析系统。

（4）试件安装应与实际安装条件相符，将设备固定在振动台上的连接件应有足够刚度，支承点处的输入荷载应模拟真实情况，在必要和可能时可采用多点激振；对设备功能有重要影响或动力反应较大的部位应设置足够的传感器，布置足够的监测仪表。

（5）试件应采用原型设备或足尺模型，采用缩尺模型必须满足相似准则，模型可作合理简化及采用配重；若设备体系试验有困难，可首先计算设备地震响应，将计算的响应作为输入，进行设备中部件的抗震鉴定试验；在单频波试验中，可由组件试验得到组件中器件的振动响应，再进行器件的抗震鉴定试验。

（6）抗震鉴定试验程序为：将设备列表并进行说明，典型设备的选择，制定抗震试验鉴定大纲，设备的初步检查，设备的功能检查，设备抗震鉴定试验，鉴定结果评价和鉴定报告撰写。

（7）抗震鉴定试验的一般步骤包括动态特性探查试验、抗震性能试验和极限试验、最终检验。动态特性探查试验可采用正弦扫描试验、拍波试验和敲击试验方法。抗震性能试验依据安全停堆地震动和运行基准地震动作用下的楼层反应谱进行，试验方法可采用单向或双向拍波试验、正弦扫描试验或人造地震动时程试验；抗震性能试验中试验反应谱（TRS）的频带和幅值应包络要求的反应谱（RRS），输入加速度峰值不小于相应RRS零周期的加速度值。最终检验是在抗震性能试验后，对设备外形、结构和功能的测试和检查。

（8）鉴定试验报告内容包括：设备说明，设备选择和模型简化，设备安装、运行、环境条件，振动台和试验设备的描述，试验反应谱和要求的反应谱，试验目的、要求、内容、试验方法和步骤，试验前检测结果和功能特性，试验测点布置，试验结果，试验负责人、单位和日期。

条文目录 含10章和1个附录，另附参考文献。

正文 1 核设备抗震试验鉴定的范围；2 鉴定目的；3 对抗震鉴定振动台（或其他激振设备）及外围设备的要求；4 设备抗震鉴定试验在设备合格质量鉴定中的排列次序；5 试件的安装要求和测点布置；6 试验件的选择；7 抗震鉴定试验程序；8 抗震鉴定试验步骤；9 临界阻尼比；10 鉴定试验报告。

附录 压水堆核电厂抗震Ⅰ类设备举例。

Jianzhu Kangzhen Shiyan Fangfa Guicheng（JGJ 101－96）
《建筑抗震试验方法规程》（**JGJ 101－96**）（*Specification of Testing Methods for Earthquake Resistant Building*，JGJ 101-96）

由中国建筑科学研究院主编，会同相关研究机构和高等院校等共同编制，作为行业标准于1997年4月1日颁布施行。

内容和特点 该规程的编制旨在统一建筑抗震试验方法，确保抗震试验质量和安全；规程不适用于有特殊要求的研究性试验。

（1）规定了试体设计的一般要求，伪静力试验和伪动力试验试体的尺寸要求，以及地震模拟振动台试验试体的设计要求。

（2）规定了砌体试体和混凝土试体材料与制作的要求。

（3）规定了伪静力试验的一般要求以及有关试验设备和加载设备、加载规则、测量仪表、试验数据处理的要求。

（4）规定了伪动力试验的一般要求以及有关试验系统及加载设备、数据采集仪器仪表、计算机控制和数据接口、试验装置、试验控制方法、试验数据处理的要求。

（5）规定了地震模拟振动台试验的一般要求以及有关试验设备、测试仪器、加载方法、试验观测和动态反应测量、试验数据处理的要求。

（6）原型结构动力试验可采用环境振动反应测试方法（见脉动试验）、初位移试验方法（见自由振动试验）、正弦和随机激振试验方法（见强迫振动试验）以及人工爆破模拟地震等方法（见人工地震试验），规定了试验的一般要求以及有关试验准备、试验方法、试验设备和测试仪器、试验设计和试验数据处理的要求。

（7）规定了建筑抗震试验安全措施要求。

条文目录 含 9 章和 3 个附录，另有附加说明和条文说明。

正文 1 总则；2 术语及符号；3 试体的设计；4 试体的材料与制作要求；5 拟静力试验；6 拟动力试验；7 模拟地震振动台动力试验；8 原型结构动力试验；9 建筑抗震试验中的安全措施。

附录 A 模型试体设计的相似条件；B 拟动力试验数值计算方法；C 本规程用词说明。

Jianzhu Muqiang Kangzhen Xingneng Zhendongtai Shiyan Fangfa（GB/T 18575－2001）

《建筑幕墙抗震性能振动台试验方法》（GB/T 18575－2001）

（*Shaking Table Test Method of Earthquake Resistant Performance for Building Curtain Wall*，GB/T 18575－2001） 由中国建筑金属结构协会和同济大学会同相关企业共同编制，作为推荐性国家标准于 2001 年 12 月 17 日发布，2002 年 5 月 1 日实施。

主要内容和特点如下。

（1）规定了建筑幕墙抗震试验范围和引用标准，给出了幕墙抗震承载能力、抗震强度和抗震变形能力等的定义。

（2）说明了试验原理，规定了有关试验装置、试件、测试仪器、试验实施和试验报告等要求；试验实施涉及测点布置、试验步骤和试验数据等内容。

该标准包括四部分：1 范围；2 引用标准；3 定义；4 试验方法。

Shiyou Huagong Qiye Jianzhu Kangzhen Shefang Dengji Fenlei Biaozhun（SH 3049－1993）

《石油化工企业建筑抗震设防等级分类标准》（SH 3049－1993）

（*Classification Standards of Anti-Seismic Fortification Grade for Buildings in Petrochemical Enterprises*，SH 3049－1993） 由中国石化北京设计院会同相关设计和工程部门编制，作为行业标准于 1993 年 3 月 17 日发布，1993 年 8

月 1 日实施。

主要内容 标准编制旨在确定石化企业建筑的抗震设防目标和抗震设防标准，以便合理使用建设资金进行抗震设计，减轻地震灾害。标准适用于设防烈度 6～9 度地区石化企业单体建筑工程。

（1）抗震等级分类标准的制定考虑了地震破坏造成的社会影响和经济损失的大小、建筑自身的抗震能力以及使用功能恢复的难易程度，且考虑了建筑使用功能的差异。当建筑各单元的重要性有显著不同时，可区别单元进行抗震等级划分。

（2）建筑抗震等级分为甲、乙、丙、丁四类。①甲类为地震破坏对社会有严重影响、将对国民经济造成重大损失或有特殊要求的建筑。②乙类为特大型、大型、中型石化企业的主要生产建筑，对正常运行起关键作用的建筑，供热、供电、供气、供水的全厂性建筑，通讯、消防、抗震防灾及生产指挥建筑，以及石化企业存放剧毒、易燃、易爆物品的大型仓库和存放少量放射性物品的仓库；乙类建筑又可细分为乙 1 和乙 2 两类。③丁类为地震倒塌破坏不致影响其他建筑、社会影响和经济损失轻微的建筑。④丙类为甲、乙、丁类以外的建筑。

（3）甲类建筑应比设防烈度提高一度进行抗震设计；乙类建筑依设防烈度进行抗震计算，其中乙 1 类建筑应提高采用抗震措施，乙 2 类建筑采用对应设防烈度的抗震措施；丙类建筑依设防烈度进行抗震设计；丁类建筑应进行抗震计算，但可降低采用抗震措施。

条文目录 含 3 章和两个附录，附有条文说明。

正文 1 总则；2 一般规定；3 建筑抗震设防等级分类。

附录 A 石油化工企业规模划分；B 用词说明。

该规范内容已被 2009 年 1 日 1 日实施的国家标准《石油化工建（构）筑物抗震设防等级分类标准》（GB 50453－2008）所涵盖。

Shiyou Huagong Qiye Gouzhuwu Kangzhen Shefang Fenlei Biaozhun（SH 3069－95）

《石油化工企业构筑物抗震设防分类标准》（SH 3069－95）

（*Classification Standard of Anti-Seismic Fortification for Special Structures in Petrochemical Enterprises*，SH 3069-95） 由中国石化北京设计院主编，作为石油化工行业标准于 1995 年 5 月 5 日发布，1995 年 11 月 1 日实施。

主要内容 标准编制旨在使石油化工企业构筑物的抗震设计有明确的设防目标和分类依据，以便合理使用建设资金，减轻地震灾害。标准适用于抗震设防烈度 6～9 度地区石化构筑物的抗震设防分类。

（1）抗震设防分类标准的制定考虑了构筑物地震破坏造成的社会影响和经济损失的大小、构筑物自身的抗震能力以及使用功能恢复的难易程度。石化企业构筑物分为甲、乙、丙、丁四类：①甲类为特别重要或有特殊要求的构筑物，其地震破坏将导致极严重后果，对社会产生严重影响，造成国民经济的重大损失；②乙类为重要的构筑物，其地震破坏将导致大量人员伤亡和严重次生灾害，造成较长时间的生产中断；③丁类是次要的构筑物，其地震破坏不易造成人员伤亡和较大经济损失；④丙类是甲、乙、丁类以外的构筑物。

（2）甲类构筑物的抗震设计应采用经特殊研究且被批准的设计地震动参数，采取特殊的抗震措施；乙类构筑物依设防烈度进行抗震计算，且提高采用抗震措施；丙类构筑物依设防烈度进行抗震设计；丁类构筑物依设防烈度进行抗震计算，但可降低采用抗震措施。

条文目录　含 3 章和 1 个附录，另有附加说明和条文说明。

正文　1 总则；2 一般规定；3 抗震设防分类。

附录　A 用词说明。

该规范内容已被 2009 年 1 月 1 日实施的国家标准《石油化工建（构）筑物抗震设防等级分类标准》（GB 50453—2008）所涵盖。

Youdian Tongxin Jianzhu Kangzhen Shefang Fenlei Biaozhun
(YD 5054 - 98)

《邮电通信建筑抗震设防分类标准》（YD 5054－98）

（*Standard for Classification of Seismic Protection of Posts and Telecommunications Buildings*，YD 5054 - 98）由中国邮电部计划建设司会同相关设计、生产、科研等机构编制，作为通信行业标准于 1998 年 5 月 1 日颁布施行。

在中国社会经济和防震减灾事业迅速发展的背景下，总结强震震害经验，考虑各类邮电通信建筑在通信系统中的作用及其地震破坏带来的社会影响和经济损失，编制了该标准，旨在为邮电通信建筑的抗震设计提供依据。

主要内容　标准适用于设防烈度 6～9 度地区新建邮电通信建筑工程的抗震设防类别的划分；亦可供现有邮电通信建筑扩建、改造和抗震加固参照使用。

（1）根据邮电通信建筑在通信网中的作用、使用功能的重要性以及地震灾害带来的社会影响和经济损失等因素，将邮电通信建筑划分为甲、乙、丙三类：①甲类建筑指震后主要功能不能中断、一旦破坏将产生严重社会影响和巨大经济损失的建筑，如国际通信站的专用建筑；②乙类建筑为地震破坏后使用功能须尽快恢复、对社会有重大影响、地震破坏将造成重大经济损失的建筑；③丙类建筑为地震破坏仅有一般影响、将造成较大经济损失的建筑。由于邮电通信建筑辅助生产用房所安装的设备是保证主要通信设备正常运行不可缺少的支撑设备，故辅助用房与生产用房建筑依相同标准划分抗震设防类别。

（2）抗震设防标准的制定综合考虑以下因素：①邮电通信建筑属于生命线工程，地震时要担负不间断地为抗震救灾传递信息的重要任务；②地震时本部门生产人员仍要坚守岗位；③各级、各类邮电通信建筑在全国邮电通信网中的作用不同，使用功能失效后产生的影响和造成的损失也不同。

（3）根据建筑抗震设计规范关于甲、乙、丙类建筑抗震设防标准的规定，制定了邮电通信建筑的抗震设防标准。甲类建筑应经专门研究确定设计地震动参数，应采用特殊的抗震措施；乙类建筑依设防烈度进行抗震计算，提高采用抗震措施；丙类建筑依设防烈度进行抗震设计。

条文目录　含 4 章和两个附录，另有附加说明和条文说明。

正文　1 总则；2 术语；3 抗震设防类别；4 抗震设

防标准。

附录　A 本标准用词说明；B C1、C2 交换中心和一级邮件处理中心。

修订后的《通信建筑抗震设防分类标准》（YD 5054—2010）于 2010 年 5 月 14 日发布，2010 年 10 月 1 日实施。

Huagong Jian，Gouzhuwu Kangzhen Shefang Fenlei Biaozhun
(HG/T 20665 - 1999)

《化工建、构筑物抗震设防分类标准》（HG/T 20665－1999）

（*Standard for Classification of Seismic Protection of Buildings and Structures in Chemical Industry*，HG/T 20665 - 1999）　由中国石化寰球化学工程公司会同相关设计、科研、生产及教学机构编制，作为行业标准于 1999 年 12 月 10 日发布，2000 年 4 月 1 日实施。

化工建（构）筑物在地震中可能引发火灾、爆炸、毒气泄漏、放射性污染等次生灾害，造成严重的社会影响及经济损失。根据《建筑抗震设防分类标准》（GB 50223—95），结合化工行业的特点制定化工企业建（构）筑物抗震设防分类标准，既可指导化工土建专业的抗震设计，亦对工艺、设备、电气、公用工程等专业的抗震设计具有参考价值。

主要内容　标准适用于抗震设防烈度 6～9 度地区的化工生产、储运建（构）筑物的抗震设防类别划分。

（1）编制化工建（构）筑物抗震设防分类标准所考虑的因素包括：①地震引起建（构）筑物的破坏和次生灾害造成的社会影响及直接、间接经济损失的大小；②产品特点、企业规模及建（构）筑物使用功能失效后的影响范围；③结构本身的抗震能力和使用功能恢复的难易程度。当建（构）筑物各单元的重要性不同时，可根据局部单元划分类别。

（2）化工建（构）筑物抗震设防类别分为甲、乙、丙、丁四类：①地震破坏将产生严重社会影响、造成国民经济巨大损失、有特殊要求的甲类建（构）筑物，应比设防烈度提高一度进行抗震设计；②地震中使用功能不能中断、地震破坏将造成重大社会影响、导致国民经济重大损失的乙类建（构）筑物又区别重要性分为乙1和乙2两类，前者应提高采用抗震措施，后者应选用对抗震有利的场地、结构体系和材料；③地震破坏和倒塌不致影响其他类建筑的使用、社会影响及经济损失轻微的丁类建（构）筑物可降低采用抗震措施；④地震破坏有一般社会影响、导致国民经济一般损失的丙类建（构）筑物，是甲、乙、丁类之外的建（构）筑物，依设防烈度进行抗震设计。

（3）具体规定了化工系统共 167 项装置所在建（构）筑物的抗震设防类别：①化学矿山建（构）筑物应依其在生产过程中的作用及遭遇地震时保证继续生产和人员安全、防止塌方、堵塞通道和地下水溢出等事故中的作用划分抗震类别；②化肥生产装置建（构）筑物依其规模、停产后关联企业的经济损失大小和修复的难易程度划分抗震设防类别；③无机与有机化工原料、合成材料、橡胶加工、炼焦化学生产装置建（构）筑物，应根据其规模、产品及生产过程的性状（毒性、腐蚀性、爆炸及易燃性等）、对社会可能产生的影响及停产后关联企业的经济损失和修复的难易程度划分抗震类别；④精细化学品生产装置建（构）

筑物应依其规模、产品性状及生产过程的特点（毒性、腐蚀性、爆炸及易燃性、产品纯度及卫生要求等），对社会可能产生的影响以及停产后关联企业经济损失的大小和修复的难易程度划分其抗震设防类别；⑤全局性控制系统如抗震救灾指挥中心，通信、消防系统，供给系统，铁路运输系统和综合楼、机修、仓库等建（构）筑物，应依其在生产过程中及遭遇地震时保证继续生产和人员安全的作用划分抗震设防分类。各种生产建（构）筑物抗震设防类别均应按标准规定划分。

条文目录　含 4 章和 1 个附录，另有条文说明。

正文　1 总则；2 术语；3 基本规定；4 化工建、构筑物抗震设防分类。

附录　A 化工、石油化工企业装置规模划分。

Jianzhu Gongcheng Kangzhen Shefang Fenlei Biaozhun（GB 50223 - 2004）

《建筑工程抗震设防分类标准》（GB 50223－2004）

（*Standard for Classification of Seismic Protection of Building Constructions*，GB 50223 - 2004）　由中国建筑科学研究院会同有关的设计、科研和教学单位对《建筑抗震设防分类标准》（GB 50223—95）修订而成，作为国家标准于 2004 年 6 月 18 日发布，2004 年 10 月 1 日实施。

建筑抗震设防分类标准属于国家基础标准，各类建筑抗震设计标准中关于建筑工程的抗震设防分类均须以该标准为依据。在分类标准的修订过程中，考虑了中国城乡建设发展对建筑抗震设防分类提出的新要求，调查总结了近年大地震的经验和以往的分类标准在执行中的问题，并考虑了我国的经济条件和工程实践。

主要修订内容　要点如下。

（1）延续了根据使用功能的重要性划分建筑类别的原则，重要性意指建筑地震破坏后果的严重性，包括人员伤亡、经济损失、社会影响等。建筑抗震设防类别可划分为甲、乙、丙、丁四类。鉴于所有建筑均要求"大震不倒"，故将乙类建筑控制在较小的范围内，着重对其采取提高抗倒塌变形能力的措施；将甲类建筑控制在极小的范围内，同时提高其承载力和变形能力。

（2）增加了基础设施建筑的抗震设防分类内容，涉及城镇给排水、燃气、热力建筑，电力建筑，交通运输建筑，邮电通信、广播、电视建筑。

（3）依据《中华人民共和国防震减灾法》调整了甲类建筑等的划分方法和抗震设防标准。

（4）当一座建筑具有不同功能的若干区段、各区段地震破坏后果不同时，可按区段划分设防类别。

（5）将地震自救能力较弱人群使用的幼儿园、小学教学楼以及一个结构单元内经常使用人数甚多的高层建筑，划为乙类建筑。

（6）补充、细化和调整了部分行业的大型建筑的分类界限。

（7）在乙类建筑中增加了电子（信息）生产建筑。

（8）进一步明确了易燃、易爆、剧毒物品的范围。

（9）标准中所列的建筑名称仅为示例；名称未列入标准的建筑，可比照使用功能和规模相近的示例，确定其抗震设防类别。

条文目录　含 8 章，另附有本标准用词用语说明和条文说明。

1 总则；2 术语；3 基本规定；4 抗震防灾建筑；5 基础设施建筑；6 公共建筑和居住建筑；7 工业建筑；8 仓库建筑。

修订后的《建筑工程抗震设防分类标准》（GB 50223—2008）于 2008 年 7 月 30 日发布并实施。

【地震工程中
的现代方法】

人工智能　artificial intelligence

优化方法　optimization method

不确定性处理方法　treatment method for uncertainty

人 工 智 能

rengong zhineng

人工智能（artificial intelligence） 试图了解人类智能的实质，并制造与人脑类似、可对事物作出反应的智能机器的学说与应用系统，是 20 世纪最重大的科技成就之一。人工智能是涉及计算机科学、控制论、信息论、数理逻辑、神经生理学、仿生学、语言学、心理学和哲学的综合交叉学科，可能具有人工智能的机器多被认为是智能计算机；但是，也有一些哲学家和科学家认为，非生物的机器拥有人类的智能是不合逻辑的，人工智能不可能实现。

起源和发展 17 世纪数学家帕斯卡（B. Pascal）和莱布尼茨（G. W. Leibniz）最早提出了智能机器的设想。19 世纪数学家、哲学家布尔（G. Boole）对二进制数字的特征做出理论描述（见布尔代数），刻画了人类思维的数学逻辑，建立了人工智能的重要基础。20 世纪中叶，控制学家维纳（N. Wiener）指出智能活动是反馈机制的结果，反馈控制可由机器实现。英国数学家图灵（A. Turing）认为可编程计算机可用于研究人类智能，若一台机器可以成功地令一个具有一定知识的观察者认为它是"人"，则该机器具有智能。上述成果对人工智能学科的创立产生了巨大影响，电子计算机的诞生最终催生了人工智能学科。

1956 年，美国科学家麦卡锡（J. McCarthy）组织对机器智能感兴趣的学者共同参加达特茅斯（Dartmouth）学院人工智能研究会，人工智能一词首次正式被提出。当时，研究者主要应用符号逻辑方法模拟人对问题求解、推理和学习的能力，开发了若干问题求解程序（如机器定理证明）和用于人工智能的编程语言，但由于当时的研究成果无法解决重大实际问题，人工智能研究一度陷于低谷。

1965 年，首倡"知识工程"的费根鲍姆（E. Feigenbaum）研究了以往人工智能系统研究的成功经验和失败教训，指出人类专家的根本特征在于拥有大量专门知识，尤其是用常规方法无法表述的经验，这一认识推进了专家系统的研究。继而若干专家系统被开发并应用于军事、诊病、股市预测、数学求解和简单英语句子的理解等；与此同时，马尔（D. Marr）提出了可用于图像识别的机器视觉新理论。在人工智能研究进入新高潮的形势下，首届国际人工智能联合会议于 1969 年在美国华盛顿召开。专家系统研究在迅速发展的同时，也暴露出若无知识支持则只能在十分有限的信息空间中工作的弱点。

20 世纪 80 年代，计算智能的研究再次打破人工智能领域的沉闷。计算智能是基于结构演化的人工智能，包括人工神经网络、遗传算法和模糊数学。计算智能具有自学习、自组织、自适应的特征和简单、通用、鲁棒性强且适于并行计算的优点。尽管旨在开发智能计算机的日本"第五代计算机研制计划"未获成功，但人工智能的研究成果加速向军事和社会生活各领域扩散，语言文字识别研究也取得了进展。这一期间，发生了逻辑在人工智能中的地位和作用的大辩论。至 90 年代，基于互联网的分布式人工智能研究成为新的课题，人工智能各领域的研究继续发展并不断拓展应用范围。

中国的人工智能研究由初期跟踪国际动态迅速向自主研究发展。1981 年中国人工智能学会成立。以吴文俊院士的机器定理证明为代表，中国人工智能研究取得若干成果。

目前，人工智能研究主要涉及知识表示、自动推理和搜索、机器学习、知识获取、自然语言理解、图像识别、逻辑程序设计、软计算和不确定性处理等领域。

研究途径 基于对智能本质的不同理解，人工智能研究具有多种途径，采用不同的研究方法，其主要学派如下。

（1）符号主义学派（Symbolism）。符号主义研究抽象思维，又称逻辑主义，是早期人工智能研究的主导方法。纽厄尔（A. Newell）和西蒙（H. Simon）认为，物理符号系统具备必要且足够的方法实现智能，智能行为可由符号的操作实现，物理符号系统由什么构成（如蛋白质、机械或半导体）并不重要。知识表示是人工智能的核心，认知就是处理符号，推理可由形式化语言描述，可用逻辑方法建立人工智能体系。符号主义可模拟逻辑思维，基于知识的方法得出了经典人工智能的大多数成果；但逻辑方法因不能表示和处理常识性知识和不确定事物而受到非议。

（2）行为主义学派（Behaviourism）。行为主义研究感知思维，又称进化主义。布鲁克（R. A. Brook）认为智能是从环境中获取信号并对环境施加影响，实现人工智能可以无须知识和推理，他研制了机器虫，使用相对独立的功能单元实现前进、避让和平衡。行为主义学派认为，知识的形式化表达和模型化方法可能阻碍人工智能的发展，智能取决于感知和行动，并表现为与环境的交互作用；智能行为不是由符号处理而是由"亚符号"（即信号）处理而产生的；人工智能可如人类智能逐步发展、增强和进化。这些认识为智能机器人的研究开创了新的道路。但是，有人认为让机器从具有昆虫智能发展到人的智能只是一种幻想。

（3）联结主义学派（Connectionism）。联结主义研究形象思维，是近年来研究人工智能较多采用的方法。联结主义学派认为，认清大脑结构及其处理信息的过程和机理，才能实现智能机器。麦卡洛奇（W. S. McCulloch）和皮兹（W. Pitts）提出了最早的神经元模型，开创了神经网络研究。神经网络的主要特点是采用微观非符号处理的方法，对信息实施分布存储和并行处理，具有自组织、自学习能力。神经网络在图像处理、模式识别等领域取得了重要成果，但这种方法在可能模拟形象思维的同时，却不能模拟逻辑思维。期盼利用网络的联结机制解决人工智能全部问题也是不现实的。

展望 人工智能研究已经走过了半个世纪的曲折道路，范围广泛的研究取得了有益的成果，在电子游戏、专家系统、自动程序设计、语言识别和图像识别等方面已经形成新兴知识产业，广泛应用于社会各个领域。但是，该领域的研究成果距理想目标还有很远的距离，尤其是其基本理论尚不完整。21 世纪人工智能研究将向多种、多层、多体方向扩展。人工智能理论、机器学习模型和理论、非确定知识的表述和推理、常识知识及推理、人工思维模型、智能人机接口、分布式人工智能和多智能主体系统、知识获取与知识发现等都是重要研究方向。

zhuanjia xitong
专家系统（expert system）　在特定领域内能以人类专家的水平解决该领域困难问题的计算机程序。专家系统最适于解决依赖大量经验的诊断和分类问题，是人工智能中最活跃、最富有成效的研究领域之一。与传统计算机程序相比较，专家系统智能辅助决策程序具有经验性、透明性和灵活性的特点。它一般没有严谨的理论依据和算式表述，但解决问题简洁有效；可以提供推理路径的相关信息，以便用户理解；可对知识进行增删和修改，便于人机交流。

起源和发展　20世纪60年代初，人工智能领域开发了若干运用逻辑推理模拟心理活动的通用问题求解程序，但这些程序无法解决重大实际问题。1965年，费根鲍姆（E. Feigenbaum）指出，人类之所以能够成为专家，关键在于拥有大量专业知识，尤其是难以用常规方式表述的经验知识，这一认识迅速推动了专家系统的研究。20世纪70年代，DENDRAL（用于确定分子结构），MACSYMA（用于数学运算），MYCIN（用于传染病诊治），PROSPECTOR（用于地质勘探），HEARSAY（用于语言理解）等一系列专家系统被开发。80年代，专家系统研究迅速发展，广泛渗透到社会各个领域。

专家系统在土木工程中的应用始于美国空军用于防护工程损伤评价的DAPS程序，以及普渡大学开发的房屋震害分析系统SPERIL。中国"七五"计划期间的自然科学基金重大研究项目"工程建设中的智能辅助决策系统的应用研究"，推进了专家系统在土木工程中的应用，开发了单层厂房破损评估专家系统RAISE、混凝土结构裂缝诊断对策专家系统和多层砖房震害预测智能辅助决策系统等。

基本结构　专家系统的基本结构如图所示。

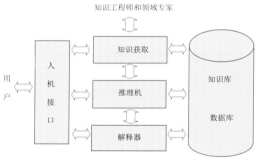

专家系统基本结构

专家系统各部分功能如下。

（1）知识库。存储专家经验、书本知识和常识性知识，是专家系统的核心部分。知识应具有可用性、准确性和完善性，知识质量直接决定了专家系统的水平。

（2）数据库。存储专家系统处理对象的初始输入数据和推理过程中的衍生信息。

（3）推理机。基于数据库中的信息和知识库中的知识，依一定推理法则剖析和解决问题。推理方式有多种，如演绎、归纳和类比，正向、反向和混合推理，其中又有精确推理与非精确推理、单调推理与非单调推理之别。

（4）人机接口。专家系统与用户交流的计算机界面，通过该窗口可以接收来自用户的信息，亦可将专家系统的推理结论和相关信息传达给用户。

（5）解释器。提供有关推理过程的信息和对推理结论的解释，以便用户理解结论、向系统学习，或发现系统运行的问题，维护和改善专家系统。

（6）知识获取。专家系统运行中可自动实现知识获取、修改和补充的功能，对系统的完善和提高具有重要作用。

分类　依其可实现的功能，专家系统具有不同类型。

（1）解释型。对输入数据进行分析以确定其含义，如数据分析、信号解释、图像分析、语言信号理解和化学结构分析等。

（2）预测型。根据已有知识预报未来的发展趋势，如天气预报、交通预报、人口数量发展预报、农产品产量预报、自然灾害损失预测等。

（3）诊断型。根据已有信息推断事物未来可能发生的故障，如医疗诊断和机械、电子、土木、软件系统的故障诊断和可靠性诊断。

（4）规划型。根据约束条件，给出处理事物的计划或调度方案，如工程规划、机器人行为规划、自动程序设计、通信网络规划和作战计划等。

（5）监控型。分析事物运行状态，预估可能发生的结果并提供实时控制对策，如工业设备系统和重大工程的健康监测警报系统。

（6）教学型。根据学生的行为表现，分析教学存在问题并提出解决方法。

展望　20世纪80年代以来，专家系统研究迅速发展，各种实用系统被开发并取得了良好的经济效益和社会效益。专家系统具有快速运行的特点，又综合了专家的知识和经验，可谓博采众长。由社会各领域的实际需求和专家系统自身特点所决定，21世纪专家系统将获得更高程度的技术发展和更广泛的实际应用。

moshi shibie
模式识别（pattern recognition）　研究人类的识别能力，并试图利用计算机模仿人脑对客观事物进行描述、辨认、分类和解释的理论和方法。模式识别是人工智能的重要研究领域，是涉及生理学、心理学、生物学、统计学、逻辑学和计算机科学的交叉学问。模式识别已在生物学、天文学、经济学、医学、工程学、气象学等广阔领域获得应用，也是实现土木工程健康监测的基本途径之一。

模式一词源于法文"patron"，原意是值得模仿的人或值得复制的物。在人工智能领域，模式被赋予更广泛的内涵。人类活动都是以各种模式出现的，时间和空间中存在的各类事物是否相同或相似，即构成不同模式。人类在观察事物或现象时，首先要判断其相同或不同之处并进行归类，这就形成了模式的概念。一般模式识别所研究的是客观事物所具有的物理、化学、生物特征的分类和辨识。

起源和发展　模式识别的起源可追溯至1927年陶斯切克（G. Tauschek）发明的可识别数字的阅读机和20世纪30年代费希尔（R. A. Fisher）提出的统计分类理论。50年代，切姆斯基（N. Chemsky）建立了形式语言理论，罗森布拉特（F. Rosenblatt）开发了经训练可对未知分类的样本进行识别的感知机；60年代，纳拉希姆罕（R. Narasimham）提出基于基元关系的句法识别方法，同期，华裔学者傅京荪（K. S. Fu）提出了句法结构识别方法，扎德（L. A. Zadeh）首创模糊逻辑（见模糊数学）。这些成果为模式识别奠定了理论和方法的基础。

1973年，美国电气和电子工程师协会（IEEE）发起第一届模式识别国际会议并成立了国际模式识别协会。20世纪80年代人工神经网络技术以及90年代小样本技术的发展，进一步推进了模式识别的研究。模式识别理论与应用研究在中国起步较晚，但发展迅速，在国家高技术计划中，信息领域和自动化领域都将模式识别列为重要研究方向。

基本系统　模式识别系统见图。

模式识别系统框图

模式识别系统包括三个基本环节。

（1）数据获取。将描绘研究对象的各种表述转换为计算机可以接受的数值或符号的集合。

（2）信号处理和特征提取。去除观测信号的噪声并舍弃不相关的信息，利用数学工具对有效信息进行处理和分析，选择并提取特征，形成模式的特征空间。

（3）分类决策或模型匹配。对计算机进行训练，制定分类模型判别标准；在模式特征空间基础上，以匹配方式根据特征对研究对象作出分类决策。

这一系统包括认知和识别两个过程。认知是经过反复学习，形成模式特征集，该特征集相当于知识库；识别是根据待判别的事物的特征，在特征空间中搜索相匹配的模式，是推理过程。对于不同的具体应用目的，上述三个基本环节可能有很大差别。

分类　模式识别没有统一、有效的可适用于任何具体问题的模型和方法。实际应用的模式识别系统，基本可分为统计模式识别和结构模式识别两大类。

（1）统计模式识别。模式识别的经典方法，须对大量样本进行统计分析，然后选取具有代表性的统计特征作为分类决策的依据。应用的主要数学方法包括判别函数法、非线性映射法、特征分析法和主因子分析法等。

（2）结构模式识别。即句法识别方法，该方法将事物分解为基元，根据事物与基元的分层树状结构关系，建立相应的文法，通过文法剖析进行分类决策。

近年来，不同的数学理论和人工智能方法被用于模式识别。模糊模式识别可根据模式信息的模糊隶属关系建立隶属函数，计算样本的隶属度，对模糊子集、模糊特征和模糊关系作分析并进行分类决策。运用人工神经网络可建立事物的符号表达，根据符号表达进行模式分类决策。此外，类条件概率分布的估计、线性判别方法、贝叶斯分类器、共享核函数模型、粗糙集理论和仿生方法等也在模式识别中获得应用。

展望　模式识别具有广阔的应用前景。充分利用现代科学技术提供的新成果，将统计识别与结构识别相结合，在模式识别中引入专家系统和人工神经网络等技术，将有助于达到对事物进行准确快速识别的目标。

shenjing wangluo

神经网络（neural network）　利用计算机模拟人脑信息处理机制的网络系统，是人工神经网络的简称。神经网络由大量简单的神经元相互连接构成，虽然不是人脑神经系统的逼真复制，但具有人脑功能的若干特征，可实现学习、记忆、识别和推理。神经网络涉及神经学、数学、物理学、心理学、生物学、认知科学和仿生学知识，是人工智能最活跃的研究领域之一。

起源和发展　神经网络研究和应用可分为三个阶段。

（1）初创时期（20世纪40年代至60年代）。1943年，心理学家麦卡洛奇（W. S. McCulloch）和数学家皮兹（W. Pitts）将神经元视为双向开关，借助布尔逻辑最早提出了形式神经元模型；同期，维纳（N. Wiener）有关控制论的研究也促进了神经网络的开发。1949年，心理学家赫布（D. O. Hebb）提出了基于改变神经元连接强度的学习规则；1958年，罗森布拉特（F. Rosenblatt）建立了模拟人脑感知和学习能力的感知器模型，神经网络研究引起了众多学者的关注。明斯基（M. Minsky）等对神经网络和感知器做了大量研究，他于1969年出版的《感知器》一书，论述了简单线性感知器的功能局限，指出多层感知器尚无有效的计算方法。

（2）萧条和中兴时期（20世纪70年代至80年代初）。70年代后期，涉及视听功能的人工智能研究因缺乏学习能力而受挫，但日本、芬兰、美国等国的研究者对神经网络继续进行探索。芬兰学者科霍宁（T. Kohonen）发展了用于记忆的神经网络和自组织映射理论，1980年格罗斯伯格（S. Grossberg）提出了自适应谐振理论（ART）。

（3）发展和兴盛时期（20世纪80年代及以后）。1982年，美国物理学家霍普菲尔德（J. J. Hopfield）建立了反馈网络，给出了网络稳定性判据、联想记忆和优化计算方法，标志神经网络研究进入新阶段。1984年，多伦多大学教授欣顿（G. E. Hiton）提出波尔兹曼模型；1986年，鲁姆哈特（D. Rumelhart）和麦克莱兰（J. McClelland）提出著名的误差反向传播（BP）神经网络。

1987年，在美国圣地亚哥召开了第一届世界神经网络会议，神经网络研究在世界范围内形成热潮，多个国家制定了神经网络研究相关计划，其中包括美国的"神经、信息、行为科学计划"，日本的"人类尖端科学计划"，法国的"尤里卡计划"，德国的"欧洲防御计划"等。1994年，94IEEE全球计算智能大会在美国奥兰多召开，就模糊系统、神经网络和进化计算做了综合交流。至20世纪末，开发的人工神经网络已达数十种，并应用于电子、航空、军事、金融、医疗、制造和交通等各领域。

1989年，中国召开第一届神经网络信息处理全国会议，1991年中国神经网络学会成立。神经网络研究在中国迅速发展，相关内容列入国家863计划，研究成果在化学分析、模式识别和优化决策等方面获得应用。

功能与特点　神经网络是接近人脑信息处理机制的计算机系统，是具有高度非线性的超大规模连续时间动力系统，其工作原理、结构和功能与传统计算机有很大差别，具有一系列传统线性系统所不具备的优点。神经网络的信息处理方式是利用微观的亚符号处理得出宏观的符号及智能表达，与传统的人工智能处理方式不同。神经网络应用涉及自动检索、文字识别、路径选择、过程控制、损伤识别和战争决策，几乎覆盖了人类活动的各个领域。

神经网络的特点可概括如下。①信息的分布式存储与并行计算。神经网络中的信息分布存储于各个神经元及其连接中，网络对信息的处理和分析具有并行的方式。这与传统计算机中计算与存储互相独立、以串行方式处理数据有很大区别。神经网络的运算速率极高。②自组织自学习能力。神经网络中神经元之间的连接程度用权值表示，事先给出的权值可以适应环境的变化而自动调整，即具有自学习的能力。系统可以在学习过程中不断完善自己，具有自主创造性。③联想记忆功能。神经网络的运行是不断寻找记忆的过程。在网络训练中，由给定的初始输入记忆，经网络调整最终可得到完整而准确的反映全部输入信息的记忆，这就是联想记忆的基本特征。④鲁棒性和容错性。由神经网络的分布式存储方式所决定，少数神经元或连接的损坏，不会导致系统的失效，这是神经网络区别于传统计算机的重大优点。⑤非线性映射功能。具有非线性特性，可模拟任意复杂的非线性过程。

神经网络在应用中也有局限性。①神经网络必须在训练之后方可使用，对于训练数据所不包含的现象、过程或状态，神经网络难以作出正确分析。②神经网络并不能保证分析结果的完全可靠，尤其是设计者无法预知哪些问题更容易出现误分析。对于可靠性要求极高的问题，使用神经网络要慎重。③当神经网络的运行依赖实测数据时，由于传感器故障产生的错误数据将严重干扰系统的正确运行。尽管神经网络不依赖于被分析现象的数学模型，但在实际中，训练网络的数据有时要使用相关现象的数值模拟结果；这时，建模的误差和错误会影响网络分析的可靠性。

展望 神经网络因其自适应能力、模式识别能力、过滤除噪能力、特征自动提取能力和在线监测控制能力而具有潜在的广阔应用前景。进一步探索人脑的认知思维规律，将不同层次人工智能相结合，开发更高效的神经计算机设备，将推进人工神经网络研究和应用。

shenjing wangluo jiegou

神经网络结构（neural network architecture）
模仿人类神经系统、由若干人工神经元互相连接组成的拓扑关系。

人类大脑所包含的神经细胞种类繁多，但在信息的接收、传递和处理中具有相同的功能。人类神经元由细胞体、树突、轴突组成。细胞体的细胞膜内外存在电位差，该电位差可因输入信号的强弱而变化。树突是由细胞体向外伸出的枝状突起，可接受周边神经细胞传来的冲动。轴突是由细胞体伸出的长神经纤维，可通过轴突末梢向其他神经细胞输出冲动。神经元的轴突末梢和另一个神经元的树突或细胞体之间可实现信号传递和转换，冲动的传递存在延时和不应期，且具有时空整合性；神经元具有可塑性。上述功能的结合使神经元能够学习、遗忘和疲劳。

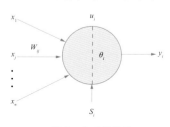

图 1 人工神经元

人工神经元模型
人工神经元一般是多输入、单输出的非线性转换器（图 1）。图中，u_i 为神经元 i 的内部状态，θ_i 为阈值，x_j 为输入信号，W_{ij} 为另一神经元 j 到神经元 i 的连接权值，

S_i 为可以抑制神经元 i 内部状态的外界信号，y_i 为神经元 i 的输出。若神经元的输出直接反映神经元的内部状态，则有

$$y_i = u_i = f\left(\sum_j W_{ij} x_j + S_i - \theta_i\right)$$

式中：函数 $f(\cdot)$ 为神经元的输入-输出特性，亦称映射函数。神经元的常用映射函数有阈值函数（即类阶跃函数）、双向阈值函数、双曲正切函数、高斯函数以及 S 型函数（Sigmoid）等。

结构和分类 神经网络由大量神经元连接而成，可从不同角度分类。

（1）按照网络结构有前馈（亦称前向，图 2）和反馈（亦称递归，图 3）两类。

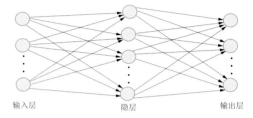

输入层　　　　隐层　　　　输出层

图 2 BP 网络（前馈网络）

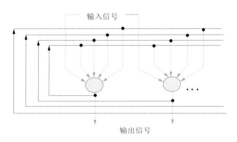

图 3 Hopfield 网络（反馈网络）

（2）按照函数逼近方式有全局逼近和局部逼近之别。

（3）按照学习方式可分为有教师和无教师两大类。

（4）按照突触连接的性质又有一阶线性关联和高阶非线性关联的区别。

（5）按照网络性能有连续型和离散型以及确定型与随机型的不同。

（6）考虑神经网络模拟生物神经系统所达到的不同层次，有单元层次模型、组合单元模型、网络层次模型、系统层次模型和智能模型等。

shenjing wangluo de xunlian

神经网络的训练（training of neural network）
调整神经网络中神经元间的连接权使之达到应用目标的过程和算法。

神经网络经学习训练后方可应用，采用不同的连接权调整方式形成不同的学习算法，连接权调整方式一般可分为有教师学习（即监督学习）和无教师学习两大类。有教师学习须提供由输入-输出对组成的样本集。通过权值调整最终反映正确的输入-输出关系，学习过程中需要教师监督。无教师学习只利用输入样本而无输出信息，网络在学习过程中自动提取输入数据的特征并确定输出分类，具有自组织特征。网络学习算法示例如下。

BP 网络反向传播算法 有教师学习方法的一种，是 δ

算法的推广。设三层前向网络输入层与隐层间的连接权为 W_{ji}；隐层与输出层间的连接权为 W_{kj}；下标中的 i，j，k 分别表示输入层、隐层和输出层。随机赋连接权以初始值，并给定网络训练后应满足的误差水准 E_T。

利用已知的训练数据运行网络，得网络输出层的输出值 y_k，定义输出层各单元输出误差总和为

$$E = \frac{1}{2} \sum_k (y_k - d_k)^2$$

式中：d_k 为已知的输出期望值。BP 算法采用梯度下降法调整权值，每次的调整量为

$$\Delta W = -\eta \frac{\partial E}{\partial W}$$

式中：η 为学习率（$0 < \eta < 1$）。利用复合函数求导方法，可得 ΔW 的具体表达式。若神经元映射函数为 Sigmoid 函数，即 $f(S) = 1/[1 + \exp(-S)]$，则

$$\Delta W_{kj} = \eta y_k (1 - y_k)(d_k - y_k) a_j$$
$$\Delta W_{ji} = \eta \big[a_j (1 - a_j) \sum_k y_k (1 - y_k)(d_k - y_k) W_{kj} \big] o_i$$

式中：a_j 为隐层的输出值；o_i 为输入层的输入值。利用 ΔW_{kj} 和 ΔW_{ji} 修正各连接权值后，再利用另一组已知训练数据运行网络，直至网络输出误差总和 E 小于 E_T，训练完成。

这一方法广为使用，但收敛速度慢且易陷入局部极小。为此提出了各种改进算法，如采用附加动量项、动态调整学习率和动量因子及在神经元中使用高斯映射函数等。

Kohonen 网络的学习方法　该法为竞争式学习，是无教师学习的一种。Kohonen 自组织特征网络下部为输入结点，上部输出层为相互连接的神经元组成的二维点阵结构，且每个神经元都有关于其邻域的定义。赋单元间连接权以初值，设定输出层单元的邻域半径。输入训练数据，对于输出层的每个神经元计算输入信号 x_i 与相应连接权 W_{ij} 的欧氏距离 d_j：

$$d_j^2 = \sum_i (x_i - W_{ij})^2$$

比较 d_j^2 的大小，选择最小者为优胜单元。对优胜单元及其邻域单元，依如下公式计算连接权调整量：

$$\Delta W_{ij} = \eta (x_i - W_{ij})$$

邻域外单元的相关连接权值不变。利用新的训练数据重复以上步骤，学习率 η（$0 < \eta < 1$）随学习进程逐步减小，直至在相同模式的输入出现时，特定单元便产生兴奋。该方法中，邻域半径也可以随时间收缩。

Boltzmann 机的学习方法　有教师概率式学习方法的一种，通过模拟固体物质退火过程（见模拟退火）逼近全局最优解。Boltzmann 机网络结构具有多层含义，但无明显层次。赋网络连接权以（+1，−1）间的初始值，给出网络训练的初始温度、终了温度和概率阈值 λ（取值范围 0～1）。

学习从高温初始值开始，随机选择一隐层单元 i，并变换其状态（单元只有 0，1 两种状态，可使状态 0 变状态 1 或使状态 1 变状态 0）。利用训练样本数据，计算翻转后引起的网络总体能量变化 ΔE_i（该隐层单元到输入单元和输出单元的能量变化之和）：

$$\Delta E_i = \sum W_{ij} Z_i$$

式中：Z_i 为隐层单元 i 的状态。若 $\Delta E_i < 0$，确认此次变化（即肯定单元变换后的状态）；若 $\Delta E_i \geqslant 0$，计算概率 $P_i = \exp(-\Delta E_i / T)$，$T$ 为当前温度。若 $P_i > \lambda$，仍确认此次变

化；否则否认此次变化。再选另一隐层单元，重复上述过程，直至全部隐层单元处理完毕。

降低温度，重复以上过程，直到全部隐层单元到达 $\Delta E_i = 0$ 为止。此时，记录隐层单元的最终状态。

以上过程，都是对一个训练样本（输入-输出对）进行的。运用多个训练样本，依上述步骤可得隐层单元最终状态矢量 d。以上全部过程即为模拟退火的过程，最终达到在全部训练数据下网络平衡，能量最低。

对退火结果进行统计分析，即分别计算输入结点与隐层结点状态相同的概率 Q_{hi} 和输出结点与隐层结点状态相同的概率 Q_{ki}：

$$Q_{hi} = \frac{1}{P} \Big[\sum_1^P \Phi(a_k, d_k) \Big]$$
$$Q_{ki} = \frac{1}{P} \Big[\sum_1^P \Phi(a_k, c_k) \Big]$$

式中：P 为训练的总样本数；a_k，d_k，c_k 分别为输入单元、隐层单元和输出单元的状态；$\Phi(x, y)$ 为关联函数（x 表示 a_k，y 表示 d_k 或 c_k，当 $x = y$ 时 Φ 取 1；当 $x \neq y$ 时 Φ 取 0。

上述运算是在使用输入-输出数据情况下进行的。若只使用输入数据，可令输出端自由，重复上述全过程；此时计算能量变化时，只须考虑输入结点到隐层结点的能量变化，最后可得 Q'_{hi} 和 Q'_{ki}。

单元连接权可依下式调整：

$$\Delta W_{hi} = \eta (Q_{hi} - Q'_{hi})$$
$$\Delta W_{ki} = \eta (Q_{ki} - Q'_{ki})$$

利用调整后的连接权值，重复以上过程，直至 ΔW 充分小，学习结束。

Boltzmann 机的学习方法可以避免局部最小，但训练过程繁复，收敛速度慢。

见神经网络结构。

xinxi ronghe

信息融合（information fusion）　基于多源信息的获取、传输和多层次处理，判断相关事物内在联系和动态规律的方法。信息融合运用空间与时间上互补或冗余的多源信息，依优化准则进行分析处理，可弥补单一数据的不足和缺陷，得到对客观事物的不同层次的解释。这一技术是涉及管理学、信息论、计算机科学、信号处理、数理统计和人工智能等的当代智能信息新技术，已用于战争指挥、工业控制、机器人、环境监测、交通管制、导航和救助以及结构健康监测等广阔领域。

1973 年，美国军方在指挥、控制、通信和智能系统（C3I）研究中为满足对目标属性、目标状态、战争态势和军事威胁等不同层次估计和决策的需求，首次提出信息融合的概念。20 世纪 80 年代，美国和西欧国家开发了数十个军用信息融合系统。同期，中国高等院校和科研机构也在不同领域开展了信息融合技术的应用研究。

概念和原理　多源信息融合是人类及其他逻辑系统中常见的功能。如人可以凭借眼的视觉、耳的听觉、鼻的嗅觉、舌的味觉、皮肤的触觉、身体的承重和平衡感觉、受电磁波刺激的感觉等多种信息，运用先验知识由大脑进行融合，得出对周边环境或事物的感性认识和理性判断。先

验知识愈丰富，判断也就愈准确。

单纯的数据融合是数据的综合处理技术，是传统科学方法的应用和集成；而信息融合则强调信息处理的多层次性，以及多源信息的相关分析、估计和识别。美国军方的信息识别包含检测、空间、属性、态势评估和威胁估计等五个层次。信息识别的不同层次有不同的信息抽象，应得出不同层次的结论。信息融合的一般步骤如下。

（1）信息收集与信息性质分析。收集多传感器信息，明确信息与事物的依存性，信息的及时性、真实性、完整性和可融合性等。

（2）信息分类和特征提取。区别单一信息或多个信息、一次信息或多次信息、及时信息或滞后信息、单源信息或多源信息、单手段信息或多手段信息、全面信息或局部信息、真实信息或虚假信息，进行信息特征提取和模式识别。

（3）信息关联处理。确认信息与事物的真实联系，就不同层次和目标进行多源信息间关系的估计、推定或确定。

（4）信息综合。对事物性质、特征、发展趋势作全面评估，就不同层次和目标进行信息合成，得到对事物的一致性解释和描述。

信息融合方法　信息融合算法应具有针对多样信息的鲁棒性和并行处理能力，适应多种技术和方法的协调能力，以及与各类信息识别系统的接口能力。视具体问题的不同（动态或静态信息，冗余及互补信息，确定表述和概率表述的信息、符号和命题等）可采用不同的融合算法，实际中常使用两种以上的方法进行信息融合。

信息融合方法一般可分为统计随机方法和人工智能方法两大类。前者含加权平均、卡尔曼滤波、贝叶斯方法和统计决策理论等，后者涉及人工神经网络、模糊数学、粗糙集理论、专家系统和产生式系统等。

展望　信息融合是跨学科的理论和方法，是尚处于发展中的不成熟的研究领域。统一的信息融合理论和有效的广义信息融合模型与算法有待建立，包含数据库、人机接口、通用软件包等在内的数据融合系统有待开发。数据融合方法的容错性和鲁棒性有待研究改进，其中人工智能技术、不确定性的表达和推理方法的应用将发挥重要作用。多传感器管理体系和数据融合测试平台的建立将为信息融合技术的验证和应用提供支撑。

zhishi faxian

知识发现（knowledge discovery in databases；KDD）　从大量数据中识别有效的、新颖的、潜在有用的、最终可以理解的信息和知识的过程。知识发现是人工智能、数据库技术与机器学习的交叉学科，并与统计学、数学、可视化技术等密切相关。

20 世纪后期，人类产生和搜集数据的能力大幅提高，如何不被海量数据淹没且能从中发现有用的知识，提高信息的利用率，已成为信息时代新的挑战。由此，基于现代计算机的高速运行和存储能力，知识发现技术应运而生。在 1989 年于美国底特律召开的第十一届国际人工智能联合会议上，知识发现这一名词被首次提出；1995 年于加拿大召开的第一届知识发现与数据挖掘国际学术会议上，数据挖掘（又称数据开采或数据采掘，data mining；DM）与知识发现两个名词并列出现。尽管前者为工程师所习用，主

要流行于统计分析、数据分析、数据库和信息系统管理界，后者为科研人员使用，涉及人工智能和机器学习，但两者的概念、目标是一致的，可统称为 DMKD 或 KDD/DM。至少，数据挖掘也被视为知识发现过程最关键的步骤。

过程与方法　知识发现是复杂的人机交互过程，其一般流程见图。

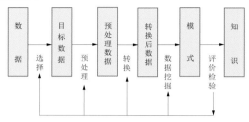

知识发现的一般流程

（1）数据准备。包括数据选择、数据预处理和数据转换，旨在从各类数据库和数据中选取用户需要的有用数据供分析使用。操作内容含去除噪声、推导计算，补充缺值数据、消除重复数据和进行数据类型转换等。

（2）数据挖掘。采用适当的挖掘算法，如信息论方法、集合论方法（如粗糙集、概念树等方法）、仿生学方法（如神经网络、遗传算法等）、统计分析方法（如相关分析、回归分析、因子分析、聚类分析和判别分析等）以及其他可行的方法（如模糊论、公式发现和可视化技术等），完成用户提出的数据发掘任务，如数据总结、分类、聚类、发现新规则或新模式等。

（3）评价检验。评价数据挖掘的结果，剔除冗余或无关的模式，得到预期的有用知识。当数据挖掘结果不满足用户要求时，应重新选择数据，采用新的数据转换方法，设定新的参数，以至改变数据挖掘算法。

特点　知识发现不同于数据库管理系统（DBMS），后者可实现信息的录入、检索和维护，但不能发现数据的关联规则，不能进行推理，难以依据现有数据预测未来趋势。知识发现与在线分析处理（OLAP）也不同，但具互补性。OLAP 是辅助决策系统，说明基于现有数据可能发生什么，应采取什么对策、取得什么效果，但难以处理涉及大量因素的复杂问题。知识发现与机器学习的区别在于，前者是从现实世界中存在的具体数据中提取新知识，数据处理量极其庞大，且数据的完整性、一致性和正确性都难以保证；后者使用的则是特别准备的、经过处理的专门数据。

知识发现的成功主要取决于数据的质量和数据量的大小，以及数据挖掘技术的有效性（含算法的效率和可扩充性）。经数据挖掘得到的新知识可以预测将来可能发生的现象，但现象发生的原因只能由挖掘者自己解释。

应用　数据挖掘技术在应用中已取得良好效益。如：军事信息系统中的目标特征提取和态势关联规则的发现；远程通信组织策略和网络容量的制定；在工业控制和质量管理中分析大量因素的相互作用，发现异常的数据分布，提供管理决策建议；在工业生产中诊断设备故障，优化生产工艺；在化学和制药领域分析相关化学反应信息，发现新的有用化学成分和新药；对遥感资料进行分析，服务于天气预报和臭氧层监测；在市场营销中指导商业布局和促销策略；在金融业中预测风险，规避风险，改进管理和服务。

优化方法

yichuan suanfa

遗传算法（genetic algorithm；GA） 模拟生物进化和遗传变异过程的全局优化自适应搜索算法。20世纪中叶，受自然界生物进化哲理的启迪，诞生了以进化计算为名的新兴科学，遗传算法是其中最引人关注的一种。

起源和发展 1859年，英国生物学家达尔文(C. R. Darwin)发表著作《物种起源》，提出了以"物竞天择、适者生存"为基础的生物进化学说，阐明生物进化的基本原因就是遗传、变异和选择。奥地利生物学家门德尔(J. G. Mendel)开创的现代遗传学，进一步揭示了生物遗传变异的物质基础和原理。1975年，美国密歇根大学教授霍兰德(J. H. Holland)发表论文《自然和人工系统的适配》，将生物进化遗传变异过程予以抽象和简化，创立了遗传算法这一仿生学的优化算法。

遗传算法具有自适应、启发式和全局优化的特点，既依赖于概率，又区别于随机算法而更具鲁棒性；该算法突破了以往优化方法的传统框架，无须优化对象具备连续、可导等严格的数学条件，具备更广泛的适用性。遗传算法以它极强的解决复杂问题的能力和广泛的适用性，迅速渗透于科学研究和社会经济各个领域。该算法不但在工程优化、人工智能、故障诊断、运行调度、系统辨识等领域获得了成功应用，而且突破工程范畴，在生物、环保、社会、经济、金融、贸易等领域展现了巨大的应用价值。

原理和方法 遗传算法含构造初始种群、个体适应性评价、双亲选择、交叉和变异等步骤，可经多次运算，最终从满足要求的种群中获得适应值最大的个体作为问题的优化解。

构造初始种群 在待求参数矢量的可求解范围内，随机选择适量的 m 个参数矢量 a，构成初始种群。每个参数矢量 a 都是系统中一个可能的解，构成种群中的一个个体。这个矢量解可以表示为由若干二进制编码构成的字符串。当然，二进制编码并不是唯一的编码方式，实数编码也被使用。字符串中的符号可理解为个体的基因，符号个数（又称比特数）由参数矢量中参数的个数、参数的赋值域和求解的精度决定。初始种群的规模（即种群中个体的数量）一般可取为 $m = 10\sim50$。种群规模越大，求得全局优化解的可能性越大，但计算量也将增加。

个体适应性评价 个体适应性评价是确定种群中众个体的优劣差异，继而实施选择和淘汰的基础。遗传算法的评价函数是由待定参数得出的系统输出与目标输出的差值。对应较小差值的个体显然更接近优化解，换言之，具有更高的适应度；据此可确定每个个体的适应值 $f(a)$。例如，当我们寻求可使某个函数 F 取最大值的待定参数 a 的优化解时，随机选择的参数 a 得到的函数值 $F(a)$ 越大，则该参数的适应度就越高，可将 $F(a)$ 取为适应值 $f(a)$。

双亲选择 双亲选择就是确定种群中可进行后代繁衍的个体对，选择原则是生物进化中的优胜劣汰，即适应值高的优势个体应具有更多的生存繁衍机会。实施双亲选择的数学方法很多，有比例法、期望值法和位次排序法等。比例法又称轮盘赌法，是较为常用的一种。该法中，首先根据每个个体的适应值计算群体的总适应值 $F = \sum f_i(a)$，再计算第 i 个个体的概率 $P_i = f_i(a)/F$，然后求第 j 个个体的累积概率 $q_j = \sum_{i=1}^{j} P_i$。选择中，在 ［0，1］区间内产生一个随机浮点数 r，若某个个体的累积概率数值距 r 最近且满足 $q \geqslant r$ 的条件，则该个体被选择作为亲体。

这种选择共进行 m 次，结果选中 m 个个体。显然，适应值高的个体可能被重复选中，适应值最小的个体可能被淘汰。然后，选中的 m 个个体再利用交叉概率 P_c 随机选出 n 对双亲串，每个双亲串包含两个个体。未被选中的个体仍然保留，种群中的个体总数不变。交叉概率 P_c 可取50％～90％。

交叉和变异 交叉是对上一步骤中选中的双亲串进行部分符号互换，模拟生物进化的基因重组。交叉方式有多种，如单点交叉、两点交叉、多点交叉、换位交叉等。单点交叉是对应每个双亲串产生一个不超过个体比特数的整数，将此整数作为切断点，双亲串在此切断点以后的符号互相交换，得出下一代的两个新个体。

交叉后的种群，可再进行变异。首先给定一个变异概率 P_m，然后对应单体的每个符号生成 ［0，1］区间的随机数 r，若 $r < P_m$，则该符号由0变成1或由1变成0；若 $r \geqslant P_m$，符号不变。显然，变异概率 P_m 越大，基因变异的机会就越多，搜索得到全局最优解的可能性也越大，但收敛将变慢，需花费更多的计算时间。P_m 取值一般小于1％，常取为1％～0.1％。

交叉和变异都是遗传操作。交叉使基因重组产生新个体，可保持种群的多样性，是遗传进化的基本手段；变异将基因突变引入新个体，也有保持多样性的作用，是遗传进化的辅助手段。

终止条件 对交叉变异后的新种群进行判断，确定遗传计算是否达到目标。判断的准则有三：其一，先验规定最大遗传代数，即上述遗传步骤运用的次数，达到规定次数后，计算终止；其二，规定先验的阈值，当种群评价函数值小于该阈值时，计算终止；其三，种群中最好的个体在连续多次遗传计算中保持不变，计算可终止。计算终止后，可从种群中挑选最优个体作为问题的优化解。若不满足终止判断准则，应依前述步骤再进行遗传计算。

在遗传算法的实施中，优秀个体保存法也被使用，即对于一些适应值大的优势个体，令其不再参与交叉和变异，无条件地保留在下一代种群中。这一方法可以防止优势个体被淘汰或退化，加快计算进度。但是，这些优势个体的保存可能造成种群的早熟，以至陷入问题的局部最优解。

现状 遗传算法已被广泛应用并展示了巨大的价值，然而，该算法的理论尚有待进一步完善。在实际应用中，应就具体问题试探采用种群大小、编码方式、交叉概率、变异概率及终止条件，每个步骤都有多种替代方案和计算方法。遗传算法在有约束条件的优化问题和多峰函数优化问题中的应用有待深入研究。另外，当个体（即问题的可能解）编码长度过大时，计算需要大量时间；因此，并行遗传算法的开发和应用是必要的。遗传算法与神经网络、模糊数学的结合使用也引人关注。

moni tuihuo
模拟退火（simulate anneal；SA） 模拟金属退火机理求解大规模组合优化问题的随机搜索算法。

自然科学、工程和社会经济领域的一些复杂事物受众多变量影响，庞大的变量数目造成求解分析这些问题的巨大困难。计算机的出现和迅速发展提供了采用蒙特卡洛法求解这类问题的可能性。模拟退火算法与遗传算法都是蒙特卡洛方法的发展，模拟退火算法通过在搜索空间的随机运动、逐步更新得到优化解，是求解复杂优化问题的有力工具。

原理 金属在高温状态下，各分子呈无序运动状态，具有很高的内能。当温度逐渐缓慢降低时，分子动能减小，排列渐趋有序。在每个温度下，金属结构都趋于平衡状态；当温度降至常温时，金属内能达到过程中的最小。1953 年麦特罗普雷斯（N. Metropolis）指出，在金属退火过程中趋近平衡状态的概率为 $\exp\left[-\Delta E/(kT)\right]$，$E$ 为金属在温度 T 时的内能，ΔE 为内能变化量，k 为波尔兹曼常数。1983 年，柯克帕特里克（S. Kirkpatrick）等在美国《统计物理学》学刊上发表题为《使用模拟退火寻优的定量研究》一文，最早基于 Metropolis 准则提出了实施模拟退火的具体算法。

在模拟退火算法中，热力学定律被用于统计分析。复杂问题的每一个可能的解被模拟为金属分子的不同状态，用金属的内能表示待求解问题的目标函数。金属逐步降温、内能减小的过程即为目标函数不断减小的过程。当金属降至常温达到最终平衡状态时所具有的内能最小值，就是问题的近似全局优化解。模拟退火中温度的逐步降低实质是控制参数的逐渐变化。

步骤和方法 模拟退火算法一般包括以下步骤。

（1）构造初始状态。选择在高温 $T(0)$ 状态下待求问题的一个初始解向量。一般来说，模拟退火法的最终解与初始解的选择无关。

（2）产生新解。对应温度下降的某个状态，构造一个新解。新解是由初始解或变化后的当前解经简单变换得出的，例如，互换或置换解的全部元素或部分元素。从概念上讲，新解应处于初始解或当前解的邻域，产生新解的变换方法对模拟退火的进度有影响。

（3）评价新解。就新解计算相对于初始解或当前解的目标函数差 ΔC。因为目标函数仅由解的变换部分所决定，故使用增量方法计算 ΔC 具有较高的效率。

（4）确认新解。对于求解目标函数最小的问题，若目标函数差 $\Delta C<0$，表明新解在向优化解靠近，则接受新解；将新解作为当前解，再进行新的退火运算（在每个温度下搜索新解的步骤要进行 L 次）。

若 $\Delta C\geqslant0$，表明新解并无改善，此时计算这个解在当前状态下的活动概率 $P(\Delta C)=\exp(-\Delta C/T)$。①如果 $P(\Delta C)\geqslant\lambda$，仍可接受这个解作为当前解，$\lambda$ 是先验给定或随机产生的在区间 $[0,1]$ 上的数。可以接受无改善的解作为当前解，是模拟退火算法的重要特征之一，利于实现全局搜索，防止出现局部优化解的可能。活动概率 $P(\Delta C)$ 是随温度降低而减小的，这意味着温度越低，接受

无改善解的可能性越小。②若 $P(\Delta C)<\lambda$，新解不被接受，在当前温度下仍返回初始解或原当前解进行搜索，并对新解进行评价和判断。

重复上述步骤，当完成当前温度下规定的搜索次数 L 或新解被否定达到规定次数时，则可肯定当前解。而后降低温度 T 进行下一时刻退火运算或进行终止判断。降温可采用线性方法或非线性方法，简单者如 $T(n)=dT(n-1)$，式中 d 为接近于 1 的常数（常取 0.95），n 为温度降低的次数。

（5）终止判断。在温度持续下降过程中，若在某个温度 $T(n)$ 下得到的新解满足终止条件，则可停止运算，取当前的新解为问题的优化解。终止条件有多种，可以将新解的目标函数差 ΔC 达到足够小作为终止条件，亦可取连续若干次新解的目标函数差 ΔC 都大于零作为终止条件。后者一般更具实际操作性。

应用和发展 模拟退火算法的成功实施，有赖于初始温度的选择、在某个温度下搜索的充分程度以及降温方式等。初始温度越高、在某个温度下搜索次数越多，则获得全局优化解的可能性越大，但这样显然要大量增加运算时间。一般来说，应根据实际问题的性质和需要，试探选择退火运算的控制参数；控制参数选择不当，有陷于局部优化解的可能。

模拟退火在实践应用中也产生了一些变化的算法，如回火退火算法首先从一个较低初始温度进行退火运算并迅速得出初始优化解，而后在更高的温度下（回火）将初始优化解作为初始解，再进行退火运算。在某些问题中多次回火和退火可提高解的精确度并节省计算时间。另外还有导引退火算法，首先利用快速退火迅速求得一批亚优化解，然后在对亚优化解进行统计分析的基础上，缩小搜索空间再进行退火运算，可增加获得全局优化解的可能。

模拟退火算法适用于大规模组合优化问题的求解，可用于管理科学、计算机科学、分子物理学、生物学等领域，例如求解调度、图形着色、分子排列、蛋白质建构、超大规模集成电路设计、编码等问题。

jinji sousuo
禁忌搜索（tabu search；TS） 由局部领域搜索发展形成的全局逐步寻优算法。

局部搜索算法容易理解和实现，但其效能在很大程度上依赖于解的初始值和邻域结构，搜索结果可能陷入局部最小而不能实现全局优化。禁忌搜索通过建立灵活的存储结构（禁忌表）和相应的禁忌准则可以避免迂回，保障多样化搜索的有效性，有利于实现全局优化的目标。禁忌搜索算法自 1986 年由格洛弗（F. Glover）提出以来，在组合优化、生产调度、机器学习、电路设计和神经网络等领域已获得成功应用。

概念 禁忌搜索涉及如下主要概念。

（1）邻域解是由当前解（或初始解）依某种规则在邻域生成的解的子集，该子集包含若干解，其中一部分作为寻优过程的候选解使用。应经试验模拟确定候选解的适当数量并决定从邻域解子集中选择候选解的方法。

（2）禁忌表存储已搜索到的局部最优解（或与该解对应的状态值）作为禁忌对象，这些禁忌对象在后续搜索中

应尽量避开（但并非绝对禁止使用），一般不允许基于禁忌对象产生邻域解，防止迂回搜索陷入局部最小。不属禁忌对象的候选解，不论优劣均可作为当前解产生新的邻域解，借此可实现对局部最小的突跳。禁忌对象置于禁忌表内的时间称为禁忌长度（即在搜索过程中被禁止使用的次数），最大禁忌长度应由试验模拟确定。禁忌表具有动态结构，表中的禁忌对象和禁忌对象的禁忌长度都随搜索过程变化。

（3）当候选解优于当前最优状态时，可依特赦准则（亦称藐视准则）在此候选解基础上再构造邻域解，避免遗失优良状态。当候选解均为禁忌对象时，亦可依特赦准则选择某个候选解作为当前解产生新解。

算法流程　依下述步骤进行。

（1）随机选择初始解，将其赋予当前最优状态 P，并列于禁忌表内。将初始解置为当前解。

（2）由当前解依规则生成邻域解，并从邻域解中选择候选解。

（3）若候选解中的最优解优于当前最优状态 P，可将该候选解赋予当前最优状态 P。将其列入禁忌表，禁忌表中的其他禁忌对象同时减少禁忌长度一次。可依特赦准则将此候选解置为当前解，实施步骤（6）。

（4）若候选解中的最优解不属禁忌对象但不优于当前最优状态时，将此候选解列入禁忌表，禁忌表中其他已有的禁忌对象均减少禁忌长度一次。将此候选解置为当前解，接续进行步骤（2）。

（5）若全部候选解均属禁忌对象，则依特赦准则解禁一个禁忌长度最小的禁忌对象，将其他禁忌对象的禁忌长度减少一次；将解禁者置为当前解，接续进行步骤（2）。

（6）依终止条件评价当前最优状态 P，不满足条件进行步骤（2）；满足条件则终止搜索。

yiqun suanfa

蚁群算法（ant colony algorithm）　模拟蚂蚁行为的启发式优化算法，亦称蚂蚁算法，于1991年由意大利学者多里戈（M. Dorigo）等提出，是继神经网络、遗传算法、模拟退火、禁忌搜索之后的又一种进化算法。该法已在组合优化、调度、路由设计、数据挖掘、故障诊断等领域获得应用，显示了可求解复杂优化问题的前景。

原理　蚂蚁在觅食的途径中释放称之为"信息素"的特有分泌物，该分泌物可随时间挥发，蚁群中的蚂蚁倾向于沿信息素浓度高的路径移动。各蚂蚁开始觅食所走的路径是不同的，选择了较短路径的蚂蚁可用较短时间完成较多的觅食过程，短路径上信息素的挥发相对长路径也较少；故较短路径上的信息素浓度较高，继而吸引更多的蚂蚁选择该路径。这样，在蚁群觅食的反复过程中，会自然形成蚁群共同选择最短路径的行为。这一现象启发人类依蚁群行为求解组合优化问题。

基本人工蚁群法　旅行商问题（TSP）是求解推销商遍访 n 个城市且不允许重复访问的最短路径，蚁群算法最初用于该问题的求解。在求解 TSP 的人工蚁群算法中，

人工蚂蚁保留了自然蚂蚁觅食中释放信息素、选择信息素的基本特征，但又被赋予自然蚂蚁所不具备的记忆能力等属性。

设有 n 个城市，d_{ij} 为 i 城市与 j 城市间的距离，$\tau_{ij}(t)$ 为 t 时刻 i 城市与 j 城市之间路径上的信息量，初始时刻各路径的信息量相同。蚁群由 m 只蚂蚁组成，在时间间隔 Δt 内每只蚂蚁将由当前所在城市选择并到达下一个城市。经过 n 个时间间隔，蚁群中的每只蚂蚁都将完成一次旅行。此时，可修正各条路径的信息量：

$$\tau_{ij}(t+n\Delta t) = \rho\tau_{ij}(t) + \Delta\tau_{ij} \tag{1}$$

式中：ρ 为信息残留系数（$0<\rho<1$）；$\Delta\tau_{ij}$ 为本次循环中蚁群留在 i 城市与 j 城市之间路径上的信息量：

$$\Delta\tau_{ij} = \sum_{k=1}^{m} \Delta\tau_{ij}^{k} \tag{2}$$

式中：$\Delta\tau_{ij}^{k}$ 为蚂蚁 k 在城市 i 与城市 j 间遗留的信息量，$\Delta\tau_{ij}^{k} = Q/L_k$，Q 为信息量常量，$L_k$ 为蚂蚁 k 在本次循环中走过的总路径长度；蚂蚁在未走过的路径上遗留信息量为零。

行进中的蚂蚁 k 到达城市 i 后，选择城市 j 为行进目标的概率为

$$P_{ij}^{k}(k) = \frac{\tau_{ij}^{\alpha}(t)\eta_{ij}^{\beta}(t)}{\sum_{s\in \text{allowed}_k} \tau_{is}^{\alpha}(t)\eta_{is}^{\beta}(t)} \tag{3}$$

式中：allowed_k 为禁忌表，表中存储蚂蚁 k 在此循环中已走过的城市，选择已走过的城市作为行进目标的概率取零，禁忌表赋予人工蚂蚁记忆功能；α 为信息参数（$\alpha\geq 0$），用于控制信息量对路径选择的影响；若取 $\alpha=0$，蚂蚁选路与信息量无关，仅取决于"期望度"η（可取 $\eta=1/d_{ij}$），此时搜索方法为贪心算法（亦称贪婪算法），只能得到一条可行的路径；β 为期望参数（$\beta\geq 0$），用以控制期望度对路径选择的影响，若 $\beta=0$，搜索方法为正反馈启发算法。显然，由式（3）所体现的路径选择原则考虑了信息量和期望度两个因素，α 和 β 是控制这两个因素相对重要性的参数。

令蚁群反复进行觅食旅行，直到绝大部分蚂蚁都选择同样的觅食循环途径时，该途径即可视为最优解，搜索结束。

特点和发展　蚁群算法的本质是由信息量的选择和更新机制体现的蚁群协调行为，即启发式正反馈机理。算法中所包含的概率机制，又可提供路径选择的多样性，不致使搜索陷入局部最小。蚁群算法具鲁棒性，且可并行运算，便于与其他方法结合。算法中，蚁群中蚂蚁的数量 m、初始信息量、信息残留系数 ρ、信息参数 α 和期望参数 β 等都须经试验模拟确定，以避免计算时间过长或出现早熟、停滞等现象。

蚁群算法的实现应依不同问题具体确定。常见的基本蚁群算法还有蚁周系统、蚁量系统、蚁密系统等。改进的蚁群算法又有精英蚂蚁系统、排序蚂蚁系统、最大-最小蚂蚁系统和最优-最差蚂蚁系统等。

不确定性处理方法

mohu shuxue

模糊数学（fuzzy mathematics） 研究和处理客观世界中诸多界限不分明乃至模糊的现象的数学工具。模糊集合、模糊逻辑以及在其基础上发展的模糊拓扑、模糊群论、模糊测度论、模糊概率等均属模糊数学范畴。

起源与发展 19 世纪末，德国科学家康托（G. Contor）创立了经典数学的集合论。在经典集合论中，任何事物都有区别于其他事物的清晰严格的数学表述，事物"非此即彼"。然而，客观世界的大量事物并不能用经典数学的精确方法进行描述。另外，现代科学研究表明，利用经典数学手段严密表述复杂事物的企图往往不能实现，客观事物的复杂性与其数学模型的精确性构成尖锐的矛盾，以至由经验得出了上述两者的"不兼容定理"。再者，现代计算机在具有远远超越人类的数值运算能力的同时，却不能像人一样迅速完成对复杂事物的综合、推理和判断，其关键也在于计算机缺乏人类对模糊事物的处理能力。

基于对上述背景的深刻思索，美国加州大学教授扎德（L. A. Zadeh）于 1965 年发表论文《模糊集合论》，突破了经典集合论的框架和理论，模糊数学就此诞生。模糊数学经过几年时间才逐渐被人接受，至 20 世纪 80 年代开始迅速发展。1983 年，中国系统工程学会成立了模糊数学与模糊系统学会；1984 年，国际模糊系统学会（IFSA）成立，同年召开了第一届模糊信息处理国际会议。模糊数学的研究已取得大量成果，在类聚分析、图像识别、自动控制、故障诊断、机器人、人工智能和社会经济等广泛领域，应用于复杂系统的建模、预测、控制和决策。

研究内容 模糊数学的主要研究内容如下。

（1）模糊数学理论。模糊数学以模糊集合作为表现模糊事物的数学模型，在此基础上，逐步建立模糊运算和变换的规律。如模糊矩阵的并、交、补运算及相关定理，模糊矩阵的截矩阵的定义、矩阵的合成和转置，模糊关系的定义、运算、性质、等价关系以及模糊向量的定义和运算。

在模糊集合中，给定范围内的元素对集合的隶属关系不只有"是"或"否"两种情况，而是用 0 与 1 之间的实数表示元素对集合的隶属程度，称为隶属函数。隶属函数是对模糊概念的定量描述，是运用模糊集合论解决实际问题的基础。

相对于描述确定现象的经典数学，统计数学和模糊数学都是对不确定现象的表述。统计数学就随机性描述事物，随机现象（如"阴天"和"下雨"）本身是有确切定义的，只不过对这些现象是否发生不能给出确定的结论。模糊现象（如"好天气"和"坏天气"）本身是没有确切定义的，这是统计数学与模糊数学的根本区别。在一些事物中，模糊性与随机性可以共存。

（2）模糊语言学和模糊逻辑。人类语言具有模糊性，人们往往用模糊语言交流模糊信息，但并不妨碍对事物的正确理解和判断，这是人类智能的突出表现。

拥有超强计算能力的计算机仅具备二值逻辑的推演能力，在执行某种形式语言程序时是严格、刻板和生硬的。使用自然的、模糊的语言与计算机对话，是人类的不懈追求。这一目标，似乎可以通过建立模糊语言的数学模型来实现。

语言是思维的表现形式，思维是语言的内容。欲使计算机理解人类的自然的模糊的语言，必须使计算机具有与人相类似的模糊推理能力，这可以借助于模糊逻辑实现。模糊逻辑是多值逻辑，是对二值逻辑的推广和模糊化，可通过模糊代数（De-Morgan 软代数）实现。模糊语言和模糊逻辑尚有待继续深入研究。

应用前景 随着科学研究和社会经济的迅速发展，人类必须面对影响因素众多、愈趋复杂的社会和自然现象。模糊数学的建立，为用简单方法对复杂事物做出有效处理提供了有力的数学工具。

模糊数学的发展尚不完善，其最重要的应用将是具有模糊信息处理能力的智能计算机。

lishu hanshu

隶属函数（membership function） 对模糊概念的定量表述方式，亦称隶属度函数。

在模糊集合论中，论域 U 上的模糊子集 F 可由隶属函数 $\mu_F(u)$ 来表征，$\mu_F(u)$ 的取值范围为闭区间 $[0, 1]$。$\mu_F(u)$ 的大小反映了 u 隶属于模糊子集 F 的程度或等级。若 $\mu_F(u)$ 的值接近于 1，表示 u 隶属于 F 的程度很高；若 $\mu_F(u)$ 的值接近 0，则表示 u 隶属于模糊子集 F 的程度很低。隶属函数 $\mu_F(u)$ 也可记为 $F(u)$。

例如，图 1 中在年龄 0～200 岁这一论域内，"年老"与"年轻"这两个模糊子集的隶属函数，分别为 $\mu_o(u)$ 和 $\mu_y(u)$：

$$\mu_o(u) = \{1+[(u-25)/5]^{-2}\}^{-1} \quad 50 < u \leqslant 200$$
$$\mu_o(u) = 0 \quad 0 \leqslant u \leqslant 50$$
$$\mu_y(u) = \{1+[(u-25)/5]^2\}^{-1} \quad 25 < u \leqslant 200$$
$$\mu_y(u) = 1 \quad 0 \leqslant u \leqslant 25$$

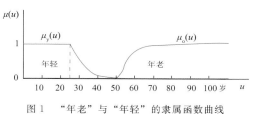

图 1 "年老"与"年轻"的隶属函数曲线

模糊集合的表示 模糊集合的表达方式有多种。当论域 U 为有限离散集 $\{u_1, u_2, \cdots, u_n\}$ 时，有如下三种表示方式。

（1）Zadeh 表示法。

$$模糊子集 F = \frac{F(u_1)}{u_1} + \frac{F(u_2)}{u_2} + \cdots + \frac{F(u_n)}{u_n}$$

式中：$F(u_i)$ 为 u_i 隶属模糊子集 F 的隶属度；$F(u_i)/u_i$ 并不是分数，而是元素与其隶属度的对应关系。

（2）序偶表示法。

$$模糊子集 F = \{[u_1, F(u_1)], [u_2, F(u_2)], \cdots, [u_n, F(u_n)]\}$$

（3）向量表示法。

模糊子集 F ＝ { F(u_1), F(u_2), ⋯, F(u_n) }

当论域 U 为有限连续域时，模糊子集 F 可表示如下：

$$\text{模糊子集 F} = \int_U \frac{\mu_F(u)}{u}$$

如前所述，式中符号「右边的数学式并不是分数；而且符号「不表示积分或求和，只是对论域中元素与其隶属度对应关系的一个总括表述。

　　隶属函数的确定　正确确定隶属函数，是运用模糊理论求解实际问题的基础。客观世界中的模糊概念是无穷尽的，因此并不存在隶属函数的统一模式，一般只能根据实

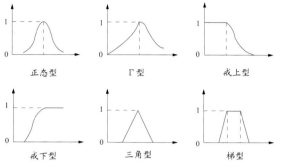

图 2　隶属函数曲线示意图

际问题和应用目的，利用经验、专家判断或统计试验选择隶属函数。常用的隶属函数有正态型、Γ 型、戒上型、戒下型、三角型、梯型等多种（图 2）。

huise xitong lilun

灰色系统理论（grey system theory）
信息不完整或信息不确定系统的分析理论与数学分析方法。

　　灰色系统介于"白色"与"黑色"系统之间。白色系统是信息确定、数据完整的系统，可运用经典数学方法处理；黑色系统是信息很不确定、数据很少的系统，不能用数学方法求解；灰色系统的信息不确定、数据不完整，是人类大量面对的问题。模糊数学研究认知不确定问题，统计数学研究大样本不确定问题，灰色理论则研究少数据不确定问题。灰色系统概念于 20 世纪 70 年代末由中国邓聚龙教授提出，1982 年《灰色系统控制问题》一文的发表标志了灰色系统理论的诞生。

　　研究领域　灰色系统理论的研究涉及如下领域。

　　（1）灰哲学。研究定性认知、定量认知与符号认知之间的关系，研究默承认、默否认、承认、否认、确认、公认的内涵、原理、性质和模式，研究少信息的思维规律。

　　（2）灰生成。是对数据的映射、转化、加工、升华与处理，为灰哲学、灰分析、灰建模和灰预测提供可用数据。

　　（3）灰分析。对一般灰色系统（运行机制和物理原型不清晰的系统）和本征灰色系统（缺乏物理原型）的灰关系进行序列化和模式化，进而建立系统的灰关联分析模型，使灰关系量化、序化和显化。

　　（4）灰建模。基于灰因白果律、差异信息原理和平射原理对灰色系统建模，在有限数据的条件下，以微分方程形式建立具有部分微分方程性质的灰色系统模型。

　　（5）灰预测。是基于灰模型对灰色系统行为特征时间发展变化的预测［见灰色预测模型 GM(1,1)］。

　　（6）灰决策。就事件与对策之间的灰关系进行量化或关联化分析，旨在得出满意对策。

　　（7）灰控制。对灰色系统滚动建模，在预测系统行为的基础上对系统实施控制。

　　（8）灰评估。确定事物的灰色类别。

　　（9）灰数学。基于灰认知模式和灰朦胧集框架，研究灰数的表达、灰度大小以及灰数的运算法则、算式和模式，研究灰数的结构、内涵、性质和类别。

　　基本原理　灰色系统理论包括如下基本原理。

　　（1）差异信息原理。客观事物的差异是信息的基础，信息是事物差异的反映。

　　（2）灰性不灭原理。事物的灰性是绝对的，信息是相对和暂时的，人类的认知是无穷尽的。

　　（3）信息认知原理。信息是认知的基础，没有信息不能认知。

　　（4）新息优先原理。事物是不断运动、发展、变化的，为寻求事物发展规律应优先考虑使用新息。

　　（5）解的非唯一性原理。对复杂变化的客观事物缺乏完全的认识，导致问题不存在唯一解，灰色理论开拓获取多解的途径。

　　（6）最小信息原理。灰色系统问题求解在有限的信息空间进行，充分利用已有的最小信息。

　　发展和应用　灰色系统理论创立之后，理论不断完善，计算方法迅速发展，已在农业、经济管理、环境科学、医药卫生、矿业、水利、图像处理、生命科学、控制技术和航空航天等广泛领域获得应用。土木工程中的结构状态预测和健康监测也可运用灰色系统理论。

huise yuce moxing GM(1,1)

灰色预测模型 GM(1,1)（grey forecasting model GM(1,1)）
由原始数据序列累加生成新数据序列，并据此建立微分方程描述原始数据的模型。

　　灰色预测模型将原始不确定数据作为灰矢量和灰过程进行处理，通过累加生成运算消除或减弱原始数据的不确定性；非负原始数据累加生成后具有单调指数上升的特性，可用具有部分微分方程性质的灰模型描述，灰模型经逆生成还原后可用于预测。

　　原始数据序列记为 $X^{(0)} = \{X^{(0)}(k), k=1,2,\cdots,n\} = X^{(0)}(1), X^{(0)}(2), \cdots, X^{(0)}(n)$，累加生成后的新数据序列记为 $X^{(1)} = \{X^{(1)}(k), k=1,2,\cdots,n\} = X^{(1)}(1), X^{(1)}(2), \cdots, X^{(1)}(n)$，式中

$$X^{(1)}(k) = \sum_{i=1}^{k} X^{(0)}(i) \tag{1}$$

可由数据序列 $X^{(1)}$ 建立如下微分方程［即 GM(1,1) 模型］：

$$\frac{dX^{(1)}}{dt} + aX^{(1)} = u \tag{2}$$

变量 u 和参数 a 可由下式确定：

$$[a, u]^T = (B^T B)^{-1} B^T Y_N \tag{3a}$$

$$Y_N = [X^{(0)}(2), X^{(0)}(3), \cdots, X^{(0)}(n)]^T \tag{3b}$$

$$B = \begin{bmatrix} -[X^{(1)}(1) + X^{(1)}(2)]/2 & 1 \\ -[X^{(1)}(2) + X^{(1)}(3)]/2 & 1 \\ \vdots & \vdots \\ -[X^{(1)}(n-1) + X^{(1)}(n)]/2 & 1 \end{bmatrix} \tag{3c}$$

预测模型式（2）的解为

$$X^{(1)}(k+1) = [X^{(0)}(1) - u/a]e^{-ak} + u/a \qquad (4)$$

经还原处理后得实际预测值为

$$X^{(0)}(k+1) = (1 - e^a)[X^{(0)}(1) - u/a]e^{-ak} \qquad (5)$$

灰色预测模型 GM（1，1）的建立只需很少的原始数据，计算简单、速度快，其预测精度优于一般线性回归、非线性回归、指数曲线拟合和确定性时间序列预测技术。

huiguanliandu

灰关联度（grey relative analysis）　　灰色系统理论中事物间不确定关系的一种表述，可用于结构故障诊断分析。

设灰关联子集 $X = \{x_0, x_1, x_2, \cdots, x_m\}$，其中参考序列 $x_0 = \{x_0(1), x_0(2), \cdots, x_0(k)\}(k = 1, 2, \cdots, n)$，比较序列 $x_i = \{x_i(1), x_i(2), \cdots, x_i(k)\}(i = 1, 2, \cdots, m)$。首先对各序列数据进行规范化处理，使各数据的量值较为接近；而后计算参考序列与各比较序列的差值：

$$\Delta_i(k) = |x_0(k) - x_i(k)|$$
$$\Delta_{\min} = \min_i \min_k \Delta_i(k)$$
$$\Delta_{\max} = \max_i \max_k \Delta_i(k)$$

式中：min 和 max 分别为挑选序列中最小值和最大值的运算。计算比较序列 x_i 与参考序列 x_0 的关联系数：

$$\zeta_i(k) = \frac{\Delta_{\min} + \eta \Delta_{\max}}{\Delta_i(k) + \eta \Delta_{\max}}$$

式中：分辨系数 η 为区间 $[0, 1]$ 的常数，通常取 0.5。灰关联度可取关联系数 $\zeta_i(k)$ 的均值，如

$$\gamma_i = \frac{1}{n-1} \frac{1}{2}\left[\sum_{k=1}^{n} \zeta_i(k) + \sum_{k=2}^{n-1} \zeta_i(k)\right]$$

依数值大小对计算求得的关联度 γ_i 进行排序，可确认各比较序列与参照序列关联程度的高低；根据这一原理，可进行不确定事物的模式识别。

beiyesi fangfa

贝叶斯方法（Bayes method）　　用于不确定性推理的一种系统的统计推断算法，亦称贝叶斯统计。

英国学者贝叶斯（T. Bayes）在 18 世纪首先提出一种归纳推理的理论，以后的统计学者在此基础上发展了系统的统计推断方法，并形成了在数理统计中具有重要影响的贝叶斯学派。贝叶斯方法包含了采用这一方法进行统计推断得出的全部结果，如贝叶斯风险、贝叶斯决策、贝叶斯估计、经验贝叶斯方法等。通俗地讲，贝叶斯方法是根据某一事件的先验概率（过去的发生频率，含事件的先验分布以及观测样本所提供的信息）估计后验概率（事件未来的发生概率）的方法。贝叶斯方法在自然科学和社会各领域（如军事、天文、医疗、金融、通信、管理等）有广泛的应用，在与人工智能方法（如神经网络、专家系统、模式识别、数据挖掘和信息融合等）的结合中表现出重要的价值。

贝叶斯定理　　假定 A, B 是随机试验中的两个事件，若 $A_1, A_2, \cdots, A_n$ 彼此独立，且事件 A_j 发生的先验概率 $P(A_j) > 0$；另外，在事件 B 发生的条件下，事件 A_j 发生的概率用条件概率 $P(A_j|B)$ 表示，则有以下全概率公式：

$$P(B) = \sum_{j=1}^{n} P(A_j)P(B|A_j) \qquad (1)$$

事件 A_j 在事件 B 发生条件下的发生概率（后验概率）则可用如下贝叶斯公式（即贝叶斯定理）表示：

$$P(A_j|B) = \frac{P(A_j)P(B|A_j)}{P(B)} \qquad (2)$$

例如，若事件 A 有三种可能发生的结果，其先验发生概率分别为 0.5，0.3 和 0.4；且由观测数据得到在 A 的三种结果分别出现时，判据 B 出现的条件概率分别为 0.4，0.5 和 0.3；那么，当判据 B 出现时，A 的三种结果发生的可能性（即后验概率）则分别为 0.20，0.43 和 0.32。

主观贝叶斯方法　　运用式（2）计算事件发生的后验概率十分简单，但在实际问题的应用中却往往并不可行，因为事件发生的各种结果 A_j 与判据 B 的关联具有很大不确定性；换言之，通常缺乏足够的依据确定条件概率 $P(B|A_j)$，事件 A 发生的各种结果与判据 B 的关联只能表示为可靠度（似然性）。主观贝叶斯方法利用专家知识，采用实用灵活的不确定性推理方法考虑上述不确定性，如考虑判据 B 的真伪和其他不确定情况，考虑判据对结果 A_j 的支持程度及必要程度，而后再利用贝叶斯公式将结果 A_j 的先验概率更新为后验概率。

主观贝叶斯方法是在对贝叶斯公式进行修正的基础上形成的不确定性推理模型，更较全面地反映了判据与结果的因果关系，提供了进行不确定性推理的新途径。当然，在主观贝叶斯方法中，仍然采用了贝叶斯定理中有关事件 A_j 相互独立的假定，仍须给出事件 A_j 发生的先验概率，仍然保留了贝叶斯方法在应用中的某些局限。

【学者·机构·书刊】

地震工程学者　earthquake engineering scholar

地震工程学术机构　academic institution of earthquake engineering

地震工程学术著作　earthquake engineering composition

地震工程学术刊物　academic journal of earthquake engineering

地震工程学者

Chen Houqun

陈厚群（1932— ） 中国水利工程和地震工程学者。

江苏无锡人，1950—1952年在清华大学学习，1958年毕业于苏联莫斯科动力学院。中国水利水电科学研究院高级工程师、学位委员会副主席、工程抗震研究中心主任，中国振动工程学会理事兼结构动力学专业委员会副主任委员。

主要研究领域：混凝土坝的抗震设计理论、抗震分析方法、结构抗震试验和抗震加固，大坝地震安全性评价和大坝混凝土的动力特性。曾参与解决新丰江、二滩、小浪底等重大水利工程的抗震关键技术问题，领导建设和运行大型三向六自由度地震模拟振动台；主持编制和修订中国水工建筑物抗震设计规范，建立了系统的大坝测试监测方法和技术规定。研究成果曾获国家科技进步奖，并获2001年度何梁何利基金科学与技术进步奖。1995年当选为中国工程院院士。

Deng Qidong

邓起东（1938— ） 中国地质学学者。湖南双峰人，1961年毕业于中南矿冶学院地质系。

曾任中国地震局地质研究所副所长，现任该所研究员、博士生导师。

主要研究领域为活动构造，地震地质和古地震。曾主持编制中国活动构造图，总结中国活动构造和应力场特征，提出了新的运动学和动力学模式；主持编制的《中国地震烈度区划图》（1977）是中国第一幅经国家批准颁布的地震区划图；主持完成了多个城市和重要工程场址的活动构造及地震安全性评价工作。2003年当选为中国科学院院士。

Fan Lichu

范立础（1933— ） 中国桥梁工程与工程抗震学者。浙江镇海人，1955年毕业于同济大学。同济大学教授、博士生导师，土木工程防灾国家重点实验室学术委员会常务副主任，中国土木工程学会副理事长、桥梁与结构工程分会理事长，中国振动工程学会结构抗振控制专业委员会副理事长，国际桥梁及结构工程协会（IABSE）中国国家团组主席；曾任同济大学结构工程学院院长。

主要研究领域包括结构力学，桥梁空间理论，预应力混凝土桥设计理论，大跨桥梁抗震设计及非线性地震反应分析。在土木工程防灾国家重点实验室建立了桥梁抗震学科，有关桥梁减震和延性设计的研究成果应用于上海杨浦大桥、长江江阴公路大桥、上海双层高架桥和立交桥的抗震设计和加固；主持编写中国《城市桥梁抗震设计规范》；曾任多项重大桥梁工程的技术顾问。研究成果曾获茅以升桥梁大奖和国家科技进步奖。2001年当选为中国工程院院士。

Hu Yuxian

胡聿贤（1922— ） 中国地震工程与防灾减灾工程学者。湖北武昌人，1946年毕业于上海交通大学土木工程系，

1948—1952年在美国密歇根大学土木工程系先后获硕士和博士学位。中国地震局工程力学研究所和地球物理研究所研究员、博士生导师；曾任国家地震局工程力学研究所所长、工程抗震研究中心主任。

胡聿贤致力于工程地震与工程抗震结合的研究，成果卓著；主要研究领域涉及地震场地效应，强地震动特性和抗震分析，地震力统计理论，地震动区划和城市防震减灾等。代表性研究成果有：随机振动理论在地震工程中的应用，场地条件对地震和震害的影响，烈度衰减关系与地震动参数衰减关系的换算方法。20世纪90年代开展基于地理信息系统（GIS）技术的城市防震减灾规划研究，并主持编制《中国地震动参数区划图》（GB 18036—2001）、《核电厂抗震设计规范》（GB 50267—97）和《工程场地地震安全性评价》（GB 17741—1999）；所著《地震工程学》一书在国内有重要影响，其英文版在美国出版。研究成果曾获国家科技进步奖。1991年当选为中国科学院学部委员（院士）。

Li Ping

李玶（1924— ） 中国地震构造学学者。湖北大悟人，1947年毕业于中央大学地质系。先后在南京大学和哈尔滨军事工程学院任教；曾任中国地震学会理事，中国地震局地质研究所研究员。

主要研究领域为地震构造和地震安全性评价。曾提出强震发生断层的概念，指出晚更新世以来的活动大断裂具有发生强震的危险；主持20世纪60年代中国三线建设的基本烈度评定工作，并为长江三峡大坝、深圳核电站等重大工程选址和地震危险性评价提供了重要科学依据。1999年当选为中国工程院院士。

Li Shanbang

李善邦（1902—1980） 中国地震学和工程地震学者。广东兴宁人，1925年毕业于南京东南大学物理系。曾任中央地质调查所技正、地震研究室主任，中国科学院地球物理研究所研究员、地震研究室主任及代理所长。中国地球物理学会和中国地震学会的发起人之一并任常务理事。

李善邦是中国近代地震学的开创者。1930年与翁文灏一起在北京西郊创建中国人自己建设的第一个地震台——北平鹫峰地震台，1943年研制出中国第一台地震仪；主持研制的51式地震仪在20世纪50年代装备了中国第一批地震台站。曾主持重点建设地区烈度评定工作；潜心中国地震历史资料的整理与研究，参与《中国地震资料年表》（共两卷，1956年出版）的编纂，并在其基础上主编完成首部《中国地震目录》（共两册，1960年出版）；主持编制中国第一代地震区划图（1957年发表）；参与组织新丰江水库地震考察工作；所著《中国地震》堪称中国地震科学研究的经典。其研究成果曾获1978年全国科学大会奖和1982年国家自然科学奖。2004年中国地震学会设立"李善邦青年优秀科技论文奖"。

Liao Zhenpeng

廖振鹏（1937—　　）　中国地震工程学者。四川成都人，1961年毕业于清华大学土木系。中国地震局工程力学研究所研究员、博士生导师，兼任哈尔滨工程大学船舶与海洋工程学科教授。

　　主要研究领域：波动理论及其在工程中的应用，土-结相互作用，强震地震学和设计地震动等。开发了透射人工边界处理方法，建立了波动数值模拟的解耦技术，推进了波动数值模拟在土木工程和海洋工程大型、复杂、开放系统中的应用，著有《工程波动理论导论》；主持地震小区划研究，编著《地震小区划：理论与实践》。研究成果曾获国家科技进步奖。1997年当选为中国工程院院士。

Lin Gao

林皋（1929—　　）　中国水利工程及地震工程学者。江西南昌人，1951年毕业于清华大学土木系，1954年毕业于大连工学院水能利用研究班。大连理工大学教授、博士生导师、振动与强度中心主任，中国水利学会名誉理事，中国力学学会名誉会员。

　　主要研究领域：水工结构，水坝抗震理论和模型试验，地下结构抗震分析和混凝土动力断裂理论等。长期从事拱坝的动、静力分析方法研究，坝体与地基动力相互作用研究，大坝、核电厂和海洋工程结构的抗震安全性评价以及混凝土材料的多轴强度与损伤特性研究等，解决了大量工程关键技术问题。研究成果曾获国家科技进步奖。1997年当选为中国科学院院士。

Liu Huixian

刘恢先（1912—1992）　中国地震工程和防灾减灾工程学者。江西莲花人，1933年毕业于交通大学唐山工学院，1937

年获美国康奈尔大学博士学位。1952—1984年任国家地震局工程力学研究所（前中国科学院土木建筑研究所、中国科学院工程力学研究所）研究员、所长，后任名誉所长；曾任中国灾害防御协会会长，中国地震工程联合会会长，国际地震工程协会（IAEE）首任中国国家代表。

　　刘恢先是中国地震工程学的奠基人，创建工程力学研究所并培养了大批地震工程研究人员。主要研究领域包括地震力理论，地震烈度和烈度标准，地震破坏作用和结构震害机理，抗震设计规范和地震区划等。1958年参与制定中国第一个国家科学发展规划，先后主持制定中国1959年和1964年地震区建筑设计规范草案；领导编制《中国地震烈度表》（1980）；主编四卷集专著《唐山大地震震害》。他阐述的"大震不倒，中震可修，小震不坏"的建筑抗震设防目标，抗震设计的结构系数、地震影响系数等概念为中国抗震设计规范长期采用。1980年当选中国科学院学部委员（院士）。为继承和发扬刘恢先的优良学风，推动地震工程学的发展，2002年在中国和美国分别创立黑龙江恢先地震工程学基金会和中美地震工程学基金会。

Ou Jinping

欧进萍（1959—　　）　中国结构工程和防灾减灾工程学者。湖南宁远人，1978年毕业于湘潭大学，1983年获武汉工业大学硕士学位，1987年获哈尔滨建筑工程学院博士学位。大连理工大学教授、博士生导师；曾任哈尔滨工业大学副校长，大连理工大学校长，国际结构控制学会中国分会主席，中国振动工程学会副理事长。

　　主要研究领域：结构动力可靠性，模糊随机振动，工程抗震，结构健康监测和结构振动控制。曾主持研制多种耗能减振装置和智能控制系统，发展了结构振动控制分析设计方法和海洋平台冰振控制技术；研制成多种智能传感器，建立了桥梁、海洋平台等重大工程结构健康监测系统；开发出海洋平台结构安全评定应用软件。其成果曾获国家科技进步奖。2003年当选为中国工程院院士。

Qian Lingxi

钱令希（1916—2009）　中国工程力学学者。江苏无锡人，1936年毕业于上海国立中法工学院，1938年获比利时布鲁塞尔自由大学最优等工程师学位。回国后曾从事铁路桥梁工程设计，任云南大学（1942—1943）、浙江大学（1943—1951）教授，1952年起在大连工学院历任教授、系主任、工程力学研究所所长、院长；曾任中国力学学会理事长，中国高等教育委员会副会长。

　　主要研究领域：结构力学分析方法，板壳理论，结构优化设计和大坝抗震等；代表性工

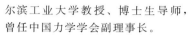

作是采用电模拟试验方法研究坝体地震反应。1955 年当选为中国科学院学部委员（院士）。

Wang Guangyuan
王光远（1924— ）

中国结构力学和地震工程学者。河南温县人，1952 年毕业于哈尔滨工业大学研究生班。哈

尔滨工业大学教授、博士生导师，曾任中国力学学会副理事长。

王光远自 20 世纪 50 年代起从事地震工程理论研究，将地面运动模拟为非平稳高斯型随机过程，并提出竖向地震作用下结构反应计算方法；60 年代提出考虑空间作用的建筑抗震理论，后致力于工程系统全局优化理论、不确定性优化设

计、结构模糊随机分析和结构振动控制研究；著有《建筑结构的振动》等专著。研究成果曾获国家自然科学奖。1994 年当选为中国工程院院士。

Wang Wenshao
汪闻韶（1919—2007）

中国岩土工程和地震工程学者。江苏苏州人，1943 年毕业于中央大学，1949 年获美国艾奥瓦（Iowa）大学硕士学位，1952 年获伊利诺依理工学院博士

学位。中国水利水电科学研究院教授级高级工程师；曾任抗震防护研究所所长，土力学及基础工程学会副理事长，水利学会岩土力学专业委员会和地震学会地震工程专业委员会副主任委员，振动工程学会土动力学专业委员会主任委员、荣誉主任委员。

主要研究领域：水利水电工程建设及水工建筑物抗震分析和抗震设计，重点研究饱和砂土在振动作用下孔隙水压产生、扩散和消散的规律以及土-结相互作用和地基沉降问题。1966 年河北邢台地震后专注于水工建筑物地基和土石坝的抗震研究，出版专著《土的动力强度和液化特性》，主编《中国水利工程震害资料汇编（1961—1986）》。1980 年当选为中国科学院学部委员（院士）。

Weng Wenhao
翁文灏（1889—1971）

中国地质学家、地质教育家。浙江宁波鄞县人，1908 年毕业于上海震旦学院，1912 年在比利时卢万大学获理学博士。1913 年

与丁文江等一同创办了地质调查所并任所长，同时任北京大学、清华大学教授，曾任清华大学地学系主任兼代理校长。中国地质学会和中国地理学会的创始人之一，多次任会长；曾任国际地质学会副会长。

翁文灏是中国地球科学奠基人之一，对构造地质学、矿产开探、地震及其灾害研究等作出多方面贡献。最早撰写中国矿产

志、编绘全国地质图和地震区分布图；是中国现代最早进行震害科学考察的学者之一，1920 年组织考察宁夏海原（时属甘肃）8½级地震，所著《甘肃地震考》对中国的震害研究有重要影响；1930 年在北平西山主持中国人自建的第一个地震台；他也是甘肃玉门油田的创建人。英国伦敦地质学会荣誉会员，曾获美国、德国、加拿大的大学及研究机构的荣誉学位或职位。

Xie Lili
谢礼立（1938— ）

中国地震工程与防灾减灾工程学者。上海人，1960 年毕业于天津大学。中国地震局工程力

学研究所研究员、博士生导师，兼任哈尔滨工业大学土木工程学院教授，中国土木工程防灾国家重点实验室学术委员会主任，中国地震工程联合会会长，国际地震工程协会（IAEE）副主席；曾任中国地震局工程力学研究所所长，中国灾害防御协会秘书长、副会长和会长，中国地震学会副会长，联合国“国际减灾十年”科技委委员和联合国特设专家组专家。现任中国地震局工程力学研究所名誉所长。

主要研究领域：强震动观测和强地震动特性，城市和工程抗震设防以及抗震设计规范等。曾主持中国早期强震观测台网的建设，研发了强震动数据处理和分析软件，整理出版了中国强震加速度记录；主编中国第一部具有样板规范性质的《建筑工程抗震性态设计通则（试用）》（CECS 160：2004）；提出了城市防震减灾能力的评估方法。1994 年当选为中国工程院院士。

Xie Yushou
谢毓寿（1917—2013）

中国地震学和工程地震学者。江苏苏州人，1938 年毕业于东吴大学数理系。曾任中央地质

调查所技士，中国地震局地球物理研究所研究员；曾参与筹建中国地球物理学会和中国地震学会，多次任常务理事或理事。

谢毓寿 20 世纪 40 年代即协助李善邦建设重庆北碚、南京水晶台地震台，50 年代参与领导黄河流域第一批地震台网建设。先后在北京、山西、川滇等地主持工程地震研究

并进行了一系列奠基性、开创性工作：编制第一个中国地震烈度表；率先开展地震小区域划分，重点建设地区烈度调查，工业爆破地震效应和新丰江水库地震研究；多次领导大地震现场考察及历史地震调查。参与主编五卷集《中国地震历史资料汇编》，主要论著有《工程地震》《地震与抗震》等。

Zhang Chuhan
张楚汉（1933— ）

中国水利水电工程和地震工程学者。广东梅州人，1957 年毕业于清华大学水利工程系，1965 年研究生毕业。清华大学水利水电工程系教授、博士生导

师，加拿大蒙特利尔肯考迪亚大学兼职教授，中国水利学会名誉理事。

主要研究领域：混凝土坝非线性模型和地震反应分析，各向异性介质与非线性混凝土材料。他将无限边界单元和有限元结合，建立了可考虑无限地基辐射阻尼和地震动多点输入的坝体-地基-库水相互作用的时域模型；运用动力边界元法与断裂力学原理建立了重力坝地震断裂与拱坝裂缝扩展模型，并将其用于各向异性介质与非线性混凝土材料。研究成果曾获国家科技大会奖和自然科学奖并应用于重大工程。2001年当选为中国科学院院士。

Zhou Fulin
周福霖（1939—　　　）　　中国结构工程和工程抗震学者。广东潮阳人，1963年毕业于湖南大学土木工程学院工民建专业，

1983年获加拿大不列颠哥伦比亚大学硕士学位。广州大学工程抗震研究中心主任，教授、博士生导师；曾任机械工业部第四设计研究院副总工程师，联合国工业与发展组织隔震技术顾问，国际减灾学会常务理事。

主要研究领域：建筑与桥梁的隔震、消能减振与主动控制。1993年主持设计并建成我国首栋采用叠层橡胶支座的隔震住宅，联合国工业与发展组织予以高度评价。他推动了中国建筑隔震技术的应用和隔震产业的发展，著有《工程结构减震控制》，主编《叠层橡胶支座隔震技术规程》（CECS 126：2001）。研究成果曾获国家科技进步奖。2003年当选为中国工程院院士。

Zhou Xiyuan
周锡元（1938—2011）　　中国地震工程和防灾减灾工程学者。江苏无锡人，1956年毕业于苏州建筑工程学校。中国建筑科学研究院工程抗震研究所研究

员，北京工业大学教授、博士生导师；曾任中国建筑科学研究院工程抗震研究所副所长。

主要研究领域：结构抗震，工程地震以及城市与区域的综合减灾。周锡元着力于随机地震力理论与结构地震反应分析研究，是中国最早开展场地相关地震反应谱研究和强地震动特性研究的学者之一，推进了地震危险性分析、城市地震小区划、结构振动控制技术以及区域综合防灾体系的研究与实践。研究成果曾获全国科技大会奖和国家科技进步奖。1997年当选为中国科学院院士。

Aisitewa
埃斯特瓦（Esteva L.，1935—　　　）　　墨西哥结构工程和地震工程学者。1958年毕业于墨西哥国立大学土木系，次年获马萨诸塞理工学院硕士学位，1968年获墨西哥国立

大学博士学位；后任副教授、教授、院长等。曾任拉美和墨西哥地震工程协会主席，第十一届世界地震工程会议组委会主席，2000年任国际地震工程协会（IAEE）主席。

主要研究领域：地震动衰减关系，地震危险性分析方法，墨西哥的地震区划，不规则结构的非线性地震反应分析，复杂结构的地震可靠性分析，抗震设计的优化分析，强震下结构的系统辨识和损伤探测。1963年当选为墨西哥科学院院士，国际地震工程协会名誉会员。

Aiwan
艾万（Iwan W.D.，1935—　　　）　　美国地震工程学者。生于加利福尼亚州帕萨迪纳，1957年毕业于加州理工学院，1958年和1961年分获加州理工学院硕士和博士学位。1992年后任加州理工学院地震工程研究实验室主任；曾任国际地震工程协会（IAEE）下属"国际减灾十年"小组主席，强震观测委员会主席。

艾万曾参与加州的地震危险减轻计划，强震动观测台阵的设计建设、数据分析以及实时监控。其研究工作还涉及沿海地区的结构抗震设计和抗震鉴定方法，结构非弹性地震反应的近似模拟方法，设备和地下管线系统的地震反应分析以及土木工程主动控制等。美国工程院院士。

Anboruisaisi
安勃瑞塞斯（Ambraseys N.N.，1929—　　　）　　英国地震工程学者。生于希腊雅典，1952年毕业于伦敦大学，1958年获博士学位。后在伦敦帝国学院工作，先后任讲师、副教授和

教授，1971—1994年任工程地震部主任，1975年后任高级研究员。

主要研究领域：土动力学，大坝设计，强地震动特性，地震现场调查和危险性分析，历史地震活动性和板块构造。国际地震工程协会（IAEE）名誉会员。

Anyi Jingyi
安艺敬一（Aki Keiiti，1930—2005）　　美国地球物理学和地震学学者。生于日本横滨市，1958年获东京大学博士学位。1966—1984年任麻省理工学院教授，后任南加州大学教授和地球科学系主任。

安艺敬一创立了南加州地震中心，在推进地震综合研究方面广为人知。主要研究领域为地震学，含震源性质、地震层析成像、尾波、断层破裂过程和火山活动等。他与理查兹（P.G.Richards）合著的《定量地震学》是地震学教学和研究的经典之作。1979年当选为美国科学院院士。他还是美国艺术与科学院院士、欧

洲地球科学联合会（EGU）荣誉会员、南加州大学荣誉教授、南加州地震中心荣誉主任。1986 年获地震学会奖章，2004 年获美国地球物理协会最高奖 Bowie 奖章，2005 年获欧洲地学联合会最高奖古登堡奖章。

Boer

波尔（Boore D.，1942—　　） 美国地球物理和工程地震学者。生于加利福尼亚州，1964 年毕业于斯坦福大学，

1965 年获斯坦福大学地球物理学硕士学位，1970 年获麻省理工学院地球物理学博士学位，1970—1972 年在美国地质调查局（USGS）从事博士后研究。1972—1979 年任斯坦福大学地球物理学教授，1979 年后在美国地质调查局工作。

主要研究成果：建立了以场地条件、距离和震级为参数的地震动衰减关系，用有限差分方法预测地表地形和盆地结构对波传播的影响，提出并应用了强地震动预测的随机方法。

Boerte

博尔特（Bolt B.，1930—2005） 美国地震学和地震工程学者。生于澳大利亚，1952 年毕业于悉尼大学，1959 年获

悉尼大学地震学博士学位。曾任悉尼大学高级讲师，1963—1994 年任加州大学伯克利分校地球物理和地质系教授；曾任加州大学地震观测中心主任，国际地震学与地球内部物理学协会（IASPEI）主席和美国强震观测委员会主席。

博尔特长期从事现代观测地震学的研究，提出了关于地球内部结构的重要推论，将有限元方法和统计技术引入地震走时和波形分析；进行近场地震动的数值模拟，发现并定义了近断层地震动的滑冲现象；发展了强震动台阵观测技术。他编著的地震科普经典《地震九讲》有中文译本。

Boteluo

博特罗（Bertero V. V.，1923—　　） 美国结构工程和地震工程学者。生于阿根廷，1955 年和 1957 年在麻省理工学院先后获得理学硕士和博士学

位。1955—1958 年在麻省理工学院工作，后在加州大学伯克利分校任讲师、教授等，1988—1990 年任加州大学伯克利分校地震工程研究中心（EERC）主任。

博特罗的主要研究领域是土木结构在地震作用下的抗震试验和综合分析方法，如各种结构的抗震设计方法、近断层脉冲对结构的影响、梁柱滞回特性的试验研究、抗震设计能量方法的研究和应用等。他是性态抗震设计与性态地震工程理论和框架的提出者。国际地震工程协会（IAEE）名誉会员。

Bulumu

布卢姆（Blume J. A.，1909—2002） 美国地震工程学者。生于加利福尼亚州，1933 年毕业于斯坦福大学。1935—

1936 年任旧金山—奥克兰海湾大桥工程师，后在加利福尼亚标准石油公司和 H. J. Brunnier 结构工程设计公司工作。

主要研究领域为结构地震反应分析和抗震设计。他于 1945 年创立的 John A. Blume 研究中心（JAB）是结构工程和地震工程领域著名的咨询公司，后在他资助下成立了美国地震工程研究会（EERI）和斯坦福大学布卢姆地震工程研究中心。1969 年当选为美国工程院院士。

Daqi Shunyan

大崎顺彦（Ohsaki Yorihiko，1921—1999） 日本地震工程学者。生于京都，1943 年毕业于东京大学航空学院，1958 年获东京大学博士学位。曾任国际地震和地震工程学院院长，1971—1982 年任东京大学建筑系教授。

大崎顺彦于 1982 年加入清水建设公司，创建大崎研究所并任所长，其研究领域涉及地震工程多个方面。他提出的抗震设计反应谱被日本核电厂抗震设计规范采用；他的《地震动的谱分析入门》和《振动理论》等著作在地震工程界拥有广泛的读者，其中有的已在中国翻译出版。

Daze Pang

大泽胖（Osawa Yutaka，1927—1991） 日本结构工程和地震工程学者。生于东京，1950 年毕业于东京大学建筑系，1957 年获博士学位；后任副教授、教授。1971 年任日本东京大学地震研究所代理所长，1975—1977 年任所长，1977—1988 年当选国际地震工程协会（IAEE）秘书长。

主要研究领域为结构抗震，含结构非线性地震反应分析、土-结相互作用、强震动观测和土坝心墙抗震等。

Gangben Shunsan

冈本舜三（Okamoto Shunzo，1909—2004） 日本地震工程学者。1932 年毕业于东京大学土木系。1942 年任东京大

学助理教授，1947 年任教授，1964—1967 年任东京大学生产技术研究所所长，1970 年任埼玉大学教授，1973 年任理工学院院长，1980 年任埼玉大学名誉教授，1986 年任日本震灾防御协会理事长。

长期从事地震工程学研究，其著作《抗震工程学》在国际地震工程界具有广泛影响。曾获 1949 年度日本土木学会奖、1960 年度著作奖、1982 年度藤原奖等，1990 年被授予文化勋章。1987 年当选日本科学院院士。

Hadesen

哈德森（Hudson D. E.，1916—1999） 美国地震工程和工程力学学者。生于密歇根州，1942 年在加州理工学院获

工程力学博士学位。而后在加州理工学院工程和应用科学系任教授，1981—1984 年在南加州大学任土木工程系教授和系主任，1980—1984 年任国际地震工程协会（IAEE）主席。

哈德森在地震工程领域主要从事强震动观测仪器的研制。他发明的低成本地震检震器在 20 世纪 50 年代被广泛应用，在他推动下研制成功的世界上第一台现代商业性强震动仪应用于许多国家和地区；他与合作者还共同研制了第一台用于建筑、桥梁和大坝结构抗震试验的现代化多点激振器。加州理工学院名誉教授。

Haosina
豪斯纳（Housner G. W.，1910—2008）　美国结构工程和地震工程学者。生于密歇根州萨吉诺市，1933 年毕业于

密歇根大学，获学士学位。1953—1974 年任加州理工学院应用力学和土木工程教授，曾任美国地震工程研究会（EERI）、国际地震工程协会（IAEE）和美国地震学会（SSA）主席。

豪斯纳的研究成果涉及地震工程学的广泛领域，主要贡献包括：最早研究地震反应谱，建立了抗震设计的反应谱理论；最早提出地震动能量是地震动破坏势的观点；建立了地震动脉冲模型和地震动随机模型。曾担任旧金山海湾地区快速运输系统、里斯本塔霍河桥、加利福尼亚供水计划、洛杉矶港口及海底钻探塔以及其他高层建筑、核电站等重要工程的顾问；曾发表科学报告和论文 190 多篇。美国科学院院士、工程院院士，国际地震工程协会名誉会员，在国际上被誉为地震工程之父。

Hejiao Guang
河角广（Kawasumi Hiroshi，1904—1972）　日本地震工程学者。生于长野县诹访市，1928 年毕业于东京大学，

1937 年获博士学位。1941 年任东京大学地震研究所助理研究员，1944 年任研究员，1963—1965 年任所长。

主要研究领域：大城市的地震危险性分析，地震波的传播和初动分析，灾害预防对策等。他提出了河角强震震级 M_K，编辑整理的 1885—1950 年日本地震目录和地震动强度衰减关系，在日本地震工程界有重要影响。

Jinjing Qing
金井清（Kanai Kiyoshi，1907—2008）　日本地震工程学者。生于广岛市，1928 年毕业于广岛大学工程系，1941 年获东京大学博士学位。1931—1968 年在东京大学地震研究所工作，1961—1963 年任副教授，1963—1968 年任教授；

1968—1977 年任日本大学工业技术学院教授、院长和副校长；1959—1960 年为加州理工学院访问教授。

主要研究领域：弹性波在成层介质中的传播以及结构地震反应分析的理论和应用，地脉动测量和机理研究等。他提出的半经验地震动随机模型金井-田治见谱模型具有广泛影响，他所著的《地震工学》（*Engineering Seismology*）已被翻译成多种文字出版。国际地震工程协会（IAEE）、日本地震学会和日本建筑学会名誉会员，曾获 1977 年朝日新闻的朝日奖。

Jinsen Boxiong
金森博雄（Kanamori Hiroo，1936—　　）　美国地震学和地球物理学学者。生于东京，1959 年毕业于东京大学，

1964 年获东京大学地球物理学博士学位。1965—1966 年为加州理工学院研究人员，1966—1970 年任东京大学地震研究所副教授，1969 年在麻省理工学院做访问学者；1970—1972 年任东京大学地震研究所教授，1972 年后任加州理工学院地球物理学教授，1990—1998 年任加州理工学院地震实验室主任。

主要研究领域：定量地震学，地震海啸、火山爆发的地球物理机制，减轻地震灾害的实时地震学，火山爆发引起的空气波等。

Jiubao Qingsanlang
久保庆三郎（Kubo Keizaburo，1922—1995）　日本地震工程学者。生于东京，1945 年毕业于东京大学土木工程系。后任土木工程系讲师、助理研究员，1963 年任日本东京大学生产技术研究所教授，1983 年在埼玉大学工作，1987—1993 年在东海大学工作；曾任国际地震工程协会（IAEE）副主席，并组织了 1988 年在日本召开的第 9 届世界地震工程会议。

主要研究领域为桥梁、地下管线等基础设施抗震。曾参与 1964 年日本新潟地震和 1971 年美国加州圣费尔南多地震生命线系统的震害调查。

Kelafu
克拉夫（Clough R. W.，1922—　　）　美国结构工程和地震工程学者。1942 年在华盛顿大学获学士学位，1943 年在加州理工学院获硕士学位，1947 年在麻省理工学院获博士学位。曾任美国加州大学伯克利分校结构工程和结构力学部主任。

克拉夫是有限元计算方法的创始人之一，其研究领域主要涉及工程结构、数值计算方法及其在抗震设计中的应用；曾与彭津合著《结构动力学》一书。1994 年获美国总

统克林顿授予的科学勋章，还获得多项国内及国际学术团体的荣誉奖。美国科学院院士、美国工程院院士，国际地震工程协会（IAEE）名誉会员；1996 年当选为中国工程院外籍院士。

Liu Shiqi

刘师琦（Liu S.C.，1939—　　　）　美国结构工程和地震工程学者。生于中国江苏，1960 年毕业于台湾大学土木工程系，1964 年在加州大学伯克利分校获结构力学和结构工程硕士学位，1967 年获结构工程和地震工程博士学位。曾在美国贝尔实验室工作，1975 年后在美国国家科学基金会历任土木、机械、航空、传感器研究部主任。

主要研究领域：土-结相互作用，地震危险性分析，优化设计，随机振动，强地震动，概率统计方法在工程中的应用，结构振动控制，土木工程基础设施，智能结构，自适应材料，传感器和结构健康监测技术等。

Luosenbulusi

罗森布卢斯（Rosenblueth E.，1926—1994）　墨西哥地震工程学者。1948 年毕业于墨西哥国立自治大学，1951 年获美国伊利诺依大学博士学位。1955—1994 年在墨西哥国立自治大学任教授。他是国际地震工程协会（IAEE）的创建人之一，曾任该协会主席。

罗森布卢斯致力于地震危险性分析研究，也是墨西哥建筑规范的制定者之一。主要研究领域包括高层建筑、大坝、核电站抗震和土动力学等；与纽马克合著的《地震工程学原理》一书，曾获墨西哥国家研究奖。国际地震工程协会名誉会员。

Maideweijiefu

麦德维杰夫（Medvedev S.V.，1910—1977）　苏联工程地震学者。1935 年毕业于莫斯科工程建设学院。1935—1944 年在建筑工程部门工作，1944 年在苏联科学院地震研究所工作，后任地球物理研究所工程地震部主任。

主要研究领域：强地震动特性，地震区划和小区划，地震烈度物理指标，建筑抗震设计规范，设计地震动等。他参与编制的地震烈度表在欧洲使用多年。他是地震区划研究的开创者，其理论与方法曾被用于中国早期的区划研究。俄罗斯联邦功勋科技活动家和国家奖金获得者。

Meicun Kui

梅村魁（Umemura Hajime，1918—1995）　日本地震工程学者。生于静冈市，1941 年毕业于东京大学建筑系，1943 年任副研究员，1949 年获博士学位，1963 年任教授。1966—1972 年在加州大学伯克利分校做访问教授，1978—1988 年任芝浦工业大学教授，1984—1988 年当选国际地

工程协会（IAEE）主席。

梅村魁的主要研究领域涉及高层建筑和核电厂抗震，建筑抗震设计规范的研究和编制。他领导编制的日本《新耐震设计法》(1980)，对世界各国抗震设计规范产生了重要影响。

Niumake

纽马克（Newmark N.M.，1910—1981）　美国结构工程和地震工程学者。生于新泽西州普兰菲尔德，1930 年毕业于罗格斯大学，1932 年获硕士学位，1934 年获伊利诺依大学博士学位。先后在伊利诺依大学任教授、系主任和结构工程实验室主任。

纽马克开发了多种结构线性和非线性地震反应分析方法，在地震工程中广为应用。他是地下管线和高层建筑抗震设计专家，与罗森布卢斯合著《地震工程学原理》一书具有广泛影响。曾获 1948 年美国总统科学成就奖及美国土木工程师协会（ASCE）的多项奖章。美国科学院院士。

Pengjin

彭津（Penzien J.，1924—2011）　美国结构工程和地震工程学者。生于南达科他州，1945 年毕业于华盛顿大学。先后在华盛顿大学和麻省理工学院任讲师和助理研究员，而后为桑地亚国家实验室成员并任公司高级结构工程师；1953—1988 年在加州大学伯克利分校土木工程系工作，任地震工程研究中心主任。

彭津从事工程抗震和工程地震研究，着力于结构动力学理论、地震动理论和数值分析方法；1993 年与克拉夫合著的《结构动力学》一书是地震工程学的基础教材。他广泛参与地震工程领域的教育和学术活动，是国际地震工程协会（IAEE）名誉会员，加州大学伯克利分校结构工程名誉教授，美国科学院院士、工程院院士。

Pianshan Hengxiong

片山恒雄（Katayama Tsuneo，1939—　　　）　日本地震工程学者。生于东京，1962 年毕业于东京大学土木工程专业，1964 年获硕士学位，1968 年获澳大利亚新南威尔士大学土木工程博士学位。1971—1982 年任东京大学副教授，1982—1996 年任教授，1991—1996 年任东京大学国际减灾中心主任，曾任日本防灾科学技术研究所（NIED）理事长；1998—2002 年当选国际地震工程协会（IAEE）秘书长，1999—2001

年任日本地震工程委员会主席，2004 年当选国际地震工程协会主席。

主要研究领域：强地震动特性，地震危险性分析，地

震区划和生命线地震工程等；与布里林格（D. R. Brillinger）合编的《地震危险性评定和地震区划》一书中文版在中国出版发行。东京大学名誉教授、日本土木学会名誉会员，并获土木学会最高成就荣誉奖。

Qiaopula

乔普拉（Chopra A. K.，1941—　　）　　美国结构工程和地震工程学者。生于印度，1960 年毕业于印度巴纳拉斯大学，

1963 年和 1966 年先后获加州大学伯克利分校理学硕士和博士学位。任加州大学伯克利分校土木与环境工程系教授，1993 年后担任《地震工程与结构动力学》期刊的主编。

主要研究领域：结构动力学，结构地震反应分析和抗震设计，土-结相互作用，流体-结构动力相互作用等。著有当今结构动力学方面的权威著作《结构动力学：理论及其在地震工程中的应用》，其修订本已在中国出版。国际地震工程协会(IAEE)名誉会员。

Shiyuan Yaner

石原研而（Ishihara Kenji，1934—　　）　　日本土力学和地震工程学者。1957 年毕业于东京大学土木工程系，1963 年获东

京大学博士学位。后任讲师、副教授和教授，1980 年任东京大学土木工程系主任；曾任日本岩土工程学会主席，国际土力学及基础工程学会主席以及日本地震工程协会主席。

主要研究领域：非黏性土的变形，动水压力，砂土液化以及土坝和基础的分析等；其专著《土动力学》是该领域经典著作。1995 年后为东京大学名誉教授。

Tuqi Xiansan

土岐宪三（Toki Kenzo，1938—　　）　　日本地震工程学者。生于香川县，1961 年毕业于京都大学，后获京都大学

硕士和博士学位。1966—1968 年任京都大学土木工程学院助理教授，1968—1976 年任京都大学防灾研究所副教授，1976—1993 年任教授，1993 年后任京都大学土木工程学院、研究生院教授。

主要研究领域：结构地震反应分析，土-结相互作用，地震危险性分析概率方法，生命线工程抗震和城市综合防灾等。

Wuteng Qing

武藤清（Muto Kiyoshi，1903—1989）　　日本结构工程和地震工程学者。生于茨城县取手市，1925 年毕业于东京帝国大学建筑学系。1927 年任助理教授，1935 年任教授，

1963 年任鹿岛建设公司副总裁，1963 年当选为第一届国际地震工程协会（IAEE）主席。

主要研究领域为高层建筑的抗震设计。于 1969 年创建武藤结构动力研究所，将传统方法发展为较精确合理而简单易行的抗震结构设计方法，为各国工程界广泛应用。1964 年被日本科学院授予皇家奖章，1975 年当选日本科学院院士，1983 年获文化勋章。

Xide

希德（Seed H. B.，1922—1989）　　美国土力学和地震工程学者。生于英格兰，1944 年和 1947 年先后在伦敦大学获土

木工程硕士学位和结构工程博士学位。后在美国哈佛大学研究土力学，1950 年后在加州大学从事岩土工程的教学、研究，曾任工程顾问。

主要研究领域：砂土液化，土坝动力反应，土-结相互作用以及地震动场地效应等。参加过 100 多座大坝、约 20 个核电厂和许多重大工程的建设，培养了 50 多名土力学博士，在国内和国际获得多项荣誉。

Yidelisi

伊德里斯（Idriss I. M.，1935—　　）　　美国土动力学和地震工程学者。生于叙利亚，1958 年毕业于伦斯勒理工学院，1959 年

和 1966 年先后获加州理工大学土木工程硕士学位和博士学位。1989 年后任加州大学土木和环境工程系教授。

主要研究领域：沉积土动力学，地震动衰减规律，土-结相互作用，地震现场调查，砂土液化，场地地震反应，土石坝的地震反应等；与希德合著《地震动和地震液化》一书。1989 年当选为美国工程院院士。

Zhanningsi

詹宁斯（Jennings P.，1936—　　）　　美国结构工程和地震工程学者。1958 年毕业于科罗拉多州立大学，1960 年和

1963 年在加州理工学院分获土木工程硕士和博士学位。后在加州理工学院工作，历任副教授、土木工程和应用力学系主任、副校长；曾任美国地震学会（SSA）主席、美国地震工程研究会（EERI）主席和第八届世界地震工程会议主席。

詹宁斯长期从事地震工程教学和研究，主要涉及结构动力学和抗震设计准则的研究；曾参与美国 1964 年阿拉斯加地震和 1971 年加州圣费尔南多地震的震害调查。

地震工程学术机构

Beijing Gongye Daxue Jianzhu Gongcheng Xueyuan

北京工业大学建筑工程学院（The College of Architecture and Civil Engineering, Beijing University of Technology）1998 年由北京工业大学原土木工程系、建筑工程系、建筑勘察设计院等合并组成。网址：http：// www. bjut. edu. cn/ college/jgxy。地震工程学者周锡元曾在该院工作。

下设结构工程学科部、市政工程学科部、建筑环境与设备学科部、交通工程学科部、道路桥梁学科部、中心实验室和建筑勘察设计院。研究方向包括结构可靠性、诊断、维修与加固，有限元分析，工程抗震与振动控制，钢结构和大跨空间结构，岩土工程，新型混凝土结构，现代建筑工程管理与施工。学院设有北京市工程抗震与结构诊治重点实验室，拥有地震模拟振动台台阵和伪动力试验等设施，曾参与北京市多项基础设施的设计。

Dalian Ligong Daxue Tumu Shuili Xueyuan

大连理工大学土木水利学院（School of Civil and Hydraulic Engineering, Dalian University of Technology）前身为 1949 年建立的大连大学工学院土木工程系，后为大连工学院水利工程系，1996 年为大连理工大学土木建筑学院，2002 年组建土木水利学院。网址：http：// www. dlut. edu. cn。水工结构和工程抗震学者邱大洪、林皋、赵国藩等在该院工作。

下设水利水电工程、港口航道与海洋工程、土木工程、工程管理、建筑环境与设备工程等专业，拥有"海岸和近海工程"国家重点实验室、结构振动与强度研究中心、岩土工程研究所等多个研究机构。在中国较早开展地震工程教育和研究，在力学基础理论、结构数值分析方法、水坝抗震理论和试验、地下结构抗震、混凝土动强度、土-结相互作用等方面取得大量重要成果。

2009 年 9 月大连理工大学组建建设工程学部，土木水利学院并入其中，分别设立土木工程学院和水利工程学院。

Dongnan Daxue Tumu Gongcheng Xueyuan

东南大学土木工程学院（School of Civil Engineering, Southeast University）前身为国立东南大学于 1923 年由著名学者茅以升等创立的土木工程系。网址：http：// civil. seu. edu. cn。中国工程院院士吕志涛为学院学术带头人。

学院下设建筑工程系、建设与房地产系、工程力学系、桥隧与地下工程系、市政工程系和实验中心。重点研究方向：现代预应力结构体系、计算理论和设计方法，结构抗震、抗风设计方法及减震与振动控制分析，大跨、超高、索膜和组合结构体系的计算理论及其应用，地下结构的设计理论、工程监测、施工技术及应用，工程材料和结构的损伤分析理论与方法，结构的监测、鉴定、评估与加固等。

Guangzhou Daxue Gongcheng Kangzhen Yanjiu Zhongxin

广州大学工程抗震研究中心（Earthquake Engineering Research and Test Center, Guangzhou University）建于 1994 年的工程抗震和减震控制研究机构。网址：http：// eertc. gzhu. edu. cn。1997 年被建设部指定为抗震科研基地和隔震减震产品检测基地，是广东省地震工程与应用技术重点实验室和教育部工程抗震减震与结构安全重点实验室。结构工程和工程抗震学者周福霖在该中心工作。

下设工程抗震研究室、结构减震（振）与控制研究室、大型复杂结构安全实验室和工程抗爆研究室。中心拥有 3m ×3m 三向地震模拟振动台、大型电液伺服压剪试验系统和现场测试设备，可进行结构模型试验和大型隔震元件试验。该中心重点开展结构隔震和减震的试验、检测、设计与理论研究，主持完成大量隔震住宅和桥梁的试验与设计。

Haerbin Gongye Daxue Tumu Gongcheng Xueyuan

哈尔滨工业大学土木工程学院（School of Civil Engineering, HIT）前身为 1920 年创立的中俄工业学校铁道建筑专科，1928 年更名为哈尔滨工业大学建筑工程系；1950 年哈尔滨工业大学设立中国最早的工业与民用建筑专业，1959 年成立哈尔滨建筑工程学院，1994 年改称哈尔滨建筑大学；2000 年合并于哈尔滨工业大学。网址：http：// civil. hit. edu. cn。结构工程和地震工程学者王光远、沈士钊、谢礼立、欧进萍等在该院工作。

下设土木工程、理论与应用力学、结构工程、工程力学、固体力学、岩土工程、防灾减灾工程与防护工程等专业。在大跨空间结构、钢结构、预应力混凝土结构、配筋砌体结构、工程结构诊断技术、地基与基础工程、岩土工程灾害与防治、结构与工程系统优化、结构可靠度分析与设计等方面有高水平的研究成果。自 20 世纪 50 年代初开始进行建筑抗震研究，在建筑空间振动、随机振动、振动控制和健康监测等方面培养了大批专业人才。力学与结构实验中心拥有地震模拟振动台、伪静力和伪动力试验装置。

Qinghua Daxue Tumu Shuili Xueyuan

清华大学土木水利学院（School of Civil Engineering, Tsinghua University）2000 年由清华大学土木工程系和水利工程系合并组建，是清华大学历史最悠久的专业之一。网址：http：// www. civil. tsinghua. edu. cn。

下设土木工程系、水利水电工程系和建设管理系，设有结构工程、防灾减灾工程、地下工程、建筑材料、交通、地球空间信息、结构力学、河川枢纽、岩土工程、河流、水力学、水文水资源、水利水电工程设计、项目管理与建设技术等研究所；拥有结构工程与振动、工程结构、建筑材料、测量、CAD/CAE 教学训练实验室。在城市与区域防灾减灾规划与应急技术、数字减灾技术、抗震结构工程、抗爆结构工程、耐火结构工程、大跨空间结构设计、可靠性分析、智能健康监测等方面取得大量研究成果。

Sichuan Sheng Jianzhu Kexue Yanjiuyuan

四川省建筑科学研究院（Sichuan Institute of Building Research）成立于 1954 年的中国西部最大的综合性建筑研

究机构，2001 年转制为技术开发型的科技型企业；是全国建筑物鉴定与加固标准技术委员会的主任委员单位。网址：http://www.scjky.com.cn。

下设建筑工程材料研究所、地基基础研究所、工程测试研究所、预应力和钢结构研究所、综合结构研究所、结构与抗震研究所、建筑节能研究所、计算机软件研发中心，先后组建了四川省建筑工程质量检测中心、四川省建筑技术工程公司、四川省建设工程监理公司、四川省建筑新技术工程公司和四川省建筑科学研究院建筑设计分院等科技型企业。该院拥有地震模拟振动台等抗震试验设施，较早从事工程抗震鉴定、建筑结构振动测试、建筑工程抗震、城镇抗震防灾规划和技术标准编制等工作；主办《四川建筑科学研究》刊物。

Taiwan Daxue Dizhen Gongcheng Yanjiu Zhongxin

台湾大学地震工程研究中心（Center for Research on Earthquake Engineering，Taiwan University）　1998 年在台湾大学建立的地震工程研究机构。网址：http://www.ncree.org。旨在整合并提高台湾地区的地震工程研究，开展相关理论分析和试验，解决重大工程建设中的抗震问题，为工程界提供先进研究成果和相关资料。

中心下设研究部门包括建筑抗震研究室、桥梁抗震研究室、强地震动研究室、结构控制研究室、震灾模拟研究室及台湾南部实验室等。中心拥有 5m×5m 三向地震模拟振动台和伪动力试验装置，可开展大比例尺或足尺结构的抗震试验；开展包括应急救援、损失评估和灾后重建等在内的防震减灾研究。

Tianjin Daxue Jianzhu Gongcheng Xueyua

天津大学建筑工程学院（School of Civil Engineering，Tianjin University）　具有百年历史的天津大学建筑工程教学与科研机构。网址：http://www2.tju.edu.cn/colleges/civil。

学院下设土木工程、水利水电工程、港口工程、海洋工程、船舶工程、国际航运管理等 6 个系，设有船舶与海洋工程研究院、水利工程研究所、结构工程研究所、防灾减灾与防护工程研究所、结构与桥梁工程研究所、水力学研究所、岩土工程研究所、地下工程研究所、钢结构研究所、工程仿真中心等 10 个科学研究机构，以及土木工程实验中心、水利工程实验中心、船舶与海洋工程实验中心等实验研究基地。在地震工程领域广泛开展结构抗震与振动控制等研究。

Tongji Daxue Tumu Gongcheng Fangzai Guojia Zhongdian Shiyanshi

同济大学土木工程防灾国家重点实验室（National Laboratory for Civil Engineering and Disaster Prevention，Tongji University）　1988 年由同济大学结构实验室、桥梁实验室和地震工程实验室组建的研究机构，是土木工程国家重点实验室。网址：http://web.tongji.edu.cn/~sldrce。中国结构工程和地震工程学者李国豪、项海帆、范立础等在该实验室工作。

实验室以土木工程结构抗震与抗风为主要研究目标，重视基础性研究与重大土木工程建设项目的结合，研究范围涉及从震源动力学到城市防灾的广泛领域，在桥梁工程抗震的理论分析和应用、生命线系统地震工程的理论分析方法和应用、大型结构的动力模拟试验、土-桩相互作用模型试验、桥梁抗风设计等方面取得了瞩目的成果。实验室拥有大型地震模拟振动台和大型风洞、振动台台阵等试验设备。

Zhongguo Dizhen Gongcheng Lianhehui

中国地震工程联合会（Chinese Association of Earthquake Engineering）　1984 年由中国地震学会地震工程专业委员会和中国建筑学会抗震防灾分会共同组建的地震工程学术团体，1985 年代表中国地震工程界成为国际地震工程协会（IAEE）的正式会员。网址：http://www.caee.org.cn。

联合会旨在协调中国地震工程界的科技人员开展工作，组织全国地震工程学术会议，交流科技成果，积极参与和推动国际地震工程界的交流与合作。

Zhongguo Dizhenju Gongcheng Lixue Yanjiusuo

中国地震局工程力学研究所（Institute of Engineering Mechanics，CEA；IEM）　前身为筹建于 1952 年的中国科学院土木建筑研究所，1962 年更名为中国科学院工程力学研究所，1984 年隶属国家地震局，1998 年更为现名。网址：http://www.iem.net.cn。刘恢先院士为首任所长，地震工程学者胡聿贤、谢礼立、周锡元等曾在这里工作。

该所早期从事建筑材料、土力学、工程结构和建筑设计研究，1962 年研究领域调整为地震工程、核反应堆结构力学、土力学、冲击与振动以及特殊混凝土材料的动力特性。1966 年后全面开展地震工程相关研究，现设工程地震与强震观测、结构工程、基础设施、岩土工程、城市与工程防灾、测量仪器、信息技术与工程材料等研究室。该所地震工程与工程振动开放实验室拥有 5m×5m 三向地震模拟振动台、大型伪动力和伪静力试验装置、土动力试验设施和强震动数据中心。研究所下设科杂志社，编辑出版《地震工程与工程振动》，*Earthquake Engineering and Engineering Vibration*，《世界地震工程》和《自然灾害学报》等刊物。

中国地震局工程力学研究所是中国最早开展地震工程研究的机构，培养了大批地震工程研究人才，在科学研究、技术开发和抗震技术标准编制等方面取得大量成果，在中国和世界地震工程界广为人知。

Zhongguo Dizhen Xuehui

中国地震学会（Seismological Society of China；SSC）　成立于 1979 年的地震和防震减灾科技工作者的学术团体。网址：http://www.ssoc.org.cn。该学会是中国科学技术协会和国际地震学与地球内部物理协会（IASPEI）的成员。学会旨在开展地震科学技术的交流和讨论，推动地震科学技术的发展，培养优秀青年科技人才，普及地震科技知识。

下设地震学、地震地质、地震预报、地震工程、地震观测技术、地壳深部探测、地壳形变测量、构造物理、历史地震、地震科技情报、地震科技管理、地震社会学、地震流体、工程勘察、地震电磁学、空间对地观测、强震动观测技术与应用等 17 个专业委员会，并设有国际交流、编辑出版、青年科技工作、普及工作委员会；其中地震工程专业委员会是中国地震工程专业人员的学术团体。学会编辑出版《地震学报》和 *Earthquake Science*，积极开展国际交流与合作，每两年召开一次全国地震学术会议。

Zhongguo Jianzhu Kexue Yanjiuyuan Gongcheng Kangzhen Yanjiusuo

中国建筑科学研究院工程抗震研究所（Institute of Earthquake Engineering，CABR）　1975 年创建的建筑抗震研究机构，前期隶属于中国建筑科学研究院，2003 年改制为建研抗震工程技术有限公司（CABR Seismo Tech Co.，Ltd.），2008 年合并于建研科技股份有限公司（CABR Technology Co.，Ltd.）。网址：http：// www. cabr. ac. cn/ depinfo/kzs/default. htm。

　　该所长期从事建筑抗震研究、试验和新技术推广，拥有大型地震模拟振动台、伪静力试验装置和伪动力试验装置，在抗震设计方法、抗震鉴定加固、结构动力特性测试和抗震试验等方面取得大量成果。在开展科学研究和总结房屋抗震经验的基础上，参与组织编制《建筑抗震设计规范》(GB 50011—2001)、《建筑抗震鉴定标准》(GB 50023—95)、《建筑抗震加固技术规程》(JGJ 116—98)、《建筑抗震试验方法规程》(JGJ 101—96)、《建筑工程抗震设防分类标准》(GB 50223—2004)等 13 项技术标准，合作开发了功能强大的 PKPM 系列建筑抗震分析与设计软件，在推进中国地震工程研究和防震减灾事业中发挥了重要作用。

Zhongguo Jianzhu Xuehui

中国建筑学会（Architectural Society of China；ASC）成立于 1953 年的建筑工程科技人员的学术团体。网址：http：// www. chinaasc. org。该学会是中国科学技术协会成员，并以国家会员身份分别于 1955 年和 1989 年加入国际建筑师协会和亚洲建筑师协会。学会旨在促进建筑科学技术的发展、普及和推广，促进建筑科技人才的成长和提高，积极开展学术交流。

　　下设建筑师、抗震防灾、地基基础、工程勘察、生土建筑、建筑结构、建筑施工、建筑材料、建筑物理等 20 个专业分会，编辑出版《建筑学报》《建筑结构学报》《工程抗震与加固改造》等 10 种学术刊物，设有"优秀建筑结构奖""青年建筑师奖"等奖项。该学会为城乡建设和建筑业的协调发展进行决策咨询、技术咨询和技术服务；积极开展国际间的学术交流活动，加强同国外科技团体和科技工作者的友好往来；并开展继续教育，推动知识更新，开展技术培训和青少年科技活动。

Zhongguo Shuili Shuidian Kexue Yanjiuyuan Gongcheng Kangzhen Yanjiu Zhongxin

中国水利水电科学研究院工程抗震研究中心（Earthquake Engineering Research Center，China Institute of Water Resources and Hydropower Research）　原为 1978 年成立的抗震防护所，1997 年更为现名，是中国水利水电抗震研究的核心机构。网址：http：// www. iwhr. com/eerc. asp。水利工程和地震工程学者陈厚群在该中心工作。

　　主要研究领域：区域地质构造稳定性评价，地震小区划及地震危险性分析，水库诱发地震危险性研究；遥测地震台网设计，水库地震监测预警系统设计，重大水电工程强震动观测，现场测振及抗震信息管理，混凝土大坝健康监测；重力坝、拱坝及其他水工结构的抗震关键技术，电站及其关键设备抗震，长距离输水工程结构抗震、减振、隔震关键技术，大型土木工程、地下结构及高层建筑抗震及减振措施，全级配大体积混凝土材料动力性能，坝体、水库和地基的动力相互作用分析软件。研究中心拥有大型三向地震模拟振动台，在大坝强震观测，土石坝、重力坝、高拱坝的抗震设计和抗震加固，大坝三维非线性地震反应分析和试验等方面，取得一系列重要成果。

Zhongguo Tumu Gongcheng Xuehui

中国土木工程学会（China Civil Engineering Society）中国土木工程建设科技人员的学术团体。网址：http：// www. cces. net. cn。原为 1912 年由中国近代杰出的工程师詹天佑创建的中华工程师学会，现为中国科学技术协会、国际桥梁及结构工程协会(IABSE)、国际土力学及基础工程学会(ISSMGE)、国际隧道协会(ITA)、国际结构混凝土协会(FIB)、国际煤气联盟(IGU)、国际公共交通联合会(UITP)、国际水环境联合会(WEF)的成员。学会宗旨是以经济建设为中心，促进土木工程科学技术的发展、普及和推广，促进土木工程科学技术与经济的结合，促进土木工程科技人才的成长和提高并开展学术交流和国际合作。

　　下设桥梁及结构工程、隧道及地下工程、土力学及基础工程、混凝土及预应力混凝土、计算机应用、防护工程、港口工程、市政工程、给水排水、城市公共交通、城市燃气、建筑市场及招标投标研究等 14 个分会，编辑出版《土木工程学报》等 13 种学术期刊，组织全国学术交流活动；设有"中国土木工程詹天佑奖"和"詹天佑土木工程科技发展基金"。

Zhongguo Yejin Jianzhu Jituan Jianzhu Yanjiu Zongyuan

中国冶金建筑集团建筑研究总院（Central Research Institute of Building and Construction of Metallurgy Group，China）原为建于 1955 年的冶金部建筑研究总院，1999 年转制更名为中冶建筑研究总院有限公司，是中国冶金建筑及环保领域的大型综合性研发机构。网址：http：// www. yj. cn. net。

　　研究领域包括结构工程、地基基础、加固改造，工程抗震，环境治理评价和资源综合利用等。下设国家工业建筑诊断与改造工程技术研究中心、工业环境保护国家工程中心、国家钢材质量监督检验中心、国家钢渣水泥质量监督检验中心等机构。该院长期从事冶金建筑和工业设备的设计、施工和相关技术研究，致力于新技术、新工艺和新产品开发；在中国较早开展生命线工程地下管道的震害调查和隔震技术研究；参与主编中国《构筑物抗震设计规范》(GB 50191—93)；在工业建筑与设施的抗震领域取得若干重要成果。

Zhongguo Zhendong Gongcheng Xuehui

中国振动工程学会（Chinese Society for Vibration Engineering；CSVE）　1987 年成立的振动工程科技工作者学术团

体，中国科学技术协会和国际结构控制学会成员；1988 年成立结构抗振控制专业委员会。网址：http：// csve. net. cn。学会旨在开展振动工程领域的国内外学术交流，促进民间的国际科技合作，普及科学技术知识，推广先进技术。

下设模态分析与试验、非线性振动、随机振动、故障诊断、机械动力学、转子动力学、动态测试、动态信号分析、振动与噪声控制、结构动力学、土动力学、包装动力学、结构抗振控制、振动利用工程等 14 个专业委员会，编辑出版《振动工程学报》《振动与冲击》《非线性动力学学报》《岩土工程学报》等期刊。

Dizhen Gongcheng Yanjiuhui

地震工程研究会（Earthquake Engineering Research Institute；EERI） 美国地震工程研究人员、工程师、建筑师、规划人员、决策人员和相关社会科学工作者的学术团体，成立于 1949 年，总部设在加州奥克兰。网址：http：// www. eeri. org。

研究会成立初期曾开展地震工程研究，后致力于城市规划、防灾决策和相关社会科学等不同领域的交叉研究；旨在利用先进科学技术，深入理解地震灾害对工程、物质、社会、经济、政策和文化的影响，以采取切实可行的综合措施减轻地震灾害。

研究会开展各种活动促进美国和世界地震工程研究的发展。如通过研究会通讯、《地震谱》刊物和专业报告等提供信息，开展交流；特别重视对地震现场的考察，出版破坏性地震考察专集；组织筹办第一届和第八届世界地震工程会议，并发起成立国际地震工程协会（IAEE）；组织美国国内的年会、全国地震工程学术会议和各种学术讨论会；提供在地震工程方面的教育和进修机会，传播和推广最新研究成果和抗震工程技术。

Dizhen Gongcheng yu Gongcheng Dizhen Yanjiusuo

地震工程与工程地震研究所（Institute of Earthquake Engineering and Engineering Seismology） 由联合国开发计划署（UNDP）和联合国教科文组织（UNESCO）资助，于 1963 年在南斯拉夫斯科普里市（今马其顿共和国首都）创建的地震工程研究机构，设于斯科普里的圣希里尔和密托底教会大学（University Ss. Cyril and Methodius）。网址：http：// www. iziis. edu. mk。该研究所是联合国为第三世界国家培养年轻地震工程研究和技术人员的基地之一。

南斯拉夫斯科普里市曾于 1963 年发生 6.0 级地震，摧毁了近 80% 的建筑，近千人罹难；在当地成立研究所旨在总结经验教训，推动和开展国际性的地震工程研究和培训。该所研究领域包括强震动观测、地震区划和小区划，土动力学、建筑与生命线工程抗震理论、抗震加固、现场和模型试验、抗震设计规范、城市防震减灾规划和管理、灾后重建规划等。

Dongjing Daxue Dizhen Yanjiusuo

东京大学地震研究所（Earthquake Research Institute，the University of Tokyo；ERI） 1925 年日本东京帝国大学设立的地震研究机构。网址：http：// www. eri. u - tokyo. ac. jp。研究所致力于开展地震和火山的科学观测和基础研究，旨在

了解地震发生的物理机制，预防和抗御地震及火山灾害；1963 年增设了地震工程研究部门。日本著名地震学家和工程地震学家末广恭二（Suehiro Kyoji）、河角广、妹泽克惟（Sezawa Katsutada）、金井清、安艺敬一和金森博雄等均曾在该所工作。

下设的研究部门包括地球科学研究部、构造动力学研究部、地球物理场监测研究部、地震火山灾害预防研究部，以及地震预报研究推进中心、地壳变动观测中心、地震预报信息中心、火山喷发预报研究中心、海洋半球中心、地磁观测所、国际地震火山研究室。该所在微小地震观测、强震动观测、火山观测等方面有悠久历史，着力开发海底地震观测，是日本地震预报和火山喷发预报研究的重要机构；在地震学、工程地震学和抗震理论与分析方法研究领域成果卓著，对日本的地震学和地震工程学有巨大影响。出版《地震研究所汇刊》等期刊和研究报告。

Dongjing Daxue Shengchan Jishu Yanjiusuo

东京大学生产技术研究所（Institute of Industrial Science，the University of Tokyo） 1949 年日本东京大学设立的技术研究机构。网址：http：// www. iis. u - tokyo. ac. jp。该所对与现代工业有关的各种科学技术问题进行综合研究，开发先进生产技术，并推进成果实用化。1964 年新潟地震后设立地震工程研究部门，开展防灾研究。该所拥有数百名研究人员和技术职员，是世界上规模最大的大学研究所。

下设的研究部门包括基础研究部、机械与仿生研究部、信息和电子研究部、材料与环境研究部、人文社会研究部、仪器开发中心、水下技术研究所、国际微机械研究中心、国际城市安全工程研究中心、信息融合研究中心、再生材料研究部、计算机仿真合作研究中心、毫微电子学合作研究中心、系统合作研究中心等。地震工程是该所研究内容的一部分，在千叶设有强震动观测和地震工程试验基地，在生命线工程抗震和城市防灾等方面取得了具有世界影响的成果。

Duoxueke Dizhen Gongcheng Yanjiu Zhongxin

多学科地震工程研究中心（Multidisciplinary Center for Earthquake Engineering Research；MCEER） 美国东部的国家级地震工程研究机构，总部设在美国纽约州立大学布法罗分校。其前身是美国国家科学基金会（NSF）于 1986 年创立的国家地震工程研究中心（NCEER），1998 年美国国家科学基金会将其纳入减轻地震灾害规划（NEHRP），更为现名。网址：http：// mceer. buffalo. edu。

该中心是以美国纽约州立大学布法罗分校为主，联合其他大学、研究机关、咨询公司和民营企业组建的研究机构。其研究范围包括结构抗震和抗震试验，旨在以多学科手段减轻多灾种灾害；特别致力于各类基础设施（生命线系统）在自然灾害和人为灾害下的反应，救灾以及灾害的社会和经济影响研究。曾组织召开有关学术会议，利用互联网共享研究资源和成果，推进与地震工程研究和减轻灾害有关的教育和普及活动。在基金会不再提供常年资助后，研究工作由联邦政府相关机构、州政府和企业资助，研究

方向和研究项目有较大变动。

Eluosi Zhongyang Jianzhu Yanjiuyuan Dizhen Gongcheng Yanjiu Zhongxin

俄罗斯中央建筑研究院地震工程研究中心（Earthquake Engineering Research Center of Central Research Institute for Building Structures，Russia） 原为 1929 年成立的苏联地震工程研究机构。

该研究中心 1941 年主编苏联建筑抗震设计规范，1957 年采用动力反应谱抗震设计方法并建立大型振动台等抗震试验装置。20 世纪 70 年代开始建筑隔震研究，开发和设计了具有特色的隔震构件并用于实际工程；开发了高抗震性能的钢筋混凝土预制大板结构，开展结构非线性地震反应分析和随机振动分析；在提高建筑抗震性能、发展试验设备和观测仪器等方面具有特色。

Fangzai Kexue Jishu Yanjiusuo

防灾科学技术研究所（National Research Institute for Earth Science and Disaster Prevention；NIED） 原为 1963 年创建的日本科学技术厅国立防灾科学技术中心，开展地震、海啸、暴雨、暴雪等自然灾害机理和预防研究；1979 年在筑波建立本部，1990 年更名为防灾科学技术研究所，2001 年改为独立的科研机构。网址：http：// www. bosai. go. jp。

下设地震研究部、火山防灾研究部、水土砂防灾研究部、防灾系统研究中心（含神户防灾前沿研究中心）、雪冰防灾研究中心、兵库地震工程研究中心。1995 年日本阪神地震后强化抗震研究，在兵库县的三木市建立和管理世界最大的 15 m×20 m 地震模拟振动台，建立和管理全国高灵敏度地震观测台网（Hi-Net）、宽频带地震观测台网（F-Net）和强震观测台网（K-Net 和 Kik-Net）。该所向社会提供相关灾害的信息资料和实验环境。

Fengxian Guanli Gongsi

风险管理公司（Risk Management Solution Inc.；RMS） 美国评估和管理自然灾害和人为事故风险的咨询公司。网址：http：// www. rms. com。1988 年由美国地震工程学家谢里夫（R. E. Sheriff）创立，总部设在美国加州，在北美、欧洲、亚洲设有办事处。

公司业务范围从抗御地震、台风等自然灾害扩展到人为灾难，为业主提供灾害风险评估、防灾效益分析、应对突发事件的策略措施，还提供各类风险危机管理办法、信息和相关软件。该公司参与开发美国多种灾害损失评估软件 HAZUS，基于地震危险性分析研究和工程结构的震害预测，提供地震工程和防震减灾专业咨询。

Gangwan Konggang Jishu Yanjiusuo

港湾空港技术研究所（Port and Airport Research Institute；PARI） 原为 1946 年日本铁道技术研究所设立的港口实验室，1949 年改为日本运输省港湾局港湾技术研究部，1962 年正式成立运输省港湾技术研究所；2001 年改称国土交通省港湾技术研究所，同年分拆为港湾空港技术研究所和国土技术政策研究所，前者成为独立研究机构。网址：http：//

www. pari. go. jp。

下设的研究部门包括海洋水工研究部（含沿海环境研究室、海洋物理与潮汐研究室、波浪研究室、海啸研究室、海岸研究室、海洋情报研究室），地基与结构研究部（含土力学与地质环境研究室、土动力学研究室、地基改良研究室、基础工程研究室、结构振动研究室、结构力学研究室、近海工程结构研究室、材料研究室），施工管理技术部（含新技术研究室、流体技术研究室、海洋污染研究室、信息化技术研究室），空港研究中心，海啸防灾研究中心，工程结构使用寿命研究中心。该所在土动力学，特别是软土地基的动力特性，各类地基的破坏机理、观测、计算分析等领域的研究，在日本和世界具有重要影响。

Guoji Daba Weiyuanhui

国际大坝委员会（International Commission on Large Dams；ICOLD） 成立于 1928 年的国际学术团体。网址：http：// www. icold‑cigb. net。委员会发起国有美国、法国、英国、意大利、罗马尼亚和瑞士，目前包括 80 个国家成员。委员会旨在通过各成员国间的交流和研讨，提高大坝设计、施工、安全运营和维护的科学技术水平。

下设 21 个专业委员会，涉及大坝设计与计算分析、大坝设计中的地震因素、大坝混凝土、大坝安全等。委员会负责组织召开年会和每三年一次的国际大坝会议。国际大坝会议文集囊括关于大坝各方面的前沿研究成果和工程实践经验，代表各时期的先进水平，是国际大坝工程的重要学术交流平台。

Guoji Dizhen Gongcheng Xiehui

国际地震工程协会（International Association for Earthquake Engineering；IAEE） 成立于 1963 年、总部设在日本东京的国际性学术团体。网址：http：// www. iaee. or. jp。该协会由国家成员组成，旨在促进地震工程学术研究成果和工程实践经验的交流。

1956 年第一届国际地震工程会议在美国加州伯克利召开，此后协会每四年组织一次国际地震工程会议，各届会议分别于日本东京、新西兰惠灵顿、智利圣地亚哥、意大利罗马、印度新德里、土耳其伊斯坦布尔、美国旧金山、日本东京、西班牙马德里、墨西哥阿卡布科、新西兰奥克兰、加拿大温哥华举行；第十四届国际地震工程会议于 2008 年在中国北京召开。

协会还汇集各国的抗震设计规范作为交流资料，举办抗震设计和抗震加固培训班；不定期召开专家会议就学术专题（如强震动观测）进行讨论；与国际地震学与地球内部物理学协会（IASPEI）联合开展小型国际合作研究或学术交流活动，如研究浅层地质构造对强地震动的影响，并选择典型场地进行地震动"盲测"，以判别数值方法的优劣。这些活动促进了世界地震工程的发展。

Jianzhu Yanjiusuo

建筑研究所（Building Research Institute；BRI） 原日本建设省建筑研究所，成立于 1948 年，从事建筑结构和住宅方面的试验与研究；1962 年设国际地震工程研究部，开展房屋抗震研究；1979 年在筑波建立本部，是日本专门从事房屋建筑、城市建设工程技术研究及开发的国立机构；2001 年更名为国土交通省建筑研究所，后改为独立的日本建筑研究所。网址：http://www.kenken.go.jp。

下设建筑结构研究部、环境研究部、防火研究部、材料研究部、建筑生产研究部、住宅城市建设研究部、国际地震工程中心。该所拥有振动台、伪动力试验装置和强震动观测等各类地震工程试验设备及耐火、风洞等实验室；在建筑防灾技术研究中成果颇多，并组织培训世界各国的地震工程技术人员。

Jiazhou Daxue Bokeli Fenxiao Dizhen Gongcheng Yanjiu Zhongxin

加州大学伯克利分校地震工程研究中心 （Earthquake Engineering Research Center of University California，Berkeley；EERC） 美国加州大学伯克利分校的地震工程研究机构，成立于 1967 年。网址：http://peer.berkeley.edu/merge.html。地震工程学者克拉夫、希德、博尔特、彭津、乔普拉、莱斯默（J. Lysmer）等曾在此工作，对美国和世界地震工程研究有重要影响。

基于加州发生的破坏性地震和工程建设需求，致力于强地震动、地震地质灾害、天然和人工结构的地震反应分析、抗震理论和试验分析、抗震设计、减灾对策等研究。1997 年受美国国家科学基金会的赞助，该中心成为太平洋地震工程研究中心（PEERC）的主持单位和美国国家地震工程信息中心，管理并向国内外提供各种媒介的地震工程研究成果、资料和相关信息。

中心建有地震模拟实验室，1972 年建成 6m×6m 地震模拟振动台；拥有可调节反力墙的伪动力试验装置，可实现联网试验；实验室还拥有小型伪动力试验装置和野外试验设备。中心自 1967 年出版的研究报告（UCB/EERC），具有很高的参考价值。

Jiazhou Jiegou Gongchengshi Xiehui

加州结构工程师协会 （Structural Engineers Association of California；SEAOC） 成立于 1932 年的美国加州结构工程学术团体。网址：http://www.seaonc.org。

协会最初由北、南加州的土木工程界研究技术人员组成，讨论共同感兴趣的学术问题；此后又发展了中部加州分会、圣地亚哥分会和国际分会。

协会特别关注地震工程，由专门的地震委员会组织开展相关工作，致力于强震动观测并在美国率先开展抗震设计规范的研究和编制，出版一系列相关的标准、指南、手册等，以最新研究成果和技术指导结构抗震设计；是最先开展性态抗震设计研究的机构之一。

Jiazhou Ligong Xueyuan Dizhen Gongcheng Yanjiu Shiyanshi

加州理工学院地震工程研究实验室 （Earthquake Engineering Research Laboratory of California Institute of Technology；EERL） 美国加州理工学院土木工程与应用力学系的地震工程研究机构。著名地震工程学家豪斯纳、艾万、詹宁斯等都曾在该实验室工作。

实验室在地震工程方面的研究可追溯到 1925 年美国加

州圣巴巴拉地震考察，其调查研究结果改进了当时的房屋抗震设计规范。研究方向涉及地震工程的各个领域，如强地震动特性与机理，不同类型结构（从大坝到木结构房屋）的地震反应、动力特性和抗震设计，主动控制理论和技术，震害损失评估和防灾减灾对策等；在强震动台网建设、观测记录分析、抗震设计规范和联邦政府减轻地震灾害计划的编制等方面，发挥了主导作用。

实验室除拥有强震动台网外，还装备有离心机振动台、液压和电磁式振动台、起振机等试验设备。其九层图书馆大楼是地震工程试验建筑，设置有对外开放的实时监控和健康监测系统。实验室从 20 世纪 60 年代开始出版 EERL 系列研究报告，汇集了地震工程领域的研究成果，同时作为美国国家地震工程信息中心的一部分提供有关资料、报告和信息。

Jingdu Daxue Fangzai Yanjiusuo

京都大学防灾研究所 （Disaster Prevention Research Institute，Kyoto University） 1951 年由日本京都大学创建的自然灾害防御研究机构。网址：http://www.dpri.kyotou.ac.jp。该所从自然科学和人类社会的角度研究预防和减轻自然灾害的机理和技术，涉及地震、火山、滑坡、泥石流、洪水、暴雨、暴雪、台风等。

下设综合防灾研究部（含社会防灾研究室、巨大灾害防灾研究中心），地震火山研究部（含地震灾害研究室、地震防灾研究室、地震预报研究中心、樱岛火山活动研究中心），岩土灾害研究部（含地基灾害研究室、斜坡灾害研究室），气象洪水灾害研究室，大气和水域灾害研究部（含江河海洋灾害研究中心、水资源环境研究中心）。

该所在地震预报、强震动观测、强地震动模拟与预测、生命线工程抗震、地震地质灾害预防、建筑抗震等方面取得了在日本和世界均有影响的成果；与京都大学研究生院一起培养人才，广泛开展国际合作和交流，出版防灾研究所年报和研究通讯等。

Ludao Jishu Yanjiusuo

鹿岛技术研究所 （Kajima Technical Research Institute） 1949 年成立的日本鹿岛建设公司的民营研究机构。网址：http://www.kajima.co.jp/tech/katri。该所研究新型建筑结构、材料和施工技术，涉及超高层建筑、地下建筑、近海工程、核电站和结构振动控制等；抗御地震、台风、洪水等自然灾害的建筑理论、试验和技术亦是重要研究内容。

下设的技术研究部门包括高新技术孵化与研发部、建筑结构研究部、建筑环境部、建筑施工与材料部、建筑计算分析部、环境工程与生物工程部、城市防灾和抗风工程部、岩土工程部、土木结构与材料部、岩石力学与地下结构部等。拥有大型振动台、伪动力试验装置、起振机、离心机，以及风洞、耐火、材料、建筑声响、绿化等试验设备，结合重大建设项目开展研究和试验。

Meiguo Dizhi Diaochaju

美国地质调查局 （United States Geological Survey；USGS） 成立于 1879 年的联邦政府职能部门。网址：http://

www. usgs. gov。承担为国家提供可靠的地球科学信息资料，管理水土、生物、能源、矿产等资源的职能，旨在减轻自然灾害引起的生命和财产损失，促进和保护社会发展。

地质调查局负责勘察调查、收集整理、分析研究国家自然资源的现状和问题及解决办法，管理和出版水土、生物等方面的民用地图，为政府掌握资源和制定社会经济发展规划提供基础资料和科学依据。

该部门不仅开展地震地质方面的勘察研究，也开展有关地震发震机理、场地影响、强地震动模拟与预测等方面的研究，以预防和减轻地震灾害。

Meiguo Tumu Gongchengshi Xiehui

美国土木工程师协会（American Society of Civil Engineers；ASCE）　成立于 1852 年的美国历史最悠久的工程技术学术团体。网址：http://www. asce. org。

下设数以百计的各种专业委员会以及教育、青年成员、国际活动等管理委员会，拥有 159 个国家的 13 万以上的会员；组织各种专业年会、定期学术交流大会、专题讨论会和教育普及活动。它也是全球最大的土木工程专业出版机构，发行约 30 种专业期刊、图书、报告、会议文集、技术标准、手册等。这些期刊历史悠久，不乏优秀的经典文献，是土木工程专业技术的重要资料库。

协会下设的岩土地震工程委员会和生命线地震工程委员会与地震工程密切相关，每四年分别召开一次学术交流大会，受世界各国相关科研和技术人员关注。岩土地震工程委员会针对研究前沿和工程实践问题组织专稿，不定期出版的特别专集已达百种，极有参考价值。

Meiguo Zhongbu Dizhen Gongcheng Yanjiu Zhongxin

美国中部地震工程研究中心（Mid-America Earthquake Center；MAEC）　美国中部的国家级地震工程研究机构。网址：http://mae. ce. uiuc. edu。该中心由美国国家科学基金会（NSF）资助，于 1998 年在伊利诺依州立大学厄巴那分校创建，核心成员包括 9 所大学，旨在考虑地域平衡，发展地震工程研究。

中心研究方向包括：基于后果的灾害风险管理，地震工程，灾害的社会和经济影响，灾害相关信息技术。中心致力于研究成果的应用和推广，尤其关注交通等基础设施的灾害预防以及救灾和灾害管理部门的防灾对策；开展相关教育普及和学术交流活动。

Ouzhou Dizhen Gongcheng Xiehui

欧洲地震工程协会（European Association of Earthquake Engineering；EAEE）　欧洲各国地震工程科研技术人员的联合学术团体，旨在促进欧洲地震工程和减轻地震灾害的研究，为相关人员提供交流及合作平台。

协会定期召开欧洲地震工程学术会议，2006 年起改为欧洲地震工程与地震学研讨会，交流和汇集前沿研究和试验成果。协会下设各类专业委员会，参与编制《结构抗震设计（欧洲规范 8）》等各种相关规范、指南和技术标准，参与编制《欧洲地震烈度表 1998》，在希腊建立欧洲地震工程实验场台阵，举办各种学术活动和培训班。

Qingshui Jishu Yanjiusuo

清水技术研究所（Shimizu Institute of Technology）　1944 年建立的日本清水建设公司下属的民营建筑研究机构。网址：http://www. shimz. co. jp。

该所结合基础技术和重大建设项目，广泛研究新型建筑结构、材料和施工技术，重视抗御地震、台风、洪水、滑坡等自然灾害的建筑理论、试验和技术研究。

下设的技术研究部门包括结构工程部、环境与规划研究部、流体工程部、信息技术部、地震与地震工程部、危机管理研究部、基础设施工程部、岩土工程部、应用工程部、地下工程技术部、环境工程部、高新技术孵化和研发中心，拥有完善和先进的试验设施。

Sitanfu Daxue Bulumu Dizhen Gongcheng Yanjiu Zhongxin

斯坦福大学布卢姆地震工程研究中心（The John A. Blume Earthquake Engineering Center，Stanford University）　1974 年由地震工程学者布卢姆倡议并资助成立、以其名字命名的地震工程研究中心，设于美国斯坦福大学，是地震工程研究和教育的基地。网址：http://blume. stanford. edu。

在 1906 年美国旧金山地震中，斯坦福大学的建筑遭受严重破坏，促进了该校早期的地震工程研究。中心在地震危险性分析、强地震动模拟、系统可靠性分析、小尺度结构模型试验、抗震设计方法、生命线系统抗震等方面，取得了有广泛影响的成果；组织了 1989 年美国加州洛马普列塔地震的震害调查，进行了含抗震加固等在内的后续研究工作。

Taipingyang Dizhen Gongcheng Yanjiu Zhongxin

太平洋地震工程研究中心（Pacific Earthquake Engineering Research Center；PEERC）　1997 年美国国家科学基金会（NSF）资助成立的联合研究组织，并纳入基金会的减轻地震灾害规划（NEHRP）。网址：http://peer. berkeley. edu。其成员包括 18 所大学及专业咨询公司，加州大学伯克利分校地震工程研究中心（EERC）是主持单位；其他核心成员有加州理工学院，斯坦福大学，加州大学的戴维斯、埃尔文、洛杉矶、圣迭戈分校，南加州大学和其他团体成员。

为适应地震工程的发展，中心重点从事建筑和基础设施的性态抗震设计研究、开发和推广，组织实施结构性态抗震设计的核心研究项目和生命线地震工程的应用研究项目。中心还致力于地震工程研究和防震减灾方面的学术交流、教育、知识普及以及工程应用和推广，出版 PEERC 研究报告，汇集并交流研究成果。

Tumu Yanjiusuo

土木研究所（Public Works Research Institute；PWRI）　原为日本内务省土木局道路材料实验所，1926 年更名为内务省土木实验所；1948 年改称建设省土木研究所，主要从事道路、桥梁、河流、水坝、供水、煤气等公共设施的相关研究；1979 年在筑波建立本部；1996 年成立国际洪水与危机管理研究中心，由联合国教科文组织和日本政府协调开展工作，是日本专门从事生命线工程研究的国立研究机构，在北海道设有北海道开发土木研究所，研究寒地相关土木工程技术；2001年改为国土交通省土木研究所，后又改为独立的日本土木研究所。网址：http://www.pwri.go.jp。

下设技术推进本部、抗震研究室、水工研究室、道路技术研究室、寒地土木研究所、寒地道路研究室、水灾与危机管理研究中心、雪崩和滑坡研究中心、自然共生研究中心。研究所拥有大型振动台、离心机试验装置、强震动观测等各类地震工程试验设备，以及水灾、风洞等实验室；着力开展地震、水灾、台风等自然灾害的预防和抗御研究，开发各种保障社会公共设施安全运行、实现环境保护的工程结构设计方法和工程技术。

Yingyong Jishu Weiyuanhui

应用技术委员会（Applied Technology Council；ATC）由美国加利福尼亚州结构工程师协会赞助、于1971年成立的非盈利民间机构。网址：http://www.atcouncil.org。理事会成员包括美国土木工程师协会（ASCE）、美国结构工程师协会、加州结构工程师协会（SEAOC）和有经验的工程师；聘请高水平专业人员担任顾问，汇集多方面的知识和经验以解决各种技术难题。经费来自政府机构〔如美国联邦紧急事务管理局（FEMA）和美国国家科学基金会（NSF）等〕和其他民间机构。

应用技术委员会的活动以地震工程为中心，兼顾抗风和海洋工程，旨在减轻自然和其他灾害；致力于发展和推广最新的、便于应用的减灾工程技术；组织相关专业的著名工程师和学者，针对结构工程方面亟待解决的技术问题，向工程技术界提供各种咨询意见和处理方法。这些成果以专题报告、指南、手册及其电子文档等形式发表，或召开学术研讨会、专题论坛进行交流。虽然该委员会不是技术规范的编制机构，但其项目报告常作为编制规范的样本。

该委员会出版了许多有重大影响的报告。其中，《编制建筑抗震规范的暂行规定》（ATC—3—06）是美国统一建筑规范（UBC）和国家地震减灾计划（NEHRP）中建筑抗震设计推荐条款的基础；《公路桥梁的抗震设计指南》（ATC—6）于1991年被美国桥梁和交通设施协会采用为技术标准；1985年的《加利福尼亚未来地震损失估计》（ATC—13）和1991年的《美国大陆生命线系统易损性和中断影响》（ATC—25）等，均在世界地震工程界产生重要影响。

Zhongyang Dianli Yanjiusuo

中央电力研究所（Central Research Institute of Electric Power Industry；CRIEPI） 1951年成立的日本电力行业最大的科研和技术开发机构。网址：http://criepi.denken.or.jp。

下设的研究部门包括电力技术研究所、能源技术研究所、材料科学研究所、原子能技术研究所、系统工程研究所、土木工程研究所、环境科学研究所、社会经济研究所及若干实验中心。研究所以开发安全高效的电力为中心，研究相关理论、技术和设计方法；尤其重视防灾减灾基础理论研究和技术开发，涉及从地震危险性分析到隔震装置的广泛领域；与世界数十个国家的研究机构和大学开展合作研究和交流。

EQE Guoji Fengxian Zixun Gongsi

EQE国际风险咨询公司（EQE International Inc.；EQE）从事预防和减轻自然灾害与人为事故影响的综合性咨询公司，成立于1981年，总部设在美国旧金山。

该公司在英国、新加坡、日本、保加利亚、法国、新西兰和南非等国设有子公司，为商贸公司、生产企业、政府部门进行突发灾害和事故的风险评估，提供处理策略、措施和信息，提供各类相关软件，协助制定相关运行和工作守则以减少事故。该公司有许多经验丰富的专家通过地震现场调查开展相关研究，参与震灾评估和处理，提供预防和减轻地震灾害各方面的策略和措施。

地震工程学术著作

Dizhen Gongcheng Dizhi Daolun

《地震工程地质导论》（*Introduction of Earthquake Engineering Geology*）
王钟琦、谢君斐、石兆吉著，1983 年地震出版社出版。

全书共 8 章：地震工程地质的研究目的与任务，波动、地面运动及地震烈度，地震地表非连续变形，地震断裂，地震液化，地震工程地址条件对震害的影响，地震动对工程设施的影响，地震工程地质勘察。附录为水平土层液化判别和地震反应分析计算程序。

该书介绍了作者从事地震工程研究和工程抗震的实际经验，以及该领域的国际科研成果，可供土木工程、地震工程和工程地质专业科技人员参考，也可供高等院校相关专业师生阅读。

Dizhen Gongchengxue

《地震工程学》（*Earthquake Engineering*）
胡聿贤著，1988 年地震出版社出版；1996 年与刘师琦、董伟民（W. M. Dong）合作由美国 E & FN Spon 公司出版英文版，2006 年经修改并增加内容后由地震出版社出版中文第二版。

全书由工程地震和结构抗震两部分组成，1988 年版为四篇 13 章。第一篇为概论和基础知识：含概论，地震学基础，随机振动基础等 3 章；第二篇为工程地震：含震害与地震烈度，中国的地震，地震动等 3 章；第三篇为结构抗震理论：含结构地震反应分析，土体地震反应分析与地基抗震，结构地震反应观测，结构振动试验与结构动力性能等 4 章；第四篇为工程抗震：含地震危险性分析与地震区划，结构抗震设计原则，结构抗震设计规范等 3 章。

第二版除对原有内容进行修改，补充了近年的新资料外，还在第三篇结构抗震理论中增加了 1 章：基础隔震和能量耗散技术及结构振动控制概论。

该书融汇工程地震学和工程抗震学两方面的知识，着重介绍地震工程领域的新知识而不拘泥于定论，可供地震工程专业研究生和相关教学、科研、设计人员学习参考。

Gongcheng Bodong Lilun Daolun

《工程波动理论导论》（*Introduction of Engineering Wave Theory*）
廖振鹏著，1996 年科学出版社出版；2002 年再版。

全书分为上下两篇共 6 章。上篇为波动理论基础及其应用：含波动概念和波谱方法，非均匀介质中的波动，结构动力反应分析等 3 章；下篇为近场波动的数值模拟：含人工边界条件和波动的有限元模拟，离散网格中的波动，近场波动数值模拟的稳定性和精度等 3 章。

该书在研究生教材基础上整理而成，论述工程中波动问题的基本概念和主要研究方法，适于土木工程、地震工程专业及涉及波动问题的其他领域的人员阅读。

Gongcheng Jiegou Jianzhen Kongzhi

《工程结构减震控制》（*Seismic Response Control of Engineering Structures*）
周福霖著，1997 年地震出版社出版。

全书五篇共 20 章。第一篇为工程结构减震控制概论：含地震减灾对策，减震控制基本概念，发展历史和现状等 3 章；第二篇为结构隔震：含隔震体系概述，隔震体系分析，隔震装置性能，隔震结构实验和地震考验，隔震结构设计方法等 5 章；第三篇为结构消能减震：含消能减震概述，消能减震机理，设计计算方法，实验和工程应用等 4 章；第四篇为结构被动调谐减震控制：含被动调谐减震控制概述，设计计算，实验和工程应用等 4 章；第五篇为结构主动减震控制：含主动减震控制概述，减震机理和系统组成，主动控制算法，实验和工程应用等 4 章。

该书全面介绍了工程结构减震控制的基本概念、基本理论、控制体系、控制技术、设计方法和工程应用，可供从事工程结构抗震减震的研究人员、设计人员、高等院校师生和研究生阅读。

Gongcheng Zhendong Celiang Yiqi he Ceshi Jishu

《工程振动测量仪器和测试技术》（*Survey Instrument and Experimental Technique of Engineering Vibration*）
杨学山编著，2001 年中国计量出版社出版。

全书分两部分共 18 章。第一部分为工程振动测量仪器设备：含工程测振仪的基本理论，电动式拾振器，电容式拾振器，伺服式拾振器，电阻式拾振器，电涡流式拾振器，压电式拾振器，磁敏器件及拾振器，光导纤维拾振器，工程强震动仪，振动激励设备和激振技术，测振放大器，拾振器和工程测振仪的校准等 13 章；第二部分为土木工程中的实验技术：含工程测振仪器系统基础，测试变量和仪器选择，场地振动测量，基础振动测试，桩基动测等 5 章。

该书较为系统地介绍了工程振动测量仪器和相关试验技术，可供研究生、工程技术人员和高等院校相关专业师生阅读。

Jianzhu Jiegou de Zhendong

《建筑结构的振动》（*Vibration of Building Structures*）
王光远著，1978 年科学出版社出版。

全书四篇共 13 章。第一篇为结构动力学基础：含基本概念和方法，弹性体系自由振动，弹性体系强迫振动等 3 章；第二篇为工程结构的平面振动：含自振特性影响因素，高耸悬臂结构自由振动，多层建筑平面自由振动，连续梁和刚架振动等 4 章；第三篇为建筑物的空间整体振动：含等高厂房空间整体振动，不等高厂房空间整体振动，多层建筑空间整体振动等 3 章；第四篇为随机荷载作用下的结构反应：含随机荷载，风荷载，地震荷载等 3 章。

该书是中国有关建筑结构振动实测、试验和理论研究的早期著作，可供工业与民用建筑和工程结构等专业的工程技术人员、科学研究工作者和教学工作者阅读。

Jiegou Kangzhen Shiyan Fangfa

《结构抗震实验方法》（*Seismic Experimentation of Structures*）
邱法维、钱稼茹、陈志鹏著，2000 年科学出版社出版。

全书共 6 章：概论，拟静力实验，地震模拟振动台实验，拟动力实验（含基本方法、稳定性和精度、子结构方法和实验软件等），拟动力实验方法专题（含子结构法的应用、多维多点输入实验、结构相互作用、土层反应和快速拟动力实验等），问题与展望。

该书介绍结构抗震实验方法的发展，着重论述伪静力试验、振动台试验和伪动力试验方法和应用，可供结构工程专业科研技术人员和高等院校相关专业师生阅读。

Jiegou Zhendong Kongzhi — Zhudong, Banzhudong he Zhineng Kongzhi

《结构振动控制——主动、半主动和智能控制》

（*Structural Vibration Control — Active, Semi-active and Intelligent Control*） 欧进萍著，2003 年科学出版社出版。

全书共 12 章：动态系统及其重要特性，结构振动的主动控制算法，结构振动的模糊控制，结构振动的神经网络辨识与控制，结构振动的模糊神经网络遗传优化控制，结构主动质量阻尼（AMD）控制系统，结构主动变刚度控制系统，结构主动变阻尼控制系统，结构磁流变阻尼控制系统，结构压电驱动和压电变摩擦阻尼控制系统，结构形状记忆合金（SMA）驱动和阻尼控制系统，结构主动、半主动与智能控制系统设计方法。附录为结构振动控制的基准问题。

该书系统总结和阐述了近 30 年国际范围内土木工程结构主动、半主动和智能控制的理论、方法、技术、装备、系统和工程应用，可供结构控制专业的科技人员、高等院校相关专业高年级学生和研究生阅读。

Kangzhen Fangzai Duice

《抗震防灾对策》（*Countermeasures of Earthquake Resistance and Disaster Prevention*） 陈寿梁、魏琏主编，1988 年河南科技出版社出版。

该书汇集众多专家的研究成果，系统总结了中国自 1966 年河北邢台地震以来抗震防灾对策研究的实践经验。全书分为五篇共 14 章。第一篇为总论：含中国抗震防灾工作概论，抗震防灾方针、任务和基本策略，抗震防灾工作成就等 3 章；第二篇为抗震防灾管理对策：含抗震防灾工作体系，抗震防灾立法，抗震防灾工作，宣传与教育等 4 章；第三篇为城市抗震防灾综合对策：含城市抗震防灾规划，抗震防灾规划技术，抗震防灾规划实例等 3 章；第四篇为抗震防灾技术对策：含新建工程抗震防灾技术对策，现有工程抗震防灾技术对策等两章；第五篇为震后修复重建对策：含修复重建基本对策，修复重建实例等两章。

该书理论联系实际，力求将防震减灾的政策性、社会性、经济性和技术性问题融为一体，既有实践经验，又有理论概括，适于政府管理人员及地震工程专业的管理、科研、教学、设计和施工人员阅读参考。

Kangzhen Gongchengxue

《抗震工程学》（*Aseismic Engineering*） 沈聚敏、周锡元、高小旺、刘晶波编著，2000 年中国建筑工业出版社出版。

这部著作分为三篇共 25 章。第一篇为强震地面运动：含地震与地震区划，地震动随机过程，强震地面运动特征，地震动参数和设计反应谱等 4 章；第二篇为结构地震反应分析：含多自由度体系分析，分布参数体系分析，实用振动分析，线性随机振动分析，非线性地震反应分析，弹塑性随机反应分析，土-结相互作用，混凝土材料及构件性能等 8 章；第三篇为结构抗震设计与加固：含抗震设计原则，地震作用和抗震验算，钢筋混凝土框架结构，钢筋混凝土抗震墙结构，钢筋混凝土框架-抗震墙结构，钢筋混凝土筒体结构，多层砌体房屋，底框架抗震墙砖房，高层钢结构房屋，钢-混凝土组合结构，抗震鉴定，抗震加固，抗震试验等 13 章。

该书注重理论系统性和应用可操作性，力图将工程抗震理论、应用研究成果与实践经验相结合，可供土木工程技术人员和工程结构专业的大学生和研究生阅读。

Liu Huixian Dizhen Gongchengxue Lunwen Xuanji

《刘恢先地震工程学论文选集》（*Selected Works of Earthquake Engineering from Liu Huixian*） 国家地震局工程力学研究所编，1994 年地震出版社出版。

全书共七部分：第一部分为地震力理论，含论文 3 篇；第二部分为地震烈度，含论文 7 篇；第三部分为地震区划，含论文 5 篇；第四部分为震害经验，含论文 7 篇；第五部分为抗震规范，含论文 3 篇；第六部分为地震工程发展，含论文 12 篇；第七部分收录刘恢先教授诗作 27 首。

该书汇集中国地震工程学奠基人、中国科学院学部委员刘恢先教授数十年科研成果的精华，反映了作者在地震工程研究中的远见卓识和为人处世的高尚品格，可供地震工程专业科技人员和相关高等院校师生阅读。

Qiangzhen Guance yu Fenxi Yuanli

《强震观测与分析原理》（*Fundamentals of Observation and Analyses of Strong Motions*） 谢礼立、于双久等编著，1982 年地震出版社出版。

全书三篇共 18 章，系统介绍了强震动观测与分析的基本原理与方法。第一篇阐述强震观测原理，含第 1 至 9 章：强震观测概述，直接记录式强震仪的一般原理，电流计记录式强震仪理论，触发-起动-控制系统，直接记录式强震仪，电流计记录式强震仪，磁带记录式强震仪，机电耦合伺服式拾振器，强震仪参数的标定；第二篇阐述强震观测技术与方法，含第 10 至 13 章：观测技术概述，地震动台阵，结构反应台阵，台网的安设与维护管理；第三篇阐述强震记录数字分析原理，含第 14 至 18 章：傅里叶变换，强震加速度记录数据处理和常规分析的一般概念，强震加速度记录的调整和校正，反应谱及其数字计算，强震记录的频谱分析。

该书系由课程讲义修改充实而成，可供地震工程界从事强震观测和强地震动研究的人员阅读。

Shengmingxian Dizhen Gongcheng

《生命线地震工程》（*Lifeline Earthquake Engineering*）
赵成刚、冯启民等著，1994 年地震出版社出版。

全书五篇共 14 章。第一篇总论：含概论，系统网络分析方法，地震灾害和经济损失，结构反应分析等 4 章；第二篇论及管网系统：含概述和震害，地下管道分析，抗震减灾技术和方法等 3 章；第三篇论及交通系统：含概述及震害，抗震问题综述，交通工程设施抗震减灾方法等 3 章；第四篇论及电力工程系统：含震害、震害预测方法，网络系统分析两章；第五篇论及通信系统：含概述和震害，抗震减灾技术与方法两章。

该书介绍了生命线地震工程的基本内容，涉及震害、抗震分析与设计、震害预测、减灾对策，可供地震工程专业科技工作者和高等院校相关专业师生阅读。

Shengmingxian Gongcheng Kangzhen：Jichu Lilun yu Yingyong

《生命线工程抗震：基础理论与应用》（*Earthquake Resistance of Lifeline Engineering：Theory and Practice*）　李杰著，2005 年科学出版社出版。

全书含两部分共 12 章。第一部分主要论述生命线工程抗震的基本理论：含绪论，地震危险性分析基础，工程场地地震动分析，地下管线抗震性能分析，工程结构抗震分析，工程网络连通可靠性分析，工程网络功能可靠性分析，复合生命线工程系统等 8 章；第二部分阐述基本理论的应用以及城市地震灾场模拟与控制：含区域电力系统抗震可靠性分析，城市供水系统抗震可靠性分析，城市交通系统抗震可靠性分析，城市地震灾场的模拟与控制等 4 章。附录介绍了布尔代数基础知识。

该书论述了生命线工程抗震的基础理论与应用，可供土木工程、抗震防灾领域的科技工作者和高等院校相关专业师生阅读。

Tangshan Dadizhen Zhenhai

《唐山大地震震害》（*The Great Tangshan Earthquake of 1976*）　刘恢先主编，1985 年地震出版社出版；2004 年由美国加州理工学院地震工程研究实验室（EERL）出版英文版，编辑为豪斯纳、谢礼立、何度心。

该书共四册。第一册介绍研究唐山大地震工程震害所必需的基础资料，包括地震活动性、地震地质背景、烈度分布与地表破坏、工程地质条件、强震动观测和地基基础等；第二册介绍民用建筑、古建筑、工业厂房、工业构筑物与设备的震害；第三册介绍铁路、公路、水利工程和公用设施的震害，以及抗震救灾、重建唐山的情况；第四册为图集，以图片形式介绍唐山大地震的震害现象。

该书汇聚了百余个单位众多专家的研究成果，是一部全面、系统、真实反映 1976 年河北唐山地震中各类工程结构震害的资料性文献，可供地震工程科研人员、工程技术人员和高等院校相关专业师生阅读。

Tudonglixue

《土动力学》（*Dynamics of Soils*）　张克绪、谢君斐著，1989 年地震出版社出版。

全书共 11 章：绪论，土的动力计算模型，波在土体中的传播及应用，土体对地震动的反应分析，土对地震应力作用的反应，饱和砂土体的液化判别，地震时饱和土体中

孔隙水压力的增长和消散，地震引起的土体永久变形，土体与结构的相互作用，土工结构抗震设计中的土动力学问题，场地和地基抗震设计中的土动力学问题。

该书在研究生教材基础上整理而成，可供高等院校土木工程专业的教师、高年级学生、研究生以及土木工程领域的研究和设计人员阅读。

Yantu Dizhen Gongchengxue

《岩土地震工程学》（*Geotechnical Earthquake Engineering*）陈国兴著，2007 年科学出版社出版。

全书共 13 章：地震学基础，地震灾害与地震烈度，地震动特性，土的动力本构关系，土动力特性的室内外试验，水平成层场地地震反应，横向非均匀场地地震反应，土动力特性与震动液化，土体地震永久变形，桩-土-结构动力相互作用，土-结动力相互作用对 TMD 减震控制的影响，地铁地下结构地震反应和土坝抗震分析。

该书较系统地阐述了岩土地震工程领域国内外的研究成果，可作为相关专业的研究生教材和土木工程防震减灾研究、设计人员的参考书。

Dizhendong de Pufenxi Rumen

《地震动的谱分析入门》（*Elements of Spectral Analysis of Ground Motions*）　大崎顺彦著，日文原版于昭和 51 年（1976 年）由鹿岛出版会出版，1994 年发行日文第二版；中文译本由吕敏申、谢礼立翻译，1980 年地震出版社出版，后又出版第二版中译本。

全书包括 11 章：前言，周期-频度谱，概率密度谱，傅里叶谱，功率谱和自相关函数，谱和自相关函数计算程序，谱的平滑化，反应谱，反应谱计算程序，时域与频域，后记。

该书系强震记录谱分析的基础读物，较为系统地介绍了地震工程中的谱分析方法，附有计算例题和计算机程序；可供地震工程研究工作者、工程设计人员和高等院校相关专业师生阅读。

Dizhen Gongchengxue Yuanli

《地震工程学原理》（*Fundamentals of Earthquake Engineering*）　纽马克和罗森布卢斯著，1971 年 Prentice-Hall 公司出版；中文译本由叶耀先等翻译，1986 年中国建筑工业出版社出版。

该书含三部分共 16 章。第一部分阐述结构动力学基本原理：含单自由度体系，集中质量多自由度体系，分布质量体系，分布参数体系，非线性系统分析，流体动力学问题等 6 章；第二部分阐述地震动和结构反应：含地震特性，地方和区域地震活动性，反应谱幅值的概率分布，振型组合问题，非线性系统地震反应，坝的动水压力，材料、构件和体系的抗震性能等 7 章；第三部分阐述抗震设计方法：含抗震设计基本原则，建筑抗震设计，其他结构的抗震设计等 3 章。

该书内容涉及地震工程研究和应用的广泛领域，可供地震工程研究人员、工程师和相关专业的大学生和研究生阅读。

Gongcheng Dizhenxue

《工程地震学》(*Engineering Seismology*) 金井清著，英文译本于 1982 年由东京大学出版社出版；常宝琦、张虎男翻译的中文译本 1987 年由地震出版社出版。

全书共 9 章：工程地震学的历史，地震仪，烈度、震级和地震活动性，地震波，地震动，结构振动，地震损失，抗震设计准则，地震破坏作用。附录提供了日本和美国的脉动观测结果。

该书简要介绍了工程地震学的相关内容，可供地球物理、地震地质、地震工程和土动力学等专业的科研、教学和工程技术人员阅读。

Gongcheng Gezhen Gailun

《工程隔震概论》(*An Introduction to Seismic Isolation*) 斯金纳(R. I. Skinner)、罗宾森(W. H. Robinson)和麦克维里 (G. H. McVerry)著，英文原版于 1993 年由 John Wiley & Sons 公司出版；中文译本由谢礼立、周雍年、赵兴权翻译，1996 年地震出版社出版。

全书共 6 章：导论，隔震结构一般特征，隔震装置与隔震系统，隔震结构反应与机理，隔震结构设计基础，隔震技术应用。

该书是涉及隔震技术在土木工程中应用的较为完整和系统的专著，可供抗震设计机构的工程师以及对隔震技术感性趣的科技工作者阅读。

Jiegou Donglixue

《结构动力学》(*Dynamics of Structures*) 克拉夫和彭津著，英文原版于 1976 年由 McGraw-Hill 公司出版；中文译本由王光远等翻译，1981 年科学出版社出版。

全书含五篇共 28 章。第 1 章为结构动力学概述。第一篇（第 2~9 章）为单自由度体系：含运动方程的建立，自由振动反应，谐振荷载反应，周期性荷载反应，冲击荷载反应，一般动力荷载反应，非线性结构反应分析，振动分析的瑞利法等 8 章；第二篇（第 10~16 章）为多自由度体系：含多自由度体系运动方程，结构特性矩阵计算，无阻尼自由振动，动力反应分析，实用振动分析，非线性体系分析，运动方程的变分形式等 7 章；第三篇（第 17~21 章）为分布参数体系：含运动偏微分方程，无阻尼自由振动分析，动力反应分析，动力直接刚度法，波传播分析等 5 章；第四篇（第 22~25 章）为随机振动：含概率论，随机过程，线性单自由度体系随机反应，线性多自由度体系随机反应等 4 章；第五篇（第 26~28 章）为结构地震反应分析：含地震学基础，地震反应的数定分析，地震反应的非数定分析等 3 章。

该书系美国加州大学（伯克利分校）的结构动力学教材，曾作多次重大修订，为世界各国广泛使用；可供结构振动领域的研究生、大学教师、工程技术人员和科学研究工作者阅读。

Jiegou Donglixue：Lilun jiqi zai Dizhen Gongcheng zhong de Yingyong

《结构动力学：理论及其在地震工程中的应用》

(*Dynamics of Structures：Theory and Applications to Earth-quake Engineering*) 乔普拉著，1996 年发行第一版，修订后的第二版于 2001 年由 Prentice-Hall 公司出版；2005 年高等教育出版社出版由谢礼立、吕大刚等翻译的中文译本。

全书含三部分共 21 章。第一部分涉及单自由度体系：含运动方程及解法，自由振动，周期性和谐波输入反应，任意波、阶跃和脉冲输入反应，动力反应数值解法，线性体系地震反应，非线性体系地震反应，广义单自由度体系等 8 章；第二部分涉及多自由度体系：含运动方程及解法，自由振动，结构的阻尼，线性体系的动力反应和分析，线性体系地震反应，自由度凝聚，动力反应数值解法，分布质量体系，有限元方法概论等 9 章；第三部分涉及多层建筑地震反应与设计：含线弹性建筑的地震反应，非线性建筑地震反应，基底隔震建筑的地震动力学，建筑规范中的结构动力学等 4 章。附录为频域反应分析方法。

该书原作教材使用，附有大量习题、示例和插图，可供结构工程专业的工程师、高等院校相关专业师生阅读。

Kangzhen Gongchengxue〔Riben〕

《抗震工程学》〔日本〕(*Introduction of Earthquake Engin-eering*，Japan) 冈本舜三著，原版名《耐震工學》，1971 年日本オーム会社出版。英译本 1973 年由东京大学出版社和哥伦比亚大学出版社出版。1978 年中国建筑工业出版社出版由孙伟东翻译的名为《抗震工程学》的中译本；1989 年学术书刊出版社出版由李裕澈等翻译的名为《地震工程学导论》的中译本，该译本译自修订后的《耐震工學》。

原版含 18 章：地震，地震烈度，日本的地震，大地震与震害，地基的影响，规划地震动，抗震设计方法，抗震设计规定，土工结构抗震，公路、铁路与河川抗震，港口设施抗震，桥梁抗震，重力坝抗震，拱坝抗震，土石坝抗震，给排水工程抗震，地下结构抗震，建筑物抗震。

该书包含大量实例，具有很强的工程背景，可供土木工程科技人员阅读，对从事实际工作的工程师尤为实用。

Suiji Zhendong Fenxi

《随机振动分析》(*Analyses of Stochastic Vibration*) 星谷胜(Hoshitani Katsu)著，日文原版名为《確率論手法による振動解析》；中文译本由常宝琦译，1977 年地震出版社出版。

全书共 9 章：绪论，随机过程理论，随机过程的模拟，单自由度体系的线性反应分析，多自由度体系的线性反应分析，非线性反应分析，动力可靠性理论，随机结构的分析，地震振动及反应分析。

该书可供振动工程和地震工程领域的科研、教学和工程技术人员阅读。

地震工程学术刊物

Dizhen Gongcheng yu Gongcheng Zhendong

《地震工程与工程振动》（*Journal of Earthquake Engineering and Engineering Vibration*）　1981 年创刊，2002 年起由季刊改为双月刊；现由中国力学学会与中国地震局工程力学研究所联合主办。国际刊号：ISSN 1000 - 1301，国内刊号：CN 23—1157/P；网址：http://dzgc.iemzzs.com。首任主编为中国科学院学部委员刘恢先，现任主编为中国工程院院士谢礼立。

该刊旨在促进地震工程和工程振动领域的国际学术交流，介绍相关学科的进展和最新研究成果，报道国际学术动态，推动学科发展，为中国经济建设和防震减灾事业服务。刊载内容涉及强震动观测与分析，工程结构抗震理论，结构与工程体系震害评估，地震危险性分析和地震小区划，场地效应和岩土地震工程，建筑物与生命线系统的抗震性能与设计原理，结构地震模拟试验，结构振动控制技术和智能材料的应用，健康监测的理论与实践，抗震技术标准，地震社会问题以及土木工程相关振动问题。

读者对象为地震工程与工程振动学科相关的研究人员、工程技术人员以及高等院校师生。

Dizhen Xuebao

《地震学报》（*Acta Seismologica Sinica*）　1979 年创刊，1997 年起由季刊改为双月刊；中国地震学会主办。国际刊号：ISSN 0253 - 3782，国内刊号：CN 11—2021/P；网址：http://www.dizhenxb.org.cn。中国科学院学部委员顾功叙为第一任主编（后任名誉主编），现任主编为中国科学院院士陈运泰。

主要刊登地震学领域具有创新性的研究成果和技术成就，也刊登部分与地震有关的地球物理以及地震地质、地震工程等方面的学术论文和研究简报；登载反映本学科不同学术观点的文章，介绍地震学及其相关重大学术问题的研究现状和进展，刊登有关的评述文章，反映地震学及相关科技工作动态。

读者对象为地球物理及地震学专业的科学工作者、工程师和高等院校师生。

Gongcheng Kangzhen yu Jiagu Gaizao

《工程抗震与加固改造》（*Earthquake Resistant Engineering and Retrofitting*）　原名《工程抗震》，1979 年创刊，2004 年起由季刊改为双月刊；中国建筑学会抗震防灾分会与中国建筑科学研究院工程抗震研究所共同主办。国际刊号：ISSN 1002 - 8412，国内刊号：CN 11—5260/P。现任主编为王亚勇。

刊登内容涉及国内外地震工程研究动态，地震震害调查及经验总结，工程抗震新的研究成果，抗震设计、加固改造和施工先进技术，隔震和减振技术，工程事故分析及处理对策，震害预测与城市防灾技术，工程抗震相关技术标准、规范、规程及其背景资料，以及有关抗震设防管理的经验和改革建议。

读者对象为建筑与地震工程界的研究、设计、施工人员和高等院校师生以及相关管理人员。

Jianzhu Jiegou

《建筑结构》（*Building Structure*）　1971 年创刊，1993 年起改为月刊；由亚太建设科技信息研究院、中国建筑设计研究院和中国土木工程学会联合主办。国际刊号：ISSN 1002 - 848X，国内刊号：CN 11—2833/TU；网址：http://www.buildingstructure.cn。现任主编为张幼启。

该刊旨在报道建筑科技动态、科学研究成果、工程实践经验和工程建设项目，推动中国建筑科技进步，为国民经济建设服务。文章内容涉及工业与民用建筑中的混凝土结构、钢结构、砌体结构、预应力结构、索膜结构，工程抗震与振动，地基与基础，结构理论与设计施工，工程软件及应用，房屋改造与加固，设计施工经验及工程事故分析，规范和规程的修编及背景介绍，建筑结构防灾，新材料应用，工程测试和结构工程施工等。

读者对象为建筑科研、设计、施工单位的研究人员和结构工程师。

Jianzhu Jiegou Xuebao

《建筑结构学报》（*Journal of Building Structures*）1980 年创刊，2010 年起由双月刊改为月刊；中国建筑学会主办。国际刊号：ISSN 1000 - 6869，国内刊号：CN 11—1931/TU；网址：http://jzjgxb.chinaasc.org。首任编委会主任委员为何广乾（现为名誉主任委员），现任编委会主任委员为王铁宏。

该刊旨在报道和交流建筑结构领域代表中国学术水平的最新研究成果，反映本学科发展最新动态和趋势，推动国内外学术交流，为中国建筑科学技术研究的发展服务。主要刊登建筑结构、抗震防振、地基基础等学科的基础理论研究与应用研究和试验技术的学术论文、研究报告及最新进展动态。

读者对象为相关专业的高等院校师生和科研、设计、施工单位的工程技术人员以及相关科技工作者。

Shijie Dizhen Gongcheng

《世界地震工程》（*World Earthquake Engineering*）　前身为《国外地震工程》，1980 年创刊，1985 年更为现名，季刊；现由中国力学学会与中国地震局工程力学研究所共同主办。国际刊号：ISSN 1007 - 6069，国内刊号：CN 23—1195/P；网址：http://sjdz.iemzzs.com。中国工程院院士谢礼立为第一任主编，现任主编为孙柏涛。

该刊旨在及时反映国际地震工程领域的最新科研成果，促进学术交流，为中国防震减灾事业服务。早期以发表国外研究成果为主，现主要发表中国地震工程领域的学术论文，内容涉及强震动观测和数据处理，震害调查，土动力特性和土体地震反应，土-结相互作用，结构动力试验，结构抗震分析和设计，结构隔震、减振和主动控制，生命线工程抗震，抗震技术标准，人工智能在地震工程中的应用以及与地震相关的社会和经济问题。

读者对象为从事地震工程研究的科技工作者，高等院校相关专业师生，政府部门、企事业单位的管理人员以及防震减灾专业技术人员。

Tumu Gongcheng Xuebao

《土木工程学报》（*China Civil Engineering Journal*）
1954 年创刊，现为月刊；中国土木工程学会主办。国际刊号：ISSN 1000—131X，国内刊号：CN 11—2120/TU；网址：http：// www.cces. net. cn/guild/sites/tmxb。现任主编中国工程院院士王浚，名誉主编中国工程院院士陈肇元。

该刊为土木工程综合性学术期刊，旨在报道土木工程各专业领域的科技成果动态，促进国内外学术交流。刊登土木工程领域的论文和报告，包括发展综述、重大工程实录等；内容涉及建筑结构、桥梁结构、隧道及地下结构，岩土力学，基础工程、交通工程和建设管理，也涉及建筑材料、道路、港口、水利、市政以及计算机应用、力学和防灾减灾等专业的有关内容。

读者对象主要为土木工程设计、施工和科研单位的中高级技术人员和高等院校土木工程专业师生。

Yantu Gongcheng Xuebao

《岩土工程学报》（*Chinese Journal of Geotechnical Engineering*） 1979 年创刊，2005 年起由双月刊改为月刊；中国水利学会、中国土木工程学会、中国力学学会、中国建筑学会、中国水力发电工程学会和中国振动工程学会联合主办。国际刊号：ISSN 1000 - 4548，国内刊号：CN 32—1124/TU，网址：http：// www. cgejournal. com 。现任主编为陈生水。

该刊旨在促进岩土工程学科理论和实践的发展，推动国际学术交流，加速科技成果向生产力的转化。刊物以论文、讲座、短文、综述、论坛和简讯等形式刊登土力学和岩石力学领域代表中国理论和实践水平的研究成果、报告和工程实录，报道新理论、新技术、新材料、新仪器的研究和应用。

读者对象为土木工程领域科研、设计、施工单位的研究人员和结构工程师。

Zhendong Gongcheng Xuebao

《振动工程学报》（*Journal of Vibration Engineering*）
1987 年创刊，现为双月刊；中国振动工程学会主办。国际刊号：ISSN 1004 - 4523，国内刊号：CN 32—1349/TB；网址：http：// zdxb. nuaa. edu. cn。首任主编为胡海昌，现任主编为中国工程院院士刘人怀。

学报旨在反映中国振动工程的最新研究成果，评介最新科技成就，增强国内外学术信息交流，并鼓励首创精神，倡导优良学风，扶植、推荐优秀人才和成果，为推动振动工程学科的发展和促进经济建设服务。

该刊面向工程实际，理论与实践并重；内容涉及振动理论与应用，非线性振动，随机振动，模态分析与试验，

结构动力学，转子动力学，故障诊断，振动、冲击与噪声控制，动力稳定性，流-固耦合振动，动态测试，动态信号分析，机械动力学，土动力学，包装动力学和结构抗振控制等方面，包括专题论文、综合述评和研究简报。

读者对象为从事振动工程及相关学科的教学、研究、设计、开发、应用和管理的科技工作者，以及理工科大专院校的教师和研究生。

Zhendong yu Chongji

《振动与冲击》（*Journal of Vibration and Shock*）
1982 年创刊，2007 年起由双月刊改为月刊；中国振动工程学会、上海交通大学和上海市振动工程学会联合主办。国际刊号：ISSN 1000 - 3835，国内刊号：CN 31—1316/TU；网址：http：// jvs. sjtu. edu. cn/cn/dgml. asp。现任主编为恽伟君。

该刊旨在促进各行业有关振动、冲击和噪声问题的学术交流。论文内容涉及结构动力分析，模态分析，参数识别，随机振动，振动控制，转子动力学，结构动力稳定性，减振、隔振，抗冲击与噪声防治，环境试验，计算机软件工程以及消振、消声材料等。

读者对象主要为振动工程设计、施工和科研单位的高级技术人员和高等院校师生。

Ziran Zaihai Xuebao

《自然灾害学报》（*Journal of Natural Disasters*） 1992 年创刊，2004 年起由季刊改为双月刊；现由中国灾害防御协会和中国地震局工程力学研究所联合主办。国际刊号：ISSN 1004 - 4574，国内刊号：CN 23—1324/X；网址：http：// zrzh. iemzzs. com。现任主编为中国工程院院士谢礼立。

学报旨在推动中国灾害科学的形成与发展，反映中国灾害科学的研究成果，促进学术交流，为中国防灾减灾事业服务。主要刊登反映灾害科学及其发展动向的具有较高学术水平的论文和重大科研成果的研究报告，内容涉及含地震在内的各类自然灾害的孕育、发生机理、发展规律、预测预防和评估，灾害与人类社会的关系以及防灾减灾系统工程。

读者对象为从事灾害研究的科学工作者，高等院校相关专业师生，政府机构、企事业单位的相关专业技术人员和管理人员。

Dizhen Gongcheng Qikan

《地震工程期刊》（*Journal of Earthquake Engineering*；*JEE*） 1996 年创刊，双月刊，偶发特刊；泰勒-弗朗西斯集团出版。国际刊号：ISSN 1363 - 2469；网址：http：// ejournals. wspc. com. sg/jee/mkt/aims _ scope. shtml。现任主编艾利莎（A. S. Elanshai，美国）和安勃瑞塞斯（英国）。

刊载地震工程的试验、分析和现场研究论文；内容包括工程地震学，地质构造学和地震学，结构动力学，土动力学和基础，场地影响、土工技术，土-结相互作用，地震荷载下的基础设计，建筑物、桥梁及其他结构的地震反应，生命线工程，主动和被动控制，结构修复和加固，减灾和应急规划等，也涉及海啸、历史地震和现场考察。

Dizhen Gongcheng yu Gongcheng Zhendong（yingwenban）

《地震工程与工程振动》(英文版) (*Earthquake Engineering and Engineering Vibration*，English) 2002 年创刊，原为半年刊，2007 年改为季刊；中国地震局工程力学研究所与美国多学科地震工程研究中心（MCEER）联合主办。国际刊号：ISSN 1671‐3664，国内刊号：CN 23—1496/P；网址：http：// www. iemzzs. com。该刊原由中国科学出版社出版，现由施普林格出版社负责中国大陆以外国家和地区的发行。现任主编为齐霄斋(中国)与李兆治(G. C. Lee，美国)，执行主编为熊建国。

该刊旨在为国际地震工程界及相关学科提供学术交流平台，促进中国防震减灾事业的发展。内容涉及工程地震、结构抗震、结构和工程体系、震害评定、强震动观测、场地影响和岩土工程、结构动力学、结构振动控制、结构修复与加固等地震工程各领域，也包括与地震工程密切相关的风荷载、波浪荷载和其他动力作用引起的结构振动问题。

主要读者对象为地震工程和振动工程界相关的科学工作者、高级工程技术人员以及研究生。

Dizhen Gongcheng yu Jiegou Donglixue

《地震工程与结构动力学》 (*Earthquake Engineering & Structural Dynamics*) 1972 年创刊，月刊；国际地震工程协会（IAEE）与国际结构控制学会（IASC）联合主办。国际刊号：ISSN/ISBN 1096‐9845；网址：http：// onlinelibray. wiley. com/journal/10. 1002/(ISSN)1096‐9845。现任执行主编为乔普拉。

主要刊登地震工程相关论文，注重研究论文和工程设计相关论文之间的平衡；专业领域涉及地震学、海啸、地震动特征、土动力学与地基基础、波动理论、确定性与随机动力分析方法、结构试验、结构抗震设计与加固方法、抗震规范、系统识别、结构耗能减振、基础隔震、结构控制、结构动力学等诸多方面。

Dizhen Xuebao（yingwenban）

《地震学报》(英文版) (*Earthquake Science*，English) 前身为 1988 年创刊的《地震学报》英文版 (*Acta Seismologica Sinica*)，2009 年更为现名，接收独立提交的英文稿件，也继续发表《地震学报》中文版的优秀论文。中国地震学会主办，双月刊。国际刊号：ISSN 1000‐9116，国内刊号：CN 11—2022/P，网址：http：// www. equsci. org. cn。现任主编为中国科学院院士陈运泰。

主要刊登地震学领域具有创新性的科研成果和技术成就，也刊登与地震有关的地球物理、地震地质和工程地震领域的学术论文和研究简报；刊登反映地震学科不同学术观点、介绍地震学相关领域研究进展的讨论和综述，反映地震学及其相关的科技工作动态。

读者对象为地震学及地球物理学专业的科学工作者、工程师和高等院校师生。

Dizhenpu

《地震谱》 (*Earthquake Spectra*) 1984 年创刊，季刊，最近每年出版 5～7 期；美国地震工程研究会（EERI）主办。国际刊号：ISSN 8755‐2930，网址：http：// eqs. eeri. org。现任主编为内厄姆 (F. Naeim)。

论文内容主要涉及防震减灾理论和技术的应用，规范规程，地震公共政策与相关研究调查报告等。

读者对象为从事土木、岩土、力学和结构工程、地质学、地震学、建筑学、城市规划、公共管理以及防震减灾等相关研究的专业人员。

Gongcheng Lixue Qikan

《工程力学期刊》 (*Journal of Engineering Mechanics*) 原名《工程力学分支期刊》，1956 年创刊，月刊，1983 年更为现名，1995 年起发行网络电子版；美国土木工程师协会（ASCE）主办。国际刊号：ISSN 0733‐9399；网址：http：// ascelibrary. org/emo。第一任主编为巴伦 (M. L. Baron)，现任主编为卡洛蒂斯 (R. B. Corotis)。

刊登内容涉及土木工程相关的应用力学各领域，包括生物工程学、计算力学、计算机辅助工程学、结构动力学、弹性力学、试验分析及仪器、流体力学、散体介质流动、固体及结构非线性、随机方法、材料特性、断裂力学、结构构件及系统稳定性、湍流学等学科，侧重于新分析模型的开发与应用、新的数值方法、创新性试验方法及成果的描述。

Jiegou Gongcheng he Dizhen Gongcheng

《结构工程和地震工程》 (*Structural Engineering/Earthquake Engineering*) 1984 年创刊，日本土木工程师协会（JSCE）主办，选编日本《应用力学与地震工程期刊》的优秀论文以英文发表。国际刊号：ISSN 0289‐8063。该刊于 2006 年第 23 卷停刊，改发网络电子版。网址：http：// www. jsce. or. jp/publication/e/book/seee. html。现任主编为小长井一男(Konagai Kazuo)。

刊登内容涉及近场地震动、强地震动模拟、烈度衰减，结构动力分析和抗震分析、疲劳、结构试验、数值分析方法，系统识别、结构损伤探测和识别、健康监测，结构修复与加固，结构振动控制等。

Jiegou Gongcheng Qikan

《结构工程期刊》 (*Journal of Structural Engineering*) 原名《结构工程分支期刊》，创刊于 1956 年，月刊；美国土木工程师协会（ASCE）主办，1983 年更为现名。自 1995 年起开始发行网络电子版。国际刊号：ISSN 0733‐9445；网址：http：// ascelibrary. org/sto。第一任主编为鲍尔 (J. E. Bower)，现任主编为昆乃斯 (S. Kunnath)。

该刊主要发表与结构工程理论及实用基础知识相关的文章，涉及结构设计技术与科学、工程材料物理特性研究、分析方法研究、各类型结构的优缺点及施工方法研究，特殊的或优秀的工程项目介绍以及自然灾害的影响及减灾策略等。

Jiegou Kangzhen Yanjiu Zhongxin Huikan

《结构抗震研究中心会刊》 (*Bulletin of Earthquake Resistant Structure Research Center*) 1968 年创刊，每年出版一期；日本东京大学生产技术研究所主办。

该刊由工业研究基金支持，旨在激励优秀研究小组。论文内容包括地震灾害调查，地震波，场地、地基与基础，土动力学，计算力学，抗震试验，结构建模与抗震分析，结构振动控制，抗震设计，系统识别，损失评估，抗震加固等，也涉及地震海啸。

Meiguo Dizhen Xuehui Huikan

《美国地震学会会刊》（*Bulletin of the Seismological Society of America*；*BSSA*） 1911 年创刊，1963 年改季刊为双月刊，自第 90 卷起开始发行网络电子版；美国地震学会主办。国际刊号：ISSN 0037 - 1106；网址：http：// bssa. geoscienceworld. org。现主编为迈克尔（A. Michael）。

论文内容涉及地震学研究的各个方面，包括特定地震的调查，地震波理论与观测研究，大地构造与震源动力学反演，测震学，地震危险性估计，地震地质构造以及地震工程。除发表学术论文外，还设置有短评专栏，刊登对于已发表论文的评价或简短的标题性投稿。

Ouzhou Dizhen Gongcheng

《欧洲地震工程》（*European Earthquake Engineering*） 1987 年创刊，每年出版 3 期。国际刊号：ISSN 0394 - 5103。现任主编为本尼迪谛（D. Benedetti，意大利）。

论文内容涉及地震工程的广泛领域，如近场地震动，地震危险性分析，结构地震反应分析，结构试验，土-结相互作用，结构振动控制，结构损伤机理和结构识别等。

Tudonglixue yu Dizhen Gongcheng

《土动力学与地震工程》（*Soil Dynamics and Earthquake Engineering*） 1982 年创刊，原名为《国际土动力学与地震工程期刊》，1986 年更名后每年出版 8 期，2003 年 3 月开始网上发行；总部位于美国新泽西州普林斯顿。国际刊号：ISSN 0267 - 7261；网址：http：// www. elsevier. com/locate/soildyn。现任主编为凯克马克（A. S. Cakmak）和阿布戴尔-伽珐（A. M. Abdel-Ghaffar）。

该刊旨在鼓励应用数学家、工程师以及其他学者应用力学及相关学科知识解决地震工程与岩土工程领域的相关问题，内容重点为新思想、新技术及有助于解释与理解新思想、新技术的示例分析。

Diji yu Jichu

《地基与基础》（*Soils and Foundations*） 原名为 *Soil and Foundation*，1960 年创刊，初为季刊，1999 年起改为双月刊，偶发特刊；日本岩土工程学会土力学与基础工程分会主办。国际刊号：ISSN 0038 - 0806；网址：http：// www. jiban. or. jp/e/sf/contents。

该刊旨在为岩土工程师提供专业技术交流平台，内容主要涉及岩土工程及相关学科，含地质勘察，岩土试验，工程测量，基础、土工结构和地下结构分析与设计等；以技术论文、短评、讨论等形式发表。论文作者多为来自世界各地的从业工程师、咨询专家及岩土工程研究人员。

Xinxilan Dizhen Gongcheng Xuehui Huikan

《新西兰地震工程学会会刊》（*Bulletin of the New Zealand Society for Earthquake Engineering*） 1968 年创刊，季刊；新西兰地震工程委员会主办。国际刊号：ISSN 1174 - 9857；网址：http：// www. nzsee. org. nz。现任主编为斯特林（M. W. Stirling）。

刊载地震工程学相关文章，内容包括地震学、地震灾害、地震危险性、建筑工程、岩土工程、建筑加固、基底隔震、抗震分析和设计、抗震技术标准、钢筋混凝土，也涉及滑坡和火山。

Yantu yu Dizhi Huanjing Gongcheng Qikan

《岩土与地质环境工程期刊》（*Journal of Geotechnical & Geoenvironmental Engineering*） 月刊，1956 年创刊，原名《土工技术分支期刊》，1983 年更名为《土工技术期刊》，1997 年更为现名；美国土木工程师协会（ASCE）主办。国际刊号：ISSN 1090 - 0241；网址：http：// www. pubs. asce. org/journals/em. html。第一任主编马克森（W. F. Marcuson），现任主编斯图尔特（J. P. Stewart）。

主要刊载土力学与基础方面的研究文章，包括岩土的工程特点、场地特征、滑坡稳定、大坝、岩石工程、地震工程、土工环境、计算模型，地下水监测和海岸与海洋土工工程等，侧重于岩土环境与人工设施之间的关系，以及计算机在土木工程中的应用。

Zhendong he Sheng Qikan

《振动和声期刊》（*Journal of Vibration and Acoustics*） 1878 年创刊，双月刊；美国机械工程师协会（ASME）主办。国际刊号：ISSN 1048 - 9002；网址：http：// asmedl. org/vibrationacoustics。现任主编王光伟（Kon-Well Wang）。

内容涉及振动与声学方面的研究成果，含连续参数系统振动、线性和非线性振动、随机振动、模态分析、结构动力学和控制、减振隔振、主动和被动阻尼、机械动力学、转动力学和振动，声传播、噪音控制、机械噪音、结构声学、液体-结构相互作用、空气弹性及流体动力学等。

地震工程大事记

1857 年	·意大利那不勒斯地震发生。英国土木工程师 R. 马利特研究了这次地震，提出震中、震源、等震线、极震区等术语；他还发明了烈度计，绘制了世界地震图，编制了地震目录。
1874 年	·意大利人 M. S. de 罗西编制了最早的有实用价值的地震烈度表。
1880 年	·日本地震学会组建，这是世界上最早研究地震和地震工程的全国性组织。
1881 年	·日本学者河合浩藏和鬼头健三郎分别提出在建筑基底设置滚木及滑石云母以阻隔地震动向上部结构传输的设想。
1883 年	·M. S. de 罗西与瑞士人 F. A. 弗瑞尔联名发表了《罗西-弗瑞尔烈度表》（1883），将烈度从微震到大灾分为 10 度，并用简明语言规定了评定烈度的宏观现象与标志。
1885 年	·日本地震学家关谷清景制定地震烈度表。该表后经大森房吉和河角广等人改进，以木结构房屋震害、石墓碑、石灯笼翻倒等评定烈度，地震烈度从无感到激震划分为 0～Ⅶ 共 8 个等级，成为制定日本气象厅地震烈度表的基础。
1891 年	·日本发生浓尾 8.4 级地震，死亡 7000 余人，房屋破坏严重。
1893 年	·日本震灾预防调查会成立，全面推进地震工程研究。
1895 年	·日本震灾预防调查会发表《木结构住宅抗震要点》，推荐采用拉杆、斜撑和铁箍等建筑抗震构造措施。
1897 年	·意大利人 G. 麦卡利对《罗西-弗瑞尔烈度表》（1883）作了修改，使之适合在意大利应用。
1900 年	·日本学者大森房吉用静力等效水平最大加速度（即震度、地震系数）作为地震烈度物理指标，建立了计算结构地震作用的震度法。
1904 年	·意大利人 A. 坎卡尼将麦卡利烈度表的 10 度细分为 12 度；他参考 J. 米尔恩和大森房吉的研究成果，将烈度与加速度对应，编制了麦卡利-坎卡尼烈度表。
1906 年	·美国旧金山地震发生，并引发火灾，约千人遇难。圣安德烈斯断层引起了科学家的关注。
1908 年	·意大利墨西拿地震发生，死亡 8.3 万人。震后意大利政府组织了特别委员会，首次提出结构抗震的工程指南；应用力学教授 M. 帕奈廷指出地震反应本质上是动力的，提出房屋地震作用计算的等效静力方法，建议了不同楼层地震系数的取值。 ·日本学者大森房吉用仪器检测到地脉动。
1915 年	·日本学者佐野利器发表《家屋耐震构造论》，阐述了结构抗震设计的水平静力震度法。
1920 年	·中国发生宁夏海原（时属甘肃省）$8\frac{1}{2}$ 级地震，死亡 23 万余人。震后组织了中国现代史上第一
1923 年	次地震震害的全面科学考察。 ·日本关东地震发生，13 万人遇难，多数人死于震后的火灾。日本学者内藤多仲采用震度法设计的八层兴业银行大楼在地震中经受了考验。
1924 年	·日本颁布《市街地建筑物法》，采用震度法取地震系数 $k=0.1$ 计算结构地震作用，这是日本正式颁布的第一部抗震设计规范。
1925 年	·日本东京大学地震研究所建立，成为地震工程和地震学的重要研究机构。
1926 年	·日本学者真岛健三郎发表讲演"关于耐震构造的问题"，阐述振动理论，批评了基于静力理论的震度法，主张建造柔性钢结构；"刚柔论争"推动了抗震理论的发展。
1927 年	·美国《统一建筑规范》（UBC）第一版规定了抗震相关内容，采用地震系数 $k=0.075～0.10$，利用静力法进行抗震设计。
1931 年	·美国人 H. O. 伍德和 F. 诺伊曼归纳震害宏观现象，对麦卡利烈度表进行了修订。
1932 年	·美国工程师 J. R. 弗里曼主持研制世界上第一台模拟式强震加速度仪（USCGS 型）并投入使用。
1933 年	·美国发生长滩 6.3 级地震，此次地震中首次由强震动仪记录了地震动加速度时间过程。 ·美国加州议会发布菲尔德法令和赖利法令，规定了学校及其他房屋的抗震要求。 ·美国学者 M. A. 比奥将结构分解为一系列单自由度系统并求解其反应最大值，得出了地震反应谱曲线，实现与末广恭二和 H. 贝尼奥夫同样的设想。 ·日本不动储金银行采用了实用隔震技术。
1934 年	·美国制定《1934—1936 突击研究计划》，着手建立强震观测台网，研制抗震试验用的起振机，开展地脉动和房屋脉动反应测量并研究砖房地震破坏机理。
1935 年	·日本学者妹泽克惟和金井清提出最初的结构耗能抗震学说，指出因结构耗能和地震能量向地下扩散，具有适当强度的地上结构不会因共振发生严重破坏。
1936 年	·苏联科学院地球物理研究所编制全苏地震烈度区划图。 ·德裔美国学者 E. 瑞斯纳发表关于弹性半空间表面刚性圆盘基础竖向振动问题的研究结果，成为土-结相互作用问题理论分析的基础。
1940 年	·美国发生加州帝国谷 7.1 级地震，在距离震中 22 km 处的埃尔森特罗台得到最大峰值 $0.33\,g$ 的加速度记录，该记录在抗震分析中被广泛使用。 ·苏联编制《地震区民用和工业建筑物与构筑物设计规程》。
1947 年	·美国学者豪斯纳发表《强地震动的特性》，认为

可将地震动视为随机振动，并表示为沿时间轴随机分布的脉冲，提出地震动的白噪声模型和过滤白噪声模型，开拓了地震动随机模型的研究。

1948 年
- 美国海岸和大地测量局编制了美国地震概率图。
- 苏联科学院成立地震委员会。

1950 年
- 日本颁布《建筑基准法》取代《市街地建筑物法》，规定了房屋高度限制和随高度增加的震度系数以及屋顶突出物的震度系数。
- 苏联地震学家 A. I. 戈尔什科夫采用构造法编制全苏地震区域划分图。

1951 年
- 日本学者河角广采用统计方法编制日本地震动区划图，给出重现周期 75 年、100 年和 200 年的最大地震动加速度。
- 苏联颁布《地震区建筑设计规范》（ПСП—101—51）。规范规定了对应不同烈度区的地震系数和对应不同结构的动力放大系数，依据场地烈度和建筑重要性调整设计烈度。

1952 年
- 美国在加州建筑设计规范中规定采用反应谱理论计算地震作用，抗震设计计算开始由静力理论向动力理论发展。
- 苏联学者麦德维杰夫提出烈度小区划方法。

1954 年
- 中国科学院土木建筑研究所（中国地震局工程力学研究所的前身）成立，是中国最早开展地震工程研究的机构。

1955 年
- 苏联《地震区建筑设计规范》（ПСП—101—51）在中国翻译出版，中国少数重要建筑参照该规范按静力理论进行了抗震设计。

1956 年
- 第一届世界地震工程会议在美国加州伯克利召开。
- 美国学者 M. J. 特纳和克拉夫等首次应用三角形单元求得平面应力问题的正确解答；随着计算机应用的普及，有限元法迅速发展为有效的结构数值分析方法。

1957 年
- 中国科学院地球物理研究所谢毓寿主持编制《新的中国地震烈度表》。
- 李善邦等主持编制中国第一幅地震区划图《中国地震区域划分图》（1957），但未正式使用。
- 中国国家基本建设委员会和发展计划委员会颁布 298 个城镇的基本烈度和抗震设防规定。

1959 年
- 美国加州结构工程师协会地震委员会编制名为《建议的抗侧力要求》的第一版抗震设计规范，提出了计算结构地震作用的底部剪力法。
- 中国参考苏联规范提出第一个抗震设计规范草案，内容包含房屋、道桥、水坝、给排水等多种类型结构的抗震要求。

1960 年
- 美国《统一建筑规范》（UBC）采用美国加州结构工程师协会 1959 年的建议，认为该规范可以保证建筑结构小震完好、中震无结构损坏、大震不倒。

1961 年
- 中国开始对广东河源新丰江水库混凝土坝实施抗震加固。

1962 年
- 中国在广东河源新丰江水库大坝实施强震动观测。

1963 年
- 国际地震工程协会成立。

1964 年
- 中国编制完成《地震区建筑设计规范（草案）》；该规范适用于房屋建筑、给排水和道桥等工程结构，采用了反应谱理论；但未正式颁布。
- 苏联麦德维杰夫、德国 W. 斯彭怀尔和捷克 V. 卡尼克共同编制了 MSK 烈度表，烈度划分为 12 度，并给出了相应的加速度、速度和位移。该烈度表曾被欧洲地震委员会推荐使用。
- 苏联学者 B. V. 科斯特洛夫对震源动力破裂问题作了开拓性研究。
- 日本新潟地震和美国阿拉斯加地震发生，饱和砂土液化引起严重震害，促进了砂土液化、生命线工程和工业企业的抗震研究。

1965 年
- 中国科学院工程力学研究所试制成功六通道电流计记录式强震动仪。
- 中国水利水电科学研究院和中国科学院工程力学研究所分别研制成功机械式动三轴仪和电磁式动三轴仪。

1966 年
- 日本东京大学生产技术研究所研制并装备地震模拟振动台。
- 中国发生河北邢台地震，造成重大人员伤亡；此后为期十年的强地震持续活跃期，促成地震工程研究的全面发展。
- 中国推进强震动观测和强震动台阵建设工作。
- 美国学者希德利用动三轴试验进行砂土液化定量研究。

1967 年
- 地震学家安艺敬一创先研究震源谱。
- 中国国家基本建设委员会设立京津地区地震办公室。

1968 年
- 美国学者 C. A. 科内尔提出了地震危险性分析的概率方法。
- 美国伊利诺依大学建成单水平向 3.65 m × 3.65 m 地震模拟振动台。
- 日本学者武藤清等设计的高 147 m 的东京霞关大楼建成，推进了高层建筑的抗震分析与设计。
- 安艺敬一模拟 1966 年美国加州帕克菲尔德地震近场记录，开创了地震动模拟研究。

1969 年
- 美国纽约世界贸易中心大厦设置黏弹性阻尼器，被动控制装置用于土木工程防灾。
- 日本东京大学伯野元彦利用模拟计算机和加力装置进行了伸臂梁试验，开发了伪动力试验技术。
- 《京津地区水工建筑物抗震设计暂行规定（草案）》编制完成，这是中国最早的针对单类工程结构的抗震技术标准。

1970 年
- 中国发生云南通海 7.8 级地震，现场调查中分析了断层、场地和地形对震害的影响，最早应用震害指数法绘制了等震线图。
- 美国学者 J. N. 布龙提出了一种简单的圆盘剪切破裂震源动力学模型。

1971 年
- 中国设立国家地震局，管理全国地震工作。
- 美国加州圣费尔南多地震发生，交通、供水、电力等系统遭到严重破坏；在帕柯依玛坝上首次记录到超过 1.0 g 的地震动加速度。在震害调查研究中，美国学者 C. M. 杜克将电力、供水排水、交通、通信、供气设施统称为生命线系统，受到地震工程界广泛重视。

- 豪斯纳和詹宁斯提出了在抗震分析中使用动力时程分析的必要性。

- 纽马克等计算非弹性反应谱，开始了结构地震反应的弹塑性分析。

1972 年
- 美籍华人学者姚治平发表《结构控制的概念》，阐述了土木工程地震反应主动控制的目标和途径；振动控制被引入地震工程。

- 美国地质调查局和加州地质调查局分别实施国家强震动观测计划 NSMP 和加州强震动观测计划 CSMIP，在自由场和大型建筑物、桥梁、大坝和电力设施上设置大量强震动观测台站。

- 第一届国际地震小区划会议召开。

1974 年
- 中国《工业与民用建筑抗震设计规范（试行）》（TJ 11—74）正式颁布。

- 美国土木工程师协会设立生命线地震工程委员会。

- 日本东京大学高梨晃一发展了伪动力试验技术。

1975 年
- 中国发生辽宁海城 7.3 级地震，因发布临震预报而减少了人员伤亡；震害考察获得丰富的工程震害经验。

- 日本制定《钢筋混凝土房屋耐震鉴定法》。

1976 年
- 中国发生河北唐山 7.8 级地震，约 24 万人罹难，大量工程结构毁坏。唐山地震震害考察获得极其丰富的震害经验，推动了中国地震工程研究和抗震防灾事业。

- 中国筹建全国抗震办公室，召开第一次全国抗震工作会议。

1977 年
- 中国国家建委抗震办公室成立，统管全国抗震工作。

- 中国《工业与民用建筑抗震鉴定标准》（TJ 23—77）颁布试行，继而开展了大规模抗震鉴定加固工作。

- 美国《编制建筑抗震规范的暂行规定》（ATC—3—06）颁布，该规范对世界各国抗震规范的制定和修编产生了重要影响。

1978 年
- 中国建筑学会地震工程学术委员会成立，后更名为中国建筑学会抗震防灾分会。

- 中国《工业与民用建筑抗震设计规范》（TJ 11—78）颁布。

- 《中国地震烈度区划图》（1977）颁布，给出了 100 年内一般场地条件下可能遭遇的最大地震烈度。

- 中国《水工建筑物抗震设计规范》（SDJ 10—78）颁布试行。

- 中国台湾省布设强震动台阵。

- 日本发生宫城近海 7.5 级地震，造成房屋、公路、铁路、桥梁、设备和通信系统的大量破坏，促进了日本的生命线工程抗震研究和新抗震设计规范的编制。

- 第一次国际强震观测台阵会议在夏威夷檀香山召开，推进了强震动观测的国际合作。

- 美国学者 S. H. 哈策尔提出用小震记录作为经验格林函数计算大地震的理论地震图。

1979 年
- 中国《工业设备抗震鉴定标准（试行）》（1979）颁布试行。

1980 年
- 中国台湾强震观测台阵（SMART）布设数字强震仪。

- 根据 1979 年的《中美科技合作协定》签署《中美地震科学技术合作议定书》，其附件三《地震工程与减轻地震灾害》的执行推进了中美地震工程学术交流与合作研究。

- 刘恢先教授主编《中国地震烈度表》（1980）。

- 中国试行编制北京、兰州地震小区划图。

1981 年
- 日本《新耐震设计法》（1980）颁布实施；该规范采用对应大震和小震的两阶段设计方法，体现了强度与变形并重的概念，对世界各国抗震设计规范的编制和修订产生重大影响。

- 日本与美国合作利用多种设施进行多层钢筋混凝土房屋的足尺和缩尺模型试验，推进了地震工程和抗震试验技术的发展。

- 中美地震小区划讨论会在中国哈尔滨召开。

- 中国地震学会设立地震工程专业委员会。

1983 年
- 中国研制 3 m×3 m 电液伺服地震模拟振动台。

1984 年
- 中国地震学会地震工程专业委员会和中国建筑学会抗震防灾分会共同组建中国地震工程联合会。

- 中国第一届全国地震工程会议在上海召开。

1985 年
- 墨西哥米却肯州发生 8.1 级地震，距震中 400 km 的墨西哥城高层建筑破坏严重，远震和软弱地基造成的震害引起了地震工程界的广泛关注。

- 美国应用技术委员会发表《加利福尼亚未来地震损失估计》（ATC—13），提出了房屋建筑震害预测与损失评估方法。

1986 年
- 中国自行研制的 5 m×5 m 双水平向电液伺服地震模拟振动台在国家地震局工程力学研究所投入试运行。

1988 年
- 中国《铁路工程抗震设计规范》（GBJ 111—87）颁布实施。

1989 年
- 中国《建筑抗震设计规范》（GBJ 11—89）、《工业构筑物抗震鉴定标准》（GBJ 117—88）颁布实施，中国地震区城市建筑全面实施抗震设计。

- 日本鹿岛建设公司建成世界上第一座采用主动质量驱动器的京桥 Seiwa 大厦。

1990 年
- 《中国地震烈度区划图》（1990）颁布，给出了 50 年内超越概率为 10% 的地震烈度。

- 中国《公路工程抗震设计规范》（JTJ 004—89）颁布实施。

- 日本建成世界上第一座采用半主动变刚度控制的试验建筑。

1991 年
- 日本彩虹桥采用含主动控制在内的混合控制体系。

1992 年
- 中国第一届海峡两岸地震学术讨论会在北京召开。

- 第一届国际浅层地震构造对地震动影响研讨会在日本小田原市召开。

1993 年
- 中国建筑学会抗震防灾分会结构减震与控制专业

委员会成立。

1994年
- 国际结构控制学会成立，同年在美国洛杉矶召开了第一届世界结构控制会议。振动控制和健康监测成为地震工程的重要研究领域。
- 中国《构筑物抗震设计规范》（GB 50191—93）颁布实施。
- 美国发生洛杉矶北岭地震，推动了高架桥、钢结构等的抗震研究，隔震建筑在地震中经受检验。

1995年
- 日本发生阪神7.3级地震，造成众多人员伤亡和惨重经济损失。此次地震进一步推动了日本的地震工程研究，震后着手建设密集强震动观测台网和世界最大的15 m×20 m三向地震模拟振动台，建设省启动"建筑结构新的设计方法开发"项目。

1996年
- 中国《建筑抗震鉴定标准》（GB 50023—95）、《建筑抗震试验方法规程》（JGJ 101—96）颁布实施。

1997年
- 首届国际健康监测学术会议在美国斯坦福大学召开。
- 中国《水工建筑物抗震设计规范》（SL 203—97）、《电力设施抗震设计规范》（GB 50260—96）颁布实施。
- 美国首次将半主动变阻尼装置用于高速公路连续梁桥。

1998年
- 中国《核电厂抗震设计规范》（GB 50267—97）、《通信设备安装抗震设计规范》（YD 5059—98）颁布实施。
- 1997年通过的《中华人民共和国防震减灾法》正式实施。
- 中国国家地震局更名为中国地震局。
- 美国《房屋抗震鉴定指南（试行）》（FEMA 310/1998）颁布试行，指南采用对应不同抗震性态的三级鉴定方法。
- 中国振动工程学会结构抗振控制专业委员会成立，成为国际结构控制学会成员。
- 中国南京电视塔设置主动控制系统。

1999年
- 中国《水运工程抗震设计规范》（JTJ 225—98）、《建筑抗震加固技术规程》（JGJ 116—98）颁布实施。
- 中国台湾集集地震发生，获得大量强震记录，推动了近场地震动和发震断裂研究。
- 美国自然科学基金会批准实施地震工程联网试验项目。

2001年
- 中国修订的《水工建筑物抗震设计规范》（DL 5073—2000）颁布实施。
- 美国联邦紧急事务管理局、美国国家自然科学基金会、美国应用技术委员会、加州结构工程师协会、加州大学伯克利分校地震工程研究中心等开展有关性态抗震设计的研究，发表了一系列研究报告和技术标准。
- 日本将性态抗震相关内容纳入《建筑基准法》。
- 中国《叠层橡胶支座隔震技术规程》（CECS 126：2001）批准发布，汇集了隔震技术研究成果和工程建设经验。

2002年
- 《中国地震动参数区划图》（GB 18306—2001）颁布，给出50年内超越概率10%的地震动参数，包括《中国地震动峰值加速度区划图》和《中国地震动反应谱特征周期区划图》。
- 中国《建筑抗震设计规范》（GB 50011—2001）颁布实施，规范增加了隔震和消能减振建筑的设计要求。

2003年
- 中国《室外给水排水和燃气热力工程抗震设计规范》（GB 50032—2003）颁布实施。
- 第三届世界结构控制与监测会议在意大利召开，国际结构控制学会更名为国际结构控制与监测学会。

2004年
- 由欧洲标准技术委员会组织编制的《结构抗震设计（欧洲规范8）》（EN 1998—1：2004）颁布，以替代欧共体成员国各不相同的建筑抗震设计标准。
- 中国《建筑工程抗震设防分类标准》（GB 50223—2004）颁布实施，《建筑工程抗震性态设计通则（试用）》（CECS 160：2004）颁布试行，《石油化工构筑物抗震设计规范》（SH/T 3147—2004）颁布（次年实施），《输油（气）钢质管道抗震设计规范》（SY/T 0450—2004）颁布实施。
- 印度尼西亚苏门答腊西北近海发生9.0级地震，地震海啸横扫印度洋，造成20余万人死亡。

2005年
- 中国《工程场地地震安全性评价》（GB 17741—2005）颁布实施。

2006年
- 中国修订的《铁路工程抗震设计规范》（GB 50111—2006）颁布实施。

2007年
- 日本柏崎市核电厂在新潟—上中越近海地震中发生变压器起火、核污染水泄漏、反应堆紧急停堆事故。
- 中国数字强震动观测台网建成，强震动观测覆盖大陆30个省、自治区和直辖市。

2008年
- 中国发生四川汶川8.0级地震，死亡6.9万人，失踪1.7万人，地震地质灾害严重，造成极其重大的经济损失。震后组织了大规模震害考察，抗震设计建筑在地震中经受检验。
- 第十四届世界地震工程会议在中国北京召开。
- 中国修订的《建筑抗震设计规范》（GB 50011—2008）、《镇（乡）村建筑抗震技术规程》（JGJ 161—2008）、《公路桥梁抗震设计细则》（JTG/T B02—01—2008）颁布实施。

2009年
- 《中国地震烈度表》（GB/T 17742—2008）颁布实施。
- 中国修订的《建筑抗震鉴定标准》（GB 50023—2009）和《油气输送管道线路工程抗震技术规范》（GB 50470—2008）颁布实施。

2010年
- 海地太子港发生7.3级地震，房屋和基础设施严重损毁；逾20万人遇难，其中包括8名中国维和官兵；国际社会采取紧急救援行动。
- 中国《建筑抗震设计规范》（GB 50011—2010）颁布实施。

2011年
- 日本宫城东部海域发生9.0级地震，引发巨大海啸，近3万人死亡或失踪；海啸还造成福岛第一核电厂严重的核泄漏事故。

索　引

条目标题汉字笔画索引

说　　明

一、本索引供读者按条目标题的汉字笔画查检条题所在页码。

二、条目标题按第一字的笔画由少到多的顺序排列，同笔画数时，按起笔至末笔笔形依横（一）、竖（｜）、撇（丿）、点（丶）、折（乛）的顺序排列。第一字相同的，依次按后面各字的笔画数和笔形顺序排列。

三、以拉丁字母开头的条目标题，依字母顺序排在本索引的最后部分。

条题简化字与繁体字对照表

说　明

本表辑录条目标题中出现的简化汉字及其对应的繁体字，按简化字笔画由少到多的顺序排列。笔画数相同的字，按起笔至末笔笔形横、竖、撇、点、折的顺序排列。

二画

厂（廠）
几（幾）①

三画

与（與）
万（萬）②
广（廣）
门（門）
马（馬）

四画

开（開）
无（無）
专（專）
艺（藝）
区（區）
历（歷）③
贝（貝）
冈（岡）
见（見）
气（氣）
长（長）
仓（倉）
风（風）
忆（憶）
计（計）
邓（鄧）
书（書）

五画

击（擊）
术（術）④
东（東）
卢（盧）
业（業）
归（歸）
叶（葉）⑤

电（電）
号（號）
仪（儀）
尔（爾）
处（處）
兰（蘭）
头（頭）
汉（漢）
宁（寧）
礼（禮）
训（訓）
议（議）
记（記）
边（邊）
发（發）⑥
对（對）
台（臺）⑦
丝（絲）

六画

动（動）
扫（掃）
场（場）
亚（亞）
机（機）
权（權）
过（過）
协（協）
压（壓）
达（達）
划（劃）⑧
师（師）
团（團）⑨
回（迴）⑩
则（則）
刚（剛）
网（網）
乔（喬）
传（傳）

优（優）
伤（傷）
价（價）
华（華）
伪（偽）
向（嚮）⑪
会（會）
冲（衝）⑫
庆（慶）
刘（劉）
产（產）
闭（閉）
关（關）
论（論）
设（設）
导（導）
阵（陣）
阶（階）
观（觀）
红（紅）
纤（纖）⑬
级（級）
纪（紀）

七画

寿（壽）
麦（麥）
进（進）
远（遠）
运（運）
坏（壞）
坝（壩）⑭
壳（殼）
块（塊）
声（聲）
拟（擬）
劳（勞）
极（極）
两（兩）

励（勵）
连（連）
时（時）
旷（曠）
邮（郵）
体（體）
条（條）
岛（島）
系（係）⑮
状（狀）
库（庫）
应（應）
间（間）
评（評）
补（補）
识（識）
层（層）
张（張）
际（際）
陈（陳）
纲（綱）
纳（納）
纽（紐）

八画

环（環）
现（現）
规（規）
势（勢）
范（範）⑯
构（構）
矿（礦）
码（碼）
态（態）
欧（歐）
转（轉）
软（軟）
贤（賢）
国（國）

罗（羅）
图（圖）
质（質）
征（徵）⑰
径（徑）
备（備）
饱（飽）
变（變）
闸（閘）
单（單）
炉（爐）
浅（淺）
泽（澤）
学（學）
实（實）
试（試）
视（視）
询（詢）
录（錄）
隶（隸）
参（參）
线（綫）
练（練）
组（組）
经（經）
贯（貫）

九画

项（項）
挡（擋）
带（帶）
荡（蕩）
标（標）
树（樹）
砖（磚）
轴（軸）
点（點）
竖（竪）
蚁（蟻）

响（響）
钢（鋼）
选（選）
复（複）⑱
顺（順）
弯（彎）
闻（聞）
类（類）
总（總）
测（測）
济（濟）
宪（憲）
误（誤）
诱（誘）
说（說）
逊（遜）
险（險）
结（結）
给（給）
络（絡）
统（統）

十画

载（載）
损（損）
热（熱）
档（檔）
桥（橋）
桩（樁）
样（樣）
础（礎）
较（較）
顿（頓）
监（監）
紧（緊）
圆（圓）
钱（錢）
钻（鑽）
铁（鐵）

铅（鉛）
积（積）
倾（傾）
胶（膠）
离（離）
资（資）
递（遞）
涡（渦）
宽（寬）
调（調）
预（預）
验（驗）

十一画

据（據）⑳
检（檢）
悬（懸）
啸（嘯）
铰（鉸）
偿（償）
盘（盤）
盖（蓋）
断（斷）
惯（慣）
谐（諧）
弹（彈）
随（隨）
续（續）
绳（繩）
维（維）
综（綜）

十二画

联（聯）
确（確）
暂（暫）
遗（遺）
锅（鍋）

筑（築）㉑
储（儲）
御（禦）㉒
鲁（魯）
装（裝）
滞（滯）
湾（灣）
谢（謝）
属（屬）
编（編）

十三画

摆（擺）㉓
楼（樓）
辐（輻）
输（輸）
频（頻）
鉴（鑒）
错（錯）
锚（錨）
锡（錫）
锤（錘）
简（簡）
鹏（鵬）
数（數）
滤（濾）
滨（濱）
缝（縫）

十四画

墙（牆）
稳（穩）
谱（譜）
缩（縮）

二十一画

灏（灝）

注：表中所示角标给出"一简对多繁"的字在相关条题中简化字与繁体字对应的义项或词例。①几多、几次；②万千、万全、姓；③历代、历史；④技术、学术；⑤树叶、20 世纪中叶、姓；⑥分发、发生、发现；⑦亭台、台湾；⑧划分、计划；⑨团圆、团队；⑩回旋、迂回；⑪方向、面向；⑫横冲直撞、冲突；⑬纤细、纤维；⑭堤坝、河坝；⑮关系、干系；⑯规范、典范；⑰征兆、象征；⑱重复、复合；⑲标准、准则；⑳依据、占据；㉑建筑、构筑；㉒抵御、防御；㉓摆放、摆动。

条目标题汉语拼音索引

说　明

一、本索引供读者按条目标题的汉语拼音查检条题所在页码。

二、条目标题按第一字的汉语拼音字母顺序排列，第一字拼音相同时，按声调（阴平、阳平、上声和去声）的顺序排列；同音、同调时，按笔画数由少到多的顺序排列；同音、同调、同笔画数时，按起笔至末笔笔形依横、竖、撇、点、折的顺序排列。第一字相同时，按第二字，余类推。

三、以拉丁字母开头的条目标题，依字母顺序排在本索引的最后部分。

条目外文标题索引

说　明

一、本索引供读者按条目的外文标题（中国人名同汉语拼音）查检条题所在页码。

二、条目外文标题按逐词排列法顺序排列。无论单词标题或多词标题，均以单词为单位，按拉丁字母顺序、按单词在标题中所处的先后位置，顺序排列。若第一个单词相同，再依次按第二个、第三个，余类推。

例如：*Acta Seismologica Sinica*
active control
active earth pressure

三、复合词或字母组合，均按一个词排序。

例如：power spectrum
PS logging
pseudo excitation method
pseudo-dynamic test

含角标的字母排在相应字母之后。

例如：hysteresis loop
H_∞ control

E

内 容 索 引

说 明

一、本索引是全书条题和条目内容的主题分析索引。索引主题按汉语拼音字母顺序并辅以汉字笔画、笔形顺序排列。同音时，按汉字笔画数由少到多的顺序排列；笔画数相同的按起笔至末笔笔形依横、竖、撇、点、折的顺序排列。第一字相同时，按第二字，余类推。以拉丁字母和阿拉伯数字开头的，依次排在本索引的最后部分。

二、设有条目的主题用黑体字，未设条目的主题用宋体字。

三、本索引附有《地震简表》《外国人名译名对照表》等附件，作为对索引中相关主题的补充和说明。

四、索引主题之后的阿拉伯数字是主题内容所在的页码，数字之后的小写拉丁字母表示索引内容所在的版面区域，其划分如右图。

a	c
b	d

地 震 简 表

中 国 地 震

- 1305 年 5 月 11 日山西怀仁—大同 6½ 级地震
- 1484 年 2 月 7 日北京居庸关 6¾ 级地震
- 1556 年 2 月 2 日陕西华县 8¼ 级地震
- 1626 年 6 月 28 日山西灵丘 7 级地震
- 1679 年 9 月 2 日河北三河—平谷 8 级地震
- 1730 年 9 月 30 日北京西北郊 6½ 级地震
- 1739 年 1 月 3 日宁夏平罗—银川 8 级地震
- 1920 年 12 月 16 日宁夏海原 8½ 级地震
- 1933 年 8 月 25 日四川茂汶北叠溪 7½ 级地震
- 1962 年 3 月 19 日广东河源新丰江水库诱发地震(6.1 级)
- 1966 年 2 月 5 日云南东川 6.5 级地震
- 1966 年河北邢台地震(3 月 8 日隆尧 6.8 级,3 月 22 日宁晋 7.2 级)
- 1967 年 3 月 27 日河北河间 6.3 级地震
- 1969 年 7 月 18 日渤海 7.4 级地震
- 1970 年 1 月 5 日云南通海 7.8 级地震
- 1975 年 2 月 4 日辽宁海城 7.3 级地震
- 1976 年 7 月 28 日河北唐山 7.8 级地震
- 1976 年 11 月 15 日天津宁河 6.9 级地震
- 1981 年 1 月 24 日四川道孚 6.9 级地震
- 1988 年 11 月 6 日云南澜沧—耿马 7.4 级、7.2 级地震
- 1989 年 10 月 19 日山西大同—阳高 6.1 级地震
- 1990 年 4 月 26 日青海共和 7.0 级地震
- 1993 年 1 月 27 日云南普洱 6.3 级地震
- 1996 年 2 月 3 日云南丽江 7.0 级地震
- 1996 年 5 月 3 日内蒙古包头西 6.4 级地震
- 1998 年 1 月 10 日河北张北 6.2 级地震
- 1999 年 9 月 21 日台湾集集 7.7 级(M_w)地震
- 2001 年 4 月 12 日云南施甸 5.9 级地震
- 2001 年 11 月 14 日青海昆仑山口西 8.1 级地震
- 2003 年 2 月 24 日新疆巴楚—伽师 6.8 级地震
- 2003 年 8 月 16 日内蒙古巴林左旗 5.9 级地震
- 2003 年 10 月 16 日云南大姚 6.1 级地震
- 2005 年 2 月 15 日新疆乌什 6.2 级地震
- 2005 年 11 月 26 日江西九江—瑞昌 5.7 级地震
- 2008 年 5 月 12 日四川汶川 8.0 级地震

国 外 地 震

- 1564 年 7 月 20 日滨海阿尔卑斯地震(I_0:Ⅸ~Ⅹ度)
- 1755 年 11 月 1 日葡萄牙里斯本地震(I_0:Ⅺ度)
- 1857 年 12 月 16 日意大利那不勒斯地震(I_0:Ⅹ度)
- 1891 年 10 月 27 日日本浓尾 8.4 级地震
- 1906 年 4 月 18 日美国旧金山 8.3 级地震
- 1908 年 12 月 28 日意大利墨西拿 7.5 级地震
- 1923 年 9 月 1 日日本关东 8.3 级地震
- 1925 年 6 月 29 日美国加州圣巴巴拉 6.2 级地震
- 1931 年 1 月 4 日希腊马拉松水库诱发地震(5.3 级)
- 1933 年 3 月 11 日美国加州长滩 6.3 级地震
- 1940 年 5 月 19 日美国加州帝国谷 7.1 级地震
- 1957 年 3 月 22 日美国旧金山 5.3 级地震
- 1959 年 8 月 18 日美国蒙大拿州 7.1 级地震
- 1960 年 5 月 22 日智利中部 9.6 级(M_w)地震
- 1963 年 7 月 26 日南斯拉夫斯科普里 6.0 级地震
- 1963 年 9 月 23 日赞比亚—津巴布韦边界卡里巴水库诱发地震(6.1 级)
- 1964 年 3 月 28 日美国阿拉斯加 8.3 级地震
- 1964 年 6 月 16 日日本新潟 7.4 级地震
- 1966 年 2 月 5 日希腊克里马斯塔水库诱发地震(6.3 级)
- 1966 年 6 月 28 日美国加州帕克菲尔德 6.1 级地震
- 1967 年 7 月 29 日委内瑞拉 6.5 级地震
- 1967 年 12 月 10 日印度柯依纳水库诱发地震(6.5 级)
- 1970 年 5 月 31 日秘鲁瓦斯卡兰山 7.8 级地震
- 1971 年 2 月 9 日美国加州圣费尔南多 6.7 级地震
- 1976 年 2 月 4 日危地马拉 7.5 级地震
- 1978 年 6 月 12 日日本宫城近海 7.5 级地震
- 1979 年 10 月 15 日美国加州帝国谷 6.8 级地震
- 1985 年 3 月 3 日智利中部近海 7.8 级地震
- 1985 年 9 月 19 日墨西哥米却肯州 8.1 级地震
- 1988 年 12 月 7 日亚美尼亚 6.8 级地震
- 1989 年 10 月 18 日美国加州洛马普列塔 7.1 级地震
- 1990 年 6 月 20 日伊朗鲁德巴尔 7.7 级地震
- 1990 年 8 月 5 日日本小田原 5.1 级(M_j)地震
- 1992 年 4 月 25 日美国加州派特罗里亚 7.2 级(M_w)地震
- 1992 年 6 月 28 日美国加州兰德斯 7.3 级(M_w)地震
- 1994 年 1 月 17 日美国洛杉矶北岭 6.7 级地震
- 1995 年 1 月 16 日日本阪神 7.3 级(M_w)地震
- 1999 年 8 月 17 日土耳其伊兹米特 7.6 级(M_w)地震
- 2001 年 1 月 13 日萨尔瓦多近海 7.7 级(M_w)地震
- 2001 年 1 月 26 日印度古吉拉特 7.6 级(M_w)地震
- 2004 年 10 月 23 日日本新潟 6.6 级(M_w)地震
- 2004 年 12 月 26 日印度尼西亚苏门答腊西北近海 9.0 级(M_w)地震
- 2007 年 7 月 16 日日本新潟—上中越近海 6.6 级(M_w)地震
- 2010 年 1 月 12 日海地太子港 7.3 级地震
- 2011 年 3 月 11 日日本宫城东部海域 9.0 级(M_w)地震

说明

本表分为中国地震与国外地震两部分，各自按地震发生时间顺序列出《内容索引》中辑录的地震。地震名称以条目撰稿人提供的名称为主，发震日期、地点、震级等已与正式出版的有关地震目录或著作核对。地震日期中国地震按北京时间计，国外地震按世界标准时间计。地震强度未注明者均为面波震级 M_S；M_W 为矩震级，M_j 为日本气象厅震级；I_0 为震中烈度。

主要参考资料：

① 国家地震局震害防御司编，中国历史强震目录(公元前 23 世纪—公元 1911 年)，地震出版社，1995；

② 中国地震局震害防御司编，中国近代地震目录(公元 1912 年— 1990 年，$M_S \geqslant 4.7$)，中国科学技术出版社，1999；

③ 国家地震局震害防御司编译，全球重大灾害性地震目录(2150 B.C. ～1991A.D.)，地震出版社，1996；

④ 宋治平、张国民等编著，全球地震目录(9999 B.C.～1963 A.D. $M \geqslant 5.0$,1964 A.D.～2010 A.D. $M \geqslant 6.0$)，地震出版社，2011；

⑤ 傅征祥等编，板块构造和地震活动性，附件 3，全球地震目录(1900～2008,$M \geqslant 7.0$)，地震出版社，2009；

⑥ 陈棋福主编，中国震例(2000～2002)，地震出版社，2008；

⑦ 蒋海昆主编，中国震例(2003～2006)，地震出版社，2014；

⑧ 四川省地震局编著，一九三三年叠溪地震，四川科学技术出版社，1983；

⑨ 丁原章等著，水库诱发地震，地震出版社，1989。

外国人名译名对照表

A

Aki Keiiti	安艺敬一
Algermissen S. T.	阿尔杰米森
Ambraseys N. N.	安勃瑞塞斯
Arias A.	阿里亚斯

B

Baron M. L.	巴伦
Battis J.	巴蒂斯
Bayes T.	贝叶斯
Benioff H.	贝尼奥夫
Bertero V. V.	博特罗
Biot M. A.	比奥
Blume J. A.	布卢姆
Bolt B.	博尔特
Boole G.	布尔
Boore D.	波尔
Bouc R.	鲍克
Bower J. E.	鲍尔
Box G.	博克斯
Brillinger D. R.	布里林格
Brook R. A.	布鲁克
Brune J. N.	布龙
Buckingham E.	白金汉
Bucy R. S.	布西
Burrows M.	伯罗斯
Bycroft G. N.	拜克罗夫特

C

Cancani A.	坎卡尼
Casagrande A.	卡萨格兰德
Chemsky N.	切姆斯基
Chopra A. K.	乔普拉
Clough R. W.	克拉夫
Cole H. A.	科尔
Contor G.	康托
Cooley J. W.	库利
Cornell C. A.	科内尔
Courant R.	库朗

D

Darwin C. R.	达尔文
Daubechies I.	道布切斯

Dijkstra E. W.	戴克斯特拉
Dorigo M.	多里戈
Duhamel G.	杜哈梅
Duke C. M.	杜克

E

Esteva L.	埃斯特瓦

F

Fano R. M.	法诺
Feigenbaum E.	费根鲍姆
Fessenden R. A.	费森登
Fisher R. A.	费希尔
Forel F. A.	弗瑞尔
Fourier J.	傅里叶
Freeman J. R.	弗里曼

G

Galitzin B.	伽里津
Gambursev G. A.	甘布尔采夫
Gastaldi J.	伽斯塔尔第
Glover F.	格洛弗
Gorshkov A. I.	戈尔什科夫
Grossberg S.	格罗斯伯格
Grossman A.	格罗斯曼
Gutenberg B.	古登堡

H

Hakuno Motohiko	伯野元彦
Hall W. J.	霍尔
Hartzell S. H.	哈策尔
Haskell N. A.	哈斯克尔
Hebb D. O.	赫布
Hinton G. E.	欣顿
Holden E. S.	霍尔登
Holland J. H.	霍兰德
Hopfield J. J.	霍普菲尔德
Hoshitani Katsu	星谷胜
Housner G. W.	豪斯纳
Hudson D. E.	哈德森
Huffman D. A.	霍夫曼

I

Ida Yoshiaki	井田喜明
Idriss I. M.	伊德里斯
Ishihara Kenji	石原研而
Ishimoto Mishio	石本巳四雄
Iwan W. D.	艾万
Iwasaki Toshio	岩崎敏男

J

Jakson P.	杰克逊
Jenkins G.	詹金斯
Jennings P.	詹宁斯

K

Kaiser J.	凯瑟
Kalman R. E.	卡尔曼
Kanai Kiyoshi	金井清
Kanamori Hiroo	金森博雄
Karnik V.	卡尼克
Katayama Tsuneo	片山恒雄
Kawai Kozo	河合浩藏
Kawasumi Hiroshi	河角广
Kelly J. M.	凯利
Kennedy R. P.	肯尼迪
Kido Kensaburo	鬼头健三郎
Kirkpatrick S.	柯克帕特里克
Kirnos D. P.	基尔诺斯
Kobori Takuji	小堀铎二
Kohonen T.	科霍宁
Kostrov B. V.	科斯特洛夫
Kotelnikov V. A.	科捷尔尼科夫
Kubo Keizaburo	久保庆三郎

L

Lamb H.	兰姆
Leibniz G. W.	莱布尼茨
Lempel A.	兰贝尔
Lysmer J.	莱斯默

M

Majima Kensaburo	真岛健三郎
Mallet R.	马利特 R.

Mallet S.	马利特 S.	
Marcuson W. F.	马克森	
Marr D.	马尔	
Maslov H. H.	马斯洛夫	
Mason W. P.	梅森	
McCarthy J.	麦卡锡	
McClelland J.	麦克莱兰	
McCulloch W. S.	麦卡洛奇	
McVerry G. H.	麦克维里	
Medvedev S. V.	麦德维杰夫	
Mendel J. G.	门德尔	
Mercalli G.	麦卡利	
Metropolis N.	麦特罗普雷斯	
Meyer Y.	迈耶	
Milne J.	米尔恩	
Mintrop L.	明特罗普	
Minsky M.	明斯基	
Mononobe Nagaho	物部长穗	
Morlet J.	莫莱	
Muto Kiyoshi	武藤清	

N

Naito Tachu	内藤多仲
Nakamura Taro	中村太郎
Narasimham R.	纳拉希姆罕
Nazarov A. G.	纳扎洛夫
Neumann F.	诺伊曼 F.
Neumann J. V.	诺伊曼 J. V.
Newell A.	纽厄尔
Newmark N. M.	纽马克
Nyquist H.	奈奎斯特

O

Ohsaki Yorihiko	大崎顺彦
Okamoto Shunzo	冈本舜三
Omori Fusakichi	大森房吉
Osawa Yutaka	大泽胖

P

Pandit S. M.	潘迪
Panettim M.	帕奈廷
Park Y. J.	帕克
Parmelee R. A.	帕米利
Pascal B.	帕斯卡
Penzien J.	彭津
Pitts W.	皮兹
Priestley M. J. N.	普里斯特利
Pyke R. M.	派克

R

Reissner E.	瑞斯纳
Richards P. G.	理查兹
Richter C. F.	里克特
Robinson W. H.	罗宾森
Rontgen W. C.	伦琴
Rosenblatt F.	罗森布拉特
Rosenblueth E.	罗森布卢斯
Rossi M. S. de	罗西
Ruge A.	卢格
Rumelhart D.	鲁姆哈特

S

Sano Toshikata	佐野利器
Savarensky E. F.	萨瓦连斯基
Seed H. B.	希德
Sekiya Seikei	关谷清景
Sezawa Katsutada	妹泽克惟
Shannon C. E.	香农
Sheriff R. E.	谢里夫
Sieberg A.	西伯格
Simmons E.	西蒙斯
Simon H.	西蒙
Skinner R. I.	斯金纳

Smith C. S.	史密斯
Sponheuer W.	斯彭怀尔
Suehiro Kyoji	末广恭二

T

Tajimi Hiroshi	田治见宏
Takanashi Koichi	高梨晃一
Tauschek G.	陶斯切克
Terzaghi K.	泰沙基
Thomson W.	汤姆森
Toki Kenzo	土岐宪三
Tukey J. W.	图基
Turing A.	图灵
Turner M. J.	特纳

U

Umemura Hajime	梅村魁

W

Walker G. T.	沃克
Watabe Makoto	渡部丹
Westergaard H. M.	韦斯特加德
Wheeler D. J.	惠勒
Wiener N.	维纳
Wolf J. P.	沃尔夫
Wood H. O.	伍德

Y

Yule G. U.	尤尔

Z

Zadeh L. A.	扎德
Ziv J.	基夫

地震烈度表

中国地震烈度表(1980)

烈度	人的感觉	一般房屋		其他现象	参考物理指标	
		大多数房屋震害程度	平均震害指数		水平向加速度 cm/s²	水平向速度 cm/s
I	无感					
II	室内个别静止中的人感觉					
III	室内少数静止中的人感觉	门、窗轻微作响		悬挂物微动		
IV	室内多数人感觉,室外少数人感觉,少数人梦中惊醒	门、窗作响		悬挂物明显摆动,器皿作响		
V	室内普遍感觉,室外多数人感觉,多数人梦中惊醒	门窗、屋顶、屋架颤动作响,灰土掉落,抹灰出现微细裂缝		不稳定器物翻倒	31 (22~44)	3 (2~4)
VI	惊慌失措,仓皇逃出	损坏——个别砖瓦掉落,墙体微细裂缝	0~0.1	河岸和松软土上出现裂缝,饱和砂层出现喷砂冒水;地面上有的砖烟囱裂缝、掉头	63 (45~89)	6 (5~9)
VII	大多数人仓皇逃出	轻度破坏——局部破坏、开裂,但不妨碍使用	0.11~0.30	河岸出现塌方,饱和砂层常见喷砂冒水,松软土上地裂缝较多;大多数砖烟囱中等破坏	125 (90~177)	13 (10~18)
VIII	摇晃颠簸,行走困难	中等破坏——结构受损,需要修理	0.31~0.50	干硬土上亦有裂缝;大多数砖烟囱严重破坏	250 (178~353)	25 (19~35)
IX	坐立不稳,行动的人可能摔跤	严重破坏——墙体龟裂,局部倒塌,修复困难	0.51~0.70	干硬土上有许多地方出现裂缝,基岩上可能出现裂缝,滑坡、塌方常见;砖烟囱出现倒塌	500 (354~707)	50 (36~71)
X	骑自行车的人会摔倒,处不稳状态的人会摔出几尺远,有抛起感	倒塌——大部倒塌,不堪修复	0.71~0.90	山崩和地震断裂出现,基岩上的拱桥破坏;大多数砖烟囱从根部破坏或倒毁	1000 (708~1414)	100 (72~141)
XI		毁灭	0.91~1.00	地震断裂延续很长,山崩常见,基岩上拱桥毁坏		
XII				地面剧烈变化,山河改观		

①I～V度以人的感觉为主;VI～X度以房屋震害为主,人的感觉仅作参考;XI、XII度以地表现象为主。②一般房屋包括用木构架和土、石、砖墙构造的旧式房屋和单层或多层未经抗震设计的新式砖房。对于质量特别差和特别好的房屋,可根据具体情况,对表列各烈度的震害程度和震害指数予以提高或降低。③震害指数以房屋"完好"为0,"全毁"为1,中间按表列震害程度分级。平均震害指数指所有房屋的震害指数总平均值而言,可以用普查或抽查方法确定之。④使用本表时可根据地区具体情况作出临时的补充规定。⑤在农村可以自然村为单位,在城镇可以分区进行烈度的评定,但面积以1km²左右为宜。⑥烟囱指工业或取暖用的锅炉房烟囱。⑦表中数量词的说明:个别:10%以下;少数:10%～50%;多数:50%～70%;大多数:70%～90%;普遍:90%以上。

中国地震烈度表(GB/T 17742—2008)

1 范围

本标准规定了地震烈度的评定指标，包括人的感觉、房屋震害程度、其他震害现象、水平向地震动参数。

本标准适用于地震烈度评定。

2 术语和定义

下列术语和定义适用于本标准。

2.1

地震烈度 seismic intensity

地震引起的地面震动及其影响的强弱程度。

2.2

震害指数 damage index

房屋震害程度的定量指标，以 0.00 到 1.00 之间的数字表示由轻到重的震害程度。

2.3

平均震害指数 mean damage index

同类房屋震害指数的加权平均值，即各级震害的房屋所占比率与其相应的震害指数的乘积之和。

3 等级和类别划分

3.1 地震烈度等级划分

地震烈度划分为 12 等级，分别用罗马数字Ⅰ、Ⅱ、Ⅲ、Ⅳ、Ⅴ、Ⅵ、Ⅶ、Ⅷ、Ⅸ、Ⅹ、Ⅺ和Ⅻ表示。

3.2 数量词的界定

数量词采用个别、少数、多数、大多数和绝大多数，其范围界定如下：

a）"个别"为 10％以下；

b）"少数"为 10％～45％；

c）"多数"为 40％～70％；

d）"大多数"为 60％～90％；

e）"绝大多数"为 80％以上。

3.3 评定烈度的房屋类型

用于评定烈度的房屋，包括以下三种类型：

a）A 类：木构架和土、石、砖墙建造的旧式房屋；

b）B 类：未经抗震设防的单层或多层砖砌体房屋；

c）C 类：按照Ⅶ度抗震设防的单层或多层砖砌体房屋。

3.4 房屋破坏等级及其对应的震害指数

房屋破坏等级分为基本完好、轻微破坏、中等破坏、严重破坏和毁坏五类，其定义和对应的震害指数 d 如下：

a）基本完好：承重和非承重构件完好，或个别非承重构件轻微损坏，不加修理可继续使用；对应的震害指数范围为 $0.00 \leqslant d < 0.10$；

b）轻微破坏：个别承重构件出现可见裂缝，非承重构件有明显裂缝，不需要修理或稍加修理即可继续使用；对应的震害指数范围为 $0.10 \leqslant d < 0.30$；

c）中等破坏：多数承重构件出现轻微裂缝，部分有明显裂缝，个别非承重构件破坏严重，需要一般修理后可使用；对应的震害指数范围为 $0.30 \leqslant d < 0.55$；

d）严重破坏：多数承重构件破坏较严重，非承重构件局部倒塌，房屋修复困难；对应的震害指数范围为 $0.55 \leqslant d < 0.85$；

e）毁坏：多数承重构件严重破坏，房屋结构濒于崩溃或已倒毁，已无修复可能；对应的震害指数范围为 $0.85 \leqslant d \leqslant 1.00$。

4 地震烈度评定

4.1 按表 1 划分地震烈度等级。

表 1　中国地震烈度表

地震烈度	人的感觉	房屋震害			其他震害现象	水平向地震动参数	
		类型	震害程度	平均震害指数		峰值加速度 m/s²	峰值速度 m/s
Ⅰ	无感	—	—	—	—	—	—
Ⅱ	室内个别静止中的人有感觉	—	—	—	—	—	—
Ⅲ	室内少数静止中的人有感觉	—	门、窗轻微作响	—	悬挂物微动	—	—
Ⅳ	室内多数人、室外少数人有感觉，少数人梦中惊醒	—	门、窗作响	—	悬挂物明显摆动，器皿作响	—	—
Ⅴ	室内绝大多数、室外多数人有感觉，多数人梦中惊醒	—	门窗、屋顶、屋架颤动作响，灰土掉落，个别房屋墙体抹灰出现细微裂缝，个别屋顶烟囱掉砖	—	悬挂物大幅度晃动，不稳定器物摇动或翻倒	0.31 (0.22~0.44)	0.03 (0.02~0.04)
Ⅵ	多数人站立不稳，少数人惊逃户外	A	少数中等破坏，多数轻微破坏和/或基本完好	0.00~0.11	家具和物品移动；河岸和松软土出现裂缝，饱和砂层出现喷砂冒水；个别独立砖烟囱轻度裂缝	0.63 (0.45~0.89)	0.06 (0.05~0.09)
		B	个别中等破坏，少数轻微破坏，多数基本完好				
		C	个别轻微破坏，大多数基本完好	0.00~0.08			
Ⅶ	大多数人惊逃户外，骑自行车的人有感觉，行驶中的汽车驾乘人员有感觉	A	少数毁坏和/或严重破坏，多数中等和/或轻微破坏	0.09~0.31	物体从架子上掉落；河岸出现塌方，饱和砂层常见喷水冒砂，松软土地上地裂缝较多；大多数独立砖烟囱中等破坏	1.25 (0.90~1.77)	0.13 (0.10~0.18)
		B	少数中等破坏，多数轻微破坏和/或基本完好				
		C	少数中等和/或轻微破坏，多数基本完好	0.07~0.22			
Ⅷ	多数人摇晃颠簸，行走困难	A	少数毁坏，多数严重和/或中等破坏	0.29~0.51	干硬土上出现裂缝，饱和砂层绝大多数喷砂冒水；大多数独立砖烟囱严重破坏	2.50 (1.78~3.53)	0.25 (0.19~0.35)
		B	个别毁坏，少数严重破坏，多数中等和/或轻微破坏				
		C	少数严重和/或中等破坏，多数轻微破坏	0.20~0.40			

续表

地震烈度	人的感觉	房屋震害			其他震害现象	水平向地震动参数	
		类型	震害程度	平均震害指数		峰值加速度 m/s²	峰值速度 m/s
Ⅸ	行动的人摔倒	A	多数严重破坏或/和毁坏	0.49～0.71	干硬土上多处出现裂缝，可见基岩裂缝、错动，滑坡、塌方常见；独立砖烟囱多数倒塌	5.00 (3.54～7.07)	0.50 (0.36～0.71)
		B	少数毁坏，多数严重和/或中等破坏				
		C	少数毁坏和/或严重破坏，多数中等和/或轻微破坏	0.38～0.60			
Ⅹ	骑自行车的人会摔倒，处不稳状态的人会摔离原地，有抛起感	A	绝大多数毁坏	0.69～0.91	山崩和地震断裂出现；基岩上拱桥破坏；大多数独立砖烟囱从根部破坏或倒毁	10.00 (7.08～14.14)	1.00 (0.72～1.41)
		B	大多数毁坏				
		C	多数毁坏和/或严重破坏	0.58～0.80			
Ⅺ	—	A	绝大多数毁坏	0.89～1.00	地震断裂规模延续很大，大量山崩滑坡	—	—
		B					
		C		0.78～1.00			
Ⅻ	—	A	几乎全部毁坏	1.00	地面剧烈变化，山河改观	—	—
		B					
		C					

注：表中给出的"峰值加速度"和"峰值速度"是参考值，括弧内给出的是变动范围。

4.2　评定地震烈度时，Ⅰ度～Ⅴ度应以地面上以及底层房屋中的人的感觉和其他震害现象为主；Ⅵ度～Ⅹ度应以房屋震害为主，参照其他震害现象，当用房屋震害程度与平均震害指数评定结果不同时，应以震害程度评定结果为主，并综合考虑不同类型房屋的平均震害指数；Ⅺ度和Ⅻ度应综合考虑房屋震害和地表震害现象。

4.3　以下三种情况的地震烈度评定结果，应作适当调整：

　　a) 当采用高楼上人的感觉和器物反应评定地震烈度时，适当降低评定值；

　　b) 当采用低于或高于Ⅶ度抗震设计房屋的震害程度和平均震害指数评定地震烈度时，适当降低或提高评定值；

　　c) 当采用建筑质量特别差或特别好房屋的震害程度和平均震害指数评定地震烈度时，适当降低或提高评定值。

4.4　当计算的平均震害指数值位于表1中地震烈度对应的平均震害指数重叠搭接区间时，可参照其他判别指标和震害现象综合判定地震烈度。

4.5　各类房屋平均震害指数 D 可按式(1)计算：

$$D = \sum_{i=1}^{5} d_i \lambda_i \tag{1}$$

式中：

d_i—— 房屋破坏等级为 i 的震害指数；

λ_i—— 破坏等级为 i 的房屋破坏比，用破坏面积与总面积之比或破坏栋数与总栋数之比表示。

4.6　农村可按自然村，城镇可按街区为单位进行地震烈度评定，面积以 $1\,km^2$ 为宜。

4.7　当有自由场地强震动记录时，水平向地震动峰值加速度和峰值速度可作为综合评定地震烈度的参考指标。

罗西-弗瑞尔烈度表（1883）

烈度	条文（简缩版）	烈度	条文（简缩版）
I	微震。有些地震仪可测到，有经验者有感	VI	颇强震。睡着的人普遍惊醒，钟自鸣，吊灯摇晃，时钟停摆，树木摇晃可见，有些人惊逃户外
II	极弱震。不同类型地震仪可测到，少数静止的人有感	VII	强震。可移动物体翻倒，抹灰震落，教堂钟自鸣，普遍惊慌，房屋无损伤
III	颇弱震。许多静止者有感，可感知振动持续时间和方向	VIII	很强震。烟囱震落，墙体开裂
IV	弱震。行动的人有感，可动之物、门窗摇动，天花板作响	IX	极强震。有些房屋部分或全部毁坏
V	较强震。一般人有感，家具及床等物件移动，有些钟自鸣	X	最强震。房屋成废墟，地貌改观，地面开裂，山石崩落

修正的麦卡利烈度表（1956）

烈度	条文	烈度	条文
I	无感，只有仪器记录	VII	站立困难，汽车司机有感，悬挂物颤动不止，家具有破损；D类房屋损坏，包括裂缝，烟囱折断或掉落，抹灰、松动的砖石、瓷砖、檐口、未加撑的护墙、女儿墙掉落，一些C类房屋破损；池水起波或浑浊，砂石堤岸有小滑坡或陷落，大钟鸣响，混凝土灌溉水渠损坏
II	楼上或敏感处静止的人有感	VIII	影响汽车驾驶；C类房屋破坏，部分倒塌，一些B类房屋破坏，A类完好；一些砖墙倒塌，烟囱、纪念碑、塔、水塔扭曲或塌落，未用螺栓固定的木架房从基础上移动，松动壁板被抛出，朽柱折断，树枝震断，泉水涌出量和温度有变化，湿地和陡坡有裂缝
III	室内有感，悬挂物摇晃；振动像轻型货车通过，可感觉持续时间，可能不认为是地震	IX	公众惊慌；D类房屋毁坏，C类房屋严重破坏，部分完全倒塌，B类房屋严重破坏，房屋基础普遍破坏，未用螺栓固定的木架房从基础上错动，木架破裂，贮水池严重破坏，地下管道破裂，地面明显裂缝，软弱冲积层喷砂冒水，出现震泉和砂穴
IV	悬挂物摇晃，振动像重型货车通过；停着的汽车摇动，门窗作响，玻璃器皿和陶器等碰撞作响	X	大多数砖石和木结构房屋倒毁，一些坚固的木架房屋和桥梁倒毁；水坝、堤坝、堤防严重破坏，出现大滑坡，水越过堤坝、河岸和湖岸，泥沙在岸边和平地漫流；铁轨弯曲
V	室外有感，可感知振动方向，睡着的人惊醒；液体波动或溢出，不稳定物件动或倒，门窗自开自闭，钟摆时停时走	XI	铁轨严重弯曲，地下管道完全不能使用
VI	室内外都有感，很多人惊逃户外，行走困难；玻璃窗、器皿打碎，挂画、书籍、小饰物掉落，家具移动或翻倒，墙皮和较弱D类房屋裂缝，学校和教堂钟自鸣；树和灌木可见晃动作响	XII	几乎全部毁灭，巨大岩块移动位置，自然状态改观，物体被抛向空中

①A类房屋：设计、施工、砂浆良好，钢筋加固，特别抵抗侧力，用钢或混凝土等构件连接成整体，有良好的抗震性能。②B类房屋：施工、砂浆良好，有钢筋加固，但未作细致的抗震设计。③C类房屋：施工、砂浆一般，既无钢筋加固，也无抗震设计；但无特别薄弱处，如墙角处无连接等。④D类房屋：建筑材料差，如土坯、质量差的砂浆，低标准施工，不抗震。

日本气象厅烈度说明表（1996）

烈度	人的感觉	室内器物	室外器物	木结构房屋	钢筋混凝土结构	基础设施	地面和滑坡
0	无感						
Ⅰ	室内有人有感						
Ⅱ	室内很多人有感，有人惊醒	悬挂物如灯轻微晃动					
Ⅲ	室内大多数人有感，有人惊恐	碗柜内餐具作响	电线轻微晃动				
Ⅳ	很多人感到惊恐，一些人试图逃跑，大多数睡觉者惊醒	悬挂物显著晃动，碗柜中盘碟作响，不稳定器物可能掉落	电线显著晃动，街上行人和驾车者感到颤动				
Ⅴ弱	大部分人试图逃跑，一些人感到移步困难	悬挂物强烈晃动，大多数不稳定器物掉落，碗柜中盘碟和书架上的书掉落，家具移动	有人注意到电线杆可能晃动，窗户玻璃碎落，未加固的水泥块院墙倒塌，道路有破坏	抗震性能差的房屋墙和柱可能破坏	抗震性能差的建筑墙体可能出现裂缝	有些房屋的煤气安全阀自动关闭，或少量水管破坏，有些房屋的供水（或供电）中断	软土上可能出现裂缝，山区出现落石或斜坡破坏
Ⅴ强	许多人十分惊恐，且难以移步	大多数碗柜中的盘碟和书架上的书可能掉落，电视机倾倒，立柜等重家具倾倒，拉门滑出轨道，门框变形使门无法打开	许多未加固的混凝土块院墙倒塌，墓碑倾倒，许多汽车因为驾驶困难而停驶，固定不牢的自动售货机可能倾倒	抗震性能差的房屋墙和柱可能破坏严重，斜靠一侧	抗震性能差的建筑墙体、梁和柱可能出现明显裂缝，甚至抗震性能好的建筑墙体也有裂缝	煤气管道和/或供水干线可能破坏（有些区域的煤气和/或供水可能中断）	软土上可能出现裂缝，山区出现落石或斜坡破坏
Ⅵ弱	很难保持站立	许多未固定和重家具移动或倾倒，许多情况下打不开门	许多建筑的墙面瓷砖和窗户玻璃碎落	抗震性能差的房屋可能倒塌，抗震性能好的房屋墙、柱出现破坏	抗震性能差的建筑墙体、梁和柱可能毁坏，甚至抗震性能好的建筑墙、梁、柱出现大裂缝	煤气管道和/或供水干线破坏（有些区域的煤气和/或供水中断，供电有可能中断）	山区可能出现地表裂缝和斜坡破坏
Ⅵ强	无法站立，只能爬行	大部分未固定和重家具移动或倾倒，拉门可能从轨道中震脱	许多建筑的墙面瓷砖和窗户玻璃碎落，大多数未加固的混凝土块院墙倒塌	许多抗震性能差的房屋倒塌，有些情况下甚至抗震性能好的房屋墙、柱出现严重破坏	抗震性能差的建筑倒塌，有些情况下甚至抗震性能好的建筑墙、柱遭到破坏	供气和供水干线可能破坏（有些区域停电，煤气和供水可能在较大范围中断）	山区可能出现地表裂缝和斜坡破坏
Ⅶ	人被抛起，无法自主行动	大多数家具大范围移动，有些被抛起	大多数建筑的墙面瓷砖和窗户玻璃碎落，有些情况下，经过加固的混凝土块院墙倒塌	抗震性能好的房屋可能严重破坏，倾倒向一侧	抗震性能好的建筑可能严重破坏，倾倒向一侧	煤气、供水和供电在大范围内中断	地面因大破裂和裂缝而变形，出现斜坡崩塌或滑坡，可能使局部地表改观

欧洲地震烈度表 1998

烈度的定义和烈度表内容

烈　度	人的感觉	物体的反应和自然现象的变化	建筑物的破坏
Ⅰ　无感	即使在非常安静的环境下也无人感觉	无影响	无破坏
Ⅱ　几乎无感	仅有极少数（少于 1%）在户内特别敏感的位置且静止不动的人感到震颤	无影响	无破坏
Ⅲ　轻微震颤	户内少数人感觉到，处于静止的人感到摇摆或轻微震颤	悬挂物体稍有摆动	无破坏
Ⅳ　普遍有感	在户内的多数人感觉到，户外非常少的人感觉到；少数人睡中惊醒；中等强度的震动并不令人恐惧；目击者感觉到建筑物、房间、床、椅子等有轻微颤动或摇晃	瓷器、玻璃器皿、窗户和房门作响；悬挂物体摆动；少数情况下轻质家具明显晃动；少数情况下木制品吱吱作响	无破坏
Ⅴ　感觉强烈	室内绝大多数人和室外少数人感觉到地震；少数人惊慌失措，仓皇逃出；多数人睡中惊醒；目击者能够感到整个建筑、房间或家具强烈震动或来回摆动	悬挂的物体晃动很大；瓷器和玻璃器皿互相碰撞发出声响；小的、顶部沉重或放置不稳的物体可能发生移位或翻倒；门和窗摇动或开或关，有时窗玻璃破碎，液体晃动并从盛满的容器中溢出；室内动物不安	少数易损性类别为 A 和 B 的建筑物遭受 1 级破坏
Ⅵ　轻微破坏	室内绝大多数人和室外多数人有感；少数人失去平衡，许多人惊慌失措，仓皇逃出	稳定性一般的小器物可能倒地，家具可能移位；少数情形下碟子和玻璃器皿可能破碎；圈养的动物（即使在户外）表现出惊慌不安	易损性类别为 A 和 B 的建筑物多数遭受 1 级破坏；易损性类别为 A 和 B 的建筑物少数遭受 2 级破坏；易损性类别为 C 的建筑物少数遭受 1 级破坏
Ⅶ　中等破坏	绝大多数人惊慌，试图逃出；多数人，尤其是位于上面几层楼的人，难以站稳	家具被移动，顶部沉重的家具可能会翻倒；大量物品从架子上掉落，水从容器、罐和池子里溅出	易损性类别为 A 的建筑物多数遭受 3 级破坏，少数破坏达到 4 级；易损性类别为 B 的建筑物多数遭受 2 级破坏，少数破坏达到 3 级；易损性类别为 C 的建筑物少数受到 2 级破坏；易损性类别为 D 的建筑物少数受到 1 级破坏
Ⅷ　严重破坏	多数人难以站稳，甚至在户外也是如此	家具可能翻倒；电视机、打字机等物品掉落地上；偶尔墓碑会移位、扭转或翻倒；在非常松软的地表可见波浪状	易损性类别为 A 的建筑物多数遭受 4 级破坏，少数破坏达到 5 级；易损性类别为 B 的建筑物多数遭受 3 级破坏，少数破坏达到 4 级；易损性类别为 C 的建筑物多数遭受 2 级破坏，少数破坏达到 3 级；易损性类别为 D 的建筑物少数受到 2 级破坏
Ⅸ　毁坏	普遍感到恐慌；人们猛地被摔倒在地	许多碑体和柱状物倾倒或扭转；在松软地表可见波浪状	易损性类别为 A 的建筑物多数受 5 级破坏；易损性类别为 B 的建筑物多数遭受 4 级破坏，少数破坏达到 5 级；易损性类别为 C 的建筑物多数遭受 3 级破坏，少数破坏达到 4 级；易损性类别为 D 的建筑物多数遭受 2 级破坏，少数破坏达到 3 级；易损性类别为 E 的建筑物少数受到 2 级破坏
Ⅹ　严重毁坏			易损性类别为 A 的建筑物绝大多数遭受 5 级破坏；易损性类别为 B 的建筑物多数遭受 5 级破坏；易损性类别为 C 的建筑物多数遭受 4 级破坏，少数破坏达到 5 级；易损性类别为 D 的建筑物多数遭受 3 级破坏，少数破坏达到 4 级；易损性类别为 E 的建筑物多数遭受 2 级破坏，少数破坏达到 3 级；易损性类别为 F 的建筑物少数遭受 2 级破坏

烈　度	人的感觉	物体的反应和自然现象的变化	建筑物的破坏
XI 毁灭			易损性类别为 B 的建筑物绝大多数遭受 5 级破坏；易损性类别为 C 的建筑物绝大多数受 4 级破坏，多数破坏达到 5 级；易损性类别为 D 的建筑物多数遭受 4 级破坏，少数破坏达到 5 级；易损性类别为 E 的建筑物多数遭受 3 级破坏，少数破坏达到 4 级；易损性类别为 F 的建筑物多数遭受到 2 级破坏，少数破坏达到 3 级
XII 彻底毁灭			所有易损性类别为 A 和 B 的建筑物和几乎所有的易损性类别为 C 的建筑物毁坏，易损性类别为 D、E 和 F 的建筑物绝大多数被毁。地震的影响达到了可以想象的最大程度

数量词的定义

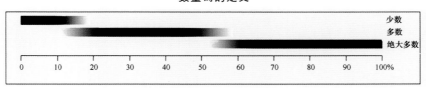

结构(建筑物)易损性分类(易损性分类表)

结　构　类　型		易损性类别					
		A	B	C	D	E	F
砌体结构	毛石结构、散石结构	◯					
	土坯（砖）结构	◯	┤				
	料石结构	├---	◯				
	巨石结构		├	◯	---┤		
	具有加工过的石块的无筋砌体结构	├---	◯	---┤			
	具有钢筋混凝土楼板的无筋砌体结构		├	◯	┤		
	配筋砌体结构或约束砌体结构			├---	◯	┤	
钢筋混凝土结构	未经抗震设计的钢筋混凝土框架		├---	◯	---┤		
	按中等设防水平抗震设计的钢筋混凝土框架结构		├---		◯	┤	
	按高设防水平抗震设计的钢筋混凝土框架结构			├---		◯	┤
	未经抗震设计的钢筋混凝土剪力墙结构		├---	◯	┤		
	按中等设防水平抗震设计的钢筋混凝土剪力墙结构			├---	◯	┤	
	按高设防水平抗震设计的钢筋混凝土剪力墙结构			├---		◯	┤
钢结构	钢结构			├---		◯	┤
木结构	木构架结构			├---	◯	┤	

◯ 最可能的易损性类别　　├─┤ 可能范围　　├---┤ 可能性小的范围或异常情况

砌体建筑破坏等级的划分

	1级:基本完好至轻微破坏(承重结构没有损坏,非承重结构只遭受轻微损坏) 在个别墙上有细微裂缝,仅有小块抹灰掉落;只有非常少的情况,才会出现松散石块从建筑物上部掉落的现象
	2级:中等破坏(承重结构遭受轻微破坏,非承重结构遭受中等破坏) 许多墙体出现裂缝,有相当大面积的灰泥掉落;烟囱部分折断
	3级:显著破坏至严重破坏(承重结构遭受中等破坏,非承重结构遭受严重破坏) 多数墙体可见宽大裂缝,屋顶溜瓦及滑落;烟囱在根部折断;个别非承重结构(隔墙、山墙)破坏
	4级:非常严重破坏(承重结构遭受严重破坏,非承重结构遭受极严重破坏) 墙体严重破坏失效;屋顶和楼板部分结构性破坏
	5级:毁坏(承重结构遭受非常严重破坏) 全部或几乎全部坍塌

钢筋混凝土建筑破坏等级的划分

	1级:基本完好至轻微破坏(承重结构没有破坏,非承重结构只有轻微破坏) 底层墙体和框架构件的抹灰层有细微裂缝;隔墙和填充墙有细微裂缝
	2级:中等破坏(承重结构轻微破坏,非承重结构中等破坏) 框架结构的柱和梁出现裂缝及承重墙墙体出现裂缝;隔墙和填充墙有裂缝;易碎的钢筋保护层和灰泥脱落;混凝土碎块从墙体的连接处脱落
	3级:显著破坏至严重破坏(承重结构中等破坏,非承重结构严重破坏) 在底层的钢筋混凝土柱及梁柱节点及联肢墙的连接处出现裂缝;混凝土覆盖层龟裂剥落,钢筋屈曲;隔墙和填充墙出现大裂缝,个别填充墙破坏
	4级:非常严重破坏(承重结构遭受严重破坏,非承重结构遭受非常严重破坏) 伴随混凝土压碎和钢筋受压屈曲失稳,承重结构出现大裂缝,梁钢筋锚固黏接失效,柱子倾斜;少数柱子倒塌;个别上部楼层坍塌
	5级:毁坏(承重结构遭受非常严重破坏) 下部楼层坍塌或者建筑物部分(比如翼楼)坍塌

EMS—98 简表

这个简表是从欧洲地震烈度表核心部分摘录的,其目的是以一个简洁、概要的方式使大家对 EMS 有所认识。该简表可用于教学,不适于烈度评定。

EMS 烈度	定义	观测到的典型影响的描述(摘要)
Ⅰ	无感	无感
Ⅱ	几乎无感	只有室内极少数静止的人才能感觉到
Ⅲ	轻微震颤	在室内的少数人能感到地震,静止的人感到摇摆或轻微的摇晃
Ⅳ	普遍有感	在室内多数人感到地震,在室外只有很少的人感觉得到,少数人被惊醒;窗户、门和器皿发出卡嗒卡嗒的声响
Ⅴ	感觉强烈	室内绝大多数人和室外少数人有感;多数睡着的人被惊醒,少数人受到惊吓;整个建筑物都在摇晃,悬挂的物体晃动幅度很大;小的物体移位,门和窗被晃开或关上
Ⅵ	轻微破坏	室内的多数人惊恐外逃,有些物体翻倒;多数房屋出现细微裂缝,小片灰泥脱落,非结构构件遭受轻微破坏
Ⅶ	中等破坏	室内绝大多数人惊恐外逃,家具移位,大量物品从架子上掉落;多数建造良好的普通建筑遭受中等程度的破坏;墙体出现小裂缝,灰泥脱落,部分烟囱倒塌;老旧建筑物的墙体可能出现大的裂缝,填充墙遭到破坏
Ⅷ	严重破坏	多数居民难以站稳;多数房屋墙体出现大的裂缝,少数建造良好的普通建筑物墙体遭受严重破坏,破旧建筑物可能倒塌
Ⅸ	毁坏	普遍感到惊惶,多数建造质量差的建筑物倒塌,甚至建造良好的普通建筑遭受非常的严重破坏:墙体严重破坏,部分结构毁坏
Ⅹ	严重毁坏	多数建造良好的普通建筑物倒塌
Ⅺ	毁灭	绝大多数建造良好的普通建筑物倒塌,即使有些具有较好抗震设计的建筑物也被摧毁
Ⅻ	彻底毁灭	几乎所有建筑物都被摧毁

本卷主要编辑、出版人员

编 辑 组	李　玲	陈非比	蒋乃芳	张敏政　袁一凡
	李　珰	樊　钰		
顾　　问	宋炳忠			
责任编辑	陈非比	李　玲		
特约编辑	张敏政	袁一凡		
技术编辑	李　珰	樊　钰		
图片编辑	李　玲	陈非比	邢秀芬	
资料核对	陈非比	李　玲		
索　　引	李　玲	陈非比	王　伟	
装帧设计	董　松	胡　玥		
图件清绘	胡　玥	凌　樱	刘　丽	李　燕
校　　对	李　珰	樊　钰	宋　玉	庞亚萍　孙铁磊
	张晓梅	郭京平		
排　　版	凌　樱	刘　丽	李　燕	连小力
责任印制	胡勤民			

图书在版编目（CIP）数据

地震工程学/中国防震减灾百科全书总编辑委员会《地震工程学》编辑委员会编．
—北京：地震出版社，2014.9
（中国防震减灾百科全书）
ISBN 978 - 7 - 5028 - 3699 - 3

Ⅰ．地…　Ⅱ．①中…　Ⅲ．①地震工程—百科全书　Ⅳ．①P315.9-61

中国版本图书馆 CIP 数据核字（2010）第 264967 号

地震版　XM2643

中国防震减灾百科全书・地震工程学

中国防震减灾百科全书总编辑委员会《地震工程学》编辑委员会　编

出版发行：地震出版社
　　　　　北京市海淀区民族大学南路 9 号　　　邮编：100081
　　　　　发行部：68423031　68467993　　　传真：88421706
　　　　　门市部：68467991　　　　　　　　传真：68467991
　　　　　总编室：68462709　68423029　　　传真：68455221
　　　　　http：// www.dzpress.com.cn
　　　　　E—mail：68462709@163.com
经销：全国各地新华书店
印刷：北京鑫丰华彩印有限公司

版（印）次：2014 年 9 月第一版　2014 年 9 月第一次印刷
开本：889×1194　1/16
字数：1545 千字
印张：35.75
书号：ISBN 978 - 7 - 5028 - 3699 - 3/P（4319）
定价：480.00 元

ISBN 978-7-5028-3699-3